Alexander von Humboldt

Central-Asien

Untersuchungen über die Gebirgsketten und die vergleichende Klimatologie (Band 1)

SALZWASSER VERLAG

Alexander von Humboldt

Central-Asien

SALZWASSER VERLAG

www.salzwasserverlag.de

von Humboldt, Alexander

Central-Asien

Untersuchungen über die Gebirgsketten und die vergleichende Klimatologie (Band 1)

1. Auflage 2009 | ISBN: 9783861950110

Salzwasser-Verlag (www.salzwasserverlag.de) ist ein Imprint der Europäischer Hochschulverlag GmbH & Co KG, Bremen. (www.eh-verlag.de).

Die Deutsche Bibliothek verzeichnet diesen Titel in der Deutschen Nationalbibliografie.

Dieses Buch beruht auf einem alten Original. Der Verlag hat jedoch am ursprünglichen Text einige geringfügige Veränderungen vorgenommen, um die Übersichtlichkeit und Lesbarkeit zu verbessern.

Central-Asien

von

A. v. Humboldt.

Erster Band.

(Erster und zweiter Theil.)

CENTRAL-ASIEN.

Untersuchungen
über die
Gebirgsketten und die vergleichende Klimatologie

von

A. v. HUMBOLDT.

Aus dem Französischen übersetzt und durch Zusätze vermehrt

herausgegeben

von

Dr. Wilhelm Mahlmann,
Mitgliede der Gesellschaft für Erdkunde zu Berlin, des physikalischen
Vereins zu Frankfurt a. M. u. s. w.

Mit einer Karte und vierzehn Tabellen.

Band I.: Erster Theil.

BERLIN.
Verlag von Carl J. Klemann.
1844.

An

Se. Majestät

den Kaiser von Russland.

Ew. Kaiserliche Majestät!

Ich habe versucht, in diesem Werke ein Naturgemälde des Continents zu liefern, von welchem ein so grosser Theil dem Scepter Ew. Kaiserlichen Majestät unterworfen ist. Wenn meine schwachen Bemühungen im Stande sind, Irrthümer zu berichtigen oder einen Fortschritt in den ernsten Studien über die Physik der Erde herbeizuführen; so verdankt die Wissenschaft dies der Munificenz Ew. Kaiserlichen Majestät, die ich in der Kette des Ural, wie im Altai und am Gestade des caspischen Meeres gleich lebhaft empfunden habe. Es ist daher für mich eine heilige und angenehme Pflicht, an den Stufen des Thrones Ew. Kaiserlichen Majestät den Tribut des lebhaftesten und ehrfurchtsvollsten Dankes für diese Huld niederzulegen. Die Expedition, mit deren Leitung Ew. Kaiserliche Majestät mich zu beauftragen geruheten, besass einen eigenthümlichen Charakter: sie war hervorgerufen durch die Tendenz der freien Geistesentwickelung, die unser Zeitalter in so hohem Grade auszeichnet. Ew. Kaiserliche

Majestät geruheten zu bestimmen, dass die Gegenden, welche ich besuchen wolle, ganz von meiner Wahl abhängen sollten. Sie erklärten, „dass der Hauptzweck dieser Reise der sei, der Wissenschaft, und insbesondere der Geologie und dem in unsern Tagen so fruchtbringenden Zweige des Erdmagnetismus, förderlich zu sein, und dass bei meinen Untersuchungen durchaus Alles, was materielle und örtliche Interessen beträfe, nur eine Nebenrolle spielen solle.“ Wenn ich hier diese edlen und hochherzigen Worte wiederhole, so glaube ich, dadurch Ew. Kaiserlichen Majestät die Huldigung an den Tag zu legen, welche eines mächtigen Monarchen würdig ist.

In tiefster Ehrfurcht,

Ew. Kaiserlichen Majestät

unterthänigster
Alexander v. Humboldt.

Paris, im Monat Februar 1843.

Vorrede des Übersetzers.

Indem ich dem grösseren deutschen Publicum das neueste Werk des berühmten Weltreisenden übergebe, in welchem wir den wahren Begründer der physikalischen Geographie im umfangreichsten Sinne des Wortes verehren, hege ich die Überzeugung, dass der Gegenstand der vorliegenden Untersuchungen, nämlich eine allgemeine Ansicht von dem mittlern Asien, nicht bloss im Leser ein flüchtiges Interesse erregen, sondern dass die höchst einfachen und darum eben so grossartigen Züge, mit denen der Verfasser das orographische und geologische Bild eines gewaltigen Erdraumes mit jenem bewundernswürdigen Talente und jener seltenen, auf eigene Anschauung eines grossen Theils der Erde gegründeten Umsicht aufgezeichnet hat, die seinen geographischen Forschungen eine für alle Zeiten so folgenreiche Wichtigkeit verleihen, einen unauslöschlichen Eindruck hinterlassen werden, der noch bis zu einer fernen Zukunft Früchte zu tragen verheisst. Darin lag der Hauptbeweggrund, auch diese Forschungen eines der umfassendsten Geister unseres Jahrhunderts der wissenschaftlichen Literatur der Deutschen einzuverleiben. Bereits vor mehreren Jahren hatte ich, durch die schmeichelhafte Genehmigung des Hrn. Verf. in dem Vorhaben bestärkt, meine Übersetzung angekündigt; jedoch konnte diese Arbeit erst im Frühjahre 1843 beginnen, da das ganze Werk, welches unter dem Titel: „*Asie centrale. Recherches sur les chaines de montagnes et la climatologie comparée*; *par A. de Humboldt*," in Paris bei Gide erschienen, nicht früher der Öffentlichkeit übergeben wurde. Ausser mehreren Tafeln und einer Karte umfasst das Original in 3 Theilen etwa 1800 Seiten. Es war nun anfänglich der Plan entworfen, die Übersetzung in einem Bande zn publiciren; indess erwies sich derselbe im Verfolg der Arbeit als unzweckmässig, da die späteren Zusätze und Anmerkungen den Umfang so erhöhten, dass es weit angemessener schien, die Eintheilung in 3 Theile beizubehalten, jedoch so, dass der 1. und 2. Theil wegen des inneren Zusammenhanges der darin niedergelegten Untersuchungen als I. Band und der 3. Theil, welcher vorzugsweise klimatologischen, magnetischen und astronomischen Untersuchungen gewidmet ist, getrennt als II. Band bezeichnet wurde*).

Da der Hr. Verf. selbst in der Einleitung zum I. Bde. eine summarische Übersicht der in diesem Werke niedergelegten Untersuchungen gegeben hat, so beschränke ich mich hier nur auf wenige Bemerkungen hinsichtlich der Übersetzung. Ich bin überall bemüht gewesen, den Inhalt wortgetreu wiederzugeben, damit nicht durch eine andere, dem deutschen Ohre geläufiger klingende Ausdrucksweise der Gedanke irgendwie modificirt würde. Hätte der Hr. Verf. das Werk in seiner Muttersprache abgefasst, so wäre dasselbe

*) Zur Bequemlichkeit im Gebrauch ist jedoch jedem Theil ein besonderer Titel beigegeben, so dass das ganze Werk nach Belieben in 2 oder 3 Bände gebunden werden kann.

gewiss in einem andern Gewande erschienen. Der Text ist unverändert geblieben; in der Orthographie der Eigennamen bin ich gewöhnlich der deutschen Aussprache gefolgt, und technischer Ausdrücke*), welche z. B. aus der Sprache des Bergmanns entlehnt sind, habe ich mich meist da bedient, wo die Bedeutung unzweifelhaft war; in manchen Fällen dagegen ist das französische Wort noch beigefügt worden, um jeglichem Missverständniss zu begegnen. Zwar war es nicht möglich, alle die zahlreichen Originalstellen, die in's Französische übertragen dem Texte einverleibt sind, aus den Quellen selbst zu schöpfen, wie dies auch Ideler bei mehreren in seiner Übersetzung des *Examen critique* gethan; doch habe ich einen grossen Theil der Originalwerke zu Rathe gezogen und namentlich bei deutschen Werken die betreffenden Stellen wortgetreu mitgetheilt; eine Sorgfalt, welche einen so bedeutenden Zeitaufwand erforderte, dass derselbe kaum im Verhältniss zu der keineswegs unbedingt nothwendigen Rücksicht auf die blosse Ausdrucksweise steht. Allen den Gelehrten, welche mich so bereitwillig mit den dazu erforderlichen Materialien unterstützt haben, und namentlich Hrn. Prof. Carl Ritter sage ich hiermit öffentlich meinen lebhaftesten Dank für die wohlwollende Theilnahme.

Wenn ich selbst mich an solchen Stellen streng an das Original gehalten habe, wo der Hr. Verf. über meine eigenen geringen Leistungen im Gebiete der vergleichenden Klimatologie, von denen er einen Theil in diesem Werke zum ersten Male

---

*) Da die Unterscheidung der ohnehin nicht scharf zu trennenden Ausdrücke Geologie und Geognosie bei den Deutschen eben keinen erheblichen Gewinn für die Wissenschaft bringt, so habe ich mich absichtlich meistentheils des ersteren bedient.

veröffentlicht hat, oder über diese Übersetzung selbst, wie in den Zusätzen zum 3. Theile, sein Urtheil mit soviel Nachsicht ausspricht; so kann eine unbefangene Kritik mir dies um so weniger als Unbescheidenheit auslegen, als der Hr. Verf. mir ausdrücklich zur Pflicht gemacht hatte, den ganzen Text ohne Veränderungen wiederzugeben. Seit mehreren Jahren vorzugsweise mit den Wärmeerscheinungen auf unserm Erdballe beschäftigt, konnten mir weder die Mängel in meinen am Schlusse angehängten Temperaturtafeln entgehen, noch die schwachen Seiten verborgen bleiben, welche gewisse Resultate über die Gesetze der Temperaturvertheilung noch an sich tragen. Wenn man jedoch einräumt, dass nach dem heutigen Standpunkte der Wissenschaft die Bestimmung absoluter Werthe, — und diese können doch allein bei solchen vergleichenden Untersuchungen in Betracht kommen, — gar Manches zu wünschen lässt; so wird man auch geneigt sein, Fehler in den Materialien nicht auf Rechnung Dessen zu setzen, der eine schärfere kritische Sichtung nur da vornehmen konnte, wo die Mittel, für oder gegen die Zuverlässigkeit zu entscheiden, in seinen Händen waren.

Was die Abweichungen des Originals von dieser Ausgabe hinsichtlich der Anordnung betrifft, so sind die dem Original angehängten Ergänzungen in der Übersetzung theils als Anmerkungen, theils auch unmittelbar nach den betreffenden Abschnitten als Zusätze eingeschaltet worden, und zwar nicht willkürlich, sondern ganz nach der von dem Hrn. Verfasser selbst dazu gegebenen Anweisung; doch ist dabei stets die Stelle im Original näher angegeben worden.

Eine wesentlichere Änderung hat nur, in Folge einer besondern Aufforderung des Herrn Verfassers, durch die neuen Zusätze statt gefunden, welche ich theils in einer

Menge von Anmerkungen*) unter dem Text, wobei ich die Ergebnisse neuer Forschungen mit wenigen Worten andeutete oder oft nur die Schriften citirte, welche nach dem Druck des Originals über einen Gegenstand erschienen waren, — theils bei grösserem Umfange den resp. Abschnitten oder dem II. Bande angehängt habe. Ich darf mir wohl schmeicheln, dass mir dabei keine andere Absicht untergelegt werde, als die, durch Berücksichtigung der neuesten Forschungen und Entdeckungen das Werk zu ergänzen, und dass man wegen dieser nicht unbedeutenden Erweiterung die deutsche Ausgabe um so eher als eine vermehrte bezeichnen darf, als der Herr Verfasser selbst die besondere Güte gehabt, mich mit zahlreichen, neuen brieflichen Nachrichten und andern Materialien behufs der Vervollständigung zu unterstützen. Alles, was ich hinzugefügt, selbst der geringste Zusatz, ist bei den Anmerkungen durch Einschliessen in eckige Klammern [ ], häufig auch noch durch ein hinzugefügtes M. unterschieden. In den ergänzenden Zusätzen ist gleichfalls bestimmt angegeben, welche Materialien dazu von dem Hrn. Verfasser geliefert worden und was meine Arbeit daran ist, damit der Leser überall deutlich erkennen möge, was dem Verfasser angehört und was nur unter Verantwortlichkeit des Herausgebers hinzugekommen ist. Unter diesen Zusätzen lenke ich die Aufmerksamkeit namentlich auf die wichtigen Beobachtungen während der letzten Jahre in dem Tieflande des caspischen und Aral-Sees. Ich glaube, dabei mit einer nicht

*) Nur selten und bloss des leichtern Verständnisses oder der Raumersparniss halber ist ein kurzer Zusatz oder eine Änderung im Text und in einigen Tafeln selbst vorgekommen; es sind diese Stellen jedoch stets durch eckige Klammern [ ], wie in den Anmerkungen, gewissenhaft unterschieden worden.

zu weit getriebenen Kritik auf die Hauptlücken in unseren Kenntnissen hingewiesen und die Grundlagen neuerer Hypothesen erörtert zu haben. — Ferner hebe ich meine Zusammenstellung der sehr zahlreichen Beobachtungen von Quell-, Brunnen- und Grubentemperaturen hervor, welche auf der sibirischen Reise statt gefunden. Durch Hrn. G. Rose's historischen Reisebericht waren nur einzelne Data zur Kenntniss gekommen, und da die vollständige Publication, welche dort nicht statt gefunden und doch in diesem Werke (II. Bd., S. 47) versprochen war, höchst wünschenswerth schien; so wandte ich mich an Hrn. v. Humboldt mit der Bitte um Mittheilung der von ihm und Hrn. Rose angestellten Observationen: diese wurden mir, indem der Hr. Verfasser mir seine handschriftlichen Tagebücher von der sibirischen Reise zum freiesten Gebrauch überliess. Ich habe meiner Zusammenstellung der Beobachtungen, deren Werth ich durch Vergleichung mit andern Messungen zu erhöhen bemüht war, einige allgemeine Bemerkungen über das Verhältniss von Quell- und Bodentemperatur, über die Bestimmung der Linien gleicher Bodenwärme (Isogeothermen) u. dgl. vorausgeschickt.

Da der Herr Verf. mir ganz freigestellt hatte, in den klimatologischen Zahlenelementen die durch neue Materialien und Reductionen der Mittel etwa erforderlich scheinenden Änderungen und Vermehrungen vorzunehmen; so habe ich mich, statt dies in den Ergänzungen zu thun, wegen des schon ansehnlich vermehrten Umfanges darauf beschränkt, diese Arbeit, — obgleich sie eine beträchtliche Zeit in Anspruch nahm und desshalb, in Verbindung mit einer Reise im verflossenen Sommer und der Verarbeitung zahlreicher Materialien zu den ergänzenden Zusätzen, das Erscheinen des ganzen Werkes um ein paar Monate hinausrückte, — nur für die Temperaturtafeln auszuführen, da namentlich die im Original veröffentlichten grösstentheils bereits in den J. 1839 und 1840 verfasst waren, wo ich mit der Berechnung der in Dove's Repertorium der Physik, Bd. IV., zusammengestellten und damit in nahem Zusammenhange stehenden Tafeln beschäftigt war. Seitdem hatten die Angaben für manche Orte beträchtliche Änderungen erlitten; noch leichter ersichtlich ist jedoch die Umgestaltung der Tafeln an der Zahl der Orte und der Jahre, welche den Berechnungen zu Grunde gelegt worden. Während meine Tafeln im Original 305 Beobachtungsorte enthielten, zu deren Berechnung überhaupt etwa 3800 Jahre benutzt wurden, hat sich die Zahl der Orte in den am Schlusse dieses Werkes beigefügten vier Tafeln auf 422, und die Gesammtzahl der Jahre auf mehr als 5300 gesteigert, so dass die Zahl der einzelnen Observationen des Thermometers, welche den darin mitgetheilten Werthen zu Grunde liegen, überhaupt auf nicht weniger als $5\frac{1}{2}$ Million anzuschlagen ist. Nichtsdestoweniger kann ich nicht leugnen, dass gar manche Mittel der Temperatur noch zweifelhaft erscheinen, insofern Beschaffenheit und Aufstellung der Instrumente, Kürze der Beobachtungszeit, Unsicherheit in den Methoden der Correction auf wahre Media, besonders bei kürzeren Zeitabschnitten im Jahre u. s. w., bewirkten, dass einige Mittel nur als angenäherte und nicht als absolute Werthe gelten können. Mit dem Fortschritt der Meteorologie werden dergleichen Angaben allmälige Berichtigung und Vervollständigung erfahren, und da solche Tafeln, wie alle übrigen der messenden Wissenschaften das gleiche Schicksal theilen, dass nämlich einzelne Werthe in der Regel nur für eine gewisse Zeit gelten; so wird man alle diejenigen Mängel, die aus dem heutigen Standpunkt unserer Kenntnisse entspringen, billiger Weise dem Autor zu gut halten. Wenn nun auch eine flüchtige Vergleichung zwischen meiner Arbeit und Dem, was bisher von Andern auf diesem Gebiete geleistet worden*), einen Beweis von dem unausgesetzten Streben nach Vervollkommnung abgiebt; so dürfte doch Mancher einen oder den andern Ort in den Tafeln vermissen, von welchem hier Beobachtungen zu Gebot stehen. In solchen Fällen bemerke ich nur, dass mich triftige Gründe bei der Auswahl geleitet haben, deren Erörterung hier an der unrechten Stelle wäre und für viele Stationen bereits an einem andern Orte statt gefunden hat. Im Allgemeinen will ich nur als Resultat einer vollständigeren Untersuchung mittheilen, dass mit Ausnahme geringer Modificationen meine Karte von den Curven der Jahres-Isothermen (d. i. Linien gleicher mittlerer Jahreswärme am Meeresspiegel) im IV. Bande des gedachten Repertoriums in allen wesentlichen Stücken unverändert bleibt. Wenn vielleicht künftig innerhalb der Gebiete mit excessiv-continentalem oder mit einem Ostküsten-Klima in der Alten und Neuen Welt grössere Abweichungen an's Licht treten, so gebe ich zu erwägen, dass die Kenntniss der nichtperiodischen Veränderungen der Wärmevertheilung dort keineswegs so weit vorgeschritten ist, um irgend mit Sicherheit über die Grösse der wahrscheinlichen Fehler in einer graphischen Zeichnung einen Maassstab zu liefern. Sobald wir erst im Stande sind, nach Art der erdmagnetischen Linien für einerlei Zeitabschnitte Jahres-Isothermen auf der ganzen Erdoberfläche zu entwerfen, was ich für beschränkte Räume schon vor fünf Jahren ausgeführt habe;

---

*) In der trefflichen Untersuchung von Hrn. Kämtz über die Isothermen (im J. 1832) enthalten die Temperaturtafeln erst 145 Orte und die Anzahl der zu Grunde gelegten Beobachtungsjahre beträgt etwa 1160 oder etwas über doppelt soviel als in Hrn. v. Humboldt's Tafeln vom Jahre 1817 (vergl. in diesem Werke Bd. II, S. 426).

so wird sich ergeben, dass das damals erhaltene und seitdem von Hrn. Dove für kürzere Abschnitte des Jahres so umfassend nachgewiesene Gesetz die höchste Berücksichtigung bei der Construction von Isothermenkarten verdient. Solche gleichzeitigen Beobachtungen lehren, dass nicht nur die Lage der Isothermen der Monate und Jahreszeiten anscheinend unregelmässigen Veränderungen unterworfen ist, sondern dass auch die Curven der mittleren Temperatur einzelner Jahre um eine mittlere oder wahre Lage gegen den Pol und den Äquator oscilliren und zwar weder in allen Breiten und Längen um gleichviel, noch in gleichem Sinne. Darum vor Allem wird eine Combination von kurzen Beobachtungsreihen, wie sie uns namentlich von dem Innern der grossen Continente noch immer erst zu Gebot stehen, mit vieljährigen in andern Gegenden mehr oder weniger misslich und oft fehlerhaft erscheinen, obwohl alle bisherigen Isothermenkarten so construirt sind. Hierzu kommt ferner der Umstand, dass man leider verhältnissmässig noch immer nicht genug Gewicht auf die localen Verhältnisse bei den Temperaturbeobachtungen legt und dass man bisher zu wenig auf den eigenthümlichen Gang der täglichen Wärmeänderungen in verschiedenen Klimaten geachtet hat, worauf doch jede Correction auf wahre Temperatur basirt. So lehren schon die neuesten Beobachtungen auf den meteorologisch-magnetischen Observatorien des russischen Reiches, dass die Form der Curven des täglichen Wärmeganges bei Tage und Nachts unerwartet grosse Abweichungen von der an den Westküsten zeigt. Wir dürfen mit Zuversicht hoffen, dass die russische und die englische Regierung, welche das Feld des Erdmagnetismus und der vergleichenden Klimatologie in unsern Tagen zum Gegenstande ihrer speciellen Fürsorge gewählt haben, uns bald in den Stand setzen werden, an die

Stelle mehr oder weniger hypothetischer Correctionen in unsern Tafeln die Ergebnisse unmittelbarer Beobachtungen zu setzen. Wenn es erlaubt wäre, hier noch einen Wunsch auszusprechen, der in einer Untersuchung über die Veränderlichkeit der täglichen Temperaturvariationen in verschiedenen Jahren begründet ist; so möchte es der sein, dass an zweckmässig gewählten und mit Umsicht vertheilten Punkten in der Alten und Neuen Welt die stündlichen Beobachtungen so viele Jahre ununterbrochen fortgesetzt würden, als erforderlich scheinen, um den Resultaten eine Brauchbarkeit für alle Zeiten zu verleihen.

Endlich bemerke ich noch, dass auch auf der Karte, welche sowohl in der Bergzeichnung als in der Namenstellung eine getreue Copie des Originals ist, einige wesentliche Änderungen im Gebiet des caspischen und Aral-Sees, mit Genehmigung des Hrn. Verf., eingetragen sind, welche sich auf die Entdeckungen der letzten Jahre stützen. Die im Text Bd. I. (Th. I.), S. 193 Anm.* und S. 196 Anm.* genannten drei Zeichnungen: a) die von dem Granitkegel Mochnotaja Sopka bei Buchtarminsk und b) die beiden Profile des Irtysch-Ufers, wo Granit auf Thonschiefer lagert, hat der Hr. Verf. fortgelassen, da sie bereits im I. Th. von Rose's Reise publicirt waren, wo sie S. 584 und 611 nachzuschlagen.

In Betreff der in dem Werke vorkommenden Maasse bemerke ich, dass bei den Längenmaassen, sobald nicht das Gegentheil oder eine Reduction ausdrücklich angeführt ist, pariser Fusse oder Mètres (m.) oder Toisen (t.), französische Meilen, bei der Temperatur die hunderttheilige Skale, und bei den Gewichten französisches oder russisches gebraucht ist. Bei diesen wie bei den Münzen habe ich gewöhnlich die Reduction auf preussisches Maass noch in Klammern hinzugefügt. Als Decimalzeichen bediene ich mich des Punktes statt des bei uns üblicheren Kommas.

So angelegen ich es mir auch habe sein lassen, bei den zahlreichen Namen einerlei Schreibart zu befolgen, so haben sich dennoch mancherlei Abweichungen eingeschlichen, die der geneigte Leser mit Nachsicht beurtheilen möge. In der Orthographie der chinesischen Laute bin ich der von Hrn. Stan. Julien revidirten vergleichenden Tafel (nach deutscher Aussprache) gefolgt, die Hr. Edouard Biot in seinem neuen Werke: *Dictionnaire des noms anciens et modernes des villes et arrondissements du* 1ier, 2ième *et* 3ième *ordre compris dans l'empire chinois etc.* (*Paris* 1842), worin auch Klaproth's Karte von China berichtigt erschienen, p. VII u. fg. mitgetheilt hat. Im Allgemeinen ist hierin ausser einigen geringen Abänderungen die ältere, von Abel-Rémusat aufgestellte Orthographie beibehalten. — Unter den Druckfehlern am Schlusse sind nur diejenigen aufgeführt, die sich nicht auf den ersten Blick als solche kund geben; einige im Original aufgefundene sind berichtigt.

Wenn Alexander v. Humboldt, wie ich kürzlich in einer gedrängten Übersicht seines Lebens und Wirkens hervorgehoben, der Hauptbegründer und Repräsentant des Zustandes ist, den sich die Forschung überhaupt in unserm nach Universalität strebenden Zeitalter gebildet hat; und wenn darum schon jedes seiner Werke ein grosses Vermächtniss für die kommenden Geschlechter ist: so wird der Leser auch in den folgenden Untersuchungen über den Bau der Erde in der Alten Welt wieder von Bewunderung ergriffen werden, wie sich in Humboldt mit dem gründlichsten Studium unzähliger Quellen die umfassendsten Kenntnisse in allen Bereichen menschlichen Wissens vereinen; er wird mit steigendem Interesse wahrnehmen, mit welchem Talente Humboldt die wechselseitige Durchdringung aller Zweige der Naturforschung unter sich und den ewigen Einfluss der Natur auf das Leben und die Schicksale der Völker zu erkennen und in nicht geahnter Einfachheit darzustellen weiss; er wird ihm endlich mit hohem Genuss in der Kunst folgen, die so Wenigen verliehen, ein Chaos von Thatsachen zu sammeln, zu ordnen und zu sichten, und sich dann combinatorisch zu jenen allgemeinen Ideen und Anschauungen zu erheben, in denen alle Einzelheiten wie Strahlen im Brennpunkte zusammenfliessen. Dann gewahrt er plötzlich mit Überraschung, wie durch deren Vereinigung wieder der innere Zusammenhang einander fremdartig scheinender Phänomene zum klaren Bewusstsein gelangt ist und wie ihn der Verfasser zu jenen grossen Naturgesetzen geführt hat, welche im anscheinend Regellosen herrschen und sich den Blikken der Forscher bisher entzogen hatten. — Der Übersetzer würde sich glücklich schätzen, wenn das Publicum seinen Bestrebungen bei der Herausgabe eines so reichhaltigen Werkes, durch welche demselben in Deutschland eine grössere Verbreitung gesichert werden sollte, die Anerkennung schenkte, welche ihm der Herr Verfasser selbst so wohlwollend hat zu Theil werden lassen.

Salzbrunn, 31. Juli, und Berlin, 28. Aug. 1844.

Wilhelm Mahlmann.

Einleitung.

Ich habe in diesem Werke die Resultate meiner Studien über Central-Asien zu vereinigen versucht und darin den gegenwärtigen Zustand unserer Kenntnisse, die Grundlagen unserer Karten, die Richtungen, welche sich in den Unebenheiten des Bodens an der Oberfläche eines weit ausgedehnten Continents darstellen, betrachtet. Es giebt in der Erhebung der Massen, in der Ausdehnung und Richtung der Gebirgssysteme und in ihren relativen Stellungen herrschende Grundzüge, welche seit den ältesten Zeiten Einfluss auf den Zustand der menschlichen Gesellschaft ausgeübt, die Tendenzen ihrer Wanderungen bestimmt, die Fortschritte der geistigen Cultur begünstigt oder verzögert haben.

In dieser Arbeit, welche ich vor einer langen Reihe von Jahren unternommen, ist mein Hauptbestreben gewesen, diese unvergänglichen Züge zu bezeichnen, durch welche es der Natur gefallen, den Boden, die Klimate und die Erzeugnisse mannigfaltig zu verändern. Mein Werk wird keinen der Reize darbieten können, welche zuweilen noch die Erzählung des Reisenden besitzt, wiewohl in unserer Zeit selbst die fernsten Regionen leicht zugänglich geworden sind. In jedem Jahrhundert durchdringt eine neue Richtung der Ideen die Geister. Durch das Zusammenwirken verschiedener Zweige der Naturwissenschaften, die geeignet sind, sich wechselweise zu befruchten; durch die Kunst, die grösste Menge von Thatsachen zu sammeln, zu ordnen und sich auf dem Wege der Induction zu allgemeinen Ideen zu erheben, dadurch vermag man ein Interesse einzuflössen, welches man, vielleicht mit Unrecht, den speciellen Studien in gleichem Grade einzuräumen abgeneigt ist.

Das vorliegende Werk enthält in den ersten zwei Theilen Betrachtungen über die Richtung der Bergketten und über die grossen geologischen Eigenthümlichkeiten, wodurch sie sich von einander unterscheiden; im dritten Theile Untersuchungen über die Klimatologie Asiens und den Erdmagnetismus. Eben so wie ich im orographischen Theil oft auf die Analogien und Contraste hingewiesen habe, welche Asien mit den Cordilleren der neuen Welt oder dem Alpengebiet Europas darbietet, was nur eine peninsulare Fortsetzung von Asien ist; so habe ich auch an die Klimatologie dieses Erdtheils allgemeine Untersuchungen geknüpft über die Form der Isothermen-Linien, über die Ursachen ihrer Inflexionen und über die Höhe des ewigen Schnees auf beiden Hemisphären, indem ich die untere Grenze desselben am Kaukasus, auf den beiden Abhängen des Himalaya, in Mexiko und auf den Andes von Bolivia verglichen. Auf vier Tafeln ist neben einer genauen Angabe der drei geographischen Coordinaten, der Breite, Länge und Höhe, die mittlere Wärme des Jahres, der vier Jahreszeiten, des kältesten und wärmsten Monats aus allen bekannten Gegenden der Erde, von $74\frac{3}{4}^0$ nördl. bis $53\frac{1}{2}^0$ südl. Br. zusammengestellt. Diese Tafeln, welche von einem vortrefflichen Physiker, Herrn W. Mahlmann (in Th. III.) nach den neuesten Beobachtungen verfasst wurden, enthalten 315 Oerter: sie geben die numerischen Elemente der positiven Meteorologie, welche sich, wie die unsern astronomischen Tafeln zu Grunde liegenden, durch Anwendung schärferer Methoden und genauerer Instrumente täglich vervollkommnen.

Von den Untersuchungen aus der vergleichenden Geologie, wie man sie nennen könnte, erlaube ich mir, insbesondere eine erste Zahlenbestimmung der mittleren Höhe der Continente hervorzuheben, d. h. der Höhe des Schwerpunkts von dem Volumen des sich gegenwärtig über das

Niveau des Ozeans erhebenden Festlandes. Diese Untersuchung der Höhen und der Oberfläche des Terrains, welches die Gebirgsketten und die Ebenen einnehmen, scheint uns die Regionen unseres Planeten zu bezeichnen, in welchen die im Schooss der Erde thätigen und sich entwickelnden Kräfte am Mächtigsten wirksam gewesen sind, die äussere Kruste zu heben. Sie ward von dem unsterblichen Verfasser der *Mécanique céleste* mit Betrachtungen über die mittlere Tiefe der Meere verbunden, eine Verknüpfung, welche nach Plutarch bereits von den Physikern von Alexandrien dunkel erkannt wurde. Diese nahmen an, dass die Culminationspunkte der Continente die tiefsten Abgründe im Meeresbecken nicht an Höhe übertreffen dürften.

Der dritte und letzte Theil handelt von der ausserordentlichen Trockenheit der Luft, welche Herr Rose und ich in den Steppen Sibiriens fanden, von den Mitteln und der grössten Kälte in den Jahren 1839 und 1840, welche Herr von Tschihatscheff auf der Expedition gegen Khiwa zwischen dem Aral- und Caspischen See und Herr Khanikoff zu Bokhara beobachteten. Derselbe schliesst: 1) mit der Sammlung meiner magnetischen Beobachtungen zwischen den Meridianen St. Petersburgs und des Altai, auf einer Strecke von 53 Längengraden; 2) mit einer Discussion meiner astronomischen Observationen, welche als Basis für die Geographie Nord-Asiens und zur Bestimmung der Lage derjenigen Punkte dienen sollen, für welche die Inclination und die Intensität der magnetischen Kräfte ermittelt worden; 3) mit officiellen Nachrichten über die Metallschätze des Urals und der Goldregion Sibiriens, welche sich im Osten dieser Kette ausbreitet und ganz Asien zwischen $54\frac{1}{2}$ und 56^0 Br. zu durchschneiden scheint und deren reichhaltigste Alluvionen auf der dies Werk begleitenden Karte bezeichnet sind. Die Total-Production an Waschgold, welche im ganzen russischen Reiche 1829, zur Zeit meiner Expedition, nur 4718 Kilogr. betrug, hat sich im Jahre 1842 auf 15890 Kilogr. [à 2.13807 preuss. Pfd.] belaufen.

Dieser ausserordentliche Reichthum Asiens an Gold, diese Massen gediegenen Goldes, welche in geringen Tiefen unter dem Rasen, bis zu einem Gewicht von 36 Kilogr., gefunden werden, erinnern fast unwillkürlich an die Issedonen, die Arimaspen und jene Urquelle des Goldes der Griechen, auf welche uns nach den Andeutungen des Aristeas von Proconnesus das Itinerar des Herodot führt. Der gegenwärtige Reichthum, verglichen mit der Menge der edlen Metalle, welche seit der frühesten historischen Zeit andere Regionen der beiden Continente für den Handel und die Künste geliefert, ist wichtig genug für die Staatsökonomie, um hier darauf aufmerksam zu machen. Ich habe an einem andern Orte (Ueber die Schwankungen der edlen Metalle zwischen Europa, Asien und der neuen Welt) die Frage erörtert, warum eine Quantität Waschgold von 102250 Kilogr. Gewicht, 312 Millionen Francs [$83\frac{1}{2}$ Mill. Thaler Pr.] an Werth, welche in den Jahren 1827 bis 1841 aus den Alluvionen des Urals und Sibiriens gezogen worden, dennoch einen so wenig merklichen Einfluss auf das Verhältniss des Goldes zum Silber gehabt.

Diese Bemerkungen dürften hinreichen, um zu beweisen, wie viele verschiedene Gegenstände aus dem Gebiete der Physik des Erdballs und der historischen Geographie, welche ich in diesem Werke behandle, sich mit den speciellen Studien über die Geologie und Klimatologie Asiens, welche dazu die Grundlage bilden, verknüpfen mussten. — Der Druck, welcher bereits im Jahre 1839 zu Paris begonnen war, aber durch Reisen und durch die Folgen eines grossen und schmerzlichen Ereignisses in meinem Vaterlande unterbrochen wurde, hat erst vor wenigen Tagen beendigt werden können. Diese lange Verzögerung und die Schwierigkeit der Herausgabe in einer fremden Sprache lassen mich das Bedürfniss der Nachsicht empfinden. Ich bin indess weit davon entfernt, sie als ein Recht in Anspruch zu nehmen. Der Verfasser ist zu sehr von dem Gefühl seiner Pflichten gegen das Publicum durchdrungen, Pflichten, welche ihm seine lange Laufbahn auferlegt hat, als dass er um mehr, als strenge Gerechtigkeit bitten sollte. Bei wissenschaftlichen Arbeiten, welche Genauigkeit und beharrlichen Fleiss erfordern, darf die eigenthümliche Stellung einen Autor nicht entschuldigen, wenn das Unternehmen als ein solches beurtheilt wird, welches seine Kräfte und die Sphäre seiner Kenntnisse überstiegen.

Es bleibt mir noch übrig, die Beziehungen und den Zusammenhang kurz zu erläutern, in welchen sich dies Buch über Central-Asien mit andern vorangegangenen Publicationen befindet. Als ich im Jahre 1804, nach einer fünfjährigen Abwesenheit, von Mexiko nach Europa zurückkehrte, konnte ich meine Beobachtungen über die Grenze des ewigen Schnees in den Cordilleren mit keiner Messung im Himalaya, Hindu-Kho, Kaukasus oder am Ararat vergleichen. Moorcroft besuchte das tübetische Hochland von Daba erst im Jahre 1812. Die grossen geodätischen und hypsometrischen Arbeiten von Webb, Hodgson, den Gebr. Gerard und Will. Lloyd fallen sämmtlich in den Zeitraum von 1819—1821. Wie überall, gingen auch in Asien abenteuerliche Expeditionen von Reisenden den wissenschaftlichen Arbeiten voran. In England erhoben sich Zweifel über die Genauigkeit der Bergmessungen in Indien und über die erstaunliche Höhe der Schneegrenze am nördlichen Abhange des Himalaya; dies veranlasste mich in den J. 1816 und 1820 zwei Abhandlungen über die Gebirge Indiens (s. Th. III.) zu veröffentlichen, um darzuthun, dass Betrachtungen über die terrestrische Strahlenbrechung und aus der allgemeinen Physik keineswegs den Verdacht grober Fehler in den Messungen rechtfertigten. Den Schluss der zweiten Abhandlung bildeten Ansichten über die grossen Gebirgssysteme, welche man zwischen dem Himalaya und Altai auf dem beträchtlichen Raume von 22 Breitengraden annehmen muss. Dieselben wurden bald der Gegenstand häufiger Mittheilungen meines gelehrten Freundes Herrn Colebrooke, eines von den wenigen Männern, in welchen Mannigfaltigkeit der Kenntnisse sich mit Tiefe der Auffassung vereinigte.

Ich empfand ein stets wachsendes Bedürfniss, selbst das Innere des asiatischen Continents zu besuchen, um die geologische Constitution seines Bodens mit der von Süd-Amerika, wovon ich damals die *Carte orographique* entwarf, zu vergleichen. Das Gebiet, welches die berühmtesten und muthigsten Reisenden Indiens im Himalaya und den beiden Ketten des Hindu-Kho untersuchen konnten, bildet nur einen sehr kleinen Theil der weiten Oberfläche von Asien; um aber eine genaue Vorstellung von der wirklichen physischen Constitution eines Continents, von der Eigenthümlichkeit seines Reliefs zu gewinnen, müsste man die Gesammtheit der Beziehungen der Ebenen und der Erhebungen kennen, welche sich durchkreuzen oder einander parallel fortziehen. Diese Betrachtung bietet sich dem Geologen zuerst dar und hat mich die Nothwendigkeit fühlen lassen, aus allen Quellen zu schöpfen, welche zur Bereicherung der Wissenschaft beitragen zu können schienen.

Meine Aufmerksamkeit musste natürlich vorzugsweise auf die in der asiatischen Literatur so zahlreichen und wichtigen Zeugnisse gerichtet sein. Die mit einem seltenen Scharfsinn verfassten Schriften Klaproth's, insbesondere seine wichtigen Untersuchungen über die Geographie und Geschichte der Racen und Wanderungen der asiatischen Völker, sein glückliches Talent, die Thatsachen zu combiniren, sind für mich, und ich wage hinzuzusetzen, für eine grosse Anzahl von Personen, welche sich seit zwanzig Jahren den asiatischen Studien gewidmet haben, eine reiche Fundgrube für allgemeine Belehrung, insbesondere über die orographische Kenntniss des Landes, geworden. (S. Landresse's interessantes Mém. im *Journ. asiat. t. XVI. p.* 250—272.)

Schon vor langer Zeit hatten meine Untersuchungen über die Geographie der Pflanzen und den Wärmegrad, welcher zu gewissen Culturen erfordert wird, die Continuität eines grossen Plateaus der Tartarei in den Regionen zweifelhaft erscheinen lassen, welche von dem Venetianischen Reisenden besucht und bewundernswürdig beschrieben worden (s. Th. II. und III.). Man charakterisirte dies Plateau, wie Hippocrates schildert (*de aere et aquis*, §. XCVI. p. 71): „die hohen und nackten Ebenen Scythiens, welche, ohne von Bergen gekrönt zu sein, sich verlängern und bis unter den Bären erheben.“ Klaproth hat das specielle Verdienst gehabt, dass er in einem Theile Asiens, welcher in ganz anderer Weise als Kaschmir, Baltistan oder die heiligen Seen (Manassa und Rawana-hrada) central ist, die wahre Position und Verlängerung zweier ganz verschiedener Gebirgsketten, des Kuen-lun und Thian-schan, kennen lehrte. Wir verdanken die genaue Bestimmung zweier gewaltigen Gebirgsmauern, welche einen der hervorstechendsten Züge in der Configuration Asiens ausmachen, Documenten, welche der chinesischen Literatur entnommen sind.

Der berühmte Pallas hatte schon die Wichtigkeit des Systems des Himmelsgebirges (Thian-schan) geahnt, ohne dass er die vulkanische Natur desselben gekannt hätte; aber, befangen in der zu seiner Zeit in einer dogmatischen und phantastischen Geologie herrschenden Ansicht „strahlenförmig" sich ausbreitender Ketten, erblickte Pallas im Bogdo-Oola „einen Centralknoten, von dem aus alle andern Bergketten Asiens in Strahlen ausgingen, einen Knoten, welcher das übrige Continent beherrschte" (s. Th. I.). Das System des Kuen-lun, welches das Plateau von Tübet im Norden begrenzt, ist in Bezug auf die Continuität des Kammes in einerlei Richtung das wichtigste geologische Phänomen unter allen Ketten der alten Welt. Ich glaube, mit einiger Klarheit in diesem Werke auseinandergesetzt zu haben, dass der Elbruz Persiens, auf welchem sich der Vulkan Demavend erhebt, wie die Kette des Hindu-Kho (des indischen Kaukasus der Historiographen Alexanders) nicht die Fortsetzung des Himalaya sind, wie man bisher allgemein angenommen hat, sondern eine Verlängerung der Kette des Kuen-lun; dass nahe an der Durchkreuzung mit der südlichen Kette des Bolor (Imaus der Alten) der Himalaya, mit der Richtung von NW. nach SO., sich an den Kuen-lun anschliesst, von welchem er, um mich eines in der Theorie der Gänge gebräuchlichen Ausdrucks zu bedienen, einen begleitenden Zweig (*branche accompagnante*) (s. Th. I.) bildet; dass endlich die grossartige Ansicht des Eratosthenes über die Fortsetzung des Taurus quer durch ganz Asien, unter dem Parallelkreise von Rhodus (des Diaphragm Dicaearch's) zum Theil auf die Vorstellungen gegründet sein konnte, welche vom westlichen Indien her zu den Persern und Griechen gelangten (s. Th. I.). Als eine Stütze für diese Conjectur führt Herr Guigniaut eine sehr merkwürdige Stelle aus dem 2. Buche des Cosmas Indicopleustes an; es heisst in der christlichen Topographie, welche aus dem 6. Jahrhundert datirt: „Nach der Behauptung der indischen Philosophen, Brachmanen genannt, würde eine Schnur, von Tzinitza (Tinae) quer durch Persien und Romanien gelegt, genau die Mitte der bewohnten Erde abtheilen. Die Brachmanen, fügt der Reisende Cosmas hinzu, könnten wohl Recht haben."

Zweimal habe ich in meinem Leben die Hoffnung gehabt, in's Innere von Asien einzudringen, entweder von Kaschgar und Yarkand oder auf dem leichteren Wege von Persien aus (s. Th. II.). Diese Pläne, welche mich lange Zeit lebhaft beschäftigten, führten mich nothwendig zu einem eifrigen Studium der Sprachen, wie zu einer mühsamen Aufsuchung aller mir zugänglichen Documente, welche mir über die Orographie und Klimatologie des ganzen Asiens Aufschlüsse geben konnten. Diese Arbeiten waren anfänglich nur Vorstudien; aber sie gewannen eine grössere Ausdehnung, als ich im Jahre 1829 auf Befehl Sr. Maj. des Kaisers von Russland eine Reise nach dem Ural, dem Altai und dem caspischen Meere unternahm. Kurz nach meiner Rückkehr setzte ich meine ersten Ideen über die Richtung der Gebirgssysteme zwischen dem Himalaya und Sibirien in den *Fragments asiatiques*, 2 *vol.*, auseinander. Die grosse Karte, welche Klaproth auf Kosten der preuss. Regierung unter dem Titel: *Carte de l'Asie centrale dressée d'après les Cartes levées par ordre de l'Empereur Khian-loung par les Missionaires de Péking et d'après un grand nombre de notions extraites et traduites de livres chinois*, herausgab, ist erst 5 Jahr später, nach seinem Tode, als hinterlassenes Werk erschienen; aber ich erkläre hier mit Vergnügen, dass weit früher schon die ersten Abdrücke zu meiner Kenntniss gelangt waren. Da die Analyse dieser Karte, in Form eines erläuternden Mémoire, noch nicht gedruckt ist, so dürfte es für die Geographie Asiens nicht ohne Interesse sein, wenn ich in dieser Einleitung, nach einer kurzen Notiz Klaproth's vom Jahre 1832, noch einige besondere

Erläuterungen mittheile.

„Ich glaube," schrieb mir der Verfasser, „dass ich in Europa das einzige vollständige Exemplar der Karte besessen, welche der Kaiser Khian-lung in der Mitte des 18. Jahrhunderts von den Pat. Felix d'Arocha, Espinha und Hallerstein zeichnen liess; die Beobachtungen derselben waren mit andern Materialien vermengt worden, welche nicht alle gleichen Werth besassen. Zuerst mussten die Namen und die auf der Karte eingetragenen Bemerkungen übersetzt werden, was grosse Vorsicht erheischte. Diese Uebertragung wurde um so schwieriger, als eine beträchtliche Zahl von Namen aus andern asiatischen Sprachen mit solchen chinesischen Ursprungs untermischt waren. Jene waren meist sonderbar entstellt und ich musste stets meine Zuflucht zu dem Werke nehmen, welches der Kaiser Khianlung zu Peking hatte herausgeben lassen und welches die Regeln der officiellen Uebertragung der mandschuischen und mongolischen Namen enthält. Die Uebersetzung meiner Karte, deren Grenzen ich in 62 und 119° Lg. und 27 und 52° Br. angenommen, befand sich schon im Stich, als ich erfuhr, dass zu London in den Archiven der ostindischen Compagnie, deren Directoren meine Arbeiten stets mit besonderem Wohlwollen beehrt haben, eine neue, sehr vermehrte Ausgabe des chinesischen Originals angekommen war. Ich begab mich unverzüglich zweimal nach England, 1823 und 1825, um Alles, was zur Vervollkommnung meiner ersten Arbeit dienen konnte, auszuziehen und zu übersetzen. Ich verdankte ebenfalls (1830) der liberalen Gesinnung der ostindischen Compagnie andere kostbare Documente, insbesondere 9 kleine chinesische Karten über die Topographie des Landes zwischen Tübet und der vulkanischen Kette des Thian-schan."

Die Aufnahme, welche das Publicum meinen asiatischen Fragmenten schenkte, hatte schon längst eine neue Auflage derselben erfordert. Ein Blick auf die Materialien, welche ich seit zwölf Jahren gesammelt und von denen die wichtigsten nicht herausgegeben worden, nöthigte mich, diesen Plan aufzugeben. Meine Ansichten über die Geologie

Asiens hatten sich erweitert, mehrere der ersten Uebersichten waren berichtigt worden, und es schien mir daher zweckmässiger, ein ganz neues Werk herauszugeben. Ich glaube, demselben mit Recht den kurzen, vielleicht zu sehr einschränkenden Titel: *Central-Asien* beigelegt zu haben; denn fast die Hälfte des ersten und der ganze zweite Band behandeln die Gebirgssysteme des Thian-schan, Kuen-lun und Bolor.

Es dürfte nicht unangemessen sein, bei dieser Gelegenheit darauf aufmerksam zu machen, wie unbestimmt und unpassend die Ausdrücke *Central-Asien* und *Hoch-Asien* in der gewöhnlichen Anwendung derselben sind. Man verwechselt die Begriffe *centrale*, *unbekannte* und *innere Regionen* eines Continents, als ob sie synonym wären. Wenn die Reisenden von Indien her die Kette des Himalaya von Süden nach Norden übersteigen und an den beiden heiligen Seen auf dem Plateau anlangen, welches man ehemals „die Hochebenen der Tartarei" benennen zu müssen glaubte, so wandern sie ohne Zweifel *nach* dem centralen Asien; aber bei den heiligen Seen sind sie von der Mitte Asiens grade eben so weit entfernt, als die Bewohner Sibiriens unter dem Parallel von Tobolsk, Krasnoyarsk oder der nördlichsten Spitze des Baikal-Sees. Betrachtet man die Configuration Asiens und berechnet, mit Vernachlässigung der peninsularen Verlängerungen wie der Golfe und Krümmungen der Küsten, die Grösse seiner Oberfläche, so findet man, dass das Centrum Asiens zwischen den 24. und 65. Parallelgrad und zwischen die Meridiane des caspischen Meeres und der Südsee fällt, folglich nahe in 44½° Br. und 85° östl. Lg. Par. liegt. Diesen Mittelpunkt Asiens treffen wir zwischen den Ketten des Thian-schan und Altai in der Nähe des Sees Ayar, folglich, nach den schönen astronomischen Beobachtungen des Herrn *Fedorow* (s. Th. II.) an der Mündung des Lepsa, fast in gleichem Parallel mit der Südspitze des Balkhasch, im SO. der chinesischen Stadt Tschugutschak, wenn die Kette des Tarbagatai auf meiner Karte nicht etwa zu weit südlich gesetzt ist. Vom See Ayar bis zum Litoral des

Eismeers beträgt sogar der Abstand nur 20½° und vom Bengalischen Golf 22½° Breite. Wollte man mit dem Ausdruck Central-Asien, was eine zweckmässige und wissenschaftliche Annahme wäre, die Region bezeichnen, welche 5° nördl. und 5° südl. von jenem mittlern Parallel 44½° (dem Centralparallel des Areals) gelegen ist; so würde man demselben den 39½. und 49½°. der Br. zur Grenze geben, so dass der südlichste Theil des Kolywanschen Altai zwischen den Parallelen von Buchtarminsk und Ustkamenogorsk und ein grosser Theil der Kirghisen-Steppe (Mittlere und Kleine Horde) in Central-Asien einbegriffen wären. Die Quellen des Indus, die Hochebenen des Deotsuh und Klein-Tübet, wohin neuerlichst (s. Th. III.) ein unternehmender Reisender, Herr Vigne vordrang, würden noch um 4—8 Breitengrade von der Centralregion, nach der eben aufgestellten Definition, entfernt bleiben. Wollte man nicht die Breiten berücksichtigen, unter welchen sich die Hauptmasse der Länder (der Stamm) Asiens befindet, und nur die extremen südlichen und nördlichen Punkte (Malacca und Cap Taimura) in's Auge fassen, so würde man für die Hälfte dieser grössten Breitenausdehnung nicht 44½°, sondern 38½° erhalten. Diese numerischen Betrachtungen der continentalen Formen vermindern durchaus nicht das Verdienst derer, welche sich gefahrvollen Unternehmungen in den Alpenregionen Asiens uuterzogen haben; weder die Entfernung von der Küste, noch die grössere oder geringere Annäherung an das Centrum der Gestalt Asiens bestimmen die Wichtigkeit einer Expedition. Für diese dienen als Maassstab der Reichthum an Beobachtungen, ihre Genauigkeit und das Licht, welches sie über die Phänomene der physikalischen Geographie verbreiten.

Indem ich in diesem neuen Werke einen Theil meiner Untersuchungen über Asien veröffentliche, habe ich nicht die Absicht hegen können, ein Naturgemälde zu geben, dessen verschiedene Theile in gleichem Verhältnisse ständen. Ich habe mich darauf beschränkt, das mitzutheilen, was nach dem jetzigen Stande unserer Kenntnisse am Meisten positiv und neu erschien, in Betreff der Unebenheiten der Erdoberfläche und ihres Einflusses auf die Beschaffenheit der Atmosphäre unter der zwiefachen Beziehung auf die Wärme und Trockenheit. Da ich keineswegs die Hoffnung aufgegeben, ein sehr allgemeines Werk unter dem nicht vorsichtig gewählten Titel Kosmos herauszugeben, so habe ich vorzugsweise und mit Vorliebe in diesem Werke bei allgemeinen Ansichten über die Physik des Erdballs verweilt. Diese Vorliebe hat mich jedoch, wie ich hoffe, specielle Untersuchungen über die Geologie der Formationen und die Orometrie nicht vernachlässigen lassen. Ich habe, vielleicht mit grösserer Sorgfalt, als es bisher geschehen, die mittlere Höhe (s. Bd. III.) jenes Theils des tübetischen Plateaus betrachtet, welcher von einigen unterrichteten Reisenden besucht worden; ich habe auf meiner Karte das wichtige barometrische Nivellement der Gobi zwischen Urga und der chinesischen Mauer eingetragen, eines Plateaus, dessen Höhe so sehr übertrieben worden; ferner die Linien der geodätischen Sondirungen der grossen caspischen Depression, die Gipfelpunkte des Kaukasus nach neuen Messungen, welche mir Herr Struve, der gelehrte Director der Sternwarte zu Pulkowa, (s. Bd. II.) mitgetheilt; endlich noch die Höhenbestimmungen, welche wir, die Herren Rose, Ehrenberg und ich, auf unsrer Reise gemacht haben.

Die hypsometrischen Angaben der Karte, welche an mehreren Stellen des Werkes discutirt worden, sind wegen der Uebereinstimmung mit den früher von mir edirten Karten in Toisen ausgedrückt; im Text selbst ist meist die Anzahl von Mètres daneben gesetzt. Alle Höhen sind vom Meeresspiegel an gerechnet. Im Becken des caspischen Meeres und in den umliegenden Ebenen sind die Vorzeichen + und — bei den Höhen zu beachten; so z. B. bezeichnet beim caspischen Meere — 12 ! 7 die Depression seines Niveaus unter den Spiegel des Ozeans, während beim Aral-See + 5 ! 6 seine Erhebung über das Meeresniveau bezeichnet (s. Th. II.). Meine Karte von Asien ist ohne allen Zweifel reicher an Höhenangaben, als alle bisher erschienenen; aber ungeachtet der Sorgfalt, welche ich der Coordinate der Höhe gewidmet, habe ich stets daran erinnert, dass die absolute Höhe der Kammlinien und ihrer Gipfelpunkte, welche dem Himalaya und Hindu-Kho, wie den Andes von Bolivia und Quito eine so grosse Berühmtheit verschafft haben, in den Augen des Geologen ein weit minder wichtiges Phänomen ist, als die Direction und Durchkreuzung der Ketten, das Alter der Felsformation, aus welcher sie bestehen, die mittlere Höhe der Ebenen und insbesondere die relative Lage der Ebenen und der grossen Anschwellungen der Erdkruste.

Während Klaproth den *Fragm. asiat.* einige neue und merkwürdige Notizen, nach chinesischen Quellen, beigefügt hat, so ist mir eine für die Fortschritte der geographischen Kenntniss Asiens weit wichtigere Unterstützung aus derselben Literatur durch die Freundschaft zu Theil geworden, mit welcher Herr Stanisl. Julien, Mitglied des Instituts, mich beehrt. Ich fühle lebhaft das Bedürfniss, ihm hier öffentlich meinen Dank auszusprechen. Unter der grossen Autorität seines Namens lasse ich eine lange Reihe von orographischen und physikalischen Erläuterungen erscheinen, welche aus dem gründlichsten Studium einer Literatur hervorgegangen sind, deren überraschender Reichthum auf dem Gebiete der Geographie und Geschichte eine ungeheure Ausdehnung des Continents umfasst und noch keineswegs genugsam ausgebeutet ist.

Die Kenntniss der orientalischen Sprachen, auf die Bedürfnisse der Wissenschaften gehörig angewandt, eröffnet grosse Quellen für positive Belehrung und liefert eine Menge von Thatsachen, die den Völkern des Occidents unbekannt geblieben. Die ernsten Studien, welche unserm Jahrhundert zur Ehre gereichen, beschränken sich nicht mehr auf das dreifache, hellenische, römische und semitische Alterthum; sie haben sich alles das angeeignet, was die Zend-Bücher und die erhabenen Epopöen Indiens an Ortsnamen und Völkern verschiedener Racen darbieten. Eine reichere oder mindestens nützlichere, dem Fortschritt der neuern Geographie sich besser anschliessende Ernte wird durch die Literatur des chinesischen Reiches und der Völker tartarischen Ursprungs verheissen.

Wenn man eine asiatische Literatur näher betrachtet, besonders die der Nation, deren alte Cultur sich uns unter so seltsamen Formen darstellt, so erregen vor Allem der Bau der Sprache und die Natur der Zeichen, welche die Ideen oder Töne ausdrücken, der Mangel an grammatischen Flexionen oder ihre organischen Analogien in andern Idiomen, der Einfluss, welchen der Charakter einer Sprache auf die Entwickelung des Geistes oder die Hindernisse, welche, sie seinen Fortschritten entgegengesetzt, unter dem höheren Gesichtspunkte der neuern Philologie das Interesse der Völker Europas. Der analytischen Untersuchung der Sprache, durch welche eine genaue Uebersetzung möglich gemacht wird, folgt das Verlangen nach einer Kenntniss der literarischen Productionen, die Betrachtung der verschiedenen Werke, welche in der Sprache des Confucius verfasst sind. Diese Sprache, mit welcher mein Bruder so vertraut war und welche ich mir leider nicht aneignen konnte, liefert nicht bloss moderne Compositionen von Dramen, Romanen und leichten Gedichten; in ihren alten Formen hat sie sich auch mit der abstracten, ernsten Philosophie des Lao-tseu und Ming-tseu zu vereinigen gewusst. Das erste von diesen beiden Werken, deren Uebersetzung in's Französische wir Herrn Julien verdanken, ist um mehr als anderthalb Jahrhunderte vor Herodot verfasst.

Lange Zeit beschäftigten sich die Völker des Abendlandes fast ausschliesslich mit dieser Art von Erzeugnissen, während man zu sehr die schätzbaren Urkunden vernachlässigte, welche die chinesische Literatur in geographischen und statistischen Beschreibungen grosser Provinzen, in Angaben der Klimate und Culturerzeugnisse, in Discussionen über die Lage und Richtung der Gebirgsketten, über die Vertheilung des ewigen Schnees und über die Ausdehnung der Wassersysteme enthält. Diese physikalisch-geographischen Bemerkungen sind meist historischen Schriften einverleibt, denn bei den Chinesen blieben, wie bei den Griechen, Geschichte und Geographie lange und innig verbunden. De Guignes der Vater, Abel-Rémusat und Klaproth haben nachgewiesen, welcher Vortheil sich aus jenem Streben einer grossen Nation ziehen lässt, alle Facta aufzuzeichnen, die Natur in ihren Kräften und Erzeugnissen zu beobachten, die Unebenheiten des Bodens, wie die Erdbeben und den Fall von Aerolithen zu beschreiben, und zwar mit derselben ängstlichen Genauigkeit, wie die Erscheinung und Bewegung eines Kometen am Himmel, dessen 28 Sternstationen mit ihren bestimmenden Sternen elf Jahrhunderte vor unserer Zeitrechnung festgestellt wurden.

Die Chinesen haben einen dreifachen Vortheil gehabt, um in ihrer Literatur eine so beträchtliche Menge von geographischen Angaben über Hoch-Asien, über die Regionen zwischen der Kette des Inschan, des Alpensees Kuku-Nor, die Ufer des Ili und Tarim zu sammeln. Diese drei Vortheile sind: die Kriegszüge gegen den Westen (s. Th. I.) und die friedlichen Eroberungen der Buddha-Pilger; das religiöse Interesse, welches sich wegen der nothwendigen Opfer (s. Th. II.) an die Gebirge knüpfte; der frühzeitige und allgemein bekannte Gebrauch des Compasses zur Orientirung. Dieser Gebrauch und die Kenntniss der eigenthümlichen Direction der Magnetnadel, zwölf Jahrhunderte vor der christlichen Zeitrechnung, hat den orographischen und hydraulischen Beschreibungen der Chinesen ein grosses Uebergewicht in der Genauigkeit, in Vergleich zu den ohnehin ganz seltenen Beschreibungen griechischer und römischer Autoren, verliehen.

Ich erlaube mir einige Augenblicke bei dem eben erwähnten Vorrange zu verweilen, welchen man in gewisser Beziehung den Chinesen vor den Nationen des Occidents, welche am Weitesten in Wissenschaften und Künsten fortgeschritten waren, einräumen muss. Strabo, der scharfsinnige Strabo hat z. B. so wenig die wahre Lage der Pyrenäen erkannt, dass er diese Kette beschreibt: Sie läuft ohne Unterbrechung von Norden nach Süden, parallel der Richtung des Rheins und scheidet Iberien von Gallien (*lib. II. p.* 128. Casaub.; l. *III. p.* 137; *l. IV. p.* 199). Der Geograph von Amasea trifft fast nicht besser die Direction der Apeninnen, wiewohl er ihre Verbindung mit den Alpen an der Küste der Ligyer (*l. IV. p.* 202.; *l. V. p.* 211) kennt. „Die Apeninnen," sagt er, „durchschneiden Italien seiner ganzen Länge nach von N. nach S." (*l. II. p.* 128.); er musste sagen: von NW. nach SO. So gering war das Interesse für die Orientirung der grossen Gebirgsketten Europas, dass eben derselbe Geograph, der im Mittelpunkt des mächtigen Reiches des Augustus und Tiberius lebte, bescheiden gesteht (*l. II. p.* 71), „dass man zu seiner Zeit die Lage der Alpen, Pyrenäen und illyrischen Ketten nur sehr wenig kenne."

Es ist wahr, dass die Gefahren der Schifffahrt auf einem Binnenmeere, wo veränderliche Winde in kurzer Zeit die Schiffe an die Küsten trieben, schon frühzeitig bei den Griechen eine Windrose von 8 oder 12 Strichen in Gebrauch gesetzt hatten. Es ist auch bekannt, dass die Römer zur Kaiserzeit bis 24 Rhumben unterschieden. In der Praxis der Mittelländischen Seefahrten waren die Richtungen mit grösster Sorgfalt angegeben, wiewohl man zur Orientirung, um den Winkel mit dem Meridian zu bestimmen, kein anderes Mittel besass, als den gestirnten Himmel und den Tageslauf der Sonne. Der *Meses* ward, nach Aristoteles, zwischen N. und NO., der *Thrascias* zwischen N. und NW. gesetzt; aber diese so feinen Unterschiede, welche die Sicherheit der Seefahrer und die meteorologischen Theorien der Aerzte des Alterthums im höchsten Grade interessirte, finden wir nicht von den Historikern und Geographen auf die Bestimmung der Axe der Bergketten und des Laufes der Flüsse angewandt. Nur Timosthenes, der Admiral der Flotte des Ptolemaeus Philadelphus, beschrieb nach Agathemerus (*Geogr. hypot. lib. I. cap.* 2.) die bewohnte Erde nach den Windstrichen. Er setzt (ohne Zweifel, weil er zu Alexandrien wohnte) „das caspische Meer und die Sacae (Scythen Asiens) gegen *Caecias* (NO.), die Baktrier gegen *Apeliotes* (O.), die Inder gegen *Euros* (SO.)". Dies ist ein seltenes Beispiel der Anwendung der Seemannssprache, und doch für eine geographische Beschreibung noch immer wenig genau. Es ist ein ganz merkwürdiges Factum, dass, wenn die Schriftsteller des klassischen Alterthums auf eine bestimmtere und genauere Art die Richtung der Bergketten oder der Positionen zwischen den 4 Cardinalpunkten angeben wollen, sie es sorgfältig vermeiden, sich der Namen der Winde zu bedienen und andere Ausdrücke gebrauchen. Sie nehmen dann ihre Zuflucht zu den Aufgangspunkten der Sonne im Sommer und im Winter (*'ανατολὴ θερινή*, *Oriens aestivus, solstitialis; 'ανατολὴ χειμερινή, Oriens hibernus, brumalis*). Es wäre eben so leicht, als unnütz, dergleichen Beispiele zu vervielfältigen (Polyb. I., 42, 6; III., 37, 4; Plin. V., 5, 4; VI., 21, 2). Julius Cäsar sagt einfach, um eine Umschreibung in Betreff des Sonnenaufganges im Sommer oder Winter zu vermeiden: *Inter septentriones et orientem solem* (*De Bello gall. I.*, 1.)

Nach Klaproth's Untersuchungen (welche er auf meine Bitte angestellt und deren Ergebnisse er in einem an mich gerichteten Briefe über die Erfindung des Compasses niedergelegt hat,) scheint bei den Chinesen die Anwendung von der Richtungs-Eigenschaft des Magnets im Innern des Landes früher, als der Gebrauch desselben auf dem Meere statt gefunden zu haben. Sse-ma-thsian, ein Geschichtsschreiber zur Zeit der Zerstörung des baktrischen Reiches durch Mithridates I., erzählt, „dass der Kaiser Tsch'ing-wang den Gesandten von Tong-king und Cochinchina, welche fürchteten, den Weg in ihre Heimath nicht wieder zu finden, (1110 Jahre vor unsrer Zeitrechnung) ein Geschenk mit 5 magnetischen Wagen machte, welche mittelst des beweglichen Arms einer kleinen Figur, die mit einem Federkleide bedeckt war, den Süden angaben." Diesem Wagen war ein Hodometer beigefügt, d. h. ein Mechanismus, in welchem eine andere kleine Figur auf eine Trommel oder gegen eine Glocke schlug, je nachdem der Wagen eine Entfernung von 1 oder von 2 chinesischen Li zurückgelegt hatte. Man besass also zu gleicher Zeit, um den Weg zu verzeichnen, den magnetischen Rhumb oder die Richtung und das Maass des durchlaufenen Weges. Seit dem dritten Jahrhundert n. Chr. wurden chinesische Fahrzeuge auf dem indischen Ozean nach magnetischen Angaben regiert. Um die Reibung auf den Zapfen zu vermeiden und den Nadeln eine freiere Bewegung zu verleihen, machte man die Erfindung, sie auf Wasser schwimmen zu lassen, indem man sie in sehr dünne Röhren aus Rohr einliess; dies war der Wassercompass der Chinesen, der magnetische Fisch der alten indischen Piloten. Man befestigte selbst die Nadeln an einen Baumwollenfaden, eine Methode der Aufhängung, welche wir heut zu Tage, 730 Jahr nach der Herausgabe des *Pen - thsao - yan* (Natur- und Arzneikunde), die Coulomb'sche nennen. Die Chinesen wussten, dass die Wärme die magnetische Kraft zu schwächen strebt; sie kannten sogar, unter der Dynastie Sung, um das Jahr 1113, die Declination der Nadel gegen Südosten. „Wenn man eine eiserne Spitze mit dem Stein streicht, welcher das Eisen einzieht (*hume*), sagt das *Pen-thsao-yan,* so erhält jene Spitze die Eigenschaft, nach Süden zu zeigen, aber sie neigt immer etwas gegen Osten und weis't nicht genau nach Süden." In einem andern Werke (*Examen critique de l'Histoire de la Géogr., t. III. p.* 35) habe ich den Winkel des Punktes *ping* (O $\frac{5}{6}$ S.), welchen Keou - thsung - schy, der Verfasser jener Naturkunde, angiebt, mit den Beobachtungen zusammengestellt, welche der P. Amiot 1782 und der geschickte Astronom, Herr Georg von Fuss 1831 zu Peking über die magnetische Declination machten.

Ein scharfsinniges Volk, welches die Neigung hatte, Alles zu notiren, zu messen und zu beschreiben und sich lange vor andern Nationen im Besitz eines einfachen und tragbaren Instruments zur Orientirung befand, wurde eben dadurch ungemein bei statistischen und geographischen Arbeiten unterstützt. Arbeiten der Art aber waren, wie wir bemerken, seinem Geschmack am Meisten gemäss und entsprachen in einem gewaltigen Reiche den Bedürfnissen einer centralen, methodischen und bis in's Kleinste pedantischen Verwaltung (s. II. Bd.). Die älteste orographische Urkunde unter allen auf uns gelangten Schriftdenkmälern, das erste Capitel des *Schu - king* trägt schon in der Topographie der 9 Regionen der Herrschaft Yu's Spuren dieser Neigung zur Beschreibung. Jenes Capitel giebt auf's Sorgfältigste, in Form einer Reisebeschreibung, einer Geschichte der Austrocknungsarbeiten und des Ackerbaues durch „die ersten Erforscher des chinesischen Bodens," den Lauf der grossen Gewässer und die Lage der Gebirgsketten an. Es existirten damals sogar schon rohe Karten, welche die 9 *tcheou* darstellten und auf grossen Gefässen in Kupfer gestochen waren. Nach dem schönen Commentar, welchen Herr Edouard Biot uns zu dem Cap. *Yu-kung* und der Geographie des alten Chinas geliefert, müssen diese Karten auf den grossen Gefässen *ting* (*Journ. asiat.*, 1842, *No.* 13.) mindestens in's 6. Jahrhundert vor der christlichen Aera zurückreichen.

Diese Betrachtungen werden, wie ich hoffe, genügen, die Idee zu rechtfertigen, welche ich mir schon längst gebildet, dass der geschichtlichen und geographischen Literatur Chinas eine hohe Wichtigkeit beizulegen sei. Selbst da, wohin dies erobernde Volk seine siegreichen Waffen oder die Ränke seiner räuberischen Politik nicht ausbreiten konnte, jenseit des vom Altai, Kuen-lun (A-neu-tha), Bolor und Kosyurt begrenzten weiten Gebiets, liefert es noch höchst interessante Routen in den Pilgerfahrten der frommen Sectirer Buddhas, denen die Völkerschaften Inner-Asiens grossentheils die Milderung ihrer Sitten und ihre geistige Bildung verdanken. Herr Julien hat die Güte gehabt, seiner grossen Sammlung von Texten, welche meinen Beschreibungen der Ketten des Thian-schan, Kuen-lun und Bolor folgen, neue Uebersetzungen mehrerer merkwürdigen und lehrreichen Stellen aus den buddhistischen Itinerarien von Song-yun, Tsejun und Hoeising, welche 518 nach Si-yu geschickt waren, und von Hiuen-thsang, dessen Reise in die Zeit von 629 bis 645 fällt, (s. II. Th.) hinzuzufügen. Diese Berichte sind aber um so schätzbarer, als die Wallfahrer, denen man sie verdankt, Gegenden durchzogen, welche Fahian, der Verfasser des *Foe-kue-ki*, nicht berührte. Sie sind sämmtlich älter, als die arabischen Reisenden Ibn-Uahab und Abuzeid Hassan, welche wir durch Renaudot kennen gelernt haben und über welche der berühmte Uebersetzer und Commentator des *Abulfeda*, Herr Reinaud, in Kurzem neues Licht verbreiten wird.

Ich habe in dem Supplement am Schluss des 2. Theiles die Abhandlung Klaproth's über die Vulkane Japans wieder abdrucken lassen, so wie die Bemerkungen über die in

China in so ausserordentlich beträchtlichen Tiefen erbohrten Brunnen, um reines oder salziges Wasser oder um brennbares Gas für die Processe der Verdampfung oder als Heizmaterial zu gewinnen. Da Klaproth die üble Gewohnheit hatte, in den *Fragm. asiat.* die Quellen, aus denen er geschöpft, nie speciell anzugeben, so hat Herr Julien sich mit lebhaftem Eifer der mühsamen Aufsuchung der Originalstellen in dem *Thai-thsing-i-tong-tschi* (Univers.-Geogr. von China) und im Wörterbuche *P'ing-tse-lui-pien* unterzogen, und die Uebersetzung, wo sie unbestimmt oder falsch war, berichtigt (s. Th. II.). Solche Arbeiten haben mir eine um so angenehmere Unterstützung gewährt, als die grosse Leichtigkeit, mit welcher Herr Julien chinesische Schriften von verschiedener Schreibart und aus verschiedenen Zeitaltern zu lesen und zu erklären vermag, mir die Zuversicht gab, dass ich seine Geduld nie ermüden könnte, wenn ich ihn um Aufklärung über Fragen in Bezug auf die physikalische Geographie Ost-Asiens ersuchte.

Die hypsometrische Karte der Bergketten, welche mein neues Werk begleitet, wurde von mir in den Jahren 1839 und 1840 in Berlin gezeichnet und verfasst. Ich habe daran in den letzten Jahren vielfache Berichtigungen vorgenommen. Um die Eigenthümlichkeit gehörig zu bezeichnen, wodurch sie sich von den sehr zahlreichen andern Karten, die ich herausgegeben, unterscheidet, erwähne ich, dass sie nach denselben Grundsätzen entworfen ist, welche mich bei der *Carte des Cordillères de l'Amérique méridionale* (im *Atlas géogr. et phys.* zur *Voyage aux régions équin. du Nouveau Monde*) leiteten. Was diese geographischen Versuche charakterisirt, ist die Unterdrückung einer grossen Zahl von kleinen Nebendetails des Bodens und des Laufs der Flüsse. Sie sind bestimmt, die mittlere Richtung der Haupterhebungen, welche das Gezimmer eines Continents zusammensetzen, kennen zu lehren. Ich habe anderwärts (s. III. Th.) die Grundsätze der Verallgemeinerung der Formen abgehandelt und dabei bemerkt, dass sie nichts Willkürliches enthalten, sondern dass sie, um getreu zu sein, sich auf das sorgfältigste Studium und die Vergleichung von Specialkarten und auf eine gründliche Discussion astronomischer Positionen gründen müssen, welche gut ausgewählt, d. h. möglichst nahe den Kammlinien gelegen sind. In demselben Supplement ist angegeben, was ich dabei verdanke: 1) für die Gestalt des Nordendes des Aral-Sees, den Trukhmenen-Isthmus, welcher schon durch Herrn Zimmermann's treffliche Arbeiten bekannt geworden, wie für die Gegend zwischen Abulak, Beschdischik im NW. von Khiwa und die neue Festung Alexandrovsk, einer Manuscript-Karte, welche der Herr General-Lieutenant von Perowski mir mit wohlwollender Aufmerksamkeit neuerlich mitgetheilt hat; 2) für die Westküste des Aral-Sees den schönen Beobachtungen des Herrn Lemm während der Expedition des General Berg; 3) für den südlichen Theil des Urals, zwischen dem von den Herren Hofmann und Helmersen gemessenen Iremel, dem grossen Bogen der Bielaja und den niedrigen Anhöhen von Guberlinsk, der Karte, welche das grossartige geologische Werk der Herren Murchison, E. de Verneuil und des Grafen von Keyserling begleiten wird und der für diese Gegend die Arbeiten der russischen Ingenieur-Geographen zur Grundlage dienen.

Ich habe die erste Reihe von Routiers in Central-Asien, die in den Asiatischen Fragmenten publicirt sind und sich den Wegen Sinkovsky's, des Barons von Meyendorff und Putimstev's (s. III. Bd.) anschliessen, durch eine zweite Reihe vervollständigen können, die mir nicht minder wichtig erscheint (s. III. Bd.). Sie enthält nämlich: Itinerare von Semipolatinsk an den Ufern des Irtysch über die Kette des Tarbagatai und die chinesische Stadt Tschugutschak nach Khobdo-khoto; von Petropavlovski an den Ufern des Ischim über Taschkend und Khokand am Sir (Jaxartes der Alten) nach Kaschghar, dessen Strom zum grossen Wassersystem des Tarim und Lop-Sees gehört; und von Guldja am Ili nach Peking. Diese zweite Reihe von Reiserouten, die ich wiederum dem grossmüthigen Interesse verdanke, welches der Herr Graf von Cancrin unveränderlich an meinen Arbeiten genommen, die Benennungen, welche ich für Asiens Gebirgssysteme vorgeschlagen und die geologischen Uebersichten über ihre gegenseitige Unabhängigkeit sind bereits mit grosser Ueberlegenheit von meinem alten und berühmten Freunde Herrn Carl Ritter in seinem grossen Werk über Asien erörtert worden, welches einen Theil der „Vergleichenden Geographie oder Erdkunde im Verhältniss zur Natur und zur Geschichte des Menschen“ ausmacht. Dieser Titel charakterisirt eine Arbeit vollkommen, welche Herr Guigniaut in seinen Ansichten über die historische Geographie mit Recht „eins der grössten und herrlichsten Denkmäler nennt, welche unsere Zeit der Wissenschaft errichtet hat“.

Wenn man auch nicht in Zweifel ziehen kann, dass der astronomische und hypsometrische Theil der Geographie die wesentlichste Grundlage, die wahrhaft unveränderlichen Elemente der Karten bildet; so darf man doch auch nicht vergessen, dass wir in solchen Gegenden der Erde, für welche uns genau bestimmte Punkte fehlen, gezwungen sind, zur Vergleichung beschreibender Werke und zu Karten unsre Zuflucht zu nehmen, welche meist nicht von den Reisenden selbst entworfen wurden und zuweilen in völligem Widerspruch mit ihrer Erzählung stehen. Ich habe an einem andern Orte, in einem Bericht über Brué's Atlas an die Akademie der Wissenschaften, hervorgehoben, dass es zu d'Anville's Zeit, als die Discussion astronomischer Positionen noch schwach und mangelhaft war, diesem grossen Geographen durch die äusserste Sorgfalt und den Scharfsinn, mit denen er die Itinerarien sammelte und die Distanzen und Ortslagen verband, gelang, mitten in den Gefahren der muthmassenden Geographie (*Géogr. conjecturale*) dem grössten Theil seiner Arbeiten jene Vollkommenheit zu geben, welche mit Recht bis auf den heutigen Tag bewundert wird. Die Kenntniss der Sprachen ist nicht allein durchaus nothwendig, um zu den Quellen selbst Zugang zu haben und Vorstellungen zu sammeln, welche sonst in Vergessenheit begraben blieben; sie ist es auch, besonders wenn man sich mit Central-Asien beschäftigt, wo so viele verschiedene Völker Spuren ihres Durchzuges hinterlassen haben, um eine Art philologischer Prüfung zu erleichtern, welcher der

Geograph, wenn er nicht ein blosser Kartenzeichner ist, die Namen der Flüsse, Seen und Berge unterwerfen muss. Dies ist das einzige Mittel, um Identitäten aufzufinden, welche auf den Karten unter völlig abweichenden Benennungen verborgen bleiben. Unsere Atlasse von Asien und Amerika sind mit Namen überladen, für welche man Bergketten und Flüsse geschaffen hat. Diese Gewohnheit, ohne Kritik zu compiliren, leere Räume auszufüllen und heterogene Materialien zu verbinden, giebt den geographischen Arbeiten über die von den Europäern am Wenigsten besuchten Gegenden einen falschen Anschein von Genauigkeit. De la Condamine sagte schon: „Die meisten Karten wimmeln von imaginären und doch umständlichen Details". Man liebt, dieselben Vorbilder zu befolgen, und zieht es, nach einem Princip der Stabilität und der Erhaltung, welches sich dem Fortschreiten entgegenstellt, oft vor, aus dem Zeugnisse Reisender keinen Vortheil zu ziehen, um nur nicht einen Wasserlauf, eine Bergkette oder eine Krümmung der Küste zum Opfer zu bringen, die seit Jahrhunderten abgebildet worden. Desshalb drücken Karten selten den Zustand der zur Zeit ihres Erscheinens erlangten Kenntnisse aus.

Die Geschichte der Erdkunde vermag uns auch zuweilen, wenn sie die Aufeinanderfolge von Meinungen und die lange Reihe der Veränderungen verzeichnet, welche dieselben im Lauf der Jahrhunderte erfahren haben, manche der jüngsten Umwälzungen zu enthüllen, welche die Erdoberfläche erlitten hat. Sie ist dann mit der Geschichte unsres Planeten verwickelt. Die Erörterungen über die Richtung des Imaus (s. I. Th.), über die Issedonen und Arimaspen gehören allein in's Gebiet der geographischen Wissenschaft und lehren uns deren grössere oder geringere Vollkommenheit. Zu derselben Klasse von Vorstellungen gehören die Aufschlüsse über einen wichtigen Theil Hoch-Asiens, welche ethnographischen und geographischen Inhalts aus den Zend-Büchern hervorgehen, über welche Herr Eugène Burnouf (s. I. Th.) bewunderungswürdige Untersuchungen angestellt hat. Dergleichen Arbeiten stehen im Allgemeinen in keinem Zusammenhange mit den Revolutionen des Erdballs. Dagegen bietet die Frage der Bifurcation des Oxus, seiner alten Mündung in's caspische Meer und der Gestalt des scythischen Golfs ein gewichtiges Beispiel von dem Einflusse, welchen physische Veränderungen auf die Ansichten der Geographen im Alterthum, im Mittelalter und in der neuern Zeit ausgeübt haben.

Ich habe die Zeugnisse vom Herodot bis Menander von Byzanz und von diesem bis zum Cardinal v. Ailly (s. II. Th.) gesammelt und erörtert; ich habe mehrere neue Nachrichten über den Isthmus zwischen dem Aral-See und dem Karabogas, einem Golf des caspischen Meeres, beibringen können, und ich wage mir zu schmeicheln, dass es mir durch eine gründlichere Kenntniss der Bodengestaltung gelungen, einiges Licht auf ein so oft vor mir behandeltes Problem zu werfen. Die Auslegung der Stellen, welcher ich mich mit besonderer Sorgfalt gewidmet, hat einen grossen Theil der Fragen gelös't, welche sich an das Hauptproblem knüpfen und welche, so zu sagen, den ganzen Umkreis des aralocaspischen Beckens umfassen. Bei dieser Arbeit, welche ich vielleicht mit zu grosser Vorliebe getrieben, konnte ich oft den gelehrten und geistreichen Hellenisten zu Rath ziehen, der mit einer gleichen Ueberlegenheit der Ansichten das ganze weite Gebiet des Alterthums beherrscht. Der Ausdruck meiner Dankbarkeit würde zur Last der Verantwortlichkeit werden, wenn ich nicht wiederholte, was ich in einer ähnlichen Lage Gelegenheit auszusprechen hatte: „Wenn ich die Unterstützung der Kritik und Freundschaft anführe, so mache ich keineswegs Herrn Letronne für die unbestimmten und gewagten Ansichten, welche mein Werk enthalten mag, verantwortlich".

Die niedern Gegenden, welche sich von den Ufern der Emba und des Oxus gegen den Sir hin erstrecken, gewähren in Folge der Gewohnheiten des Nomadenlebens und der Schnelligkeit, mit der man die Steppe durchzieht, ausserordentliche Mittel, den Gesichtskreis unserer geographischen Kenntnisse zu erweitern. Dieselben sind weit öfter, als man es im übrigen Europa annimmt, an der Südgrenze des russischen Reiches angewandt worden. Mein Reisegefährte,

Herr von Helmersen, erzählt in seiner letzten Reise zum Ural (p. 174), dass Herr Witkiewicz im November 1835, zu Pferde und nur von drei kirghisischen Reitern begleitet, auf einer der auf Befehl der Regierung ausgeführten Reisen von Orsk nach Bokhara gegangen ist. Ungeachtet des strengen Winters war er schon im April 1836 wieder in Orenburg angelangt und hatte zu Pferde einen Weg von 3000 Werst zurückgelegt. Alexander Burnes, der selbst in Afghanistan mir die Ehre erzeigt, sich so erkenntlich für die Hochachtung, welche ich ihm gezollt, zu beweisen, sagt von diesem kühnen Reisenden in seiner *Personal Narrat. of a Journey to Cabool* (1842, *p.* 262): „Lieut. Witkiewicz war ein gebildeter, einsichtsvoller und angenehmer Mann, der französisch, türkisch und persisch fliessend sprach. Ich bedaure sagen zu müssen, dass ich es unmöglich fand, dem, was mir Gefühle meiner persönlichen Freundschaft gegen ihn vorschreiben, Folge zu leisten.“ Die Personen in Sibirien, die das Interesse theilten, welche das traurige und abenteuerliche Schicksal dieses jungen Polen mir einflösste, als ich im September 1829 Orsk passirte, werden es mir Dank wissen, dass ich hier das edle und wohlwollende Zeugniss Alex. Burnes' angeführt habe. Noch im Jugendalter stehend, haben sie beide ihre Laufbahn vollendet.

Der dritte Theil, welcher ausschliesslicher der Klimatologie und dem terrestrischen Magnetismus gewidmet ist, enthält ausser meinen Inclinationsbeobachtungen ein merkwürdiges Fragment von unedirten Briefen Leibnitz' an den Czar Peter den Grossen, welche sich auf magnetische Arbeiten beziehen, die man 120 Jahr nach dem Tode dieses berühmten Geometers ausgeführt hat (s. III. Th.). Der speciellen Tafel der mittleren Temperaturen im russischen Reiche vom 38. bis 73°. der Breite (s. III. Th.) reihen sich die 4 Tafeln an, mit denen Herr W. Mahlmann bereitwillig mein Werk bereichert hat (s. III. Th) und welche beide Hemisphären umfassen. Ich bedaure, dass ich für die Vergleichungen mit Amerika nicht die schönen Untersuchungen des Herrn Samuel Forry (*The Climate of the United States and its endemic influence*, 1842) benutzen konnte. Eine dem Werke beigegebene Karte stellt zum ersten Mal die Isotheren- und Isochimenen-Curven zwischen den Küsten der Südsee und dem atlantischen Ozean dar. Der Verfasser hat mit Sorgfalt die grossen Fragen über die Verschiedenheit des Klimas im Osten und Westen der Alleghany-Kette behandelt, wie die über den localen Einfluss, welchen die Ausrottung der Wälder und die vorrückende Cultur auf die mittlere Wärme des Jahres, des Winters und des Sommers haben.

Ich glaubte, das Mémoire über die Ursachen der Inflexionen der Isothermen - Linien an der Erdoberfläche wieder aufnehmen zu müssen, doch ist dasselbe ganz umgearbeitet; ich konnte darin zahlreiche Verbesserungen anbringen und diese Arbeit dem Urtheil des Herrn Arago unterwerfen. Ich betrachte es als einen der grössten Vortheile in meinem Leben, dass ich mich länger als 30 Jahre der innigen Freundschaft dieses berühmten Mannes erfreute, welcher mit der Macht des Talents und der Ausdehnung und Grösse der Ansichten den Reiz eines schönen und edlen Charakters verbindet.

Bei dem Entwurf des Gemäldes von der Configuration des Bodens und dem Klima Asiens bin ich bemüht gewesen, mich in den Grenzen der directen Beobachtung und der aus der Verbindung der Thatsachen entspringenden Folgerungen zu halten. Der Charakter unsrer Epoche und die ernste Stimmung der Geister lassen mich hoffen, dass die strenge Genauigkeit der Wissenschaft und der Geschmack an numerischer Bestimmtheit nicht mehr als der Bewegung des Gedankens unwiderruflich entgegen angesehen werden. Die Wissenschaft hat uns die charakteristischen Spuren von zahlreichen Umwälzungen enthüllt, die der Erdball erlitten hat. Indem sie die Verirrungen einer phantastischen Geologie verschmähte, hat sie durch die stete Vermehrung der Beobachtungsgegenstände und durch das vollkommnere Studium der organischen Ueberreste, die in den Felsschichten begraben liegen, neue Wege gebahnt, um in die Tiefen der Zeit und des Raums einzudringen. Dies ist einer der grössten Triumphe des menschlichen Geistes, eine Offenbarung seiner

Macht. Die glückliche Anwendung der wissenschaftlichen Methoden und die richtigere Würdigung der Beziehungen, welche alle Phänomene und alle Kräfte der Natur verketten, müssen einen wohlthätigen Einfluss äussern auf die geographischen Studien, indem sie den Gesichtskreis derselben erweitern; auf die Geschichte, indem sie in den Wanderungen der Völker und im Zustande ihrer Bildung die Wirkungen der Gestaltung des Bodens und der Verschiedenheit der Klimate erkennen lehren; endlich auf die Physik der Erde, indem sie zu jenen allgemeinen Ansichten erheben, welche zugleich die wogenden Schichten des Luftozeans, das Land, welches er einhüllt und befruchtet, und die Vertheilung des Lebens von den hell glänzenden Schneegipfeln bis zu den finstern Abgründen der Meere umfassen.

Paris, im Febr. 1843. **A. v. Humboldt.**

Untersuchungen

über die

Gebirgssysteme und die vulkanischen Phänomene des innern Asiens.

An Central-Asien knüpfen sich seit langer Zeit bei den Völkern des Abendlandes zweierlei Vorstellungen, welche wesentlich von einander verschieden sind. Die eine Klasse bezieht sich auf die plastische Gestalt und die Configuration des Bodens; die andere gehört der Geschichte der ältesten Entwicklung der menschlichen Civilisation an. — Man erblickt ein grosses Plateau, wenn man von dem heiligen Thale des Ganges nach Tübet oder von den brennenden Ebenen Ferghanas, dessen Culturen und wunderbare Fruchtbarkeit Sultan Baber gefeiert hat, durch die bereiften Flächen von Pamer nach Kaschghar und jenem grossen Sandfluss *) ansteigt, welcher sich von den Städten Khotan und Keria bis zum Lop-See und zur Oase von Khamil ausdehnt. Da sich diese Sandwüsten gegen NO. fortsetzen und daselbst in die Steinwüste (Gobi) übergehen, welche auf der Karavanenstrasse von Irkutsk nach Peking das kleine Binnenmeer des Baikal von der nördlichen Mauer des himmlischen Reiches etwas jenseit des Passes des Khingkan scheidet; so hat man geglaubt, ziemlich allgemein annehmen zu können, es existire

*) *Scha-ho*; diesen Ausdruck gebraucht der reisende Buddha-Mönch Fahian (gegen Ende des 14. Jahrhunderts) statt des Wortes Sandwüste, *Scha-mo*.

zwischen dem 33. und 50.° der Br. ein continuirliches Plateau, dessen Höhe etwa die der Plateaux von Pastos, Quito und Titicaca zwischen den verschiedenen Ketten der Andes erreiche. Diese geologische Ansicht, welche auf einzelne Beobachtungen gegründet ist, reicht nicht, wie man irrig gesagt hat, bis auf Alexanders Zug zurück, dessen siegreiche Phalangen von der Pentapotamia ausgingen und die Schneemassen *) des Paropamisus (Hindu-Kho oder indischen Kaukasus) nur im Westen von Kabul passirten, um zum Fusse des Bolor oder Beluthtagh, zu den tiefen Thälern Baktriens vorzudringen. In diesen Gegenden konnte der unerschrockene Burnes **) am westlichen Abhange einer von S. nach N. streichenden Kette, wie Marco Polo, dunkele Erinnerungen an den macedonischen Eroberer sammeln.

Die Hypothese eines einzigen und unermesslichen Plateaus, welches ganz Central-Asien erfülle, ist in der letzten Hälfte des 18. Jahrhunderts entstanden. Sie war das Resultat scharfsinniger Combinationen, wozu das aufmerksamere Studium des merkwürdigen Buches des Venetianischen Reisenden und die naiven Erzählungen jener diplomatischen Mönche Veranlassung gaben, welche im 13. und 14. Jahrhundert, Dank sei es der Einheit und Ausdehnung des Mongolen-Reiches, fast das ganze Innere des Continents von den Häfen Syriens und des caspischen Meeres bis zu dem vom Grossen Ozean bespülten östlichen Gestade Chinas durchzogen. Wenn die Kenntniss der Sprache und der Literatur Indiens bei uns älter als ein halbes Jahrhundert wäre, so würde sich die Hypothese dieses Centralplateaus auf dem weiten Raum zwischen dem Himalaya und dem südlichen Sibirien ohne Zweifel auch auf eine alte und ehrwürdige Au-

---

*) Diod. Sic., XVII., §. 82.; Strabo, XV., p. 498; Quint. Curt. VII., 3. Diodor spricht, indem er die arktische Kälte, welche auf dem Rücken des indischen Kaukasus herrscht, übertreibt, von „baumlosen Ebenen," welche die Paropamisaden bewohnen. Die Stelle bezieht sich auf den Fuss der Kette, nicht auf Plateaux, welche man beim Zuge nach Baktrien gefunden.

**) *Travels into Bokhara*, (2. ed.) vol. III., p. 186—190.

torität gestützt haben. Das Gedicht *Mahabharata* *) scheint in einem geographischen Fragment, *Bhishmakhanda*, den Meru nicht sowohl einen Berg, als eine ungeheure Anschwellung des Bodens zu nennen, welche zugleich die Quellen des Ganges, Irtysch (Bhadrasoma **) und des gabeltheiligen Oxus mit Wasser versorgt. Mit diesen physikalisch-geographischen Ansichten vermischten sich bald in Europa Ideen eines ganz andern Kreises, historische Träume über den Ursprung des Menschengeschlechts. Die hohen Regionen, von denen sich die Wässer zuerst zurückgezogen hatten, mussten auch die ersten Keime der Civilisation empfangen haben. Systeme der sündfluthlichen Geologie, gegründet auf alte Mythen und locale Traditionen, begünstigten diese Ansichten. Der innige Zusammenhang zwischen Zeit und Raum, zwischen dem Beginn der socialen Ordnung und der Beschaffenheit der Erdoberfläche, verlieh diesem grossen, ununterbrochenen Plateau, das den unbestimmten Namen Plateau der Tartarei erhalten, ein moralisches Interesse und eine besondere Wichtigkeit. Positive Kenntnisse, die Frucht von Reisen, directen Messungen und einem gründlicheren Studium der asiatischen Sprachen und Literatur, haben allmälig die Ungenauigkeiten und Uebertreibungen in diesen Hypothesen berichtigt. Ein beträchtlich hohes Plateau erstreckt sich sehr wahrscheinlich ohne Unterbrechung, in der Richtung von SSW. nach NNO., von der kleinen Bucharei bis zu den Ost-Khalkas und zur Kette des Khangkai. Wenn man sich auf die astronomischen Positionen von Khotan und

*) Im 6. Ges. dieser grossen Dichtung. S. die wichtigen Untersuchungen des Hrn. Ritter (Erdkunde von Asien, I., 4—14.), welche zum Theil auf Auszüge der Hrn. Bopp und Rosen gegründet sind. Seit dem Erscheinen jenes Bandes der Erdkunde von Asien ist der 6. Gesang (*Bhishma*) in der Calcuttaschen Edition gedruckt erschienen. *Mahabharata*, v. II. 1836.

**) Auf den mandschu-chines. Karten heisst der Bhadrasoma: Dadzan-lung. — S. den Art. Meru, in Wilson's *Dict. sanscr. and engl.*, 1832. p. 674. „Der Berg Meru scheint das Hochland der Tartarei im N. des Himalaya zu bezeichnen." Vgl. auch *Foë - kuë - ki* (mit den gelehrten Noten der Hrn. Abel-Rémusat, Klaproth und Landresse), p. 367.

Peking nach den Bestimmungen des Pat. Hallerstein und des Hrn. Georg Fuss stützt, so findet man, dass das fortlaufende Plateau zwischen 79 und 116° Lg. eingeschlossen ist und dass sein südlichster und sein nördlichster Rand sich in 36 und 48° Br. befinden; hieraus ergeben sich wegen der Krümmungen der Wüste, welche keineswegs der Weiden und Vegetation beraubt ist, für das Plateau der Scha-mo oder Gobi 42000 bis 43000 Quadrat-Seemeilen*). Fügt man zu dieser Ausdehnung der Gobi noch das hohe Plateau von Tübet, welches davon durch die grosse Bergkette des Kuen-lun oder Kulkun geschieden wird, so erhält man, nach meiner Berechnung, vom Nordabhange des Himalaya bis zum Khangkai der chinesischen Mongolei, d. h. vom See Manasa und dem tübetanischen Kaylas bis zur NO.-Grenze der Gobi eine transversale Erstreckung von 250 Meilen oder eine Hochfläche von 60000—62000 Quadratmeilen. Dies Areal ist fast viermal so gross als Frankreich's und kaum grösser, als dasjenige, welches die in Gestalt eines langen Streifens erhobene Masse der Andes-Cordillere in Südamerika einnimmt**). Ich vergleiche hier zwei Arten der Erhebungen, welche in Form und relativem Alter von einander sehr verschieden sind. In Asien ist die Axe des grossen Hochlandes von SW. gegen NO. gerichtet, und seine Existenz ist gewiss älter, als die der grossen Gebirgsketten, deren Darstellung uns in diesem Werke beschäftigen wird und welche selbst in der Richtung der Parallelkreise streichen.

Wenn man den Namen Hochland von Asien auf die so eben aus der Gesammtheit unserer jetzigen Kenntnisse hervorgegangene Zone beschränkt, so muss man sogleich hinzufügen, dass dieselbe, obwohl sie bei Weitem nicht den

---

*) In diesem Werke bediene ich mich stets der Seemeilen, wovon 20 auf einen Grad des Aequators gerechnet werden; die Längen sind vom ersten Meridian der Pariser Sternwarte gezählt und die Temperaturen in der 100theiligen Skala des Quecksilberthermometers ausgedrückt.

**) Die Grundlagen für diese Schätzungen s. in der *Relat. historique* meiner Reise nach den Aequinoxialregionen, t. III., 243. (Edit. in 4to.)

gewaltigen Raum von Inner-Asien ausfüllt, doch vergleichungsweise die grösste Continuität einer Erhöhung des Bodens in Plateauform darbietet, die man in den verschiedenen Continenten gefunden. Ihre absolute Höhe über dem Meeresspiegel ist heutiges Tags noch eben so ungewiss, als es früher ihre horizontale Ausdehnung war; wir kennen ihre Höhe nur am nördlichen und südlichen Ende. Aus den klimatischen Betrachtungen über die Arten der Culturen oder die wildgedeihenden Producte des Pflanzenreichs und aus einer kleinen Zahl von genauen Messungen mittelst des Barometers und der minder sicheren Bestimmung des Kochpunktes des Wassers muss man schliessen, dass die Höhe des Central-Plateaus über dem Meeresniveau sehr ungleich und im Ganzen weit geringer ist, als bisher angenommen worden. Für den Theil der Gobi, durch welchen in der chinesischen Mongolei die Theekaravanen zwischen Khiachta und Peking ziehen, wurde bisher in den verbreitetsten Werken über physikalische Geographie und Geologie eine Höhe von 7500—8000′ (1250—1333 t.) angenommen. Die wahrscheinlich übertriebene Messung, welche die Pat. Gerbillon und Verbiest am Berge Petscha, in der Nähe des südlichen Randes der Gobi, vorgenommen, die sehr gewagte Vergleichung dieses Gipfels mit dem benachbarten Hochlande und wenig beweisende meteorologische Betrachtungen scheinen am Meisten zur Annahme der obigen Zahlenangaben beigetragen zu haben; aber ein unter den Auspicien der Petersburger Akademie von zwei sehr ausgezeichneten Gelehrten, den Hrn. Georg Fuss und v. Bunge, welche die Mission griechisch-katholischer Mönche nach Peking begleiteten, mit grösster Sorgfalt ausgeführtes barometrisches Nivellement lehrt uns, dass die mittlere Höhe des Plateaus höchstens 4000′ (etwa 670 t.) beträgt, was der Höhe der persischen Hochebene zwischen Teheran und Ispahan gleich kommt und nur die doppelte Höhe des Plateaus von Spanien ist*). Der

*) Das Kloster und königl. Schloss Escurial liegt 540t. über dem mittelländischen Meere. S. mein Profil des Innern von Spanien im *Atlas géogr. et phys.* zu meiner *Relat. hist.*, pl. 3.

centrale Theil der Gobi, zwischen Ergi, Ude und Durma, erreicht kaum die geringe Erhebung von 2400′. Die höchsten Stationen auf der ganzen Route von NW. nach SO., bei einer directen Länge von 160 Meilen, liegen gegen Norden bei Urga und gegen Süden in der Nähe der chinesischen Mauer, wo man in eine mit reicher Vegetation geschmückte Ebene hinabzusteigen beginnt. Beide Gegenden, welche die Culminationspunkte der Gobi bilden, erreichen nur 850—900 t.

Um die Bedeutung dieser Zahlen zu veranschaulichen und die Vergleichung mit anderen Gegenden der Erde zu erleichtern, lasse ich in aufsteigender Reihe einige ganz bekannte Hochebenen folgen, deren Messung mit Vertrauen einflössenden Mitteln bewirkt worden ist.

Plateau der Auvergne	174	tois.
von Baiern	260	„
von Spanien	350	„
von Mysore	460	„
von Caracas	480	„
von Popayan	900	„
von Abyssinien (Tzana-S.)	955	„
von Südafrika (Oranje - Riv.)	1000	„
von Abyssinien (Axum) *)	1108	„
von Mexico	1168	„
von Quito	1490	„
des Titicaca-S.	2007	„

In dieser Höhenskale würde die Gobi oder Scha-mo der chinesischen Mongolei keine sehr wichtige Stellung einnehmen. Das asiatische Plateau übertrifft nur in seiner südlichen Senkung zwischen Zakildak und Olonbaïschen ($42\frac{3}{4}$ bis 46° Br.) die Erhebung der castilischen Hochebene. Hr. von Bunge, mit dem ich vor seiner Reise nach China das Vergnügen hatte, am Nordabhange des Altai zu botanisiren, bemerkt, dass der Sand nur den kleineren Theil des angeblichen Sandmeeres (Scha-mo) der Mongolei einnimmt **).

*) Die Messungen in Abyssinien verdanke ich der letzten Reise des Hrn. Rüppel.

**) S. das interessante Mém. des Hrn. v. Bunge über die geogra-

Die Höhe der Fortsetzung des Plateaus im SW. von Khamil oder Hami nach Kuatscheou und der Kette des Kuen-lun ist uns völlig unbekannt. Die Untiefen im N. und im S. der Himmelsberge (Thian-schan) scheinen zwischen Barkul und dem Inschan in einander überzugehen; aber diese ganze Region ist für uns in Hinsicht auf Zahlenbestimmungen noch eine Terra incognita.

Wenn man die Kette des Kuen-lun nach Süden zu übersteigt, so gelangt man zu der grossen und berühmten Erhebung des Bodens, welche den Raum zwischen dem Kuen-lun und dem Himalaya ausfüllt. Die unerschrockenen Reisenden, welche von Hindustan aus die Kette der kolossalen Berge des Himalaya übersteigen, sagen, sie seien auf dem Plateau der Tartarei angekommen. Unter den Europäern war der P. Antonio de Andrada der erste, welcher (1625) dies Plateau besuchte. Er stieg bei den Quellen der Wischnu-Ganga*) durch den Mana-Pass, im NW. des Niti-Passes, auf die Hochebene von Schaprang und West-Tübet, und sprach zuerst die Existenz „der unermesslichen Ebenen des Landes Tübet" aus. Von den Bergen des Himalaya kommend, in denen sein Auge von dem Glanz des Schnees und Eises gelitten hatte, glaubte der portugiesische Missionar nur ein einziges Plateau von unabsehbarer Ausdehnung vor sich zu haben. Eben desselben Ausdrucks haben sich noch in unsern Tagen sehr verdiente Reisende, die Hrn. Moorcroft und Herbert bedient; jener kam auf dem Wege von Gertope über Daba, dieser durchzog die hohen Ebenen, welche sich jenseit Meyang im Norden des Setledj-Thales ausbreiten**). Aber wenn man die sämmtlichen Berichte, welche

---

phische Verbreitung der Pflanzen in der Gobi, welches 1833 in einer öffentlichen Sitzung der Petersburger Akademie gelesen wurde.

*) Hr. Ritter hat diese Localität bestimmt (Asien II. 445). H'lassa und Ost-Tübet wurden erst 36 Jahre später von den christlichen Missionairen besucht. Dorville und Gruber kamen dahin von Peking aus, auf der Route des Khukhu-Nor; ihnen folgte, 1716, der P. Desideri, der in grade entgegengesetzter Richtung von Kaschmir her kam und über Ladak nach H'lassa in's östliche Tübet vordrang.

**) Asiat. Res. t. XII. p. 441; t. XV. p. 340, 371, 413.

wir besitzen, mit Aufmerksamkeit lies't und mit den sorgfältigen Beschreibungen, welche an Ort und Stelle von chinesischen Autoren abgefasst worden, vergleicht; so erkennt man bald, dass das tübetische Plateau keineswegs eine gleichförmige Ebene ist, sondern, besonders in seinem östlichen Theile, oft durch Gebirgs-Gruppen und Ketten unterbrochen wird, welche es in verschiedenen Richtungen durchziehen.

Ein grosser Transversal-Gebirgsrücken, etwas östlich von den heiligen Seen Manasa und Râwana-hrada, entspricht durch seine Verlängerung gegen Süden einem Meridian, welcher die Kolosse des Djawahir und Dhawalagiri scheidet; dieser merkwürdige Rücken bildet die Wasserscheide von Tübet, indem die Gewässer auf der einen Seite zum Indus und Setledj nach Ladak (Leh) und Shipke, d. i. gegen NW., auf der andern Seite durch den Tsanpu (den grossen Strom Tübets, im Tübetanischen Dzangbo-tschu genannt) nach H'lassa gegen SO. abfliessen. Diese Theilung in ein östliches und ein westliches Tübet stellt die Erhebung des Bodens zwischen den Gebirgssystemen des Kuen-lun und Himalaya, welche zwischen Kaschmir und dem Bolor fast convergiren, unter einem geognostisch natürlichen und den physischen Phänomenen entsprechenden Gesichtspunkte dar. Die chinesischen Geographen scheinen bei ihrer politischen Classification der Provinzen diese Einheit des tübetischen Plateaus zu verkennen. Indem sie sowohl Klein-Tübet oder Baltistan, im S. des grossen Gebirgsknotens des Tsungling, als das Land Ladak (*Ngaeri*) oder Gross-Tübet der Perser ausschliessen, setzen sie die westlichste Grenze Tübets in die Gegend des Ursprungs des berühmten Tsanpu, der bald für den Burenputer (Brahmaputra), bald für den Irawaddy oder Strom Avas gehalten wird. Diese Grenze befindet sich mithin nahe bei demselben Damme oder der Transversal-Erhebung, welche ich eben als die Wasserscheide (*divortia aquarum*) im O. der heiligen Seen bezeichnete und deren wahre Lage in 79° 35′ ö. Lg. zu sein scheint. Nun besteht dies dem Dalaï-Lama und dem politischen Einflusse der Chinesen unterworfene Tübet aus drei Provinzen, welche im Kanzleistyle Pekings die drei Tübets genannt werden. Sie heissen, von W. nach O., Zang (Thsang), Ui mit der Kapitale H'lassa und die Provinz K'ham*).

Die wenigsten Unterbrechungen durch Gebirge zeigt ohne Zweifel die Hochebene von Ngaeri oder der Theil des Plateaus zwischen Ladak, Gertope und den dürren Ufern des Sees Manasa. Zahlreiche chinesische Reisen in Zang oder Ober-Tübet beschreiben dagegen diese Provinz als besät (*hérissée*) mit Gebirgsrücken und einzelnen Gruppen von Schneebergen, welche die Hochebenen durchziehen, in denen der grosse Tsanpu sein Bett gegraben. Ui (Wei) oder Vorder-Tübet ist ein grosses Plateau oder, wie die chinesische Beschreibung des Landes sagt, „eine grosse Ebene, welche sich von S. nach N. 40 Li und von O. nach W. 400 — 500 Li weit erstreckt". In der Mitte dieser Ebene liegt H'lassa mit seinen unzähligen Klöstern und dem Palast von Botala, dessen Terrasse mit reich vergoldetem Dache sich 367' über den Boden erhebt **). Nach den Dimensionen, welche der Ebene von H'lassa beigelegt werden, hat sie nur einen Flächeninhalt von 160 Quadratmeilen ***). Dort liegt „das Reich der Freude im Abend, welches mit dem Schönsten im Reich der Mitte (China) vergleichbar ist". Das Klima, heisst es in derselben chinesischen Quelle, wechselt in den beiden Tübets Ui und Zang „oft auf einer Entfernung von 10 Li". Diese grossen Verschiedenheiten, welche ich auch auf den Hochebenen Mexikos und Quitos angetroffen, sind von der Unebenheit des Bodens abhängig.

---

*) *Déscription du Tubet, trad. du chinois par le père Hyacinthe Bitchourin et par Klaproth*, 1831, p. 14, 59, 165, 239, 245, 247. Klaproth, *Mém. relat. à l'Asie*, 1828, III., 376.

**) Das Gebäude, zugleich Tempel und Palast, hat keineswegs die Form eines Thurms oder einer chinesischen Pagode. Nach P. Hyacinth's Zeichnung ist es ein mit Thurmportalen umgebenes viereckiges Gebäude, dessen Form seine Höhe so merkwürdig macht. Wenn die Fusse, von denen P. Hyacinth spricht, chinesische sind, so sind sie gleich dem *tchhi* oder *cove*, welcher nach Hrn. Abel-Rémusat 0.306 m. hat.

***) Ein Aequatorialgrad = 250 Li.

Die Frage, welches die mittlere Höhe dieses Plateaus von Ladak oder den drei Tübets sei, vermag man nur annäherungsweise zu beantworten, indem man gewisse Grenzwerthe feststellt. Von Eifer beseelte Reisende, welche in jene unwirthbaren Gegenden vorgedrungen, haben sich mehr mit der Höhe der Pässe beschäftigt, von denen manche die enorme Erhebung von 2900 Toisen*) erreichen, mit dem Ursprunge der Flüsse und der äussersten Grenze des Getreidebaues und des Baumwuchses, als mit allgemeinen geognostischen Ansichten über die Continuität des Bodenreliefs und seine mittlere Höhe. Es ist mit diesen Bestimmungen wie mit den Beobachtungen gegangen, welche so lange den Fortschritt der Klimatologie aufgehalten haben. Die Reisenden haben sich Anfangs nur mit den Extremen der Wärme beschäftigt, und solche Angaben haben bis zur zweiten Hälfte des 18. Jahrhunderts die übertriebensten Vorstellungen von der Kälte der Regionen des Nordens sowohl, als von den glutheissen Klimaten der tropischen Ebenen verbreitet. Der Cap. Webb findet mittelst Combination von Messungen für den Theil des Plateaus von Tübet, in dem ein Haus des Lama nahe am Ufer der beiden Seen Manasa und Rawana-hrada gelegen, 2266 Tois. Höhe**). Moorcroft (1825) glaubte, dass das ganze Plateau des Königreichs Ladak eben so hoch sei, als der Gipfel des Mont-Blanc d. i. 2475 t. Aber wir dürfen durchaus nicht diese beiden Angaben als die Grenzwerthe, zwischen denen die Höhe des Plateaus von Tübet schwankt, betrachten. Es giebt wenig unterbrochene Ebenen zwischen Bikhur, Shipke und Meyang im westlichen Tübet, und doch liegt, nach einer directen Messung des Cap. Herbert, der Ort Shipke am Ufer des Setledj, nur 1474 t. (9430′ engl.) über dem Meeresspiegel ***) und erreicht also nicht die Höhe des Plateaus von Quito. Ich beharre bei

---

*) Pass von Manerang 2909 t. *Trans. of the Asiat. Soc.*, I., 370, 379.

**) *Asiat. Res.*, XIII., 310.

***) L. c., XV., 416. S. auch die Erörterungen des Hrn. Ritter, Asien, II., 590.

der Ansicht, die ich vor langer Zeit ausgesprochen, dass der südliche Theil des grossen asiatischen Plateaus zwischen dem Himalaya und Kuen-lun in der mittlern Höhe nicht das Plateau des Titicaca-Sees (2000 t.), ja vielleicht noch nicht 1800 t. erreicht*).

Die neuesten Beobachtungen haben ebenfalls den Rang, welcher nach seiner absoluten Höhe dem fast kreisrunden Bassin von Kaschmir, einer Stufe am Südabhange des Himalaya beigelegt wurde, herabgesetzt. Nach unsicheren Combinationen glaubte man, dass die Höhe der der höchsten Plateaux der Cordilleren gleich käme. Der geistreiche und muthige Reisende Victor Jacquemont, welcher vielleicht das „irdische Paradies" des Khodja Abdul Kherym und Bernier's mit etwas zu viel Geringschätzung behandelt, fand aus Barometermessungen für den Grund des Beckens von Kaschmir nur eine Höhe von 5350′ engl. (837 t.) über dem Ozean **). Selbst die geringe Höhe der Stadt Popayan in Amerika ist noch beträchtlicher. Der Baron Hügel, welcher das Thal von Kaschmir nach Jacquemont besucht und eine sehr interessante Karte davon herausgegeben hat, setzt die Höhe des Beckens auf 5800—5900′ engl. (907—922t.); jedoch ist dies nicht das Resultat***) einer Barometermessung, sondern stützt sich nur auf den Kochpunkt des Wassers.

Denkt man sich die Axe der grossen Erhebung Central-Asiens (eine Erhebung, welche älter als die der Gebirgsketten oder Systeme ist,) verlängert, so gelangt man, mit einigen Abweichungen, zu den Hochebenen Irans und Süd-Arabiens. Dies ist einer der merkwürdigsten Züge der plastischen Gestaltung ****) der alten Welt, denn das

---

*) So erreichen z. B. alle Dörfer der chinesischen Tartarei zwischen Ladak und Baschar nur 12000′ engl. (1875 t.). *Trans. of the As. Soc.*, I., p. 373.

**) *Correspond. pendant un Voyage dans l'Inde*, II., p. 58, 74.

***) *Journ. of the Geogr. Soc.*, vol. VI., pt. I., p. 348. Im *Asiat. Journal*, Oct. 1836, p. 66, heisst es: Hr. v. Hügel hat die Höhe von Kaschmir zu 6300′ engl. (985 t.) mittelst dreier, dasselbe Resultat gebenden Thermometer gefunden.

****) Ritter, Asien, I., 49, 51.

ganze östliche Persien zwischen Teheran, Ispahan und Schiras bildet ein Plateau von 600—700 t., und während sich dasselbe allmälig senkt und verschwindet, wenn man über Yezd nach Afghanistan, gegen Kandahar hinabsteigt, behält es eine beträchtliche Höhe in der Küstenterrasse von Beludschistan und steigt selbst wieder im Sarawan bei Kelat bis zu 1300 t. Höhe an.

Diese allgemeinen Bemerkungen reichen hin, um zu zeigen, wie man dazu gekommen, diese Reihe von Plateaux, welche Asien von Hadramaut und Iran bis zur Gobi der chinesischen Mongolei durchziehen, in engere Grenzen einzuschliessen. Die Ausdehnung dieser Erhebung des asiatischen Bodens, welche gewiss höchst merkwürdig erscheint im Vergleich mit der Grösse der Andes-Hochebenen, verschwindet so zu sagen auf der ungeheuern Oberfläche des ganzen Continents. Fast ganz Nord-Asien im N. der vulkanischen Kette des Thian-schan, die Länder, welche sich vom Bolor und vom obern Oxus zum caspischen Meere und vom Balkhasch-See durch di[illegible] teppe der Kirghisen bis zum Aral-See und dem südlichen [illegible]ral-Gebirge ausbreiten, gehören dem Tieflande an. Ne[illegible] Plateaux von 5000—11000′ H. wird es wohl erlaubt s[illegible] den Ausdruck **Tiefland** für Ebenen zu gebrauchen, w[illegible]he sich nur 200—1200′ über den Meeresspiegel erhel[illegible] Der Begriff Plateau lässt sich ohne Zweifel auf eine we[illegible]geringere Bodenerhebung anwenden; jede Ebene, welche e[illegible] Untiefe (*haut-fond*) über der Meeresfläche bildet, wird dann [illegible]n Tafelland (*table-land*) sein; aber wenn man in die Sprac[illegible] zu unbestimmte Ausdrücke einführt, so entsagt die physik[illegible]che Geographie der Aufgabe, den Zusammenhang zwisc[illegible] Höhen und Klima, zwischen dem Bodenrelief und der [illegible]nperaturabnahme anzugeben. Als ich mich in der chinesis[illegible]n Dzungarei zwischen der sibirischen Grenze und dem Sai[illegible]-See (Dzaisang) in gleicher Entfernung vom Eismeere u[illegible] vom indischen Ozean (an der Gangesmündung) befand, k[illegible]nte ich glauben, in **Central-Asien** zu sein. Mein Barome[illegible] zeigte, dass Ebenen, welche der obere Irtysch durchflies[illegible] zwischen Ust-Kamenogorsk und dem chinesischen Posten [illegible]n Khonimailakhu nur 900—1200′

abs. Höhe besitzen. Die Stadt München liegt, nach Delcros, in 1590' (265 t.) Höhe. Ich bewohnte früher die höchsten Regionen Mexikos, Quitos und Perus und hatte daher einige Mühe, mich zu überreden, dass ich das Centralplateau von Asien erreicht hätte. Pansner's Tabelle barometrischer Höhenmessungen war zur Zeit meiner sibirischen Reise noch nicht erschienen. Auch dieser unterrichtete Reisende fand, dass die Kosakenstationen und kleinen Handelsstädte Ust-Kamenogorsk und Buchtarminsk am obern Irtysch in der Nähe der chinesischen Grenze nur 800—900' Höhe über dem Meere haben*).

Wir sahen eben, wie vage und ungenaue Meinungen man sich über die Bodengestalt Hoch-Asiens entworfen hatte und wie lange dieselben der sichern Basis directer Messungen und der Einführung von Zahlenelementen entbehrten. Eine andere Ideenreihe, welche wir oben als innigst verbunden mit der Hypothese eines fortlaufenden Plateaus darstellten, musste nun gleichfalls grosse Modificationen erleiden. Diese hohen Ebenen der Tartarei werden nicht mehr für die Wiege der menschlichen Civilisation und den Ursitz der Wissenschaften und Künste angesehen. Jenes alte Volk ist verschwunden, von dem d'Alembert**) den glücklichen Ausdruck braucht, dass es „uns Alles gelehrt hat, ausgenommen seinen Namen und sein Dasein". Die kühnen Schöpfungen des systematisirenden Geistes haben den Resultaten gründlicher Untersuchungen Platz gemacht, welche die späte***) Einführung der Wissenschaften und aller literarischen Bildung in die Regionen zwischen dem Bolor und China, dem Altai und der Kette des Himalaya nachgewiesen haben. Ernste Fragen, welche man für zusammenhängend

---

*) Lorenz v. Pansner, Höhe der Oerter über der Meeresfläche im asiatischen Russland, 1836, p. 17.

**) *Correspond. avec Voltaire*, p. 259. Die ozeanischen Atlanten zur Zeit des Posidonius wurden nicht besser behandelt. S. den hämischen Ausdruck, welchen Strabo gebraucht; l. II., p. 102. *Casaub.* (cf. l. XIII., p. 598.)

***) Abel-Rémusat, *Rech. sur les langues tartares*, p. IV—IX, 88, 330, 393, 395, 397.

mit religiösen Meinungen gehalten, erwarten nicht mehr geologische Lösungen, und die Geologie selbst hat, wie die ihrer Entwickelung lange Zeit entgegenstehenden Hindernisse darthun, dadurch gewonnen, dass sie sich von der Abhängigkeit und der Vermischung heterogener Interessen lossagte. Wenn man da, wo die positive Geschichte schweigt, an der Hand des fruchtbaren Studiums der Sprachen ausserhalb Chinas auf den Keim einer alten Civilisation Asiens zurückgehen will, so kommt man keineswegs zu den unwirthbaren Hochebenen im Norden, sondern zu dem gemeinsamen Ursprunge zweier grossen Zweige der indo-persischen Völkerfamilie, der brahmanischen und der baktrischen Arier*).

Dass die orographische Kenntniss Central-Asiens, welches von Europäern selten besucht worden, neuerlich so weit vorgeschritten ist, hat grossentheils seinen Grund in den schätzbaren Materialien, welche fleissige Männer der chinesischen Literatur entnommen haben. Die Chinesen, welche unaufhörlich gezwungen waren, die Einfälle unruhiger Nachbaren zurückzuweisen, haben als gewissenhafte Beobachter der Bodengestalt, der Productionen und Klimate der durchzogenen Gegenden in ihren historischen und geographischen Werken das ganze innere Asien im Norden des Himalaya sorgfältig beschrieben. Besonders zu den beiden berühmten Epochen, unter der Dynastie Han zur Zeit der römischen Republik und der ersten Kaiser, wie unter der Dynastie Thang zur Zeit Karls des Grossen, besass das Reich der Tsin eine ausserordentliche Ausdehnung gegen Westen**), von Schen-si und der grossen Krümmung des gelben Flusses bis nach Sogdiana und dem caspischen Meere***). Es bildete sich damals ein Handelsverkehr im

---

*) Eug. Burnouf im *Journ. des Savants*, 1837, p. 165. S. auch Wilh. v. Schlegel in den *Transact. of the Roy. Soc. of Litt.*, vol. II., pt. 2., p. 148.

**) Abel-Rémusat, in *Mém. de l'Acad. des Inscr.*, VIII., 61, 127.

***) Eroberung Phan-tschao's, eines chinesischen Feldherrn, welchen der Kaiser Ho-ti im J. 97 unsrer Zeitrechnung nach dem westlichen Meere schickte (*Foĕ-kuĕ-ki*, p. 39). Aber schon 122 J.

Süden des Gebirgssystems des Thian-schan, der vom caspischen Meere und dem obern Oxus über Kaschghar bis zum See Lop und Hami reichte. Ein Einbruch der tübetischen Völker von Thu-fan unterbrach*) diese Communication quer durch Central-Asien; aber die mongolische Dynastie, welche die Könige der Perser als ihre Vasallen betrachtete, stellte sie unter den Tschinggiskhaniden im 13. und 14. Jahrhundert wieder her. Um diese Zeit etwa dehnte sich Chinas Handel bis nach Ceylon und dem persischen Golf aus**). Im 16. Jahrhundert fanden von Neuem Unterbrechungen in der Verbindung zwischen China und dem obern Oxus statt, zuerst durch die Zerstückelung der Turkomanen-Staaten Hami und Turfan, späterhin durch die von N. nach S. gerichteten Einfälle der Elöthen oder Kalmücken der Dsungarei. Erst von der Zeit an, wo es Kang-hi's und Khian-lung's siegreichen Heeren gelang, die Macht des Fürsten oder Galdan der Elöthen zu vernichten, dehnte das Himmlische Reich seine Grenzen auf eine dauernde Weise***) bis zur Kette des Bolor aus.

Ich erinnere an diese zerstreuten historischen Züge, weil sie auf den centralsten Theil Hoch-Asiens Bezug haben, welchen seit der kühnen Expedition des portugiesischen Jesuiten Benedict Goës von Kaschghar nach Sotscheou (1606) und seit der astronomischen Reise des deutschen Jesuiten Hallerstein mit seinen Gehülfen P. Espinha und Arocha kein Europäer wieder besuchen konnte. Durch ähnliche periodische Bewegungen, wie die eben erwähnten, ist das chinesische Reich seit 2000 Jahren in drei grossen Streifen zwischen den beiden Gebirgssystemen Indiens und des

---

v. Chr. drang ein chinesischer General, Tschang-Khian, unter Wou'-ti aus der Dynastie Han, über den Bolor bis nach Ferghana vor.

*) Gaubil, *Mém. concernant la Chine*, XVI., 137.

**) Neumann, Asiat. Studien, 1837, I., p. 209.

***) Die Besitznahme von Kaschghar, Khotan und Aksu durch den Rebellen Khodja Djihangir im J. 1826 war nur ganz vorübergehend; dieser kam vom W. des Bolor, und der erste Ursprung der insurrectionellen Bewegung, welche den Hof von Peking übermässig beunruhigte, muss in Si-yu (Gouv. Ili), im N. des Thian-schan gesucht werden.

Altai gegen die niedern Regionen Sogdianas vorgerückt: es sind im Norden die Dsungarei und die Ufer des Balkhasch-Sees, in der Mitte Hami, der Lop-See und Yarkand; im Süden H'lassa und West-Tübet. Noch mehr. Unter der Dynastie der Weï, die aus Sibirien stammte (386—534), wurde der Verkehr Chinas mit den Stämmen an den Ufern des Baikal-Sees und des Obi oder in der Nähe des Eismeeres äusserst lebhaft *). Die politische Organisation und Verwaltung dieser ungeheuren Eroberungen machten eine ganz genaue Kenntniss der Topographie nöthig. Hr. Ritter **) bemerkt schon, dass die grosse chinesische Karte, auf welcher die in 44 Fürstenthümer getheilten westlichen Regionen verzeichnet waren, wenigstens auf die Zeit zurückreicht, wo Agathodaemon seine Karten zur Geographie des Ptolemaeus entwarf. Seit dem 13. Jahrhundert beschäftigte sich ein chinesischer Astronom ***) mit der Bestimmung der Lage einer grossen Zahl von Oertern, als Grundlage der Karten des Reiches und auch um die Handlungen der Regierung und die religiösen Gebräuche überall mit den Himmelserscheinungen, d. h. dem Aufgange der Gestirne und der Tageslänge in Uebereinstimmung zu setzen. In den grossen Monarchien, in China wie im persischen Reiche, welche in Satrapien getheilt waren, fühlte man frühzeitig das Bedürfniss beschreibender Werke und detaillirter statistischer Verzeichnisse, für welche die geistreichsten und gelehrtesten Völker des Alterthums in Europa so wenig Neigung bewiesen. Eine Regierung, welche in den kleinsten Details ihrer so viele Stämme verschiedener Racen umfassenden Administration pedantisch geordnet war, machte zugleich zahlreiche „Uebersetzungsbureaux" nöthig. Seit dem Jahre 1407 gab es in den grossen Grenzstädten Schulen, in welchen acht bis zehn Sprachen zugleich gelehrt wurden ****). Auf diese Weise begünstigten die weite Ausdehnung des Reichs und die Erfordernisse einer despotischen

*) *Mém. de l'Acad. des Inscr., N. Sér.*, VIII., 108.

**) Asien, V., 560.

***) Rouo-Tscheou, im J. 1279.

****) Abel-Rèmusat, *Langues tart.*, p. 218.

und centralen Regierung zugleich die Geographie und die linguistische Literatur.

Bei der Erwähnung der Vortheile, welche die Kunde Asiens (und zwar handelt es sich hier immer nur um jenen innern Theil des Continents, welcher den Untersuchungen überseeischer Reisenden fast gänzlich verschlossen geblieben,) aus der neueren Richtung der chinesischen Studien gezogen hat, darf man die von Abel-Rémusat*), Klaproth**) und gelehrten russischen Reisenden veröffentlichten Itinerarien nicht mit Stillschweigen übergehen. Die ältesten derselben gehen auf die Dynastie Thang, d. i. in's 7. und 8. Jahrhundert zurück. Diese Routiers sind um so wichtiger, als die chinesische Polizei heut zu Tage mit höchst argwöhnischer Thätigkeit die südliche und westliche Grenze überwacht. Lieut. Burnes erzählt, dass nicht allein das Signalement, sondern auch das gemalte Bildniss jedes verdächtigen Fremden an die Städte Hoch-Turkestans mit der Umschrift gesandt wird: „Wenn dieser Mann die Grenze passirt, so gehört sein Kopf dem Kaiser und sein Vermögen fällt Euch zu", d. h. dem, welcher ihn festnimmt***). Man berichtet selbst, dass Moorcroft's Portrait die Mauern von Yarkand ziere und dass der englische Nationalcharakter darin so wohl getroffen ist, dass dies Gemälde für jeden Landsmann des berühmten Reisenden, welcher den östlichen Abhang des Bolor überschreiten wollte, sehr gefährlich werden könnte.

In der eben gegebenen allgemeinen Uebersicht von Materialien, in deren Besitz wir neuerlich gekommen sind, oder von solchen, die auf eine neue Art combinirt wurden, was grade eben so wichtig für die orographische Kenntniss Asiens ist, muss man die Wege, welche dem gewöhnlichen

---

*) *Mém. sur plusieurs questions relat. à la géogr. centrale*, p. 1—58.

**) *Descript. du Tubet*, 171—238. Die Anzahl dieser tübetanischen Routiers beläuft sich auf 51. Vgl. die Zusätze zu diesen Wegerouten, welche die Hrn. Ritter und Grimm einem kostbaren Exemplar entnommen haben, welches Hr. Neumann neuerlich aus Canton mitgebracht (Asien, II., 481).

***) Burnes, a. a. O., II., 233.

Handel der Völker West-Asiens offen stehen, und die verschiedenen Versuche unterscheiden, welche von Indien und von Sibirien aus gemacht wurden, in den centralen Theil einzudringen, der im Westen durch die die Quellen des Oxus (Djihun) und Jaxartes (Sir) schneidenden Meridiane begrenzt wird. Das Continent von Asien zeigt uns an seinem Süd- und seinem Nord-Ende zwei grosse Reiche, welche den Europäern unterworfen sind. Zwischen diesen beiden Welten gleichsam hat China, welches sich gegen Abend bis zur Grossen Bucharei und den Savannen der mittlern Horde der nomadisirenden Kirghisen und vom Hoangho und obern Orkhon bis zum Bolor erstreckt, eine intermediäre Stellung eingenommen; jenes sind die anglo-hinduische und die russisch-sibirische Welt, welche eben so verschieden sind durch die Natur ihrer Klimate und Erzeugnisse, wie durch den Culturzustand, den Reichthum und die Dichtigkeit der Bevölkerung. Diese beiden grossen politischen Massen oder Abtheilungen stehen seit Jahrhunderten einzig und allein durch die niedern Regionen von Baktrien, ich könnte sagen, durch die Einsenkung des Bodens um den Aralsee und die Ostküste des caspischen Meeres, zwischen Balkh und Astrabad wie zwischen Taschkend und dem Trukhmenen-Isthmus, in Verbindung. Dieser zum Theil sehr fruchtbare Strich Landes, durch welchen der Oxus seinen Lauf nimmt, war stets in kleine feindliche Staaten zerstückelt, welche sich längs dem Ostabhange der Bolor-Kette von S. nach N., vom indischen Kaukasus bis zu den Ebenen und Weiden des Sarasu und Turgay hinziehen. Dort ist der Weg von Delhi, Lahore und Kabul nach Khiwa und Orenburg, die grosse Strasse, auf welcher ehedem die mongolische Macht in Indien eindrang. Diese Einsenkung des asiatischen Bodens, deren Grösse durch die neuesten und mit höchster Genauigkeit ausgeführten Messungen berichtigt worden ist, setzt sich ohne Zweifel auch westlich vom caspischen Meere fort; aber wenn man über Tabris und Eriwan von dem 600—700 t. hohen Plateau von Persien nach Tiflis hinabsteigt, so gelangt man zur Kette des Kaukasus, welcher fast zwei Meere berührt und im Passe von Guda eine sehr besuchte Militairstrasse von 7530′ H. darbietet. Im N. der grossen kaukasischen Mauer, in den Ebenen zwischen Don, Wolga und Jaik erhält sich der Boden an mehreren Punkten, z. B. zu Sarepta und Tschernojar, wie um den Berg Bogdo und die Salzseen von Kamysch-Samara noch auf einer Höhe von 60—80′ unter dem mittlern Niveau des schwarzen Meeres, wie sich aus Hrn. Goebel's interessanten Messungen ergiebt. Vom britischen Indien und dem Pendjab her, eröffnen zwei in Richtung und Länge verschiedene Strassen eine Verbindung zwischen dem europäischen Norden und Süden Asiens; die eine führt directer durch die Thäler des Djihun und Sir, indem sie über die Schneekette des Hindu-Kho läuft, von Fyzabad und Balkh nach Peichawer und Kabul; die andre auf einem langen Umwege von Georgien und dem Plateau, auf welchem sich der Ararat erhebt, über Tabris, Kasbin und Teheran nach Herat und Kandahar, indem sie sich beständig im Süden des Hindu-Kho hält und allmälig von den hohen und dürren Ebenen Persiens von W. nach O. gegen Attok und die Ufer des Indus hinabsenkt. Auf dieser letztern Route wendet man sich um das Südende des caspischen Sees, und ungeachtet der jetzigen Verwickelung mehrerer rivalisirenden Mächte zwischen Herat und Lahore, wird die Länge des Weges durch den Vortheil einfacherer politischer Verhältnisse aufgewogen, welche ein grosses dazwischenliegendes Reich, Iran, darbietet. Die hier bezeichneten Regionen können als Wege für die friedliche Verbindung oder feindliche und stationsweise vorrückende Einfälle angesehen werden. Dieser letztere Gesichtspunkt gehört indess einer noch sehr fernen Epoche an. Die beiden Strassen sind seit dreissig Jahren mit einem stets wachsenden Eifer erforscht worden, und man darf sich Glück wünschen, dass der wiewohl etwas geheimnissvolle Zweck dieser Untersuchungen nicht hat erreicht werden können, ohne dass sie der astronomischen Geographie und Physik der Erde im Allgemeinen wirkliche Dienste leisteten. Es bleiben ohne Zweifel noch grosse Lücken auszufüllen, selbst was die äussere Gestaltung der Oberfläche des Bodens betrifft, sowohl in Persien und Kandahar, als in Maveralnahar oder der Grossen Bucharei, besonders zwischen dem West-Abfall des Bolor und den kleinen Ketten des Asferah und Karatagh; aber der ganze muselmännische Westen Asiens kann nicht in Betreff der vor alten Zeiten in Europa verbreiteten geographischen Kenntnisse mit dem centralen Asien verglichen werden, über welches sich von dem Nord-Abhange des Himalaya bis zum Altai Chinas abschliessende und argwöhnische Politik erstreckt.

In unsrer Zeit sind von zwei einander diametral entgegengesetzten Seiten Versuche gemacht worden, in's Innere vorzudringen, welches jedem Reisenden fast unzugänglich ist, der nicht in Farbe oder Zügen asiatischen Charakter trägt. Von Süden her haben diese Versuche nicht weiter als auf das Plateau von Tübet und Ladak geführt. Die bewundernswürdige Ausdauer und der Muth, welchen Turner, die drei Gebrüder Gerard und Moorcroft bei ihrem Vordringen über den Himalaya entfalteten, sind bekannt. Kaschmir gehört noch dem südlichen Theile der Kette an. Elphinstone und Alex. Burnes, welche ihre Untersuchungen auf den Westen des Indus und auf den Theil des indischen Kaukasus richteten, der am Wenigsten bekannt war, haben über die Nachbarländer grosses Licht verbreitet. Das Werk des Lieut. Burnes vereinigt mit dem Reichthum schätzenswerther Nachrichten den Reiz der Offenheit und einer edlen Einfachheit seiner Erzählung. Er drang durch den Pass und die Berge von Bamiyan, welches Monumente des Buddha-Cultus enthält, die man auf Java *) und Ceylon wieder antrifft, in Baktrien ein, wo die Treulosigkeit der Usbeken das Reisen so gefährlich macht. Moorcroft, welcher vergeblich über das System des Kuen-lun-Gebirges zu kommen versuchte, konnte vom Plateau von Ladak, wo er sich zwei Jahr lang aufhielt, nur wenig gegen NO. in eine Provinz vordringen, welche er Skai-jung **) nennt

---

*) Wilh. v. Humboldt, über die Kawi-Sprache, p. 148—168; Ritter, die Stupa's oder Topes und die Kolosse von Bamiyan an der baktrischen Königstrasse, 1838, p. 13.

**) *Trans. of the Asiat. Soc.*, 1824, vol. I., pt. 1., p. 55.

und die einen Ueberfluss an wilden Pferden einer besondern Species (*Equus Kiang*) hat. Nur sein Reisegefährte, Mir Izzet Ullah, ein Mohamedaner aus Delhi, war glücklich genug, die Kette des Kuen-lun zu übersteigen. Er gelangte von Kaschmir nach Ladak, Yarkand und Kaschghar und von Kaschghar nach Khokand oder Ferghana. Seine Reiseroutiers in Central-Asien*) gehören zu dem Wichtigsten, was wir vom Süden des Continents her über die topographische Kenntniss der Länder im N. von Tübet und im O. des Bolor erhalten haben.

Indem wir das britische Reich in Indien verlassen, wenden wir unsere Blicke auf die andere Seite von Asien, nämlich auf das russische Reich. Hier erblicken wir von Astrakhan und Orenburg an, längs des südlichen Sibiriens vom obern Irtysch und Selenginsk bis zum Amur eine ungeheure Grenze, welche auf 1000 Meilen Länge in Berührung mit Inner-Asien steht. Im Norden von Indien setzen die kolossale Kette des Himalaya, wie die Plateaux von Ladak und dem chinesischen Tübet, welche von Bergrücken durchzogen und mit kleinen isolirten Gebirgspruppen übersäet sind, dem Fortschritt der Entdeckung Schranken. An der Grenze des asiatischen Russlands hingegen findet man das Land gegen Westen offen bis zu den Meridianen von Gobdo- und Ulassutai-Khoto, im Süden bis zum Nordabhange des Thian-schan (Himmelsgebirges) in der Richtung eines Parallels zwischen 42 und 43° Br. Die niedrigen Gegenden, welche der chinesischen Herrschaft unterworfen sind, werden vom Thian-schan und der Kette des Altai begrenzt; sie enthalten das Gouv. Ili und die Dsungarei und sind im Westen nicht von einer Bergkette begrenzt, wie das Bassin des Tarim zwischen dem Thian-schan und Kuen-lun (mit dem Plateau von Yarkand oder Ost-Turkestan) durch die Kette des Bolor. Die Ebenen der chinesischen Dsungarei, von welchen ich einen Theil gesehen und welche zum Becken des Alaktugul- und Balkhasch-Sees ge-

---

*) Klaproth, *Mag. Asiat.*, t. II., pl. 18—28, 38—45. S. die gelehrten Analysen des Itinerars Mir Izzet Ullah's in Ritter, Asien, II., 629—640, V., 478—484.

hören, stehen ohne Unterbrechung gegen Abend mit der grossen Steppe der mittlern Kirghisen-Horde in Verbindung. Dieses Naturverhältniss hat das Reisen von der russischen Grenze, zwischen dem Tobol, Ischim und obern Irtysch, bis zu den südlichen Regionen des Innern auffallend erleichtert. Das zahlreiche Volk der Kirghisenhirten, von welchem eine Horde auf chinesischem Gebiete lebt, dient als Mittelglied in dem mercantilen Verkehr, welcher seit 15—20 Jahren so wichtig geworden ist. Die grossen Messen in Russland und Sibirien haben allmälig eine grosse Berühmtheit im Herzen Asiens erlangt. Die Nachfrage nach Producten der europäischen Industrie nimmt auf eine ganz unerwartete Weise zu; alle Asiaten suchen mehr directen Verkehr. Die Karavanen der Bucharei reichen nicht bloss bis Astrakhan, Orenburg und Troizk; sie gehen auch in grosser Zahl nach den kleinen Städten Petropawlowsk*) in der grossen Ischimschen Steppe, Omsk, Semipolatinsk und Ust-Kamenogorsk, welche ich zu besuchen Gelegenheit hatte. Die Handelshäuser dieser kleinen Oerter unterhalten Verbindungen mit Bokhara, Khokand und Taschkend; sie versuchen sie auch mit Erfolg, indem sie sich nur der Asiaten von brauner Hautfarbe bedienen, um nach Central-Asien und Kaschmir zu gelangen.

Ich werde in diesem Werke das merkwürdige Verzeichniss der seit der Regierung Peters d. Gr. vom südlichen Sibirien nach dem Innern des Continents ausgeführten Reisen mittheilen. Den Itinerarien, welche ich in der ersten Ausgabe der *Fragmens asiat.* [in der Uebers. p. 110 fg.] veröffentlichte und welche schon Routen von Semipolatinsk nach Kaschghar und Yerkand (Yarkiang) im Süden des Him-

---

*) Zu Petropwalowsk, um ein Beispiel von einem in Europa fast unbekannten Orte anzuführen, kamen 1830 vom 9. bis 21. Juni 832 Kameele von Taschkend (am Sihon oder Jaxartes) an. Sie waren mit Baumwolle, Ziegenhaaren, Schaafhäuten und trocknen Früchten beladen und von 60 Wagen begleitet. Der Weg ging über die Stadt Azret, über Susak im NO. Turkestans und an den Flüssen Nura und Ischim hin. Eine der Karavanen, welche von den Kirghisen an den Ufern des Tschui angegriffen worden war, hatte nur 56 Tage zur Reise von Taschkend nach Petropawlowsk gebraucht.

melsgebirges, wie nach Klein-Tübet (Baltistan) im Süden des Thsungling oder des Westendes des Kuen-lun enthielten, kann ich gegenwärtig neue Reiserouten hinzufügen von Semipolatinsk nach Guldja (Ili der Chinesen) und Gobdo-Khoto, und von Petropawlowsk über Taschkend und Khokand nach Kaschghar, eine Strasse von mehr als 400 Meilen Länge, die Krümmungen mit eingerechnet. Ich werde ebenfalls das Itinerär von Guldja nach Peking mittheilen, welches einen grossen Theil Central-Asiens von NW. nach SO. durchschneidet und sich in der Gobi mit der von Kiachta zur grossen chinesischen Mauer führenden Strasse vereinigt. Diese für die Kenntniss jener Gegenden höchst werthvollen Materialien*) verdanke ich dem besondern Wohlwollen des Hrn. Grafen Cancrin, des Ministers der Finanzen, des Handels und Bergbaus in Russland. Im J. 1826 begab sich eine Deputation der mittleren Horde der Kirghisen vom District Ssemisnaiman unter Anführung des Sultans Tauk-Agadayer von der Stadt Guldja über Kur-Kara-Ussu, Urumtsi und Ulassutai-Khoto nach Peking. Die nicht ganz vollständigen Nachrichten wurden von Bodel Negmetow gesammelt, einem Kirghisenhäuptling, welcher den Sultan auf dieser langen Reise begleitete, die man zu Pferde mit einem zahlreichen Gefolge von Kameelen ausführte. Man fand, in Folge von Peking eingelaufener Befehle, auf sehr geringen Distanzen frische Thiere. Auf eben derselben Route von Gobdo-Khoto war der chinesische Officier gekommen, welchen ich zu Khonimailakhu im N. des Dzaisang-Sees gesehen. Ich wage mir damit zu schmeicheln, dass die 16 Itinerarien für die wenigen Gelehrten, welche sich ernstlich mit der Geographie Inner-Asiens beschäftigen, einiges Interesse haben werden, selbst nach den wichtigen Arbeiten von Nazarow, Wolkof und Senkowski, dem Baron v. Meyendorff und v. Murawief, dem General Berg und

*) Ich besitze schon seit 1832 das Manuscript dieser von Hrn. v. Korolenko, Staatsrath und Zolldirector in Sibirien, verfassten Reiserouten; auch hat mein würdiger Freund, Hr. Ritter, die gesammten hier vereinigten Materialien schon für seine wichtigen Untersuchungen benutzen können. (Asien, I., 327, 643, 786; II., 639; V., 486.)

Lenz, Eichwald und Timkowski, Adolf Erman, Ledebour, Meyer und Fedorow, Fuss und Bunge, Arbeiten, welche sich sämmtlich ebenfalls auf Forschungen beziehen, die von den Grenzen des asiatischen Russlands aus unternommen worden.

Wir haben eben die plastische Gestaltung des asiatischen Bodens in Hinsicht auf den Fortschritt der physikalischen Geographie und auf jene Verbindung in der Vorzeit betrachtet, welche man zwischen der Richtung der Völkerwanderungen und der Configuration der Erdoberfläche wahrnimmt. Wenn Alles, was mit der vervollkommneten Kenntniss der verschiedenen Gebirgssysteme und der Continuität oder Unterbrechung der Hochebenen zusammenhängt, der Aufmerksamkeit des Geschichtsforschers wie des Geologen würdig ist; so erscheint die Natur der Felsmassen und die vulkanische Beschaffenheit der Ketten als ein nicht minder hervortretender Zug in dem grossen orographischen Gemälde von Inner-Asien. Seit Klaproth's und Abel-Rémusat's Arbeiten kennt man die Spuren des vulkanischen Feuers im Thian-schan, der fast eben so weit vom indischen als vom Eismeere entfernt ist. Auf meiner Reise 1829 mit den Hrn. Ehrenberg und G. Rose in's nördliche Asien bis jenseit des Obi, verweilte ich gegen sieben Wochen an den Grenzen der chinesischen Dsungarei, zwischen den Forts Ustkamenogorsk, Buchtarminsk und dem chinesischen Posten Khonimailakhu, auf der Kosakenlinie des obern Irtysch und der Kirghisen-Steppe, und an den Ufern des caspischen Meeres. Ich hatte den Vortheil, während dieses Aufenthalts mehrere merkwürdige Aufschlüsse über vulkanische Phänomene in einer so ausserordentlichen Entfernung von den Küsten zu sammeln. Eine neue Erörterung chinesischer Berichte, welche ich gelehrten Freunden verdanke, wird, wie ich hoffe, das Interesse an geologischen Thatsachen vermehren, an welche wieder zu erinnern die erste Ausgabe meines Werks das schwache Verdienst gehabt.

Die vulkanischen Phänomene gehören nach dem gegenwärtigen Stande unsrer Kenntnisse nicht der Geognosie allein an; in der Gesammtheit ihrer Beziehungen sind sie einer der wichtigsten Gegenstände in der Physik des Erdballs. Die brennenden Vulkane erscheinen als die Wirkung einer permanenten Verbindung zwischen dem flüssigen Innern der Erde und der Atmosphäre, welche die erhärtete und oxydirte Kruste unsres Planeten umhüllt. Lavaschichten brechen als intermittirende Quellen geschmolzener Erden hervor; ihre übereinander gelagerten Ergüsse scheinen unter unsern Augen im kleinen Maassstabe die Bildung der krystallinischen Felsarten verschiedenen Alters zu wiederholen. Auf dem Grat der Cordilleren der neuen Welt, wie im südlichen Europa und im Innern Asiens, giebt sich ein inniger Zusammenhang zwischen der chemischen Wirkung der Vulkane im eigentlichen Sinne des Worts und den Phänomenen der Salsen kund. Selbst diejenigen Vulkane, welche Felsarten hervorbringen, weil ihre Form und Lage, d. h. die geringere Erhebung ihres Gipfels oder Kraters und die geringere Dicke ihrer (nicht von Plateaux verstärkten) Seitenwände geschmolzenen erdigen Substanzen den Ausgang verstatten, sind mit den Salsen oder Schlammvulkanen in Südamerika, Italien, Taurien und am caspischen Meere verwandt. Diese letztern werfen nämlich zuerst Blöcke (grosse Felsstücke), Flammen und saure Dämpfe aus; dann, in einem andern, ruhigeren und zu ausschliesslich beschriebenen Stadium stossen sie schlammige Thonmassen, Naphtha und irrespirable Gase (Wasserstoffgas, welches mit kohlensaurem und sehr reinem Stickgase gemengt ist,) aus. Die Thätigkeit der eigentlich sogenannten Vulkane manifestirt dieselbe Verbindung mit der bald langsamen, bald schnellen Bildung von Gyps- und Anhydrit-Steinsalz-Lagern, welche Steinöl, verdichtetes Wasserstoffgas, Schwefeleisen und zuweilen, wie am Rio Huallaga im Osten der Andes von Peru, beträchtliche Massen Bleiglanz einschliessen; sie zeigt ihre Verbindung mit dem Ursprunge der heissen Quellen, mit der Gruppirung der in verschiedenen Epochen von unten nach oben abgelagerten Metalle in den Gängen und Stockwerken und in der Veränderung des Nebengesteins der metallführenden Spalten: jene Thätigkeit giebt ihren Zusammenhang ferner mit den Erdbeben kund, deren Wirkungen nicht immer bloss *dynamisch* sind, sondern in Begleitung chemischer Phänomene, wie der Entwickelung von irrespirablen Gasarten und Rauch und Lichterscheinungen, auftreten; und endlich mit der Erhebung von Inseln, Bergen und Küstenstrichen, welche bald plötzlich, bald sehr langsam und nur in langen Zeiträumen bemerkbar vor sich gehen.

Dieser innige Zusammenhang so vieler verschiedenen Erscheinungen, diese Betrachtung der vulkanischen Thätigkeit als *einer Wirkung des Innern der Erde auf ihre äussere Rinde*, auf die sie umschliessenden festen Erdschichten, hat in der letzten Zeit eine grosse Zahl von geognostischen und physikalischen Problemen aufgeklärt, welche früher unlösbar erschienen. Die Analogie gut beobachteter Thatsachen, die strenge Prüfung der Phänomene, welche unter unsern Augen in verschiedenen Gegenden der Erde vorgehen, beginnen, uns allmälig zu enträthseln (nicht durch Aufzählung aller einzelnen Bedingungen, sondern durch die Betrachtung der gesammten Wirkungsart), was sich in den vorhistorischen Epochen zugetragen. Die *Vulkanicität*, d. h. der Einfluss, welchen das Innere eines Planeten auf seine äussere Hülle ausübt, variirt nach den Stadien seiner allmäligen Erkaltung in Folge der ungleichen Aggregation (der Fluidität und Festigkeit) der ihn zusammensetzenden Substanzen. Diese von innen nach aussen wirkende Thätigkeit, wenn ich mich so ausdrücken darf, ist gegenwärtig sehr herabgestimmt; sie ist auf eine geringe Zahl von Punkten beschränkt und intermittirt; sie wechselt seltener den Ort, ist in ihren chemischen Wirkungen sehr vereinfacht, indem sie nur um *kleine, kreisförmige Oeffnungen* oder in *Longitudinalspalten* von geringer Erstreckung Felsarten bildet; sie äussert ihre Macht auf grosse Distanzen nur dynamisch, indem sie die Rinde unsres Planeten in linearen Richtungen oder auf Räumen (*Erschütterungskreisen*, Kreisen gleichzeitiger Oscillationen,) erschüttert, welche viele Jahrhunderte hindurch dieselben bleiben. In der Zeit, welche der Existenz des Menschengeschlechts voranging, musste die Wirkung des Innern der Erde auf die an Dicke zunehmende, erstarrte Kruste die

Temperatur der Luft modificiren und die ganze Erde zu einem Wohnort von Productionen machen, welche wir heut zu Tage als ausschliesslich **tropische** betrachten, nachdem durch den Effect der Strahlung und Erkaltung der Oberfläche die Verhältnisse der Stellung unseres Planeten zu einem Centralkörper (der Sonne) angefangen haben, fast ausschliesslich die Klimate verschiedener Breiten zu bedingen.

In jener Urzeit bahnten sich auch die elastischen Flüssigkeiten oder die kräftiger als gegenwärtig wirkenden vulkanischen Kräfte des Innern einen Ausweg durch die oxydirte, noch wenig erstarrte Rinde des Planeten; damals zerklüfteten jene Kräfte die Rinde und trieben nicht allein in Gängen (*dykes*), sondern in sehr unregelmässig gestalteten Massen Substanzen von grosser Dichtigkeit (eisenhaltigen Basalt, Melaphyre und Metallmassen) hervor, Substanzen, welche erst nach der Erstarrung und Abplattung des Planeten hineingeführt wurden. Die Beschleunigung der Pendelschwingungen an mehreren Punkten der Erde giebt desshalb oft den täuschenden Schein einer stärkern Abplattung, als diejenige ist, welche aus einer gehörigen Verbindung trigonometrischer Gradmessungen und der Theorie der Monds-Ungleichheiten hervorgeht.

Die Epoche der grossen geognostischen Revolutionen war die, wo die Verbindung zwischen dem flüssigen Innern des Planeten mit seiner Atmosphäre am Häufigsten statt fand und auf einer grössern Zahl von Punkten wirkte; wo das Streben, diese Verbindungen herzustellen, in verschiedenen Zeitaltern und durch mannigfaltige Art von Thätigkeit, welche durch diese Epochen bestimmt wurde, auf langen Spalten Cordilleren emporhob, wie den Himalaya und die Andes, oder Gebirgsketten von geringerer Erhebung, oder endlich jene Wellen- und Höhenzüge, deren mannigfaltige Undulationen die Landschaften unserer Ebenen verschönern. Als Beweis dieser Emporhebungen und, nach den grossartigen und geistreichen Ansichten des Hrn. **Elie de Beaumont**, als Bezeichnung des relativen Alters der Gebirge habe ich in den Anden der Neuen Welt, zu Cundinamarca mächtige Sandsteinformationen gesehen, die sich von den Ebenen des

Magdalenen- und Meta-Flusses fast ununterbrochen auf Plateaux von 1400—1600 t. Höhe ausdehnen; so habe ich neuerlich noch im nördlichen Asien, in der Kette des Urals, dieselben Knochen antediluvianischer Thiere (welche in den niedern Gegenden der Kama und des Irtysch so berühmt sind,) auf dem Rücken der Kette, auf den Plateaux zwischen Beresovsk und Jekaterinenburg, in dem an Gold, Diamanten und Platin reichen Schuttlande gefunden. Ebenso muss man die grosse Depression West-Asiens als ein Zeugniss der unterirdischen Thätigkeit elastischer Fluida betrachten, welche Continente, Bergketten und isolirte Dome emporheben, welche Felsmassen und die von ihnen eingeschlossenen organischen Ueberreste verschieben, welche Höhen und Tiefen erzeugen, wenn das Gewölbe sich senkt. Die Oberfläche des caspischen Meeres *) und des Aral-Sees bildet den niedrigsten Theil der Einsenkung; aber diese selbst erstreckt sich, wie die neueren barometrischen Messungen der Hrn. Hofmann, Helmersen, Göbel, Gustav Rose und des Verfassers lehren, weit hinein in's Innere des Landes bis jenseit Sarepta, bis zum Elton-See und zu den Steppen des Bogdo zwischen Wolga und Jaïk. Diese Senkung einer continentalen Masse um nahe 80′ unter die Oberfläche der Wasser des Ozeans in ihrem mittleren Zustande des Gleichgewichts konnte bisher nicht in ihrer ganzen Bedeutung aufgefasst werden, weil man die Ausdehnung eines Depressionsphänomens nicht kannte, von welchem einige Theile der Küstenstriche Europas und Aegyptens (in Holland und bei den Natronseen) nur schwache Spuren zeigen. Man wird versucht zu glauben, dass die Bildung dieser Einsen-

*) Die grosse trigonometrische Operation, welche mit einer bewunderungswürdigen Genauigkeit und unter sehr schwierigen Umständen von den Astronomen Georg v. Fuss, Sabler nnd Sawitsch ausgeführt wurde, ward am 23. October 1837 beendigt. Sie ergab als Endresultat, dass das Niveau des caspischen Meeres gegenwärtig 76′ niedriger liegt, als der Spiegel des schwarzen Meeres. Dies ist noch 14′ weniger, als die Höhe des Bodens der Stadt Berlin, nach Major Baeyer's trigonometrischem Nivellement, über dem Spiegel der Ostsee bei Swinemünde.

kung, dieser grossen Aushöhlung der Oberfläche in innigem Zusammenhange stehe mit der Erhebung des Kaukasus und Hindu-Kho und des Plateaus von Persien, welche das caspische Meer und Maveralnahar im Süden begrenzen, vielleicht auch mit der Emporhebung des grossen, sehr unbestimmten und ganz unrichtig sogenannten Plateaus von Central-Asien. Diese Concavität der Alten Welt ist, unter einem geologischen Gesichtspunkte betrachtet, ein Kraterland, wie Clavius, Schikard, Boussingault und Ptolemaeus auf der Mondoberfläche, welche bis 43 Meilen im Durchmesser haben*) und eher mit Böhmen, als mit den Abhängen und Kratern unserer Vulkane zu vergleichen sind.

*) Beer und Mädler, Selenogr., p. 89, 400.

Allgemeine Uebersicht

der

Ebenen und Gebirgssysteme Asiens.

(Vorstellungen der Alten, verglichen mit den Ergebnissen der neuesten Untersuchungen. — Richtung des Imaus.)

Die Richtung der verschiedenen Gebirgssysteme, welche das grosse Festland Asiens durchziehen, ist der Zweck mühsamer Forschungen geworden, nicht nur weil dies Phänomen einen der eigenthümlichen Züge in der innern Einrichtung unsres Planeten darstellt, sondern auch wegen des fortwährenden Einflusses, welchen es auf die Vertheilung der Wärme, die geographische Verbreitung der Pflanzen und die meteorologischen Veränderungen ausübt, denen die Atmosphäre über den benachbarten Continenten unterworfen ist. Ehe uns die Geologie die Natur und die Zusammensetzung der Gebirgsarten auf unermesslichen Räumen der Erdkugel, welche Reisenden mit einigen mineralogischen Kenntnissen unzugänglich geblieben sind, enthüllen kann, beschränkt sie sich auf Alles das, was die Gestalt der Oberfläche, die Form der Emporhebungen in Ketten oder Plateaux betrifft. Die Bestimmung der Richtungen oder Längendimensionen pflegt im Allgemeinen der Kenntniss der Höhen über dem Meeresspiegel voranzugehen. Diese aber hat nur insofern wahre Wichtigkeit für die Klimatologie, den Ackerbau und die Wanderungen der Völker, als die Rede ist von der Höhe ganzer Länder, wie Persien, Tübet oder die Kleine Bucharei, oder von dem mittleren Kamme einer Bergkette oder von Querthälern, die als Pässe und Verbindungen für den Landhandel dienen. Hypsometrische Resultate haben, wiewohl sie der gemeine Mann anstaunt, wenig Interesse in Bezug auf die Physik der Erde, sobald sie nur die culminirenden Punkte einer Kette oder einzelne Gipfel betreffen. In der Kindheit der geographischen Kenntnisse beschreibt man einen Berg früher als eine Kette; und wenn man dann nach und nach anfängt, die Richtung der Ketten zu bestimmen, und wenn man ihre Lagerungsverhältnisse zu den Küsten und den grossen Dimensionen oder Axen eines Festlandes aufzufassen beginnt, so giebt man der ganzen Gruppe den Namen eines einzigen Gipfels, den man für den mächtigsten hält.

Die Orographie Asiens bietet noch heut, je nachdem das Continent in mehr oder weniger innige Berührung mit den Völkern des Westens getreten, alle die verschiedenen Stufen der Vervollkommnung oder der fortschreitenden Entwickelung dar, welche man zwischen den einfachen Vorstellungen über Unebenheit der Oberfläche, Ausdehnung und Richtung der Ketten und den gründlichsten Kenntnissen des relativen Alters und der Unabhängigkeit der Formationen, dem Fallen der Schichten und der mineralogischen Zusammensetzung der Felsarten beobachtet. In den unzugänglichen und fernen Regionen geht daher die Kenntniss der Ausdehnung und der Form allem dem voran, was sich auf die Zusammensetzung der Massen und die eigenthümliche Heterogenität der Substanzen bezieht, aus denen die äussere Rinde der Erde besteht. Bei der Aufführung dieser stufenweisen Entwickelung und der Grenze unserer Kenntnisse über Central-Asien wird man unwillkürlich an den Zustand der Geologie des Mondes erinnert. Die Richtung der Berggruppen, ihre relative Höhe, die Dimensionen der Umwallungen oder Kraterländer des Mondes sind uns mit grösserer Genauigkeit und weit vollständiger bekannt, als die Unebenheiten eines an Flächeninhalt gleich grossen Raumes auf der Erde. Es giebt zwei sehr verschiedene Ideenreihen, welche sich auf die Form der Erhebungen oder ihre Zusammensetzung, auf die orometrische Geologie oder die Geologie der Felsarten beziehen. Diese Wissenschaften gehen einander bei dem Fortschreiten unserer physikalischen Kenntnisse voran.

Um die geologiscbe Constitution Asiens unter dem allgemeinsten Gesichtspunkte aufzufassen und um den so complicirten Bau seiner Gebirgsketten in die einfachsten Elemente zu zerlegen, muss man mit der Betrachtung beginnen, dass Europa als eine halbinselförmige Verlängerung von Asien anzusehen ist. Dieser Zusammenhang grosser Abtheilungen der alten Welt war schon dem Vater der Geschichte aufgefallen. Herodot (IV. 42.) betrachtet das ganze nördliche Asien im N. des caspischen Meeres und Jaxartes*) als eine Fortsetzung von Europa, „welches sich in der Länge über die beiden andern Erdtheile (Afrika und Asien) hinauserstreckt“. Er schildert es als eine Region trockener Ebenen, welche einen grossen Theil des Jahres mit jenen Federn bedeckt sind (IV. 31.), die vom Himmel fallen und die Atmosphäre abkühlen. Wirklich schienen die Steppen jenseit des Lykos (IV. 123.), worin die asiatischen Scythen, die Thyssageten und Issedonen umherschweiften, Steppen, welche Herodot zum Theil mit eigenen Augen gesehen und über die ihm die Milesier der Colonie Olbia genaue Nachrichten verschaffen konnten, sich mit den baltischen und sarmatischen Ebenen zu vermischen. Von den Haiden in Brabant, Westphalen und Luxemburg bis zu den Ufern des Obi in 78° Lg. hat das ganze Land, welches ich zu sehen Gelegenheit gehabt, denselben traurigen und zugleich monotonen Anblick.

Wenn man das alte Continent nach der Gesammtheit seiner Höhenverhältnisse betrachtet, so findet man, dass der gebirgige Theil oder die Alpenketten, deren jetziges Relief jünger als die Intumescenz oder die Emporhebung der Pla-

---

*) Der Araxes des Herodot, welchen er gegen Westen fliessen lässt: „*Quidquid terrarum ultra Caspium mare et Araxem fluvium est, quam nos septentrionalem Asiam nominare consuevimus, id ex Herodoti ratione Europae accensebatur.*“ *Schweighaeuser ad Herod.*, V., 204.

teaux ist, der grössern und fast ununterbrochnen Masse nach, zwischen 8° und 54° n. Br. eingeschlossen ist. Die SW.-NO.-Richtung spricht sich nicht bloss in den Umrissen und der Continental-Gestalt ganz Europas aus; sie wiederholt sich auch sehr häufig in den Gebirgssystemen und in den Straten der Felsschichten *) des europäischen Bodens. Das Innere Asiens ist augenscheinlich demselben Einfluss und zwar in einem noch grösseren Maassstabe unterworfen gewesen. Wenn man den Nordrand des grossen Reliefs oder der Gruppirung der asiatischen Gebirge verfolgt, so sieht man, dass dasselbe gegen Norden an Breite zunimmt, je weiter man nach Osten geht. Ich habe bereits an einem andern Orte darauf aufmerksam gemacht, dass die grosse Anschwellung des Continents in Gestalt von Plateaux, von Persien bis zur mongolischen Gobi, ihre Hauptaxe in der Richtung N60°O. hat. Diese Richtung (*hora* 3—4 des Markscheider-Compasses) scheint mit einer der ältesten Revolutionen zusammenzuhängen, welche die emporgehobenen continentalen Massen erlitten haben. Sie manifestirt sich auch in demjenigen Systeme der Schichtenaufrichtung **), wel-

*) S. über den Loxodromism der Straten meinen *Essai géogn. sur le gisement des rochers dans les deux hémisphères*, 1823, p. 56—60 [deutsch von v. Leonhard, p. 59-63].

**) Das System von Westmoreland und vom Hundsrück. „Dieses Streichen *hora* 3—4, fügt Hr. E. de Beaumont hinzu, ist die vorherrschende und so zu sagen die Grundrichtung der mehr oder weniger deutlichen Blättchen des Gneiss, Glimmerschiefers, Thonschiefers und der Quarz- und Kalkfelsmassen vieler sogenannten Urgebirge, wie derer auf Corsica, in den Maures (zwischen Toulon und Antibes), im mittleren Frankreich, einem Theil der Bretagne, dem Erzgebirge, den Grampians, in Skandinavien und Finland". (*Extrait d'une série de recherches sur quelques-unes des révolutions de la surface du globe*, p. 20, 24, 29, 74.) Dieses Mittel der häufigsten Streichungslinien und die umgekehrte Richtung (*hora* 8) einiger Ketten war mir schon bei meinen ersten geologischen Ausflügen im J. 1792 aufgefallen; aber es war noch ein grosser Schritt von dieser Ansicht zu der grossartigen Auffassung von vier Gebirgssystemen Deutschlands, welche auf die höchst genauen und in glücklichen Anwendungen so fruchtbaren Beobachtungen gegründet war, mit denen Hr. Leopold v. Buch die Geologie bereichert hat.

chem Hr. Elie de Beaumont den ersten Rang beilegt, weil sie, vor den andern, alte Uebergangsformationen voller Trilobiten Productus und Spirifer betroffen hat.

Die Plateaux, deren Bedeutung für die Klimate oder die Krümmungen der Isothermen-Linien*), für die Zweige des Ackerbaues und für das ganze physische und moralische Leben der Völker erst seit der letzten Umgestaltung der geographischen Studien genau erkannt worden; die Plateaux**)

*) Dieser Einfluss der Höhe der Plateaux auf die Temperaturabnahme findet sich mit einer sehr merkwürdigen Genauigkeit in einer Stelle bei Strabo ausgesprochen (II. 73). Indem er vom Klima spricht, welches sich in der Nähe des Taurus in Klein-Asien nicht nach der Breite, sondern nach der Höhe des Bodens verändert, unterscheidet der Geograph von Amasea sehr gut die Berge von den Plateaux. „Selbst in den südlichen Gegenden," sagt er, „ist es auf den Gebirgen und überhaupt in allen hochgelegenen Gegenden, selbst wenn sie Ebenen sind, kalt".

**) Die Griechen haben ein sehr bezeichnendes, wenn auch von ihnen selten gebrauchtes Wort für Plateau. Strabo nennt sie Bergebenen, ᾿οροπέδια, und er ist der einzige Schriftsteller, welcher uns dies ganz technische Wort aufbehalten hat. Er gebraucht es, indem er von den Plateaux von Enna auf Sicilien (VI. p. 272, Cas.), von Armenien (XI., p. 522), dem Plateau der Lycaonen, welches wilde Esel beherbergt (XII., p. 568), von dem obern Indien, welches die Derden besuchten, spricht (XV., p. 706) u. a. Das lateinische *colliculus* oder *tumulus* dafür ist nicht glücklicher, als „*les collines de pente douce et facile*", dessen sich der gelehrte französische Uebersetzer Hr. de Laporte du Theil bedient. Da die Chinesen grössere Sorgfalt auf die Beschreibung der Unebenheiten des Bodens und die Ansicht der Landschaft wandten, als die alten Völker des Occidents, so habe ich meinen gelehrten Collegen, Hrn. Stanisl. Julien, veranlasst, das chinesische Wort für Plateau aufzusuchen. Er hat mir darüber Folgendes mitgetheilt: „Nach dem ältesten chinesischen Wörterbuche, *Choué-wen* (welches im J. 120 n. Chr. beendigt wurde), heisst eine erhabene Ebene *youen* (*Dict. chinois de Basile,* No. 1064; *Morrison, Dict. chin.*, 2 P., No. 12523: *Highlevel ground*). Diese Definition wird durch das classische Wörterbuch *Tseu-weï* bestätigt und weiter ausgeführt: Eine erhabene, grosse Fläche, die glatt ist wie eine Ebene, heisst *youen*. Man vgl. den Commentar von *Tschou-hi* über den *Schi-king*, l. 2, c. 1, od. 3, und die Wörterbücher *Tsching-tseu-thong*, *Pin-tseu-thsien* und das kaiserliche von *Khang-hi*". Im Sanskrit ist Plateau (*table land, level ground in the top of a mountain*) *prastha* und *sânu,* contr. *snu.* Dieser Ausdruck

in beiden Welttheilen sind von verschiedener Ordnung. Ihre numerische Unterscheidung, wie das Minimum der Höhe, welches die Bewohner verschiedener Länder dem Wort Plateau im Allgemeinen beilegen, ist eben so unbestimmt und veränderlich wie Alles, was relative Grösse betrifft. Die niedrigsten Ebenen eines Continents sind Plateaux in Vergleich mit dem Meeresniveau, und die Vorstellung von Plateau ist nothwendig an die der ersten Emporhebung des trocknen Landes geknüpft. In diesem Sinne sind selbst die Alluvion-Deltas Plateaux. Der Sprachgebrauch ist indess weit entfernt davon, eine rein geologische Auffassung anzunehmen; er bedient sich dieses Ausdrucks nur für Ebenen von bedeutender Erhebung, für Hochebenen, und da die Bestimmung dessen, was hoch zu nennen ist oder einen beträchtlichen Niveau-Unterschied zeigt, nach der hypsometrischen Constitution eines Landes und der Höhe der bewohnten Plateaux unendlich wechselt, so sind in verschiedenen Gegenden die Ausgangspunkte sehr veränderlich, welche zur Bestimmung der verschiedenen Ordnung der Plateaux dienen. In Mexico, Cundinamarca (Neu-Granada) und Peru, wo es volkreiche Städte in 8000, 10000 und 12600′ Höhe giebt, lässt man sich von dem Einfluss der Temperaturen, von den stufenweise übereinander liegenden Klimaten leiten. In diesen schönen Gegenden der Tropen, wo die äusserst geringen Variationen in den Jahreszeiten die Abnahme der mittleren Wärme beim Hinaufsteigen auf die Hochebenen weit bemerklicher machen, werden die Klimate zum Anzeiger für die Veränderung der Höhe, der ohne Zweifel etwas trügerisch ist, wenn die Ebenen sehr gross

---

findet sich im *Amarakôcha*. Im Persischen könnte man, glaube ich, sagen *kohi-descht* oder *deschti-koh*; aber diese Wörter scheinen nicht gebraucht zu sein. Wenn Abulfeda, nach Hrn. Reinaud's trefflicher Edition, sagt (arab. Text, p. 739), „dass die Stadt Djordjan, am Meere der Khozars (casp. Meere) zugleich einen ebenen (*sahlyé*) und bergigen (*djebelyé*) Boden besitzt", so kann man glauben, dass er nur von einem bergigen Lande mit tiefen Thälern spricht, weil der Historiker hinzusetzt, „dass man daselbst sowohl Früchte niedriger (*algaur*) als hoher Gegenden (*alnedjd*) findet".

oder sehr sandig sind oder wenn sie sich mit sehr sanftem Abhange erheben. Daher kommt es, dass da, wo der Boden sehr uneben oder wo bis zur Höhe des Pics von Teneriffa die Abschüssigkeit der Berge durch grosse, übereinander liegende Plateaux unterbrochen wird, man erst Höhen für beachtungswerth und merklich die Wärme der Luft afficirend ansieht, welche 4—500 t., also um $\frac{1}{3}$ höher liegen, als die Hochebenen von Madrid oder Altenburg in Sachsen, und fast doppelt so hoch, als das bairische Plateau bei München*). Die Mitte Frankreichs bietet nach den schönen geodätischen Operationen, welche der neuen grossen Karte dieses Landes zu Grunde liegen, das sehr merkwürdige Phänomen von Ebenen dar, welche nicht 500′ (83 t.) Höhe besitzen. Das Plateau, auf welchem die Vulkanreihen der Auvergne hervorgebrochen, hat nach Ramond nur wenig über 1000′ Höhe**) Es ist ganz natürlich, dass unter verschienen Breiten und in Gegenden, deren allgemeines Relief, wie in Mexico, gigantisch oder, wie in Frankreich, ganz unbeträchtlich ist, und deren Gebirge entweder eine grosse Seitenanschwellung***) oder hohe, schmale Gipfel von sehr wenig Masse haben, die Plateaux derselben Ordnung das Interesse der Einwohner nicht in gleichem Grade fesseln.

Wir haben oben die ausserordentliche Depression unsres und des scythischen (sibirischen) Europas Herodots, von den

---

*) Die folgenden Angaben mögen zur Vervollständigung des früher Angeführten über die verschiedenen Ordnungen der Plateaux dienen. Im Magdalenen-Thal hat Honda schon 115, Neiva 267 t. abs. H., und doch sind Honda und die Llanos von Neiva, welche die Fortsetzung einer sehr sanft geneigten Ebene bilden, wegen der grossen Hitze ihres Klimas berühmt. Das Thal von Caracas ist kühler, als seine Höhe (470 t.) vermuthen liesse, während das Plateau der Thäler von Aragua, deren Klima die Bewohner kaum eine Erhebung über die Küste von Portocabello merken lässt, doch 240 t. hat. *Relation hist.* I., 581—586.

**) Sehr centrale Lage haben: Bourges 80 t., Chartres 81, Mâcon 94, Poitiers 60, Lyon 83, das Plateau von Lothringen 108, das von Limousin 147, das Plateau der Auvergne 174, die Stadt Clermont 208 t.

***) *Terrae tumores*, Frontin, *de Colon.*, p. 126, 127, *ed.* Goes. *Curvata tumore parvo planities*, Claudian, *de raptu Proserp.*, II., v. 110.

Haiden Brabants bis zu den Ufern des Obi bei Barnaul, beschrieben. Diese unermesslichen Ebenen sind mit denselben Species von Coniferen bedeckt, *Pinus Cembra* der sibirischen Wälder ausgenommen; sie tragen Eichen und Haidekraut nur westlich vom Ural und besitzen ungeachtet ihres einförmigen Anblicks mehrere Eigenthümlichkeiten des Reliefs, welche von den Geologen nicht genug beachtet worden sind, weil sie sich nur in wenig bekannten, aber sehr genauen Messungen herausstellen. Aehnlich dem Imaus, den sich Ptolemaeus verlängert denkt, theilt die Meridiankette des Urals die ganze Oberfläche von Nieder-Europa und Nieder-Asien in zwei ungleiche Abschnitte. In den beiden Regionen, in der cis- wie der transuralischen, nimmt die Neigung gegen S. zu; aber in der östlichen geschieht das Ansteigen bei Weitem allmäliger und sehr deutlich nach SO., d. h. gegen den Baikal-See hin, dessen absolute Höhe 1242′ (207 t.) nach Hrn. Fuss' Beobachtung beträgt. Fast an der Stelle, wo die cis- und transuralische Region in einander übergehen wollen, im S. des 51.° Br. und westlich von dem Punkte, wo die Uralkette fast gänzlich verschwindet, sind die Ebenen zwischen dem Manetsch, der Wolga, dem Jaïk, dem alten Lauf des Oxus (*Amu-deria*) und dem kleinen Flusse Astrabad unterbrochen. Die grosse Aushöhlung des caspischen Beckens umschliesst ausser dem Binnenmeere dieses Namens eine grosse Fläche von gegenwärtig trocken gelegtem Lande, was sich gegen Saratow und den Obtschei-Syrt ausdehnt; und Uralsk liegt unzweifelhaft unter dem Niveau des schwarzen Meeres. Diesem in seiner Grösse einzigen Phänomen analog sind die räumlich sehr unbedeutenden Einsenkungen einiger Striche in Holland, China und Nieder-Aegypten, vielleicht auch, nach den wenig übereinstimmenden Beobachtungen des Barometers oder des Kochpunktes des Wassers, welche die Hrn. Schubert, Moore, Beek und Gr. v. Bertou angestellt haben, die Depression des todten Meeres*). Das Detail alles dessen, was auf die

*) S. *Journ. of the Roy. Geogr. Soc.*, VII., 456, und Cap. Callier's interessante Erläuterungen über diese Bestimmungen im *Bull*

grosse caspische Concavität Bezug hat, bleibt einem andern Abschnitte dieses Werkes vorbehalten. Da es sich hier nur darum handelt, in Umrissen die allgemeine Gestaltung der Ebenen zu beschreiben, so beschränken wir uns auf die einfache Bemerkung, dass seit dem ersten Hervortreten der Continentalmassen, lange vor Emporhebung der Bergketten aus fortlaufenden Spalten, und während der Dauer dieser grossen Convulsionen, welche bis in die ältesten geologischen Epochen zurückreichen, die Oberfläche der Continental-Ebenen oft partiellen Niveau-Aenderungen unterworfen gewesen ist. Wahrscheinlich schwankte sie in derselben Art von Wellenbewegung, welche wir noch jetzt Tage lang, obgleich in einem weit beschränktern Maassstabe bei jenen ungeheuren Erdbeben und partiellen Verrückungen von Felsbänken wahrnehmen, die das ganze westliche Süd-Amerika erleidet. Die Einsenkungen, welche bei den Bewegungen in den ältesten Zeiten permanent geblieben sind, haben sich allmälig mit angeschwemmtem Boden gefüllt, so dass man, wenn man den harten Fels bloss legen könnte, kreisförmige Schlünde oder concave Einsenkungen von grossem Durchmesser entdecken würde, von denen sich uns im Anblick einer ganz ebenen Gegend heut zu Tage keine Spur mehr zeigt. Hr. Eichwald hat es durch eine Betrachtung der Localität sehr wahrscheinlich gemacht, dass die grosse Emporhebung des Ararat und des Plateaus, auf welchem dieser Trachytberg ruht, das caspische Meer bis gegen den Osten der moganschen Steppe und der Provinz Karabasch zurückgetrieben hat, indem sich die Wasser dieses Binnenmeeres

---

de la Soc. de Géogr., *Août* 1838, p. 84—100, [*Compt. rend. de l'Ac.* VII., 798]. Die Frage über das Niveau der Oberfläche des Todten Meeres knüpft sich an die des alten Jordan-Bettes und der jetzigen Wasserscheide im Wadi-el-Ghor, im N. des Golfes von Akaba, ein Problem, welches die Hrn. Ritter, Leake, Léon de Laborde und später Letronne beschäftigte. [Vgl. die Untersuchungen von v. Schubert, Reise in d. Morgenld., 1839; Robinson, Palästina, II., 455 u. a., Monatsberichte der Ges. für Erdkunde zu Berlin, I., 197, v. Bertou im *Bull. de la Soc. de Géogr.*, 1839, p. 274; Russegger, Pogg. Ann. der Physik, Ergänzungsbd. I., 356; Reisen, 4. Abth., p. 754; Symonds, *Journ. of the Geogr. Soc.*, 1842.]

vormals bis zum Zusammenfluss des Bergumet und Araxes erstreckten*).

In gleichem Abstande von dem nördlichen Gestade Europas und Asiens zeigen die cisuralischen Ebenen weit zahlreichere und beträchtlichere partielle Anschwellungen, als die sibirischen im Osten. Wenn man die Querbreiten des Continents zwischen dem Busen von Lyon und dem Canal de la Manche, zwischen der Nordspitze des adriatischen Meeres und der Küste Westfrieslands, zwischen dem Schwarzen Meere und der Ostsee, und zwischen dem caspischen und dem Weissen Meere vergleicht; so sieht man, dass sich die Halbinsel Europa in ihrer mittleren Richtung von WSW. nach ONO. in dem Maasse, als sie in die grosse ungegliederte**) Masse des Continents von Nordasien übergeht, an Breite wächst und dass sie mit dieser Zunahme in horizontaler Ausdehnung ein Klima annimmt, das eben so extrem***) in der Strenge der Winter als in der Hitze der

*) Eichwald, Periplus d. caspischen Meeres, I. 2. Abth., p. 548.

**) Ich habe seit langer Zeit den mächtigen Einfluss hervorgehoben, welchen die Gestalt der Umrisse eines Continents, seine dichte und ungegliederte oder durch Meerbusen in Halbinseln von verschiedener Form getheilte Masse auf das Klima und die Vertheilung der Pflanzen hat. *Regiones vel per sinus lunatos in longa cornua porrecta, angulosis littorum recessibus quasi membratim discerptae, vel spatia patentia in immensum, quorum littora nullis incisa angulis ambit sine anfractu Oceanus* (Humb., *de distrib. plantarum*, p. 81, 182). Diese gegliederte und peninsulare Gestalt Europas hatte schon die alten Geographen viel beschäftigt. Eratosthenes zählte drei Halbinseln, die iberische, italische und hellenische, denen Polybius noch zwei andere hinzufügte. Es scheint, als wollte Strabo die Verbindung bemerklich machen, in welcher die polymorphe Gestalt Europas mit den Vortheilen einer vorgeschrittenen und andern Gegenden der Erde leicht mittheilbaren Civilisation steht (l. II. p. 126). In unsrer Zeit hat Hr. Ritter mit grossem Scharfsinn die Analogien entwickelt, welche in den physischen und politischen Verhältnissen die drei Halbinseln Asiens, die arabische, indische und indo-chinesische, mit den drei südeuropäischen zeigen. Jene sind, wie diese, die Mittelpunkte von Culturen mit einer sehr scharf ausgezeichneten Physiognomie (Ritter, Berl. Kalend., 1829, p. 99; Asien, I. 63–65).

***) Der Ausdruck extreme Klimate, dessen ich mich oft in diesem Werke bediene, um das continentale oder das im Innern eines

Sommer ist. Jene (SSO.—NNW.-) Breiten zwischen den genannten Punkten wachsen im Verhältniss von 4 : 5 : 7 : 13. Pinsk und das Plateau Wolhyniens, Moskau, Nijnei-Nowgorod und Kasan entsprechen durch ihre centrale Lage in Polen und Russland der Region Central-Frankreichs zwischen Bourges, Nevers, Moulins und Tours. Aber Pinsk*), nahe dem Pripetz, ist ungeachtet seiner grossen Entfernung vom Meere nur wenige Toisen niedriger als Bourges, und die Pflanzengeographie bietet schon auf den Hügeln unfern Pinsk das merkwürdige Phänomen von wildwachsenden Stämmen der *Azalea pontica***). Weiter östlich, zwischen dem Schwarzen und dem Eismeere, ist die Depression der Ebenen des innern europäischen Russlands so beträchtlich, dass man lange Zeit den aus einer langen Reihe mittlerer Barometerstände hervorgehenden Beweisen keinen Glauben schenkte. Die neuesten Resultate, an welche wir uns nach dem jetzigen Stande unsrer Kenntnisse halten zu müssen glauben, sind noch geringer ausgefallen, als die vor wenigen Jahren erhaltenen. Ich habe darüber an einem andern Orte***) mit-

---

grossen Continents herrschende Klima zu bezeichnen, ist von Buffon entlehnt: das extreme Klima steht im Gegensatz zum gemässigten Klima der Küsten und Inseln, wo sehr milde Winter auf sehr kühle Sommer folgen.

*) Die Meierei Belin bei Pinsk liegt (trigon. Messung) 68 t. über dem Meere. Eichwald, Nat.-hist. Skizze von Lithauen, Wolhynien und Podolien, 1830, p. 106, 255.

**) Bei Dombrowitza, 12 M. von Pinsk und am Ufer des Slutsche (l. c., p. 143). Südlich von Pinsk erhebt sich die sarmatische Ebene in dem kleinen Plateau von Osmäna bis 147 t., was die Höhe von Limoges ist. S. über den höchsten Punkt in Wolhynien (Plateau von Awratyne), wo der Bug-Strom entspringt, Eichwald, a. a. O., p. 3, 72, 107.

***) Gust. Rose, Reise nach dem Ural, I., 635–641. Die absolute Höhe Kasans ist nicht bloss für die Geologie von grossem Interesse, weil sie uns über die mittlere Höhe der Ebenen Russlands und ihre allmälige Abdachung gegen die caspische Einsenkung Aufschluss giebt; sondern sie ist auch von Hrn. Galle, Adjuncten an der Berliner Sternwarte, dazu benutzt worden, die Höhe von Jekaterinenburg (der Hauptstadt der Goldregion des Urals) mit grösserer Genauigkeit daraus herzuleiten. S. Rose, I., 275–278 und die kleine Berichtigung p. 610.

getheilt, was mir eine sehr lebhafte Correspondenz mit meinen gelehrten Freunden, den Hrn. Simonoff und Knorr zu Kasan und Perewostschikoff zu Moskau an genauen Nachrichten verschafft hat. Man ermittelte durch eine geometrische Operation, dass der Mittelpunkt des Barometers in einem Saale der Kasaner Universität 135′ engl. über dem mittlern Stande der Wolga liegt; und wenn man die mittlere Höhe des Barometers für die sechs Jahre 1833—1838 auf dies Niveau reducirt, so erhält man für das Barometer 30 t. (58.4 m.) und für den Spiegel der Wolga 9 t. (17.5 m.) Höhe über der Oberfläche des baltischen Meeres *), also noch einige Toisen weniger, als die Höhe des mittleren Wasserstandes in der Seine zu Paris über dem Canal de la Manche beträgt. Wir vergleichen hier den Grund der beiden Thäler der Seine und Wolga, zweier Furchen, welche gleich reich an fossilen Knochen von Pachydermen und durch antediluvianische Ströme in der Ebene gegraben sind. Wenn man im Seine-Thal an dem alten Flussufer auf die Ebene selbst steigt, welche in Bezug auf den Grund der Furche ein Plateau ist, so findet man 70—75 t. mehr für die mittlere Höhe der ehemaligen Provinz Ile de France**).

In dem Theil der cisuralischen Ebenen, welcher

*) Bei dieser Berechnung ist der mittlere Barometerstand im Meeresniveau (nach dem Mittel aus den sehr genauen und zahlreichen Beobachtungen zu Danzig und Königsberg) zu 760.28 mm., red. auf 0° und bei 8° C. mittlerer Luftwärme angenommen. Indem ich die Elemente der Rechnungen angebe, wie ich es stets bei jeder Art von Untersuchungen, der ich mich nach einander gewidmet, gethan habe, verhehle ich die Unsicherheit der barometrischen Bestimmung so geringer Höhen nicht. Man erhält indessen Grenzzahlen und vermag mit Wahrscheinlichkeit die Grösse der Schwankung um die äussersten Grenzen zu bestimmen.

**) „Nach einem Nivellement durch einen Ingenieur der Brücken und Chausséen, welches vom Pantheon ausging, liegt der Nullpunkt des Pegels der Brücke de la Tournelle zu Paris 26 10 m. über dem mittleren Niveau des Ozeans; nach einem Nivellement von Havre bis zu derselben Brücke ergiebt sich für denselben Punkt 27.60 m.“ (Note des Hrn. Puissant aus den geodätischen Archiven des Kriegsdepots.) — Delambre fand 22.63 m. Hr. Alex. Brongniart bemerkt, „dass, wenn die Ebenen von Beauce, 4 Lieues südwestlich

mit der allgemeinen Benennung der baltischen bezeichnet wird, weil das Meeresbecken darin das Maximum der Depression gegen N. bildet, finden sich ganz merkwürdige partielle und isolirte Massenerhebungen. Es ist auffallend, dass diese Undulationen überhaupt sehr nahe der Meeresküste gelegen sind. Im Westen von Danzig, zwischen dieser Stadt und Bütow, wo das Seeufer weit gegen Norden vortritt, liegen mehrere Dörfer 400′ hoch; ja der Thurmberg in 54° 13′ 29″ Br.) erhebt sich zu 1024′ (171 t.)*), vielleicht die grösste Berghöhe zwischen dem Harz und Ural. In Liefland und Ostpreussen trifft man in den baltischen Ebenen ebenfalls Anschwellungen von mehr als 600′ H. Nach den geodätischen Arbeiten des berühmten Astronomen Hrn. v. Struve ist der Munnamäggi, 12 Meilen südlich von Dorpat, der culminirende Punkt. Dieser Berg hat 166 t. H. und erreicht also sonderbarer Weise fast dieselbe Höhe**) wie der Thurmberg, der 8° Lg. westlicher liegt***). Es erscheint wenig zweifelhaft, dass diese Unebenheiten da, wo

---

von Versailles, nur 150m. abs. H. haben, die näheren Ränder der Furche (*sillon*) oder des Beckens von Paris im Allgemeinen etwas höher liegen. Dieselben haben bei Meudon, Versailles und Montmorency eine Höhe von 167—174 m. über dem Meere.“

*) Sehr genaue trig. Messung des Majors Baeyer. Hr. Aycke, ein geschickter Beobachter, hatte schon barometrisch die Höhe des Thurmbergs (bei Schönberg) zu 998′ bestimmt; [die neueste Messung von Hrn. Aycke giebt 1022′.] Der Berg bei Ober-Buschkau, 16′ 27″ östlich vom Thurmberg, hat nur 814′ H. [Noch höher ist ein Berg bei Hüttenfeld, bar. 846′, und der Höckerbg. bei Schönberg 902. Neueste Schr. d. naturf. Gesellschaft zu Danzig, IV., 78.] Unter den niedrigen Anhöhen oder Höhenzügen (*ridements*) dieser dem baltischen Meere so nahen Ebenen ziehen der Thurmberg und der Berg von Ober-Buschkau das Interesse der Bewohner eben so auf sich, als seit Jahrhunderten in den Steppen des Jaïk der bei der innern Horde der Kirghisen so berühmte Grosse Bogdo, eine isolirte Anhöhe, welche sich nur 87 t. (169 m.) über das schwarze und 103 t. (200 m.) über das caspische Meer erhebt.

**) [Nach Cap. Albrecht's neuer Seekarte ist auch die grösste Tiefe der Ostsee 167 t. Berichte der Berl. Ak. 1842, p. 238.]

***) Vgl. Berghaus' sehr interessante Abhandlung, Allg. Länderk. II., 557—577. Auch die Höhen vom Puzewitsch südlich von Wilna, und die von Suri westl. von Perm erreichen nur 165 und 169 t.

der Sand und das aufgeschwemmte Land in Mecklenburg, Pommern und Ostpreussen Höhenzüge oder sehr hohe Plateaux bildet, nicht allein dem Phänomen der Dünen des alten Littorals angehören, sondern dass die ursprüngliche Ursache ihrer Bildung in einer Ortsveränderung und Aufrichtung von Kalk- und Jura-Schichten gesucht werden muss, welche unter dem losen Boden verborgen liegen. Die eigenthümliche Anhäufung gut erhaltener Meeresfossilien in dem Sandboden dieser Länder scheint die Nähe wirklicher Felsbänke zu beweisen, wie Hr. Leopold v. Buch aus zahlreichen Analogien und durch das Studium der versteinerten Muscheln dargethan, welche die verschiedenen neptunischen Formationen charakterisiren*). Die kleine Kette oder vielmehr das längliche Plateau des Waldai an der Grenze der Gouvernements Nowgorod und Twer ist in diesem weiten Bereich von Ebenen berühmt geworden, weil sich in seiner Richtung die Ströme theilen, deren Gewässer zum baltischen und zum caspischen Meere fliessen. Nach Beobachtungen an vortrefflichen Barometern von Fortin und Bunten, welche jedoch bei sehr veränderlichem Wetter observirt und nur zu Petersburg und nicht auch zu Moskau verglichen wurden, schien mir der nördliche Theil des Waldai-Plateaus jenseit Nowaja Ijitza höchstens 110 t., der culminirende Punkt, Popowa-Gora, 132 t. über dem Meeresspiegel**) zu liegen. Die alten, sehr übertriebenen Messungen des Bodens der Stadt Moskau haben Alles, was bisher über die benachbarten Plateaux veröffentlicht worden, unsicher gemacht. Vorläufig bemerken wir hier nur, dass durch das Nivellement, welches Hr. v. Gerstner im Jahre 1835 als Grundlage des Baues einer Eisenbahn von Moskau nach Petersburg ausführen liess, das mittlere Niveau des kleinen Moskwa-Fl. bei Moskau zu

---

*) Leitmuscheln, d. h. solche, welche den Geologen leiten, orientiren können.

**) Gust. Rose, Reise nach dem Ural, I., 71. Hr. v. Pansner (Höhen, p. 14), welcher dem Popowa-Gora 146 t. giebt, hält einen Berg zwischen Waldai und Ostaschkoff, drei Werst von Mosti-Derewna noch um 26 t. höher.

56.$^{t.}$8 über der Newa beim Admiralitäts - Gebäude zu Petersburg ermittelt worden *).

Als wir am Ostabhange der Uralkette, wo die grossen Metall-Eruptionen statt gefunden, hinabstiegen, traten wir zu Kamyschloff und am Ufer der Pyschma in die sibirischen Ebenen. Von Tjumen zwischen der Tura und dem Irtysch, wie zwischen diesem und dem Obi sieht man in den weiten transuralischen Steppen dieselben einförmigen Schichten aufgeschwemmten Bodens, deren Continuität mich in den Savannen des untern Orinoko und an den Ufern des Amazonenstromes überraschte. Die Ebenen in beiden Welttheilen, sowohl in der Aequinoctialregion Südamerikas, als im nördlichen Asien nördl. vom 54.^{0} der Breite, nehmen ungeheure Räume ein, welche wie die Sahara Afrikas, ein grosses Gewicht in den Zahlenbestimmungen erhalten, die man für die mittlere Höhe (*altitudo*) der Continente versuchen kann. Die Ebenen Sibiriens, des innern Neuhollands, der Sahara, Nord-Amerikas westlich von den Alleghanys, und Süd-Amerikas zwischen dem Rio de La Plata und dem Amazonenstrom**) vermindern die Höhe der mittlern Ebene, welche man sich durch den Schwerpunkt des Volumens der nicht von den Wassern des Ozeans bedeckten Ländermassen gelegt denkt. Ein sehr genauer Beobachter, Hr. Ad. Erman glaubt, dass die absolute Höhe der Stadt Tobolsk ungeachtet ihres grossen Abstandes vom Eismeere

*) S. das Mém. des Hrn. Hamel, *Bull. scient. de l'Ac. de St. Pétersb.* t. II. (1837), p. 302. Das Resultat des Nivellements war 51.94 Sachenen (à 7′ engl.). Hr. Perewostschikoff, Professor der Physik an der Universität zu Moskau, und Hr. Hansteen auf seiner wichtigen magnetischen Reise, fanden für den Wasserstand der Moskwa 48 t. (s. G. Rose, I., 70, 635). Nach Abbé Chappé (*Voy. en Sibér.*, I., 374): „Moskau liegt in einer grossen Ebene von 259 t. Höhe;“ ein Fehler von 203 t. (395$^{m.}$).

**) In Südamerika nehmen die fünf Gebirgssysteme der Anden, der Küste von Venezuela, der Sierra Nevada von Merida, der Parime und Brasiliens 114400 Quadrat-Seemeilen ein, während die Ebenen des untern Orinoko, Meta und Guaviare, des Amazonenstroms und Rio Negro, des La Plata und Patagoniens, welche zwischen 30 und 170 t. Höhe schwanken, ein Areal von 456900 Quadratmeilen haben. S. *Relat. hist.*, III., 236—243.

nur 18 t. beträgt. Gegen SO., nach dem Altai und der Meridiankette von Kuznezk hin, nimmt die Neigung der Ebenen wieder zu; doch habe ich für die schöne Stadt Barnaul, die im Obi-Thale und weit südlicher als Tobolsk*) gelegen, nur 60 t gefunden, also weniger als Mailands Höhe über dem adriatischen Meere**) beträgt. Tobolsk scheint hiernach kaum die Höhe von Paris um 4 t. zu übersteigen; aber wenn die Höhen, welche man aus mittleren Barometerständen des Ortes und einem andern, für das Niveau des Ozeans angenommenen Mittel ableitet, unter 30—40 t. betragen, so können die Fehler des Endresultats nicht bloss ein sehr beträchtlicher aliquoter Theil der geringen Totalhöhe werden, welche man sucht, sondern sich auch auf das Doppelte dieser Höhe selbst belaufen. Nach Hrn. Gambart's trefflichen Barometerbeobachtungen zu Marseille von 1823—1834, welche ich neuerlich Gelegenheit zu untersuchen hatte***), haben die auf 0° Temp. und auf den Spiegel des mittelländischen Meeres reducirten Media zweier aufeinander folgenden sechsjährigen Gruppen wirklich nur um 0.29 mm. differirt; aber die

---

*) Nach meinen Beobachtungen ist die Breite von Tobolsk 58° 12′ 40″, von Barnaul 53° 19′ 22″.

**) Mailand, Fussboden der Kathedrale (des Doms) 119.85 m.; Novara, Fussboden des Glockenthurms von San Gaudenzio, 158.73 m.; Crema, Pflaster, 77.56 m.; Verona, Pflaster, 59.08 m.; Cremona, Boden am Fuss des Doms, 44.90 m.; Mantua, beim Torre della Gabbia, 15.78 m.; Padua, Fussboden der Sternwarte, 11.17 m.. Diese Höhen, welche das Ergebniss sehr genauer geodätischer Operationen sind, wurden mir durch die Güte des Hrn. Delcros, Obersten im Generalstabe, mitgetheilt. Sie sind höchst wichtig, um die mittlere Höhe der lombardischen Ebene zu beurtheilen, welche so zu sagen das Nordwest-Ende des adriatischen Meeres bildet und sich durch Anschwemmung über den Meeresspiegel erhoben hat. Ich habe darin die Bruchtheile der Meter nicht weggelassen, weil die Messungen sich auf Zenithwinkel gründen und sämmtlich mit äusserster Sorgfalt auf die Höhe des fliessenden Wassers oder des Pflasters reducirt sind.

***) Das Mittel aus 12 Jahren beträgt im Niveau des mittelländischen Meeres, auf 0° C. red., 761.797 mm., während die Jahre 1823—1828 761.94 mm. liefern. Die Jahre 1829—1834 geben 761.65 mm. In den Jahren 1829 und 1834 hat der mittlere Luftdruck ganz ausserordentliche, anomale Variationen erfahren; in dem einen Jahre ist nämlich das Medium 760.23 mm., im andern 763.66 mm.

Mittel der einzelnen Jahre haben Abweichungen bis zu 3.43 mm. ergeben*). Man muss zu den beträchtlichen Variationen des mittlern jährlichen Luftdrucks an jedem Ort noch die Wirkungen rechnen, welche das Verhältniss zweier Höhen auf ungleiche Art afficiren und von der Richtung und der mehr oder weniger schwachen Verbreitung der Winde in's Innere der Länder und von der unvollständigen Compensation des NO.- und SW.-Stromes, welche die Quecksilbersäule erheben oder herabdrücken **), hervorgebracht werden.

Im Süden von Barnaul und der Wüste von Baraba (Barabinskaya - Steppe), wo ich, ungeachtet des Gebrauchs von Masken aus Eisendrath, während der Hitze des sibirischen Sommers mehr von dem Stiche der Mosquitos als

*) [Der Herausgeber hat die Resultate einer umfassenden Untersuchung über die Differenz der extremen Jahresmedien des Luftdrucks an einer grossen Zahl von Orten im J. 1839 einer kurzen Note in den Monatsber. der Ges. für Erdkunde zu Berlin (I., p. 93) einverleibt und daraus u. a. gefunden, dass die Grösse dieser Schwankungen in Mitteln so langer Zeiträume noch bis auf drei par. Linien (6.77mm.) steigen kann, ja dass selbst fünfjährige aufeinanderfolgende Perioden der Barometerbeobachtungen zu Kasan und Moskau Medien liefern, welche um resp. 0.80‴ par. (1.80mm.) und 1.27‴ (2.87mm.) differiren. (Doch sind vielleicht die Moskauer Resultate fehlerhaft.) Vgl. auch Dove in Pogg. Ann. der Phys., XXIV., 205, LVIII., 184.]

**) Ich erinnere hier nicht an die so widersprechenden Resultate aus der geodätischen Messung und aus zwei barometrischen Stationen-Nivellements zur Bestimmung der Depression des caspischen Meeres, weil ein solches Stationen-Nivellement andre Fehlerquellen hat, als die oben angegebenen; ich spreche vielmehr von dem Einfluss der Windrichtung und der Temperaturschwankungen bei den Beobachtungen zu Paris und Havre, zu Baku und Taganrog. Hr. Lenz fand aus den correspondirenden Beobachtungen von Meyer und Manne in den Jahren 1829 und 1830, dass, je grösser der Temperaturunterschied war, die Niveaudifferenz der beiden Meere um so geringer wurde, und dass diese Differenz sogar negativ wurde, d. h. das caspische Meer über dem schwarzen Meere zu liegen schien, wenn die Wärme der Luft über 20° C. betrug. (*Recueil des Actes de l'Ac. de St. Pétersb.*, 1836, p. 29.) Die Schwankungen stiegen bis auf 15 t.; soviel beträgt beinah die absolute Höhe, welche man für die Städte Kasan und Tobolsk annimmt. [Vgl. Monatsber. f. Erdk., I., 167; *Hommaire-Dehel*, *Compt. rend.*, 1843, I., 736.]

selbst an den Ufern des Orinoko gelitten, steigen die Ebenen Asiens sanft an gegen die Kette von Abakansk oder von Kuznezk, wie gegen die reichen Minen des Schlangenbergs (Zmeïnogorsk) und des westlichen Altai. Wir haben weiter oben (p. 40) gezeigt, dass trotz dieses Ansteigens das Plateau, welches sich von Semipolatinsk und Ust-Kamenogorsk, d. h. von der südlichen Grenze des russischen Reiches bis zur chinesischen Dzungarei und zum Dzaisang-See erstreckt, kaum die geringe Höhe von Regensburg oder der Ebenen der Limagne*) in der Auvergne erreicht; es hat nämlich nur zwei Drittel der Höhe Münchens über dem mittelländischen Meere.

Wenn auch die absolute Höhe der Pics oder der culminirenden Punkte, welche sich auf den grossen Schichten-Aufrichtungen zerstreut finden, für den Geologen von geringem Interesse ist, so ist dies doch keineswegs der Fall bei der Berechnung des Volumens der Gebirgsrücken oder Ketten in Vergleich mit der Ausdehnung der Oberfläche des Tieflandes. Dieser Theil der Orographie, über welchen die grosse Menge der von mir seit 1805 publicirten senkrechten Durchschnitte ganzer Länder einiges Licht verbreitet, ist nicht ohne Wichtigkeit für die Untersuchungen der *Mécanique céleste*. Laplace hat dargethan**), „dass die Uebereinstimmung zwischen den Resultaten der Pendelversuche und der aus den Gradmessungen auf der Erde und den Mond-Ungleichheiten hergeleiteten Abplattung beweis't, dass die Oberfläche des Erdsphäroids sehr nahe die des Gleichgewichts sein würde, wenn dasselbe flüssig würde. Daraus und weil das Meer grosse Continente unbedeckt lässt, schloss man, dass es eine geringe Tiefe haben und dass seine mittlere Tiefe von derselben Ordnung sein muss, als die mittlere Höhe der Continente und Inseln über seinem Niveau, eine Höhe, welche nicht 1000$^{m.}$ (513$^{t.}$) übersteigt. Diese ist mithin ein kleiner Bruchtheil des Ueberschusses des Aequatorial- über den Polarradius, da der-

*) Ramond giebt ihr 160 t. *Mém. de l'Inst. pour* 1808, 154.

**) *Méc. cél.*, t. V., l. XI., ch. 1, p. 3.

selbe über 20000$^{m.}$ (10261$^{t.}$) beträgt. So wie hohe Berge einige Theile der Continente bedecken, so kann es auch grosse Vertiefungen im Becken der Meere geben; aber es ist natürlich anzunehmen, dass ihre Tiefe kleiner, als die Höhe der hohen Berge ist, indem der Absatz der Flüsse und die Ueberreste der Meeresthiere, welche von den Strömungen fortgeführt werden, diese grossen Vertiefungen mit der Zeit ausfüllen müssen".

Die mittlere Höhe der Continente und Inseln, welche der berühmte Geometer nach meiner Ansicht beträchtlich zu gross angenommen, hängt weit weniger von diesen Culminationspunkten, Pics oder *Dômes* ab, welche die Aufmerksamkeit des gemeinen Mannes auf sich ziehen, als von der allgemeinen Configuration der Plateaux, der sanftwelligen Ebenen mit doppeltem Abfalle, deren Ausdehnung und Masse auf die Lage einer mittleren Oberfläche von Einfluss ist, d. h. auf die Höhe einer Ebene, welche durch den Schwerpunkt des Volumens der Continente geht*). Dieser ist ganz verschieden von dem Schwerpunkte der Massen, da der sich über die Meeresfläche erhebende Theil der festen Erdrinde nicht homogen zusammengesetzt ist. Die Geologie hat ihre numerischen Elemente, wie alle Wissenschaften, welche von der Gestalt und Grösse der Bergketten und der Becken, von der Vertheilung der organisirten Wesen oder von den Ursachen handeln, welche die Klimate oder die Inflexionen der Isothermen-Linien modificiren. Die exacten Wissenschaften sind nur in dem Maasse fortgeschritten, als man die physikalischen Phänomene in ihrem Zusammenhange aufgefasst und allmälig aufgehört hat, z. B. den Gipfelpunkten, die isolirt auf einer Kammlinie hervortreten, oder den Temperatur-Extremen, welche das Thermometer während einiger Tage im Jahre erreicht, einen zu grossen Werth beizumessen. Wir besitzen für die britischen Inseln, Frankreich, Deutschland, die Schweiz und Skandinavien Tausende von geodätisch oder barometrisch bestimmten Höhenpunkten; aber sie sind leider sehr ungleich vertheilt. Noch ist keine

*) [V. Berichte d. Akad. z. Berl., 1842, p. 232; Pogg. Annal., LVII., 407.]

Arbeit in der Absicht unternommen worden, die Ausdehnung der 80—120 t. (156—234 m.) abs. Höhe nicht übersteigenden Ebenen z. B. für Frankreich und Deutschland zu berechnen. Man müsste die Punkte, deren Höhen-Coordinate man bestimmen will, in gleichen Abständen vertheilen. Um sich zu einem allgemeineren Resultat zu erheben, um den Schwerpunkt des Volumens der Länder zu finden, welche im jetzigen Zustande unsres Planeten sich über den Ozean erheben, müsste man den körperlichen Inhalt der Gebirgsmassen suchen und die Schuttmassen berechnen, welche zur Ausfüllung und Ebenung der Aushöhlungen oder Einsenkungen der niedern Regionen erforderlich sind. Die unermesslichen Ebenen, welche sich auf beiden Seiten des Amazonenstroms bis zum Fuss der Andeskette hinziehen, würden wahrscheinlich nur um 80 t. erhöht werden*), wenn man die Masse dieser sehr hohen, aber zuweilen auch sehr schmalen Cordillere gleichmässig über jene Ebenen vertheilte, welche eine Fläche von 437000 Quadratmeilen einnehmen und das Areal ganz Europas etwa um $\frac{2}{7}$ übertreffen. Die Erhöhung der Tiefländer Asiens durch eine ähnliche Operation würde

*) Dies ist ungefähr die abs. Höhe von Chartres und Bourges. Die Andes werden bei dieser sehr hypothetischen Rechnung in ihrer Länge von der Magellans-Strasse bis zum Isthmus von Cupica betrachtet. Es ist nicht leicht, das Volumen einer Gebirgskette abzuschätzen; am Wahrscheinlichsten dürfte sie, wenn man genauer Angaben entbehrt, als ein dreieckiges Prisma anzusehen sein, dessen Grundfläche das Areal der ganzen Kette ist. Die dritte Kante des Prismas erhebt sich über seiner Fläche um eine Grösse, welche ich aus der Höhe der Pässe oder der die verschiedenen Ketten trennenden Plateaux ableite. Obwohl die mittlere Kammhöhe der Andes 1850 t. zu sein scheint (s. meine geolog. Abhandlung in den *Ann. des scienc. nat.*, *Mars* 1825), so setze ich doch die mittlere Höhe des Prismas wegen der Longitudinalthäler mit sehr niedrigem Boden nur zu 1250 t. an. Die gesuchte Erhöhung, d. h. die Grösse, um welche die Ebenen (437000 Quadratm.) zunehmen würden, ist gleich dem Product der halben mittlern Höhe der Kette (625 t.) in das Verhältniss der Fläche des Fusses der Kette (59000 Quadratm.) zur Fläche der Ebenen. Wahrscheinlich habe ich das Volumen des Prismas noch zu gross angenommen. Die Wirkung der Andeskette auf die Erhöhung ganz Süd-Amerikas (571000 Quadratm.) würde nur 65 t. betragen.

von den ausgedehnten Plateaux der Gobi, Ost-Tübets und Ladaks und zugleich von den mächtigen Gebirgssystemen abhängen, welche das Gezimmer der Erde im Süden des Parallels von 44° Br. und im Osten vom Baikal-See bilden*).

Die Oberfläche des ganzen asiatischen Russlands ist siebzehnmal so gross als das Areal Frankreichs und fast dreimal so gross, als der Flächenraum der Savannen zwischen den Alleghanys und Rocky Mountains**). Wenn man, was nicht übertrieben erscheint, die sibirischen Ebenen, deren mittlere Höhe 240 — 260′ ist, zu 400000 Quadratmeilen anschlägt und die mittlere Höhe des ganzen ungeheuren Plateaus der Gobi, nach Analogie mit den von den Hrn. Fuss und Bunge berührten Gegenden, höchstens auf 4000′ (1285 m.) ansetzt, so würden die 42000 Quadratmeilen des Gobi-Plateaus die Tiefländer Sibiriens um 70 t. erhöhen; auf das Areal ganz Asiens (1·346000 Quadratmeilen) dagegen würde die Wirkung nur 20 t. betragen. Die Oberfläche dieses Continents ist von einer so riesenhaften Grösse, — es erreicht nirgend den Aequator und übertrifft dennoch an Ausdehnung die ganze neue Welt oder Europa und Afrika zusammengenommen, — dass der Totaleffect (die Vergrösserung der Höhe oder der continentalen Intumescenz), welchen der Kaukasus, Hindu-Kho und Taurus, das Plateau um den Ararat zwischen Erzerum und Tabris, die Massenerhebung Persiens, der Ural und Altai hervorbringen würden, noch nicht 19 t. erreicht. Ich habe in einer Note am Schluss dieser allgemeinen Uebersicht der Bodenconfiguration Asiens die

---

*) Ungeachtet Jakutsk östlicher liegt, hat es doch nur 45 t. H.; Talbuijachtatsk hat nur 32 t. (Ad. Erman, Phys. und astron. Beobachtungen, I., 414.)

**) Ich habe an einem andern Orte (*Relat. hist.*, III., 164, 180) die Grundlagen dieser Vergleichungen auseinandergesetzt. Die Hauptdata sind folgende: Frankreich mit Corsica 17100, Deutschland 21300, asiatisches Russland 465000 (die Oberfläche des russischen Reiches ist etwas grösser als der von der Erde aus sichtbare Theil der Mondoberfläche); Europa bis zum Ural 304000, Vereinigte Staaten zwischen den Alleghanys und dem Mississippi 50600, Vereinigte Staaten zwischen den Alleghanys und dem Felsgebirge 72500 Quadrat-Seemeilen.

numerischen Entwickelungen mitgetheilt, aus denen man den Grad von Zuverlässigkeit zu beurtheilen vermag, der sich aus einer kleinen Anzahl von sichern Daten erreichen lässt. Die Ergebnisse liefern nur Grenzzahlen (*nombres limites*), und indem ich im Allgemeinen zu grosse Werthe für die mittlere Höhe und das Areal der Gebirgsländer angenommen, glaube ich sicher, an der Grenze des Maximums stehen zu bleiben. Die Ketten des Himalaya und Kuen-lun, wie die Hochebenen von 1800 t. Höhe zwischen diesen Ketten, von der grossen Krümmung des Stromes Tübets (Yaru Dzangbo Tschu) bis zu dem Convergenzpunkte beider Ketten im Knoten des Bolor und Thsungling, enthalten ohne Zweifel die meiste Masse. Ihre Wirkung scheint für ganz Asien über 56 t. zu betragen. Der Schwerpunkt des Volumens der asiatischen Länder, so weit sie sich über die jetzige Oberfläche des Meeres erheben, hat wahrscheinlich nicht über 180 t. (351 m.) Höhe.

Da die Tiefebenen Asiens nur ein Drittheil seiner ganzen Oberfläche bilden, so ist das Phänomen ununterbrochener, mit Grün bekleideter Ebenen noch weit auffallender im N. und im O. der neuen Welt. Nord-Amerika hat vom Isthmus von Panama bis zum Melville's Sund und zur Barrow-Strasse 607000 Quadratmeilen. Die englischen Besitzungen in Canada, Labrador und Nord- und Süd-Neu-Galles (W.-Maine) besitzen nur ein Areal von 205000 Quadratmeilen; die Savannen oder Prairien zwischen den Alleghanys und Rocky Mountains nehmen 123000 Quadratmeilen ein. Es giebt also vom mexikanischen Golf bis zum Polarmeere fast ununterbrochene Ebenen*), deren culminirende Punkte nicht über 80—100 t. Höhe haben und deren Areal grösser ist als ganz Europa. Den baltischen und sibirischen Ebenen durch ihre Depression ähnlich, unterscheiden sie sich doch von

*) Die Zuflüsse der canadischen Seen sind nicht durch eine von Osten nach Westen ziehende Bergkette getrennt, wie es mehrere Karten darstellen; die Wasserscheide wird durch einen schwachen Rücken, durch ein blosses Ansteigen (*seuil*) zweier Contre-pentes in der Ebene bezeichnet (*Rel. hist.*, II., 76). Höhe des Superior-S. 100 t., des Erie-S. 88 t., des Ontario-S. 36 t., der Ebene um Cincinnati nach Drake kaum 80 t.

diesen wesentlich durch ihre geographische Stellung: sie erstrecken sich vom Polar- bis zum Wendekreise, indem sie sich im nordöstlichen Theile Mexikos bis über den Rio del Norte verlängern. Die gewaltige Massenerhebung der Gebirge Mexikos und Guatimalas, welche von breiten Plateaux gekrönt ist und auf einer Basis von mehr als 42000 Quadratmeilen ruht, würde, auf die Oberfläche ganz Nord-Amerikas ausgebreitet, nicht $\frac{1}{3}$ weniger bewirken, als die Andeskette*) auf dem Areal von Süd-Amerika. Ich erhalte für die mittlere Höhe jenes Theils der neuen Welt 117 t. (227 m.), für diesen 177 t. (344 m).

Von den 304700 Quadratmeilen, welche Europa (bis zur Kette des Urals) einnimmt, bilden die Ebenen Hollands, Nord-Deutschlands, Preussens, Polens, Russlands und Finlands über die Hälfte. Wir haben früher gesehen, dass sehr centrale Theile dieser baltischen und sarmatischen Ebenen nicht 70 t. Höhe erreichen. Da durch die Masse der Pyrenäen, deren Basis nach Hrn. v. Charpentier 768 Quadratmeilen beträgt, das Relief ganz Frankreichs, also einer 22-mal grössern Fläche nur um 18 t. erhöht wird, um wieviel kleiner muss dann die Wirkung der Pyrenäen, des Alpensystems, des Plateaus von Castilien mit der Sierra Nevada Granadas, der Apenninen und der gebirgigen Halbinsel Skandinavien auf ganz Europa sein! Die mittlere Höhe dieses kleinen Continents, einer Halbinsel von Asien, ist höchst wahrscheinlich unter 110 t.; soviel beträgt die Meereshöhe von Nancy und Verdun nach den neuen geodätischen Operationen zur Karte von Frankreich. Aus den weiterhin aus-

---

*) In gerader Linie sind von Gran Para bis zum Ostabhange der Andeskette 580 M. Länge und die Neigung der Ebenen ist so sanft (unter einem Winkel von 25''), dass ich in der Prov. Jaen de Bracamoros die Ebenen des Amazonenstroms zu Chamaya nur 225 t. (438 m.), zu Tomependa 207 t. (403 m.) über dem Ozean fand; und doch sind dies zwei dem Ostabhange der Andes sehr nahe gelegene Punkte. Unter dem Parallel von 5° s., von Jaen de Bracamoros bis zum C. St. Roque zeigt Amerika in seiner grössten Breitenausdehnung eine Ebene von 880 Meilen Länge von O. nach W. und eine Senkung von 1,32' auf die Meile (zu 17130 alten *pieds de roi*).

einander gesetzten Betrachtungen ergiebt sich, dass der Schwerpunkt des Volumens der continentalen Länder wahrscheinlich in

Asien	180 t.	oder	351 m.,
Süd-Amerika .	177	-	344,
Nord-Amerika .	117	-	227,
den beiden Amerika	146	-	284,
Europa . . .	105	-	204,

über dem gegenwärtigen Niveau des Meeres liegt, woraus als Maximums-Grenze für alle Continente etwa 158 t. (308 m.) Höhe folgt. — Es erscheint uns denkwürdig, dass den Physikern des Alterthums die Vergleichung der Höhe der continentalen Massen mit der Tiefe der Meere nicht ganz fremd war. Die griechischen Physiker nahmen an, dass die höchsten Punkte der Continente an Höhe nicht die Tiefe der grössten Abgründe im Becken des Ozeans übertreffen möchten. Plutarch fügt, nachdem er im Leben des Aemilius Paulus von einer Inschrift am Olymp gesprochen, welche das Ergebniss der von Xenagoras mit vieler Sorgfalt ausgeführten Messung dieses Berges enthielt, folgende Worte hinzu*): „aber die Geometer (ohne Zweifel die Alexandrinischen,) glauben, es gäbe keinen Berg, der höher, kein Meer, das tiefer als zehn Stadien wäre“. Man zog das Ergebniss der Messung des Xenagoras nicht in Zweifel, aber man drückte aus, dass zwischen dem Maximum der positiven und der negativen Höhen Gleichheit herrschen müsse.

In den allgemeinen Ansichten über die Ebenen oder niedern Regionen Asiens haben wir eben durch eine Verbindung von ziemlich genauen Zahlenelementen nachgewiesen, dass dieser Theil der alten Welt, wie Amerika, durch die ungeheure Ausdehnung und Continuität seiner Ebenen fast noch merkwürdiger ist, als durch die absolute Höhe seiner Berge. Wirklich kann Asien wegen der Lage seiner grossen Erhebungen, welche dem Aequator parallel laufen, nicht das eigenthümliche Phänomen von Ebenen zeigen, welche,

*) Plut. in *Aem. Paulo*, cap. 15. (ed. Reiskii, t. II., p. 276).

wie die Pampas von Buenos-Ayres oder die Savannen Louisianas und Canadas, an der einen Extremität Palmen und Bambusaceen*) tragen, während die andere einen grossen Theil des Jahres hindurch mit Schnee und Eis bedeckt bleibt. Sibiriens Steppen ziehen sich ohne Zweifel südwärts quer durch die Weideländer der Kirghisen zwischen dem Aral- und Balkasch-See fort; sie erstrecken sich von der Mündung des Obi durch die Grosse Bucharei zum oberen Laufe des Djihun oder Oxus und endigen so zu sagen am Nordabhange des Hindu-Kho, wenn unter 36° Br., zwischen Meschid, Herat und dem Murgaub eine zusammenhängende, deutliche Kette existirt. Man würde mit Unrecht in dieser Verlängerung der sibirischen Steppen eine directe Verbindung mit den südlicheren Ebenen von Khorasan und Afghanistan erkennen wollen. Die Steppen und Wüsten der Grossen Bucharei steigen beträchtlich gegen S. und SO. an. Das Land wird wellenförmig und ändert seine Natur. Die Höhe von Bokhara und Balkh ist zu 190 und 280 t. geschätzt worden; Burnes**) glaubt sogar, dass sich die Wüste von Turkestan über 300 t. erhebt. Jenseit des Hindu-Kho oder vielmehr jenseit der Grenze Turkestans und Persiens fangen die Plateaux von Khorasan und Irak-Adjemi an.

Der geologische Bau Asiens gestattet nicht jene leichte Communication zwischen dem Norden und dem Süden, über welche der Reisende in den Ebenen der neuen Welt erstaunt und welche die Natur verschönern, indem so südliche Pflanzenformen in Regionen vordringen, welche man kaum gemässigte zu nennen wagt. Diese Mischung von Formen macht den Anblick der amerikanischen Waldungen in solchen Breiten mannigfaltiger, wo in der alten Welt schon die traurige Monotonie einer kleinen Zahl von Coniferen, Amentaceen und anderer geselliger Pflanzen herrscht. In Asien wagen die Vögel der tropischen Regionen nicht fernhin in hohe Breiten zu wandern, während alle Kolibris Amerikas auf der einen Seite bis nach Ober-Canada, auf der andern

*) Die Genera *Ludolfia*, *Miegia*, *Guadua*.
**) Vol. III., 1836, p. 136, 202.

bis zur Magellans-Strasse ziehen. Nur den Tiger trifft man, ohne dass er seine Schönheit, Stärke und gewöhnliche Wildheit verlöre, von Ceylon und Cap Comorin bis jenseit des Altai im Mittelpunkte Sibiriens selbst, unter den Parallelen von Oxford und Berlin an. Der Löwe ist in Europa, wenn man sich auf historische Erinnerungen beschränkt, noch um 12° südlicher geblieben. In der alten Welt bilden die Richtung der Gebirgsketten, die ausserordentliche Configuration Central-Asiens, das Becken des mittelländischen Meeres und die Küstenkette des Atlas eine Scheide der Klimate und Productionen; in der neuen Welt hingegen streben die meteorologischen Phänomene wie die Erscheinungen des Lebens, ohne selbst die Menschenracen davon auszuschliessen, sich mehr miteinander zu vermischen und sich über weite Räume in der Richtung der Meridiane zu verbreiten.

Die eben angeführten Gegensätze zwischen der Vertheilung des Tieflandes in beiden Continenten wiederholen sich auf eine noch schlagendere Weise in der Vertheilung der verschiedenen Gebirgssysteme Asiens und Amerikas. Letzteres, hervorgetrieben auf der Wasserhalbkugel*) unseres

*) Indem ich mich dieses Ausdrucks bediene, bemerke ich, wie ich es schon anderwärts gethan, dass dies zur Bezeichnung einer Eintheilung der Erde in der Richtung der Meridiane geschieht. Die ungleiche Vertheilung des festen Landes und des Meeres hat schon längst die südliche Hemisphäre als eine durch ihre Wasserfläche höchst ausgezeichnete ansehen lassen; aber ein gleiches Verhältniss findet sich auch, wenn man die Erde nicht in der Richtung des Aequators, sondern in der der Meridiane abtheilt. Die grösste Masse des Landes ist zwischen die Meridiane von 10° w. und 150° ö. Lg. Par. zusammengedrängt, während die vorzugsweise mit Wasser bedeckte Halbkugel östlich vom Meridian der Küste Grönlands anfängt und östlich vom Meridian der Ostküste Neuhollands und der Kurilen endigt. Für die Bewohner des mittleren Europa kann die Wasserhemisphäre die westliche genannt werden, während ihm die Landhalbkugel die östliche ist, weil man nach Westen hin viel eher zur ersten, als zur zweiten gelangt. Toscanelli und Columbus hatten undeutliche Vorstellungen von dieser Ordnung der Dinge; aber bis zur Mitte des 15. Jahrhunderts war die westliche Halbkugel auch den Völkern der öst-

Planeten, hat einen sehr einfachen Bau. Ein einziges Gebirgssystem, die Kette der Andes, vereinigt in Amerika auf einer schmalen Zone von 3000 M. Länge, alle Gipfel von mehr als $1400^{\mathrm{t.}}$ Höhe. In Europa hingegen finden wir, selbst wenn man nach zu systematischen Ansichten in den Alpen und den Pyrenäen eine und dieselbe Kammlinie erblickt, in weitem Abstande von dieser Linie oder dem Hauptrücken, in der Sierra Nevada von Granada, in Sicilien, Griechenland, den Apenninen, vielleicht auch in Portugal Gipfel von $1500-1800^{\mathrm{t.}}$ Höhe. Man erkennt mit einem gewissen Erstaunen, dass alle Gebirgssysteme im östlichen Theile der beiden Amerika nur sehr wenig in der Erhebung über den Meeresspiegel differiren. *Die fünf Gruppen**) *im Osten der Andes besitzen sämmtlich eine mittlere Höhe von* $500-700^{\mathrm{t.}}$ *und die Gipfelpunkte* (culminirende Punkte oder Maxima des Kammes) $1000-1300^{\mathrm{t.}}$ Diese Uebereinstimmung in der Structur auf einem Raume, der doppelt so gross als Europa, scheint mir ein höchst merkwürdiges Phänomen; auch tritt kein Gipfel östlich von den Anden Perus, des Reliefs von Mexiko und des Felsgebirges in die Grenze des ewigen Schnees, ungeachtet dieselbe sich nach den beiden Polen hin verschieden schnell senkt. Man muss endlich noch hinzufügen, dass, mit Ausnahme der Alleghanys, überhaupt nicht einmal sporadisch in einem der östlichen Systeme Amerikas Schnee fällt.

Wenn wir jetzt unsre Blicke ausschliesslicher auf das asiatische Continent richten, so sehen wir, dass die Massenerhebung hier weniger einfach ist. Im O. des Meridians

---

lichen ebenso unbekannt, als es uns die halbe Oberfläche des Mondes heut zu Tage ist und wahrscheinlich stets bleiben wird.

*) *Relat. hist.*, III., 232. Diese 5 Gruppen Amerikas im Osten der Andes sind:

Gebirgssysteme.	Maxima des Kammes.		
Gruppe von Brasilien . . .	Itacolumi . . .	900 t.	($20\frac{1}{2}°$ s. Br.)
Gruppe der Parime . . .	Duida	1310 t.	($3\frac{1}{4}°$ n. Br.)
Küstenkette von Venezuela .	Silla de Caracas .	1350 t	($10\frac{1}{2}°$ n. Br.)
Gruppe der Antillen . . .	Blaue Berge . .	1138 t.	($18\frac{1}{5}°$ n. Br.)
Kette der Alleghanys . . .	Mount Washington	1040 t.	($44\frac{1}{4}°$ n. Br.)

der grossen Krümmung des tübetischen Flusses Dzangbo, jenseit einer durch den Khukhu-noor, das Land der Ordos, den Bogen des Hoangho zum Khangkai, folglich von SSW. nach NNO. gezogenen Linie zeigt die Erdoberfläche einen ausserordentlich gestörten Bau. Westlich von dieser Linie sind die Grenzlinien leichter zu erkennen; hier herrscht eine wunderbare Constanz in der Richtung der grossen Gebirgssysteme. Die longitudinalen Emporhebungen behalten einerlei Streichungslinie auf unermessliche Entfernungen. Die Hauptabdachungen des Bodens schliessen sich ihnen in zwei Richtungen an. Die Hauptketten streichen ziemlich allgemein parallel dem Aequator, folglich in der grossen Axe des asiatischen Continents. Es sind die Systeme des

Altai, **Himmelsgebirges** (Thian-schan), **Kuenlun** und **Hindu-Kho**, **Taurus** und **Himalaya**.

Andere Systeme sind die Meridiangebirge, welche, wie schon der Name sagt, fast der Richtung N-S. folgen. Diese sind:

Der **Ural**, die **goldführenden Berge von Kuznezk**, der **Bolor** und das **Soliman-Geb**.

Diese neun Gebirgssysteme Asiens werde ich weiterhin zum Gegenstande besonderer Erörterungen machen. Ich lasse sie indess nicht nach ihrem Parallelismus oder der Uebereinstimmung ihrer mittlern Richtung, sondern nach ihrer Verbindung und Positionsnähe aufeinander folgen. Bei der Beschreibung jeder Gruppe werden die Beobachtungen, welche ich über die benachbarten Gegenden sammeln konnte, mitgetheilt. Der Leser wird gebeten, möglichst oft die Karte zu Rath zu ziehen, welche ich von Neuem nach Mercators Projection gezeichnet und in der die Resultate meiner orographischen Arbeit dargestellt sind. Diese sind auch schon zum Theil in einer Karte von Asien, welche Hr. Heinrich Mahlmann zu Berlin mit einer sehr lobenswerthen Sorgfalt verfasst hat, in kleinerem Maasstabe vereinigt worden.

Da die dem Pendjab und rechten Ufer des Indus zunächst liegenden Gegenden die östliche Satrapie des persischen Reiches bildeten, so mussten die Griechen durch ihre

Verbindung mit Persien vor Herodot den Hindu-Kho und den Knoten der Schneeberge, welche sich im NO. von Kabul nach Kaschmir hinziehen, kennen lernen. Zu Ortospana (Kandahar) befand sich auf der grossen Strasse der persischen Karavanen die berühmte Trifurcation*) (τρίοδος), deren nördlichster Zweig quer über die Kette des Himalaya lief, um nach Zariaspe (Bactra, Balkh) zu führen. Um die 74. Olympiade, zur Zeit der Expedition des Xerxes, kannte Hecataeus von Milet bereits die Lage von *Kaspapyrus***). Hier hatte Skylax von Caryanda auf Befehl des Darius seine Erforschung des Indus begonnen, und die Identität dieses Punktes mit Kaschmir oder (nach der alten Benennung der Aboriginer) mit *Kasyapa-pur* oder *Kasyapa-mar* bleibt nicht zweifelhaft***). Ein allgemeiner Name, da er auf die ganze Kette, zu der Kaschmir gehört, angewandt ist, ein Name, welcher zu den bei Eratosthenes und den späteren Geographen vorkommenden gehört, erscheint in den Meteorologicis des Aristoteles gleichsam isolirt. Indem er vom Ursprunge der Flüsse spricht, bezeichnet der Stagirite jene grosse Massenerhebung Central-Asiens, welches die Gewässer gegen N., W. und S. scheidet, mit dem Worte *Parnasus*****). Ge-

---

*) Strabo, XV., p. 723; Cas.

**) Nach Stephan von Byzanz (Hecat. Mil. *Fragm. ed.* Klausen, No. 179, p. 94). Kaspatyrus, Herod., III., 102; IV., 44.

***) Diese Identität wird besonders durch den einheimischen Namen Kaschmirs erwiesen, welcher, nach der Chronik der Könige Kaschmirs im Sanskrit, mehrere Jahrtausende über unsere Zeitrechnung hinausreicht. Dieser Name war *Kâsyapa-mar* und bedeutet nach Cap. Troyer, von dem wir bald eine gelehrte Ausgabe des *Râdjâ Taringini* erhalten werden, im Sanskrit-Dialekt Kaschmirs, Wohnung Kâsyapa's oder der heiligen Person, welche den Abzug der Wasser bewirkte, die das Plateau von Kaschmir bedeckten, indem sie mit mächtiger Hand in dem Berge Baramaulch einen Graben öffnete. Hr. Wilson schreibt *Kâsyapa-pur*, ganz analog dem *Kaspapyr* beim Hecataeus, woraus allmälig Kaschapur, ebenso wie aus der Endung *mar* Kaschmir entstanden sein kann. *Asiat. Res.*, XV., 117—119. Lassen, *de Pentap.*, 105; Ritter, Asien, II, 1087—1091. (Auf der Peutinger'schen Tafel (*segm.* XII.) steht Caspyre für Kaspapyrus.)

****) Arist. *Met.*, I., 13. Unter den Varianten von Parapanisus in den Texten des Mela und Dionysius Periegetes (*de situ orbis*, v. 737)

hörte dasselbe etymologisch zu derselben Familie wie Parapanisus? Ist es eine Contraction von *Para-Nysa*, Berg über Nysa*), dem Heiligthum des Bacchus? Die Stelle beim Aristoteles ist um so merkwürdiger, als die Meteorologica sehr wahrscheinlich zu Athen**) vor der Abreise des Philosophen an den Hof Philipps verfasst worden sind.

Obgleich der Zug Alexanders nur den an die Pentapotamia stossenden Theil der Kette des Himalaya kennen gelehrt, so schreibt sich doch von der Zeit her eine neue Aera für die Kunde von Asien. Der Feldzug des Seleucus Nicator, ein langer Aufenthalt des Megasthenes am Hofe des Königs Sandracottus, die Untersuchungen, welche Patrocles, der Admiral des Seleucus, anstellte, wobei er die von Xenocles, dem Schatzmeister Alexanders***), gesammelten Bemerkungen benutzte, scheinen viel Licht über die östlicheren Regionen verbreitet zu haben. Man hatte seitdem eine im Allgemeinen ziemlich richtige geologische Ansicht von der Existenz, der Richtung, der Continuität des Streichens einer Hauptgebirgskette, welche das ganze Continent von W. nach O. durchzieht. Diese Ansicht verdankte man Dicaearch, einem Schüler des Aristoteles. Sie findet sich auch im dritten Buche der Geographie des Eratosthenes klar ausgesprochen. Bei dem Einen wie beim Andern findet man schon, über 300 Jahre vor Plinius, den Namen Imaus unter der Form Imaon. Strabo sagt: Eratosthenes drückt sich über Indien

---

findet man *Caro-parnaisus* (S. d. Commentar Ideler's d. S. zu den *Meteorol.*, I., 456).

*) Hr. Burnouf, mein gelehrter College am Institut, zu dem ich gern meine Zuflucht bei linguistischen Gegenständen in Asien genommen habe, hält diese Etymologie für ziemlich wahrscheinlich; aber er setzt scharfsinnig hinzu, „dass eine Etymologie von Volksnamen, wie wahrscheinlich sie auch sein mag, nie die volle Ueberzeugung beim Leser bewirkt, so lange man nicht den Namen selbst, oder doch wenigstens ganz nahe stehende in der Sprache nachweis't, welche die Elemente der vorgeschlagenen Etymologie liefert. Das berühmte Plateau Pamer (am Westabhange des Bolor) ist vielleicht auch *Upa-mêru*, ein untermeru'sches Thal.

**) *Ste. Croix*, *Examen des hist.*, 703; Ideler, l. c., p. IX.

***) Strabo, II., 69.

folgendermassen aus: Dies Land wird im Norden von Ariana bis zum östlichen Meere von dem äussersten Ende des Taurus begrenzt, welchen die Eingebornen theilweise Paropamisus, Emodon, Imaon und noch anders nennen, während ihm die Macedonier den Namen Kaukasus geben*). Die Idee, den Taurus Klein-Asiens mit dem Westende des Himalaya oder Hindu-Kho, nämlich mit dem Theil zu verbinden, welcher sich zum Vulkan Demawend fortsetzt und fast das ganze südliche Ufer des caspischen Meeres entlang zieht, stimmt ohne Zweifel nicht ganz mit der Gestalt des Bodens überein. Es existirt keine fortlaufende Kette in der Richtung eines Parallels zwischen Ardebil, dem Wan-See und dem Zweige des Taurus, der sich zwischen Bedlis und Mush nach Bajazid und zum Ararat erstreckt. Das Terrain ist nur ein Plateau von 4000—4800′ über dem Meere. Die kalten Winter dieser Gegenden und die Nähe des Ararat, des Berges Sawalan im NW. von Ardebil, des Demawend und mehrerer isolirter Gipfel in Azerbidjan und Kurdistan haben znr Entstehung der Meinung beigetragen, dass eine Continuität des Taurus und Anti-Taurus statt fände, von Karamanien und dem Argaeus bis zur hohen Kette des Elburz, welche die feuchten, waldigen und ungesunden Gegenden Mazendaran's von den trocknen Plateaux von Irak und Khorasan scheidet. Strabo spricht an einer Stelle, wo er nach seiner Meinung die Kette des Taurus jenseit des caspischen Meeres beschreibt, die Continuität der Kette noch detaillirter aus: „Geht man vom hyrcanischen Meere gegen O., so bleibt das Gebirge, welches die Hellenen Taurus nennen, stets zur Rechten bis zum Meere Indiens. Es fängt in Pamphylien und Cilicien an und zieht ohne Unterbrechung und immer unter andern Namen gegen Osten. Alle Berge, welche jenseit der Arier (in dieser Richtung) folgen, haben

*) Strabo, XV., 689; vgl. auch II., 68; XI., 490. Diese Ansicht von der Verlängerung des Taurus bis jenseit der Ganges-Quellen findet sich oft wiederholt, z. B. von Plinius (V., 27), Diodorus Siculus (XVIII., 5), Arrian (*Ind.*, cap. I.) u. a. Die geringe Abweichung der griechischen Formen *Imaos* und *Imaon* scheint keinen andern Grund zu haben, als dass man in letzterer Form das Wort ὄρος hinzugefügt oder darunter verstanden hat.

von den Macedoniern den Namen Kaukasus erhalten; aber bei den Barbaren heissen die Berge im Norden (in Ariana und Indien) Paropamisos, Emoda (τὰ 'Ημωδὰ) und Imaon (τὸ ''Ιμαον), indem sie in verschiedenen Theilen andere Namen annehmen*)". Es ist sehr merkwürdig, dass diese einheimischen Benennungen der grossen Kette des Himalaya sich so wenig verändert bei den Griechen wiederfinden, dass man sie heutiges Tags, über 2000 Jahre nach Eratosthenes durch die vervollkommnete Kenntniss des Sanskrit hat auslegen können. Der Name Himalaya für eine Bergkette, welche Indien im Norden begrenzt, ist von Hrn. Haughton in den Gesetzen Menu's (I. B., sl. 21) erkannt worden; er bedeutet Wohnung (*âlaya*) des Schnees (*hima***). Die grossen epischen Gedichte Indiens, Ramayana und Mahabharata haben *Himavân* und *Himavat*, d. h. schneeig und winterlich. Die Namen Himalaya oder (durch poetische Contraction) *Himala*, *Himaleh* und *Himachul*, sind mithin eben so unbestimmt und allgemein, als die *Sierras nevadas* bei den Castilianern und *Siue-schan* bei den Chinesen. Die ältesten Namen der Gebirgsketten und grossen Ströme haben fast überall ursprünglich nur Berg und Wasser bedeutet***). Von *himavat* stammt Imaus****) und diese Ableitung war Plinius bekannt, der, nachdem er im Plural von den *Montes Emodi* gesprochen, hinzufügt (VI., 17), *quorum*

*) Strabo, XI., 511. Ich übersetze nach Hrn. Grosskurd's Herstellung des Textes (Strabo's Erdb., 1831, II., 397).

**) Wilh. v. Schlegel, Ind. Bibl., I., 50 und 82; Bohlen, das alte Indien, I., 11; Ritter, Asien, I., 13. Es ist bekannt, dass man in den vom Sanskrit stammenden Sprachen, in der grossen Familie der indo-germanischen Sprachen *hiems* und *χεῖμα* für *hima* wiederfindet.

***) *Rha* (Wolga), Elbe, Rhein (Wasser, welche fliessen, Wasserströme), Alpen (*Alb*.).

****) Hr. Bopp beweis't grammatisch, wie die Form *Imao* von *himavat* abstammt; (Ritter, Asien, II., 420). Arrian (*Ind.*, c. 2) hat *''Ημαον* für *Imaon* oder *Imaus*. Obwohl alle Manuscripte vom Strabo (XI., 516) im Texte *Isamos* haben, wo von Menander's Expedition nach dem Uebergange über den Hypanis die Rede ist, so kann doch kein Zweifel an der Corruption dieser Lesart (Grosskurd, I., 426) und an der Nothwendigkeit sein, das Wort *Imaos* zu substituiren.

promontorium Imaus vocatur, incolarum lingua nivosum significante. Plinius giebt dieselbe Erklärung von einem Synonym des indischen Kaukasus (*Graucasus, hoc est nive candidus*). Wenn, wie Hr. v. Bohlen glaubt, der Name einer jeden Kette glänzender Fels (*Grâvakâsas*) bedeutet, so hat ohne Zweifel der das Licht zurückwerfende ewige Schnee*) zu dieser Benennung Veranlassung gegeben. Muss man übrigens nicht annehmen, dass die Griechen auf dem Zuge Alexanders irgend ein einheimisches Wort hörten, dessen Aehnlichkeit mit dem Namen des Kaukasus sie in dem nichtigen Glauben**) bestärkte, dass sie bis zu den Bergen vorgedrungen seien, denen die locale Mythe vom Prometheus angehöre? Ist vielleicht der Name Kaukasus ursprünglich *Graukasus* (*Grâvakâsas*) selbst gewesen und haben die *Casü M.****), welche Ptolemaeus kennt (VI., 16), *Κάσια ὄρη*, im Munde der Perser zu der Uebersetzung *Kho-Kas* Veranlassung gegeben? Das persische *Koh* (*Kuh*) erinnert an das sanskr. *gô* (*gâu*), Erde. Die *Emodi Montes* sind Goldberge (*hêmâdri*, von *hêma*****), Gold), entweder weil man

---

*) Im Sanskrit *kâs*, glänzen, leuchten; *kasmîra*, was glänzt. Hr. Burnouf bemerkt: „Hrn. v. Bohlen's Erklärung (I., p. 12) ist gewiss sehr scharfsinnig; aber damit *Graukasus* regelmässig dem Begriffe leuchtender Fels entspräche, welcher im Sanskrit durch die beiden Wörter *grâvan* (Stein) und *kâs* (glänzen) ausgedrückt wird, müsste es *kâsagrâvan* statt *grâvakâsa* heissen. Dieser Einwurf spricht ziemlich stark gegen die angegebene Zusammenstellung. Ich habe früher vermuthet, dass der Anfang des Wortes *Graukasus* das sanskr. *giri* (Berg) enthalten möchte, welches in seiner ersten Form *gari* sein musste, wie aus dem Zend-Wort *gairi* einleuchtet."

**) Strabo, XI., 505; XV., 688.

***) Dieser für einen Berg bei Antiochia gebrauchte Name genoss schon einer grossen Berühmtheit. Man übertrieb seine Höhe (Plin., VI., 22) in denselben Hyperbeln, die wir beim Aristoteles (*Met.*, I., 13, 18), wo er vom Kaukasus spricht, finden.

****) *Haima*, goldglänzend, welche Bedeutung noch in Haemus zu liegen scheint (v. Bohlen, *Ind*, I., 11, Note 15). Soll man mit Rennell (*Descr. hist. et géogr. de l'Indost.*, II., 142) annehmen, „dass *Emodus* und *Imaus* nur Veränderungen desselben Namens *Himâlaya* (d. i. schneebedeckt) sind?" Hr. Burnouf bemerkt über diese Etymologie sehr scharfsinnig: „Ich sehe es wirklich nicht für unumgäng-

darin Goldgruben vermuthete, wie am andern Ende Central-Asiens gegen Norden, im *Altaï* und *Kin-schan* (Goldberge der Türken und Chinesen), oder weil der Sanskritname auf jene feurigen Strahlen der untergehenden Sonne hindeutet, welche die Schneemassen des Himalaya reflectiren und die seine höchsten Gipfel vergolden. In dem reizenden Werke: die reisende Wolke von Kalidasa werden diese magischen Effecte, welche sich in der ganzen gemässigten Zone wiederholen, mit einer bewundernswürdigen Wahrheit geschildert. Die Kette des *Kailâsa* (Kylas des Cap. Gerard) erhebt sich im Herzen des tübetischen Plateaus selbst, nördlich von den Heiligen Seen. Dieser Name bedeutet kalter Berg, von *kil* im Sansk. (kalt im Deutsch., *cold* im Engl.). Aber *kailâsa**) bezeichnet jeden sehr hohen Gipfel: im N. von Indien ist es die Wohnung *Kuvêra's*, des Gottes der Reichthümer und folglich der Adern edlen Metalls.

Alle diese alten Benennungen sind, wie wir schon ausgesprochen haben, significativ und anfänglich unbestimmt, weil sie für alle Ketten von Schneebergen gelten können. Späterhin wurden sie auf bestimmte Localitäten beschränkt, wie dies bei uns der Fall ist in den Namen

---

lich nothwendig an, dass man zu *hêma* (Gold) seine Zuflucht nimmt, um *Emodus* zu erklären. Die Vokale sind etwas so Schwankendes, dass das Wort *hima* einem griechischen, persischen oder baktrischen Ohre so klingen konnte, als würde es *hêma* geschrieben. Die beiden Wörter Gold und Winter könnten wohl eine und dieselbe Wurzel haben, und ich bin überrascht, im Namen des Berges *Hêmakûta* (Goldpik) *hêma* (Gold) auftreten zu sehen, während *hima* (Schnee) in *Himalaya*, Wohnung des Schnees, vorkommt. Eine Ableitung der unbekannten Wurzel der Wörter *hima* und *hêma* bedeutet ebenfalls sowohl Gold als Winter, nämlich das subst. *hêman* und das adject. *hâimana* (vergoldet und kalt). In der Endung des Wortes *Emo-dus* kann man eine Wandlung des härteren Sanskr.-Wortes *adri* (Berg) finden. Die Pâli- und Prâkrit-Idiome erstrecken sich weit genug gegen Westen, so dass *himâdri* jenseit des Indus *himaddi* oder *himâdi* (*â* durch euphonische Ausgleichung für ein supprimirtes *d*) ausgesprochen worden sein könnte."

*) Bohlen, I., 207.

Alpen, (Alben), Mont-Blanc, Mont-d'or (in der Auvergne), Mont Serrat (in Catalonien) und Blaue Berge (in Amerika). Diese zwiefache Tendenz in der geographischen Nomenclatur ist zuweilen die Quelle grober Irrthümer geworden. Bei der Zeichnung neuerer Karten von Amerika und Asien hat man entweder Positionen, deren Namen sich wiederholten, identificirt, oder Flüsse und Berge vervielfältigt, weil in Gegenden, wo so viele Sprachen zugleich gesprochen werden, dieselben Positionen ganz verschiedene Namen führten. Selbst der Name der grossen Taurus-Kette, welche die Alten bis zur Ostküste Asiens verlängerten, stammt nur vom chaldäischen, syrischen oder arabischen Worte *tor* oder *tur* (Berg); und was noch mehr auffällt, dieser Ursprung erscheint, nach einer Bemerkung des Hrn. Reinaud, in dem neuesten Sprachgebrauch arabischer Schriftsteller wieder. Sie bedienen sich nämlich des Wortes *Djebel*, Berg, zur Bezeichnung der ganzen Taurus-Kette. Abulfeda*) drückt sich bei der Beschreibung des Zuges gegen die Stadt Malatya im J. 715 d. Hegira folgendermassen aus: „Indem wir Hisn-Mansur zu unsrer Rechten, auf der Nordseite liegen liessen, erreichten wir die Kette, welche die Fortsetzung des Berges (*Djebel*) bildet." Abulfeda will sagen, dass sie an den Taurus kamen.

Nach der kurzen Analyse der allgemeinen Namen müssen wir eine Benennung anführen, welche von einer besondern Localität abgeleitet scheint und welche die macedonische Expedition am Meisten im Westen bekannt gemacht hat. *Paropanisus* (so haben alle guten Manuscripte des Ptolemaeus und nicht *Parapamisus* wie Arrian, oder *Paropamisus* wie Plinius und Strabo,) wird nach Hrn. v. Bohlen durch die Sanskr.-Wörter *para-upa-*

*) *Recueil des historiens arabes pour éclaircir l'histoire des Croisades (Extraits de la Chronique d'Aboulfeda, par Reinaud)*, I., 176. Dionysius Periegetes (v. 624) sieht im Taurus, nach der Gewohnheit der Griechen, Alles auf ihre eigene Sprache zurückzuführen, die Hörner eines ungeheuren Stiers. Indem die Araber aus *Tor* einen Appellativ-Namen machen und die alte Bedeutuug vergessen, nennen sie noch jetzt den Sinai *Djebel-Tor*, d. i. Berg-Berg.

nisa, über Nysa*), erklärt. Hr. Ritter macht dagegen den Einwurf**), dass die den Griechen bekannte Stadt Nysa bei Weitem westlicher gelegen. Strabo nennt sie eine Stadt in Margiana. Ich frage indessen, ob eine von Libyen aus eingeführte Benennung, welche mit der Mythe des Bacchus zusammenhängt und sich auf dem langen Wege nach Indien geographisch verbreitet hat, von den Eroberern nicht auf eine Region angewandt worden sein kann, wo am Abhange einer hohen Bergkette der Weinstock fast wild und ohne Cultur im Ueberfluss wuchs? In einer uns näher liegenden Zeit rühmt uns noch Sultan Baber, der vor seiner langsamen Bekehrung ein starker Trinker war, in seinen Memoiren seine reichen Weingärten in Kabulistan. Die Unbestimmtheit, welche über die Lage eines mit dem dionysischen Cultus so innig verknüpften Orts herrscht, finden wir ebenfalls in der Anwendung, welche die Griechen vom Namen *Mêru* machten, der nach ihnen einen Berg über Nysa bezeichnen sollte. In Folge der Assonanz mit dem griechischen μηρός (Lende) glaubten sie naiver Weise, darin die Spur einer Anspielung oder historischen Beziehung***) auf die Mythe vom

---

*) Bohlen, I., 12 (Note 18), 143. *Parapanysus* wäre nach dieser Hypothese die am Nächsten kommende griechische Schreibart für das Wort gewesen, welches die Macedonier an Ort und Stelle gehört haben konnten. Die verschiedenen Lesarten von *Paropanisus* sind mit vieler Sorgfalt von Bernhardy (*ad Dion. Per.* v. 737) gesammelt worden.

**) Die Stupas oder Topes, 1838, 36 – 38.

***) *Bacchus ex femore Jovis genitus*, woher der Name Dionysos Merotraphes bei Strabo (XV., 687). Gronovius ad Arrian. *Ind.* c. 2, p. 313. Der Name *Mêru* selbst erscheint schon bei Theophrastus (*Hist. plant.*, IV., 4). „*Mêru*, sagt Hr. Burnouf, ist ein Wort, dessen Etymologie mir noch unbekannt bleibt. Hr. v. Bohlen erklärt es [I., 12] das Strahlende (*fulgens*); aber das Wurzelwort *mi*, von welchem es die Inder ableiten, hat nicht den Sinn strahlen. Ich bin eher zu glauben geneigt, dass das *r* zur Wurzel im Worte *Mêru* gehört und dass man es grammatisch *mêr-u* abtheilen muss. Schon im Sanskr. bezeichnet *mîra* Ozean, vielleicht ursprünglich See. Es erinnert an *Kâçmîra* (*Kâçyapamîra*) und an zahlreiche Analogien mit *mêr* und *mîra* in den Wörtern, welche alle romanischen, gothischen und slavischen Sprachen für Meer und See besitzen. *Mêru*

Bacchus zu finden. Nun lag, nach den Vorstellungen der systematischen und religiösen Geographie der Hindus, der grosse Gebirgsknoten des Mêru, von welchem die Gewässer nach allen Regionen des asiatischen Continents abflossen, sicherlich nicht im Westen der Quellen des Oxus (nördlich von Hyrcania oder Margiana). Ueberall konnten einheimische Namen das nationale Streben der Griechen begünstigen, Ableitungen, deren Wurzeln sie nicht kannten, dem eigenen Idiom gleichlautend zu machen; zu finden, was sie suchten und wovon sie im Voraus wussten, dass sie es in der orographischen Nomenclatur ferner Länder finden mussten. Die Zend - Texte führen schon unter den von Ormuzd geschaffenen Gegenden das Land Nisaya*) auf. Ein gründlicher Kenner des asiatischen Alterthums, Hr. Burnouf, ist der Ansicht, „dass das Wort Berg (*pôuru* im Zend, *paru* im Sanskr.) im Namen *Paropamisus* verborgen läge, welchen die Griechen nach an Ort und Stelle erhaltenen Nachrichten auf eine so verschiedene Weise übertrugen“. Er räumt ein, „dass die Griechen den Gemeinnamen Berg mit dem im Lande**) üblichen Eigennamen der Kette zusammensetzen konnten“. Er erkennt überdies die Wurzel *paru* (Berg) in *Parachoatras* wie in den *Parueti* des Ptolemaeus, welches die *Pôuruta* (Sanskr. *pârvata*), d. h. Gebirgsbewohner sind. „Die Griechen, setzt Hr. Burnouf hinzu, konnten wohl Mêru mit Nysa zusammensetzen, aber nicht die Brahmanen-Arier. Die Griechen konnten

---

heisst vielleicht der Berg mit Seen, der mit einem See gekrönte Berg. Die Plateaux von Tübet und Pamer am Westabhange des Bolor besitzen Alpenseen“.

*) Eigentlich *Niçaya*, Accus. *Niçaim*. Burnouf, *Comment. sur le Yaçna*, p. CVIII.; Lassen, Ind. Könige, 128; Ritter, Asien, IV., 66. Heeren setzt das Nysa der Griechen nach Kandahar.

**) *Yaçna*, p. CII. Da der Name des Volks, welchen Ptolemaeus *Παρυῆται* schreibt, nur Bergvölker bedeutet, so sind die *Parueti Montes* der Karten ein Pleonasmus; es sind Alpenberge. Noch ein anderes sehr auffallendes Beispiel der Erhaltung von Sanskritwörtern haben wir in der Geogr. des Ptolemaeus (VII., 2): „*Iabadiu* bedeutet Gersten-Insel.“ S. mein *Exam. crit. de l'Hist. de la Géogr.*, I., 49.

dazu durch die Existenz einer persischen Nysa, durch das im Zend-Avesta angeführte *Nisaya* und durch das Aufsehen berechtigt werden, welches ohne Zweifel die auf Mêru bezüglichen Legenden in Asien machten".

Während nach den grossartigen geologischen Ansichten des Eratosthenes, welche von Marinus aus Tyrus und von Ptolemaeus nach besseren und zahlreicheren Materialien im Einzelnen weiter ausgeführt wurden, Inner-Asien nur von einer einzigen grossen Gebirgskette *) durchzogen wurde, welche sich von O. nach W. im Parallel von Rhodus verlängerte; so nehmen die Hindus im Gegentheil in ihrer poetischen Geologie mehrere Ketten in einer dem Aequator parallelen Richtung an, nämlich drei im N. und drei im S. der grossen Centralmasse des Mêru. Man möchte versucht werden zu glauben, dass sehr alte Verbindungen mit den jenseit des Himalaya gelegenen Regionen, Verbindungen, welche durch die Frömmigkeit der Pilgrime, durch den Propaganden-Geist der buddhistischen Missionare und durch das Handelsinteresse unterhalten wurden, auf die systematisch-geographischen Ansichten einen Einfluss äussern konnten. Aber ist es im Allgemeinen gestattet, dergleichen Einflüsse auf die Urschöpfungen der Phantasie der Völker, auf die natürlichen Angaben einzuräumen, welche von innen hervorgehen und nur durch intellectuelle und moralische Zustände der verschiedenen Zweige unsres Geschlechts modificirt erscheinen? Erst sehr spät und als äussere Motive auftraten, wurden die Mythen und die daraus entsprungenen Systeme umgearbeitet und positiven, aus der Welt der Wirklichkeit geschöpften Kenntnissen angepasst.

Da durch das ganze Mittelalter und bis zu den Zeiten, welche unsrer Epoche zunächst liegen, die einfache helleni-

---

*) S. Strabo, XI, 519, und über die Auslegung dieser merkwürdigen Stelle die Bemerkungen des Hrn. Boeckh im *Exam. crit.*, I., 152—154 [Uebers., I., 146.]. Man setzte damals voraus, dass das Continent Asiens (der *Chlamys*) unter dem Parallel von Rhodus am Breitesten sei; und Strabo meinte, was ganz merkwürdig ist, dass auf der Verlängerung dieses Parallels „ein andres Continent existiren könne".

sche Ansicht von einer einzigen Haüptkette*) durch ganz Asien von O. nach W. beständig den Vorrang behalten, so ist es für die Geschichte der Erdkunde wichtig, noch einige Augenblicke bei der Direction und den Partialnamen dieser Erhebung des asiatischen Bodens zu verweilen. Betrachtungen dieser Art haben eine um so grössere Bedeutung, als sie mit der Lage nach geogr. Länge und Richtung der berühmten Kette des Imaus nahe zusammenhangen, worüber die Meinungen so lange getheilt geblieben sind.

„Dicaearch, sagt Agathemerus, theilt die Erdoberfläche nicht ein nach dem Laufe der Flüsse, sondern durch eine einfache gerade Linie, welche er von den Säulen des Hercules durch Sardinien, Sicilien, den Peloponnes, Ionien, Cicilien und den Taurus bis zum Imaus**) zieht". Dies ist der Parallel des Diaphragm Dicaearch's, der Parallel von Rhodus, auf welchen die Geographen des Alterthums ihre Positionen zu beziehen beliebten und welcher nach Hipparch in 36° Br. fiel, wiewohl die Mitte der Insel Rhodus von demselben Astronom 3640 Stadien nördlich von Alexandrien gelegt wurde***). Wenn man sich erinnert, dass die Kenntnisse, welche die macedonischen Züge des Alexander und Seleucus Nicator verschafften, sich nicht über den Meridian der Gangesquellen erstreckte, so erstaunt man über die Dreistigkeit und Genauigkeit in dieser allgemeinen Ansicht von der Richtung der Gebirge, welche von Dicaearch, Eratosthenes und Strabo aufgestellt ward. Eratosthenes zieht, in-

---

*) Daher die Eintheilung des ganzen asiatischen Continents, je nachdem die Völker im N. oder im S. der grossen Kette leben, welche man selbst vom Ostmeere Asiens bis zum Promontorium sacrum in Iberien ausdehnte. Diese Eintheilung geht auf Dicaearch (*apud Agathem.* l. I., c. 1) zurück. S. auch Strabo, II., 68, 129; XI., 490; XV., 985.

**) Hudson, *Geogr. min.*, II., 4.

***) Diese Distanz giebt eine Breite von 36° 20′ 34″ (Gosselin, *Rech. sur la Géogr. anc.*, I., 22, 57), was ein bis auf wenige Minuten genaues Resultat ist. Ich mache hier bemerklich, dass die Breite des Molo von Rhodus nach Cap. Gauttier 36° 26′ 53″ beträgt und dass der Parallel des Diaphragm durch die Strasse der Säulen des Hercules südlich von Gibraltar lief, dessen Breite nach Espinosa 36° 6′ 42″.

dem er so zu sagen die von Agathemerus aufbewahrte Stelle des Dicaearch copirte, „auf der Karte der bewohnten Erde eine Linie, welche von den Säulen des Hercules durch die sicilische Meerenge, die Südspitzen des Peloponnes und Atticas bis Rhodus und zum issischen Golfe fortläuft; von hier lässt er die Gebirgskette des Taurus bis nach Indien dieser Linie folgen; denn der Taurus, welcher in gleicher Direction mit dem mittelländischen Meer von den Säulen an hinzieht, theilt Asien seiner ganzen Länge nach, so dass der Taurus sammt dem mittelländischen Meere (von den Säulen bis zur Extremität der Kette) in dem Parallel von Thinae*) liegt". Vergleicht man diese Orientirung, welche man für rein systematisch halten könnte, mit den Resultaten der neuesten Beobachtungen, so ergiebt sich in der That, dass die so bestimmte Behauptung des Eratosthenes in Bezug auf eine mittlere Richtung unter 36° Br. weit genauer ist, als man es hätte denken können.

Das Taurus-Gebirge Klein-Asiens beginnt**), in der beschränkten Bedeutung des Namens für die hohe südliche Kette, in Lycien im N. des Golfs von Makry. Es erreicht zum ersten Male im Takhtalu-Dagh, nach den trefflichen Messungen des Cap. Callier, eine Höhe von 1150 t. und zieht längs der Küste von Karamanien hin, wo seine Erhebung kaum unter 1530 t. (3000 m.) bleibt. Die ganze Kette behält bis zum Meridian von Eregli eine mittlere Richtung zwischen $36\frac{1}{2}$ und 37° Br.***). Im Osten von Eregli und

*) Strabo, II., 67 (vgl. auch II., 4, 119, 122; XIV., 673).

**) So giebt es auch Strabo (II., 520) an, als er von den Höhen über den chelidonischen Inseln im SO. des Golfs von Adalia spricht. Nach Arrian (*Exp. Al.*, V., 5; *Ind.*, c. 2) fängt das Gebirge nördlicher an, nämlich am Berge Mycale und Cap Trogilium, der Insel Samos gegenüber.

***) Die grossen Gipfel Hassan-Dagh (38° 4′ Br.) etwas südl. von Akserai, und der Berg Argaeus (38° 33′ Br.), welche zwei sehr unterrichtete Reisende, die Hrn. Texier und Will. John. Hamilton neuerlich besucht haben, sind Trachytberge, welche weder znr Kette des Taurus noch zum Anti-Taurus gehören. Nach Hrn. Hamilton's Messungen hat der Argaeus (bei Kaisariyeh) nahe 2048 t., der Hassan-Dagh an 1250 t. Höhe.

Tarsus, jenseit des Golfs von Iskanderun (*Sinus Issicus*) neigt sich die Hauptaxe gegen ONO. Der englische Consul zu Erzerum, Hr. James Brant stellt auf seiner Karte von Armenien die östliche Fortsetzung desselben von Arghana nach dem Wan-See zum 38. und 38½.° Br. ansteigend dar. Die Verbindung des Taurus Klein-Asiens mit dem Hindu-Kho, welcher sich westlich gegen die Südspitze des caspischen Meeres zieht, wird, wenn sie nicht eine eingebildete ist, wenigstens durch den grossen Gebirgsknoten und die Plateaux auf dem Raume zwischen Bayazid, dem Wan-See und Kurdistan verdeckt. Die Streichungslinien laufen da, wo sich das Relief des Landes in Ketten oder longitudinale Erhebungsstreifen theilt, am Häufigsten, nach der schönen Karte des Col. Montheith, von N. nach S. oder von NNW. nach SSO. Es ist gleichsam eine Seiten-Reaction des Kaukasus nach Süden hin. Das Westende des Hindu-Kho, welches der Taurus-Kette gegenüberliegt und davon durch die Plateaux von Adjerbidjan und Kurdistan geschieden ist, läuft in der Linie der Hochgipfel des Vulkans Demawend und Elburz (nö. von Teheran) in den Parallelen*) von 35° 50′ und 35° 57′. Ich mache hier darauf aufmerksam, dass nach den Berichten, welche ich am Ufer des caspischen Meeres und von unterrichteten Persern erhalten, die den jungen, jetzt von seinem grausamen Bruder des Gesichts beraubten Prinzen Cosroës begleiteten, die Verlängerung der Kette gen NNW., von Mazenderan nach Gilan (jenseit Sultania) weit weniger continuirlich und markirt ist, als es die meisten Karten darstellen**). Folgt man dem Gebirge vom Demawend nach Osten, so findet man nach Burnes' astronomischen Beobachtungen und Itinerarien folgende Punkte: Mesched***), 36° 15′ 44″;

---

*) *Map of Azerbaejaun by Col. Sutherland*, 1833; *Carte du Kourdistan, tracée d'après les routes du Colon. Shiel, du Major d'Arcy Todd et de M. Thomson*, 1838.

**) Vgl. Hrn. Eichwald's Berichtigungen der Kolotkin'schen Karte des caspischen Meeres, 1834.

***) S. die schöne Karte von einem Theile Central-Asiens, gez. von Hrn. J. Arrowsmith. Fraser giebt 36° 17′ 40″ an.

das Gebirge Ghur zwischen Herat und Deh-Sendji, wo die Kette sich senkt, 35° 22′; die Schneegipfel des Hindu-Kush, Hindu-Kho und indischen Kaukasus, zwischen Maipuz (nördl. von Kabul) und Gilgit, 35° 3′ bis 35° 22′.

Von den Gipfeln des Taurus in Lycien bis Kafiristan, auf der beträchtlichen Strecke von 45 Längengraden ist dies also die *mittlere Richtung* einer Kette, welche, mit Ausnahme einer kleinen Unterbrechung zwischen den Meridianen des Wan-Sees und der Capitale Teheran, nur wenig von einem und demselben Parallel, dem von Rhodus nämlich abweicht, welchen schon Dicaearch, Eratosthenes und Strabo angeben. Dieser Parallel des 36. Grades schneidet den grossen Knoten der Berge des Bolor und Baltistans (Klein-Tübets). Wenn ich hier geologische Ansichten, welche ich in diesem Werke zum ersten Male auseinandersetzen werde, anticipiren wollte, so würde ich bemerken, dass die *wahre östliche Fortsetzung des indischen Kaukasus und der ganzen Kette, welche wir eben von der Westgrenze Persiens an untersucht haben, nicht im Himalaya, dem die Quellen des Ganges und der Dhawalaghiri angehören, gesucht werden muss, sondern in dem Gebirgssysteme des Kuen-lun oder Kulkun, welches im S. das Plateau von Khotan* (Ost- oder Chinesisch Turkestan), *im N. die Plateaux von Ladak und Tübet begrenzt.* Von Gilgit und Kaschmir bis in die Gegend von Gorkha und Katmandu, 4° östl. von den Heiligen Seen Manasa und Rawana-hrada, läuft die Kette des Himalaya von NW. nach SO., um unter $28\frac{1}{2}°$ Br. in west-östlicher Direction nach dem Punkte zu ziehen, wo der grosse Strom Tübets, der Yaru-Tsanpu (unter dem Namen Brahmaputra oder Irawaddy?) die Kette durchbricht und sich plötzlich gegen S. wendet. Die NW.-SO.-Direction des Himalaya, zwischen $35\frac{1}{4}$ und $28\frac{1}{2}°$ Br., und $71\frac{3}{4}°$ und $82\frac{1}{4}°$ ö. Lg., ist fast eben so lang als die west-östliche, zwischen $28\frac{1}{2}$ und 28° Br. und $82\frac{1}{4}$ und 92° östl. Lg. Par. Die Bestimmung dieser Lage stützt sich auf die astronomischen und geodätischen Beobachtungen, welche wir den grossen, von der britisch-ostindischen Compagnie auf so edle Weise beförderten Arbeiten verdanken;

sie erregen ein lebhaftes Interesse in Bezug auf die grossen Erhebungslinien, deren Bedeutung in unsrer Zeit von zwei berühmten Geologen, den Hrn. L. v. Buch und E. de Beaumont enthüllt worden. In dem Gebirgsknoten, wo sich der Bolor an den indischen Kaukasus oder Hindu-Kho anschliesst, bildet sich die Bifurcation der das Plateau von Tübet umschliessenden Ketten. Die Vorstellung einer longitudinalen Emporhebung auf Spalten führt nothwendig auf eine Analogie mit dem Entstehen der Gänge. Nun verhalten sich der Kuen-lun und Himalaya wie zwei Aeste eines und desselben Ganges, welche sich trennen und jeder eine besondere Richtung verfolgen. Bei einer solchen geologischen Auffassung ist die Mächtigkeit des Ganges oder vielmehr seiner Masse (der Durchmesser und die Höhe, welche die erhobene Kette erreicht,) nicht von grosser Wichtigkeit: Alles hängt von dem Winkel mit dem Meridian des Ortes ab. Die Direction des Kuen-lun ist aber genau die des Hindu-Kho.

Ich wage daher jetzt zu behaupten, dass der Hindu-Kho und die ganze Kette vom Meridian Attoks und von Kafiristan an bis Mazendaran und bis zum Elburz in Persien nicht der Himalaya sind; dass dieser, welcher ganz Indien im N. von Nepal und Butan begrenzt, nur ein Seitenzweig vom Hindu-Kho, und dass die unmittelbare Fortsetzung des letzteren der Kuen-lun ist, dessen westlichstes Ende den Namen Thsungling führt. Es handelt sich hier nicht um eine einfache Berichtigung oder Veränderung in der Nomenclatur, sondern um das geologische Factum der Existenz einer Spalte, welche ihre ursprüngliche Richtung von O. nach W. auf einem ungeheuren Raume behält: es handelt sich um eine Continuität der Richtung der Erhebungsaxe. Stossen wir beim Bergbau auf eine Gabelung der Gänge, so betrachten wir stets denjenigen Zweig als eine Fortsetzung des Hauptzweiges, welcher dasselbe Streichen zeigt (denselben Winkel mit dem Meridian macht). Der Seitenzweig (Trum), welcher sich nach einer andern Richtung trennt, erhält einen andern Namen, selbst in dem Fall, wo er später zum anschaarenden wird, d. h. parallel dem sein anfängliches Streichen behaltenden Gange läuft. Diese Rückkehr zum Parallelismus können wir auch in der kolossalen Kette des Himalaya beweisen, da sie jenseit des Meridians von Katmandu, nachdem sie eine um 7° südlichere Breite erreicht hat, auf einer Länge von 200 Meilen die W.-O.-Richtung oder die des Kuen-lun und Hindu-Kho hat. Diese Analogien zwischen der geologischen Constitution der grossen asiatischen Cordilleren und den Veränderungen im Streichen (*allure*) der Gänge können wohl, glaube ich, zur Aufklärung über Phänomene beitragen, welche ältere Karten so schlecht darstellen und welche anfänglich eine ziemlich seltsame Verwicklung zeigen.

Der Name, welchen das Westende des Kuen-lun auf der neuesten Karte von Lieut. Burnes und John Arrowsmith führt (Kette von Karakorum) ist nur von einem Engpasse hergenommen, welchen die chinesischen Karten*) genau in 36° Br. setzen und wo sich der Punkt der Wasserscheide zwischen dem nach S. fliessenden Schayuk und dem nach N. gerichteten Yarkand befindet. Burnes giebt diesem Punkte dieselbe Breite (die des Parallels von Rhodus). Mehrere Gipfel der Kette reichen dort in die Region des ewigen Schnees. Weiter östlich durchzieht der Kuen-lun ganz Asien immer auf demselben Parallel und verlängert sich im Keria-Dabahn südlich von Tak und vom Lande Khara-Tangut, um sich mit dem grossen Gebirgsknoten des Khu-khu-Noor zu verbinden und an den Quellen des Hoang-ho zu verlaufen. Dorthin werden, im W. von Si-ning-fu (Singni Marco-Polo's), die Nevados der dreizehn Patriarchen gesetzt**). Weiterhin, in Kan-su

*) S. Klaproth, *Carte de l'Asie centrale*, *dressée (aux frais du gouvernement prussien) d'après les cartes levées par ordre de l'empereur Khian-loung, par les missionaires de Péking, et d'après un grand nombre de notions extraites et traduites de livres chinois*, 1833. (*4 feuill. in folio.*)

**) *Amïe-maldzin-musun-oola* der Mongolen (Br. 36° 34′), Gruppe der 13 Patriarchen, nach dem tübet. Wort *amïe* (Ritter, Asien, I., 173; Grimm, Karte von Central-Asien, I. H., 1. Bl.)

und Schensi, erheben sich unter 35 und $36\frac{1}{2}°$ Br. Schneegebirge, sowohl im NO. der Stadt Lan-tscheou-fu als gegen die Verzweigungen des Siue-schan Sifans. Die astronomischen Beobachtungen der Breiten, auf welche sich die allgemeine Bestimmung der Lage der Kette stützt, sind hinlänglich genau, um, annähernd wenigstens, die mittlere Richtung dieser Longitudinalerhebung des asiatischen Bodens festzustellen. Durch Vergleichung der Messungen, welche die Jesuiten Dorville, Gruber und Souciet anstellten, mit den neuesten Combinationen über die Länge von Teheran*) in Persien erhält man, vom Elburz und dem Vulkan Demawend in Persien bis zum Gebirgsknoten des Kku-khu-Noor eine Distanz von 48° der Lg., oder, unter der mittleren Breite von 36°, von 776 Seemeilen. Es ist die längste von allen in der Richtung eines Parallels streichenden Ketten auf der Erde; sie erreicht fast die halbe Ausdehnung der Andes von Südamerika, welche indess mit weniger Regelmässigkeit der Direction eines Meridians folgen.

Indem man in dieser Uebersicht der innersten Ketten Asiens eine in longitudinalen Erhebungen so merkwürdige Regelmässigkeit und Continuität hervorhebt, kann man sein Bedauern nicht lebhaft genug ausdrücken, dass das umfassendste und merkwürdigste unter den Itinerarien der Buddha-Missionare, welches Hiuan-Thsang in der ersten Hälfte des siebenten Jahrhunderts schrieb, noch nicht einmal ganz untersucht oder durch eine vollständige Uebersetzung zugänglich gemacht worden ist. Das *Si-iu-ki* oder die Beschreibung der Gegenden des Westens umfasst ausser dem eigentlich sogenannten Indien die Plateaux von Kaschghar und Khotan, den Bolor mit Pamir (*Pho-mi-lo*), „der höchsten Gegend Djambu-dwipa's,“ und die ganze Kette des Thsungling in der weitesten Bedeutung dieses orographischen Namens. Um wieviel würden unsre Zusammenstellungen an Zuverlässigkeit und an Interesse gewinnen, wenn man unge-

---

*) Fraser beobachtete zu Isfahan (49° 24′ 13″ Lg.). Diese alte Capitale liegt ungefähr 20—22′ im Bogen östl. vom Meridian Teherans und 29′ westl. vom V. Demawend.

hindert aus einer so fruchtbaren Quelle schöpfen könnte.

Wir haben oben gesehen, dass man nach dem Systeme der alexandrinischen Schule den Taurus unter der Breite von Rhodus nach Osten hin bis zur Ostküste Asiens verlängerte. Der Parallel des 36. Grades schneidet das Litoral in der chinesischen Provinz Schantung am gelben Meere. Man fragt sich, woher die Griechen eine zum Theil sehr genaue Vorstellung von der continuirlichen Richtung einer hohen Gebirgskette erhalten konnten, welche unter jenem Parallel weit über die Quellen des Ganges hinaus fortsetzt? War diese Meinung eine rein hypothetische und auf eine gewisse Vorliebe für die Regelmässigkeit der Formen gegründet? Ich bin fern davon anzunehmen, dass die Alten zur Zeit des Eratosthenes, wie wir, die beiden Ketten, welche Tübet im S. und N. begrenzen, die Ketten des Himalaya und Kulkun hätten unterscheiden können. Wenn sie die Quellen des Ganges 5° zu weit nach N. in die Verlängerung des Taurus selbst legten, so geschah dies, weil sie, nach Artemidorus (Strabo, XV., 719) wie nach Ptolemaeus (Geogr., tab. X.), dorthin den Südabhang der M. Emodi versetzten. Man darf indessen nicht zweifeln, dass einige Vorstellungen über die Richtung der Gebirge Central-Asiens im Osten des Meridians von Kabul und der Pentapotamia zu den Persern und Hellenen in den ältesten Zeiten gelangt sein konnten. Die nördlichen Indier, welche an Kaschmir (Kaspatyrus*) grenzten, zogen in Karavanen (nach O.) in die Wüste (Gobi), um daselbst Gold zu sammeln. Dieser Weg konnte sie über das Plateau von Khotan oder Ost-Turkestan**) längs des Nordabhanges der grossen Kette des Kuen-lun führen. Die berühmte Handelsstrasse von Serica (das griechische Wort σήρ bezeichnet Seide***) in

*) Herodot, III., 102—106. Die Stelle des Ctesias (*ap.* Aelian. *Hist. anim.*, IV., 37) bezieht sich sehr wahrscheinlich auf diese Züge.

**) Dies ist schon Heeren's Meinung (Ideen, I., 1., p. 362—367).

***) Im Chines. *see* und in den alten Dialekten *ser;* koreisch *sir*, mandsch. *sirghe*, mongol. *sirkek*, russ. *chelk*, engl. *silk;* immer dasselbe Wort, welches verschieden verändert gegen Westen wandert! (Man muss sich dabei der Umwandlung des *l* in *r* erinnern.) Klap-

China und Korea) zog sich ohne Zweifel über dasselbe innere Plateau, aber weiter nördlich; wenn der Schasotun (*Tschehel-Sutun*, vierzig Säulen) bei der Stadt Osch zwischen Khokand und Kaschghar, — ein Monument*), welches Czernischeff und Nazarow (1780 und 1814) gesehen und das heutiges Tages der Thron Soliman's (*Takt i Suleiman*) genannt wird, — wirklich der Steinerne Thurm des Ptolemaeus, das befestigte Karavanserai ist, in welchem sich die Handelsleute vereinigten, um nach Serica zu gehen.

---

roth, *Mém. relat. à l'Asie*, III., 265; Neumann, Zeitschr. des Morgenlandes, I., 389.

*) Wilford, *Asiat. Res.*, VIII., 323; Heeren, I., 2., p. 670—676; Klaproth, *Mag. asiat.*, I., 58; Ritter, Asien, V., 483. Der P. Hallerstein hat die Breite von Osch, im N. des Terek-thag (dem West-Ende des Thian-schan), bestimmt. Dieselbe (40° 19′) stimmt ziemlich gut mit der überein, welche Ptolemaeus bei der Erörterung der Reiseroute des Macedoniers Maes annimmt. „Der Steinerne Thurm, sagt er, liegt nahe dem Parallel von Byzanz" (Ptol., I., 12; s. auch *Examen des Prolégomènes de la Géogr. de Ptolémée, par Letronne*, 26). Byzanz liegt nur ¾° nördlicher als Osch; aber man darf nicht vergessen, dass Ptolemaeus, wie Hipparch und alle Alten, Strabo ausgenommen, sich in der Breite von Byzanz täuschten, welche sie der von Marseille gleich setzten, d. i. zu 43° 6′ (Ptol., II., 10; III., 11). Die wahre Breite von Byzanz (St. Sophienkirche in Konstantinopel) ist 41° 0′ 16″. Diese bedeutende Abweichung beweis't, dass Hipparch nicht zu Byzanz observirt hat, wiewohl zwei Stellen bei Strabo (I., 63; II., 134) das Gegentheil hätten glaublich machen können. Hr. Letronne hat diese Frage mit gewohntem Scharfsinn untersucht (*Journ. d. Sav.*, *Nov.* 1818, 691—698). Auf die Orientirung der Küsten gestützte Betrachtungen haben Strabo veranlasst, sehr bestimmt auszusprechen (II., 115), „dass der Parallel von Marseille nördlich von Byzanz läuft". Man wird daher überrascht, dass Ptolemaeus wiederum die alte fehlerhafte Breite für letztere Stadt angiebt. Dies ist ein Grund mehr für die Annahme, dass der Geograph von Amasia eben so wenig Kenntniss hatte von dem von Alexandria als vom Plinius. Ptolemaeus giebt, eingenommen für die fehlerhafte Zahl Hipparch's, dem Steinernen Thurm (VI., 13) 43°; aber der wahre Parallel von Byzanz geht sehr nahebei, ungeachtet des Fehlers absoluter Bestimmungen, am Monumente *Takt-i-Suleiman* vorüber, in welchem Heeren die Ruinen des Steinernen Thurms erkennt. So verhalten sich die Positionen von Marseille, Byzanz und dem Steinthurm, der ein Karavanserai auf der Strasse vom Euphrat nach Serica war.

Wir wissen aus den scharfsinnigen Erörterungen des Eratosthenes (bei Strabo II., 68, 70) dass sehr alte Karten („die alte Weltkarte") die grosse Kette Central-Asiens, mit der wir uns hier beschäftigen, viel zu weit nach N. setzten. Es waren die ersten Vorstellungen, welche aus den Berichten über die macedonische Expedition entsprungen waren. Hr. Gossellin*) nimmt, und ich glaube mit Recht, an, dass die Griechen, welche noch wenig von dem Einfluss der Höhen (ich füge hinzu: und von der Winterkälte der Ebenen Asiens in der gemässigten Zone) wussten, anfangs glauben mussten, sie seien weit über den Parallel von Rhodus nach Norden vorgedrungen. Hipparch beliebte, Irrthümer, welche Eratosthenes berichtigt hatte, wieder aufleben zu lassen. Nach ihm zieht sich die Taurus-Kette jenseit der caspischen Pforten so weit gegen das Eismeer, dass Bactra jenseit 60° Br. zu liegen schien. Man muss vielleicht weniger staunen über diesen Missgriff, als über den Scharfsinn, mit welchem sein Vorgänger, der berühmte Bibliothekar zu Alexandrien, und nach Hipparch Strabo und Ptolemaeus einige der Hauptzüge in der Bodengestaltung des Continents erkannt haben. Es wird eine Zeit kommen, wo die Geographie des Ptolemaeus, wie das unsterbliche Werk Herodots, ihrem wahren Werthe nach erkannt wird. Je weiter man in Europa in der Kenntniss der Idiome und der Literatur der asiatischen Völker im O. und S. fortschreiten wird, je mehr die bergige Landschaft im W. des Meridians vom Gangotri unterrichteten Reisenden zugänglich wird, um so mehr wird man staunen, wieviel bisher an zerstreuten ethnographischen und linguistischen**) Angaben in den Positions-Ta-

---

*) *Rech. sur la Géogr. des Anciens*, III., 180.

**) S. über die grosse Zahl von Sanskritwörtern, welche sich bei Ptolemaeus erhalten haben, Lassen, *de Pentap. ind.*, 8, 19, 33; Ritter, Asien, II., 666, 1089. Ueber die vom Zend abgeleiteten Völkernamen, welche die weite Verbreitung dieser Sprache im Alterthum in Sogdiana (*Çughdha*), Hyrcania (*Vehrkana*), Arachosia (*Haraqaiti*) und andern Provinzen Arianas und Persiens beweisen, vgl. die scharfsinnigen Fortsetzungen des Hrn. Burnouf im *Comment. sur le Yaçna*, t. I., p. XCIII. — CXX., CLXXXI. — CLXXXV.

feln des Ptolemaeus, welche so trocken und monoton erscheinen, verborgen geblieben. Hr. Lassen hat schon gezeigt, dass Ptolemaeus, indem er die älteste Schreibart der Sanskritnamen befolgte, correcter als seine Vorgänger war.

Es bleibt mir noch die Betrachtung der Kette des Imaüs übrig, welche (wahrscheinlich nicht vor dem Ende des ersten Jahrhunderts unsrer Zeitrechnung) zu einer der Eintheilungen Central-Asiens Veranlassung gegeben hat. Diese Kette hat ein andres und zwar rein geologisches Interesse; sie gehört zur Gruppe der in der alten Welt ziemlich seltenen Longitudinal-Erhebungen, welche in der Meridianrichtung streichen. Wir werden bald sehen, dass der Bolor oder Belur-tagh die Veranlassung gewesen, dass man sich einen nach N. bis zum Polarkreise fortsetzenden Imaüs in der Einbildung schuf. Da die gestochenen Karten, welche die verschiedenen Ausgaben der Geographie des Ptolemaeus begleiten und dem Agathodaemon zugeschrieben werden, oft von einander abweichen und ausserdem nur lateinische Uebersetzungen enthalten, so habe ich meine Zuflucht zu dem schönen Manuscript der illuminirten Karten genommen, welche die königliche Bibliothek zu Paris *) besitzt.

Um den westlichsten und persischen Theil des Hindu-Kho (in Medien und Hyrcanien) systematisch mit dem wahren Taurus Klein-Asiens zu verbinden, lässt Ptolemaeus, wie wir schon angeführt haben, das grosse Plateau von Kurdistan und Azerbidjan, zwischen dem Ararat, dem linken Ufer des obern Tigris und Tabris, von der ununterbrochenen Kette des Choatras-Gebirges und der Niphatischen Berge**) durchziehen. Man kann sich die Lage dieser Kette vorstellen, wenn man sie auf den Karten des Ptolemaeus mit den astronomischen Positionen des Ararat (Abos bei Strabo, XI., 531) und der beiden schwach salzigen Seen Wan und Urmyah verknüpft. Jener (Aghtamar der Armenier) ist der *Ar-*

*) *Manusc. grecs*, *ancien fonds*, No. 1401.

**) *Nafedhrô* (Nabel) der Zend-Sprache, was die Griechen in Nevados verwandelt haben (*Νιφόεις*, schneebedeckt).

sissa Palus. Den Ararat, dessen Breite*) kürzlich erst mit ausserordentlicher Schärfe von einem sehr erfahrenen russischen Astronomen, Hrn. Fedorow bestimmt worden, hatte Ptolemaeus (V., 13) um 1° 18′ zu weit nach N. gelegt; aber wenn ich mich nur auf einen relativen Unterschied der Breite stütze, so sehe ich die Kette der M. Niphates fast mit dem Sahund-Gebirge südlich von Tabriz (Tauris) und dem Erdoz-Dagh**) coincidiren, welcher sich von O. nach W. nach Bedlis zieht und folglich in geringer Entfernung von dem Zweige des Taurus bleibt, der von Arghana zum Wan-See läuft.

Verfolgt man den Taurus nach den verschiedenen Namen, welche ihm Eratosthenes, Strabo und Ptolemaeus geben, von den M. Niphates nach Osten hin, so folgen aufeinander: Choatras, Parchoatras***), Korone, die Sariphen, Paropanisus, Caucasus, Imaus, die Emodischen Berge und Ottorocorrhas oder die Serischen Berge. In Folge höchst irriger Vorstellungen über die Ausdehnung des caspischen

---

*) Br. 39° 42′, Lg. 41° 57′ 15″. (Parrot, Reise zum Ararat, 1834, II., 158.

**) Vergl. die beiden nach den Reiserouten des Cons. James Brant (1836) und des Col. Shiel (1838) gezeichneten Karten.

***) Der *Parachoatras* Strabo's (XI., 511) schliesst sich an die Gebirge Armeniens. Plinius (V., 27) kennt eine grössere Zahl von Unterabtheilungen: er zählt von W. nach O. auf: Taurus, Niphates, Oroandes, Oreges, Choatras, Pharphariades, Chambades, Circius, Paropamisus, Emodus, Imaus. Dieser Name Imaus für das östlichste Ende der Kette findet sich bei Strabo wieder (XI., 519). Man darf nicht darüber staunen, dass Namen, welche nur *Sierras Nevadas* bedeuten, sich an so verschiedenen Stellen wiederholen. Peutinger's Itinerarkarte, nach welcher sich ungeachtet der Ansichten Herodots, des Stagiriten und Ptolemaeus, von Neuem (wie bei Eratosthenes und Strabo) das caspische Meer gegen das Eismeer hin öffnet, verbindet den Hindu-Kho Persiens unmittelbar mit dem Taurus Klein-Asiens (*Segm.* XI.): sie kennt nur von W. nach O. die Namen Imaus, Caspyre (ohne Zweifel für Kaspatyrus, Herod. und Kasperia, Ptol.), Cirribe und Sera major (*Segm.* XII.). Diese Karte, welche Mannert in die Zeit des Alexanders Severus setzt, enthält keinen von N. nach S. ziehenden Imaus; der Paropamisus findet sich darauf isolirt im S. von Palibotra. S. *Tab. Peuting. ed.* Thiersch. 1824.

Meeres gegen S. (die äusserste Spitze desselben ward um 3° zu weit nördlich gelegt,) wurde die Entfernung der Kette Mazendarans von der Küste übermässig vergrössert. Man gefiel sich darin, diese willkürlich vergrösserte Ebene mit eingebildeten Ketten auszufüllen, welche von S. nach N. und von O. nach W. gezeichnet wurden, um die Provinzen Tropartene, Parthien, Hyrcanien und Margiana auf symmetrische Weise abzugrenzen; eine eigene Art, die Grenzen anzugeben und mehr hervorzuheben und die Karten durch ein Mittel zu verschönern, welches an die Manie einiger neuern Geographen erinnert, die Becken der Flüsse durch ebenfalls erdachte Ketten von einander zu trennen.

Wir wollen jetzt die ursprünglich für verschiedene Theile einer Centralkette gebrauchten Benennungen mit den genauen Kenntnissen vergleichen, welche wir gegenwärtig von den Positionen im Hindu-Kho und im Himalaya bis jenseit des Querthals des Brahmaputra besitzen. Wir finden zuerst, dass die Koronischen Berge fast die ganze, ziemlich hohe Kette zwischen den Meridianen von Astrabad und Meshied umfassen, während die Sariphen (im Zend: *Erezifia*, die Abstürzenden) der Senkung der Kette östlich von Herat gegen Deh-Zungi hin entsprechen. Der Paropanisus selbst ist der hohe Rücken, welchen die alte Königsstrasse von Kabul*) nach Bactra (Balkh) im Engpasse von Bamyan**) schneidet; es ist der Theil der Schneekette zwischen den Meridianen von Koh-i-baba und Peschawur. Der Caucasus des Ptolemaeus erstreckte sich bis jenseit Kaschmir zu den Gangesquellen. Strabo und Ptolemaeus sind die einzigen,

*) Ptolemaeus kennt auch Kabura und die Völkerschaft der Kaboliten im S. seines Paropanisus (VI., 18). Es überrascht mich, dass unter dem letztern Namen auf Burnes' vortrefflicher Karte im W. von Deh-Zungi das niedrige Geb. Ghur verstanden ist.

**) Bamyan, berühmt durch seine Kolosse, ist das *Fan-ya-na* im Itinerar des Buddha-Mönchs Hiuan-Thsang, welches aus der Mitte des siebenten Jahrhunderts unserer Aera herrührt und von welchem Klaproth eine sehr kurze Notiz 1834 zu Berlin publicirte; es ist die Stadt Námian Edrisi's (Uebers. v. Jaubert, I., 477), welche „die höchste Stadt in dieser Gegend von Asien" genannt wird.

welche den Paropanisus von dem indischen Caucasus unterscheiden*). Bei den Gangesquellen fängt, beim Ptolemaeus, der Theil der Kette an, welcher Imaus genannt ist, und dieser ist ganz verschieden von dem, der von S. nach N. zieht. Der Emodus oder die Montes Emodi bildeten die Region des Himalaya, welche längs Nepals und vielleicht selbst Butans hinläuft. Man gab ihr zuweilen eine unbestimmte Verlängerung, denn Dionysius der Perieget (v. 1162) lässt „den Fuss der Emodi in den schäumenden Wogen des Ost-Ozeans baden“. Ptolemaeus nennt, wie schon oben bemerkt worden, das Ostende der Kette Ottorocorrhas**). Nach Wilson haben die Griechen einen allgemeinen Namen der systematischen Geographie Indiens specialisirt. Das Gebirge Ottorocorrhas des Ptolemaeus ist der *Uttara-Kuru* (im Mahabharata), der höhere oder nördliche *Kuru*, die hyperboräische Region Asiens, in der Nähe des *Kschirôda*, des Milchmeeres, welches man für das Eismeer***), *mare concretum*,

*) Ritter, Ueber den Feldzug Alex. des Gr., 1832, 13. Dieser Abhandlung meines berühmten Freundes ist eine sehr interessante Karte beigegeben. Wenn ich hier eine abweichende Meinung andeuten dürfte, so würde ich mein Bedauern ausdrücken, dass die Benennung *Caucasus Mons* (*Beluth-tagh*) auf dieser Karte einer von S. nach N. ziehenden Kette gegeben ist. Der Beluth-tagh ist, wie ich weiterhin auseinandersetzen werde, der Imaus der Alten und bildet nur an seinem südlichsten Ende, gegen den Thsungling und die *Comedorum alta et montana Regio* hin, einen Theil des (ind.) Caucasus. Ptolemaeus kennt ohne Zweifel einen *Caucasus* genannten Zweig, der in der Meridianrichtung streicht und sich an die M. Parueti anschliesst; aber dieser (N.-S.-)Caucasus befindet sich im Süden der grossen Cordillere, im Westen der Pentapotamia (Ptol., tab. IX). Ich glaube, dass es die Solimans-Kette ist, welche sich weiterhin mit dem Plateau von Kelat in Ost-Afghanistan verbindet.

**) Ptol., VI., 16. S. über den *Uttara-Kuru* der *Wedas*, Colebrooke, *As. Res.*, VIII., 398, und Lassen, Zeitschrift für die Kunde des Morgenlandes, II., 62—70.

***) Ritter, Asien, I., 10; Lassen, *Pent.*, 63; *Foe-kue-ki*, p. 81, 82. Ich zweifle, dass man einem der sieben Meere in den *Puranas*, nämlich den bizarren Benennungen: Meer von Zucker, Meer von geläuterter Butter etc. eine wirkliche geographische Orientirung zuschreiben darf. Die Erdscheibe besteht, nach einer der verschiedenen Pha-

coenosum, *pigrum* der römischen Autoren hält. Ammian hat *Opuro-carra* für *Ottoro-corrha*; immer derselbe Berg *Kuru*, den man in diesen verschiedenen Lesarten wieder erkennt. Dieser Historiker beschreibt im Leben des Kaisers Julian sehr malerisch*) eine der Alpenformen, welche in den Gebirgsknoten Ost-Asiens oft wiederkehren und deren Bildung die neuere Geologie auf's Lebhafteste interessirt. Das Plateau der Serer, jenseit des *Uttara-Kuru* wird als „kreisförmig durch einen Bergwall eingeschlossen dargestellt, welcher sich auf der Nordseite an schneeige Einöden anschliesst.

Derselbe Name Imaus (Schneeberge, *Himavat*), welcher ursprünglich von den alten Geographen für einen Theil der grossen, von W. nach O. parallel dem Aequator streichenden Kette gebraucht wurde, ward späterhin auf einen Seitenzweig ausgedehnt, der gegen N. ablenkt und nach einer systematischen Fiction als Meridiankette das ganze Continent bis zum Eismeere abtheilen sollte. Fassen wir unter einen Gesichtspunkt zusammen, was wir von den verschiedenen Wegen kennen, auf denen sich die alte Geographie nordwärts vom Himalaya ausdehnen konnte, so sind es deren hauptsächlich drei: 1) die jährlichen Reisen der Darder, in der Nähe von Kaspatyrus, um im Osten goldführenden Sand aufzusuchen; 2) die Karavanen des Steinernen Thurms quer über den nördlichen Imaus, nach dem Lande der Serer, und 3) die Strasse über den Hindu-Kko zwischen Kabul und Baktrien, welche von den Indo-Persern und später von den Macedoniern besucht wurde. Ich wende mich zuerst zu der letzten, einer der „grossen

---

sen der indischen Geographie, aus sieben Zonen oder concentrischen Kreisen (*dwipas*) mit sieben entsprechenden Klimaten. Jede dieser Zonen ist durch ein Meer geschieden. S. mein *Exam. crit.*, I., 189 [Uebers. v. Ideler, I., 172].

*) *Contra orientalem plagam in orbis speciem consertae celsorem aggerum summitates ambiunt Seras: a septentrione nivosae solitudini cohaerent.* (Amm. Marc., XXIII., 6, 64.) Es scheint kaum glaublich, dass gelehrte Commentatoren dabei beharren, in dieser Beschreibung eine Hindeutung auf die chinesische Mauer zu finden. Vgl. Wagner, *ed. Amm. Marc.*; III., 45.

Königsstrassen". Als die Expedition Alexanders den indischen Kaukasus oder (wie wir heut nach Sheriff Eddin, dem Geschichtsschreiber Timurs, sagen,) den Hindu-Kho*) im Passe von Bamyan passirt hatte, mussten die Griechen eine dunkle Vorstellung von dem Westabhange des Bolor erhalten, der durch einen mächtigen Gebirgsknoten zugleich mit dem Thsungling, einem Theil des Kuen-lun, und dem Himalaya in Verbindung steht. Dieser Punkt liegt im N. des Pendjab (*Panschanada* im Sanskr.) und westlich von Kaschmir, dem Kaspapyrus des Hecataeus von Milet und Kaspatyrus Herodots. Grade über diese Gegend, welche in unsrer Zeit wieder durch die Topes (*Stûpas*) oder Monumente des Buddha-Cultus und durch die Entdeckung baktrischer Münzen so berühmt geworden ist, theilt Ptolemaeus so detaillirte und zum Theil so genaue Angaben mit, dass man zu glauben genöthigt ist, dieselben seien in einer ihm sehr nahe gelegenen Zeit durch Karavanen vervollständigt worden, welche den Bolor, (mithin nördlich von Kaschmir und vom Thsungling) überstiegen, um nach Serica zu gelangen. Der zunehmende Luxus im römischen Reich belebte den Handel mit Seide und Seidenwaaren. Ptolemaeus kannte die Lage Kaschmirs genau; sein Kasperia liegt (VII., 1) an den Quellen des Bidaspes, Sandabag (Sandabal) und Rhoas, welches, nach den scharfsinnigen Bemerkungen des Hrn. Lassen**), der Hydaspes, Chandra-Baga oder Acesines und der Ravi oder Hydraotes sind. Der Einfluss der Epoche macht sich bei dem Geographen von Alexandria bemerklich. Sein *Kasperia* ist nicht mehr bloss *Kaspatyrus* oder Plateau von Ka-

---

*) Die westlichsten Theile der Kette zwischen Bamyan und Balkh führen auch den Namen *Hindu-Kush*, welchen Ibn Batuta (*Travels transl. by Sam. Lee*, 97) übersetzt: Berge, welche die Hindu-Sklaven, die man von Indien auf den Markt von Balkh bringt, tödten, (bewirken, dass sie umkommen). Dies ist ein Wortspiel, wo *Kush* für *Kho* gesetzt wird; und doch hat diese Verwechselung sich eine solche Geltung verschafft, dass ein in den Idiomen des Landes sehr unterrichteter Reisender, Burnes, vorzugsweise den Namen *Hindu-Kush* gebraucht.

**) *Pentap.*, 31; Schlegel, Ind. Bibl., II., 296.

syapa; sondern ein grosses Königreich, welches sich bis zum *Vindius Mons* (*Vindhya* im Sanskr.) und zu den Ebenen von Multan*) erstreckt. Die erste Verlängerung nördlich von der grossen Gebirgskette findet sich auf der Karte des Ptolemaeus jenseit der Quellen des Hydaspes. Darauf erblickt man ein viereckiges Plateau, umgeben von einer Felsmauer, welche in dem prächtigen Manuscript der königlichen Bibliothek eine sehr anmuthige Alpenlandschaft darstellt. Der Jaxartes entspringt im NW. dieses Plateaus der *Comedes*, *quorum alta et montana est regio*, wie die lateinische Uebersetzung sagt. Die Lage scheint, auf die Pentapotamia bezogen, dem Plateau von Kaschmir zu entsprechen; aber die Namen *Kasperia*, *Kaspatyrus* oder *Kaspapyrus* werden nicht damit verbunden, und die Quellen des Jaxartes könnten annehmen lassen, dass diese ganze Verlängerung gegen O. von einer verwirrten Vorstellung von der Meridiankette**) des Bolor, d. h. des Knotens der Berge von Badakschan, Durwaz und Pamer herrührt. Dies ist auch die Ansicht Mannert's, welcher Gossellin***) beitritt. Wenn man nach dem Uebergange über den Hindu-Kho oder ind. Kaukasus in die niedern Regionen Baktriens eintrat, so sah man, wie sich die Berge von Kunduz (*Comedorum Montes*) zur Rechten und

*) Mannert, Geogr. d. Griechen, V., 144.

**) [Der Hr. Verf. sagt in dieser Anmerkung, welche wegen der Unterscheidung von Parallel- und parallelen Ketten auch für deutsche Leser beachtungswerth ist, dass er sich nach dem deutschen Sprachgebrauch der Ausdrücke *chaînes méridiennes* und *chaînes parallèles* zu bedienen wagte, um Gebirgsketten, welche in der Richtung eines Meridians (N.-S.) oder in der eines Parallels mit dem Aequator (O.-W.) streichen, zu bezeichnen. Das erstere finde ein Analogon in *ligne méridienne*; das letztere könne [auch im Deutschen] zweideutig erscheinen, weil auch Meridianketten einander parallel laufen können; aber der Doppelsinn höre auf, wenn das Wort parallel isolirt und elliptisch gebraucht würde, um bloss den Parallelismus mit dem Aequator auszudrücken. Eine solche Nomenclatur sei nicht missklingend und gewähre einen Vortheil in wissenschaftlichen Werken, indem dadurch die zu häufige Wiederholung langweiliger Umschreibungen vermieden würde.]

***) Mannert, Geographie der Griechen, IV., 472; Gossellin, *Rech.*, IV., 260.

in der Richtung S.-N. hinzogen*). Diese orographischen Vorstellungen gelangten über Persien und Indien zu den Griechen und später zu den Römern. Ein solches Vorspringen der Kette hat vielleicht zu dem merkwürdigen Ausdruck bei Plinius (VI., 17): *Emodi montes quorum promontorium Imaus vocatur* Veranlassung gegeben. Andere Vorstellungen kamen nach Europa aus nördlicheren Regionen, von der grossen Handelsstrasse quer durch Central-Asien (*interiora Asiae*, Plin., VI., 13), welche über den Bolor oder (weiter im N.) aus dem Thale des Sir oder Jaxartes über Osch und den Terek-Dabahn (dem West-Ende der Parallelkette des Thian-schan) zum Lande der Serer führte. Indem Ptolemaeus den Marin von Tyrus in Betreff der zu vermindernden Distanzen ostwärts von Hierapolis, jenseit des Steinthurms, widerlegt, giebt er schon die N.-S.-Richtung des Imaus an, über welche er sich später noch bestimmter ausdrückt. Er sagt nämlich am Schluss des 12. Cap. im I. Buch der Geogr., wobei ich der wörtlichen Uebersetzung des Hrn. Letronne den Vorzug gebe: „Die Strasse von 50 Schönen**) Länge, welche von dort bis zum Steinernen Thurm führt, biegt sich allem Anschein nach gegen N.; denn er (Marin) sagt, dass man, nachdem man zu dem engen Thale gestiegen, (d. h. nachdem man das Aufsteigen ἡ ἀνάβασις überwunden hat,) an den Steinernen Thurm kommt, von wo die Berge gegen Osten ziehen und sich mit dem Imaus vereinigen, welcher von Palimbothra***) nach N. aufsteigt". In der spe-

---

*) *Bactris tenus orientem versus via tendit, inde vero usque ad ascensum in Comedarum montes ad angustias in apertum campum exuentes, meridiem versus.* Ptol., I., 12; Essendiae, 1837, p. 41. (Lat. Uebers. der schönen neuen Ausgabe von Hrn. Wilberg in Essen.

**) [1 Schönus ist etwa = 3000 t., nach Andern 5700 t.]

***) Dieser alte Name *Palibothra*, welchen die Griechen durch Contraction des einheimischen Sanskritnamens *Pâtaliputra* bildeten, findet sich noch in dem Itinerar des Buddha-Priesters Hiuan-Thsang, dessen Reise zwischen die Jahre 630 und 650 nach Chr. fällt. Der chinesische Name *Pho-ta-li-tsu-tsch'ing*, dessen er sich bedient, ist eine genaue Uebertragung von *Pâtaliputra*. Es heisst: die Stadt (*tsch'ing*) des Sohnes (*tsu*, Sanskr. *putra*) des Baumes *Photali* (Sanskr. *pâtali*), einer Art wohlriechender Bignonia. (*Foe-kue-ki*, p. 256,

ciellen Beschreibung Mittel-Asiens kommt der *mons Imaus ad septentrionem vergens* zweimal vor (VI,, 13, 14), und es wird selbst deutlich gesagt, dass der Imaus eine Meridiankette ist*). Hundert Jahre waren etwa seit Plinius' Tode verflossen, als die Bewegung des asiatischen Handels zu Lande und zu Meere, dessen fortschreitende Zunahme schon von Strabo**) erwähnt worden, dem Ptolemaeus Quellen geöffnet haben kann, welche seinen Vorgängern fehlten. Auch dürfte dieser zunehmende Handel nach Asien zu der geographischen Eintheilung diesseit und jenseit der Kette des Imaus (*intra et extra Imaum*) Veranlassung gegeben haben, eine Eintheilung, welche für den im N. des Paropamisus, des indischen Kaukasus und Emodus gelegenen Theil des Continents galt und auf Indien (*intra et extra Gangem*) und das ganze Continent (*intra et extra Taurum*, Strabo, II., 128) übertragen wurde. Wir finden bei Strabo und Plinius noch keine Spur von jener Benennung.

Die Wichtigkeit, welche man einer von N. nach S. ziehenden Bergkette beigelegt, die man sich wie Ptolemaeus oder Agathodaemon (tab. VII., VIII.) bis jenseit des 62. Grades der Breite, d. h. bis zu den nördlichsten Ebenen des Irtysch und

---

386.) S. auch Klaproth's Notiz über das Itin. Hiuan-Thsang's, gel. in der geogr. Ges. zu Berlin im Nov. 1834, p. 7.

*) „*Scythia intra Imaum terminatur ab occidente Sarmatia asiatica, secundum latus expositum. A septentrionibus terra incognita. Ab oriente vero Imao monte ad septentrionem vergente secundum meridianam ferme lineam* (κατὰ μεσημβρινήν πως γραμμήν) *quae a praedicto est receptaculo usque ad terram incognitam.*" (Ptol., VI., 14.)

**) I., 14; II., 118; XI., 508. Die Römer konnten besonders durch den Verkehr mit den Parthern, „den Herren eines grossen Theils von Inner-Asien" (XVII., 839), und durch den Handel mit den östlichen Völkerschaften seit der Zeit des Augustus eine ausgedehntere Kenntniss von den im Norden des Hindu-Kho, Himalaya und Kuen-lun gelegenen Ländern erlangen. Nach dem Untergange des Parther-Reiches nahmen die Römer selbst frei Theil an dem Handel mit China. In den Stûpas von Manikyala wurden Münzen aus der letzten Zeit der Republik und dem Anfange der Kaiserherrschaft aufgefunden. Unter der Regierung Antonin's (An-thun's), im Jahre 166 nach Chr. nahmen die Chinesen eine Gesandtschaft von den Ta-tsin (d. h von den Römern) an.

Obi verlängert dachte, hat schon vor langer Zeit die Frage hervorgerufen, was denn bei den Alten wohl die Vorstellung von einem Imaus veranlassen konnte, der den indischen Kaukasus rechtwinklig schnitte und sich fast unbestimmt von S. nach N. bis zu den Grenzen der bewohnten Erde erstreckte. Die Conjecturen d'Anville's, Mannert's und Gossellin's gehören einer Epoche an, wo die verwirrtesten und irrigsten Ideen über die Bergketten herrschten, welche nach der damaligen Annahme in allen Richtungen, gerade, krumm oder rücklaufend, das fabelhafte Plateau der grossen Tartarei durchzogen. Ein völliger Mangel an geologischer Auffassung wurde zu gleicher Zeit die Quelle von gewagten und die wirkliche Gestalt des Reliefs von Asien ganz verkennenden Hypothesen. Bald verlängerte man (Mannert, IV., 473) den Altai, der von O. nach W. läuft, als ob er eine Meridiankette wäre, bis zum Himalaya; bald zeichnete man ein Netz von ununterbrochenen und unter sich zusammenhängenden Gebirgen von der Küste Avas bis zum nördlichen Ural (Gossellin, IV., 285). Einer der berühmtesten und gelehrtesten Männer des vorigen Jahrhunderts, Pallas, vermehrte noch die Unsicherheit dieser orographischen Uebersichten, als er in seinen Beobachtungen über die Bildung der Gebirge und in den Traditionen der Kalmüken und Songarier den Bogdo-Oola, einen der Hochgipfel des Himmelsgebirges (Thian-schan), „als einen Centralknoten bezeichnete, von dem die andern Ketten Asiens strahlenförmig ausliefen wie eine Verbindung von Gebirgen oder ein gewöhnliches Plateau, welches den übrigen Theil des Continents beherrsche". Eben so wurde in der Orographie der Schweiz auch dem St. Gotthard lange Zeit die Bedeutung eines centralen Knotens mit Strahlen beigelegt.

Die positiven Kenntnisse, welche die Alten von der Handelsstrasse vom Euphrat zu den Sinern in Serica besassen, gestatten nicht, den Imaus, der von S. gen N. zieht und Asien jenseit des Himalaya in zwei fast gleiche Theile zerlegt, als eine blosse Fiction, als einen von den geologischen Träumen zu betrachten, von welchen unsere Karten von Afrika noch ein deutliches Gepräge tragen. Eine

Station der Kaufleute, 80 Meilen östlich von dem Thurme (befestigten Karavanserai,) wird am Pass des Imaus selbst ganz nahe seinem Rücken angegeben. Weiterhin kamen die Handelsleute an die *Casii montes*, in welchen Deguignes d. V.*) schon die Berge von Kaschghar (*Casgar*, vielleicht *Kâçagiri* im Sanskrit) erkannte. Ptolemaeus (VI., 13) setzt die Völkerschaft der *Byltae* oder *Baltae* (Klaproth, *Mag. asiat.*, I., 97) diesseit der Kette des Imaus fast in die Gegend von Klein-Tübet, welches noch heutiges Tages mit dem einheimischen Namen *Balti* oder *Baltistan* bezeichnet wird. „Unter den Quellen des Indus, heisst es weiterhin (VII., 1.), leben die *Daradrae*", welche das „Alpenvolk der Darden" bei Strabo**) und Plinius (VI., 19; XI., 36) sind. Dieser letztere Name, welchen Megasthenes anführt, ist identisch mit dem, welchen in unseren Tagen der Reisende Mir Isset Ullah auf der Strasse von Kaschmir nach Leh oder Ladak aussprechen hörte (Klaproth, *Mag.*, II., 6). Die Form *Daradrae* beim Ptolemaeus kommt den ältesten: *Daradas* und *Daradacas* näher, welche das Gedicht *Mahabharata* und die Urgeschichte des Beckens von Kaschmir***) enthalten. Von diesen Völkern, welche am Süd-Abhange des indischen Kaukasus, etwas westlich von Kaschmir wohnten, hatten die Griechen die Kunde von

---

*) *Hist. gén. des Huns*, I., pt. 2, p. XXXIX. Mannert (IV., 491) setzt die Casischen Berge nach meiner Meinung zu weit östlich, gegen die grosse Krümmung des Hoang-ho. — „Der Name Kaschghar lässt eine andere Erklärung zu; man kann annehmen, dass der erste Theil der Name des alten Volkes der *Khaças* ist, welche schon im *Manu* (X., 44) erwähnt werden und unmittelbar auf die *Daradas* folgen, welche wir allem Anschein nach im N. von Kaschmir zu suchen haben. Der Name Kaschghar würde sich also auf *Kaçagiri*, Berg der *Khaças* zurückführen lassen und man hierin unmittelbar die *Casii montes* des Ptolemaeus finden. Zwar müsste man bestimmen können, wie alt die Benennung Kaschghar ist; aber es bleibt nichts desto weniger sehr wahrscheinlich, dass man in dem Namen *Casii montes* eben *Khaça* zu suchen hat." (Anm. des Hrn. Eug. Burnouf.)

**) Strabo, XV., 706. Die Dadiken Herodots (III., 91; VII., 66).

***) Lassen, *de Pent.*, p. 18; *Asiat. Res.*, XV., 28; Mannert, Geogr., V., 112; Ritter, Asien, II., 653—660.

goldführenden Sandlagern auf einem grossen und trocknen Plateau jenseit der Gebirge erhalten. Auch haben die Goldgeschiebe, welche man in neuerer Zeit in den Alluvionen der Flüsse West-Tübets*) wie im Süden von Baltistan gefunden, mit Grund auf die Vermuthung geführt, dass die alte Ausbeutung des Goldsandes, wovon Herodot, Strabo und Plinius reden, zwischen dem Himalaya und Kuen-lun statt gefunden habe.

Unter den grossen Gebirgssystemen Asiens im N. und NO. von Indien sind die in der Richtung eines Meridians streichenden äusserst selten. Mir sind als solche Meridiangebirge nur bekannt: der Ural, die Kette von Abakansk oder Kuznezk, welche sich im N. des Telezki-Sees vom Altai trennt und kürzlich durch die Ausbeutung ihres reichen Goldsandes in Asien so berühmt geworden ist, und der Bolor oder Belurtagh. Es kann hier nicht von dem unebenen (*ridé*) Hochlande an der Ost- und Südküste die Rede sein. Alles, was wir eben aus der alten Geographie zusammengestellt, führt uns, mit den neuesten Geographen verglichen, zu dem Glauben, dass der Imaus des Ptolemaeus, welcher ganz Asien

---

*) S. die verschiedenen Nachrichten von Moorcroft in Ritter's Asien, II., 593, 659, 742; V., 217. Vgl. auch meine Abhandlung über die Schwankungen der Goldproduction etc. in Cotta's Deutscher Vierteljahrsschrift, Dec. 1838. Moorcroft erzählt, dass er sehr häufig „Arten von grossen Marmotten oder Dipus (Glires) angetroffen habe, welche sich auf ihren Hinterpfoten erheben und aus Löchern hervorkommen, die sie in dem goldhaltigen Boden gegraben. Die Perser benutzten das Pelzwerk der angeblichen grossen Ameisen Indiens, und Wilford seinerseits behauptet, dass die Myrmeken wohl eine Art von Tigerkatze (Panther?) sein könnten, ähnlich dem *Yuz* der Perser. Nun bezeichnen nach ihm im Hindustani zwei Wörter von ziemlich ähnlichem Klange, *chyonta* und *chitta*, Tiger und grosse Ameise. Ich muss bemerken, dass Kameele, deren sich die Goldwäscher zum Transport ihrer Goldladung bedienten, zu den angegebenen Localitäten ziemlich schlecht passen und uns nordwärts vom Kuen-lun nach der Gobi, zum östlichen Theile des Plateaus von Khotan führen dürften, wo goldführender Sand, nach Hiuan-Thsang, auch nicht fehlt. Vielleicht sind die Kameele auch nur eine Ausschmückung, die der ursprünglichen Erzählung der reisenden Kaufleute hinzugefügt wurde.

in zwei Theile, einen östlichen und einen westlichen theilen sollte, das System des Bolor selbst ist. Es erscheint gewiss merkwürdig, dass Ptolemaeus den Imaus nicht unmittelbar an seine *Comedorum montes*, *Comedorum montana regio* (tab. VII.) *ubi montes supereminent ceteros* (tab. IX.) knüpft, welche „als eine kleine Meridiankette" und folglich ihrer wahren Direction nach bezeichnet wird; sondern dass er den Imaus um $16\frac{1}{2}^0$ Länge*) ostwärts versetzt, indem er ihn noch 8° weiter als den Meridian der Hauptquelle des Ganges (Gangotri) legt.

Die Ursache dieses Irrthums und der zu östlichen Position des Imaus ist, nach meiner Ansicht, in der Combination von Materialien zu suchen, von denen ein Theil im S., der andere im N. von Indien gesammelt war. Die Griechen lernten die *Comedorum montes* kennen, als sie den indischen Kaukasus zwischen Kabul und Balkh passirten und längs des Westabhanges des Bolor hinzogen, wo Alexander in dem Tribus der Siber die Nachkommen des Hercules (Strabo, XV., 688) erblickte, wie Marco Polo und Burnes dort Völkerschaften gefunden haben, welche sich rühmen, von den macedonischen Eroberern abzustammen. Ueber einen nördlicheren Theil des Bolor führt die Landstrasse vom Euphrat nach Serica, welche Marin von Tyrus und Ptolemaeus beschreiben. Man scheint die auf so verschiedenen Wegen gesammelten Nachrichten schlecht combinirt zu haben. Pto-

*) Die wahre Abweichung der Länge des Gangotri von der mittleren Axe des Bolor scheint 7° zu betragen. Von dieser zum Meridian der Quelle des Hydaspes (die Länge Muzzuferabad's nach der Karte zu Burnes' Reise angenommen,) sind beinahe 2°; um soviel liegt die Axe westlicher. Ptolemaeus legt (VII., c. 1, 170, ed. Hondii, 1605) die Gangesquelle (wegen der alten Heiligkeit des Orts darf man annehmen, dass er vom Gangotri spricht,) $8\frac{1}{2}^0$ östl. von der Quelle des Hydaspes. Von dieser letzteren Position an, welche auch die der *Comedorum montana regio* in dem Punkt ist, wo er den Imaus mit dem Himalaya verbindet, rechnet er $16\frac{1}{2}^0$. Es ergiebt sich aus dieser Vergleichung zweier Zustände der asiatischen Geographie, welche durch einen Zeitraum von 1700 Jahren geschieden sind, dass Ptolemaeus auch die Gangesquelle, in Bezug auf das Pendjab, zu weit östlich setzt; aber dieser Fehler beträgt nur $3\frac{1}{2}$ Längengrade.

lemaeus rückte die Meridiankette des Imaus, indem er die von seinem Vorgänger gegebenen Distanzen beträchtlich verminderte, noch zu weit gegen O. Er wagte es nicht, dieselbe als eine Fortsetzung des Knotens der Comedischen Berge unter den Meridianen der westlichsten Zuflüsse der Pentapotamia darzustellen. Er rückte den Imaus bis jenseit des Meridians der Gangesquelle zurück, indem er auch die Entfernung vom Indus und Ganges grösser annahm, als sie wirklich ist. Ich habe mich lange Zeit mit der Zeichnung von Karten des spanischen Amerika und mit der Discussion der Reisen beschäftigt und dabei beständig gefunden, dass man da, wo Längenbeobachtungen fehlen, welche geeignet sind, die Distanzen in den richtigen Grenzen zu halten, die Entfernung der Cordilleren von dem Litoral der Südsee zu klein oder zu gross angegeben, je nachdem nämlich die Geographen sich der Reisen von O. nach W. oder solcher in entgegengesetzter Richtung bedienten. Die Positionen scheinen vor dem Reisenden zu fliehen, und wenn er sie erreicht hat, so meint er stets, einen grössern Weg zurückgelegt zu haben, als wirklich der Fall ist.

In den drei Tübets streichen die einzelnen Ketten, welche sich im Innern der Hochebene selbst erheben, allgemein in der Richtung eines Parallels. Es kommt mir keineswegs wahrscheinlich vor, dass die Idee der Meridiankette des Imaus der Alten, ein so langes und Jahrhunderte hindurch von den Karavanen nach Serica durchschnittenes Gebirge, von den tübetanischen Ketten Dangbo, Kailas oder Karakorum-Padischah, welche höchstens in einigen Theilen SO.-NW.-Richtung haben, hergenommen sein kann. Auch führen uns die ältesten und authentischsten Stellen im *Zend-Avesta*, nach Hrn. Burnouf, auf einen Imaus im Norden der Tübets, zu dem *Bordj*, „Nabel der Gewässer, welche Ormuzd gegeben“, der Quelle des Arg oder Jaxartes der Griechen. Der *Bordj* scheint diesem Gelehrten „der westliche*)

*) Burnouf, *Comment. sur le Yaçna*, I., 239 und *Add.* p. CLXXXV. Erskine glaubte, nach den von ihm gesammelten Nachrichten, deren ich mich bei der Zeichnung der Karte der Bergketten

Theil des Thian-schan oder Himmelsgebirges der Chinesen“ zu sein, und dieser Theil schliesst sich wieder an die Meridiankette des Bolor oder Belur-tagh an.

Ich verweile hier bei einer Erörterung, welche, wie ich mir schmeichle, den Schleier über einige für die historische Geographie interessante Verhältnisse in einem an grossen Erinnerungen so reichen Theil der Erde gelüftet hat. Wir haben die Gebirgssysteme Central-Asiens oder vielmehr die Vorstellungen verfolgt, welche man sich bei den verschiedenen Völkern durch das ganze Alterthum, in Indien, Griechenland und bei den Römern, davon gebildet hatte. Die ältesten systematischen Ansichten haben beständig auf die neueren Systeme eine Reaction ausgeübt. Die arabischen Geographen sind lange Zeit nur der Widerschein der Griechen gewesen. In der Orographie wie in der Physik hat der Beobachtungsgeist erst sehr spät sein Anrecht auf Unabhängigkeit und freie Discussion der Thatsachen geltend machen können.

---

zur ersten Ausgabe dieses Werks bedient habe, dass der Asferah, eine Fortsetzung der (O.-W.-) Erhebung des Thian-schan, die Hauptquellen des Oxus (Djihun) und Jaxartes (Sir oder Sihun) schiede; aber Burnes ist geneigt, die gewöhnliche Annahme für annähernd richtig zu halten, dass beide Ströme auf dem grossen Plateau von Pamir entspringen und aus einem und demselben See, dem Surikul, fliessen (*Travels*, III., 161, 180). Dieser Name und diese Quellen sind jedoch nicht auf der von Hrn. J. Arrowsmith zu Burnes' Reise entworfenen Karte angegeben. Man findet auf dem seit Marco Polo's Zeiten so berühmten Pamir nur die beiden Seen Kiang und Kara-kul, welche auch die von Klaproth 1833 publ. Karte des Kaisers Khian-lung hat. Es ist wichtig, einen Punkt in Asiens Hydrographie hervorzuheben, der nicht genugsam aufgeklärt ist und an die so lange gehegten Zweifel über die benachbarten Quellen des Indus und Ganges, des Rio de la Magdalena und Cauca erinnert. Ich werde später noch auf diese Seen des Bolor und auf Lieut. Wood's Entdeckung des Ursprungs des Oxus zurückkommen, wenn ich interessante Auszüge aus Hiuan-Thsang's Itinerar mittheile, welche mein gelehrter College Hr. Stanisl. Julien auf meine Bitte zu machen die Güte gehabt.

Ueber

die

mittlere Höhe der Continente.

Zur weitern Entwickelung dessen, was ich oben über das von Laplace (*Méc. cél.*, t. V., p. 14) angeregte Problem angeführt habe, stelle ich in dieser Note die Materialien zusammen, welche bei unsrer unvollkommnen Kenntniss der Ausdehnung und Höhe einer annähernden Berechnung zu Grunde gelegt werden können. Indem ich die mittlere Erhebung der verschiedenen Continente, d. h. die Lage des Schwerpunkts des Volumens des über dem jetzigen Meeresspiegel gelegenen Landes zu bestimmen versuchte, richtete ich beständig mein Augenmerk darauf, die Maximumsgrenze zu erhalten, indem ich das Areal und die angenommene Höhe der Gebirgsketten und Plateaux vergrösserte. Einige Zahlenbeispiele für besondere Positionen wurden hinzugefügt, um die Grundlagen der Bestimmungen zu rechtfertigen und Analogien hypsometrischer Verhältnisse anzudeuten, welche bereits im Verlaufe dieses Werks erwähnt wurden. Zuerst wurden die Reliefs berechnet, welche wegen ihrer Continuität als Ketten oder Plateaux sich in bestimmte Grenzen einschliessen lassen. Ferner wurde der Effect jedes Reliefs auf das ganze Continent berechnet, d. h. die Anzahl von Toisen oder Mètres, um welche die Oberfläche des Continents erhöht würde, wenn man das Volumen der Ketten und Plateaux gleichmässig auf die Tiefländer vertheilte. Da diese letzteren aber schon eine gewisse Höhe über dem Meeresniveau haben, so muss auch ihre Reaction auf die Ausdehnung der Grundfläche der Ketten und hohen Plateaux in Betracht gezogen werden. Diese Wirkung, welche die primitive Höhe der Tiefländer vermindern würde, ist im Allgemeinen unbeträchtlich; sie ist eine kleine Correction, welche man unmittelbar an der Grösse der primitiven Höhe anbringt. Der Gang der Rechnung war folgender: Jede Gebirgskette (die Pyrenäen, das Alpensystem, der Hindu-Kho) wird als ein horizontal liegendes dreieckiges Prisma angesehen. Die mittlere Passhöhe, welche die mittlere Höhe des Rückens einer Kette bestimmt, ist die Höhe der Kante des Prismas über der die Basis der Gebirgskette bildenden Fläche. Die Hochebenen dagegen (die Gobi, Westpersien, Tübet zwischen dem Himalaya und Kuen-lun) werden als stehende Prismen berechnet, ohne Rücksicht auf die Seitenabdachung an ihren Rändern. Ausser den Ketten und den Plateaux, für welche eine ziemlich scharfe Begrenzung möglich erschien, bleiben noch beträchtliche Flächen zu berechnen übrig, welche weder Ebenen noch ununterbrochene Reliefs sind. Die Wirkung dieser welligen Oberflächen, der niedern Regionen, welche sich bis in die bergigen Landschaften erstrecken, lässt sich schwer bestimmen. Wenn es sich indessen nur um die äussersten Grenzen, um das wahrscheinliche Maximum des Totaleffects handelt, so kann eine einfache, auf die Analogie directer geodätischer und barometrischer Messungen gegründete Induction als Anhalt dienen. Ich denke, dass eine solche Arbeit den Leser nur insofern einigermassen überzeugen kann, als man denselben in den Stand setzt, den Werth aller einzelnen Angaben zu beurtheilen. Ich liefere hier nur einen ersten Versuch; es wird ein Leichtes sein, ihn zu vervollständigen, je mehr unsre hypsometrischen Kenntnisse an Umfang und Genauigkeit zunehmen. Der grosse Geometer, dessen Aufmunterung einen so mächtigen Einfluss auf meine Untersuchungen über die allgemeine Physik ausgeübt, glaubte, dass die mittlere Höhe der Continente 1000 m. (513 t.) betrüge. Wir werden nun untersuchen, ob, nach der Gesammtheit der in dieser Note mitgetheilten Combinationen, das wahrscheinliche Resultat als äusserste Grenze 308 m. (158 t.) übersteigt.

I. Europa.

Ehe wir uns an eine Bestimmung für ganz Europa wagen, wollen wir zunächst das Areal von Frankreich allein (17100 Q.-Seemeilen, 20 auf 1° des Aequators) betrachten. Die Pyrenäen nehmen davon (nach v. Charpentier) 768 (1200 franz. Q.-M.) ein. Obwohl die mittlere Kammhöhe der Pyrenäen 1250 t. (2437 m.) ist, so werde ich doch nach dem Rathe des hierin competentesten Richters, Hrn. E. de Beaumont, wegen der Erosionen des Prismas, welche die langen und oft sehr tiefen Querthäler bilden, nur 800t. (1560m.) annehmen. Die Masse der Pyrenäenkette würde, auf ganz Frankreich vertheilt, dasselbe nur um 18t. (35m.) erhöhen. Nach der Meinung des eben genannten berühmten Geologen „übertrifft die gemeinsame Wirkung der französischen Alpen, des französischen Jura und der Vogesen den Effect der Pyrenäen um einige Toisen, und der Effect der Plateaux des Limousin, der Auvergne, der Cevennen, des Aveyron, des Forez, Morvan und der Côte d'Or muss mindestens dem der Pyrenäen gleich kommen. Vielleicht wird $\frac{1}{6}$ oder $\frac{1}{8}$ von ganz Frankreich von 300—400t. hohen Plateaux eingenommen, in welche ziemlich enge Thäler Einschnitte bilden; und nur in den Hauptthälern und in weiter Entfernung von ihrem Ursprunge würde man Punkte von weniger als 140t. H. antreffen. Lyon hat, im Niveau der Rhône, sicher nur 83t. H.; aber die Ebenen der Bresse sind über 150t. hoch. Aus allen Umständen bei dieser Volumenbestimmung ergiebt sich mit ziemlicher Wahrscheinlichkeit, dass, wenn man die Normalhöhe der Ebenen zu 80t. *) annimmt, der Schwerpunkt des Volumens von Frankreich 136—140t. (265—273m.) über dem jetzigen Niveau des Ozeans liegt."

Europa (den Ural als östliche Grenze betrachtet,) hat 304000 Q.-M. **). Die Wirkung der Pyrenäen auf ganz Europa würde also kaum eine Toise betragen. Die Breite der Alpen im Meridian vom Comer See und von Bassano beträgt 36—40 M.; an andern Punkten erreicht sie nicht 15 M. Rechnet man die Grund-

---

*) Bourges 157m.; Chartres 158; Blois 102; Mâcon 170; Poitiers 118; Nancy 196; Lunéville 228; Verdun 203; Metz 160; Plateaux um Metz 200; Strassburg 144m.; Lyon, mittlerer Wasserstand der Rhône am Pont de la Guillotière, 162m. (Alles geodätische Messungen, welche auf die Höhe des Pflasters oder des fliessenden Wassers reducirt sind.)

**) S. über diese Bestimmungen der Ausdehnung meine Erörterungen in der *Rel. hist.*, III., 164, 170. Hr. Balbi giebt an (*Abrégé de Géogr.*, 1838, p. 37) in Q.-Seemeilen (*milles*, 60 auf 1° des Aequat.): Europa 2'793000; Asien 12'118000; Amerika 11'146000, was nahe mit den von mir angegebenen Zahlen übereinstimmt. — Um die Reduction und Vergleichung mit andern Maassen zu erleichtern, bemerke ich, dass 1 *lieue marine carrée* (20 auf 1°) = 1.5625 *lieues de France carrées* (25 auf 1°) = 0.5625 geogr Q.-M. (15 auf 1°) = 9 ital. oder Q.-Seemeilen (60 auf 1°) = 11.9716 engl. Q.-M (69.2 auf 1°) ist.

fläche des ganzen Alpensystems mit Einschluss der fast nord-südlich streichenden westlichen Alpen zu 2700 Q.-M., und ferner ihre mittlere Höhe wegen der Quer- und Längenthäler nur zu 800 t., so erhält man als Effect der Alpen: 3.5 t. Nehmen wir nun für das Plateau der iberischen Halbinsel (Höhe 300 t., Oberfläche 13800 Q.-M.) 12 t. an, für die Gebirge Skandinaviens, Norddeutschlands, Italiens und die Karpathen mindestens die fünffache Wirkung der Alpen, so findet man für ganz Europa 105 t. (205 m.), wenn man die primitive Höhe der baltischen, sarmatischen und russischen Ebenen (158000 Q.-M.) zu 65 t. *) anschlägt und die Tiefländer Frankreichs, Englands und Ungarns etwas höher rechnet.

II. Süd-Amerika.

Da die orographischen Verhältnisse der beiden Amerika sehr einfach sind, so werden auch die Zahlenangaben hier etwas sicherer. Süd-Amerika hat ein Areal von 571000 Q.-M. Die Kette der Andes hat, nach einer sorgfältigen Berechnung, von der Magellans-Strasse bis zum Isthmus von Panama eine Grundfläche von 59000 Q.-M. Sie sinkt oft so weit herab, dass sie auf lange Strecken nicht in die Region des ewigen Schnees reicht; sie ist oft durch Longitudinalthäler in zwei oder drei Zweige gespalten, und solche breite Thäler, deren Boden nicht immer eine beträchtliche Höhe erreicht, geben den Cordilleren auf den Karten den trügerischen Schein von Masse und Grösse. Obwohl der mittlere Kamm der Andes, aus den niedrigsten Pässen bestimmt, nahe 1850 t.**) erreicht, so dürfte es doch angemessener sein, zur Berechnung des ganzen liegenden dreiseitigen Prismas nur eine mittlere Höhe von 1250 t. anzuwenden. Der Effect der Andes auf ganz Süd-Amerika ist dann 64.6 t. Der Effect auf die Ebenen allein, welche sich im Osten der Andes ausbreiten (424600 Q.-M.), nämlich die Ebenen des Amazonenstroms (260400 Q.-M.), der Pampas des Rio de la Plata und

*) Berlin 16.4 t.; Pinsk 68; Moskau 47; Perm 58; Kasan 9 t. über dem Niveau des baltischen Meeres.

**) S. die Tafel zu meinem Mém.: *De quelques phénomènes physiques et géologiques qu'offrent les Cordillères des Andes et la partie occidentale de l'Himalaya*, 1825. Diese Tafel stellt die Kämme und Gipfelpunkte der Gebirge Asiens, Europas und Amerikas dar und ist seitdem in mehrere Werke über Geologie übergegangen.

Patagoniens (135200 Q.-M.), des untern Orinoko, Meta und Guaviare (29000 Q.-M.) würde 81.2 t. betragen. Man könnte anfänglich davon überrascht werden, dass eine Gebirgskette, welche von der Magellans-Strasse bis zu dem Punkt, wo sie sich mit der Küstenkette von Venezuela vereinigt, eine Länge von 1460 M. (ohne die kleinen Krümmungen zu rechnen,) besitzt, eine Grundfläche von 59000 Q.-M. einnehmen soll, da diese für die gesammte Cordillere eine mittlere Breite von 40.4 M. giebt, während da, wo es nur zwei parallele Ketten mit einer dazwischen eingeschlossenen Plateau-Erhebung, wie z. B. zwischen den Knoten von Loxa und los Pastos, giebt, die Breite des ganzen Reliefs im Allgemeinen nicht 10—14 M. übersteigt. Allein wenn man meine Karte von den Cordilleren*) aufmerksamer betrachtet, so gewahrt man die verschiedenen Anschwellungen und Verbreiterungen der Kette in gewaltigen Contreforts, wie z. B. in denen von Cordova, Salta und Jujuy (16000 Q.-M.) im O. und NO. von Mendoza; die Erweiterung zwischen Potosi, dem Contrefort von Cochabamba und dem Knoten von Cuzco, ein Plateau von 14800 Q.-M., welches den Titicaca-See einschliesst; die Hochebenen von Pasco und Huanuco, wo die Andes sich dreitheilig spalten; der breite Knoten zwischen Caxamarca und Loxa; die Intumescenz in der Provinz los Pastos und von hier bis Timana und Popayan; die Plateaux zwischen den drei sehr divergirenden Ketten von den Quellen des Cauca und Magdalena bis Santa Rosa und Pamplona, emporgehobene Terrains (über 5000 Q.-M.), welche einen grossen Theil von Neu-Granada und Cundinamarca einnehmen; und endlich die mächtigen Reliefs zwischen der Sierra Nevada de Merida und der Grita. Wenn man die Basis der Cordilleren fast um $\frac{1}{4}$ geringer oder nur zu 45000 Q.-M. Fläche annähme, so würde der Effect der Anden auf ganz Süd-Amerika doch nur um 15t. geringer ausfallen, nämlich auf 49.6 t. reducirt werden. Nehmen wir für die kleinen Gebirgsgruppen im O. der Cordilleren, für die Küstenkette von Venezuela, die Parime des obern Orinoko und Brasilien 12 t., und als mittlere primitive Höhe der Tiefländer 100t. an, so beträgt die Höhe des Schwerpunkts des Volumens von Süd-Amerika über dem gegenwärtigen Niveau des Ozeans 177 t. (345 m.). Die Grundfläche des ganzen Gebirgsbodens der Andes, der Küstenkette von Venezuela, der Plateaux Brasiliens und der isolirten Gipfel der Pa-

*) *Atlas géogr. et phys. du Nouveau Continent*, pl. 5.

rime am obern Orinoko beträgt nahe an 92000 Q.-M. Die Rückwirkung der Tiefländer auf diese bergige Oberfläche (die Tiefländer als Plateaux von einer gewissen Höhe über dem Meere betrachtet,) erfordert eine Correction von 19t., welche an der angenommenen primitiven Höhe anzubringen ist. Von einer solchen Correction habe ich zu Anfang dieser Note gesprochen; sie würde für Europa nur einige Toisen betragen. Ich habe darauf schon Rücksicht genommen, indem ich für die primitive Höhe der Tiefländer*) Süd-Amerikas nur 100t. rechnete.

III. Nord - Amerika.

Das Areal Nord-Amerikas, von der Landenge von Panama bis zur Barrow-Strasse, beläuft sich ungefähr auf 607000 Q.-M., wovon zwischen den Alleghanys und Rocky Mts., wie in den englischen Besitzungen in Canada und Neu-Galles (W.-Maine), in Labrador und den nördlichen Indianerländern 328000 fast ununterbrochene Ebenen und Savannen sind. Auf das Tiefland wirken nun bei der Rechnung, die uns hier beschäftigt, ein: 1) die Plateaux und der bergige Theil Mexikos und Guatimalas, 2) die Rocky Mountains und 3) die lange, aber niedrige Kette der Alleghanys. Der Flächeninhalt von Mexiko und Guatimala zusammen beläuft sich auf 93000 Q.-M., wovon auf die Grundfläche des gebirgigen Theils 42000 und mit den Rocky Mts. 48000 Q.-M. kommen. Der Effect von Mexiko, Guatimala und den Rocky Mts. würde, wenn man sie als Ketten und unter Voraussetzung einer mittleren Höhe von 800t. berechnete, nur 31t. sein; aber wenn man die grosse Breite der mexikanischen Plateaux (s. die Durchschnitte in meinem Atlas von Mexiko,) betrachtet, so wird man veranlasst, diese Wirkung mindestens um $\frac{1}{3}$ zu vergrössern und zu 42t. anzuschlagen. Die Alleghanys (Basis 2700 Q.-M., mittlere H. 400t.) vermehren die Höhe nicht um eine Toise. Die primitive**) Höhe des Tieflandes ergiebt sich also zu 74t., nachdem man daran die kleine Correction für die Rückwirkung der Ebenen auf die Grundfläche der Gebirgsländer in Rechnung gebracht. Daraus folgt für die mittlere Höhe Nord-Amerikas

---

*) Am Fusse der Anden fand ich beim Eintritt in die Ebenen, wo sie mit dem Ost-Abfalle der Cordilleren in Berührung stehen, die Höhe von Tomependa in der Provinz Jaen de Bracamoros 207t.

**) Die Ebenen um Cincinnati haben 80, der Erie-S. 88, der Ontario-S. 36t. abs. H. [vgl. p. 78].

117t. (228 m.). Süd-Amerika hatte uns 177t. gegeben, und da der Flächeninhalt beider Amerika verschieden gross ist (das eine hat 571000, das andere 607000 Q.-M.), so scheint der Schwerpunkt des Volumens der ganzen neuen Welt nicht höher als 146t. (285 m.) gesetzt werden zu dürfen.

IV. Asien.

Seine Oberfläche ist 1'346000 Q.-M., von denen allein die sibirischen Ebenen nahe 400000 Q.-M. bilden. Hier sind zu vertheilen: 1) das Plateau von Central-Asien, d. h. (ohne damit die Unbestimmtheit in dieser veralteten Benennung zu verbinden,) der von SW. nach NO. gerichtete Gürtel der Gobi oder Scha-mo, von chin. Turkestan oder der Kl. Bucharei bis zum Khangkai-Gebirge; 2) der Himalaya, zwischen der grossen Krümmung des Stromes von Tübet und dem Meridian von Attok, die Kette des Kuen-lun und die Plateaux von Tübet und Ladak, welche von jenen beiden Ketten begrenzt werden; 3) der Hindu-Kho und Taurus; 4) der Kaukasus; 5) die Hochebenen West-Irans und 6) die gebirgigen Theile von Beluschistan, der Ghates, Mysore, der Nilgherri und Chinas.

Der Effect der Gobi (42000 Q.-M.), als Plateau oder stehendes Prisma berechnet, dessen Höhe im Maximum zu 4000′ (667t.) angesetzt wird, beträgt 20.8 t. Indem ich das Areal der Gobi auf 42000 Q.-M. anschlage, habe ich sie in der Richtung SW.-NO. von der Kette des Kuen-lun bis zum Khangkai verfolgt. Ich nehme als westliche Grenze eine Linie an, welche durch den 79.° Lg., zwischen Khotan und Keria (Keldia), im O. des Khaschgol-Fl., längs des rechten Ufers des Tarim, im O. der Provinz Pidjan, der Oase von Khamil und der Ruinen von Karakorum läuft und gegen Urga und das Land der Khalkas des Tsetsen-Khan endigt. Die Gobi wird im O. von den Geb. von Tangut, der Stadt Scha-tscheou, dem Lande der Ordos und der Khangkai-Kette begrenzt. Ausser der Oase von Khamil ist auch bei dieser Berechnung des Areals der Gobi das cultivirte Land ausgeschlossen worden, welches sich längs der Ufer des Bulunghir-gol hinzieht und die Städte Ngan-si-tscheou und Suh-tscheou einschliesst. Meiner Berechnung ist die auf Befehl des Kaisers Khian-lung gezeichnete Karte zu Grunde gelegt; indess sind die Resultate nur approximativ.

Die Massenerhebung zwischen Himalaya und Kuen-lun hat, die beiden hohen Ketten mit eingeschlossen, nach Grimm's schönen, 1833 erschienenen Karten von Asien eine Oberfläche von 41800 Q.-M. So gross ist das Relief zwischen dem Meridian von 92° 25′ oder dem Knie des Yaru-Dzangbo-Tschu, den man lange Zeit für den obern Lauf des Brahmaputra gehalten, und dem Meridian von 71° 40′, der zwischen Gilgit und Schitral, im W. von Kl.-Tübet zieht, da, wo der Himalaya, Kuen-lun und die Bolorkette in einem grossen Gebirgsknoten zusammentreten. Bei dieser Bestimmung der ganzen Erhebung der Plateaux von Tübet und Ladak habe ich nicht, wie es vielleicht oben hätte geschehen sollen (p. 31), die Berggruppen und Reihen ausgeschlossen, welche sich auf den Plateaux selbst erheben und deren Grösse vermindern. Der Effect ist 56 Toisen. Wenn die Wirkung dieses kolossalen Reliefs, trotz der kleinen Differenz im Areal, kleiner ist, als die, welche die als liegendes dreiseitiges Prisma berechnete Kette der Andes auf ganz Süd-Amerika hervorbringt, so muss die Ursache davon in dem Umstande gesucht werden, dass Süd-Amerikas Flächeninhalt nur halb so gross als Asiens ist.

Der Taurus Klein-Asiens, das Plateau des Ararat (Gipfel des grossen Pics 2678t.), welches sich nach Tabriz (774t.), Eriwan (552 t.) und Erzerum (850t.) hin erstreckt, und der Hindu-Kho haben zusammen ein Areal von 8300 Q.-M., wovon auf das Plateau des Ararat allein 3500 kommen. Der Totaleffect ist 5t., wenn man für die mittlere Höhe des Plateaus 600t. und für die der Kette des Hindu-Kho, der im O. von Herat sehr unterbrochen ist, 1000t. rechnet.

Der Kaukasus. Sein Areal beträgt von der Halbinsel Baku bis Anapa, nach den neuesten russischen Karten, 2700 Q.-M. Die Höhe des Kreuzberg-Passes ist nach Parrot's Messung 1242t.; der Gipfel des Elbruz hat 2891 t. Am südlichen Abhange des Kaukasus bildet der Boden eine merkwürdige Anschwellung, denn die Höhe von Tiflis beträgt noch 184t. (355m.). Da der Theil des Kaukasus, welcher längs des schwarzen Meeres hinzieht, sich beträchtlich senkt, so glaube ich, dass die mittlere Höhe der Kette bei unsrer Berechnung nicht über 900t. gesetzt werden kann. Die Wirkung des Kaukasus auf ganz Asien beträgt kaum eine Toise. Der Ural und Altai zusammen (3400 Q.-M.) würden selbst nicht einmal diesen Effect erreichen.

Das Plateau von Persien (27000 Q.-M.) hat, unter der Voraussetzung, dass es die grosse Höhe, welche Teheran (627t.), Isfahan (688 t.) und Schiraz (698t.) anzuzeigen scheinen, behält, eine Wirkung von 12 Toisen.

Gebirgiger Theil von China: 54400 Q.-M. Mehrere Gipfel tragen unter einer sehr südlichen Breite ewigen Schnee; indessen kann die mittlere Höhe der ganzen Gruppe nicht, bei Annahme einer so beträchtlichen Basis, über 800t. geschätzt werden. Totaleffect, als Kette berechnet: 16t. Wir rechnen ferner auf die Hochebenen Arabiens, Kandahars und Beluschistans, wo das Plateau von Kelat 1300t. H. erreichen soll; auf die Kette der Ghates (Gipfelpunkte 887t.), die Plateaux von Mysore (510t.) und der Nilgherri (1060t.), die Grosse Bucharei, welche der Oxus und Jaxartes durchströmen, ein Areal von 240000 Q.-M. Wenn wir nun die mittlere Höhe dieser als Plateau berechneten Massenerhebung zu 170t. anschlagen, was mir sehr übertrieben erscheint*), so würde selbst unter dieser Voraussetzung der Totaleffect dieses Theiles von Asien doch nur 29t. betragen.

Wenn man für die mittlere primitive Höhe der asiatischen Tiefländer**) 40t. rechnet, so findet man nach den obigen Daten die Höhe des Schwerpunktes des Volumens der continentalen Länder Asiens 180t. (351 m.).

Wir haben also für die drei eben betrachteten Erdtheile folgende Grössen erhalten:

	Quadrat-Meilen	Höhe	
Nord-Amerika . .	607000	117t.	oder 228m.
Süd-Amerika . .	571000	177	- 345
(Die ganze neue Welt	1'178000	146	- 285)
Asien	1'346000	180	- 351
Europa	304000	105	- 205

Hieraus erkennt man die grosse Senkung der Länder oder vielmehr das geringere Gewicht der Emporhebungen in den nördli-

*) Sir Alex. Burnes (III., 136) glaubt, dass die ganze Ebene von Turkestan in der Gr. Bucharei 2000′ engl. (312t.) hoch sei, während die russischen Reisenden für die Plateaux um Bokhara nur 186t. angeben. Die Ebenen, welche an das Becken des Aral-Sees und das Khanat von Khiwa stossen, liegen wahrscheinlich nur wenige Toisen über dem Meeresspiegel, wenn sie denselben überhaupt erreichen. Nach Burnes' Bestimmung ist die Höhe von Balkh etwas über 300t. (III., 102), von Delly 132t., von Lahore 140t.

**) Tobolsk 18t., Barnaul 60t., der obere Irtysch und die chinesische Dzungarei 130t. Man darf nicht vergessen, dass diese Punkte zum südlichen oder centralen Theile der sibirischen Ebenen gehören, die sich schnell nach N. senken. Hr. Erman fand Talbuijachtatsk bei Jakutsk 34t. hoch.

chen Regionen. Die kleinsten Höhen kommen Nord-Amerika und Europa zu. Die Fortsetzung dieser Senkung im nördlichen Asien wird durch die grossen Anschwellungen dieses Continents zwischen $28\frac{1}{2}°$ und 40° Br. aufgewogen. Wir sehen die hervortretendsten Züge in dem geologischen Gemälde der grossen Reliefs der Erde durch die Zahlen der obigen Tafel offen dargelegt. Sie geben uns gewissermassen die Regionen der Oberfläche unsres Planeten an, wo die Kräfte der Vulkanicität am Mächtigsten thätig gewesen sind, die äussere Rinde emporzuheben. Uns fehlen für Afrika die nöthigen Daten. Die grosse Depression dieses Continents im N. des Tzad-Sees auf einer Strecke von 30 Breitengraden und die ungewisse und ohne Zweifel sehr südliche Position der (angeblichen?) Mondberge lassen vermuthen, dass ungeachtet der beträchtlichen Höhe der Plateaux des südlichen Theils die 958000 Q.-M. haltende Oberfläche Afrikas nicht viel zur Erhöhung des Schwerpunktes der Volumina beitragen dürfte, den wir einer hypothetischen Rechnung unterwarfen. Das Endresultat würde also nach den vorangehenden Zahlen sein, dass die mittlere Höhe aller continentalen Länder über dem Spiegel des Ozeans 157.8 t. oder 307 m. beträgt.

Das Beispiel Schwedens, dessen partielle und allmälige Emporhebung vom Hrn. L. v. Buch nachgewiesen worden, könnte zu der Vermuthung führen, dass im Laufe der Jahrhunderte diese mittlere Höhe nicht stets dieselbe bleiben möchte; aber es scheint dabei eine Compensation in den Bewegungen statt zu finden, z. B. in Grönland und Südschonen; und da es sich um den Schwerpunkt eines enormen Volumens handelt, so müssen die Höhenänderungen einiger kleinen, isolirten Massenerhebungen in ihrem Totaleffect unmerklich werden.

Eine von den Schwierigkeiten, welche sich der Genauigkeit in dieser Art von Bestimmungen entgegenstellen, ist die grosse Ausdehnung von Gebieten, welche man nicht in bestimmte Grenzen einschliessen konnte und welche zum Theil bergig, d. h. wellig, runzlig, mit Hügeln und Ebenen gemengt sind und in ihrer Totalität zum Tieflande gehören. Der Effect solcher Terrains muss die von uns sogenannte primitive Höhe der Ebenen vermehren, die wir aus nicht genug zahlreichen, aber sehr glaubwürdigen Messungen einzelner Orte abgeleitet haben. Untersucht man diese Fehlerquelle näher, so scheint es mir, als wäre sie nicht im Stande, die Endresultate beträchtlich zu verändern. Die neue Karte von Frankreich, ein bewunderungswürdiges Denkmal der vervollkommneten Geodäsie, enthält auf den bereits erschienenen 36 Blättern eine grosse Menge von Höhen-Coordinaten für wellige oder etwas bergige Gegenden. Die darauf eingetragenen Zahlen beweisen, dass die grossen Populationen, die Städte vorzugsweise auf die Furchen oder Flussthäler concentrirt sind, und dass die Plateaux zwischen diesen Furchen (*sillons*) niedriger sind, als man, wenn man z. B. die Mitte Lothringens durchreis't, annehmen möchte. Am Häufigsten finden wir auf der Karte bei den Berggipfeln oder den höchsten Punkten der Plateaux die Zahlen 235, 260, 270, selten 340 oder 400 m. über d. M., also kaum 100 m. mehr als die Höhe, welche wir in der obigen Berechnung als mittlere primitive Höhe des französischen Tieflandes angesehen haben. Diese 100 m. würden sich, auf die Oberfläche von ganz Frankreich vertheilt, nach der Grösse der Basis, auf welcher sie sich erheben, auf 20—25 m. reduciren. — Nehmen wir an, dass in Asien das Terrain, welches China, dem innern Indien und den niedern Regionen zwischen Altaï und Himmelsgebirge angehört, — ein Terrain, welches nicht bei dem Theile des Continents einbegriffen ist, über welchen man einige genaue Angaben besitzt, — 524000 Q.-M. halte; nehmen wir selbst an, dass dieses wellige und runzlige Terrain 70 t. höher sei, als die Ebenen des asiatischen Russlands im Mittel; so würde durch Einführung dieses neuen Elements der Schwerpunkt des Volumens von ganz Asien doch immer nur um $\frac{1}{7}$ erhöht werden, und eine solche Aenderung bleibt weit unter der Grenze des wahrscheinlichen Fehlers in unsern obigen Berechnungen. Es giebt Probleme, denen man nicht ausweichen muss, sobald sie eins der interessantesten Elemente der physischen Geographie betreffen. Durch Veröffentlichung dieser ersten Annäherungen und durch Bezeichnung derjenigen numerischen Daten für die räumliche Ausdehnung, die uns gegenwärtig noch fehlen, hoffen wir, sowohl die Aufmerksamkeit auf ein noch nicht behandeltes Problem zu lenken, als eine vollständigere und befriedigendere Arbeit vorzubereiten.

Betroffen über den Unterschied zwischen dem Resultat meiner annähernden Rechnungen und der Schätzung des Verf. der *Mécan. cél.*, habe ich nach meiner Abreise von Paris zu Ende des J. 1838 meinen gelehrten Collegen Hrn. Poisson zu Rath gezogen. Dieser grosse Geometer hat die Güte gehabt, mir darüber Folgendes mitzutheilen:

„Laplace sagt, dass die mittlere Tiefe des Meeres ein kleiner Bruchtheil von dem Ueberschusse (etwa 20000 m.) der halben grossen Erdaxe über die halbe kleine sein muss. Die

Daten, worauf er sich stütze, wären nicht genügend, um genaue Grenzen für das Verhältniss jener Tiefe zu diesem Ueberschuss festzustellen, es könnte $\frac{1}{20}$ und die Tiefe etwa 500m. sein. Ich glaube nicht, dass dies mit der Theorie in Widerspruch steht. Der Verf. sagt auch, dass die mittlere Tiefe von derselben Ordnung sei, als die mittlere Höhe der Continente, welche 1000 m. nicht übersteige. Das Wort Ordnung (*ordre*) hat einen grossen Umfang; es bezeichnet nur, dass das Verhältniss der Tiefe zur Differenz der beiden Halb-Axen nicht ein grosser Bruch in Vergleich mit dem Verhältniss der Höhe zu derselben Differenz ist, dass z. B. das erste Verhältniss nicht zehn- oder funfzehnmal so gross als das zweite ist. Die Ausdrücke, deren sich Laplace bedient, gestatten, wie ich glaube, die Annahme, dass das erste Verhältniss das Zwei-, Drei-, ja vielleicht das Vierfache vom zweiten sei, wenn nur stets die mittlere Höhe der Continente und die mittlere Tiefe der Meere in Bezug auf den Ueberschuss der einen halben Axe über die andere sehr klein wird. Wenn ich in der Folge Gelegenheit habe, mich mit dieser Frage theoretisch zu beschäftigen, so wird es mir sehr erwünscht sein, genauere Angaben als die, welche unserm berühmten Freunde zu Gebot standen, schon vereinigt zu finden".

Nachdem diese Abhandlung über die mittlere Höhe der Continentalländer über dem Niveau des Ozeans beendigt war, erfuhr ich, dass Hr. v. Hoff, welcher mit der grössten Sorgfalt auf einem Raume von nahe 400 Q.-M. die Höhe von 1076 Punkten in Deutschland bestimmt hat, auch in der grossentheils bergigen Landschaft Thüringen nur 166t. (323m.) für die Höhe des Schwerpunkts des Volumens des Landes über dem jetzigen Spiegel der Ostsee findet. (A. v. Hoff, Höhenmessungen in und um Thüringen, 1833, p. 118.) Sein barometrisches Nivellement war durch die Sternwarte des Seebergs, den Inselberg, den Brocken und die Station Hohenhagen mit den trigon. Operationen der Hrn. Gauss und Encke verknüpft. Da in dieser interessanten Arbeit auf jede Quadratmeile (20 M. auf 1°) 2.7 gemessene Höhen kommen und dieselben ziemlich gleichmässig vertheilt scheinen, so veranlasste ich Hrn. v. Hoff, eine Bestimmung der mittlern Höhe jenes Landes zu versuchen. Das Resultat für Thüringen übertrifft zufälliger Weise das allgemeine, woran ich mich gehalten (p. 129), nur um 8t., was beweis't, dass dies allgemeine Resultat zu gross ist. Die von v. Hoff gemessene Gegend enthält die ganze Kette des Thüringer-Wald-Gebirges, dessen Kammhöhe 350t. ist. Der niedrigste Thalgrund (die Unstrut) liegt 60—100t. über der Ostsee; (Jena 67t., Weimar 108t., Gotha 158t.)

Wenn die mittlere Höhe der Continente nicht 300t. erreicht und bei Weitem nicht der mittleren Tiefe des Meeres gleich kommt, so ist sie wahrscheinlich mindestens fünf- bis sechsmal kleiner. Man könnte zwar eine Grenze für das Minimum der mittlern Tiefe anzugeben wagen; aber es fehlt uns gänzlich an Daten, um sich für irgend eine Zahl zu entscheiden. Laplace und Thomas Young (*Lect. on Natural Philos.*, 1807, I., 581) hatten früherhin geglaubt, aus der Theorie der Ebbe und Fluth liesse sich erweisen, die mittlere Tiefe des Ozeans müsse 16000 oder 4800m. (2.9 oder 1.2 Seemeilen) erreichen; aber Laplace hat dies Resultat bald aufgegeben. „Die Oberfläche des Erdsphäroids, sagt er in der *Exposition du système du monde* (5. éd. p. 255) ist beinahe die des Gleichgewichts, wenn es flüssig würde. Daraus und weil das Meer ausgedehnte Continente nicht bedeckt, schliesst man, dass seine Tiefe gering sein muss". Bei den Beobachtungen über die Temperaturabnahme des Meeres haben Sabine, Lenz, Wauchope und Beechey bis 900—1000m. Tiefe sondirt, ohne Grund zu finden. Einem sehr unterrichteten Seefahrer, Cap. Bérard, ist es gelungen, mit einer seidenen Schnur von einem Millimètre Durchmesser, welche ein einzelner Mensch leicht handhaben konnte, eine Tiefe von 2600m. (1334t.) zu messen, was vor ihm noch nicht gelungen war. Diese Tiefe ist noch um 180m. geringer als die Höhe des Canigou, und doch fällt das Senkblei nicht einmal lothrecht. Hr. de Tessan, welcher die neue und sehr sinnreiche Sondirung mit explodirenden Bomben in Vorschlag gebracht hat, sucht darzuthun, dass es unmöglich sei, mit einer Lothleine Tiefen von 4—5000m. zu erreichen, was d'Aubuisson als das Maximum für die Abgründe des Ozeans ansieht. (Bérard, *Descr. des côtes d'Algérie*, 1837, p. 41, 212.)*)

*) Zusatz [im Original t. III, p. 548]: Seitdem Obiges über die grösste Meerestiefe niedergeschrieben war, hat man indessen eine bei Weitem bedeutendere gemessen. Nach einem vom Cap. James Ross an die kön. geogr. Gesellschaft zu London eingesandten Berichte hat dieser erfahrene Seemann auf seiner antarktischen Expedition mittelst eines Gewichts von 450 Pfd. (900 *miles* westl. von St. Helena) eine Tiefe von 30000′ engl. (4691 t. oder 9143 m.) gemessen. (James. *Edinb. N. Phil. J.*, XXIX, 144). Dieselbe übertrifft also noch die Höhe der höchsten Gipfel des Himalaya, denn der Djawahir hat nur 4026t., der Dhawalagiri (nach einer weniger guten Messung) 4390t.

Da die genaue Bestimmung des Flächeninhalts der Continente auf die Resultate der mittlern Höhe des Festlandes über dem Meeresspiegel von Einfluss ist, so muss ich hier noch die neueste Arbeit des Hrn. Rigaud, Professors der Astronomie zu Oxford, erwähnen, welcher nach einer von Halley 1693 vorgeschlagenen Methode das Areal mittelst einer Wage bestimmte, indem er eine Weltkarte von Arrowsmith in Stücke schnitt (*Trans. of the Cambr. Phil. Soc.*, 1837, vol. VI., pt. II., p. 297). Hr. Rigaud theilt nur die Verhältnisse der einzelnen Oberflächen mit; aber da, bei einer Abplattung*) von $\frac{1}{302 \cdot 78}$, die Oberfläche des ganzen Erdsphäroids 16'464864 Q.-Seemeilen beträgt und da nach dem Professor von Oxford das Areal der Continente sich zu dem der Meere verhält wie 100 : 270; so erhält man für die Continente einen Flächenraum von 4'450000 Q.-Seemeilen und zwar nach Hrn. Rigaud's Wägungen für Europa 16.65 oder 278000 Q.-M., Asien 88.73 oder 1'484850 Q.-M., Süd-Amerika 34.64 oder 579700 Q.-M.

Die Abweichungen dieser Resultate (um resp. $\frac{1}{12}$, $\frac{1}{11}$ und $\frac{1}{63}$) von den in obiger Abhandlung angenommenen Arealgrössen scheinen mit der Begrenzung des caspischen Meeres, der Configuration der Küsten und dem Areal der anliegenden Inseln zusammenzuhängen. Allein sie würden den Totaleffect, die geringe Höhe des Schwerpunkts des Volumens nur sehr wenig abändern. — Schliesslich gebe ich noch die abweichenden Grössen aus Hassel's und Berghaus' trefflichen geographischen Werken: Europa 301360 B., 276000 H. — Asien 1'569300 B., 1'454000 H. — Süd-Amerika 573000 B.; alle in Quadrat-Seemeilen.

*) Nimmt man eine etwas grössere Abplattung an, so werden dadurch die einzelnen Bestimmungen nur wenig merklich verändert.

Benennung
der
Gebirgssysteme Asiens.

Wenn man den mittlern oder innern Theil Asiens ostwärts nur bis zu einer durch die grosse Beugung des Dzangbo Tübets, durch den Khu-khu-Noor und die Mündung der Selenga in den Baikal-See gezogenen Linie ausdehnt, so zeigt die allgemeine Form seines Reliefs eine ganz merkwürdige Einfachheit der Structur. Das Gezimmer dieses mittleren Theils ist aus vier Gebirgssystemen zusammengesetzt, welche fast übereinstimmend von W. nach O. und parallel mit der grössten Dimension des Continents ziehen. Es ist für die physikalische Geographie von grosser Wichtigkeit, diesen Systemen Namen zu geben, welche den ganzen Umfang jeder alpinen Erhebung umfassen; ich bezeichne sie durch die Namen Altaï, Thian-schan oder Himmelsgebirge, Kuen-lun, wozu der Hindu-Kho nebst dem persischen Elbruz gehört, und Himalaya. Die Länge dieser Gebirgsketten ist sehr verschieden. Die nördlichste, der Altaï, erstreckt sich 20° weniger weit gegen W. Als ununterbrochene Massenerhebung beginnt sie erst im Meridian der berühmten Bergwerke des Schlangenbergs oder fast in gleicher Länge mit Benares, während die Systeme des Thian-schan, Kuen-lun oder Himalaya, welche im W. von der Meridiankette des Bolor und ihrer nördlichen Fortsetzung begrenzt werden, sich mehr Sogdiana nähern und bereits im Meridian von Omsk und Lahore anfangen. Auf der östlichen Seite, jenseit jener Linie durch den grossen Bogen des Dzangbo, den Khu-khu-Noor und den Baikal-See werden die Züge des orographischen Gemäldes so zu sagen undeutlicher. Hier beginnt eine Durchkreuzung mehrerer Systeme, welche von einander unabhängig und nach Alter und Richtung verschieden sind. Die Verwickelung der Bodengestalt, woraus einige Gebirgsknoten oder besondere Gruppen entstehen, charakterisirt den östlichsten Theil des Continents von Asien seiner ganzen Länge nach. Die Richtung SSW.-NNO. wird allgemeiner und das Streichen dieser Gebirgsmauern (*failles*) oder geodätischen Linien steht mit den Küstenumrissen in Verbindung, deren ursprüngliche Formen durch Anschwemmung oder durch die mächtige und unveränderliche Wirkung der Strömungen umgestaltet werden.

Um sich die Lage der vier grossen Gebirgssysteme zwischen 30° und 52° Br. besser einzuprägen, erinnere man sich, dass zwischen dem Altai und Thian-schan die Becken von Ili und der Dzungarei liegen, was ein Verbannungsland oder ein Sibirien der Verurtheilten und grossen Herren Chinas sind; zwischen dem Thian-schan und dem Kuen-lun liegen: die Kleine Bucharei oder nach der officiellen Benennung des Himmlischen Reiches, Ost-Turkestan mit Kaschghar, die antike indische Civilisation Khotans und die Oase von Hami (Khamil) in den Sandflächen der Gobi; zwischen dem Kuen-lun und Himalaya treffen wir auf die hohen Plateaux von Ladak und H'lassa. Wenn man es vorzieht, die drei zwischen jenen vier Gebirgssystemen gelegenen Gürtel durch die drei grossen Seen zu bezeichnen, welche sie einschliessen und von denen zwei Alpenseen sind, so wähle man den Balkhasch, Lop- und Tengri-Noor. Nach den oben gegebenen Grenzen findet man, wenn wir im Osten bei der Kreuzung der Ketten von verschiedenem Alter stehen bleiben, für das Altai-System 228, den Thian-schan 488, Kuenlun 350 und den Himalaya mit seiner grossen Krümmung 460 Meilen Länge. Um vergleichende Werthe zu geben, bemerke ich, dass die Pyrenäen sich nur 75 Meilen weit erstrecken, dass die Alpenkette vom Mont-Blanc bis zur ungarischen Grenze, jenseit Graetz und Laybach,*) nicht 150, und die Kette der skandinavischen Gebirge, die grösste Massenerhebung in Europa, 320 M. Länge hat. Wir werden bald sehen, dass sich selbst noch in den verwickelten Kreuzungen im Osten die Spur von denselben Kammlinien, den Emporhebungen, welche den Kuen-lun, Thian-schan und Himalaya gebildet haben, verfolgen lässt. So setzt sich in den Schneebergen des Inschan oder nördlich von der grossen Krümmung des Hoang-ho im Lande der Ordos unter 40—41½° Br. der Rücken des Thian-schan in der W.-O.-Richtung bis jenseit der grossen Stadt Khukhu-Khoto fort, welche nicht um 70 M. vom Golf von Pe-tscheli bei Peking entfernt liegt. Eben so erkennt man im S. und im N. vom See und Gebirgsknoten des Khukhu-Noor die Fortsetzung des Kuen-lun. Nördlich von diesem Alpensee verlängern sich unter 37½° und 38¼° Br. die Schneeketten des Nan-schan und Khilian-schan von W. nach O. bis zu der Mauer, welche bei Liang-tscheou die NW.-Grenze der chin. Prov. Kan-su vertheidigt; im S. jenes Sees zeigen sich zahlreiche Emporhebungen in der Richtung der Parallelkreise, unter 34½° und 35° Br., von dem Bassa-Dungram-Berge bis zu den Grenzen der Prov. Szu-tschuan und Hu-pih, wo die letzten Nevados sich kaum 7° westlich von der alten Capitale Nanking erheben. — Was die Kette des Himalaya betrifft, so bildet sie von der Pentapotamia bis zu dem Punkte, wo sie vom grossen Strome Tübets durchbrochen wird, zwischen 35° und 28° Br. eine sehr regelmässige Krümmung, deren convexer Scheitel gegen Süden gerichtet ist. Die Direction des Himalaya ist schon von dem Koloss des Tschamalari an, der eine Höhe von 4062t. haben soll, eine westöstliche und diese behält er bis auf 40 M. Entfernung von

*) Die Hrn. Schouw [Europa, p. 54] und Walchner (Handbuch der gesammten Mineral., II., 161) geben in ihrer interessanten Vergleichung der Alpen, Pyrenäen und skandinavischen Gebirge dem ersten dieser Systeme eine Länge von 200 Meilen, indem sie dasselbe als nach Dalmatien hinein bis 43½° Br. und 25° Lg. verlängert ansehen; folglich werden von ihnen Systeme unter dem Namen Alpen mit einbegriffen, welche fast parallel der in den Pyrenäen und Apenninen herrschenden Richtung streichen.

der Südsee. In Ober-Assam und im nördlichen Theile des Birmanen-Reiches, auf einer Strecke von vier Längengraden, ist diese Richtung anfänglich nicht leicht zu erkennen, weil in diesen Gegenden Meridianketten vorherrschen; aber weiterhin auf dem chinesischen Gebiet, in der Prov. Yun-nan östl. von der Stadt Yung-tschang, wird das Streichen im Sinne der Parallelkreise wieder sehr constant. So in dem Gebirge nördlich von Tsching-kiang, welches unter dem Namen der Süd-Kette (*Nan-ling*) die Provinzen Kuang-si und Hunan scheidet und den grössten Theil des Sommers über ungeachtet ihrer sehr südlichen Breite ($25\frac{3}{4}^{\circ}$, nordwestlich von Canton) mit Schnee bedeckt bleibt. Die Verlängerung der bogenförmigen Kette des Himalaya nach Butan und Ober-Assam coincidirt mit der Erhebungslinie der Nanling-Kette (102—113° Lg.). Ich habe selbst früher mit Klaproth*), dem man die ersten genauen Nachrichten über diese Gegenden Chinas verdankt, angenommen, dass die Kammlinie des Himalaya auf der vulkanischen Insel Formosa ausliefe, wo mehrere Pics unzweifelhaft ewigen Schnee tragen. Es erschien ganz auffallend, dass die mächtige Kette Indiens an ihren entgegengesetzten Extremitäten in Gipfeln endigte, durch welche sich das Feuer einen Ausweg geschaffen. Der Demawend in Mazendaran entsprach nach dieser Ansicht symmetrisch dem Ho-schan (Feuerberg) und Tschy-kang (Kette rothen Eisens) auf Formosa; aber wenn man die Kette dieser Insel näher betrachtet, so erkennt man, dass sie nur die Verlängerung eines grossen Gebirgsrückens der benachbarten Insel Luçon ist und dass sie, wie die auf dem Continent gegenüberliegende Kette Ta-ju-ling auf der Ostgrenze der Prov. Fu-kian, zum System der Meridianketten gehört, welche die Halbinsel Indien jenseit des Ganges durch ihr häufiges Auftreten charakterisiren.

Nach den Daten, welche ich eben mitgetheilt und welche ich im Verfolg dieses Werks noch weitläufiger behandeln werde, findet sich also die Andeutung einer Fortsetzung der

---

*) *Mémoires*, I., 329-377; *Mag. asiat.*, II., 136; Ritter, Asien, II., 417 und III., 866.

drei hervortretendsten Gebirgssysteme Asiens, des Thian-schan, Kuen-lun und Himalaya, nach Osten ziemlich übereinstimmend in 111, 110 und 113° Lg.; folglich ist ihre östliche Grenze nahebei der durch die Wüste Gobi, zwischen Ergi und Zackildack, 4° östl. vom Baikal-See verlängerte Meridian von Canton. Diese in der Grenze der W.-O.-Aufrichtungen sich offenbarende Uebereinstimmung, selbst in der Region, wo die Ketten sich durchkreuzen, ist um so merkwürdiger, als die Region, wo die S.-N.- und SW.-NO.-Emporhebungen vorwalten, in den niedern Breiten viel weiter gegen O. reicht, als im Lande der Ordos und des baikalschen Daurien. Dieses Vorherrschen der Meridiangebirge wird am Ausgezeichnetsten bei dem grossen Bogen des Dzangbo in Hoch-Assam, Ober-Birmanien und dem Lande der Laos zwischen 94° und 98° Lg. von dem östlichen Ende Butans bis zu dem der chin. Prov. Yun-nan. Emporhebungen in der Richtung N.-S. sind es ebenfalls, welche die Halbinsel Malacca, die südlichste Spitze des asiatischen Continents bilden, die bis auf einige Grade *) mit dem Meridian seines nördlichsten Vorgebirges, des Caps Taimura, correspondirt. Dieses merkwürdige Positionsverhältniss erinnert an ein anderes, in geognostischer Hinsicht noch wichtigeres. In der Westhälfte der alten Welt liegt die Extremität der grossen pyramidalen Masse Afrikas im Meridian der nördlichen, felsigen Extremität der skandinavischen Halbinsel, nämlich des Nord-Caps **) und im Meridian der grossen Insel Spitzber-

*) Der grössere Theil der Halbinsel Malacca liegt genau im Meridian des Caps Taimura, für welches Adm. Krusenstern 96° 42′ Lg. und 78° 16′ Br. angiebt; aber von dem Parallel von Tantalam (7½°) an beugt sich die Spitze der Halbinsel Malacca gegen SSO., eine Richtung, die man sowohl in der Insel Sumatra wieder antrifft, welche durch ihre Granitmassen ihren Zusammenhang mit der Küste des Continents zeigt, als in den vulkanischen Erhebungen, welche weiter ostwärts dem convexen Theile Austrasiens folgen (Leop. de Buch, *Descr. phys. des Iles Canar.*, 429, 464). Die Krümmung der Halbinsel geht allmälig vom Fort Malacca (99° 54′ Lg.) zur Länge der kleinen Insel neben Singapore (101° 39′) über.

**) Nord-Cap, 23° 30′ Lg., 71° 10′ Br.; an der Südspitze Afrikas die Ins. Ste. Croix in der Algoa-Bai 23° 26′; C. Padron, 23° 44′ Lg.

gen. Es giebt Analogien der Form und Lagerung, welche hervorzuheben von Nutzen zu sein scheint, wenn man auch ihre Ursache nicht erörtert. Solche Verhältnisse hängen, wie die vor- und einspringenden Winkel der Küsten des atlantischen Ozeans im N. des 10.° s. Br., oder wie die correspondirenden Krümmungen (*Rel. hist.*, III., 198) des Golfs von Arica und des Golfs von Guinea, mit dem Phänomen des ersten Erscheinens der continentalen Massen zusammen, was weit früher eintrat, als die Phänomene der Emporhebung der Gebirgsketten aus Spalten mit verschiedenen Richtungen.

Wenn man zu der Ausdehnung der Parallelgebirgssysteme (s. p. 135) ihre Verlängerung ostwärts quer durch die Regionen der Durchkreuzungen mit den Meridianketten hinzurechnet, so erhält man für den Thian-schan (statt 488 Meilen) von $69\frac{1}{2}$ bis $111\frac{1}{2}$° Lg. eine Länge von 624 Meilen; für den Kuen-lun (statt 350 M.) von $70\frac{1}{2}$ bis 110° Lg. 634 M., für den Himalaya (statt 460 M.) von $70\frac{3}{4}$ bis 113° Lg. 800 M. Die Länge des letzteren wird 1260 Seemeilen, d. h. gleich der Entfernung von Lissabon bis Kabul, wenn man den Himalaya durch den indischen Kaukasus oder Hindu-Kho und den persischen Elbruz bis zum Westende des caspischen Meeres verlängert ansehen will.

Um nun die Hauptzüge des allgemeinen Gemäldes zusammenzufassen, muss man sich erinnern, dass zwei von den grossen Gebirgssystemen, der Kuen-lun und Thian-schan, die Wüste Gobi oder Schamo durchziehen, bevor sie in die

---

Vom Cap der guten Hoffnung läuft das Südende des afrikanischen Continents fast von W. nach O. auf einer Strecke von 8° Lg. Die am Meisten gegen S. hervortretende Spitze ist das C. Lagullas oder Agulha (17° 41′ Lg); seine Breite ist um 1° 5′ grösser als die des C. Padron, aber um 1° 47′ geringer, als die Südspitze der Lagullas-Bank (Nadelbank), welche die wahre, unterseeische Extremität Afrikas bildet. Die Convexität im N. der skandinavischen Halbinsel hat auch eine Breite von 5 Längengraden. Das Nord-Cap, welches um 7° 6′ südlicher als das asiat. Vorgebirge Taimura liegt, gehört eigentlich der I. Mageroe an. Die am Weitsten gegen den Nordpol vortretende Spitze des Continents ist das C. Nordkyn der Halbinsel Hopseidet, $1\frac{3}{4}$° östlich vom Nord-Cap.

östliche Region der vielfachen Durchkreuzungen treten. Diese grosse Anschwellung in der Richtung SW.-NO. ist, wie ich schon anderwärts bemerkt habe, eine Erhebung im Continent-Relief, welche von den sie durchziehenden Höhen völlig unabhängig und somit älter als deren Bildung ist. Die Gobi, welche die chinesischen Karten als einen Sandfluss*) darstellen, obwohl sie grossentheils Felsboden hat, kreuzt das System des Thian-schan östlich von Barkul und den Weingärten Khamils, zwischen dem Meridian des Tschagan-Noor (95°) und dem westlichen Ende des Inschan (104°); sie kreuzt das System des Kuenlun oder Kulkun im Osten von Schatu-tu-Dabahn zwischen dem Meridian des Sees Gaschun ($84\frac{1}{2}$°) und dem Westende der beiden Bergketten, welche den grossen Knoten des Khukhu-Noor umgeben, nämlich im N. der Kilian-schan (88°), der zum Nan-schan gehört, und im S. der Bain-khara-Oola und der Bassa-dugram-Oola. In den Zwischenräumen von $3\frac{1}{2}$ Längengraden für den Kuenlun und von 9 Graden für den Thianschan, folglich resp. von 56 und 132 Seemeilen, giebt es eigentlich keine Unterbrechung der Ketten. Die Verlängerung und Richtungs-Continuität der beiden grossen Systeme finden sich quer durch die ganze Ausdehnung der Gobi wieder; aber nach den unter der Regierung des Kaisers Khian-lung aufgenommenen Karten zu urtheilen, sind die Emporhebungen in der Richtung W.-O. da bei Weitem weniger hervortretend, wo die Ketten die alte Continent-Anschwellung durchziehen. Die Gewohnheit der Geographen, die Continuität der Gebirgsmauern oder Unebenheiten des Bodens auf dem Raume zwischen Hami und dem Inschan, wie zwischen dem Gaschun-Noor und dem Nan-schan nicht anzugeben und ausserdem die beiden

*) Auf der chinesischen Karte zum *Su-hung-kian-lu*, von welcher Abel Rémusat eine Uebersetzung herausgegeben (*Mém. de l'Inst., Acad. d. Inscr.*, II., 260), findet man die Gobi in Gestalt eines für seine Länge ziemlich schmalen Flusses in Schwarz und auf eine sehr sonderbare Weise abgebildet. Die Breite dieses schwarzen Streifens, durch eine auf die Ufer des Sandflusses senkrecht gezogene Linie gemessen, ist auf dieser Karte im Allgemeinen nur 42—54 M.

Ketten zu verkürzen, welche sich vom Bolor unter 42° und 36° Br. nach O. hin erstrecken, hat dazu beizutragen, die Vorstellung von einem einzigen, weiten Central-Plateau zu verbreiten, dessen Südgrenze der Himalaya und dessen Nordgrenze der Altaï und Tangnu bilden.

Nachdem so die Namen der vier von W. nach O. ziehenden Systeme festgestellt worden, — nämlich des Altaï vom Promontorium des Schlangenbergs bis zum Gurbi und zum Meridian des Baikal-Sees ($79\frac{1}{2}$—100° Lg.); des Himmelsgebirges oder Thian-schan vom Lande der Ming-bulak (d. i. Land der 1000 Quellen) an der Grenze der westlichen Buruts bis jenseit der Stadt Khukhu-Khoto ($69\frac{1}{2}$—$111\frac{1}{2}$° Lg.); des Kuen-lun vom Bolor bis zur chin. Prov. Hu-pih ($70\frac{1}{2}$—110° Lg., und des Himalaya vom indischen Kaukasus bis zur Nanling-Kette an der Grenze der Prov. Kuang-si ($70\frac{3}{4}$—113° Lg.); — so bleibt mir noch übrig, im S. des Himalaya auf der Halbinsel Indiens die Spuren derselben Klasse von Emporhebungen anzuführen, welche mit mehr oder weniger Regelmässigkeit der Richtung eines Parallels folgen. Dem Himalaya gegenüber erhebt sich im N. des Nerbuda-Fl.*), der in der Geschichte der antiken Civilisation des Medhia-Desa gefeiert wird, das kleine System des Vindhya-Geb., welches von Hrn. Calder**) Centralkette Indiens genannt wird und wie der Himalaya aus gewöhnlich sogenannten Urgebirgs-Formationen besteht. Die Richtung der Vindhya-Kette ist nahe S. 75° W. Diese Abweichung gegen SW. ist nur desshalb merkwürdig, weil nach meinen Bemerkungen überall im N. vom Himalaya sowohl die grossen Gebirgssysteme, welche von O. nach W. ziehen, als die kleinen analogen Ketten, welche im Tieflande Asiens häufig vorkommen, allgemein eine Tendenz haben, sich nach SO. zu neigen, während die Meridianketten (N.-S.) nach SW. abweichen. Die Gipfelpunkte des Vindhya-Systems, welche noch bei Weitem nicht die Höhe des Altai, der selbst

---

*) Eigentlich *Narmadâ*, der Freudespendende.

**) *Gen. Obs. on the Geol. of India* in den *Asiat. Trans. of the Phys. Soc. of Bengal*, I., 1829, 14.

das niedrigste von den vier Hauptsystemen Central-Asiens ist, erreichen, sind kaum so hoch wie die Vogesen. In Meywar und dem SW.-Theile des Vindhya*) haben die Gipfel Aravulli und Abuda nur 560 und 780 t. H.; sie sind die Culminationspunkte einer Glimmerschieferkette. Das Plateau von Malwa, welches zum grossen Theil von Basalt und Mandelstein bedeckt wird, lehnt sich gegen N. an die Vindhya-Kette. Seine mittlere Höhe ist so gross, wie die, welche meine Messungen für die Plateaux beider Castilien ergeben.

Im S. der Vindhya-Berge am linken Ufer des Nerbuda zieht eine andere Kette fast parallel hin; es sind die Gondwana- und Satpura-Berge. Der *Harivansa* beschreibt in einem Stücke voll jenes tiefen Gefühls für die Natur und die Physiognomie des Bodens, welches die Dichter Indiens charakterisirt, das Alpensystem des *Sat-pura* (Stadt oder Ort der Seligen) mit vieler Treue. Der Vindhya und der Sat-pura bilden eine einzige, gablig getheilte Masse, deren Nordzweig, der eigentliche Vindhya, im Alterthum den Namen *Revata***) führte und deren Südzweig, jetzt der Sat-pura, ehedem *Paripatra* hiess. Die letzte, aber bisher wenig untersuchte Parallelkette sind die Sehsa-Berge (*Seschachull*), welche die Grenze zwischen Kandesh und Aurungabad bilden und sich im Westen an die fast meridiane Kette der Ghates von Malabar lehnt. Wie der Vindhya und Sat-pura, so hat auch die Sehsa-Kette eine Neigung gegen SW., und man wird versucht, die Kalkkette der Küste von Hadramaut (Süd-Arabien) mit ihren Anzeichen von ziemlich neuen vulkanischen Eruptionen***) und einer Gipfel-

*) James Hardie im *Edinb. Phil. Journ.*, 1829, 332.

**) *Revata* oder Kette des Nerbuda, denn dieser Fluss hatte im Alterthum den Namen *Rêvâ* (der Fliessende, von *rêv*, fliessen).

***) Z. B. in der Umgegend von Makallah (14° 30′ Br., 46° 52′ Lg.) und im W. von Aden, am Cap (*Ras*) Bab-el-Mandeb, welches in einen konischen Felsen, den Djebel Manhali, 135 t. hoch, ausläuft. Nach einer bei den indischen Seefahrern erhaltenen Tradition bildete dieser Felsen in der Vorzeit eine Insel und warf Flammen aus. Die Ins. Perim (Mejun), welche die Meerenge (den Eingang in's Rothe Meer) in

höhe*) von nur 8—900 t. als eine Aufrichtung in derselben Direction**) anzusehen.

Neben diesen von O. nach W. streichenden Kammlinien zeigt sich beständig, wiewohl in geringer Anzahl das System der Meridianketten. Auf der dreieckigen indischen Halbinsel zieht sich, wie in Süd-Amerika längs der Westküste die höchste Cordillere hin. Die Kette der Ghates von Malabar bildet in der Richtung von NNW. nach SSO. einen Felsendamm von sehr einfacher Structur. Die Ghates von Coromandel, welche niedriger und sehr oft unterbrochen sind, folgen der entgegengesetzten Richtung NNO.-SSW. Dies Verhältniss der Richtung der Erhebungs-Axen und Contouren der nächstgelegenen Küste giebt sich beständig kund. Den West-Ghates gegenüber stellt sich uns ein noch merkwürdigeres Beispiel dazu an der Küste Arabiens dar, wo nämlich die Kette von Hadramaut (s. oben) sich plötzlich Oman und dem Eingange des persischen Golfs zuwendet. Längs der Küste von Batna, zwischen Ras-al-Had und Ras-Muscadom (22° 23′—26° 25′ Br.) zieht die arabische Kette von SO. nach NW. und behält, nach den Messungen des Lieut. Wellsted, eine mittlere Höhe***) von 5—600 t.

---

zwei Kanäle theilt, ist aus Lavaschichten gebildet, während weiter nördlich die Ins. Djebel Teir ein noch brennender Vulkan ist. (Wellsted, *Trav. in Arabia*, II., 466, 468; Haines im *Journ. of the Geogr. Soc.*, v. IX., pt. I., 125).

*) Der Djebel Fudhli oder Kharazi (43° 39′ Lg.) hat 867 t., der Centralpik des Djebel Hamari (45° 17′ Lg.) 826 t., nach den trigon. Messungen des Palinurus, eines Schiffes der ostindischen Compagnie.

**) Mittlere Richtung dieser arabischen Kette: N 67° O., nach der Küstenaufnahme des Palinurus in den J. 1831—1836.

***) In dem Grünen Gebirge (*Djebel Akhazar*), welches aus Kalk besteht, steigen indess mehrere Gipfel bei Shirazi (23° 4′ Br.) bis über 1100 t. H. an. Diese ausserordentliche Erhebung scheint noch die Wirkung der Durchkreuzung zweier Gebirgssysteme von verschiedener Richtung (SO.-NW. und O.-W.) zu sein, wie die Aufnahme Wellsted's und seine bestimmte Versicherung beweisen (I., 138—141), „dass der Djebel Akhazar im Sinn eines Parallels streicht". Bei dem Städtchen Shirazi kochte das Wasser bei 200¾° F., was einer Meereshöhe von 986 t. entspricht. So gross ist etwa die Höhe der Stadt Po-

Wie in Süd-Amerika die östlich von der grossen Cordillere der Andes gelegenen Gebirgssysteme (die Ketten von Venezuela, der Parime oder des Orinoko und von Brasilien,) sämmtlich übereinstimmende Maxima des Kammes von einer sehr mässigen und wenig verschiedenen Höhe (900—1350 t.; *Rel. hist.*, III., 232) zeigen; so überschreiten auch alle der gigantischen Himalaya-Cordillere gegenüberliegenden Gebirgssysteme (die Systeme des Vindhya, Sat-pura oder Gondwana, Sehsa und der Ghates von Malabar), wie die arabische Kette von Hadramaut nicht 800 oder 900 t. Höhe. Es ist eine merkwürdige Erscheinung, wie sich in den Rissen und den welligen Unebenheiten des Reliefs der Erdrinde der Contrast oder die Gleichheit der Kräfte erweis't, welche auf einem gegebenen Raum die Bergketten erhoben, und dann noch durch eine zweite Aeusserung die Gipfel oder isolirten culminirenden Punkte hinzufügten.

Die *Western Ghauts* oder *Ghates**), welche durch ihre Länge (über 220 M.), durch die Einfachheit ihres Baues und ihren mächtigen Einfluss auf die umgebende Atmosphäre so merkwürdig sind, haben im Allgemeinen nicht über 800—850 t. Höhe, und diese erreichen sie selbst nur zwischen dem Kistna-Flusse und dem Parallel von Seringapatam**). Nur am südlichen Ende, nämlich da, wo zwei

---

payan in S.-Amerika. Man glaubt, dass der Mandelbaum in den schönen Thälern der Kette von Shirazi einheimisch sei, deren Kamm sich manchmal mit Schnee bedeckt, was für diese Breite und eine Höhe, die noch nicht einmal die der Blauen Berge Jamaicas erreicht, ziemlich merkwürdig ist.

*) Dieser hinduische Name passt eben so wenig für eine Bergkette, als das mongolische Wort *dabahn*, welches einige Geographen für die nördlicheren Ketten annehmen. *Ghaut* bezeichnet nämlich wie *dabahn*: Pass (Hamilton, *Descr. of Hind*, II., 248) und nicht Berg (*gate*), wie die ersten portugiesischen Eroberer Indiens behaupteten. (Barros b. Ramusio, I., 386.) Kette der *Ghauts* bedeutet Kette der Engpässe.

**) Nur der Berg Toddian Damella (12° 13′ Br.) östl. vom Berge Dilly, ist nach Col. Lambton's Messung 890 t. hoch. In den *Eastern Ghauts* (Küste Carnatic und Coromandel) übertreffen die Gipfelpunkte kaum die mittlere Höhe des westlichen Plateaus von Mysore.

Erhebungslinien, die der West- und Ost-(Malabar- und Coromandel-)Ghates sich zu vereinigen scheinen, steigt die grosse Massenerhebung oder der Gebirgsknoten der Nilgherry auf. Sie sind für Kranke, welche die Kühle der Hoch-Alpen suchen, eine wichtige Station. Man hat indess Unrecht, wenn man mit dem erhabenen Plateau von Quito die köstlichen Thäler der Nilgherry vergleicht, wo sich in $11\frac{1}{2}^0$ Abstand vom Aequator so viele Pflanzenformen finden, welche denen im Norden des Himalaya ähnlich sind. Die höchsten Gipfel*) der Nilgherry haben 1316 t. oder kaum die Höhe des Berges Horeb auf der Halbinsel des Sinaï. Das Plateau der Nilgherry (Blauen Berge) selbst hat nur 1100 t., d. h. 2400 Fuss weniger als der Boden der Stadt Quito. Wenn das berühmte Querthal des Flusses Panyani (die grosse Spalte**), welche sich in die Ebenen des Kavery öffnet,) nicht die Halbinsel Dekan in der Richtung O.-W. durchfurchte, so könnte man die Massenerhebung, welche von Cochin und Travancore zum Cap Comorin die pyramidenförmige Extremität des asiatischen Continents bildet, als eine niedrigere Fortsetzung der Nilgherry betrachten. Jene Massenerhebung

*) Die Piks Mukurta, Dodabetta und Khundaver. Die Station für erkranktes Militair auf dem Plateau von Utakamund hat nach Scott 1124 t. H. S. Ainslie im *Journ. of the As. Soc.*, 1833, N. 3., p. 31.

**) *The great gap of Decan*, nach Buchanan. Hr. Ritter hat die geognostische Analogie, welche die Gestalt der I. Ceylon mit der Masse der Aligherry zeigen würde, wenn die Spalte oder die Landenge von Panyani sich in einen Meeresarm verwandelte, mit grossem Scharfsinn durchgeführt (Asien, IV., 758). — Die Schiffer, welche längs der Malabar-Küste hinsegeln, merken die zunehmende Gewalt des NO.-Monsuns, wenn sie an das dem Gap gegenüberliegende Gestade kommen. Ich bemerke hierbei, dass man auch auf der Südsee, fast in derselben Breite (11° n.) die Stürme, welchen man zu gewissen Zeiten des Jahres gegenüber dem Golf von Papagayo ausgesetzt ist, den Luftströmungen (*brissotes*) des Antillen-Meeres zuschreibt, welche über den sehr niedrigen Isthmus des Nicaragua-S. wehen und von den vulkanischen Kegeln im Innern der Ebenen nicht aufgehalten werden. Diese Stürme oder vielmehr diese sehr heftigen Windstösse aus NNO., welche ich selbst in einer Entfernung von 220 M. von der Küste Guatimalas beobachtet, heissen bei den spanischen Seefahrern *los Papagallos*. Sie haben das sehr Eigenthümliche, dass sie bei schönem Wetter und ganz blauem Himmel statt finden.

würde man unter dem Namen des Aligherry-Systems begreifen können, obwohl diese Benennung im engeren Sinne der weniger erhabenen Gruppe im SW. von Madura angehört.

Wenn man die Augen auf eine in sehr grossem Maassstabe und nach Mercator's Projection gezeichnete Karte von Asien heftet, so erstaunt man über die wenig unterbrochene Verlängerung der Emporhebungen, welche von S. uach N. oder von SSÓ. nach NNW., von dem äussersten Ende der Ghates bis zum Eismeere, zwischen 75 und 58° Länge ziehen. Das Pendjab und der angeschwemmte Boden des Ganges-Thals scheiden die Meridiankette der Ghates von dem Meridiangebirge des Bolor, welches sich gegen Norden erstreckt von dem indischen Kaukasus bis jenseit der (O.-W.-) Kette Asferah und der Schneeberge des Kosyurt bei Taschkend (von 35 bis 44¾° Br.). Die Meridiane des Bolor und Kosyurt (71—69° Lg.) laufen in ihrer Verlängerung nordwärts auf dem sanftwelligen Boden der Kirghisensteppe und den Tiefebenen Nord-Sibiriens aus, wo am Westende des Altaï-Systems mehrere unterbrochene Höhenzüge in derselben Richtung O.-W. wie die Axen des Altaï und Himmelsgebirges auftreten. Im Parallel der Stadt Turkestan und der Verbindung des Kosyurt (einer Fortsetzung des Bolor,) mit dem Karatau, 15° westlich, im Herzen des Truchmenen-Isthmus, der den Aral- und caspischen See trennt, fängt der grosse Meridian-Gebirgsrücken des Ural an. Dies ist eine Mauer oder vielmehr eine Verbindung paralleler Bergreihen von 300 M. Länge. Von den tertiären Bildungen des Ust-Urt und den Mugodjarischen Bergen bis jenseit des Diorits, Hornblende-Porphyrs und Uebergangskalks von Bogoslowsk schwankt die mittlere Axe des Ural kaum zwischen 55 und 58° Lg. Diese bemerkenswerthe Einförmigkeit des Streichens verändert sich vielleicht plötzlich im N. vom 60. und 61. Grade der Breite. Hr. Erman fand, als er in die unwirthbarsten Regionen Sibiriens eindrang, die Kette des Ural westlich von Obdorsk in 63° 55′ und 64° 39′. Diese Veränderung der Streichungslinie ist indessen weniger beträchtlich, als die, welche die Kreuzung zweier Systeme in dem Knie hervorgerufen, welches die Hauptkette der

Alpen und die westlichen Alpen bilden. Wenn das bergige Terrain der Ins. Waigatz und Nowaja-Semlja (d. i. Neues Land), wie es die neuen geognostischen Beobachtungen der Hrn. v. Baer, Lehmann und Schrenk sehr wahrscheinlich machen, nur eine Verlängerung der continentalen Extremität des Ural sind, so müsste man annehmen, dass die Axe der Kette sich von Neuem nach Westen neigt und zu ihrer ursprünglichen Richtung, welche sie unveränderlich zwischen den Parallelen des 54. und 60. Grades zeigt, zurückkehrt.

Diese kurzen Angaben reichen hin, um in den Meridianketten, welche das innere Asien im Westen begrenzen, einen der grossen Züge in dem Gemälde zu bezeichnen, welches das am Meisten Hervortretende und Charakteristische der Bodengestaltung des Continents darstellen soll. Die Linie der Kämme, welche wir eben von S. nach N., vom Cap Comorin bis über das Gestade des Eismeers hinaus verfolgten, ist, ungeachtet ihrer Unterbrechungen und einzelnen Krümmungen, eins der bemerkenswerthesten Phänomene, welches aus der hypsometrischen Untersuchung der Erdoberfläche hervorgeht. In dem Raume zwischen dem Systeme des Vindhya-Gebirges am äussersten Nordende der Ghates von Malabar und dem indischen Kaukasus, der breiten westlichen Oeffnung der Becken des Ganges und Indus gegenüber, erheben sich im W. von dem letztern Flusse die Hoch-Ketten des Soliman und der Hâla-Berge, welche von Süden nach Norden zwischen 25 und 32° Br. ziehen. Im W. und N. dieses System des Soliman- (Salomon-) Geb., zwischen Quittah, Kandahar und Kabul laufen viele parallele Rücken von NO. nach SW. Dies ist die Richtung der Flüsse Helmund und Ternek. Endlich finden wir noch in West-Iran, jenseit der hohen Plateaux von Afghanistan, Khorasan und Kerman, 10° westlich vom Meridian der Stadt Kandahar eine sehr merkwürdige und der mittleren Richtung des persischen Golfs und des Tigris parallel laufende Aufrichtung, nämlich eine Kette, welche N.40°W. in der Richtung von Persepolis nach Kermanschah streicht, das System der Berge von Bukteri und Luristan (30—35° Br.), dem man den klassischen Namen des Zagros-Systems beilegen könnte.

Der grossen Meridian-Gebirgsmauer der Ghates und des Bolor entsprechen im äusseren oder transgangetischen Indien die Meridiangebirge, welche zufolge der früheren Darstellung in Ober-Assam die Durchkreuzung verschiedener Systeme etwas östlich von dem grossen Bogen des Dzangbo Tübets bezeichnen. Durch diese Kreuzung entstehen die Parallelketten von Cochinchina, Siam und Malacca, Awa und Arrakan, welche sämmtlich auf ihrem ungleich langen Zuge an den Busen von Siam, Martaban und Bengalen endigen. Der bengalische Golf erscheint als eine Art Binnenmeer, dessen Einbruch zwischen das einfache System der Ghates und das zusammengesetzte transgangetische die niedrigen Landstriche im O. verschlungen und in der alten Existenz des breiten Plateaus von Mysore schwerer zu besiegende Hindernisse gefunden hat. Wir machen noch darauf aufmerksam, dass die beiden entgegengesetzten Meridiansysteme an der Grenze des bengalischen Golfs an ihrer Extremität und ihrem submarinen West-Abfall sehr symmetrisch von Zügen unzähliger kleiner Inseln begleitet werden, welche von N. nach S. in langen und sehr schmalen Reihen gelagert sind: nämlich im W. der Kette von Malacca die Archipele der Andamanen und Nicobaren, im W. der Ghates von Malabar die Archipele der Lakediven, Maldiven und Chagos-Inseln. In ihnen offenbaren sich uns parallele Züge (*rides*), lange Spalten, aus denen am Meeresgrunde plutonische und vulkanische Felsarten emporstiegen, deren Gipfel sich im Lauf der Jahrhunderte wieder mit Lithophyten-Korallen bedeckt hat.

Nachdem wir nun die longitudinalen Emporhebungen untersucht haben, welche in der S.-N.-Richtung dem Gezimmer des Continents nach dem Indischen Ozean zu als Grenze dienen, so müssen wir noch einen flüchtigen Blick auf die entgegengesetzte Seite der continentalen Massenerhebung, auf die Meridianketten des nördlichen Asiens werfen. Auf der Grenzscheide zwischen Asien und Europa finden wir den langen Gürtel des Ural, der im Truchmenen-Isthmus beginnt. Dahingegen zeigen analoge Kammlinien gegen O., in den Gegenden am Litoral des japanischen und lamutischen Meeres, einen minder einfachen Bau und weniger constante Richtungen. Eben so wie das vom Kuen-lun und Thian-schan eingeschlossene Becken im W. vom Bolor begrenzt wird, so ist auch das gegen W. ganz offene Becken zwischen dem Thian-schan und Altaï-System im Osten durch die Meridiankette des Khingan oder Khang-Kai geschlossen, welche sich in einerlei Richtung von der Extremität des Inschan bei der grossen chinesischen Mauer bis jenseit des Amur ($41-48^0$ Br.) erstreckt. Diese Kette bildet den Ostrand der Wüste Gobi. Nördlich von den Parallelen des 48. und 50. Grades fängt die SW.-NO.-Richtung an vorzuherrschen: so in den Ketten südlich von der grossen Spalte des Baikal-S., dem Jablonoi- und Stanowoi-Khrebet, welche sich an den Khingan anschliessen, in der Kette von Udskoi am ochotzkischen Meere, im Omekonskie Khrebet, welcher die Wasserscheide zwischen Ochota und Indigirka bildet und an der Aldanischen Kette endet, die in grade entgegengesetzter Richtung (SSO.-NNW.) zieht. Der Lauf der Ströme Wilui und Lena von dem salzhaltigen Boden Ustkurzk's bis Jakuzk wird durch dieselben Ursachen modificirt, welche die häufigen Emporhebungen von SW. nach NO. gebildet haben. Der gelehrte Reisende (Hr. Adolph Erman [Reise, II., 183]), dem wir die genaue Kenntniss dieser bisher geognostisch so wenig untersuchten Gegenden verdanken, hat die Existenz einer und derselben Furche oder eines fortlaufenden Thales von der obern Uda, die zum Jeniseï fliesst, und von Nijnei Udinsk bis jenseit Witimsk am Ufer der Lena erkannt.

In mehreren Gegenden der Erde giebt sich die innige Verbindung zwischen der Richtung der Gänge (ihrem Winkel mit dem Meridian,) und der Natur der Metalle, welche sie führen, kund. Hr. E. de Beaumont hat durch höchst scharfsinnige Folgerungen gezeigt, dass die Gleichzeitigkeit der parallelen Risse sich auch auf die Bergketten oder die grossen Erhebungslinien ausdehnt. Unter dem Einfluss dieser Ideen dürfte eine Thatsache, welche ich in diesem Abschnitte schliesslich anführen will, die Aufmerksamkeit der Geologen zu fesseln werth sein. Die Meridian-, also auch unter sich parallelen Ketten des Ural und der kusnezkischen Berge zeigen einen grossen Goldreichthum, insbesondere in den goldführenden Alluvionen ihrer östlichen Abhänge. Man hat erst ganz kürzlich Goldgeschiebe von beträchtlicher Grösse östlich von der Udskoi-Kette, im SW. von Ochozk entdeckt. Die Diorite im Stanowoi-Khrebet sind goldhaltig. Die Meridiankette des Bolor zeigt Gold auf beiden Abhängen, besonders aber auf dem östlichen. Hier ist die Gegend der Goldgewinnung, welche Herodot beschreibt, wiewohl seine Darstellung nur in das trügerische Gewand der Mythe gehüllt erscheint, indem er sich des zweideutigen Ausdrucks [μύρμηκες] Ameisen, „die kleiner als Hunde, aber grösser als Füchse sind", bedient, welcher in die Erzählung der im N. von Kaspatyros wohnenden Darder aufgenommen worden. Auf der transgangetischen Halbinsel Indiens wurde Gold und Platin in der Kette von Awa und den Nebenflüssen des Irawaddi gefunden*). Dies ist selbst bis jetzt die einzige Gegend in ganz Asien, wo man, mit Ausschluss Sibiriens, Platin entdeckt hat, und dieser Punkt liegt grade da, wo verschiedene Systeme von Kammlinien, welche von N. nach S. laufen, sich einander am Meisten nähern. Indem ich hier, sowohl für Asien als für die amerikanischen Ketten der Andes, der südlichen Alleghanys und Brasiliens**), ein

*) Prinsep, *As. Res.*, XVIII, pt. 2, p. 279. Es ist hier am Orte, eine Stelle aus der letzten Edition der *Recherches sur les révol. de la surface du globe* (p. 92) anzuführen; „Die Andes, sagt Hr. v. Beaumont, bilden den ungeheuren Gebirgswall, der zwischen dem stillen Ozean auf der einen und den Continenten der beiden Amerika auf der andern Seite zieht, wenn man von Chili bis zum Birmanenreiche (Kette von Awa!) in der Richtung eines halben grössten Kreises der Erde geht, und der als Centralaxe für die vulkanische Zickzack-Linie dient, welche, hier und da den älteren Spalten folgend, ohne sich von der Küstenzone zu entfernen, nach Hrn. v. Buch die natürlichste Grenze des Continents von Asien bildet und vielleicht sogar als die Scheide betrachtet werden kann, welche gegenwärtig den continentalsten von dem vorherrschend maritimen Theil der Erde trennt.

**) Die reichhaltigsten Alluvionen der Andes-Cordilleren treffen wir: 1) in den Prov. Popayan (Thal des Rio Cauca), Choco (Nebenfluss

gewisses Vorwalten goldführender Alluvionen in den Meridiangebirge hervorhebe, beschränke ich mich darauf, eine einfache Thatsache, den Zusammenhang, welcher zwischen der Direction mehr oder weniger paralleler Axen und den Metall-Eruptionen auf Spalten von wenig verschiedenem Alter darzulegen. Wenn die Reisenden von Alluvionen und von Goldsand sprechen, so darf man nicht an den Transport von Substanzen denken, welche durch allgemeine Strömungen aus weiter Ferne herbeigeführt und an hemmenden Gebirgsdämmen abgesetzt wurden. Die innige Analogie, welche sich uns überall zwischen dem anstehenden Gestein und den oft eckigen Fragmenten zeigt, die den Trümmern einer goldführenden Gangart beigemengt sind; die Erhaltung der Gold-Krystalle und -Blättchen und andere geognostische Verhältnisse, die ich anderwärts auseinandergesetzt, beweisen, dass die Alluvionen nicht das Resultat grosser pelagischer Ströme sind, welche aus sehr fernen Regionen gekommen, sondern dass der goldhaltige

---

des Astrató und R. San Juan) und Antioquia (2° 15′ bis 6° 50′ Br.); 2) in den Prov. Sinaloa und Sonora (24 bis 31° Br.). Sie liegen sämmtlich (mit Ausnahme einer kleinen Anzahl östl. und nordöstl. von Antioquia), im Westen der Hauptkette der Andes. Diese läuft in der ersten Gruppe von N. nach S., in der zweiten anfangs N.60°W., kehrt aber von dem Parallel Chihuahua's zu der ursprünglichen Meridianrichtung zurück. Die gegenüberliegende, ebenfalls goldführende Kette der Alleghanys (29—37° Br.) hat in diesem Theil ihres Südendes die mittlere Richtung N.50°O., was nahe die der goldführenden Kette von Udskoi im östlichen Asien ist. Es ist hier nur die Rede von den Winkeln, welche die Axe der Ketten mit den Meridianen des Orts macht, nicht von dem Loxodromismus der Formationen, wie ich es vor langer Zeit genannt (*Essai sur le gisement d. roch.*, p. 56). Die goldführenden Alluvionen der Alleghanys lehnen sich grösstentheils an ihren östlichen Abhang. Was Brasilien betrifft, wovon ich in der *Rel. hist.* (III., 228—231) das wirkliche orographische Gemälde, die mittlere Höhe der Gebirge, die Configuration der Küsten und ihr Verhalten zu der Hauptgebirgskette an den Grenzen der Prov. Porto Seguro, Rio Janeiro und Rio Grande dargestellt, so zeigen sich hier grosse Analogien mit den Alleghanys. Die goldreichen Alluvionen von Villa Rica und Minas Geraes liegen jedoch westlich von der Serra do Espinhazo.

Sand, das Erzeugniss einer gewaltigen Zertrümmerung der oberen Theile oder des Ausgehenden der Gänge, in kleinen Thälern und auf Plateaux vom Wasser der Gebirgsströme abgesetzt worden ist. Wenn sich die Metalle, nach der heut zu Tage gäng und gäben Meinung, aus dem Erdinnern als glühende Dämpfe oder durch das geheimnissvolle Spiel voltaischer Ströme an den Wänden der Spalten und unter gewissen Bedingungen da in grösserer Menge absetzten, wo sie mit der umgebenden atmosphärischen Luft in Contact kamen; so können diese Metall-Eruptionen gewiss zu Zeiten eingetreten sein, welche von der Epoche der ersten Aufrichtung der ganzen Kette verschieden war. Wenn gewisse Felsformationen (Gneiss, Augitporphyr, Diorit, Uebergangskalk oder Grauwacke,) innerhalb der engen Grenzen gewisser Localitäten als besonders reich an edlen Metallen angesehen werden, so folgt aus dem verschiedenen Alter dieser Formationen nicht auch nothwendig eine gleiche Verschiedenheit des Alters der Metall-Eruptionen. Das Phänomen derselben oder des Auftretens von Gold in den zerklüfteten Straten der oberen Rinde der Erde kann meist lange nach der Aufrichtung der Schichten statt gefunden haben; aber es ist leicht einzusehen, dass wenn die Spalten, auf welchen die Emporhebung vor sich gegangen, früher da waren, dies das Herauftreten der Metallmassen zu einer gegebenen Zeit und auf mehreren Punkten zugleich begünstigen musste.

Diese Betrachtungen über das Vorherrschen des goldführenden Bodens längs der in N.-S. oder NNO.-SSW. streichenden Kammlinien dürfen die eifrige Untersuchung der Alluvionen an Abhängen von O. nach W. streichender Erhebungen nicht lähmen. Die Thatsache, dass der gegenwärtige Zustand des Bergbaues in Asien einen gewissen Einfluss der Meridianketten kund giebt, schliesst die Möglichkeit nicht aus, dass beträchtliche Schätze in der Folge auf den entgegengesetzten Linien entdeckt werden. Die dogmatische Geologie darf die freie Nachforschung nicht hemmen und das weite Feld, welches noch auszubeuten ist, nicht beschränken. Die Meridian-Kammlinien können ohne Zweifel so angesehen werden, als gingen sie durch unzählige Zwischenrichtungen, durch NO. und ONO. zu der dem Aequator parallelen über. Aber diese Voraussetzung einer unbeschränkten Anzahl von Richtungen wird durch ein aufmerksames Studium der Gestalt eines gegebenen Landes nicht gerechtfertigt. Selbst auf grossen Continenten, wie Asien und Amerika, sieht man nur eine geringe Zahl von Linien vorherrschen, welche zum Theil ununterbrochen auf grosse Distanzen und unveränderlich ihre mittlere Streichungslinie behalten, zum Theil unterbrochen sind und in kleinen einander parallelen Gruppen wiederkehren. Die Durchkreuzung dieser Höhenzüge, mag sie nun entweder wirklich statt finden oder aus der Vorstellung der Verlängerung der Axe hervorgehen, bringt eine grosse Mannigfaltigkeit in den Anblick der Landschaften und verleiht denselben oft in den entgegengesetztesten Regionen eine Aehnlichkeit ihres physiognomischen Charakters, welche keineswegs auf Analogie in den Formen der Pflanzenwelt beruht.

D a s

Gebirgssystem des Altaï.

Dies System, welches südwärts die grosse Depression des sibirischen Bodens begrenzt, breitet sich, geologisch betrachtet, zwischen 50^0 und $52\frac{1}{2}{}^0$ Br. aus und zwar von W. nach O., von den reichen Gruben des Schlangenbergs und des Zusammenflusses der Uba mit dem Irtysch bis zum Gurbi-Geb. und bis südlich vom Baikal-See. Diese Entfernung beträgt über 21 Längengrade oder 260 Seemeilen. Indem ich mich des Namens Altaï für eine so grosse Erstreckung unter sich paralleler Ketten, für die Erzgebirge, welche gewöhnlich als Kleiner Altaï oder Altaï Bjelki beschrieben werden, für die sajanischen Berge, die Schneegipfel des Tangnu- und Ulangom-oola bediene, folge ich nur dem Gebrauch der chinesischen Geographen, welche in Ortsbeschreibungen stets genau sind.

Wir lassen hier die Notiz über den Altaï folgen, welche der grossen Geographie von China *Thai-thsing-i-tung-tschi* entlehnt und von Klaproth übersetzt ist (s. *Fragm. asiat.*, 1831, p. 187—194). Pallas hat dieselbe Beschreibung in den N. Nord. Beitr. (I., 223) mitgetheilt; da indess Klaproth nach einer andern Ausgabe, als der Mitarbeiter von Pallas, Rossoschin*), übersetzt zu haben scheint, so glaube ich,

*) „*Daizyn-ilum-tschi* bei Pallas ist ganz dasselbe und nur anders ausgesprochene oder geschriebene Werk wie das *Thai-thsing-i-tung-tschi*. Es giebt davon drei Ausgaben, von denen sich zwei zu Paris befinden, die eine in 102 Bd. in 8., die andre in 240 Bd. kl. Fol. Ich besitze auch den *Thai-thsing-hoei-tien*, in 300 Kl.-Fol.-Bd.,

die chinesische Beschreibung des Altaï-Gebirges (Land der Kalkas) hier einschalten zu müssen.

„Das Altaï-Gebirge ist der Kin-schan der Alten (im Chin. der Goldberg); es liegt nordöstlich vom Flusse Tes und stellt sich uns auf einem Raume von 2000 Li (oder 250 gem. franz. Meilen; Klapr.) dar. Es ist so hoch, dass es die Milchstrasse erreicht und dass der auf seinen Gipfeln aufgehäufte Schnee selbst während des Sommers nicht schmilzt. Es ist das Bedeutendste unter allen Gebirgen im Nordwesten. Sein höchster Gipfel liegt nordwestlich vom See Ubsa-noor. Von ihm gehen mehrere Zweige aus, von denen vier Hauptzweige sind: Der eine zieht grade nach N., folgt dem Ertsis- (Irtysch-)Flusse und tritt in das russische Gebiet. Der nordöstlichste Zweig zieht sich im Norden vom Tes-Fl. auf einer Strecke von 1000 Li hin. Der östliche hat den Tangnu-oola zum Nebenzweige; er geht dann nach NW., erreicht den Nordabhang des Khanggaï und verlängert sich nordwärts bis zur Selengga. Er schickt über 100 Li weiter gegen S. einen Zweig ab, den Ulan-gom-oola, der weiterhin nach O. zieht und den See Kirghiz-noor an seiner Nordseite einschliesst. Im SO. erhebt sich das Geb. Berkinak kokeï-oola und im O. der Angghi-oola (Onggu-oola der Karten); an seinem Südabhange tritt der Fluss Kungghe-gol und an seinem Nordabhange der Ukhaï-gol hervor. Weiter im N. liegt der Berg Malaga-oola, an dessen Ostfusse der Burgassutaï-gol*) entspringt. Im NO. erblickt man die hohen Berge, von deren Südabhang die Flüsse kommen, welche den Khara-gol bilden. Dann zieht die Kette nordostwärts, erreicht den Nordabfall des Khanggaï und läuft zwischen den Flüssen Khatun-gol und Tamir hin.

woraus die Tafeln astron. Positionen (Ritter, As., V., 432) entnommen sind. Es ist dies keine Reichsgeographie, sondern die allgemeine Sammlung der Gesetze der regierenden Dynastie. Bei Gelegenheit der Verordnungen, welche die Mongolen und andre angrenzende Völkerschaften betreffen, erschienen mehrere Bände Karten und einige geographische Bemerkungen". Stanisl. Julien.

*) *Gol* im Mongol. bedeutet Fluss. Klaproth.

Ein anderer Hauptzweig des Altaï zieht sich in mehrfachen Windungen gegen S. Von seinem Westabhange kommen: der Narin-gol, Kurtsin-gol, Khaliootu-gol, Neske-gol, Bordzi-gol, Khaba-gol, Kiran-gol, Khara Ertsis-gol und der Kho Ertsis-gol; während auf dem östlichen die Quellen des Karkira-gol und des Khobtu-gol entspringen. Die Kette wendet sich dann gegen O.; an ihrem Nordabhange ist die Quelle des Bujantu-gol, dem südlichen entströmen der Bula-Tsingghil-gol und Djaktai-gol (Ariktaï-gol der Karten). Im Osten ist der Schwanz des Altaï-Gebirges*). Im SO. liegt der Taischiri-oola. Weiter im Südosten gabelt sich die Kette und bildet so die beiden Linien der schwarzen Wolken, welche der Sandwüste als Grenze dienen. Der östliche Arm heisst Kukie-sirke-oola und erstreckt sich nach NO. bis zum Bajan-oola; der südliche wird Dute-dabahn, später Butaï-oola genannt und an seinem Westfusse liegt die Quelle des Tugurik-gol; weiter nach SO. heisst er Burkan-oola und Khonggor-adzirgan-oola**); seine Gipfel erstrecken sich noch ohne Unterbrechung mehr als 1000 Li weit und ziehen durch die sandige Steppe, wo sie den Namen Arban khoyor-Datscha khada-dabahn (d. i. die zwölf Felsen des Datscha) erhalten, weiter südöstlich aber Gurban saïkan-oola heissen; im S. liegt der Berg Nomkhon-oola und im SO. der Ubeghen-oola. Die Kette endet im Berge Kake Khararung-oola.

Im S. des Theiles der Kette, der Khonggor-adzirgan-oola heisst, erheben sich die Berge Kitsighene-oola, Baïkhonggor-oola, Djalatu-oola, die am Itattu-oola auslaufen. 80 Li im S. des letzteren zieht der Thian-schan (das Himmelsgebirge), der von W. kommt, in krummer Linie nach SO. und durchsetzt die Sandsteppe auf einer Strecke von mehr als 1000 Li.

---

*) Der mandsch. Name *Altaï alin dube* auf den Karten hat dieselbe Bedeutung; *dube* heisst nämlich der Blattstiel, die Spitze, das Aeusserste eines Dinges. Kl.

**) *Khonggor-adzirgan* bedeutet im Mongol. und Kalmük. Brandfuchs-Hengst. Denselben Namen führen mehrere Gebirge Central-Asiens. Kl.

Im O. der Kette sieht man auch den Berg Khor-khotu-oola, der sich an den Segun Khaldjan-oola anschliesst; dieser erstreckt sich 200 Li nordwärts bis zum Kuke-Khararung-oola. Weiter südlich ziehen alle diese Gebirge durch die Sandsteppe und vereinigen sich mit der Gardjan-Kette (chin. In-schan) 500 Li nördlich von der Beugung des Huang-ho, der hier das Ordos-Land umzieht*).

(Provinz Tarba-Gataï.)

Das Altaï-Gebirge liegt im NO. von der Stadt Tarbagataï (Tschugutschak); es fängt mit dem Berge Bidzi-dabahn, im Bezirke Tschin-si-fu (oder Bar-kul) an, zieht am Kurtu-dabahn**) vorüber und in einer Schlangenlinie weiter. Seine östlichen Gipfel sind am Höchsten und Steilsten. Es ist das höchste aller Gebirge der nördlichen Provinz (die im Norden des Thian-schan liegt). Im O. dieser Kette befindet sich das alte Land der Kalkas, im W. das der Dzungaren. Im Jahre 1755 ward ein Mandarin hingesandt, um den Geistern dieses Gebirges ein Opfer zu bringen, und seitdem wird diese Ceremonie alljährlich wiederholt".

Während die Chinesen, wie wir eben gesehen, das System des Altai besonders gegen S. ausdehnen, verlängert der berühmte Pallas dasselbe übermässig weit nach NO. Er versteht darunter überhaupt „den kolywanschen Altai zwischen Irtysch und Obi, das sajanische Gebirge zwischen Obi und Jenisei und die Ketten, welche die grösste Breite Sibiriens zwischen Baikal, Amur und Lena einnehmen". Der Altai, sagt er, reicht bis zum Ozean, der die Ostküste Asiens bespült, und wegen seiner nirgend unterbrochenen Continuität muss er unzweifelhaft als die

---

*) Man sieht, dass die Chinesen den grossen Altaï, indem sie ihm die Richtung von NW. nach SO. geben, fast den Thian-schan erreichen lassen, was der Ansicht des Hrn. v. Humboldt (*Fragm. as.*, 30; [Uebers., 20]) vollkommen entspricht. Kl.

**) Dieser Kurtu-dabahn (d. h. der Berg mit Schneeflecken) liegt 100 Li [?] nordwestlich vom Gurbi-dabahn und bildet mit ihm eine und dieselbe Kette. Der Khara Ertsis (Khara Irtysch) kommt von seinem westlichen Abhange. Kl.

mächtigste (gigantische) Kette auf der Erdoberfläche angesehen werden. Ich möchte dieser Ansicht über die Verlängerung des Altai-Systems bis zur Küste von Ochotzk kaum beipflichten. Im Meridian der Südspitze des Baikal-S., jenseit der augithaltigen Felsarten*) des Chamar-Geb. beginnt ein besonderes System von SW.-NO.-Ketten, wie der Khingan und Jablonoi-Khrebet. Es findet sich hier ein Zusammenhang, aber eine Kreuzung von Ketten. Solche plötzliche Veränderungen im Streichen sind ein Anzeichen, wie in dem sogenannten Knie der See-Alpen, dass ein anderes, unabhängiges System von verschiedenem Alter beginnt.

Der Name Goldberg (*Alta-iin-oola* oder *Altaï-alin* bei den Türken und Mongolen, *Khin-schan* bei den Chinesen**) findet sich schon im siebenten Jahrhundert von dem Geschichtsschreiber Menander von Byzanz, dem Fortsetzer des Agathias, auf jenes Gebirgssystem angewandt. Dithubul***), der Khakan der Türken (*Thu-khiu*), welche ihr Lager in den Bergen des Altaï östlich oder nordöstlich vom obern Irtysch hatten, eröffnete schon im Jahre 562 einen dauernden Verkehr mit den Kaisern von Konstantinopel. Um die freundschaftlichen Verhältnisse zu erhalten, schickte Justinian II. im Jahre 569 den Präfecten des Orients Zemarch durch Sogdiana mit einer Gesandtschaft zum Dithubul. Der Gesandte traf den türkischen Fürsten (*χαγάνον*, d. h. Khakan) in einem Zelt, welches auf Rädern ruhte und mit schönen seidenen Tapeten, Goldgefässen und einem Bette, das von goldenen Pfauen getragen wurde, geschmückt war****). Der

---

*) A. Erman, Reise um die Erde, II., 183, 184.

**) Gold: türk. *altin, altun;* mongol. *alta, altan;* chin. *kin, ken.* — Berg: türk. *tagh, tau;* mongol. *oola, dybe;* mandsch. *alin;* chin. *schan.*

***) Dies ist der wahre Name des Khakan, den die chin. Geschichtsschreiber *Ti-theu-pu-li* nennen (Klaproth, *Tabl. hist.*, 116). Ich finde ihn bei Suidas als „Silxibulos, Feldherr der Türken", bei Menander als Dizabulos und Dilzabulos angeführt. (*Dexippi, Eunapii, Menandri hist.* ed. Niebuhr, 296, 399.)

****) Die lat. Uebersetzung der merkwürdigen Stelle, welche an die Gewohnheiten des Nomadenlebens und an den Luxus erinnert, der noch heut

griechische Gesandte musste sich den mysteriösen Ceremonien der chinesischen Magier unterwerfen. Der Khakan,

zu Tage in den Zelten (Jurten) der Kirghisen-, Mongolen- und Kalmüken-Fürsten herrscht, lautet folgendermassen: „Multorum dierum itinere peragrato Zemarchus et qui cum eo erant, cum in regionem Sogdaitarum pervenissent, obvios habuerunt ex Turcis nonnullos ad id missos qui ferrum vendendum offerrent, opinor, ut indicarent, apud eos reperiri ferri fodinas. Ferebatur enim ferrum apud eos esse rem minime paratu facilem. (Der Altai besitzt indess, wiewohl er weniger reich an Eisengruben ist, als der Ural, 8 M. östlich von Buchtarminsk einen Magneteisen-Berg, der leicht abzubauen ist; Rose, Reise, I., 588.) — Alii quoque homines ex eadem gente se ipsos sponte exhibuerunt, quos dicebant esse averruncos. Hi cum ad Zemarchum accessissent, sarcinis depositis, thuris folia incenderunt, Scythicaque lingua nescio quae verba susurrarunt et tintinnabulis atque tympanis resonantes, folium thuris igne cum strepitu laceratum circumferebant et furore perciti frementesque, daemones depellere videri volebant. Adversa igitur, ut existimabant, alio aversuri, Zemarchum ipsum per flammam duxerunt, quo ritu se ipsos quoque lustrasse videbantur. His ita confectis, deducentibus quibus hoc munus incumbebat, ad locum ubi erat Chaganus, in monte, qui vocatur apud ipsos Ectag, *montem aureum* diceres, profecti sunt. In hujus convalle tum temporis erat Disabuli domicilium. Chaganus intra tentorium suum sedebat in sella duabus rotis suffulta, quae si opus erat, uno equo trahebatur. (Aus Hrn. Frähn's gelehrten Untersuchungen über die Waräger geht hervor, dass die griech. Bischöfe im 9. Jahrhundert das Wort χαγάνος oder Khakan zur Bezeichnung der Normannen-Fürsten brauchten, in einer Epoche, wo die Namen Normann und Rhos, Skandinavier und Waräger synonym waren. *Bull. de l'Acad. de St. Pét.*, IV., 142, 145.) — Erat autem tentorium instructum sericis tapetibus affabre per colores variegatis. Postridie etiam in alio tugurio convenerunt, quod erat simili tapetum sericorum genere adornatum, et in quo sedebat Disabulus in lecto, qui totus erat ex auro confectus et in medio conclavis erant urnae, aquiminaria et dolia aurea. Postridie in alio tentorio convenerunt, in quo erant columnae ligneae, auro involutae: auratum autem cubile quatuor pavonibus aureis fultum. Atque in discessu Chaganus Zemarchum muneribus donatum, a se dimisit, honoravitque eum captiva concubina ex his quae Cherchis (χερχίς) dicuntur (Menander, p. 380—382). Diese Gefangene war ohne Zweifel ein Kirghisenmädchen, welches in der Steppe am S.- und N.-Abhange des Altaï geraubt worden. Die griechische Form bei Menander für dieses Hirtenvolk, welches noch heutiges Tags in denselben Ebenen lagert, kann nach dem Werthe (*valeur*), den wir den Buchstaben beilegen und der Aehnlichkeit des Klanges mit Cherchis wiedergegeben

sagt Menander, befand sich „in einem Thale des Gebirges, welches die Türken *Ektag* nennen, was bei ihnen Goldberg bedeutet“. (*Menandri Protectoris excerpta de legationibus Romanorum ad Gentes*, cap. 8.) Später wird die Kette an einer Stelle, wo von dem Lager Tardu's, eines Sohnes Dithubul's, die Rede ist, *Ektel* genannt, und die Erklärung dieses Wortes als Goldberg wird hier wiederholt. („Turxanthi frater, Tardu, sedes suas habebat in monte Ektel; ektel autem significat aureus“; cap. 14, p. 404, ed. Niebuhr.) Der byzantinische Geschichtsschreiber irrte bei der ersten Auslegung. *Ektag*, eigentlich *Aktag*, bezeichnet im Türkischen nicht Goldberg, sondern weisser Berg (*ak*, weiss; *tagh*, Berg), wie S. Martin schon vor langer Zeit gezeigt hat (Lebeau, *Hist. du Bas-Empire*, IX., 400). *Ektag*, weisser Berg, ist synonym mit Pe schan (im Chin. *pe*, weiss), wie die Chinesen das System des Himmelsgebirges (Thian-schan) nennen, und mit Dhawalagiri (im Sanskr. *dhawala*, weiss; *giri*, Berg), dem berühmten Berge im Himalaya. Es sind dies Hindeutungen auf die Schneegipfel, auf die *Bjelki* des russ. Altaï und die *Siue-schan* (Nevados) der Chinesen. Dieselben bezeichnenden Namen kehren überall wieder und bringen eine grosse Verwirrung in die geographische Nomenclatur. Im SW. des Altai heisst ein Theil der Kette Asferah auch Aktag. Ich lasse unentschieden, ob Menanders *Ektel* eine Corruption von *Ektag* oder von *Altai* und *Altin* ist, wie Klaproth annimmt. Soviel steht fest, dass nach dem Zeugniss eines byzantinischen Schriftstellers jene Bergkette, die Urheimath der türkischen Race, schon vor dem sechsten Jahrhundert die Kette der Goldberge hiess. Dieselbe Residenz des Khakan wird von Pei-kiu, einem chinesischen Schriftsteller im siebenten Jahrhundert, als der Endpunkt einer grossen Handelsstrasse vom Lop-See nach Norden bezeichnet. (Neumann, Asiat. Stud., I., 194.)

---

werden, und dies ist gradezu der Name *K'irkiz* (*Quirkis* bei Abulghasi und Raschid Eddin), *Kirghiz* und *Khergiz*, wie die Mongolen, und nach ihnen alle Völker des Abendlandes, das zahlreichste unter den nomadisirenden Völkern Asiens genannt haben.

Wenn es auch ziemlich wahrscheinlich ist, dass der Ueberfluss an edlen Metallen*) (und zwar noch weit mehr an Silber als an Gold) ursprünglich zu den Namen *Altaï* und *Kin-schan* Veranlassung gegeben, so darf man nicht vergessen, dass auch Umstände, welche von dem Zustande des Bergbaues oder der Verbindung der Gebirgsketten ganz unabhängig waren, den Namen Altaï nach O. und S. zu den Ufern des Tula (eines östlichen Zuflusses der Selenga) und nach Kara-Khorum oder Khorin verbreiten konnten. Diese Umstände hängen mit der Gewohnheit der türkischen und mongolischen Fürsten zusammen, ihren Aufenthaltsorten wie den zunächst liegenden Bergen Ehrentitel zu geben. Im zwölften Jahrhundert nahmen die Khakans der Herrschaft Kin den pomphaften Titel *Altun-khans***), d. i. Goldfürsten, an, und die Hochgipfel, an deren Fuss sie hinzogen oder ihre Königslager aufschlugen, wurden nothwendig zu Goldbergen und Gegenstände hoher Verehrung. Man begreift, dass der Name Altaï durch das beständige Streben der östlichen *Thu-khiu* (Türken), Einfälle in Nord-China zu machen, und durch die wechselseitige und veränderliche Abhängigkeit der Türken und Mongolen auf die Gebirge überging, welche sich zwischen den Quellen der Selenga, des Tamir, Orkhon und Tula (Toola) zwischen 98 und 104° Lg. erheben. Diesen Namen finden wir auch besonders mit dem Begräbnissort Tschingis-khans und seiner Nachfolger verbunden. Eine dunkle Stelle der mongolischen Geschichte von Ssanang-Seetsen meldet, dass „der Körper des grossen Fürsten (Tschinghis) in einem Grabe in der Gegend des Jeke Uetek (*Jeke Utekian*, Grosse Utekian-Berg) zwischen dem Schatten des *Altaï-khan* und dem Theile des *Kentei-khan*, welchen die Strahlen der Mit-

*) Das Gold kann früher, wie die Geschichte des Bergbaus im Schlangenberge beweis't, im Altai mehr verbreitet gewesen sein, weil es näher der Oberfläche und in den Ausgangsschichten in grösserer Menge gefunden wurde.

**) Wir finden noch im 17. Jahrhundert zwischen dem Ubsa-S. und dem Thale des Kemtsik (eines Nebenflusses des Jeniseï, in der Kette des Tangnu-Geb.) einen *Altun-* oder *Altin-khan* der Mongolen. Fischer, Sib. Gesch., I., 312; Müller, Samml. russ. Gesch., IV. 536.

tagssonne erhellen, beigesetzt wurde". Diese Worte haben vielfache Discussionen unter den Geographen hervorgerufen. Auf einer Karte von der grossen Wüste Gobi aus dem *Su-kung-Kian-lu* liegt das Altaï-Gebirge*) etwas nördlich von Ho-ning (Ho-lin) oder Khara-Khorum**). Auch wendet Marco Polo, indem er das Altaï-Gebirge zweimal nennt, diesen Namen nicht auf den Aktag des obern Irtysch, die Residenz des Khakans***) Dithubul (Dizabul), sondern auf die weit östlichere Gegend des obern Orkhon an. „Tschingiz selbst und alle seine Nachkommen, sagt Marco Polo, haben ihren Begräbnissort im Altaï. Dorthin trägt man sie und wenn sie selbst vierzig Tagereisen davon entfernt gestorben wären. Jeder, den man auf dem Wege, welchen der Körper der Gross-Khane passirt, antrifft, wird ohne Barmherzigkeit getödtet, um seinem Fürsten und Herrn im jenseitigen Leben zu dienen." Diese Bemerkungen lassen zur Genüge begreifen, wie die Veränderlichkeit des fürstlichen Wohnorts und die Wiederkehr derselben Ehrennamen ihrer Residenzen und der benachbarten Gebirge den Namen Altaï

---

*) *A-lu-tai* (Ab. Rémusat, l. c., 216). Die Einschaltung der Vocale, welche die chines. Aussprache erfordert, verdeckt die wahre Form der Fremdnamen. Die Hakas oder Kirkis (Kirghisen) wurden durch Wandlung des *r* in *l* zu *Ki-li-ki-szu*.

**) Als Stadt existirt Kara-Khorum (nach Marsden: *Kara-Kum*, schwarzer Sand) nach den Untersuchungen von A. Rémusat erst seit 1234, wo Oktai-khan dieselbe gründete. Die Stadt ward (1246—1252) von den reisenden Mönchen Giovanni de Plano Carpini, André de Lonjumel und Wilh. Ruysbroek (Rubruquis) besucht. Kubilai-khan veränderte seine Residenz, indem er sich zu Peking niederliess, und Khara-Khorum ward erst wieder eine Residenz im 15. Jahrhundert, nach der Zerstörung der Mongolen-Herrschaft in China.

***) Lib. I., c. 44 und 45. Nur der Text der Biblioth. Magliabechi hat *Alcay* für Altaï. (S. *Il Milione*, Ausgabe vom Grafen Baldelli, I., 47.) Ramusio und die lat. Texte haben stets Altaï. Die Grausamkeiten beim Leichengepränge der Gross-Khane stimmen ganz mit der Erzählung Herodots (IV., 71), etwa 1700 Jahre vor dem Tode Tschinghis' und 65° Lg. westlicher bei den Scythen am Gerrhus und Borysthenes, überein. Vergl. über den ganzen Entwicklungsgang der geogr. Kenntniss des Altaï Ritter's Asien, I., 477—483, 556—576.

sporadisch*) in alle ehemals von den türkischen und mongolischen Völkern bewohnte Gegenden verbreiten konnten. So werden Ketten, denen jede Art von Metallreichthum gänzlich fehlte, zu Goldbergen (*Alt-iin-oola*) bloss wegen der Nähe des Hofes des Altin-khan**). Die Horde des Kiptschak, welche in der Geschichte der Mongolenherrschaft in Russland so berühmt ist, führte den Ehrennamen Goldhorde, *Syra Urda*, nur wegen der Pracht, welche am Hofe Batu-khans, eines Enkels Tschingis-khans, herrschte. „Ich fand Batu-khan, sagt Rubruquis in dem naiven Styl seiner Schriften, auf einem Sessel oder Throne sitzend, der ganz von Gold und von der Grösse eines Bettes war. Drei Stufen führten hinauf. Mir fiel die Aehnlichkeit des (Mongolen-)Fürsten mit dem verstorbenen Hrn. Jean de Beaumont auf, dessen gefärbter Teint***) gleiche Frische besass“. Dieser bettförmige Thron erinnert an die *κλίνη*, welche von vier goldenen Pfauen getragen wurde und die Zemarch (s. p. 158) im Zelte des Türken-Khakan des Altai sah. Der Altun-takht (*solium aureum*) des Kiptschak gab nicht bloss zu dem Namen Goldhorde Veranlassung, sondern wurde auch der Ehrentitel der Winter- und Sommerresidenz, der Städte Bolghar und Saray.

---

*) Hr. Neumann führt in einem inhaltsreichen Briefe, den ich unter den Manuscr. meines Bruders aufgefunden, eine Stelle beim Menander an, welche A. Rémusat entgangen ist und die alte Civilisation dieser Gegenden darthut. Am byzantinischen Hofe übersetzten die Dolmetscher (im J. 568) Schrift *τὸ γράμμα τὸ Σκυθικόν* (ed. Niebuhr, p. 298). Dies erklärt die Schrift der *Thu-kiuei*, „welche nach Ma-tuan-lin der der andern Barbaren ähnlich war“. Abel Rémusat, *Rech. sur les lang. tart.*, 66.

**) Die chin. Karten haben selbst einen *Altan-oola* (identisch mit Altaï oder Kin-schan) etwas nordöstlich vom grossen Becken des Khuku-Noor.

***) „*Like him he had a fresh ruddy countenance.*“ Diese physiognomische Bemerkung verdient einige Aufmerksamkeit, wenn man sich erinnert, dass das Geschlecht des Tschinghis wahrscheinlich türkischen und nicht mongolischen Ursprungs war. (Klaproth, *Asia polygl.*, 265.) Wir vermissen die mongolischen Züge merkwürdiger Weise auch in den Gemälden, welche wir von den Baburiden, den Beherrschern Indiens, besitzen.

Das Gebirgssystem des Altaï umgiebt, wie wir oben gesagt, die Quellen des Irtysch und Jeniseï und erstreckt sich mit seinem nordwestl. Theile zu dem telezkischen See und dem Zusammenfluss der Katunj mit der Bija. Gegen Osten heisst es die sajanischen Berge, Tangnu und Malacha. Jenseit des Baikal zieht es zum hohen Kenteï und daurischen Gebirge und stösst an die SW.-NO.-Systeme des westl. Khinggan und Jablonoï Khrebet.

Der Altaï im eigentlichen Sinne, welcher durch seinen Metallreichthum so berühmt ist, gehört fast ganz dem russischen Reiche an und bildet nur wenig über ein Viertel vom ganzen Systeme. Ich habe in dieser Darstellung, wie in den nach meiner Rückkehr aus Sibirien herausgegebenen Fragmenten, die unpassenden Namen Grosser und Kleiner Altaï absichtlich vermieden. Diese Eintheilung, welche ehemals in unsren Geographien sehr verbreitet war, ist aus einer dunklen Stelle bei Abulghasi*) entsprungen. Die grosse Gebirgsmasse des Altaï im engern Sinne ist eine einzige Berggruppe, so dass selbst die Eintheilung: „im N. und im S. des Buchtarma-Fl.“ gar keinen geologischen Werth haben würde. Abulghasi's Unterscheidung eines Grossen und Kleinen Altai, nach den gegenüberliegenden Ufern des Irtysch von seinem Austritt aus dem Dsaïsang-See an, widerspricht dem Anblick der Gegend und den am Wenigsten problematischen Kenntnissen des Reliefs noch mehr. Ich stütze mich hierbei auf meine eigenen Beobachtungen im S. von Krasnaja Jarki und auf die Angaben, welche ich im W. und S. des Altai, zu Smeïnogorsk, Ridderski und Syrjanowsk sammeln konnte. Dies ist auch die Meinung zweier gelehrter Reisenden, der Hrn. v. Bunge und Helmersen, welche mit diesen Gegenden weit vertrauter sind, als ich. „Nie, sagt der Erstere, habe ich an Ort und Stelle selbst weder die eingebornen Russen noch die Kalmüken, welche den östl. Altaï bewohnen, von einem Unterschiede zwischen Kleinem uud Grossem Altaï sprechen hören“. (v. Ledebour, Reise, II., 114.)

---

*) *Hist. gén. des Tartares,* Leyde, 1726; 385. Hr. Ritter nimmt mit Recht an (I., 477), dass Abulghasi vom Raschid-Eddin abgeschrieben.

Hr. v. Helmersen bemerkt in einem kürzlich erschienenen und interessanten geognostischen Fragment, „dass das Längenthal der Buchtarma den nördlichen russischen Altaï vom südlichen oder chinesischen scheidet. Der nördliche Theil wurde bis auf die neueste Zeit als eine besondere Gebirgsgruppe und unter dem sonderbaren Namen des Kleinen Altaï bezeichnet (wiewohl er eine grössere Ausdehnung und die höchsten Schneeberge besitzt). Der chinesische Altaï ist nur ein Theil vom russischen; seine Ketten streichen in derselben Richtung, und die Vorstellung einer Eintheilung, welche die Kartographen verbreiten, indem sie einander copiren, ist durchaus nicht in der Natur und der Vertheilung der Unebenheiten des Bodens begründet". Eben so wie die Bewohner des Ural, wie wir weiterhin zeigen werden, den Namen Ural nur für eine einzige Reihe der Berge, welche die ganze Gruppe zusammensetzen, gebrauchen; so pflegen die russischen Bauern im Altaï diesen Namen nur der östlichen, von den Kalmüken bewohnten Region beizulegen. Diese hingegen nehmen den Namen Altaï für das Land zwischen der Tschuja und dem obern Tschulyschman nicht an. (v. Ledebour, I., 271; II., 114.)

Alles, was man von der Existenz von Bergketten behauptet hat, welche südlich von den Fl. Narym und Buchtarma die Grenze des ewigen Schnees erreichen, ist mindestens sehr problematisch. Zu einer Zeit, wo die Documente der asiatischen Literatur wenig zugänglich waren, erdachte der grosse Naturforscher Pallas, — eingenommen für sein „System von Strahlen und von Ketten, welche von einem gemeinsamen Centrum, *montagne souveraine* (Bogdo), dem Beherrscher aller andern ausgingen," — vier Erhebungsstrahlen oder Linien, welche nach den vier Cardinalpunkten des Horizonts liefen. Von dem höchsten Gipfel des Thian-schan oder Himmelsgebirges soll nach O. der Kangai, nach S. der Mussur, Mustag oder Mussart (Schneeberg), nach W. der Ala-tau, nach N. der Altaï ausgehen. Der letztere Zweig läuft über die Irtyschquellen nordostwärts zum Amur. Diese kühne, systematische Auffassung ward mit mannigfaltigen Abänderungen von den Geographen angenommen. Der Typus, dem man vorzugsweise in den neueren Karten huldigte, war die grosse Karte von A. Arrowsmith (erschienen 1818). Dieser fleissige Geograph, dessen Arbeiten über Indostan und ganz Süd-Asien man eine hohe Achtung zollen muss, war weniger glücklich in der Wahl und Anwendung der Materialien für die nördlicheren Gegenden. Man hat sich gewöhnt, einen Zweig oder eine Fortsetzung des Thian-schan, der von der Oase von Khamil (Hami) und der Stadt Barkul (Tschin-si-fu) zum Tangnu-Geb. und den östlichsten Quellen des Jeniseï-Fl. zieht und sich beim See Kussu-gul (*Houssoukol* d'Anville's) an die sajanischen Berge anschliesst, Grossen Altaï zu nennen. Sowohl diese Kette, als der Name Grosser Altaï sind eingebildet*). Weder die Originalkarten des grossen chines. Atlas in 104 Bl., welchen die astronomischen Missionaire von Peking unter Kaiser Khian-lung verfassten, noch die ausführlichen Beschreibungen, welche die chinesischen Schriftsteller von den „Grenzen**) im Westen" oder „dem Lande der neuen Grenze" gegeben haben, rechtfertigen die Hypothese, dass der Grosse Altaï ein von SW. nach NO. streichender Zweig des Thian-schan sei.

Wenn es, wie es die chines. Karten höchst wahrscheinlich machen, eine Kette giebt, die vom Altaï ausgeht und ohne Unterbrechung bis zum Thian-schan zieht, so hat dieselbe eine NW.-SO.-Richtung, d. h. eine der bisher angenommenen diametral entgegengesetzte. Es ist nicht ohne Interesse zu zeigen, wie im *Atlas de la Chine et de la Tartarie chinoise* (1737) gewaltige Fehler in der Länge des Dsaïsang-S. und folglich des Altaï-Aktag (wie in den neuern Karten die falsche Länge von Barkul und der Oase von Hami,) die relative Lage einzelner Punkte innerhalb der

*) S. Hrn Ritter's Betrachtungen über die Verzögerung, welche die falsche Anwendung von Pallas' systematischen Ideen in der Entwicklung der positiven Geographie Central-Asiens herbeigeführt (I., 322).

**) Jedoch wurde Central-Asien seit dem sechsten Jahrhundert n. Chr. von drei grossen Handelsstrassen durchschnitten, über welche Pei-kiu, der Statthalter von Tschang-ye oder Kan-tscheou im J. 607 ein grosses statistisches Werk verfasste. (Neumann, Asiat. Stud., I., 189, 195—202.)

parallelen, von O. nach W. ziehenden Ketten verrückt haben. D'Anville besass für die Gegend zwischen dem Altaï und Ost-Turkestan nur die sehr unbestimmten Resultate aus Reisen, die unter Kaiser Khangi gesammelt worden. Mit diesen unvollkommenen *) Materialien construirte er die beiden Generalkarten von der chin. Tartarei, wovon die eine bis zum caspischen M., die andere nur bis zum Meridian von Barkul (*Parkol*) reicht. Der Dsaïsang-S. ist darauf um 1° östlich vom Meridian von Hami gelegt, während er wirklich fast um 11° westlich von dieser Stadt entfernt liegt. Die Eroberung der Länder der Ölöten unter Kaiser Khian-lung (1760) öffnete die Westgrenze den Astronomen Hallerstein und Felix d'Arocha, deren Ortsbestimmungen uns P. Mailla **) überliefert hat. Die erwähnte Kammlinie geht im W. von dem Punkte aus, wo der Irtysch (*Ertchis*) in den Dsaïsang-S. (*Honhotou-Nor*, corrump. aus *Khongkhotu-Noor*,) tritt, und endigt am Thian-schan nordöstlich von Hami beim See Tschagan-Noor. Von dem Längenunterschiede dieser beiden Oerter zwischen den Parallelen des 45. und 49. Grades hängt also der Winkel der geodätischen Verbindungslinie mit dem Meridian ab. Nach Klaproth's Ausgabe der Karten des Kaisers Khian-lung trennt sich die Kette, welche wir das Verbindungsjoch nennen wollen, vom Altaï südlich vom Fl. Buchtarma, 4° östlich vom Dsaïsang-S. da, wo sich die kurtschumschen Alpen zum Meridian des telezk. Sees. erstrecken. Sie setzt gegen SO. fort, indem sie westlich vom See Ubsa (*Oupsa*) zwischen der Stadt Gobdo-Khoto am See Ike-Aral-Noor (*Ekè-Aral*) und dem See Khesselbasch (*Kisalbas*) hinläuft, dann tritt sie in die Wüsten von Sarkha, Puka (*Pouka Gobi*) und Naiman und heisst Naiman-Oola. Südlich vom Tschagan-S. (*Tchaban-Nor*, 44° 52′ Klapr., 45° 40′ d'Anv.) verbindet sie sich mit der Kette des Thian-schan östlich von Hami. Um diesen Verbindungspunkt auf d'Anvil-

*) Gaubil in den *Mém. concern. l'hist. de la Chine*, XVI., 387.

**) Klapr., *Mém. rel. à l'Asie*, II., 281. [Man vergl. auch die eben erschienene Ausgabe des Atl. von China, von Steph. Endlicher. I. Lief., nebst Index. 1843.]

le's Karte aufzufinden, suche man den unter demselben Meridian, aber am südl. Abhange des Thian-schan gelegenen Berg Noyen-Khara (*Noyen-Hara-Alin*, 43½° Br. auf den beiden Karten d'Anville's) und die kleinen Seen Sogok (*Souhouc-Nor*) und Sobo (*Sopou*), in welche sich der Edzinuigol (*Etzina*) ergiesst. Es geht aus diesen umständlichen Angaben hervor, dass jenes Verbindungsjoch die mittlere Richtung N42°W. hat. Auf d'Anville's Karten ist dieselbe fast N.-S. Der Dsaïsang-S. und der Altaï sind darauf um 11° ostwärts vorgerückt und der Lauf des obern Irtysch wie der des Ili (*Ili-Mourem*), der in den grossen Balkhasch-See (*Palcati-Nor*) tritt, sind in der Richtung eines Meridians abgebildet, während diese Flüsse doch in der Wirklichkeit von O. nach W. laufen. D'Anville lässt das Joch 1° östlich vom Dsaïsang-S. ausgehen, so dass bei ihm der Längenunterschied zwischen den äussersten Enden der Kette nur 2½° beträgt, während derselbe nach Combinationen, welche auf astronomischen Bestimmungen im Altaï und Thian-schan beruhen, mehr als 8½° zu betragen scheint.

So vermochte ein bedeutender Fehler in der Länge des Dsaïsang-S. eine NW.-SO.-Richtung in eine fast nordsüdliche umwandeln. Ein anderer Irrthum in der Länge, aber am entgegengesetzten, südlichen Ende des Verbindungsjoches vergrössert diese Veränderung noch und bringt eine NO.-SW.-Direction der Axe hervor. Arrowsmith's Karte von Asien setzt Hami um 5° 19′ zu weit westlich, indem er diesem Punkte 86° 55′ Lg. giebt. Der P. Gaubil (Souciet, *Obs. math.*, 290) hatte vor den Beobachtungen des P. Hallerstein für Hami 93° 19′ gefolgert; aber letztere geben 91° 30′ nach einer Positionstafel, die Hr. Neumann der neuen Edition des *Tay-thsing-hoei-thien**) entnommen. Indem Arrowsmith und die Geographen, welche ihn copirten, den Thian-schan unter dem erdichteten Namen Grosser Altaï wieder mit den sajanischen Bergen verbinden, setzen sie eine Kette von Turfan und Hami nach den Seen Ubsa

*) Diese kostbare Tafel ist in Ritter's Asien, V., 430 mitgetheilt. Ich setze Hami mit Klaproth in 92° 14′ Lg.

und Kussu-gol, welche sie als die Wasserscheide zwischen der Selenga im O. und den Becken des Irtysch, Djabegan und Kem (Jeniseï) im W. zeichnen. Die alte Tendenz der Kartenzeichner, die Quellen der grossen Ströme mittelst ununterbrochener Ketten zu trennen, hat zur Verbreitung und Fortdauer dieser graphischen Fictionen beigetragen*).

*) Ich stelle hier die Zahlenelemente tabellarisch zusammen, welche ich meinen Untersuchungen zu Grunde gelegt habe und welche den Geographen, die sich ernsten Studien widmen wollen, von Nutzen sein dürften. Die Längen der Jesuiten-Väter sind auf den Pariser Meridian reducirt, indem für Peking nach den neuesten Beobachtungen des Hrn. Fuss 114° 5′ Lg. angenommen worden. D'Anville setzt diese Stadt auf seinen chin. Karten um 15′ zu weit westlich. Die Namen und die relative Lage einiger Seen haben vorzugsweise zur Auslegung des ungenauesten Theiles der d'Anville'schen Karte, die sich bis zur Wolga-Mündung erstreckt, gedient. Ich habe auf den vorigen Seiten neben die Namen der Karte des Kaisers Khian-lung in *Cursivschrift* die synonymen des berühmten französischen Geographen gesetzt. In der folgenden Tafel der Längen sind Astrakhan nach Wisniewski und Bokhara nach Al. Burnes eingeschaltet.

Ort.	Missionaire von Peking.	d'Anville.	Arrowsmith.
Astrakhan	45° 45′	51° 5′	45° 40′
Balkhan Golf	51 2	57 35	51 46
Bokhara	62 8	63 45	59 48
Dsaïsang-See . . .	81 30	92 35	80 45
Ubsa-See	90 0	93 35	91 50
Kussu-gol-See . . .	98 18	100 3	99 2
Kaschghar	71 30	78 15	70 0
Turfan.	88 50	88 5	81 40
Hami	92 14	91 35	86 55
Khotan	78 13	81 35	75 0

Auf den chin. Karten, welche d'Anville copirte, stehen die Wörter *Altaï-alin-tube* (Extremität, Ende des Altaï) zweimal, vielleicht um dadurch die Ausdehnung der Kette von N. nach S. anzuzeigen: das eine Mal finden sie sich nämlich im Meridian des telezk. Sees, etwas nordöstl. vom Dsaïsang-S. unter 48¾° Br.; das zweite Mal trifft man sie in 46½° Br. zwischen Gobdo-Khoto und den Quellen des Irtysch. Diese Position entspricht dem *Altaï-niro* der Klaproth'schen Karte (46¼° Br., 89¾° Lg.). Auch P. Gaubil (*Souciet*, p. 144) setzt in einer Tafel von Positionen der Dsungarei: *Fin du mont Altaï* in

Der eigentliche Altaï oder der kolywansche Altaï der russ. Geographen bildet eine Gebirgsmasse, die sich wie ein mächtiges Vorgebirge am Westende der Ketten, welche wir mit dem allgemeinen Namen des Altaï-Systems bezeichnet haben, vorschiebt. In diesem Vorgebirge eben wurden auf dem W.- und S.-Abhange die Metall-Eruptionen entdeckt, welche seit den J. 1736 und 1745 der Gegenstand eines so berühmten Bergbaues geworden sind. Die Namen kolywanscher Altaï und „Bergwerks- und Hüttendistricte von Kolywan-Woskresensk" sind alte officielle Ausdrücke und aus historischen Erinnerungen entstanden. Es giebt weder kolywansche Berge oder Gruben, noch eine Stadt dieses Namens, aber wohl in den Ebenen (Steppen) von Platowsk und Sauschkina einen kleinen kolywanschen See, dessen Felsen aus geschichtetem Granit uns eine höchst romantische Ansicht gewährten. Es giebt auch einen kleinen Flecken Kolywan (30 Werst nordnordöstl. vom Schlangenberge am Fusse der Sinaja Sopka), wo heut zu Tage kein Hüttenbetrieb mehr statt findet, sondern wo sich die grosse kaiserliche Steinschleiferei befindet, in welcher der schöne Granit, Jaspis und Porphyr des Altaï geschnitten und geschliffen wird. In der Nähe dieses Etablissements, im Thale der Bjelaja wurden unter der Leitung des unternehmenden Nikita Demidof (1725) die ersten Kupferhüttenwerke (*Kolywanskoi Sawod*) erbaut. Ihr Name ist allmälig auf die ganze Gegend übergegangen; aber wegen des Mangels an Brennmaterialien und wegen ihrer seit der Entdeckung goldhaltiger Silbererze nothwendig gewordenen Erweiterung hat man die Schmelzwerke an den Zusammenfluss der Barnaulka und des

---

46° 20′ Br., 93° 52′ Lg. Diese Breitenbestimmung (aus der Mitte des 18. Jahrh.) scheint zu beweisen, dass der Altaï, nach einer von den Missionairen an den Orten selbst gefassten Meinung unter diesem Namen nicht die Kette des Thian-schan erreicht, die von O. nach W. und noch um 2° südlicher zieht. Es ist mir nicht unbekannt, dass die Längenbestimmungen der astronomischen Missionaire viel zu wünschen lassen; sie stützen sich theils auf Himmelsbeobachtungen, theils auf die Combination von geodätischen Aufnahmen und Itinerarien. Aber trotz dieser Unsicherheit darf man diese Längen nicht, ohne sehr gewichtige Gründe, um 4—5° verändern.

Obi verpflanzt. Daraus entstand hier die Stadt Barnaul, jetzt der Mittelpunkt grossartiger Hüttenwerke. Die Stadt Kolywan, welche auf unsern Karten als Gouvernements-Hauptstadt glänzt, ist das elende Dorf Tschausk im N. von Barnaul, also 75 M. weit vom Altaï entfernt. Die Projecte, aus Tschausk eine volkreiche Stadt zu machen, sind gänzlich gescheitert*). Will man dennoch den Namen kolywansches Erzgebirge für den russischen Altaï beibehalten, so darf man wenigstens nicht vergessen, dass die Bergwerke sich bis jetzt nur einen Grad weit ostwärts von Barnaul (in 81° 43′ 27″ ö. Lg. P. nach meinen Beobachtungen) erstrecken. Die Lage der reichen Gruben vom Schlangenberge (Smeïnogorsk), von Syriaïnowsk, Riddersk und Krukowsk beweisen, dass die Region der Silbererze erst den dritten Theil vom eigentlichen Altaï ausmacht, wenn man ihn in seine Naturgrenzen zwischen dem Narym oder der Buchtarma, dem Schlangenberge und der Nordspitze des telezkischen Sees einschliesst.

Man muss die mittlere Axe des Altaï, welche von Westen nach Osten zieht, von dem Umriss der ganzen, durch tiefe Thäler zerschnittenen Gebirgsgruppe unterscheiden. Seine Contouren sind im SW. das Thal des Irtysch vom Narym und vom Kosakenposten Krasnaja-Jarki (49° 14′ 55″ Br., 81° 52′ 15″ Lg.) an bis zur Mündung der Uba in den Irtysch, fast auf halbem Wege von Ust-Kamenogorsk nach Semipolatinsk. Die Richtung dieser Grenze ist SO.-NW. Von der Mündung der Uba bis zum Promontorium des Schlangenbergs (51° 8′ 41″ Br.) läuft die Grenze von S. nach N.; von diesem bis Sandypskoi an der Bija ist die mittlere Richtung, auf einer Strecke von 68 M., SW.-NO. Auf der Ostseite ist der Altaï natürlich weit weniger scharf abgeschnitten, weil hier eben der eigentliche Altaï mit dem übrigen Theil des Systems, d. h. mit der sajanischen Kette und dem Tangnu-Geb. zusammenhängt. Indessen lässt sich die östliche Grenze so angeben, dass man, fast immer von N. nach S., die Ufer der Bija bis zu ihrem Ausfluss aus dem Alpensee Telezk,

*) Ueber Tschausk im kolywanschen Kreise s. Klaproth, *Mém. rel. à l'As.*, III., 302; Ledebour, I., 50; [Koluiwan] Erman, II., 19.

das Ufer dieses Sees, das denselben im O. begrenzende Gorbu-Geb., die Flüsse Tschulyschman und Baschkaus verfolgt. Von dem südlichen Theile des letztern Flusses läuft die Ostgrenze des Altaï durch die Steppe der Tschuja nach den Quellen des Burul (Buchtarma) und dem chin. Posten Tsindagatu, von welchem die Entfernung bis zum nördlichsten Punkte, Sandypskoi, 84 M. beträgt. Die südliche Grenze des Altaï ist da, wo die Gruppe sich über den Narym und die Buchtarma zum Kurtschum-Geb. fortsetzt, bis jetzt weniger bekannt. Wir werden weiterhin die Frage erörtern, ob auf den Kurtschum nach S. hin Gebirge von einigermassen bedeutender Erhebung folgen. — Der Altaï hat innerhalb der eben angegebenen Grenzen über 4400 Q.-Seemeilen (20 auf 1°); sein Areal ist also fast gleich dem von England, dreimal so gross als Böhmen und fast viermal so gross als die Schweiz. (Die Pyrenäenkette nimmt nur ein Areal von 768 Q.-M. ein, s. p. 121.)

Indem ich den Altaï als ein mächtiges Vorgebirge betrachtete, welches das ganze System gegen W. sendet und das sich in die Ebenen hinaus erstreckt, wollte ich bemerklich machen, dass er mit Ausnahme seines Ostabhanges ganz von Tiefland umgeben ist. Dies dehnt sich von Barnaul über den Salzboden von Kulundinsk zur Kirghisen-Steppe aus und zieht, von Semipolatinsk gegen SO. ansteigend, am linken Ufer des Irtysch hin. Es genügt hier, nur die absoluten Höhen von Barnaul, 360′, der Steppe von Platowsk, 802′, des Kolywan-Sees, 710′, von Ustkamenogorsk, 790′ und Semipolatinsk, 710′, anzugeben; dies sind im N. und W. die Höhen der Städte Blois und Poitiers, im S. die der kleinen Plateaux um Metz. Diese geringe Erhebung des Bodens in Regionen, welche die Altaï-Gruppe so nahe umgeben, ist aber um so merkwürdiger, als in einer Entfernung von 25 M. die Tigerätzkischen und Korgon-Alpen schnell zu 7000′, und die Alpen der Bjelucha in 50—60 M. Entfernung bis zu 10300′ H. über dem Meeresspiegel ansteigen. Der Altaï sollte mithin nicht in die Klasse der Ketten gesetzt werden, welche als Randgebirge den Abfall eines centralen Plateaus begrenzen. Ja, es beginnt sogar die

Erhebung der Gobi zwischen dem Altaï- und Thian-schan-System erst östlich vom 93. Längengrade. Im S. des eigentlichen Altaï giebt es gar kein beträchtliches Plateau, denn seine Massenerhebung endigt im O. mit den Meridianen des obern Baschkaus und Turfans. Die Ebenen der Seen Dsaïsang, Balkhasch und Alaktugul sind wahrscheinlich niedriger, als die Hochebenen um München, Madrid und Toledo. Uebrigens hängen die Gebirgsketten nach den Ansichten der neueren Geologie nicht von den benachbarten Plateaux ab, wie der Name Randgebirge könnte vermuthen lassen. Der Himalaya stösst ohne Zweifel auf der einen Seite an das Plateau von Tübet, auf der andern an das von Persien. Er begrenzt gewissermassen zwei Plateaux, eins im S., das andre im N.; aber in dem Zwischenraum zieht er unter dem Namen Hindu-Kho nach Merve und Mushed durch die Ebenen weiter, welche im N. von der Kette höchstens 300 t. erreichen *). Die Plateaux sind entweder Emporhebungen des Bodens zwischen zwei Ketten, (so z. B. die Plateaux von Quito, Cuenca und Titicaca in Amerika,) oder eine Intumescenz desselben am Fuss einer einzigen Kette. In letzterem Falle sind sie entweder mit der Kette selbst entstanden oder sie sind älter als diese und mit den Phänomenen verbunden, welche bewirkten, dass die Continente emporstiegen. Diese frühere Bildung müssen wir den Plateaux von Iran und der Gobi (s. *Fragm. asiat.*, 1831, 95) beilegen, welche das Continent Asiens von SW. nach NO. durchziehen, indem sie die Continuität einer primitiven Erhebungsaxe darstellen, welche nicht weniger merkwürdig ist, als die Continuität der Axe der grossen continentalen Depression von W. nach O. zwischen 43 und 46° Br., auf dem Gürtel des caspischen, Aral-, Balkhasch-, Temurtu- (Issikul) und Alaktugul-Sees**). Es ergiebt sich aus diesen Betrach-

*) Kunduz 78 t., Bokhara 190 t., Balkh 280 t.; die Wüste von West-Turkestan (der Grossen Bucharei) 300 t. Burnes, *Trav.*, I, 241; II., 156, 158; III., 136, 202. *Asiat. Journ.*, 1838, No. 78, p. 527.

**) Der 6 Grad nördlicher gelegene Baikal-S. ist wie der telezkische See eine neuere Erscheinung, eine Längenspalte oder -Thal, welches von der Direction des Systems der in der Nähe aufsteigenden Berge abhängt.

tungen, dass die Gebirgsketten die Grenzen der Plateaux bilden, weil sie entweder selbst die Anschwellung des Bodens, an die sie sich lehnen, hervorbrachten, oder weil die Ketten da leichter aufsteigen konnten, wo sie am Abhange eines Plateaus (wie an den Küsten der Continentalmassen) weniger Widerstand fanden. Uebrigens beweis't die Existenz der grossen Cordillere des Kuen-lun, welche unter dem Namen Thsungling fast bekannter ist, dass die grossen Kammlinien oder vielmehr die grossen Spalten, aus welchen ihre Emporhebung vor sich gegangen, selbst mitten über ein grosses Plateau ziehen können. Man muss ausserdem glauben, dass die Ursachen, welche in unermesslichen Tiefen das Streichen der grossen Systeme von Spalten und Ketten bestimmt haben, nur in geringem Zusammenhange mit der jetzigen Gestalt der Oberfläche des Bodens oder mit den Unebenheiten des Reliefs stehen, denen die Bewohner der Erde mit Recht so viel Wichtigkeit beilegen, weil dieselben das Klima, die Feuchtigkeit und die Entwickelung der organischen Kräfte modificiren.

Der Gebirgshaufen, welcher den Altaï von der Nordspitze des Telezkischen Sees (*Telezkoe Ozero* oder See *Altan-noor*, d. i. Goldsee) bis zur Narym-Mündung bildet, zeigt uns bei einem anscheinend complicirten Bau doch den Charakter grosser Einförmigkeit in der Richtung der einzelnen Höhenlinien. Die am Meisten hervorragenden Massen, welche in die Region des ewigen Schnees treten, liegen sämmtlich zwischen $49\frac{1}{2}$ und 51^0 Br. Auch spricht sich hier die Richtung O.-W. am Entschiedensten in jeder Bergkette aus. Von S. nach N. folgen in dieser Alpenregion des Altaï auf einander: 1) das Narym-Geb., zwischen Narym und Buchtarma; 2) das Sailughem-Geb., die grosse Massenerhebung der Tschuja-, Bjelucha-, Katunja- und Kholsun-Alpen, zwischen den Fl. Buchtarma, Tschuja und Koksun; die Turgusunskischen und Ulbinskischen Bjelki, zwischen dem Koksun und der Ulba; 3) die eingeschobenen Reihen der Koksun- und Ubinskischen Berge, nördlich von dem reichen Bergwerke Riddersk und zwischen dem Koksun und der Uba, einem Nebenflusse des Irtysch; 4) die

Terektinskischen Alpen zwischen Ursul und Uimon oder Katunj, die Schneegipfel des Korgon mit dem ausgedehnten Plateau gleiches Namens, welches daran stösst, zwischen dem Tscharysch und den Quellen des Koksun oder der Uba; die Tigerätzkischen Alpen und das erzführende Promontorium des Schlangenbergs; 5) die Geb. Kura, Aigulak und Serschal, zwischen der Tschuja und dem Baschkaus, die Ursulskischen, Anuiskischen und Baschalatzkischen Alpen, im W. der Katunj und zwischen dem Tscharysch und Anui. Ich habe bei jeder von diesen fünf gesonderten Reihen die östlichen Alpen zuerst genannt. Die höchsten Punkte des ganzen Altaï liegen in der zweiten südlichen Reihe, etwas östlich von den Quellen des Uimon, wo zwischen den hohen Schneealpen der Katunj und Tschuja der majestätische Pik Bjelucha zur Höhe von 10300′ aufsteigt.

Je südlicher die einzelnen Reihen des Altaï liegen, desto regelmässiger behalten sie die O.–W.–Richtung. Im N. des Korgon - Plateaus und besonders nördlich von dem kleinen Flusse Tscharysch streichen die Ketten WNW.–OSO., sogar NW.-SO., wie in der letzten Reihe, den Baschalatzkischen Alpen. Die grossen Längenthäler, welche die ganze Gruppe durchschneiden, verändern ebenso ihre Richtung. Der Narym, die Buchtarma auf einem gleichförmigen Laufe von mehr als 50 M. Länge, und die Uba, alle drei Nebenflüsse des Irtysch, der Koksun, der als Uimon oder Katunj fortsetzt, die Tschuja, welche mit der Katunj in den Obi mündet, fliessen die längste Zeit in der Richtung eines Breitenkreises. Mit dem Thale des Tscharysch beginnt die NW.-SO.-Richtung, welche wir in der Axe der Anuiskischen und Baschalatzkischen Bjelki angegeben haben. Eine Abweichung von der allgemeinen O.-W.-Richtung bemerkt man schon im nordwestlichen Altaï. Je weiter man von hier ostwärts, d. h. zum telezkischen See geht, je mehr wenden die Bergketten und die ihnen parallelen Flussläufe ihre Axen allmälig von S. nach N. Die Ursache dieser Erscheinung, welche auf den Bau und die allgemeine Gestaltung des Altaï grossen Einfluss ausübt, muss noch entfernter gesucht werden. Nördlich von der Tschuja und dem Aigulak-Geb., dann gegen Kuzedeïewskoi und Kusnetsk, zwischen den Meridianen von Biisk und dem hohen Gorbu-Geb., welches beim telezkischen See aufsteigt, herrscht nach Hrn. v. Helmersen's wichtiger Beobachtung ein System von Meridiankettten. In dieser Nordost-Region des Altaï treffen wir eine Kreuzung von Kammlinien an. Der Baschkaus und Tschulyschman, der Alpensee Telezk, welchen dieser Reisende sehr gut eine Längenspalte nennt, die Katunj von ihrem Zusammenflusse mit dem Ursul bis Schinskaja (etwas südöstl. von seiner Verbindung mit der Bija,) laufen von S. nach N. Die Erhebungsaxen kreuzen sich in ihrer Verlängerung mit der allgemeinen Richtung der Bergketten, welche den westl. und südl. Altaï unter $50\frac{3}{4}^{0}$ Br. bilden. Der Region dieser Kreuzung entspricht die höchste Gebirgsmasse, der culminirende Punkt der ganzen Gruppe, und von dieser Durchkreuzung zweier Systeme scheint gerade im Gegensatze zu der einförmigen, langen und schmalen Kette des Ural die grosse Breite und ausserordentliche Höhe des Altaï herzurühren*).

Zur Zeit meines Aufenthalts im Altaï und der Herausgabe der *Fragm. asiat.* kannte man die Lage der culminirenden Punkte nur aus der schnellen Reise, welche Hr. v. Bunge im Sommer 1829 zu den Quellen der Katunj gemacht hatte. Dieser geschickte Botaniker unterschied schon richtig die Säulen der Katunja (*Katunskijae Stolby*) von einem Hochgipfel, „welchen die Kalmüken *Alas-tu* (*mont pelé*), *Jjik-tu* (Gottesberg) und *Jjik-at* (Gottespferd**) nannten".

*) S. die scharfsinnigen Bemerkungen des Hrn. v. Helmersen in seiner kleinen Schrift: der Telezkische See und die Teleuten im östl. Altaï, 1838, p. 83 – 87. — Man kann sagen, der Contrast, welchen die Pyrenäen und die Alpen darstellen, wiederholt sich im Ural und Altaï. „Die Alpen in der Nähe des M. Blanc, M. Rosa und Finsteraarhorn, bemerkt Hr. E. de Beaumont, sind die Knoten zweier Systeme, welche unter einem Winkel von 45—50° auf einander stossen, und desshalb darf man sich nicht wundern, dass ihre Structur verwickelt erscheint, wenn man sie mit einer Kette, wie die Pyrenäen, vergleicht, welche durch einen einzigen Ausbruch *(jet)* entstanden". *(Rech. sur les révol. du globe*, 1829, p. 278, 281.)

**) Ledebour, II., 521. Der Name *Jjik-tu* scheint von den mongolischen Völkern mehreren sehr hohen Gipfeln wegen ihres religiösen

Seitdem hat ein Gelehrter, dessen grosse entomologische Sammlungen ich zu Barnaul zu bewundern Gelegenheit hatte, Hr. Gebler, drei beschwerliche Excursionen zum Hoch-Altaï (1833—1835) unternommen. Das physische Gemälde, welches er von dem katunischen Geb. geliefert, ist von einer grossen Karte begleitet, welche die Hydrographie zwischen Syrjänowsk, den Quellen der Tschuja und der Buchtarma ausführlich darstellt*). Hr. Gebler beschreibt den culminirenden Punkt des ganzen Altaï unter den Namen: Berg Bjelucha (weisser Berg, *Mont Blanc*) und katunische Säulen; er schildert ihn als einen unersteiglichen Gipfel mit zwei Hörnern, die ganz in Schnee gehüllt sind. Die westliche Spitze ist die höhere. Eine trigonometr. Messung, welche auf dem Plateau des Weissen Berel versucht wurde, ergab approximativ 1090 t. rel. Höhe und nahe 1720 t. (3352 m.) über dem Meeresspiegel. Er ist also noch etwas höher als der Aetna (1713 t. oder 3338 m.) und etwas niedriger als der Pic Nethou, der höchste Gipfel der Pyrenäen (1786 t. oder 3481 m). Die benachbarten Rücken, welche sich von W. nach O. nördlich von der Bjelaja und Koksa und von OSO. nach WNW. nördlich von der Katunj erstrecken, tragen mehrere Gipfel von 1250—1400 t. H. Ein Gletscher, welcher den schweizer Gletschern ganz ähnlich ist, von grossen und alten Moränen begrenzt wird und aus dem die Katunj entspringt, zieht sich am Südabhange des Berges Bjelucha herunter. Die Spitzen, welche nächst diesem Berge die höchsten sind, scheinen der Alas-tu und Irbis-tu zu sein, welche 30—40 M. östlicher, nach der Quelle des Karugom und der fast unbekannten Kette des Sailughem zu liegen. Die grösste Höhe, bis zu welcher das Barometer bisher im Altaï gelangt ist, übersteigt nicht 1420 t.; es ist ein

---

Cultus und der Verehrung, die sie diesen „Säulen des Himmels" zollen, beigelegt worden zu sein.

*) Uebersicht des katunischen Geb., in den *Mém. de l'Acad. de St. Pét. (Sav. étrang.)*, III. (1837), 456—560. Vergl. auch Gebler in den Dorpat. Jahrb., 1834 (III., 156) und Brockhaus' liter. Unterhaltungsbl., 1835, N. 101 und 102.

Plateau in der Tschegan-Alpe, deren Kamm sich vielleicht 200 t. über das Plateau*) erhebt.

Im Ural ist das mittlere Streichen der die schiefrigen Gebirgsarten zusammensetzenden Straten sehr einförmig und der mittleren Richtung der ganzen Kette parallel laufend. Diese Einförmigkeit und dieser Parallelismus stimmen in dem complicirten Bau des Altaï weit weniger mit einander überein. Im S. und W., wo Bergketten mit O.-W.- oder SO.-NW.-Richtung der Axen herrschen, streichen die Schichten am Häufigsten *hor.* 6 und 8 des Bergcompasses. Schon am Westrande des Altaï, am kolywanschen See ist der grosskörnige Granit, ohne irgend einen Uebergang in Gneiss zu bilden, in regelmässige Bänke von sehr verschiedener Mächtigkeit (3″ bis 2′) getheilt. Diese Bänke oder Schichten behalten im Allgemeinen eine horizontale Lage; aber wo sie geneigt sind, z. B. an der Granitmauer des Karaulnji-Kamen fand ich sie von O. nach W. oder *hor.* 6 und 6.4 streichen mit einem Fallen von 25 — 30° nach S. Die Schichten fallen mithin gegen die Gruppe des benachbarten Hochgebirges selbst. Die erzführenden Lager vom Schlangenberge und von Riddersk, welche in Porphyr eingeschlossen sind, die von Syrjänowsk im Thonschiefer sind einander fast parallel (*hor.* 6.6 — 7.4); sie laufen auch parallel mit der hangenden und liegenden Gebirgsart; aber an vielen andern Orten ist die Richtung der Spalten, welche die Schichten des Thon- und Chloritschiefers trennen, entgegengesetzt. Die Axen der Schichten sind *hor.* 10—11.5 verworfen. Diese Kreuzungen von Systemen**) rühren zum Theil von den körnigen Diorit-Gestei-

*) Barometr. Messungen von Hrn. v. Bunge bei Ledebour, I., 412. Irrthümlicher Weise wird in diesem Werke die Höhe der Quelle des Kleinen Koksun zu 1615 t. angegeben; es muss heissen 5692 Fuss oder 949 t. (Dorp. Jahrb., III., 143.)

**) Ich fand den Thonschiefer, welcher in den Alpen von Ubinsk und Ulbinsk nördl. vom Dorfe Tscheremschanka, wie am Uebergange über die Ulba herrscht, *hor.* 11.4 und 9.4; bei Buchtarminsk *hor.* 11.6; bei Talowka *hor.* 9.5; längs des Weges vom Schlangenberge zur kolywanschen Schleiferei im Loktewka-Thale *hor.* 8.4; an den Ufern der Buchtarma, wo der Granit den Thonschiefer überlagert, streicht dieser *hor.* 8 — 11. Der Chloritschiefer etwas weiter westlich

nen her, welche die Schiefer durchsetzen, zum Theil von der Wirkung der Emporhebung der Granite und quarzhaltigen Porphyre, welche zu Tage gehen oder in der Tiefe verborgen bleiben. Ein ganz anderes Verhalten zeigt sich in der Nordost-Region des Altaï, welche wir durch Hrn. v. Helmersen kennen. Hier ist die Schichtenaufrichtung sehr regelmässig und es herrscht eine vollkommene Uebereinstimmung zwischen dem Streichen der Schichten und dem der Kammlinien. Der telezkische See verdient, wie schon gesagt, den Namen einer longitudinalen Spalte oder eines Längenthals. Der Thonschiefer behält daselbst auf mehr als 18 M. Länge die NNO.-SSW.-Direction; auf dem Westufer streicht die Axe der Straten fast ganz N.-S.' Dies Streichen und das saigere, mehr oder weniger senkrechte Einschiessen der Schichten bestimmen so zu sagen den geognostischen Charakter des telezkischen Alpensees. Wenn der Thonschiefer in Glimmerschiefer übergeht, wie an der Mündung des Tschulysch, so ändert sich der Winkel der Schichten mit dem Meridian beträchtlich: die NNO.-Richtung wird dann NNW. und wieder NO.-SW. (v. Helmersen, p. 87, 89.)

Zum Schluss füge ich noch zu dieser Auseinandersetzung der übereinstimmenden Stellung der Schichten und der Kammlinien oder Erhebungen als Gebirgsketten eine sehr allgemeine Beobachtung hinzu, welche einen Lebenspunkt der neuern Geologie berührt. Wenn man, wie ich es an einem andern Orte gethan (vgl. das geogn. Gemälde von Süd-Amerika in der *Rel. hist.*, III., 243), mit einem einzigen Blick die Unebenheiten der Bodenoberfläche, d. h. das Gezimmer der Gebirge und die Form der grossen Becken zwischen den verschieden gruppirten Gebirgen auffasst; so bemerkt man, dass diese Gruppen sich bald als longitudinale, in schmalen Gürteln oder Ketten darstellen und den Gängen vergleichbar sind, welche auf grossen Entfernungen dasselbe Streichen

---

vom Schlangenberge gegen das Smejewka-Thal hin zeigt *hor.* 8.5. Ich könnte die Zahl dieser Beispiele noch vermehren, wenn ich meine eigenen sibirischen Tagebücher und die meines Freundes und Reisegefährten Hrn. G. Rose noch weiter untersuchte.

behalten*), bald als unregelmässig gestaltete Massen auftreten. Im letztern Falle scheinen die Emporhebungen entweder durch Kreuzung verschiedener, scharf abgeschnittener Systeme oder durch ein Labyrinth von Spalten oder eine Anhäufung von Gängen (stockwerksartig) statt gefunden zu haben. Diese Arten der Bildung, welche mit einer geognostischen Hypothese verbunden sind, die den Vorzug hat, dass sie auf die Analogie von Thatsachen gebaut ist, welche in unsrer Zeit in der Nähe der Vulkane beobachtet wurden, charakterisirt auf eine schneidende Weise die Gebirgsketten und Gebirgsgruppen. Ich unterscheide an einer Kette oder einem longitudinalen Rücken (*arête*) fünf Richtungselemente, welche in Werken über Geologie und physische Topographie noch zu häufig mit einander verwechselt werden. Diese Elemente sind:

α) die longitudinale Axe der ganzen Kette oder der Emporhebung in Form einer Kante, eines Rückens;

β) die Kammlinie (*ligne de faite*), welche durch die culminirenden Punkte oder Maxima der Höhe läuft;

γ) die Linie, welche den Spalten der Schichtung folgt und die Aufrichtungsaxe der einzelnen Schichten angiebt;

δ) die Linie, welche die Gewässer scheidet, die Wasserscheide (*divortia aquarum*);

ε) die Linie, welche im senkrechten Durchschnitt zwei aneinanderstossende Formationen, z. B. Granit und die silurischen Schiefer, Porphyr und rothes Todtliegendes (*grès rouges*) trennt.

Ich dringe auf die Unterscheidung dieser Elemente, denn sie ist um so nöthiger, als wahrscheinlich in keiner einzigen Kette auf der Erde ein vollkommener Parallelismus der genannten fünf bestimmenden Linien herrscht. In den Pyrenäen, welche durch ihren ausserordentlich einförmigen Bau so merkwürdig sind, laufen drei derselben (*α*, *γ* und ε) genau parallel, nach der schönen und sehr alten Beobachtung

*) Vgl. die wichtigen und neuen Beobachtungen über die Entstehung der Gebirgsketten in den „Resultaten der neuesten geogn. Forschungen des Hrn. Leop. v. Buch, zusammengestellt u. aus d. Franz. übers. von C. v. Leonhard“, p. 307, 382, 438, 475, 506.

Palassou's, welche Ramond und Charpentier bestätigten. Die Streichungslinie der Schichten stimmt hier augenscheinlich mit der Richtung der ganzen Kette und der der verschiedenen Formationsgruppen, welche nach einander zu Tage kommen, überein*). Man muss indess nicht glauben, dass die Ursachen, welche die Richtung der Kammlinien (den Winkel, unter welchem die Axe der Kette den Meridian schneidet,) nothwendig mit den Ursachen verbunden sind, von denen das Streichen und Fallen der Schichten abhängt. In der mächtigen Küstenkette von Venezuela z. B., welche von O. nach W. zieht, schneiden die Schichten des Thonschiefers, Glimmerschiefers und Gneiss**) die Axe der Kette mit grosser Einförmigkeit unter einem Winkel von 35°, und ihr ebenso constantes Fallen nach NW. wird eine Hauptursache des Wasserreichthums am nördlichen Abhange und der ungemeinen Trockenheit, welche gegen S. im Innern des Landes herrscht. Dies Streichen der Straten *hor.* 3—4, welches mich seit meiner frühesten Jugend beschäftigt hat und in den Uebergangsgesteinen eines grossen Theiles von Europa und N.-Amerika (Franklin, *Journ. to the Polar-Sea*, 1824; 529, 534) herrscht, beobachtet man in Gebirgsketten, deren Axen eine ganz entgegengesetzte Direction haben, z. B. im Thüringer-Wald-, im Fichtelgebirge und im Harz; die Axen dieser Ketten streichen NW.-SO. oder WNW.-OSO., während die Schichtenaufrichtung ihrer Schiefergesteine einförmig NO.-SW. zeigt***). Es findet also zwischen beiden Richtungs-Phänomenen keine Abhängigkeit statt****). In den

---

*) Richtung N 68° – 73° W. Man muss mehrere Verwerfungen in der Kreideformation von dem Parallelismus zwischen α und ε ausschliessen. Dufrénoy, *Mém.*, II., 139.

**) *Rel. hist.*, III., 249. Uebrigens beobachtet man in andern Theilen des tropischen Amerika, z. B. in Brasilien, in der Cordillere von Villarica (der Serra do Espinhaço) und in Mexiko einem ziemlich beständigen Parallelismus zwischen der Aufrichtung der Schichten und den Axen der Ketten, welche N.-S. uud NW.-SO. streichen.

***) Steininger, Die erloschenen Vulkane der Eifel, p. 3.

****) v. Dechen, Geognosie von De la Beche, p. 40, 41; E. de Beaumont, l. c. p. 29; Hausmann, *de montium Hercyniae formatione* (im Auszuge in den Gött. Anzeig., 1839, p. 44, 57, 78).

Ebenen, fern von Gebirgen, sind die Schichten ebenfalls stark geneigt*) und bilden denselben Winkel mit dem Meridian, wie im Innern der Ketten. Es ist also wahrscheinlich, dass in allen diesen Fällen die Aufrichtung der Schichten viel früher statt gefunden, als die Hebung der Gebirge oder grossen Rücken. Allgemeinere und ältere Revolutionen, welche vielleicht mit denen zusammenhängen, die den Continenten ihre erste Form gaben, konnten auf grossen Räumen des Erdbodens**) die Schichten aufrichten und ihnen

---

*) In der Ebene unter der Mündung der Uba, — einer Ebene, die nur durch das Thal des Irtysch von der Kirghisen-Steppe getrennt wird, — sah ich beim Vorposten Pianojarsk die Schichten des Thonschiefers im Allgemeinen senkrecht einschiessen, manchmal *hor.* 4.5 mit 8° Fallen nach NW. Das Gestein ist hier von 2 Fuss dicken Quarzadern durchzogen.

**) Es sei mir erlaubt, hier eine Stelle aus meinem *Essai sur le gisement des roches etc.* 1822, p. 57, anzuführen: „In keiner Erdhälfte herrscht eine allgemeine und absolute Gleichförmigkeit des Streichens der Schichten; aber auf Räumen von sehr bedeutender Ausdehnung, zuweilen auf Flächen von einigen tausend Quadratmeilen erkennt man, dass das Streichen, seltener das Fallen durch ein besonderes System von Kräften bestimmt worden ist. Man findet dort in sehr grossen Entfernungen einen Parallelismus der Schichten, eine Richtung, deren Typus sich mitten unter den partiellen Störungen darstellt. Diese Richtung wird häufiger fern von sehr hohen Alpenketten beobachtet, als innerhalb dieser Ketten selbst, wo die Schichten gewunden, wieder aufgerichtet oder gebrochen sind. Ziemlich allgemein folgt das Streichen der von den Hauptketten sehr entfernten Schichten dem Streichen dieser Ketten selbst; eine Thatsache, welche schon Michell im J. 1760 und Saussure (*Voy. dans les Alpes*, §. 2302) überraschte. — Die Richtung der alten (oder sogenannten Ur- und Uebergangsgebirgs-) Ketten ist kein kleines Local-Phänomen, sondern im Gegentheil eine Erscheinung, welche vom Streichen der Flötzgebirgsketten, von ihren Verzweigungen und den Windungen ihrer Thäler unabhängig ist; es ist eine Erscheinung, deren Ursache oft sehr gleichförmig auf ungeheure Entfernungen gewirkt hat. Was ist dieser scheinbare Einfluss der hohen Alpenketten auf Schichten, welche zuweilen mehr als hundert Meilen davon entfernt sind? Ich habe Mühe zu glauben, dass eine und dieselbe Katastrophe die Gebirge gehoben und die Schichten in den Ebenen geneigt hat. Sind die Alpen-Gebirgsketten aus Spalten aufgestiegen, die parallel dem Streichen bereits vorhandener geneigter Schichten gebildet waren?" — Ausser der Richtung der Schichten, welche mit der

schon eine gleichförmige Richtung ertheilen. Diese Erklärung, welche den Ansichten der neueren Geologie keineswegs zuwiderläuft, wird uns da nahe gelegt, wo wir zwischen den bestimmenden Linien α und γ einen Mangel an Uebereinstimmung antreffen, und besonders da, wo in den Straten eine regelmässige und constante Richtung herrscht, während letztere von der Streichungslinie der Kette abweicht; aber man muss sich hüten, auf dem Wege der Induction das, was nur gewissen Regionen und gewissen Erhebungs-Epochen eigen ist, zu verallgemeinern.

Die Gestalt des europäischen Continents, dessen Hauptaxe (NO.-SW.) ziemlich parallel mit der Ostküste Asiens wie mit der Küste Amerikas von Florida bis Grönland läuft, musste ohne Zweifel bei seinem ersten Hervortreten über die Meeresfläche auf die Aufrichtung der Schichten und ihre mittlere Lagerung von Einfluss sein. Als Hr. v. Buch zum ersten Male die Gesetze aufstellte, welche sich in dem Streichen der Ketten offenbaren, und die merkwürdige Häufigkeit der NW.-SO.-Richtung im nordwestlichen Deutschland, in den dalmatischen Alpen, den Ketten Griechenlands und den Inseln des Archipels hervorhob, empfahl er die Richtung des grossen Thales des adriatischen Meeres der Beachtung der Geologen*). Wenn man eine Weltkarte betrachtet, so wird

---

Richtung der Gebirgsrücken oder mit den Grenzen regelmässig auf einander gelagerter Formationen übereinstimmt oder nicht übereinstimmt, giebt es noch ein andres, bisher zu wenig beachtetes Richtungselement. Dies ist ein gewisser linearer Parallelismus in der Lage der langgezogenen Poren vieler Obsidiane, Laven und Mandelsteine, wie in der Structur des faserigen Gneiss und der Lage in Reihen bei den Krystallen einiger Granulite und Schiefergesteine. Dahin gehören die Phänomene „*of elongation and protrusion*“ Poulet Scrope's (*Trans. of the Geol. Soc.*, 2d. Ser., II., 225) und die Anzeichen der Streckung oder der fortschreitenden Bewegung einer zähen Masse, welche Naumann beschrieben (Karsten und Dechen, Archiv, XII., 23). Man kann nicht aufmerksam genug auf Alles sein, was sich in der beschreibenden Geologie der Messung und Orientirung unterwerfen lässt.

*) Ueber die geogn. Systeme v. Deutschland, in Leop. v. Buch, Resul. der Forsch., No. XI. S. auch dessen *Descript. des Il. Canar.*, p. 393—402.

man ebenfalls von dem Systeme grosser Spalten überrascht, welche durch den arabischen und persischen Golf, längs des Tigris oder vielmehr des Pushti-Koh-Systems*) (Geb. von Luristan) vom indischen Meere bis zur Mündung der Elbe fortziehen. Die Richtung dieser Spalten hat dem Ozean gestattet, in das Innere des Continents einzudringen und zur Gestalt der Bodenunebenheiten Veranlassung gegeben, welche den Entwicklungsgang des Abendlandes mächtig begünstigt haben; aber diese Richtung steht rechtwinklig auf der grossen Axe Europas. Sie ist das Erzeugniss einer Wirkung des Erdinnern auf die äussere Rinde, einer Spaltung des erschütterten Bodens von SO. nach NW., welche jünger ist als die Hebung des continentalen Europa: sie wird durch die Kreuzung zweier Systeme von geodätischen Linien (NO.-SW. und SO.-NW.) bezeichnet.

Nach diesen Betrachtungen über das Relief des Bodens, welche zum Gebiete der hypsometrischen und Richtungs-Geologie (*géol. d'alignement*) gehören, habe ich noch einige Ansichten mitzutheilen, welche in mehr directer Beziehung zu der Formations-Geologie stehen. Es liegt in der Natur dieses Werkes, dass wir die Zusammensetzung der Felsarten nur in grösster Allgemeinheit behandeln. Die aufmerksame Untersuchung eines bestimmten und gleichförmig zugänglichen Terrains lehrt das Uebergewicht gewisser unabhängiger Formationen und die Grenzen ihrer gegenseitigen Verhältnisse kennen; aber wenn eine Gebirgsgruppe einen Flächenraum von 4400 Q.-M. oder das dreifache Areal der Schweiz einnimmt, wenn der grössere Theil der Gruppe noch gar nicht von unterrichteten Geologen erforscht worden; so lassen sich keine positiven Behauptungen aufstellen. Wir bemerken daher nur, dass der Thonschiefer nach den bis jetzt gesammelten Beobachtungen als das vorherrschende Gestein im Altaï, von Sandypskoi und dem telezkischen See bis Fikalka, bis zum Dsaisang-See und den Gruben des Schlangenbergs erscheint. Sehr wahrscheinlich

*) Zagros-Kette. S. die Karten von Macdonald Kinneir, 1817, vom Col. James Sutherland, 1833, und vom Maj. Rawlinson, 1839.

bildet dies Gestein, in Gestalt von gemeinem Thonschiefer und nicht in den Uebergängen zum Glimmer- und Chloritschiefer, die grösste Masse des Altaï-Gebirges, und die Eruptions-Gebirgsarten, der Diorit, Granit und Porphyr, spielen darin nur eine sehr untergeordnete Rolle.

Der Thonschiefer zeichnet sich bald, wie in den Ubinskischen und Ulbinskischen Alpen durch eine sehr gleichförmige Structur und Farbe aus, indem er graugrün oder blauschwarz, nicht seidenartig ist und keinen Kohlenstoff enthält; bald zeigt er, wie im nordöstlichen Theile des Altaï, jene Veränderlichkeit und stete Neigung, seine Zusammensetzung und sein Ansehen zu wechseln, wodurch die Reihe der Felsarten charakterisirt wird, welche man ehedem als die Uebergangsformation bezeichnete. Am Ufer der Bija schliesst der Thonschiefer Quarz- und Geröll-Lager, wirkliche Grauwacke ein. Andrerseits führt der braunrothe Schiefer beim Cap Aschu am Ufer des telezkischen Sees fasrigen Kalkspath. In dem Theile des Altaï, welchen ich bereisen konnte, überraschte mich die Abwesenheit des lydischen Steins und des Kieselschiefers, welcher sich durch Berührung mit den Dioriten in so grosser Menge in dem Thonschiefer des Fichtelgebirges und in andern Gegenden Europas entwickelt. Hr. v. Helmersen traf ihn*) weiter nordostwärts nur in den Conglomeraten oder dem lockern Trümmergestein an, welches mit Stücken von Gneiss, Porphyr, Diorit und Jaspis untermengt war. Es ist ziemlich wahrscheinlich, dass dieser Jaspis hier, wie im Süd-Ural das Erzeugniss einer Contactwirkung zwischen Thonschiefer und Diorit ist. Ohne Zweifel ist ebenfalls die Einwirkung eines Eruptions-Gesteins die Ursache, dass man im Thale der Maglenka zwischen den Blättchen eines grünlichen Schiefers grosse rundliche Knollen von dichtem Feldspath und einige fasrige Krystalle (Labrador vielleicht) findet. Im Hängenden des gold- und

*) Der Kieselschiefer bildet auch ein Lager (einen Gang?) im Thonschiefer des mittlern Altaï im Thale der Katunj östlich von Nijnei-Uimonsk zwischen den Nebenflüssen Akschan und Kuragan, wo ihn Hr. Gebler beschrieben (*Mém. de Pét.*, III., 512).

silberführenden Lagers von Syrjanowsk nimmt der Thonschiefer Bittererde auf und wird talkartig; auch hier haben sich in ihm Feldspathkrystalle und einige Quarzkörner ausgesondert. Weiterhin geht der Thonschiefer im schönen Thale der Beresowka beim Pochwerke in Chloritschiefer über. Von hier aus genossen wir des imposanten Anblicks, den siebzehn Hörner oder Pics, die in die ewige Schneeregion ragen, und der Berg Stolbowucha in den Kholsun-Alpen darbieten. Ich habe auf der weiten Strecke zwischen dem Schlangenberge, Ridderski und dem chines. Posten Baty im Altaï keinen wahren Glimmerschiefer gesehen; aber diese Gebirgsart und einige mächtige Gneisslager von fast blättriger Textur treten am Südende des telezkischen Sees in den Thälern des Tulak und Jakpasch auf*). Die einzige Region, wo Talk- und Chloritschiefer vorherrscht, ist der SO.-Altaï. Hr. Gebler hat diese Gesteine besonders untersucht, und man sieht aus dem geognostischen Theile seiner interessanten Abhandlung, dass der Thonschiefer auf einem Raume von mehr als 160 Q.-M., also auf einer Fläche, die mehr als $2\frac{1}{3}$-mal so gross als der Harz ist, meist in Chlorit- und Talkschiefer umgewandelt ist. Diese magnesiahaltigen Felsarten zeichnen das alpine Gebiet zwischen dem Argut, der Topolewka, dem Akem und dem Dorfe Uimonsk nicht bloss im S., sondern auch im N. der hohen Katunja- und Bjelucha-Kette aus. Die in der Gletschermoräne am Fuss des Hochgipfels Bjelucha aufgehäuften Blöcke „bestehen nur aus Chloritschiefer und enthalten nicht ein Stück Granit“. Es scheint ausgemacht, dass die Spitze der beiden Hörner, welche über 1720 t.**) Höhe erreichen, aus demselben Chloritfels besteht, denn man unterscheidet mit guten Fernröhren gespaltene und stark einschiessende Schichten. In der Umgegend der Bjelucha-Alpen am Ufer des Kaïr, der auf der Westseite in den Ar-

*) Helmersen, p. 88 – 90, 95, 97, 99; G. Rose, I., 582, 590, 591, 593.

**) Die annähernde Bestimmung Gebler's zu 11000′ ist ohne Zweifel russ. oder engl. Maass (a. a. O., p. 466—468), obwohl die Höhe des Kholsun (p. 507) in franz. Fussen angegeben wird.

gut fliesst, und weiter nordwestlich bei Uimonsk an der Quelle des Grossen Orkol geht der Talkschiefer in Serpentin über. Auch treten überall mitten in dieser Region talkiger Gebirgsarten kleine Massen von nicht verändertem Thonschiefer auf und erinnern daran, dass häufige Eruptionen von Granit und Porphyr quer durch den Thonschiefer die verschiedenen Abänderungen und innern Entwickelungen mittelst Contact erzeugt haben. Es verdient in eben so hohem Grade der Beachtung, und wir werden nachmals auf dieses merkwürdige Phänomen zurückkommen, dass in dem sehr ausführlichen Verzeichniss von Felsarten des SO.-Altaï, wie Chlorit-, Talk- und Glimmerschiefer, Serpentin und Syenit (am Abhange des Bg. Sugasch), Hr. Gebler*) nicht ein einziges Mal den Gneiss nennt. Man möchte sagen, dass der Granit als Eruptions-Gebirgsart durch seine Einwirkung auf den Thonschiefer nur jene bis zum Glimmerschiefer gehende Reihe von Abänderungen hervorgebracht hat; dieser letztere bedeckt einen kleinen Raum zwischen der Rachmanowka und dem Schwarzen Berel; aber die stufenweise Umwandlung ist dabei stehen geblieben und nicht bis zum Gneiss fortgeschritten. Die Abwesenheit oder vielmehr die Seltenheit dieses Gesteins [s. p. 185], welche sehr charakteristisch für den ganzen Altaï ist, steht in der von Hrn. Gebler bereisten SO.-Region mit dem gänzlichen Fehlen des Diorits in Zusammenhang, der anderwärts so häufig den Thonschiefer durchbrochen, z. B. zwischen den Gruben von Syrjänowsk und vom Schlangenberge wie am telezkischen See. Der Diorit des Altaï, dessen Zusammensetzung von Hrn. Rose (Reise I., 559) mit grosser Sorgfalt analysirt worden, ist ein körniges Gemenge von Albit und Hornblende, wozu manchmal noch etwas fleichrother Feldspath, Quarz und lauchgrüne Glimmerblättchen treten.

Die Eruptions-Gesteine, für welche ich in einem

---

*) A. a. O., p. 509, 512, 513. Schangin (Pallas, N. Nord. Beitr., VI., 98) nennt einmal Gneiss am Ufer der Katunja, aber die Zeit, wo dieser sonst verdienstvolle Bergmann schrieb, macht seine Bestimmungen von Granit- und Schiefergesteinen ziemlich unzuverlässig.

andern Werke den Namen endogene vorgeschlagen, (im Gegensatz zu den exogenen oder abgelagerten, sedimentären,*) können in Regionen, welche so selten ernsten Forschungen unterworfen gewesen, noch nicht nach der Zeit ihres Auftretens classificirt werden. Gänge, die sich kreuzen, und Substanzen, welche einander einschliessen, werden einst den Beobachtern zum Führer dienen. Im sächsischen Erzgebirge sind die Silbergänge neueren Ursprungs als die Porphyre, folglich jünger als die Steinkohle und der rothe Sandstein (*grès rouge***). Im Harz schliessen Grauwacke-Schichten einzelne Fragmente von Granit ein; aber die Granitmassen, welche jenes Gestein durchbrochen haben, sind von anderem Ansehn und anderer Bildung als jene isolirten Stücke. Hr. Hausmann (Gött. Anz., 1839, S. 65, 67, 70) hält die beiden grossen Massenerhebungen von Granit im Harz, den Brocken und Ramberg, für jünger als die Augit-Gesteine, den quarzhaltigen Porphyr für jünger als den Granit. Da Gebirgsarten, welche in ihrer mineralogischen Zusammensetzung einander sehr ähnlich sind, ein ganz verschiedenes Bildungsalter haben können, so darf man in der chronometrischen Skale der Eruptionsgesteine das, was man in der einen Kette bewiesen zu haben glaubt, nicht ohne Weiteres auf eine andere Kette übertragen. Dies gilt besonders für die Fest-

*) S. meine geognostische und pasigraphische Skizze der Formationen zwischen Mexiko, Moran und Totonilco (*Atl. géogr.*, Pl. VII.). Um nicht in den pasigraphischen Zeichnungen die Angabe der Wege oder Spalten hinzuzufügen, aus welchen die Ausbruchs- oder Ergiessungs-Gesteine, wie man annimmt, an die Erdoberfläche getreten sind, (Spalten, welche unsre neuern Profile entstellen,) habe ich in meinen Zeichnungen die beiden Gruppen der endogenen und exogenen Gebirgsarten durch senkrechte Pfeile bezeichnet, deren Spitze nach oben oder nach unten gerichtet ist.

**) S. die trefflichen Beobachtungen des Hrn. v. Beust in der geogn. Skizze der Porphyrgebilde, S. 47 und 95. Wenn man annehmen könnte, dass der Porphyr der Freiberger Gänge von demselben Alter wie die Porphyrmassen von Altenburg und Teplitz wäre, so würden manche Geologen genöthigt sein, den Silbergängen des Erzgebirges eine jüngere Entstehung zuzuschreiben, als dem Plänerkalk oder der Kreide. Ich stimme dieser Betrachtungsweise nicht bei.

stellung der Verhältnisse zwischen Diorit (Hornblende-Grünstein), Granit, Syenit und der verwickelten Reihe der Porphyre.

Der Granit bietet die lehrreichsten Phänomene, die hervortretendsten Züge in dem geognostischen Gemälde des Altaï dar. Er erhebt sich innerhalb der Schieferregion zu grossen Höhen; doch ist er auch am äussern Rande der ganzen Gruppe, wo die Abhänge sich in die sibirischen Steppen verlaufen, hervorgebrochen. Wir nennen hier nur die Umgegend des Kolywan-Sees, die Ebenen von Ust-Kamenogorsk und Buchtarminsk, den ganzen Lauf der Ufer des Narym beim chin. Posten Khonimailakhu, endlich das NO.-Ende des Altaï, längs der Bija oberhalb Sandypskoi*). Es ist gleichsam eine oft unterbrochene Granitumwallung, deren Bau und Zusammensetzung indessen ziemlich constant ist. Ich führte schon oben an, dass der Granit des kolywanschen Sees (derselbe ist grosskörnig und geht durchaus nicht in Gneiss über,) sehr regelmässig geschichtet ist. Seine Schichten sind allgemein horizontal und ihre Theilung ist nicht die Folge einer Zersetzung durch atmosphärische Einwirkung. Dasselbe Phänomen regelmässig geschichteten Granits, welches vormals so oft in Zweifel gezogen worden, zeigt sich auch in mehreren Gegenden von Amerika. Ich habe es in der Kette von Venezuela zwischen Turmero, Valencia und Portocabello, am obern Orinoko und an den Ufern des Atabapo beobachtet (*Rel. hist.*, II., 58, 84, 99, 405; III., 250). Bei *las Trincheras*, südlich von Portocabello, sieht man keine thurmförmigen oder als isolirte Mauern hervorragenden Felsen. Der Granit, welcher rothe Feldspathkrystalle von über

*) Beim Lager (den Jurten) des Saissan Arusbai (Helmersen, p. 98). — Der Name des Postens Khonimailakhu ist mongolisch und bedeutet das Blöken der Schaafe, von *khoni*, Schaaf, und *mailakho*, blöken. Die Chinesen schreiben wohlklingender *Ho-ni-maila-hu*. So findet er sich auch von der Hand Tsing-fu's, des chin. Commandanten des Postens, am Rande eines Exemplars vom *Sankue-tschi* (Geschichte der drei Königreiche) geschrieben, womit er mir ein Geschenk machte und welches ich nebst einigen andern asiatischen Büchern und Manuscripten der kön. Bibliothek zu Berlin übergeben.

1'' Länge und etwas Glimmer enthält, bildet hier nicht den Kamm eines Berges oder einen emporgehobenen Rücken, sondern er erscheint im Gegentheil auf einer sehr sanften Abdachung wie secundärer Kalkstein geschichtet und zwar in Bänken von fast gleicher Mächtigkeit, was beim Granit ziemlich selten vorkommt. Diese Bänke streichen N52°O. und fallen einförmig 30—40° nach NW. Nur die Köpfe der Schichten gehen zu Tage. Ich hebe diese Localität in Venezuela wiederum hervor, weil sie mehr als irgend eine andere zu beweisen scheint, dass bei den geschichteten Graniten, wie bei mehreren Porphyren, Trachyten und Basalten die regelmässige Absonderung in Schichten ein Phänomen ihrer ursprünglichen Structur ist, was mit der Art der Ergiessung, der allmäligen Abkühlung und Erstarrung der Massen in Verbindung steht.

Der Granit des Altaï enthält sowohl Feldspath als Albit; der letztere, welcher leichter verwittert, findet sich oft in sehr bedeutender Menge darin. Er ist ferner durch einzelne Krystalle von Hornblende und Sphen (braunem Titanit) mit sehr glänzenden, glatten Flächen ausgezeichnet. (Rose, I., 524, [551], 558, 578.) Diese isolirten Hornblende-Krystalle geben uns nicht das Recht, den Granit des kolywanschen Sees als eine syenitartige Bildung anzusehen, obwohl im Syenit des schönen plauenschen Grundes bei Dresden und in den Syeniten Mexikos ebenfalls Titanit durch die ganze Masse zerstreut ist. Eben so zeigen auch die Dolerit-Trachyte einiger Vulkane Quitos in einem Gemenge von Labrador und Augit sporadisch Spuren von Hornblende, ohne desshalb einen Uebergang in Diorit zu bilden. Diese mineralogischen Bemerkungen haben für den Geologen nur insofern Wichtigkeit, als sie sowohl an die Grenzen der Formationen als gewöhnlichen Aggregaten gewisser Mineralien, als an das gegenseitige Band erinnern, welches alle endogenen oder plutonischen Gebirgsarten unter einem höhern Gesichtspunkte mit einander verknüpft.

„Nirgends habe ich“, — ich schalte hier einige Seiten aus dem Tagebuche meiner asiatischen Reise ein, welches unter dem Eindruck des Anblicks der Oertlichkeiten selbst verfasst wurde, — „weder in der einen noch in der andern Hemisphäre Granit gesehen, welcher den Charakter plutonischer (hervorgebrochener oder ergossener) Felsarten (*roches d'éruption ou d'épanchement*) deutlicher trüge, als der Granit, welcher die Gebirgsmasse des Altaï umgiebt. Er ist isolirt, wie Porphyr oder Basalt, und wird nicht von Gneiss und Glimmerschiefer begleitet. Am Fuss des Alpengebirges erhebt er sich in der Steppe unter den seltsamsten Formen. Wenn man aus der Steppe von Platowsk, wo man zum ersten Male die Schneemassen der tigerätzkischen Alpen am Horizont unterscheidet, zu den felsigen Ufern des kolywanschen Sees aufsteigt*), so wird man von diesen Granit-Eruptionen, welche auf einem Raum von mehreren Quadratmeilen aus einem ganz ebenen Boden hervortreten, überrascht. Bald liegen die Felsen in geraden Reihen hinter einander, bald zerstreut in der Ebene, und dabei besitzen sie die sonderbarsten Gestalten: hier sieht man schmale Mauern**), dort kleine Thürme oder Polygone. Die niedrigsten Mauern ähneln Tribünen, Sesseln oder Grabdenkmälern. Der Contrast in der Höhe und dem Volumen der Granitmassen verleiht dieser Gegend insbesondere eine fremdartige Physiognomie. Manche haben eine Höhe von 400—500 Fuss, wie die Wyssokaja Gora, andere erreichen kaum 7—8 Fuss***)

*) Die Ebene ist schwach gewölbt. Mein Barometer ergab für das Niveau des Sees 24 t. Höhe über der Platowskischen Steppe im Norden. Von diesem See steigt man zur Stadt Schlangenberg noch 50 t.

**) Diese Granitmauern gleichen den schroffen Mauern, welche den Gipfel des Ochsenkopf im Fichtelgebirge und die thurmartigen „Schnarcher" im Harz bilden, wie den mit Palmen gekrönten, monumentalen Granitmassen, welche ich in majestätischer Erhebung über die Wälder von Laurineen und Guttiferen am obern Orinoko, zwischen den Nebenflüssen Vichada und Zama gesehen. (*Rel. hist.*, II, 382, 390.)

***) Die Erscheinung kleiner, zerstreuter Granit-Ausbrüche in den ebenen Steppen oder auf ebenen Plateaux kehrt wahrscheinlich in mehreren Gegenden der Mongolei wieder. Stellen die chinesischen Tapeten, auf denen man oft Gruppen von Reisenden im Schatten von Felsen, die kaum doppelte Mannshöhe haben, gelagert sieht, Phan-

und erinnern an die kleinen vulkanischen Erhebungen, welche in den Ebenen, die man im spanischen Amerika *Malpays* nennt, die eigenthümlich rauhe Oberfläche hervorbringen. Im Dorfe Sauschkina oder Sauschka befanden wir uns gleichsam im Mittelpunkte dieser Granitausbrüche Die kleinen Erdhügel (*buttes*), welche man nicht mit den Geschiebe-Felsblöcken verwechseln darf, wovon sich keine Spur zwischen dem Ural und Altaï, zwischen Tobolsk, Barnaul und dem Schlangenberge findet, kommen in der Garwonaja-Steppe in grosser Menge vor. Es sind die Dalnie-Kamni, welche mit den grossen Mauern contrastiren, die bald ausgeschweift (Bolschaja Sopka), bald eben sind und in eine kegelförmige Spitze auslaufen (Wostraja Sopka). Gegen SO., im Skil konnte ich mittelst des Fernrohrs sehr mächtige und gewundene Granitbänke erkennen. Alle diese Erhebungslinien scheinen unter der Erde mit dem Vorberge der Sinaja Sopka (des Blauen Berges) zusammenzuhängen, welchen wir auf unserer Excursion vom Schlangenberge nach der kais. kolywanskischen Schleiferei nahebei sahen".

„Andre, noch ungewöhnlichere Formen zeigen die Granitfelsen, welche sich längs des südlichen Altaï-Abhanges, zwischen Buchtarminsk, dem Narym und dem chinesischen Posten Baty erhoben haben. Es sind dies entweder Glocken und plattgedrückte Halbkugeln, oder Kegel, die mitten in der Ebene des obern Irtysch liegen und meistentheils durch seitliche Ergiessungen (*épanchements*) in sehr niedrige und sehr langgedehnte Mauern auslaufen. Man könnte hier von einem Strome sprechen, welcher durch die Flüssigkeit der aus einer Spalte hervorgekommenen Materie entstanden. Besonders wurde ich von der Kegelform eines Granithügels zwei Werst von Buchtarminsk mitten in der Ebene überrascht. Die Kirghisen nennen ihn Biri-tau, die Russen Mochnataja Sopka. Dieser Hügel ähnelt im Grossen der Pyramide des Cajus Cestius neben dem Kirchhofe der Prote-

---

tasie-Landschaften vor, oder ahmen sie Formen nach, deren Typus aus der Natur selbst hergenommen worden?

stanten zu Rom. Ich habe ihn von der Südseite gezeichnet*), als ich mich am Fusse des Hügels niedergelassen hatte, um aus dem Durchgange der Sonne durch den Meridian die Breite von Buchtarminsk zu bestimmen. Die Ströme (*coulées*), welche in Gestalt von Schweifen zu beiden Seiten an den Fuss des Kegels angesetzt sind, streichen *hor.* 4.3. Die geschichteten Granitlager sind ganz horizontal. Man könnte versucht sein, granitische Hügel, deren Gestalten sich mehrmals zwischen Buchtarminsk und Krasnojarki wiederholen, von fern für Basalt- oder Trachytkegel zu halten."

„Hier, wie in der Steppe bei Sauschkina, erreichen die Ausbrüche sehr verschiedene Höhen: einige haben kaum 50 bis 60, andere mehr als 400 Fuss Höhe. Zu Ustkamenogorsk sahen wir nach SSO., in 80 Werst Entfernung, mitten in der Steppe jenseit des Irtysch sich einen Berg erheben, der einer durch kleine Thürme gedeckten Festung ähnlich war. Seine ruinenartige Gestalt hat ihm den Namen Klosterberg, *Monastyrskaja Gora* (*Dullogato Tschököt* der Kirghisen) verschafft. Ist dies ein Granit- oder ein Porphyrfelsen? Ich neige mich zur ersteren Annahme, weil Hr. Meyer in den benachbarten Bergen bei Ablakit den Porphyr herrschend und selbst Höhen erreichend, die er zu 500 bis 600 t. schätzt, gefunden hat**)."

---

*) Siehe Fig. 1. Ein kleines Kirghisenlager in der Steppe umgiebt den Kegel des Biri-tau.

**) Nach Höhenwinkeln, welche ich zu Ustkamenogorsk im Garten des Hrn. Nakariakoff genommen habe, aber in einem Augenblick (20. Aug. Mittags), wo die Refraction äusserst veränderlich war, würde der Klosterberg auch mehr als 600 t. über dem Niveau der Kirghisensteppe erhoben scheinen. Ich habe ihn in S32°O. aufgenommen. Es heisst in der interessanten Reise des Hrn. v. Ledebour (II., 330), „dass die Monastyrskija Gori ihren russischen Namen von der Hauptkoppe erhalten haben, welche als ein mit vielen Thürmen geziertes Gebäude erscheint." Nach der Schilderung des Hrn. Iwanow, welcher die Steppe oft durchreis't hat, „umschliessen diese Berge, natürlichen himmelhohen Mauern gleich, eine etwa zwei Werst grosse Fläche, die einem ungeheuren Hofe im Innern eines Gebäudes ähnelt. Unzählige Quellen entspringen aus dem Gestein (Granit oder Porphyr?). Ihre vereinigten Wasser bilden einen kleinen

„Südlich von Buchtarminsk bemerkt man, wenn man von dem Kosakenposten Krasnojarki längs des oberen Irtysch zum chinesischen Posten Khonimailakhu reis't, am rechten Ufer eine Kette geschichteten Granits, deren Anblick seltsam überrascht. Es sind anfangs (besonders nahe der chinesischen Grenze an den Ufern des Narym) Mauern von im Allgemeinen horizontalen oder schwach gegen SW. geneigten Steinschichten; bald darauf zeigen die Granitmauern Spalten, durch welche andre, rechtwinklig dagegen gerichtete Ströme in die Ebene dringen. Man unterscheidet hinter jenen Spalten zahlreiche kleine Kegel, bei welchen die mit zerbrochenen Blöcken bedeckten Ströme zu endigen scheinen."

„Diese regelmässigen Schichtungen, wechselnd mit Verwerfungen und sehr gewundenen Schichten, charakterisiren eine Eruptions-Felsart. Ich wiederhole es: dieser Granit des Altaï wird nicht von Gneiss und Glimmerschiefer begleitet; aber er zeigt zuweilen, (z. B. in den Narymschen Bergen) eine porphyrartige Structur, und in diesem Falle ist er, nach den Untersuchungen des Hrn. Rose (I., 599 und 600), ein kleinkörniges Gemenge von Albit, Quarz und schwarzem Glimmer. Feldspath findet sich nicht in diesem Gemenge. Die Ergiessungs-Erscheinungen, welche wir so eben bezeichnet haben, zeigen sich beim Eintritt in die dsungarische Steppe, welche sich nach Westen, so weit das Auge reicht, jenseit des linken Ufers des Irtysch ausbreitet. Die nomadisirenden Kirghisen bauen daselbst, auf chinesischem Grund und Boden, *Holcus Sorghum* mittelst künstlicher Bewässerung."

Fluss, dessen schmales Bett der einzige Weg ist, auf dem man in dies geschlossene Thal gelangen kann." Mehr westlich vom Klosterberge finden sich die Ruinen von Ablaikit (*Ablaï-jin-kied*), d. h. des *Kied* oder des 1654 von einem dsungarischen Fürsten, Namens Ablai, gegründeten Klosters, welches unter Peter dem Grossen sowohl durch die barbarische Zerstörung einer kostbaren tübetanischen und mongolischen Bibliothek, als durch die vermessenen Interpretationen der Gebrüder Fourmont (Abel Rémusat, *Langues tart.*, I., 228; Ledebour, II., 327; Ritter, I., 738—749) berühmt geworden ist. In den Bergen von Ablaikit sah Hr. Meyer auch den Granit auf Thonschiefer gelagert (Ledebour, I., 418).

„Wenn die Granite des Altaï, welche die ganze Gruppe im W. und S. umgeben, uns schon durch ihre äussere Bildung und die besondere Physiognomie, welche sie dem Relief des Bodens geben, überrascht haben; so sind dieselben Granite noch weit instructiver durch ihre Lagerungsverhältnisse zu andern Formationen. In dieser letztern Rücksicht gewinnt die Schifffahrt auf dem Irtysch von Buchtarminsk nach Ustkamenogorsk das höchste Interesse für den Geologen. Der Fluss hat sich quer durch Thonschieferfelsen ein Bett gegraben, die ganz dem sonst Uebergangs-Thonschiefer genannten ähnlich sind. Es ist ein breites Thal, welches von im Allgemeinen steil abstürzenden und mit Fichten bedeckten Felsen eingefasst wird. Man rechnet wegen der Windungen des Irtysch von Buchtarminsk nach Ustkamenogorsk 110 bis 115 Werst, welche die Schiffe in weniger als neun oder zehn Stunden zurückkehren. Auf den ersten drei oder vier Werst unterhalb des Abfahrtspunktes findet man ein wenig hohes Ufer; Granitkegel oder -pyramiden, ähnlich dem Biri-tau, zeigen sich in der Ferne. Bald erheben sich die Ufer mehr, zu beiden Seiten treten Berge von dunkelschwarzem Schiefer auf; weiterhin, in 15 bis 16 Werst Entfernung von Buchtarminsk erscheint der Granit hinter dem Schiefer, durchdringt ihn in mächtigen Gängen*) und bedeckt ihn mit Bruchstücken auf dem rechten Ufer des Flusses. Diese Lagerung des geschichteten Granites auf dem Thonschiefer, welche schon Herrmann (Mineral. Reisen, 1795, III., 85) ahnte, ist unzweifelhaft; sie setzt auf zwei oder dreitausend Toisen Länge fort und stellt sich in den Profilen dar, welche ich an mehreren durch den Contrast der Neigung der Schichten, welche die beiden Gebirgsarten zeigen,

*) Die Granitgänge unterscheiden sich von Weitem durch ihre Weisse. Hr. Rose bemerkt (I., 609—612), „dass der Glimmer im Granit dieser Gänge silberweiss ist, während der Glimmer des aufgelagerten Granites schwarz ist. An der Berührung des Ganges mit dem Gestein, das er durchsetzt, dringt der Glimmer in die Risse des Schiefers selbst ein, und diese Glimmer-Injectionen folgen beständig der Richtung der Schichten.

sehr merkwürdigen Stellen gezeichnet*). Der *hor.* 8—11 streichende Schiefer hat ein Fallen von 60 bis 80°; oft sind die Schichten senkrecht. Der Granit mit im Allgemeinen horizontalen oder wenig gebogenen Schichten bedeckt den Thonschiefer in übergreifender Lagerung. Er folgt in seiner Ergiessung allen Niveau-Aenderungen der ehemaligen Oberfläche des Schiefergesteins, woraus sich ergiebt, dass der übergelagerte Granit zuweilen bis zum Niveau des Wassers herabgeht, und dass man ihn an andern Orten in 50 oder 60 Fuss Höhe gleichsam hängend sieht. Alle diese Erscheinungen würden der Beobachtung des Geologen entgangen sein, hätte der Irtysch nicht sein Bett in der Gegend der Berührung beider Gebirgsarten eingegraben, oder hätten die Wasser des Flusses ein um 50 oder 60 Fuss höheres Niveau. Auf der Mitte des Weges zwischen Buchtarminsk und Ustkamenogorsk ist der Granit nicht mehr sichtbar; der Thonschiefer allein begleitet den Fluss, indem er abgerundete Formen annimmt und Massen kleinkörnigen Diorits einschliesst."

„Wahre Granitgänge, welche den Thonschiefer durchsetzen und sich gegen die Oberfläche verschmälern, ohne sie zu erreichen, — ein evidenter Beweis, dass die Injection oder die Ausfüllung des Ganges nur von unten nach oben geschehen konnte, — bemerkt man bei dem kleinen Fort von Buchtarminsk, sowohl in den Gräben des Forts als an dem steilen Ufer des benachbarten Flusses. Diese Localität zeigt auch sehr instructive Beispiele von der Einwirkung des Granitgesteins auf den Schiefer, welchen es umschliesst. Der Granit hat durch Contact im Schiefer selbst ein inniges Gemenge von Glimmer und Feldspath erzeugt." — Hier endet der Auszug, welchen ich aus meinem an den erwähnten Orten selbst abgefassten Tagebuche gebe. Ich habe nur noch hinzuzufügen, dass mein Reisegefährte Hr. Rose bei der kleinen Schanze von Buchtarminsk eine Reihe von Erscheinungen entdeckt hat, welche ein helles Licht auf den Ursprung des Glimmerschiefers, Gneiss, Kieselschiefers, Jaspis, kör-

*) Siehe am Ende des Werkes Fig. 2 und 3.

nigen Kalksteins und Dolomits durch Umwandlung, wie über die Theorie des Ursprungs der Uebergänge (*pénombres*) eines in Berührung befindlichen Gesteines verbreiten. Die durch diese Berührung mit einer Eruptionsmasse hervorgebrachten Aenderungen in der Zusammensetzung erstrecken sich weit über die Grenze der Gesteine oder die Sahlbänder der Gänge hinaus. In den Schanzgräben bei Buchtarminsk ist der Thonschiefer von einem Netz granitischer Gänge durchzogen, deren Mächtigkeit von zwei Linien bis zu zwei Zoll variirt. Diese Gänge verästeln sich, vereinigen sich, indem sie sich schaaren, und trennen sich von Neuem. Oft keilen sie sich nach oben aus und verlieren sich ganz, ehe sie die Erdoberfläche erreichen, wie man es in den Granitgängen beobachtet, welche den Thonschiefer und die Hornblendeschiefer von Penzance und von Carnsilver-Cove in Cornwallis durchsetzen. In einigen Gängen ist die granitische Gangausfüllung, welche immer weisser ist als der geschichtete Granit, von welchem sie ausgeht, gegen die Sahlbänder hin kleinkörnig und in der Mitte des Gangraumes sehr grosskörnig. An der Schanze, wie an den Ufern des Irtysch, welche wir oben beschrieben haben, ist der Thonschiefer nach der Richtung seiner Blättchen und in der Nähe des Ganges nicht nur mit Glimmerblättern, sondern auch mit einem Gemenge aus Glimmer und Feldspath imprägnirt. Südlich von den Gräben, am Ufer des Flusses sind ganze Streifen von Schiefer in eine dem schwarzen Porphyr ähnliche, körnige Masse umgewandelt, behalten aber das Streichen der Schieferstraten. Hr. Rose hat darin ein feines, förmlich granitisches Gemenge erkannt, nämlich ein sehr inniges Gemenge aus vorwaltendem schwarzen Glimmer, Albit und Feldspath; darin liegen einzelne graulichweisse Quarzkörner und Feldspathkrystalle von etwa zwei Linien Grösse (Rose, I., 585—589). Ich bin in dieses mineralogische Detail eingegangen, das dem Plane eines auf allgemeine Uebersichten gegründeten Werkes wenig angemessen scheint, weil die beobachteten Thatsachen von Wichtigkeit sind. In Gegenständen, welche die Lebensfragen der heutigen Geologie berühren, tritt die vollkommene Uebereinstimmung zwischen Erscheinungen, die in Europa und in Asien auf ungeheure Entfernungen beobachtet worden sind, theoretisch nur insofern als ein überzeugendes Argument auf, als man die örtlichen Beziehungen individualisirt. Die Granit-Eruptionen am oberen Irtysch, welche dem centralen Asien angehören, erinnern an die Auflagerung des Granits auf den Thonschiefer bei der Ile de Mihau im Départ. Finistère, auf den Jurakalk bei Fermonts in den Bergen von Oisans, auf die Kreide bei Oberau und Weinböhla*) in Sachsen; Auflagerungen, welche die schönen Beobachtungen der Hrn. de La Fruglaye, Elie de Beaumont, Weiss, Bernhard Cotta und v. Leonhard uns kennen gelehrt haben. Bei der Beschreibung der Bergketten, in einem allgemeinen Gemälde der Bodengestalt Asiens habe ich, wo die schon erlangten Resultate es erlauben, das, was die Gestalt oder die Richtung der grossen Erhebungssysteme betrifft, nicht von dem trennen wollen, was uns über die Ursachen Aufschluss giebt, welche nach der chronometrischen Stufenleiter der Formationen nach und nach auf die Aufrichtung der Schichten von Einfluss gewesen ist.

Wenn ich in dieser kurzen Aufzählung der Gebirgsarten den Porphyr des Altaï auf den Granit folgen lasse, so will ich damit nicht sagen, dass er überhaupt von jüngerem Alter sei, wie es in Sachsen und im Harz der Fall zu sein scheint. So wie es Granite von verschiedener Formation giebt, Granite, welche von Granitadern durchsetzt werden oder eckige Bruchstücke in der Gangart oder der Gangausfüllungsmasse einschliessen; so giebt es auch Porphyre, die nach dem Alter ihres Hervorbrechens sehr weit von einander entfernt stehen. Die eigenthümliche Art der Lagerung, welche diese Gesteine auszeichnet, indem ihr Contact häufiger durch Nebenlagerung (Juxtaposition und Apposition, Berührung in senkrechten Grenzen), als durch Wie-

*) Bei Weinböhla ist es der Syenit, welcher unmittelbar die Kreide (Plänerkalk) bedeckt; aber der Granit kommt hinter und über dem Syenit zu Tage, welchen er sehr wahrscheinlich bei seinem neueren Hervorbrechen auf die Kreide geworfen hat.

derbedeckung (*recouvrement*) oder Auflagerung (*superposition*) geschieht, macht die Eintheilung nach dem Alter nicht wenig unsicher. Der Altaï ist durch die Abänderungen und die Schönheit seines Porphyrs, den man zu Kunstwerken gebraucht, berühmt. Die Korgon-Alpen, die Rewennaja Sopka, die Ufer der Kotlowka und des Tscharysch im westlichen Abschnitt der ganzen altaischen Gruppe liefern die ausgesuchtesten Materialien in die oben erwähnten kolywanskischen Schleifereien. Bald ist es rother (oder vielmehr braunrother), quarzhaltiger Porphyr*) mit weissen Albit-Krystallen und gemengt mit Eisenglanzblättchen und hier und da mit kleinen Stücken schwärzlichgrauen Kalksteins; bald gestreifter Porphyr, der unter dem Namen Jaspis vom Altaï bekannt ist und aus scharf von einander getrennten, mit vielen wechselnden Lagen von grünlichgrauer, weisser oder schwärzlichgrüner Farbe besteht; diese Streifen sind entweder einander parallel oder gebrochen und verworfen durch Sprünge oder kleine Quergänge. Andere Porphyre des Altaï sind Gemenge von Augit und Labrador, von grüner Farbe, ähnlich dem *serpentino verde antico*, manchmal dunkler, und schliessen kugelförmige Knollen ein, die aus Quarz und strahligem Pistazit bestehen. Der schöne Jaspis-Porphyr an der Rewennaja Sopka**) hat für die

---

*) Rose, I., 35, 561—568. Dieser gelehrte Mineraloge erörtert die Aehnlichkeit und Verschiedenheit zwischen dem rothen Porphyr des Korgon und dem antiken rothen Porphyr und den Porphyren von Elfdalen in Schweden oder der Insel Hochland im finnischen Golf (I., 31). „Der antike rothe Porphyr unterscheidet sich von dem altaischen durch lichtere Grundmasse, durch die grössere Menge der eingewachsenen Albitkrystalle, durch den eingewachsenen Eisenglanz und die zuweilen statt findende Anwesenheit von Hornblende-Krystallen [I., 562]. Quarz fehlt darin gänzlich, was auf einen geologisch verschiedenen Ursprung deutet. Dieser Mangel an Quarz ist auch dem Elfdaler Porphyr eigen, der übrigens Krystalle von Feldspath nebst Albit enthält. Der Hochländer Porphyr, der zwischen dem Granit Finnlands und dem Kalkstein des (cambrischen?) Systems von Esthland auftritt, ist quarzhaltig, enthält aber keinen Albit; seine Feldspathkrystalle haben eine Grösse von 3—4 Linien".

**) Rhabarber-Berg. Ungeachtet dieses Namens hat Hr. v. Ledebour (I., 50—59) das *Rheum* eben so wenig auf der Rewennaja

kais. Paläste in Petersburg Candelaber von 8′ 7″ Höhe, Säulen von 10—12½′, eine elliptische Wanne*) von 8½ Durchmesser und 4′ 5″ Tiefe geliefert. Der Jaspis-Block, welcher zu dieser Wanne benutzt worden, wog 28000 Pfund und wurde binnen acht Tagen von 400 Arbeitern auf sehr unebenen Wegen über die Berge nach den Werkstätten von Kolywansk, über zehn Meilen weit vom Steinbruch, transportirt. Man brauchte zum Schneiden des Blocks und zum Schleifen der Wanne drei Jahre, 1818 – 19 [?]; sie kostete, ungeachtet des sehr mässigen Arbeitslohnes, der Fabrik, den 700 M. weiten Transport nach St. Petersburg nicht mit eingerechnet, die Summe von 35000 Francs [9400 Thlr. Pr.].

Eben so wie die Porphyre des Altaï Contactphänomene erzeugt haben, indem sie die schiefrigen Gesteine in Feldspath- und in gestreifte, jaspisähnliche Gesteine umwandelten; so finden sie sich auch, wie andere Eruptions-Felsarten an ihren äussersten Grenzen in Porphyr-Conglomerate (Rose, I., 526, 549, 563) eingeschlossen. Diese sind nach Hrn. v. Buch's scharfsinniger Erklärung Reibungs-Conglomerate, Producte der Reibung, welche die Massen bei ihrem Austritt aus dem Erdinnern erlitten. In den Schleifereien von Kolywansk verarbeitet man mehrere solche Porphyr-Breccien, für welche die Alten eine so grosse Vorliebe bewiesen, dass sie dieselben aus Ober-Aegypten bezogen.

In jeder Gebirgsgruppe haben die Metall-Gänge und -Lager ihren Hauptsitz in gewissen Gesteinen (s. meinen *Essai sur le gisement etc.*, 167—172). Wenn wir uns auf die gold- und silberhaltigen Gänge und Lager beschränken, so ist es bald der Gneiss, der Glimmer- oder Thonschiefer, bald die Grauwacke, der secundäre Kalk oder Porphyr**),

---

Sopka angetroffen, wie Bonpland und ich die wilde Kartoffel auf den *Paramos de las Pampas* der Neuen Welt.

*) Visconti nennt diese Art von Gefässen (λουτήρ der Griechen), welche bei den Römern aus orientalischem Granit verfertigt wurden, grosse Kufen (*vasques*).

**) Gneiss, sächs. Erzgebirge, Freiberg, Marienberg; Glimmerschiefer, Tehuilotepec in Mexiko, Goldkronach im Fichtelge-

worin sie vorkommen. Im Allgemeinen haben mehrere auf einander folgende Metall-Ausbrüche in jeder von diesen Gebirgsarten statt gefunden, welche sich in manchen Lagen taub, in andern äusserst reichhaltig an Metallen zeigen. Das Alter der Gänge ist von dem des Gesteins, worin sie vorkommen, ziemlich unabhängig; desshalb können die Gänge zwei aneinander stossende Gebirgsarten durchsetzen und in beiden in einerlei Niveau gleichen Erzreichthum*) behalten. Im Altaï wie in den Gruben im östlichen Mexiko und in Ungarn fanden die grossen Silber-Eruptionen im Innern der Porphyrfelsmasse statt; dies ist z. B. der Fall bei den Erzlagern des Schlangenbergs, von Riddersk und Krukowsk. Ihre Porphyre sind quarzhaltig, während in den mexikanischen Porphyren der Quarz fast gänzlich fehlt.

Bevor ich die allgemeine Uebersicht der Formationen schliesse, welche die geologische Constitution des eigentlichen Altaï (des Kolywanschen) bezeichnen, muss ich noch die Abwesenheit oder Seltenheit gewisser Erscheinungen anführen, welche bei einer Gruppe von mehr als 4000 Q.-M. besonders auffallend ist. Ich habe bereits von der ungemeinen Seltenheit der Versteinerungen und der Formation des dichten Muschelkalks gesprochen. Im O.- und S.-Altaï habe ich nur körnigen, schneeweissen Kalk in Berührung mit etwas quarzhaltigen Porphyren**), oder von ebenso

---

birge; Thonschiefer, Potosi und der Gang von Guanaxuato, die *Veta madre*, welche bis zum J. 1804 jährlich ein Sechstel von allem Silber geliefert, welches von Amerika her auf der ganzen Erde in Umlauf kam; Grauwacke, Harz; Flötzkalk, Gruben von Hualyoc und Pasco in Peru; Porphyr, Real del Monte, Pachuca, Moran, Bolaños in Mexiko, Schemnitz in Ungarn, Mohorn (Tharandter Wald) in Sachsen.

*) Die *Veta madre* zu Guanaxuato, welche auf einer Strecke von 12000 m. abgebaut wurde, geht von Thonschiefer in Porphyr. Die berühmten Gruben von Valenciana und Rayas liegen in dem Theil des Ganges, der den Thonschiefer durchsetzt; die Gruben von Belgrado, San Bruno und Marisanchez in dem, der den Porphyr durchzieht.

**) Z. B. im Smejewka-Thale beim Schlangenberge. Auf der entgegengesetzten Seite steht der körnige Kalk mit einem Chloritschiefer in Contact.

zusammengesetzten Massen durchdrungen, gesehen. Nur ein einziger Kalkstein, der in der Höhle*) gesammelt wurde, welche durch die Inschriften in tübetischer Schriftzügen, die, wie man fälschlich behauptet hat, von Klaproth copirt und dann vertilgt worden sein sollen, war Flötzkalk mit dichtem Bruch und voller Stiele von Encriniten, die in Kalkspath umgewandelt waren. Nichts beweis't indess, dass dies Muschelkalk ist, und schon in geringer Entfernung von der Höhle beobachtet man eine grosskörnige Kalksteinbildung mit mächtigen Flötzen, der ein dünnschiefriger Thonschiefer auflagert. Der Kalkstein des Altaï gehört zum Encriniten-Kalk, in dem unter allen Zonen**) Höhlen häufig angetroffen werden und den wir früher nebst der Grauwacke mit dem systematischen Namen der Uebergangsgebirgsarten bezeichneten. Der Ural, welcher reicher ist an Diorit als der Altaï, enthält eine lange Reihe ziemlich gleichförmig liegender Magnetberge. Ich kenne bis jetzt im Altaï nur einen einzigen solchen Berg, welcher durch die Spitze eines eingeschobenen Lagers von Magneteisen im S. von Buchtarminsk gebildet wird, mit körnigem Kalkstein, welcher das Lager im Porphyr begleitet***). Ferner zeigt der Ural

*) Ich besuchte diese Höhle auf dem Wege von Buchtarminsk zu dem 14 Werst davon entfernten Dorfe Talowka, am Abend des 15. August 1829. Meine Führer erzählten, dass Hirten und Kosaken, welche in der Höhle ein Obdach suchten, den grössern Theil der (tübetanischen?) Schriftzüge absichtslos zerstört hätten, indem sie grosse Feuer anzündeten, deren Flamme gegen die Wände des unterirdischen Ganges schlug. Welches Motiv hätte auch wohl Klaproth zu einer so barbarischen Handlung haben können, welche an die schweren Beschuldigungen erinnert, die man gegen griechische Reisende erhoben, dass sie verfälschte Inschriften in Griechenland vertilgt oder in Italien ein kostbares Manuscript mit einem grossen Dintenfleck besudelt hätten. Nahe bei der Höhle, nur 6 Werst von Talowka liegt die Grube Sawodinskoi, unter deren Mineralien Hr. G. Rose unbekannte Gemenge von Tellur und Silber (Tellursilber) und von Tellur und Blei (Tellurblei) gefunden. Tellur war noch nie unter den metallischen Substanzen Asiens entdeckt worden. (Reise nach dem Ural, I., 520, 590, 614 – 620; Hess in Poggend. Annal., XXVIII., 408.)

**) England, Lüttich, Harz, Central-Mexiko.

***) Hermann, Min. Reise, III., 87. Magneteisen findet sich auch eingesprengt in Hypersthenfels, einem körnigen Gemenge von La-

eine merkwürdige Varietät von Augit, den Hr. Rose unter dem Namen Uralit beschrieben, und zwar in solcher Menge, dass man erstaunt, wenn man zum ersten Male reinen Augitporphyr findet, d. h. solchen, der nur Labrador und Augit, aber keine Beimengung von Uralit enthält, wie z. B. der Porphyr von Schaitanza, südlich von dem Platin-Seifengebirge von Nijnei-Tagilsk und dem Augitporphyr an der Tura. Unter den Porphyrgesteinen des Altaï hat man noch keine Krystalle von Uralit mit oder ohne Kern von Augit gefunden. Der eigentliche Augit-Porphyr kommt in der Grube von Sirjänowsk und den tigerätzkischen Alpen*) im W. des Korgon-Plateaus vor.

Die eben angeführten Eruptions-Felsarten, deren dunkelste Abänderungen unter dem Namen Melaphyr durch die schönen Beobachtungen des Hrn. Leop. v. Buch eine so grosse geologische Bedeutung erhalten haben, verbinden die plutonischen Massen (Granit, Diorit, Serpentin) mit den im engern Sinne sogenannten vulkanischen, weil sie entweder der Sitz der jetzigen Vulkane oder durch ihre Zusammensetzung den Producten dieser Vulkane sehr ähnlich sind. Diese beiden Umstände charakterisiren zwei grosse (Basalt- und Trachyt-) Formationen. Wahrer Basalt mit Olivin scheint dem Altaï wie dem Ural zu fehlen; aber in jener Gebirgsgruppe Nord-Asiens sind wir so glücklich gewesen, einen Trachytberg zu entdecken. Schon an den

---

brador und Hypersthen, welches Gänge in dem berühmten Silbererzlager des Schlangenbergs bildet. Rose, I., 532.

*) In der Nähe dieser Gegend, welche an Gesteinen vom schönsten Ansehen so reich ist, wurde zu Belorezkaja Sopka, 30 Werst von Kolywanskoi-Sawod die grosse Avanturinmasse gefunden, aus welcher die prächtige Vase besteht, die ich der Munificenz des Kaisers Nikolaus verdanke. Diese Vase ist der Gegenstand der Bewunderung aller Mineralogen, welche das Berliner Museum besuchen. Das eine Stück Avanturin von Belorezk hat 3′ 10½″ Höhe und 1′ 11½″ grössten Durchmesser. Mit dem Untersatz aus sibirischem Porphyr hat die Vase 7′ 7″ Höhe; am obern Theile zeigt sich streifenweise eine Mischung der schönsten Farben. Der Grund ist mit kleinen Schwefelkies-Krystallen übersät. (Gerhard, Bildwerke, I., 129, N. 375.)

Rändern und am NO.-Abhange des Altaï hatte Hr. v. Helmersen Ausbrüche von Melaphyr gefunden. In diametral entgegengesetzter Richtung, am SW.-Abhange des Altaï hat Hr. Rose auf dem fürchterlichen Wege von Ustkamenogorsk nach Buchtarminsk im Bette des kleinen Flusses Smolianka, beim Kosakenposten Sewernaja unter Geschieben von Thonschiefer und Porphyr Stücke schwarzen Mandelsteins gesammelt. Da der Melaphyr selbst zuweilen blasig*) und von sehr lang gezogenen Löchern durchzogen ist, so ist es keineswegs ausgemacht, dass die Geschiebe der Smolianka auf eine Basaltformation hindeuten. Sieben Meilen nordöstlich von diesem Punkte zeigt das romantische Thal der Ulba, welches in der Ferne von mehreren Gipfeln**), die wir mitten im August mit Schnee bedeckt sahen, begrenzt wird, kleine Berge in Gestalt von Kegeln und abgerundeten, isolirten Domen, welche sämmtlich einerlei geologische Beschaffenheit zu haben scheinen. Der Kegel, welcher bei der Schlucht von Filippowka das Metallager von Riddersk einschliesst***), liegt in rothbraunem Porphyr mit eingespreng-

*) Im Thüringerwald-Geb., wie im Ural am Magnetberge Blagodat.

**) Prochodnoi Bielok, Iwanowskoi Bielok u. s. w.

***) Dieses Bergwerk, welches seit 1768 abgebaut wird, gehört noch zu denjenigen, welche ganz nahe der Erdoberfläche sehr reich an gediegenem Gold und Hornsilber sind; gegenwärtig liefert Riddersk eine grosse Quantität Blei in die Hütten von Barnaul. Die Grube von Krukowsk, welche ich ebenfalls besuchte und die erst im J. 1811 entdeckt wurde, liegt der Grube von Riddersk sehr nahe. Vielleicht ist es ein und dasselbe Lager; aber wegen der grössern Höhe (die Differenz beträgt 50 t.) ist die Grube von Krukowsk in obere Schichten getrieben, welche hier wie in Peru eisenhaltigen Lehm enthalten, in welchem das Silber in so grosser Menge unsichtbar eingestreut ist, dass ein Pud dieses *Paco* bis zu vierzig Solotnik Silber liefert. Ich verweile bei diesen Thatsachen, welche darthun, dass (gegen die so allgemein verbreitete Meinung der Bergleute in Europa) in mehreren der erzreichsten Gegenden der alten und der neuen Welt reicher Gehalt an Gold und Silber den der Atmosphäre zunächst liegenden Theilen der Gänge und Lager eigen ist. Aus diesem Lagerungsverhältniss ergiebt sich, dass die Umwälzungen, welche die Oberfläche der Erde betroffen, an Ort und Stelle selbst das aufgeschwemmte Gebirge erzeugen konnten, welches das Material für die Goldseifen liefert und

tem Albit und Quarzkörnern. Derselbe Porphyr, in welchem sich sehr grosse, durchscheinende Quarzkrystalle ausgesondert haben, bildet den Runden Berg (*Kruglaja Sopka*) zwischen Riddersk und Tscheremschanka. Dieser Berg fällt vorzüglich wegen seiner abgerundeten Form auf. Wir erstiegen seinen Gipfel und hatten Mühe, uns durch die Krautvegetation einen Weg zu bahnen, wodurch sich bei ihrer gigantischen Entwicklung manche Steppen Nord-Asiens eben so auszeichnen, wie eine einförmige Holz- und Baumvegetation die heisse Zone Süd-Amerikas charakterisirt. Die blühenden Kräuter der Ebene um die Kruglaja Sopka beschatteten unsre Köpfe und erreichten bis 9′ Höhe. Der Anblick des Gesteins und die grosse Menge von durchsichtigem Quarz (*quarz hyalin* darin) lehrten uns bald, dass der Runde Berg nicht trachytisch sei. Geht man das Thal der Ulba entlang nach SSW., so erweitert sich dasselbe beträchtlich. An der Brücke, welche auf das linke Ufer der Ulba*) führt, oberhalb des Dorfes Botachicha (Butakowa in Hrn. v. Ledebour's Reise,) zeigt sich wahrer Trachyt an einem in den Fluss vorspringenden Felsen. Das Gestein ist weiss, fühlt sich rauh an, ist porös oder vielmehr zerklüftet und alle Spalten sind bräunlich. Der in der Masse ziemlich selten vorkommende Feldspath bildet sechsseitige prismatische Krystalle von bedeutender Breite und $1-1\frac{1}{2}'''$ Länge; sie sind durchscheinend und nicht glasig. Nach dem Trachyt erscheint bald wieder der Thonschiefer; aber als wir nach dem Dorfe Tarchonskoi hinabstiegen, wo der Fluss sich ganz gegen S. wendet, bemerkten wir in der Ferne abge-

---

dessen meist nicht abgerundete Trümmer von sehr frischem Bruch den Beobachter überraschen.

*) S. über diese Gegenden die interessante Karte vom russischen Altai, welche Grimm angefangen und die mit grösster Sorgfalt, nach den wenigen bis jetzt vorhandenen geogr. Materialien über diese mächtige Gebirgsgruppe, von Hrn. Heinr. Mahlmann im J. 1839 vollendet worden. (Karte vom russ. Altai, in Ritter und O'Etzel's Atl. von Asien, Lief. 2.). [Da diese Karte bereits im Stich weit vorgerückt war, als Grimm starb, so konnte mein Bruder einige Aenderungen nicht mehr ausführen; Hrn. v. Helmersen's und Gebler's Reiseberichte sind jedoch insbesondere berücksichtigt worden.]

rundete Dome von beträchtlicher Höhe; ist dort vielleicht eine Fortsetzung der Trachyt-Formation?

Diese Punkte verdienen die Aufmerksamkeit reisender Geognosten um so mehr, als die isolirten Berge in der kirghisisch-dsungarischen Steppe, welche am linken Ufer des Irtysch beginnt, durch ihre schroffen und seltsamen Formen Eruptions-Felsarten von neuerem Ursprunge ankündigen. Der Berg, welchen der Botaniker Siewers einen erloschenen Vulkan oder Runden Berg Oertong-tau nannte, erhebt sich südlich von der kleinen Kette des Kalmük-Tologoi, wovon ich später zu reden Gelegenheit haben werde. Von dem Trachyt der Ulba bis zum Oertong-tau sind nur 40—50 M. (in südl. oder südsüdöstl. Richtung*). Ich sehe zu meiner grossen Genugthuung, dass dieser Gipfel auch das Interesse des Hrn. Fedorow auf seiner Reise nach dem Balkhasch-See gefesselt hat. Hr. v. Struve nennt denselben unter denen, welche jener geschickte Astronom während seiner langen Wanderung in Sibirien (1832—1837) gemessen hat. Auf der andern Seite vom Dsaïsang-See, etwas südöstlich von dem Punkte, wo der Irtysch in den See tritt, erhebt sich der Berg Khobok**)

*) Grimm setzt auf seiner Karte von Süd-Asien (zwischen 64° und 69° Lg.) den Oertong-tau nicht im NW., sondern im W. vom Dsaïsang-See. (Ritter und O'Etzel, Atl., Heft 1.) Putimstew (Klapr., *Mag. asiat.*, 178) fiel, als er über den Karasu (Zufluss zum Dsaïsang-See) setzte, die abgerundete Form des Kalmük-Tologoi auf. Auch wird im zehnten der von mir publ. Itinerare (*Fragm. asiat.*, 293) gesagt: Vom Fl. Tschargurban bis zum hohen Berge Telbegeteï; dann Berg Kolba, wo sich 6 Werst ostwärts „ein sehr hoher und runder Berg, Talagaï genannt," erhebt. Nach Siewers liegt der erloschene Vulkan des Oertong-tau „in der Nähe vom Kalmük-Tologoi" was nicht füglich mit der Hypothese übereinstimmt, dass der Urtschuk Basch, „dessen isolirte Lage und Gestalt den Reisenden Putimstew wenig nördlich von dem Ufer des Djuz-agatsch überraschten, mit dem Oertong-tau Siewers' identisch sei". (Klapr., *Mag.*, I., 181; Ritter, Asien, I, 643, 781.) Hr. Fedorow steht eben im Begriff, die Topographie dieser so merkwürdigen und bisher so unbekannten Gegend aufzuhellen.

**) Klaproth, *Tabl. hist.*, 110. Der Khobok liegt südsüdöstl. von der Mündung des Irtysch in den Dsaïsang-See und südöstlich vom See Khessel-basch (*Kisil-basch-noor*).

mitten in einer Ebene an dem kleinen gleichnamigen Flusse, der in den Darlaï-See mündet. „Die Spalten im Gestein sind sehr warm und stossen Rauch, d. h. von fern sichtbaren Dampf aus. Der Salmiak (*ammoniac*) sublimirt sich in diesen Spalten zu einer so festen Rinde, dass man genöthigt ist, das Gestein zu zerschlagen, um ihn zu sammeln." Weiterhin, im WNW. von dem rauchenden Berge Khobok erblickt der Reisende Siewers im Berge Sawra, dem Ostende der Kette des Tarbagataï, einen Vulkankegel, der nach der Erzählung der Khirghisen „von Zeit zu Zeit Feuer speit und eine grosse Menge von Salmiak, Salpeter (?) und Schwefel liefert". Die Nomadenstämme brauchen diese Erzeugnisse, um Pulver zu bereiten*). Alle diese Orte, welche die vulkanische Thätigkeit, die sich durch die äussere Rinde der Erde Bahn bricht, enthüllen, liegen in einer und derselben breiten Zone, welche von N. nach S., von den Ulbinskischen Schneegipfeln im Altaï (zwischen 80° und 84° Lg. **) bis zu den Solfataren und Vulkanen des Himmelsgebirges oder Thian-schan zieht. Wenn ich späterhin die mächtige Kette dieses Gebirges betrachte, so werde ich dabei Alles übersichtlich zusammenstellen, was auf die vulkanischen Phänomene, die warmen Quellen und die Grenzen der Erdbeben zwischen den Parallelen vom Schlangenberge und von Aksu, zwischen dem Altaï und Thian-schan Bezug hat. Es genügt für jetzt zu erwähnen, dass die Grube von Riddersk der westlichste Punkt ist, bis zu welchem sich die unterirdischen Erschütterungen des Baikal-Beckens fortzupflanzen scheinen, und dass die heissen Quellen der Rachmanowka***) im SO.-

---

*) Siewers, Reise vom Tarbagatai zum Saisan-Nor, in Pallas' Neuen Nord. Beiträgen, VII., 327, 351; Ritter, Asien, I., 389, 652.

**) Ich deute auf die Lage des Vulkans Pe-schan im N. von Kutsche hin, denn die Solfatare von Urumtsi und der Vulkan Ho-tscheou oder von Turfan sind weit östlicher gelegen.

***) Gebler, *Mem. des Sav. étrang. de St.-Pet.*, III., 499. Rachmanowka ist der Name eines östlichen Nebenflusses des Berell, der in die obere Buchtarma (Burul) mündet. Die warmen Quellen liegen beinah im Meridian des Bogdo-oola im Thianschan, mithin 2° westlich vom Meridian der Solfatare von Urumtsi.

Altaï, am Fuss der Hochgipfel der Bjelucha und der katunischen Schneeberge entspringen. Diese Wasser haben nach Hrn. Gebler eine Temperatur von 43° C. (34°.4 R.), was die mittlere Lufttemperatur jener Alpenregion um 32° R. übertrifft. Im Ural kommen weder Trachyt noch warme Quellen vor; auch hatte man hier bis zur Zeit meiner Reise keine unterirdischen Erschütterungen verspürt. Den Quellen des Altaï am Nächsten scheinen nicht die Quellen der Flüsse des Baikal-Sees zu liegen, sondern die warmen Schwefelwasser von Araschan*) (*Arassan*, d. i. geweihte Wasser), 100 oder 110 M. südwestlich von der Rachmanowka, jenseit der Kette des Tarbagatai. Die Thermen des Altaï entspringen aus einem Granitgebirge. Blasen von kohlensaurem Gase entwickeln sich daraus, aber das Wasser hat gar keinen Geschmack und enthält nicht mehr als $\frac{1}{1000}$ feste Salze. Durch diese Eigenthümlichkeit nähern sie sich den Quellen von Pfeffers in der Schweiz, von Gastein im Salzburgischen und besonders den sehr heissen Quellen, welche aus dem Granitterrain der Küstenkette von Caracas**) in Süd-Amerika entspringen.

Ich habe oben erwähnt, dass der Altaï im engern

---

*) Die heissen Quellen von Araschan im O. vom See Alaktugul wurden von Putimstew besucht. Sie sind auch in meiner elften tartarischen Reiseroute von Guldja nach Aksu genannt. (*Fragments asiat.*, 299.) „Dies sind die warmen Quellen von Araschan zwischen den chin. Wachposten Schatu-saman-karaul und Chandjilau oder Gaktscha-kharkai". Man erblickt noch bei den Quellen die Ueberreste eines Buddha-Tempels mit Inschriften in mongolischer Sprache.

**) S. meine *Rel. hist.*, II., 98. Mehrere unter diesen Quellen Amerikas, deren Temperatur fast den Siedepunkt des Wassers erreicht, sind grade eben so arm an Salzen, wie die Wasser des Kraters des Piks von Teneriffa; aber die Reinheit der Wasser hängt nicht bloss von der Natur des Gesteins ab, aus welchem wir sie an der Erdoberfläche hervorsprudeln sehen. Die kalten Biliner Brunnen in Böhmen entspringen in Gneiss und sind sehr salzhaltig, weit mehr als die heissen Bäder von Teplitz, welche aus quarzhaltigem Porphyr kommen. Alles hängt von dem unsichtbaren Wege ab, den die Wasser nehmen, ehe sie zu dem Orte gelangen, wo wir sie schöpfen können.

Sinne die westliche Extremität der unermesslichen Gruppe von Gebirgen bildet, welche wir unter dem allgemeinen Namen des Altaï-Systems zusammengefasst haben und welche sich von W. nach O. bis zum Meridian des Baikal-Sees erstreckt. Der Kolywansche Altaï tritt gleichsam als ein grosses Vorgebirge in die sibirischen Ebenen des Obi und Irtysch hinaus; im N. liegt ihm die Barabinskische Steppe und im W. und SW. die Steppen der mittleren Kirghisen-Horde. Ein kleiner südlicher Abschnitt dieses Vorgebirges überschreitet die Ufer des Irtysch, des Narym und der obern Buchtarma zwischen den chinesischen Posten Tschinghistaï und Tsindagatu. Um mich nicht auf die politische Begrenzung der beiden grössten Reiche der Erde in jetziger Zeit zu beschränken, werde ich, bevor ich die östliche Extremität des Altaï-Systems betrachte, noch einige Erläuterungen über die Höhe und Richtung der Gebirgsgruppen geben, welche sich in der dsungarischen Steppe von Ablaikit und im chinesischen Gouvernement Gobdo-khoto, zwischen den Meridianen des Schlangenbergs und des telezkischen Sees*), im S. vom Irtysch und Narym ausbreiten. Diese Erläuterungen sind um so nothwendiger, da man nach den eingewurzelten Vorurtheilen der Kartographen fortfährt, einen angeblichen Grossen Altaï als gesonderte Gruppe in einer Gegend zu zeichnen, wo es nur einige Bergreihen giebt, die denen am Nordufer des Narym parallel laufen und um so niedriger werden, je weiter man nach S., d. h. gegen den Parallel des Dsaïsang-Sees fortschreitet. Diese Reihen folgen aufeinander unter den Namen Kurtschum, Saratau, Dolenkhara und Arkaul. Die Kurtschum-Alpen streichen von O. nach W. (Gebler, a. a. O., 554) und nicht von N. nach S., wie man irriger Weise behauptet hat (Meyer in Ledebour's Reise, II., 219); sie sind die höchsten von allen, obgleich sie noch den Granitalpen des Narym an Höhe nachstehen.

---

*) Genauer zwischen dem Meridian des Zusammenflusses vom Tschargurban und Irtysch (10 M. östl. von Semipolatinsk) und dem Meridian des telezkischen Sees, welcher die chinesische Grenze zwischen dem Grenzposten Tsindagatu und dem Sailughem-Geb. schneidet.

Der Dolenkhara, welchen der gelehrte Botaniker Hr. Meyer 1826 besuchte, steigt kaum 1200′, der Arkaul sogar nur 300′ über die Steppe*) auf, deren Erhebung über dem Ozean nach meinen Messungen nur 800 — 850′ beträgt**). Als der Botaniker Siewers (Sibir. Briefe, 206) zu Ende des Juli 1793 bei der Aufsuchung des ächten officinellen Rhabarbers den Gipfel des Saratau erreichte, sah er nur im N. und NO. hohe Schneeberge; aber der Schnee zeigt hier nur, nach Analogie mit den Korgon- und Kholsun-Alpen, eine Höhe von 1000 — 1200 t. an, während die Bjelucha etwa 1720 t. erreicht. Auf der Rückkehr von dem chinesischen Posten Khonimailakhu (Baty), welcher von sehr niedrigen Hügeln aus schiefriger Grauwacke***) umgeben ist, verweilte ich nur die Nacht über auf der Kosakenstation zu Krasnaja Jarki, um die Breite****) der Narym-Mündung welche die Grenze des Himmlischen Reiches bezeichnet, zu bestimmen. Bei Sonnenaufgang nahm ich die Azimuthe der gegen SO. sichtbaren Hochgipfel. Hinter dem Zwillingsberge Sututschoko tauchte der Tagtau in die Region des ewigen Schnees auf. Er bildet ohne Zweifel einen Theil der Kurtschum-Kette; aber diese scheint nicht ohne Unterbrechung in einer so grossen Erhebung nach O. und zu den Sailughem-Alpen fortzusetzen, denn man kommt vom chinesischen Wachtposten Tschingistaï nach Gobdo Khoto, ohne irgend Schneeberge in einer Gegend zu sehen, welche unsere Geographen (eingedenk der byzantinischen Gesandtschaft an Dizabul,) anfangen, mit dem vielleicht etwas un-

---

*) Ueber die geringe Höhe dieser Berge s. Ledebour, I., 414; II., 225, 255, 286, 295.

**) Ustkamenogorsk in 132 t. H. nach zwei correspondirenden Barometerbeobachtungen zu Barnaul. Das Gefäll des Irtysch vom chinesischen Posten Baty bis Semipolatinsk ist sehr gering. (Ledebour, I., 112.) Ich finde für Semipolatinsk 118 t. Meereshöhe.

***) Kleinkörniger Grauwackenschiefer. Die Schichten sind zum Theil gebogen, zum Theil fast rechtwinklig emporgehoben.

****) Ich fand die Breite von Krasnaja Jarki (Krasnojarsk), welches dicht unterhalb der Mündung des Narym liegt, 49° 14′ 55″. Das Chronometer gab mir einen Längenunterschied von 0° 8′ 48″ gegen Barnaul.

bestimmten Namen Ektag-Altaï zu bezeichnen. Es ist merkwürdig genug, dass der grosse See Dsaïsang (*Kisalpu*) und der obere Irtysch vor seinem Eintritt in diesen See ebenfalls die O.-W.-Richtung besitzen, welche wir so oft als die herrschende im Altai-System bezeichnet haben.

Die ohne Zweifel ziemlich hohen Gebirge, welche die Quellen des Irtysch im SSW. von Gobdo Khoto speisen, scheinen mit der Ulangom-Kette zusammenzuhängen, von der wir bald reden werden, wenn wir den Altaï in seiner Verlängerung zum Meridian des Baikal-Sees verfolgen. Wir bemerken hier nur, dass man unter der Regierung Peters des Grossen im J. 1720 am Weitesten in diese Gegenden vorgedrungen ist. Licharew schiffte mit vierhundert und vierzig Menschen auf vier und dreissig Kähnen von Semipolatinsk nach dem Dsaisang-See. Er fuhr den obern Irtysch zwölf Tagereisen weit über seine Mündung in den See hinauf. Ein ziemlich sonderbarer geographischer Irrthum hatte zu dieser Expedition Veranlassung gegeben. Ein Fürst Gagarin, Statthalter von Tobolsk (Müller, Sammlung russ. Gesch., IV., 261), hatte von bucharischen Kaufleuten erfahren, dass sich an den Ufern des Oxus (Amu-deria) und des Flusses Yarkand (Yarkiang), der in den Tarim mündet, Goldsand fände, und hatte in Peter dem Grossen seit dem Jahre 1714 den lebhaftesten Wunsch erregt, von diesem Metallreichthum Nutzen zu ziehen. Die unglückliche Expedition des Fürsten Bekewitsch nach Bochara und die Reise des Majors Iwan Licharew nach dem Dsaïsang-See waren die Ergebnisse dieser Bemühungen des Czars, in's Innere von Asien einzudringen. Die Habsucht wurde zufällig für den Fortschritt der Geographie erspriesslich. Man wusste damals nicht, dass Licharew über 230 M. hätte zurücklegen müssen, um an den Yarkand-Fluss zu gelangen und dass die vulkanische und schneebedeckte Kette des Thian-schan das Becken des obern Irtysch von dem Plateau der Kleinen Bucharei scheidet! Eine chinesische Expedition im ersten Jahrhundert unsrer Zeitrechnung gegen die kriegerischen Hiongnu unter dem Feldherrn Keng-Kueï hat uns den Namen dieser Gebirgsgruppe, in welcher der Irtysch entspringt, kennengelehrt. Die Geschichtsschreiber von Teu-hian nennen dieselbe *Kin-weï* (Klaproth, *Tabl. hist.*, p. 109).

Im W. vom Dsaïsang-See und am linken Ufer des Irtysch (zwischen jenem See und dem Tschar-Gurban, der sich nach einem Laufe von S. nach N. mit dem Irtysch oberhalb Semipolatinsk vereinigt,) werden die Kammlinien weniger deutlich und weniger ununterbrochen. Dort ist ein Steppenboden, in welchem sich die isolirten Berge der Monastirskaja Sopka und des Ablaikit, von denen ich oben gesprochen, wie feste Schlösser erheben. Hr. Meyer schätzt ihre Höhe auf 500—600 t. Die Ablaikitskie Sopki haben durch die Ruinen des Klosters*) (*kit* oder *kied*), welches ein Kalmükenfürst Ablaï in der Mitte des siebzehnten Jahrhunderts gestiftet und mit einer mongolo-tübetanischen Bibliothek und einer xylographischen Druckerei bereichert hatte, eine grosse Berühmtheit erlangt. Einige von den bud-

*) Wahrscheinlich sind die Palaten, deren Ruinen ich zu Semipolatinsk gesehen, ein ganz ähnliches Gebäude, dessen Zellen früher mit Wandgemälden bedeckt waren und den Lamas zur Wohnstätte dienten. In der Kalmükensteppe an der Wolga findet man bei der mährischen Brüder-Colonie Sarepta auf freiem Felde Kästchen, welche von hohen Pfählen überragt werden und neben einem Götzenbilde des Buddha-Cultus eine kleine Sammlung religiöser Bücher enthalten. Mehrere von den Manuscripten, welche ich in der reichen tübetanischen und mongolischen Bibliothek meines Landsmannes Zwick zu Sarepta gesehen, stammten aus diesen kleinen Büchsen, die vorn mit einem Gitter geschlossen sind, an die gemalten Heiligen-Bilder und -Statuen auf den Feldern des katholischen Europa erinnernd. Ueber das Kloster Ablai's (in gutem Kalmük. *Ablai-in-kiït*), wie über die Zerstörung und vorgebliche Auslegung der Schriften dieses Klosters s. eine gelehrte Abhandlung des Hrn. Ritter in seinem: Asien, I., 738—752. Der Baron Schilling v. Canstadt hat mir im *Kandjur* (Buddha-Bibel) die Stelle gezeigt, welche Fourmont übersetzt zu haben meinte. Noch jetzt finden sich in dem Grase der Steppe um die Ruinen von Ablaïkit halbzerrissene Blätter aus tübetanischen Büchern zerstreut. Das Papier widersteht der zerstörenden Einwirkung der Atmosphäre in den rauhesten Klimaten so sehr, dass man noch nach funfzig Jahren den Namen der Matrosen der Bougainville'schen Expedition auf Blättern lesen konnte, welche man ursprünglich auf Feuerland in eine Flasche geschlossen und die der Wind umhergestreut hatte, als die Flasche zerbrochen war.

dhistischen Manuscripten, welche den Händen roher Besucher entrissen worden waren und auf Befehl Peters des Grossen an die französische Akademie gesandt wurden, haben die Windmacherei der Gebrüder Fourmont enthüllt. Südlich von den isolirten Gruppen aus Eruptionsgesteinen (dem Monastir und Ablaïkit) kommt man an die Bergketten von Cheirek, Kalmük-Tologoi und Kalby*), welche O.-W. oder ONO.-WSW. streichen. Aus dem 10. tartarischen Itinerare, welches ich veröffentlicht, sieht man klar, dass das Becken des Dsaïsang-Sees im W. weder von einer eigentlichen Kette geschlossen, noch begrenzt wird. Die Höhenzüge, welche man in diesem Theil der dsungarischen Steppe antrifft, sind Emporhebungen oder Rücken, welche die allgemeine Streichungslinie des Altaï behalten. Sie laufen, ohne einander zu berühren, den Rücken entgegengesetzt, welche sich im W. vom Tschar-Gurban in der Kirghisen-Steppe unter den Namen Arkat und Aldjan, Tschingis-tau und Kent erheben. Ich werde bald darthun, dass es keine Kette giebt, welche ohne Unterbrechung den Altaï mit dem Ural verbindet, wie man irrig behauptet hat. Die sehr unterbrochene Kammlinie, welche ich in der weiten Steppe der Kirghisen der mittlern Horde gesehen, sind so zu sagen nur Versuche der Emporhebung, welche die Natur auf verschiedenen, mehr oder minder parallelen, von O. nach W. streichenden Spalten gemacht hat. Eben dieselbe Richtung behält auch die Kette des Tarbagataï, welcher so hoch ist, dass er den ganzen Sommer über Schnee trägt, und der gegen S. das Becken des Dsaïsang-Sees bildet. Die Karavanen, welche von Semipolatinsk nach der befestigten Stadt Tschugutschak, der Residenz eines *Amban* oder mandschuischen Statthalters, gehen, rechnen 210 Werst vom Kalby-Gebirge bis zum Fuss der Kette des Tarbagatai, wo sich der chinesische Wachtposten Kharbaka-Karaul befindet; aber die ganze bergige Gegend südlich vom Parallel des 47. Grades gehört

*) S. das Itinerar von Semipolatinsk nach Tschugutschak in den *Fragm. asiat*, 293—294. Die Gebirge Kalby und Kolba des Itinerars sind Siewers' Kalwa- (Chalba-)Gebirge.

nach den hier dargelegten Ansichten nicht mehr zum Altaï-System. Sie bildet einen Theil eines gegen W. hin offenen Beckens zwischen diesem und dem Thian-schan-System.

Ich schliesse diese geologischen Betrachtungen über den kolywanschen oder eigentlichen Altaï, der im O. von den Meridianen*) des 86. und 87. Grades begrenzt wird, indem ich ein sehr der Beachtung würdiges geologisches Factum erwähne. Das Studium der fossilen Knochen führt uns zur Vergleichung der Vertheilung gewisser Formentypen mit den Veränderungen, welche die Klimate seit den letzten Erdumwälzungen erlitten haben können. Der Königstiger (dieselbe Species, welche die tropischen Regionen Indiens und der Insel Ceylon bewohnt,) besucht im Altaï das Kurtschum- und Narym-Gebirge. Er zeigt sich nicht bloss noch heutiges Tages in den Ebenen der Dsungarei, sondern er wandert gegen N. zwischen dem Schlangenberg und der Stadt Barnaul bis zu den Breiten von Berlin und Hamburg. Dies ist eins der merkwürdigsten Phänomene, wenn man es bloss in Bezug auf die Geographie der Thiere betrachtet. Eine ähnliche Erscheinung treffen wir in Süd-Amerika an, wo der Jaguar bis zum 42., der Puma-Löwe**) und der Kolibri bis zum 53. Grade südlicher Breite, d. h. bis zu den Ländern an der Magellansstrasse zieht. Aber im nördlichen Asien ist der südliche Altaï im Sommer zugleich die Wohnstätte des Elennthiers und Königstigers, des Rennthiers und Irbis-Panthers***). Eine solche Annäherung von grossen Thieren der Jetztwelt, von Formen, welche man allgemein als den entgegengesetztesten Klimaten eigenthümlich ansieht, ist eine der bestbestimmten Thatsachen. Das Elenn-

---

*) Meridiane vom telezk. See, von Gobdo Khoto, vom Lop-See und der Ganges-Mündung.

**) S. die scharfsinnigen Betrachtungen des Hrn. Charles Darwin über die Vertheilung der organischen Formen (*Voy. of the Adventure and Beagle*, III., 291, 327, 331, 611). Die Macquarrie-Insel besitzt sogar unter dem 55. Breitengrade (südsüdöstlich von Neu-Seeland) eine Papageien-Art.

***) [Der Tiger heisst nach Pallas im Buchar. und Mongol. *Irbis*. Vgl. Ehrenberg, *Ann. d. Scienc. natur.*, XXI., 387.]

thier (*Cervus Alcis*) des Altaï wandert in den Sumpfwäldern des Sugasch und der Biruksa, zweien Nebenflüssen der Katunj, umher. Das Rennthier (*Cervus Tarandus*) findet sich wild an den Ufern des obern Tschulyschman, der in den telezkischen See mündet, wahrscheinlich auch zwischen dem Jassaten und Alascha, die in den Argut*) fliessen. Nun sind in WSW.-ONO.-Richtung nur 40—50 M. Entfernung von diesen Gegenden, welche das Renn- und Elennthier bewohnen, bis zu den Narym-Bergen und zum Nordabhange des Kurtschum, wo sich von Zeit zu Zeit der Königstiger einfindet, um seine Wanderungen noch weiter nordwärts fortzusetzen. Die Skelette dieser Thiere, welche so verschiedenen Typen angehören, könnten sich also wohl auf der Erdoberfläche sehr nahe bei einander unter dem Einfluss der klimatischen Verhältnisse der Jetztwelt verbreitet finden. Ohne die Kenntniss der hier aufgezeichneten zoologisch-geographischen Thatsache könnten fossile Knochen vom Rennthiere, welche neben fossilen Knochen des Königstigers gefunden würden, zu der Hypothese führen, dass in der Vertheilung der Wärme und ihrem schnellen Wechsel eine von jenen grossen Aenderungen statt gefunden habe, durch welche man ehemals das Vorkommen der Knochen von Pachydermen in dem gefrorenen Boden Sibiriens erklärt hat.

Ich habe so eben auseinandergesetzt, was auf den kolywanschen Altaï, auf dies gewaltige Vorgebirge Bezug hat, welches in uralten Zeiten das Ostufer des Meeresarmes gebildet zu haben scheint, durch den der caspische und Aral-See mit dem Eismeere in Verbindung standen; es sind nun noch, um die Beschreibung des ganzen Altaï-Systems zu beendigen, die Kammlinien zu untersuchen, welche sich vom Meridian des telezkischen Sees (86°) ostwärts bis zu dem des Baikal-Sees erstrecken. Wir haben oben gesehen, dass die Gruppe des eigentlichen Altaï, besonders im Süden, aus fast parallelen, W.-O. oder WSW.-ONO. streichenden Ketten

*) Hrn. Gebler's Reise in den *Mém. de Pét.* (*Sav. étrang.*), III., 531, 556.

besteht, aber dass im Meridian des telezkischen Sees durch mehrere Aufrichtungen im Sinne N.-S. eine Kreuzung der Spalten eintritt. Es geht hier dasselbe vor sich, was in den schweizer Alpen, wie in dem Theile der Himalaya-Kette statt findet, der von den Meridianketten Assams östlich vom grossen Dzangbo-Strom durchsetzt wird; aber man sieht, ungeachtet der Störung durch das Kreuzen, doch die alte Richtung der W.-O.-Aufrichtungen wieder erscheinen. So setzen jenseit des 86. Längengrades die Katunische und die Bjelucha-Kette, die höchsten unter allen, in der Richtung eines Parallelkreises im Tschuja- und Sailughem-Gebirge fort; so ebenfalls die Terektinskischen Alpen in den Aigulak-, Kurai- und Altüm-tu-Ketten zu den wenig bekannten Quellen des Tschulyschman und Baschkaus (Gebler, l., c., p. 557). Das W.-O.-Streichen herrscht folglich von Neuem vor, und weniger zusammengedrängte Bergreihen verlängern sich wirklich gegen O. als drei getrennte Ketten, die man mit den Specialnamen Sajanisches oder Ergik-, Tangnu- und Ulan-gom-Gebirge bezeichnen kann.

1. Sajanische Kette. Sie trennt sich im Parallel des Gorbu- oder Telezkischen Gebirges und nimmt in der Gegend, wo der Jenisei sich in's sibirische Tiefland einen Weg bahnt, den Namen Schabina-oola (fälschlich *Sabyn-Taban* statt *Schabina-Dabagan*, d. i. Schabina-Pass) an. Die Sajanische Kette, deren mittlere Breite $51\frac{1}{2}^0$ — 52^0 ist, begrenzt im S. das russische Territorium des Minusinsker Kreises; aber der Ostrog [befestigte Platz] Sajansk liegt um 1^0 nördlicher. Hr. Erman giebt ihnen, nach scharfsinnigen Betrachtungen über die Schneeschmelze, die Langsamkeit der Ueberschwemmungen und die Sichtbarkeit der Sajanischen Berge, im Meridian von Krasnojarsk eine Höhe von 1000 t. über dem Meere*). Oestlich von dem

---

*) Erman, Reise, II., 50. Astron. Lage von Krasnojarsk nach Schubert (Berl. Jahrb., 1819, S. 163): 90° 37′ 30″ Lg.; nach Hrn. Erman: 90° 36′ 55″ Lg.; 56° 1′ 0″ Br.; nach Hrn. Fuss: 90° 29′ 49″ Lg., 56° 1′ 5″ Br. [Nach Hrn. Hansteen: 90° 33′ 22″ Lg.; in Hrn. Struve's kürzlich erschienener Zusammenstellung *Table des positions*

Durchbruch des Jeniseï, zwischen diesem Punkte und der Oka*) (südlich von Okinskoi,) heisst die Sajanische Kette Gebirge Ergik (*Ergik-Khan* der chinesischen Karten) und bildet ein nach N. bis $53\frac{3}{4}°$ Br. vorspringendes Promontorium (*Ergik-targak-taigan***). Diese Gegenden wurden 1777 von Pesterew besucht. Vielleicht findet hier eine Gabelung statt, denn im S. von diesem Promontorium zieht ein anderer, niedrigerer Rücken unter $51\frac{3}{4}°$ Br. in der Richtung W.-O. fort und wird auf seiner Verlängerung zur SW.-Spitze des Baikal nach einander Mundurgan-oola, Gurbi- oder Tunkinskisches***) Gebirge und Chamarnoi-

---

géogr. principales de la Russie; Bull. de la Classe phys.-math. de l'Acad. de St.-Pét., I., 289—336.]

*) Klaproth, *Sur la frontière de l'empire chinois*, in den *Mém. rel. à l'Asie*, I., 11.

**) „*Erghi* und *Erghik* bedeuten im Mongol. und Türk. jäh, mit steilem Abhange; *torchak* im Mong. trocken. Wenn *taïgan* eine Corruption von *taraghan* oder *dabagan* (d. i. Pass, Engpass oder Berg) ist, so könnte *Erghik-targak-taigan* den Sinn: steiler und trockner Berg haben. Klaproth erblickt in *Ergik-targak* zwei türk. Wörter und übersetzt zackiger (*dentelée*) Kamm. Ich verstehe *targak* von *tarak*, Kamm; aber was soll man im Türk. aus *Ergik* machen? *Erkek* bedeutet männlich.“ (Anm. von Hrn. Schott.)

***) Dies sind die Tunkinischen Schneealpen des interessanten Gebirgsprofils (50° und 53° Br.), welches das geographische, hypsometrische und magnetische Mémoire des Hrn. Fuss über seine Reise nach Peking begleitet (*Mém. de St.-Pétersb.*, Sér. VI.; t. III., 91 und 128). Für die kleine Festung Tukinska, welche am Irkut an der chinesischen Grenze erbaut worden ist, wurde 50° 45′ 5″ Br., 98° 29′ 3″ Lg. gefunden. Unsere Karten setzten diesen Punkt bisher viel weiter nach Osten. Zur Vollziehung des Tractats, der zu Nertschinsk 1689 zwischen dem Grafen Golowin und dem chinesischen Gesandten So-san abgeschlossen wurde, errichtete man vier und zwanzig *Obo* oder *Majac* (Grenzsäulen) von Kiachta nach dem Schabina-oola im W. des Jenisei. No. 16 liegt an der NW.-Ecke des Gurbi-Gebirges. In diesem Gebirge glaubt Hr. Ritter am Gurban-Meng-nechi bei den Quellen des Jungulak die Spuren eines alten Kraters zu erkennen (Asien, I., 1035). Ich empfehle diesen Punkt der Beachtung der Reisenden. Das Wort *Gurbi*, womit man die Tunkinischen Alpen bezeichnet, bedeutet nach Hrn. Schmidt eigentlich nur Plateau (Hochthal) in den mongol. Dialekten.

Chrebet genannt. Der Grosse Chamar ist der culmininirende Punkt dieser Gegenden; seine Höhe übertrifft die des Dolgoi Chrebet (d. i. verlängerter Rücken) bei Kultuk im W. des Mundurgan-oola, wird indess nur auf 810 t. geschätzt*). Die Gruppe der Mundurgan-Höhen und die Uebrigen im W. von Kultuk nennt man schon im Lande ungeachtet der Entfernung vom Baikal-See Baikalsches Gebirge. Wir machen hier bemerklich, dass der Krümmung, welche die Sajanische Kette gegen N. bildet (ein merkwürdiges Vorgebirge, welches sich im Ergik-taigan in die sibirischen Ebenen vorschiebt), eine Spalte von SW. nach NO., ein wahres Erhebungsthal der Flüsse Uda und Lena entspricht. Hr. Erman vergleicht dasselbe mit Recht mit den grossen Spalten des Baikal und des Irkut, welche damit fast parallel laufen. Es hat hier eine Ergiessung vulkanischer Felsarten (Melaphyr, Basalt und basaltischer Mandelsteine) durch diese Oeffnungen statt gefunden, namentlich in den Thälern des Irkut und der Djida**), eines Nebenflusses der Selenga. Indessen entspringen die warmen Schwefelquellen des Baikal-Beckens, deren Temperatur ziemlich gleichförmig 56°.2 C. (45° R.) ist, einzig und allein in einer Gneiss- und Granit-Formation. Man versichert, dass der Granit bei Werchnei-Udinsk mehrmals mit einem Conglomerat wechselt, dessen stark abgerundete Geschiebe durch

---

*) Erman, II., 89. „*Chamar*, oder *Chawar* im Kalmük. und Mongol. bedeutet Nase und Vorgebirge, wie *tologhai* (Kopf) der gewöhnliche Name für isolirte Hügel in den Steppen ist." Schmidt in Klaproth's *Mém. rel. à l'Asie*, I., 185.

**) Das Djida-Thal läuft von W. nach O. und ist ein Längenthal, während die Spalten des Irkut und Baikal vielmehr Querthäler oder -Spalten sind, die dem Como- und Lugano-See ähnlich sind. In der wichtigen Abhandlung über die Geologie der Baikalschen Gegenden, die Hr. Hess am 16. Nov. 1829 der Petersburger Akademie vorgelegt hat, wird der Fels der Djida „als ein wahrer, nicht säulenförmiger, aber olivinreicher Basalt" bezeichnet. Eher könnte Ungewissheit herrschen über seine „hornblendehaltigen Basalte zwischen Tseginskoi und Kharasaï, welche durch innere Entwickelung in Diorit übergehen."

einen sehr feinkörnigen Sandstein (*grès*) zusammengekittet sind*).

2. Kette des Tangnu-Gebirges**), welche zuweilen auch *Kin-schan* (d. i. Goldberg) genannt wird. Sie trägt Schnee und trennt sich von dem eigentlichen Altaï im Parallel der Tschuja-Steppe und der Sailughem-Alpen $1\frac{1}{2}^{0}$ südlich von der eben beschriebenen Sajanischen Bergkette. Der Tangnu hat seit sehr alten Zeiten die Völkerscheide zwischen dem türkischen Stamme im S. und dem der Kirghisen oder Hakas gegen N. gebildet. Er begrenzt das grosse Becken des obern Jenisei, der durch Zusammenfluss des Kemtsik und Ulu-kem***) entsteht, und erstreckt sich mit einigen Krümmungen auf 11 Längengrade bis zum See Kussu-gul in der mittleren Richtung W.-O. Er ist der Ursitz der Samojeden (Sojoten), welche bis zum Eismeere wanderten und lange Zeit in Europa irrthümlich als ein ausschliesslich polares Küstenvolk betrachtet wurden. Beim Meridian des Sees Kussu-gul, wo die Tangnu-Kette sich im Becken der Selenga verliert, treten mehrere Meridianrücken auf, welche als Querjoche (*digues*) den Tangnu gegen N. (zwischen den Abflüssen des Ulu-Kem oder Ta-Kimu und des Ekhe, der in die Selenga mündet,) mit der Sajanischen Kette gegen S., und beim See Sanghiu-Dalai mit der Ulangom- und Malakha-Kette verbinden, welche man als die südlichste des ganzen Altaï-Systems betrachtet.

3. Ulangom- (und Malakha-) Kette. Sie ist d'Anville's *Oulancon Alin* und am Wenigsten bekannt. Die

---

*) Beob. des Hrn. Hess. Die warmen Wasser entspringen: am NW.-Ufer des Baikal-Sees beim Schneeberge Burgundu (Georgi, Reisen, I., 74); fast gerade gegenüber diesem Punkte, am NO.-Ufer beim Schamanen-Cap (l. c., p. 93); weiter nach S. an der Turka, wo sieben Quellen im Gneiss von den Buräten und Russen besucht werden (Hess, in Leonh. Jahrb., 1827, II., 327); endlich im Thale des obern Bargusin am Einfluss der Karga (Georgi, I., 123).

**) „Die Etymologie ist zweifelhaft. *Tangnu* und *Tanglu* sind identisch mit *tangnai* und *tanglai*, und bezeichnen im Mongol. Palast". (Anm. von Hrn. Schott.)

***) *Ulu* oder *Ulugh* im Türk. gross.

Wüste, welche sich im S. der Stadt Gobdo-Khoto, dem Sitz eines chinesischen Statthalters, dem die Posten und Wachen auf der russischen Grenze des Altaï unterworfen sind, ausdehnt, führt auch den Namen Ulan-Kum*). Die Ulangom-Kette fängt in der Breite vom Kurtschum an und läuft im Allgemeinen von WSW. nach ONO. bis zu den Quellen des Orkhon (Wangki), eines Nebenflusses der Selenga, und zu der alten Residenz Kara-Khorum. Im S. vom Alpensee Ubsa heisst sie Khara adzirghan oola (d. i. Berg des schwarzen Hengstes; *adzirgan* bedeutet im Mongol. Hengst, wie *ayghir* im Türk.). Im NO. von der Stadt Ulassutai-Khoto streicht sie eine Zeit lang von SW. nach NO. unter dem Namen Malakha-oola; aber bald darauf zieht sie, indem sie sich unter dem Meridian des Sees Kussu-gul in mehrere Contreforts verbreitert, unter dem Namen Kuku-oola nach SO., wo die Gebirge Ute-kian und Khonin, Zweige des Khanggai-oola**), nach A. Rémusat's schönen

---

*) *Kum*, im Türk. Sand. Der Name der Ulangom-Kette wird im *Tay-thsing-y-thung-tschi* als Quelle des Burgassutei, eines Nebenflusses des Djabgan oder Djabekan aufgeführt. Dieser Umstand bestimmt ihre Lage.

**) Ueber den Khanggai, Hanghai oder Hanhai als einen Theil des Altaï s. Abel Rémusat in den *Mém. de l'Ac. des Inscr.*, VII., 275, 289. Klaproth setzt die Ruinen von Kara-Khorum in 46° 41′ Br., 100° 24′ Lg. Aus der Position von Urga würde folgen, dass die Länge von Kara-Khorum 1° westlicher ist, denn Hr. Fuss fand die Stadt Urga in 104° 21′ Lg., 47° 55′ 30″ Br., während Klaproth 105° 2′ Lg., 47° 59′ Br. annimmt. Abel Rémusat hält Kara-Khorum für identisch mit Talarhokara-balgasun (100° 44′ Lg., 47° 32′ Br.) oder mit Baïsiri-buritu (100° 36′ Lg., 48° 24′ Br.). Der geschickte Geograph Grimm, dessen frühzeitigen Tod die Wissenschaft als einen Verlust zu betrauern hat, giebt der ersteren Annahme den Vorzug. Immerhin bleibt es gegenwärtig gewiss, dass d'Anville zu einer Epoche, wo man in der Kenntniss der ostasiatischen Literatur in Europa so wenig bewandert war, sich um mehr als 2½ Breitengrade irrte, indem er Kara-Khorum und die Orkhon-Quellen viel zu weit nach SO. legte. — Ich bemerke noch, dass mir Marsden's Etymologie von Kara-Khorum (Edit. von Marco Polo, p. 188) als *Kara-kum* (schwarzer Sand) wenig wahrscheinlich vorkommt. Hr. Schott, dem wir scharfsinnige und gelehrte Untersuchungen über die tartarischen Sprachen verdanken, meint, „*Kara-Korum* bedeute schwarze Stadt oder Resi-

Untersuchungen, die Lage der berühmten Stadt Kara-Khorum oder Holin bezeichnen. Im O. und SO. von diesem Orte, welchen der grosse Mangu-Khan zu seiner Sommerresidenz gemacht hatte, beginnt die Wüste Gobi.

Wir sind jetzt zu dem Punkte gelangt, wo sich, wie wir schon im Vorhergehenden bemerkt haben, die hervorstechendsten Züge der Bodengestaltung durch die Kreuzung mehrerer Systeme und besonders durch das Auftreten von Rücken in der Richtung SSW.-NNO. vor dem Blick der Geologen verwirren. Diese Schwierigkeit wird noch durch den Umstand vermehrt, dass die Mongolen und Chinesen denselben oder sehr ähnliche Namen ganz verschiedenen Systemen geben. Die Benennungen Khanggai (Khang-kai) und Khing-Khan, welche nicht mit *Kin-schan* (Goldberge) zu verwechseln sind, haben diesen doppelten und dreifachen Gebrauch veranlasst. Es ist für die Fortschritte der orographischen Kenntniss Asiens von grosser Wichtigkeit, die Nomenclatur festzustellen, wenn auch nicht dadurch, dass man die Anwendung von Namen, welche als significative oder beschreibende (wie schwarze, blaue, neblige, weisse und bunte, d. h. Schneeflecke zeigende Berge) unaufhörlich in den von einander entferntesten Gegenden wiederkehren, ganz vermeidet, so doch wenigstens durch Vereinfachung derselben. Es ist auch nothwendig, sich bei der Wahl zwischen Synonymen von türkischem, mongolischem, mandschuischem oder chinesischem Ursprunge zu entscheiden und sich an eine einzige Benennung für die Bergketten, Flüsse und Seen zu halten. Selbst bewohnte Oerter führen auf verschiedenen Karten drei oder vier ganz unähnliche und veränderte Namen, die sich theils durch einen langen Ge-

---

denz. *Kur-mak* im Türk. heisst gründen, errichten. *Kurghan* bei den Türken von Kasan bezeichnet einen bewohnten Ort, eine Stadt. Dies Wort konnte *Kur-um* bilden, wie *eul* (sterben) *eulum* (der Tod), der Wurf, *at*, werfen, schleudern, *atym* gegeben hat. Auch führt im Mandsch. Palast oder Residenz den Namen *gurung* und durch die häufige Wandlung des *ng* in *m* nähert sich dies Wort, welches wahrscheinlich irgend einem türkischen Dialekt entlehnt ist, sehr dem Worte *kur-um*."

brauch eingebürgert haben, theils von der Verschiedenheit älterer oder neuerer Dialekte herrühren.

Wenn man die anscheinende Verwickelung der Kammlinien im Meridian des Baikal-Sees und noch einige Grade weiter östlich auf die einfachsten Züge zurückführt, so stellt sich die Extremität des Altaï-Systems und seine Verbindung mit den Boden-Unebenheiten des östlichsten Theiles von Asien folgendermassen dar. Zwischen den Quellen des Orkhon (Orghon) und der Tula (Toola), unter $99\frac{1}{2}^0$ und 106^0 Lg., zwischen der Gegend des alten Kara-Khorum und der Stadt Urga beschreibt die dritte Kette des Altaï (Ulangom und Malakha) einen grossen Bogen im Centrum der Provinz der mittlern Kalkas des Tuschetu-Khan. Der convexe Scheitel dieser Krümmung ist gegen N. gewendet und erreicht den Parallel von $48\frac{1}{2}^0$. Die Unterbrechung einiger Rücken, die sich in der Gobi selbst erheben, scheint durch ihr Streichen als Sehne eines Bogens den ersten Versuch einer grossen Spalte von den Quellen der Kurulka (eines westlichen Nebenflusses der Tula,) zum Dulan-Khara-Gebirge im SW. von Urga zu offenbaren. Nördlich von dieser letztern Stadt liegt ein höchst merkwürdiger Gebirgsknoten, welcher die Gewässer, die durch den Onon und Kherlon (*Kerulen* oder *Lu-khiu* der Chinesen*) zum Amur und zum stillen Ozean abfliessen, von denen trennt, welche durch die Tula und den Kharagol zur Selenga und zum Baikal und endlich quer durch diesen See durch die Angara und den Jenisei zum Eismeere gelangen. Dieser Gebirgsknoten erstreckt sich zwischen $48\frac{1}{2}^0$ und $50\frac{1}{4}^0$ Br. und zwischen 105^0 und 108^0 Lg. Man kann ihn mit dem allgemeinen Namen Knoten des Kentei bezeichnen, wiewohl der Name Kentei-oola eigentlich nur dem südlichen Theile angehört, der im N. der Kherlon-Quellen und im S. der Onon-Quellen liegt, während der mittlere Theil Bakha-Kentei und Kentei-Khan-oola heisst. Die nördlichste Region des Knotens, welche dem Tschikoi am Nächsten liegt, führt

*) Der Kherlon erhält, nachdem er durch den See Kulun-noor geflossen, den Namen Argun.

den unbestimmten Namen Khin-gan-oola. Die auffallendsten Züge im Relief dieser Gegenden bestehen in zwei langen Bergketten, welche von SW. nach NO. streichen: die eine zieht vom Dulan-Khara-Gebirge an als Scheide der Becken des Onon und Kherlon und ich nenne sie die Onon-Kette; die andere, der Jablonoi- und Stanowoi-Chrebet, liegt auf dem linken Ufer der Ingoda, eines Nebenflusses des Onon. Die erstere Kette, welche Hr. Ritter (Asien, I., 494, 517) ebenfalls als eine Verlängerung des Khanggai-Gebirges in der Nähe der Orkhon-Quellen betrachtet, führt auf unsern Karten die Namen Khin-gan*) oder Khing-Khan. Aber da dieser Name gleichfalls und noch häufiger für ein viel weiter östlich gelegenes, von SSW. nach NNO., von dem Ende des Inschan und der grossen Mauer**) zum Amur-Becken streichendes Gebirgssystem gebraucht wird; so sollte der Name Khin-gan in physikalisch-geographischen Werken entweder ganz unterdrückt werden, oder man sollte ihn dahin modificiren, dass man für die Kette des Onon (welche ziemlich nahe am Ufer des Onon hinzieht,) die Benennung westlicher Khin-gan oder Khin-gan-Onon, und für die weit längere Kette, welche von der grossen chinesischen Mauer ausgeht, den Namen östlicher Khin-gan oder Khin-gan-Petscha annähme. Die Entfernung dieser beiden Khin-gan von einander beträgt im Parallel Urga's über 160—180 M. Sie würden sich indessen unter 54° Br.,

*) Selbst Kaiser Khian-lung's Karten geben in $47\frac{3}{4}$° Br., $106\frac{1}{4}$° Lg. einen Pass (*dabahn*) des Khinggan an, $2\frac{1}{4}$° vom Ike-Khinkan-oola im Knoten des Kentei und über 11° vom Khingan-dabahn (41° 12′ Br.) bei der chinesischen Mauer. — Ike-khingan ist vielleicht eine Veränderung des mongolischen *jeke*, gross, im Gegensatz zu *bagha*, klein.

**) Ich rechne als Südende dieses Khin-gan den Punkt, wo er als Meridiankette sich an den Inschan (W.-O.) im Urang-tschai-dabahn nördlich von der grossen Mauer anschliesst. Die gleichfalls meridiane Kette des Thai-han-schan, die südlich von der Mauer liegt und schon in 38° Br. beginnt, könnte indess als eine südliche Verlängerung desselben Rückens des Ost-Khin-gan betrachtet werden, dessen Richtung von dem sehr hohen Petscha an, im SSO. vom See Dal-Noor (Taal-N.) sich krümmt und nach SW. senkt.

70—80 M. nordöstlich von Nertschinsk schneiden, wenn der östliche Khin-gan, wie der Jablonoi-Chrebet, den Amur-Fluss überschritte. Da die beiden Khin-gan-Ketten gewissermassen die Gobi im W. und O. begrenzen, so ist es gefährlich, wie ich nochmals bemerke, sie unter einerlei Namen mit einander zu vermengen*).

Um die Uebersicht von den Aufrichtungen zu vervollständigen, welche sich am Ostende des Altaï-Systems zu zeigen beginnen, muss ich noch, ausser dem Jablonoi-Chrebet und der Onon-Kette, den Wiluiski-Chrebet,

*) „Hr. v. Kowalewski bemerkt, indem er in seiner mongol. Chrestomathie (I., 516) von einem Ehrentitel *Khanggai* spricht, dass dies Wort bei den mongolischen Völkern auf eine gebirgige Gegend, welche mit Wald bedeckt und reich an fliessenden Gewässern ist, deute. Da lange Bergketten häufig den Namen *Khan-gai, Khin-gan* oder *Khing-khan* haben, so könnte man glauben, dass diese Benennungen mit der mongolischen Wurzel *khanggai* oder *khangga* (*khanggan*) zusammenhängen, welche lang und schmal bedeutet, wie man an dem Verb *khanggai-khu* (d. i. wachsen, lange und dünne Stengel treiben) oder aus dem Adjectiv *kanggakhar*, dünnwüchsig, sieht. Die Formen *khanggaï* und *khanggan* sind also ebenfalls mongolisch. In *Khing-khan* ist die Endung *gan* getrennt worden, um sie in *khan* (Fürst) zu verwandeln. Wenn Klaproth auf Khian-lung's grosser Karte den Pass (*dabahn*) bei der chinesischen Mauer Khingkan und die ganze östliche Kette von der Mauer bis zum Amur Khangkai nennt, so muss man annehmen, dass letzteres Wort eine chinesisch geschriebene Aenderung des mongolischen Worts *khanggaï* ist. Man kann übrigens seine Zuflucht nicht zum chinesischen Worte *kâng*, Bergrücken, nehmen, was sehr verschieden von *khâng* (Ruhe, Glück) ist. Es ist ein wesentlich orthographischer Unterschied. Ueberdies würde man, um der Rücken des Kai-Gebirges auszudrücken, *kang* an das Ende setzen und *Kai-kang* sagen.“ (Anm. von Hrn. Schott.) — Im chinesischen Atlas nennt d'Anville den (östl.) Khingan *Hinkan-alin*, den er nördlich von dem kleinen Flusse Gerbitsi (Nebenfluss des Amur) bis zum ochotskischen Meere ausdehnt (Klaproth, *Mém.*, I., 8, 65). Was den Knoten des Kentei-oola betrifft, so kann man nach Hrn. Schott's Bemerkung die Abstammung des Wortes *kentei* „entweder in der mongolischen Wurzel *kunteï* (Höhle) oder in *kantaï* (*kantaghaï*) d. i. Elennthier suchen. *Kun* bedeutet tief, and *teï* ist eine Adjectivform. Die Vocale *u* und *e* werden im Mongolischen oft mit einander vertauscht. Man sagt *kegurge* (Brücke) statt *kugurge*. Kentei-oola würde also entweder Berg der Elennthiere oder Berg mit Höhlen heissen.“

das Amginskische, Udskoische, Aldanische, Omekonskische und Orulganskische Gebirge nennen. Mit Ausnahme der beiden letztern kleinen Ketten, welche WSW.-ONO. streichen, herrscht die Richtung SW.-NO. auf diesem weiten Gebiete Ost-Asiens zwischen den Meridianen des Baikal und Ochozk's sehr auffallend vor. Hr. Erman bemerkt mit Recht, dass dies auch die Lage der Axe der vulkanischen Felsarten im Archipel der Kurilen*) und im Erhebungsthal der Flüsse Uda und Lena ist.

Der Jablonoi- und Stanowoi-Chrebet (der zweite Name gilt für den nördlichen Theil im N. der Schilka,) erreicht seine grösste Erhebung gegen S. im Berge Tschokondo (Tschekonda), welchen Grimm in 49° 28′ Br. und 108° 30′ Lg., nordwestlich von Aldanskoi-Karaul**) setzt. Der Naturforscher Sokolef (Pallas, Reise, III., 443) erstieg den Schneegipfel dieses Berges, dem Pansner eine Höhe von 1290 t. giebt***). Gegen N. senkt sich die Kette beträchtlich und ist oft nur ein Plateau, welches die Wasserscheide zwischen den Nebenflüssen des Amur und der Selenga (Uda, Kilok und Tschikoi) bildet. Seine wahre und ursprüngliche mongolische Benennung ist Jableni Daba****),

*) Ueber die Reihe der Kurilen-Inseln s. L. de Buch, *Descript. phys. des I. Canar.*, 344—446.

**) Auf Klaproth's grosser Karte von Asien hat der Tschokondo dieselbe Länge, aber er liegt um ½ Breitengrad nördlicher.

***) Höhen der Oerter im asiatischen Russland, barometrisch bestimmt 1805—1807, von Lorenz v. Pansner, S. 20. Hr. Fuss (l. c., p. 124, 128) hat im Jablonoi-Chrebet siebzehn Höhen gemessen. Der Engpass, durch welchen die grosse Strasse von Werchnei-Udinsk zur Stadt Nertschinsk zwischen der Quelle der Konda und Tschitanskoi an der Ingoda läuft, hat 572 t. abs. Höhe. Das ganze Plateau des Jablonoi-Chrebet, von den Quellen der Uda an, erreicht schon 500—540 t. Südlicher hat Hr. Fuss im Parallel des 50. Grades zwischen den Quellen des Tschikoi und des Onon die Höhe der Plateaus, welches die *divortia aquarum* bildet, zu 727 t. gefunden. Der Spiegel der Wasser des Argun hat da, wo er sich mit dem Amur vereinigt, noch gleiche Höhe mit Irkuzk, nämlich 207 t.

****) *Daba* statt *daban* (*davan*, *davaghan*) bedeutet in allen tartarischen Dialekten Pass und durch Verallgemeinerung Berg. *Daba-khu* ist im Mongolischen passiren, übersteigen, *transire*.

was in ab onoi Daba (d. i. Apfelgebirge) corrumpirt worden wegen der zufälligen Aehnlichkeit mit den russischen Wörtern *ablon̄*, Apfelbaum, *jabloko*, Apfel, wovon das Adjectiv *jablonnoi*). Die deutschen Geographen übersetzen *Jableni Daba* durch Apfelgebirge. Um dies etymologische System zu begründen, welches das mongolische durch ein slavisches Wort erklärt, hat man Aepfel zu sehen geglaubt, sei es nun in den Früchten einer Species von Crataegus oder von Pyrus baccata, oder (wie Siewers*) in den angeblichen abgerundeten Granitblöcken. Nördlich von Nertschinsk und östlich vom Witim scheint der an Diorit und vielleicht auch an Goldsand**) sehr reichhaltige Stanowoi-Chrebet seine Streichungslinie zu ändern und in W.-O. umzusetzen, indem er sich durch eine Krümmung (auf den Karten unbestimmt Khing-khan Tugurik***) genannt,) mit der Udskoi-Kette verbindet. Der Jablonoi- und Stanowoi-Chrebet hat, nach einer scharfsinnigen Beobachtung von Messerschmidt und Pallas (Nord. Beitr., II., 171; III., 122) eine hohe, aber noch in Dunkel gehüllte Wichtigkeit für die Gesetze der Vertheilung der organischen Wesen. In Daurien, am Ostabhange dieses Rückens treten zugleich die Eiche und die Haselnuss (*Corylus Avellana*), der Krebs und der Karpfen wieder auf, welche in ganz Sibirien vom Westabhange des

*) L. c., p. 190. Ritter, über das Daurische Scheidegebirge, II., 258.

**) Erman, II., 187. Soll man Stanowoi-Chrebet durch Stationen- oder Lager-Kette übersetzen?

***) *Thonghurik* bedeutet im Mongolischen: Rad, Umkreis, vielleicht als Anspielung auf die grosse Krümmung der Kette. Ich habe schon oben das Streben erwähnt, den östlichen Khin-gan von der grossen chinesischen Mauer im N. des Amur bis zur NO.-Extremität Asiens zu verlängern. Diese ziemlich kühne Verallgemeinerung findet sich in den ersten Zeilen der Beschreibung von Russland angegeben, welche die officielle Geographie der Mandschus enthält: „Das Land O-lo-szu (Russen), welches dem zu Moskwsko residirenden Weissen Khan unterworfen ist, beginnt im N. der Kalkas am Flusse Tschuku (Tschikoi). Von hier erstreckt es sich längs des Nordabhanges der grossen Kette des Khinggan-Gebirges bis zum östlichen Meere.“

Ural an nicht vorkommen. Betrachtungen über Temperatur und Klima erscheinen nicht genügend, um dies Phänomen zu erklären.

Die Onon- oder westliche Khingan-Kette (N52°O.), welche P. Gerbillon besuchte, scheint eben so wenig eine grosse Höhe zu erreichen. Der Berg Tono*) (47° 5′ Br., 107°20′ Lg.), wo man an einem Felsen die berühmte Inschrift lies't, durch welche der siegreiche und poetische Kaiser Kang-hi das Gedächtniss seines grossen Sieges über die Ölöten verewigen wollte, befindet sich schon im S. der Onon-Kette, nahe am linken Ufer des Kherlon in der Wüste (Gobi), deren nördlichste Grenze die Seen Tarei und Kulun (Dalai-noor) unter 49° Br. sind. Noch weiter nordwärts, am Ufer des Argun liegt die Stelle des alten Tsuruschaitu da, wo die beiden Ketten des östlichen und westlichen Khin-gan sich einander am Nächsten kommen. Diese Station hat seine Bedeutung für den Handel verloren, seitdem die Route von Kjachta für den Verkehr mit Peking kürzer und günstiger erschienen. Die kleine Doninskische Granitkette scheint einen getrennten SW.-NO.-Rücken im O. vom Jablonoi-Chrebet**) zu bilden.

Der Wiluiski-Chrebet, zwischen der Lena und dem Wilui, im N. der Olekma, streicht in einem sehr salzigen Terrain von WSW. nach ONO.

Die kleine Amginskische Kette (SW.-NO.), zwischen den Flüssen Aldan und Amga, erreicht nach Hrn. Erman kaum eine Höhe von 800 Fuss.

---

*) Die Position nach den Itineraren bei Grimm. Die Klaprothsche grosse Karte setzt das Monument einen halben Grad weiter westlich.

**) Beobachtungen von Slobin bei Erman, II., 187. Unter den von Hrn. Pansner gemessenen Höhen findet man im Becken des Argun die Doninska Saimka (345 t.). Hier beginnt die erzführende Region von Nertschinsk, was man nicht mit der gleichnamigen Stadt verwechseln darf, wie es auf unsern Karten häufig geschieht. Nach Hrn. Fuss liegt die Stadt (an der Schilka) in 51° 55′ 6″, 114° 9′ 8″ Lg. (260 t.), während der Sawod [d. i. Hüttenwerk] Nertschinsk, zwölf Werst vom Argun entfernt, 51° 18′ 37″ Br. und 117° 16′ 6″ Lg. (333 t.) hat.

Die Udskoi-Kette, welche mit der Amginskischen, Jablonoi-, Onon-, Orulganskischen und Omekonskischen Kette parallel läuft, liegt dem Ochozkischen Meere gegenüber. Ganz kürzlich erst sind sehr reiche Goldsandlager am Ost-Abhange dieser Kette entdeckt worden.

Die Aldanische Kette. Mittleres Streichen SSW.-NNO., wahrscheinlich N20°O. Hr. Erman, dessen Beobachtungen so grosses Licht über dieses Gebiet von NO.-Asien zwischen Irkuzk und Jakuzk, wie zwischen Jakuzk und Ochozk verbreitet haben, hat die Aldanische Kette etwa unter 60° 55′ Br. und 137° 35′ Lg. im Passe des Kapitan überschritten. Dieser Berg hat 630 t. Höhe über dem Spiegel des Stillen Meeres. Die benachbarten Spitzen erreichen 700 t., bleiben jedoch im Sommer schneefrei. Die Kette, welche die enorme Breite von 7—8 Längengraden hat, scheint zwei Regionen der Atmosphäre zu scheiden, welche mehrfach in meteorologischer Beziehung von einander abweichen. Man spürt das sanfte Küstenklima am Ostabhange des Aldan-Gebirges. Hr. Erman sah den Lärchenbaum (*Pinus Larix*) bis zur Höhe von 574 t.*).

Die Omekonskische Kette ist ein Rücken, der fast rechtwinklig gegen die Axe der Aldanischen streicht. Sie verlängert sich zwischen die Quellen der Indigirka und Ochota.

Die Orulganskische Kette (WSW.-ONO.) erhebt sich bis zu 3300′. Sie trennt die Quellen der Jana von dem Theile des Aldan-Flusses, der von O. nach W. läuft. Im W. verbindet sie sich mit der Werchojanskischen Kette, über welche der Admiral Wrangel gekommen ist.

Bei dieser kurzen und trockenen Aufzählung der Rücken oder Kammlinien, welche das Relief der Erdrinde in NO.-Asien jenseit des Altaï-Systems charakterisiren, ist die Bemerkung nothwendig, dass die SW.-NO.-Rücken ihrer Höhe und Ausdehnung nach nur geringe Wichtigkeit haben, in Vergleich mit den vier grossen O.-W.-Ketten (Hima-

---

*) II., 372 und 378. Er glaubt, dass die mittlere Temperatur in dieser Höhe — 10° sei.

laya, Kuen-lun, Thian-schan und Altaï), welche das Gezimmer Central-Asiens bilden. Die acht Schichten-Aufrichtungen, welche wir so eben im O. des Meridians von Irkutsk zwischen 50° und 65° Br. angegeben haben, sind nur schwache Runzeln: es sind Unebenheiten des Bodens, welche die Aufmerksamkeit des Reisenden nur wegen der geringen Höhe des umliegenden Landes, wegen ihres Einflusses auf das Klima, wegen der Grösse der Flüsse, deren Becken sie scheiden und wegen ihrer parallelen Richtung als Folge wahrscheinlich gleichzeitiger Entstehung in Anspruch nehmen. Die längsten von diesen Rücken, der Jablonoi Chrebet, die Onon-Kette, der westliche Khin-gan und die Aldanische Kette besitzen nur den dritten Theil oder die Hälfte von der Ausdehnung des Altaï, der selbst wieder unter den vier grossen O.-W.-Systemen das kürzeste ist. Der Jablonoi-Chrebet hat 160, die Aldanische Kette 120 M. Länge, während der Altaï 288 M., der Thian-schan (die vulkanische Kette des Himmelsgebirges) 624 M. (20 auf 1° des Aequators) Länge besitzen. Schliesst man den Schneegipfel des Tschokondo, der fast noch zum Knoten des Kentei-Gebirges gehört, und die vulkanische Halbinsel Kamschatka aus, deren Trachyt*) gleichsam eine Welt für sich bildet, die mit der grossen Continentalmasse in schwachem Zusammenhange steht; so scheint keine von den acht Emporhebungen NO.-Asiens die abs. Höhe von 4200′ (700 t.) beträchtlich zu übersteigen. Dies ist die geringe Höhe des Aldanischen Kammes; aber so schwach auch die hypsometrischen Dimensionen dieser Runzeln (*rides*) sind, so leuchtet doch nichts desto weniger ein, dass ganz Ost-Sibirien eine ziemlich beträchtliche Massenerhebung bildet. Wenn wir ungefähr die Mitte zwischen Jenisei und Lena, d. h. einen Meridian als Grenze annehmen, der durch die SW.-Spitze des Baikal und die Punkte läuft, wo die drei Tunguska**) über-

*) Der Gipfel des Vulkans Kljutschewsk hat 2465 t., der des Schiwelutsch, 1649 t. Höhe (Erman, Reise, phys. und astron. Abth. I., 418).

**) Drei Nebenflüsse des Jenisei, wovon der südlichste (die obere Tunguska) die Fortsetzung der untern oder der Irkuzker Angara ist.

einstimmend von O. nach W. fliessen; so finden wir südlich vom Parallel des 65. Grades ein gegen das Relief West-Sibiriens erhaben zu nennendes Plateau. Besonders geht dieser Contrast der Bodengestaltung in einer Zone, welche man irrthümlich als eine gleichförmig niedrige Ebene betrachtet hat, aus Hrn. Erman's Beobachtungen hervor. Man wende sein Augenmerk auf Punkte unter gleicher Breite in den beiden Becken des Irtysch und der Lena, welche um 55 Längengrade von einander entfernt sind, und man wird finden, dass das Niveau der Wasser des Irtysch zu Tobolsk (58° 11′ Br.) höchstens 110′ hoch liegt, während der Spiegel der Lena auf demselben Parallel 730′ *) hat; dass der Obi zwischen Jelisarowo und Beresow wahrscheinlich nicht 50′ über dem Spiegel des Eismeeres liegt, während in derselben Breite (62°) die Lena bei Jakuzk eine Höhe von 290′ besitzt. Ich hätte auch im S. da, wo der Parallel von 54° die beiden Sibirien schneidet, die Lena bei Tumenowsk (Höhe 1068′) mit der entsprechenden Baraba- und Ischym-Steppe, durch die ich gereis't und die kaum 2—300′ abs. Höhe besitzt, vergleichen können; aber eine solche Vergleichung von Breiten, welche dem Gebirge des Baikal-Sees und dem Nordende des Altaï zu nahe liegen, ist weniger richtig und weniger schlagend wegen der Unebenheit der kleinen partiellen Emporhebungen, welche sich wie Vorgebirge nach N. in die Ebenen hineinstrecken. Barnaul am Obi, welches fast $\frac{3}{4}$° südlicher als Tumenowsk an der Lena liegt**), hat nur 360′ abs. Höhe; aber wir kennen die Dimensionen der kleinen, goldführenden Meridianketten zwischen dem telezkischen Alpensee, Tomsk und Krasnojarsk nicht, auf die wir sogleich zu reden kommen. Soviel steht fest, dass sich jenseit des Parallels von 56°, im N. von Krasnojarsk und der Nordspitze des Baikal ein grosser Gegensatz der **mittlern Höhe** in beiden Sibirien durch di-

---

*) So hoch liegt Kirensk (57° 47′ Br.). S. Erman, l., c., 412.

**) L. c., p. 370, 383. Man kann die geographische Breite dieses Punktes aus der von Botowsk herleiten, welche von Hrn. Erman genau bestimmt worden.

recte Messungen erwiesen findet; und dies ist einer der eigenthümlichsten Züge in der Bodengestaltung Nord-Asiens.

Es bleibt mir noch übrig, die Beziehungen anzuführen, welche zwischen den grossen Wasserläufen und den Ketten obwalten, die das Altaï-System seiner bedeutenden Erstreckung nach, vom Promontorium des Schlangenbergs bis zum Gebirgsknoten des hohen Kentei, bilden. Von den drei grossen Strömen Sibiriens, Obi, Jeniseï und Lena, entspringen nur die beiden ersteren innerhalb des Altaï. Die Lena-Quelle liegt in 340 t. Höhe auf der Westseite der Gebirge, welche den Baikal umschliessen. Der Obi und Irtysch entstehen, jener durch die Vereinigung der Katunj mit der Bija, dieser östlich vom Dsaisang-See; sie verbinden sich nach einem langen Umwege unter 60° 50′ Br. wenig unterhalb Samarowo. Die Quellen des Irtysch scheinen dem Südabhange der Ulangom-Kette anzugehören, welche die südlichste des Altaï-Systems ist. Die Bija, der östliche Quellfluss des Obi, kommt aus dem telezkischen See, und da sie gleichsam den Lauf des Tschulyschman fortsetzt, so wiederholt sich hier das Phänomen der untern Angara, welche aus dem Baikal tritt und den Lauf der Selenga fortsetzt. Im ersteren von diesen Seen liegt aber der Emissar an der Extremität der Spalte selbst, welche am entgegengesetzten Ende den Tschulyschman aufnimmt; beim Baikal dagegen findet der Eintritt und der Ausfluss der Gewässer der Selenga und der Angara an der Seite, fast rechtwinklig gegen die grosse Axe der Spalte statt. Bei dieser Betrachtung vergleiche ich*) den Emissar des Baikal-Sees mit des-

*) Hedenström wird verleitet, den ganzen Baikal-See „als das Bett der obern Angara, welches durch Wirkung eines Erdbebens erweitert und durch die untere Angara oder Angara-Tunguska fortgesetzt wird," zu betrachten. Auch Klaproth (*Mém. rel. à l'Asie*, I., 190) fügt bei einer Stelle in der „Geschichte der Mongolen", welche von einem Tschinghiskhaniden verfasst worden und worin der Baikal *Muren* (grosser Fluss) genannt wird, hinzu: „Wirklich könnte man die Selenga für einen Nebenfluss der obern und untern Angara halten". Diese Betrachtungsweise würde jedoch den geologischen Ansichten wenig entsprechen. Das Baikal-Becken ist eine ungeheure

sen grösstem Zuflusse und nicht, wie gewöhnlich geschieht, mit der obern Angara. Der Tschulyschman entspringt an dem nördlichen Abhang der Tangnu-Kette; die weit westlicher gelegene Katunja bezieht ihren Wasserreichthum vorzugsweise (durch den Uimon und den Argut) von dem südöstlichen Theile des eigentlichen Altaï*). Die hydrographischen Verhältnisse in dem Ursprunge des Jeniseï sind viel verwickelter. Das Gebiet der Quellen und des obern Laufes dieses grossen Stromes nimmt einen beträchtlichen Strich zwischen der Sajanischen und der Tangnu-Kette ein.

Von den drei Armen, welche den Jeniseï bilden, — nämlich, nach der Benennung der Geographen des Abendlandes, dem Kemtsik oder *Kemi-tziki***) der Chinesen im Westen, und dem

---

Längenspalte, welche ohne Zweifel früher existirte, als die heut zu Tage sogenannte obere Angara und Selenga. Diese Nebenflüsse ergiessen sich in Seitenspalten, welche mit der grossen Spalte des Baikal communiciren. Hr. Erman bemerkt, dass dieser Süsswasser-See, den man wegen seiner Seehunde [*Phoca sericea*], Pelikane (*Onocrotalus*), seiner (von Hedenström zu 3200′ angeschlagenen) Tiefe und seiner 7 – 8′ hohen Wellen ein Meer nennen möchte, weder durch die Farbe seines Wassers, noch durch die Beschaffenheit seiner Strömungen einen Zusammenhaug zwischen der obern Angara und dem einzigen Emissar auf der Westseite verräth; dass von diesem bis zur obern Angara 95, bis zur Selenga nur 24 Seemeilen sind; und dass man endlich nicht mehr Grund hat, diesen Emissar als eine Fortsetzung der obern Angara zu betrachten, als eine directe Verbindung mit der Selenga anzunehmen". Ich füge noch hinzu, dass der Alpensee Baikal (im Chinesischen das Fichtenmeer, *Pe-kai*) fast so lang ist als das adriatische Meer, dass er die doppelte Länge der Schweiz (von Genf bis zur Ostgrenze Graubündtens) hat und dass seine mittlere Breite der Längenausdehnung des Genfer und des Boden-Sees gleichkommt.

*) Ein einziger Nebenfluss der Katunja, die Tschuja, welche von O. nach W. fliesst, entspringt jedoch ganz dicht bei den Quellen des Baschkaus und des Tschulyschman, welche ihr Wasser zum telezkischen See senden.

**) Kleiner Kem (Ritter, I., 1005). Der nördliche Kem (*Pe-Kem*) ist eigentlich nur ein Nebenfluss des Khu-Kem, welcher später den Namen Ulu-Kem annimmt (Karte des Kaisers Khian-lung). Das Becken des Pe-Kem wird im N. durch den grossen Bogen des Ergiktargak-Taigan, im S. durch die Felsenmauer gebildet, welche die Sehne des Bogens darstellt (s. oben p. 218, 219). Es ist ein eigen-

Khua-kem (*Hua Kimu*) und Bei-Kem (*Pe-kem*, *Pe-kimu*) im Osten, — ist der zweite der beträchtlichste und empfängt sein Wasser von dem Gebirge, welches den See Kussugool einfasst. In geringer Entfernung von der Vereinigung der Arme durchbricht der Jeniseï unter einem rechten Winkel die Sajanische Kette, wie der Amazonenstrom, der Indus und so viele andere grosse Ströme der alten und neuen Welt. Die merkwürdige und sehr malerische Spalte, welche dem Jeniseï den Ausgang verstattet, heisst Bom*) im Mongolischen. Das Becken des obern Jeniseï im Süden von diesem Bom, insbesondere der gegen den Kemtsik hin gelegene Theil, ist in der Geschichte der Nomaden-Völker durch den unaufhörlichen Kampf zwischen den Ölöten und den mongolischen Fürsten, die beim Ubsa-See wohnen, berühmt. Diese führten den Namen Goldfürsten, *Altyn Khan*, ein Name, welchen man nicht mit dem der Altyn Khane oder der Türken, die wir früher mit einem byzantinischen Gesandten im sechsten Jahrhundert unsrer Zeitrechnung in Berührung kommen sahen, verwechseln darf. Die Benennung des Jeniseï ist das verderbte tungusische Wort *Joandessi*. Ursprünglich hiess nur die obere Tunguska so; aber der Name wurde von den Kosaken auf den Fluss übertragen, welcher durch den Bom der Sajanischen Kette die vereinigten Gewässer des Kemtsik, Khua-kem und Bei-kem in die sibirischen Ebenen führt. „Von diesem Namen der oberen Tunguska, sagt Klaproth**) in seiner Notiz über den Ursprung des Mandschu-Volkes, stammt der Name Jeniseï ab,

---

thümlich isolirtes Becken, der Boden eines alten, kreisförmigen Sees von 900 Q.-M. Oberfläche.

*) „*Bom* bedeutet im Mongol. und Mandsch. den steilen Rand eines Berges gegen einen Fluss, welcher denselben durchschneidet, wie *beltsir* im Mong. einen Berg bezeichnet, der zwischen zwei Flüssen an der Stelle liegt, wo sie sich mit einander vereinigen". Klaproth, *Mém. rel. à l'Asie*, I., 17, 26. Die tartarischen Sprachen sind sehr reich an Ausdrücken für das Relief und die Physiognomie des Bodens.

**) L. c., 454. Vgl. Fischer, Sibir. Gesch., I., 388; Ritter, Asien, I., 1005, 1046, 1064, 1113.

der selbst nur die Fortsetzung des Laufes der Angara oder der oberen Tunguska bei ihrem Austritt aus dem Baikal ist. Der obere Jeniseï, welchen man als den Quellfluss jenes grossen Stromes betrachtet, ist wirklich nur ein Nebenfluss der Angara.“ Der Lauf der Lena zeigt wegen ihrer WSW.-ONO.-Richtung von Kirensk (122 t.) nach Jakuzk (48 t.) einen sehr merkwürdigen Gegensatz mit der Richtung der drei Tunguska, den Nebenflüssen des Jeniseï und den Hauptquellen seines Wasserreichthums. Dieser Gegensatz entsteht aus der Richtung der Flüsse, von welchen die Einen nach W., die Andern nach O. laufen; darin besteht ein charakteristischer Zug des Reliefs der sibirischen Tiefebenen im Meridian von Irkuzk, und derselbe wird durch eine Wasserscheide erzeugt, die vom Durchschneiden zweier schwach geneigten Ebenen*) gebildet wird. Die Bodengestaltung und die entgegengesetzte Stellung mehrerer Wassersysteme begünstigen die Verbindung zwischen der Stadt Irkuzk und dem Irtysch in hohem Grade. Die mit Waaren beladenen Schiffe gehen nach Norden ($58\frac{3}{4}°$) 640 Meilen weit auf der Angara-Tunguska, dem Jeniseï, Kem (Trageplatz von Makowski), Ket und Obi nach Samarowo (am Zusammenfluss des Obi und Irtysch,) hinab. Uebrigens bildet nicht der Rücken der Wasserscheide zwischen den Stromsystemen der Angara-Tunguska und der Lena, sondern der Jeniseï selbst, zufolge eines etwas willkürlichen, aber sehr berühmten Ausspruchs von Gmelin eine der grössten Demarcations-Linien in der Pflanzengeographie Nord-Asiens: „*Non ego Asiam ingredi mihi visus sum,* sagt dieser treffliche Beobachter (*Flora Sibir.*, t. I., p. XLIV.), *antequam Jeniseam fluvium attingerem.*“ Eine Menge europäischer Pflanzen kommen noch im Ural und bis zum Jeniseï vor; die eigentlich asiatische Pflanzenwelt beginnt erst jenseit dieses Flusses und des Meridians von Krasnojarsk. Hr. v. Bunge, mit dem ich das Vergnügen hatte, im Altaï

*) S. über ähnliche Verhältnisse, welche die polyedrische Gestalt des Bodens zeigt, und über die Wirkung von Contrepentes mit schwacher Neigung in Süd-Amerika meine *Rel. hist.*, II., 517; III., 190.

zu botanisiren, fand indessen eine für Daurien und die Baikalsche Region sehr charakteristische Pflanze, das schöne *Rhododendron dauricum*, in den Felsritzen westlich vom Obi beim Grossen Ulegumen, einem Nebenfluss der Katunja*). Mag nun der Obi oder der Jeniseï, der östliche Theil des eigentlichen Altaï oder auch die Sajanische Kette eine scharfe Grenzlinie in der Vertheilung der asiatischen Pflanzen und dem Anblick der Vegetation bilden; so bleibt doch noch immer die physische Ursache einer so plötzlichen Aenderung, des schnellen Uebergewichts, welches gewisse gesellig lebende Pflanzenarten erlangen, wie mir scheint, nicht weniger in Dunkel gehüllt. Die gegenwärtigen Verhältnisse des Klimas, der Höhe und der geologischen Beschaffenheit des Bodens erklären diese Contraste keineswegs. Wie geringfügig erscheinen jene Flüsse, welche wir majestätisch nennen, die Becken, deren gegenüberliegende Ränder nur von einigen Hügelreihen gebildet werden! Fahren wir fort, die gut beobachteten Thatsachen aufzuzeichnen und voreilige Erklärungen, welche auf unklaren Ansichten, auf der phantastischen Annahme plötzlich unterbrochener Wanderungen basiren, zu verwerfen.

---

*) Zwischen den Ursul- und Terektinskischen Alpen. v. Ledebour, II., 58; Ritter, I., 936, 941.

Kette
der
Kusnezkischen und Salairskischen Berge.

Dies kleine Gebirgssystem, welches vom Altaï verschieden, aber auf unsern Karten sehr schlecht gezeichnet ist, bildet beinah eine Meridiankette, welche indess nicht sowohl von S. nach N. als vom SSO. nach NNW. streicht. Sie trennt sich vom Altaï vier Meilen östlich von Sandypskoi*), fast grade südlich vom Telezkischen See an der Stelle, wo im Altaï selbst durch die Kreuzung der beiden Spaltensysteme (WNW.-OSO. und N.-S.), von denen wir früher oft gesprochen haben, die Meridianrichtung vorzuherrschen beginnt. Die Kusnezkische Kette streicht über Tomskoi, Kusnezk, Salairsk und Gawrilofsk bis zu den Parallelen von Atschinsk und Krasnojarsk. Die reichen Bergwerke von Salairsk, welche vor 1827 in einem einzigen Jahre über 10000 Mark Silber lieferten (Rose, Reise nach dem Ural und Altaï, I., 507), hätten seit langer Zeit die Aufmerksamkeit auf dies Gebirge lenken können; aber vorzugsweise haben der Goldreichthum des östlichen Uralabhanges, die ähnliche Streichungslinie und die verwandte mineralogische Zusammensetzung des Ural und des Kusnezkischen Gebirges dem letztern Gebirge in neuester Zeit hinsichtlich des Berg-

---

*) v. Helmersen, der Telezkische See, 1838, S. 26, 28, 29, 46; *Bull. de l'Acad. de St.-Pét.*, II., 107, und Ausland, September 1837, S. 1072. Andere sehr werthvolle Nachrichten hat mir Hr. v. Helmersen, der diese Gegenden 1834 bereis'te, ganz kürzlich mitgetheilt.

baues und der Geologie eine besondere Wichtigkeit verliehen. Ich nenne dasselbe ein kleines Gebirgssystem, weil seine Ausdehnung von SSO. nach NNW. kaum die Länge des Süd-Ural von Miask bis Orsk erreicht; vergleichen wir indessen die Kusnezkischen Berge mit europäischen Ketten, so erscheinen sie uns doch als ein sehr bedeutender Gebirgszug. Ungeachtet der geringen Gipfelhöhe besitzt derselbe gleiche Länge mit der Axe der Pyrenäen und der schweizer Alpen. Unser Urtheil über die Dimensionen der Emporhebungen haben nur insofern einigen Werth, als das Verhältniss zwischen der Ausdehnung der Kammlinien und dem Areal der Continente, welche diese Linien durchziehen, in's Auge gefasst wird.

„Das Waschgold, sagt Hr. v. Helmersen, welches in immer zunehmender Menge vom östlichen Theile des Gouvernements Tomsk kommt und einen Schwarm von Goldwäschern herbeilockt, gehört nicht dem Altaï selbst an, sondern einer Gebirgskette, welche sich vom Altaï bei dem Telezkischen See*) (52° 3′ Br.?) trennt, nach NNW. streicht und gegen den Parallel von Tomsk (56° 29′) hin verläuft. Auf dem Wege der Kosakenposten von Sandypskoi zum Telezkischen See bin ich 25 Werst von dem Posten über die Axe der Salairskischen Berge gekommen. Man bezeichnet diese Kette durch die unbestimmten Namen Alatau oder Abakanskische Kette. An der Stelle, wo sie sich fast

*) Der Weg von Sandypskoi nach diesem See läuft von NNW. nach SSO. Man rechnet (Helmersen, S. 32, 36) von Sandypskoi nach dem Dorfe (*Aul*) des Saissan Arusbaï 85 Werst; von hier zur Mündung des Flüsschens Gebesen in die Bija 35, und von letzterem bis zum See auf der von dem Generalstatthalter von West-Sibirien, Kapzewitsch, früher angelegten Fahrstrasse 30 Werst Itinerar-Distanz. Daraus folgt, dass der Breitenunterschied (ungeachtet der Krümmungen des Weges) zwischen Sandypskoi und dem Nordufer des Sees etwa 1° betragen muss, was, wenn man mit Grimm für Sandypskoi 52° 50′ annimmt, für das Ufer des Sees über 51¾° und nicht 52° 30′ giebt, wie die Karten haben, welche die ganze NO.-Spitze des Telezkischen Sees entstellen und die relative Orientirung von Sandypskoi und Biisk falsch darstellen. [„Grimm's 1834 hinterlassene Zeichnung vom russ. Altaï (vgl. S. 205 *) hatte für das N.-Ufer 52° 8′, was

unter einem rechten Winkel mit dem Altaï zu verbinden scheint, treten Diorit und Porphyr auf. Die Kusnezkische Kette besitzt wegen ihres Streichens und ihrer Gebirgsarten eine auffallende Analogie mit dem Ural; die eine Kette ist gewissermassen nur eine Wiederholung der andern. Diese Uebereinstimmung behaupten sie sogar in Bezug auf den verschiedenen Metallreichthum zu beiden Seiten. Der Westabhang ist hier, wie beim Ural, weit ärmer an Waschgold, als der östliche. Wenn Privatleute oder Vereine das Recht, Gold zu gewinnen, zufolge des Gesetzes, dass die Goldausbeutung frei gegeben sei, in Anspruch nahmen; so bewilligte ihnen die Regierung den östlichen Abhang und der entgegengesetzte blieb der Krone vorbehalten. Dies ist eine Hauptursache, wesshalb die Privateigenthümer einen viel grössern Gewinn aus ihren Goldseifen gezogen haben. Der grösste Reichthum dieses mittlern Strichs von Sibirien findet sich zwischen den Stromgebieten des Obi und Jeniseï oder genauer zwischen dem Tom und Tschulym*). Die ergiebigsten Goldwäschen am Ostabhange der Kusnezk. Kette sind die von Roschestinenka und Jus. Das Schuttland im W. (das des Taidor und Ters) ist goldärmer. Was diese Kette ferner vom Altaï unterscheidet, ist der Reichthum an Steinkohlen in der secundären Sandsteinformation. Die Bija durchschneidet das äusserst goldreiche Südende der Kette. Die Quellen des Tschumysch (Nebenfluss des Obi) finden sich auf dem Westabhange, während sich die Gewässer des Ostabhanges mit dem Fluss Tom vereinigen, an welchem die Stadt Kusnezk (mitten unter tartarischen oder türkischen Ei-

---

genau das Mittel zwischen der früheren Niederlegung und dem Ergebniss der Helmers. Route ist. Da übrigens auch der hydrogr. Theil bereits gestochen war, so beschränkte ich mich auf die Berichtigung der Gestalt des Sees. Jenen Umständen verdankt auch das südliche Salairsk. Geb. die NO.-SW.-Richtung". Anm. v. Heinr. Mahlmann.]

*) Diese beiden Flüsse sind zwar Nebenflüsse des Obi, aber der Tom macht einen grossen Bogen östlich von Salairsk, und der Tschulym, dessen Quellen (der Weisse und Schwarze Jus) am Ostabhange der Kusnezk. Berge liegen, wendet sich, nachdem er lange Zeit von S. nach N. bis Atschinsk in einem Schlangenlaufe geflossen, plötzlich von O. nach W.

senschmieden*) im Jahre 1618 gegründet wurde, d. h. schon 31 oder 32 Jahre vor der ersten russischen Gründung von Tobolsk (in der Nähe des alten Isker und Sibir**) und von Tjumen.

Wenn man im Altaï vom Meridian des Telezkischen Sees ostwärts zum Sajanischen Gebirge geht, so findet man auf dem Nordabhange des Gebirges andere, sehr reiche, ganz neuerlich erst ausgebeutete Goldlager. In der Provinz Jeniseisk ist die kleine Stadt Minusinsk, nördlich von Sajansk beim Zusammenfluss des Jeniseï und Abakan, der Mittelpunkt der Goldseifen, welche sich besonders längs der Ufer des Kan finden, der ein Nebenfluss des Jeniseï und der Birussa ist, welche durch den Ua und die Tschuna mit der oberen Tunguska in Verbindung steht. Ein Blick auf die diesem Werke beigegebene Karte lehrt, dass diese Goldalluvionen meistentheils Kammlinien entsprechen, die von der Krümmung des Sajan. Gebirges und des Ergik-targak-Taigan ausgehen. Es ist zu wünschen, dass die geologischen Verhältnisse***) und der Zusammenhang dieser Linien mit der

---

*) *Kusnezkie Tatari* von *kusnez*, Schmied. (Klaproth, Asia, 227; Erman, Reise, I., 502.)

**) Fischer, Sib. Gesch., I., 15; Müller, in Samml. Russ. Gesch. VI., 523.

***) „Von den Massenerhebungen der grossen Altaï-Kette, von denen der Abakan und Tschulyschman herabkommen, ziehen die sehr goldhaltigen Kusnezkischen Berge, welche sich von S. nach N. senken, nordwärts nach Atschinsk. Sie sind niedriger als das Kholsun-Gebirge. Ihre höchsten Gipfel haben, von der Stadt Kusnezk aus gesehen, nach einer trigon. Messung des Astronomen Fedorow dieselbe Höhe über dem Tom, wie die Riddersker Berge über dem Irtysch bei Ust-Kamenogorsk. Die culminirenden Punkte sind folglich 800—900 t. hoch. Der gelehrte Botaniker Lessing giebt dem Taskül, dem nördlichsten Gipfel, eine Höhe von 4250′ über dem Tom bei Tomsk und 5130′ über dem Meere.“ So lautet eine Stelle in Gebler's Abhandlung: Barometrische Höhenbestimmungen im nordwestlichen Altaï (*Bull. de la Soc. Imp. des Naturalistes de Moscou*, 1838, N. 2., p. 203). Ungeachtet die kleine Stadt Abakansk östlicher liegt, wird das goldführende Gebirge von Kusnezk manchmal doch Abakanskichse Kette genannt. Die Messung des Taskül würde für die Stadt Tomsk eine Höhe von 880′ über dem Meeresspiegel ergeben, was mir wenig wahrscheinlich vorkommt, da die Stadt Barnaul am Obi, 120 M. oberhalb des Zusammenflusses des Obi mit

viel westlicheren Kette der Kusnezkischen Berge bald aufgeklärt werden möchten. Man wird dabei die Aufrichtungen oder Rücken, welche man in einer langen Reihe von Unebenheiten des Bodens verfolgen kann, von den unterbrochnen kleinen Anhöhen unterscheiden müssen, welche in den Ebenen häufig das aufgeschwemmte Gebirge bezeichnen.

Das goldhaltige Gebirge, ein geologisches Phänomen, welches wohl beachtet zu werden verdient, nimmt eine ungeheure Strecke im nördlichen Asien ein. Ich habe schon früher die Goldkörner am Ostabhange des Jablonoi-Chrebet und der bergigen Gegend zwischen der Lena und den beiden Angara erwähnt. Es finden sich ferner Seifenwerke an den Ufern der Kujenga und Kara, zwei Nebenflüssen der Schilka im Nertschinsker Kreise. Der Boden ist dort granitisch; aber die aufgeschwemmten Schichten enthalten Stücke von Diorit (Erman, Reise, II., 187), wie sie auch am Ural vorkommen. Beim Brunnengraben in der Stadt Jrkuzk, erzählt Hr. Fiedler*), welcher diese Gegenden bereis't hat, findet man Blättchen gediegenen Goldes, ganz wie in den Ebenen, welche die Kama in den Gouv. Perm und Kasan durchläuft, und doch beträgt die Entfernung bei-

---

dem Tom, nur eine abs. Höhe von 362′ hat. Nun aber liegt Tomsk am Tom nur 12 M. oberhalb der Mündung in den Obi und die Höhe von Barnaul stützt sich auf ein ganzes Jahr guter Barom.-Beobachtungen, welche zweimal (von Hrn. Parrot zu Dorpat und Hrn. Galle zu Berlin) berechnet worden. Pansner's hypsometrische Tafel für Sibirien giebt für die Stadt Tomsk nur 322′, was besser mit Barnaul stimmt. Ich bemerke noch bei dieser Gelegenheit, dass der Spiegel der Bija bei Biisk, 3 M. oberhalb ihrer Mündung in den Obi und 42 M. oberhalb Barnaul, nach Hrn. v. Helmersen 630′ H. besitzt, während der Telezkische See etwa eben so hoch über dem Meere liegt, als der Baikal. (Der Telezkische See nach Helmersen 266 t.; der Baikal-See nach Fuss 222 t.)

*) Poggendorff, Annalen, XLVI., 192. Man behauptet sogar, im Jakuzkischen Kreise an dem nördlichen Abhange des Stanowoi-Chrebet Gold gefunden zu haben. Hr. Popow, ein reicher und betriebsamer Kaufmann aus Semipolatinsk, bei dem wir einen lebenden Yak (*Bos grunniens* Pallas) und seltene Arten von cultivirtem Rhabarber fanden, betreibt mit Erfolg Goldseifenwerke südlich vom Irtysch in der grossen Kirghisen-Steppe.

der Punkte sechs und funfzig Längengrade. Nimmt man nun noch das Gold von Udskoi, nicht weit vom Ochozkischen Meere, hinzu, so findet man, dass ein goldhaltiger Strich, welcher ohne Zweifel hier und da unterbrochen ist [vergl. unten S. 256 — 261], zwischen dem 50. und 60. Breitengrade das ganze alte Continent auf einer Länge durchzieht, welche um die Hälfte grösser ist, als die grösste Breite von Afrika. Diese grosse Menge oder vielmehr dies zerstreute Vorkommen des Goldes mit Platin und Magneteisen contrastirt sonderbar mit der Seltenheit von Zinn-Lagern oder -Alluvionen in den beiden Continenten.

Ebenso wie das Gold aus dem Uralgebirge seit 1823 angefangen hat, das, welches sonst in so grosser Menge aus Brasilien nach Europa kam, zu ersetzen; so ersetzen auch die goldführenden Anschwemmungen der sibirischen Ebenen, die man neuerdings ausbeutet, im Uebermaass das Gold, was der Ural seit 1831 und 1832, sowohl den Privaten als der Krone, weniger einbringt. Die Quantität Gold aus dieser letztern Bergkette betrug von 1834 bis 1839, wie wir weiter unten aus officiellen Tabellen zeigen werden, jährlich wenig unter 300 Pud (1 Pud = 16.372 Kilogrammes oder 69.9 köln. Mark*), während der mittlere Ertrag in den drei Jahren 1831 bis 1833: 353 Pud war. Diese Verminderung ist der immer zunehmenden Geringhaltigkeit des Goldsandes zuzuschreiben. Sie betrug nicht ganz ein Sechstel; doch wurden die in der Production des Ural fehlenden 53 Pud in solchem Verhältniss durch die Wäschereien in Sibirien östlich vom Ural**) ersetzt, dass diese, welche 1833

*) [1 Pud = 35.023 preuss. Pfund. Ein Pud Waschgold also, in Friedrichsd'or ausgeprägt, an Werth etwa gleich 15330 Pr. Thlr.]

**) Da der eine Abhang der Uralkette zu Europa, der andere zum sibirischen Gouvernement gehört, so kann man, um jede Umschreibung zu verhüten, die Seifenwerke in die sibirischen und uralischen unterscheiden. Auch geschieht dies so in den officiellen Tabellen. Die Westgrenze des Gouv. Tobolsk liegt noch weit ab von dem östlichen Abhange des Ural und die Einwohner von Katherinenburg und Werchoturie halten sich nicht mehr für Asiaten als die von Kasan und Orenburg. Im russischen Kanzleistyl ist nie von europäischen und asiatischen Provinzen die Rede; aber auf dem Rücken des Ural, im

nur 15 Pud Gold gaben, sich fortwährend auf 84, 106 und im J. 1838 auf 196 Pud steigerten. Von dieser Zunahme, welche man als eine Versetzung der Mittelpunkte des Reichthums ansehen kann, rührt es her, dass man in den Jahren des höchsten Ertrags des Ural (1831—1833) im ganzen russischen Reiche aus der Erde durchschnittlich im Jahre nur 376 Pud gewann, und dass 1837 und 1838 der totale Gewinn 442 und 469 Pud betrug, ein jährlicher Unterschied von 1500 Kilogrammes Gold. Ich habe vor Kurzem den Einfluss dieser Aenderungen aus dem Gesichtspunkte der politischen Oekonomie in meiner Abhandlung: Ueber die Schwankungen der Goldproduction mit Rücksicht auf staatswirthschaftliche Probleme (Deutsche Vierteljahrsschrift, 1838, Heft 4, S. 26) behandelt. Ich will diesen Abschnitt mit einem Bruchstücke aus dieser Abhandlung schliessen, in welchem Fragen berührt werden, deren Lösung die Goldländereien Sibiriens näher angeht.

Die Untersuchungen der letzten Jahre, die gewonnene Ueberzeugung von dem Metallreichthum, welchen Nordasien bis zur Region der Ebenen auch noch in unsern Tagen besitzt, führt uns fast unwillkürlich auf die Issedonen, Arimaspen und zu den Greifen, den Wächtern des Goldes, welche durch Aristeas von Proconnesus und 200 Jahre später durch Herodot eine so grosse Berühmtheit erlangt haben*). Ich habe die Thäler am südlichen Abhange des Ural besucht,

---

District von Nijnei-Tagilsk, auf der Wasserscheide zwischen den Gebieten der Tschussowaja und der Tura lies't man auf einem alten Fichtenstamme (*Pinus sylvestris*) mit grossen Buchstaben nach Westen das Wort Europa, nach Osten das Wort Asien; eine Inschrift, welche an die auf der Säule der Megareer erinnert: „Dies ist der Peloponnes, nicht Ionien!" — welche uns Strabo an zwei Stellen überliefert hat (lib. III., 171; l. IX., 391; Cas.); — wenn man sich aus jener traurigen Einöde in die herrlichsten Zeiten griechischer Civilisation zurückversetzt.

*) Auch in den Fragmenten Alcman's von Sardes oder vielmehr von Sparta, welche Hr. Welcker commentirt hat (*Alcmanis Lyrici Fragm.*, 1815, No. 94, p. 75) und in den Fragm. von Hecataeus und Damastes ist von den Issedonen die Rede. (*Hec. Mil. Fragm. ed.* Klausen, No. 168, p. 92.) Alcman nennt sie Assedonen.

in denen man noch vor kaum funfzehn Jahren, wenige Zoll unter dem Rasen und sehr nahe bei einander, abgerundete Goldmassen von 13, 16 und 24 Pfund Schwere gefunden. Es ist ziemlich wahrscheinlich, dass sonst auf der Oberfläche des Bodens, der von den fliessenden Gewässern durchfurcht worden, selbst noch grössere Massen gelegen haben. Wie kann man sich also darüber wundern, dass dies Gold (ähnlich den Geschiebeblöcken) von Jäger- oder Hirtenvölkern gesammelt wurde und dass die Kunde von diesen Schätzen nach den griechischen Colonien am *Pontus Euxinus* kam, deren Handelsverbindungen mit dem nordwestlichen Theile Asiens jenseit des caspischen Meeres und des *Lacus Oxianus* (Aral-See) nicht bezweifelt werden können?

Wenn man die Erzählung Herodots und die Beschreibung des Weges von den Thyssa-Geten bis zu den Issedonen mit Aufmerksamkeit lies't und damit die genaue Kenntniss der Gestalt des Bodens zwischen dem Don und dem Irtysch vergleicht; so findet man in dem unsterblichen Werke des Vaters der Geschichte die Ketten des Ural und Altaï, welche durch weite Ebenen von einander geschieden werden, auf's Deutlichste bezeichnet. Heeren*) hatte das Verdienst, selbst in einer Zeit, wo man noch eine sehr unvollkommene Idee von der Gestalt des Westendes des Altaï hatte und wo die Geographen beliebten, dies grosse Gebirgssystem durch die imaginäre Alginskische Kette (Algydin-Zano **) mit dem Ural zu verbinden, welche ohne Unterbrechung die Steppe der Kirghisen durchziehen sollte, zuerst diese beiden Ketten hervorzuheben. Man erkennt in der Erzählung Herodots den Uebergang über den Ural von W. nach O. (IV., 23, 24) und die Angabe einer andern, östlichern und höhern Kette, nämlich die des Altaï. Diese Ketten werden

*) Ideen über Politik und Handel, Ausg. von 1824, I., 2., S. 282—284. Man vergleiche damit die treffliche Abhandlung über das Land der Scythen bei Herodot in Völker's Myth. Geogr. der Griechen und Römer, 1832, I., 187—193.

**) Rytschkow, Orenburg. Topogr., 17. Ferd. Müller, Der Ugrische Volksstamm (1837), I., 218.

nicht unter eignen Namen aufgeführt; Herodot kennt selbst in Europa die Namen der Alpen und der Rhipäischen Berge nicht*); vergleicht man aber die Reihenfolge, in welcher die Völker geordnet sind, mit der Gestalt und der Beschreibung des Bodens, so fühlt man sich dabei auf dem Gebiete der positiven Geographie. Geht man von der *Palus Maeotis*, die ausserordentlich gross gewesen sein soll, in mittlerer Richtung gegen NO., so findet man bei Herodot nach der Reihe folgende Völker in den Ebenen: die Schwarzröcke (*Melanchlaeni*), die Budiner, ein röthliches (blondes) Volk mit blassblauen**) Augen, welches Läuse

*) Herodot hat nur einen Fluss *Alpis*, den Schweighäuser für den Rhein hält und welchen man nicht mit Strabo's *Albis* (Elbe) verwechseln muss. Alcman von Sparta (ed. Welcker, N. 123, p. 80) und Damastes aus Sigeum, ein Zeitgenosse Herodots, kannten die Rhipäischen Berge, von denen die *Tramontana*, der B'oreas d. h. der Wind von den Bergen (Nord-Thraciens) wehte; die Rhipäischen oder Rhipischen Berge selbst sind ebenfalls ein beschreibender und meteorologischer Name. Es sind die Berge der Bewegung oder des eisigen Wehens (ῥιπή), die Berge, von denen die nordischen Stürme hereinbrechen. (Otfried Müller, Dorier, I., 277; Völker, Myth. Geogr., I., 146.) Das Fragment des Damastes ist wahrscheinlich ein Auszug vom Hecataeus von Milet (Ukert, Untersuchungen über Hecataeus und Damastes, 1814, S. 51), und da Damastes die Rhipäischen Berge mit den Issedonen und Arimaspen in Verbindung bringt, so spricht er augenscheinlich, wie Hippocrates (*de Aere*, p. 192; ed. Foes), von ihrer Verlängerung in Asien, *pars mundi damnata a natura rerum* des Plinius.

**) Eigentlich γλαυκός, zwischen grün und blau, die Farbe, welche die Römer auch durch *caesius* und *glaucus* ausdrücken. Unter den Völkern der indo-germanischen blonden Race, welche in alten Zeiten das mittlere Asien bewohnten und sich von dort nach W. wandten, werden die Hakas, welche man für die Vorfahren der Kirghisen hält, als ein Volk „mit rothen Haaren und grüner Pupille“ von den Chinesen geschildert (Klaproth, *Tabl. hist.*, 168); die U-sun aber, von denen 120000 Familien drei Jahrhunderte vor unsrer Zeitrechnung im Nordwesten Chinas lebten, werden von Jen-sse-ku, dem Commentator der Annalen der Dynastie Han, nach der wörtlichen Uebersetzung, welche Hr. Stan. Julien auf meine Bitte von dieser Stelle gemacht hat, „als ein Volk mit rothen Bärten und blauen Augen“ geschildert.

frisst*) und in bewaldeten Gegenden wohnt; die Thyssa-Geten, die Jyrken oder Urgen (*Eurcae*), in denen man vergebens die Türken zu erkennen versucht hat**), und zuletzt noch gegen Osten eine Colonie der Scythen, welche sich von den Königs-Scythen getrennt haben (vielleicht um Tauschhandel mit Gold und Pelzwerk zu treiben). Dort hören die Ebenen auf, der Boden wird uneben und auf einer grossen Strecke ist das Land mit Felsen bedeckt. Es erhebt

*) [Wie der Recensent von Mannert's Geogr. in den Gött. gel. Anz., Dec. 1820, N. 206, bemerkt, dürfte bei dem Ausdrucke Herodots (IV., 109: *φθειροτραγέουσι*) wohl eher an die Nahrung von Tannenzapfen oder der Frucht einer Fichte (*φθείρ*, *φθειροφόρος*, *πίτυς*), die von manchen nordischen Völkern noch jetzt dazu benutzt wird, zu denken sein.]

**) Malte-Brun (Geogr., I., 62), indem er bei Herodot willkürlich Tyrken für Jyrken setzt, hat diese alte Hypothese wieder aufleben lassen. (Tzchucke, *ad Pomp. Melam*, I., 1., 643; Schweighäuser, *ad Herod.*, V., 182; Eichwald, Alte Geographie des caspischen Meeres, 284—288). Die Türken des Pomponius Mela (1, 19) und die *Turcae* des Plinius (VI., 7), welche wichtige Manuscripte (Sillig *ad Plin.*, I., 376) in *Etyrcae* und *Thircae* umwandeln, haben gewiss mit den Völkern der türkischen Race nichts gemein. Diese Race tritt erst unter der Herrschaft Hiongnu im zweiten Jahrhundert unsrer Aera am Ostabhange des Ural auf, wo sie die finnischen Völker vertreiben. Wie die Ti und Tukhiu, uralte Bewohner des Tangnu und Altaï, so drangen die Türken gegen das caspische Meer und die Grenzen Europas erst neunhundert Jahre nach Herodot vor (Klaproth, Anm. zur Reise des Grafen Potocki, I., 5). Ueber die wahre Abstammung der Benennung Türke von *terk*, d. i. Helm siehe Davids, *Gramm. of the turk. lang.*, p. X. und den interessanten Aufsatz des Hrn. v. Gabelentz in der Zeitschrift für Kunde des Morgenlandes (1838), II., 72. Die Vereinigung der Türken (*Tukhiu*), der Tungusen (*Sutschin*, *Khitan*) und der Mongolen (*Munggu*, *Tata*), welche Hr. v. Gabelentz für „dieselbe Race" hält, scheint mir aus physiologischen Gründen zweifelhaft. Die grosse Aehnlichkeit, die in neuerer Zeit zwischen allen tartarischen Sprachen aufgefunden worden, scheint mir nicht nothwendig auf die (japhetische) Stammverwandtschaft der beiden Brüder Tatar und Mongol, der Söhne Turk's zu führen, welche Abulghasi aufstellt. Welch ein Unterschied im Knochenbau der Schädel zeigt sich bei den Kalmüken, die ich in der Steppe um Sarepta sah, und bei den Türken von Kasan und Tobolsk!

sich zu hohen Bergen*), an deren Fusse die Kahlköpfe, *Argippaei,* wohnen, welche eingedrückte oder platte Nasen und ein sehr langes Kinn haben. Man hat aus diesen physiognomischen Kennzeichen einen Stamm der mongolischen Race, Kalmüken erkennen wollen**); aber es fragt sich, wie hätte dieser Stamm allein bis zum Ostabhange des Ural vordringen können, welchen, nach andern historischen Angaben, damals und noch sechshundert Jahre später hunnische Völker von finnischem Stamme besetzt hielten. Die mongolischen Völkerschaften, die um den Baikal lagerten und theils den Chinesen, theils den Hakas oder Kirghisen unterworfen waren, haben West-Asien erst zu Anfang des 13. Jahrhunderts überschwemmt. Man muss bei dieser Art von Untersuchungen nicht die Bewegung der indo-ger-

---

*) „*Scythae, qui ab regiis Scythis defecerunt. — Ad horum usque Scytharum regionem, universa quam descripsimus terra plana est et humilis: ab inde vero petrosa et aspera. Peragrato autem hujus asperae terrae longo tractu, radices altorum montium habitant homines, qui inde a nativitate calvi sunt omnes, et simo naso mentoque oblongo. Peculiari lingua utuntur*“ (IV., 23). Die Argippäer leben von den Früchten des pontischen Baumes, welchen Nemnich und Heeren für *Prunus Padus* halten (Ideen, I., 283). S. auch Erman, Reise, I., 307.

**) Man hat neuerdings den gelehrten Verfasser des „Periplus des caspischen Meeres,“ Hrn. Eichwald, mit vieler Strenge getadelt, weil er in den plattnasigen Argippäern Kalmüken gesehen (Alte Geogr., 259). Diese Meinung theilen ebenfalls Heeren, Bähr, Niebuhr und Völker, so viele berühmte Commentatoren Herodots, welche der Gesichtsbildung der Völker mehr als ihren allmäligen Wanderungen Aufmerksamkeit schenkten. Der Graf Joh. Potocki, der ohne besondere philologische Kritik doch eine tiefe Kenntniss der Gegenden und der Gestalt des Bodens bewiesen, sieht in den Kahlköpfen, „welche nicht den Gebrauch der Waffen kennen und die man für heilig hält“ (Her., IV., 23), kalmükische Mönche; aber wie alt auch der Buddhismus zu Khotan sein mag, so lässt sich auf keine Weise darthun, dass er schon zu Herodots Zeit die mongolischen Völkerschaften im Norden erreicht habe. Der Buddhismus mit seinen mönchischen Institutionen erschien selbst im Bischbalik [d. i. Pentapolis] am Ili nicht früher als im 4. Jahrh. unsrer Zeitrechnung durch Verbindungen mit Jarkand (Abel Rémusat, *Langues tart.*, I., 292).

manischen, finnischen, türkischen und mongolischen Völker aus den Augen verlieren. Ihre Wanderungen von O. nach W. machen eine Vergleichung der bei Herodot, Strabo oder Ptolemaeus erwähnten Stämme mit denen, die wir heut in denselben Gegenden angesiedelt sehen, unmöglich. Die Angabe einiger Gesichtszüge hat ferner unter der grossen Mannigfaltigkeit von Völkern im nördlichen Asien geringern Werth, als man nach dem beschränkten und veralteten System von fünf Menschenracen annehmen möchte. Schon Pallas bemerkt, wie die Gesichtsbildung mancher Völker des finnischen Stammes sich derjenigen nähere, die wir ausschliesslich die kalmükische oder mongolische zu nennen belieben; und die Beschreibung der Hunnen (von finnischer Race) bei Jornandes rechtfertigt diese Aehnlichkeit*).

Bis zu den Argippäern ist das Land, sagt Herodot, den Scythen und den griechischen Colonien am Pontus Euxinus vollkommen **) bekannt. Was jenseit der Argip-

*) S. die scharfsinnigen Erörterungen Klaproth's in den *Tabl. hist.*, 236, 246. Auch Hr. Erman erkennt die *Argippaei*, „auf weissen Pferden reitend" in den Baschkiren, einem finnischen Volke, welches türkisch spricht und heut zu Tage den Süd-Ural bewohnt (Reise um die Erde, I., 248). Indessen werden die Baschkiren (*Baschdjird*, *Pascatir* Ruysbroeck's) erst im 10. Jahrhundert unsrer Zeitrechnung in diesen westlichen Gegenden Asiens geschichtlich bekannt, zufolge einer Bemerkung Ibn Foslan's, die zuerst durch einen berühmten Petersburger Gelehrten, Hrn. Frähn herausgegeben worden ist.

**) Man könnte sich wundern, dass man auf dem Wege von der Palus Maeotis zur Kette des Ural nicht den Uebergang über die Wolga erkennt. Ist dieser Fluss, der *Rha* des Ptolemaeus, vielleicht einer von den vieren, welche „unter den Namen: *Lykus*, *Oarus*, *Tanaïs* und *Syrgis* in die Maeotis münden und welche im Lande der Thyssa-Geten entspringen?" (Her., IV., 123). Rennell hält den Oarus, Mannert den Lykus für die Wolga. Hr. Völker (Myth. Geogr., I., 190) ist geneigt, eine Verwechselung des Don und der Wolga unter demselben Namen Tanais beim Herodot anzunehmen. Die grosse Nähe beider Flüsse auf der Landenge zwischen Dubowka und Katschalinskaja, über welche ich reis'te, um die relative Höhe der beiden Meeresbecken zu bestimmen, spricht zu Gunsten jener Hypothese, um so mehr als Herodot das Land der Thyssa-Geten, worin die

päer*) ist, weiss man nicht, weil sich dort hohe Berge erheben, über die kein Weg führt. Wenn man die Kette des Ural nach Osten, d. h. zu den Steppen des Tobol und Ischim hinabsteigt, so stösst man wirklich auf eine andere, sehr hohe Bergkette, welche das Westende des Altai bildet. Der Handelsweg ging über die erstere Kette (den Ural) von W. nach O., was eine Meridiankette, eine von S. nach N. streichende Gebirgsaxe anzeigt. Herodot (IV., 25—31) unterscheidet bei der Erwähnung der zweiten Bergkette deutlich, was weiterhin im Osten der Argippäer (wo man in's Land der Issedonen kommt,) liegt, von dem, was jenseit der grossen Berge „gegen Norden ist, wo die Menschen ein halbes Jahr über schlafen, wo der Erdboden acht Monate lang gefroren und die Luft mit Federn erfüllt ist, wo die Arimaspen wohnen, welche den Greifen das Gold zu stehlen wissen.“ Diese Unterscheidung scheint eine von W. nach O. streichende Kette aufzustellen. Die Gegend der Greife und der Hyperboräer beginnt jenseit des nördlichen Abfalls der Kette der Aegipoden, des Altaï. Der Sitz der Issedonen, im Norden des Jaxartes (des Araxes) und östlich vom Aral-See, scheint durch die Erzählung von dem Feldzuge des Cyrus gegen die Massa-Geten**), welche die Ebenen gegenüber, also im S. der Issedonen, bewohnen, erwiesen zu werden.

Quellen des Tanais liegen sollen, nach Osten setzt (IV., 22). Polyclet liess den Tanais in's caspische Meer münden, und daraus entsprang die Ansicht, dass der Jaxartes wohl identisch mit dem Tanais sein könnte (Strabo, XI., 510). Man muss aber die verschiedenen Epochen und die Systeme unterscheiden, welche im Laufe der Zeit dazu beigetragen haben, Jaxartes, Araxes, Tanais, Rha und Wolga mit einander zu verwechseln.

*) „*Qui ultra Calvos illos habitent, liquido adfirmare nemo potest: nam praealti praeruptique montes quos nemo transcendit, praecludunt iter*“ (IV., 25).

**) I., 201. In dieser Stelle werden auch „nach der Meinung Einiger“ die Massa-Geten als von scythischem Stamme bezeichnet. Da nun nach Ammian die Alanen (*Alanna* der chin. Geschichtsschreiber), ein blondes Volk, dieselbe Race sind, welche im Alterthum Massageten genannt wurde, so ist diese Bemerkung Herodots von

„Die kostbarsten Erzeugnisse liegen sämmtlich am äussersten Ende der Erde. So findet sich im nördlichen Europa*) die grösste Menge Goldes, und dies Nord-Europa umfasst bekanntlich, sowohl bei Pherecydes von Syrus als bei Herodot, das ganze nördliche Asien. Man theilte die alte Welt von W. nach O. durch eine Linie, welche durch die Säulen des Hercules, das mittelländische Meer, den Phasis und Araxes (Jaxartes) lief. Die traurige Einförmigkeit dieser nordischen, mit Steppen und Fichtenwäldern bedeckten Gegenden von der Schelde bis zum Obi scheint diese Eintheilung zu rechtfertigen, welche man nach Strabo**) sogar

---

einiger Wichtigkeit für die Frage, ob seine Scythen (die Scoloten oder Sacen), welche ein Volk und durchaus nicht eine allgemeine Benennung für Nomaden-Völker sind, zur indo-germanischen Race gehörten. Ich bemerke bei dieser Gelegenheit, dass die Scythen, welche das bactrisch-hellenische Reich zerstörten (Strabo, IX., 511), später unter dem Namen der gothischen Völker erschienen, die zu einer und derselben Familie mit den Usun, den Tingling, den Huten und den Grossen Juetis (*Getae*) gehörten, die sich über Afghanistan und Indien ergossen. Sie waren eifrige Buddhisten im 4. Jahrhundert unserer Aera (*Foe-kue-ki*, p. 83; vgl. auch Ritter, Asien, V., 675 und 691). Diese Betrachtungen, verbunden mit der späten Epoche des Auftretens der türkischen und mongolischen Völkerschaften im westlichen Asien, wovon wir oben gesprochen haben, widersprechen der so bestimmten Aeusserung Niebuhr's in seiner wichtigen Abhandlung über die Geten und Sarmaten (Kleine Schriften, 362, 364, 395), dass die Scythen nur mongolischen Stammes sein können. Die Argumente, welche aus den Sitten der Nomaden-Stämme hergenommen werden, haben ein geringes Gewicht. Die chinesischen Historiker beschreiben die Sitten der alano-gothischen Völkerschaften mit eben denselben Zügen, welche die Scythen des Herodot und Hippocrates charakterisiren, und legen die Sitze der Tingling von blonder Race schon zweihundert Jahre vor unserer Aera an den Irtysch und Ob. „Man kann mit ziemlicher Gewissheit behaupten, dass die Scythen-Scoloten Herodots alanischen, massagetischen oder indo-germanischen Ursprungs waren; aber es fehlen uns positive Angaben, um dies Factum näher zu bestimmen". (Klaproth in seiner Einleitung zur *Voyage du comte Potocki*, I., 129.)

*) Herodot, III., 116; IV., 42; Heyse, *Quaest. Herod.*, 106.

**) Lib. XI., p. 510; Cas. Strabo kannte jedoch, wie Eratosthenes, drei Arten Coniferen in den Gebirgen Indiens (lib. XV., 698).

durch ein Princip der Pflanzengeographie zu begründen suchte, indem man behauptete, dass die Coniferen nicht im oberen und östlichen Asien vorkämen.

Die Scythen oder die griechischen Ansiedler suchten das Gold nicht an seiner Quelle bei den Arimaspen; sie empfingen es aus den Händen der Issedonen, die allein mit den Arimaspen in Verkehr standen. In alten Zeiten hatte in diesen Gegenden eine Völkerbewegung (ohne Zweifel von NO. nach SW.) statt gefunden. Die Arimaspen hatten sich auf die Issedonen geworfen, diese auf die Scythen und die Scythen auf die Kimmerier. Die Andeutung dieser Wanderungen wurde in der Dichtung gegeben, welche Aristeas von Proconnesus, eine mystische Person, verfasste, deren Pilgerfahrt zum Lande der Issedonen nach ihrem Tode in den fabelhaften Erzählungen der milesischen Ansiedler entstellt worden. Nimmt man an, dass die Issedonen Herodots ihre Sitze östlich vom Ischim (Ptolem., VI., 15, tab. 7) in der Steppe, welche heut zu Tage von den Kirghisen der mittleren Horde bewohnt wird, vielleicht zwischen Karkarali und Semipolatinsk gehabt haben; so muss man den Arimaspen die Nordseite des Altaï zwischen dem 53. und 55. Breitengrade anweisen. Der Verkehr zwischen beiden Völkern kann auf den Ebenen um das NW.-Ende des Altaï, welches in Form eines mächtigen Vorgebirges vortritt, statt gefunden haben. Der Winter ist in diesen Gegenden ziemlich rauh; „die kleinen Federn“ erfüllen oft genug die Luft, so dass man nicht anzunehmen braucht, die Issedonen hätten noch nördlichere, sibirische Völker gekannt. Herodot selbst macht die Bemerkung (IV., 31), „dass das Festland nach Norden hin wegen der strengen Winter von Menschen entblösst sei.“ Man sieht aus seiner Erzählung, dass die Hyperboräer eine Erfindung der Griechen sind. „Die Scythen wissen von ihnen nichts, die Issedonen könnten davon etwas wissen, aber wenn sie davon erzählten, so würde man es auch von den Scythen erfahren“. Die Hyperboräer sind eine meteorologische Mythe. Der Bergwind (*B'Oreas*) geht von den Rhipäischen Bergen aus. Jenseit dieser Berge soll ruhige Luft und ein glückliches Klima herrschen, wie auf den alpinen

Gipfeln in dem Theile, welcher über die Wolken hinausragt. Hierin liegen die ersten Vorstellungen einer Physik, welche die Vertheilung der Wärme und den Unterschied der Klimate durch locale Ursachen, durch die Richtung der Winde, die Nähe der Sonne, die Wirkung eines feuchten oder salzigen Princips erklärt. Die Folge dieser systematischen Ideen war eine gewisse Unabhängigkeit, welche man zwischen den Klimaten und der Breite der Orte annahm. Auch die Mythe von den Hyperboräern, die so innig mit dem dorischen und ursprünglich nordischen Cultus des Apollo verknüpft war, konnte sich von Norden nach Westen verpflanzen, indem sie dem Hercules *) auf seinen Fahrten nach den Quellen des Ister, der Insel Erythia und den Gärten der Hesperiden folgte.

Die Lage, die wir dem so goldreichen Lande der Arimaspen am Nordabhange des Altaï anweisen, scheint durch die Metallschätze, die man neuerlich innerhalb der Kusnezkischen Berge und in den Schluchten der niedern Gegenden Sibiriens entdeckt hat, bestätigt zu werden. Die beiden Ketten des Ural und des Altaï, zwischen denen die Argippäer und Issedonen sassen, sind zu klar in der Beschreibung Herodots bezeichnet, als dass man die Issedonen auf einen kleinen Fluss**) des Ural (bei Katherinenburg), der heut zu Tage Isset heisst, beziehen oder den südlichen Ural***), der übrigens sehr goldreich ist, als das Land der Arimaspen betrachten könnte. Lager von goldhaltigem Sande, die mehr oder weniger der Ausbeutung werth, sind, den Entdeckungen der letzten 5—6 Jahre zufolge, östlich vom Ural in einem grossen Gürtel, welcher beinahe ganz Sibirien (das östliche Europa Herodots) von W. nach O. durchzieht [s. S. 256],

*) Otfried Müller, die Dorier, I., 268, 273, 275.

**) Reichard, Ueber den Feldzug des Darius gegen die Scythen, in Berghaus' Hertha, XI., 16; Müller, Ugrische Völker, (1837,) I, 181; Eichwald, Alte Geographie des Caspischen Meeres, 264.

***) Das Land im Norden von Orenburg, wie Niebuhr in seinen: Kleinen Schriften, S. 301, angiebt.

gefunden worden. Wo man in unsern Tagen in dem aufgeschwemmten Gebirge nur Spuren von Gold findet, mag es früher grosse Massen dicht an der Oberfläche des Bodens gegeben haben. Eine lange und beschwerliche Erfahrung hat ferner gelehrt, dass es nicht immer ein günstiges Zeichen für den mittlern Reichthum der Alluvionen ist, wenn sich in deren Nähe grosse Goldgeschiebe zeigen. Doch darf uns der heutige Zustand der Ausbeutung nicht allein in diesen Untersuchungen über die alte Geographie leiten. Die Kritik muss sich vor Allem auf die Prüfung der Reiseberichte und die Erkenntniss der charakteristischen Züge in der Gestalt und Vegetation des Bodens wenden.

Man kann die Frage aufwerfen, ob die alte Mythe von den Greifen, den Goldhütern bei den Arimaspen, nach einer geistreichen Hypothese des Hrn. Adolph Erman (Reise, I., 712), mit dem Phänomen fossiler Knochen von grossen vierfüssigen Pachydermen verknüpft werden muss, welche sich so häufig in dem aufgeschwemmten Lande des nördlichen Sibiriens finden; Knochen, in welchen noch in unsern Tagen die eingebornen Stämme von Jägervölkern die Greifen, den Schnabel und selbst den ganzen Kopf eines Riesenvogels zu erkennen glauben. „Will man sich nun nicht weigern, sagt der gelehrte Reisende, in jener arktischen Sage das Vorbild zu der griechischen von den Greifen zu finden; so ist es streng wahr, dass nord-uralische Erzsucher das Gold von unter den Greifen hervorzogen; denn Goldsände unter Erd- und Torflagern, welche mit fossilen Knochen erfüllt sind, gehören jetzt so wie früher [zu Herodots Zeiten] zu den gewöhnlichsten Erscheinungen“ [l. c., S. 369]. Wir wenden gegen diese Verbindung alter und neuer Mythen ein, dass sich bei den Griechen das symbolische Bild der Greifen, als eine poetische Fiction oder Darstellung in den Künsten, lange vor dem Verkehr der pontischen Colonisten mit den Arimaspen findet. Schon Hesiod kennt die Greifen, und die Samier haben sie auf dem Kruge abgebildet, welchen sie zur Erinnerung an den Gewinn von ihrem Zuge nach Tartessus verfertigten (Herod., IV., 152). In Persien und Indien scheint dies mysteriöse

Symbol des goldhütenden Thieres (Aelian, *Hist. anim.*, IV., 26) ursprünglich zu Hause zu sein, und der Handel Milets hat dazu beigetragen, dasselbe mit den babylonischen Teppichen in Griechenland zu verbreiten*).

Ich habe oben erwähnt, dass man im Süden der Ural-Kette wenige Zoll unter dem Rasen einigemal Massen gediegenen Goldes von 16 bis 20 Pfund Gewicht gefunden. Fliessende Gewässer können vielleicht früher eben so grosse Massen an die Oberfläche gebracht haben, wie sie auch auf Haïti gefunden worden sind. Hat die Geschichte von dem heiligen Golde der Scythen bei Herodot (IV., 7) Bezug auf die Lage des Goldes an der Oberfläche, oder hängt sie mit der verwirrten Erinnerung an den Fall eines Aerolithen zusammen? „Werkzeuge zum Ackerbau fallen vom Himmel. Die beiden Söhne des Königs, welche die Masse zuerst aufnehmen wollen, finden sie glühend**);

---

*) Otfried Müller, Hellen. Stämme, II, 276; Böttiger, Griech. Vasengemälde, I., 105. Ueber den Greif des Ctesias, als ein indobaktrisches Thier, siehe Heeren, I., 239 und die gelehrte Abhandlung des Hrn. Völcker in: Myth. Geogr., I., 183—187. Ein berühmter Petersburger Akademiker, Hr. v. Graefe hielt „das Ungeheuer mit grossen Zähnen", den *Odontotyrannus* der byzantinischen Schriftsteller und des Julius Valerius, den Maso wieder aufgefunden, für einen Reflex vom sibirischen Mammut, für eine dunkle Erinnerung an die Existenz eines vorsündfluthlichen Thieres (*Mém. de l'Acad. de St.-Pét.*, 1830, p. 71, 74; Jul. Valerius, *Res gestae Alexandri translatae ex Aesopo*, III., 33; *Chron. Hamartol. ed. Hase ex codd. Par.*). Aber der Tyrann und die Greifen sind nicht Geburten des angeschwemmten Gebirges im hohen Norden, sondern vielmehr die Geschöpfe der glühenden Phantasie südlicher Völker.

**) Die Stelle bei Herodot (IV., 5, 7) lautet nach der Uebersetzung Schweighäuser's also: „*Targitao filios fuisse tres, Leipoxain et Arpoxain, minimumque natu Colaxain. His regnantibus de coelo delapsa aurea instrumenta, aratrum et jugum et bipennem et phialam, decidisse in Scythicam terram. Et illorum natu maximum, qui primus conspexisset, propius accedentem capere ista voluisse; sed, eo accedente, aurum arsisse. Quo digresso, accessisse alterum, et itidem arsisse aurum. Hos igitur ardens aurum repudiasse; accedente vero natu minimo, fuisse extinctum, huncque illud domum suam contulisse: qua re intellecta, fratres majores ultro universum regnum minimo natu tradi-*

als aber der dritte Sohn Colaxais, welcher zuletzt kommt, das Metall [Gold] anfasst, brennt es nicht mehr und er trägt es in sein Haus". Hat man in der Tradition Gold und Eisen verwechselt? Ist das heilige Gold vielleicht ein Aerolith, der, wie noch jetzt so häufig, ganz glühend auf die Erde fiel und der Pallas'schen Masse ähnlich war, aus welcher man Ackerwerkzeuge schmieden konnte, eben so wie noch heut zu Tage die Eskimos der Baffins-Bai aus einem halb in Schnee versunkenen Aerolithen sich Messer verfertigen? Ich will mich nicht weiter bei einer Art von physikalischer Auslegung alter Mythen und neuerer Wunder aufhalten, welche schon die alexandrinischen Grammatiker zu oft missbrauchten. Es bietet sich noch eine andere Erklärung dar, welche wir nur kurz andeuten wollen. Die historische Mythe vom heiligen Golde kann mit den Bemühungen aller Völker, die Räthsel der Abstammung zu lösen und ethnographische Tafeln zu verfassen, zusammenhängen. Man hat den Ursprung der drei Skoloten-Geschlechter*) dadurch erklären wollen, dass man dem ersten einge-

disse. — *Sacrum autem illud aurum custodiunt Reges summâ curâ; et quotannis conveniunt, majoribus sacrificiis illud placentes. Dicuntque Scythae, si quis festis illis diebus aurum hoc tenens obdormiverit sub dio, hunc non transigere illum annum*". Die Massageten, welche nach Ammianus Marcellinus ein Alanen-Tribus sind, brauchten das Gold zu ihren Waffen und zum Geschirr ihrer Pferde, wie andere Völker das Eisen (Herod., I., 215; Strabo, XI., 513). Was übrigens die Beschaffenheit der vom Himmel gefallenen Massen betrifft, so ist dieselbe von der dichterischen Einbildungskraft der Hellenen auf tausendfach verschiedene Weise dargestellt worden. In der ältesten physikalischen Abhandlung über den Ursprung der Geschiebe und losen Felsblöcke in Ebenen sehen wir schon eine Wolke, welche mit abgerundeten Steinen beladen einmal auf die Ligyer fallen und dann ein geologisches Phänomen erklären soll, welches den Aristoteles, Posidonius und Strabo (IV., 182; Cas.) nach einander in Verlegenheit gesetzt hatte.

*) Die Auchaten, Catiarer oder Traspier und die Paralaten (Her., IV., 6). Colaxais, das Haupt der Goldhorde, (Brandstäter, *Scythica, de aurea caterva*, 1837, p. 69, 81) hat auch drei Söhne und theilt sein Reich unter drei Horden, von denen jede eine besondere Regierung hat (Her., IV., 7). Diese ternären Eintheilungen wiederholen sich symmetrisch.

bornen Könige drei Söhne gab. Damit nun das Gold, ein heiliges anvertrautes Gut, das Eigenthum der Paralaten, der Goldhorde, werde, verhindert eine aus dem vom Himmel gefallenen Metall aufschlagende Flamme die beiden Brüder, es aufzunehmen. Die Vorstellungen von Gold und Feuer finden sich eben so in den Meinungen der nordischen Völker mit einander verbunden, wie sich dieselben bei den Völkern zwischen dem Rhein und der Weichsel bis auf die Gegenwart erhalten haben. Verborgene Schätze offenbaren sich durch einen röthlichen Schein und durch Flammen, welche aus dem Schoosse der Erde kommen.

Ich habe mir diese literarische Abschweifung erlaubt, weil eine gründlichere Kenntniss der Localitäten und des jetzigen Bodenreichthums über den Goldüberfluss, welchen das ganze Alterthum den nördlichsten Regionen zugeschrieben hat, einige Aufklärung verbreiten dürfte. Aus ähnlichen Gründen habe ich oben (S. 95—119) versucht, die Kenntnisse der Griechen vom Imaus und den Emodischen Bergen zu erörtern und die wahre Richtung dieser Gebirgsketten festzustellen, von denen die Einen Meridiangebirge sind, wie der Bolor, die Andern von W. nach O. wie der Parallel Dicaearch's streichen. Man lässt sich leicht verleiten, wenn man hoffen darf, dem Interesse der Literatur wie dem der Naturwissenschaften gleichzeitig einen Dienst zu leisten.

Ueber
den goldführenden Gürtel,
welcher das nördliche Asien im Osten vom Ural durchzieht.

(Ergänzende Bemerkung zu S. 236—255.*)

Da mir das eigenthümlich zerstreute Vorkommen der Gold- und Platin-Alluvionen in einem Striche von W. nach O., quer durch einen grossen Theil Sibiriens zwischen $54\frac{1}{2}^{\circ}$ und 56° Br., aufgefallen war, so ersuchte ich den Hrn. Gen.-Lieut. v. Tscheffkin, der sich so lebhaft für die Aufmunterung geognostischer Forschungen interessirt, bei seiner letzten Durchreise durch Berlin (im Dec. 1840), über die geographische Lage und Erstreckung dieser in der allerneuesten Zeit erst betriebenen Zone genaue Nachrichten sammeln zu lassen. Meine Bitte wurde mit vielem Wohlwollen erfüllt, und schon im Frühlinge des J. 1841 erhielt ich von dem Hrn. Grafen v. Cancrin eine in sehr grossem Maassstabe construirte handschriftliche Karte nebst einer Notiz über den resp. Ertrag jeder Gruppe von Seifenwerken. In dieser (hier folgenden) Mittheilung ist das bisher bearbeitete aufgeschwemmte Gebirge in zwölf kleine Systeme getheilt**). Ich habe auf meiner hypsometrischen Karte von Central-Asien, so weit es die Dimensionen derselben erlaubten, durch das chemische Zeichen für das Gold die Lagerstätten des Goldsandes angegeben,

*) [Im Original t. III., p. 497—512. Zur Vergleichung kann Hrn. Erman's kürzlich erschienene Abhandlung: „Ueber die geognostischen Verhältnisse von Nord-Asien in Beziehung auf das Goldvorkommen in diesem Erdtheile" (Archiv für wissenschaftliche Kunde von Russland) dienen.]

**) [Vergl. auch Erman's Archiv, 1842, Heft 3, S. 501—521.]

welche die grosse, für meinen Gebrauch im Karten-Dépôt des Bergcorps zu Petersburg gezeichnete Karte enthielt:

1. Gruppe der Flüsse Berd und Inja, Nebenflüsse des Obi, welche vom Westabhange der N.-S. streichenden Kusnezkischen Kette kommen. Breite: 54° 50′ bis 55° 20′ (östl. Lg. von Par. etwa 83°). Die Ausbeutung dieses Seifengebirges hat in den J. 1830 und 1832 begonnen. Bis zum J. 1840 producirten die drei Seifen 50 Pud Gold.

2. Gruppe des Tom, eines nördlichen Nebenflusses des Obi, der vom Ostabhange der Kusnezkischen Kette kommt. Breite: 55°—56½°. Sechs Seifenwerke lieferten von 1831—1840 nahe 220 Pfund Gold.

3. Gruppe der Kya [Kji], die in den Tschulym mündet; dieser kommt von Atschinsk und ist selbst ein östlicher Nebenfluss des Obi. Fünf Seifen gaben von 1830—1840 eine Production von 496 Pud Gold. Breite: 55°—57°. Die reichsten Wäschen sind die von Talanofka und von Woskressensk am Kundustoyle oder Kundustujul. Letztere hat allein 257 [bis 1842: 330] Pud gegeben und steht den reichsten Lagern des Slatouster Reviers nicht nach. (*Annuaire des mines de Russie, Introduction*, p. 152, und *Ann. pour* 1837, p. 94, 99, 227.).

4. Gruppe von Atschinsk, im O. der Bjelogori-Kette. Von 1833—1840 nur 25 Pud Gold. Breite: 56¼°.

5. Gruppe von Abakansk und Minusinsk, am obern Jeniseï. Production von vier wenig ergiebigen Seifen 67 Pud in den J. 1833—1840. Breite: 53¾°—56°.

6. Gruppe des Kan, eines Nebenflusses des Jenisei Drei Seifenwerke gaben 1834—1840 nur 21 Pud Gold. Breite: 55°.

7. Gruppe der Birussa, die ihre Wasser durch die Ona, Tassewa und Werchnaja Tunguska zum Jeniseï schickt. Breite: 54°—58½°. Vier Seifenwerke lieferten 1836—1840: 167 [5 Wäschen im J. 1842: 115] Pud Gold. Das Goldseifengebirge an der Chorma (Nebenfl. der Grossen Birussa) war im J. 1838 vielleicht das reichste in ganz Ost-Sibirien: 100 Pud Sand enthielten (im mittleren Gehalt) 5 Solotnik 74 Doli (l. c., année 1839, p. 370).

8. Gruppe der Werchnaja [d. i. Obern] Tunguska, Nebenfl. des Jeniseï. Breite: 58°—58½°; ungefähr in 94° Lg. Die Arbeit begann erst 1838 und gab 33 Pud Gold.

9. Gruppe der Podkamennaja [d. i. Steinigen] Tunguska; Breite: 60°—61°; in 92½° Lg. Drei Seifen, welche seit

1840 3 Pud Gold lieferten. Der reichste Sand des Flüsschens Pita giebt 11 Solotnik auf 100 Pud.

10. Gruppe der Angara, westlich und nordwestlich vom Baikal, 4 und 20 M. davon entfernt (Breite: $51\frac{1}{4}^{\circ}$—$52\frac{3}{4}^{\circ}$), besonders an den Quellen und der Mündung des Kitoi, eines Nebenflusses der Angara (l. c., année 1835, p. 55).

11. Oestliche Daurische Gruppe oder Gruppe der Nertschinsker Seifen am Onon und an der Schilka. Breite: 51°—$52\frac{1}{2}^{\circ}$, ungefähr in 113°—$115\frac{1}{2}^{\circ}$ Lg. Diese Werke lieferten von 1833—1840 nur 13 Pud Gold [1842 aber (am Flusse Kara) gegen 8 Pud].

12. Gruppe der Steppe der Kirghisen (mittlere Horde), $\frac{1}{2}$—$1\frac{1}{2}^{\circ}$ südlich von Ustkamenogorsk, bei den Quellen des Djuss-Jagatsch, der in den Dsaisang-See fällt. Diese Gruppe ist durch die kleine Kolbinskische Kette vom Irtysch-Thal geschieden. [Sie lieferte im Jahre 1842 nur gegen 8 Pud Gold.]

Wenn man die Karte betrachtet, so findet man, als äusserste Grenzen des sibirischen goldhaltigen Alluvialgebirges, $48\frac{1}{2}^{\circ}$ (in der Kirghisen-Steppe) und 61° Breite (an den Ufern der Podkamennaja Tunguska). Seine Ausdehnung beträgt vom Meridian des SW.-Abhanges des Altaï bis zum Thale des Onon (Nebenfl. des Amur) 37 Längengrade, eine Entfernung, welche fast eben so gross, als die von Paris nach Moskau ist; aber wenn man auf den relativen Reichthum und die Goldproduction in der bis jetzt bearbeiteten sibirischen Zone Rücksicht nimmt, so findet man, dass das wichtigste Goldlager zwischen dem Becken des Obi, eigentlich des Berd, den Ufern des Tom, der Kusnezkischen Kette und der Birussa, d. h. zwischen den Parallelen von $54\frac{1}{2}^{\circ}$ und 56° beschränkt zu sein scheint. Die reichste Zone scheint mir gegenwärtig dem Parallel des 55. Grades zwischen 83° und $97\frac{1}{2}^{\circ}$ Lg. zu folgen. Ordnet man die Gruppen nach dem Ertrage, welchen sie seit ihrer ersten Verwaschung bis zum J. 1840 geliefert, so erhält man folgende Reihe:

Gruppe der Kya, 496 Pud.

Gruppe des Tom, südwestlich von der Kya, 220 Pud.

Gruppe der Birussa (Birjussa), nordöstl. von Abakansk und 140 M. weit von der Kya, 167 Pud. Der Gehalt der Alluvionen betrug im J. 1838 $1\frac{1}{4}$ Solotnik auf 100 Pud Goldsand. An der Chorma (Nebenfluss der Birussa) stieg derselbe sogar auf mehr als 5 Sol. $74\frac{1}{2}$ Doli (s. o.).

Gruppe von Abakansk und Minusinsk, 67 Pud (*Gorny.-Jurn.* [d. h. Bergwerks-Journ.], 1841, N. 4., p. 177).

[Nach den neuesten officiellen Berichten des russ. Finanzministerii (vom 30. Dec. 1842), welche grossentheils vom General-Major Kowalewskji abgefasst worden (Erman's Archiv, 1842, p. 501—521) schalten wir hier noch eine kurze Notiz über die sibirischen Goldwäschen ein.

Der Uebersetzer.

Aus den bisher untersuchten Lagerungsverhältnissen des Goldsandes wird der Schluss gezogen, dass sein Ursprung nicht entfernt zu suchen und dass er nicht von Weitem her angeschwemmt worden sei. — Die vorzüglichsten Goldlager Sibiriens werden in jenem Aufsatze nach den Flussbetten in folgende Gebiete eingetheilt: 1) die Gebirge zwischen dem Obi und Tom; 2) der Tom-Jeniseische Bergzug zwischen dem Tom und Jenisei; 3) das Jeniseisch-Lenasche Bergland. Dazu kommen dann noch 4) die nicht hohen Gebirge, welche sich vom westlichen Ende des Altaï über die Südgrenze Sibiriens in die Kirghisen-Steppe erstrecken.

Von der Gruppe der Birjussa (S. 257, No. 7) rückten die Unternehmer der Goldseifen mit ihren Nachforschungen weiter nach NW. jenseit der Obern Tunguska, wesshalb die Anbrüche dieser Gegend zwischen der Obern und der Steinigen Tunguska überhaupt die transtunguskischen Wäschen genannt werden (vergl. S. 257, No. 8, 9). Die ersten Entdeckungen machte man hier in den Bergzügen, welche die Wasserscheide zwischen der Obern Tunguska und dem Jenisei bilden, und zwar entdeckte man hier sehr bald ganze Reihenfolgen der reichsten Goldsandlager; eben so weiter gegen NNW. in den Gebirgen zwischen den Gebieten des Pit (Nebenfluss des Jenisei) und der Steinigen Tunguska. Ueberhaupt machen die transtunguskischen Wäschen jetzt die wichtigsten und reichsten Goldquellen, die von Privaten bearbeitet werden, in Sibirien aus. Bei ihrer grossen Anzahl theilt man sie in verschiedene Systeme, unter denen die folgenden am Ergiebigsten sind:

1. Im System des Uderei, wo die Seife Spask am Grossen Pesskin (1842: 99 Pud Gold) sich durch die Menge und leichte Gewinnung des Goldes (im Durchschnitt 9 Solotn. in 100 Pud Sand) auszeichnet. — 2) Im System der Muroschna. — 3) Im System des Pit am Flüsschen Oktolyk. Das Lager Olynsk an drei Oberanfängen des Oktolyk ist das reichste bisher entdeckte; es lieferte im Durchschnitt in 100 Pud Sand über 10 Solotnik und 1842

34½ Pud. — 4) Im System der Steinigen Tunguska beim Flüsschen Kalami.

Ueberhaupt wurden im Jahre 1842 in den transtungusischen Wäschen (nach einer vorläufigen Berechnung) allein gegen 364 Pud Gold ausgewaschen, was fast eben so viel ist, als im J. 1841 alle sibirischen Goldwäschen im Osten des Ural zusammen geliefert (359 Pud), und was den Ertrag aller übrigen sibirischen Wäschen (267 Pud) und aller uralischen im Jahre 1842 (310 Pud) noch beträchtlich übersteigt. Jene Wäschen allein gaben 1842 den enormen Ertrag von nahe 0.39 der Gesammtproduction (941 Pud) der Seifenwerke im russischen Reiche!]

Alle sibirischen Seifenwerke im O. des Ural (die ältesten datiren vom J. 1829) haben bis zum J. 1840 ein Quantum von 1120 Pud 15½ Pfund Gold (18350 Kilogr.) geliefert*). Da die Schlangenberger Silbererze sich sehr goldhaltig ausgewiesen hatten, besonders ganz nahe der Oberfläche des Bodens, so musste man aus den uralischen Goldseifen bald die Hoffnung schöpfen, auch im Altaï goldhaltige Alluvionen zu entdecken, deren Bearbeitung vortheilhaft sein könnte. Die ersten, ziemlich fruchtlosen Versuche wurden 1825 zuerst beim Schlangenberge selbst, später im SO.-Altaï in den Schluchten der hohen Kholsun-Kette zwischen der Buchtarma und der Katunj angestellt. Gen. Beger, dessen Bekanntschaft ich im nördlichen Ural zu Bogoslowsk machte, hat, in Gemeinschaft mit einem einsichtsvollen und unternehmenden Kaufmann, Hrn. Popow, das Verdienst gehabt, der Aufsuchung von Gold in Sibirien die glücklichste Richtung zu gen. Hr. Beger, zum Bergwerks-Director in dem ausgedehnten Bezirk des Altaï ernannt, gab die Arbeiten am Kholsun auf und wandte sich 5—6° nördlicher zu der kleinen Bergkette, welche die Wasser des Tom von denen des Obi scheidet. Diese Kette zieht nördlich von Kusnezk vorüber und nachdem sie gewissermassen vom Tschumysch-Flusse eingeschlossen gewesen, gabelt sie sich in der Gegend von Salairsk; bei ihrer plötzlichen Ablenkung nach WNW. entspringt die Berd, welche mehrere andere Bäche aufnimmt. Der westliche Zweig liegt zwischen den Mün-

*) [1842 allein 631, und von 1830—42: 2093 Pud; und doch wird in Sibirien fast nur im Sommer gewaschen, während am Ural die Seifen auch im Winter in Betrieb sind. In Sibirien allein waren im J. 1842 bei den Goldarbeiten 11000 Mann beschäftigt.]

dungen des Tschumysch und der Berd, der östliche oder nordöstliche zwischen der Berd und der Inja. Die gabeltheilige Kette führt den Namen Salairsche Kette. (*Ann.*, *Jntrod.*, p. 147; *Ann. pour* 1838, p. 29.)

Hr. Popow war, nachdem er lange Zeit in dem grossen Kohlensandsteinbecken, welches die Stadt Tomsk umgiebt, geschürft hatte, so glücklich, im J. 1828 das erste Schuttlager, welches sich der Mühe verlohnte, verwaschen zu werden, an den Ufern des Flusses Birikul (Nebenfl. der Kya) zu entdecken (*Ann. pour* 1838, p. 264). Diese bergige Gegend zwischen der Kya und der Berda „zeigt dieselben geognostischen Kennzeichen, wie die (dioritische) Kette des Ural. Sie gehört dem östlichen Zweige der oben erwähnten Bifurcation der Kusnezk. Kette an. Auf der entgegengesetzten Seite desselben Zweiges, welcher die Ilea reichlich mit Wasser versorgt, hat man andere goldhaltige Alluvionen entdeckt“ (*Ann.*, *Jntrod.*, p. 148). In den sehr unvollständigen orographischen Beschreibungen, welche bisher von den Meridian-Gebirgssystemen, die fast rechtwinklig gegen den Nordabhang des Altaï streichen, veröffentlicht worden sind, werden die Kusnezkische und die Salairskische Kette bald mit dem Alatau (Alata-u) verwechselt, bald ganz davon getrennt*). Soviel scheint ganz gewiss, dass im Sprachgebrauch des Volkes der Rücken zwischen dem Tom und Obi die Kusnezkische Kette heisst, während der Alatau, den Hr. Simonoff**) das Tomsko-Jeniseiskische Gebirge nennt, zwischen dem Tom und Tschulym gelegen ist. Aber wenn man die unbestimmten orographischen Beschreibungen, welche wir bis jetzt besitzen, mit einer Karte im *Gorny-Jurn.*, 1841, N. 4., oder mit einer andern vom Gouv. Tomsk, worauf die Bergwerke des Kolywano-Woskressenskischen Bezirks (N. 3. der *Jntrod. de l'Annuaire*) vergleicht; so erkennt man, dass das Abakansko-Salairskische Gebirge mit dem Alatau gegen Süden, etwas östlich von Sandypskoi im Meridian des Telezkischen Sees, mit dessen Becken uns Hrn. v. Helmersen's schöne Arbeiten bekannt gemacht haben, zusammentrifft. Die all-

*) Vergl. *Ann.*, *Introd.*, p. 148 und *Ann. pour* 1839, p. 28, mit einer Abhandlung des Hrn. More (*Gorny-Jurn.*, 1841, N. 8) und mit S. 237 dieses Werkes.

**) S. des Maj. Simonoff's interessantes Mém. über die Goldlager im W. des Jenisei im *Ann. pour* 1837, p. 84—105.

gemeine Streichungslinie dieses goldführenden Systems ist NNW.-SSO. Es ist also auch in geologischer Beziehung eben so verschieden vom Altaï-System, wie die Systeme Paralasa oder Kanda vom Himalaya oder Sufeid-Koh. Wenn man das Erzeugniss der Kya- oder Birussa-Seifenwerke Gold des Altaï nennt, so spielt man auf einen sehr zufälligen Umstand der Verwaltungs-Hierarchie an, indem man eine Hypothese über den Ursprung der goldhaltigen Alluvionen Sibiriens aufstellt, welche doch nur auf einer geringen Wahrscheinlichkeit beruht.

Der *Alatau* (die fleckigen Berge), dessen beschreibender Name unglücklicher Weise so häufig in Nord-Asien wiederkehrt, hat „beträchtliche Höhen, die mit ewigem Schnee bedeckt sind". Bergspitzen gegen W. werden von den Tartaren *Tasskile* (*Taskuil*), d. h. weisse Berge genannt (s. p. 239). Es sind die *Bjelo Gorie* der russischen Bewohner. Die Granitkuppe des Eberghuelui-Tasskile hat man mit dem Mont Blanc verglichen*). Ein nördlicher Theil des Alatau, der parallel der Kya streicht, indem er längs der Ufer des Kojuch hinzieht, führt den Specialnamen Alatagh**). Anfangs behauptete man, dass die Goldgeschiebe in den sibirischen Lagern seltener als im Ural vorkämen; indessen hat man im System der Alluvionen des Flusses Kundat, eines Nebenflusses der Kya, der am Ostabhange des Taskuil-Eberghuel entspringt, abgerundete Goldmassen von 3—5 Pfund gefunden. Diejenige, welche 24 Pfund 48 Solotn. wog und im Petropawlowsker Seifenwerk gefunden wurde, war nur ein Stück Quarzfels (die Gangart?), welcher nach allen Richtungen von Goldblättchen durchzogen war. Auch Platin fehlt in den goldhaltigen Alluvionen Sibiriens nicht. Man trifft Körner davon in den Wosdwijensker Seifen am Ufer des Tschumai (Nebenfl. der Kya) an***). Merkwürdig ist, dass der Alatau, welcher in der allerneusten Zeit durch den Goldreichthum der ihn umgebenden Schuttlager so berühmt geworden, schon un-

---

*) Nach der geogr. Breite dieser Gipfel glaube ich, dass sie schon bei 900 t. Höhe die Schneegrenze übersteigen müssen. Der Pik, welchen Hr. Fedorow (Azimuth von N82°O.) von Kusnezk aus gemessen hat, besitzt nur 1058 t. Höhe und scheint zum Alatau zu gehören.

**) *Alatau, Alataü (ta-u)* sind verderbte Lesarten für *Ala-tagh*.

***) Vgl. *Ann.*, *Introd.*, p. 153; *Ann. pour* 1837, p. 85, 93, 98, 233; *Ann. pour* 1838, p. 33, 264.

ter der Regierung Peters des Grossen (mit Ausnahme von Nertschinsk) der Sitz des ältesten sibirischen Bergbaues gewesen. Unter der Leitung eines Griechen, den Urkunden in den Tomsker Archiven Lewiandany nennen, schritt man an diesen Orten (am Ufer des Koschtan, Nebenfl. des Tussul) zur Schmelzung einiger armer Silbererze. Auch in dem weit östlicheren Nertschinsker District waren es Griechen, welche im J. 1700 am linken Ufer der Altascha (Nebenfl. im Argun-System) ein Hüttenwerk zur Schmelzung von silberhaltigen Bleierzen anlegten, die von zwei Brüdern aus einem tungusischen Stamme im J. 1691 entdeckt worden waren.

Kommt das Gold der sibirischen Alluvionen zwischen den östlichen Nebenflüssen des Obi, obern Jenisei, Kan und der Birussa, wie in der Uralkette, von diorit-, quarzig-talkigen und syenitischen Emporhebungs-Felsarten, welche ganz nahe dem aufgeschwemmten Boden liegen? oder stammt es vom Nordabhange des Altaï und der Sajanischen Berge im S. und O. vom Telezkoi-See? Wurde das Metall vorzugsweise unter 54 und 56° Br. abgelagert, weil Ströme von S. nach N. dort einen grossen Theil ihrer ursprünglichen Geschwindigkeit verloren? Um die Lösung einer so wichtigen Frage (der Frage einer einzigen oder einer doppelten Quelle des Metallreichthums) anzubahnen, hat das Bergcorps seine Aufmerksamkeit weislich auf die ganz unbekannte Gegend der Quellen des Tschulyschman und Baschkaus gewendet. Eine geognostische Expedition ist unter Leitung des Herrn Peter v. Tschihatscheff, eines Bruders des unerschrockenen amerikan. Reisenden und Verfassers einer interessanten Arbeit über die Gebirgsarten von Calabrien, organisirt worden. Ich habe den Bericht vor mir, welchen er (unter dem 15. Juli 1842) vom linken Ufer des Tschulyschman an den Hrn. Grafen v. Cancrin eingesandt hat und welchen ich dem Interesse verdanke, welches dieser Minister seit so vielen Jahren an meinen geographischen Forschungen nimmt*). Daraus ersehen wir, dass „Hrn. v. Tschihatscheff's Expedition von Bjisk längs der Katunja bis zur Mündung der Tschuja ging, wo sich das Jurten-Lager der beiden Schurmex und Mongol. Saissans (d. i. Häuptlinge) befindet. Von zwei Jägern geführt, zog dann Hr. v. Tschihatscheff längs der Tschuja quer durch ein sumpfiges, ödes Land. Obgleich die Quellen dieses Flusses nur 40 Werst von denen des Tschu-

*) [Vgl. Erman's Archiv, 1842, Heft 3, S. 557—566.]

lyschman entfernt liegen, so braucht man doch drei Tage, um diesen Raum zu überschreiten und zu einer ausgedehnten, mit kleinen Lagunen bedeckten Ebene zu gelangen. Der Tschulyschman tritt aus einem ziemlich beträchtlichen See, den die Eingebornen Ulukol*) (Ulu-gol?) nennen. Ausser dessen Becken hat der Fluss noch zwei andere Quellen, die Gebirgsbäche Bagajasch und Arskantau. Der Tschulyschman zieht von seinem Ursprunge an längs der Schneekette hin, welche die benachbarten Chinesen Tendischeli nennen und die ohne Zweifel das Sajanische Gebirge unserer Karten ist, welcher Name in diesen Gegenden nicht bekannt**) ist.“ Im Flusssystem der Tschuja, des Baschkus und Tschulyschman, welcher auf russ. Gebiet entspringt, fand Hr. v. Tschihatscheff als vorherrschendes Gestein Glimmerschiefer und Thonschiefer, wechselnd mit Diorit, der bald geschichtet, bald massig hervorgebrochen ist. „Dieser anscheinend so einfache Charakter wird häufig durch das Auftreten von Syenit, Talkgesteinen und einem schönen Serpentin verdeckt. Die Emporhebung des grossen, in dieser Gegend herrschenden Systems scheint der Syenit bewirkt zu haben. In der Schlucht der Tererta (östl. Nebenfl. der Tschuja) sind ungeheure Massen von Kalkstein durch Contact mit dem Serpentin in Dolomit umgewandelt worden. Fast alle zum Katunja- und Tschuja-System gehörigen Bergwasser zeigten in ihren Alluvionen einige Spuren von Gold; aber was dem Reisenden am Meisten auffiel, war die grosse Menge Bleiglanz (*galène*), den er an vielen Orten (Plateau von Kokargo und Baschkus-Thal von der Mündung der Jolda bis zu der des Kleinen Ulegan) im Glimmerschiefer und besonders im Dioritfels eingesprengt fand. Man bemerkt in dieser Lagerung keinen eigentlichen Gang; der Bleiglanz ist darin

*) Klaproth's Ausgabe der grossen chin. Karte nach Kaiser Khian-lung's Documenten hat auch nur 45 Werst Abstand zwischen den Quellen der Tschuja und des Tschulyschman. Sie stellt noch einen See *Ukluk-noor* $1\frac{1}{4}^0$ zu weit östlich dar, nahe bei einem andern *Tschui* (einem andern Wasser), welcher zum Stromgebiet des Kemtsik (Kemtschik) und Jenisei gehört.

**) Dies ist ein systematischer Name, der ganz einfach „die Fortsetzung der Altaïkette, welche auf der sibir. Seite von Sajansk her sichtbar ist“, bezeichnet. Die systematische Benennung Cordillere der Andes ist den Bewohnern der Gebirge von Quito völlig unbekannt, und diese Gebirge sind nichts desto weniger eine Fortsetzung der Andes von Cusco.

in Körnern oder mehr oder minder grossen Knollen vertheilt, und diese letztern werden zuweilen so zahlreich und treten so dicht an einander, dass das ganze Gestein damit imprägnirt erscheint. Wenn dieser Bleiglanz silberhaltig ist, was man noch nicht weiss, so wird das Baschkus-Thal einen um so leichtern und vortheilhaftern Bergbau gestatten, als hier die ganze bergmännische Arbeit als Tagebau (*à ciel ouvert*) betrieben werden kann". Einem interessanten Briefe zufolge, den ich so eben von Hrn. v. Tschihatscheff (Krasnojarsk, d. d. 12. Aug. 1842) erhalten, hat er seine Reise glücklich beendigt, indem er auf dem Gebiet des Jenisei im Angesicht der grossen Ketten des Kinschan-Ola und Schabina-Davahn nach Sibirien zurückgekehrt ist.

System

des

Ural-Gebirges.

Die Kette oder vielmehr die Verbindung von einzelnen, beinahe parallelen Ketten, welche den Namen Ural führt, ist die bedeutendste Emporhebung in der Richtung von S. nach N., welche wir im Relief Asiens wahrnehmen. Sie ist eine fast ganz isolirte und ununterbrochene Meridiankette, deren Länge über 700 M. (20 auf 1° des Aequat.) beträgt, wenn man das Plateau des Truchmenen-Isthmus zwischen dem Aral-See und dem caspischen Meere als ihre südliche Fortsetzung und die Gebirge Nowaja Semljas als ihre nördliche ansieht. Diese Länge kommt dem Theil der Andes von der Magellans-Strasse bis zum Golf von Arica gleich oder ist eben so gross, als die ganze Breite Europas von der Südspitze des Peloponnes bis zum Nord-Cap. Da es sich in dieser ersten Uebersicht vom Systeme des Ural-Gebirges nur darum handelt, den Lauf einer grossen Aufrichtungslinie zu verfolgen, so ist es nützlich, sich zu einer noch allgemeineren geologischen Betrachtung zu erheben, welche auf einmal den ganzen Westen von Asien zusammenfasst. Wie wir bereits (s. oben S. 146—148) erwähnten, existirt von dem Cap Comorin, der Insel Ceylon gegenüber, bis an das Eismeer zwischen 64° und 75° Lg. eine lange Reihe von Unebenheiten des Bodens, welche sich auf vier Meridianketten (d. h. Emporhebungen, die fast gleichförmig von Nord nach Süd streichen,) zurückführen lassen, nämlich die Ghates, die Solimans-Kette, der Bolor und der Ural. Die Axen dieser Emporhebungen laufen einander fast parallel, sind aber nicht eine Verlängerung von einander, in gewissem Sinne das Zerreissen oder die eigenthümliche Verwerfung der beiden Theile der Pyrenäen nachahmend, eine Erscheinung, auf welche Hr. v. Charpentier zuerst die Aufmerksamkeit der Geologen lenkte. In diesem grossen Gürtel von Meridian-Ketten, von der indischen Halbinsel bis zum Eismeere, beginnt jede neue Aufrichtung erst in einer Breite, bis zu welcher die vorhergehende Aufrichtung sich nicht erstreckt, woraus folgt, dass durch diese Unterbrechung des Reliefs keine von den Meridianketten der andern von O. nach W. entgegengesetzt ist. Die Axen der Ketten liegen wechselweise (*alternes*), so dass die Ghates und der Bolor östlicher als der Soliman und der Ural liegen. Durch die Ungleichheit der Zwischenräume zwischen den parallelen Axen in ihrer alternirenden Stellung entspringt die schiefe Lage des ganzen Gürtels oder das Streichen von SSO. nach NNW., welches durch eine geodätische Linie vom südlichen Endpunkte der Ghates nach dem nördlichen des Ural bezeichnet wird. Nur eine mächtige Ursache, welche sehr einförmig wirkte, konnte solche Rücken hervorbringen, die ein ganzes Continent fast in der Richtung der Meridiane durchziehen. Die beiden hervorspringendsten Züge der ganzen Oberfläche von Asien sind: einmal die Existenz dieser S.-N.-Rücken, und dann die Continuität einer und derselben Kette*) von W. nach O. unter 35° und 36½° Breite vom Tachtaludagh oder dem alten Lycien bis zur chin. Prov. Hupih unter den Namen Taurus, Elburs, Ghur-Berge, Hindu-Kush und Kuen-lun.

Nachdem wir so den Ural in seiner allgemeinen Beziehung zu dem Gezimmer des Continents betrachtet haben, wollen wir nunmehr seine sehr ungleiche Höhe von S. nach N.

*) Ich habe oben (S. 86—100) die Beweise für diese (fälschlich dem Himalaya zugeschriebene) Continuität entwickelt.

verfolgen, wobei wir uns auf bis jetzt sehr wenig bekannte topographische und geologische Nachrichten stützen werden. Will man ungeachtet einer sehr abweichenden geologischen Beschaffenheit, ungeachtet der tertiären Formationen, welche als horizontale Kalk- und Mergellager vorzuherrschen scheinen, den Ust-Urt oder die Anschwellung des Bodens zwischen dem caspischen Meere und dem Aral-See als südliche Extremität des Ural-Systems betrachten; so muss man vor Allem die wahre geogr. Länge der Truchmenen-Landenge festsetzen. Ohne dies Element würde man, ungeachtet der an Ort und Stelle von Hrn. Eichwald und dem General Murawiew*) gemachten schätzbaren Forschungen, doch nicht die mittlere Richtung der Ural-Axe feststellen können, eine Richtung, welche aus der geogr. Länge des Plateaus des Ust-Urt, des Thales von Slatoust, der Stadt Katherinenburg, der Bergwerke von Bogoslowsk und vielleicht der Inseln Waigatsch und Nowaja Semlja hervorgeht. Die erste und wahrscheinlich bis jetzt auch die einzige genaue Längenbestimmung, welche an den Ufern des Aral-Sees gemacht worden, verdankt man Hrn. Lemm, dem gelehrten Astronomen und jetzigen Director der Sternwarte des Generalstabs zu St. Petersburg. Während der zu Ende des J. 1825 und zu Anfang des Winters von 1826 unter Befehl des Generals v. Berg ausgeführten militairischen Untersuchung der Wege, welche über den Truchmenen-Isthmus führen, ermittelte Hr. Lemm die Länge des Westufers des Aral unter dem Parallel von 45° 38′ 30″, indem er den Unterschied der geraden Aufsteigung des Mondes und mehrerer Sterne verglich. Das Resultat für diesen Punkt war: 56° 8′ 59″ Lg. östlich vom Pariser Meridian. Diese Länge wurde zum ersten Male im J. 1830 in der Karte zu meinen *Fragmens asiatiques* publicirt. Die Geographen pflegten den Aral-See um $\frac{1}{2}$ oder $\frac{3}{4}$° zu weit nach O. zu setzen, ohne jedoch desshalb die Breite des Isthmus zwischen dem Aral und dem caspischen See weniger

*) Dieser Reisende war Capitain im Generalstabe der kais. russ. Garde, als er in den Jahren 1819 und 1820 vom General Jermolow nach Khiwa geschickt wurde.

zu übertreiben. Die Gestalt des Aral-Sees, so wie sie lange Zeit auf unsern Karten stereotyp gewesen, schreibt sich vom Ingenieur Murawin her, der im J. 1741 von Orenburg nach Khiwa reis'te (Rytschkow, Topographie von Orenburg, übers. von Bakmeister, I., 254). Es ist anzunehmen, dass diese Arbeit nicht anders als sehr ungenau sein konnte. Hr. v. Meyendorff hat in seiner wichtigen Reise nach Bukhara die Zeichnung eines Theils der Ostküste des Aral-Sees berichtigt. Die Abweichungen in der Configuration rühren indess nicht bloss von der Unvollkommenheit der geodätischen Aufnahmen her, sondern bei mehreren Buchten von der fortschreitenden Verdampfung und dem Zurückziehen der Wasser*). Neuerdings (1832) hat die Contour des Sees auf der Karte, welche dem interessanten, in russ. Sprache abgefassten [auch in's Franz. übersetzten] Werke des Hrn.

*) Daher kommt es, dass von den beiden Baien, welche weit in das Land eindrangen (im NW. und NO., unter $46\frac{3}{4}$° Br.) und die alle älteren Karten in Gestalt von Hörnern darstellen, die nordwestliche gar nicht mehr existirt, während die nordöstliche, der *Sari-tschaganak* (d. i. gelbe Bai) täglich kleiner wird. Sie erstreckte sich früher, zufolge der Versicherung des Bar. v. Meyendorff (*Voy. d'Orenbourg à Boukhara*, p. 35, 37) bis zum Hügel Sari-bulak. Am östlichen Gestade des Aral-Sees wie an den Ufern des Sees von Mexico oder Tezcuco legt eine Verminderung des Wassers von 8—10 Zoll eine grosse Strecke der umgebenden Ebenen trocken. Ich zweifle sehr, dass der Aral-See seinen Namen von einem tartarischen Worte,, welches zwischen bedeutet, (weil er zwischen dem Sir und Amu liegt; Burnes, II., 188) erhalten. *Ara*, und nicht *Aral*, bezeichnet im Türk. zwischen. Eine mehr naturgemässe Etymologie ist die des Insel-Sees, (im Mongol.-Kalmük.: *Aral-noor*), welche man mir in der Kalmüken-Steppe bestätigte, als wir den Fürsten Serb-Dschab-Tjumenew, Anführer des Uluss der Khoschuten-Kalmüken besuchten. Desswegen heisst auch die Inselgruppe in der Wolga, gegenüber von Jenosajewsk, *Tabun Aral*, im Kalmük. die fünf Inseln. Wir werden weiterhin von einem insularen Gipfel, *Aral-tube*, den man für vulkanisch hält, sprechen. Ich habe vor Kurzem noch erfahren, dass der Aral-See, der reich an Seehunden ist, auch das Phänomen beweglicher Inseln zeigt; es sind Erdschollen, welche, mit Schilf und manchmal mit dem Strauche *Sak-saul* bewachsen, dessen Holz sehr brüchig ist, (keine Tamariske, wie Eversmann meint, sondern *Anabasis Ammodendron*,) vom östlichen Ufer losgerissen worden. Man befährt zuweilen den Aral-See auf Flössen von Pappeln (im Russ. Ossokor-Holz).

Lewschin (Beschreibung der Horden und Steppen der Kirghis-Kaissaken) eine ganz andere Gestalt gewonnen. Eine dreieckige Insel von 10 M. Länge und 4—5 M. Breite wird mitten im Aral-See angegeben*). Hr. Lewschin sagt im Allgemeinen, als er von den Grundlagen seiner geographischen Arbeit spricht, „dass die Ränder des Sees nach den Aufnahmen und Berichten aus den J. 1820—1821 und 1824—1826 von russischen Ingenieuren und Generalstabs-Officieren gezeichnet worden sind". Es wäre unnütz, in diesem Augenblick (März 1840) die Gestalt des Oxischen Sees der Griechen zu erörtern, da die russ. Regierung so eben unter Befehl des Generalstatthalters von Orenburg, Hrn. v. Perowsky eine Expedition**) gegen den Khan von Khiwa***) abgeschickt hat, um Tausende von Sklaven zu

*) Vergeblich habe ich nach Aufschlüssen über diese Insel Barsa-Kilmas gesucht. Ein sehr unterrichteter Officier Hr. Karelin, der mit der Gründung des neuen Handels- und militairischen Etablissements zu Nowo-Alexandrowsk am NO.-Gestade des caspischen Meeres, an der Stelle, wo die Bai Tjuk-Karassu sich wie ein Meeresarm verlängert, beauftragt worden, versichert, dass dieser See in der Mitte gar keine Inseln enthielte und dass sich nur gegen die Ränder, besonders nach dem Amu-Deria-(Oxus-) Delta hin Inseln zeigten. Da Hr. Lewschin ebensowohl wie ich von der handschr. Karte, die auf Gen. Berg's Expedition gezeichnet wurde, Kenntniss gehabt, so wundert mich, dass er den Punkt, dessen Länge Hr. Lemm bestimmte, 0° 22′ zu weit östlich legt. Der wahre Längenunterschied zwischen Orenburg und der Westküste des Aral unter 45° 38′ Br. beträgt 3° 23′, wenn man mit Hrn. Wisniewski für Orenburg 52° 46′ 15″ Lg. und für die Breite (Haus des Gen. Gens) nach meinen Beob. 51° 45′ 59″ annimmt. Die Verwirrung, welche noch in der Geographie dieser Gegenden herrscht, ist so gross, dass, wenn man die Karte von Khiwa in der Reise Murawiew's (Ausg. von Strahl) mit der Skizze des Gen. Gens, nach Angaben entworfen, die ihm ein bis zum J. 1826 in Khiwa als Sklave gefangen gehaltener Einwohner von Astrakhan, Kowyrsin, mitgetheilt hatte (v. Baer und Helmersen, Beitr. zur Kenntn. des russ. Reichs, 1839, II., 1—64 112—122), vergleicht, man glauben würde, die Städte seien auf's Gerathewohl niedergelegt. Die Orientirung von Khiwa, Urgendj und Schawat steht im vollkommensten Widerspruch unter einander.

**) [Bekanntlich ist diese Expedition wegen der Strenge des Winters etc. gescheitert.]

***) Drei Strassen führen nach Khiwa: 1) zu Wasser über das caspische Meer von den Häfen Astrakhan oder Gurjeff nach dem Balkhan-

befreien, welche die räuberischen Kirghis-Kaissak-Adajews des Isthmus, die Truchmenen und die khiwensischen Usbeken in die Gefangenschaft geführt hatten. Die Geographie dieser ehemals so blühenden Gegenden wird aus dieser Kriegsunternehmung, welche man schon seit langer Zeit beabsichtigt hatte, Gewinn ziehen [vgl. S. 270, Anm. **].

Die mittlere Breite des Truchmenen-Isthmus ist ein anderes, für die Lage der südlichsten Spitze des Ural wichtiges Element. Im J. 1826 wurde während der Expedition des Gen. Berg ein barometrisches Stationen-Nivellement unter vielen Beschwerden vom 13. 31. Januar bei einer Kälte von — 6 bis 25.8° C. von den Hrn. Sagoskin, Anjou und Duhamel ausgeführt. Dies Nivellement*), welches unter 45° Br. am Ostufer des Mertwoi-Kultuk (d. i. Todten Golfs) anfing, lieferte das ausserordentliche Resultat, dass das Niveau des caspischen Meeres 18.3 t. oder 110′ tiefer als der Spiegel des Aral-Sees liegt. Der Oxus hätte also von beiden Becken das am Tiefsten liegende verlassen, eine Erscheinung, welche vielleicht minder seltsam erscheint, wenn man annimmt, dass die Gewässer entweder künstlich durch Vermehrung der Irrigationskanäle in West-Khiwa oder durch Versandung und Erdbeben abgelenkt worden seien. Die

---

Golf, dann der Landweg nach ONO. längs des alten Amu-Deria- oder Djihun-Bettes (*Oxus* der Alten); 2) über den Truchmenen-Isthmus nach der Westseite des Aral-Sees, wo auf dem Ust-Urt vor dem Eintreten des Schneefalls grosser Wassermangel herrscht; 3) von Orenburg über die Sandflächen von Cara-Cum am Ostufer des Aral, was die Ueberfahrt über den Sir Deria oder Sihun (*Jaxartes* der Alten) nothwendig macht.

*) S. meine Karte von Inner-Asien (Bergketten, erster Entwurf) vom J. 1830. Hr. Lewschin hat auch 1832 die Ergebnisse der barom. Messung bekannt gemacht. Hr. Eichwald hat die graphische Darstellung 1834 auf der Karte zu seinem „Periplus des casp. Meeres“ und später (1838) das Detail der Stationen in der „Alten Geogr. des casp. Meeres, S. 196—201“ gegeben. Nimmt man gegenwärtig, zufolge der schönen geodätischen Operationen der Hrn. Fuss, Sawitsch und Sabler für das casp. Meer 12.7 t. unter dem Spiegel des Schwarzen an, so würde daraus für den Aral-See eine Höhe von 34′ über dem Schwarzen Meere folgen.

Männer, denen jenes Nivellement aufgetragen war, verdienen zwar grosses Vertrauen; aber das Vertrauen, welches man ehemals in die Methode der barom. Stationen-Nivellements setzte, hat seit dem trigon. Nivellement zwischen dem caspischen und dem Schwarzen Meere ungemein abgenommen. Die Fehler häufen sich stationsweise, und wenn der Aral wirklich $5\frac{1}{2}$ t. über dem Spiegel des Schwarzen Meeres liegt, so würden 30 Jahre lang fortgesetzte treffliche Barometer-Beobachtungen, welche man täglich an den Endpunkten einer geodätischen Linie anstellte, noch nicht einmal hinreichen, um einen Höhenunterschied von dieser Ordnung zu ermitteln. Zwischen dem Mertwoi-Golf, von dem der Tjuk-Karassu nur eine Verlängerung südwärts in Gestalt eines Fjord ist, nähert sich das caspische Meer dem Aral-See am Meisten. Hr. Eichwald bestimmt die Breite des Isthmus zu 242 Werst, was unter dieser geogr. Breite 3° 28′ Länge im Bogen gäbe. Ich glaubte, zu St. Petersburg gehört zu haben, dass die Distanz mittelst eines Odometers gemessen worden und dass die Breite des Isthmus noch grösser wäre; sie nimmt um das Doppelte zu an der Stelle, wo unter $44\frac{1}{4}$° Br. das grosse Vorgebirge Tjuk Karagan*) die Wasser des caspischen Meeres gegen W. zurückdrängt. Nach der neuesten Karte von Khiwa, welche mein ehrenwerther Freund, der General Gens zu Orenburg, gezeichnet und Hr. v. Helmersen 1839 herausgegeben hat, zieht der Ust-Urt gegen SO. weiter, indem er unter dem Namen Kubatau das Gebiet, welches von den Kanälen von Karatat und Schawat bewässert wird, begrenzt. Zwischen dieser Extremität und dem Balkhan-Golf glaubt man in NO.-SW.-Richtung das fortschreitende Zurückziehen der Gewässer in schwachen Rücken zu erkennen, welche die Eingebornen selbst bei den Ruinen von Utin-kala und Tjunukla das alte Meeres-Gestade nennen. Die mittlere Axe des Plateaus des Ust-Urt**) zwischen dem caspischen und dem Aral-See, welches ziemlich allgemein als der Anfang

---

*) *Karagni* oder *karaghaï* im Kalm. Fichtenwald, *pinetum*.

**) Hr. Eichwald schreibt Ustürt.

des Ural angesehen wird, liegt also, durch Reduction auf den von Hrn. Lemm astronomisch bestimmten Längenpunkt, in $54^\circ 25'$. Dies Plateau erstreckt sich in nordnordöstlicher Direction von $41\frac{1}{2}^\circ$ bis $48\frac{1}{2}^\circ$ Breite. Seine mittlere Erhebung beträgt, nach den Messungen von Duhamel und Anjou, 98 t. und die äussersten Grenzzahlen (Minima und Maxima) der Höhen sind nur 85 und 112 t. Seit der Existenz dieses Ust-Urt-Plateaus konnte der Aral-See nicht mit dem caspischen Meer in Communication stehen, ausser etwa südlich von $41\frac{1}{2}^\circ$ Br. Die Spuren vom ehemaligen Laufe des Oxus, vom Balkhan-Golf bis zum alten Meeresufer bei den Brunnen von Bäsch-Dischik*), finden sich in den Tiefebenen zwischen $39\frac{2}{3}$ und $41\frac{1}{2}^\circ$ Br. Es erscheint mir kaum wahrscheinlich, dass die Intumescenz des Bodens im Ust-Urt schon vor der Bildung der Depression der caspischen Regionen vorhanden gewesen sei. Es zeigt sich ein ununterbrochener Rücken vom Ust-Urt bis Guberlinsk und eine Fortsetzung in dem übrigen Theile der Meridiankette des Ural. Diese Kette läuft grade auf dem Plateau des Ust-Urt aus, und ein Plateau von so geringer Höhe würde wahrscheinlich bei der grossen Katastrophe der Senkung des Bodens verschwunden sein, wenn die ganze Kette nicht neueren Ursprungs wäre. In der Ebene, welche das alte Bett**)

*) Murawiew, Reise in Turkomanien, S. 104, 240—246. Der Fluss, welcher heut zu Tage die Hauptmündung des Oxus in das caspische Meer zu bilden scheint, ist der Achtam. Burnes (II., 188) meint, dass die Furche oder das wasserleere Flussbett, welches mit dem Ach-tam in Verbindung steht, niemals ein natürlicher, westlicher Arm des Oxus gewesen, sondern dass es einer von den Bewässerungskanälen ist, deren Ueberreste die alte Civilisation in Kharesm bezeugen Dieser Ansicht würde ein grösseres Gewicht beizulegen sein, wenn der ungemein scharfsinnige Reisende selbst hätte das khiwensische Gebiet besuchen können.

**) Alles, was auf dies alte Bett und im Allgemeinen auf die so wenig bekannte Ostküste des casp. Meeres Bezug hat, von den arabischen Schriftstellern und von Jenkinson (1558) an bis zur Reise des Cap.-Lieut. Bargassin (1826) nach dem Balkhan-Golf, hat Hr. Eichwald in der Alt. Geogr. des Casp. Meeres, S. 88—184, einer sehr scharfsinnigen Erörterung unterworfen. Er berichtet daselbst auch

des Oxus (Amu-Deria) durchschneidet, erheben sich gegen SW. am Littoral des caspischen Meeres die Hügel des Grossen und Kleinen Balkhan. Diese kleinen Anhöhen ziehen durch ihre Lage, wie der sogenannte Grosse Bogdo*), ein isolirter Berg in der Steppe der innern Kirghisen-Horde (zwischen der Wolga und dem Jaïk, im NO. von Tschernoi-Jar), die Aufmerksamkeit der Reisenden auf sich. Die beiden Balkhan liegen im S. der kleinen Kette der Krassnowodskischen und Kurreh-Berge, welche nach NO. streichen und sich mit dem grossen Plateau des Ust-Urt zu vereinigen streben. Südlich und südöstlich von den Balkhan-Bergen, gegen die Ufer des Attruck (Atrek) und den ehemals sehr besuchten persischen Hafen Astrabad hin, wie zwischen Khiwa und Deredjus auf der Karavanenstrasse nach Meshid (Mushed), behalten die Wüsten Turkestans oder Kharisms die den caspischen Regionen eigenthümliche Depression. Eine Erhebung wird erst wieder bemerklich, wenn man sich den

---

von einer vertraulichen und merkwürdigen Unterhaltung Peters des Grossen mit dem Reisenden Bruce, einem Artillerie-Officier und Anführer einer 1723 befohlenen Expedition. „Der Fürst Menschtschikoff, erzählt Bruce, führte mich beim Kaiser ein, bei dem ich den Herzog von Holstein, den Kanzler Golofkin und den Admiral Apraxin traf. Der Kaiser fragte mich, indem er die Karte vom casp. Meer sehr genau durchging, zuerst nach der Mündung des Darja [d. i. Fluss] (Amu-Deria), die er zur Anlage einer Festung sehr geschickt hielt. Er erzählte dann kürzlich den unglücklichen Zug des Fürsten Alex. Bekewitsch, Cap.-Lieut. der kais. Garde, dem der Befehl (1716) ertheilt worden, 1000 Mann als Garnison an der Darja-Mündung zurückzulassen, den alten Fluss bis Khiwa zu verfolgen, dem Khan im Geheim eine russische Leibwache zu versprechen, die Schleusen wieder zu eröffnen, um die Schifffahrt zum casp. Meere wiederherzustellen und zu Schiff von Khiwa nach Indien zu fahren. Im Besitz der Westküste des casp. Meeres bin ich doch noch gesonnen, sagte der Kaiser, eine Colonie zu errichten und Festungen längs des Flusses (Oxus) anzulegen, um die Goldgruben völlig in meiner Gewalt zu haben". [l. c., S. 121, 133.]

*) Dieser Grosse Bogdo, das Wunder der Nomadenvölker, hat nach den trefflichen bar. Messungen des Hrn. Goebel (Steppen des südl. Russlands, II, 201) nur eine Höhe von 103 t. über dem Spiegel des caspischen Meeres.

Gebirgsgruppen Morgaubs und Kohistans nähert, welche die Paropamisus-Kette fortsetzen und sich mit der Elbruz-Kette verbinden. Alexander Burnes (II., 156, 158) hat sogar mittelst der leider zu delicaten Bestimmungen des Siedepunktes des Wassers gefunden, dass der südöstl. Theil der turkestanischen Ebenen zwischen dem Oxus, Merve und Shurukhs schon 312 t. über dem Ozean liegt, während er der Stadt Bokhara, welche in einem Berglande südöstlich von Khiwa (unter 39° 43′ Br.) liegt, nur 186 t. abs. Höhe anweis't.

Vom Plateau des Ust-Urt, dessen Centralaxe wir in 54° 25′ Lg. legen zu müssen glaubten, geht ein fortlaufender Hügelzug nach NNO. aus. Dieser begrenzt die Salzsteppen der Emba, heisst anfänglich Tschin-Gebirge oder -Abfälle (*Tschink* der Kirghisen), und dann bis zu 48° 50′ (einem durch den zweigipfligen Hügel Airuk-tagh bezeichneten Punkte,) *Jaman-tagh* (d. i. schlechte Berge), weil sie kein Weideland tragen. Die guten Berge*), *Jachschitagh*, folgen im N. vom Airuk und bilden durch ihre Gabelung augenscheinlich eine Verbindung mit dem russischen Ural, nämlich im O. mit dem Ilmen-Gebirge, im W. mit der Kette von Orsk und Irendik. Der westliche, niedrigere Zweig trennt die Becken des Ilek und Or und wird von den Kirghisen der Kleinen Horde Urkatsch und Katen-Edyr genannt; der östliche Zweig, dem Pansner indess auch nur eine Höhe von 80—150 t. giebt, ist die Mughodjarische Kette. Diese beiden Zweige entfernen sich immer weiter von einander, da die erstere eine Meridiankette ist und die letztere von SW. nach NO. streicht. Die Manuscript-Karte von der Expedition im J. 1825 setzt das Nordende der Mughodjaren unter 50° Br. und 57° Lg. an die Stelle, wo der Kara-Edyr-Tau (50—51° Br.) oder *Kara Aigur* (d. i. Berge des schwarzen Hengstes, 50—52° Br.)

*) Die Saiga-Antilope, welche wir in kleinen Heerden in den Saratowschen Steppen auf dem Wege von Dubowka an der Wolga nach dem Elton-See antrafen, zeigt sich zur Zeit ihrer grossen Wanderungen (im Juni) in Heerden von 7—8000 auf den guten Weiden zwischen den Mughodjarischen Bergen und Guberlinsk (Meyendorff, p. 20).

anfängt, dessen Fortsetzung der Djambu-Karagan*) ist. Unter dem Parallel des durch seine schönen Jaspisbrüche berühmten Plateaus von Guberlinsk beträgt die Entfernung der westlichen Kette (Urkatsch-Katen-Edyr und Irendik) von der östlichen (Mughodjar-Kara-Edyr und Djambu-Karagan) schon über 25 Meilen.

Indem wir so die Richtung einer SSW.-NNO.-Emporhebung angegeben haben, welche das Plateau oder den Knoten von Guberlinsk mit der Intumescenz des Ust-Urt auf dem Truchmenen-Isthmus verbindet, müssen wir bemerken, dass Diorit- und Porphyrfels, die den Talk- und Chloritschiefer durchbrechen und so den russischen Ural charakterisiren, erst von den Mughodjarischen Bergen an, in der Umgegend des Airuk-tagh aufzutreten anfangen. Auch die Hrn. Eversmann und Helmersen bezeichnen diesen Punkt (56° 35′ Lg. etwa) als das wahre Südende des Ural. Ein solcher Schluss würde ungültig sein, wenn man nicht berechtigt wäre, ein Gebirgssystem als manchmal aus mehreren partiellen, heterogenen Emporhebungen zusammengesetzt anzusehen. Die Ketten der Apenninen und der Alpen liefern uns auffallende Beispiele von solchen Verbindungen oder solchem auf einander folgenden Auftreten. Im S. des Ust-Urt, in den Bergen beim Balkhan-Golf sind Granit, quarzhaltiger Porphyr und vielleicht selbst Melaphyr (Eichwald, Periplus, I., 258—262) durch die Schichten eines tertiären Gebirges zu Tage gekommen, während auf

---

*) Da wir in 55° und 56½° Lg. keine Untersuchungen des Gebirges im S. vom Jaik, von Orsk und Guberlinsk (51° 6′ Br.) anstellen konnten, so ist Alles, was auf die Gegenden zwischen dem Ust-Urt und Orsk Bezug hat, den schätzbaren Nachrichten entnommen, welche ich, mit der wohlwollenden Erlaubniss des Hrn. Gen-Dir. des Karten-Dépôts des Generalstabes, den Aufnahmen auf der Expedition des Gen. v. Berg, den Untersuchungen der Hrn. v. Meyendorff, v. Helmersen und Eichwald und endlich einer Manuscript-Karte vom Lande der Kleinen Kirghisen-Horde, welche Gen. Gens entworfen, verdanke. Letztere habe ich bei meinem Aufenthalt in Orenburg benutzt, wo sich die reiche asiatische Sammlung dieses eben so gefälligen als unterrichteten Officiers befindet.

der entgegengesetzten Seite, nördlich vom 60. Breitengrade, weit jenseit des Bogoslowsker Trilobitenkalks und Porphyrs ein Juragebirge auftritt, welches gleichfalls mit dem Diorit und silurischen Kalk der Insel Waigatsch und der Umgegend von Obdorsk in Verbindung steht. Diese Verkettung verschiedener, alternirender Formationen in einer und derselben Emporhebung oder Meridiankette ist für den Geologen sehr beachtenswerth. In dem System der Spalten herrscht eine Continuität des Rückens ungeachtet der ausserordentlichen Verschiedenheit in der Höhe und mineralogischen Zusammensetzung. Der Charakter einer einfachen Structur, welcher auf der weiten Strecke vom Airuk oder von Guberlinsk bis Bogoslowsk über 11 Breitengrade weit herrscht und eine überraschende Aehnlichkeit mit der Pyrenäenkette zeigt, verschwindet am Nord- wie am Süd-Ende oder er wird doch wenigstens durch die Abwesenheit der krystallinischen oder Eruptions-Gebirgsarten oder durch das Vorherrschen des neptunischen Gebirges unterbrochen.

Wir haben oben den Punkt angegeben, wo, 2° nördlich vom Aral-See beim Berge Airuk in der Steppe der Kleinen Kirghisen-Horde, eine Theilung in zwei Ketten anfängt: die westliche enthält die Urkatsch-Berge, während die östliche die Mughodjarischen Berge bildet. Jene Kette, die wir specieller als die Urkatsch-Katen-Edyr- und Irendik-Kette oder die westliche, was sie anfänglich war, bezeichneten, wird zur mittleren oder Centralkette etwas nördlich von Orsk und Guberlinsk unter 51° 6′ Br., weil sich unter diesem Parallel auf einem kleinen Plateau oder einer Dioritemporhebung zwischen den Ufern des Jaik und der Sakmara ein neuer Rücken, der westlichste von allen entwikkelt. Die Bifurcation wird von da an zur Dreitheilung, ähnlich jenen Theilungen in zwei oder drei mehr oder weniger unter sich parallelen Bergreihen, welche die Andes-Cordillere in kolossalen Dimensionen zeigt. Diese Dreigablung des Ural-Systems bleibt zwischen 51° und 56° Br., von Guberlinsk nach Kyschtim deutlich und bildet einen der am Meisten ausgeprägten orographischen Züge. Vor unserer Reise nach dem Ural war diese Dreigablung der Gegenstand der merkwürdigen Forschungen und graphischen Darstellungen der Hrn. Hermann, Helmersen und Hofmann gewesen. Wir begnügen uns damit, hier nur Einiges von den Bodenunebenheiten zu erwähnen, welche dem Relief ein eigenthümliches Ansehn geben.

Die östliche und unter allen am Weitsten entfernte Kette, die Fortsetzung der Mughodjar. Berge, folgt ziemlich regelmässig der Richtung N.-S. vom Parallel von Guberlinsk bis zu den Kyschtimschen Seen*). Sie heisst Kara-Edyr gegenüber Orsk und Tanalyzkaja; Djambu-Karagan gegenüber Magnitnaja, und Ilmen-Gebirge gegenüber Miask und Soimonowskoi. Die bis jetzt wenig bekannte Höhe dieser östlichen Kette scheint nicht 250—280 t. zu übersteigen.

Die mittlere Kette, die Fortsetzung des Urkatsch-Katen-Edyr-Gebirges, streicht im Mittel N11°O. Sie läuft anfangs zwischen Orsk und dem Parallel von Werchnei-Uralskaja von S. nach N.; aber von hier nach Slatoust und dem obern Laufe der Ufa neigt sie sich gegen NO. Ihre Specialnamen sind: Irendik, gegenüber Kysilskaja; Kyrkty-Berge, gegenüber Magnitnaja; der übrige Theil im N. vom Parallel des $53\frac{1}{2}$.° Br. wird vorzugsweise der Ural genannt. Wir werden bald auf die Ursachen dieser vorzugsweisen Benennung oder vielmehr der Gewohnheit, dem ganzen System paralleler Ketten keinen allgemeinen Namen zu geben, zurückkommen. Nach Hrn. Helmersen's und Hofmann's Barometermessungen erreicht der Irendik, welcher im W.

---

*) Einer von diesen kleinen Seen, ein Wasserfang beim Garten und Pavillon des Hrn. Sotoff enthält schwimmende Inseln. Ich wurde dies Phänomen auf eine ziemlich sonderbare Weise gewahr. Ehe ich die Inclination der Magnetnadel im Freien in einiger Entfernung vom See beobachtete, bestimmte ich erst den Beobachtungsort dadurch, dass ich Winkel zwischen dem Gartenhause und einem grossen Baume mass, von dem ich glaubte, dass er am Ufer des Sees stände. Wie gross war mein Erstaunen nach der magnetischen Beobachtung, als ich die Winkel um mehrere Grade verändert fand. Der Baum, welchen ich als Marke benutzt, gehörte einer Insel an, welche sich nach dem Winde bewegte, wie die grossen Inseln des Chalco-Sees im Thale von Mexiko.

von Urtasimsk nur 230 t. Höhe hat, im O. des Tolkasch-Sees (Quelle des Tanalyk) 487 t. und steigt weiter nördlich im Berge Aktuba wieder zu 406 t. an. Fast eben so hoch ist auch der Kyrkty (*Kürktü* der Baschkiren) an den Quellen der Sakmara. Die centrale Kette senkt sich auf ihrer Verlängerung nach N. über diese Quellen hinaus sehr langsam nach den Parallelen von Slatoust und Miask hin, denn zwischen diesen beiden Punkten besitzt der Uralkamm nach Hrn. Kupffer (*Voy. dans l'Oural*, p. 284) noch 320 t. abs. Höhe. Auf unserm Uebergange vom Miasker in das Slatouster Thal fanden wir westlich vom Dorfe Sirostan bei dem Kamme der Alexandrowski Sopka eine Quelle, deren Temperatur 5.9° C. war und welche in einer Höhe von 308 t. entsprang.

Die westliche Kette, welche zwischen den Quellen der Flüsse Belaja und Ufa ($54\frac{1}{4}$° und $55\frac{1}{2}$° Br.) von allen die grössten Höhen erreicht, läuft ungefähr parallel mit der mittlern. Sie eben führt gegenüber dem Irendik den Namen Ural und steigt bei Kananikolskoi bis zu 300 t. Höhe an. Weiter nach N. erhält sie nach einander die Namen Ilmenrak, Jamantau (gegenüber Tirlänskoi), Iremel (54° 22' Br., 793 t. abs. Höhe*), Jöroktau, Urenga (etwas südwestlich von Slatoust), Grosser Taganai (55° 14' Br., 547 t. abs. Höhe nach Hrn. Kupffer) und Jurma (462 t. Höhe) im Parallel von Soimonowskoi.

Diese drei Ketten werden oft von Flüssen durchbrochen. Der Kiolim (Nebenfluss der Miass) bahnt sich einen Weg

*) Hr. v. Helmersen findet für den Iremel 594 t. über Werchnei-Udinsk, welches selbst 160 t. höher als Orenburg liegt (Geogn. Unters. des Süd-Ural-Geb., S. 32, 81). Da sich nun aber alle von diesem Reisenden gemessenen Höhen auf Orenburg beziehen, so ist es höchst wichtig, diesen Punkt genau zu bestimmen. Wir besitzen dazu nur die mittleren Barometerstände der Monate Juni bis December 1828 und Januar bis April 1829, welche Hr. v. Helmersen publicirt hat. Daraus würde sich für Orenburg nicht mehr als 39 t. über dem Ozean ergeben; aber unter dieser Breite und in einer Region, wo die Barometer-Media so sehr variiren, ist ein Jahr Beobachtungen noch eine sehr kurze Zeit.

nach O. durch die mittlere Kette etwas nördlich vom Parallel des Kleinen Taganai. Aus demselben Longitudinalthal von Slatoust kommt der Ai (Nebenfluss der Ufa), indem er gegen W. die westliche Kette durchbricht. Dieselbe Kette gestattet viel weiter südwärts gegen W. sowohl der Belaja (Nebenfluss der Kama) als der Sakmara (Nebenfluss des Jaik) den Durchgang. Im Längenthale von Miask, welches die mittlere von der östlichen Kette trennt, liegen die Wasserscheiden zwischen den Parallelen von Troizk und Werchnei-Uralsk, indem die Wasser des Miass und Ui gegen O. zum Tobol und Irtysch nach dem Eismeer abfliessen, während die des Jaik in's caspische Meer gelangen. Diese hydrographischen Verhältnisse werfen auf die Bodenunebenheiten im Grunde der Thäler selbst Licht. Merkwürdiger Weise empfängt der Aral-See, wiewohl er eben so nahe liegt als der caspische, nicht einen Tropfen Wasser von dem im N. des Guberlinsker Plateaus gelegenen Theile des Ural. Die Richtung des Jaïk, der bei Orsk sich plötzlich von O. nach W. wendet, ist die Ursache dieser sonderbaren Erscheinung. Die mittlere oder Irendik-Kette steht bei den Quellen der Sakmara mit der westlichen durch eins von jenen Querjochen (oder Querdämmen, *digues*) in Verbindung, von welchen die Andes so auffallende Beispiele zeigen. Wegen dieser Gliederung enthält das Longitudinalthal von Slatoust und Belosersk, welches von der westlichen und der mittlern Kette eingefasst wird, den Lauf der obern Belaja und der Sakmara, während das Längenthal von Miask und Magnitnaja einen grossen Theil des Laufs des Jaïk oder Ural-Flusses enthält. Das östlichere von beiden Längenthälern ist zugleich das breitere und hat an seinem Nordende nur $\frac{2}{3}$ der Höhe des westlichen Thales*). Unter 50° Br. [?, 53°], etwas nördlich von dem Punkte, wo die Be-

*) Oestliches Thal: Miask 155 t. (Kupffer); Werchnei-Uralskaja 202 t.; Magnitnaja 164 t.; Kysilskaja 148 t.; Tanalyzkaja 98 t. (Hofmann und Helmersen). — Westliches Thal: Slatoust 184 t.; Belorezkoi 215 t. Ich setze für das vom Jaïk-Ufer begrenzte Plateau hinzu: Orsk 93 t. und Guberlinsk 78 t.

laja die westliche Kette durchbricht, verbreitert sich diese Kette gegen W. durch eine kleine Emporhebung, die sich allmälig zu einem von NO. nach SW. streichenden Rücken entwickelt. Oestlich vom Ik [rechten Nebenfluss der Sakmara] erhält sie den ziemlich unbestimmten Namen Obschei-Syrt (Obschtschoi-Syrt) und wendet sich gegen O. [?, W.] Die charakteristischen Züge dieser schwachen Emporhebung, welche stellenweise nur in Plateauform erscheint, verdienen eine gründlichere Erforschung.

Nördlich von Miask und Slatoust, eigentlich jenseit Kyschtim unter $55\frac{3}{4}^{0}$ Br. verschwindet die Dreitheilung des Ural allmälig; besonders findet dies in der Gestaltung des Bodens zwischen Kyschtim und Katherinenburg statt; aber man wird sie vielleicht künftig durch neue Untersuchungen in der Zusammensetzung und Aufeinanderfolge der Gebirgsarten wieder erkennen*). Die westliche Kette oder das Ilmen-Gebirge, welches durch die Schönheit und die grosse Mannigfaltigkeit seiner Mineralien so merkwürdig ist, nimmt nördlich vom Argassi-See an Höhe ab, und Hr. Rose glaubt, dass der zwischen diesem See und Katherinenburg gelegene Theil, da, wo sich die Gipfel des Asoff und Dumnaja erheben, welche aus Euphotid bestehen, nur eine Verlängerung der westlichen Kette (der Kette des Jurma und Grossen Taganai) ist**). Die Stadt Katherinenburg, in welcher wir längere Zeit verweilten, liegt schon am Ostabhange des Ural auf einem Plateau von nur 126 t. Höhe. Der Kamm der Kette bei Taliza (3 oder 4 M. südöstlich von Bilimbajewsk) hat auf dem höchsten Punkte des Weges, im Passe

---

*) Ueber ein ähnliches Factum, die Richtung von vier fast parallelen Granitstreifen zwischen Räschety westlich von Katherinenburg und den Beresitgängen Schilowa's auf dem Wege von Katherinenburg nach Tobolsk, s. Hrn. Tschaikowski's Abhandlung im *Journ. des mines de St.-Pétersb.*, 1833, N. 3., p. 1; und Rose, I., 129, 151, 477, 478.

**) Im W. der berühmten Kupfergruben von Gumeschewsk. S. Hermann in Schriften der Naturforsch. zu Berlin, I., 45; Rose, I., 125, 258, 261.

der Beresowaja-Gora*), nur 212 t. Höhe. Der Berg Bolschaja-Gora, welcher diesen Pass beherrscht, kann zu 380 t. Meereshöhe geschätzt werden. Der Kamm des Ural zeigt also unter 56° 48′ Br. in seinen höchsten Spitzen nochmals die schwache Erhebung, welche wir schon oben in der mittlern Kette, der des Irendik-Kyrkty, bezeichnet haben. Die Uebergänge oder Engpässe geben als locale Einsenkungen eine Grenzzahl, das Minimum der Kammhöhe. Die grosse asiatische Strasse von Moskau nach Tobolsk und Irkuzk durchschneidet den Ural in dieser mittlern Region von $56\frac{3}{4}$°, und da der Weg von Bilimbajewsk und Taliza nach Katherinenburg so wenig merklich ansteigt, indem er noch $\frac{1}{3}$ unter der Höhe des Pflasters von München auf der bairischen Hochebene bleibt; so darf man sich nicht wundern, dass Reisende, welche kein Mittel zur Höhenbestimmung besassen, behaupten konnten, die Uralkette verschwände bei Katherinenburg oder wäre hier gänzlich unterbrochen. Aber es findet keine Unterbrechung statt: die longitudinale Emporhebung setzt von S. nach N. mit einer westlichen Neigung von einigen Graden von Kyschtim und Gumeschewsk nach Bogolowsk fort. Die Natur der Gebirgsarten (Talk- und Chloritschiefer mit einem Gemenge von Serpentin und Diorit), der Winkel, den die Schichten mit dem Meridian behalten, die Verlängerung der Emporhebung mit sehr einförmiger Streichungslinie, die Wiederkehr der Metall-Eruptionen, welche im O. stets häufiger als im W. auftreten, beweisen die Identität und Continuität der Uralkette. Einige locale

---

*) Man muss diesen Pass nicht mit dem gleichnamigen Hügel (Birken-Berg) verwechseln, der viel weiter westlich zwischen den Dörfern Kirghis. Schanskaja und Klenowskaja auf dem Wege hinab nach Kungur liegt. Die Wasserscheide zwischen Europa und Asien findet sich auf dem Plateau von Taliza zwischen dem kleinen Flusse dieses Namens (einem Nebenflusse der Tschussowaja,) und dem Dorfe Nowaja-Alexejewskaja, welches am Ufer des Bolschije Räscheti (Nebenfl. des Isset und Tobol,) angelegt ist. Der wohlhabende und betriebsame Hr. Jakowleff hatte den Plan entworfen, durch einen Kanal von 400 Toisen die Tschussowaja und den Bolschije Räscheti mit einander zu verbinden, wodurch quer über die Uralkette eine wie-

Depressionen, vielleicht bis unter 300 t.*), Kämme, an deren Stelle breite Plateaux auftreten und welche von Flussbetten durchfurcht sind, verwischen in den Augen des Geologen die allgemeinen Züge eines orographischen Gemäldes nicht, welches zufolge der Meridianrichtung gegen 12 Breitengrade einnimmt. Nicht bei Katherinenburg, sondern vielmehr zwischen dieser Stadt und dem Parallel von Nijnei-Tagilsk erscheint die Uralkette, wie mein gelehrter Freund Hr. Kupffer sehr gut bemerkt**), am Wenigsten deutlich ausgeprägt. — Wir lassen nun nach ihrer Lage von S. nach N. die Namen der Hauptgipfel folgen, wobei wir von dem Culminationspunkte des Berges Bolschaja-Gora (380 t) im SO. von Bilimbajewsk, dessen wir oben erwähnten, ausgehen: 1) zwischen den Parallelen von Katherinenburg und Nijnei-Tagilsk (56° 48′—57° 50′ Br.) die Jeschowaja-, Teplaja-, Paganaja- und Scholkowaja-Gora, eine Reihe von Serpentinbergen; dann kommen im SW. von Nijnei-Tagilsk und im NW. von Newjansk der Weisse Berg oder Belaja-Gora (57° 35′ Br., der nördliche, dioritische Gipfel 338 t., der südliche 353 t.); — 2) zwischen den Parallelen von Nijnei-Tagilsk und Bogoslowsk (57° 50′—59° 44′ Br.), der berühmte Magnetberg Blagodat (58° 17′ Br., 237 t. hoch***), die Sinaja-Gora,

---

wohl wenig Nutzen bringende Communication zwischen der Wolga und dem Irtysch, zwischen dem caspischen und dem Eismeere hergestellt worden wäre.

*) Also weniger als die Meereshöhe von Inspruck in Tyrol.

**) *Voyage dans l'Oural*, 1833, p. 181. Auf diesem Zwischenraume haben die Hochebenen jedoch wohl über „800′ Höhe über dem Meeresspiegel". Die Belaja-Gora, südwestlich von Nijnei-Tagilsk, erreicht z. B. nach der von uns angestellten Barometer-Messung 2117′ [353 t.] (Rose, I., 386).

***) In den letzten Jahren sind mehrere verschiedene Lesarten über die Resultate der barom. Messungen des Blagodat bei Kuschwinsk vorgekommen: Hr. Erman (Reise, I., 162) 1284′, später (Astronom. Abth., 409) 1434′; Hr. v. Helmersen 1260′, Hr. Arschipoff 944′, Hr. Rose und ich 1150′ (absolute Höhe). Die Unsicherheit entspringt aus der Reduction von Kuschwinsk auf den Meeresspiegel. Die Höhendifferenz zwischen dem Gipfel des Magnetberges und Kuschwinsk wurde durch jene Beobachter resp. 420 und 438, 460, 503 und

der Katschkanar (nach Hrn. Erman: 58° 43′ Br., 460 t. hoch); Magdalinskoi Kamen im WNW. von Werchoturje; Ljalinskoi Kamen im SW. vom Pawdinski Sawod; Pawdinskoi Kamen (nach Hrn. Helmersen: 452 t. hoch); der Semitschelowetschekoi Kamen; die Suchogorskye Kamni; Koswinskoi Kamen; der berühmte Pik Kondjakowskoi Kamen, der wahrscheinlich nur 750—800 t. Höhe hat und den Hr. Fedorow nicht, wie man irrthümlich gesagt hat, trigonometrisch über 1300 t. hoch gefunden*), was resp. 507 und 755 t. mehr als die Höhe des Iremel und Grossen Taganai sein würde; — 3) zwischen den Parallelen von Bogoslowsk und dem Anfang des Wogulen-Landes, jenseit des zerstörten Sawod Petropawlowsk und der Quellen der Soswa (59° 44′ — 60° 20′ Br.): der Kirtim, dessen erhabene Spitze den Namen Wostraja Sopka führt, der Kakwinskoi Kamen, der Pik Kumba und endlich der Denischkin Kamen, im Meridian des Kondjakowskoi Kamen und nach der Versicherung der Eingebornen für den höchsten Punkt in der ganzen Kette gehalten.

Da ich Gelegenheit hatte, den Ural von Orsk und Guberlinsk an bis zu den reichen Gruben von Bogoslowsk zu sehen, so kann ich sagen, dass man nur an letzterem Orte

---

483′ gefunden. Die Fehler der absoluten Höhen rühren hauptsächlich von dem Mangel genügend zahlreicher Barometer-Beobachtungen zur Feststellung der Höhe von Kuschwinsk her, die ich zu 667′, Hr. Arschipoff 441, Hr. v. Helmersen 800, Hr. Erman 996′ annimmt. Die Höhe von Katherinenburg (126 t.), welche zugleich aus dem Mittel zweijähriger Barometer-Beobachtungen und aus correspondirenden Höhen zu Kasan hergeleitet ist, gehört nebst Barnaul, Irkuzk und Slatoust zu denjenigen Punkten Sibiriens, deren Höhenbestimmung am Meisten Vertrauen verdient. Kuschwinsk und alle von mir zwischen Bogoslowsk und Katherinenburg gemessenen Orte wurden nach correspondirenden Beobachtungen in letzterer Stadt berechnet. Die Differenz zwischen meiner Bestimmung des Passes der Beresowaja-Gora (212 t.) und Hrn. Erman's Resultat (252 t.) rührt von der grossen Höhe (152 t.) her, welche dieser Reisende Katherinenburg zur Zeit seiner Reise beilegte.

*) S. Rose, I., 381; Ausland, Sept. 1837, N. 265; *Bull. de l'Acad. de St.-Pétersb.*, II., 100.

den imposanten Anblick alpiner Berge geniesst. Die Kette, welche sich gegen W. vom Ljalinskoi zum Denischkin Kamen entfaltet, zeigt sehr mannigfaltige Formen; aber alle Gipfel bleiben doch, ihrer beträchtlichen Höhe ungeachtet, den Sommer über schneefrei. Wir sahen sie zu Ende des Juni und erblickten von fern nicht eine Spur von Schnee. Man versicherte uns indessen, dass er in grosser Menge selbst im Monat Juli in einigen Spalten und Thälern, welche die Kette durchziehen, angetroffen würde.

Wir haben nun noch die mittlere Richtung der Ural-Axe nach den aus astronomischen Beobachtungen genommenen Daten zu untersuchen. Da diese Beobachtungen aber fast ausschliesslich im O. der Kette und in ganz verschiedenen Entfernungen (8, 10 oder 12 M.) davon angestellt wurden, so ist es nicht ganz leicht, daraus die Lage der Axe selbst herzuleiten. Die so zahlreichen Goldseifen am Ostabhange der Kette und die Schmelzwerke, welche in den Ebenen erbaut sind, wo es leichter ist, Gräben zur Ansammlung des Wassers anzulegen, haben die Population längs des Urals besonders von Miask nach Bogoslowsk in einiger Entfernung von dem Hauptrücken selbst zusammengedrängt; hier liegt ein industriöser und civilisirter Gürtel von ziemlich neuem Ursprunge, der den Hauptkamm wie ein Halbschatten auf der Ostseite begleitet.

Ich stelle in nachstehender Anmerkung*) die Grundlagen der auf die Richtung der Ural-Axe in der (p. 286) folgenden Tafel bezüglichen Zahlenbestimmungen zusammen.

*) Die Buchstaben beziehen sich auf die resp. Punkte der Tafel auf der folgenden Seite. — a) Der Airuk ist auf die wahre Länge Orenburgs (nach Hrn. Wisniewski's Bestimmung 52° 46′ 15″) reducirt. Dies giebt eine nothwendige Berichtigung auf der nach Bar. v. Meyendorff's Reise construirten Karte. — b) Die Centralkette (Irendik-Kyrkty) entsteht auf diesem Plateau näher an Orsk, also vielleicht 8′ östlich von der angenommenen Länge. — c) Diese Position basirt auf der Länge von Miask, welche nach meinen Beobachtungen 57° 48′ 15″ beträgt und auch von Hrn. Kupffer zu 57° 44′ 48″ gefunden worden. — d) Combination von Reisedistanzen. — e) Aus der Entfernung vom Dorfe Räschety und von Katherinenburg, dessen Länge sich aus meinen Chronometerbeobachtungen mittelst Reduction auf Tobolsk zu 58° 15′ 33″,

N. Breite.		Elemente der Axen-Richtung.	Ö. Länge.
48° 45′	a.	Knoten des Airuk, des Anfangspunktes der kleinen Mughodjarischen Kette . .	56° 46′
51 8	b.	Plateau von Guberlinsk und Orsk, Mittelpunkt	55 58
54 59	c.	Ural, Centralkette im Parallel von Miask	57 21
56 26	d.	Gipfel Asoff, südwestlich von den Kupfergruben von Gumeschewsk	57 50
56 48	e.	Pass des Ural bei der Beresowaja Gora, westlich von Katherinenburg	57 48
57 54	f.	Im Parallel von Nijnei-Tagilsk und etwas südwestlich	57 25
58 17	g.	Im Parallel von Kuschwinsk und des Magnetberges Blagodat	57 13
58 52	h.	Im Parallel von Werchoturje, nördlich vom Katschkanar	57 9
59 44		Im Parallel von Bogoslowsk	56 38
60 20	k.	Gipfel (Pik) des Denischkin Kamen, nordwestlich von Petropawlowsk . .	56 42

Die relative Lage der zehn Punkte dieser Tafel beweis't deutlich genug, dass die Axe des Ural auf einer Länge von 230 M. etwa die mittlere Richtung eines Meridians behält

aus den absoluten Beobachtungen von Hrn. Wisniewski zu 58° 14′ 15″ ergiebt. — f) Ich fand für Nijnei-Tagilsk 57° 40′ 6″ Lg. Hr. Erman legt es um 7′ östlicher. Die Lage des Kammes habe ich mittelst der Belaja Gora genommen. — g) Hr. Erman erhielt 6′ 12″ (im Bogen) Meridian-Unterschied zwischen dem Berge Blagodat und Nijnei-Tagilsk. Ich setze den Uralkamm 20′ westlich vom Blagodat. — h) Beobachtung von Hrn. Erman zu Werchoturje mit Anbringung einer kleinen Correction, welche aus der Nichtübereinstimmung mit Nijnei-Tagilsk hervorgeht. Derselbe Gelehrte leitet aus seinen Messungen für den Gipfel der Katschkanar (ohne das erhaltene Resultat zu verändern,) her: 58° 43′ 18″ Br., 57° 4′ 48″ Lg. — i) Ich fand für Bogoslowsk 59° 44′ 36″ Br., 57° 42′ 24″ Lg. Die Entfernung des Kammes ist unsicher und stützt sich auf handschriftliche Karten zum Gebrauch der Bergleute. — k) Aufnahme von der Spitze eines Berges bei Bogoslowsk. Die Länge vielleicht zu östlich.

und dass sie auf diesem Raum nicht um volle zwei Längengrade schwankt. Bleibt man bei dem bevölkertsten Theile stehen, so findet man von den Guberlinsker Jaspisbrüchen bis Katherinenburg auf 115 M. eine kleine Neigung der Axe gegen NNO. (das genau berechnete Azimuth ist N10° 47′O.) und von Katherinenburg nach Petropawlowsk und dem Denischkin Kamen, wo das Land der uncivilisirten Wogulen beginnt, auf 78 M. Länge eine etwas kleinere Abweichung nach NNW., indem dieselbe N9°13′W. beträgt. Diese ganze Länge von 193 M. von Orsk nach Petropawlowsk hat als mittlere Axen Richtung N0° 47′O.; sie ist dreimal so gross als die Länge der Pyrenäen und enthält eine nur wenig unterbrochene Zone von goldhaltigem Boden. Man hat in diesem Boden, obwohl derselbe ziemlich arm ist, ½ und ¾ Solotnik auf 100 Pud Sand im südlichsten Theile des Ural (wenigstens 20 M. weit nördlich von Guberlinsk, z. B. am Westabhange der westlichen Kette an den Ufern des Urman-Salair*) gefunden. Die eigentliche Region des Ural, wo Gold, Kupfer und Eisen mit Erfolg gewonnen werden, ist nicht länger als die Kette der Alpen vom Mont Blanc bis nach Steiermark hinein (etwa 106 M.). Die darin angelegten Goldseifen sind gleichsam in neun Gruppen vertheilt, die man am Ostabhange des Ural die Gruppen von Miask, Kyschtim**), Polewskoi***), Katherinenburg, Newjansk, Nijnei-Tagilsk, Kuschwinsk****), Bogoslowsk und Petropawlowsk nennen könnte.

---

*) Nebenfluss der Sakmara bei der Kupferschmelzhütte Preobraschenskoi; sein Thal liegt in der Grauwacke. Die Hrn. v. Helmersen und Hofmann, welche im Auftrage der Regierung die Verlängerung des goldführenden Schuttlandes nach S. hin untersuchten, fanden solches auch am Ostabhange der mittlern Kette, 80 Werst nordwestlich von Werchnei-Uralsk bei Mansurowa, einem Dorfe der Tepteren; zu Rissajowa und auf Serpentinfels unter dem Parallel von Belorezkoi und Werchnei-Uralsk.

**) Diese Gruppe umfasst zwei Unterabtheilungen, die von Soimonowsk und Kaslinsk.

***) Am Ufer der Schelesenka, einem Nebenfluss der Polewaja östlich von Gumeschewsk.

****) Ufer der Uralicha und Barantscha.

Die Breite der Kette, rechtwinklig auf die Axe gemessen, entspricht nicht ihrer grossen Längenausdehnung. Wenn man von der Kette Djambu-Karagan absieht, welche sich bei der Dreitheilung des ganzen Systems südlich vom 56. Grade von dem übrigen Theil der Kette bis 25 Meilen weit entfernt; so darf man die Breite vielleicht nicht auf mehr als 10—12 M. anschlagen, was auch die Breite der Pyrenäen nach Hrn. v. Charpentier ist. Da die Bergketten fast überall auf einem an sich schon gewölbten (*bombé*) Boden aufsetzen, und da mehr oder weniger ausgedehnte Contreforts die seitliche Erstreckung der Emporhebungen bezeichnen; so ist es nicht leicht, das Areal der Gebirge und der Ebenen in bestimmte Grenzen einzuschliessen. Dies wird sogar noch schwieriger, wenn eine Kette, wie der Ural, grosse Strecken weit nur 300—400 t. Höhe besitzt und wenn sie sich, weit entfernt, stets einen Felsendamm zu bilden, vielmehr als eine Gruppirung von Bergen und hohen Plateaux darstellt, welche in Meridianrichtung aneinandergereiht sind. Wie soll man z. B. auf dem Wege von Perm und Kungur (mit berühmten Gypshöhlen) über Katherinenburg nach Tobolsk die Punkte bestimmen, wo der Ural anfängt oder endigt? Man ist ungewiss, ob die so allmäligen Niveauänderungen diese Frage überhaupt entscheiden sollen, oder ob man nicht ausser der Betrachtung der Oberflächengestalt noch die Natur der Gebirgsarten berücksichtigen muss. Zufolge des erstern Gesichtspunktes, der rein hypsometrisch ist, sieht man im Lande ziemlich allgemein das Dorf Bisserskaja, 15 M. südöstlich von Kungur und 21 M. westlich von Katherinenburg*) als den Anfangspunkt des Ural an. Auf diesem

*) Diese sämmtlichen Distanzen sind nicht nach Reiserouten, sondern in gradlinigem Abstande und in Meilen (20 auf 1°) gerechnet. Jenseit der Depression des secundären Gebirges von Perm, zwischen der Kama und Silwa, über 60 M. westlich vom Anfange des Ural zu Bisserskaja, findet man in den schönen Waldungen des Gouvernements Wjatka ein grosses Plateau (das von Debjosui und Dubrowa), welches schon Hr. Erman anführt [Reise, I., 266, 267] und dessen Höhe wir auch zu 148—190 t. ermittelt haben (Rose, I., 112). Es scheint nicht überflüssig, bei dieser Gelegenheit daran zu erinnern, dass, ungeachtet

Zwischenraum passirt man, lange bevor man zum culminirenden Punkte Wolschaja Gora (377 t.) gelangt, zwei Rükken, wovon der erste (Majaskaja Gora) 162 t., der zweite (Klenowskaja Gora) 182 t. Höhe zu haben scheint. Diese Seitenerhebungen oder Contreforts des Ural sind, so wie die Beresowaja Gora (195 t.) östlich von Klenowskaja zwischen diesem Dorfe und Kirgisschanska, aus Conglomeraten oder kleinkörnigen, sandsteinartigen Felsmassen gebildet. Der Talkschiefer, welcher für die Uralkette so charakteristisch ist, erscheint erst bei der Bilimbajewsker Schmelzhütte (140 t.), welche nicht weiter als 7 Meilen westlich von Katherinenburg liegt.

So ist der westliche Abhang der langen Emporhebung, welche eine Naturgrenze zwischen Asien und Europa bildet, beschaffen. Ich bin in das Detail eines barometrischen Nivellements eingegangen, um daran zu erinnern, wie sehr die unvermeidlichen Fehler in den Messungen und Methoden, wenn es sich um so geringe Höhen handelt, die Unzuverlässigkeit orographischer Grenzen vermehren. Der östliche Abhang des Ural im Parallel von Katherinenburg senkt sich noch langsamer und mithin noch weit unmerklicher; man meint, auf einer Ebene zu reisen, und man trifft nur eine Art von steilem Stufenabfall im Thale der Pyschma (eines Nebenfl. der Tura,) und an der Brücke zu Kamyschloff, wo man sich in dem weiten Alluvial-Becken Sibiriens wahrscheinlich nur in einer Höhe von 35 t. über dem Spiegel des Eismeeres befindet. Auf der ganzen Linie, welcher dieser Abhang gegen Tobolsk folgt, rückt ferner die geologische Beschaffenheit des Bodens die Uralgrenze gegen O. hinaus und vergrössert sein Gebiet bis in Gegenden, wo sich nur noch eine schwache Wellenform des Reliefs zeigt. Hr. Rose (I., 471—485) hat eine Beschreibung von dem Talk- und Chlo-

---

die Andes so kolossale Dimensionen besitzen, das im O. daran stossende Gebiet so schwach erhoben ist, dass ich die Llanos des Amazonenstroms bei Tomependa, 18 M. vom Cordilleren-Kamm und 900 M. vom atlantischen M., nur 194 t. hoch gefunden habe (*Rel. hist.*, III., 228, 239).

ritschiefer gegeben, auf welche Grauwacke und Uebergangskalk folgen. Es findet sich dieselbe Streichungslinie der Schichten wie in der Mitte des Ural, nämlich ein Streichen parallel der Axe der benachbarten Kette, und einerlei Schichtenfall zwischen 60 und 80 Grad. Ich lenke die Aufmerksamkeit gern auf dieses Verhältniss des Parallelismus und der Lagerung, welches man am Fuss der Cordilleren und selbst fern davon in den Ebenen antrifft. Es ist ein höchst bewunderungswürdiges geologisches Phänomen, welches in mehreren Erdtheilen, die ich bereis't, wiederkehrt. Ist etwa die Aufrichtung der Schichten manchmal früher da gewesen, als die Emporhebung der Kette, ist sie eine Wirkung älterer Veränderungen und Umwälzungen? (s. p. 180—183).

Nachdem wir die Axe des Ural von seinem Ursprunge auf dem Isthmus zwischen dem Aral- und caspischen See bis jenseit Bogoslowsk zum Pik Denischkin Kamen, beim Eintritt in das Wogulen-Land (60° 20′ Br.), verfolgt haben; so bleibt uns nun noch die Fortsetzung der Kette zum Eismeere, ihr geognostischer Zusammenhang mit den hohen Gebirgen, die man von Obdorsk wahrnimmt, und mit der Orographie der Insel Nowaja-Semlja zu betrachten übrig. Diese Region zwischen den Nebenflüssen der Petschora und den kleinen Flüssen Soswa und Tui (Nebenflüssen des Obi,) war lange Zeit eine *terra incognita*, wiewohl schon seit dem J. 1100, nach Nestor, die unternehmenden und betriebsamen Bürger Nowgorods den Syrjänen nach der Petschora folgten und seit dem 16. Jahrhundert der Pelzhandel zwischen Archangel und dem untern Obi die Aufmerksamkeit eines reisenden Diplomaten auf sich gezogen hatte. Der Baron Sigismund v. Herberstein-Neiperg, welcher vom Kaiser Maximilian im Jahre 1516 nach Russland geschickt wurde, giebt in seinem Berichte von dieser Sendung eine sehr ausführliche Beschreibung von jenem Handel mit Pelzwerk*), wie von

*) *Commentari della Moscovia e della Russia composti già latinamente per il signore Sigismondo libero Barone in Herberstein* bei Ramusio, II., (1583), 168—170. S. auch die Capitel: *Petzora Regione*

der Hydrographie des Landes in der Nähe der nördlichsten Regionen Moskoviens. Auf einer sehr merkwürdigen Karte, welche August Hirsvogel zu Nürnberg im Jahre 1547 in Holz geschnitten hatte und die gegenwärtig als die älteste Karte von Russland*) angesehen wird, findet man den Lauf der *Peczora* (Petschora), der *Ussa* und eines Nebenflusses des Obi, *flumen Sossa*, was nach meiner Ansicht die Soswa ist, ziemlich gut dargestellt. Herberstein erkennt sogar, dass die Obdorischen Berge, eine Kette, welche Hr. Erman von dem Ufer des Chanami bis nördlich von Obdorsk (die Station *Obdoria* eines italienischen Geographen des 16. Jahrhunderts, Alessandro Guagnino,) gemessen, die nördlichste Verlängerung des Ural sind. Der Name Ural findet sich nicht auf Hirsvogel's Karte; aber dieser Geograph zeichnet vom Parallel Perm's bis zu dem des Eismeers eine fortlaufende Kette. Es sind seine *Montes dicti Cingulus terrae*, oder wie es in Ramusio's Uebersetzung heisst: *Semnoi Poyas, monti intorno al fiume Petzora cioè in lingua Ruthenica la cintura della terra*. Obgleich der Bedarf an Pelzwerk und die Industrie der muthigen Nowgoroder Kaufleute seit dem 12. Jahrhundert das ganze Mittelalter hindurch den Verkehr mit dem ugurischen Lande, d. h. mit dem Nordende des Ural zwischen der Petschora und Soswa, — ein Verkehr, von welchem selbst die Araber**) Kunde hatten, — belebten; so ist die geographische Kenntniss dieser

---

et Obdoria (Obdorsk) in der Beschreibung des sarmatischen Europa vom Ritter Aless. Guagnino von Verona, verfasst, wie mir scheint, um das Jahr 1575 (Ramusio, II., *Appendice*, p. 65); und über die dunkeln Projecte einer Canalisation der Petschora das seltene Werk: Wahrhafte Relation de 3 newen unerhörten Schiffart, so die Holland Schiff gegen Mitternacht gemacht, 1594—1596 durch Levinum Hulsium (2. Ausg.), Nürnberg, S. V.

*) S. die scharfsinnigen Bemerkungen des Hrn. Adelung in seinem Werke: Siegmund v. Herberstein mit besonderer Rücksicht auf seine Reisen in Russland, 1818, S. 318, 344, 376.

**) Ibn Batuta, dessen Reisen im Jahre 1324 anfingen, erfuhr während seines dreitägigen Aufenthalts in der alten Capitale Bulghar (bei Cazan), „dass man vierzig Tagereisen nach N., in der Region

Gegenden doch bis auf den heutigen Tag ziemlich unsicher geblieben. Pallas konnte nicht so weit nach N. vordringen, aber er schickte den Naturforscher Sujeff im Februar 1771 von Tschelabinsk über Tobolsk nach Obdorsk. Sujeff reis'te vom Golf des Obi zum Karischen Busen und bestätigte die Fortsetzung des Ural nach Norden und seinen Zusammenhang mit dem von Obdorsk aus sichtbaren Gebirge (Pallas, Reise durch verschiedene Provinzen, III., 14, 30). Die Höhe und wahre Lage der Kette der Obdorischen Berge wurde jedoch damals noch durch keine einzige genaue Messung oder astronomische Beobachtung festgestellt.

Das Verdienst dieser Bestimmungen gebührt Hrn. Adolf Erman, der im December 1828 vom Obi her in das Thal des Chanami vordrang. Durch Azimuthe hat er die Lage von fünf Bergspitzen ermittelt und den enormen Fehler von 3° 37′ Lg. berichtigt, um welchen die alten russischen Karten bis dahin Obdorsk zu weit nach O. legten*). Nach seinen Beobachtungen liegen jene fünf Gipfel zwischen

---

der Finsterniss, wo man nur in Schlitten reis't, die von Hunden gezogen werden, mit den Jägervölkern einen stummen Tauschhandel mit Hermelin- und Zobelfellen treibt". (*Travels of Ibn Batuta, translated by Samul Lee*, p. 78. Lehrberg, Untersuchungen über die ältere Geschichte Russlands, 1816, S. 94, 97). Der stumme Austausch, wobei man die Gegenstände vor einander hinlegt, ohne zu sprechen, scheint aus der beiderseitigen Unkenntniss der Idiome bei Völkern, welche „rechtlich" und sanften Charakters sind, zu entspringen. So sieht man am Polarkreise wiederkehren, was Herodot (IV., 196) von dem stummen Handel der Karthager an der libyschen Küste erzählt, und was Hoest und Cap. Lyon in unsern Tagen in Senegambien und im Sudan gebräuchlich fanden. Der berühmte arabische Geograph Bakui (*Notices et Extraits des manuscr. de la Bibl. du Roi*, II., 544) hatte auch Kunde von dem ugurischen Lande unter dem Namen *Jura*. Dies ist das *Iuhra, Juharia* oder *Jugaria*, „*inde Ungarorum origo*," in Herberstein's Reise.

*) Reise um die Erde, Abth. I., 688, 702, 708; Abth. II., Th. I., 134, 313, 336, 411. Die chronometrischen Bestimmungen wurden durch Differenzen der geraden Aufsteigung des Mondes und Sternbeobachtungen zu Beresow (63° 55′ 58″) bestätigt. Die Länge von Obdorsk (64° 21′ 31″) ist auf die von Tobolsk reducirt, was nach Abbé Chappe's Beobachtung und Hrn. Encke's Berechnung zu

66° 49′ und 67° 13′ Br. und von 63° 55′ bis 64° 39′ Lg. Sie gehören zu einer Kette, deren Axe N35°O. streicht*) und deren höchster Punkt, der zugleich die nördlichste Spitze ist, eine abs. Höhe von 780 t. besitzt, was fast die Höhe des 260 M. südlicher gelegenen Berges Iremel ist. Die andern Gipfel des Obdorischen Gebirges schienen Hrn. Erman 622, 375, 349 und 201 t. Höhe zu haben, werden also von NO. nach SW. niedriger. Diese schnelle Abnahme der Höhe der Kette verdient Beachtung, weil sie zum Theil durch die interessanten geologischen Untersuchungen des Hrn. Strajewsky, eines Bergbeamten, der von Bogoslowsk aus gegen 400—450 Werst nach N., also bis jenseit der Soswa in ein fast unbewohntes Land vordrang, bestätigt wird. Er versichert, er habe die Uralkette fast verschwinden und an ihrer Stelle ein muschelführendes Gebirge auftreten sehen, welches Hr. v. Buch (aus den ihm mitgetheilten Versteinerungen) der Juraformation angehörig erkennt. Hr. jewsky näherte sich der Uralkette unter 64° Br. zum zweiten Male, und nachdem er die im O. daran stossenden Sumpfebenen (*Tundras*) verlassen, fand er, dass der Ural in dieser südlichern Breite „in drei Ketten getheilt ist, deren westlichste die Schneelinie erreicht und am Höchsten ist". Hr. v. Helmersen bemerkt richtig, dass dieser Umstand und die Dreitheilung des ganzen Systems eine auffallende Aehnlichkeit mit dem südlichen Theile des Ural zwischen Guberlinsk und Kyschtim zeigen, wo unter den drei Ketten des Ilmen, Kyrkty und Iremel-Taganaï die letztere oder die westliche ebenfalls die grösste Höhe erreicht. Die ostjakischen Führer Strajewsky's versicherten ihm, dass

---

65° 56′ 15″ angenommen worden ist. Da dies Resultat in Betreff der Richtung der Ural-Axe wichtig ist, so bemerke ich noch, dass ich durch Zeitübertragung Katherinenburg 7° 40′ 42″ westlich von Tobolsk gefunden. Brué's grosse Karte von Europa (4 Bl., 1824) ist diejenige, worauf die relative Lage von Tobolsk, Beresow, Obdorsk und den Obdorischen Bergen am wenigsten fehlerhaft (bloss in Betreff der Längen) ist.

*) [Vergl. Erman's Berichtigung seiner frühern Angabe um 52°, Archiv, II., 772.]

die Schneeberge im N. vom 64. Grade noch höher wären*).

Man ersieht aus diesen zerstreuten Notizen über die Richtung und Verlängerung des Ural gegen N., dass hier noch viele Fragen zu lösen bleiben. Das sicherste Mittel dazu wäre, dass man angäbe, wo in den allgemeinen geologischen Ansichten, die sich aus den bisher gesammelten isolirten Thatsachen ergeben, der Zusammenhang fehlt. Da die Kette auf 11 Breitengraden eine sehr regelmässige Meridianrichtung behält, so frage man zuerst, ob die Obdorischen Berge, welche $6\frac{3}{4}^0$ nördlich von Bogoslowsk und 7^0 westlicher**) liegen, anzeigen, dass nach N. hin eine Veränderung in der Streichungslinie oder eine System-Kreuzung statt findet, wie an den beiden Enden der Alpenkette; man frage, ob die Existenz des Obdorischen Gebirges die Wirkung einer Gabelung ist oder ob dies von SW. nach NO. streichende Gebirge, was minder wahrscheinlich ist, eine isolirte Gruppe bildet, ähnlich wie die Gruppe der Sierra Nevada de Sta. Martha in Süd-Amerika (*Rel. hist.*, III., 214). Die wichtige Expedition des Hrn. v. Baer nach Nowaja-Semlja hat geologische Beobachtungen geliefert, denen zufolge es wahrscheinlich ist, dass die Ural-Axe im Westen des Obdorischen Gebirges in ihrer ursprünglichen Richtung von S. nach N. quer durch die Waigatsch-Insel und bis jenseit 76^0 Br. fortsetzt. Ich führe hier aus der Abhandlung des Hrn. v. Baer über den geologischen Bau von Nowaja-Semlja (*Bull. scientif. de l'Acad. de St.-Pét.*, III., no. 10) diejenigen Stellen an, welche sich auf diese Verlängerung der Kette in der Richtung eines Meridians beziehen. Der geistreiche Verfasser stützt sich dabei auf seine eigenen Forschungen und auf die der Hrn. Lehmann und Schrenk.

---

*) [S. v. Helmersen's Reise nach dem Ural und der Kirghisen-Steppe in den Jahren 1833 und 1835, I. Abth., in den: Beiträgen zur Kenntniss des russischen Reiches etc., V., (1841), 39, 56.]

**) [Nach Erman (Arch., II., 771) 8^0 Lg. oder 47 geogr. M. vom Meridian des Uralkammes bei Bogoslowsk. Dieser Gelehrte sucht (l. c., 772—775) darzuthun, dass die Gebirge auf Nowaja-Semlja und Waigatsch ganz unabhängig vom Ural sind und vielmehr mit den nord-europäischen Gneiss- und Transitionsmassen Skandinaviens und Finnlands zusammenhangen.]

„Schon die äussere Form und die Lage Nowaja-Semlja's in Verbindung mit der Insel Waigatsch nöthigen fast zu der Ueberzeugung, dass diese ganze Inselgruppe eine Fortsetzung des Ural ist. Es war daher sehr auffallend, dass Hr. Ludlow, der einzige Geognost, welcher früher Nowaja-Semlja besucht hatte, die entgegengesetzte Behauptung aufstellte, während die neuesten Untersuchungen des Botanikers Schrenk und des Hrn. Lehmann sowohl den Zusammenhang der Felsformationen als der Unebenheiten des Reliefs quer über den Meeresarm zeigen, welcher das asiatische Continent von den im N. anliegenden Inseln scheidet. Der erstere von diesen beiden reisenden Naturforschern, welchen die Direction des botanischen Gartens zu St. Petersburg nach den ausgedehnten Ebenen des Gouvernements Arkhangel gesandt, deren Decke Lichenen oder Moose, vorzüglich *Polytrichum* und *Sphagnum**) bilden [*Bull.*, ebd. no. 8, 9], ist bis zum Ural vorgedrungen und hat die letzten Verzweigungen dieser Kette nach der Waigatsch-Insel**) und der Karischen Strasse hin untersucht. Der Uebergangskalk dieser Insel ist kaum von dem zu unterscheiden, welchen Hr. Lehmann in SW.-Nowaja-Semlja zu Kostin-Schar gefunden, wo der schwärzlichgraue Kalkstein in Thon- und Talkschiefern untergeordnete Schichten bildet. Nowaja-Semlja zieht sich, nach den genauen Aufnahmen des Admirals Lütke, Pachtussoff's und des Steuermanns Ziwolka, auf einer Länge von 120 M. von SSW. nach NNO., mit einer Biegung gegen Osten. Die Breite ist um die Hälfte kleiner, als sie

*) Diese Ebenen, die theils trocken, theils sumpfig sind (*tuntur* oder *tundra* im Finnischen) charakterisiren den Anblick einer völlig baumlosen Fläche. *Rubus Chamaemorus* und *Vaccinium uliginosum* erheben sich hier und da zwischen den Büscheln von Cyperaceen. Es sind Steppen, welche ganz verschieden sind von denen im Innern Sibiriens, die entweder völlig nackt oder mit einem dünnen Rasen von bläulichgrauen Salzpflanzen oder endlich mit einer reichen und hohen Vegetation von Kräutern, die lange Zeit mit grossen und schönen Blumen überladen sind, besonders Leguminosen und Compositen bewachsen sind.

**) Ueber die Fortsetzung des Ural durch die Insel Waigatsch s. auch Hermann's Miner. Beschreibung, I., 4—7.

bisher auf den besten Karten angegeben wurde. Sie wird von O. nach W. durch zwei sehr enge Kanäle zerschnitten, von denen der südlichste, Matotschkin-Schar, im Jahre 1762 von Romysloff entdeckt und am Meisten bekannt ist, während die Pforte zwischen der Kreuz-Bai und der Insel Pachtussoff (unter 74° Br.) noch nicht vollständig auf ihrer Spaltung gegen O.*) erforscht ist. Der südliche Theil**) von Nowaja-Semlja bis zum 74. Breitengrade und die ganze Ostküste der Insel sind niedrig, obwohl sie mit Felsbänken bedeckt sind; aber in der Mitte der Westküste, wie längs des engen Kanals Matotschkin-Schar erreichen Gipfel, welche Ziwolka trigonometrisch gemessen, zwischen 400 und 600 t. Höhe über dem Meere***). In dieser sehr bergigen und in ewigen Schnee gehüllten Gegend der Meerenge streichen mit einander wechselnde Schichten von Talk- und Thonschiefer ziemlich regelmässig (wie auch die ganze Insel) von S. nach N. (*hor.* 11—12): das Einschiessen beträgt 60—70°, bald östlich bald westlich. Auf dem schwarzen, von mächtigen Quarzbänken durchsetzten Schiefer ruht Orthoceratiten-Kalk. Körnige (oder Eruptions-) Gebirgsarten durchziehen die Uebergangsformationen (wie im Bogoslowsker Ural). Der schwarze Augit-Porphyr von sehr poröser, mandelsteinartiger Bildung (Mandelstein?) [vgl. p. 7. der Abhandl., *Bull.*, no. 10] zeigt sich unter dem schwarzen Orthocera-

---

*) Man weiss auch jetzt noch nicht, wie weit die Gwosdareff-Pforte (unter $75\frac{1}{2}$° Br., nördlich vom Berge Krusenstern) in's Innere eindringt, und ob dieselbe ein dritter Kanal ist, der ganz Nowaja-Semlja durchstreicht und zu einer Theilung in vier einander ziemlich nahe liegende Inseln Veranlassung geben würde.

**) Bloss am Ufer der Nechwatowa, die in die Kostin-Bai mündet (in 71° 25′ Br.) schätzt Hr. v. Baer die Schieferberge auch 300 t. höchstens.

***) Ein Berg am West-Eingange des Matotschkin-Kanals am südlichen Ufer hat 398 t., ein anderer weiter östlich 543 t.; gegenüber auf dem nördlichen Ufer der Meerenge erhebt sich ein Gipfel zu 493 t.; der Mitjuschew Kamen an der Silberbucht hat 502 t; endlich ein Gipfel am östlichen Ausgange der Matotschkin-Strasse, der nicht direct gemessen worden, ungefähr 625 t. Die Berge von Nowaja-Semlja erreichen also nicht ganz die Höhe der von Hrn. Erman gemessenen Obdorischen Bergkette.

titen-Kalk im NO. von der Mündung der Nechwatowa und scheint wenigstens in der Mitte der Insel herrschend zu sein."

Indem ich Hrn. v. Baer's geologische und hypsometrische Angaben in Bezug auf die Verlängerung der Ural-Axe gegen N. untersuche, muss ich daran erinnern, dass wir den Ural-Kamm bei Miask in 57° 21', bei Katherinenburg in 57° 48', bei Bogoslowsk in 56° 38' Lg. gefunden haben. Nun liegt auf Ziwolka's neuer Karte, welche man für die genaueste halten muss, die Mitte der Waigatsch-Insel unter 57° 10' Lg.; mithin finden wir 10¾° nördlich von Bogoslowsk dasselbe Streichen der Axe nur mit einer östlichen Abweichung von ½ Grad. Auf Nowaja-Semlja hingegen ist der sehr bergige Theil der Westküste und das Innere der Matotschkin-Strasse um vier Längengrade gegen W. gerückt. Die ganze Reihe von Schneegipfeln beschreibt wie die ganze Insel einen gegen O. hin offenen Bogen; dergestalt, dass man erst unter 75¾° Br., jenseit des Einganges zum Gwosdareff-Fjord, wieder auf Gipfel stösst, welche in dem Meridian der Mitte der Waigatsch-Insel liegen. Von diesem Punkte (Gwosdareff) nimmt die Kette zum Cap Nassau wieder beträchtlich an Höhe ab, und dies Vorgebirge, welches die Extremität desjenigen Theiles von West-Nowaja-Semlja bildet, den man bis jetzt mit Genauigkeit hat aufnehmen können, liegt in 60° 25' Lg., d. h. 3¾° östlich von der Uralkette bei Bogoslowsk. Wenn man den Ansichten der Hrn. v. Bär, Lehmann und v. Helmersen über die Höhenverhältnisse in Betreff der Continuität des ganzen Systems beistimmt, so findet man folgende Entfernungen:

	Seemeilen
vom Nordende des Ust-Urt bis Guberlinsk (47° bis 50° 40' Br.) . . .	73
von Guberlinsk bis Katherinenburg (50° 40' bis 56° 48' Br.)	123
von Katherinenburg bis Bogoslowsk (56° 48' bis 59° 44' Br.)	59
von Bogoslowsk bis zur Nordspitze der Insel Waigatsch (59° 44' bis 70° 25')	213
von der Insel Waigatsch bis zum Cap Nassau auf Nowaja-Semlja (70° 25' bis 76° 37')	124
also vom Ust-Urt bis zum Cap Nassau	592

Nur die Hälfte dieser ganzen gewaltigen Ausdehnung der Uralaxe ist in Betreff ihrer hypsometrischen Verhältnisse einigermassen genau bekannt. Der culminirende Punkt würde, wenn Hrn. Fedorow's Messung wirklich so ist, wie Hr. v. Helmersen 1837 angegeben, der Kondjakowskoi Kamen im N. von Bogoslowsk (etwa $59\frac{2}{3}^0$ Br.) sein. Man giebt ihm eine Höhe von 8000′ (1333 t.) [vgl. die dem I. Th. angehängten Zusätze!]. Die zweite Stelle würde der Iremel ($54\frac{1}{3}^0$ Br.) einnehmen, welcher nach Hrn. v. Helmersen 4758′ (793 t.) erreicht. Der dritte Rang würde dem nördlichen Pik (67° 12′ Br.) des Obdorischen Gebirges, welcher 780 t. H. hat, gebühren; der vierte dem Grossen Taganai (55° 23′ Br.), dessen absolute Höhe 3267′ (545 t.) oder eben so gross ist, als die des höchsten Berges der Insel Nowaja-Semlja am Westausgange der Strasse Matotschkin-Schar, nach Hrn. Ziwolka's Messung. Es kann befremden, dass weder der Kondjakowskoi-Kamen noch die andern Spitzen der Kette, welche von Bogoslowsk aus sichtbar und deren Anblick sehr alpin und höchst majestätisch ist, im Sommer nicht mit ewigem Schnee bedeckt sind. Ich sah ihre Gipfel zu Anfang Juli völlig schneefrei. Auch herrscht bei den Bewohnern der Umgegend allgemein die Ansicht, dass auf den Gipfeln selbst der Schnee nicht dauernd liegen bleibt. Die Hrn. Fedorow und v. Helmersen versichern, dass es nur auf dem nördlichen und östlichen Abhange während der heissesten Zeit des Sommers Schnee giebt. Ich mass Höhenwinkel von Schneeflecken, welche weit unter dem nackten Gipfel einen unregelmässigen Gürtel bildeten. Hr. Ad. Erman, der in der Obdorischen Kette unter 67° 12′ Br. einen Gipfel von 4680′ (780 t.) Höhe gemessen, glaubt, „dass in so hohen Breiten, wo eine ausserordentliche Trokkenheit in den obern Regionen der Luft herrscht, die Grenze des ewigen Schnees noch nicht einmal bis 4000′ (667 t.) herabsinkt". Dies Resultat weicht nicht erheblich von den Beobachtungen ab, die man darüber in Skandinavien unter correspondirenden Breiten im Innern des Landes*) ange-

*) In Norwegen, wo Hr. v. Buch zuerst den enormen Unterschied zwischen Küsten- und Continentalklima hervorgehoben, rech-

stellt hat. Ich werde im letzten Theile dieses Werkes auf das Phänomen der Schneegrenze zurückkommen, welches bei Weitem verwickelter ist, weil es von einer viel grössern Zahl gleichzeitig einwirkender Ursachen abhängt, als man zu Saussure's und Ramond's Zeiten annahm.

Wir haben früher schon bei der Gestalt des Urals auf der ältesten Karte von Russland (der Hirschvogelschen vom J. 1546) erwähnt, dass die constante Richtung und weite Erstreckung einer Kette, welche den Horizont über 300 M. weit begrenzt, ihr den sehr bezeichnenden Namen: Erdgürtel oder Steingürtel (im Russ. *Semlännii Pojas*, *Kamennoi Pojas**) verschafft hat. Um zu erfahren, ob dieser Name nicht die Uebersetzung eines Wortes aus irgend einer asiatischen Sprache sei, wandte ich mich bei meinem Aufenthalt zu Orenburg an den Lehrer der persischen und kirghisischen Sprache bei der asiatischen Schule daselbst. Er antwortete mir ohne Zögern, dass im turko-kirghisischen wie im alten turko-nogaischen Dialekt *uralmak* gürten, umbinden, *uralgan*, umgebunden bedeute. Allerdings ist das bei den Kirghisen gebräuchlichste Wort für Gürtel, nach Klaproth, *bilbow*, wie es bei den Türken von Kasan *bilbau* und bei den Türken von Tobolsk *bilbow* ist; allein es ist sehr wahrscheinlich, dass es früher einmal auch eine Wurzel *ural*, d. i. Gürtel, gegeben, und dass *uralmak*, gürten, analog mit *aghyz-mak*, schreien, gebildet ist, in welchem Verb man *aghyz*, Mund, erkennt. Hr. Schott, ein gelehrter Prof. der asiatischen Sprachen an der Univers. zu Berlin, bemerkt, dass im Turko-uigurischen der Gürtel *Khur* und *Kur* heisst und dass diese Form identisch mit den kirghisischen Wurzeln *ur* und *ural* scheint. Die Mongolen pflegen den Namen Gürtel

---

net man für die Schneegrenze im Sommer im Innern unter 61—62° Br.: 850 t., unter 67° Br.: 600 t., unter 70° Br.: 550 t., an der Küste unter $71\frac{1}{2}°$ Br.: 366 t. S. die verschiedenen Angaben aus den Messungen von Hisinger, Smith und Wahlenberg in Kämtz' Lehrbuch der Meteorologie, II., 171.

*) Auf der Karte von Hirschvogel (Hirsfogel) in Herbenstein's Reise lies't man: *Montes dicti Cingulus terrae.* Ramusio (II., 169) sagt in der Uebersetzung dieser Reise: *Cingolo del Mondo o ver della Terra.*

für eine lange Mauer von Syenitfelsen mit horizontalen Schichten, welche die Gobi im N. begrenzt, zu gebrauchen. „Als wir auf der Strasse von Urga nach Peking von der Station der Ruinen (*Olonbaisching*, d. i. buchstäblich: viele Gebäude) hinabstiegen, sagt Hr. v. Bunge, sahen wir am Horizonte einen schwarzen Streifen: es war der Bussatschilon“. Nun ist *busse* nach Schmidt's mongolischem Wörterbuch, der Gürtel, und *tschilaghon* oder *tschilon*, der Stein. Also finden wir auch hier in der Gobi wieder einen Ural, einen Steingürtel.

Die Bewohner der uralischen Gebirgsgegenden geben sonderbarer Weise nach einem allgemein verbreiteten Gebrauch den Namen Ural keineswegs dem ganzen Gebiete, d. h. der Vereinigung verschiedener kleiner Ketten, welche das sogenannte Ural-System der Geologen bilden; sondern sie bedienen sich desselben vorzugsweise für eine einzige Kette, eine einzige Felsenmauer. Bei den berühmten Kupfergruben von Gumeschewsk glaubt man eben so wenig „im Ural zu sein“, als im Thale von Miask. Man passirt den Ural, wie die Eingebornen sich ausdrücken, wenn man von Gumeschewsk nach Syssersk oder von Miask nach Slatoust reis't. In der Dreispaltung des ganzen Systems zwischen Guberlinsk und Kyschtymsk, heisst zuerst von $51\frac{1}{4}{}^{0}$ bis $53\frac{1}{2}{}^{0}$ Br. die westlichste Kette Ural; von $53\frac{1}{2}{}^{0}$ bis 56^{0} Br. führt dagegen die Centralkette (die des Kyrkty) diesen Namen. Die Höhenverhältnisse äussern keinen Einfluss auf den Sprachgebrauch, denn die westliche Kette des Grossen Taganaï ist weit höher als der Ural oder die mittlere Kette im O. von Slatoust, und eben dieselbe westliche Kette des Taganaï, welche südlich von $53\frac{1}{2}{}^{0}$ Br. bei Kananikolskoi den Namen Ural führt, verliert ihn, sobald sie das Maximum ihrer Erhebung (883 t.) in der Gruppe des Iremel erreicht. Es dürfte schwer halten, das Motiv zu entdecken, welches die Veranlassung gewesen, warum man bei einem ziemlich schmalen Gebirgszuge bald dieser, bald jener Kette vorzugsweise den allzu majestätischen Namen: Gürtel der Erde gegeben.

Die mineralogische Zusammensetzung des Uralsystems zeigt den sehr merkwürdigen Gegensatz einer gewissen Einförmigkeit des Felsgebäudes im Grossen und einer ungemeinen Mannigfaltigkeit krystallisirter Körper, welche sich auf einen kleinen Raum zusammengedrängt finden. Die Lagerung der herrschenden Gebirgsarten (Glimmer-, Talk- und Chloritschiefer, Diorit und Augitporphyr) ist von Orsk bis Bogoslowsk ziemlich einförmig; aber das häufige Vorkommen und die Schönheit verschiedenartiger Substanzen, die zu kleinen Gruppen vereinigt sind, übertreffen Alles, was das Zillerthal, das Fassathal oder die älteren wie die neueren vulkanischen Gebilde des Vesuvs aufzuweisen haben. Die kleine Ilmen-Kette (im NNO. von Miask), welche grossentheils aus einem granitartigen Gesteine [Miascit] besteht, in welchem der Quarz durch Eläolith ersetzt wird, zeigt für sich allein 28 Mineralspecies [29 nach Rose's später erschienener Reise, II., 94], worunter [vier, im Orig.] fünf: der Cancrinit, Aeschynit, Uranotantal, Mengit und Tscheffkinit noch nirgend anderwärts vorgekommen sind*). Derselbe Reichthum findet sich in der Lagerstätte von Mursinsk, welche durch ihre Berylle (von $9\frac{1}{2}$ Zoll Länge), Topase und Feldspathkrystalle von 1 Fuss Durchmesser**) berühmt ist, wie in den Goldgängen von Beresowsk***) und dem Glimmerschiefer der Takowaja (85 Werst östlich von Katherinenburg), welcher viel Phenakit und Smaragd führt [s. Rose, II., 518 fg.]. Die Sammlung des kais. Bergcorps besitzt einen Smaragdkrystall von 8″ Höhe und 5″ Durchmesser, von eben so schöner Farbe als der

---

*) Hr. Rose hat den Katalog und die Beschreibung davon in seiner interessanten Abhandlung über das Ilmen-Gebirge gegeben (Poggend. Ann., XLVII., 383 [Reise, II., 47 fg.]). Wir nennen hier nur den grünen Feldspath, Albit, den einaxigen Glimmer in Blättern von 11—12 Zoll, den blauen Sodalith (ehemals Cancrinit genannt), den wahren, rosenrothen Cancrinit, Pistazit, Granat, Beryll, Topas, Zirkon, blauen Korund in Prismen von 2″ Länge vom Dorfe Selankina, den Apatit, Flussspath, Mengit (Brooke's Ilmenit), Pyrochlor, Monazit, Aeschynit u. s. w.

**) Ueber Beryll und Feldspath s. Rose's Reise, I., 40, 441, 455.

***) Gruben von Roth-, Weiss- und Grünbleierz, Vanadinbleierz, (del Rio's Blei-Erythroniat, Blei von Zimapan), Vauquelinit, Nadelerz, Pyrophyllit, Melanochroit, Fahlerz etc.

Smaragd von Neu-Granada, aber weniger durchsichtig. Das Chloritschieferlager der Nasimskischen Berge*), westlich vom Taganai, setzt den reisenden Mineralogen durch die Mannigfaltigkeit der Substanzen, welche die Natur auf ein so eng begrenztes Gebiet concentrirt hat, in Erstaunen. Dies wird noch vermehrt, wenn man die Mineralspecies aufzählt, welche in den aufgeschwemmten Schichten das Gold, Platin, Iridium, Osmium-Iridium und den Diamant begleiten. Hr. Rose zählt in den verschiedenen von uns besuchten Goldseifen 24 verschiedene Mineralien. Welch eine Thätigkeit der erzeugenden Kräfte im Innern des Erdballs! Man muss ein Zusammentreffen besonderer Umstände annehmen, um die gleichzeitige oder aufeinanderfolgende Bildung so vieler heterogener chemischer Verbindungen am Ausgange der Spalten oder Felsklüfte am Abhange des Ural zu begreifen.

Kehren wir von dieser besondern Betrachtung der Vertheilung und localen Anhäufung der Mineralspecies wieder zu allgemeineren Ansichten über die Natur der Gebirgsformationsgruppen und ihre Entwickelung im Grossen zurück; so überrascht uns zuerst in dem grossen System des uralischen Gebirges das beständige Gemenge von Schieferfelsen mit granitischen, dioritischen und porphyrischen Eruptionsgesteinen. Der Glimmer-, Talk- und Chloritschiefer mit ihren Uebergängen und periodischen Wechseln, die in der alten wie in der neuen Welt so gewöhnlich sind, herrschen durch die Ausdehnung ihrer Oberfläche weit mehr als der Thonschiefer und Gneiss vor. Ungeheure Einschlüsse von Quarz im Glimmer- und Talkschiefer des Taganaï, Urenga und Iremel erinnern zum Theil an den Itacolumit der goldhaltigen Bezirke Brasiliens. Die mächtigen Massen dieser Quarzgänge, welche mannigfach verzweigt sind, bilden in ihrem Ausgehenden Mauern, welche zerfallen und deren Trümmer grosse Schutthalden bilden oder sich in Schlangenlinien in die

*) Man findet darin Vesuvian, Diopsid, Perowskit, Gahnit und Barsowit des Hrn. Rose, gemengt mit Ceylanit und blauem Korund (Poggend. Ann., XLVIII., 569, [Reise, II., 524]).

Thäler hinabziehen. Den Schauplatz solcher Zerstörungen erblickt man besonders zwischen dem Grossen und Kleinen Taganaï. Der Serpentin hat sich an den Ufern der Pyschma*) bei Beresowsk, wie zwischen der Neiwa und dem Tagil grossartig entwickelt. Der Jaspis des Ural steht nicht unmittelbar mit dem Serpentin in Berührung, wie im Florentinischen und auf der Insel Elba, nach den interessanten Beobachtungen der Hrn. Brongniart und Hoffmann. Im Süd-Ural bei Orsk entsteht derselbe durch Einwirkung des Diorits auf den Thonschiefer, eine Silificationswirkung, welche von den grossen Erschütterungen begleitet war, die sich im Durchbrechen und Verwerfen der Schichten, deren Axen nicht mehr correspondiren, offenbaren. Der lydische Stein und der Kieselschiefer mit mehr oder weniger Kohlenstoffgehalt haben denselben Ursprung. Der Granit, der im Allgemeinen nicht von Gneiss begleitet wird, bildet mehrere unter sich parallele Streifen von Tschorno (südlich von Miask) und dem Ilmen-Gebirge an, welches eine eigenthümliche Gebirgsart, G. Rose's Miascit, enthält, bis jenseit Werchoturie. Ich habe schon oben bemerklich gemacht, dass diese Granitstreifen, deren Continuität und relative Lage besser aufgeklärt zu werden verdienen, nicht sämmtlich die Emporhebung erfahren haben, welche die ganze Kette erzeugt hat; sie treten vielmehr zum Theil in der Nähe der Ebenen am Ostfusse des Rückens auf. Der Einfluss, welchen die Granitgänge, die sich von den kleinen Granitkuppen des Schartasch-Sees losgezogen haben und den Talk- und Chloritschiefer der Beresowsker Gruben durchsetzen, auf die Anhäufung des Goldes in den im Granit aufsetzenden Quarzgängen und auf die allmälige Bildung einer so grossen Menge von Erzen und anderen Mineralien gehabt zu haben scheinen, ist ein Phänomen in der chemischen Geologie, welches den Scharfsinn eines vortrefflichen Beobachters erfolgreich beschäftigt hat (Rose, I., 181—214). Dieselben Einflüsse

*) Edler (*polarisante*) Serpentin mit Brucit, der bisher nur an zwei Orten, in New-Jersey und auf einer der Shetland-Inseln [Unst] angetroffen worden [Rose, I., 180].

metallischer Injectionen durch die Spalten der Granitgänge scheinen sich in den Steinbrüchen der Totschilnaja-Gora und in einer auflässig gewordenen Goldgrube bei Newjansk (l. c., 177, 293, 436, 478), wie in denen von Schilow-Issetsk (64 Werst östlich von Katherinenburg) und von Perwo-Pablowski zwischen Miask und dem reichen Schuttlande zu Marinski zu offenbaren. Die fast beständige Gegenwart von Dolomit (Listwänit) und einem talkigen, von rothem Eisenoxyd gefärbten Quarz (Krassik) charakterisiren diese goldhaltigen Granit- (oder Beresit-) Gänge.

Der Diorit, ein inniges Gemenge von Albit und Hornblende, der Uralit, die Augitgesteine sind Eruptions-Felsarten, welche die ganze Kette noch mehr auszeichnen, als der Granit und Serpentin, die zu derselben Klasse der endogenen Gesteine gehören. Am südlichsten Ende des Ural, in den Mughodjarischen Bergen ($49\frac{1}{2}°$ Br.) führt Hr. Pander, der gelehrte Naturforscher der Expedition des Barons v. Meyendorff, Bänke von Grünstein (Diorit) an, die an Syenit grenzen. Letzterer ist übrigens im uralischen System ziemlich selten*). Im hohen Norden, jenseit $61\frac{1}{4}°$ Br. lagert die Juraformation der Soswa auf Bänken, welche man als Trapp beschrieben, in dem man ebenfalls Diorit oder Augitporphyr vermuthen kann. Dieser Porphyr, den man auch auf Nowaja-Semlja wiederfindet, ist manchmal säulenförmig abgesondert und weit reicher an Labrador als an Augit**). Der Porphyr mit Uralit-Krystallen bildet ein eigenthümliches Gebirge, sowohl im W. des Ilmen-Gebirges als im mittlern Ural, in der Umgegend von Katherinenburg (z. B. zwischen den Dörfern Pyschma und Mostowaja) und weiter nördlich zwischen Kuschwinsk und Blagodat, wie um den Baltym-See. Die wahrscheinliche Umwandlung des Augits in Uralit-Krystalle, die innige Verwachsung oder wechselseitige Durchdringung beider Substanzen, welche im

*) Er findet sich indessen zwischen Räschety und Katherinenburg.

**) Zwischen den kleinen Flüssen Kakwa und Turja, wie beim Dorfe Ajatskaja, wo der Porphyr dem schönsten *serpentino verde antico* gleicht (Rose, I., 143, 394).

Smaragdit des Gabbro (*Euphotide*) statt findet, endlich das Verhalten von Augit zur Hornblende sind Gegenstände, welche das Interesse der Krystallographen und neueren Geologen auf's Lebhafteste in Anspruch nehmen*). Der Hypersthenfels, ein körniges Gemenge von Hypersthen-Krystallen und Labrador, welches im Harz und im Fassathale so gemein ist, fehlt im Ural fast gänzlich. Wir haben ihn nur in dem platinhaltigen Schuttlande von Nijnei-Tagilsk als lose Bruchstücke gefunden.

Hr. Rose und ich haben bisher keinen eigentlichen Trachyt oder Basalt vom Ural gesehen. Eine sehr merkwürdige Abhandlung, welche Hr. Tschaikowsky in russischer Sprache im *Gorny Jurn.* (1830, N. 3, p. 1) publicirt hat, führt jedoch Trachytporphyr und löchrige Bruchsteine (*meulières*), welche Olivin (Peridot) und Leucite einschliessen, bei Odinowa und Kaltschedanskoi (am Zusammenfluss des Isset mit der Sinara) auf. Dies vulkanische Gebirge läge demnach 18 M. östlich von der Uralkette in der Ebene selbst, welche sich nach Schadrinsk und zum Tobol senkt. Wir wagen nicht, über die Richtigkeit dieser mineralogischen Bestimmung von Olivin und Leucit ein Urtheil zu fällen. Auf dem Wege von Miask nach Orsk haben wir die schwarzen, basaltisch aussehenden Felsarten von Gräsnuschinskoi, südlich von Kysilskaja ($52\frac{3}{4}°$ Br.) im Thale des Ural- oder Jaïk-Flusses, untersucht. Sie bilden eine schwarze, sehr feste, sehr feinkörnige und gleichförmige Masse von dichtem Bruch, enthalten keinen Peridot und nach Hrn. Rose nur 2.44 Procent Wasser und keinen in Salzsäure gallertartig löslichen Bestandtheil. Die kleinen Krystalle, die man in der Grundmasse unterscheidet, scheinen grüner Augit und fasrige Labradorblättchen zu sein. Dies ist also kein Basalt, sondern ein Doleritporphyr, ähnlich dem sogenannten Melaphyr. Hr. v. Helmersen (Süd-Ural, S. 49) glaubt, dass derselbe

*) Rose in Poggend. Ann., XXVII., 97; XXXI., 609 [Reise, II., 352, 355, 367]. Der Uralit ist auch ausser im Ural noch in Mysore, [auf den Jungfern-Inseln, in Quito,] zu Arendal und in Tyrol bei Predazzo und Klausen beobachtet worden [Reise, II., 353].

durch den Diorit [„Grünstein"] hervorgebrochen sei. Wir haben denselben in Begleitung eines Mandelsteins gesehen, welcher Kuppen oder Berge mit rundlichen Gipfeln an den Ufern des Chudalas (8 Werst südlich von Kysilskaja) und der Gräsnuschka bei der Schanze Gräsnuschinskoi bildet. Die Grundmasse dieses Mandelsteins ist röthlichgrau, ähnlich der des rothen Porphyrs. Die rundlichen und im Allgemeinen langgezogenen Concretionen erreichen kaum zwei Linien Durchmesser; sie bestehen aus reinem Chalcedon oder aus Chalcedon, welcher einen Kern von röthlichweissem Kalkspath einschliesst. Aber man entdeckt darin nicht eine Spur von Substanzen, welche zu der grossen Familie der Zeolithe gehörten. Dies Gestein ist mithin nicht zum Basaltgebirge zu rechnen, sondern ähnelt vielmehr den schwarzen (augitischen) Porphyren, welche zuweilen ein blasiges Ansehen annehmen *). Unter der grossen Menge von verschiedenen Porphyren, welche der Ural zeigt, haben wir nirgends den Quarzporphyr gefunden, welcher im Gneiss zu Freiberg, in der Grauwacke des Auersberges (Harz) auftritt oder den alten rothen Sandstein und die Steinkohlengebirge Thüringens und Magdeburgs durchsetzt und aufrichtet. Es finden sich, aber nur zufällig, Quarzkrystalle neben Albitkrystallen in dem Diorit der Umgegend von Katherinenburg, aber nirgends eine Spur von eigentlichem quarzführenden rothen Porphyr, und dies Phänomen des Nichtvorkommens verdient die Beachtung der Geologen. Die porphyrartigen Gesteine des Ural, welche wie die mexikanischen keinen Quarz enthalten, scheinen von jüngerer Bildung zu sein, als der Quarzporphyr, der mit dem rothen Todtliegenden (*grès rouge*) des Kohlengebirges innig verbunden ist, dessen geologischen Horizont er in der zahlreichen Reihe der secundären Formationen nicht überschreitet.

Die vormals sogenannten Uebergangsformationen sind auf der ungeheuren Ausdehnung des Ural von Guber-

---

*) S. oben S. 204. L. v. Buch, über den Melaphyr von Friedrichrode im Thüringer Wald, Geogn. Briefe, 1824, S. 204, und v. Leonhard, Felsarten, 519.

linsk bis Bogoslowsk nur in ganz geringem Grade entwikkelt, die secundären Formationen wahrscheinlich gar nicht. Im S. kommt Enkrinitenkalk zu Tanalyzkaja und in der Nähe von Gräsnuschinskoi vor, wo ich den Uebergangskalk von dem problematischen Mandelstein durchbrochen und eingeschlossen gesehen habe; ferner zu Umelsk zwischen dem Mias und Ui; auch tritt zwischen der Sakmara und Preobraschensk Grauwacke auf (Helmersen, Süd-Ural, S. 16, 50, 54). Am Ostabhange des Ural wechseln im Parallel von Katherinenburg (beim Dorfe Turbanowa und längs des Isset) die verschiedenen Glieder der Uebergangsformation (Schiefer, Kieselschiefer, Grauwacke und Productenkalk mehrere Male (Rose, I., 478). Im Nord-Ural haben wir zu Bogoslowsk Grauwackenschiefer gesehen, der mit einem Kalkstein, worin *Productus, Calymene* und *Terebratula*, gemengt war. Der Augitporphyr ist durch diese kalkig-sandsteinartigen (*calcareo-arenacées*) Massen hervorgebrochen und hat dabei Jaspis erzeugt und sich in schwarzen Kugeln von 5—6' Durchmesser mit concentrischen Schaalen*) abgesondert. Hr. Leopold v. Buch, welcher eine grosse Menge von Versteinerungen von Bogoslowsk und den nördlicheren Formationen bestimmt hat, glaubt, dass die ersteren zum Theil den Bergkalk (*mountain limestone*) anzeigen, der durch die Häufigkeit von *Productus giganteus* ausgezeichnet ist; dass aber der Bogoslowsker Grauwackenschiefer, durch *Calamopora polymorpha*, *Cal. spongites* und *Cyatophyllum ceratites* charakterisirt, wie der Orthoceratitenkalk, welchen die Hrn. v. Baer und Lehmann beim Kostin-Schar im Süden von Nowaja-Semlja**) gefunden, älteren Schichten, nämlich den oberen Lagen des silurischen Systems angehöre. Obwohl die Formation des secundären

*) Rose, I., 424 und 426 den Durchschnitt des pittoresken Felsen am südlichen Ufer der Turja.

**) Baer, *Bull. de l'Acad. imp. de St.-Pét.*, III, N. 10. Zu welcher Familie von Ammoniten mögen die Ammoniten gehören, welche im Kalkstein der Inseln Kotschnoi und Neu-Sibirien, der von einer mächtigen Schicht fossiler Mammutknochen überlagert ist, eingeschlossen sind? (Erman, II., 262.)

Kalks in der Uralkette zwischen $51\frac{1}{4}^0$ und $59\frac{3}{4}^0$ Br. ganz zu fehlen scheint, so ist dies doch nicht im S. gegen das Urkatsch-Gebirge hin ($49\frac{1}{2}^0$ Br.) und im N. von Petropawlowsk in der Verlängerung des Systems (zwischen 60^0 und $63\frac{3}{4}^0$) der Fall. Hr. Strajewsky hat seine Untersuchungen etwa 460 Werst jenseit Bogoslowsk bis Tolimskoje Simowie, fast im Parallel von Beresowsk, ausgedehnt. „Sie werden staunen, wenn Sie erfahren, schrieb mir Hr. v. Helmersen (im September 1839), dass Alles, was wir an Versteinerungen aus dieser nördlichen Verlängerung des Ural erhalten haben, das Oolithgebirge anzeigt". Hr. v. Buch hat unter jenen Fossilien *Ammonites polygyratus*, identisch mit dem des obern Jura Schwabens und Frankens, *Belemnites curtus* Eichw. und *Pholadomya Arduini* des mittlern Jura, *Terebratula bullata* und *Pecten orbicularis* des *great Oolite*, *Terebratula globata*, ähnlich der von Moustier bei Caen und von Valparaiso in Chili, *Solen antiquus* u. s. w. erkannt. Dieser grosse Geologe steht im Begriff, eine sehr ausführliche Arbeit über die zoologischen Kennzeichen mehrerer neptunischen Formationen (*f. sédimentaires*) des russischen Reichs herauszugeben*). Der Jura-Kalk des Ural reicht mindestens 6 Grad über die Nordgrenze des Jura in Europa (Popilani im O. von Libau) hinauf; er gehört der östlichen oder asiatischen Seite an, und Hrn. Schrenk's Beobachtungen, welche sich bis zu den Samojeden und bis an das Eismeer erstrecken, beweisen, dass secundäre Schichten von geringer Mächtigkeit die schiefrigen, dioritischen und porphyrischen Felsarten, welche das ganze Ural-System so wesentlich charakterisiren, nicht ausschliessen. Hr. v. Buch glaubt auch, dass die von Hrn. Pander beschriebene südliche Fortsetzung dieses Systems zwischen Orsk und den Mughodjarischen Bergen, besonders bis zu den Höhen von Bassagha (Meyendorff, S. 354) westlich vom Urkatsch-Gebirge, Schichten der obern Jurafor-

*) [L. v. Buch, Beiträge zur Bestimmung der Gebirgsformationen in Russland, in Karsten und v. Dechen, Archiv für Miner., Geogn. etc., 1841, XV., 3—128, in Betreff der Jura-Formation p. 98—107. Vergl. Erman's Archiv, 1842, S. 739, 768.]

mation zeigt, während der Sandstein und *Ammonites Jason*, welche wir mitgebracht, den mittlern Jura, die Schichten zwischen dem *Oxford clay* und dem untern Oolithen-Kalk anzeigen.

Nachdem wir so eine allgemeine Uebersicht von den Formationen, welche das Gebirgssystem des Ural bilden, gegeben haben*), bleibt uns noch eine kurze Betrachtung der Erzlagerstätten oder Metall-Eruptionen**) übrig, welche diese Meridiankette vorzugsweise auf ihrem asiatischen oder Ostabhange zeigt. Die Metalle, der Gegenstand eines grossartigen Bergbaues, finden sich entweder in Gängen oder Lagern, folglich noch innig mit den Massen, welche die Rinde unsres Planeten bilden und in denen sie ursprünglich abgesetzt worden, zusammenhängend; oder sie liegen zerstreut im Schuttlande oder aufgeschwemmten Gebirge (*terrains d'attérisement et de transport*), im Diluvial-Gebirge, wie sich die Geognosten ausdrücken, welche glauben, gewisse Grenzen zwischen Alluvium und Diluvium feststellen zu können. Es ist wichtig, zuerst die Lagerstätten der anstehend gebliebenen Erze und ihre Beziehungen zu der Natur der Gesteine, worin sie entstanden, zu erörtern. Diese Beziehungen vermögen allein, über den Ursprung des Schuttlandes, welches in dem kurzen Zeitraum von 26 Jahren (1814—1839) über 83000 Kilogr. [oder 177460 Pfd. Preuss.]***) Waschgold geliefert hat, Licht zu verbreiten.

Ungeachtet der Häufigkeit und enormen Ausdehnung, welche die Goldalluvionen gruppenweise von dem Flusse Urman-Silaïr****), 22 M. nördlich von Orsk, bis zum 63.

---

*) [Vgl. Erman's neuere Abhandlung über die geogn. Verhältnisse von Nord-Asien im Archiv für wissensch. Kunde von Russland, 1842, Heft 3 und 4, S. 522, 712 fg.].

**) [Der Hr. Verf. hat dabei, ausser seinem Reisetagebuche, eine handschriftliche Abhandlung von Hrn. Rose (im März 1840) benutzt, welche seitdem im II. Bd. von dessen Reise erschienen ist.]

***) Der Werth des reinen Goldes in dieser Quantität Waschgold betrug über 259 Millionen Francs [69¼ Mill. Thaler Preuss.].

****) Im Westen von der Kupferschmelzhütte von Preobraschensk. Der Urman-Silaïr ist ein Nebenfluss der Sakmara, welche den Baschkirischen Ural durchschneidet.

Breitengrade einnehmen, kennt man doch bis jetzt nur 7 oder 8 Punkte, wo das Gold auf Gängen gewonnen worden ist. Wir machen hier nur die Gruben von Perwopawlowski und Metschinskowskoi bei Miask*), von Beresowsk, Uktuss und Schilowa am Isset, von Makarowa an der Tschussowaja, von Newjansk und Nadporojnaja nordöstlich von Tagilsk namhaft. Alle diese Gangbaue, diese Gruben im festen Gestein, welche grossentheils verlassen sind, liegen auf dem östlichen Abhange der Kette und sehr fern von einander, denn von Perwopawlowski nach Nadporojnaja (im N. der Hammerwerke von Nijnei-Saldinsk), wo die Hrn. v. Demidoff neuerlich ein äusserst ergiebiges Lager haben ausbeuten lassen, sind fast 70 Meilen. Die goldführenden Gebirgsarten sind: Talk- und Chloritschiefer, Thonschiefer und manchmal ein sehr quarzreicher Glimmerschiefer. Sie zeigen ziemlich einförmig in allen den eben genannten Gruben die merkwürdige Erscheinung eines Granits, der ein eigenthümliches Ansehn besitzt, sehr reich an kleinkörnigem und gestreiftem Feldspath wie an Quarzkrystallen (Hexagon-Dodecaëdern) ist, mit eingesprengtem zersetzten Eisenkies (*pyrites*) imprägnirt ist und in mächtigen Gängen die Bänke der Schiefergesteine durchsetzt. Quarzadern durchziehen wieder und im Allgemeinen rechtwinklig und unter sich parallel die Granitmassen. Letztere, welche der Bergmann Beresit nennt, und welche viel goldhaltige Eisenkieskrystalle enthalten, charakterisiren, wie die kleinen erzführenden Quarzadern und die beständige Entwickelung von Dolomit (Listwänit) in der Nachbarschaft des Erzlagers die uralischen Goldgruben im Gestein. Die von Bere-

*) Bei der schon auflässig gewordenen Goldgrube von Perwopawlowski erheben sich zwei kegelförmige Hügel, deren Anblick mich sehr überrascht hat: nämlich die Berkutskaja Gora, deren Gipfel viel Dolomit und Talkblättchen trägt, und der Berg Marinskoi aus granitartigem Porphyr. Dicht dabei findet sich auch in dem grossen sumpfigen Goldseifengebirge von Zarewo-Alexandrowski, wo man in Gegenwart des Kaisers Alexander Stücke Gold von 8—10 Kilogr. Gew. gefunden, ein goldhaltiger Quarzgang in dem Talkschieferfels, auf welchem das Schuttland lagert.

sowsk nehmen einen Raum von 5 Q.-M. ein und ihr Betrieb datirt vom J. 1754. Obwohl sie die reichsten und tiefsten sind, so haben sie doch von 1754—1828 im Mittel jährlich nur $8\frac{1}{3}$ Pud Gold, nie über 19 und meist 3—4 Pud geliefert. Ich gebe diese Quantitäten an, um zu zeigen, wie unbedeutend dieselben neben dem Ertrage des uralischen Alluvialgebirges sind, welches schon im J. 1828: 290 und im J. 1832: 362 Pud lieferte. Einige Proben, die man uns zu Kyschtym zeigte, beweisen, dass das gediegene Gold auch zuweilen in den eigentlichen Serpentin, der nicht einen Uebergang zum Chlorit- und Talkschiefer bildet, eindringt. Das Gold der Beresowsker Gänge enthält nach Hrn. Rose's genauen Analysen 6—8 Procent Silber, während das Gold des uralischen Schuttlandes im Allgemeinen zwischen 0.16 (Wäschen von Schabrowskoi bei Katherinenburg) und 9.12, ja selbst 16.13 Procent (Wäschen an der Buruschka bei Nijnei-Tagilsk) variirt. Silbererze auf Gängen sind im Ural äusserst selten. In sehr kleinen Mengen zeigt sich indess das Silber gediegen in der Blagodater Grube (4 M. nördlich von Beresowsk) und in den Bogoslowsker Kupferbergwerken. Es erscheint sonderbar, dass Marco Polo*) „Russland als eine Provinz beschreibt, welche den Tartaren unterworfen sei und an das Land der Finsterniss grenze, wie auch durch seine Silberbergwerke berühmt sei". Gold nennt er gar nicht. Der berühmte venetianische Reisende war kaum geboren, als sein Vater in den beiden mongolischen Residenzen Bolgari (bei Kasan) und Assara (Saray) am Aktuba**) gewesen war. Marco Polo dürfte also wohl diese Nachrichten, welche uns überraschen müssen, von seinem Vater Nicolo erhalten haben. Ibn Batuta, der auch die Stadt Bolgari etwa 807 nach Marco Polo's Vater besuchte (um das J. 1330 oder 1332***), er-

*) Lib. III., c. 46. „*In questa contrada si ha molte argentiere e cavano molto argento*".

**) Lib. I., c. 1. (Marsden's Ed., p. 7, note 9.)

***) Ich gründe diese Rechnung auf seine Ankunft zu Mekka im J. 1324 und zu Kabul im J. 1332. *Trav. of Ibn Batuta*, p. 67, 79.

wähnt der Silbergruben noch weit umständlicher. „Die Russen*), sagt er, besitzen Silbergruben, und aus ihrem Lande kamen die *Suwam*, eine in den Nachbarländern so verbreitete, 5 Unzen schwere Silbermünze". Es wäre interessant, über die alte Quelle dieses Silberreichthums Nachforschungen anzustellen. Man kann sie nicht in den Altaï legen, der zu dieser Zeit bloss Gold producirte und nur in geringem Verkehr mit Bolgari oder Saray stand. Auch spricht Ibn Batuta sogar von den „Gebirgen der Russen," welche nur eine Tagereise von Saray entfernt sind, eine selbst für den Ural viel zu geringe Distanz. Das vorliegende Problem ist also nicht leicht zu lösen.

Die Gruslager oder der gold- und platinhaltige Sand des Ural lagern im Allgemeinen auf Gebirgsarten von verschiedener Natur, und in diesen selbst finden sich, soweit man sie wenigstens bis jetzt untersucht hat, Gold und Platin nicht. Als Ausnahme kann man fast nur das 2 Q.-M. grosse Plateau von Beresowsk und ein Sumpfland bei Miask zwischen den Flüssen Mjästa und Taschko-Targon anführen. Zu Beresowsk sind die Goldgänge an ihrem Ausgehenden wieder mit einer mächtigen Schicht Goldsand bedeckt, so dass man schon in der letzten Hälfte des 18. Jahrhunderts bei Treibung von Schachten und besonders bei Anlegung eines Stollens aus diesem Lager Gold gewonnen hat (Rose, I., 238). Die ununterbrochene Bearbeitung des Schuttlandes hat indess in der Uralkette, selbst zu Beresowsk, wo sie am Aeltesten ist, erst mit dem J. 1814 begonnen, nachdem ein

---

Zu Bolgari pflegte die Regierung nach dem Ausdrucke Ibn Foszlan's als Vorsichtsmaassregel „die Leute von Geist aufhängen zu lassen", wie die buchstäbliche Uebersetzung aus dem Arab. lautet (Frähn, *Mém. de St.-Pét.*, 6. Sér., I., 527).

*) Das Bild, welches Ibn Batuta vom russ. Volke entwirft, ist eben nicht schmeichelhaft. „*The Russians are Christians, with red hair and blue eyes, an ugly and perfidious people, who have silver-mines*" (p. 80). Batuta hat ohne Zweifel den finnischen und russischen Stamm verwechselt, und Marco Polo's Bericht: „*Le popoli di Russia sono bellissimi uomini bianchi e grandi, co' capelli biondi*" macht jene Schilderung wieder gut.

Jahr zuvor ein junges Mädchen von Newjansk, Katharina Bogdanow*), ein schweres Goldgeschiebe entdeckt und dem Intendanten Poinsadoff (gegenwärtig zu Werchneiwinsk) gezeigt hatte. Der Betrieb der Alluvionen hat sich vom mittlern Ural, von dem Bergamte zu Katherinenburg, wozu Beresowsk gehört, allmälig nach Miask und Bogoslowsk oder südwärts in den Baschkiren-Ural und nach N. in den Wogulen-Ural ausgebreitet. Auf dem Plateau von Beresowsk muss man die Goldseife von Perwopawlowsk nennen, welche im J. 1829 sehr ergiebig war, indem 3 Solotnik auf 100 Pud Sand kamen, und welche unmittelbar auf einer von den früher bei den Gängen erwähnten Granitmassen (Beresit) liegt. Bei Miask in den Sumpfebenen der Mjästa liegt der Grubenbau**) nahe bei Marinski in einem weit höheren Niveau als in dem Seifenwerk zu Zarewo-Alexandrowski; aber in dieser berühmten Alluvion, welche zugleich auf einem Dolomitkalkstein und Talkschiefer ruht, hat man in der letztern Gebirgsart einen goldführenden Quarzgang erkannt. Dieser Gang, dessen Ausgehendes an das Goldsandlager stiess, war sehr mächtig, aber nicht ergiebig genug, um die Kosten des Betriebs zu decken. Es ist einiger-

---

*) Wir sahen sie zu Newjansk, wo sie sich mit Iwan Pochorow verheirathet hat. Der Goldklumpen, dessen Fund im J. 1813 einen so merkwürdigen Einfluss auf den Wohlstand des Landes ausgeübt hat, wurde unmittelbar unter dem Rasen 2 Werst von der Schmelzhütte von Rudiansk gefunden. Ich habe die ersten Angaben über die Ausbeutung des uralischen Goldsandes und über das Verdienst der Hrn. Schlenew im *Essai polit. sur la Nouv. Espagne* (2. éd.), III., 452 mitgetheilt. Das Platin, Osmium und Iridium wurden erst 1823 von Hrn. Lubarsky nachgewiesen. Während unseres kurzen Aufenthalts zu Kyschtym (zwischen Miask und Katherinenburg) zeigte man uns Stücke von goldenen Armbändern und Panzerhemden, die am Irtiasch-See in der Nähe des Goldseifenwerkes Soimonowskoi gefunden waren. Das Verhältniss des Goldes zum Silber in diesen Armbändern ist genau dasselbe, wie das in den Goldgeschieben der jetzigen Wäschen, so dass man annehmen muss, dass die vormaligen Bewohner dieses Gebirges schon die Schätze des Bodens benutzt haben.

**) Die im J. 1799 betriebene und seitdem verlassene Grube führt auch den Namen Perwopawlowsk.

massen befremdend, dass Goldgeschiebe von mehreren Pfunden Gewicht zu Zarewo-Alexandrowski mehr auf dem magnesiahaltigen Kalk als auf dem Talkschiefer lagern. Wenn man in einer langen Reihe von Jahren die Goldproduction der verschiedenen Alluviumgruppen vergleicht, so findet man, dass die von Miask und Slatoust in ihrem reichen Ertrage am Beständigsten geblieben; den zweiten Rang nimmt die centrale Gruppe (Syssertsk, Katherinenburg und Werch-Issetsk) ein; den dritten endlich der nördliche Theil (Bogoslowsk).

Die aufgeschwemmten goldführenden Schichten oder der Goldgrus, auf Gebirgsarten lagernd, welche selbst weder Gold noch Platin enthalten, — dies ist die normale Lagerung in der grossen Uralkette, — zeigen die grösste Mannigfaltigkeit in Betreff ihrer mineralogischen Zusammensetzung. Nach unsern Reisejournalen, welche Hr. Rose und ich durchgegangen sind, bedecken die goldhaltigen Alluvionen unmittelbar Talk-, Chlorit- und Hornblende-Schiefer, Serpentin, Euphotid (zu Mariinskoi bei Beresowsk), Diorit, Grauwacke (zu Wtoro-Pawlowsk bei Miask), weissen körnigen Kalk, schwarzen Uebergangskalk (Soimonowskoi bei Kyschtym), schwarzen Dolomit (Adolphskoi bei Bissersk), Thonschiefer (Nikolajewskoi bei Katherinenburg, Nagornoi bei Beresowsk und mehrere Seifenwerke bei Miask), Granit und Gneiss. Die Verwaschung von Goldsand auf den letztern beiden Felsarten kommt mit am Seltensten vor. Wo, wie zu Beresowskoi (12 Werst nördlich von Kyschtym), das Alluvium auf Gneiss lagert, der nicht mit Glimmerschiefer wechselt, enthält das Schuttland nur eckige Serpentintrümmer. Manchmal ruht die goldhaltige Zone, der alleinige Gegenstand der Bearbeitung, zugleich auf zwei mineralogisch sehr verschiedenen Gebirgsarten. Zu Kalinowskoi bei Beresowsk z. B. steht der Goldsand in einer Seife, welche viel Zirkon und rothe Zinnoberkörner führt, gleichzeitig im Contact mit Thonschiefer und Uebergangskalk; zu Schelesinskoi mit Chloritschiefer und Diorit. Ich führe diese Lagerungsverhältnisse an, um den Unabhängigkeitscharakter noch näher darzuthun, welchen die goldhaltigen Alluvionen in Bezug auf die gegenwärtig damit in unmittelbarer Berührung stehenden Gebirgsarten zu zeigen scheinen.

Die Gebirgsarten, welche das Seifengebirge bilden, sind gemeiniglich Stücke von Quarz, Talk- und Chloritschiefer, Diorit, Augitporphyr, Serpentin und Kieselschiefer*). Die grössten darunter besitzen eine eckige, scharfkantige Form; sie sind gemengt mit abgerundeten Geschieben, Sand und thonigen Substanzen. Der Quarz waltet darin vor den übrigen Substanzen vor und zeigt alle Eigenschaften einer Gangart. Es ist ein Gangquarz, über dessen Ursprung gar kein Zweifel obwalten kann. Die Mineralspecies in den Alluvionen, theils in wohlerhaltenen oder zerbrochenen Krystallen, theils in Körnern und Blättchen werden von Hrn. G. Rose [s. Reise, II., 583] folgendermassen geordnet.

1. Gold, in Octaëdern und Dodecaëdern, meist wohl erhaltene, nicht abgerundete Krystalle. Mittlerer Gehalt: 1 Solotnik in 100 Pud Sand oder 0.00026 Procent. Specif. Gewicht der Waschgoldkörner 17.0—18.4, also im Allgemeinen grösser als das spec. Gewicht des gediegenen Platins, welches poröser ist.

2 Platin. In allem Goldschutt findet man Spuren davon; die grosse Menge bei Nijnei-Tagilsk am Westabhange der Bjelaja Gora ohne Gold (100 Pud Platinsand enthalten 20—40 Sol., d. h. 0.005 bis 0.01 Procent Platin); am Ostabhange mit Gold. Das Platin von Nijnei-Tagilsk kommt in eckigen Körnern, das von Kuschwinsk in Blättern und Schüppchen vor. Letzteres enthält kein Iridium und ist dabei sehr reich an Platin, indem die Körner 86½ Procent enthalten, während die Körner von Nijnei-Tagilsk nur 73—79 Procent erreichen.

3. Gediegen Iridium, krystallisirt zu Nijnei-Tagilsk und Newjansk. Es ist der schwerste Naturkörper, denn sein spec. Gewicht ist 22.3—23.6. (Gediegenes Platin, wie es die Seifen liefern, mehr oder weniger porös, hat 17.0—17.8; Breithaupt's Eisen-Platin 14.6—15.7; gereinigtes Platin 21.5, nach Berzelius.)

4. Lichtes (zinnweisses) Osmium-Iridium. Spec. Gewicht 19.4. Wir haben zu Miask Körner davon erhalten, welche halb Gold, halb Osmium-Iridium waren.

5. Dunkles (bleigraues) Osmium-Iridium [zwei Arten], seltener als das vorige. Specif. Gewicht 21.1. Die Differenzen des spec. Gewichts der No. 4 und 5, verglichen mit der chemischen Analyse dieser Substanzen (mit der Zahl der Atome, die sie zusammensetzen,) zeigen, dass auch das spec. Gewicht des reinen Osmium das des reinen Iridium noch übertrifft! Diese beiden Metalle sind übrigens isomorph

6. Kupfer, in abgerundeten, kleinen Körnern, nach Hrn. Völkner.

7. Diamant; während unserer Reise im J. 1829 von zweien unserer Reisegefährten, Hrn. Schmidt und dem Grafen Polier in dem Seifengebirge von Adolphskoi und Krestowosdwischenskoi bei Bissersk (auf schwarzem [Kalkstein und] Dolomit liegend,) entdeckt. Später hat man

*) [Vgl. Rose, II., 580, wo ausserdem noch Thonschiefer, Jaspis und Granit genannt werden.]

Diamanten (von N. nach S.) zu Kuschwinsk und bei der Fabrik des Hrn. Major (Medjarsaimk), 3 M. östlich von Katherinenburg gefunden; ganz kürzlich im Süd-Ural in den Alluvionen von Werchnei-Uralsk, also zwischen den Parallelen von 54°—58½° an drei Orten. [Vergl. die ergänzende Note im Anhange zum I. Th.]

8 Magneteisensand, ein Körper, welcher am Häufigsten im Gold- und nicht im Platinseifengebirge vorkommt.

9. Eisenglanz, häufig, aber doch in viel geringerer Menge als der vorige.

10 Chromeisenerz, in Körnern oder kleinen octaëdrischen Krystallen, vorzüglich in den Platinseifen bei Nijnei-Tagilsk, wo das Platin öfter auch mit Chromeisen verwachsen ist. Letzteres kommt auch in grosser Menge in dem Goldgrus vor, der auf Serpentin lagert (Malo-Mostowskoi).

11. Titaneisenerz, zuweilen mit einem Goldkorn verwachsen (Beresowskoi bei Nijnei-Tagilsk), ein Vorkommen, welches das Chromeisenerz nicht zu zeigen scheint.

12. Eisenkies [Schwefelkies], sehr goldhaltig zu Adolphskoi, wo er selbst häufiger als der Magneteisensand ist.

13. Rutil (Titan-Oxyd).

14. Anatas in gelben Krystallen (Adolphskoi, Bertewskoi).

15. Zinnober (Schwefelquecksilber), in abgerundeten, kleinen Körnern, zu Kalinowskoi bei Katherinenburg, zu Miask und Bogoslowsk. Das so ausserordentliche Vorkommen des Zinnobers in abgerundeten Körnern im Seifengebirge zeigt sich auch (aber ohne Gold) in einigen Thälern der Andes-Cordillere (Quindiu).

16. Malachit; in den Alluvionen von Soimonowsk.

17 Granat; bei Kyschtym.

18. Weisser Zirkon, mit vollkommen ausgebildeten Tetraëderflächen an beiden Enden, von schönem Diamantglanz. In Menge zu Newjansk und Perwopawlowsk bei Beresowsk

19. Ceylanit, schwärzlichgrün.

20. Pistazit; zu Neiwinsk.

21. Korund, blau, Saphir, eingewachsen in

22. Barsowit, weiss; eine neuerlich von den Hrn. H. Rose und Varrentrapp analysirte Mineralspecies. In grossen Blöcken im Seifengebirge zu Barsowskoi bei Kyschtym.

23. Diallag.

24. Quarz, selbst als ganz durchsichtiger Bergkrystall von 3″ Länge (Newinsko-Stolbinskoi). Der derbe Quarz kommt in grosser Menge (mit wenigen Ausnahmen, wie zu Kawelinskoi bei Miask) in allen Goldschuttlagern, aber nicht im Platinseifengebirge vor*).

So wunderbar mannigfaltig sind also die Mineralspecies des aufgeschwemmten Gebirges oder der Gold- und Platinseifen, welche das Resultat der Zertrümmerung der

---

*) [Ausser den oben erwähnten 24 (oder 25, s. N. 5) Mineralien, welche bisher als Gemengtheile des Seifengebirges erkannt worden und unter denen der Quarz und nächstdem das Magneteisenerz die häufigsten sind, führt Hr. Rose (Reise, II., 585) noch folgende drei, wiewohl seltener vorkommende Mineralien auf: Pyrolusit (nur zu Nagornoi bei Beresowsk), Hypersthen (zu Rublowskoi bei Nijnei-Tagilsk [s. S. 305] und zu Barsowskoi bei Kyschtym) und Malachit, wie der vorige in kleinen Geschieben (zu Soimonowsk bei Kyschtym). Seitdem im Altai in der Petropawlowsker Goldseife auch gediegenes Eisen (selbst ein Stück von 17½ Pfund) mit Bestimmtheit nachgewiesen ist (Erman, Archiv, I., 314, 723), hat man wohl auch Grund, die Schüppchen Eisen in den uralischen Seifen wenigstens zum Theil als natürliches Vorkommen anzusehen. — Eine ausführliche Angabe der Fundörter etc. s. unter der „Systematischen Uebersicht der Mineralien und Gebirgsarten des Ural", in Rose, II., 443—602].

Gänge und anderer Metalllager an ihrem Ausgehenden, wie der Zerstörung der umliegenden Gebirgsarten zu verschiedenen Epochen sind.

Die Gestalt und Mächtigkeit der Alluvialschichten, welche man ausbeutet, sind sehr verschieden; doch bleiben ihre Aenderungen innerhalb gewisser Grenzen eingeschlossen. Aus dem Mittel von 30 Seifen, deren Dimensionen ich sorgfältig notirt habe, finde ich, dass der Goldgrus oblonge, sehr langgedehnte Zonen bildet, in denen sich die Breite zur Länge bei den grossen Lagern (d. h. bei denen, welche 250 t. übersteigen,) fast durchgängig wie 1 zu 20, bei den kürzesten wie 1 zu 12 verhält. Sie liegen gruppenweise, bald auf trocknen Plateaux, bald längs der Flüsse oder in Sumpfgegenden*), die mit Junceen und Cyperaceen bewachsen sind. Im ersteren Fall zeigt keine Unebenheit der jetzigen Oberfläche des Bodens ihr Dasein an, und doch sieht man unter einander parallel laufende Goldsandlager oft durch Schuttland, welches nicht ein Korn Gold enthält, getrennt. Wo die Goldsände den Ufern der Flüsse folgen oder senkrecht darauf streichen, bemerkt man ziemlich allgemein, dass der obere Lauf der Flüsse und besonders die Zu- oder Beiflüsse (*affluents des affluents*) in ihrer Nachbarschaft die reichste Ausbeute liefern**). Die Mächtigkeit oder Dicke der Goldsandlager ist ebenso veränderlich wie ihre horizontalen Dimensionen. Die Schicht, welche abbauwerth ist, bildet stets nur einen geringen Theil von der Dicke des ganzen aufgeschwemmten Bodens. Jene Schicht findet sich entweder unmittelbar unter

*) Ich nenne z. B. für das Gold den im Miasker Bergbau berühmten Sumpf der Mjästa; für das Platin den Sumpf von Martian bei Nijnei-Tagilsk.

**) Ein schlagendes Beispiel dieses Reichthums eines Zu- oder Beiflusses Nebenflusses von Nebenflüssen) ist das Schuttlager von Rossipuscha bei Soimonowsk. Es hat 18′ Mächtigkeit (Dicke) und gab im J. 1829 auf 100 Pud Sand $2\frac{1}{2}$ Solotnik Gold. Die Rossipuscha ist ein Bach, der mit der Serebranca in die Sakialga fällt, und diese ist wieder ein Nebenfluss des kleinen Mias-Flusses. Weit über dem Spiegel der Rossipuscha bei dem Kupferbergwerke von Soimonowsk sahen wir Goldsand auf einem weissen körnigen Kalkstein mit welliger Oberfläche, als ob vormals Ströme darauf eingewirkt hätten, lagern.

der Oberfläche, selbst an den Wurzeln der Gräser und Wasserpflanzen (Wtoro-Pawlowsk bei Miask, wo Gold mit Zinnoberkörnern gemengt ist,) hängend, oder von Torf bedeckt (Klenowskoi und Kalinowskoi bei Beresowsk). Ein ander Mal nimmt das Goldsandlager die Mitte des ganzen aufgeschwemmten Gebirges ein und ist auf's Schärfste von den obern und untern Schichten, die kein Gold und Platin führen, geschieden (Werchoturskoi auf dem Wege von Katherinenburg nach Newjansk); anderwärts wieder bildet das Gold die unterste Schicht, d. h. die, welche unmittelbar auf dem anstehenden Gestein ruht. Dies ist z. B. der Fall bei dem Schuttlager von Wiluiskoi, welches unter allen von uns untersuchten am Kürzesten*) ist. Bei Werchnei-Miask habe ich in der Alluvion von Nikolaje-Alexejewsk das Gold in die Spalten des Schiefergesteins selbst dringen sehen, welches jedoch in seiner Masse und seinen Gängen durchaus kein Gold enthielt. Die mittlere Mächtigkeit der Goldlager des Ural (mit ½—3 Solotnik Gold) scheint 3½—5 Fuss zu sein. Es kommen jedoch auch auf dem reichen Plateau von Beresowsk (z. B. zu Klenowskoi) 12 Fuss mächtige Lager vor. Da die Schürfe im Allgemeinen nur 10—15′ Teufe erfordern, so geschieht der Abbau zu Tage (*percements à ciel ouvert*). Der Abbau durch Stollen (*percements souterrains*) kommt sehr selten vor; ich habe sie nur in dem Schuttlager zu Nagornoi (bei Beresowsk) gefunden, wo 2—3′ Goldsand von einer 15′ mächtigen, tauben Schicht bedeckt werden, und hier sieht man eine wahre bergmännische Arbeit.

Eins der wichtigsten Kennzeichen des aufgeschwemmten Gebirges ist das Zusammenvorkommen fossiler Knochen von alten Pachydermen mit Goldsand, was mehrmals an den entferntesten Punkten der Uralkette beobachtet worden. Ich führe nur die Elephanten- (Mammut-) Zähne an, welche in den Seifen von Kasionnä Pristan (zwischen der Bilimbajewka und Tschussowaja), von Konewskoi bei Katherinenburg (Erman, I., 369; Rose, I., 232), und im Süd-Ural in den Seifen von Anninskoi beim See Auschkul gefunden

*) Im SW. von Nijnei-Tagilsk; Länge 200 t., Breite 30—40 t.

worden sind*). An letzterem Orte scheidet eine Zwischenschicht von Knochenüberresten die goldhaltige Schicht sehr scharf von der aufgelagerten tauben**). Während unsrer Reise wurde ein grosser Pachydermenkopf in 15′ Tiefe mitten im Goldsande von Konewskoi, einem Seifenwerke des mittleren Urals, entdeckt. Nach einer Zeichnung davon zu urtheilen, welche wir zu Perm erhielten, scheint der Schädel einem Rhinoceros anzugehören. Er muss sich gegenwärtig in der schönen Sammlung des kaiserlichen Bergcorps zu Petersburg, welche an Metallen und Edelsteinen reicher als an geologischen Reihen von Fossilien ist, befinden. Pallas (*Acta Petrop.*, 1777, pt. II., 213) hat „sechsspitzige (höckrige) Zähne" beschrieben, welche ebenfalls im Ural-Gebirge entdeckt worden waren [s. Rose, II., 590]. Er unterscheidet sie bereits vom wahren Mammut (*Elephas primigenius* Blum.), und sie müssen ohne allen Zweifel zu dem untergegangenen Thiergeschlecht gezählt werden, welches Cuvier später als *Mastodon* unterschieden hat. Vielleicht ist es ein Ueberrest von *Mastodon angustidens*, welches man im Diluvium Ober-Italiens, Süd-Frankreichs und selbst Nord-Carolinas antrifft.

Die Uralkette hat im Vergleich zu den Hochgebirgen, welche die Elephanten in jetziger Zeit, z. B. in Abyssinien nach Hrn. Rüppell's Beobachtungen, übersteigen, eine so unbeträchtliche Höhe, dass keine klimatische Betrachtung hindern kann, anzunehmen, die fossilen Knochen des Ural-Rückens gehören Pachydermen an, welche die Kette auf einer Wanderung von Asien nach Europa überstiegen haben. Analogien andrer Art lassen mich jedoch glauben, wie ich schon in den *Fragm. asiat.* auseinandergesetzt, dass diese Knochen nicht die Ueberreste einiger isolirter Skelette von wandernden Thieren sind oder einen Beweis für ihre Wanderungen vormals abgeben. Sie stehen vielmehr im Zusammenhange mit der allgemeineren Erscheinung des aufgeschwemmten Bodens in den Ebenen, mit den Anzeichen gewaltsamer

*) [Vergl. Murchison's diesjährige *Address to the geol. Soc., Lond.*]

**) Abhandlung von Hrn. Strischeff im *Gorny-Jurn.*, quart. IV., p. 388. Anninskoi liegt 43 Werst südwestlich von Miask.

Zerstörungen, welche die Gesteine des Ural erlitten haben. Im O. enthalten das Thal des Irtysch und alle Nebenflüsse seines Gebietes, westlich vom Kama-Thale, in ihren aufgeschwemmten Schichten unermessliche Ablagerungen von Pachydermen-Knochen*), auf welche wieder die fliessenden Gewässer eingewirkt haben. Nun aber trägt der Rücken der grossen Meridiankette, welcher die Becken des Irtysch und der Kama trennt, hier und da einzelne Massen von eben demselben knochenführenden Schuttlande, welche mit Sandschichten untermengt sind, in denen Gold, Platin und eckige Trümmerreste der benachbarten Gebirgsarten angetroffen werden. Es ist daher höchst wahrscheinlich, dass durch die Emporhebung der ganzen Uralkette ein Theil des Diluviums der ehemals zusammenhängenden Ebenen Asiens und Europas bis zu 900 oder 1200′ Höhe über den Spiegel des Ozeans gehoben worden sei. Ich glaube sogar, dass diese Emporhebung des Ural später statt gefunden, als die grosse Depressionsbewegung der caspischen Regionen; dass sie jünger sei, als die quaternäre Formation von Kalkstein mit *Cardium edule*, welcher den Aral-See, die casp. Gestade von Baku, Tarki, Derbend und des Tuk-Karagan umgiebt (Eichwald, Periplus, I., 220, 423). Der Ust-Urt, der den Ausläufer des Ural bildet, reiht sich dem übrigen Theil der südlichen Kette so genau an, dass es bei seiner geringen Erhebung wohl wenig wahrscheinlich sein dürfte, dass sich ein Rücken auf dem Isthmus erhalten hätte, wenn die Aufrichtung des Ural der grossen Katastrophe der Senkung des Bodens im westlichen Theile des mittleren Asiens vorangegangen wäre.

Eine noch schwierigere geologische Frage ist die, ob man, weil fossile Knochenreste mit Gold- und Platinsand gemengt sind, wie wir es gegenwärtig auf den Plateaux des Ural beobachten, annehmen muss, die Erzgänge seien schon da gewesen, als die Emporhebung der Kette erfolgte. Ich möchte mich zu der Ansicht neigen, dass diese Vorausset-

---

*) Cuvier, *Ossem. fossiles*; éd. de 1821, I., 211; Meyer, *Palaeologica*, p. 142.

zung nicht unumgänglich nothwendig ist und dass die Metall-Eruptionen oder -Injectionen zur Zeit der Oeffnung der grossen Spalte, aus welcher die Uralkette emporgestiegen, durch die freie Verbindung zwischen dem Erdinnern und den Seitenzweigen der Spalten selbst statt gefunden haben. Erschütterungen und Umwälzungen, welche der Boden in Folge der ganzen Emporhebung erlitten haben muss, mögen die Quarzmasse der Goldgänge an ihrem Ausgehenden zerstört, in kleine Stücke zerbrochen und zerrieben haben, die Erschütterungen mögen gleichzeitig auf das Gang- und das Quergestein [d. h. die Gebirgsart, welche das Hängende und Liegende der Gänge bildete], auf Stockwerke und andre Erzlagerstätten eingewirkt haben. Die Beweise dafür finden wir in der Beschaffenheit und Form des uralischen Gold- und Platinseifengebirges. Man entdeckt darin, wie oben erwähnt worden, spitzwinklige oder scharfkantige Trümmer der Quarzgangart, welche Goldblättchen einschliessen, die so aussehen, als ob sie eben erst von einem unerschrotenen [unberührten] Gange genommen wären. Ferner sind die Trümmer der goldführenden Gangart mit nicht abgerundeten, grossen Blöcken von Schiefern, Chlorit-, Serpentin- und Diorit-Gesteinen gemengt, die stets mit den nächsten Gebirgsarten, auf denen der Gold- oder Platinschuttboden lagert, übereinstimmen. Unter den Goldkörnern (Geschieben) und den abgerundeten Quarzkörnern, welche von fliessenden Gewässern hin- und hergeschoben, abgerieben und auf einander gehäuft wurden, finden sich Zirkon, Bergkrystalle mit an beiden Enden vollkommen ausgebildeten Pyramiden, Krystalle und biegsame Blättchen von Gold, deren Gestalt und Lagerung deutlich zeigen, dass sie nicht von Strömen, die aus weiter Ferne gekommen, herbeigeführt worden*). Die Gold- und Platin-Alluvionen oder -Sände des Ural tragen den Charakter von Absätzen, welche von sehr kleinen Flüs-

*) [Vergl. oben S. 259, 310; Erman's Archiv, II., 537, 785, 788, 808, wo ebenfalls das Resultat ausgesprochen wird, dass der Goldschutt ganz nahe bei seiner ursprünglichen Lagerstätte vorkommt.]

sen, von gegenwärtig trocken liegenden Süsswasser-Becken (*bassins lacustres*) herrühren.

Die Hypothese einer örtlichen oder *in situ* vor sich gegangenen Zertrümmerung, welche wir oben aufgestellt, hat sich unter verschiedenen Formen allen reisenden Geognosten dargeboten, welche seit 25 Jahren nach einander die Goldschuttlager dieses Gebirges besucht haben; so den Hrn. Fuchs, Somoinoff, Engelhardt, v. Helmersen, Kupffer, Erman [s. I., 321], Schwetsoff und Sokoloff*). Die Alluvionen, welche zu Beresowsk unmittelbar auf den noch betriebenen Gängen lagern, begünstigen am Meisten die Vorstellung localer Zerstörungen. Auch zu Miask, in dem berühmten Seifenwerk von Zarewo-Alexandrowski haben wir einen Goldgang angeführt, dessen unter einem reichen Schuttlager sichtbares Ausgehendes das feste Gestein, den unveränderten Theil der Erdrinde durchsetzt. Wenn einst die Aufmerksamkeit weniger ausschliesslich auf das aufgeschwemmte Gebirge gerichtet sein wird, dessen Production allmälig abnehmen**) muss, so werden wahrscheinlich eigent-

*) S. die interessanten Vorlesungen über Geognosie (II., 460—470), welche Hr. Sokoloff im J. 1839 zu Petersburg herausgegeben hat.

**) Der Abbau von Goldsand ist weniger beständig in seiner Production und nimmt schneller ab, als der Abbau im Gestein, sei es auf Gängen oder andern Lagerstätten von Golderzen. Der wahrscheinliche Ertrag neuer Entdeckungen mittelst gut angelegter Schürfe spricht zu Gunsten der letztern Art des Abbaues, weil man nicht mit einem Male dem ganzen Gehalt eines Ganges nach Ausdehnung, Verzweigungen und Teufe kennt. In den Seifen wendet sich der Betrieb anfänglich auf die reichsten Sandlager, deren Ausdehnung leicht zu bestimmen ist; auch geschehen die ersten Arbeiten mit einer unklugen Nachlässigkeit. Das Sinken der Totalproduction des Ural würde sich noch weit schneller in der Verminderung des mittleren Reichthums (Gehalts) des verwaschenen aufgeschwemmten Bodens herausstellen, käme nicht die Vervollkommnung der Waschmethoden dazu, wodurch die Wirkung der fortschreitenden Verschlechterung aufgehoben wird. Da sich die Grenzen dieser Vervollkommnung unmöglich voraussagen lassen, so kann man auch nichts über die wahrscheinliche Dauer des uralischen Betriebes vorhersagen. Ich erwähne den lange Zeit berühmten Reichthum Spaniens unter den Karthagern und Römern nicht,

lich bergmännische Arbeiten Erzgänge und -Lagerstätten aufdecken, die bisher unbekannt geblieben waren. Bei dem gegenwärtigen Zustande unsrer Kenntniss von den geologischen Verhältnissen des Ural ist der Mangel oder vielmehr die ausserordentliche Seltenheit solcher Lagerstätten in der Nachbarschaft des Goldseifengebirges eine sehr auffallende Erscheinung. Man wird zu der Annahme geführt: 1) dass sich der grösste Metallreichthum in den obersten Teufen der Gänge findet [s. Rose, II., 597], wie auch am Schlangenberge im Altai, in den Gruben von Pasco und Gualgayoc*) in Peru; und dass 2) bei den Umwälzungen,

---

weil hier das Gold zugleich auf Gängen und im aufgeschwemmten Gebirge ausgebeutet wurde (Strabo, lib. III., p. 146); aber im Mittelalter hat die in Schlesien auf Schuttlager allein betriebene Arbeit vom 11. bis 13. Jahrhundert gedauert. Wegen der ausserordentlichen Veränderlichkeit der Orte und der angewandten Proceduren hält es sehr schwer, für eine gegebene Epoche den mittlern Gehalt des verwaschenen Sandes festzustellen; dies lässt sich nur innerhalb gewisser Grenzen thun. Zur Zeit meiner Reise im J. 1829 schien das Mittel $\frac{3}{4}$—1 Solotnik auf 100 Pud Goldsand zu betragen. Auch liegt es in der Natur des Abbaues durch Verwaschen, dass derselbe schneller den Ort wechselt, als der Betrieb von Gängen, welcher sich, z. B. im Harz, zu Freiberg und Schemnitz Jahrhunderte hindurch auf eng begrenzten Räumen erhalten hat. Wenn man die Jahre 1829 und 1839 vergleicht, so sieht man, dass der Süden (Miask) und der mittlere Abhang (Katherinenburg, Werch-Issetsk und Newjansk) sich wenig geändert haben, während dagegen die Production im Norden (Goroblagodatsk und Bogoslowsk) fast auf das Dreifache gestiegen ist. Der Gesammtertrag aus den Seifen war in den beiden eben genannten Jahren resp. 287 und 313 Pud. In dem ersteren haben die Kronwerke 35, im zweiten 46 Procent von der ganzen Masse geliefert. Am Ergiebigsten war im Ural das Jahr 1832, wo die Totalproduction sich auf 362 Pud Gold steigerte, wovon 44 Procent auf die Krone kamen.

*) Einen unermesslichen Reichthum an Silbererzen hat man bis an die Oberfläche, theils im Berge von Gualgoyoc (Kreideformat.) in Süd-Amerika, welcher sich über 2000 t. wie eine Burgfeste mitten in der Ebene erhebt, theils in der *Pampa da Navar* gefunden. In letzterer Ebene stiess man auf einem Raum von $\frac{1}{2}$ Q.-M. überall, wo man den Rasen abräumte, auf Silberglanz (*argent sulfuré*) und gediegene Silberfäden von mehreren Fuss Länge, die an den Graswurzeln hingen; häufig wurden auch Massen oder verwirrte Haufen (*clavos y remolinos*) Silber

welche unmittelbar auf die Emporhebung der ganzen Kette folgten, die Zertrümmerung auf das Ausgehende der Gänge und den ganzen oberflächlichen Theil der Gebirgsarten, in welche die Metalle injicirt worden, gerichtet war.

Doch ich kehre endlich wieder zum Gebiete der positiven Geologie, welche die gegenwärtige Lagerung beschreibt, zurück. Fast alle Metallausbrüche des Ural (mit Ausnahme des Platins) gehören der östlichen Seite (s. oben S. 238), dem asiatischen Abhange an. Eine sehr kleine Zahl von Goldseifen liegt auf der westlichen oder europäischen Seite. Wir nennen unter diesen nur: den District von Bissersk, der durch die erste Entdeckung nordischer Diamanten (Krestowosdwischenskoi, Adolphskoi,) so berühmt geworden; die Seifen im W. von Bilimbajewsk an der Talyza und Schaitanza, welche in die Tschussowaja münden, wo das Gold mit vielem Osmium-Iridium gemengt ist; die von Ufalewskoi, 30 Werst nordwestlich von Kyschtym am Ufer des Karkadin und der Ufala, welche in die Ufa fliesst. Während das Gold vergleichungsweise auf der europäischen Seite so selten ist, gehören dieser dagegen die einzigen grossen Platinlager an, welche bisher entdeckt worden: nämlich im W. des Plateaus von Tscherno-Istotschinsk, wo die Wasserscheide und der Kamm des Ural liegt, die platinhaltigen Alluvionen von Suchowissimskoi, Rublowskoi, Suchoi, Martianowskoi u. a., welche Hr. Rose (I., 327—335) weitläufig und interessant beschrieben hat. „Die grosse Menge von Chromeisenerz in diesem Schuttboden, sagt dieser gelehrte Mineraloge, die häufigen Fälle vom Verwachsen der Platinkörner mit Chromeisenmassen, die grosse Seltenheit und selbst völlige Abwesenheit von Quarz und Magneteisenerz machen es höchst wahrscheinlich, dass der grössere Theil des Platins ursprünglich nicht, wie das Uralgold, dem Talk- und Chloritschiefer angehört, sondern dass es sich, ohne in Gängen vereinigt zu

angetroffen, als wenn geschmolzene Metallmassen auf sehr weichen Thon gegossen worden und im flüssigen Zustande in wirbelnde Bewegung gerathen wären (*Ess. polit. sur la Nouv. Espagne*, III., 352).

sein, in der Serpentinformation eingesprengt findet, in welcher Chromeisen allein ziemlich häufig vorkommt". Es bleibt zweifelhaft, ob der Dioritporphyr bei Laja als anstehendes Gestein Theilchen von eingesprengtem Platin enthält; wenigstens waren die von uns in diesem Porphyr gesammelten Körner nur Eisenkies (l. c., S. 339). In Süd-Amerika, im Gebirgsknoten von Antioquia hat Hr. Boussingault im Jahre 1826 abgerundete Platinkörner in den goldführenden *Pacos* des Ganges von Santa Rosa de los Osos*) entdeckt, welcher ein Syenit- und Grünstein-Gebirge durchsetzt. Auch beweisen die Analysen von Hrn. Berthier und Baron v. Wrede, dass sehr kleine Mengen Platin in einem braunen Eisenerz des Départements der Charente**) und in einem Selen-Palladium der Tilkeroder Gänge im Harz***) vorkommen. Die gänzliche Abwesenheit des Quarzes in den Seifen zu Nijnei-Tagilsk, welche allein Platin enthalten, ist ein dermaassen wichtiges Factum, dass man sich fragt, ob das wenige Platin, welches allen übrigen Goldschuttlagern beigemengt ist, ausschliesslich derselben Quelle, einem ursprünglich eingesprengten Vorkommen in Serpentin nebst Chromeisen angehört; oder ob man annehmen muss, dass in den an Platin sehr armen Wäschen das Metall ursprünglich mit Gold in den Quarzgängen selbst, welche den Talk- und Chloritschiefer durchzogen, vereinigt war. Man kann gegen die letztere Hypothese den Einwurf machen, dass bisher nie ein Platinkorn mit Gold gemengt in den Trümmern der Quarzgangart vorgekommen ist. Soll man dagegen dasselbe Argument zu Gunsten des wenigen Goldes, welches mit vielem Platin in den Platinwäschen von Suchowissimskoi vorkommt, geltend machen? Ich zweifle,

---

*) 10 M. nordöstlich von Medellin, unter 6° 37′ nördl. Br. und in 1433 t. Höhe, am Westabhange der centralen Cordillere, östlich vom R. Cauca. S. *Ann. de Chimie*, XXXII., 204.

**) Kaum 0.00001 vom Gewicht des Eisens, zu Epénède, Plauveille und Melle, wo Hr. Villain die ersten Anzeichen davon fand.

***) S. den Brief des Hrn. Berzelius in Poggend. Ann. der Phys., XXXIV., 380.

denn Goldblättchen sind in demselben Serpentin*) gefunden worden, den man als das Ganggestein (*matrice*) des Platins ansieht und der Chromeisen enthält. Man muss hoffen, dass irgend eine ganz schlagende Thatsache diese Zweifel bald lösen wird. In den Schuttlagern entscheidet die Juxtaposition allein nicht. In Böhmen, im Biliner granitführenden Gebirge findet man Plänerkalk-Muscheln mit Serpentinkörnern gemengt.

Nachdem ich nun als geologischen Typus, wenn ich mich so ausdrücken darf, eine Beschreibung des Gold- und Platinseifengebirges gegeben, welches die Uralkette uns in einem sehr grossen Maassstabe zeigt, erscheint es mir von Wichtigkeit, unsern Ideenkreis noch weiter auszudehnen und zu untersuchen, welch überraschende Aehnlichkeit dieselben Gebirge in der Neuen Welt darbieten. Ich werde zu dem Behufe mich nur an solche Punkte halten, wo die Natur der Formationen einigermaassen genau bestimmt worden ist.

In Brasilien hat gleichfalls die Zertrümmerung von Chloritlagern und eisenhaltigen Breccien ein Seifengebirge erzeugt, in welchem man: bloss Gold und Diamanten zu Tejuco, Platin und Diamanten am Rio Abaëte, Gold, Platin, Palladium und Diamanten zusammen zu Correga das Lagens ausbringt. Auf der Hochebene von Minas Geraes trägt ein Glimmerschiefer, welcher Bänke körnigen Kalks einschliesst, den Thonschiefer. Auf letzterem und nicht unmittelbar auf dem Glimmerschiefer ruht in übereinstimmender Schichtung eine Quarz- und Chloritformation (Hrn. v. Eschwege's Itacolumit), welche aus mit einander abwechselnden Schichten von goldhaltigem Quarz, von Quarz mit metallischem Eisenglanz**) (Itabirit) und von Quarz, der von Schwefel durchdrungen ist, zusammengesetzt wird. Wir sehen hier wiederum neben dem Goldschutt anstehendes Talk-

*) Ein goldhaltiger Serpentin findet sich bei Kyschtym (*Institut du* 11. *Janv.* 1834). Ich habe schon oben erwähnt, dass man uns im Jahre 1829 Stufen davon gezeigt hat. Die Petersburger Zeitung vom 14. September 1833 zeigt auch an, dass ein Stück grünlichen Serpentins, welches wie der Zöblitzer gefleckt war und Platin enthielt, in den Nijnei-Tagilsker Alluvionen gefunden worden sei.

**) Fr. v. Eschwege, Beiträge zur Gebirgskunde Brasiliens, 1832, S. 198, 305.

und Chloritgestein, welches gediegenes Gold in Quarzlagern von ungemeiner Entwicklung führt.

In Choco, dessen Seifen von einem vortrefflichen Beobachter, Hrn. Boussingault, mineralogisch untersucht worden sind, „besteht das ganze Alluvialgebirge, in welchem sich viel Gold und Platin findet, aus Trümmern von Syenit (ohne Quarz) und porphyrartigem Grünstein (Diorit). Dieser Schuttboden ruht entweder auf Grauwacke (im Thal von Tamanà) oder auf geschichtetem Grünstein (zu Novita, Tadò, Santa Lucia, Viroviro, Condocondo), oder endlich auf Porphyr-Syenit selbst (zu Guayaval, Monbà). Das Gold und das Platin in Choco scheinen von der Cordillere zu kommen, an welcher die Nebenflüsse des Rio San-Juan entspringen, denn die Schuttlager sind um so reicher, je näher sie dem Gebirge liegen. Die Gold- und Platinkörner werden um so grösser, je weiter man in die Höhe steigt, und nach der Regenzeit machen die Goldwäscher eine ergiebigere Ernte."*) Die Seifen, welche heut zu Tage das Platin Choco's liefern, liegen sämmtlich im S. von dem Rücken (*seuil*), welcher zwischen Lloro und Novita die Quellen des Atrato von denen des Rio San-Juan scheidet. Die platinreichsten Sandlager sind die der *Lavaderos* [d. i. Wäschen] von Santa-Lucia und des Tadò, welche nach Hrn. Acosta $\frac{2}{3}$ Platin und $\frac{1}{3}$ Gold geben**). Im Cauca-Thale (Curato de Quina mayor und de Quilichao) auf der Strasse von Buga nach Popayan, am Fusse des Paramo de Salvelillo sah ich reiche Goldwäschen zwischen eckigen Trümmern eines Diorits, der dem Gestein ähnlich ist, welches den Syenit des Baraguan bedeckt***). Das Waschgold enthält daselbst gar keine Beimengung von Platin, und dieser Umstand hatte in Verbindung mit andern ähnlichen Betrachtungen mich zu der Ansicht

*) Handschriftliche Bemerkungen von Hrn. Boussingault, datirt Marmato, Juni 1829.

**) Auf meiner 1827 publ. Karte von Choco sind, nach den gesammten Documenten, welche mir von der Regierung der Republik Columbia mitgetheilt worden, die Wäschen, worin Platin häufiger als Gold ist, durch besondere Zeichen unterschieden.

***) S. meinen *Essai géognost. sur le gisement des roches,* 1823, p. 140 und meine Karte vom Rio Magdalena.

geführt, dass Platin nur im Westen von der westlichsten Cordillere, d. h. von der sich von S. nach N. zwischen dem Cauca und dem Stillen Ozean hinziehenden Kette vorkäme. Etwas südlich von dem Gebirgsknoten von Antioquia in dem Sprengel der Vega de Supia, von Quebralomo und Marmato (5° 28′ Br.) hat dasselbe porphyrartige Syenitgebirge, welches von goldhaltigen Gängen durchsetzt wird, zu reichhaltigen Aufschwemmungen das Material geliefert. Goldsände sind im *Lavadero* del Llano*) abgebaut worden, und hier, wie zu Beresowsk im Ural, sind die Gänge und das aufgeschwemmte Gebirge offenbar von einander abhängig.

Mexiko, welches während meines Aufenthaltes daselbst jährlich 7000 Mark Gold nach Europa sandte, besitzt reiche Goldalluvionen in den nördlichen Provinzen von Sonora und Cinaloa. Die *Pimeria alta* liefert Goldgeschiebe von 5 bis 6 Pfund Gewicht. Wir kennen die mineralogische Beschaffenheit der Felsstücke, welche diese Alluvionen bilden, noch nicht; aber die Goldadern von Oaxaca finden sich in Gneiss und Glimmerschiefer, die von Villalpando (nördlich von Guanaxuato) in einem syenitischen Porphyr. Gebirgsarten von einer sehr verschiedenen Zusammensetzung könnten also dort gleichfalls goldführende Ablagerungen liefern. Das Vorkommen des Rhodium, welches der gelehrte Chemiker Hr. del Rio in einigen mexikanischen Goldbarren entdeckt hat, zwingt nicht gradezu zu der Annahme, dass auch das Platin an gewissen Orten im Golde der Gänge oder des aufgeschwemmten Gebirges dieser Gegenden vorkomme, da Brasilien Goldkörner liefert, welche Palladium ohne Platin enthalten. Das letztere Metall begleitet nicht immer Rhodium und Palladium.

In dem südlichen Theile der vereinigten Staaten sind die Alleghanys Virginiens, der beiden Carolina und Georgiens von 1824 bis 1836 der Sitz ergiebiger Goldausbeutungen gewesen. Diese zwölf Jahre haben an Werth für 25 Millionen

---

*) *Rapport sur les mines de la Vega de Supia, par Al. Boussingault* (handschriftliche Mittheilung voll sehr wichtiger geologischer und physikalischer Beobachtungen).

Francs [$6\frac{3}{4}$ Mill. Thlr. Preuss.] Gold geliefert*). In den ertragreichsten Jahren 1833 bis 1835 ist die Goldmenge, die betrügerische Gewinnung mit eingerechnet, im jährlichen Mittel auf 5 Millionen Francs gestiegen**). Die Alleghanys, eine von SW. nach NO. streichende Kette, und die Meridiankette des Ural haben fast gleichzeitig angefangen, ihre Reichthümer zu liefern, obwohl in sehr verschiedenem Maassstabe, indem die Alleghanys niemals über den dritten Theil der Uralproduction geliefert haben. Bei beiden Ketten ist es wiederum der Ostabhang, welcher ausserordentlich goldreich ist; nur im südlichsten Theile, im Staate Tennessee und in einem Theile von Alabama zeigt der Westabhang der Alleghanys einige Lager, welche den Betrieb gelohnt haben. Den mineralogischen Nachrichten zufolge, welche ich mir darüber bisher habe verschaffen können, ruht dieser Goldschutt Nord-Amerikas bald auf sehr glimmerreichen, von Dioritgängen durchsetzten granitischen Gesteinen, bald auf Schiefern, ähnlich den Uebergangsschiefern und ebenfalls Dioritmassen und Kieselschiefer einschliessend; bald endlich auf Grauwacke von mehr oder weniger feinem Korn [vgl. S. 330, Anm.**]. Unter allen goldführenden Gebirgen, von denen ich in beiden Hemisphären (Borneo ausgenommen,) Kenntniss gehabt, zeigten die Wäschen der Alleghanys die grösste Menge von grossen Goldgeschieben (von 4 bis 16 Pfund Gewicht). Als man in Nord-Carolina (Grafschaft Cabarrus) ein Stück von 28 Pfd. gefunden [im J. 1803], entdeckte man am folgenden Tage andere von 20, 13 und 10 Pfund. Im J. 1821 hat man in der Graf-

---

*) [Nach den bloss in die Münzen eingelieferten Quantitäten ist der Gesammtertrag in den 17 Jahren 1824—1840: 5·614000 Doll. oder über 8·084000 Thlr. Preuss.; davon kommen auf Virg.: 833180, N.-Carol.: 3·943880, S.-Carol.: 507050, Georg.: 2·752290, Tenn.: 20600, Alabama (erst seit 1839): 7100, und verschiedene andere Gegenden: 20020 Thlr. Preuss. Die Production war am Grössten in den Jahren 1831—1835, ist aber seit dem J. 1834, wo sie ihr Maximum mit 1·293100 Thlr. Preuss. erreichte, bis 1840 in fast beständigem Sinken begriffen gewesen, so dass sie 1840 nur $\frac{1}{3}$ des Gewinns im J. 1834 betrug.]

**) S. die numerischen Details in meiner Abhandlung über die Ursache der Schwankungen im Metallhandel (S. 33).

schaft Anson (in N.-Carolina) nach der Versicherung eines reisenden Geognosten, Hrn. Köhler (von Freiberg), in einer auf Grauwacke lagernden Alluvion einen Fund von einem 48 engl. Pfund schweren Goldklumpen gemacht*), welcher so in eine Felsspalte eingeklemmt war, dass man ihn für ein Stück der Gangart mit einer an ihrem Ausgehenden zersetzten Quarzader halten konnte. Fast überall in den Alleghanys ist das goldführende aufgeschwemmte Gebirge mit Blöcken von Serpentin und von oft porphyrartigem Diorit gemischt. Die Gesteine, welche den Schuttlagern zur Unterlage dienen, zeigen Gänge, welche zu einem Betriebe Veranlassung gegeben haben, der mit mehr Thätigkeit verfolgt zu werden verdiente. In beiden Carolina wird das Vorhandensein grosser Goldgeschiebe, wie im Ural, nicht als ein Zeichen von Reichthum oder Ueberfluss in der ganzen Masse der verwaschenen Schicht betrachtet. So schlagende Analogien**) sollten wohl auch das Vorkommen des Platins in den Verein. Staaten Nord-Amerikas vermuthen lassen.

*) Dies ist also ein Gewicht von 21.7 Kilogr., während das grösste im Ural gefundene Geschiebe 10.58 Kilogr. wiegt. [Indessen hat man im letztern Gebirge 1842 einen ungeheuren Goldklumpen von 36.02 Kilogr. entdeckt; vergl. die Supplementnoten zum I. Th.] Das Gewicht des berühmten *grano de oro*, welcher 1502 auf Haïti im Schutt des Rio-Hayna (8 M. von der Stadt Santo-Domingo) gefunden worden, betrug 15 Kilogr. Dieser *grano* versank beim Cap Engaño während des Orkans, in welchem Bobadilla, Roldan und der unglückliche Kazik Guarionex umkamen, in's Meer. S. über die Grundlagen dieser Berechnungen mein *Examen crit. de la géogr.*, III., 331. Der Sultan von Sambas auf Borneo besitzt, wie man versichert, eine noch weit grössere Goldmasse, als die in der Grafschaft Anson in den Vereinigten Staaten gefundene; aber es geht mit der Gewichtsbestimmung dieser Goldgeschiebe wie mit der der berühmten Diamanten, welche sich in den Schätzen der hindostanischen Fürsten finden sollen. In Betreff von Zahlen stehen die Behauptungen der Reisenden meistentheils mit einander gradezu in Widerspruch.

**) [Diese erstrecken sich auch auf das Vorkommen des Goldes auf den Gängen N.-Carolinas, denn nach Hrn. Mitchell, Professor der Miner. an der Univ. von N.-Carolina, besteht die Gangart, worin sich das Gold in Blättchen in Begleitung von Eisenoxyd und Eisenkies findet, welche die Gesteinschichten quer durchschneiden und etwa ein Fallen von 45° zeigen, wieder, wie im Ural (s. oben S. 310), aus einem porösen, zelligen Quarz.]

Das goldführende Gebirge der Insel Haïti, welches am Ende des 15. und in den ersten Jahren des 16. Jahrhunderts auf so traurige Weise berühmt geworden ist*), wurde neuerlich (1836) von einem sehr unterrichteten Bergmanne aus Freiberg, Hrn. Theodor Haupt, untersucht. „Auf dem nördlichen Abhange der Berge von Cibao, schreibt mir dieser Reisende, auf der Seite von Santiago, la Vega und San-Cristobal scheint der mit einzelnen Syenitmassen bedeckte Diorit die Quelle oder ursprüngliche Lagerstätte des Goldes in diesen Gegenden zu sein. Die goldführenden Alluvionen sind wie überall mit Magneteisenerz gemengt; auch giebt es auf Haïti (wie im Ural) Berge, welche ganz aus diesem Eisenerz zusammengesetzt sind. An drei von einander sehr entfernten Orten habe ich durch Zerreiben und Waschen des zersetzten Diorits Gold daraus erhalten. Das Metall ist durch die ganze Masse dieses Gesteins zerstreut, wie es anderwärts gewöhnlich der Schwefelkies oder das Magneteisenerz ist. Ich glaube nicht, dass das Gold hier in Gängen oder Lagern von bestimmter Gangart concentrirt ist**). Der Diorit Haïtis wird von tertiären Bildungen, von Breccien und von Diluvium bedeckt. Ich glaube, dass die Schuttlager ihr Gold aus einem zerspaltenen, zersetzten und von den Wassern ausgewaschenen Diorit erhalten haben". Die Korallenkalksteine des tertiären Gebirges, welche wir vorhin anführten, lagern auf der In-

*) Nur von 1494—1524, denn 1525 war die Metallgewinnung schon so wenig wichtig, dass Anghiera einem Freunde schreibt: „*Tres habemus ab Hispaniola naves saccareis panibus et coriis boum onustas*" (*Epist.*, no. 806). Die Bevölkerung der Eingebornen war so geschwächt, dass die Einfuhr der Schwarzen seit dem J. 1510 begann.

**) Ich erinnere bei dieser Gelegenheit daran, dass ein Madrider Chemiker, dessen Arbeiten für sehr genau gehalten worden sind, Herr Proust, mir versichert hat, „während seines Aufenthaltes zu Segovia die ganze Granitmasse um den Escurial goldhaltig gefunden zu haben, ohne dass man eine Spur von Gängen oder kleinen Adern wahrnähme". Es giebt, glaube ich, fünf Metalle, welche in Granitgesteinen eingesprengt sind, als wenn sie gleichzeitig gebildet wären, nämlich: Zinn, Titan, Kobalt, Gold und Eisen (Eisenglanz). Die kleinen Spalten, durch welche diese metallischen Substanzen von unten nach oben eingedrungen, sind unsichtbar geworden.

sel Aruba bei Curaçao nicht auf Diorit, sondern auf Serpentin, und in den Alluvionen von Mativideri hat man Goldmassen von 5—6 Pfund gefunden. Man kann annehmen, dass ihre ursprüngliche Lagerstätte im Serpentin gewesen sei*).

Wenn man die Beschreibungen, welche die ersten Schriftsteller der *Conquista*, besonders Oviedo und Anghiera, von dem Abbau des goldführenden Gebirges auf Haïti**) gegeben haben, aufmerksam lies't; so erstaunt man sowohl über die ausserordentliche Aehnlichkeit, welche dieser Abbau mit dem im Ural hat, als auch über den Scharfsinn, mit welchem man schon damals auf den Ursprung der Schuttmassen schloss. Gonzalo Fernandez de Oviedo war zweimal, 1513 und 1535, auf Haïti. Er blieb dort zwei Jahre, von 1513 bis 1515, wie er selbst in der Dedication eines seiner Werke***) an den Kaiser Karl V. sagt, in dem wich-

*) Reinwardt, in Schweigger's Journal, 1827, III., 330. Die Ausbeutung auf Aruba ist nicht fortgesetzt worden. Auf der gegenüberliegenden Küste von Caracas gehören die goldführenden Quarzgänge im Berge Chacao, südlich von der Stadt Cura, dem Gneiss und Glimmerschiefer an; aber es hat eine Serpentin- und Grünstein-(Diorit-)Eruption im Glimmerschiefer statt gefunden. Es ist möglich, dass die alten Goldwäschen in diesen Gegenden zum Theil dem im Serpentin oder Diorit eingesprengten Golde zuzuschreiben sind. S. über die merkwürdige Zone von Gebirgsarten, welche die Llanos von Calabozo begrenzen, meine *Rel. hist.*, II., 138—141.

**) „*Ex solâ Hispaniolâ vehitur in Hispaniam quotannis quadringentorum et quingentorum interdum millium ducatorum auri summa*". Petrus Martyr ab Anghiera, *de Rebus Oceanicis*, (Col. 1574,) Dec. III., lib. 8., p. 297. Dies ist also das Maximum der jährlichen Production Haïti's, und ich kann aus einer Stelle des 10. Buches derselben Decade (p. 323) beweisen, dass das Wort *interdum* auf eine frühere Epoche als 1516 Bezug hat.

***) *Relacion sumaria de la Historia Natural de Indias.* Oviedo sagt ausdrücklich im XC. Capitel, dass die *Relacion* ein Auszug aus dem grossen Werke ist, von welchem er das Manuscript auf Sanct-Domingo gelassen hat; er fügt hinzu, dass er „in dem Jahre schriebe, wo der Comendador Frai Garcia de Loyasa nach dem Gewürzlande abreise". Diese Abreise fand den 24. Juli 1525 statt (Navarrete, *Coleccion des viages*, V., 5), und in der That ist das Jahr 1526 die Zeit der ersten Ausgabe zu Toledo (Ternaux, *Bibl. amér.*, 1837, p. 7).

tigen Amte eines Inspectors der Goldschmelzerei (*veedor de las fundaciones del oro*). Er sah Alles mit eigenen Augen und in den glücklichsten Zeiten und legte sogar auf eigene Kosten Wäschen an. Der Mailander Peter Martyr von Anghiera wohnte seit 1488 in Spanien. Innig befreundet mit Columbus und den ersten Seefahrern, verwickelt in die Intriguen eines stets goldgierigen Hofes, hatte er ein Interesse und Gelegenheit, sich genaue Nachrichten über den Zustand der Ausbeutung auf Haïti zu verschaffen; man erblickte darin abwechselnd Salomons *Ophir* und Marco Polo's *Cipango.* Es folgen hier die Nachrichten, welche ich aus der *Relacion sumaria* von Oviedo und aus den *Oceanicis* von Anghiera geschöpft habe.

„Das Gold findet sich auf der Insel Haïti auf zweierlei Art: entweder 1) in den Flüssen und an deren Ufern, oder 2) in den Savannen, welches trockne Plateaux sind, in trocknen und nackten Ebenen (*llanos y vegas*) oder am Abhange baumloser Berge. Es scheint sogar, als wenn der *oro de çabana* gemeiner sei, als der *oro de los rios**). Zuweilen gewinnt man auch da Gold, wo grosse Bäume gestanden haben, die abzuschlagen man sich gezwungen gesehen. Die Goldkörner finden sich *inter arborum radices* (Dec. III., 4, p. 248) und unmittelbar unter dem Rasen. Man macht lange und schmale Gräben und gräbt oft fünf oder sechs Fuss tief, bis man auf das Gestein (*peña viva*) trifft, welches der goldführende Boden bedeckt. Man sucht nicht in dem Gesteine selbst. Die Gewinnung mag in den trocknen Savannen oder am Ufer der Flüsse geschehen, so bleibt die Art, die Goldtheilchen abzusondern, dieselbe: immer geschieht es durch Waschen, indem man sich eines Trogs oder einer

---

*) Oviedo, cap. 84. Anghiera sagt: „*Ubicunque in regno Coiba fodiebant, sive in sicco, sive in rivorum alveis aquosis, egestam auro mixtam reperiebant arenam*" (Dec. III., 10., p. 321). Er fügt hinzu: „*In Hispaniolâ nativum est aurum montanum et fluviale*" (*De insulis nuper repertis*, p. 329). Wir haben weiter oben denselben Unterschied in der Lagerung des goldführenden Sandes im Ural angeführt.

Wanne (*batea*) bedient, welche der Indianer auf besondere Weise hin- und herschwenkt und die er nicht völlig in's Wasser eintaucht, damit das fortfliessende Wasser nur die leichtesten Theilchen fortführen könne*). Wenn die Aus-

---

*) Die Beschreibung dieser Operation, welche Oviedo in seinem naiven und ungenauen Style giebt, ist durchaus dieselbe, welche man im Mittelalter in Spanien oder Deutschland und noch in unsern Tagen in Choco bei den Goldseifen der Provinz Popayan und in andern Theilen Süd-Amerikas anwendet. „*Los labadores estan asentados en la orilla del agua y tienen los pies hasta cerca de las rodillas en el Rio. Los Indios que caban la tierra, que llaman escopetar, hinchen bateas de tierra (aurifera). Otros Indios tienen cargo de llevar las dichas bateas hasta donde està el agua, do se ha de labar la tierra; ponen la tierra en otra batea que tienen en las manos los labadores, tomandola por dos asas o puntas para la asir (que la batea tiene) y moviendola y tomando agua y poniendola a la corriente con cierta maña que no entra del agua mas cantidad en la batea; de la que el labador, a menester y con la misma maña echandola fuera, el agua que sale de la batea, roba poco a poco y lleva tras si la tierra de la batea que es concaba y del tamaño de un bacin de barbero y quasi tan honda, y desque toda la tierra es echada fuera, queda en el suelo de la batea el oro y aquel pone a parte (el labadero) y torna a tomar mas tierra y labar la.*“ (Ausgabe des Don Andres Gonzales Barcia, Madrid, 1749, p. 50). Anghiera führt die *Instrumenta quibus aurum lavari et colligi possunt* auf; (Dec. I., 4, p. 55). Er beschreibt auch eine Wäsche ohne *batea*, bloss mit hohler Hand (Dec. I., 2, p. 25 und *De Insulis nuper rep.*, p. 339). So gross war damals die Thätigkeit des Volkes, dass die spanische Regierung schon 1495 einen sehr unterrichteten Bergmann Pablo Belviz, der mit einer gewissen Quantität Quecksilber versehen war, nach Haïti sandte, um durch Amalgamation die Trennung des Goldes von den erdigen Theilen zu erleichtern (Muñoz, *Hist. del Nuevo Mundo*,, lib. V., §. 33). Die wichtige Entdeckung des Amalgamirens, 1557 in Mexiko durch einen Bergmann zu Pachuca, Bartholomäus von Medina, gemacht, bezieht sich nur auf die Abscheidung des Silbers aus den Erzen, da die Anwendung des Quecksilbers in Goldwäschen sich schon im 12. Jahrhundert als sehr gebräuchlich im Innern Afrikas (zwischen Abyssinien, Bodja und Nubien) bei dem berühmten Geographen Edrisi beschrieben findet. „Man bringt den (goldhaltigen) Sand, sagt er, an Brunnen, welche sich in der Nähe befinden und verrichtet das Waschen in hölzernen Kübeln, in denen das Metall zurückbleibt; darauf mengt man es mit Quecksilber und lässt es schmelzen. Indem man das Gemisch von Gold und Quecksilber vermittelst Kohlenfeuer zum

grabungen in trocknen Ebnen geschehen, so sucht man in der Nähe einen Bach oder eine Schlucht, welche die Regen während der Winterzeit anfüllen. Man muss auf jeden Goldwäscher (*labador*) zwei Menschen rechnen, welche graben (*que escopeten*), und ausserdem zwei, welche den (goldhaltigen) Sand dem Wäscher zutragen. Dieser sitzt am Ufer des Flusses, mit den Füssen bis an die Knie im Wasser. Wenn der Schutt sehr reichhaltig ist, so siebt man die Erde trocken (*cribrantes in sicco*, Dec. I., 4, p. 55). Die Indianer leiten auch die Flüsse ab, um den Grund trocken zu legen (*xamurar*); sie finden alsdann die gröbsten Körner zwischen den Kieseln. Man muss nicht glauben, dass das Gold an der Stelle, wo wir es an jetzt trocknen Orten der Erde beigemengt finden, entstanden sei. Es ist vielmehr durch fliessendes Wasser dorthin geführt und auf der ganzen Insel umhergestreut worden (*per alluvies raptatum ad ima, de naturâ ponderosorum, et per universam disseminatum insulam. Aurum non illic procreari putant ubi legitur in sicco. Major est auri copia in montibus, ubi auri origo inter rupium venas*. Dec. I., lib. 3, p. 33 und Dec. III., lib. 8, p. 297). Das Gold gehört ursprünglich den hohen Gebirgen an und die Regenwasser schwemmen es herab: dies ist also zu einer andern Zeit geschehen, denn in trocknen und nackten Gegenden findet man Holzkohlen (*carbon de madera recia*) mit dem goldführenden Sande gemengt. Das Holz fault nicht in der Erde, und um die Kohle mit soviel

Schmelzen bringt, verflüchtigt sich das Quecksilber, und es bleibt nur geschmolzenes, reines Gold zurück (*Géogr. d'Edrisi, trad. de* Amédée Jaubert, I., 42, 67). Diese beiden merkwürdigen Stellen finden sich nicht in dem Manuscript, welches für die lateinische Uebersetzung des Sionita gedient hat. Woher aber mag die Bekanntschaft mit dieser chemischen Operation bei den Völkern Afrikas stammen? Kam sie vielleicht von *Chemi*, dem schwarzen Lande Aegyptens? Die Griechen und Römer kannten nur die Amalgamation alter Borten und Gewebe aus Goldfäden. In den ausführlichen Beschreibungen, welche sie uns von dem reichen Abbau der Sandlager Spaniens, Galliens und Klein-Asiens gegeben haben, ist niemals von der Anwendung des Quecksilbers die Rede.

verschiedenen Schichten von kleinen Steinchen bedeckt zu sehen, musste die Dicke des Lagers eine lange Reihe von Jahren über durch unzählige Regen (*llovió inumerables veces por el discurso de años*) zugenommen haben. Die grossen Goldgeschiebe finden sich sogar zuweilen oben auf dem Boden. Je weiter die Körner von dem Orte ihres Ursprungs, nämlich dem hohen Gebirge (*mas han corrido desde su nacimiento*) entfernt sind, um so besser ist ihr Gehalt und um so glatter ihre Oberfläche; findet sich dagegen das Gold nahe bei der Grube (bei dem Erzgange oder der Erzlagerstätte), wo es entstanden ist, so sind die Körner uneben, von schlechtem Karat (*de menos quilates*) und verlieren bedeutend beim Schmelzen."

Dies sind die merkwürdigsten Stellen, welche ich den in unsern Tagen zu sehr vernachlässigten Werken entlehnen zu müssen glaubte. Bei dem Fortschwemmen der Goldkörner durch Wasserströme muss man einen Unterschied machen zwischen den Wirkungen der Geschwindigkeit der Ströme, welche um so mehr abnimmt, je weiter sich dieselben von ihrer Quelle entfernen, und zwischen dem Widerstande, welchen Massen oder Körner von verschiedenem absoluten Gewicht entgegensetzen. Der Einfluss, welchen die relative Lage der Anschwemmungen auf den Gehalt des Goldes ausgeübt hat, erscheint mir jedoch etwas zweifelhaft; aber im Allgemeinen weichen die geologischen Argumentationen zweier Schriftsteller des 16. Jahrhunderts sehr wenig von den Theorien ab, welchen wir heut zu Tage huldigen. Der Eine wie der Andre behauptet, dass die goldführenden Schuttlager Haïtis auf die Zerstörung der Gänge zurückzuführen seien, welche die in den hohen Gebirgen anstehend gebliebenen Gesteine durchsetzen. *Inter tophos et rupium venas solidum aurum in montibus invenitur: scindendo saxa sequuntur auri vestigia.* Diese ursprünglichen Erzlagerstätten, fügt Anghiera poetisch hinzu, „sind lebende Bäume, welche ihre Wurzeln in die Tiefen der Erde schlagen und ihre Zweige treiben, um die Erdoberfläche (die Berührung mit der Atmosphäre, *coeli auram*; *Oceanica*, p. 296) zu erreichen und um ihre goldenen Früchte an den Enden der

Zweige zu entwickeln." „Der aufgeschwemmte Boden, sagt er, wird durch die Zersetzung der Gänge (an ihrem Ausgehenden) reicher." Ich muss bei dieser Gelegenheit bemerken, dass zur Zeit Oviedo's und Anghiera's eine grössere Regenmenge (es fallen noch in unsern Tagen auf den Antillen 90—110 Zoll jährlich) alle Operationen in den Goldseifen begünstigte. Heut zu Tage hat man Mühe zu begreifen, wie an so hochgelegenen Orten die Gewinnung mit Vortheil ausgeführt werden konnte. Durch die Ausrottung eines Theils der Wälder hat die Feuchtigkeit der Luft auf Haïti abgenommen*), und diese Wirkung war von dem ausserordentlichen Manne vorausgesagt worden**), der beim Anblick der neuen Welt sich zuerst zu grossartigen Gedanken über die allgemeine Physik, zu sehr richtigen Vorstellungen über die Klimate, die Gestalt der Continente, die Strömungen des Ozeans und die Variationen des Erdmagnetismus zu erheben wusste.

Das Vorkommen des Platins auf Haïti ist neuerlich von Hrn. Haupt bestätigt worden. Sprengel, der deutsche Uebersetzer des berühmten historischen Werkes von Juan-

---

*) [Ob dieser Einfluss der Ausrottung der Wälder wirklich von grösserer Bedeutung ist, erscheint uns nach den bisher darüber angestellten Untersuchungen noch etwas zweifelhaft; aber leider sind die zahlreichen Beobachtungen, welche Moreau de Jonnès in seiner bekannten Preisschrift benutzen konnte, noch immer nicht von den Regierungen oder Gesellschaften in grösserem Detail veröffentlicht, und so wird eine Wiederaufnahme der in mehr als einer Beziehung fehlerhaften Untersuchung, so wichtig dieselbe auch für die Staatswirthschaft erscheint, wohl noch längere Zeit hinausgeschoben werden müssen.]

**) „Der Admiral, sagt Ferdinand Columbus, glaubte, der Ausdehnung und Dichtigkeit der Wälder auf den Gebirgen Jamaikas die Regen zuschreiben zu müssen, welche die Luft so lange erfrischen, als er an den Küsten dieser Insel hinsegelte. Er bemerkt (in seinem Tagebuch), dass ehemals auch auf den Canaren, auf Madeira und den Azoren die Wasserfülle so gross gewesen sei; aber dass seit der Zeit, wo man die Schatten gebenden Bäume abgehauen habe, die Regen daselbst viel weniger häufig geworden seien." (*Vida del Almirante*, cap. 58).

Baptista Muñoz*) glaubte sogar, dass die problematische weissliche Masse (von 150 Pfund Gewicht!), welche Christoph Columbus im Hofe des Hauses eines Kaziken gefunden, wo sie seit mehreren Generationen gelegen, und die nach Spanien gebracht wurde, Platin gewesen sein könne. Sie wurde dem Anghiera zu Medina del Campo gezeigt, als sich dieser Prälat mit Ferdinand dem Katholischen daselbst aufhielt**). Man hielt sie damals für Elektrum, eine natürliche Legirung von Gold und Silber. Die Grösse der Masse kann überraschen; aber das Fehlen einer schwarzen Rinde steht der Hypothese von einem aerolithischen Ursprunge entgegen.

Wenn man schliesslich einen Blick auf die Analogie der Thatsachen in beiden Hemisphären und auf die geographische Vertheilung der goldführenden Gebirge in der alten Welt wirft; so wird man von der Grossartigkeit und der Allgemeinheit einer Erscheinung überrascht, welche in von einander ganz verschieden entfernten Gruppen auftritt, nicht nur von N. nach S. über acht Breitengrade weit in der Meridiankette des Ural, sondern auch fast im ganzen nördlichen Asien und in einem Theile Europas, über einen Raum von 86 Längengraden, von den Udskoischen Bergen an der Südsee bis zu den Meridianen von Artinsk, Perm und Malmuisch im W. des Ural. Man könnte diese goldführende Zone selbst noch weiter nach Europa hin in der Richtung der Parallelkreise verfolgen. Die Maxima des

---

*) Gesch. der Neuen Welt, 1795, Th. I., Buch V., §. 36, S. 312.

**) *Oceanica*, Dec. I., 4, p. 50. Vor dreissig Jahren kannte man das Platin einzig und allein in den goldführenden Alluvionen von Choco; jetzt ist das Vorkommen dieses Metalls an sieben andern Orten ausgemacht: in Brasilien, auf Haïti, im Thale der Osos östlich vom Cauca, im Ural, [vielleicht auch beim Balkhasch-See am Ala-tau,] in den Nebenflüssen des Irawaddy (Birmanien), im Harz und in Frankreich. Ich schliesse mehrere Fundörter aus, welche mir zweifelhaft scheinen; aber ich bin fest überzeugt, dass man, wenn man das Schuttland ernstlicher untersucht, Platin und Diamanten an Orten entdecken wird, wo man es am Wenigsten erwartet.

Reichthums scheinen in **Europa** seit den allerältesten Zeiten die beiden äussersten Enden des Continents besessen zu haben, nämlich im **Osten**: die macedonische Gruppe mit dem Pangäus, die rumelische, wallachische, siebenbürgische und ungarische Gruppe; im **Westen**: Spanien und Portugal, welche nach den gelehrten Untersuchungen des Hrn. **Böckh** ehemals während einiger Jahre nahe an 400 Pud Gold geliefert haben, also ebensoviel als Brasilien und der Ural in den günstigsten Epochen. Die östliche Gruppe scheint mit den ehemaligen Reichthümern Mährens, Böhmens (Kreise von Prachim und Kaurzim), Schlesiens (Schuttlager von Nikolstadt, Wahlstadt, Gross-Wandritz auf Granit, Goldberg auf Thonschiefer, und Löwenberg auf Quadersandstein, der dem *Greensand* ähnlich*), des Fichtelgebirges (zwischen Goldkronach und Steben), Hessens und Waldecks (Ufer der Eder und Korbach) zusammenzuhängen. Die mittlere Richtung dieser goldführenden Lager ist SO.-NW. Sie endigt nach einer langen Unterbrechung in Irland, wo in der Grafschaft Wicklow Goldsand vorkommt.

So fruchtbar auch das Studium der uralischen Region als **Typus** localer Formationen sein mag, so wird man doch nur aus geologischen Betrachtungen, die künftig die Gesammtheit der Tiefländer und der zehn Ketten, welche bis zum Meere von Ochozk**) auf einander folgen, umfassen

---

*) Es war mir vergönnt, für die Aufzählung dieser Goldlager eigenhändige Bemerkungen des ausgezeichneten Geologen Hrn. v. **Dechen** zu benutzen.

) Die **Udskoi-, Omekonskische, Urulganskische, **Aldan**-, Onon- oder **westliche Khin-gan-Kette**, der Jablonoi- und **Stanowoi-Chrebet**, die Amginskische Kette, der Wiluiski-Chrebet (mit dem grossen Erhebungsthale der Flüsse Uda und Lena), die **Kusnezk-Salaïrskische** und die **Ural-Kette**. Unter diesen zehn Bergketten sind wenigstens **sechs**, deren Talk- oder Chloritschiefer-, Diorit- oder Serpentin-Formationen sich goldhaltig ausgewiesen haben; sie sind in dieser Note durch gesperrte Schrift unterschieden und nehmen die beiden äussersten Enden des asiatischen Continents ein. Wenn das Seifengebirge des Ural erschöpft sein wird, wie es das Land der Turditäner gewesen ist und wie es die südlichen Alleghanys

müssen, eine allgemeine Uebersicht über die grossartige Ursache und die mächtige Wirkung gewinnen können, welche das aufgeschwemmte Gebirge erzeugten und dasselbe in einem so ausserordentlichen Maasse mit Goldtheilchen, vielleicht sogar mit Gold und Platin zugleich schwängerten. Den Geologen, welche Gelegenheit gehabt haben, weite Länderstrecken in Betreff der Untersuchung der Erzlagerstätten genauer zu studiren, ist es nicht unbekannt, dass die in die Felsspalten eingedrungenen Metalle in ihren Beziehungen zu den Gebirgsarten Phänomene gegenseitiger Abhängigkeit und Unabhängigkeit darbieten. In einer und derselben Region, in einer Berggruppe von beschränkter Oberfläche ist die Abhängigkeit unbestreitbar. Die erzführenden Gänge, die Anhäufung gewisser Metalle gehören darin nur gewissen Gesteinen, z. B. dem Gneiss, der Grauwacke oder syenitischen und quarzlosen Porphyren an, bisweilen auch dem Contact zweier Gebirgsarten, wie des Diorits mit der Grauwacke und dem Thonschiefer. Das Hervorbrechen (*irruption*) eines körnigen Gesteins in schiefrigen Gebirgsarten, das Kreuzen mehrerer Gänge mit bestimmter Streichungslinie oder das Vorwalten unbedeutender Spalten, welche zum Hauptgange führen, haben zur Ablagerung von gewissen Golderzen, von gediegenem Silber, Silberhornerz, Quecksilber, Selenblei*), Fluor oder Dolomit Veranlassung gegeben. Der Erfolg bergmännischer Arbeiten

---

und Brasilien einst sein werden; dann wird dem russischen Reiche durch seine ungeheure Ausdehnung die Aussicht auf andere Gewinnungsorte übrig bleiben, welche auf einem Raume von tausend Meilen Länge zwischen dem Ostabhange des Ural und den Küsten des Ochozkischen Meeres verschieden vertheilt liegen; eine Aussicht, welche indess durch den relativen Reichthum oder den Gehalt der goldführenden Schuttlager, wie durch die Schwierigkeit, sich in noch so schwach bevölkerten Gegenden Hände zur Arbeit zu verschaffen, beeinträchtigt wird.

*) Ueber den Einfluss eines Eruptionsgesteines, des Diorits, auf das Vorkommen von Selen, Quecksilber, Palladium und einer geringen Menge Platin zu Tilkerode am Harz, s. die interessante Abhandlung von Zinken in Poggendorff's Ann., III., 271.

hängt grossentheils ab von der genauen Kenntniss der Verhältnisse im Streichen der Gänge und der mittleren Tiefe, in welcher sich in dieser oder jener Localität das Maximum des Ertrages eines Erzlagers findet. Wenn man hingegen einen grossen Theil der Erde, z. B. die auf einer Länge von 600 Meilen ausserordentlich metallreiche Meridiankette der Andes kennen gelernt hat; so sieht man neben den Reichthümern, welche in den Porphyren vorwalten, sehr wichtige Ablagerungen gediegenen Silbers (*pacos*) in den heterogensten Gesteinen, selbst bis zu den Kalksteinen von sehr neuer Bildung*). Während der ihrem Alter nach sehr verschiedenen Emporhebungen wurden dieselben Metalle (Gold, Silber und Quecksilber) in die Gangspalten eingesprützt und an den Wänden granitischer, schiefriger, porphyrischer, sandsteinartiger oder kalkiger Gesteine abgesetzt. Es ergiebt sich aus der Gesammtheit dieser Betrachtungen, dass es für die Fortschritte der wissenschaftlichen Geologie, wie für die praktische Ausbeutung eine der wichtigsten Arbeiten sein würde, in dem ganzen asiatischen Gürtel, von den Küsten des östlichen Ozeans bis westlich vom Ural, die Trümmer verschiedener Gebirgsarten (Talkschiefer, Diorit, Serpentin) und überhaupt die Erze mit Sorgfalt zu untersuchen, welche die goldführenden Alluvionen charakterisiren, ihre gruppenweise Vertheilung in verschiedenen Höhen bestimmen und ihre Alters- und Wechselverhältnisse zu den fossilen Knochen der Pachydermen aufklären. Die Natur befragen in dieser langen Reihe älterer und jüngerer Formationen, die einander überlagern und sich gegenseitig durch-

---

*) Ich muss in dem Bergwerke von Chota den Kalkberg des Cerro de Gualgayoc anführen, welcher sich wie ein festes Schloss auf dem hohen Plateau der peruanischen Cordilleren erhebt und lange Zeit jährlich über 67000 Mark Silber geliefert hat. Diese Schätze finden sich in einem Kalkstein, den Hr. v. Buch nach den von mir mitgebrachten Fossilien als den untern Kreideschichten angehörig erkannt hat. S. die Beweise der wichtigen Entdeckung meines berühmten Freundes in seinem Werke: *Pétrifications de l'Amérique*, 1839, (folio), p. 4, 18.

dringen; Raum und Zeit auf solche Weise ergründen: das heisst, sich zur Untersuchung grosser geologischer Gesetze erheben, das heisst erkennen, was in Phänomenen, welche dem Anschein nach räumlich beschränkt und veränderlich sind, beständig, was übereinstimmend ist.

Ergänzende Zusätze zum I. Theil.

Über
Hrn. Fedorow's Höhenmessungen.

Da die Anzahl der ganz genau bestimmten Höhen im nördlichen Asien leider noch sehr klein ist, so habe ich mich an meinen gelehrten und berühmten Freund Hrn. v. Struve, Director der kaiserlichen Sternwarte zu Pulkowa gewandt, um durch seine Vermittelung die Ergebnisse einiger Höhenmessungen zu erhalten, welche Hr. Wassili Fedorow in Sibirien angestellt. Dieser Reisende, welcher durch seine astronomischen Arbeiten am Fuss des Ararat schon so vortheilhaft bekannt ist, hat, mit vortrefflichen Instrumenten ausgerüstet, sechs Jahre lang, 1832—1837, das ganze nördliche Asien durchreis't, und ist dabei selbst gegen Süden bis zum Balkhasch-See (zwischen dem Altaï und Thian-schan) vorgedrungen. Er hat die geographische Breite und Länge von 79 Punkten zwischen Orenburg und Irkuzk und zwischen den Parallelen von 46 und 66° Br., von der chinesischen Grenze bis zu den Ländern in der Nähe des Eismeeres bestimmt. Auch sind von ihm an 12 Punkten in Sibirien die drei Coordinaten der magnetischen Declination, Inclination und Intensität mit seltener Schärfe bestimmt worden. Die mir von Hrn. Fedorow (gegenwärtig Professor der Astronomie an der Universität zu Kiew) mitgetheilte hypsometrische Notiz lautet folgendermassen:

1) „In der Umgegend von Bogoslowsk (s. S. 298) wurden vier Gipfel der Ural-Kette trigonometrisch gemessen. Ich fand den höchsten davon 764 t. über dem Spiegel des Turja-Flusses bei Turjinsk, 12 Werst östlich von Bogoslowsk. Dieser Gipfel liegt fast im Parallel von Bogoslowsk und 60 Werst nach W. davon entfernt; seinen Namen konnte ich von den Eingebornen nicht erfahren.

2) In der Umgegend von Kusnezk habe ich, ebenfalls trigonometrisch und von drei verschiedenen Punkten aus, zwei Gipfel der Saratau-Kette gemessen (s. S. 239). Diese streicht von S. nach N., etwa 100 Werst östlich von Kusnezk. Der höchste

Gipfel des Saratau, 113 Werst von Kusnezk, wurde über dem Spiegel des Tom-Flusses bei Kusnezk gefunden: von der ersten Station 957.6 t., von der zweiten 958.1 t. und von der dritten 960.6 t.; also im Mittel 958.8 t. über dem Tom-Flusse. Das Azimuth dieses Gipfels, zu Kusnezk gemessen, war 82° 8′ nach NO.

3) Vom Nor-Saysan (Dsaisang-See) an habe ich drei Gipfel des Tarbagataï-Gebirges bestimmt (s. S. 207). Der höchste unter ihnen, Tastau, ward trigonometrisch 1478 t. über dem mittleren Wasserstande des Saysan-Sees gefunden; er liegt fast gerade südlich von der Mündung des Flusses Kockbuty und etwa 135 Werst davon entfernt.“

Es ist zu wünschen, dass die Bogoslowsker Bergbeamten, unter denen sich stets sehr unterrichtete Männer befinden, den Namen des von Hrn. Fedorow gemessenen höchsten Gipfels, der 764 t. oder 4584′ über der Turja bei Turjinsk liegt, ermitteln möchten. Der Höhenwinkel, den ich auf einem Hügel bei Bogoslowsk mit einem Kater'schen Kreise genommen, hatte mir unter Voraussetzung von nur 48 Werst Distanz, nach einer MS.-Karte des Bergwerks-Districts, für den Kondjakowskoi Kamen 632 t. über Bogoslowsk geliefert, welches wahrscheinlich etwas höher als Turjinsk liegt, indem dieser letztere Ort 12 Werst östlicher, d. h. entfernter von der Uralkette gelegen ist. Dies Resultat (632 t.) hatte in mir den Verdacht erregt, es möchte sich ein Zahlenfehler in das Resultat von 8000′ (1333 t.) eingeschlichen haben, welches man einer Operation des Hrn. Fedorow zuschrieb. Es bleibt unausgemacht, ob dieser thätige Reisende und ich die Winkel desselben Gipfels gemessen; aber wenn die Distanz des Kondjakowskoi Kamen 60 Werst statt 48 wäre, wie ich annehmen musste, so würden meine Winkel eine Erhebung von 818 t. über Bogoslowsk geben. Dieser letztere Ort scheint mir nach correspondirenden Barometer-Beobachtungen zu Jekatherinenburg 80 t. über dem Ozean zu liegen, wenn ich nach dem Mittel eines ganzen Jahres und nach correspondirenden Beobachtungen zu Petersburg und Kasan für Jekatherinenburg 126 t. abs. Höhe annehme. Dann würde aus meinen Höhenwinkeln folgen, dass der Kondjakowskoi Kamen 898 t. über dem Meeresspiegel läge und ungefähr 100 t. höher als der Iremel wäre. Ueber alle diese Messungen vergl. Fedorow's Vorläufigen Bericht über seine astronomisch-geographischen Arbeiten, 1838, S. 16, 86, 89 und den folgenden Auszug aus dem Werke des Hrn. Schurowsky.

Höhen und Alter der Erhebung des Ural.

[Im Original t. III., p. 538—541.]

Da die Zahlenelemente der Höhe und der mittlern Temperatur [s. diese im III. Theil] die wichtigsten Grundlagen der Orographie und der vergleichenden Klimatologie sind, so habe ich in diesem Werke alle Angaben zu vereinigen gesucht, welche den Zweck haben, unsre Kenntniss über die Gestaltung der Bodenhöhe und die Vertheilung der Wärme an der Erdoberfläche allmälig zu vervollkommnen.

Ural-Kette. Seit dem Druck der beiden ersten Bände meines Werkes habe ich die „Physikalische und geognostische Beschreibung der Ural-Kette," welche Hr. Schurowsky, Professor der Mineralogie an der Universität Moskau, herausgegeben, kennen gelernt. Der Verfasser besuchte den Ural im J. 1838 auf Befehl der Regierung. Da man irrthümlich behauptet hatte (*Bull. de l'Acad. de St.-Pét.*, II., 100), dass der gelehrte Astronom Hr. Fedorow für den Gipfel des Kondjakowskoi Kamen durch eine trigonometrische Messung 1300 t. abs. Höhe gefunden, während derselbe nach der mir von dem Reisenden selbst mitgetheilten Note (s. ob. S. 343) nur 764 t. Höhe über dem Flusse Turja bei Turjinsk (s. S. 284) hat; so scheint es mir von Wichtigkeit, hier die Resultate der trigonometrischen Messungen des Hrn. Fedorow, wie sie im Werke des Hrn. Schurowsky (p. 5) angegeben werden, mitzutheilen: „Im W. und NW. von Bogoslowsk sieht man (über dem Spiegel des Turja-Flusses): den Denischkin Kamen 3284′ engl. (513 t.), Koswinskoi Kamen*) 1748′ engl.

*) Es ist sehr merkwürdig, dass die Namen „*Coosvinscoy-Camen*" und „*Podvinscoy-Camen*" schon dem Varenius bekannt gewesen, der sie in seiner *Geogr. generalis*, lib. I., cap. 10, pr. 1, 12 (verfasst im J. 1650 und durch Verwendung Newton's wieder abgedruckt,) als Namen hoher Berge aufführt. Wahrscheinlich lernte der Geograph Varenius diese Gipfel, welche zu seiner Zeit fern von bevölkerten Gegenden lagen, durch den Handel der Holländer mit Nord-Russland über Archangel und die berühmten Trageplätze der Petschora (*Petzora*

(273 t.), Kondjakowskoi Kamen 4875′ engl. (762 t.; Hr. Fedorow gab fast genau dieselbe Höhe, 764 t., an); Pawdinskoi Kamen, der nach Barometer-Messungen nur 2700 und 3690′ engl. (422 und 577 t.) hat." Gelten diese beiden Bestimmungen für zwei Gipfel desselben Berges? Hr. v. Helmersen nimmt für den Pawdinskoi Kamen 452 oder 500 t. an**). Er rechnet (Reise nach dem Ural, 1841, I., [Beiträge zur Kenntniss des russischen Reiches, V.,] S. 77) für den Kondjakowskoi Kamen eine abs. Höhe von 880 t., indem er zu Hrn. Fedorow's Resultat: 764 t. noch 116 t. [700′] zulegt, was nach Hrn. Kupffer die Meereshöhe von Bogoslowsk ist. Unsere correspondirenden Barometer-Beobachtungen zu Bogoslowsk und Katherinenburg veranlassen mich, diese 116 t. auf 80 t. herabzusetzen, und somit würde sich für den Kondjakowskoi Kamen eine Gipfelhöhe von 844 t. ergeben. Demnach finden wir bei dem jetzigen Zustande unsrer Kenntniss der Höhenverhältnisse des Ural folgende Höhen über dem Spiegel des Ozeans:

Iremel; 54° 22′ Br. (nach v. Helmersen, indem er jedoch für die Stadt Orenburg 39 t. H. annimmt)	793 t.	oder 1154,5 m.
Grosser Taganai; 55° 14′ Br. (nach Kupffer, welcher jedoch 184 t. für die Höhe von Slatoust rechnet**)	563 „	— 1097 „
Kondjakowskoi Kamen; 55° 40′ (nach Fedorow, wenn man die abs. Höhe von Turjinsk zu 80 t. rechnet) . . .	844 „	— 1635 „
Berge im Westen von Obdorsk; 67° 12′ Br. (nach Ad. Erman) . . .	780 „	— 1520 „

---

bei Ramusio) kennen (vergl. oben S. 291). Varenius hatte auch eine dunkle Vorstellung von dem angeblichen Vulkan Sibiriens, den Strahlenberg beschrieben [s. im II. Thl. dieses Werks den Abschnitt über das Becken zwischen Thian-schan und Altaï]. „*Montes quidam jacentes*, sagt er, (*Geogr. gener.*, l. I., c. 10, pr. 5, 17; in der Ausgabe von 1681, p. 74) *ad orientalem ripam fluvii Jenisea in Tingaesorum regione ultra Obium, versus ortum, itinere aliquot hebdomadum Vulcani sunt, Moscis* (*Moscovitis*, p. 69) *referentibus*".

*) Eine Barometer-Messung im J. 1833 gab Hrn. v. Helmersen für die Gipfel des Pawdinskoi Kamen 428 t. Höhe über der Grube von Turjinsk. Er nimmt als abs. Höhe dieses Berges (Reise nach dem Ural, 1841, I., 82) 500 t. an.

**) In dem neuesten Werke des Hrn. Gr. v. Helmersen (Reise nach dem Ural und der Kirghisensteppe 1833 und 1835 [der Beiträge

Aus dieser Tafel würde sich ergeben, dass der culminirende Punkt des Ural-Systems der Kondjakowskoi Kamen ist und dass die Kammlinie nach den beiden Enden der Kette zu (im S. unter $54\frac{1}{3}$°, im N. unter $67\frac{1}{3}$° Br.) nahe gleiche Höhe hat. Der Diorit-Knoten des Airuk-tagh (48° 45′ Br.) wird als der wahre Anfang des Ural im Süden betrachtet. (Vergl. oben S. 275—286, 293.)

Gebirgsarten von Kaltschedanskoi
am Ostabhange des Ural.

Als ich oben (S. 305) von den schwarzen basaltähnlichen Gesteinen sprach, welche Hr. Rose und ich südlich von Kysilskaja bei Gräsnuschinskoi gefunden hatten, musste ich die Aufmerksamkeit der Reisenden auf die Gebirgsarten von Kaltschedanskoi lenken, welche man als Trachytporphyr beschrieben. Ich bin jetzt so glücklich, über diesen wichtigen Gegenstand

---

zur Kenntniss des russischen Reiches und der angränzenden Länder Asiens V. Bdchen], Petersb., 1841, S. [113], 131, [133]) steht: der Iremel 790 t. der Grosse Taganai 583 t., der Jurma 458 t. [2750′; im Origin. ist 790 t. wohl ein Druckfehler], Miask 158 t., Slatoust 204 t.; Jekatherinenburg 133 t. Höhe über dem Ozean [barom. Messungen]. Da Slatoust wahrscheinlich etwas niedriger als 184 t. liegt und da der Grosse Taganai auf das Niveau von Slatoust bezogen ist, so halte ich mich für den Taganai an 563 t. Ich weiss nicht, ob die Correction von — 20 t. auch am Jurma und Iremel angebracht werden muss; ist aber der letztere Gipfel ursprünglich von den Hrn. Hofmann und v. Helmersen mit Orenburg verglichen worden, so würde man für den Iremel 754 + 39 = 793 t. und nicht 770 t. erhalten. Einjährige corresp. Barometer-Beobachtungen zu Slatoust und Petersburg geben für den ersteren Ort 165 t.; Hr. Kupffer findet, die wahre Höhe von Kasan substituirend, 203 t. Die Annahme von 184 t. hat also viel Wahrscheinlichkeit für sich. Meine Barometer-Beobachtungen setzen Miask 30 t. unter Slatoust; Hr. Kupffer hat — 44 t. Das Mittel für Miask würde also 140 t. sein. (S. oben S. 279—284, 288.)

Aufklärungen mittheilen zu können, welche ich einem Geologen verdanke, der eben so urtheilsfähig als gewohnt ist, seit langer Zeit die Beschaffenheit des Bodens unter verschiedenen Klimaten genau zu beobachten.

Nach Hrn. de Verneuil, der diesen angeblichen Trachyt an Ort und Stelle untersuchen konnte, „enthält derselbe weder Olivin noch Leucit; es ist ein Aggregat und abgesetztes Gestein, ein Conglomerat von sehr kleinen, abgerundeten, glasigen Quarzkörnern und Kieselschiefer, welche durch einen bunten, graulichen oder gelblichen Kitt zusammengebacken sind. Die Quarzstücke sind grau, braun oder grünlich, und die wegen des bergmännischen Betriebs untersuchten Schichten bestehen fast ganz daraus. Sie sind den Conglomeraten, auf welchen das Schloss zu Baden-Baden am Rhein erbaut ist, ungemein ähnlich. Der Kitt ist ein erdiges, thoniges Gestein von matter Farbe und rauher Oberfläche, und man entdeckt darin unter dem Mikroskop häufig kleine Quarzkörner, aber gar keine Feldspathkrystalle. Diese Gebirgsart bildet für sich manchmal ganze Schichten; Ansehen und Eigenschaften, welche denen gewisser vulkanischer Tuffe ähnlich sind, lassen glauben, dass sie durch Zersetzung der benachbarten Feldspathmassen entstanden sei und dass alle diese Conglomerate mit horizontalen Schichten auf Kosten des quarzführenden Porphyrs gebildet worden, auf oder bei welchem sie abgesetzt wurden. Hrn. G. Rose's Beschreibung (Reise, I., 431) gewisser Conglomerate bei Werchoturie stimmt so gut mit denen von Kaltschedanskoi überein, dass es äusserst wahrscheinlich ist, dass beide Absätze auf gleiche Weise gebildet worden sind und einer und derselben Epoche angehören“.

[Während des Druckes dieser Ergänzungen ist noch die wichtige Abhandlung der Hrn. Murchison, de Verneuil und v. Keyserling, auf welche wir schon S. 319, Anm. * hindeuteten und welche im Mai 1842 gelesen wurde, unter dem Titel: *On the geol. structure of the Ural Mountains*, im Auszuge in den *Proceedings of the geol. Soc.*, III., 742 oder *Philos. Magaz.* (Aug. 1843), XXIII., 124, erschienen.]

Mineralien der Ural-Kette.

Die Kette des Ural zeigt eine so wunderbare Mannigfaltigkeit von Mineralien, dass auf dem Raume der Emporhebung von Orsk bis Bogoslowsk — und dieser ist einzig und allein bisher mit einiger Sorgfalt untersucht worden, — schon über 110 Arten [in 23 Mineralgattungen] aufgefunden worden sind, worunter 20, welche bisher noch in keiner andern Gegend der Erde entdeckt waren. Diese neuen Species hat Hr. Rose dem grösseren Theile nach zum Gegenstande krystallographischer und chemischer Arbeiten gemacht. Ich führe sie hier nach der wichtigen systematischen Uebersicht auf, welche mein Freund und Reisegefährte im II. Bande des historischen und geologischen Berichtes von unserer sibirischen Reise [S. 443] veröffentlicht hat. 1) Bleigraues Osmium-Iridium von Nijnei-Tagilsk, Sissersk und Kyschtymsk (Rose, Reise nach dem Ural, II., 395). Wie Platin manchmal durch Contact in einem und demselben Stück mit Chromeisenerz verwachsen ist, so findet sich zinnweisses Osmium-Iridium als Ueberzug des gediegenen Goldes (ebd., II., 391, 393). 2) Nadelerz, eine Verbindung von Wismuth, Blei, Kupfer und Schwefel (I., 197) in den Beresowsker Gängen. 3) Diaspor von Mramorskoi (I., 150, 249; II., 472). 4) Hydrargillit von Schischimskaja und vom Taganai, welchen Hr. Lissenko nebst Xantophyllit und Tscheffkinit Hrn. Rose mitgetheilt, und dessen chemische Zusammensetzung ganz verschieden ist von der des Wawellits, den Davy früher Hydrargillit nannte (II., 122). 5) Chlorospinell von der Schischimskaja Gora bei Slatoust, welcher von dem unermüdlich eifrigen Hrn. Barbot de Marni entdeckt und früher für Gahnit gehalten wurde (II., 119, 174). 6) Aeschynit des Ilmen-Gebirges bei Miask (II., 70—77). 7) Perowskit von der Nasimskaja Gora bei Slatoust, mitgetheilt von Hrn. Kämmerer (II., 128). 8) Uranotantal, von Hrn. v. Jewreinoff im Ilmen-Gebirge gefunden (II., 72—75; Poggend. Ann., XLVIII., 555), vorzugsweise aus Tantal und Uran zusammengesetzt. 9) Chloritoïd von Mramorskoi bei Jekatherinenburg, Fiedler's Chloritspath (I., 252—254; II., 496). 10) Barsowit von Barsowskoi bei Kyschtymsk, ähnlich dem Skapolith, mit eingewachsenem blauen Korund (Rose, II., 149—152). 11) Cancrinit im Ilmen-Gebirge in Miascitfels, einem aus Feldspath und Eläolith zusammengesetzten Gemenge (Rose, II., 55—58). 13) Tscheffkinit im Ilmen-Gebirge (II., 92, 513). 13) Xantophyllit in dem Schischimskischen Berge bei Slatoust (II., 120—122). 14) Rhodizit von Schaitansk bei Mursinsk (I., 466—469; II., 514), der wegen seines Namens nicht mit dem Rhodonit (I., 162; II., 498) und Rhodochrom des Ural (II., 157, 514) verwechselt werden darf. 15) Volborthit, vanadinsaures Kupferoxyd in der Kupfergrube zu Turtschininoff und Nijnei-Tagilsk (II., 515). Das Vanadin findet sich auch mit Blei verbunden (Vanadinbleierz) in den Beresowsker Goldgängen, wie auch zu Zimapan in Mexiko, von wo ich es nach Europa mitgebracht (I., 211). 16) Melanochroit zu Beresowsk, analysirt von Hrn. Hermann in Moskau (I., 205). 17) Uwarowit in schön smaragdgrünen Dodecaëdern zu Saranowskaja bei Bissersk und Kyschtymsk, analysirt von Hrn. Hess (I., 380; II., 160). 18) Mengit, eingewachsen im Albit des Ilmen-Sees bei Miask, Brooke's Ilmenit, ganz verschieden von Kupffer's Ilmenit (Titaneisenerz); (Rose, II., 83, 518). 19) Pyrrhit zu Alabaschka (II., 383, 385). 20) Ural-Orthit im Ilmen-Gebirge, analysirt von Hrn. Hermann in Moskau, enthält keine Yttererde und unterscheidet sich dadurch vom Finboer Orthit (II., 603).

Man kann, sagt Hr. Rose (II., 519) diesen 20, dem Ural eigenthümlichen Mineralien noch 15 anderwärts auf der Erde sehr selten vorkommende Mineralien hinzufügen, nämlich den Pyrochlor, Monazit (Edwardsit), Libethenit, Bucklandit, Phenakit, Pyrophyllit, Rhodochrom, Vanadinbleierz, Rothbleierz, Vauquelinit, Brochantit, Platin, Gediegen Iridium, Osmium-Iridium und Diamant. Das spec. Gewicht des gediegenen Iridium hat Hr. Breithaupt zu 23.646 gefunden; Hr. Rose (II., 397) erhielt 22.800 für ein Korn gediegenes Iridium von Newjansk. Das Platin in Schüppchen zeigt 22.069 spec. Gewicht. Vergl. oben S. 315 Hrn. Rose's Beobachtung über das bleigraue Osmium-Iridium und über die Wahrscheinlichkeit, dass das reine Osmium ein Körper ist, dessen spec. Gewicht selbst noch das des Iridium übertrifft (Rose, II., 395).

Übersicht

der

Gold- und Platinmenge,

welche vom Jahre 1814 bis zum Jahre 1842 aus den uralischen und sibirischen Schuttlagern gewonnen worden *).

Um von dem Goldreichthum und dem Fortschreiten der Ausbeutung der goldhaltigen Schuttlager, sowohl innerhalb der Ural-Kette als in den weiten Gebieten Sibiriens im O. dieser Gebirgskette, eine genaue Vorstellung zu geben, theile ich im Folgenden die aus officiellen Documenten entlehnten Resultate mit.

Hr. v. Helmersen hat das Verdienst gehabt, dass er sich specieller mit der Geschichte der uralischen Metallgewinnung beschäftigt hat. Es ist ihm möglich gewesen, seine Angaben auf positive Beweise zu stützen. Er bemerkt**), „dass der Czar Iwan Wassiljewitsch im J. 1491 zwei deutsche Bergleute nach der Petschora***) sandte, um dort Silbererze aufzusuchen. Sie entdeckten wirklich solche Erze an einem Nebenfluss der Petschora, der Tsbiona; aber man verfolgte diese Arbeiten nicht weiter. Eine andere Expedition deutscher Bergleute ging im J. 1671 unter Anführung Michael Selin's von Moskau ab, war jedoch ebenfalls fruchtlos; man suchte indess wiederum nur nach Sil-

---

*) [Im Original t. III., 513—519. S. auch die Tab. in Rose's Reise, II., 430—438 und Erman's Archiv, 1842, S. 501 fg., 528—533, 712.]

**) *Notice hist. sur les travaux des mines de Russie* im *Ann. pour* 1835, p. 279—298.

***) Die Gegend zwischen den Nebenflüssen der Petschora und den kleinen Flüssen Soswa und Tui (Nebenfl. des Obi) wurde seit dem 12. Jahrhundert von den unternehmenden und betriebsamen Bürgern Nowgorods besucht. S. oben S. 290—292.

bererzen *). Die kostbaren goldenen Gegenstände, welche der berühmte Nikita Demidoff, der Gründer der ersten Eisenschmelzhütte an der Neiwa (Newjanskoi Sawod), Peter dem Grossen bei Gelegenheit der Geburt des Grossfürsten Peter überreichte, waren nicht in den Schuttlagern, sondern in den Grabmonumenten der Tschuden**) gefunden worden. Erst nachdem schon grosse Eisen- und Kupfergruben und Schmelzhütten im nördlichen und südlichen Ural angelegt worden waren, entdeckte man endlich im Laufe des denkwürdigen Jahres 1745 Gold in Quarzgängen am Pyschma-Bache. Diese Entdeckung wurde wichtig, weil ohne Zweifel wenig glückliche Versuche am Isset, Tagil, an der Pyschma und Neiwa auf Arbeiten führten, die in den Goldgruben Beresowsk's Bestand gewonnen haben. Eben dieselben Gangbaue haben, wiewohl sehr langsam, wie wir bald sehen werden, zur Entdeckung der goldführenden Alluvionen des Ural Veranlassung gegeben."

„Im J. 1771 hatte eine Feuersbrunst zufällig drei Ställe für die Pferde, welche zur Gewältigung des Wassers in der Kljutschefsker Goldgrube dienten, in Asche gelegt. Die Beresowsker Verwaltung schlug vor, einen Wasserstollen vom Beresowsker Bache nach dem Goldlager von Kljutschefsk zu leiten, was jedoch erst im J. 1774 zur Ausführung kam. In diesem Jahre fand man, als man den Stollen trieb, zwei Quellen, welche auf

*) Vgl. oben S. 311, 312, wo ich das Zeugniss Marco Polo's und Ibn Batuta's über *le argenterie* Russlands, „dem Nachbaren des Landes der Finsterniss" angeführt. Kürzlich ist ein Silbergeschiebe in der Pawlowsker Grube bei Nijnei-Tagilsk gefunden worden. S. Hrn. Koltowskoy's Abhandlung im *Ann. de* 1838, p. 278. „Seit der Regierung des Czars Alexei-Michailowitsch, sagt Hr. v. Helmersen, hatte man eine Silberhütte zur Schmelzung des im (uralischen) Lande der Baschkiren ausgebrachten Erzes errichtet; dieses Erz ward zu Moskau probirt. Die politischen Unruhen bewirkten, dass die Arbeiten aufhörten; aber als im J. 1734 der Staatsrath Tatitscheff zu Katherinenburg als Generalbergwerksdirector eingesetzt wurde, schrieb ihm die Regierung vor, sich mit der Aufsuchung von Silberlagern im Baschkiren-Lande angelegentlich zu beschäftigen. Unter allen Silbergruben des Ural ist das von Sanarsk, beim gleichnamigen Fort gelegen und 1761 entdeckt, dasjenige, welches eine Zeit lang die meisten Aussichten gab".

**) Vergleiche S. 313 Anm. * über den Feingehalt der goldenen Armspangen, die beim Irtiasch-See nicht fern von den jetzigen Simonowskischen Seifenwerken entdeckt wurden.

dem Boden des Stollens einen sandigen, goldführenden Thon nebst Quarztrümmern absetzten. Es scheint, als wenn der Stollen nicht einzig und allein zersetztes anstehendes Gestein, sondern auch darüber liegendes Alluvialgebirge durchschnitten hätte. (Soviel ist gewiss, dass man im Jahre 1775 aus den Alluvialschichten Gold gewonnen, welche 40 Jahre später am ganzen Ostabhange des Ural eine der grössten Quellen von Reichthümern, die man in den Annalen des Bergbaues der alten Welt kennt, geworden sind.) Trotz der Wichtigkeit jener durch das Abbrennen einiger Pferdeställe veranlassten Entdeckung wurde die Aufmerksamkeit erst wieder im J. 1804 auf die 34 Waschheerde, welche 1775 bei dem Kljustschefsker Stollen angelegt worden, gelenkt, als Ilmann nämlich, nachdem er sich genaue Nachrichten über die alten Seifenwerke verschafft hatte, zu Wolkofsk und Kljutschefsk das Verwaschen einer Masse von 33000 Pud Sand begann, den man unmittelbar aus dem aufgeschwemmten Gebirge dieser Gegenden nahm. Im J. 1807 gab Hermann, der Bergwerksdirector zu Katherinenburg, diese Seifen wegen ihres geringen Goldgehalts auf; aber die Entdeckung zweier Goldgeschiebe, die zusammen 3 Pfund wogen, — und so grosse waren noch nie früher in Russland vorgekommen, — spornte im J. 1810 den Forschungseifer von Neuem an. Man liess den Sand von Kljutschefsk durch Hrn. Brusnitzin*) prüfen; aber im J. 1816 lieferte der ganze Ural doch erst 5 Pud 35 Pfund Gold aus dem Goldsande. Von 1810—1823 belief sich die Production auf 40 Pud".

Das *Gorny-Jurnal* vom J. 1838 theilt den Gewinn der folgenden 4 Jahre mit, in welcher Zeit die Quantität des Waschgoldes fast auf das Dreifache gestiegen war.

1823:	89	Pud	17	Pfund;
1824:	165	„	4	„
1825:	232	„	34	„
1826:	235	„	23	„

Vom J. 1827 bis 1838 betrug die Totalausbeute des in die Petersburger Münze eingelieferten Silbers (aus den Kronhütten wie aus den Privatwerken im Ural und in Sibirien) 4438 Pud

*) Um dieselbe Zeit (1813) war auch der Fund eines grossen Goldgeschiebes durch ein junges Newjansker Mädchen, Katharina Bogdanow, ein neuer Antrieb zu sorgfältigeren Nachforschungen. (Vergl. oben S. 313.)

(72694 Kilogr.). Der mittlere Gehalt dieses Waschgoldes wird zu 88 Procent reines Gold und 9 Procent Silber gerechnet. Die Production jener 12 Jahre ist in der Tafel I. specieller angegeben. Tafel II. geht bis zum J. 1823 zurück und umfasst die 16 Jahre von Anfang des J. 1823 bis zu Ende des J. 1838. Tafel III. endlich enthält die Jahre 1839, 1840 und 1841. In dem letzten Jahre lieferten die goldführenden Alluvionen des Ural 302 Pud, die sibirischen östlich vom Ural 355 Pud Gold [vergl. oben S. 260]. Man schmeichelt sich mit der Hoffnung, dass die sibirischen Schuttlager allein sich bald zu einer Ausbeute von 500 Pud steigern könnten*). Das gesammte in den 15 Jahren 1827—1841 gewonnene Gold beläuft sich auf 6242 Pud 17 Pfund oder 102250.95 Kilogr. [218628.45 Preuss. Pfund], deren Werth, wenn man das dem Waschgolde beigemengte Silber in Abrechnung bringt, etwa 311'950000 Francs [84'036000 Preuss. Thlr.] beträgt. — Ich habe hierbei nur solche Documente benutzt, die mir der Hr. Graf v. Cancrin unmittelbar mitzutheilen die Gewogenheit hatte. In dem letzten Theile seines Werks hat Hr. Rose (Reise, II., 431) schon die verschiedenen Lesarten angegeben, die sich in einigen Tafeln des *Gorny-Jurnal* finden. Man vergleiche auch das *Ann. des mines de Russie, Introd.*, tabl. 6, 7, 11. — Ich bemerke schliesslich noch, dass nach den neuerdings von Hrn. Claussen in Brasilien eingezogenen Nachrichten (*Bull. de l'Acad. Roy. de Brux.*, t. VIII, pt. 1, p. 329) das vormals so goldreiche Land nicht mehr als 10000—12000 Mark jährlich oder etwa 160 Pud Gold [5000—6000 Preuss. Pfund] liefert.

---

*) [Im Orig. findet sich in t. III., p. 598 noch folgender Zusatz:] Nachrichten zufolge, die man auf officiellem Wege bis zu Anfang des Decembers 1842 eingezogen, haben diese sibirischen Alluvionen wirklich im Laufe des Jahres 1842 über 479 Pud (7846 Kilogr.) geliefert, und somit dürfte sich der Gesammtertrag an Gold im russischen Reiche in diesem Jahre wahrscheinlich auf 970 Pud (15889 Kilogr.) erhöhen. [Vergl. oben S. 259, 260.]

Tafel I.

Jährlicher Ertrag an Gold,

welches von den Hüttenwerken der Krone und der Privaten

von Anfang des Jahres 1827 bis zu Ende des Jahres 1838

in die kaiserliche Münze zu Petersburg abgeliefert worden.

(1 Pud = 16.380 Kilogr. [oder 35.023 preuss. Pfund]. 1 russ. Pfund = 0.409 Kilogr. [oder 0.3648 preuss. Pfund]. 1 Solotnik = 0.0042 Solotnik [oder 0.0038 preuss. Pfund]).

	1827			1828			1829			1830		
	Pud	Pfd.	Sol.	Pud	Pfd.	Sol.	Pud	Pfd.	Sol.	Pud	Pfd.	Sol.
I. Eigenthum der Krone.												
A. Ural.												
Jekatherinenburg	25	39	35	27	30	19½	26	32	70	30	10	19
Slatoust	62	28	20	55	14	3	54	31	34	56	35	77
Bogoslowsk . .	—	14	—	3	2	78½	17	13	14	55	27	1
Goroblagodatsk .	—	18	66	—	31	48½	1	4	51	4	38	66
Zusammen	89	20	25	86	38	53½	100	1	73	147	31	67
B. Sibirien.												
Kolywano-Woskressensk	—	—	—	—	18	5¾	—	26	47½	—	25	1
Nertschinsk . . .	—	—	—	—	—	—	—	—	—	—	—	—
II. Privateigenthum.												
A. Ural . . .	192	10	49	203	15	49	186	10	34½	199	33	42
B. Sibirien . .	—	—	—	—	—	—	1	10	18¾	4	22	40¾
Zusammen	281	30	74	290	32	12¾	288	8	77¾	352	32	54¾

	1831			1832			1833			1834		
	Pud	Pfd.	Sol.	Pud	Pfd.	Sol.	Pud	Pfd.	Sol.	Pud	Pfd.	Sol.
I. Eigenthum der Krone.												
A. Ural.												
Jekatherinenburg	35	13	20	42	10	34	35	38	55	30	37	73
Slatoust	58	10	40	59	7	38	52	—	88	59	20	68
Bogoslowsk . .	50	8	84	50	38	50	50	27	51	45	37	65
Goroblagodatsk .	10	5	5	10	6	15	3	20	26	1	30	13
Zusammen	153	37	53	162	22	41	142	7	28	138	6	27
B. Sibirien.												
Kolywano-Woskressensk	5	3	—	5	39	82	5	34	85	11	19	75½
Nertschinsk . . .	—	—	—	—	—	—	—	6	39	—	16	59
II. Privateigenthum.												
A. Ural . . .	200	11	68¾	200	6	88½	199	22	46	171	14	93½
B. Sibirien . .	5	15	35	15	37	49¾	30	31	25¾	53	21	50¼
Zusammen	364	27	60¾	384	26	69¼	378	22	31¾	374	39	17¼

	1835			1836			1837			1838			Ueberhaupt		
	Pud	Pfd.	Sol.	Pud	Pfd.	Sol.	Pud	Pfd.	Sol.	Pud	Pfd.	Sol.	Pud	Pfd.	Sol.
I. Eigenthum der Krone.															
A. Ural.															
Jekatherinenburg	30	28	82	31	6	8	30	1	49	29	35	14	377	3	94½
Slatoust	59	34	—	52	39	56	59	29	38	53	17	16	684	28	94
Bogoslowsk . .	38	13	78	39	19	53	32	24	91	36	10	14	420	38	3½
Goroblagodatsk .	2	28	43	5	2	63	8	24	27	12	12	36	61	22	75½
Zusammen	131	25	11	128	27	84	131	—	13	131	34	80	1544	13	75½
B. Sibirien.															
Kolywano-Woskressensk	20	24	20	20	2	95¼	25	16	15¾	30	—	—	126	10	43¾
Nertschinsk . . .	—	12	4	—	21	82	—	26	—	1	7	62	3	10	54
II. Privateigenthum.															
A. Ural . . .	160	28	44	164	9	4	178	21	25	167	33	8	2224	17	72¼
B. Sibirien . .	72	16	50¼	84	13	40¾	106	30	13	165	8	37	540	6	73¼
Zusammen	385	26	33¼	397	35	18	442	13	66¾	496	3	91	4438	19	30¾

Zu Th. I., S. 354.

Gold-, Platin- und Silbermenge,

welche in den 16 Jahren von Anfang des Jahres 1823 bis zu Ende des Jahres 1838 aus den Schuttlagern und Gruben des russischen Reiches gewonnen worden.

1. Reines Gold aus den Bergwerken.

Ertrag der Uralischen Kronbergwerke.

Gold durch Verwaschen des Goldsandes.

	Pud	Pfd.	Sol.
Im District von Jekatherinenburg	444	33	54
„ „ „ Slatoust	711	39	57
„ „ „ Bogoslowsk	378	27	1
„ „ „ Goroblagodatsk	56	34	4
Zusammen	1592	14	22

Kronbergwerke im Altai.

	Pud	Pfd.	Sol.
Gold aus dem Goldsande ausgewaschen	111	18	83
Gold aus den Erzen der Silbergruben dieses Districts, durch chemische Procedur ausgeschieden. ($\frac{3}{100}$ vom Silberertrag dieser Gruben bestehen aus Gold.)	427	—	47

Kronbergwerke im Nertschinsker District.

	Pud	Pfd.	Sol.
Ertrag der Seifenwerke	3	5	8
Gold aus den Silbergruben (wie oben)	6	24	48
Zusammen	548	8	48
Totalproduction der Kronbergwerke überhaupt	2140	22	71

Ertrag der Privatbergwerke im Ural.

	Pud	Pfd.	Sol.
Werch-Issetsker Bergwerke	748	26	50
Newjansker „	320	18	26
Nijnei-Tagilsker „	463	36	24
Kaslinsker „	471	12	65
Syssertsker „	185	33	17
Schaitansker „	75	12	57
Bilimbajewsker „	66	10	58
Wsewolod-Blagodater „	58	24	24
Werchnei-Ufaleisker „	47	3	52
Krestowosdwijensker „	32	39	32
Rewdinsker „	9	5	39
Preobrajensker „	—	18	5
Hrn. Medjer's „	9	31	6
Bergwerke auf den Gütern des Hrn. Bulgakoff	—	—	72
„ im Gebiet der Baschkiren und Teptiären	53	32	12
„ im Innern Sibiriens	466	6	6
Totalproduction der Privatbergwerke	3009	30	72
Gesammtertrag an Gold	5150	12	47

2. Rohes Platin.

	Pud	Pfd.	Sol.
Von den Kronbergwerken	29	—	83
„ Privatbergwerken zu Nijnei-Tagilsk	1216	29	91
„ Bergwerken an mehreren andern Orten in kleinen Quantitäten	13	13	65
Zusammen	1259	4	48

3. Silber.

(Wirkliches Gewicht nach Abscheidung des Goldes.)

	Pud	Pfd.	Sol.
Von den Altaischen Gruben	14704	7	37
„ Nertschinsker Gruben	3301	30	20
Zusammen	18005	37	58

Zu Th. I., S. 354.

Tafel III.

Jährlicher Ertrag an Gold,

welches von den Kron- und Privatbergwerken in die Münze zu Petersburg abgeliefert worden, vom J. 1839 bis zum J. 1841.

(1 Pud = 40 russ. Pfund [= 35.023 preuss. Pfund]; 1 russ. Pfund wird in 96 Solotnik, 1 Solotnik in 96 Doli getheilt.)

	Metallgewicht, die natürlichen Beimengungen mitgerechnet.											
	1839			1840			1841			Ueberhaupt		
	Pud	Pfd.	Sol.	Pud	Pfd.	Sol.	Pud	Pfd.	Sol.	Pud	Pfd.	Sol.
Kronbergwerke.												
A. Ural.												
Jekatherinenburger District . . .	30	33	92	31	7	8	30	30	44	92	31	48
Slatouster — . . .	58	14	48	52	24	49	50	5	68	161	4	69
Bogoslowsker — . . .	37	27	18	33	13	22	39	4	82	110	5	26
Goroblagodatsker — . . .	13	6	36	17	—	—	14	32	38	44	38	74
B. Sibirien.												
Kolywano-Woskressensker District	20	4	46	26	26	45	30	—	—	76	30	91
Nertschinsker —	3	25	11	6	6	91	7	—	17	16	32	23
Privatbergwerke.												
Im Ural	175	32	54	169	14	29	168	33	14	514	—	1
In Sibirien	158	—	69	215	36	10	318	—	44	691	37	28
Zusammen . . .	497	24	86	552	8	62	658	27	19	1708	20	71
Dazu das aus dem Silber der sibirischen Gruben abgeschiedene Gold	32	7	—	31	30	—	31	20	—	95	17	—
Giebt überhaupt .	529	31	86	583	38	82	690	7	19	1803	37	71

Platin.

	von der Krone			von Privaten			Ueberhaupt		
	Pud	Pfd.	Sol.	Pud	Pfd.	Sol.	Pud	Pfd.	Sol.
Ertrag im J. 1839 . .	—	6	8	91	23	83	91	29	91
„ „ 1840 . .	—	5	48	93	21	2	93	26	50
„ „ 1841 . .	3	13	56	105	7	25	108	20	81
Zusammen . . .	3	25	16	290	12	14	293	37	30

Zu Th. I., S. 354.

Über

die Goldproduction Sibiriens.

[Eine mir von dem Hrn. Verfasser gütigst mitgetheilte Ergänzung zu S. 260.]

„Das allmälige Zunehmen der Goldproduction in Sibirien östlich vom Ural ist nach Hrn. Gen.-Maj. Kowalewskji's Angaben gewesen:

1830:	5	Pud	33	Pfund	
1831:	10	„	18	„	
1832:	21	„	35	„	
1833:	36	„	33	„	
1834:	65	„	19	„	
1835:	93	„	12	„	
1836:	105	„	9	„	
1837:	132	„	39	„	
1838:	193	„	6	„	
1839:	183	„	8	„	
1840:	255	„	27	„	
1841:	358	„	33	„	
1842:	631	„	5	„	*)
Zusammen:	2093	Pud	38	Pfund	**)

Wenn man einen mittleren Gehalt des Goldsandes zu 1 Solotnik in 100 Pud annimmt, so müssen, um ein Pud Gold zu gewinnen, 384000 Pud Sand zugeführt und gewaschen werden.“

*) [Die Summe von 1842 kann sich noch um etwas verändern, da sie aus Nachrichten gezogen ist, die vor Ende des Jahres eingegangen sind (nach Erman's Archiv, II., 517). Ausserdem wurden im J. 1842 aus dem Kolywanschen Silber 30 Pud Gold abgeschieden, so dass Sibiriens Gesammtproduction 1842 auf 661 Pud anzuschlagen ist.]

**) [Die Summe giebt wegen Vernachlässigung der Solotnik hier 37 Pfund.]

Entdeckung
einer
Masse gediegenen Goldes
von 36 Kilogrammes Gewicht
im
südlichen Ural.

[Im Original t. III., 597, 598.]

Es ist an mehreren Stellen (S. 310, 313, 322, 330) von den reichen Alluvionen zu Zarewo-Alexandrowski bei Miask im Süd-Ural die Rede gewesen, wo während des Aufenthalts des Kaisers Alexander ein Goldgeschiebe von 10 Kilogr. gefunden wurde. Es wog also noch $4\frac{1}{2}$ Kilogr. weniger als der berühmte *grano de oro* von der Insel Haïti, von welchem die Schriftsteller der *Conquista* berichten und welches beim Schiffbruch Bobadilla's am 29. Juni 1502 nicht beim Cap Beata, wie Oviedo sagt, sondern beim Cap Engaño, dem östlichsten Vorgebirge Haïtis, auf den Meeresgrund versank. (S. mein *Examen crit. de la Géogr.*, III., 331). In den Alleghanys (Grafschaft Anjou in Nord-Carolina) wurde sogar im J. 1821 in einem Schuttlager auf der Grauwacke ein Geschiebe von 21.7 Kilogr. gefunden, welches also, wie man erzählt, noch nicht so schwer war, als ein im Besitz des Sultans von Sambas auf Borneo befindliches Geschiebe.

An demselben Orte, wo im J. 1826 eine Masse gediegenen Goldes von 10.118 Kilogr. (24 Pfd. 68 Solotn. russ.) entdeckt wurde, fand man im November des J. 1842 einen Klumpen von 36.020 Kilogr., welcher bereits im Petersburger Berg-Institut niedergelegt ist. Wir theilen darüber im Auszuge eine Notiz mit, die Hr. Kokscharoff, ein unterrichteter, eifriger Mineraloge, welcher die Hrn. Murchison, de Verneuil und den Grafen Keyserling auf ihrer Reise nach dem Ural begleitete, mir zu senden die Güte gehabt (vergl. das offic. Journ. der Manufacturen und Künste (russ.) vom 9. Dec. 1842). „Die Gold-Alluvionen von Zarewo-Nikolajefsk und Zarewo-Alexandrofsk, welche bereits einen Ertrag von 400 Pud (6642 Kilogr.) geliefert hatten, schienen seit dem J. 1837 erschöpft zu sein. Man fing in der Nähe, besonders am Bache Taschku-Targanka von Neuem Versuchsbaue an, was bald zur Entdeckung eines Goldsandlagers von sehr reichem Gehalt, aber von sehr geringer Ausdehnung führte. Nachdem diese Lagerstätte schnell abgebaut war, liess man das Wasser eines Teichs, welcher zum Waschen des Sandes gedient hatte, ab und stellte am Boden des Teiches wieder Nachsuchungen an. Dieselben ergaben Schuttlager von über 8 Solotnik auf 100 Pud. Das ganze Thal vom Taschku-Targanka wurde mit Ausnahme des Platzes, auf welchem die Seifenwerke erbaut waren, abgetrieben. Im J. 1842 entschloss man sich, diese Gebäude selbst abzureissen, und nachdem man Lager von ausserordentlicher Ergiebigkeit verwaschen, welche auf einer kleinen Strecke bis 70 Solotnik in 100 Pud Sand führten, entdeckte man am 7. Nov. 1842 unter einer Ecke des Gebäudes selbst, in 3 mèt. Teufe und auf einer Dioritbank ruhend, das ungeheure Geschiebe, dessen Gewicht 36.020 Kilogr. (2 Pud 7 Pfd. 92 Solotn. russ.*) betrug.“

Dieser Goldklumpen hat eine wellenförmige Oberfläche, ist etwas porös und ganz frei von einer Gangart. — Das grösste Platingeschiebe, welches bisher im Platinseifengebirge von Nijnei-Tagilsk gefunden worden, wiegt 8.330 Kilogr. (20 Pfd. 34 Sol. russ.). Vergl. Rose, Reise, I., 41; II., 39.

---

*) 1 Pud = 16.38069 Kilogr. nach Hrn. Kupffer.

Erläuterungen über die Diamanten des Ural, der Molucken und Brasiliens.

[Im Orig. t. III., 520—537; Ergänzung zu S. 315 und 316.]

Mein Reisegefährte Hr. Gustav Rose hat die auf die Entdekkung der uralischen Diamanten und auf die Natur der Gebirgsarten in der Nähe ihrer jetzigen Lagerstätte bezüglichen Facta mit grosser Genauigkeit zusammengestellt (Mineral.-geogn. Reise nach dem Ural, dem Altai und dem Casp. Meere, I., 352—374). Ich lege hier Auszüge aus dieser Notiz und aus der letzten, im J. 1841 erschienenen Reise des Hrn. v. Helmersen [Beiträge zur Kenntniss des russischen Reiches, V.] nieder; dieselben mögen zur Berichtigung irrthümlicher Angaben dienen, welche in mehrere wissenschaftliche Zeitschriften über meine auf Befehl des Kaisers Nikolaus I. im J. 1829 unternommene Reise übergegangen sind.

„Der Graf Polier und Hr. Schmidt, welche uns von Nijnei-Nowgorod begleitet hatten, verliessen uns in Kuschwinsk, um über den Uralkamm nach seinen Besitzungen auf dem Westabhange dieser Kette zu reisen. Wir setzten unsern Weg nach Nijnei-Turinsk fort, während der Graf Polier sich anschickte, seine schönen Besitzungen an der Koiwa und Poludennaja zu besuchen. Diese Reise hatte die Entdeckung der Diamanten zur Folge, eine Entdeckung, die zwar in mercantilischer Hinsicht bis jetzt durchaus keine Wichtigkeit erlangt hat, aber für den Geologen in wissenschaftlicher Beziehung von besonderem Interesse ist. Hr. v. Humboldt hatte in seinem Werke: *Sur le* *gisement des roches dans les deux hémisphères* (1823, p. 29) die Analogie des gemeinsamen Vorkommens gewisser Substanzen (Platin, Gold, Palladium und Diamanten), die man in den verschiedenen Erdtheilen übereinstimmend beobachtet, dargestellt. Diese Ideen der Association von Körpern hatten in ihm und schon viel früher in Hrn. Prof. Engelhardt zu Dorpat und Hrn. Mamyscheff zu Goroblagodat die lebhafteste Hoffnung erregt, im Gold- und Platinseifengebirge des Ural Diamanten anzutreffen*). Von diesen Ideen eingenommen, untersuchten wir in jedem Seifenwerk, das wir besuchten, die Sandtheilchen unter dem Mikroskop. Wir liessen die Concentration durch Waschen nur so weit treiben, dass bloss die leichtesten Theile fortgespült waren. Bei der allgemein gebräuchlichen Concentrationsweise werden alle nichtmetallischen Substanzen mit dem Quarz fortgeführt, so dass im Schlich nur Gold, Platin, Osmium-Iridium, Chromeisenerz und Magnetsand zurückbleibt. Die lange fortgesetzten Untersuchungen des Schlichs unter dem Mikroskop liessen uns mehrere Mineralien entdecken, welche ebenfalls in dem Goldsande Brasiliens vorkommen und unsere Aufmerksamkeit in steter Spannung erhielten, so z. B. weisse Zirkone mit schönem Diamantglanz und Anatas. Aber unser Suchen nach Diamanten selbst blieb erfolglos. Dieser Mineralkörper wurde von Hrn. Schmidt (von der Freiberger Bergakademie) und dem Grafen Polier am 5. Juli 1829, vier Tage nach unserer Trennung in Kuschwinsk, entdeckt. Wir erhielten die Nachricht von diesem Ereigniss erst am 3. Sept. zu Miask auf der Rückreise vom Altaï und obern Irtysch. Der Graf Polier, welcher sich damals auf der grossen asiatischen Messe zu Nijnei-Nowgorod aufhielt, schickte Hrn. v. Humboldt einen von den zu Adolfskoi gefundenen Diamanten mit der Bitte (durch den Ueberbringer Hrn. Schmidt), die glückliche Entdeckung nicht vor unsrer Rückkunft in Petersburg zu verbreiten, weil die Diamanten dem Kaiser noch nicht vorgelegt worden wären.“ Es ist für uns eine schmerzliche Erinnerung, dass die Beschwerden der Reise über den Ural (den

---

*) „Diese Hoffnung war von Hrn. Engelhardt seit 1826 ausgesprochen worden; ein Umstand, den Hr. v. Humboldt selbst ausdrücklich in seinen *Fragm. asiat.*, II., 593 [Uebers., S. 4, 5] anführt.“ S. auch das *Journ. de St.-Pétersb.*, No. 118; Russ. Miscellen, IV., 256—263; Mamyscheff im Journal für Bergwerkskunde, herausgegeben von dem Petersb. wissensch. Comité, 1829, No. 11 und Brewster's *Journ. of Science*, 1830, No. 4, p. 261.

Katschkanar) den Tod des Gr. Polier beschleunigten, eines trefflichen Mannes, der eben so sehr durch seine Talente und Kunstkenntniss als durch seinen edlen und liebenswürdigen Charakter ausgezeichnet war. Er unterlag im Winter des J. 1830 einer Brustkrankheit, zu der er schon längst den Keim in sich trug und welche die Beschwerden unsrer Expedition leider entwickelte. Die erste Nachricht von der Entdeckung der uralischen Diamanten erschien in der Petersburger Zeitung vom $\frac{9.}{21.}$ Nov. 1829, No. 135. Ein Brief des Grafen Polier an Hrn. Arago, der den *Annales de Chimie* einverleibt werden sollte, blieb wegen der Leiden des Kranken unvollendet; aber ein sehr ausführlicher Bericht an den Hrn. Grafen Cancrin, den russ. Finanzminister und Chef der Bergwerksverwaltung, wurde zum ersten Male in Hrn. Rose's Werk (I., 356—360) veröffentlicht."

„Diesem Bericht zufolge hat ein 14-jähriger Knabe, Paul Popoff, aus dem Dorfe Kalinskoje gebürtig, den ersten Diamanten gefunden und ihn als einen auffallenden Stein dem Aufseher des Seifenwerks gezeigt, der demselben eben keine Wichtigkeit beimass*) und ihn, da er ihn für einen *Tjeschelowess* (Topas) hielt, zu einer grossen Menge anderer, zufällig gesammelter Mineralien legte. Drei Tage darauf fand ein anderer Knabe einen zweiten Diamanten. Ihre Lagerstätte ist das sehr ergiebige Goldsandlager von Adolfskoi bei der Poludennaja**), etwas nördlich von Krestowosdwischenskoi auf dem europäischen Ural-Abhange im Bissersker District, 200 Werst östlich von Perm und 70 Werst nordöstlich von Kuschwinsk. Hr. Schmidt ermittelte, dass das goldhaltige Lager, welches die Diamanten

---

*) Hr. Engelhardt, welcher 1830 dort war, bestätigt diese Umstände, welche lange vor der Entdeckung der Diamanten an drei andern Orten im Ural (bei Jekatherinenburg, zu Kuschwinsk und bei Werchne-Uralsk) die Zweifel hätten zerstreuen sollen, die böser Wille und angeblich philosophischer Skepticismus über die Realität der Entdeckung auftauchen liessen. „Der Bursche Paul Popoff, erzählt Hr. Engelhardt, sagte, als er den Diamanten fand: der Stein hat einen ganz andern Glanz als die übrigen. Aber der Aufseher fand nichts Ausserordentliches an dem Steinchen und warf es zu mehreren Krystallproben, wo es wahrscheinlich verloren gewesen wäre, wenn es nicht das geübte Auge des Hrn. Schmidt herausgefunden hätte.

**) Die Poludennaja ergiesst sich in die Koiwa, die ein Nebenfluss der Tschussowaja ist.

enthielt, ein fast schwarzer Dolomit ohne Versteinerungen ist. Graf Polier fügt hinzu, „das das Gestein kleine Höhlen enthält, die mit Krystallen von schwarzem Kalkspath besetzt sind. Die Aehnlichkeit des verwitterten Gesteins mit Kohlenpulver ist so gross, dass man nicht umhin kann zu glauben, dass die Diamanten sich an dem Orte selbst, wo sie sich finden, gebildet haben." Die Hrn. Rose und Göbel haben den schwarzen Dolomit der chemischen Analyse unterworfen und darin leicht die Anwesenheit von Kohle bestätigt. Die zu Adolfskoi gefundenen Diamanten selbst haben Sprünge und schwarze Flecke, welche nach Hrn. Parrot d. S. (*Mém. de l'Acad. de St.-Pét.*, Sér. VI., t. III., p. 23) gleichfalls von Kohle herrühren. 28 Diamanten wogen nur 17.9 Karat, der grösste nicht über $2\frac{17}{32}$ Karat*) und keiner unter $\frac{1}{8}$ Karat."

„Hr. v. Humboldt war so fest von dem Vorkommen des Diamants unter den Mineralien des Ural überzeugt, dass er, als er sich bei seiner Abreise nach Sibirien bei den Kaiserin beurlaubte, sagte, er würde nicht vor der Monarchin wiedererscheinen, ohne Ihr Diamanten zu zeigen, die in Ihrem Reiche gefunden worden. Um noch weiter die Richtigkeit der Entdekkung zu constatiren, ward ein Bergofficier, Hr. Karpoff im J. 1830 nach Bisserk gesandt und sein umständlicher Bericht (*Gorny-Jurn.*, 1831, Quart. 2, p. 44; Poggend. Ann., XX., 524; *Bull. de la Soc. géol. de France*, IV., 101) hat nebst den Beobachtungen des Hrn. Moritz Engelhardt (Russ. Miscellen, IV., 254) am Meisten beigetragen, dem Petersburger Publicum über die Existenz russischer Diamanten Gewissheit zu verschaffen. Während Hrn. Karpoff's Aufenthalt wurden im Verlauf zweier Tage vier Diamanten gefunden."

Ich schliesse diese Notiz mit einer Stelle aus Hrn. v. Helmersen's Reise (Petersb. 1841, I., 93—97).

„Westlich von Kuschwa am europäischen Abhange des Ural liegt der Bezirk von Bissersk, welcher bekanntlich wegen des im Juni 1829 daselbst gemachten Fundes von Diamanten auf den Wäschen von Krestowosdwischenskoi (d. i. Kreuz-Erhöhung), die der Gräfin Butera (geb. Fürstin Schachowskoi und in zweiter Ehe mit dem Grafen Polier verheirathet,) gehören, eine so

*) Der am asiatischen Abhange des Ural bei Kuschwinsk 1838 gefundene Diamant wog jedoch $7\frac{7}{16}$ Karat. *Ann. des mines de Russie pour* 1838, p. 401.

grosse Berühmtheit erlangt hat. Von dieser Zeit an sind bis zum J. 1834 überhaupt 41 Diamanten [1829 und 1830 allein 26] in der Schlucht Adolphskoi gefunden worden. Da man später in dieser Gegend keine Diamanten mehr gefunden hat, so haben sich bei vielen Bewohnern des Ural Zweifel über die Realität der Entdeckung russischer Diamanten verbreitet; man hat sich sogar veranlasst gesehen, zu glauben, ein Steiger, welcher im J. 1829 die Wäschen beaufsichtigte, hätte auf geschickte Weise brasilianische Diamanten dem Goldsande von Adolphskoi auf's Neue anvertraut. Ich habe geglaubt, diese Zweifel erwähnen zu müssen, fügt Hr. v. Helmersen [a. a. O., S. 94] hinzu, weil sie während meines Aufenthalts im Ural oft gegen mich ausgesprochen worden sind; aber neuere Entdeckungen haben dargethan, dass jene Beschuldigungen und jener Verdacht von Uebelwollenden herrühren und alles Grundes entbehren („der Ungrund derselben hat sich in neuerer Zeit erwiesen" [p. 95]). Wir wissen, dass im J. 1831 in der Gegend von Jekatherinenburg auf den Goldwäschen des Hrn. Major ein [2 im Orig.] Diamant; im J. 1838 in der Umgebung Kuschwa's vier und im J. 1839 im Kreise von Werchnei-Uralsk auf der Goldseife Uspenskaja des Hrn. Generals Schemthschuschnikof ein Diamant gefunden worden ist. Sie kommen mithin im Ural, obwohl noch in geringer Menge, an vier verschiedenen Orten auf einem Raume von 600 Werst Länge von N. nach S. vor. Es ist kaum zu bezweifeln, dass man einst auf die wahre und Hauptniederlage dieses kostbaren Körpers, auf das reiche Nest desselben kommen werde. — Als ich dem jetzigen Verwalter dieser Bergwerke Hrn. Graube (von Freiberg) mein Befremden darüber äusserte, dass alle Arbeiten in der Schlucht Adolphskoi, die in das Flüsschen Poludennaja (einen Zufluss der Koiwa) mündet, eingestellt worden; sagte mir derselbe, dass das Goldsandlager erschöpft und die daselbst gefundenen Diamanten zu klein wären, um die Gewinnungskosten zu decken. Hr. Graube zweifelte durchaus nicht an dem wirklichen Vorkommen uralischer Diamanten, um so weniger, als selbst während seines Aufenthalts daselbst im J. 1833 ein Diamant aus dem Sande der Adolphskoi-Schlucht gezogen worden war. Hr. Schmidt (der an der Expedition des Hrn. v. Humboldt Theil nahm,) war gestorben, und der junge Popoff, der den ersten Diamanten im J. 1829 entdeckte, arbeitet nicht mehr in diesem Theile des Uralgebirges."

Zum grössten Missvergnügen derer, welche die Entdeckung der Diamanten im russischen Reiche für einen Betrug oder eine lächerliche Mystification anzusehn geneigt waren, haben wir also die gewichtigen Zeugnisse von fünf Sachverständigen, welche seit 1829 den Entdeckungsort selbst besucht haben, nämlich von den Hrn. Parrot, v. Engelhardt, Karpoff, Graube und v. Helmersen. Ausserhalb der Wendekreise zeigen sich die Diamanten unter 54 und 58° Br. wie in der heissen Zone nie anders als krystallisirt, und man braucht nicht den Verdacht zu hegen, „dass geschnittene brasilianische Diamanten, welche bei Moskauer Juwelieren gekauft waren, in die goldführenden Schuttlager des Ural geworfen worden, damit man sie beim Waschen als inländische Diamanten wiederfände." Die vier Punkte, an denen bis jetzt Diamanten entdeckt worden, sind Adolphskoi, 1829; Jekatherinenburg, 1831; Kuschwinsk, 1838 und Werchnei-Uralsk, 1839*).

Wenn auch die vorgebliche Entdeckung des ersten russischen Diamanten die Eitelkeit eines Directors oder Besitzers einer Goldwäsche hätte verleiten können, so fragt man billig, zu welchem Zweck denn dieser Betrug wohl 45-mal an vier von einander sehr entfernten Orten wiederholt worden wäre.

Seitdem man in Brasilien im J. 1839 Diamanten im Psammit-Sandstein (*grès psammite*) des Serro de Santo Grammagoa anstehend gefunden und gewonnen hat, ist über die Lagerung dieses merkwürdigen Körpers ein neues Licht verbreitet worden.

---

*) Ich lasse hier zwei officielle Anzeigen über die Auffindung von Diamanten in den J. 1838 und 1839 folgen. Man findet im *Ann. des mines de la Russie*: 1) „*Mémoire sur la découverte d'un diamant dans l'arrondissement minier de Goroblagodat.*" Hierin heisst es, dass die Seifenwerke zu Ende des J. 1838 zum ersten Male auf Krongütern einen Diamanten geliefert haben. Er ward im Bache Kuschaika, 25 Werst von der Kuschwinsker Schmelzhütte im Goroblagodater Kreise, 40 Werst gegen O. entfernt von der Kammlinie der Uralkette, gefunden, wiegt $7\frac{7}{16}$ Karat, ist ganz durchsichtig und hat 24 dreiseitige, etwas convexe Flächen." (*Ann. pour* 1838, p. 373.) 2) „*Mém. sur la découverte d'un diamant dans le Gouv. d'Orenbourg.*" Darin heisst es: „Der Cap. Redikortzoff, Director der Iltabaner Gruben, hat angezeigt, dass ein etwas gelblicher, krystallisirter Diamant von fast oblonger Gestalt in dem Schuttlager von Uspensk im Juni 1839 unter Stücken von grauem muschelführenden Kalkstein gefunden worden ist. Der Diamant, welcher nur $\frac{7}{8}$ Karat wiegt, ist nach Orenburg gesandt worden. Er kommt von den Besitzungen des Gen. Schemthschuschnikof." (*Ann. pour* 1839, p. 401.)

Hr. v. Eschwege hatte vorausgesetzt, dass die *cascalhos diamantiferes* des Serro do Frio Trümmer von Itacolumit*) wären; aber Hr. Claussen (Geolog. Bemerkungen über die Prov. Minas Geraes im *Bull. de l'Acad. de Brux*, 1841, t. VIII., pt. I., p. 330) ist der Ansicht, „dass das Diamantengebirge der Provinzen Minas und S. Paul zwischen 16 und 26° s. Br.**) aus einem Sandstein (*grès psammitique*) entstanden, dessen untere Flötze durch Einwirkung plutonischer Kräfte und durch Contact mit Dioritgängen in Glimmerschiefer umgewandelt worden sind." Wo in Brasilien südlich vom 26. Breitengrade die Diamanten verschwinden, fängt der bituminöse Schiefer an, welcher die Steinkohle der Provinz S. Catharina enthält. „Der Berg Grammagoa, sagt Hr. Claussen, besteht aus ziemlich mächtigen und schwebenden (*peu inclinées*) Sandsteinflötzen, welche zuweilen das Ansehn von Itacolumit haben und unmittelbar auf einem Uebergangsgebirge ruhen. Die, welche diese Localität zuerst entdeckten, gewannen daraus viele Diamanten, weil das Gestein ziemlich mürbe war; aber in grösserer Teufe wird dasselbe härter und schwerer zu bearbeiten. Eine grosse Menge von Leuten (über 2000) strömte von allen Seiten herbei und arbeitete ohne Anleitung und ohne Plan; so stürzte denn ein Theil des Berges ein, von dem man jetzt noch Nutzen zieht, indem man die Trümmer zerschlägt. Die Diamanten finden sich im Itacolumit-Sandstein, manchmal zwischen Glimmerblättchen, fast wie Granaten im Glimmerschiefer. Im Museum zu Rio-Janeiro sieht man einen ziemlich grossen, abgerundeten Diamanten, der die Eindrücke von Sandkörnern sehr deutlich zeigt. Man versichert, dass man bemerkt habe, die brasilianischen Diamanten, welche man im

---

*) S. über diese Formation meinen *Essai sur le gisement des roches*, p. 92 [Leonh. Uebers., S. 94].

**) Im continentalen Indien finden sich die Diamanten zwischen 14—25° n. Br. in folgenden fünf Gruppen vertheilt: zu Kuddapah am Pennar; zu Naudial bei Bagapally, zwischen dem Pennar und Kistna; zu Ellora oder Golkonda, der Fundstätte des berühmten Diamanten des Gross-Moguls, (dessen Gewicht 296 Karat betrug und den Tavernier gesehen,) und des andern, 627 Karat schweren Diamanten, welcher dem Sultan Baber 1526 bei der Plünderung der Stadt Agra in die Hände fiel; ferner zu Sumbhulpur am Mahanadi in Gondwara und zu Panna im Bundelkund. ([S. Ritter, Asien, IV., 2. Abth., S. 343 fg.], Franklin, *Asiat. Res.*, 1833, t. XVIII., pt. I., p. 100—122.)

Psammit-Sandstein antrifft, hätten abgerundete Ecken und Kanten, die im Itacolumit-Sandstein vorkommenden dagegen wären vollkommnere Krystalle. Wenn dies ein allgemeines Factum ist, so muss man glauben, dass dieselbe Ursache, welche den Sandstein in Itacolumit umwandeln konnte, auch auf die Diamanten eingewirkt habe."

Ich schliesse diesen Gegenstand mit einer neuerlich beobachteten Thatsache, welche das merkwürdige Zusammenvorkommen (*association*) der Diamanten, des Goldes und Platins in einem und demselben Gebirge zeigt, ein Vorkommen, welches ganz merkwürdig ist und das wir schon in Brasilien und in der langen Uralkette erwähnt haben. Der berühmte Geologe Hr. Leopold v. Buch hat mir nämlich folgende Bemerkung mitgetheilt:

„Die Anwesenheit des Platins auf den Molucken ist eine bis jetzt wenig bekannte Erscheinung. Dies Metall wird daselbst in sehr beträchtlicher Menge gewonnen, und die Kunde davon verdanken wir dem Arzte Hrn. Ludwig Horner, einem Naturforscher und Sohn des zu Zürich verstorbenen ausgezeichneten Astronomen und Seefahrers. Wir erfahren nämlich aus den interessanten *Verhaandelingen van het Batav. Genoostchap van Kunsten en Wetensch*, vom J. 1839 (d. XVII., 284), dass die Kette der Ratoos-Berge, deren höchster Gipfel sich 533t. über den Meeresspiegel erhebt, aus Serpentin, Diorit und Gabbro besteht. Dieser Rücken zieht sich östlich von dem grossen Flusse Banjermassing von der Südspitze der Insel (Tanah-haut) bis nördlich vom Aequator als eine Meridiankette hin. Die Schluchten der Ratoos-Berge im Süden Borneos enthalten ein Lager rothen Thons von 10—20′ Mächtigkeit und voller Quarzstücke. Diese Stücke bilden einen Streifen, welcher nicht gleichmässig geschnitten und 1—4′ mächtig ist. Goldschüppchen, gemengt mit Körnern von Magneteisenerz, Platin, Osmium und Iridium erfüllen die Zwischenräume. Palladium findet sich nicht darunter. Diese Schichten liegen unmittelbar auf einem serpentinartigen Gestein. Sie verdanken diesem ihre Entstehung, denn der Serpentin wird von zahlreichen Quarzgängen durchsetzt. Im Bezirk von Pulo-Arij, wo 150 Chinesen arbeiten, beläuft sich der jährliche Ertrag der Goldwäschen auf 750 Taël Gold, an Werth 45000 holl. Florins."

Die Lagerstätte der Diamanten auf Borneo ist nördlich von dem eben beschriebenen Orte, aber immer am Westabhange der Kette der Ratoos-Berge erkannt worden. Eine Schicht rothen

Thons von 30—40′ Mächtigkeit bedeckt wieder Trümmer von Diorit und Syenit. Diese bilden einen besondern, 6′ mächtigen Gürtel und sind mit einem verhärteten Mergel, welcher eine noch jetzt in diesen Meeren lebende *Cardium*-Species einschliesst, gemengt. Dieser ganze Trümmerstreifen ist nun eben der Fundort der Diamanten. Dieselben sind mit Magnetsand, Platin- und Goldblättchen, wie auch mit Körnern gediegenen Eisens*) gemengt. Als sicherstes Anzeichen des Vorkommens der Diamanten erscheint ein schwarzer Quarz voll Eisenkies und Platinblättchen, eine Formation, welche die Eingebornen mit den Namen *Batu-Timahan* oder *Batu-Paral-Jatan* bezeichnen. (Diese Quarzstücke sind ohne allen Zweifel Trümmer der Gangart oder Theile alter, den Serpentin durchsetzender Gänge.) In den Wäschen der Bezirke Hunong, Lawak, Tapang und Udjong-Murong sind 4000 Eingeborne beschäftigt und man bringt zugleich Diamanten, Gold und Platin aus. Das Platin macht $\frac{1}{10}$ vom Goldertrage aus**); aber es wird bis jetzt, obwohl der Resident Hr. Hartmann zu Banjermassing schon 1831 das Vorkommen von Platin bekannt gemacht, noch weggeworfen, als ob es gar keinen Werth besässe. Die Goldgewinnung für die inländischen Sultane, deren Besitzungen nördlich vom Aequator liegen, ist noch viermal wichtiger als die zu Pulo-Arij, und man kann annehmen, dass jährlich über 500 Taël Platin durch die unwissende Sorglosigkeit der Bergleute verloren gehen.“ (Vergl. auch *Asiat. Res.*, XV., 120; Victor Jacquemont, *Voy. dans l'Inde*, III., 399, und Hrn. Ritter's wichtige Arbeit: „Allgemeine Ansichten über die Diamanten Asiens“ in seinem grossen Werke über vergleichende Erdkunde, IV., 2. Abth., 343—368.)

*) [Vergl. unsere Bemerkung über das wahrscheinliche Vorkommen von gediegenem Eisen im Ural S. 316 Anm.]

**) [Nach der Versicherung der Kirghisen kommen an den Quellen des in den Balkhasch-See mündenden Karatal (am Alatau in den sogenannten Seminjetschinskji Krai, d. h. dem Bezirk der sieben Flüsse) Körner eines weissen Metalls vor, welche weder sie selbst noch auch die Chinesen zu schmelzen im Stande sind (Karelin's Reise zum Tarbagatai 1840 und 1841, in Erman's Archiv, 1842 S. 397). Das Vorkommen des Platins hier wäre ein sehr interessantes Phänomen.]

CENTRAL-ASIEN.

Untersuchungen

über die

Gebirgsketten und die vergleichende Klimatologie

von

A. v. HUMBOLDT.

Aus dem Französischen übersetzt und durch Zusätze vermehrt

herausgegeben

von

Dr. Wilhelm Mahlmann,

Mitgliede der Gesellschaft für Erdkunde zu Berlin, des physikalischen Vereins zu Frankfurt a. M. u. s. w.

Mit einer Karte und vierzehn Tabellen.

Band I.: Zweiter Theil.

BERLIN.

Verlag von Carl J. Klemann.

1844.

Einzuheften vor Seite 367 des ersten Bandes.

Untersuchungen

über die

Gebirgssysteme und vulkanischen Phänomene

des innern Asiens.

Wir haben in dem I. Theile dieses Werks das geologische Gemälde von drei Gebirgssystemen entworfen. Die Altai-Kette, welche von O. nach W. streicht, begränzt auf einer grossen Strecke die im Norden gelegenen Tiefebenen Asiens; der Ural und die Kusnezkische Kette dagegen sind Meridianketten, sie sind Emporhebungen, deren Entstehung in eine andere Epoche zurückgeht. Sie erinnern durch mehrere charakteristische Züge an den Bolor, das Soliman-Gebirge, die Ghates und die Durchkreuzungen der Rücken im östlichsten Theile des Continents. Die drei Systeme, welche wir früher beschrieben haben, nämlich der Altai, das Kusnezkische Gebirge und der Ural, haben das mit einander gemein, dass sie bei dem jetzigen Zustande der Gewinnung der edlen Metalle die einzigen Ketten sind, welche Asiens grossen Reichthum nach Europa fliessen lassen. Eine grosse Menge von Gold und Platin scheint vorzüglich den Meridiangebirgen eigen zu sein. Die beiden Gebirgssysteme, denen dieser II. Theil gewidmet sein wird, nämlich der Thian-schan und der Kulkun oder Kuen-lun waren lange Zeit nur höchst unvollkommen bekannt. Unbestimmte Hypothesen über die Continuität einer Hochebene der Tartarei auf dem Raume zwischen dem Himalaya und dem Altai haben insbesondere die Erkenntniss der wahren Bodengestalt Inner-Asiens verhindert. Karten, welche nur Copien von einander sind, haben lange Zeit gewisse Grundformen fortgepflanzt, die mit den Nachrichten über die Pflanzenculturen und -Erzeugnisse, mit den ausführlichsten Reiserouten, mit den unter sich übereinstimmenden und bewunderungswürdig deutlichen orographischen Beschreibungen in der chinesischen, mandschuischen und mongolischen Literatur im vollkommensten Widerspruch stehen. Vorzugsweise waren es die Kriege, welche das Himmlische Reich seit vielen Jahrhunderten gegen die Völker im Westen vom Khukhu-noor und der Krümmung des Hoangho bis zur grossen Bucharei zu führen hatte, wodurch die Fortschritte der Geographie begünstigt und der Forschungseifer angeregt worden ist.

Gebirgssystem
des
Thian-schan.

Die Kette des Himmelsgebirges, der *Tengri-tâgh* der alten Türken (Tukiu und Hiung-nu), der *Thian-schan* oder *Ki-lien-schan* der chinesischen Schriftsteller, läuft in ihrer mittlern Richtung parallel dem Aequator von den Mingbulak oder den tausend Quellen der westlichen Buruten bis jenseit der chinesischen Stadt Kuku-khoto, 60—70 M. westlich vom Golf von Petscheli oder von der Küste des grossen Ozeans. Dies giebt eine Ausdehnung von 42 Längengraden (von $69\frac{1}{2}^0$ bis $111\frac{1}{2}^0$), also mehr als achtmal die Länge der Pyrenäenkette (vergleiche die Zahlenangaben im I. Th., S. 136, 139). Wir werden bald sehen, wie man gegen W. die Erhebung des Thian-schan jenseit der Kreuzung mit dem Bolor bis zum Meridian von Samarkand verfolgen kann, indem die Kette des Asferah, die durch die Memoiren des Sultans Baber berühmt geworden, nur eine Verlängerung desselben Rückens ist. Die Benennung *Thian-schan* oder Himmelsgebirge wird vorzugsweise für den Theil der Emporhebung gebraucht, welcher zwischen der Meridiankette des Bolor und der grossen Anschwellung der Gobi begriffen ist, welche im O. von Barkul (Tschin-si-fu) und von Hami das asiatische Festland in SW.-NO.-Richtung durchzieht. Vom Tschagan-See bis zur äussersten Westspitze des *In-schan**) (95°—104° Lg.) ist der Rücken wegen der Höhe des umgebenden Plateaus (Th. I., S. 139—141) weniger ausgeprägt; aber der In-schan selbst, obgleich er 2° südlicher liegt, ist die Fortsetzung des Thian-schan in's eigentliche China. Die mittlere Breite des ganzen Rückens ist 41° — 43°; denn wenn ich die astronom. Lage der am Nächsten gelegenen Orte prüfe, so finde ich, dass der Asferah, Terektagh und Gakschal-tagh, der erstere westlich, die beiden andern östlich vom Bolor unter $40\frac{1}{2}$° Br. liegen; dass der Temurtu-tagh mit dem Gakschal-tagh im Utsching-kusch-daban, der von SW. nach NO. streicht, unter 42° verbunden ist; dass der Theil des Thian-schan zwischen den Meridianen von Aksu und Kutsche unter 42° und $42\frac{1}{2}$°, der Theil zwischen Kutsche, Kharaschar, Turfan und Barkul unter 43° und $43\frac{1}{2}$° liegt; ferner dass der Theil, welcher die Anschwellung der Gobi durchzieht, nach einander unter 44°, 43° und 42°, und dass endlich der In-schan unter $41\frac{1}{2}$° liegt.

Dies ist die allgemeine Übersicht des grossen Gebirgssystems des Thian-schan, von welchem der Kaukasus jenseit der Einsenkung des Aral-Sees und des caspischen Meeres eine Fortsetzung gegen Westen zu bilden scheint. Der Kaukasus besitzt ohne Zweifel eine allgemeine SO.-NW.-Richtung zwischen 41° und 43°; aber er streicht lange Zeit auch, zwischen dem Berge Berbala, dem Kasbek und der

*) d. i. Silberberg, wie *Kin-schan* der Goldberg, ein Name, der für den Altai gebraucht wird (Th. I., S. 158).

Westgrenze Ossetiens, beinahe von O. nach W., höchstens von OSO. nach WNW. auf dem Parallel von $42\frac{3}{4}^0$ Br. Der Trachyt und der Porphyr des Kaukasus scheinen also auf der Verlängerung einer Spalte hervorzubrechen, welche, nachdem sie im Thian-schan die vulkanischen Ausbrüche des Pe-schan, Urumtsis und Ho-tscheus veranlasst hat, sich der Küste Ost-Asiens als In-schan nähert. Aehnliche Betrachtungen, gegründet auf Breitenbestimmungen, welche bis jetzt wenig bestritten sind, verbinden auch den Taurus mit der Kette des Hindu-kho und Kuen-lun (Th. I., S. 95—106) der nördlichen Kette Tübets. Diese Vorstellungen, die ich schon in den *Fragments de géologie et de climatologie asiatiques* kurz nach meiner Rückkehr aus Sibirien niedergelegt habe, können sehr gewagt erscheinen; aber die unermessliche Ausdehnung und die Continuität der Andes-Kette dienen ihnen zur Stütze. Selbst ein berühmter Geograph, Carl Ritter (Asien, I., 46), welcher mehr als irgend einer von seinen Zeitgenossen das Gezimmer der Continente studirt hat, ist ihnen bereits beigetreten.

Die Unabhängigkeit und Continuität in der Streichungslinie (*allure*) der mächtigen Kette des Thian-schan sind bis auf die neuesten Karten verkannt worden. Die Handelsstrassen, die grossen strategischen Bewegungen kriegerischer Nationen, die Itinerare buddhistischer Pilger, der unerschrockensten Reisenden im mittleren Asien, führen nicht unter den Meridianen von Patna oder Calcutta aus dem Tieflande Indiens nach Sibirien; die seit Jahrhunderten verfolgten Wege durchschneiden nicht die vier Ketten, den Himalaya, Kuen-lun, Thian-schan und Altai, sondern sie führen allgemein entweder von O. nach W., jenen Ketten parallel, oder vom obern Indus (durch die Senkung des Mawarah el-Nahar und das Becken des Oxus und Sihun) gegen N. oder NW. Aus diesem Umstand ergiebt sich, dass die Bodengestalt im Osten des Meridians von 70^0 und die Bolorkette sehr unvollkommen bekannt bleiben mussten. Ferner muss man erwägen, dass man auf diesem gewöhnlich besuchten Wege quer durch die Bucharei, von Attok nach Balkh, Merwer oder Khiwa, nur auf ein einziges von den vier Gebirgssystemen stösst, welche die charakteristischen Züge im Relief des festen Landes bilden. Dies ist nämlich das System des Hindu-kho, welches sowohl den Kuen-lun als den Himalaya, fast an der Stelle, wo sie einander durchschneiden, fortsetzt. Die grosse Intumescenz, welche aus dieser Durchschneidung und aus der Durchkreuzung mit dem Bolor, der von S. nach N. streicht, entspringt, hindert fast, mit Genauigkeit zu erkennen, was in dem ungeheuren Gebirgsknoten des Tsungling jedem Rücken für sich besonders angehört. Soviel ist jedoch gewiss, dass man, wenn man von Attok oder Kabul über Bamyan entweder nach Bokhara oder nach der Mündung des Sihun geht, ganz allein die Kette des Hindu-kho oder die Verlängerung des Kuen-lun übersteigt. Das System des Thian-schan (oder der vulkanischen Kette des Himmelsgebirges) wird im W. vom Bolor, zwischen Samarkand und Kokand, nur durch die longitudinale Emporhebung des Asferah bezeichnet. Dies ist ein Vorgebirge, welches sich gegen den Oxus kaum bis zum Meridian des 65. Grades vorstreckt. — Zu den Schwierigkeiten, welche aus der Beständigkeit von Verbindungswegen, die seit uralten Zeiten in Europa bekannt waren, entspringen, treten noch andere Schwierigkeiten hinzu, deren Ursach in der Unbestimmtheit der orographischen Namengebung und in der gewöhnlichen Verwechselung der verschiedenen Ordnungen von Gebirgsrücken gesucht werden muss. In den Stromgebieten, wie längs der Gebirgsketten geben die anwohnenden Völker jedem Theile des Flusses oder des Bergrückens einen besondern Namen. Allgemeine Benennungen sind die Folge einer vorgerückten Cultur und eines ausgedehnteren Verkehrs. Die Schifffahrt lehrt die Einheit in einer und derselben Furche, wie die Einheit in der Emporhebung einer und derselben Gebirgskette kennen; sie führt zu den Abstractionen der systematischen Geographie. Die unbestimmten Namen: Schneeberge, Eisberge, *Muz-tagh*, *Stue-schan*, welche häufig für Gruppen mit entgegengesetzter Richtung gebraucht werden, haben hier die grösste Verwirrung angestiftet. Da, wo genaue Messungen fehlen, können einzig und allein die Natur der vegetabilischen Erzeugnisse, klimatische Verhältnisse und die Höhe des ewigen Schnees, mit gehöriger Rücksicht auf Breite und andre Umstände in der Configuration eines Continents, über die Höhenunterschiede Aufklärung geben und durch ihre Continuität und die Aneinanderreihung der Schneegipfel den wahren Umriss der grossen Erhebungen erkennen lehren. Indem man die Höhenzüge (*rides*) von verschiedener Ordnung verwechselt; indem man die kleinen Höhen, welche Systemen von einem andern Alter angehören, übertrieben gross angiebt; indem man einer Kette, von der man sich eingebildet, dass sie sich plötzlich und ohne Durchkreuzung unter einem rechten Winkel wende, denselben Namen gab: hat man allmälig auf unsern Karten willkürlich eine Menge krummer Linien dargestellt, welche netz- und rostförmig verschlungen sind, so dass es unmöglich ist, die Einfachheit der grossen Rücken herauszuerkennen, welche das ursprüngliche Relief bilden. Strahlenberg*) hat den Thian-schan auf der Karte, welche seinem in der ersten Hälfte des 18. Jahrh. erschienenen Werke über den Norden und Osten von Asien beigegeben ist, unter dem unrichtigen Namen Musart so dargestellt, dass er ziemlich leicht erkannt werden kann; er nennt den Bolor Mustag und setzt dabei noch *olim Paropamisus*, was auf eine S.-N.-Kette sehr schlecht passt. Die Benennungen Musart und Mustag sind Corruptionen des tartarischen Wortes Muztagh. Sie kommen für verschiedene Gebirge wieder bei Pallas und auf der grossen Karte Arrowsmith's vom Jahre 1818 vor, welche, ebenso wie die von Purdy, lange Zeit den späteren Arbeiten zum Vorbild gedient hat. Es ist dringend nothwendig, Namen aufzugeben, welche für alle Schneegipfel passen und welche man nur auf eine ganz willkürliche Weise zu individualisiren wagt. Der neueste Gebrauch ist, mit Mustag die Thian-schan-Kette zu bezeichnen, welche bei Arrowsmith und Purdy das Alak-Gebirge bildet. Der erstere von diesen Geographen verbin-

*) *Der nördliche und östliche Theil von Europa und Asien* (Stockholm, 1730), S. 327.

det den Thian-schan mit dem Bogdo-oola durch einen vermeintlichen Grossen Altai, der sich von SSW. nach NNO. zu den sajanischen Bergen hinzieht. Purdy giebt dieser S.-N.-Kette gar keinen Namen; aber der Altai, welcher gegen W. auf dem linken Irtysch-Ufer im Bescha- oder Bezko-Gebirge*) fortsetzt, schickt einen Zweig**) (die schaman. Berge***) von NW. nach SO. zum Thian-schan ab, so dass das Land der Elöten mit dem Dsaïsang-See eine von allen Seiten durch ein ununterbrochenes Randgebirge eingeschlossne Region bildet.

Ohne mich noch länger bei der Geschichte der asiatischen Geographie und den Unvollkommenheiten einzelner Theile von Arbeiten, die unter andern Gesichtspunkten sehr schätzenswerth sind, aufzuhalten, wende ich mich nun zur Beschreibung des Systems des Himmelsgebirges (*Thian-schan*), wie sie sich aus der Gesammtheit meiner Forschungen ergiebt. Ich fange mit dem West-Ende, jenseit des Punktes an, wo das von N. nach S. streichende System des Bolor den Thian-schan fast rechtwinklig kreuzt.

Dies westliche Ende trägt den Namen Asferah-

---

*) Beska nennt Witzen auch den Fluss Ablaikit, einen Nebenfluss des Irtysch südlich von Ustkamenogorsk (vergl. Th. I., S. 212).

**) A. a. O., S. 114, 165—169.

***) Ohne Zweifel das verderbte Wort *Chamur-davan*, ein Gebirgspass, welchen die chines. Karten südlich von Gobdo-Khoto legen. Wenn man die englischen Karten mit den auf Befehl Kaiser Kian-lung's aufgenommenen chinesischen und besonders mit den Karten vergleicht, die ich in Baron Schilling's reicher Sammlung zu Petersburg untersuchen konnte; so hält es schwer, Andeutungen von den zwischen dem Altai- und Thian-schan-System ununterbrochen fortlaufenden Ketten aufzufinden. Ein bedeutender Fehler in der relativen Legung der Seen Dsaisang, Balkhasch und Alak-tugul-noor trägt vorzugsweise zur Verwirrung der geographischen Kenntniss dieser Gegenden bei. Der Längenunterschied zwischen der Westspitze des Dsaisang und dem Alak-tugul beträgt nach Arrowsmith's Karte 8°, nach den chin. Karten, welche Klaproth 1833 herausgab, dagegen nur $\frac{1}{2}$°. Der Isthmus zwischen dem Alak-tugul und Balkhasch-See (letzteren hat Hr. Fedorow neuerlich untersucht,) hat $1\frac{1}{4}$° bei Arrowsmith, $2\frac{3}{4}$° bei Klaproth.

oder Aktagh-Kette; es sind die metallführende und vormals vulkanische Gruppe Botom, Botm oder Botam (*Mont Blanc*) Edrisi's*) und die Berggruppen, mit welchen uns die Memoiren Sultan Baber's und die Reisen Nazarow's und Mir Isset Ullah's auf das Genaueste bekannt gemacht haben. Der Asferah, den ich als die Fortsetzung des Thian-schan-Rückens betrachte, liegt zwischen dem obern Lauf des Jaxartes und des Oxus, zwischen dem für die Seidegewinnung so günstigen**) Ferghana und Osruschnah, oder, um geographisch noch genauer zu reden, zwischen dem Jaxartes (Syr, Sihun oder Fluss von Khodjend) und dem Kohik oder Serefschan, der, nachdem er an den Städten Samarkand und Bokhara vorübergeflossen, sich in dem kleinen See Karakul verliert***). Gegen den Meridian von Samarkand hin nimmt der Asferah insonderheit die Benennung Ak-tagh an; auch hält sich dort der Schnee den grössten Theil des Jahres über. Sind die abgeschliffenen Felsen in diesen Gegenden, die der Gegenstand der Bewunderung der Morgenländer gewesen, eine Wirkung der Reibung des Eises, oder rühren sie, was wahrscheinlicher ist, von grossen Glimmerblättern her? Gegen Norden verbreitert sich die Asferah-Gruppe in Kuhistan von Uratippa, südwestlich von Khodjend am linken Ufer des Sihun. Es kann überraschend erscheinen, dass Hr. Weddington in der ausgezeichneten geographischen Abhandlung über die Feld-

---

*) *Edrisi*, *éd. de Mr. Jaubert*, II., 198—200; Ritter, Asien, V., 745—747.

**) Ferghana hat in seinen Tiefebenen schönen Ackerbau und Weiden, welche die seit 2000 Jahren so berühmte Pferderace *Argamak* [schöne Tigerpferde, „blutschwitzende Pferde"] nähren (A. Rémusat, *Extraits de Matuanlin*, in *Nouv. Mél. Asiat*, I., 200; Ritter, V., 643 [644], 763), und welche wir beim Fürsten Serbe-Djab-Tjumenew in der Steppe der Kalmük-Chotusows zu bewundern Gelegenheit hatten.

***) Menn (in den gelehrten *Meletem. de Alexandri exp. Oxanis*, p. 77) hält diesen See für den *Lacus Oxianus* der Alten. Die Stadt Bokhara selbst liegt nicht am Kohik, sondern in geringer Entfernung südlich davon am Cheirabad, einem Nebenfluss des Kohik.

züge Sultan Baber's (*Mem. of Sultan Baber*, p. LXVII) den Asferah Pamer nennt. Das Plateau Pamer oder Po-mi-lo des berühmten buddhistischen Itinerars Hiuen-thsang's, liegt $1\frac{3}{4}^{0}$ mehr nach Süden, zwischen den Parallelen von Karategin und Kesch, nach dem westlichen Theile des Bolor selbst zu. Ibn Haukal, Abulfeda und Edrisi geben an, dass in der Kette des Asferah „Steinkohle, Naphtha, Ammoniak (*nuschader*), Metalle (zu Ailak), Kupfer und Eisen" in Menge vorkämen. Die Spalten, welche heisse Dünste ausstossen und aus denen die Eingebornen den Salmiak (*ammoniac*) einsammeln, sollen Nachts sogar leuchten und Flammen ausspeien*). Diese Phänomene (Edrisi, *ed. Sionita*, p. 142;

*) „Die arabischen Geographen des Mittelalters bezeichneten mit dem Namen *al-Botom* das Gebirge im östlichen Theile des Bezirkes der Stadt Sutruschna oder Osruschna, die gegenwärtig zerstört ist und auf der Hälfte des Weges von Samarkand nach Ferghana lag. Jetzt gehört Zamin zu diesem Bezirke. Ibn Haukal verlegt in dies Gebirge einen Feuer- und Salmiakbrunnen, den er folgendermassen beschreibt: „In dem Berge Botom ist eine Art Höhle, über welcher man ein Gebäude aufgeführt hat, gleichsam ein Haus, dessen Thüren und Fenster verschlossen sind. Hier findet sich eine Quelle, aus welcher ein Dampf aufsteigt, der am Tage wie Rauch, des Nachts aber wie Feuer aussieht. Wenn der Dampf sich condensirt, bildet er Salmiak (*nuschader*), den man einsammelt. In diesem Gewölbe ist die Hitze so stark, dass Niemand hineintreten kann, ohne sich zu verbrennen, wenn er nicht mit einem dicken, in Wasser getränkten Kleide versehen ist; so geschützt geht man schnell hinein und nimmt soviel Salz, als man auf einmal fassen kann. Jene Dämpfe wechseln von Zeit zu Zeit den Ort; um sie wieder aufzufinden, muss man nachgraben, bis sie sich von Neuem zeigen. Oft gräbt man vergebens und muss die Arbeit an einer andern Stelle anfangen. Hätte man nicht über diese Gruben ein Gebäude errichtet, um das Entweichen der Dämpfe zu verhindern, so würden sie denen, welche sich ihnen nahen, nicht gefährlich werden; so eingeschlossen aber verbrennen sie den Eintretenden durch die ihnen inwohnende Hitze." (Klaproth, in den *Fragm. Asiat.*, I., 108; [Uebers., 55]). Man sieht hieraus, dass der arabische Geograph die Wärme einer Condensation der Dämpfe zuschreibt, während sich die Wirkung der über den Spalten gebauten Häuser darauf beschränkt, dass sie nur die Entziehung der von der Erde ausgehauchten Wärme durch Berührung mit der äussern Luft und den atmosphärischen Strömungen verhindern. Ibn el Wardi spricht in der Beschreibung des Aktagh, der sich mit dem Asferah

éd. de Mr. Amédée Jaubert, I., 486) bestätigen die Behauptung, dass zwischen dem Asferah und der grossen vulkanishen Kette des Thian-schan östlich vom Bolor eine Identität der longitudinalen Emporhebung statt findet.

Verfolgt man diese grosse Kette oder das System des eigentlichen Thian-schan weiter von W. nach O., so stösst man zu allererst nahe bei dem Ostabhange des Bolor auf einige kleine Parallelketten, nämlich im N. auf den Terek-tagh, im S. auf den Kiptschak-tagh; weiter ostwärts folgen der Gakschal-tagh und zwischen Aksu und dem grossen See Issikul der Temurtu-tagh. Ueber den Terek-tagh führt eine grosse Strasse von der Stadt Osch und den alten Ruinen von Takht-i-Suleiman*) zur Provinz Kaschghar. Der Pass (*dawan*, *dabahn*, *dabagan*) wird Derwaza dawan Terek genannt; er ist der Wassertheiler zwischen den Nebenflüssen des Sihun und des Koksu, der späterhin Kaschghar-Fluss heisst. Der Handel von Ferghana (Kokan und Khodjend) mit der kleinen Bucharei oder chines. Turkestan wird zum Theil auf dieser Strasse betrieben. Nördlich vom Sihun, zwischen diesem Fluss und dem Talas, giebt es andre (WNW.-OSO.-)Ketten, die ebenfalls zum See Issikul

---

vereinigt, von einem Berge *Tim* (durch einen Schreibfehler statt *Btm* oder *Botom*), der am Tage raucht, Nachts leuchtet und Salmiak nebst *Zadj* (wahrscheinlich Alaun) erzeugt. In der Nähe sind Gold- und Silbergruben (*Operis cosmographici Ibn el Wardi* cap. I.; *ex codice Upsal. ed.* Andr. Hylander; Lugd. 1823, p. 552). Bei Ibn Haukal und Ibn el Wardi, welche beide ohne Zweifel dieselbe Localität, wie der nubische Geograph, bezeichnen, ist nicht die Rede von Lavenausbrüchen und Kraterbergen, wie bei den Vulkanen Pe-schan und Ho-tscheu, von denen wir weiterhin sprechen werden; ich glaube jedoch nicht, dass diese Erscheinungen bloss von brennenden Steinkohlenlagern herrühren, wie zu St.-Etienne im Forez, wo ebenfalls Salmiak gesammelt wird. Die vulkanische Thätigkeit ist häufig wegen ihrer geringen Kraft oder der grossen Tiefe ihres Sitzes auf die Ausstossung heisser Dämpfe und die Erzeugung von Salzen, Boraxsäure und Schwefel beschränkt; so z. B. im Florentinischen, im Passe von Quindiu (Andes) und an den Ufern des caspischen Sees.

*) Sehr wahrscheinlich der Ort des alten steinernen Thurms des Ptolemaeus. Vgl. oben S. 103.

laufen und unter denen wir die Ming-bulak-Kette*) im Lande der westlichen Buruten namhaft machen. Es erscheint naturgemäss, dass wir da, wo zwei Systeme (der Thian-

---

*) Das gedrängte Itinerar Hiuen-thsang's, welches der gelehrte Hr. Landresse beim *Foe-kue-ki* veröffentlicht hat, veranlasste mich, an Hrn. Stan. Julien die Bitte um eine Uebersetzung der auf die am Thian-schan liegenden Gegenden bezüglichen Stellen zu richten. Alle folgenden, unter dem Namen Hiuen-thsang's aufgeführten Bemerkungen sind dieser Uebersetzung entlehnt: „Nachdem ich 400 Li westlich von der Stadt Su-ye zurückgelegt, kam ich an die Tausend Quellen. Das Land der Tausend Quellen hat eine Ausdehnung von etwa 200 Li im Geviert. Im S. sieht es das *Siue-schan*-Gebirge (d. i. Schneeberge) und von den drei andern Seiten wird es von Ebenen begrenzt (wörtlich: senkt es sich zu vollkommenen Ebenen). Der Boden ist feucht und fruchtbar, und die Waldbäume wachsen mit ausserordentlicher Üppigkeit. In den letzten Monaten des Frühlings scheinen die mannigfaltigsten Blumen eine reiche Stickerei zu bilden. Man zählt darin tausend Seen, welche von den Quellen gebildet werden. Der Khan der Thu-khiue (Türken) kommt alle Jahr hin, um der Sonnenhitze zu entfliehen (d. h. um daselbst frische Luft zu schöpfen)." Lib. XII. des *Pien-i-tien* (Hiuen-thsang, lib. I., fol. 9 recto.)

„Nachdem ich etwa 400 Li über die Berge zurückgelegt hatte, kam ich zu dem See *Ta-thsing-tschhi* oder dem reinen grossen See; (man lies't in einer Anmerkung: Einige Schriftsteller nennen ihn *Jehaï*, das warme Meer, oder *Hien-haï*, das salzige Meer.) Er hat ungefähr 1000 Li im Umfange. Von O. nach W. ist er sehr lang, von S. nach N. schmal. Auf den vier Seiten ist er von Gebirgen begrenzt; eine Menge Ströme vereinigen und sammeln sich darin an. Das Wasser hat eine grünlichschwarze Farbe und einen zugleich salzigen und bittern Geschmack. Bald breitet er seine unermesslichen Wellen ruhig aus, bald wogen seine Fluthen mit erschrecklicher Heftigkeit. Drachen und Fische wohnen darin zusammen." (Ibidem, fol. 8 verso.)

Man muss das Land der *Ming-bulak* oder der Tausend Quellen, welches ein buddhist. Pilgrim beschrieben, nicht mit dem Ming-bulak-tau im N. vom Tschui-Flusse in der Kirghisen-Steppe verwechseln. Jenes, das Ming-bulak der West-Buruten, liegt unter $43\frac{1}{2}°$, dieses unter $46\frac{1}{2}°$ Br. Sind die Drachen des Warmen Meeres (*Je-haï, Issikul*), von denen Hiuen-thsang spricht, etwa derselbe Saurier (*Monitor* oder *Psammosaurus*, Fitz.), welchen Hr. Eichwald an der Ostküste des caspischen Sees entdeckt hat? Über das Warme Meer s. Klaproth, *Mém. rel. à l'Asie*, II., 358, 416; und Ritter, Asien, I., 394—398.

schan und der Bolor, welchen der Kosyurt fortsetzt,) sich kreuzen, eine Anschwellung oder einen Gebirgsknoten antreffen. Man beobachtet dasselbe Verhalten da, wo der Bolor den Kuen-lun schneidet, nämlich im Knoten des Tsungling.

Der Name Temurtu-tagh, welcher für den Theil des Thian-schan gebraucht wird, der sich südlich vom grossen See Issikul verlängert, stammt von einer der verschiedenen Benennungen her, die man diesem Becken salzigen Wassers gegeben hat. Die mongolischen Kalmüken nennen ihn *Temurtu-noor*, den eisenhaltigen See; die Kirghisen *Tuz-kul*, d. i. Salzsee; die Chinesen *Je-haï*, den warmen See, was die Türken durch *Issi-kul* übersetzen. Die Reiserouten, welche ich besitze, legen ihm eine Länge von 180 Werst und eine Breite von 50 Werst bei, eine Schätzung, die um ein Sechstel zu gross erscheint. Die von Semipolatinsk ausgegangenen Reisenden hatten das Ostufer des Sees zweimal gesehen: einmal, als sie vom Ili nach Usch-Turphan im W. von Aksu zogen; das andre Mal, nachdem sie den Tschui im Lande der Schwarzen Kirghisen (Felsen-Kirghisen) passirt hatten, um die Ufer des Tarakai-gol und die Stadt Kaschghar zu erreichen. Diese Itinerare sind bei der Construction der Grimm'schen und Zimmermann'schen Karten benutzt worden. Der Letztere, dessen treffliche Arbeit eben zu Berlin erschienen ist, hat besonders das Verdienst, dass er von der Meridiankette des Soliman bis nördlich vom Thian-schan alle Materialien gesammelt und einer vollständigen und strengen Kritik unterworfen hat.

Zwischen dem Temurtu-tagh und dem Terek-tagh, der auch unter dem sehr unbestimmten Namen *Kaschghar-dawan* (Pass nach Kasch-ghar) vorkommt, scheint die Thian-schan-Kette keine sehr beträchtliche Höhe zu erreichen. General Gens hatte mir schon sein Erstaunen geäussert, als ich mich in Orenburg aufhielt, dass keins von den vielen von ihm gesammelten Itineraren ewigen Schnee im Osten vom ewigen Schnee des Terek-tagh auf der Strasse vom Westufer des Sees Issikul nach Kaschghar angiebt. Zufolge der Route von Semipolatinsk nach Kaschghar (s. im III. Th.) zieht die Karavane im O. vom Balkhasch-See vorüber, und nachdem sie über den Narin oder Tarakhai gesetzt hat, steigt sie 150 Werst von diesem Nebenflusse des Sihun über den Berg Rowat, einen Pass, der zwischen dem Otabasch und dem Alpensee Tschater-kul 15 Werst Breite hat. Dies ist der culminirende Punkt, ehe man bei einer Höhle zu dem chines. Posten im S. von dem kleinen Flusse Aksai hinabsteigt. Von diesem Wachtposten sind über die Steppe nach dem Dorfe Artysch oder Artusch 20 Werst und nach Kaschghar 35 Werst, nach den chines. Karten. Der Pass Rowat, etwas westlich vom Gakschal-tagh, scheint in den Parallel von 40° 50′ und beinahe um drei Längengrade westlich von der chin. Stadt Usch-Turphan zu fallen; von da zieht sich die Hauptkette gegen den Temurtu-tagh und das Warme Meer ziemlich schnell (SW.-NO.) zurück. 50 M. im O. des Rowat-Passes zeigt der Thian-schan im Berge Dungoroma (zwischen dem See Issikul und dem Berge Sanku) einen zweiten, ebenfalls eisfreien Uebergang. Dieser wird in der siebenten von mir herausgegebenen Reiseroute, die von Ili nach Usch-Turphan führt, erwähnt. Klaproth hat den Dungoroma in dem Dzookha-dabahn der mandsch. Karten erkannt. Ewiger Schnee fängt im Thian-schan wieder an und setzt sich fort von dem Meridian von Aksu ostwärts auf einer Strecke von mehr als 16 Längengraden. Die mittlere Höhe dieser ungeheuren Emporhebung scheint somit 1650 t. (3215 m.) zu übersteigen, da sie um 7—8 Grade südlicher liegt als der Altai, dessen Schneegrenze nach directen Messungen zwischen 1100 und 1300 t. schwankt. Ich gebe nicht viel auf die Wirkung der Erhebung des umgebenden Plateaus im S. in den Prov. Karaschar und Pidjan, denn die Erzeugnisse und die Culturen dieses Plateaus stehen in völligem Widerspruch mit den übertriebenen Vorstellungen, die man sich bisher von der Anschwellung des Erdbodens in diesen Gegenden gemacht hat. — Wir lassen nun die merkwürdigsten Punkte des Himmelsgebirgs-Systems zwischen der Ostspitze des Warmen Meeres und der Oase von Khamil folgen:

a) Der Pass des Gletschers Djeparle (Mussur-daban der Route nach Kutsche und Aksu), über welchen schon Falk schätzbare Notizen gesammelt hatte (Beiträge zur topogr. Kenntniss des russ. Reichs, 1785, II., 396). Dies ist der Gletscher zwischen Ili und Kutsche, zwischen den warmen Quellen Araschan und den Steinsalzlagern von Arbad. Ein neuerer chinesischer Schriftsteller, sagt Hr. Klaproth (MS.-Bemerkungen; vgl. Ritter, I., 329—333), giebt von diesem Gebirge folgende Beschreibung: „Im N. ist die Poststation (*relais de poste*) Gakhtsa-kharkhai und im S. die Station Tamga-tasch Terme-khada; sie sind 120 Li von einander entfernt. Wenn man von der ersten Station nach S. zu geht, so erblickt man eine weite, schneebedeckte Strecke; der Schnee liegt im Winter sehr hoch. Im Sommer findet man auf den Höhen Eis, Schnee und sumpfige Stellen. Menschen und Thiere benutzen die krummen Fusswege an der Seite des Gebirges. Wer unklug genug ist, sich auf dieses Schneemeer zu wagen, ist rettungslos verloren. Nachdem man über 20 Li zurückgelegt hat, ist der Gletscher erreicht, wo man weder Sand, noch Bäume, noch Kräuter bemerkt; was am Meisten erschreckt, das sind gigantische Felsen, die einzig und allein von aufeinander gethürmten Eisschollen gebildet werden. Wenn man die Augen auf die Klüfte wirft, welche diese Eismassen trennen, so sieht man nur in einen leeren, dunkeln Raum, in den nie ein Lichtstrahl dringt. Das Rauschen des Wassers, welches unter dem Eise fliesst, klingt wie das Krachen des Donners. Hier und da liegen Gerippe von Kameelen und Pferden zerstreut umher. Um sich den Uebergang zu erleichtern, macht man in das Eis Stufen zum Hinauf- und Heruntersteigen; aber sie sind so schlüpfrig, dass jeder Schritt Gefahr bringt. Nur zu oft finden Wandrer in den Abgründen ihr Grab. Menschen und Thiere gehen in diesen unwirthlichen Gegenden Einer hinter dem Andern, vor Furcht zitternd. Wird man von der Nacht überfallen, so muss man unter einem grossen Steine Schutz suchen; ist die Nacht ruhig, so hört man sehr angenehme Töne, als spielten mehrere Instrumente zusammen: es ist das Echo, welches durch das Krachen des zerberstenden Eises hervorgebracht wird. Der Weg, auf dem man Abends gekommen, kann nicht immer auch am andern Tage wieder verfolgt werden. In der Ferne zeigt im Westen ein Berg, der bis jetzt unzugänglich gewesen ist, seine jäh abstürzenden, eisbedeckten Gipfel. Die Poststation Tamga-tasch liegt 80 Li von diesem Orte entfernt."

„Ein Fluss, Mussur-gol genannt, stürzt mit schrecklichem Ungestüm an der Seite dieser Gletscher hervor, fliesst südöstlich und führt sein Wasser dem Ergheu zu, der sich in den Lob-See ergiesst. Vier Tagereisen südlich von Tamga-tasch befindet sich eine dürre Ebene, die nicht die kleinste Pflanze hervorbringt. 80 bis 90 Li weiterhin trifft man wieder gigantische Felsen an. Der Commandant von Uschi sendet jährlich einen seiner Officiere hin, um dem Gletscher Opfer darzubringen. Die Gebetformel, die er bei dieser Gelegenheit hersagt, wird ihm vom Tribunal des Ritus zu Peking geschickt."

„Auf dem ganzen Kamm des Thian-schan findet man Eis, wenn man ihn der Länge nach bereis't; wenn man ihn dagegen von N. nach S., d. h. in der Breite übersteigt, so findet man dasselbe nur einige Li weit. Jeden Morgen sind zehn Menschen am Passe des Mussur-tagh damit beschäftigt, Stufen zum Hinauf- und Herabsteigen einzuhauen; Nachmittags hat sie die Sonne geschmolzen oder äusserst glitschrig gemacht. Zuweilen weicht das Eis unter den Füssen der Wandrer; sie versinken dann darin ohne Hoffnung, jemals das Tageslicht wiederzusehen. Die Muhamedaner der Kleinen Bucharei bringen, ehe sie über dies Gebirge reisen, einen Widder als Opfer dar. Schnee fällt darauf das ganze Jahr, und niemals regnet es."

b) Der Vulkan *Pe-schan**) (d. i. Weisser Berg), von

---

*) Gaubil, *Mém. concernant la Chine*, XIV., 390; Visdelou, *Suppl. de la Bibl. orient.*, 1780, p. 137; Klaproth, *Tabl. hist.*, 109, und *Mém. rel. à l'Asie*, II., 358; A. Rémusat, *Journ. asiat.*, V., 45; dessen *Descr. de Khotan*, II., 9; Cordier, *Ann. des mines*, 1820, V., 134. Klaproth's Angaben sind am Vollständigsten und vorzugsweise aus der Geschichte der Dynastie der Ming gezogen. A. Rémusat schöpfte aus der japanischen Uebersetzung der grossen chinesischen Encyclopädie. S. Ritter, I., 333—337.

den Chinesen auch *Ho-schan* und *Aghie* (d. i. Feuerberg*) genannt, liegt fast im Meridian von Guldja (am Ili) und der Stadt Kutsche (Ku-tsche) in der Kl. Bucharei, wahrscheinlich unter 42° 25′ oder 42° 35′ Br. Dieser Vulkan hat wirkliche Lavaausbrüche gehabt, wenigstens seit dem Jahre 89 bis zu Anfang des 7. Jahrhunderts unsrer Zeitrechnung. Lange Zeit hat man die Solfatara Urumtsi und die beiden Vulkane Pe-schan und Ho-tscheu Turfans für eine isolirte Vulkangruppe gehalten. Ich habe im ersten Bande meiner asiat. Fragmente die Verkettung und mächtige Ausdehnung der feurigen Phänomene im N. und S. der Kette des Thianschan, ihren Zusammenhang mit den Erdbeben (den verschiedenen Mittelpunkten angehörigen Erschütterungskreisen), mit den warmen Mineralwässern und den Steinsalzlagern gezeigt. Man weiss nicht sicher, ob der Name Pe-schan beweis't, dass der Gipfel und der Krater dieses Berges über die ewige Schneelinie hinausragen, oder ob er sich bloss auf das blendende Weiss des Bimssteins oder der vulkanischen Asche bezieht. Auch auf Teneriffa glauben die Schiffer beim Landen häufig, mitten im Sommer auf dem Gipfel des Piks Schnee zu sehen. Wir wollen einen chines. Schriftsteller aus dem 7. Jahrh. nach Klaproth's Uebersetzung darüber reden lassen: „200 Li im N. der Stadt Khueïtscheou (das heutige Kutsche, welches nach den Bestimmungen der Missionaire in 41° 37′ Br. und 80° 35′ Lg. liegt,) erhebt sich der Pe-schan. Er speit ununterbrochen Feuer und Rauch aus. Von ihm kommt der Salmiak. Auf dem einen Abhange des Feuerberges (*Ho-schan*) brennen alle

---

*) Im Sanskrit würde ein entzündeter Berg durch *agni ghiri* übersetzt werden. [„Die Wurzel *ag* im Worte *aghie* bezeichnet in allen hindustanischen Sprachen Feuer; dies Element heisst im Hindustani *âg*, im Mahrattischen *âgh* und im Pendjâb-Dialekt *aghi*.“ Diese Note hatte Klaproth den *Fragm. asiat.* zugefügt; aber ein in die Sprachen Indiens tiefer eingeweihter Gelehrter, Hr. Bopp, bezweifelt die Existenz einer alten Sanskrit-Wurzel *ag* (Feuer). Er meint, *aghie* stamme von *agni* (Feuer) oder vielmehr von *âgnêya*, d. i. was dem Feuer angehört. *Agni* findet sich im *ignis* der Römer, *ugnis* der Lithauer und *ognj* der Slaven wieder.“]

Steine; sie schmelzen und fliessen einigemal zehn Li weit. Die geschmolzene Masse erhärtet in dem Maasse, als sie sich abkühlt. (Die Geschichte der Dynastie der Thang fügt hinzu, dass die Lava des Pe-schan wie flüssiges Fett flösse.) Die Einwohner gebrauchen sie als Mittel bei ihren Krankheiten; sie ist von Schwefel durchdrungen.“ Dies Heilmittel war ohne Zweifel nicht pulverisirte Lava, sondern ein efflorescirter salziger Bestandtheil. Der Name tartarisches Salz, Salz der Tartarei, der dem Salmiak im Handel in uralter Zeit gegeben wurde (*nao-scha* im Chin., *nuschader* im Pers.) hätte schon längst die Aufmerksamkeit auf die vulkanischen Erscheinungen Inner-Asiens lenken sollen. Es scheint, als ob die Efflorescenz von Salmiak an den Seitenwänden des Vulkans im Thian-schan noch häufiger ist, als auf den Laven des Aetna oder in der Solfatara von Puzzuoli. Die Bewohner des Landes zahlten ihren Tribut an den Kaiser von China häufig in Salmiak. Der Mangel an Regen und die grosse Trokkenheit des Klimas können dazu beitragen, das Einsammeln dieser Substanz zu erleichtern. In der Universal-Geographie von China (*Thaï-thsing-i-tong-tschi*) enthält eine Nachricht über Turfan, nach den Forschungen des Hrn. Stan. Julien, folgende Stelle: „Das Land Kueïtse oder Khio-tse hat 1000 Li in der Quere und 600 Li Länge. Es ist ergiebig an Hanf, Getreide, Reiss, Weintrauben; es enthält Goldgruben. Der König bewohnt die Stadt I-lo-lu, die sich im N. an den Berg A-kie-thien (Aghie) lehnt, welchen man auch *Pe-schan* oder Weissen Berg nennt. Er steht beständig in Feuer (*semper habet ignem*).“ Weiterhin lies't man noch: „Der Berg A-kie-schan (oder Pe-schan) wirft beständig Feuer und Rauch aus. Dieser Berg ist breit und lang. Er erstreckt sich über mehrere Königreiche.“ In diesen letzteren Worten scheint die Kette und der Vulkan mit einander verwechselt zu sein. Doch verhält es sich hiermit anders, als wenn man die Apenninen die Kette des Vesuvs und Vesuvisches Gebirge nennte; die ganze Kette des Thian-schan oder des Himmelsgebirges nimmt hier wegen der Häufigkeit des Schnees den Namen Weisses Gebirge, *Pe-schan*, oder schneeiger *Siue-schan* an. Hr.

Neumann hat diese Synonymie durch das Studium der grossen, zu Peking 1789 bis 1804 gedruckten chines. Geographie bestätigt, in der von den Vulkanen des Thian-schan als noch jetzt thätigen gesprochen wird (lib. 49). Man könnte auch von dem Ausdruck überrascht werden, dass sich die Stadt I-lo-lu gegen Norden an den Pe-schan lehnt. Hr. Klaproth meint, dies Ilolu sei nicht Ili oder Guldja, sondern ein Ort Irolo, Ilor, wo der König von Kueït-tse oder Kutsche, im Süden des Thian-schan, residirte. Nach ihm heisst „der Pe-schan im Türk. *Eschik-basch* (Kopf der kleinen Gemse). Der Vulkan giebt dem Flusse Eschik-basch-gol (Etsiki-basch-gol) seine Entstehung, der im S. der Stadt Kutsche fliesst und sich nach einem Laufe von 200 Li in den Ergheon (Ergono) oder Tarim, jenen grossen und berühmten Fluss ergiesst, der im Lop-See mitten in der Steppe oder auf dem grossen Plateau zwischen dem Thian-schan und dem Kuen-lun endet." Die grosse Karte des Kaisers Khian-lung enthält schätzbare Details über diese Gegenden. Da der Vulkan Pe-schan in der Geschichte der Dynastie der Thang *Ahgie-thian-schan* genannt wird, „so muss man diesen Namen durch Berg der Feuerfelder übersetzen. Das Wort *thian* bezeichnet hier nicht Himmel, sondern ist durch das Zeichen ausgedrückt, welches ein Feld bedeutet." Dies erinnert an die *Campi phlegraci* bei Neapel. — Ich schliesse diese unter sich sehr gut übereinstimmenden chines. Beschreibungen mit einer Stelle aus einem zu Peking im J. 1772 unter der Regierung Khian-lung's gedruckten geographischen Werke, welches die Namenerklärung von ausgezeichneten Orten und Personen der westlichen Gebiete in chines., mandsch., mongol., ölöt., tübet. und türkischer Sprache enthält. „Die Provinz Kutsche producirt Kupfer, Salpeter, Schwefel und Salmiak. Die letztere Substanz kommt von einem Salmiak-Berge nördlich von der Stadt Kutsche, der voller Höhlen und Spalten ist. Im Frühlinge, Sommer und Herbst sind diese Öffnungen mit Feuer erfüllt, so dass der Berg Nachts wie mit Tausenden von Lampen erleuchtet scheint. Dann kann sich demselben Niemand nähern. Nur im Winter, wo die grosse

Schneemenge das Feuer gedämpft hat, beschäftigen sich die Eingebornen mit dem Sammeln des Salmiaks, zu welchem Behuf sie sich gänzlich entkleiden. Dies Salz findet sich in den Höhlen in Gestalt von Stalaktiten, was das Ablösen erschwert.“

c) Die grosse Massenerhebung des *Bogdo-oola* (ein mongol. Wort: der erhabene Berg, auch *Khatun-Bokdo* oder *Tengri-Tag* im Türk., d. i. Himmelsberg) trennt das Gouv. Kur-Khara-Ussu von dem Lande der Djulduz, welches von dem Flusse durchschnitten wird, an dem die Stadt Kharaschar liegt. Der Bogdo-oola bildet wahrscheinlich den culminirenden Punkt der ganzen Kette des Himmelsgebirges, so wie auch die grösste Anhäufung ewigen Schnees. Der Schnee nährt Gletscher, die sich in die Querthäler hinabziehen und unter denen kleine Flüsse hervorsprudeln, welche *Mussur-Gol* (Gletscherflüsse) genannt werden. Wir sehen hier Erscheinungen, wie sie die Gletscher aller Continente in der gemässigten Zone darbieten. Ich habe keinen eigentlichen Gletscher in dem von mir bereis'ten Theil der Tropen gesehen. Der südliche Abhang des Bogdo-oola nährt Kameele, Rinder und wilde Pferde. Gegen NW. verlängert sich die Massenerhebung in eine Kette (Erin-Khabirgan oder Iren-Khabirgan) zwischen dem Becken des Ili-Flusses und dem Becken des Kur und des Sees Balkhasch-noor. Quer über diese Kette hat man mittelst Pulver die grosse Nord-Strasse (*Pe-lu*) von Ili oder Guldja nach Peking angelegt, während die grosse Süd-Strasse (*Nan-lu*) von Kutsche nach Turfan und Peking durch das wegen seiner Fruchtbarkeit und seiner Weidetriften berühmte Land der Djulduz geht (Xerefeddin's Geschichte Timur's, II., 56).

d) Die Solfatara Urumtsi (U-lu-mo-tsi der chin. Geogr.) bei der gleichnamigen Stadt, welcher der Kaiser Khian-lung im J. 1775 den Namen Ty-hua-tscheou gab, als er anordnete, dass sie den westlichsten District der Prov. Kan-su bilden sollte. Dem Vulkan Pe-schan auf dem Nord-Abhange des Thian-schan, dessen Lava-Ausbrüche mit Gewissheit aus der Mitte des 7. Jahrh. unsrer Zeitrechnung datiren, falls sie nicht noch weit älter sind, entspricht im

Süden der Cordillere, in der Prov. Kutsche (200 Li westlich vom Khan-tengri) bei den Quellen des Eschik-basch-gol, ein Berg, welcher seit sehr alter Zeit *nao-scha* (Salmiak) und Schwefel liefert. Die Eingebornen nähern sich ihm nur während des Winters, wenn Schnee liegt, um den Salmiak oder das tartarische Salz zu holen; während der andern Jahreszeiten erscheint der Berg Nachts wie von Tausenden von Lampen erleuchtet [vgl. S. 384]. Es sind so viel weissglühende Fumarolen (Timkowski, Reise, I., 399): in der Nähe finden sich gegen 500 kleine natürliche Höhlen, welche vergoldete Bildnisse Buddha's und chinesische, auf die Seelenwanderung*) bezügliche Inschriften enthalten. In der Geschichte der Dynastie Wei, die von 220 bis 260 unsrer Zeitrechnung in Nord-China herrschte, wird auch berichtet, „dass sich in den hohen Bergen von Kutsche ein Fluss unter der Erde verliert und voll flüssigen salzigen Schlammes wieder hervorkommt." Man könnte die Frage aufwerfen, ob quer durch die Kette eine Spalte oder unterirdische Verbindung (SO.-NW.) zwischen dem Vulkan von Turfan (*Hotscheou*, Feuerbezirk), der am Süd-Abhange des Thian-schan am Fusse eines Piks**) mit drei Gipfeln (Pu-khi-tha-pan) liegt, und zwischen der Solfatara Urumtsi existirt. Wir setzen hier eine neue und genaue Uebersetzung von mehreren chinesischen Stellen her, welche auf die *Campi phlegraei* Inner-Asiens Bezug haben und welche schon Klaproth***) bekannt gewesen sind. Ich verdanke diese hier folgende Uebersetzung meinem gelehrten Collegen Hrn. Stan. Julien.

*) Auszug aus dem *Si-yu-wen-kian-lo*, übers. von Hrn. Schott, (Ritter, V., 446). Die Bildnisse sind aus den Zeiten der Dynastie Thang. In der Ebene bei Kutsche fällt, wie auch zu Hami, fast niemals Regen.

**) Auszug aus demselben chin. Werke (Ritter, V., 453), worin die fünf culminirenden Punkte der Thian-schan-Kette aufgezählt werden.

***) *Mém. rel. à l'Asie*, II., 357, und *Ann. de la Géogr.*, IV., 307. Timkowski, Reise nach China, I., 151. Beschreibung der Dzungarei und Turkestans vom P. Hyazinth (russ.), II., 1829. Mein Landsmann, der Missionair Carl Gützlaff schreibt Orumtsi (*Chin. history*, I., 29).

Auszug aus dem chin. Werke *Sin-kiang-wai-tan-ki-lio* oder Nachrichten über die neuerdings China unterworfenen Barbaren; lib. 2, fol. 13 der Ausgabe von 1777.

„30 Li (3 M.) westlich von der Station *Burgabulak* (ein dzungar. Wort, welches Quelle der Pappeln, an der es Pappeln giebt, bedeutet), welche von Urumtsi abhängig ist, liegt ein Gebiet, dessen Umfang ungefähr 100 Li (10 M.) beträgt, aus dessen Mitte sich beständig Aschenwolken (wörtlich: fliegende Asche) erheben. Wirft man einen (brennbaren) Gegenstand dorthin, so sieht man sogleich eine Flamme aufschlagen und in wenigen Augenblicken ist er in Asche verwandelt. Wirft man einen Stein dorthin, so sieht man plötzlich einen schwarzen Rauch aufsteigen, der sich erst ziemlich lange nachher wieder legt."

„In diesem Lande bedeckt der Schnee, der im Winter fällt, den Boden bis zu einer Höhe von 10 Fuss; aber an jenem Orte sieht man nicht die allergeringste Spur davon. Man nennt ihn *Ho-hien*, d. h. Feuergrube (*fosse*). Die Vögel wagen nicht, im Fluge darüber fortzuziehen."

Dasselbe Werk, lib. 2, fol. 13 recto.

„Zwischen Urumtsi und Ili ist ein kreisförmiger Strich Landes von 90 Li (9 M.). Von Weitem gesehen, erscheint es weiss wie Schnee. Es scheint mit Salz durchdrungen zu sein. Nach dem Regen wird es hart und fest. Wenn man dort einen grossen Stein hinwirft, so vernimmt man ein Geräusch, als wenn man mit einem Stück Holz auf eine Eisenplatte schlägt. Wenn ein Mensch oder ein vierfüssiges Thier aus Unachtsamkeit dieses Terrain betritt, so versinken sie, nachdem sie einige Schritte gethan haben, als wenn sie in eine Grube stürzten, und verschwinden für immer. Diesen Ort nennt man gemeiniglich *Hoeï-hien*, d. h. Aschengrube."

Es ist geologisch wohl beachtungswerth, dass die Stadt Urumtsi im W. von einer an Steinkohlen reichen Gebirgskette umgeben ist, was an die grosse Menge Salmiak erinnern könnte, die man auf den brennenden Steinkohlenflötzen der Gruben von St.-Etienne (Forez) sammelt, wenn nicht andre vulkanische Erscheinungen die Nähe von Trachyt zwischen den Feuer- und Aschengruben Urumtsis und dem grossen Vulkane Turfans wahrscheinlicher machten.

e) Der Vulkan zwischen Turfan*) und Pidjan, beim Eintritt in die Wüste, welche schon seit Rubruquis' Reise wegen der Gewitter und NW.-Stürme berühmt ist. Dieser Vulkan ist ein isolirter Kegel, wie der andre noch thätige Vulkan derselben Kette, der Pe-schan, der 180 M. weiter nach W. liegt. Es sind zwei Eruptionskegel, die im S. und N. der Cordillere liegen. Der Feuerberg von Turfan wird auch zuweilen der Vulkan von Bischbalik genannt, wobei man diesen Namen in dem Sinne nimmt, den er ehemals im 13. Jahrh., zur Zeit des Feldzuges Hulagu's (eines Bruders Mangu-Khans) hatte, wo er eine grosse Provinz bezeichnete, die sich zu beiden Seiten des Thian-schan zwischen Kharaschar, Turfan und Ili ausbreitete, während in späterer Zeit die Pentapolis Bisch-balik (U-tsching) gleichbedeutend mit Urumtsi geworden ist**). Früher gab es auch eine Stadt Ho-tscheou, 1½ M. östlich von Turfan. Wir wissen nicht, bis zu welcher Epoche der Vulkan von Turfan Feuer gespieen hat. Hr. Neumann berichtet uns, dass man in einer im Jahre 1789 angefangenen und 1804 beendigten Geographie Folgendes lies't: „Der Thian-schan hat auch den Namen Weisses Gebirge (*Pe-schan*); im NO. der Kette liegt die Windhöhle und auf den Grenzen Turfans existirt ein Berg, welcher Feuer speit (*Ho-yen-schan*).“ Ebenso findet man in einer 1835 zu Bombay erschienenen Erzählung von Mecka-Pilgern (*Journ. of the As. Soc. of Bengal*, IV., 657—664), „dass man von Zeit zu Zeit Flammen aus dem Berge bei Turfan hervor-

---

*) Es ist hier von dem alten Turfan (Kune-Turpan), einer vormals viel Handel treibenden chines. Stadt die Rede, welche man nicht mit dem 12¾° westlicher gelegenen Utsch-Turpan oder mit der Stadt Osch, die durch die Nähe der Ruinen von Takht-i-Suleiman berühmt ist, verwechseln darf. S. meine Erörterung über ihre astron. Position zu Ende des 7. Itinerars.

**) S. Klaproth's treffliche geogr. Abhandlung in den *Mém. rel. à l'Asie*, II., 355 und Ritter, I., 382—386.

brechen sieht.“ Also Anzeichen von Feuererscheinungen, die sich noch fortwährend zeigen. Ich lasse hier, nach einer neuen Uebersetzung von Hrn. Stan. Julien, die Notizen folgen, welche uns die orientalischen Schriftsteller über den Vulkan von Turfan aufbewahrt haben.

„Die folgende von Abel Rémusat herausgegebene Uebersetzung (*Ann. des Mines*, 1820, V., 135; vergl. auch Rémusat, *Descr. de Khoten*, p. 19 – 91) ist der japan. Encyclopädie entnommen; aber die ersten acht Zeilen seines Artikels finden sich gar nicht in dem chines. Text, obgleich er sie mit Anführungsstrichen als einen Theil des angeführten Werkes bezeichnet hat.“

Lib. 61, fol. 34 verso.

„Bemerkung (des japan. Herausgebers): Man lies't in dem *Ta-ming-i-tong-tschi* oder der Universal-Geographie der Ming: Der brennende Berg *Ho-tscheou* oder der Berg des Feuerbezirks (43° 30′ Br., 87° 11′ Lg. nach Gaubil) und der Weisse Berg (*Pe-schan*) des Königreichs Kueï-tsee werfen fortwährend Flammen aus. Sie haben Höhlen, worin sich ein grünlicher Schlamm erzeugt, der, wenn er aus diesen Höhlungen hervortritt, sich unmittelbar in sandige Steine verwandelt, welche *nao-scha* oder Salmiak sind.“

Ibidem, lib. 61, folio 34 recto.

„Nach dem naturgeschichtlichen Werke, betitelt *Pen-tsao-kang-mo* (lib. XI., fol. 30), kommt das *nao-scha* oder der Salmiak aus dem Lande der Barbaren im Westen. Derjenige, welcher durch seine Form dem *ya-siao* (Salpeter, dessen Krystalle wie Zähne aussehen,) gleicht, welcher glänzend und rein ist, wird am Meisten geschätzt.“

„In der Mitte des Berges Pe-thing (d. i. des Vulkans von Turfan) giebt es fortwährend Rauch und Dämpfe, die stossweise mit Gewalt hervorbrechen, selbst wenn der Himmel weder Wolken noch Dämpfe zeigt. Abends sieht man glänzende Flammen, welche die Wirkung von angezündeten Fackeln hervorbringen. Die Vögel und (Berg-)Ratten, die man beim Scheine dieses Feuers gewahr wird, erscheinen alle von rother Farbe. Dieser Berg heisst *Ho-yen-schan*, (d. h. der Berg, von welchem Feuer aufsteigt)."

„Die Leute, welche das *nao-scha* einsammeln, bedienen sich dabei hölzerner Sandalen; wenn die Sohle von Leder wäre, so würde sie sogleich verbrannt werden. Der Ausdruck *Pe-thing* bezeichnet das Land, welches heut zu Tage *Ho-tscheou* oder der Feuerbezirk im Si-yu genannt wird. Das *Nao-scha* — (diesen gesperrten Satz, welcher irrthümliche Vorstellungen über die Natur dieses Salzes zu enthalten scheint, hat Rémusat ausgelassen;) — ist auch weiter nichts als eine Art von *Siao-schi* (geläutertem Salpeter). Es wird gebildet durch Erhärten des flüssigen Steinsalzes, welches mit dem Salz, das man *yen* nennt, verbunden ist. Die Leute im Lande sammeln es, benetzen es mit Wasser und reinigen es mit Hülfe des Feuers. Es nimmt, wenn es erkaltet, die Gestalt grosser Stücke Salz an. Das weisse und reine wird am Meisten geschätzt. (Rémusat hat das Wort *lin*, mit Wasser benetzen, eintauchen, nicht verstanden; er übersetzt: sie sammeln auch die Mutterlauge, die sie in Kesseln zum Sieden bringen.)"

„Dies Salz ist von sehr durchdringender (*pénétrante*) Natur. Man bringt es in Siegelformen (*sceaux*), die man über Feuer aufgehängt verwahrt. Dann bleibt es immer trocken. Manche bewahren es mit getrocknetem Ingwer auf. Dies Verfahren ist eben so gut. (Rémusat glaubte, dass man es in einer Pfanne über dem Feuer aufgehängt hielte, um es recht auszutrocknen. Er hat also das Mittel der Aufbewahrung mit dem der Bereitung verwechselt. Die Worte „über Feuer" zeigen ein beständiges Hängen über dem Heerde an, um das Nao-scha beständig trocken zu erhalten, und nicht ein momentanes Hängen während der Zeit der Zubereitung.) Wenn man es einem kalten Orte nähert oder wenn es Feuchtigkeit anzieht, so schmilzt es sogleich und verwandelt sich in Wasser, oder, wenn es nicht in ein Gefäss eingeschlossen ist, fliesst tropfenweise ab und verschwindet."

Auszug aus dem Werke: *Sin-kiang-wai-fan-ki-lio* oder: Kurze geschichtliche Notizen über die auswärtigen Barbaren an den neuen Grenzen, d. h. über die China neuerlich unterworfenen (die O-lo-sse oder Russen darunter einbegriffen), von Hrn. Stan. Julien (Notiz über Turfan, lib. I., fol. 13 verso).

„Im Sommer ist die Hitze ausnehmend gross; die Sonne, roth wie Feuer, entzündet den Himmel und ein brennender Wind fährt über die Erde hin. Von O. nach S. erstreckt sich ein Gürtel von Sandbergen, worauf man weder Pflanzen noch Bäume bemerkt. Sie strahlen Blitze aus, blendender als die Sonne. Man nennt sie gemeiniglich *Hoyen-schan*, d. h. das Gebirge mit Feuergruben. Im Winter giebt es hier weder strenge Kälte noch starken Schneefall. Dies Land erzeugt Weizen, Flachs, *Thien-kua* und *Si-kua* (zwei Arten Melonen), Weintrauben und endlich zahllose Früchte von ausgezeichneter Güte.“

Diese letztere Stelle gewährt ihrer Natur nach ein allgemeineres Interesse in Betreff des Klimas als das, welches das vulkanische Phänomen einer Feuergrube einflösst. Der chin. Geograph spricht von excessiver Hitze des Sommers und von Wintern ohne strenge Kälte, von der Cultur der Weintrauben und Melonen in einem Lande, welches unter 43° oder $43\frac{1}{2}^{\circ}$, folglich in gleicher Breite mit Narbonne und Montpellier liegt. Diese Angaben über das Klima und die Cultur beweisen ohne Zweifel, dass die Orangenbäume und die berühmten Weinberge von Hami (Khamil), die Felder mit gelber Baumwolle (*Gossypium religiosum*), die von einer Hecke Granatbäume bei Aksu*) eingeschlossen werden, zu Turfan nicht auf einem sehr hohen Plateau gelegen sind. Sie bestätigen, was ich anderwärts über die geringe Boden-

---

*) Im 2. Buche des *Sin-kiang-wai-fan-ki-lio* heisst es: „Aksu im S. des Siue-schan (eines mit Schnee bedeckten Gebirges) hat 20000 Familien. Dies Land liegt auf der grossen Strasse der Kaufleute, die zahlreich wie Fische und Sterne. Das Land erzeugt Granaten und Baumwolle, welche wie gelbe Wolken die Felder bedeckt.“ Die Umgegend von Khotan, Kaschghar (Ke-schi-ko-eul) und Yerkand (Ye-culkiang) hat sich seit den Zeiten Marco Polo's (Baldelli, *Il Milione*, I., 32) bis zu unsern Tagen, wo man dort noch den Tribut in Baumwolle entrichtet, Baumwolle producirt.

höhe in ausgedehnten Gebieten Mittel-Asiens gesagt habe. Bei dieser Entfernung von den Küsten, bei dieser so östlichen und wegen seiner Winterkälte so gefürchteten geogr. Länge könnte ein Plateau, welches nur die Höhe von Madrid oder München erreichte, wohl sehr heisse Sommer, aber nicht Winter mit wenig strengem Klima haben. Grosse Sommerhitze begünstigt noch zu Astrakhan unter 46° 21′ Br. die Cultur des Weinstocks; aber Astrakhan, obgleich 13 t. unter dem Spiegel des Schwarzen Meeres hat eine Winterkälte von — 20° bis — 25° C. Ich habe hier die Weinrebe seit dem Monat November in eine grosse Tiefe einsenken sehen. Man begreift, dass Pflanzen, die nur gleichsam im Sommer leben, wie der Wein, die Baumwollenstaude, der Reiss und die Melone, zwischen 40° und 45° Br. auf Hochebenen, die sich weit über 500 t. erheben, noch mit Erfolg gebaut und durch die Wirkung der strahlenden Wärme begünstigt werden können; aber wie würden da die Granatbäume Aksu's und die Orangen der Oase von Hami bei grossen Höhen während des Winters ausdauern können? Der P. Grosier nennt die Orange von Hami eine ausgezeichnete Frucht; die niedrige Temperatur der Quellen im Sommer, wovon der Kaiser Kanghi spricht, beweis't keineswegs die Höhe des Plateaus, sondern nur, dass die Quellen mit den benachbarten, lange Zeit mit Schnee bedeckten Bergen in Verbindung stehen*). Diese Zweifel über die Höhe der Plateaux Mittel-Asiens südlich von 45° Br. können nur durch directe Messungen gehoben werden, mögen dieselben sich sogar nur auf die Temperatur des siedenden Wassers stützen. Alle Berechnungen über den Höhenunterschied zwischen der ewigen Schneegrenze und der Cultur des Weines unter verschiedenen Klimaten sind sehr unsicher. Sie haben für Kaschghar**), nach Grimm, einem sonst sehr scharfsinnigen

*) Grosier, *Descr. de la Chine*, II., 119; III., 232; *Mém. concernant l'hist. des Chinois*, IV., 471.

**) Malte-Brun räumte, indem er das, was ich in meinen beiden *Mém. sur les montagnes de l'Inde*, 1816 und 1820, über die Configuration Central-Asiens gesagt, bestätigt, für die Weinberge Khotan's allerhöchstens nur eine Höhe von 500 — 600 t. ein (*Ann. des Voy.*, XIX., 390, 395).

Geographen, eine Höhe von 1000 t ergeben, oder nahe 100 t. mehr als die Höhe von Kaschmir und 340 t. mehr als die mittlere Höhe des Gobi-Plateaus nach den sehr genauen barom. Messungen der Hrn. v. Bunge und Fuss*). Nimmt man an: 1) als mittlere Temperatur der asiatischen Ebenen unter 43° Br.: 14.2° C.; 2) eine Wärmeabnahme von 1° C. für 90 t. Erhebung; 3) eine Wirkung von 1.3 C. für die Strahlung eines umgebenden Plateaus, und 4) wenigstens 10.5° C. mittlere Wärme als erforderlich für die Gewinnung eines guten Weines, wie zu Hami und Turfan; — so findet man, dass der Boden dieser Gegenden im S. des Thian-schan wahrscheinlich nicht 440 t. über dem Meeresspiegel erreicht**). Die Grundlagen dieser Art von Berechnungen sind ziemlich genau, wenn man den mittleren Zustand der Atmosphäre annimmt; aber die örtlichen Umstände können Störungen verursachen, deren Wirkung im Maximum***) zu schätzen unmöglich ist.

Im O. der fruchtbaren Gegenden von Hami und Barkul (Tschin-si-fu), zwischen den Meridianen der Seen Tschagan-noor und Tengri-noor (zwischen 95° und 104½° Lg.) scheint der Kamm des Thian-schan fast ganz****) in der grossen Aufschwellung der Gobi (SW.-NO.) zu verschwinden. Ich halte mit Deguignes die chin. Kette des In-schan oder Gardjan, welche einige Grade südlicher liegt, für die Verlängerung des Thian-schan, dessen östlichster Theil zur Zeit der Herrschaft der Hiung-nu Ki-lo-man-schan hiess. Im N. der grossen Krümmung des Gelben Flusses (Hoang-ho)

*) Ich erinnere daran, dass dies Plateau, welches angeblich 8000—10000′ H. besitzen sollte, in seiner Mitte bei Erghi, zwischen Zakildakan und Olonbaischen (43—47° Br.), sich nur zu 2400′ erhebt.

**) Dies wäre also 90 t. weniger als die Hochebene von Madrid (s. Th I., S. 33). Die mittlere Temperatur Madrids, unter 40° 24′ Br., ist nach Bauza [1820] 14.8° C. [Ich erhalte aus 4- bis 5-jährigen Beob. zu bestimmten Stunden als wahres Medium nur 14.0°.]

***) Die Cultur des Weinstocks, welche in der Schweiz im Allgemeinen bei 300 oder 330 t. Höhe aufhört, reicht im Thale von Sesta am Monte Rosa bis 500 t. hinauf.

****) Die Lage der kleinen Seen der Gobi und der Lauf der Gewässer in der Wüste deutet sehr wenig auf die Existenz eines fortlaufenden Rückens. S. Ritter, I., 236, 354—356.

vom Pik Muna*) (Monahojo des P. Gerbillon), der durch den Feldzug Tchinghiz-khan's gegen den König von Tangut im J. 1225 berühmt geworden ist, erstreckt sich die Schneekette des In-schan gegen O. zwischen den Städten Kukukhoto und Kara-khoto bis zur grossen chines. Mauer. Das Relief des Bodens ist daselbst sehr uneben, weil andere Kammlinien (der Ala-schan und der Siue-schan Sifan's, SO.-NW.) dort Kreuzungen der Rücken bilden, die bis jetzt noch nicht genug aufgeklärt worden sind.

Wenn der Rücken des Thian-schan gegen O. in der Kette des *In-schan* oder *Yn-schan* (d. i. Silbergebirge nach der chines. Bezeichnung) bis zum Meridian von Peking und fast bis zu den Küsten des Grossen Ozeans im N. des Golfs von Pe-tscheli**) fortläuft; so kann man auch, gemäss geologischen Ansichten, die ich schon in einem andern Werke auseinandergesetzt habe, die Spur dieser Spalte in der Kette des Kaukasus bis zu den Küsten des Schwarzen Meeres verfolgen. Diese bildet die westliche Fortsetzung des Himmelsgebirges (Thian-schan) jenseit der grossen Senkung des turanischen Bodens, worin der untere Lauf des Oxus (Djihon, Amu) und des Jaxartes (Sir oder Sihun), der Aral-See und das caspische Meer liegen.

Wir haben gesehen, dass der Thian-schan im W. von dem transversalen Rücken (SSO.-NNW.) des Bolor in den Ketten des Asferah und Ak-tagh wenig nördlich von Samarkand fortsetzt. Die Berge des Nura-tagh ($63\frac{1}{2}^0$ Lg.) und die Höhen um Bokhara sind die letzten Emporhebungen gegen die aralo-caspische Einsenkung hin. Alex. Burnes (*Trav.*, II., 158) glaubt, dass die Stadt Bokhara 186 t. hoch sei.

Wir wollen nun zuerst die mittlere Richtung des Thian-schan von der Südsee bis zur Kreuzung mit dem Bolor auf einem Längenunterschiede von 45^0, wovon 10^0

---

*) Klaproth, *Tabl. hist.*, 47; *Mém. rel. à l'Asie*, I., 468.

**) Jenseit der grossen Mauer Chinas und des Passes Urangtschai-dabahn scheint der In-schan sich sogar im N. der Halbinsel Korea mit dem Tschang-pe-schan auf der nördlichen Grenze der Mongolei zu verbinden. *Asia polygl.*, p. 205; *Mém. rel. à l'Asie*, I., 455.

auf die transversale Anschwellung der Gobi zwischen den Seen Tschagan-noor und Tengri-noor kommen, untersuchen. Der mittlere Parallel, welchem der In-schan folgt, ist der von 41° Br.; der des Thian-schan von Hami zum Terek-tagh ist $42\frac{1}{8}$°. Im W. des Bolor auf dem sehr geringen Abstande von 65° bis $69\frac{1}{2}$° Lg. ist die mittlere Breite des Asferah und Aktagh $40\frac{2}{3}$°. Die Verlängerung gegen das Becken des Sir und Amu neigt also gegen WSW., obgleich, — was alle Beachtung verdient, — der Lauf des Zerafschan oder Kohik auf einer Strecke von mehr als fünf Längengraden (zwischen Osruschnah und Bokhara) sehr regelmässig die Richtung eines Breitenkreises behält. Wenn man ganz genau auf die Dauer jeder Richtung Rücksicht nimmt und den Thian-schan ($65\frac{1}{2}$°—113° Lg.) in acht gleiche Theile zerlegt, so findet man, dass der ganze Rücken der mittleren Richtung des Parallels

von 41° 40′ Br. folgt, und dass er um diesen Parallel von $40\frac{2}{3}$° bis 43° Br. oscillirt.

Nun schwankt der Kaukasus ebenfalls von 41° bis 44°; seine allgemeine Richtung ist, nach der Karte des russ. Generalstabes, SO.-NW.*); aber der mittlere, höchste Theil zwischen dem Berbala, Kasbek, Elbruz und Oschten, welcher $\frac{5}{7}$ von der Länge der ganzen Kette einnimmt, streicht OSO.-WNW., indem er zum mittlern Parallel 42° 50′ Br. hat.

Die culminirenden Punkte des Kaukasus, über welche bisher so viel Ungewissheit geherrscht, sind bei der Opera-

*) S. über dies Streichen des Kaukasus nach zweien unter sich parallelen Spalten und über das Verhältniss zwischen seiner Richtung und dem Laufe des Dnjepr (zwischen Kiew und Jekatherinoslaw), der Wolga (zwischen Zaritzin und Astrakhan) und der Dwina (zwischen Witepsk und Riga), wie über die Kreuzung einer andern Erhebungsaxe (von NO. nach SW.), welche an sechs Stellen von Verbindungskanälen durchschnitten wird, die interessanten Beobachtungen des Hrn. Barons v. Meyendorff im *Bull. de la Soc. géol. de France*, IX., 230. „Dies ist eine Art von Spaltung, welche ein ungeheures Ländergebiet charakterisirt.“

tion des trigon. Nivellements zwischen dem Caspischen und Schwarzen Meere, welche die Hrn. Fuss, Sabler und Sawitsch ausführten, mit einer ausserordentlichen Genauigkeit gemessen worden. Durch Verbindung dieser culminirenden Punkte mit den verschiedenen während des Nivellements vermessenen Standlinien fand man*) für den:

	N. Br.	Ö. Lg. Par.	Höhe.
Elbruz, w. Spitze	43 21′ 21″	40° 6′ 35″	2892 t. (18493′ engl.)
Elbruz, ö. Spitze	43 21 0		2880 t. (18421′ engl.)
Kasbek	42 42 3	42 11 23	2585 t. (16532′ engl.)
Beschtau	44 6 5	40 41 39	710 t. (4595′ engl.)

Diese Höhen beziehen sich auf den Spiegel des Schwarzen Meeres. Von der iberischen Halbinsel bis zum Hindukho giebt es im westlichen Theile des alten Continents keinen Gipfel, der höher wäre, als der Elbruz in der Kette des Kaukasus.

Diese Kette entspricht nicht nur grossentheils dem Thian-schan durch ihre Richtung, sondern sie zeigt uns auch in ihren Trachytmassen, heissen Quellen und den Salsen in ihrer Nähe, ganz denselben vulkanischen Charakter. Es erscheint ganz merkwürdig, dass auf der einen Seite die Feuer und Schlammvulkane von Baku auf der Halbinsel Abscheron, auf der andern die Salsen von Taman gewissermassen an den beiden Extremitäten der Kaukasus-Kette auftreten. Die Halbinsel Abscheron zeigt nicht allein die grossen und kleinen Feuer von Baku, welche der Hindu-Pilger verehrt, die aber in den Werken der Alten nicht erwähnt werden; sondern es hat sich auch der Boden daselbst in sehr neuer Zeit geöffnet und Flammen ausge-

*) Diese Messungen im Kaukasus gebe ich nach einer brieflichen Mittheilung des Hrn. v. Struve (dat. Pulkowa, Juli 1839). Die Höhe des Elbruz war in Hrn Kupffer's *Voyage* 1829, (p. 124 – 126) barom. nur zu 2578 t. gefunden worden, wobei die letzten 600 t. unterhalb des Gipfels nur auf Schätzung beruhten. Dem Kasbek gab man früher auch nur 2455 t. Der Elbruz ist um 432 t. höher als der Mont Blanc und um 216 t. höher als der Ararat. — [Ueber die später erschienenen Dissertationen s. meine Bemerkungen in den Monatsberichten der Gesellschaft für Erdkunde zu Berlin, I., 165, 171.]

worfen, welche 10 M. weit sichtbar waren. So bei den Eruptionen von Gokmali, Alt-Schamachie, Massasy und Baklischli in den J. 1827, 1828, 1830 und 1839, welche von einem gewaltigen unterirdischen Getöse begleitet wurden und denen Hebungen des Bodens und Thonschlamm-Auswürfe folgten*). — Es ist wohl nicht überflüssig, bei dieser Gelegenheit zu erinnern, dass der indische Kaukasus oder Paropamisus die westliche Fortsetzung der Kuen-lun-Kette ist und weiterhin dem Taurus Klein-Asiens entspricht, während der eigentliche Kaukasus eine Verlängerung des Thian-schan zu sein scheint. Der indische Kaukasus, ein Theil des Hindu-Kho, über welchen Alexander zog, ist das Gebirge der Khaças (*Khazagiri*) oder des Volkes, welches bereits in dem alten Buche der Gesetze Meru's genannt wird**).

Während die Lage des Ust-Urt und die Beziehung dieses Plateaus zum Südende des Ural der Hypothese, dass die Emporhebung des Ural-Rückens erst nach der Bildung der grossen aralo-caspischen Einsenkung (s. oben S. 273) erfolgt ist, einige Wahrscheinlichkeit verleiht; so scheint dies nicht bei der Kette des Thian-schan (O.-W.) und der gegenüberliegenden des Kaukasus (OSO.-WNW.) der Fall zu sein. Die Zertrümmerung eines Theiles dazwischen anzunehmen ist wenig zulässig; man kann eher annehmen, dass die Existenz der arolo-caspischen Einsenkung die lineäre Aufrichtung habe unterbrechen und die Richtung der Spalte, welche im O. die Emporhebung des Thian-schan veranlasst hatte, gegen W. verändern können. Die Senkung, welche wir in ihrem Verhalten zu den grossen Rücken, die das mittlere Asien durchziehen, untersuchen, wird nicht von einer ununterbrochenen Verlängerung weder des Altai noch

*) S. weiterhin [in den Ergänzungen zum II. Th.] einen Brief von Hrn. Lenz über die Salsen und Feuer Baku's, wie auch Eichwald, Peripl., I., 202 und v. Leonhard, N. Jahrb., 1840, S. 94.

**) S. oben Th. I., S. 89; Wilford, *Asiat. Res.*, VI., 456 und besonders das gelehrte Werk des Hrn. Troyer, *Râdja-Tarangini*, II., 325.

des Thian-schan erreicht. Nur der Kuen-lun erleidet gar keine Unterbrechung, indem er sich über den Hindu-kho und den persischen Elbruz zum Taurus erstreckt. Er bildet den Wall, welcher die arolo-caspische Einsenkung im S. begrenzt, den einzigen Damm, welchen die Völker des Südens übersteigen müssen, wenn sie westlich vom Bolor ihre Eroberungen nach dem Norden Turans ausdehnen wollen. Eine eigenthümliche Gestaltung des Bodens im W. des 70. Längengrades hat, durch das Fehlen von Ketten zwischen dem Hindu-kho (Paropamisus) und dem Süd-Ural seit dem höchsten Alterthum bis auf die neuesten Zeiten herab den Regionen zwischen dem Amu (Oxus) und Sir (Th. I., S. 45—47) eine so grosse Wichtigkeit verliehen. Sind die Meridianketten der Gates, des Soliman, des Bolor und des Ural sämmtlich neuern Ursprungs, als die dem Aequator parallel laufenden Ketten, der Himalaya, der Kuen-lun, der Thian-schan und der Altai? Wir sind in der Kenntniss der muschelführenden Formationen und ihrer gegenseitigen Lagerungsverhältnisse im Innern eines ungeheuren Continents noch zu wenig vorgeschritten, um über einen mit den grossartigen geologischen Ansichten Elie de Beaumont's so wesentlich verknüpften Gegenstand eine Meinung aufstellen zu können.

Nachdem wir so, nach Materialien, welche bisher unvollkommen in Anwendung gebracht worden, die Reihe vulkanischer Erscheinungen längs der Kette des Himmelsgebirges (Thian-schan), vom Asferah im W. der nördlichen Verlängerung des Bolor bis zu dem noch thätigen Vulkan von Turfan und der Solfatara Urumtsi, angegeben haben; wollen wir nun von demselben Gesichtspunkte aus das Bekken untersuchen, welches den Thian-schan einerseits von der Kette des Altai, andrerseits von dem noch weit niedriger gelegenen Gebiete trennt, welches an den Ural und das caspische Meer stösst. Ueberall werden wir die Spuren von Verbindungen antreffen, welche in der Gegenwart oder in ziemlich neuer Zeit mit den Kräften statt gefunden, die in den Tiefen der Erde thätig sind.

Das gegen W. offene Becken, welches der Altai und der Thian-schan begrenzen, wird von kleinen Bergketten durchzogen, die wegen ihrer Richtung verschiedenen Systemen angehören, und unter denen eine, der Tarbagatai, sich zur Höhe des ewigen Schnees zu erheben scheint. In Asien wie in Europa finden wir, fern von den hohen Ketten, Erhebungsaxen von sehr verschiedenem Alter, die durch die Natur einander genähert sind. In der Provence laufen einige Rücken mit den Pyrenäen, andere mit den westlichen Alpen parallel. Eine Reihe von mehr oder weniger grossen Seen zieht sich unter 45° und $45\frac{1}{2}$° Br. längs der grossen Gebirgsmauer des Thian-schan hin: nämlich der Balkhasch oder Tenghiz, der Ala-kul, Alaktugul (Alataugul), Borotola oder Bulkhatsi und Ayar-noor. Diese Region von Seen, vormals der Schauplatz der Heldenthaten der U-sun und andrer germanischer Ströme*) mit blauen Augen und blonden

*) Der älteste Sitz der U-sun, welche in der Geschichte der grossen Wanderungen asiatischer Völkerschaften so berühmt sind, war Kantscheou am N.-Abhange der Schneeberge des Nan-schan, der östlichen Verlängerung des Kuen-lun. Zu diesem german. Strome gehörten die Yueti (Geten, *Getae*, *Massa-Getae*), die Sai (*Σάκαι*, *Sacae*, der pers. Name für alle Scythen), die Asi (A-si, Parther), die Tahia (*Δάοι*, *Δάαι*, *Δάκοι*, Dacier), die Yan-thsai (*Alani*) und die Hakas. Mein Freund Hr. Stan. Julien hat mir folgenden Auszug aus dem *Sse-ki* oder den histor. Memoiren von Sse-ma-thsien, welcher 100 J. v. Chr. lebte, mitgetheilt: „Das Land der U-sun liegt etwa 2000 Li östlich von Ta-wan (Fargana nach A. Rémusat). Sie haben dieselben Sitten wie die Hiong-nu und zählen mehrere Zehntausend Bogenschützen. In den Annalen der Dynastie der Han lies't man bei der Beschreibung der Völker des Si-yu oder der Gegenden im W. Chinas: Der grosse *Kuen-mi* oder der grosse König des Reiches der U-sun beherrscht die Stadt *Tschiku-tsching* oder die Stadt des rothen Thales, welche 8900 Li von Si-'an-fu entfernt liegt.“ Yen-sse-ku (ein Commentator, der unter den Han lebte), sagt: „Durch ihr äusseres Ansehen weichen die U-sun ausserordentlich von allen Barbarenvölkern in Si-yu ab. Die jetzigen, welche blaue Augen, einen rothen

Haaren, gewährt, da Wüsten und hohe Gebirge fehlen, grosse Vortheile für die Handelsverbindungen zwischen Ost- und West-Asien. Ohne allen Zweifel wird sie dereinst wieder eine wichtige Rolle in der Entwickelung der Civilisation Central-Asiens spielen.

Der Balkhasch-See mit seinem salzigen Wasser ist nächst dem Aral und Baikal der grösste See des mittleren Asiens. Nach den chines. Karten hat er 48 M. Länge (NO.-SW.) und ausserdem an seiner nördlichen Spitze eine Fortsetzung von Rohrdickicht von mehr als 22 M. Länge. In den chines. Annalen, welche von den Kriegen mit den Thu-khiue (einem türk. Stamme) handeln, wird er oft das Meer des Westens (*Si-haï*) genannt und mit dem caspischen verwechselt. Hr. Fedorow hat auf seiner interessanten Expedition (1832—1837) die erste astronomische Beobachtung an den Ufern des Balkhasch-Sees gemacht, nämlich an der Mündung des Lepsa-Flusses, welche unter 46° 20′ 30″ Br. im SSW. der Kreisstadt Ajaguz liegt, deren Breite derselbe Astronom zu 47° 30′ 30″ bestimmt hat. Im *Bull. de l'Acad. de St.-Pét.*, III., 363, heisst es, dass der Fehler der Karten für die Mündung des Lepsa bisher 2 Breitengrade betragen habe. Wirklich legt die Generalkarte des asiat. Russlands, die im Jahre 1825 vom topographischen Dépôt zu Petersburg veröffentlicht wurde, die Mündung in 44° 33′ Br. (Fedorow, Vorläuf. Bericht, S. 49); aber auf der 1833 publicirten Karte des Kaisers Khian-lung hat Klaproth die

Bart und Aehnlichkeit mit Affen haben, leiten ihren Ursprung von diesen Thieren ab." (Man vergl. hierüber auch die Encycl. von Ma-tuan-lin, lib. 337, fol. 9, worin eine Notiz über die U-sun.) Die Völker Chinas, an die mongolischen Physiognomien gewöhnt, wurden, als sie auf ihren Eroberungszügen gegen W. nach Turfan kamen, von den Gesichtszügen der U-sun so überrascht, dass sie denselben „lange Pferdegesichter" beilegten. S. über die german. oder die blonden und rothen Stämme Mittel-Asiens, eine der wichtigsten Entdeckungen unsrer Zeit: Klaproth, *Tabl. hist.*, 161—186; A. Rémusat, *Lang. tart.*, 327; *Nouv. Mél. as.*, I., 239; Brosset, *N. Journ. as.*, II., 420—429; *Foe-kue-ki*, 89; Ritter, I., 193, 350, 434; V., 546, 551, 604—636, 668—680, 689—694.

Mündung des Lepsa in 46° 43′ gelegt. Der Fehler dieser Karte beträgt folglich nur ⅓ Grad. Hr. Klaproth hat sich für den Theil von Semipolatinsk nach dem Balkhasch- und Issikul-See einer Skizze bedient, welche sich auf die Reiseroute der Hrn. Leschtschoff, Schachmatoff und Silberstein (nicht Zibbershtein, wie ihn der Uebersetzer des Lewschin'schen Werkes, p. 160, nennt) bedient. Ich verdanke diese Skizze der Gewogenheit des Min. Staats-Secr. Hrn. v. Speranski; sie ist ein Itinerar von der russ. Grenze nach Usch-Turpan, welches im Jahre 1825 verfasst wurde.

Was die Seen Alakul und Alaktugul betrifft, welche drei Grad östlich vom Balkhasch-See liegen, so herrschen noch einige Zweifel über ihre Identität. Das Wort *Ala-kul* oder besser *Alak-kul* bezeichnet im Kirghis. bunter See, *Alak-tugul-noor*, im Kalmük. See des buntscheckigen Stiers, denn *tugul* bedeutet ein Kalb oder einen Stier. Ein Berg, der sich vom Grunde des Sees erhebt, theilt das Becken ab. Der westliche Theil ist klein und trägt den kalmük. Namen *Schibartu kholaï* oder der Schlammige Golf. Früher war der Alakul-See auch unter dem Namen *Kurghe-* oder *Gurghe-noor*, d. h. Brückensee bekannt. „Ich fand ihn, sagt Klaproth, zum ersten Male auf der Karte des Landes Contaïscha (Khung-taidzi der dzungar. Kalmüken), welche der Cap. bei der Artillerie Iwan Unkowsky im J. 1722 nach den vom Grossen Contaïscha und andern Kalmüken und Kosaken eingezogenen Nachrichten gezeichnet hat. Dieser See ist darauf gut niedergelegt, nämlich im S. des Tarbagatai, mit den Nebenflüssen Kara-gol und Imil und mit heissen Quellen im Osten.“ Die alten chines. Original-Karten, die ich zu Petersburg in der reichen Sammlung des Barons Schilling v. Canstadt zu Rathe gezogen, geben nur einen einzigen See unter dem Namen Alak-tugul-noor an. Die Tartaren und Mongolen, welche diese Gegenden häufig durchreisen und die ich zu Semipolatinsk fragen konnte, kennen meist nur den Ala-kul und behaupten, dass der Alak-tugul-noor seine Entstehung nur einer Namenverwirrung verdanke. Nach den von mir gesammelten Angaben theile ich diese Meinung nicht. Pansner lässt auf seiner russ. Karte von Inner-Asien, der man im Allgemeinen für die Länder im N. vom Ili ziemlich Vertrauen schenken kann, den Ala-kul, eigentlich *Ala-ghul* (d. i. bunter See) durch fünf Kanäle mit dem Alak-tugul oder Alataugul in Verbindung stehen. Vielleicht ist die Landenge, welche diese Seen trennt, sumpfig, was wohl zu der Sage von einem einzigen See Veranlassung gegeben haben dürfte. Nach Putimstew hängt der See Ialanasch-kul nur mittelst eines sumpfigen Isthmus mit dem westlich gelegenen See Alakul zusammen. Hr. Kazimbek, ein Perser von Geburt und Prof. zu Kasan, behauptet, dass *tughul* eine tartaro-türkische Negation sei und dass also *Alak-tughul* einen nicht bunten See bedeute. Vielleicht sollen auch die Namen Ala-kul und Ala-tugul bloss Seen bezeichnen, die dem sich von Turkestan bis zur Dsungarei erstreckenden Gebirge Alatau benachbart liegen. Der alte reisende Tartar Sayfulla, den ich fragen liess, bestätigt Pansner's Meinung. Er versichert, dass eine Karavane, die von Tschugutschak auszog, von jenen beiden Seen Kenntniss gehabt habe (s. weiterhin die ergänzende Note über die Höhle Uybe). Es ist dies ein Punkt in der Hydrographie Asiens, der verdient aufgeklärt zu werden. Wir werden bald sehen, dass er wegen der Lage des Hügels Aral-tube, der sich mitten im See Alakul erhebt, ein besonderes Interesse einflösst*).

---

*) Vergl. das 6. der von mir public. Itinerare. Wegen der Zweifel, welche vom Mullah Abdullah (Helmersen, Nachrichten über Chiwa, 1839, S. 109) ausgesprochen worden, bemerke ich hier noch, dass ich auf der deutschen Karte von den Gebirgsketten Mittel-Asiens (gez. zu Potsdam 1830 und publ. in demselben Jahre) beide Seen getrennt habe, wie dies auf der MS.-Karte der Reise von Leschtschoff, Schachmatoff und Silberstein geschehen, und dass ich den Aral-tube (Ialana-tau) in den östlichen See (den Alakul) gelegt habe. Diese Lage stimmt mit dem Berichte des Tartaren Murtasa und dem 6. Itinerar (*Fragm. asiat.*, I., 277) überein. Klaproth liess, indem er Kaiser Khian-lung's grosser Karte von Central-Asien streng folgte, bei dem nochmaligen Stich meiner Karte (von Berthe, 1831) den Alaktugul mit dem Alakul zu einem Becken verbinden. Hr. Lewschin hat den Aral-tube nicht in den östl., sondern in den westl.

Wir haben oben die Häufigkeit des Wassers, und was noch mehr ist, des Salzwassers in dem vom Altai und Thian-schan eingeschlossenen Becken nachgewiesen; es bleibt uns nun noch die Frage zu erörtern, ob vielleicht die Nähe der Seen Einfluss auf die Thätigkeit der Vulkane der letzteren Kette habe, die sehr fern der Küste des Ozeans liegt; ob etwa die Seen so zu sagen die Meeresnähe ersetzen. Es ist hier nicht der Ort, den physikalischen oder chemischen Einfluss auf die Phänomene der Vulkanicität, welchen mehrere Geologen dem Meerwasser zuschreiben, im Allgemeinen zu erörtern; sondern es handelt sich hier nur um relative, geographische Entfernungen und Lagen.

Man kann die einfache Thatsache nicht in Zweifel ziehen, dass beim gegenwärtigen Zustande der Erdoberfläche die noch thätigen Vulkane auf Inseln oder ganz in der Nähe der Küsten des Ozeans, in mehr oder weniger litoralen Ketten oder am Fusse derselben liegen. Wenn wir auf die vollständigste Darstellung der Vulkane, nämlich Hrn. L. v. Buch's einen Blick werfen, so erkennen wir die Beständigkeit eines Gesetzes, das durch Induction gefunden und auf eine grosse Menge von Erscheinungen gegründet ist. Da Nähe aber nur ein relativer Begriff ist und ein grösseres oder geringeres Verhältniss der Entfernung ausdrückt, so ist es wichtig, das Maximum des Abstandes von der Küste desjenigen Meeres festzustellen, an welchem man bisher die Existenz thätiger Vulkane, d. h. wirkliche, permanente Verbindungen mit dem Erd-Innern erkannt hat. Die Neue Welt bietet in dieser Beziehung ziemlich auffallende Beispiele dar. Ich erinnere mich noch des Erstaunens, welches mehrere berühmte Geologen gegen mich äusserten, als ich nach meiner Rückkehr aus Mexiko von der ungeheuren Spalte sprach, welche einen Isthmus von 145 M. Breite durchschneidet und

See gesetzt. Dies ist die wahre Sachlage, welche ohne Zweifel nur diejenigen Geographen interessirt, welche mit mir die Ueberzeugung hegen, dass es nothwendig sei, in kleinen wie in grossen Dingen genau zu sein.

auf der die thätigen Vulkane Jorullo und Popocatepetl*) liegen. Die Entfernung des nächsten Meeres (der Südsee) beträgt für den ersteren 27 M.; der zweite ist 14 M. (20 auf 1 Grad) vom Antillen-Meere entfernt. In Süd-Amerika liegen der Sangai, Tolima und der Vulkan der Fragua resp. 31, 35 und 52 M. von der Küste der Südsee entfernt. Der Tolima**), dessen Höhe ich auf 2880 t. bestimmt habe, (er liegt in 4° 46′ Br. und 77° 56′ Lg., wenn für Santa-Fe de Bogota 76° 34′ 8″ angenommen wird,) hatte am 12. März 1595 eine grosse Eruption, von der uns Hr. Roulin Nachricht gegeben hat. Er besitzt (bis auf etwa 10 t.) dieselbe Höhe wie der Elbruz des Kaukasus und gehört zu den Reihenvulkanen der mittleren, am Weitesten vom Meere entfernten Kette im O. vom Rio Cauca und nicht zu der westlichen Kette, welche Choco begrenzt. Die Meinung, nach welcher die Andes-Cordillere keine Vulkan-Ausbrüche in den von der Küste weit entfernten Gegenden zeigt, ist durchaus unbegründet. Ich führe bei dieser Aufzählung die noch thätigen Vulkane von Koldaghi***) in Kordofan (13° Br., 27°—28° Lg. und 180 M. Entfernung von der Küste des Rothen Meeres) nicht an, weil diese Vulkane Afrikas, zufolge Nachrichten, die von einem unterrichteten und überall glaubwürdigen Reisenden neuerlich bekannt gemacht sind (Rüppel's

---

*) *Ess. pol. sur la Nouv. Esp.*, II., 173. Diese Spalte, welche zugleich der Parallel der grossen Erhebungen Mexikos ist, schwankt zwischen den engen Grenzen 18° 59′ und 19° 12′ Br.

**) Die Entfernung des Tolima von der Südsee ist vielleicht noch grösser. Die Länge des Punktes an der Küste von Choco, der unter dem Parallel des Tolima zwischen den Caps Charambirà und Corrientes liegt, ist bis jetzt noch nicht ganz genau bestimmt worden; aber man kann nach mehrfachen Combinationen annehmen, dass die nächste Küste in 79° 42′ Lg. liegt. Ich setze (*Carte hydrogr. du Choco*) Novita in 79° 4′, wenn für Carthagena de los Ind. nach meinen Beob. 78° 26′ 39″ angenommen wird. Der Vulkan Tolima wird in einer übrigens sehr schätzbaren Arbeit (Girardin, *Mém. de Rouen*, 1830, p. 285, 294) nach Venezuela gelegt, um zu beweisen, „dass es nicht genau ausgedrückt sei, wenn man sagt, das nördliche und östliche Küstenland Amerikas habe keine thätigen Vulkane.“

***) *Nouv. Annales des Voyages*, XXIX., 282.

Reisen, 1829, S. 151) gar nicht vorhanden sind. Die oben zusammengestellten Beispiele von thätigen Vulkanen geben als Maximum der Küsten-Entfernung 52 Meilen.

Nun ist aber dies Maximum kaum der zehnte Theil der Entfernung, in welcher wir im mittleren Asien, fern von den Küsten des Ozeans, die thätigen Vulkane der grossen Thian-schan-Kette antreffen; Vulkane, welche den sichersten Nachrichten zufolge wenigstens seit dem 1. Jahrh. unserer Zeitrechnung*) Feuer, Lavaströme, Bimsstein und salzige Substanzen ausgespieen haben. Abel Rémusat war der Erste, welcher die Aufmerksamkeit der Geologen auf diese ausserordentliche Thatsache lenkte. „Wir sehen, sagt er in seinem Briefe an Cordier (*Ann. des mines*, V., 137), zwei Vulkane, die gegenwärtig in den mittleren Regionen eines Continents bei einer Entfernung von 400 M. vom casp. Meere (dem nächsten) in Gluth sind.“ „Diese Angabe, fügt Hr. Cordier (l. c., p. 140) hinzu, giebt den letzten Ausschlag über eine Hypothese, die alle vulkanischen Phänomene vom Durchsickern des Meerwassers bis in die unterirdischen hohlen Räume herleitete, in welchen sich die den Eruptionen Nahrung gebenden, weissglühenden Substanzen befinden; eine sehr alte Hypothese, die durch den Abt Nollet wieder aufgefrischt worden und welche, eben so leicht ihrem Princip nach aufgenommen als verständlich, sich bleibend Anhänger verschafft hat.“

Wir gehen nun zu den Entfernungen des Pe-schan von

*) „Die chines. Historiker erzählen, dass, als die Heere des Himmlischen Reiches unter Anführung Teou-hian's (89 n. Chr.) die Hiung-nu bei Khi-lo geschlagen hatten, sie, den Feind unablässig verfolgend, zu dem Theile des Altai, wo der Irtysch entspringt, und von da nach S. zum Himmelsgebirge (Thian-schan), im N. von Kutsche und Kharaschar, zogen. Sie setzten sich daselbst an der Nordseite der Kette fest und nahmen ein sehr grosses Land ein, wohin sich die Ueberreste der Hiung-nu zurückgezogen hatten. An der Südgrenze dieses Landes (aber 200 Li oder 20 M. nördlich von Khueïthsu oder Kutsche) befand sich damals der Feuerberg, dessen Steine schmelzen und einigemal zehn Li weit fliessen.“ (MS.-Note von Klaproth.)

den Küsten, gemäss genauer Angabe der geographischen Positionen, über; dieser Vulkan ist in dem Grade central, dass er gegen Norden eben so weit von der Mündung des Obi, als gegen Süden von den Küsten des indischen Meeres entfernt liegt. Vom Pe-schan bis zum Eismeere sind nämlich 510 M. und bis zu den Mündungen des Indus und Ganges 504 M. Legen wir mit Hrn. Zimmermann (Wegekarte von Orenburg nach Khiwa, 1840) die Ostküste des casp. Meeres unter $41\frac{1}{4}^{0}$ Br. im Golfe Karabugaz in $50^{0}\,52'$ Lg., so finden wir vom Pe-schan bis zum casp. Meere 452 Seemeilen. Bis zum Aral-See, dessen geogr. Länge durch den geschickten Astronomen Hrn. Lemm auf General Berg's Expedition berichtigt worden ist, sind 112 M. weniger. Zwei Binnenbecken, die salzigen Seen Balkhasch und Issikul*) bleiben vom Pe-schan 70 und 58 M., vom Vulkane Turfans 188 und 176 M. entfernt. Höchst interessant ist es, dass unter den vier Ketten, welche Asien von O. nach W. durchziehen, thätige Vulkane nur in der mittleren Kette angetroffen werden, während der Himalaya, der keinen Vulkan besitzt und an Granit und Schiefern reich ist, wie die nicht vulkanische Küstenkette von Caracas, dem indischen Ozean bis auf eine Distanz von 120 M. nahe kommt. Da, wo der Trachyt die Kette nicht hat durchbrechen können, als sie sich aus den Spalten erhoben, haben die Kanäle gefehlt, durch welche die unterirdischen Kräfte dauernd gegen die Oberfläche hätten wirken können. Der merkwürdige Umstand der Meeresnähe bei den noch thätigen Vulkanen

---

*) S. oben Th. II. S. 377. Die Chinesen nennen den See Issikul, welcher 30 M. lang und 12 M. breit ist, bald *Je-haï*, warmer See, bald *Yan-haï*, salziger See, was die Uebersetzung des Namens *Tuz-kul* bei den Kirghisen und Buruten ist. A. Rémusat scheint den Namen *Je-haï* irrthümlich für den Balkhasch-See zu gebrauchen (*Journ. as.*, V., 45). Ich finde den See Issikul schon unter demselben Namen *Issikol* auf der berühmten catalanischen Karte (1374 gez.) angegeben (sect. VI.; Buchon's *Comment.*, p. 129). „Nahe dabei ist ein Kloster der armenischen Brüder (*fraus ermenians*), welche sagen, dass sie den Körper des heiligen Matthäus, des Apostels und Evangelisten, behüten."

hat vielleicht weniger die chemische Wirkung des Salzwassers (die grosse Elektricitäts-Entbindung bei der Verdampfung des Wassers, welche Incrustrationen erzeugt*), als die Configuration der Erdrinde und den geringen Widerstand zur Ursache, welchen die emporgehobenen Continentalmassen in der Nähe der Meeresbecken den elastischen Flüssigkeiten und dem Hervorbrechen geschmolzener Substanzen entgegensetzen.

Eigentliche vulkanische Erscheinungen können, wie wir es im Lande der Elöten und in Turfan südlich vom Thian-schan sehen, überall da auftreten, wo durch Umwälzungen in der Vorzeit sich fern vom Meere in der Erdrinde eine Spalte geöffnet hat. Die noch jetzt thätigen Vulkane liegen seltener fern von den Gestaden, weil überall, wo der Ausbruch nicht am Abfalle der continentalen Massen gegen ein Meeresbecken statt finden konnte, es eines ganz aussergewöhnlichen Zusammentreffens von Umständen bedurfte, um eine permanente Verbindung zwischen dem Erd-Innern und der Atmosphäre zu gestatten. Die Vulkane sind Oeffnungen, aus denen sich, statt des Wassers bei den intermittirenden heissen Quellen, Gase und geschmolzene oxydirte Erden, d. h. Laven ergiessen (s. oben Th. I., S. 51—56).

Nachdem wir so die Lage der Orte, welche in der Kette des Thian-schan ein Wirkungsmittelpunkt grosser vulkanischer Phänomene sind, allgemein betrachtet haben, wollen wir die Spur der kleinen davon abhängig erscheinenden Phänomene verfolgen. Ich betrachte die ganze Region, welche zwischen dem Issikul- und Dsaisang-See vom Thian-schan und Altai begrenzt wird, als ein zusammengehöriges Becken. Es ist nicht unwahrscheinlich, dass der erstere von beiden Seen seinen Namen: Warmes Meer (*Je-haï*) dem Hervorbrechen der heissen Quellen auf seinem Grunde und der dadurch bewirkten Temperaturerhöhung seiner Wasser

---

*) S. Hrn. Faraday's Beobachtung (*on evolution of electricity by vaporisation*) bei Gelegenheit der an Seghill's Dampfmaschine bei Newcastle angestellten Versuche, *Philosoph. Magaz.*, Nov. 1840, p. 371.

verdankt. In dem geographischen Werke *Hoan-yu-ki* (lib. 186) heisst es, dass der Fluss Jui-ye (Tschui) im O. mit dem See Je-haï in Verbindung steht, „welcher selbst bei der grössten Kälte eisfrei bleibt." Gehen wir vom Vulkan Peschan 10 M. nordnordwestlich, so treffen wir zuerst auf die heissen Quellen Araschan. Sie liegen im S. des Flüsschens Tekes, welches man auf der Furt zwischen der chines. Hauptwacht Schatu (Schatusaman-karaul) und dem Posten Khandjilau passirt. *Ara-schan* nämlich nennen die Mongolen alle warmen, mineralischen Wässer. 22 M. weiterhin erhebt sich im NW. der Berg Kholak, an dessen Abhange man Salmiak in den Felsspalten sammelt. Falk sagt, dass der ganze Berg „ein vulkanisches Ansehn" habe. Vielleicht ist es im Kleinen eine Wiederholung der Solfatara Urumtsi. Eine Kette, welche der russ. Dolmetscher Putimstew in seiner Route von Buchtarminsk nach Guldja als Talki-Gebirge und weiter gegen W. als Tokti-Gebirge*) bezeichnet, ist ein Theil der Gruppe oder der grossen Massenerhebung des Erin-Khabirgan**), in der Richtung SO.-NW. Zwischen dieser Kette und dem Thian-schan ist das Becken des Ili, worin Guldja die Hauptstadt einer chinesischen militärischen Statthalterschaft ist, eingeschlossen. Der Berg, welcher den Salmiak liefert, erhebt sich 5 M. südlich vom Ili; er scheint mit dem Ala-tau zusammenzuhängen und zwar in dem Theile dieser Kette, in welchem die Quellen des Lebsa-Flusses liegen und welcher (mit ewigem Schnee bedeckt) von NO. nach SW., vom Südufer des Sees Alaktugul (östlich vom Balkhasch-See) nach dem Nordufer des Sees Issikul (Temurtu-noor oder Siue-hai) zieht.

---

*) Klaproth, *Mag. asiat.*, I., 201, 207. Man darf dieses Tokti nicht mit dem Tokhta-Gebirge (s. Th. I.) verwechseln, welches nördlicher zwischen den Thälern von Borotala und vom Emyl liegt.

**) S. oben Th. II., S. 385. Nach Hrn. Schott bedeutet *Erin-Khabirgan* im Mongol. entweder buntscheckige Berge (wie *Alak-tau* im Türk.), oder Rücken oder scharfer Abhang. *Eryen, variegatus; erimek, angulos habens acutos; khabirgan*, nach Schmidt's mongol. Wörterbuch, Bergabhang.

Der Name Ala-tau (Ala-tagh oder Alak-tau) hat, wie die meisten significativen oder beschreibenden Namen, viel Verwirrung in die Orographie Mittel-Asiens gebracht. Wir haben bereits (S. 372) angeführt, dass dieser Name auf Arrowsmith's und Purdy's grossen Karten irrig auf den ganzen Thian-schan ausgedehnt worden ist. Das Wort *Ala-tau* bedeutet fleckige Berge und rührt von den schwarzen Streifen und Flecken her, welche man auf steil abstürzenden Felsen zwischen Schneelagern wahrnimmt (Meyendorff, *Voy. à Bokhara*, p. 96, 786). *Ala* oder *alak* heisst im Türk. bunt, *aladja* etwas bunt. *Tagh*, *dagh*, *tau* [*ta-u*], *tau*, *taw* (d. i. Berge) sind Synonyma in den verschiedenen türk. Dialekten. Nachdem der Ala-tau längs des nördlichen Ufers des Issikul-Sees hingezogen, setzt er auch noch weiter unter 43° Br. fast parallel mit dem Thian-schan und Asferah nach W., d. h. zu der grossen Biegung fort, welche der Sir (Jaxartes) von Khodjend nach Taschkend macht*). Hier zeigt der Ala-tau, indem er sich mit dem Kara-tau Turkestans verbindet, den man nicht mit dem dsungarischen Karatau (W.-O.) nördlich vom Tarbagatai verwechseln darf (Fedorow, a. a. O., S. 90), fast im Meridian von Petropawlowsk die heissen Quellen von Sussak (45° 17′ Br.). Diese liegen in NO.-Turkestan oder Taras, wie ich von bucharischen Reisenden in Orenburg erfahren. Die Tiger streifen häufig in der Gegend dieser Quellen umher**). Die Schwarzen Berge (*Kara-tau*) beschliessen diesen

---

*) [Nach Hrn. Karelin trägt der Ala-tau, welcher 200 Werst südlich vom Tarbagatai liegt, ewigen Schnee und erreicht über 10000′ engl. (1564 t.) Höhe. Seine höchsten Punkte sollen aus Glimmerschiefer, der stellenweise in Thonschiefer übergeht, bestehen, Erman's Archiv, 1842, S. 385.]

**) Nazarow macht dieselbe Bemerkung; Klaproth, *Mag. as.*, I., 25. Ueber die Richtung der Ketten des Ala-tau und Kara-tau s. Erman, Reise, I., 496—499, die von mir 1831 publ. Itinerare I., II., IV. und VII. und Grimm's Karte, welche nach diesen Itineraren gezeichnet ist. Die Senkung des Bodens im NW. vom Issikul-See wird wohl durch den Lauf des Tschui-Flusses erwiesen, welcher aus diesem See fliesst und sich 170 M. davon in den See Kaban-Kulak

langen Rücken des Ala-tau, indem sie sich nach der Gruppe von Seen zwischen dem Kaban-kulak und Tele-gul hin senken.

Wenn man auf den Meridianen des Pe-schan und des Fumarolen-Berges Kholak, wo Salmiak eingesammelt wird, nach Norden geht; so stösst man jenseit der Talki- und Ala-tau-Kette auf das Gebirge Tarbagatai, welches zum grossen Theil von W. nach O. streicht. Unsere Karten haben diese Kette bisher in 46° 40′, also wahrscheinlich zu südlich gelegt*), da Hr. Fedorow vom Dsaisang-See bis zur Kette nur 80 Werst rechnet (Struve's Bericht über die astronomische Reise des Hrn. Fedorow, S. 37, 90). *Tarbagatai-oola* bedeutet im Mongolischen Murmelthierberg**).

---

ergiesst. Der wahre Lauf des Tschui, worüber so viele Zweifel laut geworden sind, wird so, wie er zuerst auf Islenieff's Karte vom Irtysch 1777 und dann auf Klaproth's *Asie centrale* angegeben, durch die neueren Beobachtungen bestätigt, welche in Hrn. Lewschin's schönem Werke über die Steppen der Kirghis-Kazaks (p. 68) gesammelt sind.

*) [Nach Hrn. Karelin (Reise in das südlich vom Altai gelegene Land, 1840 und 1841; Erman's Archiv, 1842, S. 385) soll der Kamm des Tarbagatai sogar noch südlicher liegen, nämlich in 46° Br. (bei $80\frac{3}{4}-82\frac{1}{2}$° ö. Lg. Par.). Nach diesem Reisenden zieht er 200 Werst weit von W. nach O. und erhebt sich zu 7560′ (wahrscheinlich engl.); auch hält ihn derselbe für die südlichste und letzte Verzweigung des Altai, „zu dessen System er ohne Zweifel gehöre, denn er hinge bei gleicher geognostischer Beschaffenheit auch durch die Bergrücken Mangrak, Saratau und Narym mit der eigentlichen Altai-Kette zusammen." Vergl. die Ansicht des Hrn. Verf. in Th. I., S. 213. Wahrscheinlich ist Karelin's Höhe des Tarbagatai falsch, denn wenn er engl. Fuss meint, so würde daraus folgen, dass dies Gebirge, wofür Hr. v. Humboldt auf der Karte 1640 t. angiebt, schon mit 1180 t. die ewige Schneegrenze überschreite (vergl. S. 213 und 411), und selbst wenn man franz. Maass annähme, wäre die Höhe von 1260 t. zu gering, da doch die Alpen in etwa gleicher Breite erst bei 1390 t., die Karpathen (49° Br.) noch nicht einmal bei 1340 t. und der Altai (um 4° nördlicher als der Tarbagatai) erst bei 1100 t. die ewige Schneelinie erreichen.]

**) *Oola*, Berg, eine Zusammenziehung von *aghola* im Munde des Volks, wie *noor* (See) vom Mongol. *naghor* abstammt; *tarbaga*, Murmelthier (Klaproth, *Mag. as.*, I., 187, 225). Dies Murmelthier ist

Diese hohe Kette erreicht vielleicht die ewige Schneegrenze. Hr. Fedorow sah sie am 11. Juli in Schnee gehüllt. An ihrem Süd-Abhange liegt die Handelsstadt Tschugutschak (46° 8′ Br.), die der Kaiser Khian-lung im J. 1755 Tarba-khatai-khoto nannte. Die Tarbagatai-Kette trennt das Becken des Dzaisang-Sees von dem des Ala-kul. Sie besteht grossentheils aus Granit [vergl. S. 409 Anm. *] und die Flüsse, die davon gegen Norden fliessen, führen Goldblättchen mit sich. Ehemals waren daselbst Seifenwerke angelegt (v. Ledebour, II., 498). Andre Theile der Kette sind secundär, wie die Steinkohlenlager bei Kumurghi beweisen*). Hr. Fedorow beschreibt den Anblick der Tarbagatai-Kette, vom nördlichen Ufer des Dzaisang-Sees (Noor-Saisan) gesehen, als höchst imposant.

Im S. und SO. des Tarbagatai trifft man auf einem kleinen Gebiete die Spalten vom Khobok, welche Salmiak ausstossen, die warmen Quellen Araschan, den vulkanischen Berg Aral-tube und die Windhöhle bei Uybe an. Ein kleiner Berg voller äusserst heisser Spalten, von welchem schon früher bei der Beschreibung des Altai die Rede war, erhebt sich 50 M. östlich von der Stadt Tschugutschak im Bezirk Khoboksari, beim Khobok-Flusse, der zum Becken des Darlai-Sees gehört. Diese Spalten stossen keinen sichtbaren Rauch aus; aber Salmiak findet sich darin sublimirt und sitzt so fest an den Wänden der Spalten, dass es schwer hält, ihn loszubrechen.

48 M. südöstlich vom Berge Khobok liegen die beiden Seen Alaktugul und Alagul, von denen schon oben die Rede gewesen und welche vor noch nicht einem Jahrhundert ein

---

wahrscheinlich der *Ssurok* (*Arctomys Baibak* Pall.), eine niedliche Art, welche wir aus den Steppen am Altai mitgebracht und welche in der königl. Menagerie der Pfaueninsel bei Potsdam ziemlich lange am Leben erhalten worden ist.

*) Auch im Becken des Ili giebt es Steinkohlen. Man brennt sie gemeiniglich zu Guldja (Gens und Helmersen, Nachrichten über Chiwa und Buchara, 1839, S. 94).

einziges Becken bildeten*). Auf einigen chines. Karten ist der östliche Theil dieses Beckens nur Alaktugul-noor genannt, während der westliche Theil den Namen Sumpfiger Golf (*Schibartu-kholaï*) führt. Heutigen Tages gehen die Karavanen trocknen Fusses zwischen beiden Seen hindurch. Während meines Aufenthalts zu Orenburg im J. 1829 fand ich unter den kostbaren Manuscripten des Gen. Gens eine sehr merkwürdige Notiz in einem Karavanenbericht. „Als wir von Semipolatinsk nach Jarkand zogen und beim See *Ala-kul* (d. i. bunter See) oder Ala-denghiz, im NO. vom Balkhasch-See (*Balkaschi noor* im Kalmük., d. i. ausgedehnter See) angekommen waren, sahen wir einen sehr hohen Berg, der ehemals Feuer gespien hat. Noch jetzt erzeugt dieser Berg, der wie eine kleine Insel aus dem See aufsteigt, heftige Gewitter, welche die Karavanen beunruhigen; desshalb weiht man diesem alten Vulkane beim Vorüberziehen einige Hammel.“ Ich glaubte damals, dass diese Nachricht, die aus dem Munde eines Tartaren gekommen, von Seyfulla Seyfullin herrührte, der seit dem Decbr. 1829 von Semipolatinsk zurückgekehrt war, nachdem er mehrmals in Kaschghar und Jarkand gewesen war. Dies erregte in mir ein um so lebhafteres Interesse, als es mich an die brennenden Vulkane Inner-Asiens erinnerte, die ich aus den Untersuchungen Abel Remusat's und Klaproth's kannte. Kurz vor meiner Abreise nach Petersburg erhielt ich durch die ausserordentliche Gefälligkeit des kais. Polizeidirectors Hrn. Klostermann zu Semipolatinsk folgende Nachrichten, die er von bucharischen und taschkendischen Reisenden eingezogen hatte.

„Der Weg von Semipolatinsk nach Kuldja (Guldja) beträgt 25—30 Tagereisen; er geht über das Aldjan- und Kondegatay-Gebirge in die Steppe der mittleren Kirghisen-

---

*) Levschine, *Descr. des hordes Kirghiz-kazaks*, 1840, p. 48. Kaiser Khian-lung's Karte enthält neben dem grossen See Alaktugul, der auch *Sasyk* (d. i. der erstickende) heisst, einen kleinen See Ebel-ghisun-noor. Dies ist der Ialanaschkul meines 6. Itinerars.

horde, dann über den Sawandekul-See, den Tarbagatai und den Emyl-Fluss. Wenn man hier hinüber gesetzt ist, so vereinigt sich die Strasse mit der von Tschugutschak nach der Provinz Ili. Vom Emyl bis zum See Ala-kul rechnet man 60 Werst. Dieser See liegt rechts vom Wege; seine Ausdehnung beträgt 100 Werst von O. nach W. Mitten darin erhebt sich ein sehr hoher Berg, Aral-tube genannt. Von da bis zu dem chines. Posten, der zwischen dem kleinen Ialanaschkul-See und dem Baratara-Flusse*) liegt, an dessen Ufern Kalmüken wohnen, sind 55 Werst."

Vergleicht man das Orenburger mit dem Semipolatinsker Itinerar (dem sechsten von mir veröffentlichten), so ist gar kein Zweifel, dass der Berg, welcher nach der Tradition der Eingebornen und mithin in der historischen Zeit Feuer gespien, der kegelförmige Felsen Aral-tube**) ist. Die Mofetten, welche aus dem Ala-kul aufsteigen und ihm den Namen Sasyk verschafft haben, rühren, wie die Kirghisen erzählen, bloss vom Verfaulen einer grossen Menge von Binsen her. Der alte Mollah Sayfulla Kazi setzte hinzu, dass es in der Nähe des Sees beim Berge Kuk-tau auch heisse Quellen gäbe.

Die von meinem vieljährigen Freunde und sibir. Reisegefährten Hrn. v. Helmersen, als eine Erzählung des grossen tartarischen Reisenden Murtasa Seef-üd-din (1808), publicirte Notiz (Nachrichten über Chiwa, S. 108) ist identisch mit der, welche mir der Präsident der Grenzcommission Gen. Gens zu Orenburg mittheilte. Ich setze die-

*) Dieser Fluss heisst eigentlich *Boro-tara-gol*, d. h. Fluss der grauen Ebene; er läuft nicht von O. nach W. und ergiesst sich nicht in den Alak-tugul-noor, wie Pansner's Karte angiebt, sondern er fliesst von W. nach O. und mündet in den Khal-tar-usike-noor, der auch Bulkhatsi-noor heisst. (Anmerkung von Klaproth.)

**) [Nach Hrn. Schrenk's neuester Reise zum Alakul ist jedoch diese Insel kein erloschener Vulkan, sondern sie besteht aus Hornsteinporphyr, Hornstein oder Hornfels und Thonschiefer. S. Erman's Archiv, 1842, S. 400.] Der Name bezeichnet im turko-kirghis. Dialekt einen insularen Gipfel und stammt von *tube*, Gipfel und *aral*, Insel. Im Mongol. würde man *Aral-dobo* oder *Aral-dybe* sagen.

selbe nur desshalb hierher, weil sie noch ausführlicher ist. „Vom Flusse Ulejar (Uldschar), sagt Murtasa, gelangt man in sieben Tagen an den Ala-kul, welcher westlich von der Strasse liegt. Dieser See ist so gross, dass man das gegenüberliegende Ufer nicht sehen kann. Mitten darin erhebt sich ein sehr hoher Gipfel in Gestalt einer kleinen Insel. Man nennt ihn *Ialana-tau*, d. i. Schlangenberg*). Die Kirghisen verehren und fürchten diesen Berg. Sie versichern, dass man vormals auf seinem Gipfel hätte Feuer erscheinen sehen; gegenwärtig brechen daraus Windstösse hervor, welche so heftig sind, dass sie die Steine herabrollen, Menschen und Pferde zu Boden werfen und die Karavanen hindern, ihre Zelte aufzuschlagen oder Feuer anzuzünden. Desshalb naht man sich dieser Gegend nur mit Entsetzen und opfert den Geistern, welche die Wüstenei bewohnen, einige Hammel, um ihren Zorn zu beschwichtigen, wobei man den Schutz des Propheten erfleht.“ Ohne Zweifel ist der Ialana-tau synonym mit dem Aral-tube. Hr. Lewschin nennt ihn Maï-Tub. Diese mehrfachen Namen für einen und denselben Berg sind in einer Gegend, welche nach einander so viele verschiedene Volksstämme durchzogen haben, eine sehr gewöhnliche Erscheinung. Uebrigens ist es nichts Ausserordentliches, dass andre Reisende, wie z. B. der Mollah Abdullah und Ibrahim Nahmatoff aus Taschkend von dem alten vulkanischen Zustande des Berges Aral-tube nichts wussten, denn sie leugneten ebenfalls die Existenz des Sees Alak-tugul, welcher doch als besonderes Becken durch die von Kazim Beg und Lewschin gesammelten Zeugnisse erwiesen scheint.

Einige Werst südlich von den warmen Quellen des Blauen Berges (*Kuk-tau*) liegt die Windhöhle, *Uybe* genannt, „deren Eingang einem Keller ähnlich ist.“ Die Tartaren sprechen von Stürmen (Windstössen), welche

*) Wir haben oben (S. 412) von einem See Ianalaschkul oder Djanalatschikul gesprochen. Vergl. auch Putimstew's Reise bei Klaproth, *Mag. as.*, I., 20.

Alles zu Boden werfen und aus dieser Erdhöhle hervorbrechen. Die Lage des Uybe scheint ziemlich gut mit der des Hoei-thieï beim Flusse und See Borotala*), der im 13. Jahrhundert, zur Zeit der Feldzüge Hulagu-Khan's, wegen der daraus hervorbrechenden Windstösse, welche die Karavanen in den benachbarten See treiben**), gefährlich genannt wird. Sollten diese Phänomene wohl blossen localen atmosphärischen Veränderungen angehören?

In der Kette des Tarbagatai selbst hat der Reisende Siewers an ihrem westlichen Ende im Berge Sawra und 30 M. nördlicher im Runden Berge, Örtong-tau***), im S. des Kalmük-Tologoi Spuren von alten Vulkanen zu sehen vermeint. Die Kirghisen behaupteten selbst, dass der Sawra Rauch ausstiesse und dass von Zeit zu Zeit Feuer daraus hervorbräche****). Diese Gegend, zu der man von Semipolatinsk und Ustkamenogorsk aus gelangen kann, verdient die Aufmerksamkeit eines genau in der Kenntniss der Eruptions-Gebirgsarten bewanderten Geognosten um so mehr zu fesseln, als der Trachyt, aus welchem nach unsern Beobachtungen die emporgestiegenen Massen bei der Brücke über die Uba und dem Dorfe Botachicha bestehen, mit jenen Phänomenen zusammenhängen und sich als ein plutonischer Streifen, wie wir früher gezeigt (Th. I., S. 205, 207)

---

*) Dies ist der See Khaltar-usike-noor oder Bulkhatsi-noor auf Khian-lung's Karte, 12 M. sind südöstlich vom Alakul-See.

**) Ritter, I., 429. Der gelehrte Sinologe Hr. Neumann schreibt mir, dass in einer chines. Geogr. (xylographirt in den J. 1789—1801) „von einer Windhöhle im N. des Pe-schan die Rede ist, der man eine Länge von 100 Li giebt.“ Vergl. auch *Edrisi, trad. de* M. Jaubert, II., 348. Auf dem Plateau von Quito, 4 M. südsüdöstlich vom Chimborazo, zeigten mir die Indianer am Vulkanhügel des Yana-Urcu eine Oeffnung, in der man beständig ein sehr starkes unterirdisches Getöse, begleitet von einem aus dem Berge kommenden leichten Winde, vernimmt.

***) Wahrscheinlich der Urtentau, den Hr. Fedorow als eine kleine Meridiankette beschreibt. Wegedistanz vom Urtentau nach Kokbektinskoi Otrjad 23 Werst, von hier nach Ustkamenogorsk 162 Werst (Fedorow. S. 88, 91, 97).

****) Pallas, N. Nord. Beitr., VII., 327, 351; Ritter, I., 389, 781.

haben, auf einer Strecke von 8 Breitengraden von S. nach N., vom Thian-schan zum südlichen Theile des Altai, zwischen 80° und 84° Lg. fortzusetzen scheint. Dieser Streifen enthält auch den seit einiger Zeit von den Khung-taïdzi benutzten Steinsalzberg in der Dsungarei zwischen den kleinen Flüssen Karkira und Gheghen.

So ist die Reihe der vulkanischen Phänomene beschaffen, welche mit denen des Thian-schan in Verbindung stehen und weit über den Nordabhang dieser Kette hinausreichen. Es schien mir für den Fortschritt der physikalischen Geographie wichtig, sie in ihrer Gesammtheit darzustellen. Alles, was auf die Exhalationen des Asferah und Botm (der westlichen Fortsetzung des Thian-schan nach seiner Kreuzung mit dem Bolor) Bezug hat, ist schon anderwärts mitgetheilt worden (s. oben S. 374, 376). Es ist die Frage, ob sich die alten asiatischen Sagen von der Mauer und dem Gebirge von Gog und Magog nicht auch auf die grosse vulkan. Kette des Thian-schan beziehen, und ob diese Verbindung sich vielleicht, wie ein berühmter Gelehrter glaubt*), in der merkwürdigen Erzählung offenbart, welche uns der nubische Geograph Edrisi, Jakut und Ebn-el-Wardi von der Reise geben, die Salam-el-Terdjeman, der Dolmetscher eines Abassiden-Khalifen in der ersten Hälfte des 9. Jahrh., nach dem Lande der Finsterniss und dem Reiche des Khakan Adhkasch (Odhkos) unternommen, „wohin ein auf einem Kameele reitender Santon [türk. Mönch] das Gesetz des Propheten einzuführen gekommen war.“ Die Mythe von Magog knüpft sich ursprünglich an Moses' ethnographische Tafel, der Name Gog hängt mit einer Vision des Propheten Ezechiel**) zusammen; aber wie bei allen Mythen wurden beide Namen im Laufe der Jahrhunderte verschiedenen Localitäten beigelegt. Der Koran (Sun. XVIII., v. 93) kennt die Mauer von Jagog als ein kolossales Werk des

*) Ritter, I., 1128—1130. Vergl. auch Stüwe's Untersuchungen in „Handelszüge der Araber“, 1836, S. 348—364.

**) Michaelis, *Spicileg. Geogr. hebr.*, 1769, S. 28—36; Rosenmüller, Biblische Alterthümer, I., 224, 240.

zweihörnigen Iskander, als eine Umwallung, welche der macedonische Held gegen die feindlich gesinnten Völker NO.-Asiens bauen liess. Klaproth findet darin eine dunkle Vorstellung von der grossen chines. Mauer*), wovon Araber und Perser Kunde erhalten haben konnten. Nach Edrisi's Erzählung reis'te Salam von der Gegend um Bagdad aus, zog mit gewichtigen Empfehlungen durch Armenien, über Tiflis, durch das dem Könige des goldenen Thrones unterworfene Land, durch das Land der Allanen**) und endlich über die stinkenden Ebenen der Baschkiren (Badjirts). In 36 Tagen kommt man zur Stadt des Khakan Adhkasch und zwei Parasangen weiterhin zum Walle von Magog. „Das Gebirge Cocaja umgürtet das Land Gog (Jagog) und Magog. Es ist fast unzugänglich und mit ewigem Schnee bedeckt. Auf der andern Seite liegen zahlrei-

---

*) *Mag. asiat.*, I., 148 und *Journ. as.*, VI., 35. Hamdulla el Mostosi, bekannt unter dem Namen des Geographen Kaswini, hat viel dazu beigetragen, im Orient die Sage von der von Alexander gegen die Barbaren aufgeführten Mauer zu verbreiten.

**) Man staunt, dass der König des goldenen Thrones in dieser Reihe vor den Allanen genannt wird, wenn dies die Alänen sind, der german. Stamm Albaniens (Alaniens), welchen man heut zu Tage unter dem Namen Osseten im Kaukasus antrifft. Gewiss gab es auch einen Mongolenstamm, der Alan oder Alänen hiess (Marco Polo, cap. 66; Klaproth, *Mag. as.*, I., 199); aber zur Zeit der Reise Salam's (846) schweiften die den Kirghisen nicht unterworfenen Mongolen noch östlicher, um den Baikal-See (Pe-hai) herum. Vom Kaukasus ausgehend, musste der Reisende zuerst in das Reich der Chazaren oder weissen Ungarn treten. Der mächtige Khagan der Chazaren war vielleicht Edrisi's König des goldenen Thrones, den man nicht mit dem Könige des goldenen Thrones vom Kiptschak, der erst 400 J. später auftritt, verwechseln darf. Die Badjirten des arab. Textes sind die Baschkiren oder Pascatiren des Mönchs Ruysbroek. Ich habe sie noch in denselben Gegenden im südlichen Ural angetroffen. Zwischen der Wolga (Atel) und dem Jaik (Daikh) musste Salam die nomadisirenden Petschenäger finden. Das grosse Reich der Hakas und Kirghisen fing damals nur wenig westlich vom Balkhasch-See an. So verhält es sich mit der Vertheilung der Völkerstämme im 9. Jahrhundert.

che, von Gog und Magog abhängige Städte, die von bösartigen und lasterhaften Völkern bewohnt sind. Die wenigen Personen, welche die Eisgebirge übersteigen und durch eine Art von Wunder ihre Freiheit wiedererlangen konnten, erzählten, dass sie Nachts eine Menge von Feuern jenseit der Berge und bei Tage nichts als grosse Wolken und Nebel wahrgenommen hätten. Man sagt auch, dass in Gog und Magog am Flusse el Mascher Höhlen voll Vögeln wären, welche die Gefangenen verschlängen, und dass am Boden des Flusses stets Feuer brenne. Ausserdem giebt es noch Höhlen, woraus Windstösse kommen, die so heftig sind, dass sie Menschen zu Boden werfen. Der Türkenstamm, welcher die Gegend jenseit des Walles bewohnt, heisst Adhkasch; die Männer haben ein breites Gesicht, einen dicken Kopf und viele Haare. Dagegen sind die Völker von Magog, welche hin und wieder auf den Thürmen des Walles zum Vorschein kommen, von wo ein sehr heftiger Wind Manchen auf die Seite, wo die Adhkasch wohnen, hinabschleudert, sowohl Männer als Weiber, nur $2\frac{1}{2}$ *Schubras* (22—27 Zoll) gross.“ Ich habe in dieser Schilderung zusammengestellt, was ich Merkwürdiges und ziemlich Fabelhaftes an sechs Stellen bei Edrisi*) nach Hrn. Jaubert's Uebersetzung, welche um ein Drittheil stärker und reicher, als die alte Sionita'sche ist, aufgefunden habe.

Hr. Ritter glaubte zu einer Zeit, wo Hrn. Jaubert's grosse Arbeit noch nicht erschienen war, die Thian-schan-Kette im Gebirge Cocaïa Edrisi's und die Eruptionen des Vulkans Pe-schan oder der Solfatara Urumtsi in den im Lande Magog gesehenen Feuern zu erkennen. Er findet den Namen Himmelsgebirge (*Thian-schan*) scharfsinnig in dem Namen *Cocaja* wieder, denn in vielen osttürk. Dialekten sind *gok*, *kök*, *kük*, *kjuk* synonym mit *tengri* (Klaproth, *Atl. de l'Asia polygl.*, t. XXX.) und bezeichnen den

---

*) Edrisi, *Clima*, V., pars 9, 10; *Cl.*, VI., p. 9; *Cl.*, VII., p. 6, 8; *Cl.*, IX., p. 1 (*Trad. de M. Jaubert*, II., 347, 349, 416—420, 436, 438, 439).

Himmel, wie auch das Blau des Himmelsgewölbes*). Nach derselben Auslegung ist der Odhkos- oder Adhkasch-Khakan, wovon in Salam's Reise die Rede ist**), ein Khan der Hakas (Kia-kia-szu) oder Kirghisen, welche in der ersten Hälfte des 9. Jahrh. diese vulkanische Gegend bewohnten. Gewiss wäre es ein grosser Gewinn, wenn man geographische und historische Elemente in einer Tradition entdeckte, welche im Verlauf so vieler Jahrhunderte durch den Reflex der jeder Epoche eigenthümlichen Volksmeinungen mannigfache Veränderungen erleiden musste. Hier wurden, wie in Griechenland, wirkliche Ortsbeschreibungen mit phantastischen Schilderungen vermengt. So sind Gog und Magog oder, wie die Araber und Perser sagen, Jadjudj und Madjudj, — welche vor alten Zeiten westlich vom casp. Meere jenseit des Engpasses und der eisernen Pforten von Derbend (*Pylae Albaniae*) und der *Pylae Caspiae* gesucht wurden, über die Walckenaer interessante Forschungen veröffentlicht hat, — allmälig nach O.- und NO.-Asien, von den eisernen Pforten von Termid***) und der baktrischen Mauer bis zur Küste des Baumharz-Meeres Edrisi's, nämlich des chinesischen Meeres zurückverlegt worden. In der Schilderung des Geographen aus Nubien werden die Einwohner der Provinz Magog als hyperboräische Zwerge beschrieben, was auf die Lage des Thian-schan schlecht passt, wenn

---

*) Schon früher haben wir eine Therme des Berges Kuk (*Kuktau*, d. i. blauer Berg) in der Gegend des Alakul-Sees angeführt.

**) Deguignes hatte geglaubt, dass es ein Khan der Hoei-hu (in alter Zeit Goei und Hoei-he genannt), eines türk. Stammes oder der östl. Uiguren sei, deren Reich 848 von den Hakas oder Kirghisen zerstört wurde. Der berühmte Orientalist Hr. Frähn, der Herausgeber *Ibn-Fozlan's*, lies't in einem MS. Edrisi's: Ongisch oder Ongi statt Odhkos und hält diesen Fürsten für ein und dieselbe Person mit dem Khan der Hoei-hu-Onie, einem Uiguren-Khan, den die Hakas verjagten.

***) S. über die Reste einer caspischen Mauer von unbekanntem Ursprunge (von Derbend nach Balchadi), wie über die Mauer zwischen Balkh und dem alten Abosgun, Eichwald's Peripl. des Casp. Meeres, I., 128—132, und Malte-Brun (éd. de 1831), I., 444.

man nicht entweder annimmt, dass Magog, ähnlich dem Scythenlande der Griechen, ganz Nord-Asien begreift, oder dass jene Pygmäen von 27″ Höhe, welche ein Windhauch umwirft, wenn sie auf die Mauer klettern,“ zu dem Stamme der Samojeden gehören, welche man isolirt*) im Altai- und Tangnu-System bis zu den Quellen des Kemtschyk und bis zum 50. Breitengrade antrifft. Der Dolmetsch Salam erwähnt im Allgemeinen des Feuers gar nicht, und in dem Ausdruck angezündete Feuer**) der Uebersetzung eines andern Textes vom Edrisi (*Clim.* 5, *Sect.* 9) ist das Wort angezündet hinzugefügt, weil die Wendung des arabischen Satzes anzeigt, dass es so zu verstehen ist. Ich werde mich indess keineswegs durch eine Anwendung auf vulkanische Erscheinungen, sondern durch einfache Betrachtungen geographischer Positionen in der Erforschung des „Landes Adhkasch“ leiten lassen.

Dies Land wird als ein fruchtbares beschrieben: „es ist ein Weideland mit zahllosen Heerden und reich an Erzeugnissen aller Art. Die Hirtenvölker darin geben dem Pferdefleisch den Vorzug. Südlich vom Lande Adhkasch

---

*) S. die Karte von Klaproth's *Asia polyglotta.* Die Reisenden haben die Kleinheit der Samojeden sonderbar übertrieben und verallgemeinert. Nach Hrn. Erman's Bemerkung sind nur die Frauen dieses Stammes ausnehmend klein.

**) Mein gelehrter College Hr. Amédée Jaubert hat auf meine Bitte den Text (II., 348) nochmals untersucht. „Wenn Edrisi, schreibt er mir, von vulkanischen Ausbrüchen hätte sprechen wollen, so würde er, verlassen Sie Sich darauf, bei seiner gewohnten Genauigkeit nicht ermangelt haben, es zu sagen. Gegen ein solches Argument lässt sich nichts sagen. Ich möchte weit eher glauben, dass diese Feuer, welche Ebn el Wardi als die grossen Feuer des Madjudj bezeichnet, Tempelfeuer (*pyrées*) sind. Edrisi sagt an verschiedenen Stellen seines Werkes und namentlich I., 491, II., 348, 351 u. a. O. mit den nämlichen Worten, dass die nördlichen Völkerschaften, die unter den Namen Turko-Adhkaschen, Bagharghareu u. a. m. das Feuer anbeten. Ist nun nicht dieser mit Feuern zusammengestellte Umstand, von denen einige Zeilen vorher die Rede gewesen, hinreichend, um glauben zu lassen, dass es sich nur um eine und dieselbe Sache handle?“

(Edrisi, II., 344) liegt der Tehama-See, der 250 M. in Umfang hat und von den vier Weltgegenden her Flüsse aufnimmt. Von diesem See sind bis zum Charda-Berge, in welchen man eine Treppe mit Stufen gehauen hat, vier Tagereisen; von der Festung Charda zur Stadt Tehama südwärts wieder vier Tagemärsche und endlich noch sieben (ohne Angabe der Richtung) bis zum steilen Gebirge Cocaja, welches ewigen Schnee trägt und das Land Gog und Magog umgürtet." Welches ist nun aber jener Tehama-See, der so nahe dem Adhkasch-Lande liegt, dass die Bewohner desselben die Kinder dorthin führen können, um sich in den Wassern des Sees zu reinigen? Die grossen Becken dieser Gegend sind, nach der Grösse geordnet: der Balkhasch, der Issikul, der ehemals mit dem Alakul vereinigte Alaktugul und der Telegul im W. von Otrar. Man kann den relativen Entfernungen, welche Edrisi anführt, keine Wichtigkeit beimessen. Er rechnet für den Umfang des Aral (sein Khowarezm-See, II., 191) nur 300 M., während er dem Tehama-See 344 und dem Gorghoz-See 400 M. giebt! Ich bin geneigt zu glauben, dass der Tehama der grosse Balkhasch-See sei, der einzige, in welchen von allen Windstrichen Flüsse münden, nämlich der Ayaguz, Lepsa, Ili und Erghetu*) Diese Angabe würde uns auf einem andern Wege,

*) Ich muss jedoch bemerklich machen, dass der Balkhasch nach Hrn. Fedorow's neuer Beobachtung Salzwasser enthält, während Edrisi dem Tehama süsses Wasser giebt. Der wahre Umfang des Balkhasch ist 510 M. (60 auf 1 Grad). Der Name Tehama ist auch der einer berühmten Stadt Arabiens (Edrisi, I., 146), des Mittelpunkts der Cultur vor Muhamed. Was den Gorghoz-See betrifft, so wäre ich wohl geneigt, mit Hrn. Jaubert (II., 341) zu glauben, dass er identisch mit dem See Alakul sei, dessen alter Name Kurghe oder Gurghe (Kiurgha bei Arrowsmith) war, wenn Edrisi nicht von „Zuflüssen spräche, welche am N.-Abhange der Schneekette Asfarun (Asferah) entspringen und gegen Abend fliessen". Nun ist der Asferah (s. Edrisi, II., 339 und oben S. 374) die westlichste Fortsetzung des Thian-schan und fängt erst 6° westlich vom Balkhasch an. Ist der Gorghoz vielleicht, wenn nicht der Telegul selbst, etwa einer von den Seen, in welche sich der Talas und Tschui verlieren? Alles kündigt Veränderungen in der Gruppe zahlreicher Seen im O.

ohne Rücksicht auf feurige Phänomene, zu der ursprünglichen Ansicht des Hrn. Ritter, nämlich auf die Kette des Thian-schan führen, die im S. des Tehama-Sees liegt. Anderthalb Jahrhunderte nach dem Geographen von Nubien legte Marco Polo die Mythe von Gog (Og) und Magog nach dem östlichsten Ende des Thian-schan, der Kette des In-schan, hinaus. Die Mythe vom Hoang-ho und von der chines. Mauer, deren der venetianische Reisende nicht mehr Erwähnung thut, als des Theegebrauchs, wurden so einander näher gebracht. Nach Marco Polo gehören Gog und Magog zum Reiche des Priesters Johannes, was sie in die Nähe von Ten-dukh (Thian-te-kiun*), 35 M. westlich von Kuku-khoto, in das Land der Keraiten verlegt. „Gog und Magog werden von zwei Stämmen (Türken und Mongolen?), Ung**) und Mongul, bewohnt".

Noch nördlichere Lagen im östlichsten Theile Asiens finden wir angegeben: 1) auf der catalanischen Karte vom J. 1374, welche das Bildniss des Königs Magog darstellt, „welcher mit einem zahlreichen Gefolge zur Zeit des Antichrists kommen wird"; 2) auf der merkwürdigen Karte, die der römischen Ausgabe des Ptolemaeus vom J. 1508 beigegeben ist. Neufundland und die Küsten Nord-Amerikas gehören darauf zum asiatischen Continente; Gog und Magog liegen hier an einem Flusse Pulisacus oder Plisacus, in

---

und NO. vom Aral an; und noch mehr, grosse Seen bleiben uns noch heutiges Tages unbekannt, wie der Denghiz beweis't, welcher zuerst 1825 im O. vom Aksakal-Barbi durch Hrn. Jemtschujnikoff entdeckt wurde (Lewschin, p. 50).

*) Das alte Tschung-tscheou-kiang-tsch'ing, wahrscheinlich 7° westlich von Peking und unter 40° 38′ Br., obwohl Klaproth die Schutzstadt (*ville gardienne*) nördlicher legt. [S. Ritter, Asien, I., 248.]

**) M. Polo, c. LIV. (Marsden's Edit. p. 246); Baldelli, *Il Milione*, II., 137. Der Name Ung, verderbt aus dem Titel Wang oder Oang (*regulus*), hat zu der nestorianischen Fabel vom *Preste Joan*, dem Ung-Khan oder Herrscher von Tendukh, Veranlassung gegeben. [S. Ritter, a. a. O.]

welchem ich Marco Polo's*) Pulisangan, welcher 3 M. von Peking fliesst, erkannt habe.

Ich kann diese allgemeine Darstellung der vulkanischen Erscheinungen nördlich vom Thian-schan nicht schliessen, ohne noch zuvor des grossen sibir. Vulkans (*mons ignivomus in cujus cineribus sal ammoniacum reperitur*) Erwähnung zu thun, den Strahlenberg's Karte 3 Grad südlich von der Küste des Eismeeres darstellt und welcher schreckliche Feuergarben speit. Dieser Vulkan, der seit einem halben Jahrhundert ganz in Vergessenheit gerathen, ist fast eben so fabelhaft, als die alte Mauer von Gog und Magog; aber wie die letztere scheint auch die Mythe vom Vulkan eine physikalische und geographische Grundlage zu haben. Ich stütze diese Meinung auf die Autorität eines berühmten Reisenden, welcher, mit der Hydrographie Sibiriens innig vertraut, Strahlenberg's Behauptungen einer strengen Kritik unterworfen hat. „Die Behauptungen des schwedischen Schriftstellers, sagt Hr. Erman (handschriftliche Bemerkungen und Karten), stehen in directem Widerspruch mit der Position auf der Karte in seinem Werke. Der Vulkan, über welchen Strahlenberg sichere Nachrichten eingezogen zu zu haben vermeinte, liegt nicht, wie seine Karte angiebt, zwischen der Lena und dem Olenek, einige Meilen westlich vom ersteren Flusse, unter 66° Br. und 21° Lg. westlich von Irkuzk**); die im Text bei Strahlenberg mitgetheilten

---

*) Cap. 27. S. meinen *Atl. géogr. du Nouv. Cont.*, pl. 39. Der wahre Name ist *Sang-kan-ho*, d. i trockner Fluss der Maulbeerbäume. *Puli sangan* bezeichnet im Pers. Brücke Sangan's. Man hat die unter der Dynastie Kin 1189 erbaute Brücke mit dem Flusse verwechselt, und dieser Irrthum ist einer der überzeugendsten Beweise für Klaproth's Meinung, dass Marco Polo einen pers. Dolmetscher bei sich hatte, wodurch eine Menge Verdrehungen geographischer Namen im *Milione* erklärlich werden. S. *Asiat. Journ.*, Juli 1832, p. 250.

**) Der nordöstliche Theil von Europa und Asien, 1730, S. 311, 324, 379. Aus diesem Werke hat auch der Abt Chappe seine übertriebenen Vorstellungen von der grossen Höhe der sibir. Ebenen entnommen. „Die Regionen Nord-Asiens, sagt Strahlenberg (S. 107) verhalten sich zu Europa, wie wenn man die Höhe eines

Angaben setzen ihn im Gegentheil in den Meridian des Baikal selbst, zwischen die Quellen des Olenek und Wilui (des Nebenflusses der Lena), in $64\frac{1}{2}^0$ Br. und 104^0 Lg. Fumarolen, welche Salmiak entwickeln, scheinen zu übertriebenen Erzählungen von einem brennenden Berge Veranlassung gegeben zu haben. Ueberall nennt das Volk einen condensirten Dampf Rauch, und die Vorstellung von Rauch knüpft sich im Munde des Volks an die von Feuer*). Ganz dicht dabei, westlich vom Ufer des Koptendai (eines Nebenflusses des Wilui) findet man Steinsalz und Salzquellen (Gmelin, *Flora sibir.*, p. XXIX.). Wenn auch in diesen Gegenden Felsen existiren, aus deren Spalten Salmiak kommt (ähnlich wie die oben erwähnten vom Kholak und Khobok, so muss man diese Erscheinungen als dem Nordende der grossen Spalte oder des vulkanischen Striches des Baikal-Sees angehörig betrachten." Dieser Strich läuft von S. nach N. und parallel dem, welcher die thätigen Vulkane des Thian-schan mit dem Systeme der Seen Alakul und Darlai verbindet; aber er liegt um zwei Grade östlicher.

Wie die im Schooss der Erde concentrirten vulkanischen Kräfte eine bleibende Verbindung mit der Atmosphäre in den Schlünden des Pe-schan und im Feuerberge von Turfan eröffnen konnten; wie sie weiter nach N. sich periodisch andre Ausgänge gebahnt haben, um schweflige und ammoniakalische Dämpfe, Naphtha, Kohlenwasserstoffgas oder heisse Quellen mit geringer Intensität hervorzutreiben: so geben dieselben Kräfte auch ihre Gegenwart in den Erschütterungen kund, denen auf weite Länderstrecken die Ober-

---

Tisches mit dem Fussboden, worauf er steht, vergleicht." Besser kann man ein *table-land* oder eine Hochebene nicht definiren.

*) Wenig unterrichtete Reisende erblicken bei jeder heissen Quelle die Spuren von Lava und Vulkanen. S. über den vorgeblichen sibir. Vulkan des Steuermanns Botakow (Cap. Billing's Reisegefährten) das treffliche Werk des Adm. Wrangel, Reise nach der Nordküste von Sibirien, 1820—1824, I., 94. Botakow's Vulkan ist nichts weiter als die warmen Quellen des Jugnec-Sees, etwas westlich von der Behrings-Strasse.

fläche des Bodens von Mittel-Asien unterworfen ist. Wie überall in der Alten und Neuen Welt, so scheinen auch hier die Erdbeben entweder lineär zu sein, oder von gewissen Mittelpunkten auszugehen und ihre Wellen nach verschiedenen Richtungen fortzupflanzen. Die lineären Erschütterungen folgen am Häufigsten der Streichungslinie der grossen Ketten; sie erstrecken ihre Wirkungen entweder längs der beiden Seiten oder auch vorzugsweise bloss längs des einen Abhanges und bezeichnen dadurch selbst den Lauf der Spalte, welche einst zur Emporhebung des Rückens Veranlassung gegeben. So pflanzen sich auch die Stösse in Süd-Amerika hauptsächlich längs der Küste, entweder auf der Westseite der Andes-Cordillere oder am Nord-Abhange der Kette von Venezuela fort; zwei Rücken, deren Streichungslinien N.-S. und O.-W. sind. In Central-Asien dagegen spürt man die Erschütterungen zugleich auf beiden Seiten des Thian-schan, von Hami und Turfan über Aksu nach Bokhara (Eversmann, Reise nach Bokhara, S. 97) bis zur grossen turanischen Einsenkung. Da Khotan und das Land im S. der vulkanischen Kette des Thian-schan lange und in uralter Zeit die Metropole des Buddhaismus war, so kann es nicht überraschen, wenn wir sehen, wie sehr sich die Anhänger Shâkya-muni's in ihren Schriften mit „den sechs Momenten und den acht Ursachen der Erdbeben“ beschäftigten. Sie schreiben dieselben nicht allein einer sehr verwickelten physischen Ursache zu, „einem stählernen Reliquienrade (*à reliques*) im Erd-Innern, welches die Bewegung darüberliegenden Schichten von Wind, Feuer und Wasser mittheile, sondern auch den zu häufig wiederkehrenden Incarnations-Versuchen der Heiligen (Bodhirattwar).“ Die Stadt Aksu, deren Einwohner einen starken Handel mit Schwefel*) treiben und welche südwestlich vom Pe-schan liegt, ward 1716 zerstört, und der Reisende Falk (Beiträge zur Topographie des russischen Reiches, I., 380) behauptet,

*) Beschreibung der Dsungarei und Ost-Turkestans, aus dem Chines. in's Russ. übersetzt von P. Hyacinth, II., 252.

dass die Erdbeben der Thian-schan-Kette (Muz-thag sagt er) nordwärts in der ganzen Dsungarei zwischen dem Balkhasch- und Dsaisang-See verspürt werden. Im J. 1832 gab es schreckliche Stösse im Kokandischen;*) sie schienen gleichzeitig mit denen, deren Ursprung viel weiter im S. nach der Hindu-kho-Kette zu gesucht werden muss. Alex. Burnes bewies (*Trav.* (1834), I., 18), dass das von ihm am 22. Jan. 1832 zu Lahore erlebte Erdbeben die Kette des Hindu-kho in der Richtung SSO.-NNW. durchzog und die Ortschaften Badakschans und die am obern Oxus zerstörte, indem es sich noch weiter nach Bokhara und Kokand verbreitete. Solche Fortpflanzungen der Bewegung über eine schneebedeckte Gebirgskette weg sind gewiss selten, besonders wenn sie nicht durch Querthäler begünstigt scheinen; aber auch in Amerika zeigen die beiden grossen Ketten, die Andes und die von Venezuela (*Rel. hist.*, II., 10, 13, 23) mehrfache Beispiele davon. Man hat hier sogar bemerkt, dass die Erschütterungssphären allmälig einen grössern Durchmesser annehmen und im Lauf der Jahrhunderte (l. c., I., 314) Orte erreichen, welche sich bisher einer ungestörten Sicherheit erfreuten.

Nördlich vom Thian-schan müssen das Ost-Ende des Altai-Gebirgssystems, die plutonische Spalte des Baikal-Sees (Erman, Reise, II., 179–184), welche stellenweise mit Basalt erfüllt ist, und die warmen Quellen des Orkhon als der Wirkungsmittelpunkt der Erdbeben angesehen werden. Dieser Mittelpunkt wirkte gegen Süden, wie die Zerstörung von Karakorum (Ho-lin oder Khorin) zu Ende des 13. Jahrhunderts beweis't, fast auf der Verlängerung des Meridians von Irkuzk. In neuerer Zeit werden die Stösse allgemeiner von O. nach W., am Nord-Abhange der sajanischen Berge bis zum West-Ende des kolywanschen Altai, in den Schlangenberger Gruben (in 80° 11′ 45″ Lg. nach meinen Beobachtungen von Monddistanzen) gespürt. Sie waren daselbst besonders im J. 1771 sehr heftig. Zu Anfang des März 1829 erlitten die Stadt Irkuzk und das ganze Baikal-

*) Wathen, *Mem. on the Usbek state* im *Journ. of the As. Soc. of Bengal*, III., 337.

Becken häufige Erschütterungen. Sechs Wochen später (am 21. April 1829) fand ein Erdbeben im südlichen Theile des Altai, in den Bergwerken von Syrjänowsk und Riddersk*), am Ufer der Maglenka und Ulba statt. An dem letzteren Punkte, den ich besucht, sind Erdstösse häufiger als in den andern Districten des Gouv. Tomsk, was, wie Hr. Gebler (zu Barnaul) in einem Schreiben an Hrn. Fischer (zu Moskau) hinzufügt, „ohne Zweifel von der Nähe der warmen Quellen der Rachmanowka, welche 37 M. östlich von Riddersk hervorsprudeln, kommt." Am 9. Novbr. 1829 hatte man auch zu Barnaul am NW.-Abhange des Altai heftige Erschütterungen. Diese Coincidenz und lineäre Continuität der Erdstösse ist in diesen Gegenden seit langer Zeit beobachtet worden. Im Novbr. und Decbr. 1761 (*Phil. Tr. for* 1763, p. 201), in den J. 1776 und 1783 gab sie sich in der Richtung O.-W. vom Baikal (222 t.) bis zum kolywanschen Altai längs der ganzen Militairlinie, von Tukinsk und Sajansk nach der Bija und Barnaul hin, kund. Man darf indess nicht vergessen, dass der V. Peschan, der Kegel des Aral-tube (westlich von den Salmiakspalten des Khobok), die Riddersker Grube und der ganze an Silbergängen reichste Theil des kolywanschen Altai ziemlich in einem Striche liegen, dessen Richtung wenig von der eines Meridians abweicht.

Sollte der kolywansche Altai vielleicht nicht bloss unter dem Einflusse der baikalschen Region stehen, sondern gleichfalls dem Erschütterungskreise des Thian-schan angehören? Es scheint, als wenn die Erdstösse im Altai, statt bloss von O. zu kommen, ebenfalls von dem vulkanischen Gebiete Bischbaliks herrühren.

Bei mehreren Punkten der Alten und der Neuen Welt ist es augenscheinlich, dass die Erschütterungskreise einander schneiden, so dass derselbe Ort periodisch Stössen von

---

*) Über den Augitporphyr und Trachyt dieser Gegenden s. oben Th. I., S. 203, 206, 208; Rose, I., 569, 590. Das Dorf Riddersk liegt nach Hrn. Fedorow's bar. Messung (Struve, Reisebericht, S. 41) 231 t. über Ustkamenogorsk.

zwei entgegengesetzten Seiten ausgesetzt ist. Besonders aber müssen in der grossen turanischen (oder aralo-caspischen) Senkung die Reactionen des Himalaya, der keine thätigen Vulkane, aber zahlreiche heisse Quellen besitzt, sich mit denen des Kuen-lun, Bolor und Thian-schan vereinigen. Wir haben bereits erwähnt, dass die Erschütterungen sich lineär von SO. nach NW. über den Hindu-kho, der zugleich eine Fortsetzung des Himalaya und des Kuenlun ist, von der Pentapotamia (dem Pendjab) zu den Thälern des Oxus und Jaxartes (Amur und Sir) fortpflanzen. Sie traten manchmal gleichzeitig ein zu Lahore und auf der Südseite des Himalaya, auf dem Plateau der Provinz Kaschmir (910 t), deren Hauptstadt im Jahre 1554 gänzlich zerstört wurde*). Der ganze Tsungling oder in der eigentlichen Bedeutung des Worts der sowohl den Kuen-lun als den Himalaya schneidende Theil der Meridiankette des Bolor ist Erschütterungen unterworfen, welche sich nach Badakschan und Balkh fortpflanzen. Es ist begreiflich, dass die Durchkreuzung so vieler Gebirgsketten, welche gewissermassen die hohlen Räume bedecken, die durch ihre Emporhebung zu verschiedenen Epochen entstanden sind, der Verbreitung der Wellenbewegung nach der grossen Concavität Turans oder Baktriens da günstig ist, wo ein geringer Widerstand stattfindet. Eine ähnliche Reaction scheint aus dem Durchschneiden**) des Thian-schan mit der nördlichen Fortsetzung des Bolor in dem Punkte, wo der Asferah die Verlängerung des Terek-tagh bildet und wo häufige Erschütterungen sich nach Kokand und Taschkend fortpflan-

---

*) *Radja-Tarangini*, herausgegeben von Hrn. Troyer, II., 297. Der gelehrte Commentator erstaunt mit Recht, dass, während heut zu Tage in Kaschmir Erdbeben leider so häufig vorkommen (v. Hügel's Reise, II., 184), der Verfasser der alten Geschichte des Landes, Kalhanain, derselben gar nicht erwähnt.

**) Man vergl. die Karte im II. Bde. dieses Werks. Unsere mit grossentheils falschen Details überladenen Karten sind wenig geeignet, bei der Art, wie die Unebenheiten des Bodens darauf dargestellt werden, die Durchschneidung (die Knoten) der grossen lineären Emporhebungen aufzufassen.

zen, zu entspringen. Noch mehr: der Parallel des Thian-schan und des Asferah (40^{0}—41^{0} Br.) führt uns, etwas gegen S. neigend, nach einander über Bokhara, über die Gänge oder Spalten voller Naphtha, welche das caspische Meer zwischen dem Balchan-Golf oder der Insel Tscheleken*) und den Feuerbrunnen Baku's ($39\frac{1}{2}^{0}$ — $40\frac{1}{2}^{0}$ Br.) durchziehen, über den Ararat (39^{0} 42′ Br.), welcher erst ganz kürzlich der scheinbare Mittelpunkt furchtbarer Erdstösse geworden, über den Argaeus und das lange vulkanische Becken**) des Mittelländischen Meeres nach Lissabon (38^{0} 42′) und zur Gruppe der Azoren ($37\frac{3}{4}^{0}$—39^{0}). Vom Ho-tscheou (d. i. Feuerbezirk) Turfans am Süd-Abhange des Thian-schan bis zum Archipel der Azoren sind 120 Längengrade bei einer Richtung, welche nur wenig zwischen 38^{0} und 40^{0} Br. schwankt. Dies ist wahrscheinlich die längste und regelmässigste Zone vulkanischer Reactionen, welche es auf der Erde giebt: sie übertrifft den vulkanischen Gürtel der Andes-Cordillere Süd-Amerikas um ein Beträchtliches. Jene ist seit historischen Zeiten der Schauplatz der grossen Phänomene gewesen, durch die sich an der Erdoberfläche die zerstörenden Kräfte offenbaren, welche im Innern der Erde ihren Sitz haben. Ich lege ein um so grösseres Gewicht auf eine Aneinanderreihung der Rükken, der Spalten und der Fortpflanzung der Erschütterungen, welche ein Drittel des Umfangs eines Parallelkreises einnimmt, als kleine Bodenunebenheiten, die ungleiche Höhe und Breite der Höhenzüge (*rides*) oder lineäre Emporhebungen, wie die durch golfreiche Meeresbecken verursachte Unterbrechung die grossen Züge in der geologischen Beschaffenheit der Erde zu verdecken streben.

Ich habe früher erwähnt, dass unter allen (O.-W. streichenden Gebirgssystemen Asiens das des Kuen-lun oder Hindu-

---

*) Felkner, *Ann. du Journ. des mines de Russie*, 1838, p. 153—169. Eichwald, Peripl., I., 307—313. Naphthabrunnen sind daselbst beständige Begleiter der alten Eruptionen von Steinsalzmassen.

**) v. Hoff, Gesch. der Veränd. der Erdoberfläche, II., 363.

kho (auf dem Parallel von Rhodus oder Dicaearch's berühmtem Diaphragm; vergl. Th. I., S. 94—99) am Meisten zusammenhängend und am Schärfsten ausgeprägt ist. Da die Richtung dieser Kammlinien grade auf die Strasse von Gibraltar (36° Br.) geht, und da das vulkanische Becken des Mittelländischen Meeres eine der Breitendifferenz der Thian-schan- und Kuen-lun-Kette (5—6°) mindestens gleichkommende Breite hat; so kann man sich vorstellen, dass sich in diesem Becken die Richtungen zweier asiatischer Systeme vermischen. In dieser Art von Betrachtungen, welche auf genaue Zahlenangaben gegründet sind, haben die Anzeichen einer innigen Verbindung zwischen gewissen Erscheinungsgruppen ein besonderes Interesse. Der Parallelismus mit dem Aequator, den man in den mittlern Streichungslinien der Gebirgsreihen auf grossen Strecken wahrnimmt, ist ein locales und untergeordnetes Factum; es ist eine Unebenheit der Oberfläche, welche der Richtung der Vulkanaxe ähnlich ist, die ganz Mexiko von Meer zu Meer quer durchzieht. Man muss sich hüten, die Lage (*orientation*) dieser Richtungen, ihren Durchschnittswinkel mit den Meridianen (die Wirkung der Art und Weise, wie sich die Oberflächenkruste des Erdsphäroids gespalten oder gerunzelt hat), absolut als ein grosses kosmogonisches Phänomen, als zusammenhängend mit der allgemeinen Bildung, der allerinnersten Constitution unsres Planeten zu betrachten. In verschiedenen Theilen eines und desselben Continents bilden die Vulkanreihen verschiedene Winkel mit den Meridianen*). In Asien zeigen sich uns davon zahlreiche Beispiele in Kamtschatka, Japan und dem insularen Indien. Es sind gleichsam Gänge oder breite Spalten, deren Streichungslinie verschieden ist, die aber manchmal durch Erschütterungen in grossen Entfernungen auf einander einwirken**).

---

*) L. de Buch, *Iles Canaries*, 324, 394, 401, 425; Elie de Beaumont, *Révolutions du globe*, 63, 302.

**) S. meine *Rel. hist.*, II., 19, über die chronologische Reihe der vulkanischen Phänomene des J. 1811 auf den Azoren, der Insel St.-Vincent (Antillen), in Louisiana und zu Caracas.

Der Ural, welcher keinen Trachyt, keinen Basalt und keine warmen Quellen besitzt, ist lange Zeit für völlig frei von unterirdischen Erschütterungen gehalten worden; aber neuerlich (am 11. Dec. 1836 und 29. Febr. 1837) hat man sie im südlichsten Theile, zu Slatoust, Kyschtymsk und Turdojak bei Miask verspürt. Wir wissen nicht, ob dies dieselben Wellenbewegungen sind, welche sich manchmal durch das Bekken des caspischen Meeres nordnordöstlich nach Astrakhan*) und selbst, wie man versichert, bis Moskau fortpflanzen. Herodot führt schon (IV., 28) die ungemeine Seltenheit der Erdstösse im Lande der Scythen an; und obgleich der Vater der Geschichte den Tanaïs als Grenze zwischen den Scythen und Sauromaten feststellt (IV., 21), und wiewohl die Scythen jenseit der Thyssageten (IV., 22) nur eine isolirte, gegen Osten vorgeschobene Colonie sind; so kann man doch annehmen, dass das Gemälde, welches Herodot vom Klima dieser Gegenden entwirft, die Ebenen „des asiatischen Europa" d. h. Nord-Asiens einbegreift, welches nach ihm eine östliche Fortsetzung Europas selbst ist. (Schweighaeuser *ad Herodot.*, V., 204.) Zum Schluss endlich bemerke ich auch noch, dass nach dem Zeugniss des Theophylakten Simokatta**), eines Schriftstellers aus dem 7. Jahrhundert, die Türken (des Altai) gleichfalls von ihrem Vaterlande rühmten, dass es nicht von Erdbeben heimgesucht würde.

---

*) Am 25. Febr. 1830. Selbst der nördlichste Theil des europ. Russlands ist nicht frei von Erdbeben. Gleichzeitig (um 2 Uhr nach Mitternacht $\frac{19.}{20.}$ August 1829) verspürte man drei heftige Stösse zu Werkotoëmsk (Gouv. Wologda) und zu Schenkursk (Gouv. Arkhangel).

**) St.-Martin's Noten zu Lebeau's *Histoire du Bas-Empire*, IX., 401.

Steppenländer
zwischen
dem Altai, Ural und Thian-schan.

(Turanische Senkung oder aralo-caspisches Becken.)

In den *Fragments asiat.* (I., 37) bin ich von der bis zur Zeit meiner Rückkehr aus Sibirien gäng und gäben Annahme, dass eine ununterbrochene Kette den Ural mit dem Altai-System verbände, abgewichen. Diese eingebildete Kette hiess Algydim Zano, eine verderbte Lesart von Alghydin Schamo der Orenburger Topographie (Rytschkow, S. 17) und von Alginskoi Sirt oder Chrebet, den Falk erwähnt (Topogr. Beiträge, I., 380). Auf Arrowsmith's grosser Karte von Asien (vom J. 1818) tritt sie sogar als der Wall von Gog und Magog auf. Diese Alghydin-Kette verdankt, wie so viele andere Ketten, welche unsere Karten von Amerika und Asien entstellen, ihre Existenz jener veralteten Hypothese, dass jede Wasserscheidungslinie (folglich auch die zwischen den Becken des caspischen Meeres und des Irtysch) nothwendig eine hohe Kammlinie oder eine Cordillere sei, deren Höhe der davon kommenden Wassermasse proportional sei. Man möchte sagen, dass die Geographen oder besser die Kartenzeichner darin mit den mongol. Reisenden und buddhist. Pilgern wetteifern, welche voll Verehrung für die *divortia aquarum* zwischen den Quellen der Flüsse Steinhaufen aufbauen. Die höchsten Ketten der Erde (der Himalaya und die Andes) werden von Strömen durchbrochen, und auf grossen Gebieten der beiden Continente geschieht die Wassertheilung auf einer Schwelle (*seuil*) oder Rücken von fast unmerklicher Erhebung über die benachbarten Ebenen.

Unter den Parallelkreisen des 49. und 50. Grades trennt ein Strich Landes von 22 Längengraden Ausdehnung (also doppelt so gross als die Breite von Frankreich) das West-Ende des Altai von der Meridiankette des Ural in den Mughodjarischen und Orskischen Bergen. Ich habe bereits oben (S. 212—214) die wenig zusammenhängenden Falten, die aus Eruptionsgebirgsarten gebildeten Hügel erwähnt, welche sich von O. nach W. in der Steppe der mittlern Kirghisenhorde vom Meridian von Semipolatinsk an erheben. Es sind die niedrigen Höhenzüge Arkat, Aldjan, Tschingistau, Karkaraly und Kent oder Kent-Kaslyk, mit welchen uns der gelehrte Botaniker Hr. Meyer (Ledebour, II., 366, 377, 431, 435) bei seinen Wanderungen (1826) nach Ablaikit und den Dioptasadern bei Altyn-tube, 28 M. im WNW. von der unter Hrn. v. Speranski gegründeten, Ackerbau treibenden Colonie Karkaraly, bekannt gemacht hat. Der Dioptas (Kupfersmaragd), welcher diese Gegend berühmt gemacht und noch nirgend anderwärts, weder im Altai noch im Ural, entdeckt worden, hat seinen in Russland gebräuchlichen Namen Aschirit nicht von einem Kosaken, sondern von Aschirka, einem Einwohner Taschkends, erhalten. Der angebliche Dioptas des Urals ist Hrn. Hess' Uwarowit. Die meisten Hügel in der Steppe haben nur 300—500′ abs. Höhe; die höchsten sind noch nicht genau gemessen, und es ist bekannt, wie imposant die Granit- oder Porphyrhügel erscheinen, wenn sie sich wie Burgfesten am Horizont erheben. Der Hauptort des russischen Etablissements, welches gegenwärtig District von Kar-Karalinsky heisst, liegt etwas nördlich von den Kent-Bergen im SSO. vom See Salmagul (Samaukul). Karkaraly selbst liegt 250 Werst von Semijarsk, etwa $4\frac{1}{2}$° westlich von Semipolatinsk, also unter 73° 15′ Lg. Nimmt man nach Hrn. Hansteen für Semijarsk 50° 53′ 9″ Br. (Astron. Nachr., 1830, S. 294) und für die Kreisstadt Ayaguz nach Hrn. Fedorow 47° 40′ (Vorläufiger Bericht,

S. 48, 57*) an, so ergiebt sich für den Tschingistau und die Karkaraly-Berge 49° und 49½° Br. Eine MS.-Karte, welche ich in Hrn. v. Speranski's (ehemaligen Statthalters von ganz Sibirien) Sammlungen zu untersuchen Gelegenheit hatte, legte Karkaraly in 49° 10′ Br. Südlich von den Kent-Kaslyk-Bergen ziehen zwei andere Rücken von O. nach W. hin, nämlich der Kurpetau oder Kurgentasch, worin silberhaltiger Bleiglanz vorkommt, und der *Ak-tau* oder Weisse Berg (Ledebour, II., 427; Erman, I., 488).

Im Mittelpunkt der Steppe findet sich zwischen den Karkaraly-Bergen und dem Ost-Ende der langen Kette der Ildighis**) ein Raum von 5 Längengraden Ausdehnung, der fast gar keine Emporhebungen zu enthalten scheint. Auf diesem liegen indessen die Quellen des Ischim (Nebenfluss des Irtysch***) etwas nördlich von der Grossen Nura, welche sich nach einem langen Umwege im See Khurkhaldjin verliert. Ein Nebenfluss des Ischim, der Tercekan, den Hr. Schanghin untersucht hat, entspringt auf den Ildighis-Bergen selbst. Diese streichen von OSO. nach WNW. und ihre Mitte scheint zwischen den einander sehr nahe gelegenen Meridianen der Handelsstadt Petropawlowsk****) und der kleinen russischen Colonie Koktschetow

---

*) Nach der von Hrn. Struve dem Bericht beigefügten Skizze vom Balkhasch-See liegt diese Kreisstadt 140 Werst nördlich vom Parallel der Lepsa-Mündung, deren Breite 46° 20′ 30″ ist.

**) Hr. Erman (I., 489) übersetzt dies kirghisische Wort durch unendliches Gebirge, Hr. Lewschin (I., 40, 61) durch unterbrochene Kette.

***) Auf meiner Expedition 1829 reis'te ich längs der Kirghisen-Steppe von Ustkamenogorsk nach Omsk, von SSO. nach NNW.; dann durchschnitt ich sie von O. nach W., von Petropawlowsk am Ischim auf der militärischen Stationslinie vom Tobol bis Troizk am Fusse des Ost-Abhanges des Ural.

****) Nach meinen Beobachtungen unter 54° 52′ 23″ Br. und 66° 46′ 17″ Lg. (chronom.), wenn man für Orenburg nach Wisniewsky 3^h 31′ 5″ östl. Lg. Par. annimmt. Koktschetow beim See Koktschetau stellt einen schwachen Civilisationsversuch mitten in der Steppe dar, der aber nicht glücklicher ausgefallen, als der zu Karkaraly, welches 110 M. südöstlich davon entfernt liegt.

in der Kirghisensteppe zu liegen. Hängen die Ildighis, wie es sehr wahrscheinlich ist, mit dem Ulu-tagh zusammen, so würde die ganze Kette über 3 Längengrade von O. nach W. einnehmen. Jenseit des Ulu-tagh, weiter westwärts, beginnt die grosse Depression des sehr verwickelten Wassersystems der Turgai-Flüsse. Durch diese Furche standen vielleicht ehemals die Wasser des Aral mit dem Eismeere in Verbindung. Wir werden späterhin noch auf das interessante Phänomen zusammengedrängter Seen in dieser Furche zurückkommen. Hier bemerken wir nur, dass sie von SSW. nach NNO. läuft, über 50 M. Breite hat und dass man weiter nach W., aber immer unter 49° und 50° Br. zu den Vorbergen der langen Uralkette, d. h. zu der Erhebung gelangt, welche den Ost-Abhang der Mughodjaren und des Kara-Edyr-Tau begrenzt (s. oben S. 275).

So weit gehen die Nachrichten, welche ich sammeln konnte und welche, nach den bekannten, aber noch unvollständigen Angaben ein Bild von den Bodenunebenheiten zwischen dem Altai und Ural geben. Wenn man die bedeutende Grösse dieser Steppen betrachtet, deren nomadisirende Bevölkerung über 2 Millionen*) beträgt und die von Hügeln und verkrüppel-

*) Die in der letzten Zeit angestellten Berechnungen über die Population der drei Kirghisenhorden stimmen unter einander ziemlich überein: Nach Spasky (Sibir. Bote, IX., 127) und Ledebour (II., 450) rechnet man auf die zum Theil China unterworfene Grosse Horde (die der schwarzen oder Fels-Kirghisen), von den Grenzen Kokands und Taschkends bis östlich vom Tschui und Ili-Becken, 70000 Zelte (Jurten oder Kibitken); auf die Mittlere Horde, zwischen Buchtarminsk und Troizk, 159100; auf die Kleine Horde, zwischen dem Turgai und der Wolga, 158200 Zelte. Hr. v. Lewschin (p. 300) giebt resp. 75000, 165000 und 160000 Zelte an. „Rechnet man nun 5 — 6 Seelen auf ein Zelt, so ergiebt sich für die Grosse Horde 375000—450000, für die Mittlere etwa 1 Million, für die Kleine ungefähr 900000 und für alle drei Horden (*djuz*) zusammen 2'000000—2'400000 Seelen.“ Vergl. auch *Journ. asiat.*, *août* 1832, p. 273. Nebst den turkoman. und arab. Stämmen ist dies ohne Zweifel die grösste Menge von Hirtenvölkern einerlei Stammes, welche gegenwärtig auf der Erde lebt; und obwohl das Gebiet, welches die drei Horden bewohnen, auf 24000 Quadratmeilen (20 auf 1°) angeschlagen wer-

ten Fichten unterbrochen werden, also einen weit weniger einförmigen Anblick als die Ebenen (*Llanos*) der Neuen

---

den kann und somit ganz Deutschland an Grösse übertrifft, so überrascht doch die grosse kirghisische Nomadenbevölkerung bei Vergleichung mit der Acker- und Bergbau treibenden Population des übrigen Sibiriens, welche kaum 3'000000 beträgt. Ich lenke die Aufmerksamkeit derer, welche sich in Russland mit den Grundlagen der politischen Oekonomie beschäftigen, auf dies Verhältniss. Ist die Bevölkerung in den Steppen, wo der Mensch die geringste Gewalt über die Natur erlangt und wo patriarchalisches Ansehn vor allen andern Einrichtungen den Vorrang hat, so beträchtlich? Ist etwa die Zahl der Jurten übertrieben angegeben? Indessen enthält der Theil der Kleinen Horde, welche der Sultan (Khan) Bukeï 1801 und 1802 in's Gouv. Astrakhan führte und welche man mit dem Namen der Innern oder Bukeï-Horde bezeichnet, für sich allein auf einem kleinen Gebiete der Steppen 190000 Nomaden-Kirghisen, welche 1834 gegen 497000 Pferde, 99300 Kameele, 825000 Schaafe mit Fettschwänzen und 165000 Rinder besassen. Vor wenigen Jahren, wo die strengen Winter $\frac{2}{3}$ der Heerden vernichtet hatten, schätzte man die Zahl der Schaafe auf 3 Millionen (Göbel, Reise in die Steppen, I., 64). Die Centralisation der Verwaltung der Innern Horde unter dem Sultan Djanghir, den ich persönlich kennen lernte, verleiht jenen Angaben über den Heerdenreichthum grosses Vertrauen. Die Innere Horde bewohnt einen Theil der Gegenden, in welchen vormals dieselben Kalmuk-Turguten nomadisirten, welche von der chines. Grenze gekommen waren und in der Nacht des 5. Januars 1771 mit ihnen 30000 Jurten davonzogen, um auf einem 400 M. langen Marsche kriegführend die Ebenen der Dsungarei zu erreichen. Diese Wanderung von 150000 Kalmuken, begleitet von ihren Frauen, Kindern und Heerden, vor etwa 70 Jahren ist eine historische Thatsache, welche auf die alten Einfälle asiatischer Völker in Europa grosses Licht wirft. Cap. Rytschkow, der zur Verfolgung der Flüchtlinge abgesandt war und ein chines. Fürst, dessen Werk Lipotsow übersetzt hat, haben dieselbe sehr ausführlich beschrieben. Noch heutiges Tages leben Kalmuken auf einem schmalen Striche zwischen dem linken Wolga-Ufer und der Westgrenze der Bukeï-Horde, zwischen den Bergen Bogdo und Arsagar. Dieser Strich wird gegenwärtig von den Kalmuken des Fürsten Serbe-Djab Tjumenew bewohnt. Die Kameele der Kirghisen und Kalmuken sind im Allgemeinen baktrische mit zwei Höckern (Plin., VIII., 18; Diod. Sicul., II., 53); doch findet sich auch, ungeachtet einer Winterkälte von — 25° bis — 28° C., in den Steppen das arabische (mit einem Buckel). Letztere Art wurde zu Khotan und in China zum ersten Male nicht früher als im J. 1025 gesehen (Rémusat, *Hist. de*

Welt darbieten; so kann man sich über die grosse Unvollkommenheit ihrer orographischen Beschreibung nicht wundern. Isolirte Hügel von kaum 500—600′ H., kleine Berggruppen, welche plötzlich, wie der Semi-tau bei Semipolatinsk, über unermessliche, mit Gramineen bedeckte Ebenen zu mehr als 1000—1200′ Höhe aufsteigen, täuschen leicht Reisende, welche nicht an genaue Bestimmungen der Bodenunebenheiten gewöhnt sind. Das Ende der Ildighis-Berge heisst im Türk. *Olu-tagh*, *Ulu-tagh* oder *Ulugh-tagh*, d. h. Grosser Berg (Meyendorff, p. 95, 494; Lewschin, p. 40), bloss desshalb, weil die Ildighis nach der Ansicht der Eingebornen über alle andern Höhen der

---

Khotan, p. 91). Die Geschichte der Kirghisen (Kirkiz), der Abkömmlinge der Kian-kueu oder Hakas, welche das Tangnu-Gebirge, den obern Jenisei und die Nordseite des Thian-schan bewohnten, geht in den chines. Annalen bis 200 J. vor unsrer Zeitrechnung zurück. Diese grosse Völkerschaft, gemischt mit dem türkischen Stamme (Thu-kiu), dessen Idiom sie angenommen, gehörte ursprünglich nebst den U-sun, Hu-te (Gothen) und den Yan-thsai (Alanen) zum blonden indogerman. Stamme (Klaproth, *Tabl. hist.*, 168—172; *Mém. rel. à l'Asie*, III., 332; *Asia polygl.*, 231; A. Rémusat, *Langues tart.*, I., 309, 327; Ritter, I., 1110—1137). Die neuerdings wieder aufgefrischten Zweifel (Potocki, *Voy.*, II., 43; Lewschin, 117) über den verschiedenen Ursprung der eigentlichen Kirghisen oder Hakas (der Buruten oder Schwarzen Kirghisen der Grossen Horde) und der Nomadenvölker, die wir gegenwärtig Kirghiz-Kazaken nennen, während sie selbst sich nur den Namen Kazaken beilegen, scheinen mir nicht genugsam begründet. Der Name *Kazaken* (*Kasakh*, *Kaschak*), im Ost-Türk. Reiter, auch Strassenräuber, ist sehr unbestimmt. Wie Menander von Byzanz (s. oben S. 159) zuerst unter den Schriftstellern des Abendlandes, einer Concubine vom kirghis. Stamme (*χερχίς*) erwähnt, so kannte auch Constantinus Porphyrogen. in der ersten Hälfte des 10. Jahrh. schon ein Land der Kazaken (*κασαχια*); aber die Kazaken des Byzantiners waren Tscherkessen (Klaproth, *Voy. du Comte Potocki*, I., 246—250, 334). Es erscheint mir höchst merkwürdig, dass der Thierkreis, eine Art von Zodiacus bei den Hirten- und Jägervölkern, dessen Aehnlichkeit mit den mexikanischen Kreisen ich in den *Vues des Cordill.* (II., 2—24) nachgewiesen, von den chines. Autoren einer so wenig gelehrten (*lettrée*) Nation wie die Hakas oder Kirghisen zugeschrieben wird (A. Rémusat, I., 301).

Umgegend vorragen. Nach Bardanes' Reisetagebuch „bildet der Ulu-tagh einen Theil der Höhen, welche die Russen mit dem sehr unbestimmten Namen Alghinskoe (Aya-ghinskoe) Chrebet bezeichnen und welche bei den Nomaden Dalai-Kamtschat heissen. Dieser Höhenzug beginnt nördlich von dem grossen Walde und See Naurzumkul, und an seiner Nordseite liegen die Quellen des Kinkul und Baganak-see, die in das linke Ufer des Ischim münden. Der Rücken endigt an den Quellen des Kaïrakly und Kara-su. Die Flüsse, welche den Kleinen Turgai und Kara-Turgai bilden, entspringen am Südabhange der Alghinskischen Berge. Die culminirenden Punkte sind der Eremen und Bogulitanga-tau." Ich bin auf dies topographische Detail eingegangen, weil der Ulutagh und der Alghin-tau vormals in der Geschichte der Hiung-nu berühmt gewesen sind. Von Kutsche kommend*), schlugen sie, nachdem sie einen Sieg davon getragen, hier im zweiten Jahrhundert n. Chr. ihre Lager auf. Diese beiden Gebirge waren es, welche zu dem Hirngespinst einer grossen Kette, die die Geographen unter dem Namen Alghidin-tsano vom Altai zum Ural zogen, Veranlassung gegeben. Ein Zweig des Ulu-tagh führt bei den Russen den Namen Bleigebirge (*Swintzowaja*) wegen einer Grube von silberhaltigem Bleiglanz bei den Quellen des Kara-Turgai oder, um genauer zu reden, Kantscho-Bulgane-Turgai. Nach dieser Grube ward 1814 eine grosse Expedition unter Befehl des Obrist-Lieutenants Theofilatiew und des Ingenieur-Officiers von Gens gesandt**). Ueber 6000 Pud Erz wurden

---

*) Die nördlichen Hiung-nu gingen über den Thian-schan und kamen in die Steppe, welche die Hakas-Kirghisen erst 100 Jahr später bewohnten. Kutsche (Khuei-thsu) liegt zwischen Aksu und Turfan. Ueber den Aufenthalt der Hiung-nu (Türken) am Ulu-tagh s. Klaproth, *Tabl. hist.*, III., 242; Mem. Sult. Baber's, p. XVII., XXXIX.

**) Hr. v. Menschenin, ein sehr unterrichteter Bergbeamter, der die Güte hatte, uns auf der sibir. Reise zu begleiten und seitdem die wichtige Stelle eines Berghauptmanns zu Jekatherinenburg erhalten hat, nahm nebst den Hrn. Porozow und Hermann Theil an der Expedition des Generals Gens.

nach Troizk geführt und zu Miask verschmolzen; sie gaben 2500 Pud reines Blei. Der metallführende Bezirk der Turgai-Quellen wurde wieder 1816 auf den Expeditionen Nabokow's und Schangin's und 1821 von Artiuchow und Tafajew untersucht. Der letztere, bei meinem Aufenthalt zu Orenburg Capitain im Ingenieurcorps, fand aus Circummeridianhöhen der Sonne mittelst des Sextanten, dass die Bleigrube in 49° 12′ liegt, also fast in derselben Breite mit der ebenfalls metallführenden Gegend des Kurgan-tagh, wo man im NW. von Karkaraly gleichfalls Gänge von Bleiglanz, Malachit, Rothkupfererz (*cuivre rouge*) und Dioptas antrifft.

Obwohl im eigentlichen Sinne keine ununterbrochene Kette zwischen dem Ural und Altai existirt, — meine Zweifel sind neuerlichst von Hrn. Lewschin (p. 40) und den gelehrten Herausgebern des *Annuaire des mines de Russie, a.* 1840*) bestätigt worden,) — so ist es nichts desto weniger für den Geologen beachtungswerth, dass fast alle Hauptgruppen von Hügeln und kleinen Bergen in der Kirghisen-Steppe aus einer und derselben Spalte emporgestiegen sind, welche gegenwärtig die Linie oder vielmehr den Streifen der Wasserscheide zwischen den Nebenflüssen des Sara-su im S. und des Irtysch im N. bildet. Diese Spalte folgt auf mehr als 14 Längengraden beständig der Richtung O.-W. Aus ihr oder aus mehreren unter sich parallelen Spalten sind dieselben geschichteten Granite, die nicht von Gneiss begleitet sind und gar nicht in diese Gebirgsart übergehen; dieselben Thonschiefer, welche sich durch Berührung mit Grünsteinen, Hypersthen und Porphyr in Jaspis verwandelt haben, und endlich dieselben metallischen Substanzen hervorgebrochen, welche man in bei Weitem grösserer Menge im westlichen Vorgebirge des Altai findet, von welchem das eben angegebene System von Spalten ausläuft. Ich wage zu behaupten, dass man in der Steppe auf einem

*) *Introd.*, p. 50: „Es ist erwiesen worden, sagt der Redacteur, dass diese Kette, welche zwei Gebirgssysteme mit einander verbinden soll, nur in der Einbildung der Reisenden existirte."

Streifen zwischen 49° und 50° Br. ein Streben der Natur, eine Art von Versuch der unterirdischen Kräfte, einen Rücken oder eine Bergkette emporzuheben, erkennt. Hügelreihen, ohne alle Verbindung unter sich auf grossen Strecken, zeigen eine O.-W.-Lagerung, wie die kleinen eigentlichen Ketten, welche das grosse Altai-System ausmachen. Dies geologische Factum erinnert lebhaft an die Erhebungslinien, die Schwellen, welche die Wasserscheiden bilden, die ich in der Neuen Welt erkannt habe und welche die Andes-Cordillere mit der Sierra de Parime und den brasil. Gebirgen verbinden, indem sie unter 2° und 3° nördl. Br., wie unter 16° und 18° südl. Br. die Steppen oder Llanos dieser Gegenden durchziehen (s. *Tabl. géogn. de l'Amér. mérid.* in meiner *Voy. aux régions équin.*, III., 190, 240).

Aber die nicht ununterbrochene Reihe niedriger Berge und Hügel*), welche aus krystallinischen Felsarten bestehen und durch welche das Altai-System sich nach W. hin verlängert, erreicht nicht das Südende des Ural, eine Kette, die wie die Andes eine lange, von N. nach S. ziehende Gebirgsmauer bildet. Jene Reihe endet etwas westwärts von den Arganat-Bergen oder dem Ulu-tagh, fast im Meridian des Postens Presnogorkowskaja auf der Ischimschen

*) [Im III. Bd. des Orig., p. 541, macht der Hr. Verf. noch folgenden Zusatz über die erwähnte „Algydin-Schamo-Kette":] Hr. v. Helmersen (Reise, 1841, I., 205, 229) hat ganz kürzlich meine Zweifel über die Existenz einer solchen ununterbrochenen Kette bestätigt. Derselbe sagt: „Zufolge der Beobachtungen, die ich auf meiner im J. 1835 in die Kirghisen-Steppe östlich vom obern Ural- (Jaik-) laufe unternommenen Reise gesammelt habe, kann ich Hrn. v. Humboldt's Behauptung bestätigen, dass es keine von O. nach W. streichende Bergkette giebt, welche Altai und Ural verbindet, keine Alginski- oder Algydim-Zamo-Kette, womit unsere Karten so lange ausgefüllt wurden. In dem von mir bereis'ten Theil findet man nichts weiter als zerstreute Erhebungen, wie die Hügel Agat und Togusk. Eine Reihe von Seen zeigt vielmehr die Senkung des Bodens, die Ueberbleibsel eines alten Binnenmeeres an, welches mit dem Aral-See zusammengehangen zu haben scheint. Die den *Fragm. asiat.* beigegebene Karte ist auch die erste, welche bei der Quelle des Orr in der Uralkette den wahren Namen Kara-Edyr-Tau hat, der ohne Zweifel gleichbedeutend mit Adyr-Tau ist."

Linie (in $63\frac{1}{4}^0$ Lg., wenn für Petropawlowsk $66^0\,46'\,47''$ angenommen wird).

Genau unter diesem Meridian beginnt ein merkwürdiges Gebiet von Seen. Emporhebungen fehlen auch weiterhin fast bis zum Meridian von Miask. Zuerst trifft man in der Steppe auf eine Furche von 5^0 Breite; dann kommt man zum Ausläufer des Ural, zum Fusse der Mughodjar. Kette, welche sich von SW.-NO. unter 49^0 Br. in die Ebene der Kirghisen hinein erstreckt (s. oben S. 275). Am Weitesten vorzudringen scheint der Bukanbli-tau, welcher nach MS.-Karten vom Obrist Berg (aus dem J. 1825) westlich vom Aral über den Isthmus des Ust-Urt zieht. In der Region der kleinen und oft rosenkranzförmig verbundenen Seen unterscheidet man besonders (von N. nach S.) den Ubagan-Denghiz, die Sary-Kupa-Gruppe und den Aksakal-Barbi, welcher vom Aral-See (dem Golf Sari-Tschaganak) nur 25 M. nach NNO. entfernt liegt. Die Erscheinung des allmäligen Austrocknens, welches an den Aral-Ufern wahrgenommen worden, kehrt überall in der Steppe wieder. Die Kirghisen wissen, dass mehrere Rosenkranz-Seen vormals nur ein einziges Becken erfüllten. Nach einer scharfsinnigen Annahme des Generals Gens fand in alten Zeiten eine Wasserverbindung zwischen dem Aral, den Seen Ak-sakal und Sary-Kupa, dem Ulu-Turgai, dem Taran-Becken und dem Tschagli-See statt. Es ist gleichsam eine Furche, die man von SW. nach NO., jenseit Omsk zwischen dem Irtysch und Obi verfolgen kann: zuerst quer durch die fürchterliche Baraba-Steppe, worin die Zahl der Seen so ausserordentlich gross ist, und dann nördlich jenseit Surgut durch die Sümpfe der Samojeden im O. der kleinen Verbannungsstadt Berezow bis zu den Küsten des Eismeeres. Die alten Traditionen, welche sich bei den Chinesen erhalten haben, von einem Bittern See im innern Sibirien, welchen der Jenisei im untern Lauf durchschnitten, beziehen sich vielleicht auf den Ueberrest jener alten Ergiessung des Aral- und Caspi-Sees in NO.-Richtung. Das Austrocknen der Baraba-Steppe, durch welche ich auf dem Wege von Tobolsk nach Barnaul gereis't bin, nimmt mit der Bodencultur zu.

Die von Klaproth vor langer Zeit über das Bittere Meer Sibiriens ausgesprochene Meinung (*Asia polygl.*, 232; *Tabl. hist.*, 175) ist durch barom. Messungen und physikalische Beobachtungen an Ort und Stelle immer mehr und mehr bestätigt worden. Man möchte sagen, die Chinesen haben den vormaligen Zustand der Oberfläche unsres Planeten, wo die Wasserläufe und die Verdampfung nicht dieselben Erscheinungen darboten wie jetzt, errathen. Sie nennen auch die Salz-Ebene*) um die Oase von Hami südlich vom Thian-schan ein ausgetrocknetes Meer (*Han-haï*), sowohl wegen der „Sandwellen," welche der Sturm aufregt, als wegen der Anzeichen ehemaliger Anwesenheit von Wasser. Die Idee, dass ein grosser Theil der Tiefländer des mittelsten Asiens einst ein Binnenmeer gewesen, scheint selbst den neueren chines. Schriftstellern sehr geläufig zu sein. So hat einer in der letzten Hälfte des verflossenen Jahrhunderts die Meinung aufgestellt, dass dies mittelländische Meer sich von Pidjan und Kaschghar bis zur Grenze Tübets erstreckt habe (Klaproth, *Tabl. hist.*, 182). Es ist dies die Wüste, deren Mittelpunkt der Lop-See bildet; hier liegt das traurige Reich Schen-schen, welches unter der Han-Dynastie gegründet worden. Ich muss hier erwähnen, wie sehr jene geologische Auffassung die Beweisgründe vermehrt, welche ein junger und gelehrter Geograph Hr. Zimmermann für die geringe Bodenhöhe zwischen Thian-schan und Kuenlun nach der Tarim-Mündung hin, wo man lange ein äusserst erhabenes Plateau hinsetzte, gegeben hat (Analyse zur Karte von Inner-Asien, 1841, S. 99). Das weite Gebiet der Gobi, deren absolute Höhe man übertrieben hat und welche von der Strasse, die vom Baikal (222 t.) über Urga und Dsirgalantu (580 t.) nach Peking führt, durchschnitten wird, zeigt in seiner Mitte, bei Erghi (45° 31′ 42″ Br., 109° 4′ 6″ Lg. nach Hrn. v. Fuss, wenn Peking 114° 5′ 18″ Lg. hat), eine Einsenkung auf mehr als 100 M. Breite (von

*) *Mém. rel. à l'Asie*, II., 312, wo Klaproth einen Auszug aus der 1711 auf Befehl Kaiser Kangi's erschienenen chines. Encyclopädie (in 150 Heften) mittheilt.

NW. nach SO.). Eine mongolische Sage nennt sie den Boden eines grossen Binnenmeeres. Der Boden der Gobi zwischen Erghi, Ude, Durma und Scharaburghuna hat nach Hrn. v. Bunge's neuen Barometer-Messungen nicht mehr als 400 t. Höhe über dem Meere; er wird bedeckt von Rohrarten und Salzpflanzen, zum Theil denselben Pflanzen, welche an den Küsten des caspischen Meeres vorkommen. In diesem Mittelpunkt der Gobi bezeichnen kleine Salzseen, deren Salz nach China ausgeführt wird, wie in der Baraba-Steppe die Ausdehnung des alten Meeres. Nach einer unter den mongolischen Völkern sehr verbreiteten Meinung wird der Ozean einst wiederkehren, um sein Reich in der Gobi wieder aufzuschlagen. Ja noch mehr: während die Völker des Abendlandes, seit Strahlenberg und Abbé Chappe, dem ganzen Sibirien eine beträchtliche Höhe beilegten, verfielen die Bewohner der Halbinsel Korea in den entgegengesetzten Fehler. Sie haben noch gegenwärtig die sonderbare Idee*), dass man durch Anlegung eines Kanals vom Ozean in's Innere des Landes die ganze Mongolei und das asiatische Russland unter Wasser setzen könnte.

Die nicht zu bezweifelnde Austrocknung des Aral-Meeres und die Veränderungen an jener langen Reihe von Seen, welche eine Furche vom Aksakal-Barbi**) bis zu den Steppenlachen der Baraba-Steppe (den Ueberresten des Bittern Meeres der chines. Annalen) bezeichnen, hängen mit keiner gewaltsamen Umwälzung in den Naturverhältnissen zusammen. Es sind ganz einfach Wirkungen des mangelnden Gleichgewichts zwischen dem verdunsteten und dem von

---

*) v. Bunge, Barometr. Nivell. der Mongolei (MS.). Der berühmte Pallas hielt den Boden der Gobi für mindestens eben so hoch als das Plateau von Quito (1500 t.); *Acta Acad. Petrop.*, 1777, I., p. 38.

**) Die kreisförmige Gruppe der kleinen Aksakal-Barbi-Seen erinnert an die Nebel, welche sich aufzulösen und durch Zusammenziehung zu zertheilen streben. Der Aksakal-Barbi hängt ostwärts noch durch einen mit Schilf bewachsenen Strich von 40 M. Länge mit einem grossen See zusammen, den die Kirghisen nur mit dem allgemeinen Namen Denghiz bezeichnen (Jemtschujnikoff's Journal vom Jahre 1825).

Flüssen und durch atmosphärische Niederschläge herbeigeführten Wasserquantum. Sie besitzen einen ganz andern Charakter als die Wasserfluthen Fo-hi's und Yao's, welche man in die Jahre 3500 und 2400 vor unsrer Zeitrechnung legt und über die Hr. Edouard Biot kürzlich gelehrte und merkwürdige Untersuchungen angestellt hat (*Nouv. Ann. des Voy.*, *août* 1839, p. 241; *Compt. rend. de l'Acad.*, 1840, p. 790). Diese Wasserfluthen sind partielle Sündfluthen, welche dem plötzlichen Ergiessen irgend eines innern Meeres, der Emporhebung der Gebirge von Hainan und Schansi zugeschrieben werden, wodurch im Gelben Flusse gefährliche Stromsperren verursacht worden sind.

Nach dieser Beschreibung der Steppen zwischen den drei Gebirgssystemen des Thian-schan, Altai und Ural gehen wir zu einer allgemeinen Betrachtung der grossen Senkung Turans über, welche das ganze transoxianische Gebiet, d. h. das Becken des Aral- und Caspi-Sees in sich begreift. Dies Land, zum Theil tiefer als der Spiegel des Ozeans gelegen, bildet eine mittelländische oder continentale Aushöhlung, welche durch die Unterbrechung des kleinen Rückens, der in der Kirghisen-Steppe die Wasserscheide zwischen Ischim und Tobol im N. und Sara-su und Turgai im S. bildet, mit der Küstendepression Sibiriens in schwachem Zusammenhange steht. Die Tradition von dem Bittern Meere und die Vorstellung von einer ehemaligen Communication des Aral mit dem Eismeere durch die Furche des Aksakal-Barbi und Sary-Kupa erinnern an Strabo's Ansicht*) „dass der Jaxartes (Sihun) das Land bewässere und überschwemme, indem er sich in mehrere Arme theile, wovon einer in den hyrcanischen Golf fällt, während alle übrigen zum nördlichen Meere fliessen." Das wichtige geodätische Nivellement der russischen Astronomen zwischen dem Caspischen und Schwarzen Meere (1837), das minder zuverlässige zwischen dem Aral- und Caspi-Meere auf Ge-

*) Grosskurd *ad Strabo*, XI., 513 Cas., verglichen mit du Theil, IV., 259. Koray hatte auch schon die Verbesserung dieses Textes versucht.

neral Berg's militairischer Untersuchung (1825), wie der unter General Perowski 1839 unternommene Zug nach Khiwa über das Plateau des Ust-Urt und endlich neue geologische Ansichten über die schwankenden Bewegungen einiger Theile der Erdoberfläche haben das Interesse von Neuem auf Streitfragen unter den Physikern, Geographen und Philologen gelenkt. Ich meine nicht, dass die Thatsachen „zu der nothwendigen Folgerung führen, *que du temps d'Alexandre-le-Grand, le Lac Aral ait été compris dans la somme de surface de la Mer Caspienne*“ (Levschine, *Sur les Kirghiz-Kazaks*, 1840, p. 450). Ich neige vielmehr zu der Ansicht, dass die Unkenntniss, in welcher das ganze klassische Alterthum über die Existenz des Aral-Sees geblieben zu sein scheint, nicht beweis't, dass die beiden Becken verbunden gewesen und dass diese Unkenntniss andern Ursachen zugeschrieben werden kann. Die Stellung des Ust-Urt-Plateaus, wie neu auch die dasselbe bildende Formation neptunischer (*sédimentaires*) Gebirgsarten sein mag, muss jene Verbindung über dem Parallel des 42. Breitengrades verhindert haben. Südlich von diesem Parallel kann sich der scythische Golf des Caspi-Sees vielleicht in einer Furche bis zur Berührung entweder mit dem Aral selbst oder mit einem beide Becken durch Bifurcation verbindendem Wassersystem verlängert haben. Die Annahme einer solchen appendiculären Verbindung südlich von der jetzigen Südküste des Aral-Sees ist sehr verschieden von der Idee, dass der felsige Isthmus zwischen 42° und 46½° Br. verschwunden und dass im ursprünglichen Zustande ein einziges Becken da gewesen sei. Wir müssen diese wichtige Frage genauer auffassen, als es bisher geschehen ist. Wenn es sich um die ursprüngliche Einheit der grossen mittelländischen Aushöhlung (*concavité*) Asiens handelt, so möchte ich glauben, dass, — ungeachtet der Abnahme der Flächenausdehnung, welche das Aral- und caspische Bekken in der historischen Zeit, von Hecataeus und Herodot bis zum 10. Jahrhundert nach Chr., d. h. bis zu den arabischen Geographen Istachry und Ebn-Haukal, erlitten haben können, — der Vorgang der Trennung beider Seen von einander in eine geologische Epoche zurückreicht, welche, wie die Trennung des Pontus Euxinus vom Caspi-Meere oder wie der Durchbruch der Dardanellen und der Strasse von Gibraltar, über die Erinnerungen hinausreicht, welche sich bei den Völkern erhalten konnten, mit denen wir bis jetzt in Berührung gekommen sind. Was sich uns als eine Tradition darstellt, ist häufig nur der Wiederschein des Eindrucks, den der Anblick der Gegenden zurückgelassen hat. Bänke von halbfossilen Muscheln auf Landengen oder auf Plateaux erzeugen selbst bei dem in geistiger Cultur vorgeschrittenen Menschen die Vorstellung grosser Ueberschwemmungen oder ehemaliger Verbindungen zwischen benachbarten Becken. Meinungen der Art, welche man systematisch nennennen könnte, finden sich in den Wäldern am Orinoko wie auf den Inseln der Südsee und haben hier wie dort die Gestalt von Traditionen angenommen.

Die Probleme, welche die Grundlage unserer Erörterung ausmachen, lassen sich auf die historische Kenntniss des Aral-Sees und eines alten oxischen Sees, auf die Lage der Mündung des Jaxartes (Araxes bei Herodot) und auf die Bifurcation des Oxus, d. h. auf seine gleichzeitige Verbindung mit zwei Wassersystemen zurückführen. Ich hatte auf meiner sibirischen Reise Gelegenheit, die Tiefländer zwischen Orenburg, Uralsk an Jaïk, dem Elton-See, der Landenge von Dubowka, welche Wolga und Don scheidet, und dem Wolgalauf von Zarizyn nach Astrakhan, — Ebenen, welche sämmtlich das Gepräge des vormaligen Wasserstandes tragen, — zu untersuchen. Von Astrakhan ging ich die Wolga hinab, an deren Mündung ich mich auf dem caspischen Meere einschiffte, um nach einer kurzen Fahrt mit einem Dampfschiffe wieder zu landen. Der Anblick dieser Gegenden, welche durch die grossen Strassen des asiatischen Handels einst so berühmt waren, spornte mich lebhaft an, nach meiner Rückkehr in Deutschland und Frankreich von Neuem zu untersuchen, was bei den Griechen und Römern der klassischen Zeit, bei den Byzantinern seit Menander Protector, der das Werk des Agathias fortsetzte, bis auf Nicephorus Gregoras, was bei den arabischen Geographen und auf den Karten des Mittelalters zwischen dem 14. und dem Ende des 15.

Jahrhunderts auf die Probleme des caspischen Sees, des Aral und der beiden grossen Ströme Bezug hat, welche heut zu Tage nur in den letzteren münden. Wer sich mit wichtigen Punkten in der Geschichte der Geographie ernstlich beschäftigt hat, der weiss auch, dass, wenn man auf die Quellen zurückgeht, man stets findet, dass sie noch nicht erschöpft sind, dass den veränderlichen Meinungen, welche nach einander auf eine theilweise und unvollständige Kenntniss der Thatsachen gegründet worden, noch immer etwas hinzuzufügen bleibt, wenn von einer Vergleichung der wirklichen natürlichen Gestaltung des Bodens, wie sie uns neue Forschungen enthüllt haben, die Rede ist.

Wenn man auf die Gesammtheit der aufgefundenen Zeugnisse einen Blick wirft, so wird man sogleich davon überrascht, dass in einem langen Zeitraume von siebentehalb Jahrhunderten, in der Periode der höchsten Civilisation der klassischen Völker des Abendlandes, nur drei Männer auftreten, welche in ihren Schriften die isolirte Lage des caspischen Meeres und seinen Charakter als Binnenmeer aussprechen. Ihre grossen Namen finden sich an den beiden Endzeiten der angegebenen Epoche: es sind Herodot und Aristoteles, 458 und 348 Jahre vor unsrer Zeitrechnung, und Ptolemaeus, 160 Jahre nach Chr. Ich hätte auch Diodorus Siculus hinzusetzen können, der etwas über 200 Jahre vor Ptolemaeus nur zufällig von der isolirten Lage des hyrcanischen Meeres spricht. Alexanders Zug, welcher die geographische Kenntniss dieses Meeres nicht im Entferntesten erweiterte oder berichtigte, verwechselte den Tanais mit dem Jaxartes, den Kaukasus mit dem Paropamisus (Hindukho); er bewirkte, dass die genauen Angaben, welche der Vater der Geschichte, entweder durch eigne Beobachtung oder bei seinem Aufenthalt in der Colonie Olbia, über den nördlichen Theil des Caspi-Meeres und über die Unabhängigkeit des ganzen Beckens gesammelt hatte, in Vergessenheit geriethen. Grade desshalb, weil die Olbiopoliter das Becken von der Nordseite her, zwischen der Kuma-, Wolga- und Jaïk-Mündung, kennen gelernt hatten, musste ihnen die Vorstellung einer Communication mit dem Eismeere fremd bleiben. Eine ozeanische Verbindung gegen S. war noch minder wahrscheinlich, weil die Griechen, schon zu Herodot's Zeit, hinlänglich deutliche Vorstellungen von der Lage und Ausdehnung Mediens und Persiens besassen, um die Hindernisse, welche diese Länder dem Abflusse der Wasser zum erythräischen Meere entgegenstellen konnten, zu erkennen. Nicht so war es bei dem macedonischen Heere, als es sich zum ersten Male dem caspischen Meere im SO. seines Umfangs, gegen Zadracarta in Hyrkanien näherte. Das Meer schien sich zu öffnen und in's Unbestimmte zu den unbekannten Regionen im N. zu verlängern. Das Feld für Hypothesen war freier, der Irrthum leichter. Beobachter, welche nach Mazandaran gesetzt wurden, konnten das Bekken nordwärts, wo man nach systematischen Vorstellungen eine grosse Nähe des Eismeeres voraussetzte, für offen halten. Eine verworrene Vorstellung von der breiten Wolgamündung und von einem auf Trageplätzen zwischen der Wolga und Petzora unterhaltenen Handelsverkehr begünstigten wahrscheinlich die irrige Meinung einer Communication mit dem Ozean.

Die alexandrinische Schule hatte ein Gefallen an unbegründeten Hypothesen von Strom-Gabeltheilungen, von Golfen, welche sich wie Fjorde in's Innere der Continente hineinzogen, von mannigfachen Verbindungen zwischen den verschieden benannten Meeren. Geologische Hypothesen über die Veränderungen der Erdoberfläche, über die Anzeichen von Ueberschwemmungen oder ausgetrockneten Meeresarmen, über die Hebungen der Länder und des Meeresbodens, über zerrissene Landengen bei den Dardanellen, den Säulen des Hercules und dem Süd-Ende des arabischen Golfs (Strabo, I., 49—61 Cas. und Eratosthenes, *Fragm.*, 34—43 Seidel) setzten die dichterische Einbildungskraft in einem Jahrhundert in Bewegung, wo man den Mangel an Wärme, an grossartigen Gedanken und schöpferischer Eingebung durch Gelehrsamkeit und Mannigfaltigkeit der Kenntnisse zu ersetzen bemüht war. Diese gelehrte Poesie mit ihrem Gepräge ursprünglicher Mythologie und pseudo-orphischer Traditionen äusserte eine traurige Rückwirkung auf die Kosmographie. Man gewöhnte sich daran, Alles, was man über die vormalige Gestalt der Continente und die Verbindungen des Palus Maeotis mit dem Caspi-See, wie des letztern mit dem Ozean gegen N. und O. oder sogar gegen S. mit dem erythräischen Meere geträumt hatte, für wirklich und noch existirend zu betrachten. Dieses Gemisch von systematischer und mythischer Geographie kam besonders bei der Richtung, welche die Argonauten auf ihrer Heimfahrt genommen, zum Vorschein. Der Phasis und Tanais wurden zu Armen des Araxes, und wie mein berühmter Freund Hr. Letronne vor langer Zeit erkannt hat, so hat die Reise der Argo durch die alexandrinische Schule und deren Zweige nach Beginn der christlichen Zeitrechnung einen mächtigen Einfluss auf die Ansicht der ozeanischen Verbindungen des Caspi-Meeres ausgeübt. Die Züge der Io, des Hercules und der Argonauten schienen die Geographie an Mythen zu fesseln, deren Formen von den Dichtern nach Gutdünken verändert wurden.

Wir haben so eben die Ursachen dargelegt, welche die von den Geschichtsschreibern Alexanders und von denen, welche bei ihren Erzählungen aus diesen schöpften, verbreiteten Irrthümer motiviren konnten. Die Schmeichelei, wie man selbst im Alterthum eingesteht (Strabo, XI., 505, 506, 509), hatte zur Verwechselung der Namen und Lagen beigetragen. Der Paropamisus, eine Fortsetzung des Kuenlun und Himalaya, wurde zum Kaukasus, der Jaxartes zum Tanais oder Araxes Armeniens. So hat, in Folge einer sonderbaren Verbindung von Umständen, der grosse macedonische Zug (Olymp. CXII, 2 — CXIV, 1), welcher in so vielen andern Beziehungen den geographischen Gesichtskreis der Völker des Abendlandes erweitert hat, für die geographische Kenntniss des caspischen Meeres traurige Folgen gehabt. Man vergass oder leugnete vielmehr, was Herodot 130 Jahre vor jenem Zuge so einsichtsvoll als positive Wahrheit verkündet hatte. Aristoteles nahm ebenfalls die Isolirung des Beckens an, denn es war für die Unabhängigkeit seiner Meinungen ein Glück, dass die *Meteorologica* 19 Jahre früher verfasst worden, als Alexander den indischen Kaukasus überstiegen. Schon oben ist erwähnt worden, dass Diodorus der Sicilier der einzige Schriftsteller ist, welcher von Aristoteles bis auf Ptolemaeus den Ansichten Herodot's getreu geblieben. Ptolemaeus giebt in seiner Geographie und auf den von Agathodaemon nach den in der Geographie enthaltenen numerischen Elementen entworfenen Karten wiederum die vollkommen isolirte Lage des caspischen Meeres an; statt demselben aber, wie Herodot gethan, eine von N. nach S. längliche Gestalt zu geben, wie sie das caspische Meer wirklich zeigt, kehrt er die beiden Axen des Beckens um und macht die von O. nach W. ziehende in dem Verhältniss von 2.3 zu 1 grösser als die Längenaxe. Wir wissen nicht, ob etwa eine dunkle Kenntniss vom Aral-Becken die Quelle dieses Fehlers gewesen und ob die beiden seit langer Zeit getrennten Bekken als ein einziges angesehen worden. Herodot giebt für das Verhältniss der Breiten- und Längenaxe (aus der Dauer der Ueberfahrten) 1 zu 6 an. Die Ansicht der Isolirung, welche durch Ptolemaeus wieder auflebte, ward in ihm noch mehr befestigt durch die Angaben, welche der beständig zunehmende Handel Alexandriens und die Verbindungen mit den Aorsen ihm verschaffen konnten; vielleicht auch durch die Berichte des macedonischen Kaufmanns Maës oder einiger andern neuern Reisenden über die vom Steinernen Thurm, d. h. von einem Nebenflusse des Jaxartes in's Land der Serer ziehenden Karavanen. Man wird von dem Allen überrascht, was Ptolemaeus von den Quellen und obern Nebenflüssen des Rha (Wolga) und von der Krümmung weiss, durch die der Tanais sich der Wolga bei Dubowka, — an der Stelle, wo ich von einem Flusse zum andern gereis't bin, um die Leichtigkeit einer Kanal-Anlage, welche Peter der Grosse beabsichtigte, zu untersuchen, nähert. Man hätte wohl annehmen können, dass das Ansehen des Astronomen zu Canopus, welches sonst zwölf Jahrhunderte hindurch eine so grosse Macht besessen, jede Ungewissheit über die Verbindung des Caspi-Meeres mit dem arktischen Ozean hätte verscheuchen sollen. Nicht nur Quintus Curtius und Agathemerus, so nahe der Zeit des Ptolemaeus, sondern auch noch, vom 5. bis 9. Jahrhundert, Avienus, Cosmas genannt Indicopleustes, Isidorus Hispalensis (aus Sevilla) und Guido von Ravenna blieben der alexandrinischen und argonautischen Hypothese des Zusammenhanges mit dem Ozean unerschütterlich treu. Einige Spuren von der Existenz des Aral-Sees, der als ein grosses Becken östlich vom Ural- oder Jaik-Flusse beschrieben wird, finden wir bei dem byzantinischen Geschichtsschreiber Menander; aber eine sichere topographische Kenntniss dieser Gegenden beginnt erst mit der Reihe der arabischen Geographen, an deren Spitze man zu Anfang des 10. Jahrhunderts El-Istachry setzen kann, welcher lange Zeit mit Ebn-Haukal verwechselt worden ist.

Um die vorangehenden Betrachtungen mit gehöriger Bestimmtheit zu begründen, lasse ich hier die Citate der Stellen, in eine chronologische Tafel vereinigt, folgen. Die neben den Namen stehenden Zahlen bezeichnen die Zeit vor und nach unserer Zeitrechnung. Ausserdem sind noch einige historische Epochen hinzugefügt, welche auf die Meinungen bei verschiedenen Völkern von Einfluss gewesen sind. Nur die gesperrt gedruckten Namen sind die von Schriftstellern, welche die Isolirung des caspischen Meeres behauptet haben. Alle übrigen bezeichnen solche Autoren, welche angenommen haben, dass das caspische Meer mit dem Ozean in Verbindung stehe.

I. Vor der christlichen Zeitrechnung.

Herodot (458); I., 202, 203.

Aristoteles (348); *Meteor.*, I., 13, 29; II., 1, 10.

Alexanders Zug vom Oxus zum Jaxartes (329), 73 Jahre vor der Gründung eines besondern baktrischen Reiches unter Theodotus I.

Polyclet (290); Strabo, XI., 510 Cas.

Eratosthenes (230); Strabo, XI., 507.

Zerstörung des baktrischen Reiches durch Mithridates I. (139), 13 Jahre vor dem Einfalle der Sacen.

Diodor (60); XVIII., 5.

Pseudo-Aristoteles, *De Mundo*, c. 3 (Zeit sehr ungewiss).

II. Nach der christlichen Zeitrechnung.

Strabo (20); II., 121; XI., 519.
Pomponius Mela (40); I., 2., 1.
Plinius (69); II., 68; VI., 9, 13.
Die Chinesen unter Pantschao dehnen ihre Eroberungen bis zum caspischen Meere aus (97).
Plutarch (100); Leben Alexanders, c. 44 (IV, 102 Reiske).
Plutarch; *De facie in orbe lunae*, cap. 26, 29 (p. 809 u. 823 Wyttenb.).
Arrian (134); *Anab.*, V., 5; VII., 16.
Ptolemaeus (160); VII., 5.
Anon. *Peripl. maris Erythr. in Geogr. min.*, I, 37 Huds. (190, unter Caracalla).
Quintus Curtius (193); VI, 4; VII, 3.
Agathemerus (195); *Geogr.*, lib. I., c. 3, *in Geogr. min.*, II., 8.
Solinus (211); c. 17.
Dionysius Periegetes (225); v. 48, 630, 722.
Tab. Peuting. (320?); Segm. VIII.
St. Basilius (380); *Hexaem. Homil.*, IV. (I., 36)?
Macrobius (410) *in Somn. Scip.*, II., 9?
Avienus (412); *Descr. orb. terr.*, v. 398.
Moses aus Chorene (450); *Geographia, praesertim ex Pappo*, § 9, 13, 15. (Ed. Whist. Lond. 1736, p. 339, 340, 342.)
Martinus Capella (457); *Salm. Exerc. Plin.*, p. 148?
Cosmas Indicopleustes (550); *Topogr. christ.*, lib. II., *in Montfauc. Coll. nov. Patr.*, II., 132.
Menander von Constantinopel (590); *Hist. Legat. Barbar.*, ed. Bonn., c. 8, p. 300 und Anm. von Niebuhr im Index p. 615.
Isidor von Sevilla (615); *Orig.*, XIV, 3, 31.

* * *

Guido von Ravenna (900?); *Chorogr.*, II., 8.
El-Istachry (920), der Ebn-Haukal der Uebersetzung von Sir William Ouseley; *Oriental geogr.*, p. 8.
Edrisi (1154); *Proleg.*, I., 7 der Uebersetzung Jaubert's. Clim. IV, Sect. I. (Uebers., t. II., p. 2); Cl. V, Sect. 7 (t. t. II, p. 332).
Eustathius (1194); *Comment. in Dionys. Perieg. ad* v. 48, 718, 721. (Ed. Bernhardy, P. 1, p. 95, 226, 237.)
Ebn-el-Wardi (1232); *Fragment. libri Margarit. mirabil.*, ed. Tornberg, 1835, p. 53.
Nicephorus Blemmydes (1245); *Duo opuscula geogr.*, ed. Spohn, 1818, p. 3.

Rubruquis oder Ruysbroek (1253); *Purchas*, t. III, c. 30.
Marco-Polo (1280); lib. I., cap. 5. (Ed. Marsden, p. 52.)
Haython, armenischer Patriarch (1310); *Hist. orient.*, ed. Helmst. 1586, c. 5, p. 6.
Catalanische Karte (1374); Buchon's Ausgabe, Sect. V.
Zerstörung Astrakhans durch Timur (1395). Verfall des Handels auf dem casp. Meere.
Der Cardinal d'Ailly, Petrus de Alliaco (1410); *Compend. cosmogr.*, c. 13, p. 74; *Imago mundi*, c. 54.
Laurentius Corvinus (1496); *Cosmographia et manuduct. in Tab. Ptol.*, fol. b, IV.
Juan de la Cosa, Weltkarte vom J. 1500.
Hylacomylus (Waldseemüller), in der *Cosmographiae Introd.*, 1507; *Rudimenta*, fol. 15, a.
Globus mundi (1509), cap. 4.

Die in vorstehender Tafel angeführten Stellen haben weder auf die Mündungen des Oxus und Jaxartes, noch auf den Aral-See Bezug; sie drücken nur die Meinungsverschiedenheiten über die Isolirung des casp. Meeres oder über seine Verbindung entweder mit dem Ozean oder mit dem Schwarzen Meere aus. Wenn ich bis zu Angaben zurückgehen wollte, welche keine geographische Sicherheit gewähren können, so hätte ich auch der berühmten historischen Darstellungen von Medinet-Abu, einem Theile des alten Theben, erwähnen können, in welchen ein gelehrter englischer Alterthumsforscher, Hr. Wilkinson, den Aral-See zu erkennen geglaubt hat (*Topography of Thebes*, 1835, p. 73). In diesem Gemälde der Eroberungen des Ramesses III. aus der 20. Dynastie, was nicht der grosse Sesostris Herodot's (Ramesses II. Miammun) oder Diodor's Sethos ist, hat man, nach der Auslegung Wilkinson's, Gefangene, die in einer Seeschlacht gemacht wurden, die Empörung zweier Völker Baktriens, der Tokharer (Fekkaros, Champ.) und Rhibier (Rebo) dargestellt, welche Strabo (XI, 511 Cas.) und Ptolemaeus (VI., 11, 16) erwähnen. Diese Begebenheit würde nach Hrn. Lepsius Untersuchungen gegen Ende des 13. Jahrh. vor unsrer Zeitrechnung stattgefunden haben, also anderthalb Jahrhunderte vor der Zeit, in welche man allgemein den Argonautenzug setzt, wenn man in der Mythe das, was nur eingebildet oder symbolisch ist, von dem trennt, was sie an eine bestimmte Örtlichkeit, an Theorien oder Schifffahrten der Minyer von Jolkos in grössere oder geringere Fernen knüpft.

Der geographische Theil der Mythe von den Argonauten hat verschiedene Phasen durchgemacht. Hesiod und Pindar führen die Expedition über den Phasis in den Ozean. Hecataeus (*Schol. Apollon. Rhod.*, IV., 284), von den Quellen des Flusses besser unterrichtet, läugnet diese Verbindung, weil in einer andern beim ersten Blick widersprechenden Scholie (*Apoll. Rhod.*, IV, 259) von einer Communication mittelst eines Trageplatzes die Rede ist. Nur bei Strabo (XI, p. 503), folglich (Otfr. Müller, Minyer, S. 296) lange vor der dem Orpheus zugeschriebenen Dichtung der Argonauten, findet sich der Name des casp. Meeres dem des Jason zur Seite stehend. „Der Held ist nach der Fahrt nach Colchis mit dem Thessalier Armenus bis zum caspischen Meere vorgedrungen." An den Gestaden von Colchis konnten die Hellenen ohne Zweifel eine dunkle Nachricht über das Vorhandensein dieses Meeres erhalten haben, welches ein Isthmus vom Pontus Euxinus trennt; aber diese Kenntniss ist weit jünger als Homer. Wir werden nicht mit einem berühmten Philologen (Voss, Myth. Briefe, Bd. II., n. 17. [Bredow, Unters. über alte Gesch. u. Geogr., St. 2., S. 98]) annehmen, dass der See oder Teich, aus welchem die Sonne bei ihrem Aufgange jenseit des Landes Aëtes aufsteigt, das casp. Meer sei. Homer, welche so wenig den Phasis und Colchis als die Säulen des Hercules kannte, lässt die Sonne bald aus dem Flusse Okeanos kommen (*Il.*, VII, 422), bald aus einer λίμνη (*Od.*, III., 1—3), welche, nach dem uns von Aeschylus überlieferten Fragmente des Prometheus (Strabo, I., 33) in der südlichen Gegend der Erde, gegen Süd-Osten und ganz nahe bei den Aethiopiern lag. (Letronne, *Statue vocale de Memnon*, p. 195).

Erst lange Zeit nach Homer und Hesiod haben die Griechen eine nur etwas genaue Kenntniss vom Kaukasus erhalten (Letronne, *Sur les idées cosmogr. d'Atlas*, p. 11); auch findet man unter den auf uns gekommenen geograph. Fragmenten die erste Erwähnung des hyrcanischen Meeres in den Fragmenten des Hecataeus von Milet (*ex Athen.*, II., 70; *Hec. Fragm.* ed. Klausen, p. 93, n. 172), also fast ein Jahrhundert später als Herodorus aus Heraclea und funfzig Jahre vor Herodot's Reise nach den Küsten des Pontus Euxinus. Es ist aus mehreren andern Stellen beim Hecataeus (*Fragm.*, 1, 169, 187, 278; p. 39, 92, 98, 119) ziemlich klar, dass das hyrcanische Meer, nach den kosmographischen Ansichten dieses Logographen, nur ein

Theil des Flusses Okeanos selbst war, welcher ganz Asien, Libyen und Europa umgiebt, ich sage ein Theil und nicht ein Binnenmeer, welches als Golf im Zusammenhange mit dem Ozean stand. Die westlichen Küsten des hyrcanischen Meeres bildeten nach Hecataeus das Gestade des Ozeans selbst. Seine Ansichten erscheinen also wesentlich verschieden von der Hypothese von vier Golfen, welche jünger als Alexanders Zug ist. Der Araxes, welchen Hecataeus auch nennt (*Fragm.*, 170; p. 92), ist der wahre Araxes der neuesten Zeiten, der im kaukasischen Gebiet. Da Hecataeus nicht, wie Herodot, das östliche Ufer des casp. Meeres kannte, so konnte er nicht füglich den Araxes mit dem Jaxartes verwechseln. Niebuhr führt zwar in seiner Abhandlung über die Scythen (Hist. Schriften, 397) nach der schönen Berichtigung, welche Buttmann in einem Texte des Scymnus vorgenommen hat (v. 875; ed. Letronne), eine Meinung des Hecataeus über die Bifurcation des Araxes oder Jaxartes, aus welcher der Tanaïs entsteht, an; aber dieses Citat bezieht sich auf Hecataeus von Eretria, einen Geschichtsschreiber, der uns nur aus einer Stelle Plutarch's bekannt ist. Diese Lehre von der Bifurcation des Araxes findet sich übrigens, nach einer Bemerkung Letronne's, in den *Meteorologicis* des Aristoteles (I., 13, 16, ed. Ideler); sie gehört der Geographie des Ephorus an, und die Spur davon findet man in einem Verse des falschen Orpheus (*Argon.*, v. 747, 748, und Letronne, *Fragm. des poëmes geogr. de Scymnus et de Dicéarque*, p. 119).

In den Fragmenten des Logographen Pherecydes aus Leros, einem Zeitgenossen des Hecataeus von Milet, finden wir den entzündeten Kaukasus erwähnt (*Pher. Fragm.* ed. Sturz, 37, p. 154; Klausen, im Rhein. Mus., III., 298), aber nicht das hyrcanische Meer. Das Wenige, was wir von Damastes von Sigeum (*Museum crit. Cantabr.*, II., 109, Anm. 5.) und von Hellanicus von Mitylene besitzen, enthält kaum eine Angabe von einigen Völkerschaften des Scythenlandes (*Hellan. Lesb. fragm.*, ed. Sturz, n. 66, 67, p. 95). In der Weltkarte aus der Zeit des Aeschylus, welche die scharfsinnige Abhandlung von Klausen über die Richtung der Fahrten des Hercules und der Io begleitet, bildet das casp. Meer noch, wie bei Hecataeus, einen Theil des östlichen Ozeans und nimmt die Wasser des Hybristes auf, welcher vom Kaukasus in einem Thale herabkommt, dem Io aufwärts folgt (Rhein. Mus., III., 303); aber dieser Hybristes ist nach andern Commentatoren des Aeschylus (Völcker, Myth. Geogr. der Griechen, 1832, I., 215) der Don oder Kuban, und die verschiedenen Meinungen, welche über den wahren Ort der Qualen des gefesselten Prometheus am Süd-Abhange des Kaukasus oder im europäischen Scythien herrschen, nöthigen uns, selbst in der Darstellung der Ansichten des Alterthums auf Alles zu verzichten, was ausschliesslich der mythischen Geographie angehört.

Das erste sichere und klar ausgedrückte Zeugniss von der isolirten Lage des casp. Beckens erblicken wir in den so bekannten Stellen Herodot's (I., 202, 203): „*Exsistit autem Caspium mare seorsim per se et cum reliquo mari non miscetur. Nam et totum quod Graeci navigant mare, et quod est extra columnas quod Atlanticum vocatur, et Erythraeum, haec omnia unum sunt mare et continuum. Caspium autem aliud est, ab illo disjunctum*" (Schweighäuser's Uebersetzung). Diese Stelle bei Herodot ist so bestimmt, dass man fast glauben möchte, sie rühre nicht bloss, wie die Bemerkung über das südliche Ende des Ural-Gebirges und über den Tauschhandel mit den Issedonen und Arimaspen (s. oben Th. I., S. 250) von den ihm durch die Borystheniten von Olbia mitgetheilten Nachrichten her. Herodot hatte sogar schon eine ziemlich genaue Kenntniss von der Verlängerung des casp. Beckens im Sinne eines Meridians, und der gelehrte Niebuhr zeichnet dies Becken in der Welttafel Herodot's, ohne Zweifel aus Unachtsamkeit, nach der irrigen Annahme des Ptolemaeus und des ganzen Mittelalters vor der Zeit der arab. Geographen.

Bei der Anführung des Aristoteles ist nur von den *Meteorologicis* und nicht von dem Buche *de Mundo* die Rede, dessen Compilation wenigstens anderthalb Jahrhunderte nach den *Meteorologicis* fällt und das rücksichtlich des caspischen Meeres in directem Widerspruch mit diesen steht. „*Caucaso monti lacus* (λίμνη) *subjectus est quem accolae mare* (θάλατταν) *nominant. Multorum enim qui in ipsum influunt, effluxum manifestum non habens, terram subit, ac per Coraxos erumpit circiter loco Ponti, quae* βαθέα *appellantur. Haec autem immensa quaedam sunt maris altitudo; nullus enim unquam immissus (funis) terminum invenire potuit*" (*Meteorolog.*, lib. I., cap. 13, 29; ed. Ideler, I., p. 52, 473). Dieser Schlund des Pontus Euxinus an den östlichen Küsten („*ex adverso Coraxorum gentis*") wird auch von Plinius angeführt. Es ist fast überflüssig, bemerklich zu machen, dass nach dem, was wir von dem Höhenunterschiede beider Meere wissen, der Abfluss des tieferen Beckens in das obere (den Pontus) unzulässig ist. Die ganz willkürliche Annahme solcher unterirdischen Ausgänge ist übrigens allgemein verbreitet; es ist ein Volksglaube, der aus der Unkenntniss der Wirkung der Verdunstung eingeschlossener Meere entspringt. Die Khiwenser und Trukhmenen meinen, dass sich der Aral-See durch einen Schlund in das caspische Meer ergiesse. Mitten auf der Landenge, welche beide Becken trennt, findet man eine Karavanenstation, genannt Kara-Gumbuz, wo man glaubt, die Wasser in der Tiefe fliessen und (so erzählen die Reisenden) „*Kara dum*", d. h. ich habe Durst, sprechen zu hören! (Burnes, *Trav.*, II., 188). In der Neuen Welt habe ich dieselbe Annahme unterirdischer Kanäle und Communicationen mit dem Meere bei den Seen des Thales von Mexiko, wie beim Tacarigua-See (*Laguna de Valencia*) gefunden, von denen die ersteren 1168, der letztere 220 t. abs. Höhe hat (*Rel. hist.*, II., 71).

Die *Meteorologica* des Aristoteles enthalten eine zweite Stelle, an welcher die beiden Namen: caspisches und hyrcanisches Meer sich zugleich finden. Die Erörterung über die Möglichkeit des Vorhandenseins von Quellen im Ozean endet mit den Worten: „*Quibus accedit, quod praeterea plura sunt maria inter se nulla parte cohaerentia, quorum rubrum quidem videtur paululum communicare cum mari extra columnas sito, Hyrcanum vero et Caspium et ab hoc prorsus distincta ac segregata et circumcirca undequaque habitata sunt, ita ut si quo in loco ipsorum existerent fontes, minime latere potuissent*" (*Meteorol.*, lib. II., cap. I., 10; t. I., p. 64, 499). Der gelehrte und scharfsinnige Commentator Ideler der Sohn hat in diesem hyrcanischen Meere des Aristoteles den Aral-See sehen wollen, wegen der copulativen Conjunction καὶ und des Verbs im Plural; aber dies Verb bezieht sich nur auf zwei Theile eines und desselben Meeres. Das weite Becken des caspischen Meeres hat seit den frühesten Zeiten verschiedene Namen gehabt, je nach denen der Länder, deren Küsten das Meer bespülte. Herodot kennt den Namen hyrcanisches Meer nicht, den schon Hecataeus kannte, wie wir weiter oben bemerkt haben. Hecataeus und Herodot haben vielleicht ihre Nachrichten von entgegengesetzten Gegenden erhalten, jener von S., dieser von NW. her. Eine grosse Menge von Stellen (Strabo, II., 121; XI., 492, 507; Diod. Sicul., XVII., 75; Curt., VI., 4, 18; Arrian, VII., 16) beweisen, dass die Namen hyrcanisches und caspisches Meer am Häufigsten als Synonyma betrachtet worden. Plinius (VI., 13, 40), welcher will, dass letzterer nur dem Theile des Beckens beigelegt werde, welcher sich nördlich vom Flusse Cyrus erstreckt, bedient sich auch zuweilen des Ausdrucks „*Hyrcanium mare et*

Caspium" (VI., 13, 35, 37). Mela, übrigens eingenommen für die Hypothese einer ozeanischen Verbindung, unterscheidet drei Meerbusen in demselben Becken: den caspischen im Norden, den hyrcanischen im Süden, und den scythischen im Osten: „*Mare Caspium ut angusto, ita longo etiam freto, primum terras quasi fluvius irrumpit atque ubi recto alveo influxit, in tres sinus diffunditur: contra os ipsum in Hyrcanum, at sinistram in Scythicum, ad dextram in eum quam proprie et totius nomine Caspium appellant*" (lib. III., c. 5, n. 3). Auch Plinius (VI., 13, 38) kennt den *Sinus Scythicus* als einen östlichen Busen des caspischen Meeres. Die Karten des Mittelalters, aus denen ich ein besonderes Studium gemacht habe, scheinen anzudeuten, dass der scythische Golf des caspischen Meeres, der ehemals viel ausgedehnter als heut zu Tage gewesen, irrthümlicher Weise den ganzen Aral-See miteinbegriffen habe. Aus den beiden Namen caspisches und hyrcanisches Meer machen sie zwei verschiedene Seen.

Es bleibt mir noch die weiter oben aufgestellte Behauptung in Betreff des Verhältnisses der Zeit der macedonischen Expedition zu der, in welcher die *Meteorologica* des Aristoteles entstanden, zu erklären. Dieses Werk enthält zwei directe Angaben, die wenigstens als Grenzen dienen können. Wo Aristoteles von den Kometen spricht, erwähnt er (*Meteorol.*, I., 7, 10) den, welcher zur Zeit des Archonten Nicomachus (Sainte-Croix, *Examen crit. des historiens d'Alex.*, p. 703, note 2) erschienen ist. Dies würde, nach Corsini's *Fastis atticis:* Olymp. 109, 4 sein. Plinius (II., 25) setzt diesen Kometen in Ol. 108. An einer andern Stelle (*Met.*, III., 1, 12) ist von dem Brande des Tempels zu Ephesus als von einem erst vor ganz kurzer Zeit statt gefundenen Ereigniss die Rede. Nun fiel nach den Untersuchungen des Hrn. Ideler d. V. dieser Brand nahe mit der Geburt Alexanders d. Gr. zusammen, welche Ol. 106, 1 statt fand (Handb. d. Chron., I., 406). Aus diesen Angaben geht hervor (*Met.*, I., p. XII, 408; II., 266, 358—388), dass das betreffende Werk wahrscheinlich gegen Ol. 108 oder 348 Jahr v. Chr. verfasst wurde, d. h. vier oder fünf Jahre, bevor Aristoleles zum Lehrer Alexanders bestimmt wurde. Nun verliess Aristoteles Athen fast zur Zeit, wo Plato starb, nach den Berechnungen Apollodor's, Ol. 108, 1, um sich zum Hermias nach Atarnea oder Assos zurückzuziehen (Stahr, *Aristotelia*, I., 73). Da die Eroberung Hyrcaniens und der Uebergang über den Oxus Ol. 112, 3 geschah, so wurden die *Meteorologica*, wie das Buch *de Animalibus*, 19 Jahre früher verfasst, als die Nachrichten, welche das macedonische Heer über das Becken des casp. Meeres und über Baktriana gesammelt hatte, nach Griechenland gelangen konnten. Ich habe weiter oben das Interesse auseinandergesetzt, das sich an dieses Resultat knüpft: Die Zeit der ersten Abfassung schützte Aristoteles vor der Gefahr, die von den Begleitern und Geschichtsschreibern Alexanders verbreiteten geographischen Irrthümer anzunehmen.

Sainte-Croix bemerkt mit Recht, das der Ganges in den *Meteorologicis* nicht unter den grossen Flüssen der Welt genannt sei (der Indus war schon Hecataeus bekannt), und dass die Meinung über das casp. Meer, welche man in der Abhandlung *de Mundo* lies't, fast allein hinreicht, um darzuthun, dass diese Schrift nicht von Aristoteles, sondern aus viel späterer Zeit stammt, als der macedonische Zug. Lange vor Sainte-Croix hatte schon Kappe (Arist., *de Mundo*, 1742, p. 344) dieselbe Bemerkung gemacht. Nachdem die verschiedenen Einschnürungen des mittelländischen Meeres beschrieben worden, fügt der pseudonyme Verfasser der Abhandlung *de Mundo* hinzu: „*Ab ortu solis in orbem terrae exundans Oceanus infert sese velut in medium procedens, Indico sinu Persicoque perfosso finitimum mare rubrum intercipiens; ad alterum autem cornu angusta atque oblonga cervice penetrans rursus dilatatur, Hyrcaniam et Caspiam terminans. Quod vero super hanc est, profundum obtinet locum qui est super Maeotide palude. Tum autem qua parte Scythas Celtasque complectitur, sensim adstringit orbem terrarum adusque sinum Gallicum et Herculis columnas extra quas Oceanus terram fluctibus suis oberrat*" (Pseudo-Arist., *de Mundo*, X., cap. 3, p. 393, Becker et Brandis). Es war nöthig, die ganze Stelle hier anzuführen, um zu zeigen, wie der Verfasser zuerst von der Südseite und dann an der dem persischen Meerbusen gegenüberstehenden Seite nach Norden hin die Krümmungen des Ozeans verfolgt, indem er jedesmal von Ost nach West weiter geht, um zu den Säulen des Hercules zu gelangen. Die Abhandlung *de Mundo* ward von Appulejus in's Lateinische übersetzt, und wird am Frühesten angeführt von Demetrius aus Alexandrien (*de Elocutione*, c. 253) und von Justinus Martyrus (*Adhortatio ad gentes*, p. 6) in der ersten Hälfte des zweiten Jahrhunderts, zur Zeit des Claudius Ptolemaeus. Die Kenntnisse und Meinungen in jener Schrift sind ein Gemenge von denen des Stoikers Chrysippus (Osann, Beitr. zur Lit., I., 240) und der alexandrinischen Schule.

Die Reihe derjenigen Geographen, welche einen ozeanischen Zusammenhang annehmen, beginnt mit Polyclet, welcher das casp. Meer als einen Süsswasserteich voller Schlangen, der mit dem Palus Maeotis communicirt, beschreibt (Strabo, X., 510). Diese zoologische Beobachtung entbehrt nicht der Wahrheit. Das casp. Meer ernährt in der That davon ein sonderbares Gemisch verschiedener Formen: man findet darin Schlangensaurier (*Tropidonotus hydrus* Kuhl und *Natrix scutata* Pall.), Emys-Schildkröten (*Clemmys Caspia* Wagl.), einen eidechsenartigen Saurier, ähnlich einem Monitor und 4 bis $4\frac{1}{2}$ Fuss lang (*Psammosaurus Caspicus*), Krebse (*Astacus*), neben wahrhaft ozeanischen Typen, wie Squillen, Arten von *Syngnathus* und *Gobius*, Cerithien und einige Algen aus der Familie der Ceramieen und Florideen. (Eichwald, *Faunae Caspiae Primitiae* im *Bull. de la soc. Imp. des Natural. de Moscou*, 1838, no. 2, p. 128—174; und dessen Periplus des Casp. M., I. 247; Pallas, *Fauna rosso-asiatica*, III., 36, 38.

Strabo (XI., 507) sagt nicht ausdrücklich, dass Eratosthenes (*Fragm.* p. 149 Seidel; p. 89 Bernhardy) wie er in dem casp. Meere einen Busen des nördlichen Ozeans erkenne; aber man darf glauben, dass, wenn der gelehrte Bibliothekar von Alexandrien eine entgegengesetzte Meinung ausgesprochen hätte, er nicht dem Tadel des Geographen von Amasia entgangen sein würde. Diodorus Siculus ist der einzige Schriftsteller aus jener langen Periode von Aristoteles bis Ptolemaeus, welcher auf die Annahme der Isolirung dieses Beckens zurückgekommen ist. „*Parthia in se mare Hyrcanum, suis contentum finibus, includit*“ (Diodor., XVIII., 5, p. 590). Strabo (II., 120), Pomponius Mela (I., 2., 1) und Dionysius der Periegete (v. 48, 630; p. 11, 38 Bernh.) hängen dem Systeme von vier grossen Meerbusen, den Golfen von Persien, Arabien, Hyrcanien und des inneren Meeres, *Mare nostrum*, welches Hecataeus (*Fragm.*, 349; p.148) selbst *τὴν μεγάλην θάλασσαν* nennt, an. Diese Doctrin der systematischen Kosmographie, welche, wie Plutarch allein sagt, den alten Physikern vor der macedonischen Expedition angehört, hat sich durch das ganze Mittelalter fortgepflanzt. Herodot wusste durchaus nichts von der Existenz des pers. Meerbusens (Dahlmann, Forsch. aus der Gesch., II, 82, 84). Das grosse Meer Indiens war sein erythräisches Meer, sein Südmeer (*ἡ νοτίη ἡ θάλασσα*, IV., 37), dessen Küsten die Perser bewohnen, und welches sich im W. unter dem Namen des arab. Meerbusens in das Land hineinzieht (IV, 39). Wenn man Herodot mit Strabo, Dionysius Periegetes, Arrian und Agatharchides vergleicht, so bemerkt man, wie die Benennung erythräisches Meer nach und nach eingeschränkt wurde: sie war anfänglich nur für den Theil des indischen Ozeans gebräuchlich, welcher die Küsten Arabiens zwischen dem pers. und arab. Meerbusen bespült; späterhin ziemlich ausschliesslich für diesen letztern, der durch den blühenden Handel unter den Lagiden und Cäsaren so berühmt ist. Man muss sich wundern, dass Herodot den pers. Meerbusen nicht kannte, da doch Hecataeus (*Fragm.*, no. 182, p. 98) und selbst Aeschylus (nach Klausen's Untersuchungen, Rhein. Mus. 1829, III., 308) davon Kunde hatten.

Eine Stelle bei Arrian scheint darauf hinzudeuten, dass Ideen von einer Symmetrie und von Analogien der Configuration in den südlichen und nördlichen Küsten der Continente ganz besonders zu der Hypothese einer ozeanischen Verbindung des casp. Meeres beigetragen haben. Nearch's Zug verbreitete ein neues Licht über den pers. Meerbusen und denjenigen Theil des erythräischen Meeres, welcher in der Folge zuweilen den Namen des hippalischen annahm (Letronne, *Journ. des Sav.*, 1818, p. 405). Man glaubte, dass diesem erythräischen Golfe nothwendiger Weise im Norden ein caspischer entsprechen müsse. „*Alexander Heraclidem Argaei filium cum navium architectis in Hyrcaniam mittit, qui excisâ e montibus Hyrcaniae materiâ naves oblongas conficiant, partim apertas, partim tectas, Graecarum navium instar. Cupiebat enim etiam illud mare, quod Caspium simul et Hyrcanum appellatur, cui mari committatur cognoscere: utrum Ponto Euxino an ab orientali mari Indos versus circumductus Oceanus in sinum Hyrcanium refundatur (quemadmodum etiam Persicum, rubrum mare alii vocant, sinum Oceani esse compererat). Neque enim adhuc inventa erant Caspii maris initia, quamvis multae gentes circum ipsum incolerent multique amnes navigabiles in illud mare ferrentur*" (Arrian, VII, 16). So gross war der Einfluss der Lehren von der Symmetrie auf die geographischen Ansichten (Droysen, Gesch. Alex. d. Gr., 1833, S. 312). Diese Lehren haben den Hypothesen leichteren Eingang verschafft, welche Patrocles, der Admiral des Seleucus, auf seine eigne Beobachtungen und die Reisebeschreibungen gründen zu können glaubte, die er vom Xenocles, dem Schatzmeister des macedonischen Helden, erhalten hatte (Eratosthenes, *Fragm.*, p. 21 Bernhardy; Strabo, II., 68).

Nachdem ich oben die vier Meerbusen des Dionysius Periegetes angeführt habe, bleibt mir noch eine dritte Stelle desselben Schriftstellers zu erwähnen (v. 718—730; p. 42, 515, 723 Bernh.), die um so merkwürdiger ist, als das casp. Meer daselbst als vollkommen rund beschrieben wird, und die Hunnen, *Οὖννοι*, bei Ptolemaeus *Χοῦνοι*, wahrscheinlich die *Οὖιτιοι* des Eratosthenes (St. Martin in Klaproth's *Tab. hist.*, 235) und die *Οὖτιοι* Herodot's, daselbst zum ersten Male neben den Scythen und Alanen erscheinen (v. 308). Der Perieget, welchen Vossius, Matthaei und Groddeck für einen Zeitgenossen des Augustus halten, lebte, nach den gelehrten Untersuchungen Letronne's über Dicuil's *Mensura orbis terrae* (p. 206, 221), zu Anfange, nach Bernhardy (*Geogr. Graeci min.*, I., 515) zu Ende des dritten Jahrhunderts. Seine Erwähnung der Hunnen fällt also 150 Jahr vor Ammianus Marcellinus und 330 Jahre vor Jornandes, welches die beiden in der Kenntniss des finnischen und gothisch-germanischen Stammes bewandertsten Schriftsteller sind. Eustathius von Thessalonich, der berühmte Commentator der *Περιήγησις* des Dionysius aus Charax, suchte durch eine scharfsinnige Combination das System der Meerbusen mit dem der Isolirung des casp. Beckens zu vereinigen. Er nimmt einen unterirdischen Zusammenhang des nördlichen Ozeans mit dem isolirten Becken an, in welchem die ozeanischen Gewässer wie eine Quelle *(eau vive)* in die Höhe stiegen. Er schreibt diese vermittelnde Meinung alten Autoren zu, die er nicht näher bezeichnet (Eust., *Comm. de Dion. Per.* in Bernhardy's *Geogr. Min.*, 236, 237, 856). Aristoteles (*Met.*, lib. I., 13, 29) spricht nur von einer unterirdischen Verbindung mit dem Pontus Euxinus, eine dem Strabo unbekannte Hypothese. Der Scholiast Eustathius lebte viel später, als die grossen arabischen Geographen, welche die Trennung des casp. und Aral-Beckens kannten; aber die hellenischen Studien schienen schon damals eine Geringschätzung des nichtbiblischen Orients einzuflössen.

Wir finden Plutarch so eingenommen von der Theorie der vier Meerbusen, dass er, nachdem er derselben in seinem Leben Alexanders erwähnt hatte, noch in einem andern Werke die Frage erörtert, ob man diese Meerbusen in den Flecken des Mondes reflectirt sähe? „Als Alexander," erzählt Plutarch, wahrscheinlich nach Clitarch (Sainte-Croix, p. 711) „mit einem auserwählten Heere nach Hyrcanien hinabstieg, sah er einen Meerbusen, welcher eben so gross schien wie der Pontus Euxinus, dessen Gewässer aber süsser waren, als die der andern Meere. Da er darüber nichts Gewisseres erfahren konnte, so vermuthete er mit vieler Wahrscheinlichkeit, dass es ein ausgetretener Theil des Palus Maeotis sei. Dennoch wurde das wahre Verhältniss von den Physikern erkannt, denn mehrere Jahre vor Alexanders Zuge beschrieben sie vier Hauptmeerbusen, welche vom Ozean ausgehen;

der nördlichste ist das hyrcanische Meer, welches sie auch das caspische nennen" (*Vita Alex.*, c. 44 Reiske). Der Punkt, wo Alexanders Heer zuerst des casp. Meeres ansichtig wurde, liegt westlich von Astrabad in Mazendaran. Die Armee war über Hekatompylos (Damaghan) und durch die feuchten Wälder von Chaloo nach Zadracarta, dem heutigen Sari, hinabgestiegen (siehe die Wege bei Droysen, S. 265). In der kleinen Abhandlung über die Flecke der Mondscheibe *(De facie in orbe lunae),* deren Text sehr corrumpirt ist, aber sehr merkwürdige und grossentheils sehr richtige physikalische und kosmographische Betrachtungen enthält, kommt Plutarch zweimal auf den ozeanischen Ausfluss des casp. Meeres zurück. Nach der Mythe, die er darstellt, „verlängert sich das Grosse Continent, welches den Ozean oder das kronische Meer umgiebt, nach Norden mit jener Regelmässigkeit der Configuration, für welche die Alten eine so grosse Vorliebe hegen. Gegenüber dem Meerbusen, welcher zum hyrcanischen Meere führt, zeigt das grosse Continent gleichfalls einen weiten Busen, wie der Maeotis" (p. 809 Wyttenbach). Die Flecken der Mondscheibe sind nicht, wie Agesianax behauptet, ein Uebergang auf der Erde *(passage terrestre)* oder die Unebenheiten der Oberfläche unsres Planeten, welche von der glatten Oberfläche des Mondes katoptrisch abgespiegelt werden; diese Flecken sind nicht Isthmen, welche unsere Meere trennen (p. 727 Wytt.): *„Sed sicut nostra terra sinus habet profundos ac magnos, quorum unus per columnas Herculis hac ad nos infunditur, alter foris est maris Caspii et Rubri: sic in luna etiam cavernae sunt et profundae"* (p. 823 Wytt.). Ich habe das, was sich auf dieses merkwürdige Werk Plutarch's bezieht, weitläufiger in meinem *Exam. crit. de l'hist. de la Géogr.*, I., 145, 191, 199, [Ideler's Uebers., I., 137, 175, 180] abgehandelt.

Der Arrian der *Anabasis*, der Geschichtsschreiber Alexanders, welcher unter Hadrian lebte, lässt auch das casp. Meer nur mit dem scythischen Ozean zusammenhängen. Anders giebt es der Pseudo-Arrian des Periplus des erythräischen Meeres an, welchen Dodwell unter Lucius Verus (*Geogr. min.*, I., 88 Huds.) und Letronne unter Septimius Severus und Caracalla setzt. Der anonyme Verfasser dieses Periplus (p. 37) glaubt, „dass der Pontus Euxinus hinter Thinae mit dem Ozean durch das hyrcanische Meer in Verbindung stehe." Diese abweichende Ansicht zog schon die Aufmerksamkeit Ramusio's (I., 282, 287) auf sich, der ein Zeitgenosse Colombo's und Vespuccio's und ein Freund Sebastian Cabot's und des Cardinals Bembo war. So gross war damals der

Eifer zu reisen, dass der Secretair der Signoria von Venedig, der gelehrteste Geograph des grossen Jahrhunderts, dringend verlangte, es solle ein grossmüthiger Fürst irgend einen „*nobile ingegno*" nach Asien schicken, um Arrian und die Portulanten der Alten zu verbessern.

Ich habe bereits früher auseinandergesetzt, wie sehr die Ausdehnung des Handels durch Inner-Asien und die besondere Stellung, in der sich Ptolemaeus zu Alexandrien befand, die genauere Kenntniss eines Meeres begünstigen mussten, welches zugleich die Küsten von Albanien, Atropatene und Hyrcanien bespülte. Ferner belebten die Aorsen, welche zwischen der Wolga und dem Jaïk sassen, mit ihren Kameelen (Strabo, XI, 506) den Transport der Waaren vom Indus zum Tanaïs. „*Caspium mare undique terra circumdatur*," sagt Ptolemaeus (VII., 5), und fügt mit einem Wortspiel, welches man eine Antiphrase nennen könnte, hinzu, dass dieses Meer „sich wie eine Insel zum Continente verhielte." Das caspische Meer ist also ein Binnenmeer, ein geschlossenes Becken, wofür Ptolemaeus, dem Aristoteles und Hipparch folgend, auch das indische Meer hielt (*Examen crit.*, I., 370), mit dem er das hyrcanische Becken zweimal vergleicht. Man würde über diese Veränderlichkeit und die Abweichungen der Ansichten bei den Alten noch mehr verwundert sein dürfen, wenn nicht der Einfluss von Zeit und Umständen sie hinreichend erklärten. Herodot wusste, dass das casp. Meer ein geschlossenes Becken und dass der arabische Busen gegen Süden hin offen ist. Die alexandrinische Schule öffnete das casp. Becken, nachdem Damastes (Strabo, I., 47) den arabischen Meerbusen geschlossen. Ptolemaeus schloss wiederum sowohl das casp. Becken als das indische Meer. Das letztere (das erythräische Meer) erscheint auf den in Europa gezeichneten Karten nur auf der merkwürdigen Planisphäre Marino Sanuto's (1323) geöffnet. Geleitet von den Arabern, besonders von Ebn-el-Wardi, kannte der italienische Geograph die fast dreieckige Gestalt Afrikas und liess demgemäss das dem Ptolemaeus unbekannte, von West nach Ost verlängerte Land verschwinden.

Wir wissen nicht, ob Marinus von Tyrus in seinem berühmten Werke, welches nicht den Titel: Geographischer Pinax führte, sondern „Berichtigung der geographischen Tafel" hiess, die isolirte Lage des casp. Meeres annahm. Man darf es jedoch wohl glauben, da seine Arbeit hauptsächlich in der Vergleichung der älteren und neueren Reiseberichte bestand. Befremdender muss es erscheinen, wie wenig Geltung sich die Ansicht des als Astronomen so verehrten Ptolemaeus in der Geographie bis zu Anfang des 6. Jahrh. erworben hat. Dionys der Periegete, Avienus, der Herausgeber der Peutingerschen Tafeln, deren Elemente schon der Zeit Constantins angehören, Kosmas Indikopleustes, sie alle traten der Ansicht eines ozeanischen Ausflusses bei. Die Einwirkung der Geographie des Ptolemaeus hat sich erst spät geäussert, aber er ist mächtig und nachhaltig geworden. Sein Buch, welches fast ganz von Ziffern strotzte, konnte für den Leser nicht viel Anziehendes haben. Strabo's weit interessanteres Werk blieb Plinius unbekannt und wurde erst von Athenaeus, Harpokration und Stephan aus Byzanz angeführt. Zufällige Umstände haben oft im Alterthume die Verbreitung von höchst wichtigen Manuscripten verhindern können. Das Dasein von einer Optik des Ptolemaeus, einem der Glanzpunkte dieses grossen Mannes (siehe die Sammlung meiner astron. Beob., I., p. LXVI – LXXI) ist uns eigentlich nur durch die Araber enthüllt worden. Wir sehen, dass Agathemerus (lib. I., cap. 8) den Scharfsinn des Ptolemaeus rühmt, und doch stellt er das casp. Meer in dieselbe Klasse mit dem arab. und pers. Meerbusen (lib. I., cap. 3.). Erst als die Araber, ein reisendes Volk und die bewundernswürdigen Wiederhersteller der Geographie, erkannt hatten, welche Wichtigkeit die Bestimmung der astronomischen Positionen habe, erlangten die Positionstafeln des Ptolemaeus jenes Ansehen, welches ihnen bis zum 16. Jahrh. verblieb. Es ist bekannt, dass die ersten Entdeckungen der Neuen Welt in die Supplementkarten zur ptolemaeischen Geographie eingetragen wurden.

Macrobius liefert in seinem Commentar zum *Somnium Scipionis* eine Eintheilung der Erdoberfläche in vier continentale Massen, die von einander durch Meeresarme getrennt sind, eine Darstellung der Strömungen und eine Theorie der Ebbe und Fluth, die er auf das Begegnen entgegengesetzter Strömungen gründet (*Exam. crit.*, I., 182). Macrobius lässt das casp. Meer aus dem umgebenden Ozean entstehen; aber, fügt er hinzu, „*non ignoro esse nonnullos qui ei de Oceano ingressum negent*“ (lib. II., c. 9); ein drittehalb Jahrhunderte nach Ptolemaeus sehr schüchtern ausgedrückter Zweifel! Rufus Festus Avienus, ungefähr ein Zeitgenosse des Grammatikers Macrobius, wiederholt ebenfalls die Doctrin von den vier Meerbusen, welche vom Ozean ausgehen „*orbis effusi circumlatrator*“. Zwar soll das Gedicht der *Ora maritima*, wovon wir nur ein in vieler Hinsicht schätzbares Bruchstück besitzen, im Allgemeinen bloss die

Ansichten sehr alter Geographen schildern; aber ich zweifle, dass Avienus in der so eben gedachten Stelle dem Hekataeus habe folgen können, den er mit Hellanikus zu Anfang desselben Buches anführt (v. 42). Die Ansichten des Mönches Kosmas sind ein Gemisch aus denen der Kirchenväter und der *Terra quadrifida* des Macrobius (Letronne in der *Revue des deux mondes*, 1834, p. 601 und in meinem *Exam. crit.*, III., 127, 129). Ausserdem setzt er dabei die nothwendige (*obligée*) Lehre von den vier Meerbusen auseinander, und nimmt, wie Isidor von Sevilla (*Orig.*, lib. XIII., c. 17, ed. 1483, p. 67) die Verbindung des caspischen mit dem Eismeere an.

Unter den byzantinischen Schriftstellern, die ich sorgfältig untersucht habe, finden sich nur bei Menander von Constantinopel, mit dem Zunamen Protector, einem Christen, der unter dem Kaiser Mauritius lebte, und bei Nikephorus Gregoras einige merkwürdige Nachrichten über das caspische Becken und über die Flüsse, welche von der Ostseite darein münden. Bei Menander findet sich eine Stelle, in der Niebuhr sehr gut die erste positive Angabe des Aral-Sees gefunden hat, die erste nach den etwas dunkeln Andeutungen einiger Autoren des klassischen Alterthums. Die lateinische Uebersetzung der Stelle bei Menander lautet folgendermassen: „*Postquam fama ad finitimas Turciae gentes pervenerat, legatos Romanorum advenisse, eosque unâ cum Turcorum legatis Byzantium redire, ejus regionis dux Disabulum supplex oravit, ut Reipublicae Romanae visendae gratia sibi quoque legatos mittere liceret. Quod Disabulus non recusavit. Sed quum aliarum quoque gentium duces idem peterent, nulli alii, quam soli Chliatium duci concessit. Itaque hunc etiam Romani assumentes, trajecto flumine* Oich, *haud breve viae spatium emensi, ad illam ingentem et latam paludem* (κατὰ δὴ τὴν λίμνην τὴν ἄπλετον ἐκείνην καὶ εὐρεῖαν) *pervenerunt. Hic Zemarchus tres dies commoratus, mittit Georgium, cui munus breviores epistolas perferendi delatum erat, ut Imperatori legatorum a Turcis reditum significaret. Georgius igitur cum duodecim Turcis desertam quidem et inaquosam, sed breviorem viam Byzantium versus ingressus est. Zemarchus autem per arenosa paludis* (ψαμμαθῶδες τῆς λίμνης) *iter faciens per duodecim dies, loca praerupta* (δυσβάτους τέ τινας χώρους;) *praetergressus, attigit ripas non solum fluminis* Hichi, *sed etiam* Daichi, *et rursus per alias paludes ad* Attilam *pervenit, inde ad Uguros, qui Romanos monuerunt in densis et arboribus consitis locis circa* Cophenem *flumen latere in insidiis*

Persarum quatuor millia qui praetereunt eos captivos facerent" (Menander, *Hist. legat. Barbarorum ad Romanos*, p. 300, 301, 619, 623, 628; Niebuhr, ed. Bonn, 1829).

In dieser Stelle ist von denselben Personen die Rede (von Dithubul, dem Khakan der Türken oder Tukhiu, und von Zemarch, dem Präfecten des Orients, den Justinian II. a. 569 nach dem Altaï sandte), von denen wir früher zu reden Gelegenheit gehabt haben. Der Handel mit Seide, einem äusserst kostbaren Stoffe, obwohl sie seit der Regierung Justinian's im Preise sehr gefallen war (Procopius in *Hist. arcan.*, c. 25, p. 141, 458 Dindorf.), ward noch auf drei Wegen betrieben, nämlich auf zweien zu Lande, während der dritte ganz maritim war. Jene, die ältesten, liefen entweder von Baktrien durch Hyrkanien, Medien über den Euphrat nach der syrischen Küste, oder vom casp. Meere über den Tanaïs zum Pontus Euxinus. Die dritte Strasse benutzte den Mousson von Hippalus und führte von Indien nach Aegypten. Gegen das Ende des 6. Jahrh. ermunterten die Uneinigkeiten zwischen den Persern, Sogdianern und den türkischen Stämmen diese, einen directen Handelsverkehr mit dem römischen Reiche zu versuchen. Dies war das Motiv zu den Missionen des Sogdianers Maniach (Maniakh) und des Ciliciers Zemarch (Menander, p. 297). Die Chliaten oder Choliaten waren eine dem türkischen Khakan unterworfene Völkerschaft, welche östlich vom casp. Meere wohnte.

Menander nennt fünf Ströme, welche nach einander überschritten wurden, als man um den Aral-See und das casp. Meer nach N., aber in der Richtung von O. nach W. ging: nämlich den Oich (Oikh), Ich (Ikh), Daich (Daikh), Attilas und Kophen. Niebuhr, wahrscheinlich durch die Reiseroute Zemarch's geleitet, die Klaproth schon 1826 auf einer kleinen Karte von Central-Asien (*Mém. rel. à l'Asie*, II., 362) gezeichnet, erkennt in diesen Flüssen, und wie mir scheint, hat er viel Wahrscheinlichkeit für sich, den Jaxartes, die Jemba, den Jaïk, die Wolga und die Kuma. Die Topographie dieser Gegenden macht jede andre Auslegung fast unmöglich, obwohl die Namen *Ὠήχ et Ἴχ*, ohne Zweifel durch Corruption verändert, fast gar keine Ähnlichkeit mit den Namen Jaxartes und Jemba (Emba oder Djem) haben. Es befindet sich indessen bei den Quellen der Emba ein Nebenfluss des Jaïk, welcher jetzt Jik-bulak heisst. Cantoclarus will im Ikh den Jaxartes erblicken, was mit der relativen Lage der Flüsse von SO. nach NW. in Widerspruch steht (*Corpus Byzantinae historiae*, 1648, p. 200; Stritter, *Memoria popul.*

olim ad Danubium, Pontum et Mare Casp. incolentium, III., 54). Nachdem die Gesandtschaft über den Oich gesetzt, ohne Zweifel östlich von seiner Mündung, kommt sie zuerst an einen grossen See (den Aral); darauf gelangt sie nach einer Reise über die Sandflächen des Seeufers zum Ikh und zum Daikh (*Δαίχ*). Da nun letzterer unstreitig der Daix (*Δάιξ*) des Ptolemaeus (VI, 14) oder unser Jaïk ist (Mannert, Geogr. der Griechen, IV., 484), so können der *Ιχ* und der grosse See (*λίμνη*), welche vorher kommen, nur die Emba und der Aral-See sein. Dies ist auch die Auslegung, bei welcher Hr. Eichwald, ein mit der Geographie dieser Gegenden sehr vertrauter Reisender (Alte Geogr., p. 526) stehen bleibt, welcher, ohne Niebuhr's Ausgabe der Byzantiner zu kennen, sich nur der ethnographischen Auszüge von Stritter (*Petrop.*, 1771—1779) bediente. Zemarch kam, nach Hrn. Eichwald, nicht vom Altaï, sondern vom Aktag, welcher zwischen Samarkand und Taschkend die Fortsetzung des Thian-schan bildet (s. oben S. 158—160). Er berührt die Küsten des casp. Meeres nicht, welche häufige Ueberschwemmungen fast unzugänglich machen; er geht nach Norden und wandert, um vom Aral-See aus an die Emba und den Jaïk zu gelangen, durch eine bergige Gegend, vielleicht die Mugodjaren. Zwischen dem Jaïk (Menander's Daikh) und der Wolga (Attilas und Atel, statt *Idel*, d. i. Fluss im heutigen Turko-Baschkirischen) finden sich wiederum mehrere Seen. Nach Hrn. Eichwald liegen hier die kleinen Usen-Seen in der Steppe. Westlich vom äussersten Ende des Ural und vom Jaïk, bevor man an's grosse Delta der Wolga gelangt, giebt es heut zu Tage nur einen einzigen kleinen Fluss, den Narym, welcher in's casp. Meer geht. Dies ist nach Hrn. Kruse (Göbel's Reise in die Steppen, II., 342) der Rhymnus des Ptolemaeus, nach welchem die Geographen so viel gesucht haben. Es scheint mir wenigstens unwahrscheinlich, dass der Rhymnus der Jaïk, und die Emba der Daix des Ptolemaeus sein soll. Auf dem Wege zum Kophen nennt Menander noch einen grossen See, vielleicht den des Manitsch, welcher fast mitten auf der Landenge zwischen dem casp. Meere und dem Pontus Euxinus liegt. Es ist nun die Frage, welches ist der Kophen, dessen Name im Süden des Hindu-kho einen Zufluss des Indus (Strabo, XV., 607; Mela, III., 7), den Fluss von Kabul, bezeichnet. Niebuhr hält die Kuma dafür. Die Corruption, welche so viele Flussnamen erfahren haben, macht die Auslegung von Cantoclarus wahrscheinlicher, welcher Koben statt Kophen lies't und darin den Kuban erkennt, dessen Mündung nördlich von Anapa, Kertsch gegenüber, liegt. Ich werde späterhin auf die Etymologie dieser Flussnamen zurückkommen.

Die arabische Literatur ist die einzige asiatische Nationalliteratur, welche Vorstellungen enthält, die die Frucht unmittelbarer Berührung und directer Verbindungen waren. Griechen und Römer konnten nur durch den Handel der Borystheniten von Panticapaea und Tanaïs, durch die Karavanen der Aorsen (thätiger Handelsleute des caspischen Beckens) und endlich durch die Verbindungen mit Hyrkanien und dem baktrischen Reiche, das nach einer 116-jährigen Dauer die Beute der Barbarenstämme der Sacen und Tocharer wurde, Nachrichten über diese Gegenden erhalten. Aber Vorstellungen, welche aus so weiter Ferne kamen, mussten ungemeine Veränderungen erfahren, ehe sie zu den Völkern des Abendlandes gelangten. Strabo (XI., 509) schreibt die ausserordentlich mangelhafte geographische Kenntniss jener innern Gegenden mit Recht dem wilden Zustande ihrer Bewohner und ihrer nächsten Nachbaren zu. Wirklich war eine Nation Ost-Asiens, welche Macht und einen hohen Grad von Civilisation besass und sich durch Gewohnheit den geographischen Untersuchungen ergeben hatte, 500—600 Jahre vor den Arabern bis an die Ufer des Oxus vorgedrungen. Die Chinesen, angeführt von dem Feldherrn Kaning, welcher unter dem Befehl P'an-tschao's, des grossen Eroberers der Tartarei, stand, erreichten das Becken des casp. Meeres (s. oben S. 41, 42, und Klaproth, *Tabl. hist*, p. IX., p. 67, 207, 285). Ihre Herrschaft war nicht von langer Dauer; aber unter der Dynastie der Thang gewannen sie wieder das Uebergewicht über West-Asien, wie sie es unter den Han ausgeübt hatten. Wahrscheinlich wird man in der an chorographischen Details so reichen chines. Literatur mit der Zeit noch manche alte Nachrichten über die Küsten des Westmeeres entdecken; bisher haben die Forschungen wenig Früchte getragen, und es ist zu vermuthen, dass die Chinesen den obern Lauf des Oxus und Jaxartes besser, als die dem Aral-See näher gelegenen Länder kannten (Neumann, As. Studien, I., 178, 194, 198, worin

Auszüge aus Tu-yeü, Matualin und Pei-kiu). Der berühmte buddhist. Reisende Hiuanthsang, in der Mitte des 7. Jahrhunderts, ist gegen W. nur bis zum See Issikul (Temurtu), zum Tschui, bis Taschkend am Jaxartes, bis Bokhara und an den Fa-tsu (den obern Oxus) gekommen (Klaproth, Reise eines chines. Buddhapriesters, 4; Landresse im *Foë-kuë-ki*, 376).

Endlich finden wir mit den Eroberungen der Araber, nach der Zerstörung des persischen Reiches der Sassaniden, die Geographie des casp. Beckens unter dem Einflusse einer völlig asiatischen Literatur aufgehellt. Seit der Mitte des 8. Jahrhunderts schon erstreckte sich das Khalifat der Ommiaden in's transoxianische Gebiet bis jenseit des Sihun. Die Araber besassen eine glückliche Vorliebe für Alles, was den Menschen mit der Natur in Berührung bringt. Sie eigneten sich zu gleicher Zeit begierig die Schätze an, welche ihnen die Griechen in der Mathematik, Astronomie, Geographie und Arzneikunde darboten. Ptolemaeus stellte ihnen, besonders für das Studium des Himmels und die Bestimmung der Positionen auf der Erdoberfläche ein Muster von Genauigkeit und Methode dar. Seine Geographie wurde in's Arabische übertragen, und zwar nach Hrn. Frähn's Untersuchungen zwischen den J. 813 und 833 (Ibn Fozlan's und andrer Araber Berichte über die Russen älterer Zeit, S. XVI.). Die Araber haben insbesondere dazu beigetragen, den Ruhm des Aristoteles und Ptolemaeus in Europa zu verbreiten. Es bleibt sogar zweifelhaft, ob sie nicht bei der Uebersetzung des Ptolemaeus zugleich eine Handschrift von Marinus dem Tyrer zu Rathe ziehen konnten; denn der arabische Ptolemaeus weicht an einigen Stellen wesentlich von dem unsrigen ab (Uckert, Rhein. Mus., VI., 329—332; Gildemeister, *Script. Arabum de Rebus indicis*, I., 120). Wenn die berühmten Geographen El-Istachry, Edrisi und Ebn-el-Wardi seit Anfang des 10. Jahrh. dem Systeme des Ptolemaeus in Betreff der völlig isolirten Lage des casp. Meeres folgten, so waren sie weit entfernt davon, blosse Copisten zu sein. Edrisi z. B., statt das Becken, wie Ptolemaeus in der Richtung O.-W. auszudehnen, verlängert es, wie Herodot, im Sinne eines Meridians. Der sehr lebhafte Handel, welchen die Araber durch Russland und Liefland vom Norden des caspischen bis zum Gestade des baltischen und des Eismeeres trieben, hatte ihnen sehr genaue Vorstellungen über das Innere dieser Länder verschafft. Eine Unzahl arabische Münzen, sämmtlich von den Abassiden-Khalifen und den Emirs der Semaniden-Dynastie finden sich auf jenem Wege verbreitet und in geringen Tiefen in der Erde verscharrt (Fraehn, Ibn Fozlan, S. 79). Der byzantinische Luxus in Pelzwerk war auf die Araber übergegangen, und ein einträglicher Handel mit den nördlichsten Regionen hat vom 8. bis zum 11. Jahrhundert statt gefunden.

Eins der ältesten Denkmäler der arabischen Geographie, welches auf den nordöstlichen Theil des casp. Meeres und auf die Ebene im O. des Baschkiren-Urals Licht werfen könnte, ist noch gar nicht aufgefunden worden, nämlich die Reisebeschreibung des Dolmetschers Salam, von welchem oben (S. 417) die Rede gewesen und den der neunte Abassiden-Khalif, Harun II. el-Wathek im J. 846 ausschickte, um die grosse Mauer von Iskander-Dzul-Karnein aufzusuchen. Ebn-el-Wardi nennt diese Reisebeschreibung unter den von ihm benutzten Büchern (Frähn, a. a. O., S. XX.). Der älteste arabische Geograph, dessen Arbeiten gedruckt worden sind, ist Abu Ishak Farisy, bekannter unter dem Namen Istachry (der Persepolitaner). Sein lehrreiches und sehr seltenes Werk, das Buch der Klimate, wurde zwischen den J. 915 und 921 verfasst. Es wurde zuerst von Sir William Ouseley nach einer pers. Uebersetzung englisch herausgegeben, aber als ein Werk des berühmten Abi l'Cassem Ebn-Haukal, dessen Name häufig von Abulfeda und Edrisi angeführt wird. Hamaker, Uylenbroek, der Dr. Möller in Gotha und besonders Hr. Frähn zu Petersburg haben nachgewiesen, dass die *Oriental Geography* Ibn-Haukal's, welche 1800 von Ouseley zu London publicirt wurde, zum grössten Theile von Abu Ishak Istachry herrührt und ein halbes Jahrhundert älter als die wahre Geographie Ebn-Haukal's ist (vergl. Frähn,

Ibn Fozlan, p. IX., XXII. und 256—263; Uylenbroek, *Iracae persicae descriptio*, 17, 63, 72). Ganz kürzlich (1834) hat Hr. Möller nach den in der Gothaer Bibliothek aufbewahrten Handschriften das ganze „Buch der Klimate" mit 19 arab. Karten, welche dasselbe begleiten, lithographiren lassen. Ich führe unter den letztern die Tafeln 15 und 18 an, wovon die eine das caspische Meer mit der Mündung des Atel (Wolga), die andere den Aral-See (Deryaï Kharizm, n. 50), welcher die Wasser des Oxus (Wadi Djihun, n. 46) aufnimmt, die Städte Balkh (n. 19), Bamyan (n. 23), Merw (n. 36) und Herat (n. 111) und den Fluss Hirmind (n. 137), der sich in den Zarre-See (n. 132) verliert, darstellt. Dies ist wirklich, nach Burnes' Karte, der Helmund (Hermund), der in den Zurrah-See tritt*). Ich finde, dass die Karte 18. Istachry's vom wahren Ebn-Haukal im *Masalik wa Mumalik* fast wiederholt ist (cf. Bird, *Proceed. of the Bomb. geol. Soc.*, Aug. 1837). Istachry hat selbst die Küsten des caspischen Meeres und das Land der Khazaren bereis't. „Vom Grossen Ozean, sagt er, gehen die Meere von Fars und Rum (der pers. Golf und das mittelländische Meer), aber nicht das Khozar- oder caspische Meer ab. Wenn Jemand unternehmen will, die Reise um das caspische Meer zu machen, und wenn er nach einander vom Lande der Khozaren (zwischen Kaukasus und Wolga) durch Deilman (Deïlem oder Dilem, einen Theil von Ghilan oder Kazwin), Tabaristan, Gurkan (Mazanderan) und die Wüste am Siah-kuh (dem Schwarzen Berge, einem Theile der sehr dunklen Granit- und Syenitberge des Balkhan; Edrisi, II., 330) reis't; so kommt er (indem er von W. nach O. um das Meer geht,) wieder bei dem Punkte an, von wo er ausgegangen, und auf dem ganzen Wege stösst er auf kein andres Hinderniss, als auf die Flüsse, welche in's Caspi-Meer treten" (Ouseley, p. 8, 184).

Dies ist eine ganz ähnliche Weise, sich über die Isolirung des Beckens auszudrücken, als die, deren sich Eusta-

*) [Vergl. Hrn. Antonio Madini's Ausgabe von *Il Segistan, ovvero il Corso del Fiume Hindmend secondo Abu Ishak-el-Farssi-el-Istachry*. Mit 1 Taf. Milano 1842.]

thius bedient (*Comm. ad Dion. Per.*, v. 718), indem er von dem Wege spricht, den ein Fussgänger bei Voraussetzung des ptolemäischen Systems machen könnte. Istachry fügt hinzu, indem er an zwei Stellen (Ouseley, p. 232, 244) den Aral-See (den See von Khowarezm) beschreibt, dem er einen Umfang von hundert *Farsang* (fast 400 engl. M. nach der Berechnung des Cap. Francklin, aber nur 228 *mil* der Astronomen Almamun's, *Exam. crit.*, II., 325) beilegt: „Der Aral-See nimmt den Djihun (Oxus), den Chaje (Chach, Chas oder Jaxartes) und eine Menge andre Flüsse auf. Indess bemerkt man keine Vermehrung seines Wassers; man vermuthet einen unterirdischen Zusammenhang mit dem casp. Meere (dem Meer von Khozar). Die Mündungen des Djihun in den Aral, in der Nähe von Khiljan (Khalidjan bei Edrisi), sind von der Mündung des Jaxartes 10 Tagereisen (*merhileh*, gegen 300 engl. M.) entfernt. Am Ufer des Aral selbst (wahrscheinlich also zu einer Zeit, wo sich der See dem Balkhan-Gebirge sehr näherte,) erhebt sich ein Berg, Namens Cheghagher, auf welchem (in Spalten?) sich das Eis vom Winter bis fast zu Ende des Sommers erhält.“ Es ist nicht uninteressant, den Sittenzustand der transoxianischen Völker zur Zeit Istrachy's mit dem in neueren Zeiten zu vergleichen. „Im Mawar el Nahar, sagt dieser alte Geograph, sind Gastfreundschaft und Grossmuth gegen die Fremden über alles Lob erhaben. Auch scheinen alle Familien dieses Landes nur ein und dasselbe Haus auszumachen.“ Welch ein Gegensatz zu den rauhen und wilden Sitten, die uns das heutige Khiwa, Samarkand und selbst Bokhara zeigen!

Zwischen Istachry's (920) *Liber Climatum* und die Geographie Edrisi's (1154) würde nun, nach den neuesten Untersuchungen eines berühmten Gelehrten, des Hrn. Saint-Martin, jene Universal-Geographie fallen, welche wir unter dem Namen des Moses von Chorene (*Mém. hist. et géogr. sur l'Arménie,* 1819, p. 301) besitzen. Der Text, so wie er gedruckt ist, enthält offenbar einige Einschaltungen, welche aus der Mitte des 10. Jahrh. herrühren. Der gelehrte armenische Mechitarist Lucas Indschidschcan, dessen Namen die Italiener in Ingigi umgewandelt haben, hatte Gelegenheit, mehrere Handschriften der Geographie des Moses von Chorene zu untersuchen: er hat in seinem nachgelassenen grossen Werke über die Alterthümer Armeniens, welches 1835 in armenischer Sprache zu Venedig erschienen, gezeigt (III., 303—314), dass jenes Werk, dessen Ächtheit bestritten wird, ganz sicherlich eine sehr alte, von dem Armenier Moses selbst verfasste Compilation aus dem Ptolemaeus und einer Topographie des Pappus von Alexandrien ist (390). Moses würde also, nach den Untersuchungen des Mechitaristen, kurze Zeit nach Macrobius und Avienus gestorben sein. Das auf das Meer von Hyrkanien und auf die Isolirung seines Bassins Bezügliche (*Mosis Chorenensis Hist. Armen.*, Lond. 1736, p. 337) scheint mir lediglich aus dem Ptolemaeus übersetzt zu sein (vergl. besonders §. 13. bei Moses mit Ptolemaeus, VII., 5). In jenem bleibt das erythräische Meer (der indische Ozean) auch im Osten geschlossen.

Durch die Geographie Edrisi's („Die Erholungen des Menschen, welcher die verschiedenen Gegenden gründlich zu kennen wünscht") wurde gleichsam ein neues Licht über das aralo-caspische Becken verbreitet, seitdem wir die treffliche Übersetzung von Amedée Jaubert besitzen. Fast die ganze Beschreibung des Aral-Sees (p. 188—192, 338—341) fehlte in der von Gabriel Sionita (1619) publicirten *Geographia Nubiensis.* Edrisi bestätigt die meisten Angaben Istachry's über die Ausdehnung des Aral, welchen er „einen wohlbekannten See" nennt; über den selbst im Sommer nicht schmelzenden Schnee eines benachbarten Berges und über die Breite des Isthmus zwischen dem Aral- und caspischen See. Er schätzt diese Breite einmal auf 20, ein anderes Mal auf 18 Tagereisen; aber er fügt weislich hinzu: „Es ist erlaubt, an der Wahrheit dieser Behauptung zu zweifeln." Die Entfernung der Mündung des Oxus vom Chas (Jaxartes) wird zweimal nur zu 10 M. angegeben (Edrisi, I., 2), was gleich ist $3\frac{3}{10}$ Parasangen, deren 25 einen Erdgrad ausmachen. Wir dürfen nicht vergessen, dass Istachry diese Entfernung auf 10 *merhileh* (Tagereisen), folglich fast zehnmal grösser angiebt. Sollte Edrisi nicht die Entfernung der jetzigen grossen Mündung des Jaxartes (Sir) gegen NNO. von der Oxusmündung, welche in unsern Tagen wirklich 207 engl. M. oder 60 Seemeilen beträgt; sondern vielmehr die Entfernung des alten Armes des Jaxartes-Delta, des südlichsten (Djan-Deria genannt), gerechnet haben, welcher nicht mehr in's Aral-Meer gelangt und seit 1816 (Meyendorff, *Voy. à Bokh.*, 63) ganz ausgetrocknet ist? Man muss sich bei diesen Erörterungen über Entfernungen erinnern, dass die arabische *mil*, die der Astronomen Almamun's, aus 4000 schwarzen Ellen (Vorderarmlängen, *coudées*) bestand, und folglich grösser als die engl. und als die Seemeile war, weil 56⅔ solcher arabischen *mil* auf 1 Grad kommen. Der Umfang des Aral-Sees, den Istachry zu 100 Parasangen berechnet, ist nach Edrisi 300 arabische *mil*; da nun nach demselben Schriftsteller jede Parasange 12000 Ellen (Vorderarmlängen) hat, so stimmen beide Angaben mit einander überein.

Weder Istachry noch Edrisi erwähnen einer Verbindung des Djihun mit dem casp. Meere; aber sie beschreiben ganz Transoxiana als ein Land, welches lebhaften Handel treibt und eines grossen Wohlstandes geniesst. „An den Ufern des Sucan (des Jaïk?) liegt die Stadt Namdjan in der Nähe einer Gebirgskette, wo Kupferminen durch tausend Menschen ausgebeutet werden. Das reichlich gewonnene Metall wird nach Khowarezm und zum Chas-Flusse (zu den Ufern des Sir-Deria) ausgeführt.“ Man kann aus dem unmittelbar Vorhergehenden schliessen, dass das Kupfer aus dem südlichen oder dem Badjirts- oder Baschkiren-Ural kam (Edrisi, II., 407). Die Fabel von dem dicken Fische des Khowarezm- (Aral-) Sees „welcher eine fast menschliche Gestalt hat und einige Wörter in einer unbekannten Sprache hervorbringt,“ scheint in dem Vorkommen der Robben ihren Ursprung zu haben. In Betreff des Meeres von Khozar (des caspischen) hält Edrisi es noch für nöthig, zweimal zu erwähnen (II., 2, 332), „dass es isolirt, ohne Verbindung mit den übrigen Meeren und dass es ein geschlossener See geblieben sei, so wie einst das

Mittelländische Meer, ehe Alexander nach Andalusien vordrang und unter der Leitung seiner geschickten Ingenieure den Zakak-Canal (die Meerenge) graben liess. Das casp. Meer ist von Nord nach Süd weniger lang als von Ost nach West. Die beiden Axen stehen im Verhältniss von 4 zu 3." Indess findet man das casp. Meer keineswegs so auf der Weltkarte Edrisi's gestaltet, welche in der Bodley'schen Bibliothek zu Oxford aufbewahrt wird (Vincent, *Per. of the Erythr. Sea*, I., Append., 83—87). Diese Karte ist nach dem System der Karten Agathodaemon's und unsrer neueren Karten gezeichnet, nicht nach jener bizarren und fast symbolischen Manier, überladen mit grossen Kreisen und geraden Streifen, wie die Manuscript-Karten Istachry's und des *Masalik wa Mumalik*, welche kürzlich Bird in Bombay herausgegeben. Die arabische Bodley'sche Karte lässt die Küste Afrikas vom Cap Guardafui bis Mozambique und Sefala (Sofala)in W.-O.-Richtung fortlaufen, so dass die Insel Madagaskar nördlich von derjenigen Küste liegt, welche wir jetzt die Ostküste Afrikas nennen. Es ist dies ein Theil der *terra incognita* des Ptolemaeus (IV., 9); aber der arabische Geograph lässt diesen Theil sich nicht bis Thinae hin erstrecken. Er lässt das indische Meer (Meer von *Senf*) offen.

Edrisi erwähnt eben so wenig als Istachry der Feuer von Baku. Es ist indess sehr wahrscheinlich, dass dieselben zu seiner Zeit vorhanden waren, denn Massudi Cothbeddin, der zwei Jahrhunderte vor Edrisi und 30 Jahre nach Istachry lebte, gedenkt in seinen „Goldenen Wiesen" eines Feuerausbruches, welchen er mit denen des Berkân oder des sicilischen Vulkans vergleicht (de Guignes, in *Notices et Extr. des manuscr. de la Bibl. du Roi*, I., 17; Klaproth, *Mag. as.*, I., 280—282; Massoudi, *transl. by Aloys Sprenger*, 1841, I., 418; Frähn, in Eichwald's Periplus, I., 194). „In der Nähe von Bâkiah oder Babikah (Baku), sagt Massudi, giebt es in einer Naphtha-Gegend einen Krater (Feuerpfuhl), eine von den Quellen des Feuers, welches unaufhörlich hoch hinauf brennt. Der Küste gegenüber liegen Inseln; auf einer derselben, etwa drei Tagereisen (?) vom Ufer entfernt, erblickt man einen weiten Krater, der zu gewissen Zeiten im Jahre ein furchtbares Getöse hören lässt und aus dem eine Feuersäule von der Höhe der höchsten Berge aufsteigt. Diese Flamme erleuchtet einen grossen Theil des Meeres, und man bemerkt sie vom festen Lande aus in einer Entfernung von hundert Parasangen.“ Es ist in dieser Beschreibung von einer jener Feuer-Eruptionen die Rede, die fast immer dem Emporsteigen und dem Ergiessen von Schlamm bei den Salsen vorangehen. Die Flammen erreichen manchmal, z. B. 1828 zu Gokmali und 1839 zu Baklichli, eine ausserordentliche Höhe. Das Phänomen, von dem Massudi spricht, ereignete sich nicht auf der Halbinsel Abscheron selbst, wo sich jetzt die Heiligen Feuer von Baku (Atesch-gha) befinden, sondern fern von den Küsten, vielleicht auf einer untermeerischen Untiefe, welche eine Zeit lang als Insel hervortrat, ähnlich den Inseln (Schlammvulkanen) Sswinoi und Pogorelaja-Plita. Strabo erzählt (XI., 509), dass einige Inseln des casp. Meeres Goldsand enthielten. Ohne Zweifel waren diese Inseln Theile des Meeresgrundes, des aufgeschwemmten Gebirges, welches durch die von den benachbarten Bergen herabkommenden Flüsse seit Jahrtausenden mit Metalltheilchen bereichert sein konnte. Auch erwähnt Massudi an einer andern Stelle, wo er von einer See-Expedition erzählt, welche die Russen im J. 912 auf dem casp. Meere unter Plünderung der Küsten ausführten, des Landes Nefala, des Naphthalandes, und dies ist die Halbinsel Baku. (Frähn, Ibn-Fozlan, p. 245.)

Zu Anfang des 15. Jahrh. giebt uns der arab. Geograph Bakui (*Not. des manuscr. du Roi*, II., 509) wie man schon nach seinem Namen erwarten konnte, eine merkwürdige Nachricht über die Feuererscheinungen seines Vaterlandes, der Halbinsel Baku. „Eine Parasange von der Stadt entfernt, sagt er, ist eine Stelle, die unaufhörlich Feuer speit; man sagt, es sei eine Schwefelgrube. Nahe diesem Feuer liegt ein Dorf, welches von Christen bewohnt wird, die (mit Anwendung dieses Feuers?) Kalk bereiten, den sie verkaufen. Das Meer ist reich an Seehunden, auf die man Jagd macht. Ihre Häute werden zubereitet, um sie mit Naphtha zu füllen, mit der man, wie mit Seide bedeutenden Handel treibt. In gewissen Jahren bemerkt man eine Art grossen Feuers, welches aus dem Meere aufsteigt und sich so hoch erhebt, dass man es eine Tagereise weit wahrnimmt. Es bleibt eine Zeit lang ziemlich hoch, dann vergeht es.“ Hierin haben wir also eine sehr deutliche Angabe von den untermeerischen Eruptionen, die in allen Jahrhunderten im casp. Meere statt gefunden haben. Der Geograph el-Bakui hat unter Andern das Verdienst, schon die fossilen Zähne des Kama-Thales als Elephantenzähne beschrieben zu haben (II., 542).

Ich werde nun fortfahren, in chronologischer Ordnung dasjenige zusammenzustellen, was seit der Zeit des nubischen Geographen (1153) bis zum Khan Abulghazi (1663) auf die allmälig erlangten Vorstellungen vom aralo-caspischen Becken Bezug hat. Während die arabischen Schriftsteller, sowohl Araber und Türken als Armenier, eine topographische Kenntniss von diesem Becken zeigen, die derjenigen weit überlegen ist, welche Europa zu Anfang des vorigen Jahrhunderts besass, blieben die Geographen des Abendlandes noch lange Zeit der alexandrinischen Hypothese von einem Zusammenhange des casp. Meeres mit dem nördlichen Ozean getreu. Sie wurden durch eine lebhafte Vorliebe für die klassische Literatur, insbesondere durch jener in Versen abgefasstes *Portulan* des Periegeten geleitet, dem zu Ende des 12. Jahrh. der Commentar eines gelehrten Scholiasten, Eustathius von Thessalonica, eine neue Wichtigkeit verliehen hatte. Das Becken, welches die Argonauten zum Ozean geführt haben sollte, war unterdessen während der Kriege Tschingis-khan's in seinem ganzen Umfange untersucht worden. Eine zahlreiche Armee hatte auf dem ganzen Wege um das Bassin nur Flüsse zu überschreiten gehabt (*Hist. des Tatars*, *par Abulghasi-Khan*, c. 17, p. 314, und in der deutschen Uebersetzung von Messerschmidt, S. 123—126). Diese Armee kam von Samarkand und zog durch Mazanderan, über Nischapur, Schamachi in Schirwan und über Derbend nach dem Lande der Oruss und dem Kiptschak, um sich mit Tschingis-khan, der selbst auf der nördlichen Grenze von Mawar el Nahar geblieben war, zu vereinigen. Der Eindruck dieses aussergewöhnlichen

Ereignisses, welches im J. 1220 statt fand, hat ohne Zweifel nicht wenig dazu beigetragen, unter den asiatischen Schriftstellern das System der Isolirung des caspischen Meeres, für welches sich Istachry, Massudi und Edrisi lange Zeit vor dem mongolischen Eroberer erklärt hatten, zu befestigen. Ebn-el-Wardi (1232) und Nikephorus Blemmydes (1245) sind fast Zeitgenossen. Blemmydes von Constantinopel, den Spohn zuerst nach dem Manuscript der königl. Bibliothek (cod. 1414) herausgab, welches Bredow und Georges Ticknor aus Boston verglichen hatten, sieht noch im caspischen Meere nur einen Meerbusen des Ozeans. Er ist nur der Abkürzer des Dionysius Periegetes (Letronne, *Fragments de Scymnus*, p. 245). Erst die nach einander von zwei Minoriten-Mönchen, Johann de Plano Carpini (1246) und Wilhelm von Rubruk oder Rubruquis (1253), in zugleich religiösen und politischen Absichten unternommenen Reisen haben endlich in Europa genaue und detaillirte Vorstellungen vom casp. Meer und von Transoxiana verbreitet. Ich übergehe Benjamin von Tudela (1170), welcher ohne Zweifel zu Khazwin und in Khuzistan gewesen ist (*The Itinerary of Rabbi Benjamin, transl. by A. Asher*, 1840, p. 129, 136), der aber von den weiten Ebenen des Oxus und Samarkands, „welche nur vier Tagereisen von Tibet entfernt sind", nur nach dunklen Nachrichten zu sprechen scheint. Er nennt Giwa am Oxus, das Khiwa unsrer Zeit, welches drittehalb Jahrhunderte vor ihm Istachry (Ouseley, p. 278) unter dem Namen Kheiweh (Asher, *Notes to Benj. of Tud.*, p. 170, n. 308) erwähnt hatte, und welches auch das Hanwa oder Hanua in dem entstellten Texte Edrisi's ist (II., 190, 192; s. Frähn, Ibn-Fozlan, p. 148.)

Plano Carpini war ein Italiener und in der Nähe von Assisi geboren. Ehe er in den Ebenen der Comanen und Uzen das Lager des mongolischen Khakhans der Goldhorde erreichte, zog er wahrscheinlich nicht längs des nördlichen Theils des casp. Meeres hin, sondern er überschritt wohl die vier Ströme Dniepr, Don, Wolga und Jaïk, den er Jaec nennt, (ohne Zweifel nach der Schreibart der Byzantiner, die öfters Γεηχ schreiben,) oberhalb ihrer Mündung. Vincenz von Beauvais hat uns in seinem *Speculum historiale* (ed. Venet., 1494, l. XXXII., c. 3 — 39) Auszüge aus den Reiseberichten Ascelin's und Johanns de Plano Carpini aufbewahrt. Er erzählt wie der „Bruder Johannes, durch die Steppen trabend, *quantum equi poterant ire trotando*" zum Lager Batu-khan's, des Sohnes vom Djudjikhan und Enkels vom Tschingis, gelangt. Es bleibt ungewiss, ob die Winterresidenz und der goldene Thron (*altun-tokht*) damals zu Seray am Achtuba oder, wie ich glaube, zu Seraitschik am Jaïk war. Der Herausgeber des Reiseberichtes lässt die vier Ströme, die der Mönch überschritten hat, sich in das *Mare Graeciae* (Pontus Euxinus) ergiessen, *quod dicitur magnum mare, de quo exit brachium quod Constantinopolim vadit* (Vincentii Belvacensis *Fragmentum de rebus orientalibus*, Helmst. 1585, p. 175 b). Lange Zeit wurde dieser geographische Schnitzer dem Vincenz von Beauvais selbst zugeschrieben; aber seit zwei Jahren besitzen wir durch die Sorgfalt des Hrn. d'Avezac eine vollständige Ausgabe vom Plano Carpini, welche von sehr interessanten Bemerkungen begleitet ist. Der Mönch sagt ganz deutlich, dass der Dnieper (sein Nepre) und der Jaïk in ein und dasselbe Meer münden (*Recueil de voy., publ. par la Soc. de Géogr.*, IV., 487, 743). Rubruquis, begleitet von Bartholomäus von Cremona, verfolgte von der Krim aus, wo sie Gothen gefunden „*quorum ydioma est Teutonicum*," fast denselben Weg. „Jenseit des Flusses Ettilia (der Wolga), erzählt Rubruquis, gelangten wir an einen andern grossen Strom, den Jagag, der von N. her vom Lande der Pascatiren (Baschkiren) kommt und in einen gewissen See fällt, „*quod vocant mare Sirsan a quadam civitate quae est super ripam ejus in Perside. Ysidorus vocet illud mare Caspium. Non est tamen verum quod dicit Ysidorus quod sit sinus exiens ab oceano* (d'Avezac, *Itinerar. Willelmni de Rubruk* im *Rec. de voy.*, IV., 219, 265, 274, 279). Weiterhin, im O. Khowarezms, besuchen die reisenden Mönche Kenschat, eine von Weinbergen umgebene Stadt, welche an einem grossen Strome liegt, dessen Namen sie nicht erfahren können. Edrisi erwähnt Kendjdeh an den Ufern des Chach oder Jaxartes (II., 208); aber Rubruquis sagt deutlich: *Magnus fluvius iste qui irrigabat totam regionem secundum quod volebant a quam ducere, haud descendebat in aliquod mare, sed absorbebatur a terra et faciebat multas paludes.* (Sollte dieser Fluss vielleicht der von Bokhara, der Kohik sein?) Weiterhin nennt Rubruquis die Stadt Talas, bewohnt von einigen von den Mongolen zu Gefangenen gemachten Deutschen. (Der Fluss Talas, südlich vom Tschui, verliert sich wie dieser in einen Steppensee im O. von Turkestan.) Der Dominicaner Ascelin (1254), von dem uns Vincenz von Beauvais glücklicher Weise einige Fragmente aufbewahrt hat, und der vom Papst Innocenz IV. abgesandt wurde, gelangte auch bis nach Khowarezm, einem Theile von Transoxiana, wo er vom Aral-See hätte Kunde erhalten können; aber weder er, noch Rubruquis, noch Plano Carpini führen denselben in ihren Reisebeschreibungen an.

Dreissig Jahre nach Rubruquis' Reise fällt die berühmteste aller Landreisen, nämlich die der Poli von Venedig. Wie der brabantische Mönch behauptet Marco Polo die Isolirung des casp. Meeres (l. I., c. 5; *Il Milione*, Baldelli, II., 27), welches er Meer von Abaku nennt. Diese Benennung ist in Persien gebräuchlich, und der Name Meer von Baku vermehrt die Beweise Klaproth's, dass Marco Polo sich beständig eines persischen Dolmetschers bedient habe; eine Bemerkung, welche ein lebhaftes Licht auf Namen geworfen, die bisher unerklärlich geblieben waren. Die Poli haben zu Anfang ihrer Reisen den halben Weg um das casp. und Aral-Meer auf der Nordseite gemacht, ohne jedoch vom Aral- als von einem unterschiedenen Becken zu sprechen. Hätten sie den Weg über die Landenge des Ust-Urt genommen, wie der Graf Baldelli behauptet, so würden sie, meine ich, die beiden Becken unterschieden haben. Auf der Reise nach Bokhara haben sie, von Soldadia (Sudak in der Krim, Edrisi, II., 395) kommend, Assara (Saray am Achtuba) und Bolghari besucht, den Erdil (die Wolga) und den Gheicon (Jaïk) überschritten, welcher letztere nach Edrisi (II., 414) „von der Kette der Osasca- (Ural-) Berge herabkommt, die von N. nach S. mit einer kleinen Abweichung gegen O. läuft“. Weiterhin, zwischen Okak (Ukaka) und Bokhara, glaubten sie, längs der Ufer des „Tigris, eines der vier Flüsse des Paradieses“ fortzugehen. Diese Probe orientalischer Gelehrsamkeit beweis't, dass Marco Polo unter dem Namen Tigris den Jaxartes (Sir) mit dem Oxus (Djihun) verwechselt hat (*Il Milione*, l. I., c. 1). In der zweiten Reise ging er auf der Südseite um das casp. Meer, um durch Khorasan nach Balach (Balkh) zu gelangen, welches in geringer Entfernung vom Oxus liegt, den er jedoch nicht nennt (l. I., c. 22).

Der König von Armenien Haytho I. befand sich gleichzeitig mit Rubruquis am Hofe Batu-khans. Der berühmte Geschichtsschreiber Haytho (armenisch Hethum), welcher früher Fürst von Karrikos war und nachher (1305) auf der Insel Cypern Mönch wurde, verfasste sein Werk nach den Manuscripten seines Vetters, des Königs, und nach denen der glaubwürdigsten mongolischen Schriftsteller. Haytho kennt jedoch weder den Aral-See, noch die Ströme Oxus und Jaxartes. Selbst der östliche Theil des casp. Sees wird niemals in seiner Geschichte erwähnt. Dies Meer selbst bezeichnet er als den grössten See der Erde. „*Mons Cocas (Kho-kas,* der Kaukasus) *residet inter duo maria, ex parte occidentis est majus, ex parte orientis mare Caspium et istud mare nullum habet introitum cum mari Oceano. Circa illum montem Caspium inveniuntur bubali.*" (*Novus orbis regionum ac insularum veteribus incognitarum*, Basil., 1537; *Haithonis Armenii, Ordinis Praemonstrat. de Tartaris liber*, c. 5, p. 421.) Die zoologische Bemerkung des Armeniers ist höchst schätzbar. Der wilde *Bubalus* Haytho's ist der Aurochs (Zubr, *Bos Urus*), der in Europa nur noch an einer einzigen Stelle, in dem isolirten Walde von Bialowieza vorkommt. Man hat ihn kürzlich nach manchen vergeblichen Nachforschungen im kaukasischen Gebirge wiedergefunden (v. Baer, im *Bull. scient. de l'Acad. de St.-Pét.*, I., 153). Die byzantinischen Historiker kennen den Aurochsen unter dem Namen Zumpros (ζοῦμπρος), was nichts Anderes als das gräcisirte slav. Wort *zubr* ist. Nicetas Choniates (l. II., c. 6, p. 433, 16, ed. Bonn.) erzählt, dass Kaiser Andronicus I., dessen Jugend sehr abenteuerlich war, den *zumpros* in den Wäldern von Kiew in Polen um das Jahr 1182 gejagt habe. Dies Thier hat in der Moldau im wilden Zustande noch bis zum Ende des 18. Jahrhundert existirt.

Abulfeda, ein Zeitgenosse des Armeniers Haytho, beschreibt die Ufer des Djihun und den Aral-See (See von Khowarezm) nach Ebn-Haukal; aber er fügt wenig hinzu zu dem, was wir bereits bei Istachry und dem nubischen Geographen gefunden haben. Er setzt die Mitte des Sees in 43° Br., also 2° zu südlich. (*Chorasmiae Descr. ex tabulis Abulfedae*, in *Geogr. vet. Scriptores min.*, III., 23, 34, 110, ed. Hudson, und die schöne Uebersetzung Abulfeda's von Reinaud, p. 55.)

Ibn-Batuta, ein geistreicher, naiver, aber sehr genauer Reisender (1324—1353), hat ganz Asien von Arabien und Indien bis China, und Afrika von Aegypten bis Marocko bereis't. Auf der asiatischen Reise besuchte er Astrakhan, die Ufer des Athal (Wolga) und Djihun „welcher fünf Monate im Jahre gefroren bleibt"; er verweilte in Saraidjuk, welches „am Flusse Ulu-su (dem grossen Wasser) gelegen." Sollte dies nicht das so oft von Balducci Pegoletti in seinen Handelsreisen erwähnte Saratschick am Jaïk sein, wo Batu-Khan residirte, als er sich zur Blauen Horde in der Umgegend des Blauen (oder Aral-) Sees, den die Russen noch bisweilen Sinoe more nennen, begab? (*Travels of Ibn-Batuta, transl. by* Samuel Lee, p. 79—86.)

Auf den in Europa seit dem Anfang des 14. Jahrh. bis zu Christoph Columbus' Tode gezeichneten Karten hat die doppelte Benennung *Mare Caspium* und *Hyrcanum*, welche das ganze klassische Alterthum hindurch einem und demselben Becken gegeben worden, und noch mehr eine unbestimmte und von sehr alten Zeiten her verbreitete Vorstellung von der Existenz des Sees Issikul oder Temurtu den Aral-See verkennen lassen. Wir sehen auf der Weltkarte Marino Sanuto's vom Jahre 1323 zwei caspische Meere, nämlich: 1) ein *Mare Yrcanum* oder Meer von Sara (Saray), insellos und von dem Schwarzen Meere durch Georgien und durch die *Portae ferreae* getrennt, aber im Osten durch einen langen Fluss mit dem *Mare tenebrosum* der Ostküste Asiens, wo die Tartaren und die Serer sitzen, in Verbindung stehend; 2) etwas südöstlich von jenem *Mare Yrcanum*, östlich von dem Gebirge Gog und Magog Scythiens, ein *Mare Caspium*, voller Inseln und ein gänzlich abgeschlossenes Becken bildend. Dieser letztere See stellt vielleicht den Aral dar, welches der Inselsee ist (*Sanuti Liber secret. Fidelium crucis* in *Bongarsii Gestis Dei per Francos*, 1611, II., 281, 296; Vincent, II., 359, 661).

In dem *Portulano Mediceo* vom Jahre 1351 stellt die sechste Karte das caspische Meer sehr gut mit einer von N. nach S. laufenden Hauptaxe dar. Dieser ganze Atlas ist eine genuesische Compilation und von einer für die damalige Zeit merkwürdigen Genauigkeit. Es ist bekannt, dass die Handlungshäuser Genuas und Pisas an der Tana (Azow) errichtet waren, welche die Seide Ghilans und die Gewürze Indiens auf dem Djihun, über das casp. Meer und Giterkhan (Hadjiterkhan, Citracan, Astrakhan) empfingen. Marco Polo sagt, „dass die Genueser seit Kurzem (also zu Ende des 13. Jahrhunderts) anfingen, auf dem casp. Meere Schifffahrt zu treiben" (Marsden's Ausg., p. 54). Die sechste Karte des *Portulano* ist eine wirkliche Seekarte; sie bezeichnet die Örter, wo Schiffe einen guten Ankerplatz an der Mündung der Wolga finden. In manchen Theilen erscheint dieser *Portulano* als ein Reflex der seit dem 12. Jahrh. so verbreiteten arabischen Kenntnisse; in andern Theilen ist er auf Beobachtungen italienischer und catalonischer Piloten gegründet.

Die berühmte catalanische Karte vom Jahre 1374, welche unter den Manuscripten der königl. Bibliothek zu Paris aufbewahrt wird, ist diejenige, welche sämmtliche geographische Kenntnisse enthält, die durch die Handelsverbindungen der Insel Majorka mit Italien, dem Orient und Aegypten nach diesem einzigen Punkte des Mittelländischen Meeres zusammenflossen. Die fünfte Section dieser Karte giebt uns ein grosses topographisches Detail der nördlichen und westlichen Küsten des casp. Meeres, „*que es appellado Mar del Sarra* (Saray) *e de Bacu*“. Die Gestalt des östlichen Theiles des Meeres ist sehr seltsam: es ist so sehr gegen Osten verbreitert, dass die O.-W.-Axe fast grösser ist als die N.-S.-Axe, was bei Edrisi, der über zweihundert Jahre früher schrieb, nicht der Fall ist. Ich will gar nicht bezweifeln, dass im Süden des Balkhan-Golfs und des Ust-Urt-Plateaus im 14. Jahrh. einzelne Buchten vorhanden gewesen sein mögen, durch welche das casp. Meer sich sehr Urghendj und selbst dem Ural genähert habe; indessen scheint mir die Gestalt des casp. Meeres auf der catalanischen Karte vielmehr auf einer gänzlichen Unkenntniss von dem Vorhandensein des Aral als eines durch eine Landenge getrennten Beckens zu beruhen.

Nach dem Atel (der Wolga), welcher zwar ohne Namen geblieben, aber leicht aus der Lage von *ciutat de Sarra* und von Borgar (Bolghar) zu erkennen ist, wird der Layech (Layek oder Jaïk) aufgeführt, und der Fluss Organci (der von Urghendj), nämlich der Oxus, welcher etwas südlich vom Mebnemeselach- (Mangischlak-) Golf einmündet. Es findet sich keine Spur von der Emba und dem Sir (Jaxartes, Chas der Araber). Ich bleibe in Zweifel über die Stadt Lop, von wo, den langen Erklärungen zufolge, die auf der catalanischen Karte dem Bilde einer Karavane beigefügt sind, „die Kaufleute von Sara mit Ochsen, Wagen und Kameelen ausgehen, um durch Wüsten ohne Wasser in 7 Monaten nach Catay zu ziehen.“ Die russische Stadt Jelabuga, die man unter dem einsylbigen Namen Lop verstanden hat, scheint mir viel zu weit gegen N. zu liegen. Sie liegt an der Kama im ONO. von Kasan, also weit jenseit Bolghar, wo damals das Barbarenland, „das Land der Finsterniss“, anfing. Sollte es vormals eine Handelsstation an einem von den beiden Nebenflüssen des Ilek gegeben haben, welche man noch jetzt die Grosse und Kleine Lobda oder Hobda nennt?

Auf der catalanischen Karte finden wir auch zum ersten Male im Westen den Issikul-See angegeben, der am Fusse der grossen Kette des Thian-schan, der *Montes Auxacii* des Ptolemaeus liegt, wenn wirklich Aksu die *Auxacitis regio* ist (VI., 15). Bei den östlichen Völkern, z. B. bei den Chinesen, ist der Warme See (Temurtu oder Issikul) sehr berühmt. Man findet ihn unter dem Namen Je-haï auf chines. und japan. Karten des 17. Jahrh., und durch Verwechselung des Sihun mit dem

Tschui lässt man den ersteren aus diesem See entspringen und in das West-Meer fallen (s. die Karte der japan. Encycl. in Klaproth's *Mém.*, II., 416, wie die Reisekarte Hiuan-thsang's im *Foe-kue-ki*). Am Nordrande des Yssicol-Sees giebt der catalanische Geograph „ein Kloster der armenischen Brüder mit dem Körper des heiligen Matthias" an. Diese Bemerkung erscheint anfangs ziemlich seltsam, weil man in dieser Gegend weit eher eine Nestorianer-Verbindung erwarten sollte. Man muss sich indess erinnern, dass seit dem 13. Jahrh. viele monophysitische Christen in das innere Asien verbreitet wurden. Ziemlich nahe beim Issikul-See, zu Ili (Armalecco), fand im Jahre 1342 unter der Regierung des Usurpators Ali Soldan eine blutige Verfolgung der Christen statt, welche im Gefolge einiger Franziscaner-Mönche in's Land gekommen waren (Mosheim, *Hist. Tart. eccles.*, §. 42). Die Identität dieses Yssicol-Sees mit dem gleichnamigen See, von dem wir schon so oft in diesem Werke (S. 377, 406) gesprochen haben, ist durchaus nicht zweifelhaft. Die grosse Handelsstrasse der Italiener und ihrer Factoreien in der Krim nach Catay hat uns Balducci Pegolotti verzeichnet. Sie ging über Astrakhan, Saraytschik (Saratschik) am Jaïk, Urgendj am Djihun, Oltrarre (Otrar) am Sir oder Sihun, Armalecco (Almalig der muhamedanischen Schriftsteller), nach Came-xu (xu oder ziu für tschëu, die grosse Stadt Kampion, Hauptstadt von Tangut, bei Marco Polo; Khan-tscheou-fu in unsren Tagen) bei der chinesischen Mauer. Nun ist Almalig oder Ili-balik die Stadt Guldja am Flusse Ili, der sich in den Balkhasch-See ergiesst. Von der Station Almalig zum See Issi-kul sind nur 50 M. in WSW.-Richtung. Es ist daher sehr natürlich, dass der Name dieses in einem ehemals sehr blühenden Lande gelegenen, grossen Sees im 14. Jahrh. Kaufleuten und unterrichteten Männern Italiens, Cataloniens und der Insel Majorka bekannt war.

In einem der am Schwierigsten zu erklärenden Capitel Edrisi's finden wir östlich vom Chach (Sir) den Fluss Eïlac, die Stadt Ghudjia und den grossen See Gaghan (4. Clim., 9. sect., II., 213—217). Ich habe früher geglaubt, dass der Eïlac der Ili und Edrisi's Ghudjia die Stadt Guldja (Ili, Amalig) wäre; aber ich habe mich seitdem erinnert, dass Eïlac oder Yaylak nur im Allgemeinen eine Sommer-Station (*jai* oder *ei*, im türk. Dialekt Sommer) bedeutet und dass Edrisi's Ghudjia auf der Strasse von Samarkand zum Sir liegt. „Ein Fluss, sagt der nubische Geograph, dessen Lauf wenig reissend und auf einer Strecke von 225 Meilen von West nach Ost gerichtet ist, mündet in diesen See. Er führt den Namen Charia." Es ist von allen neueren Reisenden die Bemerkung gemacht worden, dass während des Sommers die meisten Flüsse der Steppen ein so stagnirendes Wasser haben, dass es schwer hält, die Richtung ihres Laufes zu bestimmen. Sollte der Gaghan-See selbst das Warme Meer, der See Issi-kul sein, und Edrisi dem Tschui, der aus dem Issi-kul kommt und sich nach einem OSO.-WNW.-Laufe von mehr als 500 Meilen Länge in den kleinen See Karabulak ergiesst, eine grade entgegengesetzte Richtung beigelegt haben, indem er meinte, derselbe käme aus dem See Kara-bulak, um sich von W. nach O. unter dem Namen Charia in den Issi-kul-See zu ergiessen? Auf einer Karte der Tartarei von Sanson vom J. 1659, welche dem II. Th. des grossen Werkes von Witsen beigefügt ist, finde ich Gaghan in der Nähe des *Carantia lacus* (*Caranitia*, Edrisi, II., 215), nordwestlich von Aksu, also nördlich vom Thian-schan. Dies ist die wahre Lage des Issi-kul. Man kann indess einwenden, dass sich südlich von der Thian-schan-Kette Flüsse finden, die ähnlich dem Amazonenstrom und der Donau gänzlich und auf grosse Strecken gegen Osten fliessen: so der Djulduz oder Khaidu, der in den Bosteng-See, und der Tarim, der in den Lop-See mündet. Hr. Zimmermann bemerkt sehr richtig, dass der Djulduz genau die Stromlänge habe, die Edrisi dem Charia-Flusse beilegt. Dieser junge Geograph glaubt, dass der Bosteng-nor, südlich von Kharaschar, wohl der Gaghan-See sein möge, dessen Lage bisher so zweifelhaft geschienen hat.

Der Cardinal von Ailly (Petrus Alliacus, 1410), dessen Werke, wie ich an einem andern Orte auseinandergesetzt habe, einen grossen Einfluss auf die Unternehmung des Christoph Columbus ausübte, scheint sich noch zu fürchten, von der althergebrachten Theorie der ozeanischen Verbindung abzuweichen. Er meint: „es giebt zwei caspische Meere, das eine isolirt, von allen Seiten mit Land umgeben; das andere in Verbindung mit dem nördlichen Ozean stehend. Vielleicht sind diese zwei Meere nur ein einziges; auch behaupten die neueren Reisenden (er spricht ohne Zweifel von den diplomatischen und reisenden Mönchen), der caspische See habe keinen Ausgang, sondern bilde ein geschlossenes Becken gleich dem indischen Meere" (Petrus Alliacus, *Imago Mundi*, c. 54, und *Compend. Cosmogr.*, c. 13, p. 74). Eine Isolirung des caspischen Meeres, ohne eine Spur vom Aral-See, findet sich auf der Weltkarte Andrea Bianco's vom

Jahre 1436 (nach Formaleoni stammt sie aus dem 13. Jahrh.); ferner auf der Karte des Museums Borgia (1450), auf den Karten von 1424 und 1527 in der militärischen Bibliothek zu Weimar (*Exam. crit.*, II., 180—186) und auf der genuesischen *Carta nautica* vom Jahre 1489, welche wahrscheinlich nach den Reiseberichten Giosafat Barbaro's (1438) und Ambrogio Contarini's (1476) entworfen ist.

Auf der Weltkarte, die der Ritter Camillo Borgia (Neffe des Cardinals, des Gründers des ägyptischen Museums zu Veletri) zu Rom im Jahre 1797 herausgegeben (*Tabula aenea, opus nigelliare*) finden wir wieder östlich vom Flusse Organti (Djihun, Oxus, Fluss von Urgendj) den See Issicol und die christliche Kirche nahe am Ufer des Sees, wie auf der catalanischen Karte. Der Oxus mündet in das casp. Meer, steht aber zu gleicher Zeit in Verbindung mit dem Wolga-Delta. Die berühmte Karte Fra Mauro's (1459) zu Venedig zeigt im NO. von Sarey (Saray) und vom Jaicho (Jaïk) einen Salzhügel, wahrscheinlich die Steinsalzgrube von Ilezk, die ich besucht habe; und im Osten vom casp. Meere (*Mar de Bachu*) im Lande Organza (Urgendj) einen See, der den aus Balkh herabkommenden Strom, den Dehas, aufnimmt. Ich glaube, in der Angabe dieses Sees eine Erinnerung an den Aral zu finden, obgleich Cardinal Zurla (*Dissert.*, p. 30—32) sich durchaus gegen diese Conjectur erklärt und will, dass Fra Mauro den Ocus und Ixarte direct in's Meer von Baku habe fliessen lassen. Die Nähe der Wüste Lop macht diesen Theil der Weltkarte ziemlich verwirrt. Auch Juan de la Cosa (1500), des Christoph Columbus Freund, von dessen wichtigen Arbeiten ich in einem andern Werke gesprochen habe, setzt nahe an das Meer von Abacu einen kleinen kreisförmigen See, in welchen jedoch kein Fluss mündet. Alle diese Beispiele thun dar, wie langsam sich die durch die arabischen Geographen erlangten Kenntnisse im Abendlande verbreitet haben. Das Schwanken in den Ansichten war so gross, dass selbst zu Anfang des 16. Jahrh. der Gelehrte, welcher zuerst der Neuen Welt den Namen Amerika beilegte, Martin Waldseemüller, bekannt unter dem Namen Hylacomylus (*Cosmographiae Introd.*, 1507, fol. 17 a.), der *Globus Mundi* (ed. 1509, c. 4), und Peter Apian (*Cosmogr.*, 1524, fol. 68) noch immer in dem casp. Meere, wie Dionysius der Periegete und fast die ganze alexandrinische Schule, nur einen Golf des scythischen Meeres erblicken.

Wir gelangen nun, mit der Mitte des 16. Jahrh., zu einem Zeitabschnitt, wo zwei ihrer Natur nach sehr verschiedene Ereignisse uns durch die glaubwürdigsten Zeugnisse von dem ehemaligen Zustande des östlichen Ufers des casp. Meeres Kunde geben und über den Handel und die alte Mündung des Oxus (Djihun, Amu-deria) neues Licht verbreiten. Diese Ereignisse sind: 1) die Reisen von englischen Piloten und Kaufleuten, die sich lebhaft dafür interessirten, den Zusammenhang des Wassersystems des caspischen und des Aral-Beckens kennen zu lernen; 2) die Herausgabe der Memoiren eines unumschränkten Fürsten von Khiwa, der lange Zeit auf dem Gebiete zwischen den beiden Bekken Krieg führte und dieselben Gegenden, hundert Jahre nach der Ankunft der englischen Reisenden, beschrieb. Der Eifer für Entdeckungen im Jahrhundert eines Columbus, Cabot und Cortereal, war so gross, und die Verkettung der auf dasselbe Ziel gerichteten Verhältnisse war von der Art, dass die gegen Nordwesten in den hohen Breiten der Neuen Welt gewonnenen Erfolge ihren Widerschein selbst bis nach Inner-Asien verbreiteten. Derselbe Sebastian Cabot, der sich den Ruhm erwarb, im Verein mit seinem Vater, Johann Cabot, das Festland von Nord-Amerika*) zu entdecken, fasste den Gedanken zu einer Expedition gegen Nord-Osten auf, welche den Zweck hatte, die Spitze der skandinavischen Halbinsel zu umschiffen, um auf einem bis dahin noch nicht betretenen Wege in's Eismeer zu gelangen. Cabot wurde unter der Regierung Eduard's IV. im Jahre 1553 zum „*Governor of the Mysterie and Companie of the Merchant adventurers for the discoverie of regions, islands and places unknown*" ernannt (Hakluyt, I., 226; Biddle, *Mem. of Seb. Cabot*, 184—217). Von drei Schiffen, die unter den Befehl Sir Hugh Willoughby's gestellt wurden, lief ein einziges, geführt von dem geschickten *Pilot-Major* Richard Chancellor, in den Hafen von Arkhangel ein. Die ganze Mannschaft der beiden

*) Am 24. Juni 1497. Columbus entdeckte das Festland von Süd-Amerika erst am 1. August 1498. *Exam. crit.*, I., 309; IV., 217; V., 181.

andern Schiffe unterlag der Strenge des eisigen Winterklimas von Wardoehuus, an der Küste von norwegisch Lappland. Dies Unglück erinnert wegen des Gegensatzes daran, wie ausserordentlich in unsern Tagen, in der Zeit eines Parry und Ross, die Gesundheitspflege, die innere Einrichtung der Schiffe und die Art, eine gleichmässige Temperatur zu vertheilen und zu erhalten, vervollkommnet worden ist. Die Ankunft eines Theiles der englischen Expedition im Weissen Meere war gleichsam eine Entdekkung Russlands von Norden her, ein neuer Verbindungsweg, der den Völkern des Abendlandes eröffnet wurde. Bis dahin waren diese für den Pelzhandel so wichtigen nordischen Gegenden von dem Handel auf dem casp. Meere abhängig gewesen. Man trieb einen Tauschhandel, indem man die in dies Becken sich ergiessenden Ströme aufwärts entlang fuhr und mittelst Trageplätze zu den Strömen, die sich in's Eismeer ergiessen, gelangte. Der russische Handel, welchen besonders die Araber im 9. und 10. Jahrh. belebten, verbreitete Münzen des Khalifats in jene öden und einsamen Gegenden. Der Baron v. Herberstein (*Comm. della Moscovia*, in Ramusio, II., 168), welcher Russland in den Jahren 1516 und 1526 besuchte, kennt die Trageplätze der Petzora, die Ufer des Obi und das obdorische Gebirge bis zum Nord-Ende der Ural-Kette auf's Allergenaueste.

Obgleich der von Seb. Cabot gegebene Impuls „auf die Entdeckung des nördlichen Theiles der Welt gerichtet war, um zu einer Zeit, wo der Handel litt (*wares of England being in small request*) einen neuen Weg zu unbekannten Reichen zu eröffnen" (Hakluyt, I., 243); so zögerte der Pilot Richard Chancellor nicht, Vortheil aus seiner Lage zu ziehen. Als er zu Arkhangel selbst von Karavanen, die die Stadt Astrakhan mit Persien, Indien und China in Verbindung setzten, Kunde erhalten hatte, reis'te er nach Moskau, wo er wichtige Privilegien vom Grossfürsten Wassili zu Gunsten der Gesellschaft der *Merchant adventurers* erhielt, und brachte dann einen russischen Gesandten zu Anfang des J. 1557 nach England mit. Eine zweite Expedition fand unter dem Befehl des geschickten Stephen Burrough statt. Die Corporation der Kaufleute wählte in der Person Anton Jenkinson's einen Agenten, welcher mit einem hohen Grade von Einsicht den so nothwendigen Muth zu solchen Unternehmungen in fernen Gegenden verband. Da Chancellor aus dem Munde eines Gesandten des Schachs von Persien, den er in Moskau angetroffen, erfahren hatte, dass es in Persien mehr Seide gäbe, als man in Russland Lein und Hanf fände; so war eine der ersten Handlungen der Regierung der Königinn Elisabeth die Absendung eines Briefes an den „Gross-Sophi, den Kaiser der Meder und Parther," um ihm die Agenten der Adventurers-Compagnie zu empfehlen. Die sanfte officielle Sprache beweis't, wie sehr der englischen Regierung der Handel mit Persien und Indien über das casp. Meer am Herzen lag. „Wenn die Meere, wenn die zwischen uns gelegenen Länder und die Klimate uns zu trennen streben, sagte die Königinn, so werden doch gegenseitige Anordnungen der Humanität und des Wohlwollens die Bande zwischen unseren beiden Reichen fester knüpfen" (l. c., p. 341).

Jenkinson unternahm im J. 1558 die Reise von Astrakhan über Urghendj nach Boghar (Bokhara). Nachdem er sich auf dem casp. Meere eingeschifft hatte, berührte er die Mündung der Emba und den Golf Manguslave (Manghischlagh, vielleicht ursprünglich *Ming-kischlak*, d. i. tausend Winterlager; Eichwald, Alte Geogr. des casp. Meeres, 109); von der Küste des casp. Meeres an der Burg Sellizure vorüber, brauchte er bis Urghendj nur sechs Tage. Ein sehr unterrichteter Geograph, der überall auf die ersten Quellen zurückgegangen ist, Hr. Zimmermann,*) hat bereits daran erinnert, wie nöthig es sei, den Zustand der beiden Strombecken des Aral- und des casp. Meeres chronologisch zu untersuchen. Gegenwärtig beträgt die kleinste Entfernung der Küsten beider Meere (vom Mertwoi-Kultuk des casp. zum Golfe Duanani-Kulami des Aral) 4° 18′ oder

*) S. dessen treffliche analytische Abhandlungen über Khiwa (1840), S. 12 und über die Karte von Inner-Asien (1841), S. 111.

47 Seemeilen von W. nach O. Das Minimum der Entfernung des casp. Sees von Alt-Urghendj ist heut zu Tage 76 Seemeilen in der Richtung NW.-SO. Hr. Zimmermann meint, dass ein Fjord (eine Sackgasse), der von dem alten scythischen Golf des caspischen Meeres ausging, zu Jenkinson's Zeit die Schifffahrt noch sehr weit gegen Osten hin möglich gemacht habe. Er stützt sich auf das Zeugniss der Karte von 1570 in dem *Theatrum Orbis terrarum* von Ortelius, welche den Titel: *Russiae, Moscoviae et Tartariae descriptio, auctore Antonio Jenkinsonio, Anglo, edita* 1562 *et dedicata Ill. D. Henrico Sidneo, Walliae praesidi* führt. Der Meeres-Arm, welcher im S. vom Mangusla- (Manghischlagh-) Golf, vielleicht dem Golfe Karabogas (41° 10′ Br.), liegt, der ehemals mit dem Bittersee Kuli-deria oder Adschi-Kujussi in Verbindung stand, dringt nach dieser Karte in's Innere des Landes zum Flusse Ugus vor, an welchem Urgeme (Urghendj) liegt. Die Karte in Murawiew's Reise giebt diesem Bittersee fast 25 M. Länge. Der Aral-See hat auf Jenkinson's Karte den Namen *Kitaje Lacus*, und nimmt den Fluss von Taschkend (Sir, Sihun) auf, welcher darauf den Namen Amu führt und mit dem Oxus verwechselt ist. „Am 5. October, sagt Jenkinson, kamen wir, nachdem wir in der Manguslave-Bai gelandet und durch eine Wüste im S. mit einer Karavane von tausend Kameelen gezogen waren, an das Ufer eines Golfes (des casp. Sees) an, wo sich ein Zollamt des Königs der Turkmenen befand. Der Oxus mündete früher in diesen Golf, jetzt fliesst er nicht mehr bis dahin. Er ergiesst sich in einen andern Fluss, den Ardok, der seinen Lauf gegen Norden nimmt und unter der Erde (?) auf einer Strecke von mehr als 500 M. (*milles*) fortläuft, um sich später in den See von Kitay (den Aral) zu ergiessen. Bei der Burg Sellizure bewässert man die Ländereien mit den Wassern des Oxus, und diese Bewässerung und die Kanäle sind die Ursache, wesshalb sich der Oxus nicht mehr in's casp. Meer ergiesst. Das Land läuft Gefahr, gänzlich zur Wüste zu werden, wenn die Völker, die dort wohnen, durch ihre Kanal-Anlagen den Lauf des Stromes endlich

vollends vernichtet haben werden. Es sind von da nach Urgence nur zwei Tagereisen“.*) Da Jenkinson die Breite der Stadt Astrakhan zu 47° 9′ statt 46° 21′ angiebt, so kann es nicht auffallen, dass sein Busen Manguslave der Breite von 45° 0′ (der des südlichen Theiles vom Mertwoi-Kultuk) entspricht. Der Fehler beträgt nur 8′ für Manghischlagh, wenn man die Breiten Jenkinson's mit — 48′ verbessert. Der Busen, wo das turkmenische Zollamt lag, und dessen Wasser süss sind, war wahrscheinlich der *Karabogas* (d. i. schwarze Schlucht), welcher damals weiter ostwärts reichte als jetzt. Im Thale von Mexiko habe ich gesehen, welche grosse Strecken Landes das Wasser zu bedecken vermag, wenn es um einige Zoll steigt, nämlich in der Gegend wo das Ufer des Sees von Tescuco sanftwellig oder vollkommen horizontal ist. Was Jenkinson in sehr unbestimmter Weise vom Ardok und von dem unterirdischen Laufe des Flusses berichtet, hat ohne Zweifel auf die *Perte* des Wakhschak**) Bezug, eines von Edrisi angeführten Nebenflusses des Oxus (I., 472).

Wir haben gesehen, dass Jenkinson's Bemerkungen

*) Nicolaas Witsen, *Noord en Oost Tartaryen*, Amst. 1785, I., 396—404; Thévenot, *Rel. de div. voy. curieux*, Paris 1666, I., 20—22; Purchas, III., 236; Hakluyt, I., 234; Müller, Samml. russ. Gesch., IV., 199; VII., 391; Allgem. Gesch. der Russen, 1749, VII., 386.

**) Türkische Geographen nennen *Perte* oder natürliche Brücke des Oxus einen Lauf, mag er unter einem Felsen oder zwischen zwei sehr nahe aneinander liegenden Bergen (*Dehani-Schir*, Löwenrachen) oder endlich unter Sandboden statt finden (s. Witsen, I., 369; Ste.-Croix, 721). Wenn der Akes Herodot's (III., 117) der Oxus ist, wie man ziemlich allgemein annimmt, so muss eine eigenthümliche Beschaffenheit des Ufers schon vormals Stromsperren erzeugt haben. Burnes erwähnt in seiner ausführlichen Beschreibung des Oxus-Laufes keine solche Schwierigkeiten. Er versichert, dass man den Oxus von Urghendj bis Kunduz 600 M. weit aufwärts fahren könne, ohne Felsen oder Stromschnellen zu finden (*Trav. into Bokhara*, II., 189). Nadir-Schach's Flotte kam von der Gegend von Balkh nach Khiwa (Abdul-Kurreem, *Memoirs*, 35, 49, 57). Ich werde weiterhin noch auf jene Stromsperren zurückkommen.

über die Spuren der alten Mündung des Oxus in das casp Meer die Folgen eines zufällig im N. vorgekommenen Ereignisses, der Landung Chancellor's in einem Hafen des Eismeeres, waren. Die Bemerkungen jenes Reisenden haben einen grossen Einfluss auf die Reisen nach Baku, den Küsten von Ghilan und dem Gestade von Asterabad bis zum Busen Manghischlagh im 17. und 18. Jahrh. gehabt. Man richtete zu wenig Aufmerksamkeit auf das, was lange vor Jenkinson, der pers. Geograph Saed Abul-Hassan ben Ali-Djordjani*) und, selbst schon in der Mitte des 10. Jahrh., Massudi, der geistreiche Verfasser der „Goldenen Wiesen," von der Gabeltheilung des Oxus berichtet hatten. Eine lange Reihe von englischen Reisenden, Burrough, Bruce, Thompson, Hanway, Woodroofe und John Elton**),

---

*) Ich kenne die merkwürdige Stelle in der Geographie Saed's (*Massalik almamalik*, Strassen der Reiche) über die Gabelung des Oxus nur aus der kurzen Notiz in Eichwald's Alter Geogr. des casp. Meeres, S. 91. Diese Stelle lautet daselbst: „Der Fluss Amu, der grosse Djihun, ist derselbe, welcher in's casp. Meer mündet und der zugleich den Djihun-Kharesm in den Baheira- (Bahar-) Kharesm (den Aral) fliessen lässt." In der gelehrten Einleitung Strahl's zur deutschen Uebersetzung von Murawiew's Reise (S. XXXVI., XLVIII.) wird Abul-Hassan ben Ali-Djordjani nur nach Witsen (*Noord en Ost Tartaryen*, Amst. 1705, I., 497) erwähnt; aber Witsen sagt in der angeführten Stelle einfach: „Der Djihun fliesst an Termed vorüber, geht nach Khowarezm und verliert sich weiterhin in einige Seen." An einer andern Stelle erzählt Witsen (I., 491), dessen ausgebreitete Kenntnisse vom scythischen und tartarischen Asien man nicht genug bewundern kann, „dass er das pers. Manuscript vom Abul-Hassan mit Mühe von Batavia habe kommen lassen." Hr. Eichwald und Strahl halten diesen Geographen fälschlich für weit älter als Massudi; Hr. Reinaud hat mich benachrichtigt, dass Saed, zufolge des bibliogr. Wörterbuchs von Hadji-Khalfa und einer bei Uylenbroek (Über Irac, S. 25) vorkommenden Stelle, im J. 1477 unsrer Zeitrechnung und also nur 81 Jahr vor Jenkinson's Reise gestorben ist.

**) Ueber eine Vergleichung dieser englischen Arbeiten mit den ebenso verdienstvollen von Dubrovin, Soimonoff, Woinowitsch, Tokmatscheff, Golenischtscheff-Kutusow, Kolotkin, Ladyschinski und Bassargin s. Eichwald's Periplus des casp. Meeres und Alte Geogr. des casp. Meeres, S. 107—157.

— einige im Dienste einer Gesellschaft Kaufleute zu London, andere in russ. und pers. Diensten, — wurden, mit dem Senkblei in der Hand, die Erforscher des casp. Meeresbeckens. Es ist merkwürdig, dass eben dieselbe Nation, welche auf der ungeheuren Fläche des Ozeans der astronomischen Geographie so grosse und so denkwürdige Dienste geleistet hat, sich auch durch Handels-Interessen angeregt fand, die Küsten eines grossen Beckens im mittleren Asien aufzunehmen. Die Mittel, die dazu verwendet wurden, waren ohne Zweifel sehr unvollkommen; aber man verdankt den unerschrockenen engl. und russ. Reisenden eine Masse nautischer und topographischer Beobachtungen, die, gehörig studirt, das hellste Licht auf die Veränderungen werfen können, welche die geognostische Beschaffenheit der grossen turanischen Vertiefung an mehreren Stellen erlitten hat.

Die genauesten Angaben über diese Veränderungen sind uns in der genealogischen Geschichte der tartar. Herrscher aufbehalten worden, welche von einem Fürsten geschrieben ist, der zwanzig Jahre lang (1643—1663) der Alleinherrscher über ganz Khowarezm, von der Mündung des Sir in den Aral-See bis an das casp. Meer und die Grenzen von Mazendaran, war. Abulghazi-Bahader-Khan ward zu Urghendj (am Amu) im Jahre 1605 geboren, also 47 Jahre nach der Zeit, wo der engl. Reisende Anton Jenkinson durch diese Stadt kam, um sich nach Bokhara zu begeben, und wo er die ersten Nachrichten über die Art der Gabeltheilung des alten Oxus erhielt. Ein herumstreifendes und sehr abenteuerliches Leben, eine lange Gefangenschaft, Kriegszüge und häufiges Lagern auf dem Isthmus zwischen dem casp. See und den Flüssen des Aral-Sees, wohl im S. vom Ust-Urt-Plateau, haben dem Beherrscher von Urghendj und Khowarezm (der Name Khiwa kommt in seinen Memoiren nicht vor,) eine genaue Kenntniss von der Topographie dieser Regionen verschafft. In den lebhaften Erzählungen, die er hinterlassen, finden wir ihn mehrmals bei dem alten Thurme, wo sich der Amu (Djihun) in zwei Arme spaltet. Er beherrscht das Land, über welches wir genaue Nachrichten suchen. Er beschreibt, was er sieht, und mit um so mehr Unparteilichkeit, als er, sehr besorgt, die Abkunft seiner Race durch Tartar und Mogulkhan auf Japhis (Japhet) und Nui (Noah) zurückzuleiten, in der glücklichsten Unwissenheit in Betreff des klassischen Alterthums lebt. Ihm flösst keine Erinnerung an Ptolemaeus eine Vorliebe für systematische Ideen ein. Weil die deutsche*) und die französische**) Übersetzung von Abulghazi äusserst uncorrect sind, so habe ich meine Zuflucht nur zu den neuen Übersetzungen genommen, welche Hr. Amédée Jaubert und Klaproth, nach dem zu Kasan im J. 1825 unter Leitung des Hrn. Fraehn und durch die Freigebigkeit des Grafen Romanzow***) herausgekommenen Originaltexte, geliefert haben. Lebhafte literarische Erörterungen, die ich in Paris gleich nach meiner Rückkehr von Sibirien und vom casp. Meere (1830—1832) mit einem Gelehrten führte, dessen wohlwollende Rathschläge mir oft sehr nützlich gewesen sind, bewogen mich, die Gültigkeit derjenigen Stellen bei Abulghazi untersuchen zu lassen, von denen Hr. Saint-Martin glaubte, dass sie von den Übersetzern verändert worden, welche von den Ideen der Alten eingenommen waren und das Vertrauen theilten, welches der Czar Peter d. Gr. in die Beobachtungen der englischen Schiffer setzte. Hr. Saint-Martin behauptete auf das Allerbestimmteste, „dass der Oxus zu keiner Zeit, eben so wenig, als der Jaxartes eine Verbindung mit dem caspischen Meere gehabt habe"; er nahm an, dass der Handel, wovon Strabo und Plinius sprechen, nie auf dem Oxus selbst, sondern mittelst Karavanen und auf Trageplätzen statt gefunden habe; er erinnerte an die sehr sichere Thatsache, dass weder Ebn-Haukal (Istachry) noch Edrisi (s. oben S. 475) von einer andren Mündung des Oxus als der in

*) Abulghazi Bagadur-Chan, Geschlechtsbuch der mongol. Chane, übers. von Messerschmidt, 1780.

**) *Hist. généalog. des Tatars, trad. du manuscr. tatar d'Abulghasi-Bayadur-Chan*, *Leyde* 1726.

***) *Abulghazi-Bahadur-Chani Hist. Mongol. nunc primum tartarice edita, Casan* 1825 (fol.). Der alte türkisch-oriental. Dialekt, worin der Fürst von Khiwa schrieb, ist nicht ohne Schwierigkeiten.

den Aral gesprochen hatten, und dass die von den Alten in Parasangen*) angegebene Entfernung zwischen den Mündungen des Oxus und des Jaxartes fast genau dieselbe ist, wie sie aus den jetzigen Beobachtungen hervorgeht. Zweifel derselben Art haben sich Cuvier, Malte-Brun, Fraser und ganz neuerlich noch Alexander Burnes (*Trav. into Bokh.*, II., 187) aufgedrängt. Wir wollen daher die genauesten und unwiderlegbarsten Zeugnisse des Fürsten Abulghazi Bahader-Khan von Khiwa selbst mittheilen:

„Im Jahre 880 der Hegira (wo Sofian-Khan von Urghendj gegen die Turkomanen zog, welche seine Contributionseinzieher ermordet hatten,) war der Verkehr zwischen Urghendj und dem Lande Abulkhan (auf der Ostküste des casp. Meeres) sehr lebhaft, und zwar desshalb: Der Fluss Amu (Oxus) lief, nachdem er unter den Mauern von Urghendj hingeflossen war, gegen den östlichen Theil des Gebirges Abulkhan (die Balkhan-Berge unsrer Karten), dann gegen Süden, indem er um den Fuss dieses Gebirges herumfloss, und darauf gegen Westen. Der Fluss ging an Oghurdja (*Ogurtsa*, d. i. Gurkenstadt) vorüber und ergoss seine Wasser in das Meer von Mazendaran (das caspische). Die beiden Ufer des Flusses waren bis Oghurdja mit Weinreben, bebauten Feldern und Obstgärten bedeckt. Während des Sommers lagerten sich die Anwohner des Ufers mit ihren Heerden in seinen Thälern; im Herbst, in der Jahreszeit der Mücken, zogen sie sich nach Brunnen zurück, welche in zwei Tagereisen Entfernung vom Flusse lagen, und im Winter kehrten sie wieder zu den Ufern zurück. Dies Land besass damals eine wunderbare Fruchtbarkeit und war sehr bevölkert. Von Pischgah (Klaproth legt diesen Ort in die Nähe von Urghendj,) bis *Cara-Kitschit* (d. i. schwarze Furt) sassen an beiden Ufern die Adalik-Khozaren (d. i. Insel-Khozaren); von Cara-Kitschit

*) Die grosse Ausdehnung des alten Jaxartes-Delta, welche wir durch Hrn. v. Meyendorff kennen gelernt haben, macht dergleichen Bestimmungen äusserst unzuverlässig.

bis zum Westabhange des Gebirges Abul-khan der Stamm Aly, und von da endlich bis zur Mündung in das Meer (von Mazendaran) eine Völkerschaft, deren Industrie in Kameelzucht bestand.“ (Nach der Uebers. Jaubert's; seiner interessanten Abhandlung über den alten Lauf des Oxus entnommen.*) Die Mündung des Oxus in das casp. Meer wird auch im 12. Cap. des II. Bd., S. 783 der Leydener Uebers. erwähnt, wo es bei der Proclamation Abulghazi's zu Urghendj im J. 1053 der Hegira heisst: „Der Fürst wurde von den Turkomanen im Lande Arall, an der Mündung des Amu in das Meer von Mazendaran, zum Khan ausgerufen.“

Eine andere sehr genaue Stelle über den Ort der Ablenkung der Gewässer des Amu ist folgende (nach einer handschr. Uebersetzung Klaproth's): „Ich kam im J. 1014 der Hegira (1605 unsrer Zeitr.), dem Jahre des Hasen und unter dem Sternbilde des Löwen, am 15. Tage des Monats Rebi' elewwel, der ein Montag war, im Augenblick des Aufganges des Löwen im Lande Urghendj zur Welt. Dreissig Jahre früher (also im Jahre 1575) hat der Amu an der Stelle, wo sich an demselben ein sehr hoher Thurm (ein Minaret) erhebt, unterhalb dessen der Ort *Kara-Uigur-Tokai* (d. i. Krümmung der Schwarzen Uiguren) liegt, einen Arm abgesendet, welcher an der Stadt Tuk vorbeigeht und sich in das Sir-Meer**) (*Sir tinghiz*) ergiesst. Durch diesen Zufall ist das Land Urghendj wegen Wassermangel wüst geworden; auch hält man keine Truppen mehr, um Urghendj zu bewachen. Im Frühlinge schlug der Khan (das heisst der Vater Abulghazi's, Arab-Mohammed-Khan) mit dem grössten Theil seiner Unterthanen an den Ufern des

*) *Nouv. Journ. asiat.*, XII., 491. Um sich zu überzeugen, wie sehr unvollständig und ungenau die alte Uebersetzung in der Leydener Ausgabe in Vergleich zu dem mit Sorgfalt aus der Kasaner Edition übersetzten Texte ist, braucht man nur in der Leydener Ausg. die S. 544 und 546 des II. Bandes zu lesen.

**) Messerschmidt sagt ganz falsch: „geht in den Strom Sir“ (Geschlechtsbuch, 306). Hrn. Jaubert's Uebers. enthält bloss: „*vers la mer*“; aber ich habe, was ein sehr wichtiger Punkt ist, dargethan, dass der Kasaner türkische Text die Worte Sir-Meer enthält.

Amu sein Lager auf, wo sich die bestellten Felder der Landleute befanden. Nach der Ernte kehrte man nach Urghendj*) zurück. Dort (im Sommerlager) bin ich zur Welt gekommen." Hr. Jaubert bemerkt scharfsinnig, dass nach einer andern Stelle (S. 173 der Kasaner Ausg.) die Zeit der Ableitung der Gewässer das Jahr 1033 der Hegira sein dürfte, weil Abulghazi sagt, „dass der Ort der Mündung des Flusses den Namen Aral sechs Monat nach dem Tode Essendiar's erhielt, dem er selbst als Khan folgte." Diese Angabe würde ziemlich mit der Behauptung übereinstimmen, die man in Hanway's Reise findet, „dass die Wasser des Oxus, nach der Tradition der Bewohner des Landes, seit ungefähr hundert Jahren aufgehört haben, sich in die Balkan-Bai zu ergiessen." Da dies um das Jahr 1743 geschrieben wurde, so könnte man versucht sein, aus der Verbindung der Stellen bei Abulghazi und Hanway zu schliessen, dass die Ableitung erst gegen die Mitte des 17. Jahrh. statt gefunden habe; aber Jenkinson, dessen Reise weit älter ist (1559), setzt die Zeit, worin das Wasser im Oxus-Bette in seiner Richtung zum casp. Meere verschwand, bedeutend früher. Er behauptet, „dass das Wasser des Oxus früher in dieses Meer gemündet habe, sich aber zu seiner Zeit nur in das einzige Becken des Aral ergösse". Man darf nicht leicht auf Traditionen bauen, welche sich in diesen Ländern, die so lange von Nomaden- und Barbarenvölkern bewohnt wurden, deren verschiedene Stämme einander folgten, irgendwie auf eine Zeitangabe beziehen. Es ist auch wahrscheinlich, dass das alte Bett allmälig, obgleich mit Unterbrechungen versandet sei. Ich will gern mit Hrn. Menn,' dem gelehrten Verf. der Untersuchungen über Alexanders transoxianischen Feldzug annehmen, dass der Uebelstand seit dem Falle des baktrischen Reiches und dem Einbruche der Sacen begonnen habe; aber die Stelle bei Polybius (X., 48) hat nur auf eine vermeintliche *Perte* des Oxus Bezug, ähnlich der der

---

*) Kasaner Edit., 159. Vergl. Eichwald, Alte Geogr. S. 96, und die Leydener Uebers., wo die oben mitgetheilte Stelle seltsam verstümmelt und in zwei Bruchstücke getheilt ist, II., 733, 744.

Rhône, und nicht auf eine Veränderung der Mündung (Menn, *Meletem. hist.*, 1839, 12). Das Zeugniss Abulghazi's und der Zustand, in welchem Murawiew (Reise, 239—241) das alte Bett, dessen Breite 100 und dessen Tiefe 15 Toisen betrug, an einigen Stellen mit Maulbeerbäumen bedeckt gefunden, scheinen neuere Veränderungen anzuzeigen. Das Schweigen Istachry's, Edrisi's, Abulfeda's, selbst Clavijo's *), welchen der König von Spanien im J. 1405 als Gesandten nach Samarkand schickte, bildet keinen hinreichenden Beweis für die Nichtexistenz einer Gabeltheilung, wenn so viele andre Berichte sie bestätigen. Hr. Jaubert nimmt an, dass die Austrocknung des westlichen Amu-Armes nicht vor dem 13. Jahrh. statt gefunden habe, und hat uns mit einer äusserst merkwürdigen Stelle des Geographen Hamdallah, eines berühmten Schriftstellers des 14. Jahrh., bekannt gemacht, welchen er den Eratosthenes Persiens nennt. Hamdallah fängt allerdings zuerst damit an, dass er den Amu (Djihun) als einen Fluss erwähnt, der sich nebst Wolga, Cyrus und Araxes in's casp. Meer ergiesst; dann fügt er hinzu: „Der Khowarezm-See (der Aral) hat einen Umfang von etwa 100 Parasangen; ein **Theil der Gewässer** des Djihun, der Schark, der Fluss von Ferghana und andre Flüsse ergiessen darein ihr Wasser. Dies ist süss und angenehm zu trinken, während das des Sees sehr salzig ist; seine Ufer sind von denen des casp. Meeres durch einen Isthmus getrennt, dessen Ausdehnung ungefähr 100 Parasangen beträgt. Manche haben angenommen, dass zwischen dem See und dem Meere eine unterirdische Verbindung statt fände; aber diese Behauptung lässt sich auf keinerlei Weise begründen."

Diese Stelle Hamdallah's findet sich bei einem Geographen aus der Mitte des 17. Jahrh. Kiatib Tschelebi angeführt, und dabei steht eine sehr richtige kritische Bemerkung über das Stillschweigen Ebn-Haukal's und Abulfeda's: „Der Djihun, heisst es im *Djihan Numa* (Uebers. von

*) *El gran rio Viadme* (Amù), sagt Clavijo, *va al Mar de Bacù* (ins casp. Meer); p. 137.

A. Jaubert nach der Konstantinop. Ausg. von 1732; *Nouv. J. asiat.*, XII., 496), ist ein beträchtlicher Strom, welcher auch den Namen Balkh-, Amu- und Tzir-Fluss führt. Er läuft nach den Grenzen des Landes Balkh, wo er den Namen Djihun annimmt, den man ihm nicht im oberen Theile seines Laufes bei Termedz, Zemeh und Amol oder Amu giebt. Bis Zemeh dient er nicht zur Bewässerung; erst von da an benutzt man ihn einigermassen zur Cultur des Bodens. Bei Amu sind alle Felder von seinen Gewässern benetzt, denen Khowarezm seine ganze Fruchtbarkeit verdankt. Nachdem seine Wasser in den Bezirken von Balkh und Termedz mannigfach abgeleitet worden sind, tritt der Djihun in ein bergiges Land, läuft durch ein Thal, den sogenannten Löwenschlund, welches nicht viel über 100 Ellen (*coudées*) Breite hat, und geht beim Dorfe Tumineh vorüber, welches von Herat abhängig ist. Der Hohlweg, von dem ich so eben sprach, ist nicht weit von Khurghendj, einer Stadt in Khowarezm; wenn der Djihun dort herausgetreten ist, so verliert er sich in Sandflächen, deren Ausdehnung zwei Parasangen (?) beträgt und wo man so tief einsinkt, dass man nicht mehr gehen kann; dann kommt er wieder zum Vorschein (?) und geht nach Khowarezm, einer Provinz, in welcher er sich in mehrere grosse Kanäle theilt, wie die unter dem Namen Fluss Karah, Kanal Hezarasp, Kanal Kerdan, Kerbek und Djereh bekannten, welche sämmtlich schiffbar sind und kleine Fahrzeuge bis in den Khowarezm-See tragen. Es existirt ein Arm des Djihun, welcher, nachdem er an der Hauptstadt von Khowarezm vorübergeflossen ist, in ein enges und steiniges Thal tritt, welches die Türken Kerlawa nennen. Dieser Arm bildet später einen Wasserfall, wo er sich mit einem so schrecklichen Getöse herabstürzt, dass es zwei Parasangen weit hörbar ist (?). Nach dem Zeugniss Hamdallah's (eines Geographen des 14. Jahrh.), ergiesst sich dieser Arm des Djihun in das casp. Meer nach Khalkhal zu, einem Ort, welcher sechs Tagereisen von Khowarezm liegt und nur von Fischern bewohnt ist. Der Verfasser von *Mesalek-Ulmemalek* und der von *Tecuïm elboldan*, Ebn-Haukal und Abulfeda, sagen, dass die Mündung des Djihun im Aral-See liegt; aber man darf glauben, dass sie nur von dem Hauptarme des Flusses haben sprechen wollen."

In dieser langen Stelle des *Djihan Numa* ist wieder von furchtbaren Wasserfällen die Rede, so wie von dem Verschwinden eines Flusses im Sande, welcher, nachdem er eine Zeit lang unter der Erde geflossen, wieder erscheint. Diese Umstände erinnern an die Stelle des Polybius, die ich früher erwähnt habe, an die reitenden Aspasiaken, welche entweder unter einem Wasserfall oder an dem Orte selbst, wo der Oxus in einen Abgrund hinabstürzt, trocknen Fusses von Baktrien nach Hyrkanien gehen. Nun wissen wir, dass der Djihun (Amu) *que crece quatro meses continuos*, wie schon der spanische Reisende Clavijo sagt, unterhalb Termed**) (Tirmez) schiffbar wird und dass er es bis zum Aral bleibt. Die sehr genauen Angaben von Sir Alexander Burnes***) beweisen, dass die Schifffahrt durch gar kein natürliches Hinderniss unterbrochen wird. Sollten die so beständigen Traditionen von Katarakten und von Stürzen in Abgründe nicht einer Gegend oberhalb der Stadt Balkh angehören, deren abs. Höhe mir etwas weniger als 300 t. zu sein scheint und welche früher in dem Wassersystem des Djihun gelegen war. Der Fluss Balkh, mit dem sich die Wasser des Durreh Jusuf (Derrah-i-guz) vermischen, erreicht heutiges Tages den Djihun nicht mehr, sondern ver-

*) Isaak Vossius hat bereits mit grosser Ueberlegenheit an geographischer Gelehrsamkeit in seinem Commentar zur Geographie des Pomponius Mela (Ausg. von 1658, S. 244—247) dargethan, dass die stete Verwechselung der beiden einander gegenüberliegenden Ufer des casp. Meeres, des armenischen Araxes mit dem Jaxartes und Oxus die Fabel von jenen Kaskaden, durch welche die Reisenden trocken wie. unter einem [illegible]ten Wassergewölbe gingen, veranlasst habe (cf Strabo, XI., 510).

**) Dies ist durch den Feldzug Nadir-Schach's und frühere Expeditionen bewiesen (Abdul-Kerim's Reise, S. 41).

***) Ausg. von 1835, III., 164: „*The Djihoun might be ascended too near Koondooz a distance of 550 miles. Its channel is free from rocks, rapids and whirlpools.*"

liert sich im Sande. Seine Quellen liegen bei dem Dorfe Balkhab, welches schon vom Sultan Baber genannt wird, in einem Alpensee, welcher die Ruinen eines kolossalen Baues (Bund-i-Barberry, Bandeh Berber bei Moorcroft) aufzuweisen hat. Dies war ein Damm, welcher dazu diente, die Gewässer zu erhöhen, um sie in die Irrigationskanäle zu vertheilen*). Ich neige mich selbst zu der Meinung, dass der Akes Herodot's (III., 117), welchen Gatterer, Barbié du Bocage (Ste.-Croix, 714, 829), Schweighäuser und Heeren (Ideen, 1., 2., S. 289; I., 1., S. 191, 482) für den Oxus halten, nichts weiter als ein Nebenfluss desselben und dass der Akes der Fluss Balkh war, welcher, lange Zeit nach den Eroberungen Alexanders, wahrscheinlich noch theilweise zum Djihun zwischen Termed und Kilif gelangte.

Die Beschreibung, welche Herodot von dem kleinen Plateau (Feld) der Chorasmier giebt, welches von allen Seiten mit Bergen umgeben war und mit den Niederungen durch fünf Emissare in Verbindung stand, die ein persischer König boshafter Weise hatte verstopfen lassen, ist gewiss nicht aus der Luft gegriffen; sie trägt ganz den Charakter einer Ortsbeschreibung, der Lage eines subalpinischen Sees auf der Nordgrenze des grossen Reiches Iran, indem die Benennung baktrisches Reich (*apâkhtara*) im Zend nur ausdrückt: das was im Norden von Iran liegt (Burnouf, *Comment. sur le Yaçna*, p. CXI.). Der Fluss Balkh, der *Balkh-ab* (Balkh-Wasser), der Dehas der neueren Orientalen, ist der Bactrus des Quintus Curtius, „*qui urbi et regioni dedit nomen*“ (VII., 4). Fünf Grad westlicher als der Arm des Oxus gelegen, welcher in der Bolorkette, im Süden des berühmten Plateaus Pamer, im See Sirikul und in der Höhe des Mont-Blanc entspringt, sollte der Fluss Balkh im Abend-

---

*) MS.-Tagebücher von Hrn. Harlan, der den Krieg im Dienste Dost Muhamed-Khan's mitmachte. S. Zimmermann's Analyse der Karte von Inner-Asien, I., 162. Ich bezweifle, dass diese Vertheilung der durch Stromsperren, deren Herodot gedenkt, aufgehaltenen Gewässer, mit demselben Recht dem obern Laufe des Oxus oberhalb Termed beigelegt werden dürfen.

lande mehr bekannt sein, als der obere Lauf des Oxus, d. h. der Kokscha Badakschans. Was Herodot von der *Perte* des Akes sagt, konnte auf den Balkhab angewandt werden, wenn schon zu seiner Zeit, wie es wahrscheinlich ist, mit einem Theil des Wassers des Flusses vorging, was gegenwärtig die ganze Masse betroffen. Weder der Fluss Balkh noch der Sarafschan (*Polytimetus* bei Samarkand), setzen ihren Lauf*) noch bis zum Oxus fort. Diese beiden alten Nebenflüsse des Oxus verlieren sich gegenwärtig im Sande, und was nur die Wirkung der Verdunstung ist, konnte sich in der verwirrten Erzählung der Eingeborenen als ein Sturz in einen Schlund darstellen. Schliesslich wiederhole ich noch, dass es im ganzen Laufe des Oxus vom Bolor-Gebirge bis zum Aral-See, auf einer Strecke von 280 M., nichts, durchaus nichts giebt, was zu jenen Traditionen von einem unterirdischen Lauf oder von einer Unterbrechung der Schifffahrt hätte Veranlassung geben können. Was Edrisi (I., 472, 479, 482 der Jaubert'schen Uebers.) von einer natürlichen Brücke, einem unterirdischen Lauf sagt, bezieht sich übrigens nicht auf den Oxus, sondern auf einen Nebenfluss des Oxus oberhalb Termed, nämlich auf den Wakhschab.

Ich glaube der Wissenschaft einen Dienst zu leisten, wenn ich sehr interessante Betrachtungen über das Becken des Aral und des casp. Meeres, die ich von der Hand Klaproth's besitze und die dieser in Allem, was die Geographie, Geschichte und die Sprachen Asiens betrifft, gründlich unterrichtete Gelehrte in Briefen aus dem Jahre 1832 niedergelegt hat, hier der Vergessenheit entziehe. „Man muss ohne Zweifel, sagt Klaproth, sehr behutsam bei der Bestimmung der Ver-

*) Eine andere Unterbrechung erfährt heut zu Tage der Lauf des Murghab-Tejend oder Murghab-Tedjen durch eine *Perte* im Sande, indem die Flüsse von Merwe, Herat und Meschid (Mushed) wahrscheinlich einen und denselben Fluss, den Ochus der Alten, bildeten (Zimmermann, Anal., I., 111, 117). Die Specialnamen waren für den Arm von Merwe: Margus und Epardus (Arrian, IV., 16) und für den von Herat: Arius (Menn's *Meletem. hist.*, 80, 91; Burnes' *Travels*, III., 31).

änderungen der Erdoberfläche seit der historischen Zeit sein; ich kann indessen nicht mit unserm gemeinsamen Freunde Hrn. Saint-Martin annehmen, dass die Wassersysteme in diesem grossen Becken Asiens, wovon Sie Selbst einen Theil bereis't haben, gar keine Veränderung erlitten haben. Die Spuren des alten Zustandes der Dinge offenbaren sich bei jedem Schritt um das casp. Meer, und die Zeugnisse glaubwürdiger orientalischer Schriftsteller, wie Abulghazi, vereinigen sich vollkommen mit dem, was Murawiew und andre ganz neue Reisende mit eignen Augen gesehen haben. Die Verschiedenheit der Namen, die denselben Flüssen gegeben werden, ist eine grosse Schwierigkeit in den geographischen Erörterungen über Gegenden, wo so viele Völker in ihren Wanderungen von Westen nach Osten einander gefolgt sind. Man muss bei den Etymologien auf die Zeit achtsam sein, wo jene Völker ankamen. Die alte und mittlere Geschichte Ost-Europas und des Theiles von Asien, der an das caspische Meer grenzt, ist in ein Dunkel gehüllt, welches vielleicht nie durch positive Angaben aufzuhellen gelingen wird. Man kann nur zu einfachen Vermuthungen gelangen; aber diese sind so feste Grundlagen, dass sie sich zu einem hohen Grade von Wahrscheinlichkeit erheben. Die Angaben in den chines. Büchern und die geographischen Namen in Hoch-Asien jenseit des Oxus beweisen die ausgemachte Thatsache, dass vor dem Ende des 4. und zu Anfang des 5. Jahrhunderts kein türkisches Volk bis zu den Quellen des Oxus und des Jaxartes vorgedrungen war. Dies ist eine sichere Thatsache; ebenfalls ausgemacht ist es, dass die Ufer der beiden Flüsse, so wie das Land im S. bis zum obern Indus von blonden Völkern indogermanischen Stammes bewohnt waren, deren Ueberreste (die Khalkhans) noch vor 200 Jahren im Hindukusch lebten. Der P. Benedict Goez sah sie im J. 1603 zwischen Attok und Badakschan. Er sagt von diesem Stamm: „Die Einwohner des Landes Kalkha leben in Dörfern und sind fast alle blond wie Holländer." Ich meine also, dass es nicht gestattet sei, in Transoxiana vor dem 5. oder 6. Jahrh. türkische Völker und Namen zu suchen. Der so zahlreiche Stamm der Türken ist erst zu derselben Zeit in Europa, nämlich in Süd-Russland eingedrungen; aber man muss nicht aus den Augen verlieren, dass der Theil des letzteren Landes, welcher im N. des Punktes liegt, wo der Don und die Wolga sich zu berühren scheinen und den Sie auf Ihrer Reise besucht haben, immer von Nationen *finnischen* Ursprungs bewohnt worden ist, wozu die Khazaren selbst gehörten. Es handelt sich hier nicht um die germanisirten Finnen des jetzigen Finnlands, sondern um Völker, die durch ihre physische Bildung und Sprache ihre Ähnlichkeit mit den Tschuwaschen, Tscheremissen und Wogulen verrathen. Man muss sich daher nicht wundern, wenn man in der Sprache der Tscheremissen und Morduinen den Namen *R'ha* wiederfindet, welchen Ptolemaeus dem grossen Wolga-Strome giebt, und den sie *Rau* nennen. Dieses Wort hat indessen nichts gemein mit Wasser, was bei ihnen *wiut*, *wut* oder *wet* heisst, während ein Fluss im Tscheremissischen *yengher* oder *aner* und im Morduinischen *leï* heisst. Was den Araxes, den Nebenfluss des Kur, betrifft, so ist sein Name eigentlich *Ras* (Raz) und ich sehe nicht*), dass das Wort *rha* darin für irgend etwas eintritt. Arrian irrt nicht, wie man geglaubt hat, wenn er den Jaxartes Tanaïs nennt**).

---

*) Klaproth spielt ohne Zweifel auf Bayer's Ableitung an, der in den verschiedenen Namen *Ros*, *Ras*, *Aras* für die Wolga das Wort Araxes wiederfindet. Was den Namen Araxes betrifft, den mehrere Flüsse Asiens haben, so darf man nicht vergessen, dass es ein von Griechenland her eingeführter Name ist (Strabo, XI., 531) und dass er ursprünglich dem Peneus *διὰ τὸ ἀπαράξαι τὴν Ὄσσαν ἀπὸ τοῦ Ὀλύμπου* gehörte. Bei den Griechen wurden etymologische Fictionen häufig zu Grundlagen der Geographie und Geschichte. Der Name des Thessaliers Armenus knüpft sich an die Mythe von Jason. Die Griechen mögen im caspischen Becken barbarische Flussnamen gehört haben, die eine schwache Aehnlichkeit im Laut mit dem Peneus-Araxes hatten.

**) Arrian (III, 30, 13) unterscheidet sehr wohl „den Tanaïs, der sich in die Maeotis ergiesst, von dem Tanaïs (Orxantes Aristobul's), welcher der Sir oder Jaxartes ist und im (indischen) Kaukasus entspringt."

Dieser Fluss ward zu Alexanders Zeiten wie der Don von derselben Nation, den Alanen, bewohnt, in deren Sprache ein Fluss *tan* oder *dan* genannt wird, wie noch jetzt in der der Osseten, welches die Nachkommen derselben sind, *don* Wasser und Fluss bezeichnet."

„Nicht bloss Kharezm ist häufigen Veränderungen der Bodenoberfläche unterworfen; die Winde, welche aus Inner-Asien wehen und deren ungeheure Kraft Sie bei Ihrer Ueberfahrt über den Obi und im alten Becken des casp. Meeres bei Sarepta erfahren haben, häufen zwischen dem Sir und Amu Massen von Flugsand zu einer erstaunlichen Höhe auf und verschütten ganze Dörfer. Aehnliches ereignet sich auch in der Kleinen Bucharei. Von chinesischen Schriftstellern wissen wir, dass es bis gegen das 7. Jahrh. eine grosse Handelsstrasse gab, die sich von der Westgrenze der Provinz Schensi nach Khotan im N. der Kuenlun-Kette und parallel damit hinzog. Diese Strasse und die Dörfer, welche in Folge des Handels in der Nähe derselben angelegt worden waren, sind vom Treibsande verschlungen worden."

„Was das Aral-Meer selbst betrifft, so glaube ich, dass es früher (im S. vom Plateau des Ust-Urt) mit dem casp. Meere in Verbindung gestanden und dass seine Ufer sehr sumpfig waren. Die Chinesen, welche dies Meer gegen das Ende des 1. Jahrh. unsrer Zeitrechnung besuchten, nennen es *Si-haï* oder Westliches Meer; sie sprechen nie von zwei Meeren und machen keinen Unterschied zwischen dem caspischen und dem Aral-See. Sie sagen, dass die Ufer des Westlichen Meeres von ungeheuren Sümpfen umgeben waren. Diese Sümpfe sind ausgetrocknet und nach und nach von Sand bedeckt worden; auf diese Art erkläre ich mir die fortschreitende Trennung der beiden Becken. Uebrigens scheint der Aral seinen Namen nicht von den zahllosen Inseln, die sich noch jetzt an der Mündung des Oxus finden, sondern vielmehr von dem Lande *Aral* oder Insel erhalten zu haben; ein Land, welches jetzt das casp. Meer vom Aral trennt. Sollte dies Land, welches oft in der genealogischen Geschichte Abulghazi's*) genannt wird, wirklich einst eine Insel gebildet haben?"

„Es erscheint mir nicht schwierig, die Beschreibungen der Orientalen noch mit dem existirenden Laufe des Oxus und seiner Mündung in den Aral-See in Uebereinstimmung zu bringen. Der jetzige Lauf des Oxus ist der alte Lauf**) des Kizyl-Deria, welcher in geringer Entfernung nordöstlich von der Stadt Urghendj vorübergeht, von woher er einen Arm des Amu (Oxus) empfing, den man den Arm Tuk nannte, nach einer Stadt, welche am Ufer des Kizyl gegenüber der Stelle, wo dieser Arm sich mit dem letzteren Flusse vereinigte, gelegen war. Der Vereinigungspunkt des Amu mit dem Kizyl, welcher in den Bergen östlich von Samarkand, in der Verlängerung des Bolor entspringt, lag

*) Leydener Ausg., II., 766—768. Ist nach Klaproth's Hypothese der Ust-Urt, d. h. der von 44 bis 47° Br. reichende bergige Theil der Erdenge zwischen dem caspischen und Aral-See eine Insel gewesen, so muss man annehmen, dass sich das casp. Meer ostwärts von der Mündung der Emba bis zu den Sandwüsten des Grossen Borzuk erstreckt habe. Gegenwärtig stehen die Mughodjaren in der Uralkette durch den Tschin oder das Plateau des Ust-Urt mitteslt Rükken oder Hügelreihen in Verbindung. Waren diese vielleicht vormals an einigen Punkten durchbrochen, so dass sie einst eine Verbindung zwischen dem Becken des Aral- und Caspi-Sees gestatteten? Mir scheint diese Communication im N. des Ust-Urt oder eine Verbindung der Art in der historischen Zeit etwas zweifelhaft. Südlich vom Ust-Urt ist dagegen ein solcher Zusammenhang mehr als wahrscheinlich. Das Wort *Aral* bedeutet ohne Zweifel im Mongol. Insel, und im turko-khirgis. Dialekt und in Sibirien habe ich die Vorstellung, dass Aral-See der Inselsee bedeute, sehr verbreitet gefunden. Diese Inseln sind jedoch nur in der Nähe der südlichen Küste zahlreich. Die Etymologie von einem tartarischen (türk.) Worte, welches zwischen bedeutet (Burnes, III., 163), als Anspielung auf ein Becken zwischen dem Sir und Amu, ist wenig glücklich. Zwischen ist *ara* und nicht *aral*.

**) Dieser Umstand hat vielleicht Veranlassung zu dem Ausdruck gegeben, dessen sich der arab. Geograph Istachry (Ouseley's Ibn-Haukal, p. 243) bedient: „Der Djihun, sagt Istachry, kreuzt einen andern Fluss".

zwischen Urghendj und Tuk, und da der Kizyl einst in den Aral mündete, so geschah es, dass die Wasser des Oxus durch den einzigen Arm Tuk in diesen See gelangten. Heut zu Tage verliert sich der Kizyl im Sande, ohne den Aral-See zu erreichen; und der Amu, welcher sich nicht mehr in das casp. Meer ergiesst, folgt dem alten Bett des Kizyl von Tuk bis zum Aral, indem er fast die Richtung von S. nach N. behält. Vormals floss der Hauptstrom des Amu-Deria (nach Westen) zum Berge Abulkhan*) und ergoss sich an der Stelle in das casp. Meer, welche Murawiew auf seiner Karte angiebt. Aber ausser diesem Hauptarme besass er noch einen andern, den Arm Tokai, welcher etwas weiter hinauf an dem linken Ufer, zwischen Yenghischeher und Hezarasp, vom Oxus abgeht**). Dieser Arm wandte sich zum casp. Meere im S. des Landes Ogurza. Seine Mündung lag südlich von *Mankischlak* (Manghischlag), ein Name, der kein Eigenname ist, sondern einfach Winterlager der Menks oder Nogaïs bedeutet. Es giebt noch ein anderes Mankischlak oder Mangkischlak viel weiter nördlich, unter $44\frac{1}{2}^0$ Br., welches in unseren Tagen der Ort ist, wo sich die Karavanen einschiffen, welche von Bokhara und Khiwa nach Astrakhan ziehen. Abulghazi sagt bei einer Erzählung von Muhamed-Khan's Unternehmung gegen Asterabad, dass er, nachdem er einige Zeit an dem Arme des Amu entlang gezogen war, welcher an Urghendj vorbeifliesst (der Arm Tuk), den andern Arm dieses Flusses erreichte, den er bei Sidalyk Taka passirte. Da der Weg, welchen der Fürst nehmen musste, um von Urghendj nach

---

*) Die Höhe des Balkhan-Berges und des Direm-tagh ist etwa 1020 t. [?, im Original = 520 Sagenen, was 3415 par. oder 569 t. giebt]. *Ann. des mines de Russie*, 1837, p. 188.

**) Nach Edrisi (II., 192) ist Hezarasp, welches etwas südlich von Khiwa liegt und sehr verschieden von Hezarest (II., 190) ist, eine Tagereise von Kath entfernt. Die letztere Stadt, welche Edrisi die Capitale von Khowarezm nennt, kann demnach nicht mit Urghendj identisch sein, wie Strahl (p. XXXVI) behauptet. Kath, dessen Abulghazi oft erwähnt, ist vielmehr das alte Gabae und Ghadjdewan in Sultan Baber's Memoiren (Menn, *Meletem.*, 107.)

Asterabad zu kommen, ihn südwestwärts führte, so war jener andere Arm des Amu wahrscheinlich der Tokai. Übrigens neige gar ich sehr zu der Ansicht, dass die indischen und serischen Waaren in alten Zeiten auf dem Oxus in's casp. Meer gelangten. Der Oxus ist von Badakschan an dergestalt schiffbar, dass hier Nadir-Schach die Schiffe zu seinem Zuge gegen Kharizm hatte bauen lassen."

Die Verbindungen des Rothen Flusses (*Kizylderia*, *Kesil*, *Khesell*) mit dem alten Lauf des Amu, wobei Klaproth in seinem Briefe an mich beharrt, verdienen im höchsten Grade die Beachtung der Geographen. Wenn ehemals durch eine grosse östliche Ausdehnung des scythischen Golfs, eines der drei Golfe des caspischen Meeres (Mela, III., 5), dies Meer und der Aral nur ein einziges, durch eine breite Furche vereinigtes Becken bildeten; wenn diese breite Vertiefung bald gänzlich überschwemmt, bald in Gruppen von Sümpfen und Salzseen zertheilt war: so konnten die Flüsse, welche sich in den Aral-See ergossen oder in jene dazwischen liegende Furche, unter dem allgemeinen Namen von Flüssen, die in das hyrkanische Meer treten, begriffen werden. Der Aral war bei diesem alten Zustande der Dinge, von welchem uns die fortschreitende Verkleinerung des Karabogas-Golfs*) die Spuren enthüllt, gewissermassen nur ein angehängtes (*appendiculaire*) Becken des Oxus. Der Aral nahm damals das ganze Delta des Sir (Jaxartes) auf, denn wegen der besondern Stellung des Ust-Urt-Plateaus**) hat der Sir niemals bei der Fortsetzung seines Laufs von O. nach W. (unter 45½° Br.) das Gestade des casp. Meeres selbst im Golfe Mertwoi-Kultuk erreichen können. Nach Hrn. Zimmermann's sehr richtiger Bemerkung (Analyse des Kriegstheaters, 13) ist es dagegen sehr wahrscheinlich, dass die

*) Ueber die seit Jenkinson eingetretenen Veränderungen s. oben S. 490—492.

**) Dies Plateau würde, wie es die Karte d'Anville's vom J. 1777 und die dem Periplus des Marcianus aus Heraclea, übers. von Hrn. Miller, 1840, beigegebene Karte darstellen, eine nördliche Verbindung des Aral- und Caspi-Sees unmöglich machen.

Verzweigungen des Oxus, Kizyl und Jaxartes vormals nur ein einziges, ungeheures Delta gebildet haben. Alte chines. Karten stellen den Jaxartes und Oxus als zwei parallel fliessende Ströme dar; aber der erstere nahm, ungeachtet Strabo (XI., 518) das Gegentheil behauptet, einen Arm des letzteren auf, ehe er in das westliche Meer trat (Klaproth, *Mém. rel. à l'Asie*, II., 417). Der Baron Georg v. Meyendorff stiess (*Voy. à Bokhara*, 61—64), nachdem er über den Sir (Jaxartes) und einen seiner Arme, den Kuwan-deria gekommen, 20 M. weiter südlich auf das ganz ausgetrocknete Bett des Djan-deria (des alten Kizyl-deria). „Dieser Fluss, sagt er, war im J. 1816 noch sehr ansehnlich, aber vier Jahre später zeigte er, zum grössten Erstaunen der Kirghisen, welche unsere Karavane begleiteten, nur wenig Wasser in 2—3 Toisen tiefen Löchern. Das ausgetrocknete Bett war über 100 Toisen breit. Man hält diesen Kizyl-deria für einen Arm des Kuwan. Wir haben in der Ebene Anzeichen von antiken Kanälen gefunden. Abulghazi*) brachte gewöhnlich einige Sommermonate an den Ufern des Kizyl-deria zu, welche damals wegen ihrer trefflichen Weiden berühmt waren.“ Nach der Richtung des ausge-

*) Der Fürst von Khiwa führt den Kizyl-Fluss häufig an (II., 691, 745, 835 der Leyd. Edit.). Was der Uebersetzer Abulghazi's von dem Flusse Kesill erzählt, „welcher unter $40\frac{1}{2}°$ ins casp. Meer bis zum J. 1719 mündete, wo die Khiwenser zur Zeit von Peter des Gr. berühmtem Zuge den Fluss ableiteten, um ihn in drei Armen in den Aral-See zu führen,“ ist ebenso falsch, wie die sehr verbreitete Behauptung, dass die Wasser des Oxus vor dem J. 1670 keine Verbindung mit dem Aral gehabt hätten, oder dass, seit den Angriffen des Kosakenchefs am Jaik, Stenko-Razin, die Khiwenser dem Oxus einen andern Lauf gegeben hätten, indem sie ihn gehindert, sich in's casp. Meer zu ergiessen. Die Zeugnisse der arab. Geographen, wie Jenkinson's widerlegen alle diese Behauptungen. Man muss jedoch eingestehen, dass dergleichen anscheinend gigantische Kriegsunternehmungen, wie eine Ableitung der Wasser des Oxus, nicht ausserhalb der Gewohnheiten oder des Ideenkreises der Völker Khowarezms liegen. Im J. 1221 versuchten die Söhne Djengiz-khan's eine solche Ableitung bei der Belagerung der Stadt Urghendj, konnten dieselbe indessen wegen der häufigen Ausfälle der Belagerten nicht zu Stande bringen.

trockneten Bettes des Djan- oder Kizyl-deria müsste seine Mündung vormals am SO.-Ende des Aral-Sees, folglich über 50 Seemeilen von der Hauptmündung des Sir gelegen haben. Noch weiter ist es bis zu der Stelle, die wir heut zu Tage den östlichen Theil des Oxus-Delta nennen müssen. Der Kizyl, dessen oberer Lauf von einer sehr alten Handelsstrasse durchschnitten wurde*) und den man für den *Iastus* des Ptolemaeus hält, ist, diesem alten Geographen zufolge, wie der *Polytimetus* (der jetzige Kohik), ein Zufluss zum Becken des casp. Meeres. Er kann in der That als ein solcher angesehen werden, in dem Sinne, den man einer Benennung gegeben, welche dann ein weites und verwickeltes Stromsystem umfasste.

Wir haben bereits darauf aufmerksam gemacht, dass noch im 14. Jahrh. der pers. Geograph Hamdallah den Oxus (Djihun) als einen Fluss beschreibt, der sich durch eine Hauptmündung in das casp. Meer ergiesse, während nur ein Theil seiner Wasser in den Aral münde. Wenn nun der alte Handel auf dem Oxus zu Schiffe auf dem Hauptarme geschah; wenn, — wie es, ich will nicht sagen, aus dem amerikanischen Reisenden Cieza, sondern aus den Itineraren von Balducci Pegoletti und Lopez de Gomara hervorgeht, — der Transport der indischen Waaren „auf dem Rücken von Kameelen, die in Karavanen vereinigt waren," auf eben derselben Strasse statt fand: so begreift man, wie die Griechen und Römer nichts von der Existenz des Aral-Sees wissen konnten, dem sie sich zu nähern keine Gelegenheit fanden. Das baktrische Reich, welches von so kurzer Dauer war, breitete sich gegen N. und gegen W. jenseit Tribactra, Gabae und Alexandria am Jaxartes aus. Es überschritt nicht eine Linie, welche man vom Karakul-See, in welchen sich gegenwärtig der Zarafschan oder Kohik von Bokhara verliert, bis Kodjend am Sir zieht. Selbst als zu dieser Zeit der Oxus schon einen Arm zum Kizyl abgesandt hatte und durch Gabeltheilung mit dem Aral communicirte, konnte nichts

*) Heeren, I., 319; Gråberg, *Cenni geogr. sull'Asia centrale,* 1840, p. 36; Eichwald, p. 98, 99.

die Handelsschiffer oder die Karavanen versuchen, sich gegen N. zu wenden und die aralische Verzweigung zu verfolgen. Was sie allein beschäftigte, war, auf dem geradesten Wege das Ostufer des casp. Meeres zu erreichen, um die Waaren (über den Trageplatz des Cyrus) zum Phasis und nach anderen Stationen des Pontus hinüberzusenden (Plinius, VI., 17; Strabo, II., 73; XI., 509 Cas.; Procop. Pers., II., 25).

Dunkle Nachrichten über die Existenz des Aral-Sees oder vielmehr über die Moräste und die Ueberschwemmungen, welche so viele verbundene oder benachbarte Deltas erzeugten, scheinen indessen zu den Griechen und zu den Römern gelangt zu sein. Bei der Erklärung der Texte muss man mit Sorgfalt das, was zu der grossen appendiculären Lagune des alten scythischen Golfs des caspischen Meeres gehört, in welches Becken sich der Jaxartes ergiesst, unterscheiden von der kleinen appendiculären Lagune des Oxus, welche im S. von Bokhara liegt und von der wir ganz kürzlich eine sehr genaue Kenntniss erlangt haben. Man muss den Aral-See nicht mit dem Oxischen See des Ptolemaeus verwechseln; beide sind über 100 M. von einander entfernt.

Der Araxes, sagt Herodot (I., 202), und sein Araxes ist der der Massageten, „theilt sich in vierzig Arme, welche alle, einen ausgenommen, sich in Moräste und Lagunen verlieren. Die Menschen, welche in diesen Sümpfen wohnen, leben von Fischen und kleiden sich in Seehundsfelle. Ein einziger Arm des Araxes, von dem ich gesprochen habe, geht ohne Hinderniss in's casp. Meer.“ Nach allen Combinationen, welche diese Stelle darbietet, ist der Araxes *) Herodot's hier der Jaxartes, der Sir oder Si-

*) Die Stelle bei Herodot war im J. 1768 der Gegenstand lebhafter Erörterungen zwischen La Nauze, de Guignes und d'Anville (*Mém. de l'Ac. des inscr.*, XXXVI., 69—85); indess hatte Isaak Vossius bereits in der Mitte des 17. Jahrh. sehr gut erkannt, dass der Name Araxes ein allgemeiner sei, der zugleich für mehrere Flüsse der entgegengesetzten Ufer des casp. Meeres gebraucht worden.

hun*) der neuern Geographen. Die beiden Becken des caspischen und des Aral-Sees, welche wahrscheinlich einst durch den Golf des Karabogas verbunden waren, zeigen im ganzen Umfange eine grosse Menge von Deltas an den Mündungen der Flüsse; diese Deltas haben im Lauf der Jahrhunderte häufig ihre Form verändert. Man hat daher nicht nöthig, mit Isaak Vossius anzunehmen, das die vierzig Arme des Araxes Herodot's eine Erinnerung oder eine

---

D'Anville hielt, wie Vossius, den Araxes Herodot's (*Géogr. ancienne*, II., 307) für den Oxus, während die Gelehrten, welche den letztern Fluss im Akes erkennen, mit Barbié du Bocage (Ste.-Croix, *Exam. crit.*, 829), Schweighäuser (*ad Herod.*, V., 203) und Heeren (I., 2, 292) den Jaxartes für den wahren Araxes der Massageten halten. Vielleicht nur an einer einzigen Stelle bei Herodot (IV., 11), wo der Historiker vom Einfalle der nomadisirenden Scythen in's Land der Kimmerier spricht, ist von der Wolga oder dem Rha die Rede (Schweighäuser, *ad Herod.*, V., 171). Geographische Betrachtungen begünstigen die Meinung, dass der Jaxartes mit dem Araxes identisch sei. Wenn es Schweighäuser gelungen, ohne das Wort *ῥέων* im Text (*Herod.*, I., 202) zu unterdrücken, durch Analogie mit der den Pyretus (Herodot, IV., 48) betreffenden Stelle die Schwierigkeit der Orientirung des Flusslaufes zu besiegen (*ῥέων πρὸς ἥλιον ἀνίσχοντα, ab oriente fluens Caspii maris*); so muss man nicht weniger einen Gedächtnissfehler oder eine erklärende Einschaltung voraussetzen, um *ῥέει ἐκ Ματιηνῶν ὅθεν περ ὁ Γύνδης* zu erklären. Man würde wenig gewinnen, wenn man Indus statt Gyndes läse (Menn, *Melet.*, 6), und die sonderbare Gestalt, welche Niebuhr in seiner Weltkarte des Herodot der Doppelquelle des Araxes beilegt (zwei Nebenflüsse vereinigen sich unter einem rechten Winkel) erscheint ganz seltsam.

*) Aus dem alten scythischen Worte *silys (sil)*, welches, wie Plinius sagt (VI., 7; Eustath. in Dionys., v. 17), zugleich den eigentlichen Tanaïs (Don) und den Jaxartes (VI., 16) bezeichnete, hat man nach des gelehrten Bayer (*Acta Petrop.*, I., 398) Bemerkung durch die gewöhnliche Wandlung des *l* und *r* Sir gemacht, wie auch wahrscheinlich aus Silys der Name Sihyn oder Sihun entstanden ist. Solinus (cap. 49) nennt es „einen Ruhm des Demodamas (eines Feldherrn des Seleucus), dass er zuerst entdeckt habe, dass der Jaxartes (Jaxates, Orxates, Orexantes, Oxyartes und Araxates bei Ammianus Marcellinus) ein anderer Fluss als der Tanaïs ist." Wir haben bereits erwähnt (s. oben S. 506), dass das alanische Wort *tan* und das ossetische *don* Fluss bedeuten.

Nachahmung der Beschreibung der grossen Wolga-Mündung seien und dass sich im Allgemeinen in den Namen und Gabelungen der Flüsse, in ihren Wasserfällen, welche breite Gewölbe bilden, die östliche Küste des casp. Meeres bei den Alten wie ein Wiederschein des gegenüberliegenden Ufers darstelle. Strabo, indem er die Meinung Herodot's und Callisthenes' (XI., 531 Cas.) über die vierzig Verzweigungen des Araxes tadelt*), behauptet nichtsdestoweniger, „dass die Massageten, die einen auf den Bergen, die andern in den Ebenen, und noch andere in durch die Flüsse gebildeten Morästen und auf Inseln leben.“ Er fügt hinzu, „dass das Land vom Araxes überschwemmt wird, der sich in viele Arme theilt, von denen ein einziger in das hyrkanische Meer fliesst, während die anderen in's nördliche Meer gehen.“ Man kann verwundert sein, dass Strabo diesem Flusse im Lande der Massageten, welches ohne Zweifel derselbe ist, von dem Herodot spricht (I, 205), nicht den Namen Jaxartes gegeben, welchen er doch so oft anderwärts erwähnt (XI., 507, 509, 511, 517, 518) und welchen er richtig vom Araxes der Matianer, dem armenischen (XI., 527—529), unterscheidet, den wir schon bei Hekataeus gefunden haben. Wie dem auch sein mag, so scheinen mir die beiden Stellen bei Herodot und Strabo eine dunkle Vorstellung vom Aral**) anzuzeigen, welcher, von

*) Dieser Tadel scheint gegen die Unvereinbarkeit des Ursprunges des Flusses in den Gebirgen Armeniens und „der Grenze zwischen den Scythen und Baktrien“ gerichtet zu sein. Herodot erwähnt diese Grenze ohne Zweifel nicht; aber man darf aus dieser Auslassung nicht folgern, wie d'Anville behauptet (*Mém. de l'Acad. des Inscr.*, XXXVI, 85), dass in dem auf uns gekommenen Texte des Herodot eine Lücke sei.

**) Strabo gedenkt auch (XI., 137), wie Herodot, der Robbenfelle, welche den Sumpfbewohnern zur Kleidung dienen. Die Robben, sagt er, kämen vom Meere bis zu ihnen. Nun ist es bekannt, dass der Aral wie das casp. Meer und der Baikal-See diese Thiere nährt. Ja noch mehr: Pallas hat uns sogar ein Factum aufbewahrt, auf das die Geologen bisher sehr wenig achtsam gewesen sind, nämlich dass die Seehunde auch 300 M. östlich vom Baikal (unter 54° 56′ Br., 116° 39′ östl. Lg.) den kleinen Oron-See, der nur

Morästen und überschwemmten Länderstrecken umgeben, sich ihren Blicken verbergen konnte. Dies war auch die alte Meinung Bayer's (*Acta Petrop.*, I., 398) und d'Anville's, welcher den Aral-See auf seiner *Carte du Monde des Grecs et des Romains* (1763) mit den Worten bezeichnet: *Paludes recipientes Araxen apud Herodotum.* Bei Herodot scheint das ganze Netz der Zuflüsse ein inneres Becken (*bassin intérieur*) zu bilden. Bei Strabo findet zwischen diesem Netz und dem Eismeere eine Verbindung statt, und zwar ist dieselbe eine directe und nicht eine durch Vermittelung des hyrkanischen Meeres und den Kanal, welcher nach der Meinung der Alexandriner dieses Meer mit dem Ozean verknüpfte. Strabo macht einen deutlichen Unterschied zwischen der einzigen Mündung des Araxes der Massageten (des Jaxartes), welcher sich in das hyrkanische Meer ergiesst, und zwischen den zahlreichen Armen, welche unmittelbar zum nördlichen Meere fliessen. Diese Vorstellung erlangt eine ziemlich hohe geologische Bedeutung, wenn man sich erinnert, was ich früher auseinandergesetzt (S. 441—443) habe über die Spuren einer Furche, welche man von SW. nach NO., vom Aral bis zur Mündung des Obi verfolgen kann und in welcher Furche der Aksakal, der Sary-Kupa und andere kleine, rosenkranzförmig vereinigte Seen liegen. Wir haben gesehen, dass alte asiatische Traditionen, die lange Zeit vernachlässigt wurden, mit diesen Wasserverbindungen in den Tiefebenen Sibiriens zusammenzuhängen.

Heut zu Tage nimmt der Aral, besonders in seiner

---

einige Meilen Umfang hat, bewohnen (*Zoogr. Rosso-Asiat.*, 1811, p. 115). Dieser See steht mit dem Witim, einem Nebenflusse der Lena, in Verbindung und in dieser findet sich kein solches Thier. Nach Hrn. Erman's Berechnung hat der Oron-See etwa 170 t. H. über dem Meere. Seine Wasser sind wie die des 50 t. höheren Baikal süss. Vom casp. Meere bis zum Oron-See sind 71 Längengrade. Das isolirte Vorkommen der Robben in diesem kleinen Becken und der Streifen von Meeresthieren durch ganz Asien, von der Wolga bis zur Lena, knüpfen sich an das, was wir aus mongol. und chines. Traditionen über die Spuren eines grossen bittern Sees in Nord-Asien wissen.

nordöstlichen Bucht, auf eine ausserordentliche Weise an Ausdehnung ab. Die Bai Sari-tschaghanak z. B. erstreckte sich vor vielleicht noch nicht 80 Jahren bis zum Hügel Saribulak, welcher von dem jetzigen Ufer 12 M. weit entfernt liegt (Meyendorff's Reise, p. 35). Die Betrachtung dieses Austrocknens hat einige Naturforscher zu der Annahme veranlasst, dass der Aral-See, ehe der grosse Oxus-Strom, dem Burnes 15 M. unterhalb Termed, bei Kodjusalu 380 t. und bei Schardjui (im SSO. von Bokhara) 305 t. Br. giebt, theilweise oder ganz hineinmündete, noch eine weit weniger beträchtliche Wasserfläche besessen habe. Der Aral selbst war damals vielleicht, diesen Naturforschern zufolge, nur eine Verbindung von Morästen und mit Schilf bedeckten Lagunen. Der Aksakal und die rosenkranzförmigen Seen, welche in der Nachbarschaft in der kirghisischen Steppe liegen, möchten nach der Beschreibung Lewschin's ein ziemlich getreues Bild von diesem Zustande eines halb überschwemmten Bodens abgeben, den die Griechen uns als den Wohnsitz der Massageten beschreiben. Indem man bei dieser Hypothese von einem so grossen Volumen Wasser spricht, welches durch die die Oberfläche des Aral vergrössernde Veränderung im Oxuslaufe hervorgebracht worden, nimmt man einen Zustand des benachbarten Landes an, in welchem ein friedlicher Anbau des Bodens noch nicht durch Bewässerungskanäle den nördlichsten Theil des Flussbettes erschöpfte.

Ich gestehe, dass alle Annahmen, welche eine ursprüngliche Verbindung zwischen dem Aral, dem Oxus und dem casp. Meere ausschliessen, mir mit dem Anblick der Gegend in Widerspruch zu stehen scheinen, nach der Aehnlichkeit, welche andere Wasserbecken zeigen, die ihre Gestalt verändern oder sich theilen, sei es nun durch zunehmende Trockenheit oder durch Anschwemmungen oder endlich durch plutonische Hebungen. Ich nehme vielmehr mit dem Hrn. Grafen v. Cancrin*) an, dass die Gabeltheilung des Oxus nicht eher

*) Die Abhandlung des Hrn. Grafen v. Cancrin, des russ. Finanzministers, enthält viele scharfsinnige Ansichten; sie führt den be-

sichtbar geworden ist, als zu der Zeit, wo die Furche (der breite Wassergürtel, welcher den appendiculären Aral-See mit dem caspischen verband,) anfing auszutrocknen, sich in kleine Lagunen zu theilen und nur die Spur eines Bettes zurückzulassen, über welches uns die Turkmanen ausführliche Ueberlieferungen aufbewahrt haben. Dieser Arm war den arabischen Geographen bekannt; ihn sahen Jenkinson, Abulghazi, Murawiew, Basargin und Felkner (*Ann. des mines de Russie p.* 1838, p. 181). Es erscheint also wahrscheinlich, dass die ehemalige Schifffahrt auf dem Oxus auf dem Striche von ONO. nach WSW. nach dem Karabogas- und dem Balkhan-Golf, den Ueberresten des scythischen Golfs bei Pomponius Mela, statt fand. Jener Streifen oder jene zu verschiedenen Zeiten mehr oder weniger breite Furche bildete einen Theil vom Bette des untern Oxus. Die Richtung der Strömungen kann damals dem Aral-See, der nur eine Anschwellung des Oxus war, eine geringere Wassermasse zugeführt haben. Der Aral der Massageten kann sumpfiger gewesen sein, als er heut zu Tage ist. Als endlich durch das fortschreitende Austrocknen des Meeresarmes oder des scythischen Golfs die Gabeltheilung hervortrat, muss der Theil des Oxus, welcher mit dem Aral-See verbunden blieb, Veränderungen in seiner Richtung und in der Theilung seines Bettes erlitten haben. Arme, welche sich

---

scheidenen Titel: „Einiges über das westliche Mittel-Asien" und erschien anfänglich ohne den Namen des Verfassers in der Petersburger Handelszeitung, 1827, N. 31, S. 123; sie wurde jedoch auf meine Bitte in der geogr. Analyse der Karte des Kriegstheaters Russlands gegen Khiwa von Hrn. Zimmermann, S. 36—43, wieder abgedruckt „Das Problem des Oxus, sagt der Graf v. Cancrin, lässt sich durch die einfache Betrachtung eines allmäligen Austrocknens lösen. Der Aral-See war ursprünglich nur eine Verbreiterung des Oxus. Was wir den trocknen Arm nennen, war der eigentliche Emissar des Aral, der die Stelle bedeckte, wo späterhin die Gabeltheilung vor sich ging. Diese fand statt, als das Niveau des Aral fortfuhr sich zu senken und als der Oxus (Amu) weniger Zuflüsse erhielt. Der Arm, welcher zum casp. Meere ging, verschwand allmälig oder füllte sich nur ab und zu mit Wasser."

zum Kizyl erstreckten und sich mit dem Laufe dieses kleinen Flusses vermischten, erzeugten das Delta, wie wir es in unsern Tagen sehen. Auf diese Weise wurde der Aral-See, welcher anfänglich nichts weiter als eine seitliche und appendiculäre Anschwellung des Oxus war, nachdem der Arm des Balkhan all sein Wasser verloren hatte, zum einzigen Recipienten des Oxus, der durch Tausende von Bewässerungskanälen geschwächt wurde.

Wir vermögen die Zeit nicht genau anzugeben, wann der Aral der Endpunkt des Laufes eines Oxus-Armes geworden ist. Die klassischen Schriftsteller schreiben oft einander nach; sie haben Berichte benutzt, welche nicht bis auf uns gelangt sind und deren Alter uns unbekannt geblieben. Man kann im Allgemeinen annehmen, dass der Zustand des Bodens, welchen sie beschreiben, keineswegs der Zeit, in welcher sie lebten, angehört. Was uns indessen in diesem geologischen Phänomen am Wichtigsten erscheint, ist eine chronologische Verfolgung seiner Veränderungen. Nun bleibt aber in dem vorliegenden Gegenstande Alles, was auf die Reihenfolge der Thatsachen Bezug hat, unbestimmt; und die Geologie ist gezwungen, der Geographie im eigentlichen Sinne bloss wahrscheinliche Ansichten über Durchbrüche von Landengen, über Gabeltheilungen von Flüssen, deren Lauf sich noch nicht entwickelt hat und unveränderlich geworden ist, über die Gestaltveränderungen und fortschreitenden Bewegungen der Deltas, über die Vereinigungen von Sümpfen und mehreren Gruppen von Lagunen zu einem einzigen See, wie über die Zerstückelung eines Sees in kleine Lagunen zu liefern. Eben in Beziehung auf die chronologische Aufeinanderfolge der Phänomene ist eine Stelle bei Pomponius Mela (III., 5) äusserst merkwürdig. Dieser Schriftsteller ist der einzige, welcher in einem sehr bestimmt ausgesprochenen Satze den Lauf des Oxus fast grade so schildert, wie wir ihn gegenwärtig kennen. „*Jaxartes et Oxos per deserta Scythiae ex Sogdianorum regionibus in Scythicum sinum exeunt, ille suo fonte grandis, hic incursu aliorum grandior et aliquandiu ad occasum ab oriente currens; juxta Dahas primum inflectitur: cursuque ad septentrionem converso, inter Amardos et Paesicas os aperit*" (Tzschucke, *ad Melam*, II., P. 3, 136: III., P. 3, 165). Der Lauf des Oxus, wie wir ihn gegenwärtig kennen, wenn man den Arm von Badakschan oder den, welcher aus dem Alpensee Sirikul (Victoria-See) in der Meridiankette des Bolor kommt, als Quellfluss betrachtet, läuft von SO. nach NW. Der grosse Strom behält dieselbe Richtung von 37° bis 40° Br. (70° bis 59° 20′ Lg.), am Regelmässigsten von Kunduz bis Chadris. Beinah unter 40° Br. wendet sich der Oxus von SSO. nach NNW., und seine Wasser, durch die zahlreichen Ableitungsgräben, welche der Ackerbau erfordert, vermindert, erreichen den Aral-See unter 43° 40′.

Es ist ziemlich seltsam, dass Pomponius Mela den Fluss in's casp. Meer in der Richtung von S. nach N. leitet, da das östliche Gestade dieses Meeres auch der Richtung eines Meridians folgt. Der Oxus bleibt nach ihm parallel der Küste; und um die Mündung des Flusses in's casp. Meer zu legen, muss man nothwendig seine Zuflucht zum Karabogas*) (41° 4′ Br.) nehmen, welcher noch gegenwärtig an 40 M. von W. nach O. in das Land eindringt und den ich oben als einen Rest des scythischen Golfes bezeichnet habe. Mela konnte (wenn er überhaupt die specielle Kenntniss von der oxischen Topographie besessen, welche man ihm so gern zuschreibt,) den Aral und den Karabogas für Buchten und appendiculäre Theile vom caspischen Meere und den Aral nicht für ein isolirtes Bassin halten. Ich wage es daher nicht, den sehr ausgezeichneten Gelehrten**) beizutreten, welche in der Stelle des Pomponius Mela einen schlagenden Beweis für die Meinung erblicken, dass der

---

*) S. Felkner's geogn. Gemälde des casp. Meeres zwischen Asterabad und dem Vorgebirge Tuk-Karagam im *Ann. des mines*, 1838, 183.

**) Mannert, IV., 452; Menn, *Melet. hist.*, p. 12: „*Romanis temporibus penitus obseptum id ostium esse (nempe fluminis Oxi in mare Caspium exitum) nec potuisse amplius eo in mare Caspium navigari, declarat testimonium Pomponii Melae, plane talem describentis Oxi cursum, qualem hodieque esse constat.*"

Oxus zu seiner Zeit keine Verbindung mehr mit dem casp. Meere gehabt habe. Es ist fast überflüssig, hier daran zu erinnern, dass Hamdallah, der Fürst Abulghazi von Khiwa und so viele andere einheimische Zeugnisse, die wir gesammelt haben, darthun, dass die Verbindung sich bis zur neuesten Zeit erhalten hat. Würde wohl der Handel Indiens über den Oxus und das casp. Meer in dem kleinen Zeitraum zwischen Mela und Plinius und Strabo aufgehört haben? Diese Frage erscheint mir noch zweifelhafter, als die der plötzlichen Veränderung, welche ein grosses Wassersystem erlitten. Uebrigens bleibt die Bemerkung des römischen Geographen über die Biegung des Oxus-Laufes noch insbesondere isolirt. Ptolemaeus, der nicht ein Jahrhundert nach Mela lebte, lässt den Oxus wieder ganz grade von O. nach W. in's casp. Meer fliessen. Der untere Lauf desselben wird, weit entfernt, von S. nach N. zu ziehen, auf den alten, nach den Positionen des Ptolemaeus gezeichneten Karten in der Richtung ONO.-WSW. dargestellt.

Man darf den Aral-See und die Sümpfe der Massageten nicht mit der *Oxia Palus* des Ammianus Marcellinus verwechseln (XXIII., c. 6, 59, ed. Wagner, I., 355; II., 43): „*Sub imis montium pedibus, quos appellant Sogdios, inter quos amnes duo fluunt navium capacissimi, Araxates* (*Jaxartes*) *et Dymas* (*Δύμος*, Ptol.) *qui per juga vallesque praecipites in campestrem planitiem decurrentes*, *Oxiam nomine paludem efficiunt longe lateque diffusam.*" Dieser grosse oxische Sumpf gehörte einst dem mittleren Laufe des Oxus an; es ist der Karakul-See im SSW. von der Stadt Bokhara, gebildet vom Kohik, Kuwan oder *Zer-afschan* (d. h. der Goldspendende), dem Flusse von Samarkand und Bokhara (Curt., VII., 10; Strabo, XI., 518), welchen die Griechen, indem sie den einheimischen Namen *Sogd* übersetzten*), *Polytimetus* (d. i. der sehr Kostbare) nannten. Ptole-

*) Ich bezeichne den Kohik so mit Burnes, obgleich die beiden Städte nicht an seinen Ufern liegen. S. Sultan Baber's Mem., 136; Meyendorff, 148; Burnes, II., 286; Menn, *Melet.*, 42, 75–78.

maeus (VI., 12) giebt, wenn man seine gleichmässig zu nördlichen Breiten*) berichtigt, dem Karakul, den die Uzbeken durch den einfachen Namen *Denghiz* (der See) bezeichnen, seine wahre Lage zwischen Zariaspe und Tribactra (Ferbar oder Fariab und Bykund). „Von den Sogdischen Bergen, sagt der Geograph, kommen mehrere wenig bedeutende Flüsse herab, aber sie vereinigen sich mit einander. Einer von diesen Flüssen bildet den oxischen See." Der Kohik gelangt in unsern Tagen nicht mehr bis zum Amu, sondern bleibt davon 7—8 M. entfernt. Schon Strabo bemerkt, dass der Polytimetus Aristobul's sein Wasser im Sande verliere. Heut zu Tage ist dieser kleine Fluss durch die vervielfältigten Bewässerungskanäle erschöpft, welche die Ebene befruchten, in der die berühmten und aromatischen Melonen von Bokhara gedeihen. Das Sogd-Gebirge des Ptolemaeus ist eine südliche Verzweigung des Nura-tagh und folglich eine Fortsetzung vom Asferah, durch welchen sich der lange Rücken des Thian-schan westwärts von der Meridiankette des Bolor verlängert. Man

*) Die Vergleichung der Breiten des Ptolemaeus mit den jetzigen Grenzen des casp. Meeres und neuere gute Beobachtungen ergeben Folgendes: Südlichster Theil des casp. Meeres 36° 40′ (Ptolemaeus: 40° 10′), Unterschied 3° 30′. Im N. giebt Ptolemaeus zweimal (V., 9., VI., 14) die Mündungen des Rha zu 48° 50′ an; die wahre Breite der nördlichsten Mündung im Wolga-Delta ist 46° 32′. Ich fand für die Insel Birutschi-Cassa 45° 43′ 42″ und die Breite Astrakhans 46° 21′ 17″. Kein Punkt des casp. Meeres liegt heut, nach Kolotkin's und Basargin's Karte, nördlicher als 47° 47′. Schon der Geograph Delille hatte behauptet, dass nördlich vom Paropamisus (Hindu-Kho) die Breiten des Ptolemaeus um 3° vermindert werden müssten (Ste.-Croix, *Exam. crit.*, 716 und in meinem I. Th. S. 103 Anm.). Zieht man nun 3° oder gemäss der aus der Küste von Mazendaran sich ergebenden Correction 3½° von der Breite ab, welche Ptolemaeus der Rha-Mündung giebt; so findet man 45° 20′ oder 45° 50′, was mit meiner Beobachtung von Birutschi-Cassa ziemlich übereinstimmt und beweisen würde, wenn man der corrigirten Position des Ptolemaeus Vertrauen schenken dürfte, dass das Wolga-Delta, seit nahe siebenhundert Jahren seine Ausdehnung in der Meridianrichtung wenig verändert hat.

muss sich wundern, dass Ptolemaeus den Polytimetus gar nicht bei Gelegenheit seines oxischen Sees nennt, sondern dass er ihn unter den Flüssen, die sich in das casp. Meer ergiessen, zwischen dem Oxus und Jaxartes erwähnt. Plinius kennt den Polytimetus gar nicht, und sein *Oxus Lacus* (VI., 16; XXI., 7; Solin., c. 49) ist, wie schon früher angegeben wurde, ein Alpensee in der Bolor-Kette, von welcher der Oxus einen grossen Theil seines Wassers bezieht.

Dieselben geologischen Ursachen, welche den grossen aralo-caspischen Kessel erzeugt haben, scheinen an mehreren Stellen den Boden des Beckens noch fortwährend zu verändern. Veränderungen der Tiefen hat man an mehreren Punkten beobachtet, wo die Verminderung des gesammten Wasservolumens, unter Voraussetzung einer Senkung des ganzen Niveaus des Binnenmeeres, dies Phänomen nicht erklärlich macht. Einige Inseln haben sich erhoben*), während andere sich langsam senken. Die Lage alter Bauten am Ufer der Halbinsel Baku, die neuerlich mit Sorgfalt untersucht worden sind, bezeugt die Schwankungen des ganzen vom Wasser bedeckten oder trocken liegenden Bodens. Diese Schwankungen machen sich nicht bloss bemerkbar an den Orten, welche viel Salsen (Schlammauswürfe), Naphthaquellen und Steinsalzlager**) besitzen, da wo die gegenüberliegenden Ufer des casp. Meeres von der grossen vulkanischen Spalte des Thian-schan durchschnitten werden; sondern sie haben auch die Aufmerksamkeit der Eingebornen an den südlicheren Küsten von Talisch und Ghilan auf sich gezogen. Die Spalte des Thian-schan verlängert sich,

---

*) S. weiterhin über die Emporhebungen des Jokmali auf der Halbinsel Baku und der Insel Pogorelaja-Plita an der Kur-Mündung eine interessante Anmerkung von Hrn. Lenz, Mitgliede der Petersb. Akademie.

**) Auf der Insel Tscheleken kommen Steinsalzlager „von unermesslicher Mächtigkeit" mit Naphthaquellen zusammen vor. Felkner im *Ann. des mines pour* 1838, p. 148.

indem sie ihre Streichungslinie zwischen 60° und 52° Lg. ändert, über die Insel Tscheleken (gegenüber dem Balkhan-Golfe) und über die Feuer von Baku hin zu den Schlamm-vulkanen von Taman, während sich Ghilan der Kette von Mazendaran, der westlichen Fortsetzung des Kuen-lun, anschliesst. Seitdem Hr. Leopold v. Buch die Aufmerksamkeit der Geologen auf das langsame Emporsteigen eines grossen Theils von Schweden gelenkt hat, und ein gleichfalls fortschreitendes Sinken an der grönländischen [und dalmatischen] Küste erkannt worden ist, können die augenscheinlichen Veränderungen, welche man am Wasserspiegel des casp. Meeres beobachtet hat, nicht mehr bloss den Veränderungen zugeschrieben werden, welche das Wasservolumen erfährt, sei es nun durch das gestörte Gleichgewicht zwischen dem Zuflusse und der Verdunstung, oder durch die periodische Wiederkehr von Reihen von Jahren mit ausnehmender Trockenheit oder Nässe, oder sei es endlich durch die Unbeständigkeit der Strömungen, welche sich mit Gewalt auf diese oder jene Bucht des Gestades werfen. Die Ansicht, dass das casp. Meer periodisch wächst und dann wieder fällt, ist seit Jahrhunderten in diesen Gegenden, sowohl an der Mündung des Terek und Kur als im ganzen Khanat Talyschyn und am Balkhan-Golf, allgemein verbreitet*). Die Dauer der Periode giebt man verschieden an; für das casp. Meer rechnet man 25—34 Jahre, für den Aral-See 4—5 Jahre. Bis jetzt ist jedoch keine Reihe genauer und ganz glaubwürdiger Beobachtungen angestellt worden. Die Existenz der Veränderungen ist unzweifelhaft, aber nicht die regelmässige Aufeinanderfolge des Wachsens und Sinkens. Am Ost-Ufer des casp. Meeres, beim Karabogas-Golf, glaubt man, dass das Meer im J. 1832 am Niedrigsten gestanden habe. Man behauptet, dass es seit 1833 wieder steige. Ein Maximum wurde von den Einwohnern von Hassan-Kuli, einem Dorfe der Yomonden an den Ufern des Atrek

---

*) Eichwald, Periplus, I., 125, 149, 265; Felkner, *Ann. des mines pour* 1837, p. 141; Levchine, 442.

im J. 1819 bemerkt. Die Niveauverschiedenheiten während des Verlaufs der ganzen Periode müssen zu Hassan-Kuli 9′, weiter nördlich kaum 4′ betragen haben. „Zu Khiwa, sagt Hr. v. Meyendorff (*Voy.*, 101) ist es eine sehr allgemein angenommene Meinung, dass ein Erdbeben, welches vor mehr als 500 Jahren (also zu Anfang des 14. Jahrh.) statt gehabt, den Lauf des Amu abgelenkt habe. Eine solche Behauptung hat nichts Unwahrscheinliches, denn die Länder Bokhara und Khiwa sind solchen Convulsionen der Natur häufig unterworfen." Wenn man die Ansicht der Khiwenser betrachtet als auf einer alten historischen Erinnerung und nicht auf dem Streben beruhend, welches selbst die von aller geistigen Cultur am Fernsten stehenden Völker besitzen, grossartige Naturerscheinungen durch geologische Fictionen zu erklären; so muss man, meiner Erfahrung zufolge, annehmen, dass nicht das Erdbeben durch Umwälzungen des Bodens das Bett des alten Oxus ausgefüllt hat; sondern man muss vielmehr glauben, dass in Folge unterirdischer Stösse ein grosser Theil der Ebene von Urghendj und des Balkhan-Golfs ihr Niveau verändert habe. Emporhebungen der Art sind oft nachgewiesen worden: so am Meeresboden in der Nähe der Küste von Cumana, oder auf weiten Strekken des Festlandes in den trocknen Ebenen, welche die Küsten von Chili und Peru begrenzen. Eine Erhebung von nur wenigen Fussen kann nun aber eine mächtige Wirkung auf den Lauf der Ströme haben. In der Kirghisen-Steppe wie in den Llanos von Caracas und des Apure giebt es manche, deren Lauf so langsam ist, dass es mehrere Monate hindurch sehr schwierig ist, ihre Richtung und mittlere Geschwindigkeit zu bestimmen.

Um die geologischen Ursachen, welche von einer Niveauveränderung des Bodens abhängen, noch genauer zu bezeichnen, unterscheiden wir partielle, plötzliche, augenblickliche Emporhebungen, wie sie mehrmals bei den Erdbeben im südlichen Theile der Neuen Welt oder bei den Schlammvulkanen der Halbinsel Abscheron an der Westküste des casp. Meeres vorgekommen sind, von der langsamen und fortdauernden Emporhebung Skandinaviens. Die letztere Art der Bewegung scheint, — ungleich in ihren Wirkungen, so dass ein Theil des Gestadelandes unbewegt bleiben und sich sogar neigen oder senken kann, während andere Theile schief emporsteigen, — am Besten von den so verschiedenen Höhenverhältnissen Rechenschaft geben, die man fast gleichzeitig an verschiedenen Buchten des casp. Meeres bemerkt, wenn man den Wasserspiegel mit dem Niveau der anliegenden Küste vergleicht. Wenn der Meeresgrund und die Küsten ihre Lage zugleich änderten, so würde ihre relative Lage dieselbe bleiben. Eine Veränderung des Rauminhalts des ganzen Beckens durch Emporhebung oder Senkung des Bodens allein würde den Spiegel eines isolirten Meeres einförmig steigen oder sinken lassen. Eine Ursache von dieser Beschaffenheit müsste übrigens auf einer ungeheuren Strecke zugleich thätig sein, um eine merkliche Wirkung, ich sage nicht in den Tiefen (*le sondage*), sondern in der Erhebung der Wasserlinie hervorzubringen. Nun erscheint jedoch die Zu- oder Abnahme des ganzen Rauminhalts des Beckens eines grossen Binnenmeeres eine bei Weitem weniger zulässige Hypothese, als die partielle Thätigkeit der plutonischen Kräfte an einzelnen Punkten der äussern, mit Wasser bedeckten oder bloss liegenden Rinde des Erdballs. In einem Vortrage (s. *Nouvelles Annales des Voyages*, 2. sér.; XV., 86), den ich am 16. Nov. 1829 in einer öffentlichen Sitzung der Petersburger Akademie gehalten und worin ich zeigte, wie dringend nothwendig es sei, in der grossen asiatischen Senkung die Curve der Höhe Null, d. h. eine geodätische Linie scharf zu bestimmen, welche durch alle Punkte in dem Umkreise des aralo-caspischen Beckens ginge, die in einerlei Höhe mit dem Spiegel des Schwarzen Meeres oder des Ozeans lägen, richtete ich zugleich an die kaiserl. Akademie den Antrag, kupferne Stangen in den felsigen Theil des Gestades als Zeichen der mittlern Höhe des Wasserspiegels des casp. Meeres zu der Zeit, wo jene Operation ausgeführt worden, einzusetzen. Dieser Vorschlag ist günstig aufgenommen worden: ein gelehrter und geschickter Physiker, Hr. Lenz, hat seit 1830 mit vieler Sorgfalt bei der kleinen Festung Baku Marken gesetzt. Ich habe seitdem die Errichtung anderer bewirkt*), welche nach weit allgemeinern Ansichten über die Physik der Erde bei den auf der ganzen südlichen Hemisphäre während der Expedition des Cap. Ross auszuführenden Operationen einbegriffen sind. Man muss hoffen, dass die Akademie zu St. Petersburg, welche sich auf eine so edele Weise mit den Fortschritten der physikalischen Geographie beschäftigt, die Zahl der von Hrn. Lenz errichteten Stangen vervielfältigen lassen wird. Es dürfte besonders wichtig sein, dass man von 30 zu 30 Jahren den mittlern Wasserstand des casp. Meeres an den beiden gegenüberliegenden Ufern vergleichen könnte. Die Localität der Porphyrfelsen von Balkuï und Uorak im Balkhan-Golf würden auf der Ostküste die mit den auf der Halbinsel Baku bereits errichteten Marken am Besten vergleichbaren Punkte sein (Felkner, *Ann. d. mines p.* 1838, 189). Es wäre möglich, dass die gegenüberliegenden Ufer von Balkhan und Baku, von Mazendaran und den Mündungen der Wolga nicht dieselben Bewegungen erlitten.

Diese Veränderungen in der Bodenhöhe haben sicherlich einen grossen Einfluss auf die Möglichkeit der inneren Gabeltheilungen**) der Flüsse, und noch mehr auf die ehemalige Verbindung der Meere gehabt; aber die Umwandlungen in den grossen Wassersystemen scheinen beinahe allen Zeiten anzugehören, bis zu welchen sichere geschichtliche Traditionen nicht hinaufreichen. Die griechischen und römischen Geographen neigten vorzüglich zur Annahme von Flussgabeltheilungen. Sie führten***) die Donau zugleich in

*) S. meine ergänzenden Instructionen für die Expedition des Cap. Ross, welche mit denen der kön. Soc. zu London im J. 1839 zusammen gedruckt worden sind.

**) Es ist hier nicht von den Gabelungen in den Deltas, sondern von solchen die Rede, welche im mittlern oder obern Laufe der Flüsse, ähnlich wie beim Cassiquiare, vorkommen. S. meine *Rel. hist.*, II., 518, 526,

***) Die grosse Nähe des Don und der Wolga auf der Landenge zwischen Tischinskaja und Dubowka, welche Ptolemaeus so gut kannte, erzeugte ohne Zweifel sehr lange vor der Zeit dieses Geo-

den Pontus Euxinus und in's adriatische Meer (Scymni Chii *Orbis descr.*, v. 194, 775 Letr.), den Rha (Wolga) in's

---

graphen die so verbreitete Vorstellung von einem Zusammenflusse, einer wahren Gabelung. Die Verallgemeinerung des Wortes Araxes, seine falsche Anwendung auf den Jaxartes, vielleicht selbst auf den Rha oder die Wolga (Bayer, *Acta Petrop.*, I., 394; Heeren, Ideen zur Gesch des Handels, Bd. I., Th. 2, S. 269) und der besondere Umstand, dass die Alanen das Wort *tan* (Tan-aïs, Dan, Don), welches in ihrer Sprache Fluss bedeutet, anfangs nach dem Osten und später nach dem Westen des aralo-casp. Beckens brachten, haben dazu beigetragen, einen Irrthum zu befestigen, welcher der Eitelkeit der macedon Eroberer schmeichelte (Strabo, XI., 510). Wir haben bereits nach einer Bemerkung des Hrn. Letronne daran erinnert, dass die Ansicht vom Araxes-Laufe, welcher durch Theilung den Tanaïs bilde, ursprünglich der Geographie von Ephorus angehört. In den *Meteorologicis* des Aristoteles lesen wir (l. I., c. 13, 16) und zwar, was zu wiederholen nützlich ist, vor dem Zuge Alexanders geschrieben: „*Ex monte Parnaso Bactrus*, *Choaspes et Araxes defluunt*, *abs quo tanquam particula Tanais abscinditur.*" Da einige Zeilen weiterhin im Texte gesagt wird, dass der Indus in derselben Bergkette entspringt, so kann kein Zweifel obwalten, dass der Name Araxes (Tanais-Araxes) hier für einen Fluss gebraucht ist, dessen Quelle im Hindu-kho, oder wenn man (s. oben Th. I., 85, 86, 91, 92) die Namen Paropamisus, Caroparnasus, Caloparnassus (Mela, III., 7, 6) oder Parnasus (vielleicht Para-upa-Nysa) im weitern Sinne nehmen will, in der Meridiankette des Bolor (Imaus) liegt, welcher den Hindu-Kho kreuzt Der Sir (Jaxartes, Araxes der Massageten bei Herodot) entspringt eigentlich östlich vom Bolor am Nordabhange des Thian-schan unter 42° Br. und durchbricht die Bolor-Kette bei Andidjan. Der Amu (Oxus), welchen Isaak Vossius und Cellarius für den Araxes halten, entsteht aus mehreren Armen, von denen ein Theil vom Bolor (37½° Br.), der andere (die Flüsse von Badakschan und Balkh, Herodot's Akes, 34½° und 36½° Br.) vom Hindu-Kho kommt. Scymnus von Chios sagt in den uns aufbewahrten kleinen Fragmenten (v. 128, 129, 874, 875, ed. Letronne) „dass nach Hekataeus aus Eretria sich der Tanais, welcher sein Wasser vom Araxes erhält, in den Tanais ergiesst." Edrisi (II., 337) glaubt an die Gabelung der Wolga, von welcher der Don ein westlicherer Arm sei. Massudi (*Meadows of Gold*, *transl. by* Aloys. Sprenger, I., 417) sagt deutlich: „Der Don steht mit dem Flusse der Khazaren in Verbindung" (d. h. mit der Wolga). Hr. Frähn hat nachgewiesen (Ibn-Fozlan, 235), dass die Vorstellung von einer solchen Gabeltheilung sich bei einer grossen Zahl von Geographen des Mittelalters er-

casp. Meer und unter dem Namen Tanaïs (Don) in die Palus Maeotis. Manche alte Geographen glaubten an eine Verbindung des Pontus mit dem Eismeere*), des casp. Meeres mit dem Pontus**) und dem indischen Meere***). Die Vor-

---

halten hat. Die berühmte Expedition der Russen, welche mit 500 Schiffen vom Don nach der Wolga hinüberzogen und im J. 912 die ganze Küste des casp. (Khazaren-) Meeres plünderten, konnte um so mehr zur Verbreitung der irrigen Ansicht von einer Bifurcation der Wolga beitragen, als man nur mit einigen Schwierigkeiten annehmen kann, dass jene Flotte mittelst Maschinen quer über den Isthmus von Dubowka geschafft worden sei, wie dies in alten Zeiten auf dem Isthmus von Korinth statt gefunden (Neugebauer, *Hist. Polon.*, lib. X., 690, ed. 1618; Ibn-Fozlan, 60, 249). Sehr gewagt ist die Hypothese von Vossius (*ad Melam*, 244), nach welcher der Graben, welchen die Scythen von ihren Sclaven hatten graben lassen (Herodot, IV., 3) ein Kanal vom Don zur Wolga gewesen, ähnlich dem, welchen Peter der Gr. und Kaiser Alexander in neuerer Zeit anzulegen beabsichtigten.

*) Die Annahme des Plinius (II., 67), dass ein äusserst schmaler Isthmus zwischen der Palus Maeotis und dem Nordmeere läge, (Agathodaemon's Karten zur Geographie des Ptolemaeus geben diesem Isthmus indessen eine Breite von nahe 120 M.,) hatte sich unter den arab. Geographen erhalten. Sie meinten, dass das Meer der Waräger, welches zugleich das baltische und das deutsche Meer einbegriff, ganz nahe dem Schwarzen Meere (dem Russen-, Sudas-, Bulgharen-Meere) läge. Ibn-Fozlan, 28, 131, 189, 193.

**) Polyclet, nach Strabo, XI., 510 (Curt., VI, 4). Seleucus Nicator entwirft, besser unterrichtet, das Project zu einem Kanal zwischen beiden Meeren (Plinius, VI., 11).

***) Arrian lässt (V., 36) Alexander sagen: „Wenn Ihr erfahren wollt, was das Ende dieses Zuges sein wird, so wisset, dass Euch nur eine kleine Fahrt bis zum Ganges und zum Ost-Ozean bleibt, welcher mit dem hyrkanischen Meere in Verbindung steht. Ich werde Euch zeigen, dass das indische Meer mit dem pers. Golf und das hyrkan. Meer mit dem indischen zusammenhängt" (vergl. Quint. Curt., VI., 6). Die Stelle beim falschen Aristoteles (*de Mundo*, cap. 3), die ich bereits (S. 459) angeführt habe, spricht keineswegs von dem Durchbruche des Isthmus zwischen dem casp. und ind. Meere (Marcian. Heracl., p 24, ed. Miller), sondern von der Möglichkeit einer Schifffahrt an den indischen Küsten längs Ost- und Nord-Asien zum casp. Meere, einem Busen des Ozeans, und zum Gestade Albions. Stellen bei Strabo (II., 74; XI, 518) erklären diese Ansichten von einer Umschiffung.

stellungen von Flussgabeltheilungen oder von Verbindungen der Meeresbecken rühren nicht von Ueberlieferungen, von Erinnerungen her, welche die Völker von einem Zustande der Dinge in sehr alten Zeiten gehabt haben; sondern sie sind das Resultat von Systemen, Namensverwechselungen, Wortableitungen und geologischen Träumen. — Aus der Gesammtheit der Untersuchungen, denen ich mich im Obigen gewidmet habe, kann man, glaube ich, folgende Schlüsse ableiten:

1) Vor der Zeit, welche wir die historische nennen, mag der Aral-See in einer den letzten Revolutionen der Erdoberfläche sehr nahe gelegenen Epoche ganz in dem Becken des casp. Meeres einbegriffen gewesen sein, und damals mag die grosse Senkung Asiens (die turanische Concavität) ein weites Binnenmeer gebildet haben, welches auf der einen Seite mit dem Pontus Euxinus, auf der andern mittelst mehr oder weniger breiter Furchen mit dem Eismeere und dem Telegul-, Talas- und Balkhasch-See in Verbindung stand.

2) Selbst in der historischen Zeit darf man nicht zu allgemein annehmen, dass der Boden die aufeinanderfolgenden Veränderungen wirklich erfahren habe, welche die chronologische Reihe der von den historischen und geographischen Schriftstellern des Alterthums geäusserten Meinungen anzuzeigen scheint. Diese stellen selten die geographischen Kenntnisse ihrer Zeit dar; sie treffen eine Auswahl unter den ältern Ansichten, und ihr völliges Schweigen über gewisse Thatsachen oder Naturerscheinungen beweis't nichts gegen die Existenz dieser Erscheinungen. Edrisi, der Mawar' el-Nahar (Khowarezm, Baktrien und Sogdiana) so gut kennt, spricht nur von dem Ausgange (*issue*) des Amu in das Aralmeer; er erwähnt den Arm des Amu gar nicht, der noch so viele Jahrhunderte nach ihm, den sichersten Zeugnissen zufolge, seine Wasser mit denen des casp. Meeres mischte.

3) Der Aral bildete zur Zeit des Hekataeus und Herodot, wie zur Zeit des macedonischen Zuges, höchst wahrscheinlich nur eine Seiten- (appendiculäre) Anschwellung des Oxus und

stand nur durch den Arm, welcher von diesem aus sich als scythischer Golf weithin gegen O. erstreckte und in den Oxus selbst mündete, mit dem casp. Meere in Verbindung. Endlich

4) Der scythische Golf (Karabogas) hat sich, entweder durch den einfachen Vorgang zunehmender Trokkenheit (d. h. des Uebergewichts der verdunstenden über die zufliessende Wassermenge), oder durch Aufschwemmungen und plutonische Hebungen, allmälig in engere Grenzen zurückgezogen, und dadurch hat sich die Gabeltheilung des Oxus entwickelt, d. h. ist sie immer deutlicher zum Vorschein gekommen. Ein Theil der Wasser des Oxus setzte seinen Lauf zum casp. Meere in einem Flussbette fort, welches die neueren Reisenden (d. h. die nach der Mitte des 16. Jahrh.) trocken gefunden haben. Was anfänglich nichts weiter als eine angehängte Erweiterung oder ein See war, der seitlich mit dem Oxus in Verbindung stand, gestaltete sich später zum Endpunkte des untern Laufes dieses Flusses. So hat die Natur im Grossen das Phänomen wiederholt, welches im O. und ONO. vom Aral die Wassersysteme des Yaryakschi, Tschui und Talas zeigen, welche sämmtlich nach einem Laufe von 130—160 M. Länge in den Seen Telegul, Kaban-kulak und Talas-gol*) enden.

*) Um den Geographen in den Werken und Karten des Mittelalters die Untersuchungen der in den obigen Erörterungen enthaltenen Thatsachen zu erleichtern, stelle ich hier die Synonyma der Meeresbecken und grossen aralo-caspischen Ströme zusammen.

1) Caspisches und hyrkanisches Meer, Meer von Khozar (Khazar, Deria Khozr), Meer von Ghilan in Firdusi, von Tabaristan Sarra (Saray), Mazendaran, Dilem, Djordjan, Baku (Abacu, Zabache oder Zabaca; Capmani, t. III., p. XI.), von Bab el Awab (Meer von Derbend, Darubandis-zghwa im Georgischen), Ak Denghiz, Bahri Guzeh, Meer von Kolzum bei den Persern. Nach Bayer (*Act. Petr.*, I., 443) und Klaproth (*Mém. rel. à l'Asie*, III., 271) stammt Kolzum von Klysma des Ptolemaeus (IV., 5). Die Araber nennen das Rothe Meer allgemein (Edrisi, II., 333) Bahr el Kolzum, Meer von Klysma. Hr. Reinaud bemerkt (Abulfeda, p. 43), dass bei eben diesem Volke das caspische wie das Schwarze Meer (Nitis) als Meer der Khozaren bezeichnet wird, weil die mächtige Nation der Khozaren lange Zeit die Küsten des caspischen Meeres und der Krim bewohnte.

Mir bleibt endlich hier noch übrig, das End-Ergebniss der grossen Operation des 153 M. (20 auf 1°) langen tri-

---

2) Aral-Meer, See von Khowarezm (Khuarezm, Kharizm, Chorasm), Meer von Fat-su des Reisenden Hiuan-Thsang, Sir Tenghiz, See Kitay, Blaues Meer der Russen.

3) Amu (Amu-Deria), Djihun, Oxus (Oaxes bei Breiger, *Commentatio de difficilioribus quibusdam Asiae Herodoteae*, 1793, p. 58, 74). Es bleibt unausgemacht, ob die Stadt Amol (Amol es-Schatt bei Abulfeda) dem Amu (Amui) den Namen gegeben, oder ob die Stadt den ihrigen von diesem Flusse erhalten hat. Die merkwürdige Stelle, welche Sprengel (in seiner trefflichen Geschichte der geogr. Entdeck., 1792, S. 140, 256) aus der Reise Cieça von Leon's entnommen betrachtet und worin es heissen soll, „dass die Waaren Indiens nicht auf dem Flusse Canui (Amui, Oxus), sondern auf Kameelen längs des Oxus ausgeführt wurden," rührt nach Hrn. Roulin's Bemerkung nicht von Cieça, sondern von Francisco Lopez her. Sehr wahrscheinlich enthält die von Sprengel als ein Werk Cieça's angeführte *Chronica del grandissimo regno del Peru* (Römische Ausgabe, 1555), so wie die von Crasaliz publicirte *Chronica* (Arsenal-Bibliothek, n. 12170) sowohl Auszüge von Piedro de Cieça von Leon, als von Franc. Lopez de Gomara. Diese Vereinigung zweier Werke in einer italienischen Ausgabe hat den Irrthum veranlasst. In Gomara's *Historia de las Indias* (Barcia, *Historiadores primitivos*, t. II., c. CVII., p. 99) heisst es: *Las Especies subian con grandisimo trabajo por el rio Indo al rio Oxo, atravesando a Bater que es la Batriana, en camellos. Por Oxo (que agora dicen Camu) las mettian en el Mar Caspio y de alli a Citraca en el Rio Ra, dicho al presente Volga.*" Obwohl in dieser Stelle von Kameelen die Rede ist, um die Waaren Indiens nach Baktrien zu transportiren (ohne Zweifel auf dem Passe von Bamian quer über die Kette des Hindu-Kho und weiter nordwärts, um sich nach dem Einladeplatz des Oxus bei Balkh oder Bactra zu begeben); so wird nichtsdestoweniger gesagt, dass die Waaren auf dem Camu (Amu) in's caspische Meer und nach Citraca (Astrakhan) gelangten. Man kann folglich aus dieser Stelle keinen Schluss gegen die ehemalige Schifffahrt auf dem Oxus ziehen, und die ital. Übersetzung des span. Textes, welche Sprengel anführt: „*Le mercanzie andavano al insu por lo fiume Indo al fiume (Oso?), attravassando Batar* (Baktriana) *e conducendo le lungo Oso che chiamano Canui, sopra Cameli, le mettevano nel Mar Caspio,*" ist ganz falsch. Die Kameele zogen nicht an den Ufern des Oxus, längs des Flusses hin nach dem caspischen Meere. Übrigens hat Cieça, dessen wichtiges Werk in dem einzigen Jahre 1554 und in derselben Stadt Antwerpen drei Auflagen erlebte, gewiss keine Kunde vom Gewürzhandel besessen.

gon. Nivellements, welches unter den Auspicien der kais. Akademie zu Petersburg von den Hrn. G. v. Fuss, Sabler und Sawitsch innerhalb $17\frac{1}{2}$ Monat ausgeführt worden ist (beendigt am 23. October 1837), mitzutheilen. Eine vorläufige Rechnung, welche von Hrn. v. Struve, dem berühmten Astronomen zu Dorpat, bekannt gemacht war, hatte für das Niveau des caspischen Meeres 15.8 t. (94 pieds de roi) unter dem Spiegel des Schwarzen Meeres ergeben; aber das Endresultat, welches ich der freundschaftlichen Mittheilung desselben Gelehrten (in einem Briefe aus Pulkowa, vom 24. Juli 1839) verdanke, ist nach der Berechnung

des Hrn. Sawitsch	80.0	engl. Fuss
des Hrn. Sabler	82.8	„ „
also im Mittel	81.4	engl. Fuss oder 12.72 t.

(76.32 pieds de roi*). Ueber die Grundlagen dieser Rechnungen vergl. Fuss im *Bull. de l'Acad. de St.-Pétersb.*, IV., n. 16, und die Dissertationen der Hrn. Sawitsch und Sabler über die Wirkungen der terrestrischen Strahlenbrechung [vgl. Monatsber. d. Ges. f. Erdk. in Berlin, I., 165].

Das caspische Meer hat zwei Probleme dargeboten, welche der Gegenstand langer Erörterungen gewesen sind, nämlich das Problem seiner Isolirung und das der relativen Höhe seines mittleren Wasserspiegels. Die Urtheile über diese beiden Punkte sind gleich schwankend gewesen. Seitdem durch die mühsamen Operationen der genannten Astronomen die Höhe des Niveaus des casp. Meeres im J. 1837 unzweifelhaft festgestellt ist, könnte man die mittelst barometrischer Messungen gemachten Versuche mit Stillschweigen übergehen; ich will indessen hier einige von den

*) [Neuerlich hat noch Hommaire-Dehel, welcher sich vergeblich bemüht, darzuthun, dass das casp. M. nicht im Mittelpunkte (?) einer weiten Einsenkung auf der Erdoberfläche gelegen sei, in den J. 1839 und 1840 ein Stations-Nivellement mit einer „Wasserwage" zwischen dem asowschen und casp. M. angestellt. Er fand die Depression des letztern = — 18.304 m. (9.4 t. oder $56\frac{1}{3}$'), die Stelle, wo der Manetsch in den Don mündet, 42.66 m. über dem casp. M. oder diesen Culminationspunkt (?) zwischen beiden Meeren 24.356 m. (75') über dem asowschen Meere. *Compt. rend.*, 1843, I., 736.]

Resultaten anführen, welche seit 60 oder 70 Jahren die öffentliche Aufmerksamkeit am Meisten auf sich gezogen haben.

Chappe (*Voy. en Sibér.*, II., 487—491) fand aus barometrischen Beobachtungen des Dr. Lerche zu Astrakhan von 1732—1749, dass das casp. Meer — 51 t. hoch sei. Er nennt dies Resultat „offenbar absurd".

Inochodzow, welcher die mittleren Barometerstände zu Kamyschin, einer kleinen Stadt im Gouv. Saratow, (die Mittel sind aus den Beobachtungen vom Oct. 1770 bis Aug. 1774 abgeleitet,) mit den correspondirenden Barometermedien zu Petersburg vergleicht, folgert aus dieser Vergleichung, dass Kamyschin (50° 5′ Br.) an der Wolga 171 pieds de roi (28.5 t.) über dem Niveau des Bodens von Petersburg liegt (*Nov. Acta Acad. Petr.*, XII., 506; 1801). Zwischen Kamyschin und der Mündung der Wolga sind über 4 Breitengrade und 10 von Kamyschin bis Petersburg. Man darf annehmen, dass eine auf die Depression des caspischen Meeresbeckens bezügliche Bemerkung, welche man schon in dem berühmten Werke des Abbé Raynal über die Colonien findet, von der Kenntniss der barometrischen Berechnungen Inochodzow's herrührt. Derselbe russische Physiker bemerkt, dass vor ihm Christian Mayer in einer Abhandlung über den Durchgang der Venus (p. 316), die negative Höhe des casp. Meeres zu 101′ (17 t.) berechnet habe, indem er sich auf die barometrischen Beobachtungen des Reisenden Lerche stützte. Es ist fast überflüssig, bemerklich zu machen, dass dies Zusammentreffen mit dem provisorischen ersten Resultat aus dem grossen trigon. Nivellement von 1837 schlechterdings zufällig ist. Es geht damit in der Hypsometrie, wie mit der Bestimmung der astronomischen Positionen. Wenn ein Punkt auf den Karten lange Zeit von Norden nach Süden geschwankt hat, so findet man immer irgend eine ganz alte Karte, welche die wahre Polhöhe angiebt, wie sie aus den letzten und delicatesten Operationen hervorgeht. Pallas (Reise, III., 316) hielt sich an eine Bestimmung, welche wenig von der Mayer'schen abweicht. Er nimmt 10 t Niveau-Unterschied des Wassers der Wolga und des Don an der Stelle an, wo diese beiden Ströme sich am Meisten nähern. Addirt man die 8 t., welche Hr. Goebel durch ein sehr genaues barometrisches Nivellement für die Höhe von Zarytzin über dem Spiegel des casp. Meeres gefunden, hinzu; so erhält man für diesen Wasserspiegel — 18 t. Man muss indess daran erinnern, dass zufolge eines neuerlich angestellten geometrischen Nivellements der Beamten des kais. Corps der Wege und Communicationen der Unterschied des Wasserspiegels des Don und der Wolga zwischen Katschalinsk und Zarytzin doppelt so gross ist, nämlich 21.2 t. Die Hrn. Parrot und Behaghel von Adlerskron fanden barometrisch 27 t. Aus meiner Beobachtung (am 21. Oct. 1829) ergiebt sich eine etwas geringere Differenz zwischen der Wolga und Tschivskaja am Don (Parrot, Reise zum Ararat, 1834, S. 13, 192).

Mittlere Barometerstände, welche die *Acta Acad. Petr.*, 1782, p. 23, für Astrakhan, Irkutsk, Moskau und Petersburg mittheilen, geben dem casp. Meere — 45 t.

Der Astronom Wisniewski (3-jähr. barometr. Beob.) bleibt bei — 257′ oder 42.8 t. stehen. Es ist dies indessen nicht das Resultat, auf welches sich Thomas Young beziehen konnte (*Course of Lectures*, 1807, I., 571; II., 367), wenn er sagt, dass die Depression des casp. Meeres etwa 300′ engl. (— 47 t.) zu betragen scheine.

Das barometrische Stationen-Nivellement, welches im J. 1811 von den Hrn. Parrot und Engelhardt zwischen dem casp. und Schwarzen Meere ausgeführt wurde, ergab auf dem Hin- und auf dem Rückwege:

in 27 Tagen . .	— 54.2 t.
in 30 Tagen . .	— 47.1 t.
Mittel . .	— 50.6 t.

Monteith glaubte durch die Bestimmung des Kochpunktes des Wassers — 61 t. zu finden; Loktin aus Barometer-Beobachtungen von 1805 — 1811 zu Astrakhan (Pansner, Höhen im europ. und asiat. Russland, 1836, S. 23) — 39 t.

Die Hrn. Hofmann und v. Helmersen stellten im J. 1825 mit grosser Sorgfalt ein barometrisches Stationen-Nivellement von Orenburg nach Gurieff, an der Mündung des Jaïk (Ural) in's casp. Meer, an. Sie fanden daraus und aus correspondirenden Barometer-Beobachtungen an den äussersten Punkten, dass Orenburg 52 t. über dem Niveau des casp. Meeres läge. Hr. Galle giebt nach den gesammten Barometer-Beobachtungen der Hrn. Hofmann und Karelin zu Orenburg dieser kleinen Festung 39 t. Höhe über dem Ozean. Er leitet daraus für das casp. Meer eine Depression von — 13 t. her, ein merkwürdig genaues Resultat, welches jedoch lange Zeit verkannt wurde, weil man Orenburg selbst für sehr wenig über dem Ozean erhaben hielt. Die Barometer-Beobachtungen, welche die Hrn. Hofmann, v. Helmersen, Rose und ich gemeinschaftlich vom 12. bis 21. Oct. 1829 an den Ufern des casp. Meeres anstellten, wurden mit correspondirenden Beobachtungen zu Kasan verglichen. Sie liessen uns seitdem an einer starken Depression des casp. Meeres zweifeln.

Hrn. Parrot, dessen frühzeitigen Verlust die Wissenschaft zu betrauern hat, hatten sich auf seiner denkwürdigen Reise nach dem Ararat Zweifel an der Genauigkeit der beiden barometr. Stationen-Nivellements aufgedrungen, welche er im J. 1811 mit äusserster Sorgfalt, obwohl am dreitägigen Fieber leidend, ausgeführt hatte. Er besass den Muth, diese mühselige Arbeit im Febr. 1830 binnen 12 Tagen zwischen Astrakhan und Neu-Tscherkask nochmals zu unternehmen, und folgerte aus dieser Operation, „dass nur ein sehr geringer Niveau-Unterschied zwischen der Oberfläche des Wassers des schwarzen und des casp. Meeres existire" (Parrot's Reise zum Ararat, II., 12—31, und Brief des Hrn. v. Humboldt vom 28. Mai 1834, worin Zweifel über eine Senkung von 200 oder 300′ geäussert werden, welche dem Becken des casp. Meeres zugeschrieben worden; ebd., II., 191—198). Man kann die Strenge und edle Offenheit, welche Hr. Parrot bei der Discussion seiner eigenen Barometer-Beobachtungen an den Tag legte, nicht genugsam loben. Er war stets von der Wahrheitsliebe geleitet worden. Die Quelle des Fehlers muss allein in der Methode eines barometrischen Stationen-Nivellements gesucht werden, welchem Beobachtungen an den beiden Endpunkten einer geodätischen Linie bei Weitem vorzuziehen sind. Bei einem partiellen Stationen-Nivellement häufen sich die Fehler durch den Einfluss der häufigen Änderungen der localen Temperatur und durch die Vergleichung zweier Instrumente, von denen eins dem andern stets vorangeht. Ein barometrisches Stationen-Nivellement wurde in den Jahren 1838 und 1839 gleichzeitig mit dem geodätischen Nivellement des Hrn. Fuss ausgeführt. Durch wahrscheinlich zufällige Ursachen ergab dasselbe wiederum als Resultat — 47 t., also fast genau dieselbe Depression, wie die aus der ersten Stationen-Operation Parrot's im J. 1811 gefundene. Nicht so war es mit den Resultaten, welche aus barometr. Beobachtungen an den Ufern des casp. und Schwarzen Meeres erhalten wurden: Hr. Sawitsch fand aus Beobachtungen zu Taganrog und Astrakhan — 22.2 t.; Hr. Göbel*) aus Astrakhan und Sympheropol — 15.9 t.; Hr. Lenz aus 3510 Barometer-Beobachtungen im J. 1830 zu Baku von Hrn. Meyer und zu Taganrog von Hrn. Menn — 16.8 t. (*Rec. des Actes de l'Ac. de St.-Pét.*, 1836, p. 29).

Wenn wir auch gegenwärtig, Dank sei es den ausgezeichneten Arbeiten der Hrn. v. Fuss, Sabler und Sawitsch, die wahre Depression des Spiegels des casp. Meeres (12.7 t.) mit mathematischer Genauigkeit kennen; so sind doch die Höhenverhältnisse zwischen dem caspischen und dem Aral-See nicht eben so sicher festgestellt. Diese Verhältnisse konnten bisher nur vermittelst eines barometrischen Stationen-Nivellements bestimmt werden, welches auf der militärischen Expedition über den Ust-Urt**) während des Winters von 1826 angestellt wurde. Nach der verdriesslichen Erfahrung, welche man aus der Vergleichung geodätischer und barometrischer Nivellements im J. 1837 gewonnen, kann man zur

*) Er verglich die Barom.-Beob. von Hrn. Osse zu Astrakhan mit Hrn. Steven's zu Sympheropol und den Seinigen am asowschen Meere (Göbel, Reise, II., 193).

**) S. Th. I, S. 271. Das von Sagoskin, Anjou und Duhamel unmittelbar erhaltene Resultat war, dass der Spiegel des Aral-Sees 117.6′ engl. (18.3 t.) über dem Niveau des casp. Meeres liegt.

barometrischen Methode nicht viel Vertrauen haben*). Da der Aral-See nur 34′ (5.6 t.) über dem Spiegel des Schwarzen Meeres gefunden worden und da in den beiden barometrischen Stationen-Nivellements 1811 und 1837 der Fehler bis 224′ (37.3 t.) gestiegen ist; so könnte der Aral-See sehr wohl im Niveau der Wasser des caspischen Meeres liegen und das ganze aralo-caspische Becken eine Depression von 76′ (— 12.7 t.) haben. Aber ohne dieser Vermuthung Raum zu geben, die auf die Analogie der barometrischen Operationen von 1811, 1826 und 1837 gestützt ist, finden wir doch, indem wir selbst das ganze Küstenland des Aral ausschliessen, dass nach der Gesammtheit unsrer jetzigen Kenntnisse die Ausdehnung des continentalen Gebiets, welches unter dem Spiegel des Schwarzen Meeres liegt, mehr als 8000 Q.-Seemeilen beträgt. Die geodätische Linie der Höhe Null, d. h. die, welche die Punkte des Bodens, die in gleicher Höhe mit dem Spiegel des Schwarzen Meeres liegen, verbindet, schneidet die Wolga zwischen Zarytzin und Saratow. Nun ist von der äussersten Spitze des Wolga-Delta bis Zarytzin ein Abstand von 3° 40′ Br., soviel als die Entfernung von Paris bis Grénoble beträgt oder $\frac{4}{5}$ von der Breite Spaniens. Östlich von Zarytzin liegen die Ufer des Elton-Sees**) und Kalmykowa am Jaïk-Flusse 5 und 12 t. unter dem Spiegel des Schwarzen Meeres. Man glaubt selbst, dass die Gegend, worin westlich von Kalmykowa die Salzseen von Kamysch-Samara liegen, eine Depression von — 23 t. habe, folglich 10 t. unter dem Spiegel des casp. Meeres liege (Göbel, Reise, II., 200). Hr. v. Struve bemerkt, „dass die Niveaulinie Null einen untermeerischen Raum (d. h. einen Raum, welcher unter der Oberfläche des Schwarzen Meeres liegt,) einschliesst, der grösser ist als die Oberfläche des casp. Meeres selbst, und

---

*) S. Hrn. Lenz' interessante Abhandlung: Math. Betrachtungen über die barom. Stationen-Nivellements im *Bull. de St.-Pét.*, I., 51, 63.

**) Ich habe die SW.-Spitze dieses Sees, welche auf unsern Karten allgemein ganz schlecht niedergelegt ist, unter 49° 7′ 17″ Br. und 44° 15′ 36″ Lg. gefunden.

dass man bei dem geodätischen Nivellement 1836 und 1837 die Grenze dieser grossen asiatischen Vertiefung gegen W. in einer Entfernung von 12 Seemeilen von der Küste gefunden hat" (*Bull. de l'Acad. de St.-Pét.*, III., 368). Wir haben gesehen, dass sich die Einsenkung im N.*) und NO. über 70 Meilen weit erstreckt. Wenn wir nun bloss bei der Schätzung von 8000 Q.-Seemeilen stehen bleiben, was weniger ist, als Hr. v. Struve angiebt; so erhalten wir für das Areal der ganzen Einsenkung — mit Einschluss der Fläche, welche gegenwärtig von dem Wasser des casp. Meeres bedeckt ist, aber nicht einbegriffen den Aral-See, — 18000 Q.-Seemeilen, d. i. eine Fläche, welche um 900 Q.-Seemeilen grösser ist als ganz Frankreich. Es ist zu hoffen, dass die kais. Akademie zu Petersburg die schöne geodätische Arbeit fortsetzen wird, die unter ihren Auspicien begonnen worden ist, und dass diese berühmte Gesellschaft nicht nur die wahre Höhendifferenz des Aral- und caspischen Sees kennen lehren wird, sondern dass sie auch, soweit diese Regionen auf friedlichem Wege zugänglich sind, die geodätische Linie Null zwischen der Wolga und dem Jaïk, zwischen dem Jaïk, der Emba und der NO.-Spitze des Aral-Sees, und endlich zwischen diesem und dem Aksakal-Barbi aufsuchen lassen wird**).

---

*) Aus Hrn. Göbel's barometr. Messungen ergiebt sich (stets Null für das Niveau des Schwarzen Meeres und für das caspische — 12.7 t. setzend): die Wolga bei Saratow + 6 t.; Zarytzin — 5 t.; die Steppe Khotschetaewka — 12 t.; der Bogdo-See — 3 t.; der See Arsangar + 12 t.; der Grosse Bogdo-Berg + 87 t. Nach den Hrn. Parrot und Behaghel liegt die Wolga bei Zarytzin 27 t. tiefer, als der Don 72 Werst oberhalb Pätiisbansk. Ich theile diese Berechnungen hier mit dem Bemerken mit, wie unsicher ein barometr. Nivellement in Ebenen und bei so geringen Höhen ist, wenn die Unterschiede im Stande der Quecksilbersäule nicht 2 Millim. erreichen und sich nur auf eine kleine Anzahl von Beobachtungen stützen.

**) Ich lege der Bestimmung der Bodenhöhe in der Steppe, durch welche die alte, von mir oft erwähnte (SSW.-NNO.-) Furche läuft, eine grosse Wichtigkeit bei. In meiner Correspondenz mit Hrn. St.-Martin finde ich, dass dieser Gelehrte „eine Tradition der Avaren kannte, wonach dies Volk behauptete, dass es seinen uranfänglichen Sitz

Hr. Arago, der in seinen Arbeiten stets erfolgreich auf die frühesten Ansichten über die Physik der Erde zurückgeht, hat in seiner Abhandlung über die Kometen eine merkwürdige Stelle in einer Schrift Halley's (*Some considerations*) about the cause of the universal Deluge*) angeführt, in welcher der engl. Astronom schon (Decbr. 1694) der grossen Einsenkung des casp. Meeres erwähnt, die er dem Stosse einer Kugel von ungeheuren Dimensionen, d. h. einem Kometen, zuschreibt. „Die grosse Einsenkung eines ganzen Landes, bemerkt Hr. Arago, schien früher zu schwierig durch die Thätigkeit der gewöhnlichen Kräfte erklärlich; da es an einer Ursache fehlte, so nahm man, wie in so vielen andern Fällen, seine Zuflucht zu einer aus den Himmelsräumen stammenden Wirkung. Bei dem jetzigen Zustande unserer geologischen Kenntnisse würde jene Idee Halley's sich nicht grosser Gunst zu erfreuen haben. Fast Niemand zweifelt heut zu Tage daran, dass die isolirten Piks, die längsten und höchsten Gebirgsketten aus dem Schoosse der Erde durch Emporhebung aufgestiegen sind. Nun versteht jeder, der von Emporhebung spricht, schon dadurch, dass damit die Erzeugung eines leeren Raumes unter den umliegenden Ländern und die Möglichkeit ihres anderweitigen Einsinkens verbunden ist. Wenn man eine Landkarte betrachtet, so sieht man leicht, dass kein Theil der Erde so viele emporgehobene Massen als Asien zeigt. Um das casp. Meer herum (in geringerer oder grösserer Entfernung) liegen die Plateaux von Iran und Central-Asien, die Ketten des Kuen-lun und Hindu-Kho, die Gebirge Armeniens und der Kaukasus. Ist es also nicht natürlich anzunehmen,

---

(am Fusse des Altai?) wegen des plötzlichen Austrocknens eines Binnenmeeres und der zunehmenden Trockenheit in den Steppen verlassen habe.“ Es ist mir völlig unbekannt, woher Hr. St.-Martin diese Notiz genommen, welche man versucht wird, mit dem Verschwinden des „Meeres von bitterm Wasser“ der chinesischen Autoren in Verbindung zu bringen.

*) *Phil. Trans.*, XXXIII., 122: „*A choc of a Comet may have occasioned that vast depression of the Caspian Sea and other great lakes in the world.*“

dass, ohne dass man einen Kometen zu Hülfe nimmt, die Erhebung der genannten ungeheuren Gebirgsmassen hinreichend war, um in den zwischen ihnen liegenden Gegenden ein merkliches Sinken herbeizuführen? Diese Lösung des merkwürdigen Problems der physikalischen Geographie, welches das Küstenland des casp. Meeres hervorgerufen, kann um so weniger zu ernsten Schwierigkeiten Ursach geben, als der Boden der in Rede stehenden Gegenden selbst jetzt noch nicht zu einem dauernden festen Zustand gelangt ist; um so weniger als auch z. B. der Grund des caspischen Meeres das wechselnde Verhältniss eines Aufsteigens und Sinkens zeigt. Übrigens würde die erörterte Thatsache einen grossen Theil von seiner Sonderbarkeit verlieren, wenn man sie ganz einfach von dem Gesichtspunkte eines meteorologischen Phänomens betrachtete. Stellen wir uns einmal vor, dass eine Insel Julia mitten in der Meerenge von Gibraltar aufgestiegen sei und deren Eingang geschlossen habe: von dem Augenblick an wird der schnelle Strom, welcher beständig einen Theil der Gewässer des Ozeans in das Mittelländische Meer führt, verschwinden; von dem Augenblick an wird sich der Spiegel des Mittelländischen Meeres senken, denn das ganze Volumen der Flüsse, die es aufnimmt, compensirt nicht, wie es scheint, den Verlust durch die Verdunstung. Während dieser allmäligen Erniedrigung des Meeresspiegels werden wirklich unter dem Wasser liegende Theile aus den Fluthen hervortauchen und sich mit dem benachbarten Festlande verbinden, indem sie wie heut zu Tage unter dem Spiegel des Ozeans verbleiben. Dies ist vielleicht die Lösung des ganzen Problems des casp. Meeres, besonders wenn man mit einigen Geologen hinzusetzt, dass breite vulkanische Spalten in diesem Meere von Zeit zu Zeit gestatten, dass sich seine Wasser in die Eingeweide der Erde verbreiten und so den Unterschied noch merklicher machen, welcher schon ohnedies zwischen den Wirkungen der jährlichen Verdunstung und dem Wasserquantum der Wolga, des Ural, Terek und anderer Flüsse existirt haben würde“ (Arago im *Ann. du bureau des longit.*, 1832, p. 352—354).

Diese scharfsinnigen Betrachtungen erhalten eine grössere Bedeutung, wenn man sich erinnert, was uns seit des berühmten Pallas*) Reisen die vom kais. Generalstabe herausgegebenen Karten des Majors Chatow (10 Bl.) von dem Lande zwischen dem Schwarzen und caspischen Meere und die ausführlichen Nachrichten Parrot's über die Ebenen in der Steppe der Kalmüken und Trukmenen zwischen denselben Meeren unter 45° und 47° Br. kennen gelehrt haben. Ein schwacher Rücken zweigt sich vom Kaukasus ab und zieht vom Elbruz gegen Stauropol in S.-N.-Richtung. An den beiden Abhängen desselben entspringen der Kuban und Terek**), dann der Jegorlik und die Kuma, welche sich im Sommer zuweilen in einen Steppensee verliert, bevor sie das casp. Meer erreicht; und dann kommt weiterhin, am Nord-Ende des Rückens, die Quelle des gabeltheiligen Kaläus***). Der Lauf dieses letztern Flusses, der sich in den Manetsch, einen Nebenfluss des Don, ergiesst, ist sehr veränderlich; man betrachtet ihn sogar als die Hauptquelle

*) Pallas, Reise in die mittägl. Provinzen Russlands in den J. 1793 und 1794, I., 235; Dureau de la Malle, *Géogr. phys. de la Mer-Noire*, 176, 194, 264; vergl. auch Pansner uud Zeune in Berghaus' Ann, 1836, N. 40., S. 179, 187.

**) Seit Anfang des 17. Jahrh. sind an der Mündung des Terek und Tumen, bei welchem die Festung lag, welche die Czaren Michael Feodorowitsch und Alexi Michailowitsch anlegten und Peter der Gr. 1722 schleifen liess, grosse Veränderungen vor sich gegangen. Der Ort, wo diese Festung stand, ist seitdem ganz vom casp. Meere bedeckt worden, ein um so ausserordentlicheres Phänomen, als die Gewässer in derselben Zeit am Zollamt zu Astrakhan und nach der Wolga-Mündung hin zu sinken schienen. S. Hamel's Abhandl. über eine mineral. Expedition nach dem Kaukasus, die im J. 1628 unter den Auspicien des Czars Michael Feodorowitsch ausgeführt wurde.

***) Parrot, Reise zum Ararat, II., 12—25, 33—36. Die Wasser des Kuban, Jegorlik und östl. Manetsch fliessen zum Schwarzen, die des Terek und der Kuma zum casp. Meere. Der Kaläus bildet durch seine Gabelung im Westen den westl. Manetsch, der zu einem See (Manetsch-See) austritt und den Jegorlik aufnimmt, ehe er in den Don fällt. Der östl. Arm des Kaläus, welcher eine genauere Erforschung verdient, scheint den östl. Manetsch zu bilden. Die Kuma gelangt nicht in allen Jahreszeiten zum casp. Meere: während des Sommers endet sie häufig in dem Jarligor-See, einem Süsswassersee.

des westlichen Manetsch. Ein anderer Arm des Kalaus läuft zum östlichen Manetsch und verbreitert sich bei Guiduc, einer Poststation auf der Strasse von Astrakhan nach Tiflis, zu einem grossen See, den die Kalmüken Kokussun nennen. Die Gestalt des sanft welligen Bodens längs des Manetsch und im N. der Kuma ist sehr merkwürdig. Der Lauf des Manetsch oder Manytsch ist 500 Werst lang; sein Gefäll ist so gering, dass sein Wasser nach Gen. Bogdarowitsch, welcher seine Krümmungen aufgenommen hat, während des Sommers der Richtung des Windes folgen. Heut zu Tage nähert sich dieser Fluss in seinem obern Laufe dem mit Schilfdickicht bewachsenen Küstensaume des casp. Meeres nur bis auf 70 Werst. Sicherlich muss man in diesem Theil der Steppe der Kalmüken in der sogenannten historischen Zeit eine Communication zwischen dem Becken des casp. und des Schwarzen Meeres annehmen [vgl. S.532 Anm.].

Das Werk, in welchem die Hrn. Fuss, Sawitsch und Sabler in Kurzem das Gebiet beschreiben werden, welches der Schauplatz ihrer mühsamen geodätischen Arbeiten gewesen, wird ein neues Licht auf diese Ansichten, welche zum Theil gewagt erscheinen dürften, werfen. Ich beschränke mich darauf, hier noch das äusserst merkwürdige Factum anzuführen, dass, zufolge dem von Parrot zu Guiduc eingezogenen Berichte glaubwürdiger Eingebornen, noch bis auf die neueste Zeit eine Verbindung zwischen dem östl. Manetsch und dem casp. Meere existirt hat. Aus allen diesen Thatsachen wird es sehr wahrscheinlich, dass in alten Zeiten, bevor noch Versandungen und vom Winde zusammengetriebene Dünen die Oberfläche umgestaltet hatten und das asowsche Meer auf seine jetzigen Grenzen beschränkt worden war, eine Furche die Wasser des Pontus Euxinus in's casp. Meer führen konnte*). Diese mag einen pelagischen Strom von W. nach O. erzeugt haben, ähnlich

---

*) Das mittlere Niveau des Manetsch-Sees, der eine Erweiterung des westl. Manetsch und folglich auch des westl. Kalaus-Armes ist, scheint nur 3 oder 4 t. über dem Spiegel des Schwarzen Meeres zu liegen.

dem, welcher durch die Säulen des Herkules in's Mittelländische Meer tritt und sich bis an die Küste von Pelusium kund giebt, wo er dem zu schnellen Wachsen des ägyptischen Deltas entgegenwirkt (Letronne, *Mém. sur l'isthme de Suez etc.* in *Rev. des deux Mondes*, *Juill.* 1841).

Man darf, ohne seine Zuflucht zu den Oscillationen zu nehmen, durch welche zur Zeit der grossen geologischen Revolutionen sich die eben erstarrte Rinde unsres Planeten in den Ebenen erhob oder senkte, annehmen, dass selbst noch gegenwärtig viele continentale Regionen mit festen Felsbänken in einer Höhe liegen, die niedriger als der Meeresspiegel ist; dass uns aber mächtige Anhäufungen von aufgeschwemmtem Gebirge, welche sich auf den secundären oder tertiären Felsschichten abgelagert haben, die ehemalige Niveauverschiedenheit verdecken. Eine solche ist indessen an mehreren Punkten der Küsten Hollands und NW.-Deutschlands, in Aegypten an den Natron-Seen, welche Gen. Andréossy besuchte, wie in den Bittern Seen der Landenge von Suez zu der Zeit, wo sie ausgetrocknet*) oder nur flach mit Wasser bedeckt sind, sichtbar geblieben. Der Höhenunterschied der Meeresoberflächen, welcher nach Le Père beim Isthmus von Suez 5 t. und nach Lloyd und Falmark bei der Landenge von Panama ½ t. beträgt, ist eine Erscheinung von einer ganz andern Klasse, als die, womit wir uns hier beschäftigen. Er ist die Wirkung der Strömungen, der vorherrschenden Richtung gewisser Winde, der Höhe der Fluthen, welche von den Küstenkrümmungen zurückgeworfen werden, der Gestalt des Kanals**), durch

---

*) Dann haben die Bittern Seen eine Höhe von — 20 Fuss gegen das Mittelländische Meer.

**) Hr. Arago bemerkte schon bei der Erörterung der Höhe, in welcher der Wasserspiegel sich in einem mit dem Ozean durch einen engen Kanal in Verbindung stehenden Golf erhält, dass es nicht mathematisch erwiesen ist, dass die Quantität der Flüssigkeit in einem Kanal von einer gewissen Form beim Eintritt und Abfluss dieselbe sei. Eine Aufstauung des Wassers, eine Erhöhung des Niveaus in einem Busen oder einem engen Meere kann demnach allein durch diese Ursache entstehen.

welchen sie eintreten und zurücklaufen, und endlich der verschiedenen Dichtigkeit unsres Planeten. Am Meisten Aehnlichkeit mit dem isolirten Becken des casp. Meeres zeigt das isolirte Becken des Jordans und des Todten Meeres (des Asphalt-Sees), dessen Höhenverhältnisse erst ganz kürzlich die Aufmerksamkeit der Reisenden auf sich gezogen haben. Die Bestimmungen des Kochpunktes des Wassers, welche, um genau zu sein, viel Sorgfalt erfordern, und barometrische Messungen, welche unglücklicher Weise nicht correspondirend waren, hatten anfänglich für die Senkung des Niveaus des Todten Meeres unter den Spiegel des Mittelländischen Resultate geliefert, welche zwischen 500 und 1100 pieds de roi (83 und 183 t.) schwankten. Das Barometer des Hrn. Schubert und die Thermometer der Hrn. Moore und Beek hatten beinah gleichzeitig (April 1837) die Existenz einer ungeheuren Spalte angezeigt*). Die beiden englischen Reisenden berechneten die Depression des Todten Meeres zu — 93 t. Der Graf v. Bertou hatte das Verdienst, zum ersten Mal die Grösse dieser Depression barometrisch zu bestimmen. Hr. Caillier hielt sich (*Bull. de la Soc. de Géogr.*, X., 1838, p. 84; *Nouv. Ann. de Voy.*, I., 1839, p. 8), indem er einen Theil dieser Messungen erörtert, an — 208 t. (— 406 m.); späterhin gab Hr. v. Bertou (*Bull. Soc. Géogr.*, XII., 1839, p. 166), indem er in einer Abhandlung alle im März 1838 und im Mai 1839 angestellten Observationen zusammenstellt, — 215 t. (— 419 m.) an. Hr. Schubert fand für den Spiegel des Sees von Tiberias — 89 t. (— 535′), aber er konnte das Todte Meer nicht messen. Hr. Russegger, dessen Reisen in Afrika und Asien die Geologie mit vielen wichtigen Beobachtungen bereichert haben, notirte den Gang des Barometers 15 Tage lang (im Nov. und Dec. 1838) zu

---

*) *Journ. of the Geogr. Soc.*, VIII., 250; Jameson's *Edinb. Ph. J.*, XXIX., 96. „*Prof. Schubert of Munich, two Englishmen, MM. Moore and Beek and M. J. de Bertou, a Frenchman, almost simultaneously and quite independently of one another, have made the discovery that the Dead Sea and the entire lower valley of the Jordan are situated considerably under the level of the Mediterranean Sea.*“

Jaffa, Jerusalem und am Todten Meere. Er glaubt, dass die Resultate seiner Messungen wegen fehlender correspondirender Beobachtungen im Mittel nur 200′ höchstens fehlerhaft sein können; nach ihm liegen über dem Mittelländischen Meere: Jerusalem + 2479′ (413 t.) und Bethlehem + 2538′ (423 t); unter diesem Meere: der Tiberias-See — 625′ (—104 t), das Todte Meer — 1341′ (—223 t. oder — 435 m.). Das ganze Detail seiner Arbeiten hat Hr. Russegger in Poggendorff's Ann., 1841, No. 5, S. 186 publicirt. — In dem Maasse, als bei den geodätischen Arbeiten durch die Veränderung der aufeinanderfolgenden Ergebnisse der Spiegel des casp. Meeres von — 50 t auf — 13 t. gestiegen ist (in Bezug auf das Mittelländische Meer), ist der des Todten Meeres allmälig gesunken. Nach vielem Zweifeln an dieser grossen Depression des Todten Meeres hat eine trigon. Operation des Hrn. Symond, Lieutenants in der kön. britischen Marine, im Herbst 1841 das Ergebniss geliefert, dass die Wasserfläche des Todten Meeres 251 t. (489 m.) unter dem höchsten Hause der Stadt Jaffa und wahrscheinlich 219 t. (427 m.) unter dem Spiegel des Mittelländischen Meeres liegt. Dies trigon. Resultat weicht zufällig nur um 8 m. von den barometrischen der Hrn. v. Bertou und Russegger ab. Das geologische Problem der Depression des Jordan-Thales und des Todten Meeres ist um so wichtiger, als es innig zusammenhängt, ich will nicht sagen, mit der Zerstörung der Städte der Pentapolis, sondern mit der längst von Hrn. Letronne festgestellten Unmöglichkeit der Nicht-Communication des Jordans mit dem aelanitischen Golf des Rothen Meeres in der historischen Zeit*).

*) [Zusatz in Bd. III., S. 549—551 des Originals:] Während meines letzten Aufenthalts in England im Jan. 1842 theilte mir mein gelehrter Freund, der Cap. Washington einen Auszug aus einem Briefe des Hrn. Alderson an die kön. geogr. Gesellschaft zu London mit, worin eine kurze Notiz über die trigon. Operation enthalten war, welche zur Berichtigung der Tiefe des Spiegels des Todten Meeres unter dem Niveau des Mittelländischen Meeres angestellt worden. Der Lieut. Symond, der in genauen Aufnahmen sehr bewandert ist, mel-

Wenn die Einsenkung des casp. Meeres und des benachbarten Landes auch in Vergleich mit den barom. und trigon.

---

det aus Jaffa vom 28. Nov. 1841, „dass er so eben die Triangulation des südl. Theiles von Syrien vollendet habe, wozu er sich eines ausgezeichneten siebenzölligen Theodoliten aus England bedient habe. Es ist mir, sagt er, endlich gelungen, das relative Niveau des Mittelländischen und des Todten Meeres zu bestimmen. Ich finde den Spiegel des letzteren 1607′ engl. (251 t. oder 489 m.) tiefer gelegen als das höchste Haus in Jaffa. Ich muss nun noch die Firste dieses Hauses und Jaffa auf das Mittelländische Meer reduciren und ich glaube, dass sich dies Niveau nahe an 1400′ engl. (219 t. oder 427 m.) über dem Spiegel des Todten Meeres ergeben wird, was über doppelt (?) soviel ist, als die bisher angenommene Differenz. Die Genauigkeit meiner Operation, deren verschiedene Theile eine vollkommene Uebereinstimmung zeigen, befriedigt mich in hohem Grade." Die Hrn. Symond und Alderson haben die Messung einer Basis bei St.-Jean-d'Acre vollendet und der Erstere ist damit beauftragt worden, das Land von C. Blanc bis östlich vom Jordan und bis zum Todten Meere zu vermessen.

Wir haben bereits bemerklich gemacht, in wie weit das Ergebniss der geodätischen Messung des Hrn. Symond im J. 1841 die Resultate der barom. Messungen des Grafen v. Bertou (419m.) und des Hrn. Russegger (435 m.) bestätigt. Die Existenz der gewaltigen Spalte, worin der Jordan fliesst, ist ein so ausserordentliches Phänomen, dass alle Reisende selbst, welche dieselbe nachgewiesen haben, anfangs an der Genauigkeit ihrer Beobachtungen Zweifel hegten. „Als ich im August 1837, erzählt Hr. v. Bertou, auf dem Libanon Hrn. Moore wieder traf, welcher nach langen und muthigen Anstrengungen gezwungen war, seinen Plan einer detaillirten Aufnahme vom Todten Meere aufzugeben, wohin er zu diesem Zwecke ein Kanot hatte transportiren lassen, theilte mir derselbe das Resultat seiner Thermometerbeobachtungen (des Kochpunktes des Wassers) mit, welche eine starke Depression des Spiegels des Todten Meeres anzeigten; ich zweifelte an der Genauigkeit seines Instruments und fühlte mich keineswegs im Stande, ein so ausserordentliches Factum zuzugeben" (*Bull. Soc. Géogr.*, XII., 117; James. *Edinb. New Ph. J.*, XXIX, 96; W. R. Hamilton's *Address delivered to the R. Geogr. Soc. of London*, 27. *May* 1839). Der gelehrte Reisende, Hr. Schubert, befand sich im April 1837 im Jordan-Thale. Er konnte nur die Depression des Tiberias-Sees (173 m.) messen; am Todten Meere stieg die Quecksilbersäule über die Skale seines Barometers hinaus. „Ich konnte, sagt er, nicht an das Resultat meiner Beobachtungen glauben, welches Freunde ohne mein Vorwissen veröffentlicht hatten, und

Messungen in Palästina, welche in numerischer Beziehung wenig Zweifel übrig lassen, unbeträchtlich erscheint; so gewinnt sie dagegen doch [ausser durch die gewaltige räumliche Ausdehnung] an Bedeutung, wenn man sie mit den Niveau-Verschiedenheiten vergleicht, welche die mit einander in ungehemmter Verbindung stehenden Theile des Ozeans zeigen. Ich will hier nur diejenigen namhaft machen, welche sich auf sehr vertrauenswürdige geodätische Nivellements gründen.

Antillen-Meer und Stiller Ozean. Gen. Bolivar liess auf meine Bitte in den J. 1828 und 1829 durch einen Officier seines Generalstabes, Hrn. Lloyd, einen Amerikaner, und durch einen Schweden, Hrn. Falmark, ein Nivellement der Landenge von Panama vornehmen. Sie bedienten sich dazu eines Carey'schen Niveaus mit Fernröhren. An der Mündung des Rio Chagres in's Antillen-Meer beträgt der Unterschied zwischen Fluth- und Ebbehöhe nur 0.16 t.; zu Panama am Gestade des Stillen Ozeans 3.3 t. Aus den Operationen der Hrn. Lloyd und Falmark geht hervor, dass der mittlere Spiegel des Stillen Ozeans (*Phil. Trans.*, 1830, p. 48) 0.54 t. höher liegt, als das Antillen-Meer, dass aber im Moment der Ebbe an beiden Küsten der Stille Ozean 1.01 t. tiefer liegt, als der Spiegel des Antillen-Meeres. Zu verschiedenen Stunden am Tage steht also bald das eine, bald das andere höher. Hr. Arago bemerkt mit Recht, „dass man sich in einem unangebauten und mit Hindernissen bedeckten Lande auf einer Strecke von 33 M. und bei Niveaumessungen an 935 Stationen leicht um die kleine

---

schob die Schuld bald auf mein Barometer, bald auf eigenthümliche und örtliche Veränderungen in der Atmosphäre" (Schubert, Reise in das Morgenland, III., 86).

[Das Endresultat aus zwei verschiedenen Operationen, welche fast genau mit einander übereinstimmende Ergebnisse geliefert haben, ist nach der neuesten Mittheilung Symond's (James. *Edinb. New Phil. J.* 1843), dass das Todte Meer 1311.9′ engl. (1230.9′ par. oder 205.2 t. oder 399.9 m., in runder Zahl 400 m.) unter dem Spiegel des Mittelländischen Meeres liegt, wonach sich also die oben gedachten Differenzen gegen die barometrischen Messungen etwas verändern.]

Grösse von $\frac{1}{2}$ Toise irren konnte und dass folglich Alles darauf hinweis't, dass zwischen den mittlern Niveaux der beiden grossen Meere, welche durch die Magelhaens-Strasse und um das Cap Hoorn zusammenhängen, eine kaum merkliche Differenz statt findet" (*Annuaire de* 1831, p. 319). Ich hatte geglaubt, zufolge barom. Mittel, welche ich von 1799—1804 gefunden und welche von der Wirkung der stündlichen Variationen befreit waren, die Behauptung aufstellen zu können, dass, wenn irgend ein merklicher Unterschied zwischen jenen beiden Meere existire, derselbe wahrscheinlich nicht 3 m überstiege. Meine Barometerbeobachtungen (*Rel. hist.*, III., 355—557, Arago in den *Ann. de Chim.*, I., 55, 64), so wie die Vergleichung der von Hrn. Boussingault 1822 zu La Guayra und von Hrn. Pentland 1826 zu Callao de Lima angestellten Observationen schienen sogar für das Antillen-Meer ein niedrigeres Niveau zu ergeben; aber die veränderlichen Einflüsse der Capillarität lassen die erhaltenen Resultate unsicher erscheinen, sobald es sich um einige Zehntel eines Millimètre der Quecksilbersäule handelt.

Mittelländisches und Rothes Meer. Das Problem der relativen Höhe des Rothen und des Mittelländischen Meeres wurde, nachdem sich das ganze klassische Alterthum damit beschäftigt hatte, unter einem sehr allgemeinen Gesichtspunkt in der „Physikalischen Geographie" von Varenius*) untersucht, für welche Newton eine so grosse Vorliebe hegte. Wirkliche Messungen sind jedoch erst auf der französischen Expedition nach Aegypten ausgeführt worden. Le Père's Operationen stellten fest, dass das Mittelländische Meer an der Mündung des Delta 4.0 t. unter dem Ebbestande des Rothen Meeres bei Suez und 5.1 t. darunter bei Fluthzeit liegt. Wahrscheinlich ist die Ursache dieser merkwürdigen Niveauverschiedenheit die Erhöhung der Gewässer im arab. Golfe nördlich von der Strasse Bab-el-Mandeb

*) Cap. XIII., prop. 5; cap. XV., prop. 8. Ich will die übertriebenen Vorstellungen des Verf. über die Wassermasse, welche die Flüsse, besonders die Wolga, in's casp. Meer fördern, nicht in Schutz nehmen (cap. XVI., prop. 5).

und nicht, wie Hr. v. Corancez durch Hypothesen über die wechselseitige Anziehung der Wassermolecüle beweisen wollte (*Itinér. d'une partie peu connue de l'Asie mineure*, prop. 27) die Senkung der östlichen Region des Mittelländischen Meeres, in welcher eine starke Verdunstung nicht durch die von den Flüssen hineingeführte Wassermenge compensirt würde.

Mittelländisches Meer und atlantischer Ozean. Diese Niveauvergleichung, welche auf trigonometrische Operationen gegründet ist, deren Genauigkeit alles bisher in diesem Gebiet Geleistete übertrifft, ist eine zwiefache. Die eine zeigt eine fast unmerkliche Differenz des Mittelländischen Meeres und des Ozeans bei den Pyrenäen; die andere verknüpft die Zuider-Zee bei Amsterdam mit Marseille. „Delambre hatte bereits gesucht, mittelst der grossen Dreieckskette, welche sich von Dünkirchen bis Barcelona erstreckt, die Niveaux der beiden Meere zu verbinden. Die Dreiecke zwischen Rhodez und dem Mittelländischen Meere gaben ihm als senkrechte Höhe dieser Stadt ein Resultat, welches bis auf einen Bruchtheil eines Mètre mit der auf den Ozean bezogenen Höhe, welche man aus dem zwischen Rhodez und Dünkirchen gelegenen Theile der Kette ableitete, übereinstimmte. Eine von den Hrn. Coraboeuf, Peytier, Hossard und Testu auf der Südgrenze von Frankreich in den J. 1825—1827 ausgeführte Operation hat das, was noch in dem zu lösenden Problem zweifelhaft sein mochte, ergänzt. Die Station Crabère liegt fast mitten zwischen dem Ozean und dem Mittelländischen Meere. Man berechnete nach drei verschiedenen Combinationen: zuerst erhob man sich von beiden Meeren aus bis zum Crabère, indem man bloss durch die Reihe von Dreiecksspitzen ging, welche die Ketten gegen Süden begrenzen; dann, indem man ausschliesslich die nördlichen Spitzen wählte, und endlich zum dritten und letzten Mal durch Diagonalrichtungen, d. h. man ging abwechselnd von einer Nord- zu einer Südspitze“ (Arago, *Ann. de* 1831, p. 325; *Mém. prés. à l'Ac. des Sc.*, III., 81). Nach einer mir von dem Hrn. Command. Delcros gütigst mitgetheilten Bemerkung gebe ich in Folgendem die

Resultate dieser Combinationen längs der Pyrenäenkette und der Kette von Dreiecken, welche sich durch Holland, Deutschland und Frankreich, von Amsterdam bis Marseille ziehen. Die Geographen und Physiker, welche sich nicht mit unsichern approximativen Methoden begnügen, wissen nicht, wie sehr die trefflichen Arbeiten des Hrn. Delcros die geodätische und barometrische Hypsometrie gleichzeitig gefördert haben.

α) „Vergleichung durch die Pyrenäen. Der Oberst Coraboeuf gelangt, von dem Posten (*vigie*) des Forts St.-Ange an der Mittelländischen Küste bei Perpignan und vom Fort Socoa bei Bayonne (am Ozean) ausgehend, durch vier Reihen von Punkten zum Gipfel des Crabère und findet, dass dieser Punkt hoch ist:

		mètr.	
Über dem Mittelländischen Meere durch	die südliche Reihe . .	2633.37	Mittel: 2633.50 m.
	die nördliche Reihe . .	2633.99	
	die Diagonalen . . .	2633.87	
	die Diagonalen . . .	2632.79	
Über dem Ozean durch	die südliche Reihe . .	2632.95	Mittel: 2632.77 m.
	die nördliche Reihe . .	2632.02	
	die Diagonalen . . .	2633.61	
	die Diagonalen . . .	2632.49	
Differenz der mittlern Resultate oder Niveau-Differenz der beiden Meere			0.73 m.

Diese mittlere Abweichung zwischen den Niveaux der beiden Meere liegt innerhalb der Grenzen der wahrscheinlichen Fehler, und man darf daraus den Schluss ziehen, dass der mittlere Wasserspiegel fast genau dieselbe Höhe besitzt.“

β) „Vergleichung durch Deutschland und Holland. Der Comm. Delcros fand durch die Messung einer geodätischen Kette vom Mittelländischen Meere (zu Marseille) bis Darmstadt, Strassburg und Genf:

	mètr.
Höhe der Gallerie des Thurms zu Darmstadt über dem Mittelländischen Meere	187.39
Dieselbe nach den Messungen der Deutschen über der Nord-See (Zuider-Zee) bei Amsterdam	187.30
Daher Unterschied des Niveaus beider Meere . .	+ 0.09

	mètr.
Durch den Parallel von Bourges zum Ozean (zu Noirmoutiers), welchen Col. Coraboeuf gemessen, würde man diesen Unterschied finden	+ 0.30
Durch den mittleren Parallel, vom Ozean zu Cordouan bei Saintes ausgehend, würde sich nach Col Broussaud ergeben	+ 0.52

Diese Abweichungen liegen sämmtlich innerhalb der wahrscheinlichen Fehlergrenzen solcher geodätischen Nivellements und beweisen, dass zwischen den Gleichgewichts-Oberflächen dieser verschiedenen Meere kein merklicher Unterschied existirt."

Wir haben nun noch, und zwar wiederum nach einer Angabe von Hrn. Delcros, einige Betrachtungen über die Erhebung hinzuzufügen, welche man ganz kürzlich im nördlichen Theile des adriatischen Busens in Betreff seines Niveaus, verglichen mit dem übrigen Theil des Mittelländischen Beckens, erkannt zu haben glaubt. „Der Comm. Delcros und der Cap. Choppin haben, bei Gelegenheit der Verbindung der in Frankreich und der Schweiz ausgeführten geodätischen Arbeiten mit denen in Baiern vom Gen. Bonne, die Höhen des Hornli-Berges, Rigi-Berges u. a. über dem Mittelländischen Meere bestimmt. Ferner haben die schweizer Ingenieure diese Punkte mit den von den österreichischen in Tyrol bestimmten Punkten verknüpft, woraus sich, vom Mittelländischen Meere ausgehend, Folgendes ergiebt:

	mètr.	mètr.
Höhe des Kumen-Bergs über d. Mittell. M. zu Marseille	670.00	Diff. 7.63
Die Oesterreicher geben dieselbe über d. adriat. M. an	662.37	
Höhe von Frastenzersand über d. Mittel. M. zu Marseille	1636.33	Diff. 8.75
Die Oesterreicher finden über dem adriat. Meere	1627.58	
Höhe des Fundelkopf über d. Mittell. M. zu Marseille	2403.80	Diff. 9.12
Die Oesterreicher erhalten über dem adriat. Meere	2394.68	
Daraus folgt die mittlere Höhe des adriatischen Busens über dem Mittelländischen Meere zu Marseille . . .		8.50
Die schweizer Ingenieure finden diese Differenz, auf den Ozean bezogen		7.63

„Hr. Delcros ist überzeugt, dass diese Niveau-Verschiedenheit nicht existiren kann. Wenn man auch ein Aufstauen des adriat. Meeres durch die darin bemerkbaren, schwachen

Fluthen und den bekannten allgemeinen Gegenstrom annimmt, so können diese beiden Wirkungen doch nicht 7—8 m. betragen. Man versichert, dass die schweizer Ingenieure durch Erörterung der einzelnen Resultate, welche in Oberst Fallon's Höhenbestimmungen in Oesterreich aufgenommen sind, jene 8 m. auf 2 m. Niveau-Differenz reducirt hätten. Uns ist noch unbekannt, worauf sich ihre Reduction gründet; aber wir wünschen, dass die österreichische Regierung die südlichsten Punkte der Schweiz und Baierns*) mit dem adriat. Meer auf eine mehr sichere und genaue Weise verbinden lassen möge."

Es schien mir wichtig, in diesem Werke Alles zu vereinigen, was wir bis zur gegenwärtigen Zeit von der vergleichenden Hydro-Hypsometrie (*hypsométric hydraulique*), von den Gewässern, welche einer und derselben Niveaufläche angehören oder nicht angehören, wissen. Die physikalische Geographie vermag nur, sich fortschreitend zu entwickeln, wenn man die bereits gewonnenen Resultate gruppirt, die Grundlagen ihrer numerischen Elemente erörtert und sich zu den allgemeinen Übersichten erhebt, welche den Wissenschaften allein Würde und Leben verleihen.

---

*) Hr. Delcros giebt bis dahin als Anhaltspunkte die folgenden Resultate der Dreiecksverbindungen in Baiern:

	Höhen über dem Mittelländ. Meere zu Marseille.	mètr.
1.	Spitze des Thurms Unsrer-lieb.-Fr.-Kirche zu München	615.67
	Pflaster dieser Kirche	518.67
2.	Peissenberg, Erdboden, Pflaster der Kirche	985.14
3.	Benediktenwand, Spitze des Berges	1798.96
4.	Wendelstein, Spitze des Berges	1843.60

(Anm. vom Septbr. 1841.)

Erläuterungen

über

die Kette des Thian-schan,

nach chinesischen Quellen,

übersetzt

von

Hrn. Stanislas Julien.

A. Titel der Werke.

Die Stellen, welche wir hier übersetzt zusammenstellen, sind mehreren chines. Werken entlehnt, welche reich an orographischen Beschreibungen, aber von sehr verschiedenem Alter sind. Die Werke, von denen man am Meisten Gebrauch gemacht hat, sind folgende:

1. *Si-yu-thong-wen-tschi*, Wörterbuch der Gebirge, Flüsse und Gegenden im W. von China, erklärt im Chinesischen und die Abschrift der Namen in sechs verschiedenen Charakteren enthaltend, nämlich: 1. im Tartaro-Mandschuischen; 2. im Chinesischen; 3. im Mongolischen; 4. im Thibetanischen; 5. im Elöthischen oder Kalmükischen; 6. im Ost-Türkischen. Dieses Werk besteht aus 24 Büchern und 8 Heften in 8vo.; es wurde im J. 1763 auf Befehl des Kaisers Khian-long herausgegeben.

Es giebt ein kostbares Werk über die Geschichte und Geographie Hoch- und Central-Asiens in 52 Büchern, im J. 1757 auf Befehl des Kaisers Khian-long unter dem Titel *Hoang-yu-si-yu-thu-tschi* herausgegeben. Man hat darum in Peking gebeten und hofft, es nächstens von dorther zu erhalten.

2. *Si-yu-wen-kian-lo* (*Historia regionum occidentalium, quae Si-yu vocantur, visu et auditu cognitarum*), auch *Sin-kiang-waï-fan-ki-lio* (d. i. Kurze Geschichte der China neuerdings unterworfenen Länder), und *Si-yu-ki* (Abhandlungen über die im Abend gelegenen Gegenden) genannt. Diese drei Titel bezeichnen drei verschiedene Ausgaben von einem und demselben Werke. Die letzte (*Si-yu-ki*) hat das Datum 1814. Sie enthält mehrere Aenderungen und Zusätze. Die Vorrede der vorhergehenden Ausgaben haben die Jahreszahl 1778. In der zweiten (*Sin-kiang etc.*) hat man Sorge getragen, die Ortsnamen durch einen doppelten verticalen Strich, die Namen von Menschen durch einen einfachen Strich, und die Namen von Würden durch eins oder mehrere Dreiecke rechts von den Charakteren zu bezeichnen, was macht, dass dieselbe am Leichtesten unter den dreien zu lesen und zu verstehen ist.

Diesen drei Ausgaben ist eine Karte angehängt, welche hauptsächlich die Kette des Tengri-schan (Thian-schan) darstellt.

3. Das chinesische Wörterbuch: *P'ing-tseu-luï-pien* in 240 Heften in 8vo., herausgegeben im J. 1726 auf Befehl des Kaisers Yong-tsching.

4. *Thaï-thsing-i-tong-tschi*, die allgemeine Geographie von China, herausgegeben auf Befehl des Kaisers Khian-long im J. 1774, 1. Aufl.

B. Allgemeines über die Kette des Himmels-Gebirges.

(Benennungen: Thian-schan, Pe-schan, Siuë-schan, Tschelo-man-schan, Kilian-schan, Ki-man-lo-schan, In-schan, Ta-thsing-schan, Talnatsin-ola und Yang-schan.)

Man lies't in dem Wörterbuche *P'ing-tseu-luï-pien* (lib. 3, fol. 3 verso): „Die Thian-schan- oder Himmelsberge liegen im Norden von der Stadt Hami; man nennt sie auch Siuë-schan (Schneegebirge), Fan-schan (oder Gebirge der Barbarenvölker) und Tsche-lo-man-schan. Als die Hiong-nu sie passirten, unterliessen sie nicht, vom Pferde abzusteigen und sie zu grüssen“ (Auszug aus der Geographie der Ming).

Auszug aus dem Wörterbuche *Si-yu-thong-wen-tschi*, lib. IV., fol. 1.

„**Talnatsin-ola.** — Der Berg Talnatsin*) wird bei den alten Schriftstellern als die äusserste östliche Grenze des Thian-schan- oder Himmelsgebirges betrachtet.“

„Nach dem Buche der Gebirge und der Meere (*Schan-haï-king*) nennt man Thian-schan das Gebirge, welches 350 Li westlich vom Berge San-weï-schan liegt.“

„Man lies't in den Annalen der Han (Beschreibung von Si-yu): Vom Norden nach dem Süden Si-yus zieht sich ein grosses Gebirge.“

„Man lies't in der allgemeinen Geographie, betitelt *I-tong-tschi*: Die Thian-schan-Berge heissen auch Pe-schan oder Weisse Berge. Sie beginnen an der NO.-Grenze von Hami, dehnen sich der Länge nach aus und laufen nach Osten.

Bemerkung (ibid.). Die Thian-schan sind die grössten Berge in Si-yu (den Gegenden im W. von China). Sie theilen sich in Zweige, wenn man vom Gebirge Tsong-ling ausgeht. Nun laufen sie vom Norden Kaschgars aus, neigen sich gegen Osten, gehen im Norden von Uschi, Aksu, Kutsche, Araschar und Pidjan vorüber und treten im Osten in die Grenzen von Hami und Barkul. Nach'dem sie zu Talnatsin angekommen sind, stehen sie still. Sie erstrecken sich von O. nach W. auf einer Länge von ungefähr 5000 Li. Diese ganze Linie heisst Thian-schan. Auf diese Weise müssen die Berge, welche zu Hami und Barkul gehören, als die östlichen Grenzen des Thian-schan-Gebirges der Alten betrachtet werden.“

West-Ende des Thian-schan. *Si-yu-ki*, lib. I., fol. 1 verso: „Nachdem die Schnee-Gebirge nach Yerkiang gekommen sind, entfernen sie sich und erheben sich noch mehr.“

„Im SW. theilen sie sich und treten nach Hindustan hinüber**).

---

*) Auf Klaproth's grosser Karte (*Asie centrale etc.*) findet man etwas östlich von Barkul (43° 50′ Br. und 93° 10′ Lg.) einen Fluss Talnatsin und eine Station gleiches Namens angegeben. (H—t.)

**) Aus dieser Stelle geht hervor, dass das Wort *Siuë-schan*, gleichbedeutend mit *Sierras nevadas* (Schneegebirge der Spanier), die chines. Orographen verleitet hat, Bergreihen, welche gleichmässig mit ewigem Eise bedeckt sind, aber ganz verschiedenen Systemen angehören, als ein und dieselbe Kette anzusehen. Die Gebirge Hindustans

Nachher theilen sie sich noch einmal, wenden sich gegen W. und gehen dann ganz gerade bis an das Westmeer (das caspische); dass dies wirklich statt findet, habe ich nicht beweisen können."

Man lies't im *Thaï-thsing-i-tong-tschi* (Beschreibung von Hami, fol. 3 verso): „Die Thian-schan-Berge sind ungefähr 120 Li nördlich von der Stadt Hami gelegen. Man nennt sie auch Pe-schan oder Weisses Gebirge. Zur Zeit der Thang (618—904) nannte man sie noch Tsche-lo-man-schan."

(Ibid.) Man lies't in der Encyklopädie *Thong-tien*: „Diese Berge gehen von Tschang-ye aus und laufen gegen W.; sie gehen bis zum Bezirk von Thing-tscheu, welcher von Tschang-ye 3500 3600 Li entfernt ist. Diese Berge machen einen ungeheuern Bogen um das ganze Land herum."

(Ibid.) Man lies't in dem Werke *Yuen-ho-tschi*: „Das Gebirge Thian-schan heisst auch Tsche-lo-man-schan; es liegt 130 Li nördlich vom District von I-ngu-hien, welcher von dem Kreise I-tscheu abhängig ist. Es liefert ausgezeichnete Hirse, Gold und Eisen. — Es liegt auch 20 Li nördlich vom Bezirk Jeu-yuen-hien. — Es liegt ferner 30 Li nördlich vom Bezirk Thsien-thing-hien, der zum Kreise Si-tscheu (derselbe, wie Ho-tscheu oder Kreis des Feuers). — Es liegt ferner nordöstlich von dem Bezirke Lieu-tsching-hien."

(Ibid.) In der Geographie *Hoan-yu-ki* lies't man: „Das Gebirge Thian-schan ist 120 Li im Norden vom District Kiao-ho-hien gelegen. Man nennt es auch Pe-schan oder Weisse Berge."

Man lies't in dem Werke *Si-ho-khieu-sse* betitelt: „Die Berge Pe-schan (Weisses Gebirge) zeigen im Winter und im Sommer Schnee; desshalb nennt man sie so. Die Hiong-nu

---

sind mit dem Thian-schan durch die Kette des Bolor verbunden, aber eine Verbindung von Rücken macht Systeme noch nicht identisch. Ebenso gingen auch die alten Geologen Europas in der Verallgemeinerung zu weit, wenn sie den Apennin als einen Zweig der Alpen betrachteten. Ich mache hierbei auch noch bemerklich, dass, wenn in dem Werke *Si-yu-ki* die Beschreibung der Himmelsgebirgs-Kette, welche bei dem berühmten Pass Kia-ku-kuan beginnt, im Allgemeinen nur den Namen Siuë-schan anführt, die der 3. Ausg. der Gesch. der westl. Regionen beigefügte Karte in der Mitte der Kette den Namen Tengri-schan, synonym mit Thian-schan, zeigt. Das letztere Wort selbst hat Hr. Julien auf einer Karte des *Thaï-thsong-i-tong-tschi* gefunden. (H—t.)

nennen sie auch Thian-schan (Himmels-Gebirge). Wenn sie daran vorüber reisen, so steigen sie alle vom Pferde und grüssen dasselbe. Unter der Dynastie der Thang enthielten die beiden Kreise von I-tscheu und Si-tscheu (oder Ho-tscheu) das Gebirge Thian-schan. Nun hat das Gebirge Thian-schan von O. nach W. eine Ausdehnung von 4000 Li und verlängert sich bis zu den Grenzen der beiden genannten Kreise."

Anmerkung. „Diese Berge gehen von den nordöstlichen Grenzen Hamis aus, erstrecken sich in der Länge gegen W. hin und durchziehen das alte Land Turfan."

Ausserdem: „Im Westen treten sie in die Grenzen der Dzongaren und nehmen fast 3000 Li ein."

Ausserdem: „Im SW. treffen sie mit dem Tsong-ling-Gebirge zusammen. Der Name dieses Gebirges ändert sich nach dem Lande, durch welches es zieht."

„Im Lande Hami heisst der am Meisten gegen NO. vorrükkende Theil Si-la-to-lo-haï-schan. Nachher bekommt er den Namen Tu-sun-pu-li-ke-schan; dann heisst er Tscha-lu-mu-han-schan. Im N von diesen Gebirgen befindet sich der See To-la-ku-tschi (*tschi* bedeutet See)."

„Weiterhin heisst er Pa-yen-tschu-li-ke-schan. Der Theil, der gerade im N. liegt, heisst der Berg Tscha-ko-ma-ha. Der Theil, der sich ein wenig nach NW. wendet, heisst der Berg Tscha-han-ha-mar. Im O. von diesem befindet sich der See Barkul."

„Der Theil, der in den Grenzen des alten Landes Turfan (darin eingeschlossen) liegt, heisst der Berg Bokta (im Chines. Po-ke-to). Die Piks und Gipfel verändern ihre Namen nach den Ländern, worin sie liegen; es ist mir nicht möglich, (fügt der Verfasser hinzu,) alle diese Namen aufzuführen."

Neue Anmerkung. „Wenn man vom N. Hamis ausgeht, so durchschneidet man den Thian-schan und kommt an den See Barkul."

Ausserdem: „Im N. durchschneidet man eine grosse Ebene aus Sand, der mit Steinen vermischt ist, von einer Ausdehnung von 300 – 400 Li. Dann stösst man auf den Berg Aghie-schan (d. h. der Berg des Vulkans von Turfan); dieser Berg heisst auch A-tsi-schan. Die Adern (*sic*) dieses Berges kommen vom S. des im NO. liegenden Altai. Er wendet sich schlängelnd nach O. Hernach schneidet er, einer Querlinie folgend, die Wüste Han-haï in der Mitte. Er erhebt und senkt sich ohne Unterbrechung, und bildet die südlichen Grenzen der westlichen Provinz (buchstäblich der westlichen Strasse) der Kirghisen. Seine Länge ist ungefähr 3000 – 4000 Li. Er geht bis zu den grossen sandigen Ebenen, welche gerade im N. 500 Li weit ausserhalb der Grenzen von Ning-hia liegen. Man weiss nicht, welchen Namen er im Alterthum führte. Es schien nützlich, diese Details an dieser Stelle hinzuzufügen.“

Synonyma von Thian-schan: Khi-lien-schan, Schi-man-lo-schan und Ki-man-lo-schan. Man lies't in dem Wörterbuche *Pei-wen-yun-fu*, lib. 15, fol. 66: „Der Thian-schan ist genau derselbe wie der Khi-lien-schan*). (Diese Erklärung ist aus dem *Pi-pien-pi-tuï*, d. h. Vollständige Antworten in Betreff der nördlichen Grenzen, entlehnt.) Man nennt ihn auch Schi-man-lo-schan (die Schriftsteller der Thang nennen ihn Tsche-man-lo-schan); man nennt ihn auch noch Khi-man-lo-schan. Nun bedeuten in der Sprache der Barbaren die Worte *khi-lian*, *schi-man-lo*, *khi-man-lo* sämmtlich Himmel; (wenn man *schan*, d. i. Berg, hinzufügt, so hat man die Uebersetzung von *Thian-schan*, Himmelsgebirge.)“

Thian-schan (Auszug aus *Si-yu-ki*, lib. I., fol. 1): „Bald erheben sie sich, bald werden sie niedriger, bald zeigen sie eine Unterbrechung, bald laufen sie ununterbrochen fort, bald theilen sie sich in drei Theile, bald vereinigen sie sich wieder, um nur einen einzigen Rücken zu bilden; bald erreichen sie eine erstaunliche Höhe und scheinen in den Himmel einzudringen; bald breiten sie sich aus und entwickeln sich in Gestalt eines Plateaus (im Chines.: *p'ing-kang*, d. i. platter Gipfel).“

Der folgende Text des Wörterbuchs *P'ing-tseu-lui-pien* (lib. 35, fol. 9 verso) scheint beim ersten Anblick in directem Widerspruch mit der Lage zu stehen, welche man der Kette des In-schan, 41°—42° Br., als Fortsetzung der grossen Thian-

*) Der Name Khi-lien-schan wird an dieser Stelle für ein bloss synonymer mit Thian-schan (Himmelsgebirge) genommen; aber es giebt (s. Kaiser Khian-lung's und meine diesem Werke beigefügte Karte von Central-Asien [II. Bd.]) 6° südlich vom In-schan eine Kette, welche den Specialnamen Khi-lian-schan oder Nan-schan führt. Sie gehört zu der Gruppe kolossaler Gipfel, welche den grossen See Khukhu-noor umgeben, und scheint sich viel eher mit dem Kuen-lun als mit dem In-schan (Gerbillon's Oghien-oola) zu verbinden. S. Ritter's Asien, I., 164, 237. (H—t.)

schan-Kette giebt. Diese Stelle, welche die allgemeine Geographie der Ming anführt, ist aus dem Commentar zu den historischen Abhandlungen von Sse-ma-tsien, aus der Biographie Mong-kuo's gezogen.

„Das Gebirge Yang-schan liegt nördlich vom Gelben Flusse, das Gebirge In-schan*) südlich vom Gelben Flusse.“

In demselben Wörterbuche (lib. 34, fol. 7 verso; Anführung der Annalen der Han, Gesch. der Hiong-nu): „Im Norden gehen die Grenzen bis Liao-tong; ausserhalb**) liegt das Geb. In-schan, welches von S. [? O.] nach W. ungefähr 1000 Li weit reicht.“ — Ibid. lib. 34, fol. 8 recto: „Das Geb. In-schan ist schneeig und verlängert sich auf eine Strecke von 1000 Li.“ (Reise des Kaisers Thaï-tsong, aus der Dynastie der Thang, von 627—650, nach der Höhle Tschang-tsching-kho.)

---

*) Nördlich von Peking erhebt sich ein hohes, ebenfalls In-schan genanntes Granitgebirge. Hr. Kowanko, Major im Corps der Berg-Ingenieure, dessen Bekanntschaft ich in Sibirien zu machen das Vergnügen hatte und der seit langer Zeit in dem russischen Mönchskloster zu Peking wohnhaft ist und sich mit magnetischen und technologischen Untersuchungen beschäftigt, hat dies Gebirge erstiegen. Er sagt in einer Abhandlung (*Ann. des mines de Russie pour* 1838, p. 195) „dass, nach dem Namen *In-schan*, d. i. Silbergebirge, zu schliessen, man Grund habe zu glauben, dasselbe habe ehemals, wie ein in dieser Einsamkeit wohnender chines. Eremit behauptet, Erze von jenem Metall geliefert.“ Hr. Julien bemerkt, dass im Chinesischen, wo man so viele Wörter von gleicher Aussprache, aber verschiedener Schreibart findet, der Name des Gebirges, von welchem Hr. Kowanko spricht, durch die Laute *in*, Silber, und *schan*, Berg (cf. das Wörterbuch *P'ing-tsen-luï-pien*, lib. 34, fol. 4) dargestellt wird, dass aber im Worte *In-schan*, wie das oben als südlich vom Gelben Flusse gelegen aufgeführte Gebirge genannt wird, der Laut *In* ausdrücken solle: nach N. gekehrt. Im Namen *Yang-schan* dagegen bezeichnet das Wort *Yang* nach Süden gekehrt. Der Name In-schan findet sich mehrmals auf den chines. Karten. Es giebt selbst, nach der allgem. Geogr. der Ming, einen In-schan bei Nan-king. (H—t.)

**) In 40° und 41° Br.; folglich ist an dieser Stelle wiederum von dem In-schan die Rede, welcher die östliche Fortsetzung des Himmelsgebirges bildet, nämlich von dem In-schan der Karten Kaiser Khian-lung's. Auf dieser Karte ist auch der Yang-schan oder Khungar-oola sehr gut angegeben ($41\frac{1}{2}$° Br., 106° 5′ Lg.); er macht einen Theil des wahren In-schan aus. (H—t.)

In-schan (Allgem. Geogr. der Thsing, Ausgabe von 1744; der *Waï-fan-mong-ku-tong-pu* betitelte Artikel).

Man lies't in dem Geschichtsschreiber Sse-ma-tsien, Leben des Thsin-schi-hoang-ti: „Er knüpfte wieder (*rattacha*) das ganze Land, welches zu Yu-lin anfängt und bis zum Gelben Flusse einschliesslich geht, an das Gebirge In-schan und theilte es in 34 *Hien* oder Districte."

In den Jahrbüchern der Han, Gesch. der Hiong-nu, sagt Heu-ing: „Ich, Euer Unterthan, habe sagen hören, dass die nördlichen Grenzen bis nach Liao-tong reichen und dass ausserhalb das Gebirge In-schan liegt, welches sich von O. nach W. auf einer Länge von etwa 1000 Li (100 M.) erstreckt. Das Land ist reich an Kräutern und Bäumen; man findet darin eine grosse Menge Vögel und Vierfüsser. In alten Zeiten war es der Zufluchtsort Mao-tun's, Schen-yu (d. h. des Fürsten der Hiong-nu). Er verfertigte daselbst Bogen und Pfeile und zog von Zeit zu Zeit auf Raubzüge aus. Hiao-wuti, von den Han (140—134 vor Chr.), bemächtigte sich dieses Landes und legte Truppen darein, um es zu bewachen. Als die Hiong-nu das Geb. In-schan verloren hatten, konnten sie nicht, ohne Thränen zu vergiessen, hinübersteigen."

Man lies't in den Jahrbüchern der jüngern Han: „Das Geb. In-schan erhebt sich nördlich von Si-'an-yang, welches von U-yuen-kiun abhängig ist."

Man lies't in dem *Khieu-pien-khao* (oder Untersuchungen der neun Grenzen) betitelten Werke: „Das Geb. In-schan liegt im NO. von der Stadt Tschong-scheu-kiang-tsching*). Im N. des Geb. In-schan findet man nur Sandwüsten voller Steine (buchstäblich: *ubique saxa in arenosis campis*). Diese Wüsten haben von O. nach W. mehrere 1000 Li Ausdehnung. Sie reichen auch 1000 Li von S. nach N. Man findet darin weder Wasser noch Pflanzen; es ist unmöglich, sich daselbst festzusetzen und daselbst (die Pferde und Vieh) weiden zu lassen. Als China Beherrscher des Geb. In-schan geworden, benutzte es dessen Höhe, um seine Blicke über die umgebenden Länder auszudehnen. Die Schritte seiner benachbarten Feinde konnten ihm nicht verborgen bleiben. Desshalb wurde dies Gebirge ein wichtiger Punkt, um deren Angriffe zurückzuweisen."

---

*) Tschung-scheu-kiang-tsching (41° 24′ Br., 106° 35′ Lg.) ist auf Khian-lung's Karte am Nordabhange der In-schan-Kette angegeben. (H—t.)

Bemerkung (der chines. Herausgeber): „Das Geb. Inschan heisst in der Volkssprache *Ta-thsing-schan* (d. i. das grosse blaue Gebirge oder grosse grüne Gebirge; das Wort *thsing* bedeutet sowohl blau wie der Himmel, als grün wie die Kräuter). Im W. breitet es sich von den Westgrenzen von U-la-tsin (Uratsin) aus, welches im N. des Landes liegt, das der Gelbe Fluss einschliesst; im O. geht es bis nordöstlich von der Stadt Kueï-hoa-tsching (oder Kutu-khoto im Mongol.). Seine erhabenen Gipfel, stufenweise geordnet, beherrschen eine Strecke von ungefähr 500 Li. Dies Gebirge empfängt je nach den Ländern, durch welches es zieht, verschiedene Namen. Von W. nach O. nennt man es: Mu-na-schan, Kuen-tu-lun-schan, Bartu-schan, Thara-schan. Auf der ganzen östlichen Grenze von Uratsin nennt man es Tscha-han-'o-bo-schan (d. h. das Gebirge 'O-bo-schan, welches in den Himmel, buchstäblich: in die Milchstrasse taucht). Die Gipfel des Tscha-han-'o-bo-schan gehen quer durch die Thäler von Surtsche uud He-le-ku. Im N. von der Stadt Kueï-hoa-tsching (Kuku-khoto im Mongol.), erhält dies Gebirge die Namen Ong-kong-schan und I-ma-thu-schan, Namen, welche die Alten für den In-schan gebrauchten. In der That theilt das Geb. In-schan die nördliche Wüste in der Quere und bildet, indem es sich (gegen O.) erhebt, das Gebirge Kia-lan-schan des Landes Ning-hia; von da läuft es in einer Schlangenlinie nordwärts und bildet das Gebirge Khe-pu-tir-schan. Darauf bildet es im NO. das Geb. Kar-tschen-pur-ku-thu-schan; weiterhin (im NO.) das Geb. *Lang-kiu-siu-schan* (d. h. das Gebirge Siu, worin Wölfe hausen,) und das Gebirge Na-rin-su-long-schan; späterhin bildet es das Gebirge Hong-king-su-long-schan. Es liegt gerade im N. ausserhalb des Landes, welches *Hotao* (d. h. das Land, welches der Gelbe Fluss umschliesst,) genannt wird. Es neigt sich nach O., breitet sich im N. von Uratsin und im S. des Lagers des rechten Flügels der Kirghisen von Mao-ming-'gan aus. Dann zieht es, indem es nach NO. läuft, bis zu dem Tribus, welcher Sse-tseu-pu-lo (oder Stamm der vier Söhne) genannt wird, und bildet den Berg Serbeï-schan. An dieser Stelle erlangt es eine grössere Höhe. Dann geht es im O. bis zum Lande Mu-tschang und Tsa-khar, und bildet die Berge Su-men-kha-ta-schan, 'A-khara-tu-schan, Ku-tsu-ku-ti-schan; nachher bildet es im O. die Geb. Tu-lan-schan und Ter-schan. Wenn es nördlich von der alten Stadt Khaï-ping angelangt ist, bildet es das Gebirge 'O-long-schan. An dieser Stelle zeigt der Rücken des Gebirges eine kleine Unterbrebrechung (buchstäblich: einen Einschnitt, Bruch). Dann läuft es nach NO., kommt nach dem W. von Ke-si-ke-teng und bildet das Geb. Haï-khe-ra-schan; nachher bildet es im SO. die Gipfel des Hia-mu-ling und Ta-yen-ling; im SW. von Ong-niëu-ti angekommen, bildet es die Gipfel des Schu-ku-ri-ling und den hohen Gipfel, welcher E-le-su-thaï-ling genannt wird (*thaï* drückt gross aus). Weiter südöstlich geht es bis an die Grenzen von Kheratsin und bildet die Gipfel von Paï-pu-kha-ling, Khe-le-ling, Hoang-haï-ling und den Berg Mao-kin-schan. Der Berg Mao-kin-schan ist ausserordentlich hoch. Dann bildet es im S. die Gebirge und Gipfel, welche im O. von Tsching-te-tscheu liegen. Weiter im O. bildet es den Berg Ming-'gan-schan, von woher die Gewässer des Lao-ho kommen (*lao-ho* bedeutet alter Fluss); darauf bildet es im NO. die Berge, wo der Fluss Ta-ling-ho entspringt (*ta-ling-ho* kann auch den grossen Fluss Ling bedeuten); dann bildet es im N. die Berge, welche sich auf den Grenzen von Naï-man und Ngao-han befinden. Dann kommt es im NO. an die Grenzen der Kherkhe (Khirgisen); weiterhin gegen O. erstreckt es sich jenseit der Grenzen von Kuang-ning und bildet den Berg Fa-ku-schan. Das Geb. In-schan bildet eine Kette, welche sich vom N. von Ho-tao (vom N. des Landes, welches der Gelbe Fluss einschliesst,) bis Liao-tong*), auf einer Länge von 3000—4000 Li erstreckt. Heu-ing (s. den Anfang dieses Artikels) hat sich *in summâ* ausgedrückt, als er gesagt, dass das Geb. In-schan ungefähr eine Länge von 1000 Li von O. nach W. besässe."

Das Geb. **Yang-schan.** — (Geogr. der Thsing, Art. *Waï-fan-mong-ku-tong-pu*, fol. 12 verso): „Das Geb. Yang-schan ist im W. vom Geb. In-schan, gerade im N. des Landes, welches der Gelbe Fluss einschliesst, gelegen."

N. B. Morrison erklärt den Ausdruck *ho-tao* (Land, das der Gelbe Fluss einschliesst,) durch: *The region enclosed by the yellow river on the north and the great wall on the south, or that portion of territory embraced by the yellow river, in its course north of the wall and return again to the south.*

---

*) Dies ist die nördliche Provinz Leao-tou auf d'Anville's Karten. (H—t)

„Sein im W. liegender Theil heisst *Kao-kiuë-saï* oder Grenze (*barrière*) der hohen Thore.“

Man lies't in den historischen Abhandlungen von Sse-ma-tsien, Biographie von Mong-kuo (diese Stelle ist die früher nach dem Wörterbuche *P'ing-tseu-luï-pien*, lib. 35, fol. 9 verso aufgeführte): „Er setzte über den Gelben Fluss und bemächtigte sich des Yang-schan. Glosse: Siu-kuang sagt: Der Yang-schan liegt nördlich vom Gelben Flusse. Man lies't in dem Buche von den Gewässern: Die Wasser des Gelben Flusses kommen vom W. von Lin-ho-hien (buchstäblich: der dem Gelben Flusse benachbarte Bezirk,) und laufen südlich vom Yang-schan hin.“

Bemerkung (der Herausgeber der kais. Geogr. Khian-long's). „Das Geb. Yang-schan ist einerlei mit dem Geb. In-schan; sie haben verschiedene Namen, weil das eine (der In-schan) im O., das andere im W. liegt. Das Geb., welches 300 Li nördlich von U-ra-tsin gelegen ist, heisst im Mongolischen Hong-kor; dies ist gerade das Geb. Yang-schan.“

C. Stellen, welche auf verschiedene Theile der Kette des Himmelsgebirges in der Richtung von O. nach W. Bezug haben.

„**Hami.** — Ausserhalb des Passes, welcher Kia-ku-kuan (*Si-yu-ki*, lib. I., fol. 2 verso) heisst, sieht man eine Ebene von tausend Li Ausdehnung, welche mit Sand und Steinen bedeckt ist; man findet darauf weder Wasser noch Pflanzen noch Wohnungen. So war es schon seit dem Alterthum*).“

Turfan (*Si-yu-ki*, lib. I., fol. 1 verso). „Das Land Turfan ist die Residenz Sulaman's, des Sohnes des Fürsten Iminhotscho. Sechs Städte der Hoeï (Muselmänner) sind davon abhängig: 1) Turfan, 2) Pidjan, 3) Lukuthsin, 4) Ssekengmo, 5) Tokesun, 6) Halahotscho. Die Muselmänner dieser sechs Städte sind sämmtlich Sklaven Sulaman's. Das Ansehen, welches er geniesst, ist in seiner Familie erblich; man

*) Dies ist eine sehr schätzbare Angabe über die Unterbrechung des Thian-schan zwischen dem In-schan und Hami. (H—t.)

kann ihn nicht mit den Fürsten einer jeglichen Stadt an den Grenzen der Hoeï (Muselmänner) vergleichen, welche man je nach den Umständen ernennt (oder absetzt), zurückschickt oder in ihrer Stellung lässt. Turfan ist das bevölkertste von jenen sechs Ländern; aber wenn man die Gesammtzahl der Familien rechnet, so übersteigt dieselbe nicht 3000. Die Bewohner sind die ärmsten und unglücklichsten; sie können nicht allein bestehen."

Das Weitere desselben Artikels aus *Sin-kiang etc.* (lib. I., sect. 2, fol. 13 verso), welcher schon früher (S. 391) mitgetheilt worden, enthält in einer andern Ausgabe desselben Werkes (*Si-yu-ki*, lib. 2, fol. 2 recto):

„Im Sommer ist die Hitze sehr excessiv. Ein Schirm (*parasol*) von Feuer bedeckt das Himmelsgewölbe und brennend heisse Winde durchstreifen den Umkreis des Landes. Auf dem sandigen Gebirge, welches sich im SO. wie ein Gürtel hinzieht, erblickt man weder Kräuter (*plantes*) noch Bäume. Es schiesst blendendere Strahlen von sich, als die Sonne. Man nennt es gewöhnlich *Ho-yen-schan*, d. h. das Gebirge, von welchem Flammen in die Höhe steigen. Im Winter hat es weder starke Kälte noch grossen Schneefall. Das Land erzeugt Weizen, Lein, süsse Melonen, Wassermelonen und Trauben von vielerlei Art und ausgezeichneter Qualität. Sie übertreffen alle Früchte derselben Art, welche in Si-yu (den Gegenden im W. von China) wachsen. Das Land ist fruchtbar und gut bewässert; man erntet darin auch viel Baumwolle und *Dolichos*. Ungefähr ein Li nördlich von Turfan giebt es viele ausserordentliche Winde (Ritter, Asien, V., 433), welche oft die Esel und Hammel fortführen, ohne dass man eine Spur von ihnen wiederfinden kann."

„Im S. sieht man Cobis oder Sandebenen, wo die wilden Esel (*onagres*) und Pferde zu Zehnen und zu Hunderten zusammen angetroffen werden."

Derselbe Gegenstand. — Auszug aus der allg. Geogr. der Mandschus (*Thaï-thsing-i-tong-tschi*, 1. Ausg., Art. Turfan, fol. 2 verso.) „Die Stadt liegt nahe am Geb. Pe-schan. Die Farbe des Gebirges ist blau und roth wie Feuer."

„Turfan liegt 100 Li westlich von *Ho-tscheu* (oder dem Feuer-Bezirke); die Stadt hat 2 Li im Quadrat. Die Temperatur ist meist heiss; es fällt daselbst wenig Regen und Schnee. Das Klima passt zum Anbau von Hanf nnd Weizen. 20 Li westlich von der Stadt fliesst der Fluss Kiao-ho. Ungefähr 200 Li im N. erhebt sich der Berg Po-ke-to (Bokta-ola), d. i. der Thian-schan. Ausserdem liegt hier der Ling-schan oder

Gottesberg." (Bemerkung. Im *Si-yu-ki*, lib. I., fol. 6 verso, und in dem Sechs-Sprachen-Wörterbuch *Si-yu-thong-wen-tschi* hält man den Ling-schan oder Gottesberg für einerlei mit dem Bokta-ola.)

„Er (der Berg Ling-schan) liegt im NW. von der Stadt Yaï-eul."

Der Pu-tschang-haï. „Der See (buchstäblich: das Meer) von Pu-tschang liegt ungefähr 300 Li südlich und etwas östlich von diesem Orte; man nennt ihn auch Yen-tse oder Salz-See. Dies ist der Lop-See."

Ho-tscheu-tsching oder die Stadt **Ho-tscheu**; dieselbe Geogr., Art. Turfan, fol. 5 recto.

„Die Stadt Ho-tscheu (oder des Feuer-Bezirks) liegt 100 Li östlich von Turfan; es ist das Land, welches unter der Dynastie der Thang Si-tscheu-ti oder Land des westlichen Bezirks hiess. Zu Anfang der Mongolen-Dynastie (1260) fing dies Land an, Ho-tscheu oder Feuer-Bezirk genannt zu werden; daher stammt ihr Name (d. h. der Name der Stadt des Feuer-Bezirks). Diese Stadt hat 3 Li in der Breite; von allen Seiten ist sie von Feldern und Gärten umgeben; gegen W. ist sie 70 Li von Ho-tscheu entfernt." Ueber die „Flammen, welche der brennende Berg von Ho-tscheu und der von Pe-schan auswerfen," s. oben S. 389.

Ho-tscheu oder Feuer-Bezirk. Man lies't in dem Wörterbuche *Ping-tseu-lui-pien*, lib. 21, fol. 14 verso: „Kiao-tscheu oder Bezirk von Kiao ist einerlei mit Ho-tscheu oder Feuer-Bezirk. Davon abhängig ist das Land Pie-schi-pa-li (Bischbalik); im N. reicht es bis an den Fluss A-schu; im S. stösst es an Tsieu-tsiuen (buchstäblich: die Weinquelle); im O. geht es bis Yuan-tun-kia-schi-kha. Gegen W. ist es dem Lande der Sifan (Thibetaner) benachbart. (Auszug aus den Annalen der Mongolen.)"

Urumtsi. — (*Si-yu-ki*, lib. I., fol. 6 verso): „Im W. von der Stadt sieht man sandige Gipfel (oder Plateaux), welche dieselbe wie ein Gürtel umgeben. Am Fusse dieser Gipfel findet man Steinkohle in Menge."

Bokta-ola. — Seine drei Piks. — „Im SO. erhebt sich der Po-ke-ta-ba*). Seine drei Piks treten in die Wolken;

*) Dies Gebirge Po-ke-ta-pan oder Bokta, welches sich östlich von der Solfatara von Urumtsi erhebt, darf nicht mit dem sich an den Erinkhabirga lehnenden Hatun-bokta-schan, welcher auf meiner Karte

sie sind mit Eis und Schnee bedeckt, deren Glanz weit in die Ferne zurückstrahlt. Wenn man es aus grosser Entfernung ansieht, meint man, eine Krystallwelt zu sehen. Eine grosse Menge von Wundern thun sich daselbst kund, wesshalb man es auch gemeiniglich Ling-schan, d. h. das Gottesgebirge, nennt."

In dem Art. Siuë-schan (lib. I., fol. 1 verso) lies't man: „Der höchste und berühmteste Theil (des Geb. Siue-schan), welcher sich zu Urumtsi befindet, heisst Po-ke-ta-pan (oder Bokta-ola), dessen drei isolirte, dünne (*minces*) und von Eis und Schnee glänzende Piks von Weitem Krystallsäulen ähneln, die das Himmelsgewölbe durchbrechen."

Bokta-ola. — (*Si-yu-thong-wen-tschi*, lib. 4, fol. 6 verso): „Im Dzongarischen bedeutet das Wort *Bokta* göttlich, wie wenn man der Gottesberg sagte (das Wort *Taba* bedeutet in der mongol. und dzongar. Sprache Gipfel). Die chines. Schriftsteller aus der Dynastie des Weï (von 220 – 264 n. Chr.) und der Suï (von 581 — 618 n. Chr.) nennen es sämmtlich Thanha-schan oder das Gebirge Than-han. Man lies't in der Beschreibung des Landes Kao-tschang (welche einen Theil von den Annalen der Weï ausmacht):

„70 Li nördlich befindet sich das Gebirge Than-han; der Norden dieses Gebirges bildet die Grenzen des Landes Thie-le. Man lies't in der Beschreibung von Thie-le (welche einen Theil der Annalen der Suï ausmacht): I-tschin-mo-ho, der Khan (König) der Tu-kiuë, wohnte auf dem Gebirge Thanhan. Bemerkung (ibid.) Barkul entspricht dem alten Bezirke I-tscheu; Pidjan entspricht dem alten Lande Kaotschang und Bokta-ola muss das Gebirge Than-han-schan im N. von Kao-tschang sein." Dasselbe Werk sagt, lib. 4, fol. 8 verso, Folgendes:

Erin-khabirga-ola. „In der dzongarischen Sprache bedeutet *Erin* gemischte Farbe. *Khabirga* drückt seitliche Rippe (*côte latérale*) aus. Dieses Gebirge wird von einem Zweige des Bokta-ola gebildet; durch seine Lage ähnelt es den Seiten, welche beim Menschen rechts und links liegen. (Bemerkung des Uebersetzers.) Ich weiss nicht, ob es einen oder mehrere Gipfel zeigt. Im letzteren Falle müsste man schreiben: Es wird

---

nach der des Kaisers Khian-lung angegeben ist, verwechselt werden. Urumtsi ist nach der Karte der „Abgekürzten Geschichte der neuen Eroberungen" (*Sin-kiang-waï-fan-ki-lio*) zwischen dem Bokta-schan und Hatun-bokta-schan gelegen. (H—t.)

von mehreren Zweigen des Bokta-ola gebildet. Das geogr. Wörterbuch *Si-yu-tong-wen-tschi* sagt über den Khadun-bokta-ola (lib. IV., fol. 8) Folgendes: Das dzongar. Wort *Khadun* bezeichnet: Frau eines berühmten Mannes. Der Bokta-ola ist ein ausserordentlich hoch gelegener Gipfel und der Khadun-bokta-ola*) ist so zu sagen seine Gattinn (*compagne*). Desshalb nennt man ihn so.“

Kutsche. Die Stelle über Kutsche, welche oben (S. 384) dem Polyglotten-Wörterbuche *Si-yu-thong-wen-tschi* zugeschrieben wurde, findet sich nicht in diesem Werke. Hr. Julien hat es darin vergebens gesucht, lib. II., fol. 26 verso und 27 recto (beim Art. Ku-tsche). Wahrscheinlich hat Klaproth dieses Bruchstück aus dem *Si-yu-ki* entnommen (lib. II., fol. 6 verso) und es irriger Weise dem *Si-yu-thong-wen-tschi* zugeschrieben. Man kann sich davon überzeugen, wenn man den Blick auf die folgende Uebersetzung wirft, worin man auch mehrere Stellen findet, welche an das, was über die Solfatara von Urumtsi berichtet worden ist, erinnern.

„Die Einwohner (von Ku-tsche) zahlen alle Jahr als Tribut 2000 *Tëu* oder chines. Scheffel (der *Tëu* wiegt 120 Pfund) Getreide, 1800 Pfund Kupfer, welches man nach U-schi schafft, um daraus Münzen zu prägen; 200 Pfund Salpeter und 300 Pfund Schwefel, welchen man nach I-li schickt, um daraus Schiesspulver zu machen. . . . . . . Das Land erzeugt Leinwand, *Ta-lien-pu* genannt, Kupfer, Salpeter, Schwefel und *Nao-scha* oder Salmiak.“

„Der Berg, woher das *Nao-scha* kommt, liegt nördlich von der Stadt; in diesem Berge giebt es eine grosse Zahl von Höhlen. Im Frühlinge, im Sommer und im Herbst sind sie sämmt-

---

*) Die drei Piks, „welche von fern Krystallsäulen gleichen“, sind auf der Karte zum *Sin-kiang* als der Massenerhebung des Bokta-schan angehörig abgebildet. Hr. Julien findet übrigens einige Verschiedenheiten unter den Karten der 2. und 3. Ausgabe des kleinen Werkes über Si-yu. In der 2. Ausgabe (*Sin-kiang*), in welcher die Figur der drei Piks unter Loklun zwischen Bortu-schan und Bokta-schan dargestellt wird, ist das Wort Khadun zu der westlicheren Masse des Erin-khabirga gesetzt; in der 3. Ausgabe (*Si-yu-ki*) lies't man von O. nach W.: Bokta-schan, Urumtsi, Loklun, Khadun-bokta-schan, Erin-khabirga und Eputuling. Die letztere Reihe hat Klaproth bei der grossen Karte des Kaisers Khianlung angenommen. (H—t.)

lich voller Feuer. Wenn man sie von fern erblickt, glaubt man, den Glanz von zehntausend Lampen zu erblicken. Die Menschen können sich ihnen nicht nähern. Im Winter, wenn es ausnehmend kalt ist und wenn die Hitze durch den aufgehäuften Schnee gedämpft wird, sammeln die Bewohner des Landes den Salmiak ein. Sie entkleiden sich, um in die Höhlen zu treten, worin sich der Salmiak bildet, der sich in Stalaktitenform darstellt; darum macht es Mühe, ihn zu sammeln."

„Es regnet selten; während des Jahres fallen höchstens nur ein- oder zweimal kleine Regenschauer; manchmal regnet es selbst das ganze Jahr hindurch nicht. Um das Land zu ackern und zu besäen, muss man zur Bewässerung seine Zuflucht nehmen. Es giebt daselbst weder Brunnen noch Quellen. Im W. von der Stadt fliesst der Fluss Weï-kan-ta-ho. Die Muselmänner sind sehr geschickt in der Kunst, Kanäle anzulegen und die Gewässer fortzuleiten (wohin sie wollen). Desshalb ernten sie reichlich Getreide und Früchte. In diesem Lande kommen alle Früchte im Überflusse vor. 20 Li nördlich von der Stadt liegt eine kleine Höhle vom Fo (Buddha). 60 Li westlich von der Stadt findet sich eine grosse Grotte Fo's (Buddha's). Oben und unten, vorn und hinten am Berge hat man 400 oder 500 Grotten in den Fels gehauen. In allen diesen Grotten sieht man Bilder oder Statuen Buddha's. In der am Höchsten gelegenen Grotte erblickt man drei Säulen. An der Wand einer der Mauern hat man das Bildniss des (indischen) Gottes Awalokiteswara ausgehauen. Man hat in diese Mauer in Kiaï-Charakteren, welche unter den Han erfunden worden, den vollständigen Text des Buches: *Lun-hoeï-king* oder Buch der Seelenwanderung eingeschnitten; man erzählt, dass er unter der Dynastie der Thang eingeschnitten worden sei."

Fluss **Tschuï** oder **Tschui-ho** (Tschuï-kul); (*Si-yu-thong-wen-tschi*, lib. 5., fol. 32 verso): „Im Dzongarischen bezeichnet das Wort *tschui* trübe; in seinem Lauf ist dieser Fluss fast trübe."

Khoschikul (*Si-yu-thong-wen-tschi*, lib. 5., fol. 35 verso). „Das Wort *Khoschi* ist türkisch, und man bedient sich desselben für zwei Flüsse, welche parallel laufen. Dieser See fliesst mit dem Fluss Talas hinab und sie correspondiren mit einander in der Richtung von S. nach N. Desshalb nennt man ihn so"*).

*) Sicher existirt zwischen den Flussen Tschui und Talas ein Parallelismus; der See, in welchen sich der Tschui ergiesst, heisst auch

Über den Temurtu-noor (Temurtu-See), gleichbedeutend mit Issikul. Man findet in demselben Werke, lib. 5., fol. 15 verso: „*Temurtu* ist ein dzungar. Wort (Adject.) und bedeutet *habens-ferrum;* das Innere dieses *nor* (Sees) liefert Eisen; daher kommt der Name.“

Si-haï (das casp. Meer?). - Ich habe, sagt Hr. Stan. Julien, die Biographie P'an-tschao's, welche in den Annalen der spätern Han (l. 77., fol 1 fg.) 26 S. in Kl.-Fol. bildet, zweimal gelesen: die Biographie des Kaisers Ho-ti (ibid., lib. 4), unter welchem er seine Züge gegen die Hiong-nu veranstaltete, und endlich sein Leben in der Universalbiographie der Chinesen (lib. 52), und ich kann versichern, dass man darin selbst den Namen Si-haï oder Westmeer nicht einmal erwähnt findet (vergl. oben S. 41 und 469; *Foë-kuë-ki*, p. 37, Anm. 3). In der Lebensbeschreibung des Kaisers Ho-ti führt man mehrmals das Nordmeer (*Pe-haï*) auf, ein Name, welchen der Herausgeber Mailla's (*Hist. de la Chine*, III., 397) am Rande ungenau durch caspisches Meer (!) übersetzt. Daher stammt vielleicht die Ansicht bei den Gelehrten, welche diesen Feldherrn der Chinesen bis zum casp. Meere vordringen gelassen haben.

Was man von P'an-tschao sagt, muss vielleicht auf Kaning, einen unter seinem Befehl stehenden Anführer, bezogen werden. In der Chronologie, welche den Titel *Li-taï-ki-sse-nien-piao* führt, lies't man (l. 31, fol. 17 verso):

'An-si. — „P'an-tschao sandte Kan-ing bis an die westlichen Grenzen von 'An-si, welche in der Nähe eines grossen Meeres liegen. Als er dasselbe passiren wollte, sagten ihm die Seeleute: „Die Wasser des Meeres (d. h. dieses Meeres) sind sehr breit; die, welche guten Wind haben, brauchen drei Monate zur Ueberfahrt*); treffen sie aber wenig günstigen Wind, so dauert es manchmal zwei Jahre; desshalb nehmen sie auf drei Jahre Lebensmittel mit. Der Aufenthalt dieses Meeres (d. h. der Schiffe) erzeugt im Herzen der Menschen den Gedanken und die Liebe

---

Khoschi-gul auf Kaiser Khian-lung's Karte. Dies ist der See des „Zwillingsstromes“. Man erkennt übrigens ganz deutlich auf der chines. Karte welche dem *Sin-kiang* beigefügt ist, dass der Tschui aus dem Temurtu-See, welcher darauf Tuzkul genannt ist, fliesst. (H—t.)

*) Dunkle Vorstellungen vom Pontus haben sich wahrscheinlich in einigen von diesen Berichten mit Vorstellungen vom casp. Meere vermengt. (H—t.)

für ihr Heimathland. Unter der Zahl derselben sieht man viele, welche sterben." Darauf gab Kan-ing sein Unternehmen auf."

„Die Strasse von I-tsi-naï liegt 1500 Li nördl. von Kantscheu. Im NO. der Stadt ist ein grosser See, der gen NW. an eine Sand- und Kieselstein-Ebene stösst. Unter den Han war dies der District von Si-haï oder des westlichen Meeres."

(Auf derselben Seite): „**Ta-thsin** (ein Reich, welches man für das römische hält). Dies ist das Land, welches unter den westlichen Han Li-han hiess: Es liegt im W. vom westlichen Meere."

„Die Menschen sind von hohem Wuchs und ähneln sehr den Bewohnern von China. Dies Reich nennt man jetzt Fo-lin. P'an-tschao sandte Kan-ing nach diesem Reiche. Er beschrieb treu die Sitten und das Klima und brachte von dort kostbare und seltene Sachen mit zurück."

Dasselbe Reich, fol. 16 verso, Art. Tiao-tschi: „Das Reich Tiao-tschi (Persien nach Klaproth) liegt in der Nähe des westlichen Meeres. Die Wasser des Meeres umgeben dasselbe zum grossen Theil. Von den drei Küsten im S., O. und N. giebt es gar keine Wege. Nur der NW. ist von der Landseite her zugänglich. Man hatte dies Reich in den früheren Jahrhunderten noch nicht besucht. P'an-tschao schickte Kan-ing mit einer Mission dahin. Er beschrieb treu die Sitten und das Klima und brachte von daher kostbare und seltene Sachen mit zurück."

Das

Gebirgssystem des Bolor.

Die Meridiankette des Bolor, eine von denen, welche am Längsten von den Geographen verkannt worden sind, bietet ein zwiefaches, nämlich zugleich ein geographisches und ein geologisches Interesse dar. Sie ist der Imaus der Alten und in ihrem nördlichsten Theile der Bordj der Zend-Bücher. Jener Name Imaus, von dem Sanskrit-Worte *Himawat* (Schneegebirge) gebildet, wurde wahrscheinlich anfänglich von den griechischen Geographen nur für den Hindu-kho und für die dem Aequator fast parallele Kette gebraucht, welche wir jetzt vorzugsweise die Kette des Himalaya nennen. Allmälig ging der Name Imaus auf einen kolossalen Rücken über, den man als einen von Süden nach Norden streichenden Zweig des Himalaya ansah. Die Eintheilung der Regionen von Asien in *intra* und *extra Imaum* war Strabo und Plinius unbekannt. Bei dem letzteren (VI., 17) wird der Imaus ein Vorgebirge der Emodischen Berge genannt. Dies ist eine geistreiche Art, den unermesslichen Wulst oder Knoten, welchen die Durchkreuzung des Himalaya, Hindu-kho und Bolor bildet, zu bezeichnen. Die grosse ethnographische Eintheilung in diesseit und jenseit des Imaus wurde übrigens der in *intra* und *extra Taurum* und *intra* und *extra Gangem* nachgeahmt. Im Ptolemaeus oder vielmehr auf Agathodaemon's Karten ist die Meridiankette des Imaus zu den mitternächtlichen Ebenen des Irtysch und Obi fortlaufend gedacht (I., 105—119). Ich habe früher zu entwickeln versucht, wie die zunehmende Ausdehnung des Handels auf die orographischen Ansichten von Einfluss war und durch welche Ursachen der Imaus des Ptolemaeus übermässig weit nach O. gesetzt wurde.

In Bezug auf das allgemeine Relief von Asien zeigt das System des Bolor-Gebirges einen sehr hervorstechenden Charakter. Man muss es nicht für sich allein beschreiben, wie es sich zwischen den Parallelen von $32\frac{1}{2}°$ und 45° Br. erstreckt; sondern muss es als einen Theil jener langen Reihe von Meridian-Emporhebungen betrachten, welche mit parallelen Axen, die aber in ihren Stellungen alterniren, sich vom Cap Comorin, der Insel Ceylon gegenüber, bis zum Eismeere zwischen 64° und 75° Lg. in der mittleren Richtung SSO.-NNW. erstrecken. Zu diesem System von Meridianrücken gehören die Ghates, die Kette des Soliman, der Paralasa, der Bolor und der Ural. Wir wiederholen hier, dass durch diese alternirende Stellung und durch die Unterbrechung des Reliefs, keine der eben genannten Meridianketten der andern von O. nach W. entgegengesetzt ist, und dass jede neue Aufrichtung erst in einer Breite anhebt, welche die vorhergehende Aufrichtung noch nicht erreicht hat. Die beiden merkwürdigsten Züge in der ganzen hypsometrischen Gestaltung Asiens sind die Existenz dieses Systems von S.-N.-Rücken und die Continuität einer und derselben Kette, welche sich unter 35° und 36° Br. (auf dem Parallelkreise von Dicaearch's Diaphragm) vom Taurus bis zur chines. Provinz Hu-pe fortzieht (s. oben Th. I., 86—100, 138, 143—153, 266, 267).

Die Bolor-Kette bildet, insbesondere in dem Theile, dem man gewöhnlich diesen Namen im engern Sinne giebt und welcher zwischen 36° und 40° Br. liegt, gegenwärtig eine Naturgrenze des chines. Reiches gegen Westen hin. Im N. vom Himmelsgebirge (Thian-schan) erstreckt sich dies Reich etwas jenseit des Meridians des Warmen Sees (Temurtu) in der Gegend, wo die Weiden der Hirtenvölker, der westlichen Buruten und der Kirghis-Kaizaken beginnen.

Dagegen haben sich gegen den Süden, vom Terek-tagh und Thian-schan, vom Plateau von Pamir bis nach Badakschan die kolossalen Berge der Bolor-Kette als ein fast unübersteigliches Hinderniss für den Uebergang grosser Heeresmassen aufgethürmt. Nur zweimal, unter der Dynastie der Han, zur Zeit der römisehen Republik und des Kaisers Tiberius, und unter der Dynastie der Thang, zur Zeit Karls des Grossen, hat das Reich der Tsin gewaltige und erfolgreiche Anstrengungen gemacht, in die fruchtbaren Thäler des Oxus (Fa-tsu) und Jaxartes (Sir, Ye) einzudringen. Ueber hundert Jahre vor unserer Zeitrechnung, nämlich unter dem Kaiser Wu-ti in den Kriegen gegen den türk. Stamm der Hiung-nu, wurde Ferghana selbst eine Zeit lang eine chines. Eroberung. Die Abnahme der Höhe des Bolor in seiner nördl. Fortsetzung jenseit der Durchkreuzung mit dem Asferah erleichtert den Eintritt in Trans-Oxiana und in das Khanat von Khokand.

Die Ableitungen des Wortes *Bolor*, welches auch in *Belur*, *Beluth* und *Bulyt* umgewandelt worden, sind ebenso unsicher und mannigfaltig, als die der meisten grossen Gebirgsketten und grossen Ströme. Nach Bakui (*Extr. des manuscr. de la bibl. du roi*, II., 472) haben die Bergkrystalle, welche im Bolor-Gebirge von seltener Schönheit vorkommen, von diesem im Pers. und Türk. den Namen *Belur* angenommen; sollten aber die Krystalle nicht vielmehr ihren Namen der ganzen Kette, den Krystallbergen, gegeben haben? Im Türk. bedeutet *Beluth-tagh* Eichengebirge. Nach Klaproth heisst der Bolor im Uigurischen *Bulyt-tagh*, Wolkengebirge, wegen der ausserordentlichen Regengüsse, welche daselbst drei Monate lang im Jahre ununterbrochen eintreten. In sehr alten Zeiten gab es auch am westlichen Abhange des Rückens, nördlich von Fizabad und fast gegenüber der kolossalen Gruppe des Puschtikur, ein Königreich Bolor, welches die chines. Historiker Pu-lo-lo nennen. Es ist in den Kämpfen gegen China und den Dzan-phu (König) der Thufan (Ost-Tübetaner) in der Mitte des 8. Jahrh. berühmt geworden und, indem es seine Grenzen im SW. von den Djihun- (Oxus-)Quellen behielt, bis zum 13.

Jahrh. unabhängig geblieben (Klaproth, *Tabl. histor.*, p. XVII., 142). Es hat sogar ein Königreich der Kleinen Bolor (Kleinen Pu-lo-lo) gegeben. Dieser Name eines Reichs (kuë) findet sich auf der merkwürdigen, von Klaproth publ. Karte der grossen japan. Encykl. aus dem 7. Jahrh. ganz richtig im NW. vom See O-nëu (Manasarowar) angegeben (Klaproth, *Mém. rel. à l'Asie*, II., 418). Der Buddha-Pilgrim Hiuan-thsang (er reis'te 640) erwähnt auch das Königreich Po-lo-lo (Bolor); er setzt es und zwar sehr genau südlich vom Plateau von Pamir (Po-mi-lo). „Im S. vom Thale, sagt er*), findet man, nachdem man einen Berg überstiegen, das Königreich Po-lo-lo, welches viel Gold und Silber führt." Diese Angabe über den Reichthum des Bolor erklärt die Goldgeschiebe, welche der Oxus mit sich führt und erinnert an Herodot's Gold sammelnde Ameisen, deren wahre Heimath mir jedoch der Ost-Abhang des Bolor zu sein scheint. Noch in der Mitte des vorigen Jahrhunderts setzte der P. Felix Arocha, einer von Kaiser Khian-lung's reisenden Astronomen, die Station Bolor unter dem Namen Po-lo-eulh in die Tafel der Positionen (*Mém. concern. les Chinois*, I., 400; Mailla, *Hist. gén.*, XI., 575; Ritter, Asien, V., 523, 543). Es giebt selbst einen Fluss Bolor, welcher nach einem langen Umwege durch Wakhan ein Nebenfluss des Djihun wird. Der chines. Laut *eulh* entspricht unserm *r*, so dass Po-lo-eulh der Astronomen-Jesuiten ganz einfach Po-lor ist. Die Vertauschung der Buchstaben spielt in so veränderlichen Namen eine grosse Rolle. Auf gleiche Weise ist die grosse Gebirgskette, welche die systematischen Geographen durch das afrikanische Continent seiner ganzen Breite nach ziehen lassen, aus einem Blauen Gebirge (*Jibalu-l-kumra*) zu einem Mondgebirge (*Jibalu-l-kamari*) geworden. Wenn man die Abstammung der Sprachen sehr weit hinauf verfolgt, so erkennt man, zufolge einer scharf-

*) Nach der nicht herausgegebenen Übersetzung von Hrn. St. Julien. Man sehe über alle hier angeführten Stellen aus Hiuanthsang die weiterhin folgenden Erläuterungen.

sinnigen Bemerkung des Hrn. Eugène Burnouf, in der Kette des Bolor (Belur) den indischen Namen *vâidura*, welcher den Lapis-lazuli bezeichnet. „Ich halte dafür, sagt der gelehrte Sprachforscher, dass *Belur* von dem sanskr. Ausdrucke *vidûra* stammt; so heisst ein Berg, von welchem man den kostbaren Stein bezieht, der nach ihm *vâidûrya* oder Lazulith genannt wird. Was den Übergang des Wortes *vâidûrya* in Bolor noch besser erklärt, ist der Umstand, dass das Sanskrit-Wort auch in den buddh. Sanskritbüchern von Nepal mit einem Zahn-*d* an der Stelle eines Wurzel-*d* geschrieben ist. Nun aber ist es grade das erstere, welches sich in den indischen Dialekten durch die Aussprache in *r* und in *l* verwandelt. Diese Vertauschung hat gleichfalls im Pâli statt und Alles deutet darauf hin, dass das Pâli in ziemlich alter Zeit im N. von Indien*) und westlich vom Indus geherrscht habe."

Der Name Thsung-ling gehört eigentlich nur der Durchkreuzung der beiden Rücken des Bolor und Kuen-lun an, besonders aber dem östl. und nördl. Theile des Knotens an dem stumpfen Winkel ihrer Durchschnittslinien. Dahin habe ich auf meinen beiden orographischen Karten von Mittel-Asien von 1830 und 1841 den im Allgemeinen so unbestimmten Namen Thsung-ling geschrieben. Die Chinesen haben indessen die Gewohnheit, den Namen Thsung-ling nicht bloss auf den ganzen Bolor, von dem sehr nördlichen Punkte, wo die Meridiankette vom Sir (Jaxartes) durchbrochen wird, bis zur Durchkreuzung mit dem Kuen-lun, sondern auch auf den östlichen Theil des Hindu-kho auszudehnen. Hiuan-thsang z. B. giebt den Namen Bolor, den er Po-lo-lo schreibt, einem kleinen Reiche im S. vom Plateau von Pamir und nicht der Gebirgskette. Letztere bezeichnet er in der Reise, welche er vom Temurtu-See nach

---

*) „Noch heutiges Tages, fügt Hr. Burnouf hinzu, schreiben und sprechen die Afghanen die Namen von arischem Ursprunge mit einem *l*, z. B. *lese* statt *daça*, zehn." *Bolor* oder *Belur* stammt also von *vâidura*, welches durch die im Bengali so gewöhnliche Wandlung von *v* in *b* das Wort *Bailura* wird, welches *Belur* sehr ähnlich ist.

Tsche-schi (Taschkend oder Schasch), der Stein-Stadt, macht, mit dem Namen Thsung-ling, sogar schon nördlich vom Thian-schan. Der Pilger ist in der orographischen Beschreibung seines Weges so genau, dass er, wo er vom Ye (Jaxartes) spricht, sagt: „Dieser Strom kommt aus den nördlichen Hochebenen der Thsung-ling-Berge und fliesst mit Ungestüm in der Richtung Nordwest.“ Der Parallel des 42. Breitengrades wird hier als der grosse Bogen bezeichnet, den der Sihun (Ye) macht, indem er anfangs nach Westen und dann zwischen Khodjend und Otrar nach Norden fliesst. Als Hiuan-thsang von So-mo-kian (Samarkand) und von Pu-ho (Bokhara) zurückkommt, nähert er sich wieder dem Bolor-Gebirge, indem er über den Oxus (Fo-thsu, Fatsu, Fluss von Waksch, vielleicht Waschgerd?) setzt. Auch hier nennt er Thsung-ling die grosse Kette, welche ihm ostwärts liegen bleibt und hinter welcher das Land Kie-scha (Kaschghar*), Kasgar) und Yarkand liegt. Er sagt ausdrücklich, „dass Pamer (das Thal von Po-mi-lo) innerhalb der Grossen Thsung-ling liegt.“ Es kann also kein Zweifel darüber herrschen, dass Hiuan-thsang die Meridiankette des Bolor oder Belut-tagh Thsung-ling nennt.

Der Buddha-Priester Fa-hian, welcher 240 Jahr vor Hiuan-thsang lebte und das Werk *Foë-kuë-ki* verfasste, welches wir den vereinigten eifrigen Bemühungen von Rémusat, Klaproth und Landresse verdanken, berührte nur den südl. Theil des Bolor, als er von Khotan nach Ladak reis'te: „Das Reich der Kie-tschha, sagt er (*Foë-kuë-ki*, c. 3, p. 27, 30) liegt mitten im Thsung-ling-Gebirge.“ Man glaubt, dass der Reisende einen Theil von Baltistan, schlechtweg Klein-Tübet genannt, hat bezeichnen wollen. Quer durch diese Iskardo benachbarte Region (Burnes, III., 186) führt die von mir vor zehn Jahren publicirte Reiseroute von Yarkand nach Tübet. In jenem Reiche von Kie-tschha, „wo fast beständig Schneewetter herrscht,“ war man glücklich genug, kostbare Reliquien, wie z. B. den

---

*) *Khaçagiri*, nach Hrn. Burnouf, Gebirge der Khaças, *Casii Montes*; s. (I. Th.) S. 115.

Zahn von Foe (Shâkya-muni) und „den Topf, worein der heilige Mann gespuckt hatte.“ Fa-hian benennt mit Thsung-ling vorzugsweise den grossen Gebirgsknoten, welcher von der Durchkreuzung der Meridiankette (N.-S.) mit Ketten gebildet wird, die ein verschiedenes Streichen (O.-W. oder SO.-NW., wie der Himalaya, Kuen-lun, Hindu-kho und Sufeid-kho) zeigen; er braucht ausserdem den Namen Thsung-ling, wie Hiuan-thsang*) für diejenige Kette des Hindu-kho, welche nördlich von Kabul (Kia-pi-sche) in dem Sinne eines Parallelkreises läuft. Der chines. Name *Thsung-ling* bezeichnet Kette der Zwiebeln, weil sich daselbst, wie manche chines. Geographen sagen, diese Pflanze (die Art mit bläulichen Zwiebeln) in Menge findet. Da dasselbe Wort gleichfalls die blassblaue Farbe bedeutet, so hat Abel Rémusat vorgezogen, *Thsung-ling* durch Blaues Gebirge zu übersetzen (*Hist. de Khotan,* p. VI.). Dieser Doppelsinn der Benennung Thsung-ling, den wir eben nachgewiesen haben, muss uns veranlassen, dieselbe in einer systematischen Orographie Inner-Asiens zu unterdrücken. Sie würde eben so gefährlich sein als die Namen *Siuë-schan*, *Mustag*, *Mussur* (d. i. Schneegebirge), welche auf unsern Karten so lange Zeit für Ketten gebraucht worden sind, die eine ganz verschiedene Richtung besitzen. Die Manie, die longitudinalen Emporhebungen zu verbinden oder den Namen eines einzigen Gipfels für die ganze Kette zu gebrauchen (wie Bogdo-Gebirge für den Thian-schan), hat in die Nomenclatur der Cordilleren der Alten wie der Neuen Welt Verwirrung gebracht. Man ist in der Orographie Asiens so zu Werke gegangen, als wenn man in Europa den Namen Alpen auf den Jura und die Pyrenäen

---

*) *Foe-kue-ki*, 22, 25, 378, 395. Hiuan-thsang hat sehr wohl erkannt, dass diese Kette im N. Kabuls, welche ich die Kette des südlichen Hindu-kho nenne (die des Hindu-kusch) die übrigen an Höhe übertrifft. Er bedient sich desselben Ausdrucks, womit er Pamir charakterisirt. „In der Schneekette von Kabul (Kia-pi-sche) findet sich die höchste Spitze von Djambu-dwipa“ (einem der vier Continente der brahmanischen und buddhaschen Kosmographie).

ausdehnen oder die Alpen als Rosa-Gebirge, die Apenninen als Vesuv-Gebirge bezeichnen wollte.

Die ununterbrochene Fortsetzung der grossen Meridiankette des Bolor oder Belur-tagh ist von $32\frac{1}{2}{}^{0}$ Br., südlich von der Kreuzung mit dem Himalaya, Kuen-lun und Hindu-kho, bis $45\frac{1}{4}{}^{0}$, nördlich vom Durchschneidungspunkte des Thian-schan, welcher hier die Namen Asferah, Kiptschak und Terek-tagh annimmt, bekannt. Dies ist eine Ausdehnung von 260 Seemeilen. Die culminirenden Punkte, welche, wie man annimmt, zu mehr als 3000 t. Höhe ansteigen, liegen zwischen 35^{0} und 40^{0} Br., besonders nach den Knoten hin, d. h. in der Gegend der Durchkreuzungen mit den dem Aequator parallel laufenden Ketten. Der südl. Knoten scheint namentlich eine in Breite und relativer Höhe kolossale Anschwellung verursacht zu haben. Die bewunderungswürdigen Werke von Elphinstone und Alex. Burnes haben uns, nebst den muthigen Entdeckungsreisen des Lieut. Wood und Dr. Lord, mit dieser ganzen wunderbaren Region bekannt gemacht. Begreiflicher Weise erreicht da, wo eine Emporhebung im Innern der Erdrinde bereits ungeheure Höhlungen zurückgelassen hat, eine neue Emporhebung, welche jene kreuzt, um so leichter eine grosse Intumescenz. Der Bolor wird auf seiner unbedeutenden Fortsetzung im SSO. von Kalabagh und der salzführenden Kette in der Nähe dieser Stadt, niedriger; er nimmt gleichfalls nördlich vom Thian-schan, nach dem Durchbruche des Sir (Sihun) hin, im O. von Turkestan an Höhe ab. Der Kosyurt trägt jedoch wieder Gipfel mit ewigem Schnee. Weiterhin nach den Ebenen, durch welche der aus dem Temurtu kommende Tschui*) fliesst, verliert sich der Bolor gänzlich. Der Kara-tau scheint seinen nördlichen, aber gen NW. neigenden Ausläufer zu bilden; der Rücken des Kara-tau bildet vielleicht ein kleines System für sich.

---

*) Auf der bereits erwähnten chines. Karte in der japan. Ausgabe der grossen Encyklop. ist der Sir (Ye) mit dem Tschui verwechselt. Sie lässt den Sir aus dem See Temurtu treten und in das mit Inseln angefüllte Westmeer fliessen.

Die Continuität der Bolor-Kette und ihre Richtung von N. nach S. war schon von dem Pilger Hiuan-thsang sehr wohl erkannt worden. Er sagt auf das Allerbestimmteste (*Si-yu-ki*, lib. 12): „Das Thsung-ling-Gebirge stösst im S. an die grossen Schneegebirge (so pflegt er den Hindu-kho zu bezeichnen); im N. geht das Thsung-ling-Gebirge bis an's Warme Meer (*Temurtu*) und bis zu den Tausend Quellen“ (*Ming-bulak* der West-Buruten; vergl. oben S. 377). Dass die letztere Gegend hinzugefügt ist, bestätigt die nicht unterbrochene Fortsetzung bis zu den Hochgipfeln des Kosyurt, welcher den Rücken des Ming-bulak und Kyndyr-tau kreuzt. Um die mittlere Richtung der Axe des Bolor festzustellen, musste ich dieselbe im O. auf Kaschghar und Yarkand, im W. auf Kabul, Bokhara, Kokand und Taschkend stützen. Die Zuverlässigkeit der astronomischen Positionen ist sicherlich sehr ungleich, und die Gefahr um so grösser, als es sich bei dieser Untersuchung nicht um eine dem Aequator parallele Kette, wie der Thian-schan, handelt, welche von der geogr. Breite der benachbarten Punkte abhängt; sondern um eine Meridiankette, auf welche die weit eher zu vermuthenden, von der Länge abhängigen Fehler Einfluss haben. Bei einer grossen Zahl neuerer Karten von Asien hat man sich mit zu grosser Flüchtigkeit, selbst in Bezug auf die Breite, von den Resultaten entfernt, die P. Felix d'Arocha veröffentlicht hat. Als Kaiser Khian-lung, der Enkel Khang-hi's, die Eleuthen unterworfen hatte, sandte er die PP. Arocha, Espinha und Hallerstein zu wiederholten Malen in die eroberten Länder. Der Erstere von diesen Astronomen befand sich am 26. Nov. 1759 zu Kaschghar und bereits am 8. Dec. desselben Jahres zu Yarkand (*Lett. édif.*, XXIV., 27). Hallerstein observirte zu Osch (Mailla's Ga-oche) und zu Andidjan (An-tsi-yan) in Ferghana. Diese drei Reisenden bestimmten 43 Orte in der Kleinen Bucharei oder Ost-Turkestan astronomisch. Die Local-Kenntnisse, welche sie an Ort und Stelle gewonnen, und die Berechnung der Itinerardistanzen in Li konnten ihnen ein Hülfsmittel bieten, um die Längen da, wo ihnen Beobachtungen der Jupiterstrabanten fehlten, schätzungsweise zu bestimmen. Das Ergebniss ihrer Arbeit ist bei der Construction der grossen Karte in 104 Bl., welche auf Befehl Khian-lung's zu Peking erschienen, benutzt worden. Ich glaube, dass es, so lange man nicht an denselben Punkten neue astronom. Beobachtungen angestellt hat, weise gehandelt ist, die von denjenigen Personen angenommenen Positionen beizubehalten, welche nicht nur Directionen und Distanzen strenge zu erörtern pflegten, sondern sich auch solchen Prüfungen in Inner-Asien selbst widmen konnten. Aus der Gesammtheit von Combinationen *), die ich

*) Ich theile hier die Grundlagen meiner Arbeit mit, die ich dem Urtheil derer unterwerfe, welche auf die Quellen zurückgehen wollen, ohne sich durch Typen leiten zu lassen, welche zufällig auf unsern Karten entstanden sind und sich durch stillschweigende Zustimmung wie eine Fabel, über die man sich geeinigt, ein halbes Jahrhundert hindurch erhalten hat. 1) Im Osten vom Bolor. Da die Jesuitenväter ihre Längen westlich vom Meridian Pekings zählten, so ist dieser zuvörderst gegen den Pariser zu bestimmen. Vortreffliche Beobachtungen der geraden Aufsteigung (in den J. 1830 und 1835) ergeben für die Differenz von Berlin und dem russ. Mönchskloster in jener Capitale am Hoei-thung-kuën 6h 52′ 2.4″ östl. Lg. von Berlin oder 114° 4′ östl. Lg. von Paris. Ich halte mich mit Hrn. v. Fuss an 114° 5′ 35″ (*Mém. de St.-Pét.*, sér. 6., t. I., 79, 110; Hr. Daussy giebt nach Wurm's Rechnungen 114° 8′ 30″ den Vorzug). Yarkand (Yerkiang, Yerkim, Yerkiam): 38° 19′ Br., 73° 55′ Lg. Kaschghar (Hashar der Missionäre, nach dem 1757 gestochenen Monument): 39° 25′ Br., 71° 40′ Lg. Yarkand und Kaschghar nach der Tafel astron. Positionen des P. Felix d'Arocha. Die berühmte Stadt Khotan (Ilitschi): 37° 0′ Br., 78° 13′ Lg.; d'Anville setzte sie vor der Beobachtung der Jesuiten 3° zu weit östlich. Kaschmir (Srinagar), die Stadt: nach Trebeck 34° 4′ 28″ Br, und aus der Orientirung gegen Vizierabad in 72° 50′ Lg. (v. Hügel, Kaschmir, 1840, II., 154). Die Breite Kaschmirs war im *As. Journ. of Bengal*, V., 185 irrthümlich zu 34° 35′ angegeben worden. — 2) Im Westen vom Bolor. Attok: 33° 54′ 46″ Br., 69° 52′ Lg., nach Burnes; Peschawur: 34° 9′ 30″ Br., 69° 14′ Lg., nach Obs. von Macartney und Burnes; die Länge hält die Mitte zwischen den Karten von Court und Vigne. Kabul: nach Burnes 34° 24′ 5″ Br., 66° 45′ Lg.; nach Hough 34° 30′ Br., 66° 14′ Lg. (Vigne, *Pers. Narrat.*, 1840, 161). Khodjend: 41° 25′ Br. (Klaproth 41° 3′, Meyendorff's Karte 41° 17′); 66° 20′ Lg. (nach der Karte von Burnes und J.

unternommen, scheint mir die mittlere Richtung der Axe der Bolor-Kette N 9° 16′ W. zu folgen. Ich nehme sie an, indem ich von SSO. nach NNW. fortschreite, in 71° 50′ Lg. unter $32\frac{1}{3}$° Br.; unter $69\frac{3}{4}$° Lg. in 40° Br.; unter 69° 25′ Lg. in 44° Br., da wo der Kosyurt endet und östlich vom Talas-gol der Kara-tau anfängt, dessen Neigung gegen NW. schon oben angegeben worden. — Wenn man die ganze Länge des Bolor unter dem Winkel, den er gegen den Meridian macht, mit der Ural-Kette (S. 285, [293,] 297) vergleicht; so findet man, dass die letztere Meridian-Emporhebung (von den Guberlinsker Jaspisbrüchen bis zum C. Nassau auf Nowaja-Semlja gerechnet,) über doppelt so lang ist. Der Ural besitzt in der angegebenen Ausdehnung eine Länge von 520 M., der Bolor nur 234 M. (20 auf einen Aequinoxialgrad). Der Ural neigt sich von Katherinenburg bis Petropawlowsk, wo das Wogulenland anfängt, etwas nach NNW. und hat folglich nahe gleiche Richtung mit dem Bolor; da jedoch die Abweichung der Emporhebungslinie von Guberlinsk bis Katherinenburg etwas gen NNO. statt findet, so ist die mittlere Richtung des Ural von Guberlinsk bis Petropawlowsk fast völlig die eines Meridians, nämlich N 0° 47′ O. Auf der Insel Nowaja-Semlja war die Abwei-

---

Arrowsmith). Kokand (Hao-'han): 41° 23′ Br, 68° 9′ Lg., nach P. Arocha; aber nach Hrn. Erman's Combinationen ist die Länge $\frac{3}{4}$° östlicher. Taschkend (Taschekan): 43° 3′ Br., 66° 22′ Lg., nach Arocha; (über die Breite, welche Grimm um 1° vermindern wollte, und über die geringe Wahrscheinlichkeit, welche diese Correction besitzt, s. Zimmermann's Geogr. Anal. der Karte von Inner-Asien, I., 34). Bokhara: aus Sternculminationen, nach Burnes 39° 43′ 41″ Br, (Ulugh Begh 39° 50′; Jenkinson 39° 10′; Elphinstone (*Account*, p. VII., 79) hat 39° 27′); 62° 8′ Lg. Die Lage von Samarkand ist noch weit unsicherer, selbst in Betreff der Breite, als die Position von Bokhara (vergl. die verschiedenen Lesarten bei Zimmermann, I., 32). Der ganze nordöstliche Theil von Trans-Oxiana befindet sich in Rücksicht auf die astron. Geographie im traurigsten Zustande. Hrn. Zimmermann's neue Untersuchungen (Geogr. Anal., I., 11, 68) haben übrigens die mittlere Richtung bestätigt, die ich dem Bolor beilegen zu müssen glaube.

chung des Ural nach NNW. wieder bedeutender. Die Schwankungen um die Meridianrichtung, welche beim Ural gegen W. eintreten, sind demnach den weit geringern Oscillationen des Bolor gegen O. entgegengesetzt. Wir kennen in Europa keine Gebirgskette, welche bei gleicher Längenausdehnung von N. nach S. oder von O. nach W. eine so constante Regelmässigkeit der Streichungslinie zeigte. Dieselben Ursachen, welche das mächtige Continent Asiens über die Gewässer emporhoben, begünstigten ohne Zweifel die Spaltenreihen, welche sich in kolossalen Dimensionen fortsetzten, und bewirkten die Nichtunterbrechung ihrer ursprünglichen Richtungen quer durch so viele Knoten und rechtwinklige Durchkreuzungen von Ketten.

Die Bolor-Kette ist, wie der Ural und die meisten grossen Längen-Emporhebungen aus nahe unter sich parallelen und durch Hochthäler oder Plateaux geschiedenen Ketten zusammengesetzt. Dies ergiebt sich aus der detaillirten Beschreibung, welche wir von den drei grossen Pässen des Bolor zwischen O.- und W.-Turkestan besitzen. Der nördlichste ist der, welcher von Yarkand und Kaschghar nach Kokand führt. Die mit Thee, welcher in den Bazars zu Bokhara verkauft wird (Burnes, III., 350), beladenen Karavanen gehen vom Wassersystem des Lop-Sees aus (die Flüsse von Kaschghar und Yarkand oder Yarkiang-osteng sind Nebenflüsse des Tarym,) und ziehen über zwei Gebirgsketten zum Wassersysteme des Sir und des Aral-Sees. Der erste Übergang auf dieser schwierigen Strasse von SO. nach NW. ist der über das Himmelsgebirge (Thian-schan) in dem Theile, welcher Terek-tagh heisst; es ist der Pass Kaschghar-davan, aus welchem mehrere Geographen eine Gebirgskette machen*). Nachdem die Karavanen diese

*) S. oben S. 378. Ich hatte nicht geglaubt, dass die Strasse von Kaschghar nach Kokand und Bokhara über sehr beträchtliche Höhen führte; aber Alex. Burnes, der in seinen Behauptungen stets so zuverlässig und vorsichtig ist, erfuhr, dass an zwei Punkten *the traveller experiences a difficulty of breathing* (III., 198).

erste (O.-W.-) Erhebung überstiegen haben, passiren sie die nördliche Verlängerung der Meridiankette des Bolor zwischen Osch und Andidjan, welches am rechten Ufer des Sir (Jaxartes) gelegen ist. Diese Strasse von Baktrien über den Steinernen Thurm in's Land jenseit des Imaus scheint seit dem höchsten Alterthum stark besucht worden zu sein (vergl. Th. I., S. 109—112). Wir können dieselbe auch bei zwei ganz neuen und grade entgegengesetzten Itineraren verfolgen*). Nach diesem Übergange über die Fortsetzung des Bolor, nördlich von der Durchkreuzung der Asferah-Kette (etwa $41\frac{1}{4}^{0}$ Br.) kommen der Pass von Pamir (37^{0} 30′—39^{0} 5′ Br.?) und der, über welchen der P. Goës 1603 zog, als er von Ciarciunar (Kartschu) über Sarcil (Sarkul) und Ciecialith (Tschetschet-lagh-davan) nach Yarkand reis'te. Der berühmte Geograph Ritter hat das Verdienst (Asien, V., 503—506, Nic. Trigautius, *de Christ. Expedit. apud Sinas*, ed. Aug. Vind., 1615, lib. V., cap. 10, 549—551), zuerst die Aufmerksamkeit auf den Weg des Jesuiten-Astronomen, auf die Strasse von Kartschu, welches in 37^{0} 10′ Br. zu liegen scheint, wenn man sich auf Wood's Beobachtung über die Oxus-Quellen stützt, gelenkt zu haben. Der Pass von Pamir, von welchem wir aus dem Anfange des 6. Jahrh. Beschreibungen besitzen, ist unter den Pässen des Bolor am Berühmtesten. Die Zertheilung in Ketten ist darin, wie wir sehen werden, sobald wir auf die chinesischen Schriften zurückgehen, durch die Verschiedenheit der Klimate und den Anblick der Vegetation bezeichnet, und zwar in dem Grade, dass sie Macartney veranlassen konnte, auf der schönen Karte zu Elphinstone's Reise die Ketten von Pamir, vom Bolor und von Badakschan zu unterscheiden (*Acc. of Caboul*, p. LXVII., 87, 638; Marco Polo, Marsden's Edition, p. 144, No.

---

*) Mir Isset Ullah's Itinerar von Kaschghar nach Kokand in Klaproth's *Mag. as.*, II., 38—45 (mit dem Commentar Ritter's, Asien, V., 478—486). Russisches Itinerar von Petropawlowsk über Taschkend und Kokand nach Kaschghar (1832), welches mir der Hr. Graf v. Cancrin und der Staatsrath Korolinko mitgetheilt haben.

293, 295). Der Buddhapilger Sung-yun, welcher den Bolor auf dem Wege von Khotan her von O. nach W. durchschnitt, führt zwei Ketten an, wovon er die östlichere den Grossen Thsung-ling nennt.

Es bleiben mir nun noch, um eine allgemeine Ansicht von der Bolor-Kette zu geben, welche man unglücklicher Weise nur in den Knoten oder in den Gegenden kennt, wo eine Durchkreuzung mit Meridianketten statt findet, die culminirenden Punkte in der Folge von S. nach N. namhaft zu machen. Wenn einst unterrichtete Geologen diese Länder werden bereisen können, so wird man bei jedem Knoten das, was zu Rücken gehört, welche dem Bolor selbst oder den drei Ketten des Himalaya, Kuen-lun und Hindu-kho oder endlich dem Thian-schan oder Asferah parallel laufen, aufzuklären haben. Zwischen Gilgit und Schitral, folglich zwischen den Schneidepunkten der (südlichen und nördlichen) Ketten des Hindu-kho erhebt sich im östl. Theile des Bolor unter 35° 25′ Br. der kolossale Pik Tutucan-Mutcani, welcher nach Höhenwinkeln, die in wenig sicheren Distanzen gemessen wurden, 3200 t. Höhe haben soll (Elphinstone, 655, 693). Ein Grad nördlich von diesem Pik, etwa unter 37° Br., zwischen Kartschu und Wakhan erstreckt sich die Gruppe Puschtikur von SSO. nach NNW.; aber so kolossal dieselbe auch erscheint, so bildet sie doch nur den Rand einer weit bedeutenderen Intumescenz, welche unter dem Namen Pamir bekannt und in ganz Central-Asien als ein Dom berühmt ist, „von dessen Höhe man alle andern Schneegipfel Asiens sich herabsenken sieht.“

Bevor wir uns über den Theil der Bolorkette aussprechen, welcher vorzugsweise auf unsern Karten Pamir heissen muss, wollen wir zu den alten, von Asiaten selbst gelieferten Beschreibungen dieser wilden Gegend zurückgehen. Marco Polo ist nicht mehr die älteste Quelle darüber. Seit 8—10 Jahren haben wir die interessanten Berichte zweier buddhistischen Pilger kennen gelernt, von denen der eine 760 Jahr vor dem venetianischen Reisenden lebte. Übrigens sieht man, wenn man die scharfsinnige Ableitung von Pamir annimmt, welche Hr. Burnouf gegeben, indem er

Pa-mer durch übermeru'sche Region übersetzt, gewissermassen aus dieser Benennung, dass diese Hochebene das Anzeichen ihrer antiken Berühmtheit bis auf die neuesten Zeiten bewahrt hat.

Der buddhistische Reisende Song-yun, dessen Bericht Hr. Neumann*) in Deutschland seit dem J. 1833 bekannt gemacht hat, durchzog den Bolor oder Belur-tagh, welchen er beständig Thsung-ling nennt, von O. nach W. „Im J. 519 von Han-pan-tho (nach Klaproth Ko-pan-to, Kil-pan-to, das neuere Taschbalik am Sito) ersteigt Song-yun zuerst binnen sechs Tagen den (östl.) Abhang des Thsung-ling-schan; dann nach W. weiter ziehend, kommt er in drei Tagen nach der Stadt Po-meng und in derselben Zeit an den Schneeberg Po-i. Diese Gegend ist Winters und Sommers mit Eis bedeckt. Auf der Mitte des Berges erblickt man einen See, welcher von einem giftigen Drachen (dem Gegenstand einer mythischen Entzauberung,) bewohnt wird. Der Gipfel des Thsung-ling-Gebirges, setzt der Buddhapilger hinzu, scheint auf der halben Höhe des Himmels gelegen. Die nach W. herabfliessenden Gewässer münden in's Westmeer (so heisst in den chines. Schriften beständig das aralo-caspische Becken). Die Weltmenschen (*hommes du siècle*) sagen, dass dieser Ort die Mitte zwischen Himmel und Erde sei. Geht man weiter nach W. fort, so werden die Berge niedriger." Der Name Pamir steht nicht in Sung-yun's Bericht; aber wenn wir denselben mit dem von Hiuan-thsang vergleichen, dessen Text wir späterhin in einer neuen Übersetzung von Hrn. St. Julien mittheilen werden; wenn wir über die Lage des Drachen-Sees, über die Gewässer, welche in die Ebenen Baktriens fliessen, und über die Übertreibung der auf die Höhe jener Gegend bezüglichen Ausdrücke nachdenken: so kann man nicht zweifeln, dass hier von dem Plateau Pamir und vielleicht selbst

---

*) Pilgerfahrten buddh. Pilger von China nach Indien, p. 41, commentirt in Ritter's Asien, V., 498—500. Die oben von mir mitgetheilten Nachrichten sind einer neuen Übersetzung der chinesischen Erzählung von Hrn. Stan. Julien entnommen.

von dem See, welchen Hr. Wood gesehen, die Rede sei. So ist die Ansicht meines berühmten Freundes Ritter.

Der buddhistische Pilger Hiuan-thsang*) ist in seiner Beschreibung des Thales bei Weitem bestimmter. Er giebt demselben seinen wahren Namen Po-mi-lo (Pa-mi-lo oder Pamir). „Das Thal Po-mi-lo, sagt er (nach Hrn. Julien's wörtlich beibehaltener Übersetzung), hat von O. nach W. 1000, von S. nach N. 100 Li Ausdehnung. Es liegt zwischen zwei Schneegebirgen. Man säet daselbst; aber alle Saaten gerathen schlecht. In der Mitte des Thales liegt der Drachen-See mit grünlichschwarzem Wasser, voller Schildkröten (*yuën*), Haifische (*kiao*), Krokodille (*tho*) und Drachen (*long* und *tschi*). Enten, Schwäne und wilde Gänse bewohnen dieses Wasser. Das Land ist das höchste unter allen, welche Djambu-dwipa (das continentale Indien) in sich schliesst. Im W. vom Drachen-See tritt ein grosser Strom hervor, welcher gegen W. läuft und sich mit dem Flusse Fa-tsu (Oxus, Djihun) vereinigt. Im O. kommt ein anderer grosser Strom hervor, welcher nordöstlich läuft, bis zu den Grenzen von Kie-scha (Kaschghar) gelangt und sich mit dem Fluss Sito, welcher ostwärts fliesst, verbindet. Im S. des Thales Po-mi-lo übersteigt man einen Berg und gelangt zu dem Reiche Po-lo-lo (Bolor), wo man viel Gold und Silber antrifft. Im SO., sagt Hiuan-thsang, bin ich, nachdem ich viele unbewohnte und mit Eis bedeckte Berge erklommen, nach dem Reiche Ko-pan-to (Taschbalik) gekommen."

---

*) Klaproth sagt, als er während seines Aufenthalts zu Berlin im Nov. 1834 eine deutsche Notiz über Hiuan-thsang's Reise, welche er in der geogr. Gesellschaft gelesen, veröffentlichte, in der Einleitung dazu: „Als der verstorbene Langlès mich aufforderte, die von der kön. Bibl. seit Fourmont's Katalog erworbenen chines. Bücher zu untersuchen, war ich im J. 1816 so glücklich, in der Sammlung *Tsin-taï-pi-schu* den *Foë-kuë-ki* und den Reisebericht Hiuanthsang's aufzufinden, welcher stückweise in den geogr. Theil der grossen Encykl. *Ku-kin-thu-schu* aufgenommen worden. Ich glaube, dass die Zeit dieser Reise zwischen 630 und 650 fällt." Er hätte zwischen 629 und 645 sagen müssen.

Wenn wir bei den Reisenden stehen bleiben, welche mit eigenen Augen gesehen haben, so können wir zwischen dem buddhistischen Pilger und dem muthigen engl. Reisenden Lieut. John Wood, welcher am 19. Febr. 1838 *Bam-i-duniah* (d. i. Firste oder Dach der Welt) erreichte, bloss den einzigen Marco Polo setzen. Dieser grosse Mann scheint im J. 1277 durch das Thal Pamir gekommen zu sein. Ich bediene mich dieses zweifelhaften Ausdrucks, denn in dem steten Gemisch einer eigentlichen Reiseerzählung (*Personal Narrative*, wie die Engländer sagen,) und rein beschreibender oder statistischer Theile, welche auf die Erzählung der Einwohner und älterer Werke gegründet worden*), ist es schwer zu errathen, was Marco Polo selbst gesehen hat. Der Ausdruck, „man versichert**), dass das Feuer auf diesen Hochgipfeln wegen der strengen Kälte minder hell sei und dass man Mühe habe, die Speisen zu kochen," lässt mich einigen Verdacht schöpfen. Wenn der venetianische Reisende so viele Tage in Pamir zuge-

*) Hr. Jacquet schrieb mir kurze Zeit vor seinem so frühzeitigen Tode: „Ich bin, wie Sie, über die gelehrte Form des *Milione* Marco Polo's erstaunt. Die Grundlage gehört ohne Zweifel directer und persönlicher Beobachtung des Reisenden an; aber er hat wahrscheinlich Documente benutzt, welche ihm officiell oder privatim mitgetheilt worden. Viele Sachen scheinen chinesischen und mongolischen Büchern entlehnt, obwohl diese Einflüsse auf die Abfassung des *Milione* in den einander folgenden Übersetzungen, auf welche Polo seine Auszüge gegründet haben mag, schwer erkennbar sein dürften." Eben so sehr als die neueren Reisenden sich gern mit ihrer Person beschäftigen, so bemüht ist der venetian. Reisende, seine eigenen Beobachtungen mit den ihm mitgetheilten Angaben zu vermengen.

**) „*Ivi (nella pianura di Pamer) non appare sorte alcuna d'uccelli per l'altezza dei monti et gli fu affermato per miracolo che per l'asprezza del freddo, il fuoco non è cosi chiaro come negli altri luoghi, ne si puo ben con quello cuocer cosa alcuna.*" Dies ist Ramusio's Text; Marsden übersetzt: „*Il was affirmed that fire when lighted do not give the same heat as in lower situation.*" Er folgte hier dem Texte der *Magliabechiana*, welcher wirklich sagt (No. 36): „*Fuoco non v'ha il calore que egli ha en altre parti.*"

bracht hat, wie sollte er nicht gezwungen gewesen sein, Feuer zur Erwärmung anzünden zu lassen; wie sollte er nicht gesagt haben, dass er selbst gesehen, wie die Flamme sich zerstreut und hüpfend gebrannt habe (*sautiller*), was ich so oft in gleicher Höhe auf der Andes-Cordillere erlebt, besonders wenn ich den Kochpunkt des Wassers untersuchte? Marco Polo ward durch eine schwere Krankheit ein ganzes Jahr lang zu Balaxiam (Baudasia, Badakschan) zurückgehalten. Er kann sehr wohl, wie der P. Goës, auf einem südlicheren Wege über den Bolor gegangen sein, um nach Cascar (Kaschghar) zu gelangen. Die Ordnung der Aufeinanderfolge der Capitel im *Milione* bezeichnet keineswegs den Weg, welchen der Reisende eingeschlagen; sie hängt bloss von der allgemeinen Anordnung, von der Eintheilung ab, welche der Verfasser einem beschreibenden Werke geben wollte. Wir erhalten davon in dem Capitel, welches der Notiz über Pamir vorhergeht, einen ganz überzeugenden Beweis: „*Se io volessi andare seguendo alla dritta via entrarei nell' India.*“ Man könnte anfangs glauben, dass hier von einer Reisebeschreibung die Rede ist. Nichtsdestoweniger ist dies nur eine gelehrte Form des Styls. Die Ausdrücke: „Ich werde nicht Indien betreten, ich werde zur Provinz Balaxiam zurückkehren,“ sagen nichts weiter, als: Der Abfassung meines Werkes gemäss ziehe ich es vor, die angrenzenden Länder in einer andern Reihenfolge abzuhandeln. „*La India ho deliberato de scriverla nel terzo libro e per tanto ritornerò alla provincia di Balaxiam, per la quale si drizza il camino verso il Catajo*“ (vergl. *Il Milione di Messer Marco Polo, ed. del Conte* Baldelli, t. II., p. XVII., 79). Diese Bemerkung ist von einiger Bedeutung für die Auslegung Marco Polo's und folglich für die Geographie Mittel- und West-Asiens.

Welcher Meinung man aber auch in Betreff der Frage, ob der berühmte Reisende mit eignen Augen den Pass Pamir gesehen, beitreten mag; so ist es nichtsdestoweniger gewiss, dass seine Beschreibung dieser Alpenregion zu den charakteristischsten gehört und dass sie ganz mit denen Hiuanthsang's und John Wood's übereinstimmt. Besonders steht der Letztere bis auf die allerkleinsten Details in Einklang mit Marco Polo. „Wenn man von der Prov. Badakschan, sagt der Venetianer, nach NO. und O. geht, so gelangt man, nachdem man an einer Menge kleiner Schlösser, die am Ufer eines Flusses liegen, vorübergekommen ist, zur Prov. Vocan (Wakhan auf Wood's Karte), deren Bewohner sich zum Islam bekennen und rechtschaffene Leute sind. Drei Tagereisen weiter in der Richtung ONO. führen auf ununterbrochenen Stiegen zu dem Gipfel von Gebirgen, von denen man sagt, dass sie *il più alto luogo del mondo* seien.“ (Das ist der Sinn des pers. Ausdrucks *Bam-i-duniah*, d. h. Dach der Welt, welchen Hr. Wood oft von den Kirghisen hörte; es ist derselbe Ort, von dem die Weltmenschen, nach Song-yun, sagen, dass er mitten zwischen Himmel und Erde läge; es ist das Land, welches Hiuan-thsang das Höchste von Djambu-dwipa nennt.) „Wenn der Reisende sich hier hinstellt, so findet er zwischen zwei Bergen einen grossen See, aus dem ein schöner Fluss (der Oxus) durch eine Ebene fliesst. Die Ebene hat so reiches Weideland, dass darauf das magerste Vieh binnen zehn Tagen fett wird.“ Hr. Wood bestätigt diese Bemerkung, und die Kirghisen, welche zur Sommerszeit ihre Jurten um den See aufschlagen und ihr Vieh dahin treiben, bedienten sich fast derselben etwas übertreibenden Redensart, um die Fruchtbarkeit der Weiden Pamir's zu rühmen *).

---

*) „*The height of the snow-line in this parallel (of the Bolor) is above 17000 feet (2657 t.). At the end of June, it is said by the Kirghiz, the water of the lake swarms with aquatic birds which, as the winter approaches, migrate to warmer regions. The lake is a favourite resort of the Kirghiz and no sooner is the snow off the ground than its banks are studded with their Kirgahs A spot better adapted to the wants of a pastoral community cannot well be imagined. The grass of Pamir, they tell you, is so rich that a sorry horse is here brought into good condition in less than twenty days: and its nourishing qualities are evidenced in the productiveness of their ewes, which almost invariably bring forth two lambs at a birth. Their flocks and herds roam over an unlimited extent of swelling grassy hills of the sweetest and richest pasture, while their yaks luxuriate amid the snow*

„Auf diesen Höhen erblickt man keinen Vogel.“ (Marco Polo beschreibt den Pamir-Pass ohne Zweifel so, wie er im Winter aussieht, denn im Sommer (s. die Stelle aus Lieut. Wood's *Person. Narrat.* S. 589 Anm.) ist der See mit Vögeln bedeckt, was mit Hiuan-thsang's Erzählung übereinstimmt, welcher neben Krokodillen, woran wir beiläufig wenig glauben mögen, Enten, Schwäne und wilde Gänse nennt.) „Es finden sich in dieser Alpengegend eine Unmasse wilder Thiere, besonders grosse Schaafe, deren Hörner drei, vier und sogar sechs Palmen lang sind. Die Zahl der aufeinander gehäuften Hörner ist so bedeutend, dass sie den Weg bei Schneewetter erkennen lassen.“ („*Si truova moltitudine di corna e ossa dei montoni salvatici, che di quale attorno le vie si fanno gran monti per mostrar alli viandanti la strada, che passano al tempo della neve, e si cammina por dodici giornate per questa pianura, la qual si chiama Pamer.*“ Lieut. Wood macht (p. 351) genau dieselbe Bemerkung: „*We saw strewed about in every direction numbers of horns of an astonishingly large size, belonging to an animal of a species between the goat and sheep in the steppes of Pamir. The ends of the horns projecting above the snow often indicated the direction of the road.*“ Man wird sich wundern, dass der engl. Reisende, welcher so glücklich gewesen, die Oxusquelle zu erreichen, nichts Näheres von Polo's *montoni salvatici* angiebt, welche man für Mouflons

---

at no great distance above their encampment on the plains.“ (Wood, *Pers. Narrat. of a Journey to the Source of the River Oxus*, 1841, 365). Die Schneegrenze liegt in diesem Theile des Bolor unter 37° 27′ Br. sehr hoch und scheint eine grosse Trockenheit der Winterluft anzuzeigen. Parrot fand am Ararat (in 39° 42′ Br.) den Anfang des ewigen Schnees bei 2217 t. Höhe über dem Ozean (Reise zum Ararat, I., 187). Die Schönheit der Weiden von Gramineen überrascht weniger, wenn man sich erinnert, dass die Umgebungen des Sees auf dem Pamir-Plateau nach Hrn. Wood's Berechnung 220 t. unter der ewigen Schneegrenze liegen. Hiuan-thsang erwähnt dieser von Marco Polo und dem engl. Reisenden gepriesenen Weiden gar nicht; er sagt, dass Alles, was man säet, schlecht geräth; er spricht also nur von Culturversuchen.

unter dem Namen Rass, den wir aus Alex. Burnes Reise kennen gelernt haben, gehalten hat. „Der Rass, sagt Burnes, gehört insbesondere der Hochebene Pamir an; er muss grösser als eine Kuh und kleiner als ein Pferd sein. Seine Hörner sind so gewaltig gross, dass die Füchse in diesen Gegenden, welche von kleinem Wuchs sind, ihre Jungen damit gegen Wind und Wetter schützen.“ Ist dies vielleicht eine Erzählung der Kirghisen?

Trotz der auffallenden topographischen und natürlichen Verhältnisse, welche die Berichte Song-yun's (518), Hiuan-thsang's (629 — 645), Marco Polo's *) (1277) und des Lieut. Wood (1838) darstellen, ist der Geograph, welcher numerischer Positionselemente bedarf, dennoch nicht der Identität des Ortes völlig versichert. Es fragt sich, ob der Name Pamir**) ausschliesslich einem einzigen Thale, welches Hiuan-thsang Po-mi-lo nennt, oder einem ausgedehnten Plateau, jener zwölf Tagereisen langen *pianura di Pamer* zukommt, von der Marco Polo spricht. Der edle Venetianer schliesst wie Hiuan-thsang, — und diese Übereinstimmung ist vielleicht nicht bloss zufällig, — seine Beschreibung von Pamir mit der Bemerkung, dass man gegen S. „*a la contrada que si chiama Beloro*“, zu dem Pe-lo-lo des Buddhapriesters gelangt; aber er schildert nicht, wie der Andere, das Plateau Pamir als den Wassertheiler zwischen den Becken des Oxus (Fa-tsu) und des Sito, welcher zum Wassersystem des Lop-Sees gehört. Da Polo in

*) Lib. I., cap. 28. Ich stütze mich in Betreff der Zeit auf des Grafen Baldelli chronologische Combinationen über die Zeit der Krankheit Marco Polo's in Badakschan (*Il Milione*, t. I. p. XXVII.).

**) Marco Polo schreibt nach Ramusio's Text: *la pianura que si chiama Pamer*. Der latein Riccardische Text sagt auch: *et vocatur Pamer;* aber im *Codice Magliabechiano* fehlt das Wort Pamer ganz. Elphinstone und Burnes schreiben Pamer und Pamere. Ich folge Wood's Schreibart: Pamir, ohne Zweifel nach der Aussprache der Kirghisen, welche die nomadisirenden Hirten in dieser Alpenregion sind. Eben so entsteht auch aus Hiuan-thsang's Po-mi-lo durch die gewöhnliche Vertauschung von *l* und *r* Pomir und nicht Pomer.

der Prov. Wakhan gewesen, so wird man erstaunen, dass er nicht gehört, der „*bellissimo fiume*“, welcher aus dem grossen Alpensee kommt, sei der Oxus, derselbe Strom, welcher Wakhan gegen N. begrenzt. Das West-Ende des Sees Sir-i-kol, welcher ohne Zweifel eine der Quellen des Oxus ist, liegt nach einer von Wood observ. Meridianhöhe der Sonne unter 37° 27′ und unter 71° 20′ westl. Lg. Par. chronom. (Wood, p. 354). Nun giebt es, nach den vom Lieut. Macartney auf der denkwürdigen Reise Elphinstone's nach Kabul (*Acc. of Caboul*, 638, 647) eingezogenen Nachrichten, zwei andere Seen in der *Pamir-Ridge*: den Kara-kul unter 38° 50′ Br. und den Surik-kul unter 39° 10′, welche auf Macartney's Karte weit nördlich von der Hauptquelle des Oxus angegeben sind, der man an der Westseite des Piks Puschtikhur 38° 10′ Br. beilegt (Macdonald Kinneir, *Geogr. Mem. of Persia*, 179). Macartney lässt aus den genannten beiden Seen, welche 1° 23′ und 1° 43′ nördlich vom Sir-i-kol Wood's gelegen sind, keinen Fluss hervortreten. Hrn. John Arrowsmith's schöne Karte (1834) zu Burnes' Reise stimmt nicht vollkommen mit den von diesem Reisenden mitgetheilten Nachrichten über das Plateau Pamir überein. „Der Mittelpunkt des Plateaus, sagt er (III., 180), ist der Suri-kul, von welchem der Jaxartes, der Oxus und ein Arm des Indus hinabfliessen sollen. Dies Plateau, welches treffliches Weideland besitzt, erstreckt sich um den ganzen See auf sechs Tage Weges und man versichert, dass oben auf dieser grossen Erhebung alle Berge ringsumher zu den Füssen des Beobachters liegen.“ Die Karte zu Burnes' Reise stellt unter 38° 40′ Br. einen See Dsarikkul (ohne Zweifel der Surikkul in Burnes' Erzählung) als eine von den Quellen des Oxus (Flusses von Wakhan) und als ein von O. nach W. langgezogenes Becken dar, ziemlich ähnlich dem Sir-i-kol Wood's. Dieser sollte zuerst den Namen Victoria-See führen; er befindet sich 1° 13′ südlicher als der Dsarikkul der ersten Karte Arrowsmith's. Im NO. vom Dsarikkul stellt dieselbe Karte unter 38° 56′ Br. einen viel grössern See, den Schwarzen See (*Karakul*) dar, von dem sie gegen O. (und hierin ist ihr

Klaproth auf seiner *Carte de l'Asie centrale*, welche 1836 auf Kosten der preuss. Regierung erschienen, gefolgt,) den Fluss von Taschbalik ausgehen lässt, welcher auch Yamanyar-osteng heisst und weiter hinab der Caschghar-deria und Tarim wird. Endlich zeigt sich noch nördlicher als Arrowsmith's Karakul, unter 39° 18′ Br., ein dritter Alpensee, der Riangkul.

In allen diesen systematischen Combinationen hat sich dasselbe zugetragen, was ich beim Studium der Geschichte der Geographie Aequinoctial-Amerikas so häufig zu bemerken Gelegenheit gehabt: man hat nicht nur dieselben Punkte von N. nach S. hin und her schwanken lassen, sondern man hat dabei auch noch ihre Namen verwechselt. Auf Macartney's Karte liegt der Surik-kul im N. vom Kara-kul; auf Arrowsmith's ist der letztere der nördlichere. Hr. Zimmermann legt die beiden Seen Dsarikkul und Karakul in seiner grossen Arbeit über Mittel-Asien in WSW.-ONO. fast unter denselben Parallel des 39. Breitengrades auf der Hochebene Pamir und lässt in der Richtung N.-S. aus dem Dsarik-See einen Zweig des obern Oxus (Fatsu) herabfliessen, während aus dem von Hrn. Wood besuchten See fast in der Richtung O.-W. ein anderer Zweig*) (Durah Sir-i-kul) kommt, welcher im S. an den berühmten Spinellgruben vorüberfliesst. Selbst der Name Sir-i-kul (Dzarikul) ist eine Quelle der Unsicherheit geworden. Ausser dem See oder den Seen dieses Namens giebt es im O. und im W. der Bolor-Kette mehrere bewohnte Orte, welche denselben Namen führen und beträchtlich verschiedene Breiten haben. Da der Jaxartes den Namen Sir führt, welchen wir bei

---

*) Hr. Wood erkannte, als er den Oxus aufwärts verfolgte, bei Langerkisch, etwas südlich von Issar, zwei Zweige, von denen er den nördlicheren wählte, welcher die Namen Durah von Sir-i-kol oder Fluss von Pamir führt. Der südlichere heisst Durah von Schitral oder Mastusch oder Sirhad. „*Among the rivulets that pay tribute to the Sirhad is Pir-khar a name of note in the geography of these regions since Macartney with his usual discernment had supposed it to be the fountain head of the Oxus and we see how closely he approximated to the truth. The valley of the Sirhad we were told conducted into Chitral, Gilgit and Kashmir*“ (Wood, p. 331—333).

Plinius als Sil (Sylis) antreffen, so ist es ziemlich wahrscheinlich, dass „Sir, Ser oder Sur, wie die Wörter Rin (Rhein), Don (Tan-aïs), Ganges und Sind die allgemeine Bedeutung von Fluss oder Wasserstrom haben *).“

Man begreift, wie das Plateau Pamir, indem man seine Lage von der Position mehrerer Seen abhängig machte, wovon ein einziger, der Sir-i-kol (37° 27′), Gegenstand astronomischer Beobachtung gewesen ist, auf den besten Karten von Central-Asien auf die mannigfaltigste Art eingetragen werden musste. Macartney legt es in 38° 10′ — 39° 5′; Baldelli (Karte des *Milione*) in 39° — 40°; Klaproth (Khian-lung's Karte) in 39° 36′; Arrowsmith (auf der Karte zu Burnes' Reise) in 38° 40′ — 39° 55′; Ritter (Asien, V., 327, 418, 503) in 39° 31′; Arrowsmith (auf der Karte zu Wood's Reise) in 37½° — 38°; Zimmermann (Karte von Central-Asien) in 39° — 39° 5′ Br. Als die Bombaysche Zeitung **) uns die ersten Nachrichten von Lieut. Wood's Reise nach der Oxus-Quelle, die im Sir-i-kol auf einem Plateau ***) von 15600′ engl. (2440 t.) Höhe gelegen, mitgetheilt hatte, konnte man sich einbilden, dass der unerschrockene Reisende weit südlich von der bergigen Region gewesen, von der wir glaubten, dass sie bisher ausschliesslich den Namen Pamir verdiene. Ich habe selbst eine Zeit lang diese Vermuthung getheilt und um so mehr Wichtigkeit auf die Kenntniss der wahren Lage des Plateaus Pamir gelegt, als ich niemals auf dem Kamme der Cordilleren an dem Saussure'schen Apparat (*ébouilloir*) eine Beobachtung

---

*) Ritter, Asien, V., 489. Das als Endung angehängte *kul* oder *kol* kann entweder von *kul*, Fluss im Mongol., oder von *ghöl (gheul)*, See im Türk., abstammen.

**) S. *Proceed. of the Bombay geogr. Soc.*, Mai 1838, p. 56; Aug., p. 72; *Asiat. Journ.*, Nov. 1838, p. 162.

***) Hr. Wood sagt (*Journey*, p. 355), dass er das Wasser an der Oxus-Quelle bei 184° F. (84.45° C.) habe kochen sehen. Wenn man die (leider nicht angegebene) Temperatur der Luft zu — 10° annimmt, so erhält man durch eine genaue Rechnung 2372 t. Hr. Wood meint, dass die Gebirge, welche sich im S. vom Sir-i-kol erheben, vielleicht bis 3000 t. abs. Höhe besitzen; aber diese Schätzung stützt sich auf keine Art von directer Messung (l. c., p. 359).

gemacht, ohne mich an den Namen des berühmten venetianischen Reisenden zu erinnern, welcher 500 Jahre vor Deluc (*Rech. sur les modif. de l'atmosph.*, No. 903, 919) die Einwirkung der verdünnten Luft auf die Erzeugung und Gestalt der Flamme erkannt hatte.

Die Publication von Hrn. Wood's wichtigem Werke hat meine Zweifel an der Identität des Sir-i-kol und Pamirs verscheucht. Der Reisende war von dem Kirghisenstamme umgeben, welcher sich den Herrn des ganzen Hochlandes Pamir nennt. Als Hr. Wood am Zusammenflusse der beiden Arme des obern Oxus, zu Issar (37° 2′ Br.) in der Wahl des einzuschlagenden Armes unschlüssig ist, hört er schon den nördlicheren von beiden den Arm von Pamir nennen. Die Kirghisen schildern ihm Pamir als eine weite Alpenregion unter 39° Br., welche sehr wohl die Seen Riangkul und Karakul (wenn sie überhaupt existiren,) enthalten kann. Sie sagen auf das Bestimmteste aus, dass der See Sir-i-kol auf dem Dache der Welt und dass das Dach der Welt in Pamir liege*). Der Weg, welchen Hr. Wood verfolgt, um zum Sir-i-kol aufzusteigen, ist der der Karavane von Yarkand (p. 346). Wir könnten bedauern, dass der Reisende uns nicht sagt, welcher Theil des grossen Pamir den Namen Klein-Pamir oder Khoord Pamir (p. 349, 352) führt; aber wir sind weit entfernt, die Vorsicht zu tadeln, mit der Jemand sich bloss auf die Beschreibung dessen, was er persönlich hat sehen können, einlässt.

Da der Oxus sich, wie mehrere grosse Ströme, durch Vereinigung mehrerer Zweige bildet, so können noch Zweifel über den See erhoben werden, welcher bei Plinius

*) L. c., p. 332, 337, 346, 358, 366. „*The Kirghiz had unhesitatingly told us that the object of our search was to be found in a lake upon the Bam-i-duniah or Roof of the world in Pamir. The Kirghiz domain is the table-land of Pamir, which buttressed by Tibet, slopes northward upon Kokan, having the Chinese territory to the east and the rugged country that feeds the rivers Oxus and Sir to the west. Most of the Kirghiz annually drive their flocks down the inclined plane of Pamir to Kokan.*“ Schon Burnes hatte, wie oben mitgetheilt worden, sagen hören, dass die Hochebene Pamir sich „*on every side of the lake Surikool for a journey of six days*“ erstrecke.

(VI., 16) die wahre Quelle des Oxus genannt wird*). Ist Wood's Sir-i-kol der Drachensee Song-yun's und Hiuan-thsang's? Der Weg des ersteren von diesen beiden buddhistischen Pilgern, welcher von Taschbalik (39° 10′) ausgeht, läuft dem chines. Text zufolge nicht nach SW., sondern grade ostwärts; derselbe scheint also nicht zu einem See führen zu können, welcher unter dem Parallel von 37° 27′ liegt. Die Mythe vom Drachen identificirt indessen die beiden Berichte von Song-yun und Hiuan-thsang, und letzterer scheint im Allgemeinen eine nordöstliche Richtung zu nehmen, welche zum Sir-i-kol führen kann. Weniger klar ist, wie man, wenn man südlich in Po-lo-lo gewesen, wo sich viel Gold findet**), nach Taschbalik in SO.-Richtung gelangen kann. Man müsste annehmen, dass dies Reich Ko-pan-tho sich ostwärts von der Bolorkette sehr weit nach S. erstreckte.

Die grossen Handelsstrassen, welche über Pässe oder sehr erhabene Hochebenen führen, verleihen stets solchen Übergängen eine grössere Berühmtheit, als sie verdienen. In mehreren Theilen des Himalaya und der Andes giebt es Weltdächer, welche beträchtlich höher sind als das von Pamir. Aber die Berühmtheit der Hochebene Pamir rührt nicht bloss von seiner Höhe her; sie ist der Wiederschein jener Verehrung, welche sich an den mythischen Namen Meru, an die Massenerhebung knüpft, von welcher die grossen Ströme Asiens herabfliessen und welche lange Zeit von blonden Völkern „mit blaugrünen Pupillen***), von denen man glaubt, dass sie zum indo-germanischen Stamm gehören, bewohnt gewesen ist.

*) S. oben (Th. II.,) 520. Auch Abulfeda giebt (Hrn. Reynaud's noch nicht erschienene Ausgabe, p. 55) einen See als Quelle des Oxus an. Dies ist der Aual-Djyhun, der viel zu weit nördlich, unter 48° Br. gelegt worden ist.

**) Eine Sammlung von allem dem, was man bis jetzt über die Vertheilung des Goldes im Bolor, Hindu-kho und Kuen-lun kennt, s. in Zimmermann's Anal. der Karte von Inner-Asien, S. 202—206. [vgl. eine Notiz in d. Monatsberichten d. Berl. geogr. Ges., V.]

***) S. oben die von Hrn. Julien übersetzten chines. Texte und Hrn. Ritter's Erörterungen, Asien, V., 611—628.

Gebirgssysteme
des
Kuen-lun und des Himalaya.

Die Cordillere der Andes und die Kette des Kuen-lun, diese in ihrer ganzen Ausdehnung mit Inbegriff des Hindu-kho und persischen Elbruz im S. vom caspischen Meere betrachtet, bilden die grössten longitudinalen Emporhebungen auf der Oberfläche unsres Planeten. Es ist zu bedauern, dass die asiatische Kette so lange Zeit von den Geographen*) vernachlässigt worden ist und dass der Theil im O. vom Bolor, welcher die drei Tübets gegen N. begrenzt, ziemlich auf allen den Karten fehlt, welche doch den Hindu-kho im W. vom Bolor, ungeachtet der verschiedenen Richtung und Streichungslinie (*allure*), als eine Fortsetzung des Himalaya darstellen. Alles was sich auf diese Fortsetzung (s. Th. I., 97—100, 136—141), auf die grossartigen geologischen Ansichten eines Eratosthenes (Th. I., 94—96) und die Vorstellungen der Alten vom Paropamisus**) (Th. I., 85, 92, 107) bezieht, habe ich bereits a. a. O. erörtert.

*) Dies geschah nicht von dem berühmten Pallas (Beiträge, I., 227), weil er bereits einige Quellen der chines. Literatur benutzte. Vergl. auch Klaproth, *Mag. as.*, I., 31; Ritter, Asien, II., 322, 409, 568, 635—640; V., 392. Ich habe mich hierbei auch, wie ich schon in meinen *Fragm. asiat.* anerkannt habe, eines Manuscripts von Klaproth (zwei Seiten lang) bedienen können, welches den Titel führt: *Tabl. des montagnes de l'Asie centrale;* dies sehr wichtige Manuscript theilte er mir im J. 1818, also vor meiner sibirischen Reise mit.

**) Über die wahre Lage der Gegend, der man den Namen Paropamisus giebt, s. Menn, p. 17; Droysen, S. 21, 33; Hüllmann, p. IX.; Zimmermann, S. 64, 75.

Werfen wir zuerst einen Blick auf den Theil der Kette, welcher vom Ost-Abhange der Durchkreuzung des Bolor sich nach China hin fortsetzt, so müssen wir bemerklich machen, dass der Name Kuen-lun, den Annalen der Thang zufolge, älter als der Name Kurkun ist, den man fälschlich Kulkun schreibt. Die Chinesen haben die Geographie ihres Landes mit einer so gewissenhaften Sorgfalt behandelt, dass sie ein eigenes Werk (*Fang-tschong-li-ku-kin-schi-i*) über die einander entsprechenden oder identischen Namen der alten und neuen Länder besitzen; ein Werk, welches zur Zeit der Reise Liëu-yuën-tang's nach den Quellen des Hoang-ho verfasst wurde. Die Synonyma von Kuen-lun und Kurkun sind nach den chinesischen Texten I-eul-mo-pu-mo-la (im Mongol. Tengritak*), nach dem Sprachgebrauch der Bucharen und andrer Völker Central-Asiens Tartasch-dabahn. Klaproth bemerkt, dass die Art wilder Zwiebeln, welche *tartusch* oder *tartasch* heisst, auf dem Kurkun und allen Bergen West-Tübets wächst. Die Schafte dieses Zwiebelgewächses bilden Haufen, und wenn die Menschen oder Lastthiere auf einen solchen Haufen treten, so gleiten sie aus und ihr Fallen ist um so gefährlicher, als die Abhänge im Allgemeinen sehr jäh sind. Der Name *Thsung-ling*, Zwiebelgebirge, erklärt sich, wie früher erwähnt ist, aus dieser Anspielung auf die *tartusch* und bezeichnet noch specieller den innern Winkel der Kreuzung des Bolor mit dem westlichen Kuen-lun. Die Wege über den Thsung-ling sind ohne Zweifel sehr beschwerlich und tragen zu der ethnographischen Scheidung der Bergvölker bei; aber die Wege laufen selten über die Gletscher selbst, deren hohe und mit tiefen Massen ewigen Schnees bedeckte Gipfel zur Seite des Weges liegen bleiben. Aus dieser Bemerkung geht hervor, wie die blosse Thatsache, dass man in den Reiseberichten keinen Übergang über Schneemassen angegeben findet, wohl das Vorhandensein eines

*) Dies ist die Verallgemeinerung einer eigentlich dem Thianschan angehörigen Benennung (s. oben Th. II., 368).

Passes oder einer örtlichen Einsenkung, aber keineswegs eine Erniedrigung des ganzen Rückens beweis't.

Seit der Dynastie der Sui, d. h. seit Anfang des 7. Jahrh. besassen die Chinesen schon eine Karte, welche die hohen Gebirge Nord-Tübets darstellte, die zusammen die Kette des Kuen-lun genannt wurden. „Als der Binnenhandel Chinas unter der Regierung Wen-ti's sehr blühend wurde und die Völker des Abendlandes in Masse kamen, um in Kantschëu (dem damaligen Tschang-ye) im östlichsten Theile der Prov. Kan-su Handel zu treiben; so setzte man besondere Beamte ein, um über die Fremden zu wachen. Man benutzte diese Gelegenheit, um Alles, was man von den Kaufleuten über die westlichen Länder ausforschen konnte, zu sammeln, und man zeichnete eine Karte, welche die 44 Fürstenthümer daselbst darstellte, die in drei grosse natürliche Abtheilungen gebracht wurden. Diese Karte fängt beim Berge Si-khing an, wo der Hoang-ho (der Gelbe Fluss) in China eintritt, und reichte bis an das caspische Meer" (Klaproth, *Tabl. hist.*, 204).

Wenn man von der Durchschneidung des Bolor gegen O. fortgeht, so wird die Richtung des Kuen-lun*) durch den Pass von Karakorum und die astronomische Position von Khotan bestimmt. Der Alpenpass am Fusse von Bergen, deren Höhe an 3000 t. zu betragen scheint, bildet die Wasserscheide zwischen dem Strome von Yarkand (Yarkiang) und dem Schayuk, der nördlichen Quelle des Indus (San-pu). Die Reiseberichte machen es sehr wahrscheinlich, dass die *divortia aquarum* auf dem Kamme des Kuen-lun selbst, unter

*) [Der Verf. sagt in dieser Note, dass in dem Original anfänglich öfter *Kouen-loun* statt *Kouen-lun* gedruckt worden ist. Wir haben dennoch im Deutschen Kuen-lun gebraucht, weil nach Abel-Rémusat's *Gramm. chin.*, §. 56, und nach Hrn. Stan. Julien's Revision der daselbst mitgetheilten Aussprache der chines. Laute in Hrn. Ed. Biot's *Dict. des noms des villes et arrond. etc. dans l'Empire chinois*, Paris 1842, die Orthographie (nach der Sylbensprache der Mandschus) *lun* im Franz., im Portug. und im Engl. wie *lun* ausgesprochen wird. Aus ähnlichen Gründen haben wir *yu* und nicht *yü*, *tschëu* oder *tscheou*, *khian* oder *khien* u. s. w. geschrieben.]

35° 50′ Br. und 75° 45′ Lg. liegt. Die Lage Khotan's (Ilitschi's), wohin der Buddha-Cultus und eine indische Civilisation 500 Jahr früher als nach Tübet vorgedrungen sind, erscheint zuverlässiger. Die geogr. Breite dieser Stadt, welche auf unsern meisten Karten von Asien höchst fehlerhaft ist, beträgt nach den Beobachtungen der PP. Felix d'Arocha, Espinha und Hallerstein, welche Kaiser Khian-lung ausgesandt hatte, 37° 0′; die Länge derselben wird von diesen Missionären zu 35° 52′ westlich von Peking gerechnet und ist folglich 78° 13′ östlich von Paris. Der Hauptrücken des Kuen-lun scheint 240—280 Li (20—25 Seemeilen) südlich von Khotan zu liegen. Weiter ostwärts neigt sich die Kette im Meridian von Keria und Tak allmälig gegen OSO. und erhält den Namen A-nëu-ta*). Man könnte sich wundern, dass dieser Name gleichfalls sowohl für den berühmten Alpensee Tübets, aus welchem der Sutledj entspringt, als weiterhin noch, nach einer mythischen Geschichte der Secte Tao, welche Hr. Schott (nach dem *Schin-sian-kian*) untersucht hat, für einen Berg im S. des Himalaya gebräuch-

*) Ich habe auf der kleinen Karte von Central-Asien, welche ich 1830 in Deutschland herausgegeben, Oneuta geschrieben und war darin der Schreibart Klaproth's in seinem Atlas, *Tabl. hist. de l'Asie*, pl. 14, und in seiner Notiz über eine alte japan. Karte (*Mém. rel. à l'Asie*, II, 418) gefolgt, wo er das O-nëu-ta-Gebirge erwähnt, welches im Tübet. Gangdis heisst. Späterhin schreibt Klaproth in dem Commentar zum *Foë-kuë-ki* (p. 37) A-nëu-tha, als er die Identität des gleichnamigen Sees mit dem Rawana-hrada, einem der heiligen Seen der tübetanischen Hochebene, erörtert. Hr. Burnouf erklärt A-nëu-tha scharfsinnig durch das Pâli-Wort *Anavatatta*, welches das sanskr. *Anavatapta* ist und der nicht Erhellte oder Erwärmte (von den Strahlen der Sonne) bedeutet. Hr. Julien hat in den chines. Anmerkungen zur Reise Hiuan-thsang's (lib. I., fol. 3 recto) eine ähnliche, sehr merkwürdige Stelle aufgefunden, welche ich hier wiedergebe. Es ist von dem See Namens Anapan-tato-tschi die Rede: „*Anapantato* ist ein indischer Name und bezeichnet nicht-erwärmt. In alten Zeiten schrieb man A-nëu-ta-tschi oder See Aaneuta, aber diese Lesart ist falsch; dieser See liegt südlich vom Berge Hiang-schan und nördlich von den Grossen Schneegebirgen. Er hat etwa 200 Li Umfang.“ Nach Hrn. Schott's Bemerkung ist der tübetan. Name des Sees *Ma-dros-pa*, was wieder *non calefactus* bedeutet (s. Körös *Tibetan Dictionary*, Art. *dros*, *calefacere*).

lich ist; aber man muss beachten, dass die beschreibenden Namen beständig verallgemeinert werden, was für die Geographie sehr gefährlich ist, und dass die Hindus, ehe sie noch die Topographie Tübets kannten, sich mögen eingebildet haben, das goldführende Land*) des Nordens zwischen dem Kuen-lun und den Heiligen Seen (Ravana-hrada und Manasa) habe man sich als eine wenig breite Region ganz dicht am Himalaya vorzustellen.

Der alte Name A-nëu-ta begreift den Theil der Kette des Kuen-lun oder Thsung-ling, den man auf den neuern chinesischen Karten Eschimetis-tak, Keria-dabahn und Tsatsa-dabahn nennt. Die beiden letztern Namen zeigen die Pässe (*cols*) des nördlichen, eisigen Tübets, Ngari-sangkar und Ngarai-tamo, an, welche zum Becken von Khotan und Keria oder Keldia führen. Einer von den grossen geologischen Zügen dieser Gegend ist, dass im O. von dem grossen Strome von Khotan (Khotan-daria oder Yurung-khasch-gol), welcher nach einem S.-N. Laufe von 100 M. sich dem Wassersysteme des Tarim und Lop-Sees anschliesst, alle Flüsse der beiden Abhänge des Kuen-lun sich in kleine Steppenseen verlieren. In dieser centralen Gegend, zwischen 80° und 90° Lg., macht sich die Emporhebung der Gobi (Scha-mo, Scha-ho) im Laufe der Gewässer bemerklich; diese Emporhebung zeigt eine Unebenheit im Relief, welche völlig unabhängig von den sie durchziehenden Falten, und weit älter als diese ist und wahrscheinlich mit dem ersten Aufsteigen des Continents über die Wasser in Verbindung steht. Die Durchkreuzung der Gobi mit dem Kuen-lun und Thian-schan darf mithin nicht mit den Durchkreuzungen zweier Rücken, z. B. des Bolor oder der Meridiankette im O. vom Tzang-bo-tschu-Flusse mit dem Hindu-kho und Himalaya, verwechselt werden. Das hier bezeichnete Phänomen ist von ganz anderer Natur. Vielleicht ist die Emporhebung des Plateaus der Gobi, welches in der Richtung von SW. nach NO. läuft und nach sehr genauen Barometermessungen unter 43° und 48°

*) Hataka, das Goldland, wo Kuvera, der Gott der Reichthümer herrscht, jenseit der Schneegipfel von Cvêtaparvata, Kailâsa und Gundamandana. Das Gold wird daselbst von Gnomen, Guhjakas gehütet.

Br. nicht 700 t. mittlere Höhe erreicht, von gleichem Alter mit der grossen aralo-caspischen Einsenkung (s. I., 140, 320).

Die mächtige Kette des Kuen-lun kreuzt die Anschwellung der Gobi östlich vom Passe Schatu-tu-dabahn, besonders zwischen dem Meridian des Sees Gaschun ($84\frac{1}{4}$° Lg.?) und dem Ost-Ende des Bassa-dungram-oola (89—90° Lg.). Die Kette, deren mittlere Richtung vom Bolor an unter 36° Br. ziemlich regelmässig W.-O. gewesen, geht allmälig zum Parallel von 35° über. An dem Ostrande der Wüste Makhai, eines Theiles der Gobi, findet offenbar in der Fortsetzung der Kette eine Störung statt, welche entweder durch die Intumescenz der Hochebene oder, was wahrscheinlicher der Fall ist, durch die grosse Massenerhebung oder den Knoten der Schneegebirge des Sees Khukhu-noor verursacht wird Der Rücken Bassa-dungram-oola endigt plötzlich im W. der Stadt Sok-dzung im Baschi-dabahn; aber 2° nördlicher läuft die lange Mauer des Baïn-khara-oola*) fast parallel mit diesem Theile des Kuen-lun (WSW.-OSO.) fort. Die sehr detaillirten Karten Khian-lung's geben selbst „den Anfang des Baïn-khara-oola" schon in 37° Br. und 88° Lg. an den Quellen des grossen Flusses Britschon (Kin-scha-kiang) an. Dieser parallele, aber nach N. verworfene Rücken erinnert in gewisser Weise an das so bekannte Phänomen der Störung, welche die Richtung der Pyrenäen erfährt, deren beide Parallel-Axen nicht in der Verlängerung von einander liegen. Der Baïn-khara-oola begrenzt fast die in der chines. Geographie und Mythologie unter dem Namen Sternenmeer so berühmte Gruppe von kleinen Seen, die geheimnissvollen Quellen des Gelben Flusses (Hoang-ho) westlich vom Djaring-noor und südwestlich vom See Khukhu-noor. Der grosse Gebirgsknoten des Khukhu-noor wird im S. von eben derselben Baïn-khara-oola-Kette begrenzt, welche ohne irgend eine Unterbrechung gegen SO. 200 M. weit, bis zu den Meridianen der chinesischen Städte Woei-tschëu, Tsching-tu-fu und Min-tschëu reicht. Nördlich ist der Knoten des Khukhu-noor von den grossen

*) In den Unter-Abtheilungen heissen sie von W. nach O.: Dzakhur, Taschari und Mam-Baïn-khara-oola.

Ketten des Nan-schan und Kilian-schan begrenzt, welche wie der Kuen-lun und Thian-schan von W. nach O., aber unter 38° Br. ziehen; sie verlängern sich vom Ostrande der Wüste Makhai unter dem Meridian von Scha-tscheu-wei bis zur chinesischen Mauer bei Liang-tscheu-fu.

Zwischen dem See Khukhu-noor und dem Rücken des Baïn-khara-oola, den man für eine parallele (und nach Bergmannsausdruck sich anschaarende) Kette der grossen Spalte des Kuen-lun ansehen möchte, zeigt der Hoang-ho mehrere von seinen grossen Krümmungen. Dieselben wiederholen sich bis südlich vom In-schan, im SW. vom Kukukoto. Diese Region zwischen dem Sternenmeer (*Sing-so-haï*) und der chines. Mauer längs des Hoang-ho ist wegen der an die Quellen des grossen Stromes und der Opfer, welche die kolossalen, mit ewigem Schnee bekleideten Berge erfordern, geknüpften Wichtigkeit einer von den Punkten in der Geographie, welche in den einheimischen Werken am Geschicktesten behandelt worden sind. In der mythischen Geographie der Chinesen, welche indess weniger phantastisch ist, als die der Hindus, liess man den Hoang-ho am Ost-Abhange des Bolor entspringen. Man setzte ihn mittelst des Flusses Tarim (Ta-li-mu) und eines unterirdischen Weges mit dem Lop-See in Verbindung, welchen man für den Überrest eines ausgetrockneten weiten Meeres hielt und welcher nach Hrn. Lassen den Hindus die erste Idee von einem nördlichen Meere gegeben hat*). Die schätzbaren Stellen, welche ich den gelehrten Forschungen des Hrn. Julien verdanke, bestätigen dies.

Um den Inhalt dieser Stellen nicht zu wiederholen, bemerke ich nur kurz, dass die grosse Massenerhebung des Tsi-schi-schan, dessen Name *congesta saxa* (Felsige Berge) bedeutet, von den Mongolen auch *Amyemaldschin-mussur-oola* (Berg, dessen Gipfel im N. liegt) genannt wird; seine Lage wird angegeben: „Im O. vom Sternenmeere, im SW. vom Lande Ho-kuen-hien, nicht allzuweit von den Städten Tschi-schui-tsching und Long-tschi-hien." Die chi-

*) Ewald u.s.w., Zeitschr. für d. Kunde des Morgenlandes, II., 70; Ritter, Asien, III., 494—496; A.-Rémusat, *Hist. de Khotan*, 115.

nesischen Annalisten und ihre Commentatoren wiederholen bis zum Überdruss, dass die berühmte Massenerhebung des Tsi-schi-schan ungefähr im O. vom eigentlichen Kuen-lun (von demjenigen, den meine Karte zwischen den Bolor und den Meridian des 90. Grades setzt,) liegt, dass aber die Geschichtsschreiber der mongol. Dynastie (der Yuan) beliebt hätten, diesen Namen Kuen-lun auf den Tsi-schi-schan auszudehnen. Daraus geht hervor, dass die Texte einen Unterschied machen zwischen dem wahren Kuen-lun, von dem sie sagen, „dass er im W. der Quellen des Gelben Flusses liegt," und zwischen dem Kuen-lun der Mongolen, welches der Tsi-schi-schan des *Schu-king* ist. Ich habe diesen Namen auf meiner Karte da eingetragen, wo ihn Kaiser Khian-lung's Karten in etwa 370 Li Entfernung südöstlich vom Ost-Ende des Sees Khukhu-noor (unter 36° Br. und 100° Lg.?) gleichsam als eine östliche Fortsetzung der kleinen Kette der Bartholokhaï-Berge darstellen*). Die chines. Geographen unterscheiden gleichfalls den Grossen und den Kleinen Tsi-schi-schan, obwohl sie bemerklich machen, dass man zu verschiedenen Zeiten dem Kleinen unter der Benennung des Grossen Opfer gebracht habe.

Bevor wir nun dieses östliche Ende der Kuen-lun-Kette**) verlassen, welche quer durch die Kreuzungen mit mehreren Meridianketten bis NW.-China, zum W. der Prov. Kan-su fortläuft, muss ich hier noch ein höchst wichtiges geologisches Factum anführen. Im Kuen-lun giebt es nämlich, nach allen Seiten hin über 240 M. vom Gestade des

---

*) Das Sternenmer und der See Djaring-noor sind nicht gänzlich in dem Wassergebiet des Khukhu-noor einbegriffen. Dies Gebiet ist fast auf allen Seiten von einem Gürtel von Bergen umgeben: im N. vom Nan-schan, im SW. von Gurban-khun-dzai-oola, im SO. vom Bartholokhai und dem Koloss des Tsi-schi-schan. Man darf das Wasserbekken des Khukhu-noor, in welchem nach den gelehrten Untersuchungen der Hrn. Schmidt und v. Baer (*Bull. de l'Acad. de St.-Pét.*, I., 156) Zubr (Aurochsen) weiden, nicht mit dem Gebirgsknoten des Khukhu-noor verwechseln.

**) Vergl. Klaproth's Untersuchungen über diese Kette und die angeblichen Neger des Kuen-lun im *Nouv. Journ. as.*, XII., 232.

Ozeans entfernt, eine Feuerhöhle im Berge Schinkhiëu Diese Höhle speit Flammen, deren Schein nach übertreibenden Berichten 1000 Li (über 125 M.) weit sichtbar ist. Diese von Hrn. Julien aufgefundene Notiz ist aus dem Buche *Yuën-tschong-ki* genommen. Wir vermögen jedoch die Localität dieser vulkanischen Erscheinung, der einzigen, welche im Kuen-lun östlich vom Bolor bekannt ist, noch gar nicht genauer anzugehen. Sollte sie etwa den Meridianen von Khotan und Keria angehören, welche der Lage des Vulkans Pe-schan im Himmelsgebirge (Thian-schan) entsprechen? Ich könnte diese gewiss sehr vage Annahme auf ein mir von Klaproth vor langer Zeit mitgetheiltes Zeugniss stützen. „Die grosse kais. Geographie von China erwähnt noch eines Salmiak-Berges, der im Mongol. *Naoschidar-ulan-dabsun-oola*, d. h. der Salmiak- und Rothe-Salz-Berg heisst. Man setzt ihn ausserhalb der Ostgrenze des Fürstenthums Khotan mitten in die Sandwüste. Im O., fährt der chines. Geograph fort, vereinigen sich die angrenzenden Berge mit der Nan-schan-Kette des Districts Ngan-si-tschëu, welcher zur chines. Provinz Kan-su gehört."

Die in der Nachbarschaft von Khotan und dem Lop-See liegenden Sandwüsten, welche selbst die asiatischen Völker stets als die Überbleibsel eines alten Binnenmeeres betrachtet haben, scheinen in Betreff ihrer absol. Höhe, wenigstens westlich vom Meridian des 90. Grades, einen auffallenden Gegensatz zu dem tübetanischen Plateau zwischen dem Kuen-lun und Himalaya zu zeigen. Die chines. Texte nennen das Klima von Khotan und Kaschghar „milde, gemässigt und angenehm". Alex. Burnes lobt gleichfalls das milde Klima Yarkands sehr. Es fällt hier selten Schnee, was zu beweisen scheint, dass Yarkand, unter gleicher Breite mit Lissabon und fast 2° nördlicher als Algier gelegen*), keine sehr hohe Lage besitzt. Man baut zu Kaschghar, Yarkand und Khotan Baumwolle und Wein. Die Granatbäume würden hier gewiss nicht ausdauern, wenn das

*) Die Breite Yarkand's ist 38° 19′ (Positionstafel in den *Mém. concern. les Chinois*, I., 395).

Plateau daselbst über 400—600 t. hoch wäre*). Da nun das Wassersystem des Tarim gegen O. ein langsames Gefäll hat, so kann man mit Recht die Region des Flugsandes, welche den Lop-See umgiebt, als sehr tief gelegen ansehen. Dieser See ward jedoch früher als auf einem äusserst hohen Plateau liegend beschrieben.

Im W. von der Durchkreuzung des Bolor stossen wir auf eine Vereinigung mehrerer unter sich fast paralleler Ketten von $33\frac{1}{4}$ ° — 36 ° Br. Die erste und nördlichste Kette läuft nördlich von Schitral über den Pass Kawak nach Karakutul und dem Ghur-Gebirge hin. Ihre Richtung ist O.-W. mit einer geringen Neigung gegen WSW.; ihre mittlere Breite ist 36°. Die zweite Kette, die höchste von allen südlich von Schitral und von ganz Kafiristan, ist die unter 35° Br.; sie besitzt Berge von über 3000 t. Höhe und läuft von O. nach W. auf Herat zu, dessen Breite 34° 20′ beträgt. Zwischen dieser zweiten Kette und der dritten, der Weissen Kette, Sufeid-koh (34° Br.), liegt das schöne Thal von Kabul, dessen Sohle noch 998 t. Höhe hat. Die vierte Parallelkette (unter 33° 5′ Br.) ist die Kette des Sel oder die von Kalabagh am Ufer des Indus, wo der Wasserspiegel des Flusses vielleicht nicht 100 t. Höhe über dem Ozean besitzt. Dies ganze System von longitudinalen, in O.-W. streichenden Ketten, besonders die erste und zweite (unter 35° und 36° Br.) hat man den indischen Kaukasus genannt; (Wood nennt sie *Indian-Tartaric-Caucasus; Trav.*, p. 402). Wenn man erwägt,

---

*) Mit Erstaunen lies't man in dem so eben von Hrn. Wilson publicirten Werke: Moorcroft and Trebeck, *Trav. in the Himalaya, in Ladak and Kashmir*, I., 369, „dass die Granaten zu Khotan in einem Klima wachsen, dessen Sommer wärmer und dessen Winter kälter als zu Ladak ist.“ Marco Polo hebt schon die milde Temperatur der Hochebene im O. vom Lop-See hervor: „*Nel Caschar (Cashgar) gli abitanti hanno belli giardini e vigne. Vi nasce bambagio in grandissima quantità*“ (*Il Milione*, II., 84). „*Nella provincia di Carchan* (Hiarkan, Yerkand, Yiarkiang) *le gente sono copiosi delle cose necessarie e massimamente de bambagio*“ (l. c., 87). „*In Cotan* (Khotan) *nasce bambagio* (ohne Zweifel *Gossypium herbaceum*) *e vino*“ (l. c., 88). Dies Alles zwischen $38\frac{1}{4}$° und $39\frac{1}{2}$° Breite.

dass der Pass von Karakorum, welcher die Wasserscheide auf dem Kamme des Kuen-lun bildet, unter 35° 50′ Br. liegt; so hat man Grund, die Ketten von 35° und 36°, im N. und im S. von Kafiristan, und insbesondere die erstere von diesen beiden Ketten, obgleich sie die niedrigere ist, als die westliche Fortsetzung des Kuen-lun anzusehen. Ich nenne den Rücken von 36° den nördlichen Hindu-kho und den von 35° Br. den südlichen Hindu-kho. Gegen den Meridian von Ghizni oder Ghuznee (66° 20′ Lg.) nähern sich beide Ketten einander beträchtlich und laufen, sich senkend und in kleine Gruppen verbreiternd, nach den Ghur-Bergen und Herat hin. Ich gebe der Benennung Hindu-kho den Vorzug vor Hindu-kusch, weil letztere, die dem trefflichen arabischen Reisenden Ibn Batuta bereits bekannt war (*Trav.*, 97), nur einem einzigen Berge oder vielmehr einem für unglückliche indische Sklaven so mörderischen Passe beigelegt werden darf. Von dem Pik Kohibaba (2800 t.) läuft ein Rücken von SW. nach NO. über Bamiyan nach dem Hindu-kho. Sein Streichen ist ganz verschieden von dem des südlichen Hindu-kho; es ist ein schiefes Durchschneiden, da der grosse Pik Hindu-kusch am westlichen Ende der O.-W.-Falte steht.

Wenn ich auf diese Weise die orographische Nomenclatur des indischen Kaukasus feststelle, so folge ich darin ungefähr Burnes; aber ich weiche von den Namen ab, welche Lieut. Wood gegeben hat. Dieser muthige und einsichtsvolle Reisende nennt die Kette von 35° Br., unsern südlichen Hindu-kho, im Westen vom Bolor Himalaya, und die Kette von 36° im N. von Schitral Hindu-kusch. Die von Burnes' Karte sehr abweichende Karte zu Wood's Reise giebt der Kette von 35° so, wie meine Karte, die Richtung O.-W.; aber sie legt die Kette von 36° oder die, welche Kafiristan gegen N. begrenzt, von SW. nach NO. Hr. Wood bemerkt sehr scharfsinnig, „der Hindu-kusch bilde die nördliche, der Himalaya (die Kette von 35°) die südliche Mauer der grossen Gruppe des tartarischen Himalaya; beide Mauern würden durch mehrere Querjoche verbunden, aber der Hindu-kusch sei eine ununterbrochene

Kette, welche die Wasser zwischen Nord- und Süd-Asien scheide, während der Himalaya vom Kuner und Indus durchbrochen würde*)." Ich bestreite nicht nur, wie ich es sehr oft auf den vorhergehenden Seiten gethan, die Behauptung, dass der Hindu-kho die Fortsetzung des Himalaya sei, dessen Richtung östlich von der Bolorkette NW.-SO. ist; sondern ich bestreite hauptsächlich hier, dass die Kette von 36° oder die, welche Kafiristan im N. begrenzt und welche ich den nördlichen Hindu-kho nenne, am Nord-Abhange von SW. nach NO. und nicht von O. nach W. laufe. Durch Burnes kennen wir im Meridian Bamyan's, nördlich von diesem Thale, drei Parallelketten von O. nach W., von denen keine Pässe besitzt, die unter 1200 und 1400 t. abs. Höhe haben**). Folglich existiren $\frac{3}{4}$° nördlicher als Bamyan

---

*) „*Himalaya after crossing the river Indus extends westward to the valley of Panchshir* (dies ist ein nördl. Nebenfluss des Stroms von Kabul) *and the meridian of Caboul. Hindou-kosh and Himalaya are connected by numerous lateral ridges and evidently belong to the same great system of Himalayan-Tartaric Mountains; Hindou-kosh is their northern wall, Himalaya is the southern*" (Wood, p. 367). Die Karte zu Burnes' Reise setzt Bamyan in 34° 36′ Br., 65° 58′ Lg.; die Karte Arrowsmith's zu Wood's Reise in 65° 30′ Lg. Kohibaba hat auf jener 66° 0′, auf dieser 65° 20′ Lg. Nach Major Hough liegt Bamyan 1° 22′ westl. und 14′ nördl. von Kabul.

**) Es sind die Ketten von Akrobat (34° 46′ Br.) südlich von Sighan, von Dundan Schikur (35° 4′ Br.) südlich von Kamurd, und von Kara-kutul (35° 20′ Br.) südlich vom Dorfe Duab am Khulum-Flusse, der in den Oxus mündet (Burnes, II., 163—171). „*When the great range of the Himalaya, which forms the northern boundary of Hindoostan, crosses the Indus, it loses the designation by which it has been familiarly known from the frontiers of China. It also changes its course and running west extends its greatest height in the lofty peak of Hindoo-kosh, from which it dwindles into comparative insignificance*" (l. c., 200). Der Ausdruck: „Die Kette verändert ihre Richtung" bestätigt die Identität des Kuen-lun und Hindu-kho. Auch Hr. James Bird schreibt in den *Proceed. of the Bomb. Geogr. Soc.*, Aug. 1837, p. 63: „Aus den neuesten Nachrichten, welche wir über die Kette des Hindu-kusch erhalten haben, wissen wir, dass dieselbe in ihrem nördl. Theile die mittlere Richtung O.-W. zeigt und dass alle Nebenflüsse des Oxus (Hr. Bird spricht somit von der Kette, die ich

hohe Gebirge, und wir finden die Kette des nördlichen Hindu-kho wieder so, wie ich dieselbe nach Burnes' Reise bis jenseit 35½° Br. gezeichnet habe. Dieser Reisende sagt klar und deutlich, dass er, als er die Gebirge verlassen, erst in einer Entfernung von 95 *miles* vom Dorfe Duab in die Ebenen getreten sei.

Vergleichen wir die Länder, welche zunächst im N. und im S. der beiden Ketten des Himalaya und Hindu-kho liegen, so finden wir einen ganz ausserordentlichen Contrast in der relativen Höhe der Emporhebung der Plateaux oder der Ebenen. Dr. Lord, welcher beide Ketten ungeachtet ihres verschiedenen Streichens für eine einzige ansieht, theilt in einer geologischen Abhandlung im *Journ. of the Asiat. Soc. of Bengal* (Juni 1838, p. 522, 527) sehr richtige Bemerkungen über diesen Gegenstand mit. „Zwischen Kabul und Kalabagh, sagt dieser Reisende, bilden zwei Emporhebungsrichtungen (O.-W. im Hindu-kusch und N.-S. inder Soliman- und Kala-Kette) eine Art von Netzwerk (*net-work*) oder Gitter. Auf der Reise, welche ich mit Lieut. Leech von Kabul nach N. quer über den Hindu-kusch gemacht, haben wir nach einander Schichten von Glimmerschiefer, Gneiss und Granit durchschnitten, welche sehr regelmässig *hor.* 5—6 (d. h. O.-W.) strichen und wenig in N. oder NO. fielen. Bei meinem Versuch, von Kabul nach Turkestan über den Pass des Sir-Alang zu ziehen (*Sir* bezeichnet hier Gipfel), war ich überrascht, dass ich am südlichen Abhange des Hindu-kusch den Schnee so spät anfangen sah; ich war es um so mehr, als es ganz bekannt ist, dass weiter ostwärts im Himalaya der Schnee auf der Südseite über 4000′ tiefer herabgeht als auf der nördlichen*); aber obgleich der Hindu-kusch und der Himalaya dieselbe Richtung (?)

---

den nördlichen Hindu-kho nenne,) diese mittlere Richtung rechtwinklig schneiden." Über den Hindu-kusch, was nicht der Name einer Kette, sondern eines Passes und eines Berges ist, welcher Schwefellager enthält, s. Burnes, III., 208.

*) Diese Behauptung hat seitdem Hr. Thomas Hutton bestritten; *Journ. of the Soc. of Beng.*, 1840, N. 102, p. 579.

und dieselbe Latitudo haben und eine und dieselbe Kette (?) bilden; so ist das (hypsometrische) Verhalten zwischen dem Kamme der Ketten und den umliegenden Ebenen ein vollkommen entgegengesetztes. Der Himalaya hat im S. die weite Ebene Indiens, im N. das hohe Plateau Central-Asiens. Der Hindu-kusch hat im S. die Hochebenen von Kabul und Koh-i-Daman (die sich 5—6000′ über den Meeresspiegel erheben), im N. die niedrigen Gegenden (*the depressed, sunken and swampy flats*) von Turkestan. Balkh besitzt nach Burnes nur 1800′ (engl.) Höhe, und Kunduz, wo ich diese Zeilen schreibe, hat nach dem mittlern Kochpunkte des Wassers, an dreien meiner Thermometer gemessen, nur 500′ Höhe*)." Ich werde im III. Theile [s. II. Bd.] dieses Werks in der Abhandlung über die Ursachen der Krümmungen der Isothermen-Linien von der mittlern Höhe des Plateaus von Tübet sprechen, welche ich nicht über 1800 t. setze.

Central-Asien beginnt im S. des Altai und endet im eigentlichen Sinne am N.-Abhange der Riesenkette des Himalaya, welche anfangs (zwischen 71° und 80° Lg.) von NW. nach SO. und dann (80°—98° Lg.) von O. nach W. bis zur Durchkreuzung mit den Meridianrücken der Krümmung des Irawaddy streicht.

Die Ketten, welche Tübet und die östlichen Gletschermassen des Himalaya durchziehen, vereinigen sich in der Massenerhebung der Gebirge, welche ganz West-China, besonders die Prov. Sse-tschuan, Hu-kuang und Kuang-si bedecken. Diese Massenerhebung führt den Namen Wolkenkette und zieht nach den Quellen des Kiang hin. Es giebt über diese Alpengegend eine im J. 1775 unter der Leitung des chines. Generals Akui aufgenommene Karte, welcher einen glücklichen Feldzug gegen die Völker von Kin-tschuan ausführte (nach einer handschr. Bemerkung von Klaproth). — Ich werde, wie ich es in den Asiatischen Fragmenten gethan, es mir versa-

---

*) S. a. a. O. Dr. Lord's *Account of the plain of Koh-i-Daman and of the passes of Hindou-kosh*. Über die Höhenverhältnisse dieser Alpenregionen vergl. auch eine treffliche Abhandlung von Hrn. Berghaus in dessen Annalen der Erdkunde, 1836, I., 289—352.

gen, in diesem Werke eine Specialbeschreibung von der Himalaya-Kette zu geben. Eine ungeheure Masse von Materialien, die wir den jetzigen Beherrschern Indiens wie den muthigen Anstrengungen von V. Jacquemont und Hrn. K. v. Hügel verdanken, ist neuerlich mit grosser Überlegenheit des Talents in Hrn. Ritter's vortrefflichem Werke gesammelt und erörtert worden. Nichts hat mich in meinem Leben mit lebhafterem Bedauern erfüllt, als dass es mir nicht vergönnt gewesen, selbst in jene berühmten Regionen einzudringen, wo ich ihr Verhältniss zu den Cordilleren der Neuen Welt erforschen wollte. Während der Regierung des Kaisers Alexander war ich unter Graf Rumantzow's Ministerium aufgefordert worden, die Mission zu begleiten, welche sich über Kaschghar und Yarkand nach Tübet begeben sollte. Die Ausführung dieser grossen Unternehmung wurde durch den im J. 1812 ausgebrochenen Krieg verhindert. Ohne den Muth zu verlieren, widmete ich mich mehrere Jahre dem Studium der persischen Sprache, in der Hoffnung, über Teheran oder Herat nach Indien reisen zu können. Umstände, deren nähere Angabe gegenwärtig für das Publicum kein Interesse mehr haben dürfte, veranlassten mich, einen andern Weg einzuschlagen und ein Vorhaben aufzugeben, welches meine Phantasie so lange Zeit auf's Lebhafteste beschäftigt hatte. Das ist das Geschick des Menschen: Am Ziele seines Lebens stehend, vergleicht er nicht ohne Betrübniss das Wenige, was er geleistet hat, mit dem, was er zur Vergrösserung des Gebiets der Wissenschaften gern hätte unternehmen mögen.

Erläuterungen
über
die Ketten des Bolor und Kuen-lun,
nach chinesischen Quellen,
übersetzt
von
Hrn. Stanislas Julien.

Den auf die beiden Gebirgsketten bezüglichen Texten schicken wir einige Angaben über die Quellen voraus, auf die wir zurückgehen mussten.

A. Titel der Werke.

Die wichtigsten Stellen, welche ich über die Bolor- und die Kuen-lun-Kette gesammelt, sind aus den beiden Berichten der Buddha-Pilger Hiuen-thsang — und Song-yun, Tse-yun und Hoeï-sing genommen.

1) *Ta-thang-si-yu-ki* oder Abhandlungen über die westlichen Gegenden, verfasst unter der Dynastie der grossen Thang, in 12 Büchern. Die Materialien zu diesem Berichte lieferte ein samanäischer Mönch, der aus China gebürtig war und unter den Thang lebte, theils nach indischen Werken, die er selbst übersetzte oder auszog, theils nach seinen eigenen Beobachtungen (der Titel sagt: Übersetzt von Hiuen-thsang, laut eines kais. Befehls im Chines. redigirt von Pien-ki, buddhistischem Mönch am Tempel Ta-tsong-tschi-sse). Hiuen-thsang verliess China im dritten Jahre der Periode Tsching-kuan (629 n. Chr.), um in den westlichen Gegenden (in Indien) die Grundbücher der Buddha-Religion aufzusuchen. Er brachte 657 Werke mit zurück, welche der Kaiser unter seiner Leitung in's Chinesische übersetzen liess. Er war durch Turkestan, Afghanistan, Sind und fast alle Theile Hindustans gekommen. Bei seiner Rückkehr (645) erzählte er Alles, was er auf seiner Pilgerfahrt gesehen und beobachtet

hatte. Pien-ki sammelte die Erzählungen Hiuen-thsang's und machte von den Bemerkungen Gebrauch, die derselbe mitgebracht, um das Werk, mit dem wir uns beschäftigen und welches von 138 Staaten Indiens handelt; diese Zahl ist irrthümlicher Weise (im *Catal. abrégé de la bibl. de Khien-long*) auf 183 erhöht, indem man die beiden letzten Ziffern versetzt hatte. Der vollständige Katalog von eben dieser Sammlung giebt die Zahl von 138 Staaten richtig an.

Der Bericht Hiuen-thsang's findet sich zerstückelt und in Fragmenten in der grossen histor. und geogr. Sammlung *Pien-i-tien* (oder Urkunden über die fremden Völker), welche einen Theil der grossen Encykl. *Ku-kin-thu-schu* (d. h. alte und neue Bücher mit Tafeln) ausmacht, die in 6000 Heften abgefasst, unter Khang-hi mit beweglichen Typen in Kupfer gedruckt ist (cf. die Vorrede zum landwirthschaftlichen Werke *Nong-tsan-tsi-yao*,) und wovon die königl. Bibliothek zu Paris wichtige Theile besitzt. 15 Jahre lang verlangten Klaproth und Rémusat dies wichtige Werk vergebens in China; es scheint im Buchhandel vergriffen zu sein. Erst im Jahre 1835 entdeckten es die chines. Correspondenten des Hrn. Stan. Julien in einer Pagode im Innern Chinas. Dies ist das einzige Exemplar, welches man davon in Europa kennt, und es scheint nicht möglich, sich davon ein zweites zu verschaffen. Es bildet 3 Bände Kl.-Fol., welche 568 Seiten von prächtigem Druck enthalten.

2) Der Bericht der Reise Song-yun's, Tse-yun's und Hoeï-sing's ist kürzer als der von Fa-hien; er besteht bloss aus 36 Seiten. Man findet ihn im 5. Buche des Werkes *Lo-yang-kia-lan-ki*, d. h. Geschichte der Klöster der Stadt Lo-yang, welche einen Theil der 10. Section der liter. vermischten Schriften: *Tsin-tai-pi-schu*, in 164 Heften (*Bibl. roy.*, *catal. de Fourmont*, No. 304) bildet. Yang-hiuen (der Verfasser dieses Werkes), welcher unter der Weï-Dynastie lebte, verfasste (gegen das Jahr 543) diesen interessanten Bericht nach der Geschichte Tao-yong's und den besondern Abhandlungen der Familie Song-yun's. Letzterer, Tse-yun und Hoeï-sing, alle drei aus Tun-hoang gebürtig, wurden im J. 518 nach Si-yu (den westlichen Gegenden) gesandt, um daselbst Buddha-Bücher aufzusuchen. Sie sammelten im Ganzen 170 Werke über die Lehre des Mahayana. Hoeï-sing kehrte 521 zurück, nachdem er mit seinen beiden Gefährten ganz Kandahar durchstrichen und nachdem er selbst zwei Jahre lang im Reiche U-tschang (Udyana) verweilt hatte.

Der Bericht von Song-yun etc. ist schon in's Deutsche übersetzt und herausgegeben von Hrn. C. F. Neumann, Professor zu München, unter dem Titel: Pilgerfahrten buddhistischer Priester von China nach Indien, 8vo., Leipzig 1833.

Die wichtigsten Stellen über die Bolor-Kette sind aus den ebengenannten Berichten von Hiuen-thsang und von Song-yun etc. gezogen worden. Die jedem Fragmente von Hiuen-thsang beigefügten Ziffern beziehen sich auf die Analyse des Berichts, die Landresse der Übersetzung vom *Foë-kuë-ki*, p. 375—399, angehängt hat.

Hr. v. Humboldt hatte Hrn. Stan. Julien um Erläuterungen über die Artikel gebeten, welche geographische Vorstellungen von den grossen Gebirgsketten darzubieten schienen, wobei er denselben ersuchte, auf das Werk selbst zurückzugehen, von welchem er aus einem von Klaproth 1834 zu Berlin publicirten, ganz kurzen Auszuge nach den Fragmenten im *Pien-i-tien* (Geschichte der fremden Völker), einem Bestandtheile der grossen schon (S. 613) genannten Sammlung *Ku-kin-thu-schu*, Kunde erhalten hatte.

Ausser den Bruchstücken von den beiden genannten Berichten hat Hr. Stan. Julien mehrere Stellen aus der allgemeinen Geographie der Thsing, betitelt: *Thaï-thsing-i-tong-tschi*, dem geographischen Wörterbuche *Si-yu-thong-wen-tschi* und dem *P'ing-tseu-lui-pien* übersetzt. Die Editionen dieser Werke sind bereits oben (S. 553, 554) aufgeführt worden.

B. Der Bolor und die benachbarten Länder.

Taschkend (*Foë-kuë-ki*, Append., Art. 3, p. 376; *Si-yu-ki*, l. I., fol. 9 recto, Art. Pa-lu-kia).

„Als ich von Ku-tschi auszog und nachdem ich westwärts etwa 600 Li weit gewandert war, kam ich zum Königreiche Palu-kia. Dies Reich Pa-lu-kia hat ungefähr 600 Li von O. nach W. und ungefähr 300 Li von S. nach N.; die Hauptstadt des Reiches hat 5—6 Li im Umfange. Nachdem ich gegen den NW. dieses Reichs etwa 300 Li weit gewandert, durchzog ich ein mit Steinblöcken bedecktes Land und kam an das Gebirge (*mont*) Ling-schan.“

„Dieses Gebirge liegt im N. der Tsong-ling-Berge. Die Gewässer der Hochebenen fliessen im Allgemeinen gen O.“

„Die Berge und die Thäler zeigen aufgehäufte Schneemassen. Man sieht daselbst im Frühlinge und Sommer Eis.“

„Obwohl es manchmal schmilzt, so dauert es nicht lange, so bildet es sich von Neuem.“

Si-yu-ki, l. I., fol. 12 recto (*Foë-kuë-ki*, Append., No. 17).

„Gen O. wird dies Königreich (Tu-ho-lo) von dem Tsong-ling-Gebirge geschlossen.“

„Gen W. stösst es an das Reich Po-la-sse (Persien).“

„Gen S. finden sich grosse, schneebedeckte Gebirge; gen N. wird es durch die Eiserne Pforte (der Name eines Engpasses, welcher von zwei Arten von schroffen Felsmauern gebildet ist,) geschützt.“

„Der grosse Strom Fa-tsu (der Oxus) fliesst mitten zwischen seinen Grenzen in der Richtung nach W.“

Si-yu-ki, lib. I., fol. 13 verso (App., No. 42, 24).

„Das Königreich (Ko-tu-lo): im O. stösst es an das Tsong-ling-Gebirge und erstreckt sich bis an das Reich Kiu-mi-tho. Das Reich Kiu-mi-tho hat etwa 2000 Li von O. nach W. und etwa 200 Li von S. nach N. Es lehnt sich an den Mittelpunkt des grossen Tsong-ling-Gebirges.“

Si-yu-ki, l. I., fol. 14 recto (App., No. 29).

„Das Reich Fo-ko hat ungefähr 800 Li von O. nach W. und 400 von S. nach N.“

„Im N. liegt es dem Flusse Fa-tsu (Oxus) benachbart. Die Hauptstadt hat 20 Li in Umkreis. Jedermann nennt sie die kleine Stadt der königlichen Residenz. Ausserhalb der Stadt findet sich in der Richtung SW. das *Na-fo-seng-kia-lan*, d. h. das neue Kloster; es wurde von einem der ersten Könige dieses Reiches erbaut. Unter den *kia-lan* (Klöstern), welche nördlich von den grossen Schneegebirgen liegen, ist dies wegen des Rufs der beredten Gelehrten, welche daraus hervorgegangen sind und daselbst noch heut zu Tage glänzen, am Berühmtesten. Geht man aus der grossen Stadt in der Richtung nach SW., so beginnt man, in die Schneegebirge einzutreten.“

(Dieser im chines. Text vier Seiten lange Artikel liefert keine weitern geographischen Details; alles Übrige bezieht sich auf die Klöster und die Buddha-Religion.)

Pien-i-tien, l. 73 (Hiuen-thsang, lib. I., fol. 10 verso, lin. 2; *Foë-kuë-ki*, App., No. 7).

„Das Königreich Su-tu-li-sse-na (Osruschma, nach Hrn. Landresse) hat 1400—1500 Li in Umfang. Im O. grenzt es an den Fluss Ye [Sir, Sihun oder Jaxartes; Humb.]. Der Fluss Ye kommt aus den nördlichen Hochebenen des Tsong-ling-Gebirges und fliesst in der Richtung NW. Seine Wellen sind gross, trübe und ungestüm. Als ich aus diesem Lande (fügt der Reisende hinzu) in der Richtung NW. zog, trat ich in eine grosse Sand- und Steinwüste, wo man weder Wasser noch Kräuter antrifft."

(In der Notiz über das Königreich Tsche-schi (*Pien-i-tien*, l. 69) sagt Hiuen-thsang (lib. I., fol. 10 recto, lin. 5), dass dies Königreich von O. nach W. schmal und von S. nach N. lang sei.)

Pien-i-tien, l. 67 (Hiuen-thsang, l. I., fol. 12 recto, lin. 6; App. No. 140).

„Das Königreich Tu-ho-lo *) hat ungefähr 1000 Li Ausdehnung von S. nach N. und 3000 Li von O. nach W. Gen O. wird es vom Tsong-ling-Geb. geschlossen; gen W. stösst es an das Königreich Po-la-sse (Persien); gen S. blickt es auf die grossen Schneeberge und gegen N. lehnt es sich an die (Engpässe, die den Namen führen:) Eisernen Pforten."

Pien-i-tien, l. 73, Art. 11 (Hiuen-thsang, lib. I., fol. 13 verso; App. No. 24, 25).

„Das Königreich Ko-tu-lo hat ungefähr 1000 Li von O. nach W. und etwa 1000 Li von S. nach N. Seine Hauptstadt hat einen Umfang von etwa 20 Li. Im O. stösst es an das Tsong-ling-Geb. und es erstreckt sich bis zum Königreiche Kiu-mi-tho."

(Ibid., Art. 12.) „Das Königreich Kiu-mi-tho hat ungefähr 2000 Li von O. nach W. und 200 Li von S. nach N. Es stützt sich auf den Mittelpunkt der grossen Tsong-ling. Die Hauptstadt hat etwa 20 Li in Umfang. Im SW. grenzt es an den Fluss Fa-tsu (Oxus)."

Ibid., Art. 16 (Hiuen-thsang, lib. I., fol. 14 recto, lin. 8; App. No. 29).

„Das Königreich Fo-ko (Badakschan) hat etwa 800 Li von O. nach W. und etwa 400 Li von S. nach N. Gen N. grenzt es an den Fluss Fa-tsu (Oxus). Die Hauptstadt hat etwa 20 Li Umfang. Man nennt sie die kleine Königsstadt."

„Obwohl diese Stadt gut befestigt ist, so hat sie doch nur eine kleine Zahl von Einwohnern."

---

*) Tokharestan nach Abel Rémusat und Hrn. Neumann; s. Ritter's Asien, V., 645. (H—t.)

Pien-i-tien, l. 77, Art. 15 (Hiuen-thsang, lib. 12, fol. 3 verso, lin. 8).

„Das Königreich Huo wird von dem alten Gebiet des Königreichs Tu-ho-lo gebildet. Es besitzt etwa einen Umfang von 3000 Li. Die Hauptstadt hat ungefähr 20 Li in Umkreis.“ (Darauf folgen einzelne Angaben über die Productionen, über das Klima, welches gemässigt ist, über die Sitten und Religionen.)

„Wenn man dies Land verlässt, so tritt man gegen O. in das Tsong-ling-Gebirge. Das Thsong-ling-Geb. lehnt sich an den Mittelpunkt von Djambu-dwipa (s. *Foë-kuë-ki*, not. 7, 2°). Im S. stösst es an die grossen Schneegebirge; im N. erstreckt es sich bis an das Warme Meer (den See Temurtu) und bis zum Lande der Tausend Quellen; gegen W. geht es bis zum Königreiche Huo; gegen O. bis zum Königreiche U-scha. Von O. nach W. wie von S. nach N. hat es mehrere tausend Li Ausdehnung. Es zeigt mehrere hunderte steile Gipfel. Die Thäler sind dunkel und voller Abgründe. Man sieht daselbst in jeder Jahreszeit Haufen von Eis und Schnee; man empfindet hier eine strenge Kälte und der Wind weht daselbst mit Heftigkeit. Dies Land erzeugt viele Zwiebeln (*tsong*); desshalb nennt man das Geb. *Tsong-ling* (d. h. Gipfel mit Zwiebeln, wo es Zwiebeln giebt). Man nennt sie auch so, weil die Gipfel dieses Gebirges eine bläuliche Färbung haben.“ (Das Wort *tsong* bezeichnet auch blau.)

Auszug aus Hiuen-thsang (l. 12, fol. 8 recto): Über das Königreich Schang-mi und das Thal Po-mi-lo (Pamir).

„Der Umfang dieses Königreiches beträgt ungefähr 2500 oder 2600 Li; es ist von Gebirgen und Thälern zerschnitten; man sieht hier Hügel und Berge von verschiedenen Höhen. Man baut hier alle Arten von Getreide. Die reichsten Productionen sind Hülsenfrüchte und Weizen. Man bezieht von daher *Thse-hoang* (Schwefel, *soufre-femelle*), den man nur erhält, wenn man die Steine zerschlägt und mit dem Meissel die steilen Seiten der Berge öffnet.“

„Die Berggeister sind daselbst mächtig und grausam; sie veranlassen oftmals grosses Unglück. Man betritt diese Berge nicht eher, als bis man ihnen ein Opfer dargebracht hat; dann kann man ganz sicher darin herumwandern. Wenn man nicht Gebete an sie richtete, so würde man plötzlich von Wind und Hagel überfallen werden. Die Luft ist sehr kalt; die Einwohner sind von leichtfertigem Charakter, aber aufrichtig und rechtlich gesinnt. Sie kennen die kirchlichen Gebräuche gar nicht; ihr Verstand ist beschränkt und sie besitzen nur ein mittelmässiges Geschick zu Künsten und Handwerken. Die Charaktere ihrer Schrift sind dieselben wie die des Landes Tu-ho-lo; aber die Sprache, welche sie reden, ist verschieden davon. Im Allgemeinen tragen sie wollene Kleidung. Ihr König stammt aus der Familie der Shakyas (*Foë-kuë-ki*, 188, 198, 213). Er schätzt und verehrt das Gesetz Fo's. Die Menschen des Königreichs folgen seinen Vorschriften, und es giebt darunter keinen einzigen, der nicht mit Rechtschaffenheit und Gradheit umginge. Es liegen darin zwei Klöster, welche nur eine geringe Zahl von Mönchen enthalten. Im NO. von den Grenzen des Königreichs übersteigt man Berge, man zieht quer durch Thäler und nachdem man etwa 700 Li mitten unter Gefahren und Abgründen zurückgelegt hat, gelangt man zum Thale Po-mi-lo (Pamir). Es hat von O. nach W. etwa 1000 Li, von S. nach N. ungefähr 100 Li und an den engen und eingeschlossenen Stellen nicht über 10 Li Weite. Es liegt zwischen zwei Schneegebirgen. Desshalb weht daselbst ein kalter Wind mit Heftigkeit. Im Frühlinge und im Sommer sieht man Schneewirbelstürme, und ungestüme Winde lassen sich hier Tag und Nacht hören. Das Land ist unfruchtbar. Was man pflanzt oder säet, geräth darin schlecht; Kräuter und Bäume sind daselbst sehr selten. Bald kommt man in ein wüstes und uncultivirtes Land, wo man keinen Einwohner antrifft. Mitten im Thale liegt der grosse Drachensee. Von O. nach W. hat er eine Länge von etwa 300 Li, von S. nach N. 50 Li. Er liegt innerhalb der grossen Tsong-ling; dies Land ist das höchste von allen, welches Djambu-dwipa in sich begreift. Die Wasser des Sees sind klar und glänzend wie ein Spiegel; man vermag ihre Tiefe nicht zu ergründen. Ihre Farbe ist ein grünliches Schwarz; sie sind von süssem und angenehmem Geschmack. In ihrem Schoosse wohnen Haifische, Drachen, Krokodille und Schildkröten verschiedener Art. Auf ihrer Oberfläche sieht man Enten, Schwäne, wilde Gänse etc. schwimmen und umherspazieren. Sie legen ihre Eier in das unbebaute Land oder unter die dichten Kräuter der Sümpfe oder auf mit Sand bedeckte Inseln.“

„Im Westen des (Drachen-) Sees tritt ein grosser Strom hervor, welcher westwärts fliesst und an die Grenzen des Königreichs Ta-mo-si-tie-ti kommt. Da vereinigt er sich mit dem Flusse Fa-tsu (Oxus) und läuft westwärts. Desshalb fliessen alle Gewässer rechts von diesem See gegen Westen.“

„Im O. des Sees kommt ein grosser Strom heraus, welcher

nach NO. fliesst und bis zu den Westgrenzen des Königreichs Kie-scha (Kaschghar) gelangt. Dort verbindet er sich mit dem Flusse Si-to und fliesst ostwärts*). Darum fliessen alle Gewässer links vom See gen O. Nachdem man einen Berg im S. des Thales Po-mi-lo überstiegen, findet man das Königreich Po-lo-lo, welches viel Gold und Silber liefert. Dies Gold ist feuerfarben."

„Geht man von der Mitte dieses Thales nach SO., so erblickt man auf dem Wege weder Menschen noch Wohnungen. Späterhin erklimmt man Gebirge, zieht durch Abgründe, und begegnet auf einer Strecke von 500 Li nur Eis- und Schneehaufen. Am Ende dieses Weges kam ich im Königreiche Ko-pan-tho**) an."

Die Wichtigkeit, welche man der Beschreibung des Thales Pamir beilegt, veranlasst mich, eine auf die wahre Bedeutung des Wortes *tsch'uen* bezügliche Bemerkung hinzuzufügen.

Tsch'uen bedeutet gemeiniglich Fluss. Dies ist in der That der einzige Sinn, den man in Deguignes' (oder vielmehr in Basilius') Wörterbuch, p. 168, No. 2380, in Morrison's, I., 61 (*stream*) und in P. Gonçalvez', p. 247 (*corrente*) findet. Aber wenn man die ganz chines. Wörterbücher, z. B. das Kaiser Khang-hi's, zu Rathe zieht, so sieht man, dass das Wort *tsch'uen* (in Folge einer Art von Homophonie) die Bedeutung von *tsch'uen*, d. i. eindringen, graben, hat (Basil. Wörterbuch, No. 7282); graben (sagt das alte etymolog. Wörterbuch *Schuë-wen*, Wurzel 415), um dem Wasser einen Durchgang zu verschaffen.

Ich finde im Ritual der Dynastie der Tscheu (in dem auf das 10. Jahrh. vor Chr. zurückreichenden Werke *Tscheu-li*) eine bestimmtere Stelle, welche Klaproth wahrscheinlich nicht kannte, als er instinctartig *tsch'uen* im Hiuen-thsang (Art. Po-mi-lo) durch Thal übersetzte.

Tscheu-li (kais. Edit., lib. 43, cap. Khao-kong-ki, fol. 45):

„So ist die äussere Gestalt der Erde beschaffen, dass zwischen zwei Bergen nothwendig ein *tsch'uen* ist."

Bemerkung der Herausgeber. „In dem Satze eben dieses Werkes: *Sui-gin-wan-fu-yeu-tsch'uen* bezeichnet das Wort *tsch'uen* ein von Menschenhand gemachtes *tsch'uen*

*) Dies ist der Anfang des grossen Wassersystems, welches unter dem Namen Tarim bekannter ist. (H—t.)

**) Nach Klaproth liegen Ko-pan-tho und Taschbalik am Sito (obern Tarim) etwa unter 39° 10′ Br. und 71° 10′ Lg. (H—t.)

(eine Höhlung). Aber in der hier angeführten Stelle („zwischen zwei Bergen ist nothwendig ein *tsch'uen*") handelt es sich um ein vom Himmel und von der Erde, d. h. von der Natur gebildetes *tsch'uen* (Höhlung). Diese von der Natur gebildeten Arten von *tsch'uen* (Höhlungen zwischen zwei Bergen) existiren bald in einem Abstande von einigenmal zehn Li, bald von einigen hundert Li. Der Text des *Tscheu-li* fügt hinzu: Im obern Theile eines grossen *tsch'uen*, d. h. hier einer grossen Vertiefung zwischen zwei Bergen, findet sich nothwendig ein *thu* oder Kanal (für den Abfluss der Gewässer). Zufolge einer Glosse des kais. Wörterbuchs von Khang-hi hatte die *thu* genannte Art von Kanal die Breite des Geleises eines zweirädrigen Wagens (*char*). Klaproth erklärt auch in einer Note zum *Foë-kuë-ki*, p. 282, *tsch'uen* (*tschhuan*) durch „ein von einem Bache bewässertes Thal"; aber er liefert keine Beweise für diese Auffassung."

Bericht der Reise Song-yun's, welche in den Jahren 519—521 unsrer Zeitrechnung statt fand. (Auszug aus *Lo-yang-kia-lan-ki*, lib. 5., fol. 5 verso.)

„Zu Anfang des achten Monats betraten die Pilger die Grenzen des Königreichs Han-pan-tho (lies Ko-pan-tho [Taschbalik im O. der Bolor-Kette] — *sic* Wörterbuch *Peï-wen-yun-fu*, lib. 20 B., fol. 20), und nachdem sie sechs Tage lang westwärts gewandert waren, erstiegen sie die Tsong-ling-schan (Tsong-ling-Berge). Sie gingen dann noch drei Tage lang nach Westen und kamen zur Stadt Po-iu. Drei Tage später gelangten sie an den Berg Po-i. Dieser Ort ist äusserst kalt. Im Winter wie im Sommer sieht man daselbst Schneehaufen. In der Mitte des Berges liegt ein See, den ein giftiger Drache bewohnt. Ehemals hielten die Kaufleute neben diesem See an und brachten dabei die Nacht zu. Der Drache gerieth in Wuth und tödtete die Kaufleute mittelst Zauberformeln.

„Als der König von Pan-tho (oder Ko-pan-tho) hiervon benachrichtigt worden, übergab er seine Macht seinem Sohne und zog in's Königreich U-tschang, wo er die Zauberformeln der Brahmanen studirte. Als er nach Verlauf von vier Jahren sich diese Wissenschaft gründlich zu eigen gemacht, kehrte er von da zurück und übernahm die königliche Gewalt wieder. Seinerseits schleuderte er nun Zaubersprüche gegen den Drachen des Sees. Dieser verwandelte sich in einen Menschen, und voll Reue kam er zum Könige. Der König verbannte ihn sofort auf das Tsong-ling-Gebirge 2000 Li (200 M.) weit von jenem See. Der jetzt regierende König ist sein dreizehnter Nachkomme."

„Von diesem Orte an sieht man, nach W. reisend, den Zug der Berge sich biegen (*incliner*) und Hügel von 1000 Li (100 M.) Ausdehnung bilden. Die schroffen Ränder der Berge erscheinen in einer Höhe von 10000 *Jin* (oder 80000 Fuss) hängend. In dieser Gegend befinden sich wahrlich die höchsten Abgründe auf der Welt. Das grosse Thor (ein Durchgang zwischen zwei jähen Felsen) des Berges Thaï-hing ist bei dieser Stelle nicht gefährlich; die hohen Berge des Passes Kiao-kuan sind neben ihnen (d. h. in Vergleich zu ihnen) eben."

„Wenn man vom Fusse des Tsong-ling-Gebirges ausgeht, so sieht man, wie sich dasselbe allmälig bei jedem Schritt erhebt, und wenn man so vier Tage lang fortwandert, so kann man endlich seinen Gipfel erreichen, welcher wirklich auf der Mitte der Höhe des Himmels zu liegen scheint."

„Das Königreich Han-pan-tho (lies Ko-pan-tho) befindet sich genau auf dem Gipfel dieses Gebirges. Alle Gewässer fliessen auf der Westseite des Tsong-ling-Gebirges herab und laufen westwärts (in einem andern Texte findet man hier, sagt der Herausgeber, die Worte „treten in das Meer" zu viel; ein dritter Text enthält: „und treten in das westliche Meer", d. h. in das caspische Meer). Die Weltmenschen sagen, dass dieser Punkt (d. h. der Gipfel des Tsong-ling-Gebirges) die Mitte zwischen Himmel und Erde sei."

„Die Bewohner des Landes leiten die Wasser (aus diesen Strömen) ab, ehe sie die Felder besäen. Als sie erfuhren, dass man in China zur Aussaat den Regen abwarte, sagten sie lachend: Wie kann der Himmel allen Landleuten zu derselben Zeit Regen senden?"

„Östlich von der Stadt erblickt man den Fluss Meng-tsin, welcher nach NO. fliesst und sich znm Königreiche Scha-le wendet. Das Tsong-ling-Gebirge erhebt sich zu einer ungeheuren Höhe; sein Gipfel erzeugt weder Kräuter noch Bäume."

„Zu dieser Zeit, es war im achten Monat, war die Luft ausserordentlich kalt. Der Nordwind jagte die wilden Gänse und ein Schneeregen fiel auf einer Strecke von 1000 Li."

„In der zweiten Decade des Monats traten wir in das Königreich Po-ho, welches hohe Berge, tiefe Thäler und hochgelegene Wege zeigt. Die Königsstadt ist rings von Bergen umgeben, welche ihr als Mauer dienen. Die Bewohner kleiden sich nur in Stoffe aus Filzwolle. Weil das Klima äusserst kalt ist, so wohnen sie unter der Erde. Der heftige Wind und die strenge Kälte zwingen die Menschen und die Thiere, sich an einander zusammenzukauern."

„Auf der Südgrenze des Königreichs giebt es einen grossen Berg, der mit Schnee bedeckt ist, welcher Morgens schmilzt und Abends gefriert. Von fern gleicht er einem Pik aus Speckstein (*jade*)."

„Zu Anfang des zehnten Monats kamen wir in's Königreich Ye-ta. Die Felder sind ausgedehnt, die Gebirge und die Seen erstrecken sich in unabsehbare Fernen. Das Volk wohnt nicht in einem mit Mauern umgebenen Orte; sie führen ein nomadisirendes Leben und besitzen keine andern Wohnungen als Filzzelte. Sie folgen den Wasserläufen und suchen die Kräuter tragenden Stellen auf. Im Sommer ziehen sie in die kühlen Länder, im Winter nach den gemässigten Gegenden. Die Leute in den Dörfern kennen die Schriftzeichen gar nicht und beobachten durchaus nicht die kirchlichen Gebräuche. Sie kennen die Gesetze nicht, welche die Umwälzungen des (weibl.) Princips *In* und des (männl.) Princips *Yang* bestimmen. Sie machen keinen Gebrauch von Schaltmonaten, um das Jahr zu vervollständigen, und sie unterscheiden nicht grosse und kleine Monate (zu 30 und 29 Tagen). Sie bilden ihr Jahr aus 12 Monaten. Sie empfangen Tribut von allen benachbarten Königreichen, deren Zahl sich ungefähr auf vierzig beläuft und welche sich im S. bis Tie-le, im N. bis Laï-le, im O. bis Ju-thian (Khotan), im W. bis Po-sse (Persien) erstrecken. Alle Fürsten dieser Staaten kommen zu ihnen, um ihnen ihre Aufwartung zu machen und ihre Ehrfurcht zu bezeugen."

C. Der Kuen-lun oder Kulkun.

Kuen-lun-schan. (Allg. Geogr. der Thsing, Ausg. von 1744, Art. Thsing-haï oder Land Kukunor, fol. 7 verso.)

„Das Kuen-lun-Gebirge liegt im W. vom Gelben Flusse. Man lies't in der neuen Übereinstimmung der Landesnamen des *Schu-king* (*Schu-king-ti-li-kin-schi*): Das Kuen-lun-Geb. befindet sich innerhalb der Grenzen des jetzigen Landes der Si-fan. Es besteht aus drei Gebirgen: Das erste heisst Ak-tan-tsi-kin, das zweite Bar-bu-kha, das dritte Ba-yan-ka-ra."

„Man giebt ihnen den allgemeinen Namen Kulkun, welchen die Dolmetscher durch Kuen-lun wiedergeben. Sie liegen im W. von dem Berge (welcher im Mongol. *Amiye-maldschin-musun-ola*, d. h. Berg mit nacktem Gipfel, und im Chines. genannt wird:) *Tsi-schi-schan*, d. h. Berg von aufgehäuften Steinen. An dieser Stelle nun kommt die Quelle des Gelben Flusses hervor (im Chines. steht bloss die Quelle des Flusses; aber das Wort *ho*, Fluss, wird häufig gebraucht, um den Gelben Fluss zu bezeichnen)."

Bemerkungen (der Herausgeber). In dem geogr. Theile der Annalen der Han lies't man: „Der Bezirk Lin-kiang-hien, welcher von Kin-tsching-kiun abhängig ist, reicht gen NW. ausserhalb der Grenzen. Man sieht daselbst das steinerne Haus von Si-wang-mu oder die Königinn vom Abendlande (eine fabelhafte Person), das kraftlose Wasser oder *joschui* (eine Art stehenden Wassers, welches bei den Dichtern berühmt ist,) und den Tempel des Berges Kuen-lun." Auf diese Stelle eben stützt sich Tsaï-tschin, als er sagt, dass der Berg Kuen-lun im Lande Lin-kiang liege. Die Geographie der Han sagt wohl, dass sich im W. der Tempel des Berges Kuen-lun befinde, aber durchaus nicht, dass der Berg Kuen-lun innerhalb der Grenzen des Bezirks Lin-kiang-hien gelegen sei. Der unter den Han Lin-kiang-hien genannte Bezirk liegt westlich von dem Militairposten Si-ning in der jetzigen Provinz Schen-si. Der Berg Kuen-lun darf nicht so nahe gesetzt werden."

In der Encykl. *Thong-tien* heisst es: „Die Tu-fan sagen, dass der Berg Kuen-lun im SW. in der Mitte ihres Königreichs (oder in ihrem Königreiche) liegt und dass von daher der (Gelbe) Fluss kommt."

Man lies't in den Annalen der Thang, Beschreibung des Landes Tu-fan: „Der Gesandte Lieu-yuen-ting erzählte bei seiner Rückkehr, dass man, nachdem man von dem Orte, wo die Wasser des Flusses Hoang in den Gelben Fluss treten, 2300 Li in südwestlicher Richtung zurückgelegt habe, an den Berg Thseschan (oder Schwarzen Berg) käme. Er bildet drei Berge, deren Mittelpunkt sehr hoch ist und deren vier Seiten im Königreiche Ta-yang-thong liegen. Dies ist der Berg, welchen die Alten Kuen-lun nannten. Die Fremden (die Einheimischen) nennen ihn Min-mo-li-schan. Nach O. hin ist er 5000 Li von Tschang-'an entfernt; der (Gelbe) Fluss entspringt daselbst. Dies ist (fügen die Herausgeber hinzu) der Berg, welchen man heut zu Tage Kulkun nennt."

In den Annalen der Yuen (Mongolen) lies't man in dem Artikel: Ergänzung zu den Nachrichten über die Quellen des Gelben Flusses: „Zu Do-kan-sse im Lande der Tufan giebt es im NO. einen grossen Schneeberg, welchen man I-eul-ma-pu-mo-la nennt. Dieser Berg ist ausserordentlich hoch. Die Übersetzer geben diesen Namen durch Tengritak wieder; es ist der Berg Kuen-lun."

Bemerkung (ibid.). „Dies ist der Berg, welchen die Eingebornen (buchstäblich: die Fremden) gegenwärtig den grossen Schneeberg A-mo-ni-ma-tschen-mu-sun nennen; (im Wörterbuche *Si-yu-thong-wen-tschi*, l. XV., fol. 18, ist dieser Name durch Amye-maldschin-musun-ola wiedergegeben.) Er liegt östlich von dem Sing-so-haï oder dem Meere der Gestirne und der Constellationen, wo der Gelbe Fluss seinen Ursprung nimmt. Er erstreckt sich etwa eine Länge von 300 Li weit. Er besitzt neun sehr erhabene Piks. Der Gelbe Fluss läuft im S. dieses Berges hin; später fasst er dessen nordöstlichen Theil ein. Daher kommt es, dass man zu Liang-in sagt, der Gelbe Fluss umgiebt drei Seiten des Berges, indem er einen nicht geschlossenen Kreis bildet. Wäre dieser Ausdruck genau, so würde der Kuen-lun nahe bei dem untern Laufe der Quellen des Gelben Flusses liegen, was wohl noch nicht ganz ausgemacht zu sein scheint."

Bemerkung (ibid.): „Obwohl an der Stelle, wo der Gelbe Fluss gegenwärtig entspringt, drei Berge liegen, so ist doch der Berg Bayankara, der westlichste und grösste von ihnen, derjenige, an welchem sich die eigentliche Quelle befindet. Im NO. ist (der Berg Kuen-lun oder Kulkun) 1455 Li ausserhalb von den Grenzen von Si-ning (in der jetzigen Provinz Kan-su) entfernt. Er dehnt sich ungefähr 1000 Li weit in der Länge aus. Dieser Berg ist nicht ungemein hoch, sondern der Boden ist sehr erhaben [d. h. die relative Höhe ist nicht beträchtlich, aber die Kette ist auf ein Plateau aufgesetzt]. Wenn man westlich von den beiden kleinen Seen Tscha-ling und O-ling ausgeht, so steigt er allmälig an. Wenn man bis 300 Li steigt, so gelangt man erst an den Fuss dieses Berges. Die Adern des Berges laufen (d. h. die Anschwellung des Bodens beginnt) im Westen vom Berge Li-schan aus, von welchem der Fluss Kin-scha-kiang (oder der Fluss mit Goldsänden) kommt, ziehen dann in Schlangenlinien gegen O. und bilden jenen Berg. Von hier aus theilt er sich, wendet sich nordwärts, wo er Gipfel mit mehreren Stufen (*étages*) zeigt und zieht grade zum

Engpasse Kia-ku-kuan. Er läuft im O. nach dem Ta-siuë-schan (dem grossen Schneegebirge), kommt an die Grenzen von Si-ning im NO., erreicht die grossen und kleinen Berge, welche im S. von Liang in der Provinz Kan-su liegen; im SO. umzieht er (wörtlich: zieht er zusammen [*englobe*]) das Süd-Ufer des Gelben Flusses und gelangt an den Berg Si-khing. Er erreicht die Kreise Ho-tscheu, Yao-tscheu und Kiaï-tscheu in der Provinz Schan-si und kommt bis zu den Gebirgen an der Mündung des Song-pan in der Provinz Sse-tschuen. Die Quellen des Gelben Flusses entspringen in seinem östlichen Theile; aber die Zweige und der Stamm dieses Gebirges umschliessen bei ihrem Umwege die beiden Ufer des Gelben Flusses. Seine verschiedenen Theile (nämlich der Stamm und die Zweige) bleiben bei einander. Die Mongolen geben ihm den allgemeinen Namen Kulkun*). Auf einer Strecke von mehrmals 10 Li auf der Vorder- und Rückseite des Gebirges erblickt man keine Spur von Menschen und Wohnungen. Im siebenten und achten Monat (August und September) ist er mit Schnee bedeckt, welcher im fünften und sechsten Monat (Juni und Juli) noch nicht völlig geschmolzen ist. Die Steine in diesem Lande sind von schwarzer Farbe; es giebt darin viele wilde Thiere; Wasser und Kräuter sind in Menge vorhanden. Man findet übrigens daselbst Gold- und Silberbergwerke."

„Im Mongol. heisst schwarz: *kara* und reich: *bayan*. Desshalb nennt man den einen von den drei Bergen des Kuen-lun den *Bayan-kara-schan* (wörtlich: der reiche und schwarze Berg). Diesen Berg**) nannten die Tu-fan unter den Thang

*) Es giebt im Chines. ein Wort Ku-eul-kuen, woraus die europäischen Geographen Kulkun gemacht haben. Aber nach dem Sylbenbuch *Thsing-han-tui-in-tseu-schi*, welches Kaiser Khien-long im J. 1773 herausgab, um ein Mittel zu liefern, die chines. Charaktere, welche den mandsch., mongol. etc. Lauten entsprechen, richtig zu übertragen, müssen die beiden Sylben *ku-eul* (so giebt sie das *Si-yu-thong-wen-tschi*, l. XV., fol. 19, an) mit *kur* und nicht mit *kul* wiedergegeben werden. Daraus scheint hervorzugehen, dass man Kurkun statt Kulkun schreiben müsste. Da indessen die Sylbe *eul* auch, wiewohl sehr selten, gebraucht wird, um das *l* darzustellen, z. B. in *Ka-eul-ka* (die Kalkas) (s. das von Khien-long 1780 publicirte mandschu.-mongol.-chines. Wörterbuch, Vorrede, fol. 6), so glaube ich, Kulkun beibehalten zu müssen. Stan. Julien.

**) [Wir haben hier absichtlich, wie schon früher in Hrn. Julien's Erläuterungen, *montagne* oder *mont* meist wörtlich durch Berg wiedergegeben, wo wir nach geogr. Sprachgebrauch Gebirge sagen würden. M.]

Kuen-lun. Der Berg, welchen die Geschichte der Yuen (Mongolen) *Ta-siuë-schan* (Grosser Schneeberg) nennt, ist der im *Schu-king* unter dem Namen Tsi-schi angeführte. Er liegt östlich von der Quelle des Gelben Flusses. Zu jener Zeit (zur Zeit der Mongolen) war man noch nicht westwärts bis zu dem Berge vorgedrungen, von welchem die wahre Quelle des Gelben Flusses kommt. Der gegenwärtig Bayan-kara genannte Berg ist wirklich der, aus dem die Quelle des Gelben Flusses hervortritt. Dieser Berg ist breit und massiv. Wegen seiner ungeheuern Verhältnisse weicht er sehr von den gewöhnlichen Gebirgen ab."

„Unter der Dynastie der Thang wurde Lieu-yuen-ting mit einer Mission zu den Tu-fan gesandt; er passirte die Quellen des Gelben Flusses und wandte sich gegen W. Obwohl die von ihm in dem „Tagebuche seiner Rückreise" gelieferten Einzelnheiten sehr kurz gefasst sind, so sieht man doch leicht, dass seine Beschreibung von der Gestalt und Lage dieses Berges mit den Beobachtungen der neueren Reisenden genau übereinstimmt. Der Berg, welchen er Thse-schan nennt, heisst so wegen seiner Farbe; nämlich als wenn wir heutiges Tages der Schwarze Berg (*kara*) sagten. Wenn wir den Ort der Quelle des Gelben Flusses aufsuchen, so giebt es keinen andern Berg, als diesen, welcher für den Kuen-lun gehalten werden könnte; (der Bayan-kara, aus welchem der Gelbe Fluss kommt, ist einer von den drei Bergen der Kuen-lun-Gruppe.)"

In dem Werke, welches den Titel *Fang-tschong-li-ku-kin-schi-i* (d. h. Aufhellung der Zweifel über die Übereinstimmung der alten und neuen Landesnamen) führt, lies't man: „Der Fluss *Kin-scha-kiang* (d. h. der mit Goldsand) kommt aus dem Li-schi-schan; dies ist der südliche Theil des Kuen-lun. Wenn man sagt, der Gelbe Fluss kommt aus Do-kan-sse, so bezeichnet man den westlichen Theil des Kuen-lun; aber es kommen die Quellen der beiden Ströme, des Yang-tse-kiang wie des Hoang-ho, vom Kuen-lun. Diese Details sind völlig genau und es ist gewiss, dass sie den frühern Schriftstellern unbekannt gewesen sind. Nur muss man sagen, dass der Gelbe Fluss vom östlichen Theile des Kuen-lun kommt. Wenn man heut zu Tage sagte, dass er vom westlichen Theile käme, so würde man einen argen Fehler begehen, der seinen Ursprung aus den Annalen der Mongolen herschreibt." *)

*) Aus allen diesen chines. Stellen zusammen, welche Hr. Julien mit Sorgfalt gesammelt hat, geht hervor, dass es zwei Kuen-lun

Amye-maldschin-musun-ola oder Kuen-lun der Mongolen.

Nach dem *Si-yu-thong-wen-tschi* (lib. XV., fol. 1, 18): „*Amye* ist ein Si-fan- (tübetan.) Wort, welches Grossvater bedeutet. *Maldschin* drückt aus: die kahle Platte eines Greises; *musun* bezeichnet Eis. Der Gipfel dieses Berges ist nackt; es giebt darauf wenig Kräuter und Bäume und man sieht viel Eis und Schnee. Es ist der Hauptberg des Landes Khukhunor. Der Gelbe Fluss fliesst südlich von diesem Berge."

Im „Buche der Berge und der Meere" lies't man: „Unten am Berge Tsi-schi-schan ist ein steinernes Thor. Die Wasser des Gelben Flusses fliessen mit Ungestüm an seinem südwestlichen Theile."

In der Glosse zum „Buche der Strome" heisst es: „Die Wasser des Gelben Flusses entweichen ausserhalb der westlichen Grenzen; sie treten aus einer Schlucht des Berges Tsi-schi-schan hervor, fliessen mit einem Umwege nordostwärts und bilden die Ho-khio genannte Krümmung."

In dem geogr. Abschnitt der Annalen der Han, Art. Ho-kuan-hien oder Bezirk Ho-kuan, der von Kin-tsching-kiun abhängig, lies't man: „Der Berg Tsi-schi-schan liegt im SW. im Lande Kiang."

In demselben Werke heisst es in der Beschreibung von Si-yu: „Die Wasser des Salzsees (Hien-tse) fliessen heimlich unter der Erde fort; im Mittage kommen sie aus dem Berge Tsi-schi-schan."

Man lies't in den Annalen der Thang, Gesch. Hëu-kiun-tsi's: „Hëu-kiun-tsi kam, als er Fo-yun, den König der Tu-ku-hoen verfolgte, im N. vom *Pe-haï* (dem Cypressenmeere) an; er erblickte von fern den Berg Tsi-schi-schan und ward der Stelle, wo die Quelle des Gelben Flusses hervorsprudelt, ansichtig."

Bemerkungen der chines. Herausgeber. „Die Wasser des Gelben Flusses kommen vom Kuen-lun und begeben sich in den Tsi-schi-schan."

„Als die Kaiser der Sui (581 bis 618) im Lande der Tu-

giebt, nämlich den, welchen ich auf meiner Karte angegeben, und den der Mongolen, welcher Tsi-schi-schan oder Ta-siuë-schan (grosser Schneeberg) oder Amye-maldschin-musun-ola heisst. Der chines. Kuen-lun liegt im W. vom mongol. Kuen-lun oder Tsi-schi-schan. (H—t.)

ku-hoen den Frieden hergestellt hatten, richteten sie den Bezirk *Ho-yuen-kiun* (d. h. den Bezirk der Quelle des Gelben Flusses) ein; sie nannten ihn so, weil innerhalb der Grenzen desselben der Berg Tsi-schi-schan lag. Seit dem zweiten Jahr der Periode Fong-i (677) der Thang verlegte man das Lager Ho-yuen-kiun und stellte es 20 M. im NW. vom Kreise Schen-tscheu auf. In der Folge legte man das Lager Tsi-schi-schan in die alte Stadt Kiao-ho, 150 Li im SW. vom Kreise Khuo-tscheu. Damals fing man an, den Namen Tsi-schi-schan in's Innere der Grenzen zu übertragen."

Die beiden Werke *Yuen-ho-tschi* und *Thong-tien* betrachten den Tsi-schi-schan als in dem von Si-ping-kian abhängigen Bezirk Long-tschi-hien gelegen. Tsaï-tschin ist dieser Ansicht in seinem Commentar zum *Schu-king* gefolgt. Aber Yen-jo-kiu hat das, was in diesen verschiedenen Angaben richtig und was darin ungenau ist, zu unterscheiden verstanden. Wenn man sagt, (so schreibt er,) dass der Tsi-schi-schan im SW. im Lande Kiang liegt, so muss dies ausserhalb des Bezirks statt finden, welcher unter der Dynastie der Han *Si-haï-kiun* (der Bezirks des West-Meeres) genannt wurde. Dies ist wirklich die Gegend, wo der Grosse Yu den Lauf des Gelben Flusses leitete. Was den Tsi-schi-schan des Bezirks Long-tschi betrifft, so ist dies der kleine Tsi-schi-schan."

„Der westliche Kulkun, welches der heut zu Tage Amyemalschin-musun-ola genannte Berg ist, ist die Quelle des Gelben Flusses. Dieser Fluss kommt vom S. des Berges, fliesst nach O. und umgiebt, sich nach N. wendend, drei Seiten des Berges wie ein unvollständiger Kreis. Diese Thatsachen stimmen mit dem Capitel *Yu-kong* im *Schu-king*, dem Buche der Gebirge, dem Commentar zum Buche der Gewässer etc. überein. Die Gestalt des Berges ist hoch und massiv; dies muss der Berg sein, welchen Hëu-kiun-tsi von fern erblicken konnte, als er sich nördlich vom Pe-haï oder dem Cypressenmeer befand; es ist derselbe ohne allen Zweifel der alte Berg Tsi-schi-schan."*)

Über den Berg Tsi-schi-schan oder Kuen-lun der Mongolen (*Thaï-thsing-i-tong-tschi*, Ausg. von 1744, Art. Thsing-

*) Die Nachrichten, welche uns Texte aus sehr verschiedenen Zeiten liefern, sind nicht immer mit einander im Einklange. Man kann im Allgemeinen nach Hrn. Julien annehmen, dass die Mongolen mehr Vertrauen verdienen als die alten Schriftsteller, und die Mandschus (Thsing) wieder mehr als die Mongolen. (H—t.)

haï oder Khukhunor, fol. 8 verso): „Der Berg Tsi-schi-schan ist der gegenwärtig *Ta-siue-schan* oder grosse Schneeberg genannte Berg. Die Eingebornen nennen ihn A-mu-ni-ma-schen-mu-sun-schan (ibid.; sie sollen denselben Namen auch dem Kuen-lun-Berge geben, weil die Mongolen fälschlich den Berg Tsi-schi-schan für den Berg Kuen-lun gehalten haben). Er liegt am nördlichen Ufer des Gelben Flusses, ungefähr 530 Li im SW. ausserhalb der Grenzen von Si-ning. Dieser Berg erstreckt sich auf einer Länge von ungefähr 300 Li und darauf erheben sich neun Spitzen, die so hoch sind, dass sie die Wolken durchdringen. Dies ist das höchste von allen Gebirgen des Landes Khukhunor."

„Der Tsi-schi-schan hat seinen Ursprung im O. des Berges Bayankara, wo der Gelbe Fluss hervorkommt. Der mittlere Pik erhebt sich ganz grade über die andern; man bemerkt ihn von fern in einem Abstande von mehr als 100 Li. Die aufgehäuften Schneemassen haben Gletscher gebildet, die seit einer langen Reihe von Jahren nicht geschmolzen sind."

„Alle Piks und Gipfel sind weiss und sehr schroff. Die Dünste, welche sie umgeben, sind ausserordentlich dicht; selten sieht man, dass Menschen hinaufklimmen. In der Sprache der Barbaren (der Einwohner) heisst der Grossvater: *a-mu-ni*, und gefährlich, schlecht: *ma-schen*. Die Mongolen nennen das Eis *mu-sun*. Das ganze Wort *A-mu-ni-ma-schen-mu-sun-schan* bezeichnet etwa: Grosser schneebedeckter Berg" (s. S. 627 Zeile 5 v. o.).

„Der Gelbe Fluss fliesst im Süden von diesem Berge. Wenn er nach dem Osten des Berges gekommen ist, so theilt er sich und wendet sich nordwärts. Gegenwärtig betrachten die Einwohner diesen Berg als den erhabensten des Landes Khu-khunoor. Sie bringen ihm in den vier Jahreszeiten Opfer dar. Der höchsten und grössten Berge rechts und links, vorn und hinten im Lande Khu-khu-nor sind dreizehn an der Zahl. Die Eingebornen pflegen jedem von ihnen besonders Opfer darzubringen; aber diesen, den Tsi-schi-schan, setzen sie höher als alle andern. Dies ist der Berg, welcher im Cap. *Yu-kong* des *Schu-king* unter dem Namen Tsi-schi bezeichnet wird, den man unter der Dynastie der Thang Ta-tsi-schi-schan oder den grossen Berg Tsi-schi-schan nannte (das Wort *tsi-schi* bedeutet *congesti lapides*, *congesta saxa*,) und den die Historiker der Mongolen-Dynastie Kuen-lun nennen. In dem geogr. Abschnitt der Annalen der Han lies't man hinter dem District Ho-kuan-hien, welcher von Kin-tsching-kian abhängig ist: Der Berg Tsi-schi liegt im

SW. im Lande Kiang; die Wasser des Gelben Flusses gehen ausserhalb der Grenzen und treten im NO. wieder in die Grenzen ein.“

In der Beschreibung von Si-yu (die einen Theil der Annalen der Han bildet,) lies't man: „Die Gewässer des Salzsees fliessen heimlich unter der Erde fort; im S. treten sie aus dem Berge Tsi-schi hervor und bilden den Gelben Fluss Chinas.“

„Man lies't in den Annalen der jüngeren Han: Der District Ho-kuan-hien gehört zu Long-si-kiun. Ebendas. heisst es in dem geogr. Abschnitte: Der Berg Tsi-schi ist im SW. gelegen; die Gewässer des Gelben Flusses kommen daraus hervor. Dies ist der Berg Tsi-schi des *Schu-king*.“

„In den Annalen der Tang lies't man: Als Heu-kiun-tsi und Andere den König Fo-yun von Tu-ku-hoen verfolgten, kamen sie zu dem Thale von *Sing-so*, d. h. dem der Sterne und Sternbilder. Dies ist der Ort, wo der Gelbe Fluss entspringt. Späterhin drang er bis nördlich vom *Pe-haï*, d. i. vom Meere der Cypressen (so heisst ein See,) vor und gewahrte in der Ferne den Berg Tsi-schi-schan; er sah die Stelle, wo die Quellen des Gelben Flusses hervorbrechen. Dies ist der Berg Tsi-schi-schan, welcher im Lande Kiang im SO. des Bezirks Ho-kuan-hien gelegen ist.“

„Seit dem fünften Jahre der Periode Tanie der Suï-Dynastie (d. h. seit dem J. 609 n. Chr.) legte der Kaiser, nachdem er im Lande Tu-ku-hoen den Frieden hergestellt (oder dasselbe unterworfen) hatte, den Bezirk *Ho-yuën* (d. i. den Bezirk der Quelle des Gelben Flusses) in die Stadt Tschi-schui-tsching, weil derselbe in seinen Grenzen den Berg Tsi-schi-schan einschloss.“

„Im zweiten Jahre der Periode I-fong der Thang (677 n. Chr.) verlegte man den Bezirk Ho-yuën (oder den der Quelle des Gelben Flusses) 20 Li nach dem NW. vom Kreise Schen-tscheu; ausserdem legte man den Bezirk Tsi-schi in die alte Stadt Kiao-ho, 150 Li südöstlich vom Kreise Kuo-tscheu, und damals ward der Name Tsi-schi-schan in's Innere der Grenzen übertragen.“

Man lies't in der Encyklop., welche unter dem Titel *Thong-tien* von Tu-schi, der unter den Tang lebte, herausgegeben wurde: „Der Berg Tsi-schi-schan liegt im S. des Districts Long-tschi-hien, welcher vom jetzigen Kreise Si-p'ing-kiun (als wenn man sagte: vom Kreise der Friedensstiftung im W.) abhängt. Dies Land ist (sagt Tsaï-tschin, der Commentator des *Schu-*

king) in den Grenzen des Bezirks Long-tschi-hien eingeschlossen, welcher vom jetzigen Kreise Schen-tscheu abhängig ist."

„Der Bezirk Long-tschi-hien (sagen ferner die Herausgeber,) liegt etwa 80 Li südöstlich von der Stadt Si-ning; dies Land entspricht dem ehemaligen Bezirke Yun-u-hien, worin die Stadt Kin-tsching unter der Han-Dynastie lag. Unter den jüngeren Han erhielt diese Stadt den Namen Long-khi."

In dem Werke: *Yuen-ho-tschi* heisst es: „Der Berg Tsi-schi-schan liegt 98 Li westlich vom Bezirk Long-tschi-hien. Im S. dient er dem Bezirk Pao-han, welcher vom Kreise *Ho-tschëu* (oder dem Gelben-Fluss-Kreise) abhängt, zur Grenze. Nun ist Pao-han gegenwärtig der Kreis *Ho-tschëu* (der des Gelben Flusses), welcher vom jetzigen Kreise *Lin-yao-fu* (d. h. dem Kreise, welcher in der Nähe des Flusses Yao liegt,) abhängt. Der Tsi-schi-schan liegt 70 Li nordwestlich von diesem Kreise. Ferner liegt der Pass von Tsi-schi-schan (Tsi-schi-schan-kuan) 120 Li im NW. Die Lage der Orte lässt sagen, dass die beiden Berge wie zerschnitten gewesen sind. Der Gelbe Fluss fliesst in der Mitte. Jetzt findet man, wenn man ihn mit Tsi-schi vergleicht, wo der Kaiser Yu (s. *Schu-king*, Cap. *Yu-kong*) den Gelben Fluss leitete, eine Entfernung von etwa 1000 Li. Kann man sagen, dass er innerhalb der Grenzen dieses Bezirks lag? Der Tsi-schi-schan, welcher sich innerhalb der Grenzen des Bezirks (Long-tschi) befindet, ist der Siao-tsi-schi-schan oder kleine Tsi-schi-schan, eben derselbe, den man unter den Thang Schu-schan-eul nannte (cf. *Si-yu-thong-wen-tschi*, lib. XV., fol. 19 verso, lin. 1). Wei-wang-thaï, welcher unter den Thang lebte, ist der Autor, welcher den grossen Tsi-schi-schan vom kleinen Tsi-schi-schan am Deutlichsten unterschieden hat. Der grosse Tsi-schi-schan, sagt er, liegt innerhalb der Grenze des Landes Tu-ku-hoen, der kleine im NW. des Bezirks, welcher Pao-han-hien genannt wird. Der Gelbe Fluss, sagt Tschang-schëu-tsin, läuft vom Salzsee (Lop-nor) an unter der Erde fort und tritt in den grossen Tsi-schi-schan, welcher innerhalb der Grenzen des Landes Tu-ku-hoen liegt. Weiterhin fliesst er nordöstlich und geht bis zum kleinen Tsi-schi-schan."

„Li-kie-fu sagt: Der Gelbe Fluss bricht im Lande Kiang im SW. vom Tsi-schi-schan hervor. Die heutigen Menschen (sagt der Autor) bezeichnen diesen Berg als den grossen Tsi-schi-schan; aber (sagt der Geograph der Thsing,) es ist der kleine Tsi-schi-schan."

„Bemerkungen (der Herausgeber der Geogr. der Thsing): Man lies't in dem Werke: *Yuën-sse-ho-yuën-fu-lo*, d. h. Supplement zu den von den Historikern der Yuen (Mongolen) gegebenen Nachrichten über die Quellen des Gelben Flusses: „Im NO. von Do-kan-sse, einem Theile des Landes Tu-fan, giebt es einen grossen Schneeberg; er ist ungemein hoch. Man nennt ihn I-öl-ma-pu-mo-la, ein Wort, welches man (im Mongol.) durch Tengritak übersetzt; dies ist der Kuen-lun. Von der Mitte (wörtlich: dem Bauch) bis zum Gipfel sieht man allenthalben Schnee, der weder im Winter noch im Sommer schmilzt. Die Bewohner des Landes sagen, dass er mit der Zeit sich in Eis verwandle."

„Der Kuen-lun, sagt Tschu-sse-pen, heisst in der Sprache der Barbaren (der Eingebornen) I-öl-ma-pu-mo-la. Dieser Berg ist von ausserordentlicher Höhe. Er dehnt sich eine Strecke von ungefähr 500 Li Länge aus. Der Gelbe Fluss folgt dem Fusse des Berges (d. h. er fliesst unten am Berge hin), wendet sich gegen O. und geht nach Sa-sse-kia-khuo, d. h. in's Land Khuo-ti hinein."

„In Liang-in's Abhandlung über die Quelle des Gelben Flusses lies't man: Auf der Welt giebt es viele Leute, welche sagen, dass der Gelbe Fluss aus dem Kuen-lun kommt. Nun würde man zwar, wenn man ihn aus der Ferne von der Höhe des Tsi-schi-schan aus betrachtet, sagen, dass er daraus (d. h. aus dem Kuen-lun) hervortritt; man vergisst dann aber, dass die Quellen von Sing-su-haï (die wahren Quellen des Gelben Flusses) im NW. vom Kuen-lun liegen. Der Fluss läuft nach O., geht im S. des Berges (Kuen-lun) fort, theilt sich dann und gelangt nach dem NO. des Berges. Er umgiebt drei Seiten des Berges wie ein unvollständiger Kreis (diese Bemerkung ist bereits in dem Artikel Kuen-lun gemacht worden); man sieht hieraus, dass der Gelbe Fluss wirklich seine Quelle gar nicht im Kuen-lun hat. Der Berg Kuen-lun, von welchem kurz zuvor gesprochen worden, ist das heutiges Tags (unter den Mandschus) Ta-siuë-schan oder grosser Schneeberg genannte Gebirge. Die Mongolen haben zuerst diese Meinung geäussert (dass nämlich der Gelbe Fluss aus dem Kuen-lun käme,) und zu ihrer Zeit gab dieselbe zu keinem Streit Veranlassung. Die späteren Männer (ohne Zweifel die Schriftsteller der Ming-Dynastie) bewundern dieselbe mit völligem Vertrauen, und wenn zufällig Einer oder der Andre darunter Zweifel hegte, so dachte man nur, dass man sich mit dem Commentar Tsaï-tschin's zum *Schu-king* in Widerspruch setze, wenn man sagte, dass ein Berg unterhalb der Quelle des Gelben Flusses läge; aber sie wussten nicht, welches der Name dieses Berges im Alterthum gewesen war. Was uns betrifft (sagen die Herausgeber der Geogr. der Thsing), so haben wir, nachdem wir die verschiedenen Schriftsteller sorgfältig untersucht haben, erkannt, dass dieser Berg ohne allen Zweifel der Tsi-schi-schan der Alten ist.“

„Im Commentar des Buches der Gewässer (*Schui-king*) lies't man: Die Doppelquelle des Gelben Flusses sprudelt ausserhalb der Westgrenzen hervor; sie kommt aus dem Berge Tsi-schi-schan, macht eine Biegung, um nordostwärts zu fliessen und geht durch das Land Tsche-tschi; dies nennt man *Ho-khio*, d. h. die Krümmung des Gelben Flusses. Gegenwärtig giebt es unter den Quellen von Sing-so-haï viele, die unter der Erde fliessen. Daher haben die früheren Schriftsteller vermuthet, dass sie anfangs unter der Erde flössen und, im S. vom Ta-siuë-schan angelangt, anfingen, sich zu vereinigen und den Gelben Fluss zu bilden. Wenn man ihn von fern betrachtet, indem man sich nahe an seinem untern Lauf hinstellt, so scheint er an der Stelle zu entspringen, welche man wegen dieses Umstandes *Ho-schëu*, d. h. den Kopf des Gelben Flusses, genannt hat.“

Man sagt ferner: „Seine Wasser fliessen südlich vom Berge, dann umgeben sie ihn im O., theilen sich und wenden sich nach N. Diese Angaben stimmen Punkt für Punkt mit dem Commentar des „Buches der Flüsse“ überein.“

„Sse-ma-piëu zufolge befindet sich der Kopf des Gelben Flusses, welcher im W. des Landes Tsche-tschi liegt, südöstlich von den heut zu Tage Ta-siuë-schan genannten Bergen; dies ist die Stelle, wo der Gelbe Fluss einen Umweg macht und welche man gemeiniglich Tsch'u-waï-ho-tao nennt. Im Alterthum hiess sie *Tsche-tschi-ho-khio-ti* (d. h. das Land Tsche-tschi, wo der Gelbe Fluss einen Bogen macht). Diese Thatsachen sind als wahr erwiesen und vertrauenswürdig.“

In dem geogr. Theile der Annalen der Han lies't man hinter dem Bezirke, welcher Ho-kuan-hien heisst: „Der Tsi-schi-schan liegt im SW. im Lande Kiang. Nun liegt der unter den Han Ho-kuan-hien genannte Bezirk heut zu Tage im SW. von Si-ning. Der jetzige Berg Ta-siuë-schan ist ungefähr 500 Li im SW. von Si-ning gelegen; diese Thatsache stimmt vollkommen mit der Geographie der Han überein.“

„Unter den späteren Han zog Tuan-keng von Tschang-ye aus, verfolgte den Feind, trug Schwert und Feuer in das Land

Kiang und langte beim Berge Tsi-schi-schan an; er legte 2000 Li ausserhalb der Grenzen zurück. Wenn man nun gegenwärtig von Kan-tscheu aus reis't und von den Pässen aus bis zum Ta-siuë-schan geht, so findet man, dass man etwa 2000 Li zurückgelegt hat."

„Unter der Thang-Dynastie verfolgte Hëu-kiun-tsi die Völker von Tu-ku-hoen und kam zum Thale Sing-so-haï. Er gelangte bis Pe-haï oder dem Cypressenmeere (so heisst ein See) und von hier aus erblickte er in der Ferne den Berg Tsi-schi-schan. Nun ist im O. der jetzige Berg Ta-siuë-schan in der Nachbarschaft von Sing-so-haï gelegen; er erhebt sich über die andern Berge und man wird ihn leicht in der Ferne gewahr. Diese Thatsache ist wieder ein neues Zeugniss (für die Identität des Tsi-schi-schan und des Ta-siuë-schan)."

„Von den Han an bis zu Anfang der Herrschaft der Thang, kannte jedermann die Lage des Ta-siuë-schan, und obwohl es Leute gab, welche irrthümlich den kleinen Tsi-schi-schan, der innerhalb der Grenzen von Long-tschi-hien liegt, für den Tsi-schi-schan (d. h. den Ta-siuë-schan) hielten, wo der Kaiser Yu den Gelben Fluss leitete; so war doch die Unterscheidung des grossen und des kleinen Tsi-schi-schan vollkommen festgestellt."

„Seit der Dynastie der Thang fiel dies Land in die Hände der Tu-ku-hoen und damals richteten wenige Chinesen dahin ihre Schritte. Desshalb wussten die Schriftsteller der folgenden Dynastien bloss um die Existenz des (kleinen) Tsi-schi-schan im Kreise Ho-tschëu und durchaus gar nichts von dem Vorhandensein des eigentlichen Tsi-schi-schan (oder Ta-siuë-schan). Unter der Dynastie der Yuën (Mongolen) drang Tu-schi bis zu den Quellen des Gelben Flusses vor; er bewunderte die Höhe und Grösse dieses Berges (des grossen Tsi-schi-schan oder Ta-siuë-schan) und bezeichnete ihn sogleich als den Kuen-lun (der Alten). Diese Meinung war nicht nur unbegründet, sondern seit dieser Zeit erloschen auch die Züge (d. h. die genauen Vorstellungen) vom Tsi-schi-schan mehr und mehr. Der Verfasser des Werkes: *Yu-kong-tschui-tschi* hat sie mit vollkommener Klarheit unterschieden; aber es war ihm nicht bekannt, dass der Kuen-lun der Mongolen der Tsi-schi-schan oder Ta-siuë-schan ist. Heutiges Tags haben wir, nachdem wir von den Punkten ausgegangen, wo der Kaiser Yu anfing, die Wasser des Gelben Flusses zu leiten, und nachdem wir sorgfältig alle (nach dem *Schu-king* erschienenen) Werke untersucht haben, diesen Irrthum (in dessen Folge man den Tsi-schi-schan für den Kuen-lun hielt,) berichtigt."

Supplement zu dem Art. Tsi-schi-schan oder Ta-siuë-schan der allgemeinen Geogr. der Thsing, 2. Ausg. von 1765.

„Wir haben nach den alten Geographen deutlich gemacht, wie es zugegangen, dass die Verfasser der Annalen der Yuan (Mongolen) den Kuen-lun für den Tsi-schi-schan (oder Ta-siuë-schan) gehalten haben; aber man hat die verschiedenen Ursachen, wesshalb mehreren Gebirgen der Name Kuen-lun gegeben worden, noch nicht vollständig dargestellt. Nachdem wir mit Achtung den hydrograph. Theil der Annalen der Song, welche auf kaiserlichen Befehl herausgegeben wurden, durchgelesen, erfuhren wir erst, dass im W. von Kueï-te der Fluss der drei Kuën-tu-lun fliesst, welcher quer in den Gelben Fluss mündet. Im Mongol. bedeutet das Wort *kuen-tu-lun* transversal. Der Berg, den die Hoei-Stämme (Muselmänner) Kuen-lun nennen, hat seinen Namen von der transversalen Richtung seiner Gipfel. Aus Unachtsamkeit haben die Mongolen den Namen Kuen-tu-lun fälschlich auch für den Kuen-lun gebraucht. Untersucht man den Ort, wo der Fluss Kuen-tu-lun in den Gelben Fluss tritt, so liegt diese Stelle genau im S. vom Ta-siuë-schan oder dem grossen Schneeberge."

„Ta-siuë-schan oder der grosse Schneeberg hiess in alten Zeiten A-mo-ni-ma-schen-mu-sun-schan. Heut zu Tage schreibt man A-mu-naï-ma-le-tschen-mu-sun-schan." In der Sprache der Barbaren (der Eingebornen) sagt man *a-mu-naï* für alt; *ma-le* ist der Name eines grossen Berges an den Ufern des Gelben Flusses; *tschen-mu-sun* bedeutet Meer (cf. S. 627 Z. 5 v. o.). Man hat dadurch ausdrücken wollen, dass der Gelbe Fluss in alten Zeiten durch diese Gegend floss und dort eine unermessliche Wassermasse bildete. Diese Thatsache stimmt vollkommen mit der Stelle im *Schu-king* (Cap. *Yu-kong*) überein, wo es heisst, dass der Kaiser Yu den Gelben Fluss bis zum Berge Tsi-schi (Ta-siuë-schan) leitete. Aus diesen Angaben ergiebt sich augenscheinlich, dass man den Tsi-schi-schan nicht für den Kuen-lun halten darf."

Feuerhöhle in der Kuen-lun-Kette (Auszug aus dem Wörterbuche *P'ing-tseu-lui-pien*, lib. 21, fol. 15 recto). In dem *Yuën-thong-ki* betitelten Werke lies't man: „Auf dem Schin-khiëu genannten Hügel (welcher zufolge dem Wörterbuche *Peï-wen-yun-fu*, lib. XVI b., fol. 4 recto, einen Theil des Kuen-lun-Gebirges bildet,) giebt es eine Feuerhöhle, deren Flammen ihren Widerschein bis 1000 Li (100 M.) weit verbreiten.“ Wir fügen bei dieser Gelegenheit zwei andere sehr merkwürdige Notizen hinzu, obwohl die Localitäten, auf welche sie sich beziehen, nach den von uns bisher zu Rath gezogenen Karten noch problematisch bleiben.

1. Ein Feuerberg (*Ho-schan*) zu Kortsin in der Mongolei. — Man lies't in der allgem. Geographie der Thsing (Ausgabe von 1744), Art. Kortsin, fol. 3 verso: „Ho-schan. Der Berg *Ho-schan* oder der Feuerberg liegt 200 Li nördlich von dem vordern Banner (*bannière*) des rechten Flügels. Man nennt ihn im Mongolischen Kortsitsi.“

2. In demselben Werke, Art. Thsing-haï (Khukhunoor), fol. 11 recto, lies't man: „*Je-schui-han* oder der Berg des warmen Wassers liegt im SW. ausserhalb der Grenzen von Ning-hia. Südlich vom Berge kommt ein warmes Wasser zum Vorschein, welches sich in den Khukhunoor ergiesst. Im N. entspringt ein kaltes Wasser. Dies ist die Quelle des Flusses von Ning-hia.“

Fan-yen-na oder Bamiyan (Auszug aus Hiuen-thsang im *Si-yu-ki*, fol. 16; *Foë-kuë-ki*, App. No. 34): „Das Königreich Fan-yen-na hat 2000 Li Länge von O. nach W. und 300 Li von S. nach N. Es liegt mitten in Schneegebirgen. Die Einwohner haben sich auf den Bergen und in den Thälern niedergelassen und überall, wo es ihnen die Lage des Terrains gestattete, kleine Städte erbaut.“

„Die Hauptstadt lehnt sich an schroffe Felsen und zieht quer durch ein Thal. Ihre Länge beträgt 6—7 Li. Gegen N. hat sie hinter sich einen hohen Berg.“

„Dies Land erzeugt spätreifendes Getreide, aber wenig Blumen und Früchte. Es ist den Heerden günstig; man erblickt daselbst viel Schaafe und Pferde. Die Luft ist hier sehr kalt; die Sitten sind rauh und wild. Die meisten Einwohner tragen Kleidung aus Fellen und inländischen Wollen.“

„Die Schriftzeichen, die Erziehung, die Benutzung der kostbaren Sachen und der Seidenstoffe sind in diesem Königreiche ähnlich denen in Tu-ho-lo; aber die Sprache ist etwas verschieden. Der Charakter ihrer Gestalt zeigt eine grosse Ähnlichkeit mit der der Bewohner Tu-ho-lo's; aber sie übertreffen bei Weitem die Völkerschaften der benachbarten Königreiche durch ihre rechtliche und aufrichtige Gesinnung.“

„Nachdem man vom Kloster der liegenden Statue 200 Li gen SO. zurückgelegt, passirt man die grossen Schneegebirge. Im O. von diesen kommt man an einen kleinen Fluss und darauf an einen von Quellen gebildeten See, dessen Wasser spiegelrein ist. Mitten in einem Walde voller blauer Zwiebeln findet sich ein Kloster, welches einen Zahn Fo's besitzt."

„Geht man von diesem Orte (dem Kloster) aus und wandert in östlicher Richtung fort, so betritt man die grossen Schneegebirge, man übersteigt den *He-ling* (den schwarzen Gipfel) und gelangt zum Königreiche Kia-pi-sche (Kabul)."

Zusatz zu dem Art. Fa-yen-na, *Foë-kuë-ki*, App. No. 34: „Nordöstlich von der Königsstadt liegt auf der Seite eines Berges eine steinerne Bildsäule von Fo (Buddha). Sie ist 440—450 Fuss hoch. Sie glänzt von Gold, und der kostbare Schmuck, welcher sie bekleidet, strahlt mit blendendem Glanz."

„Im O. (von diesem Orte) befindet sich ein Kloster, welches von den ersten Königen dieses Reiches erbaut wurde. Östlich von dem Kloster erhebt sich eine Bildsäule von Schi-kia-fo, welche aus Ju-schi*) verfertigt worden und ungefähr 100 Fuss hoch ist. Jeder Theil des Körpers ist besonders gegossen worden. Dann hat man die Stücke verbunden und zusammengestellt, um die vollständige Statue zu bilden."

„Mitten in einem Kloster, welches 12 oder 13 Li östlich von der Stadt liegt, befindet sich eine liegende Bildsäule des Gottes Fo, welcher in Nirwâna eintritt. Sie ist etwa 1000 (*sic*) Fuss lang."

Si-yu-ki, lib. 12, fol. 2; App. No. 119. „Nachdem Hiuen-thsang im N. von Kabul den hohen Pik, welcher Po-lo-si-na heisst und mit Schnee bedeckt ist (ohne Zweifel die Hindu-kho-Kette) beschrieben hat, setzt er hinzu, das dies der höchste Gipfel in Djambu-dwipa (Indien) sei."

Si-yu-ki, l. 12, fol. 6; App. No. 132, p. 397. „Die Bewohner (des zwischen zwei Bergen am Flusse Fa-tsu oder Oxus gelegenen Landes) sind von heftiger und wilder Natur. Ihr Äusseres besitzt etwas Hässliches und Unedles. Die meisten haben blaue und grüne Augen. Sie weichen in dieser Hinsicht von den Völkern aller übrigen Königreiche ab."

Si-yu-ki, l. 12, fol. 13. Kaschghar. „Dies Land hat einen Überfluss an Cerealien, Blumen und Früchten. Das Klima ist

*) Nach Khang-hi's Wörterbuch bereitet man das Ju-schi künstlich so, dass man Kupfer und Galmei zu gleichen Theilen zusammenschmilzt. Stan. Julien.

mild und gemässigt; Wind und Regen treten regelmässig zu ihrer Jahreszeit ein.“

„Die Einwohner sind heftig und grausam. Sie sind im Allgemeinen voller Ränke und Betrügerei. Sie halten wenig von kirchlichen Gebräuchen und von Gerechtigkeit; sie besitzen nur einen gemeinen und oberflächlichen Unterricht. Wenn ihnen ein Kind geboren wird, so drücken sie ihm den Scheitel des Kopfes mittelst eines stark gepressten Brettchens zusammen. Ihre Gestalt hat etwas Plumpes und Unedles. Sie bemalen sich den Körper und haben grüne Pupillen.“

Pien-i-tien, lib. 66, art. 7 (Hiuen-thsang, lib. 12, fol. 13 recto, lin. 10). „Das Königreich Kie-scha (Kaschghar) hat ungefähr 5000 Li im Umkreise. Es giebt darin viele Sandflächen und wenig culturfähiges Land. Getreide findet sich im Überfluss und man sieht daselbst eine grosse Menge von Blumen und Früchten. Es liefert Filzteppiche und wollene Stoffe von grosser Feinheit. Das Klima ist gemässigt und angenehm. Die Winde und Regen kommen daselbst zu ihrer Zeit an u. s. w.“

Si-yu-ki, l. 12, fol. 14; App. No. 139. Khotan. „Dies Land ist den Cerealien zuträglich; es hat einen Überfluss von Früchten aller Art. Die Luft ist daselbst mild und gemässigt. Die Sprache der Einwohner weicht von der der übrigen Völker ab.“

Ergänzende Zusätze zum II. Theil.

Über

den See Ala-gul und die Höhle Uybe.

In den vorangehenden Untersuchungen habe ich historisch Alles mitgetheilt, was ich durch Vergleichung der chines. Karten mit den europäischen, welche nach den Karten von Iwan Unkowski aus dem J. 1722 erschienen, über den See Alakul und über die Frage, ob dieser See ehemals in zwei Becken getheilt war, zu sammeln vermochte (s. oben S. 401—402, 411—414 und Th. III. das 6. Itinerar). Da ich wünschte, die verschiedenen Erzählungen der Einwohner über alle Gegenden, die ich nicht aus eigener Anschauung kenne, zu vergleichen; so bat ich meinen Freund Hrn. Simonoff, Prof. der Astronomie in Kasan und Astronom auf der Reise des Cap. Billinghausen nach dem Südpol, einige Nachrichten über das vulkanische Gebiet von Bischbalik zwischen der Kette des Thian-schan und dem obern Irtysch bei dem gelehrten Prof. der pers. Literatur, Hrn. Kazim-beg, einzuziehen. Diese Nachrichten bestätigen zwar nicht die Existenz eines feuerspeienden Berges in dem See Ala-gul selbst, wie es in dem tatarischen Reiseberichte, den ich mir in Orenburg verschaffte, heisst; allein sie lehren doch eine heisse Quelle und eine Höhle bei dem See kennen, aus welcher ein heftiger Wind hervorbricht, welcher die Karavanen erschreckt. Solche Widersprüche in den Berichten der tatarischen Reisenden sind, wie ich längs der Kirghisen-Steppe und an den Grenzen der chines. Dzungarei erfahren habe, leider sehr gewöhnlich. Es genügt mir, von Neuem die Aufmerksamkeit auf dies interessante Land zwischen dem Balkhasch-See und den Ufern des Ile und Korgos gerichtet zu haben. Hier folgt nun die wörtliche Übersetzung der von Kazim-beg in englischer Sprache geschriebenen Bemerkung; dieser Perser, ein Sohn des Gross-Mufti von Ufa, hat sich nämlich während seines Aufenthalts unter den Mitgliedern der schottischen Bibelgesellschaft in Astrakhan mit der englischen Sprache sehr vertraut gemacht. Ich zweifle nicht, dass die gesammten Bemerkungen, welche meine Abhandlung über die Gebirgsketten Inner-Asiens enthält, und die gelehrten Anmerkungen Klaproth's unterrichtete Reisende, die in unsern Tagen nicht so selten als ehemals den obern Irtysch besuchen, bald aufmuntern werden, die Topographie der Seen Ala-gul und Alak-tu-gul, welche der alte Tatar Sayfulla ebenfalls als zwei unterschiedene Seen betrachtet, aufzuklären. Verändern etwa Überschwemmungen mit Unterbrechung die Configuration dieser Süsswasserbecken? oder ist die Trennung im Lauf der Jahrhunderte vor sich gegangen, indem die Verdunstung die Grenzen eines jeden Beckens eingeengt hat? — Folgendes ist der schon früher erwähnte Brief Kazim-beg's.

„Ein tatar. Mollah, Namens Sayfulla-Kazi*), etwa 70 Jahr alt, der seit mehreren Jahren in Semipolatinsk wohnt, hat mehrere Reisen in diese Gegenden gemacht; er ist in Guldja am Ili-Flusse gewesen und kennt die Seen Ala-gul und Alatau-gul sehr wohl. Er machte mir darüber folgende Mittheilung: Hat man die Stadt Tschu-gutschak passirt, so geht der Karavanenweg nach dem *Ala-gul* oder Bunten See, der seinen Namen von drei ziemlich grossen Felsen von verschiedenen Farben, die darin liegen,

---

*) Ich schreibe den Namen dieses Reisenden so, wie ich ihn in Kazim-beg's Brief angegeben finde. Hr. v. Helmersen (Nachr. über Khiwa, 89) versichert, dass der wahre Name dieses Tartaren Murtasu Seif-üd-din ist. Es überrascht mich jedoch, dass Sayfulla-Kazi nichts von dem Feuer des insularen Berges weiss, während Murtasu Seif-üd-din davon spricht (Helmersen, 108).

erhalten. Dieser See bleibt rechts*) vom Wege liegen. Auf der anderen Seite, im Westen vom See, ist ein zweiter See, der Ala-tau-gul. In diesem sieht man einen schneeweissen Berg, der viel grösser ist, als einer von den Felsen im Ala-gul. Das Wort Ala-tau-gul ist entweder gebildet aus *ala* und *tugul***), d. h. nicht bunt, oder aus den drei Worten *Ala-tau-gul*, d. h. ein See, der einen bunten Berg enthält; denn der Mollah sagt, dass der in diesem See befindliche Berg, wenn die Sonnenstrahlen sich darin spiegeln, einen schönen Anblick von verschiedenen Farben gewährt. Auf meine Frage, ob man nicht irgend ein Anzeichen entdeckt, dass dieser Berg ehemals ein Vulkan gewesen sei, und ob die Tataren und Kalmüken, wenn sie an diesen Seen vorbeikämen, einem von diesen Bergen Opfer brächten, antwortete er mir, dass er nie dergleichen hinsichtlich der Seen und der darin liegenden Berge gehört habe; doch fügte er hinzu: Wenn man an dem Ala-gul vorbei gekommen ist, so stösst man auf zwei Berge, den Jug-tau (Kuk-tau oder Blauen Berg der Karten) rechts, und den Barlyk links; zwischen beiden geht die Karavanenstrasse hindurch.“

„Einige Werst jenseit dieser Berge liegt an der Strasse selbst eine grosse unterirdische Höhle, die im Tatarischen Uybe heisst. Manchmal und vorzugsweise im Winter kommen daraus heftige Stürme, die zwei Tage über dauern. Der Eingang derselben gleicht dem in eine ungeheure Gruft, und Niemand wagt es hineinzugehen und nicht einmal ganz nahebei hineinzusehen. Ihre Tiefe kennt Niemand ausser Gott (*Allah*). Der Mollah beschreibt diese Höhle als so furchtbar und in so ungewöhnlichen Ausdrücken, dass ich vermuthe, sie müsse der *Elden hole* in Derbyshire in mehrfacher Hinsicht ähnlich sein. Der einzige Unterschied ist der, dass diese sich an der Seite eines Berges befindet und weder Stürme noch Winde erzeugt. Der Mollah versichert, dass

*) Im Original des von mir aufbewahrten Briefes heisst es deutlich: „*on the right hand.*“ (H—t.)

**) Die Negation im Ost-Türk. ist eigentlich *tegul*, *deyil*.
Anm. von Hrn. Schott.

der Sturm, der aus der Uybe kommt, öfter so heftig sei, dass er Alles, was er auf seinem Wege findet, mit sich fortreisst und in den benachbarten See schleudert. Es ist daher wahrscheinlich (?), dass einst, vor mehreren Jahrhunderten, Feuer und Flammen aus der Höhle Uybe brachen und dass sie desswegen oder irgend einer ähnlichen Ursache halber ein Vulkan genannt worden. Ich muss noch anführen, dass der Mollah hatte sagen hören, der Wind der Uybe (welcher aus dem Erdinnern kommt,) wäre im Winter heiss und so gefährlich, dass die Karavanen, welche in die Nähe der Höhle kommen, oft, wenn sie Stürme vermuthen, eine ganze Woche liegen bleiben und ihren Weg erst dann fortsetzen, wenn diese aufgehört haben."

„Hinsichtlich der Opfer erzählt der Mollah, dass sich an dem Berge Jug-tau oder Kuk-tau zwei Quellen befinden, eine kalte und eine warme. Der letzteren bringen die Kirghisen und Kalmüken Opfer dar, weil sie glauben, dass ihr Wasser fast alle Krankheiten heile. Es ist also sehr wahrscheinlich, dass das, was Hr. v. Humboldt von den Tataren zu Orenburg in Betreff der Opfer gehört hat, welche dem Berge im Ala-gul-See gebracht werden, ganz mit dem Berichte des Mollah Sayfulla über die fraglichen Quellen übereinstimme."

„Nachdem ich von ihm die voranstehenden Nachrichten erhalten, machte ich die Bekanntschaft eines andern Mollah, der in Kaschghar geboren und mit einer Karavane an dem Ala-gul-See und den Bergen Kuk-tau und Barlyk vorbeigezogen war. Er bestätigt Alles, was vom Ala-gul und der Uybe gesagt worden ist."

Alexander Kazim-beg.

Dieser Brief des pers. Prof. zu Kasan erschien vor zehn Jahreu in meinen *Fragm. asiat.* [Übers. S. 78]. Seit jener Zeit ist die Topographie des Ala-kul durch einen muthigen und eifrigen jungen Naturforscher, Hrn. Schrenk, dessen Name in Hrn. v. Baer's Abhandlung über Nowaja-Semlja (s. oben S. 308) ehrenvoll erwähnt wird, der Gegenstand interessanter Forschungen gewesen. Hrn. Schrenk's Tagebuch, welches 1840 und 1841 verfasst wurde, wird

Hr. Fischer, der Director des botan. Gartens zu Petersburg, veröffentlichen. Um zu zeigen, wie sehr interessant dieser Bericht für die Kunde des centralsten Theiles von Asien (zwischen Altai und Thian-schan) sein wird, theile ich hier die Übersetzung der Nachrichten mit, welche der berühmte Botaniker mir zu senden die Güte gehabt (Nov. 1841 und Juli 1842).

„Um unsre grosse Anlage ferner zu bereichern, konnte ich im Frühlinge des Jahres 1840 einen sehr geschickten reisenden Naturforscher, Hrn. Schrenk, einen Schüler des Hrn. v. Engelhardt in Dorpat, beauftragen, durch die Steppe der Mittlern Kirghisen-Horde zu wandern und bis über die chines. Grenze von der Dzungarei her vorzudringen. Es ist Ihnen bekannt, dass derselbe Gelehrte früher mit Erfolg Excursionen in's russ. Lappland und in's Land der Samojeden bis zur Waigats-Strasse unternommen hatte. Hr. Schrenk sammelte botanische und geognostische Beobachtungen am West-Ende des Ala-tau (s. oben S. 409 fg.). Auf dem Rückwege zum Altai näherte er sich den Ufern des Ala-kul-Sees. Da er kein Fahrzeug auf dem See vorfand, so vermochte er nicht, zur Felsinsel des Aral-tube überzusetzen. Ein Versuch, diese Insel schwimmend zu erreichen, hätte ihm fast das Leben gekostet. Alle Felsformationen, welche um den See vorkamen, zeigten ihm keine Spur von eigentlicher Vulkanicität. — Im Frühlinge des Jahres 1841 hatte Hr. Schrenk die Geduld, ein Schiff von Ajaguz (s. S. 400) nach dem Ala-kul-See transportiren zu lassen, und gelangte nun ohne Hinderniss zur Insel Aral-tube. Als er im östlichen Theile der Ala-tau-Kette nach Barnau lzurückkehrte, richtete er von der Station Ajaguz selbst (47° 30′ nach Hrn. Fedorow) folgende Zeilen an mich: Ich habe die Kette des Tarbagatai im Passe Tschaganak-Assu bei 6000′ Höhe überschritten und bin darauf in die Steppen um den Ala-kul-See getreten. Mein Fahrzeug führte mich nach dem fabelhaften Ländchen Aral-tube. Ich durchstrich die kleine Insel nach allen Richtungen, ohne irgend einen Anschein von vulkanischer Thätigkeit gewahr zu werden. Die im vorigen Jahre, wo ich nur das Gestade sah, ausgesprochene Ansicht fand sich vollkommen bestätigt. Die Insel zeigt nur Schiefer und regelmässig geschichteten Porphyr. Der Ingenieur, welcher mich begleitete, hat einen Plan von der Insel aufgenommen und ich habe eine Ansicht von fern gezeichnet. Ich schmeichle mir, dass mehrere Inseln unsres finnischen Golfs minder bekannt sind, als es künftig der Aral-tube sein wird."

Der Hr. General-Lieutenant v. Tscheffkin hat mir Doubletten von den Felsproben übersandt, welche der Reisende gesammelt und selbst für mich bestimmt hatte. Ich könnte bedauern, dass ich die Ursache so vieler Arbeiten und Mühseligkeiten, die Hr. Schrenk erduldet, gewesen, wenn nicht seine edele Ausdauer Früchte getragen, indem sie unsere geognostischen Kenntnisse auf eine so unvollkommen bekannte Gegend ausgedehnt hat. Die so oft angeregten Fragen über die wahren Grenzen des Ala-kul-Sees und über die benachbarten kleinen Seen werden künftig aufgeklärt werden.

Auf den Karten zur „Beschreibung der neuen Grenze" (*Sin-kiang-waï-fan-ki-lio*) findet man, wie mir Hr. Julien gezeigt, den See Alaktugul-nor als ein einziges Becken und ohne Inseln, im NO. den Fluss Emir und im NW. den Schwarzen Fluss, *Kharaho*, aufnehmend, dargestellt. In der Nähe dieses grossen Beckens erblickt man gen SO. einen kleinen, sehr lang gezogenen See mit dem Namen Ebinguesun-noor. Aber dies stimmt ganz mit Kaiser Khianlung's Karte (von Klaproth) überein. Sie stellt in denselben Positionen den Kharagol und Emir, nördliche Zuflüsse des Alaktugul und gegen SO. von diesem grossen See den Ebilghisun-noor dar. Eben so wiederholt sich auf der kürzlich aus Canton angelangten und in der wichtigen Kartensammlung unter Hrn. Jomard's Direction aufbewahrten chines. Karte die Configuration zufolge der „Beschreibung der neuen Grenze". Ist etwa der Ianalaschkul des 6. von mir publicirten Itinerars identisch mit dem Ebinguesun-noor? Steht die Benennung Brücken-See (*Kurghe* oder *Gurghe-noor*) in irgend einem Zusammenhange mit einer vormaligen Trennung des Alaktugul-Sees in zwei besondere Becken? Hr. Lewschin hält jedoch diese Existenz eines Isthmus für ganz neu (*Descr. des steppes des Kirghiz-Kasaks*, 1840, p. 48). Hrn. Schrenk's Werk wird diese Zweifel lösen.

Was die Windhöhle bei Uybe betrifft, von welcher in dem Karavanenbericht und weiter oben (S. 414, 415) die Rede ist, so glaubt man dieselbe in den Reisebeschreibungen der Mönche Plano Carpini und Rubruquis zu erkennen. Die Original-Abfassung dieser Reisen hat die Pariser geogr. Gesellschaft mit vieler Sorgfalt herausgegeben. „*Deinde*, sagt Plano Carpini (*Recueil de Voy.*, IV., 751), *terram nigram Kitanorum fuimus ingressi in qua de novo unam civitatem aedificaverunt quae Omyl appellatur. Inde exeuntes quoddam mare non multum magnum invenimus cujus nomen, quia non interrogavimus, ignoramus: in littore autem illius maris est quidam mons parvus, in quo est quoddam foramen et dicitur unde in hyeme exeunt tam magnae tempestates ventorum quod homines vix et cum magno periculo possunt transire. In aestate vero ibi semper quidam auditur sonitus ventorum sed tenuiter de foramine exit, sicut nobis incolae referebant. Per littora illius maris* (man zeichnet jedoch den Alaktugul-See nur 14 M. lang!) *ivimus per plures dies, quod mare plures insulas habet et illud demisimus a sinistris.*“ Rubruquis erzählt eine Thatsache (p. 281), welche der gelehrte Herausgeber Hr. d'Avezac (p. 517) bereits auf dieselbe Localität bezogen hat. „*Intravimus Alpes in quibus solebant habitare Caracatai* (Khara-Catay) *et invenimus ibi magnum fluvium quod oportet nos transire navigio. Post hoc intravimus bonam villam Equius in qua erant Saraceni loquentes Persicum. Longissime tamen erant a Perside. Sequenti die ingressi sumus pulcherrimam planitiem habentes montes altos a dextra et quoddam mare a sinistris sive quemdam lacum qui durat XXV dietas* (!) *in circuitu. Et illa planities tota irrigatur ad libitum. Invenimus ibi magnam villam Cailac et terram Organum. Inde profecti* (p. 294) *tribus diebus pervenimus ad caput illius provinciae, in capite praedicti maris quod videbatur nobis tempestuosum sicut Oceanus. Et magnam insulam vidimus in eo. Atque erat parum salsum, potabile tamen. Inter montes erat aliud quoddam mare magnum et veniebat fluvius de illo mari in istud et tantus ventus quasi continue venit per vallem illam quod homines cum magno periculo transeunt, ne ventus portet eos in mare.*“ Die Stelle bei Rubruquis scheint mir nur schwierig der Nachbarschaft des Alaktugul-Sees anzupassen, selbst wenn man eine grosse Übertreibung in der Beschreibung gewisser Seen voraussetzt, welche ihm zufolge grösser wie der Ozean sind. Vom See Alak-tugul bis zu dem *Calacia nella provincia di Egrigaja* (M. Polo, lib. I., cap. 51), von welchem man glaubt, dass es im NW. von der grossen Krümmung des Hoang-ho gelegen sei, beträgt der Abstand 25 Längengrade. Wirklich setzt der Graf Baldelli (*Il Milione*, II., 134) Cailac (*Calacia*) an die Ufer des Ili, welcher in den grossen und salzigen Balkhasch-See mündet. Hr. d'Avezac, welcher den Bericht des reisenden Mönchs und Zeitgenossen des heiligen Franz v. Assisi mit einem trefflichen Commentar bereichert hat, glaubt, dass Omyl (Imyl) bei Plano Carpini (Ye-mi-li der Chinesen, von Ukoday wieder aufgebaut,) durch die ziemlich neue Stadt Tschugutschak dargestellt wird. Wir erinnern, was diese Ansicht unterstützt, dass der Fluss Emir, dessen Lage in dem Itinerar von Semipolatinsk nach Kuldja (s. II. Bd.) sehr genau bestimmt ist, in den Alaktugul nordöstlich von der Insel Aral-tube mündet. Nun wird aus Emir durch die so häufige Wandlung der beiden Consonanten Emil und eben derselbe Fluss heisst schon auf Pansner's Karte Imily. Alles führt uns also auf die der Windhöhle Uybe benachbarten Gegenden zurück.

Über

die Salsen und Feuer von Baku*).

(Auszug aus einem Briefe des Hrn. Lenz, Mitgliedes der kais. Akademie zu Petersburg, an Hrn. v. Humboldt.)

„Die Feuer von Baku (vergl. oben S. 476—478) oder der grossen Halbinsel Abscheron, gewöhnlich die Grossen Feuer genannt, 15 Werst ostnordöstlich von jener Stadt gelegen, werden vorzugsweise von den Eingebornen *Atesch-gah* oder Feuerstätten genannt. Gegenwärtig würde es sehr schwer zu bestimmen sein, ob diese Feuer sich von selbst entzündet haben. Die Landeseinwohner und die feueranbetenden Hindus, die sich hier, etwa zwanzig an der Zahl, niedergelassen haben, behaupten, dass die Feuer seit Erschaffung der Welt brennen**); aber bekanntlich ist das gemeine Volk

---

*) [Man vergleiche hiermit die in den Schriften der Petersb. Gesellschaft für die gesammte Mineralogie, I. Bd, 2. Abth., S. 239—252 vom Gen.-Lieut. v. Trusson I., Eichfeld und v. Taeger mitgetheilten kurzen Notizen.]

**) Um so mehr Verwunderung erregt es, dass bei den griech. und röm. Schriftstellern keine Angaben über die Feuer von Baku zu finden sind, da nicht nur die Westküste des casp. Meeres und der ganze kaukasische Isthmus häufig besucht wurden, sondern da auch die Alten insbesondere auf die Flammen, welche aus dem Schoosse der Erde aufstiegen, aufmerksam waren. Vgl. Ktesias, *Fragm.*, c. 10, p. 250, ed. Bähr; Strabo, l. XIV., 665 Cas.; Plinius, II., 106, v. 28; Seneca, *Epist.* 79, §. 3, ed. Ruhkopf und Beaufort; *Survey of the Coast of Karamania*, 1820, Art. Yanar, bei Deliktash, der alten Phaselis, p. 24. (H—t.)

geneigt, ein Phänomen, welches erst seit mehreren Menschenaltern besteht, als von Ewigkeit her existirend anzusehen. Indessen gab sich die Eruption vom 27. Nov. 1827 beim Dorfe Jokmali, 14 Werst westlich von Baku, anfangs als eine Feuersäule an einer Stelle kund, wo man vormals keine Flamme gesehen. Diese Feuersäule erhielt sich drei Stunden lang in einer ausserordentlichen Höhe, sank dann bis drei Fuss herab und brannte so 24 Stunden. Dies Phänomen könnte glauben lassen, dass die Grossen Feuer Bakus einen ähnlichen Ursprung gehabt haben; aber man muss bemerken, dass das Erscheinen dieser Feuersäule zu Jokmali von einem Auswurfe thonigen Schlammes begleitet war, welcher auf einer Strecke von 200—300 Toisen den ganzen Boden 2—3 Fuss hoch erhöhte. Übrigens lehrt auch der allgemeine Anblick dieser Stelle, dass Eruptionen schon früher hier statt gefunden haben; der graue Thon der letzten liegt auf einem Boden von derselben Beschaffenheit, der sich jedoch viel weiter erstreckt, denn er bildet eine mit braunem Thon bedeckte Ebene, auf der man nicht eine Spur von Vegetation findet. Dieser Landstrich ist unleugbar vulkanischen Ursprungs, und der ursprünglich graue Thon ist nur dadurch braun geworden, dass sich das darin enthaltene Eisen durch fortdauernde Einwirkung der atmosphärischen Luft oxydirt hat. Zu Atesch-gah sieht man diese Thonschicht nicht; das Hauptfeuer, welches in dem Hofe der Wohnung der Hindus brennt, kommt aus Muschelkalk (*roc calcaire ou coquillier*), der ein Fallen von 25° in SO. hat. Das Feuer dringt aus Spalten hervor, deren Wände davon bläulich gefärbt sind. Gegenwärtig haben die Hindus den grössten Theil dieser Spalten zugemauert, um das Gas in vier Hauptmündungen zu vereinen. Wenn folglich das an diesem Ort brennende Gas seine Entstehung einer vulkanischen Feuersäule verdankt, so muss man zugeben, dass die Eruption nicht nothwendig von einem Thonschlamm-Auswurfe begleitet gewesen ist.“

„Unabhängig von den Grossen Feuern giebt es im Westen von Baku, etwa 5 Werst von der Salse von Jokmali, auch noch Kleine; diese werden aber alljährlich durch Regen oder Schnee ausgelöscht; wenigstens haben wir sie so bei unserem Besuch im Monat März angetroffen. Das Gas strömt mit Geräusch aus einigen trockenen Höhlungen des Thonbodens, oder entwickelt sich auch in Blasen, die sich bilden und auf der Oberfläche des Schneewassers vereinigen, womit die niedrigen Theile dieses Heerdes angefüllt sind. Ehe ich das Gas anzündete, steckte ich ein Thermometer in die grösste der trocknen Höhlungen, ohne dass es die Wände berührte; es zeigte als Temperatur des Gases 12.0° C. Nachdem das Gas angezündet worden, stieg aus diesem Loche eine Flamme empor, welche 2′ Höhe und 1′ im Durchmesser hatte. Ich betrachte diese Bestimmung der Temperatur des Gases für die zuverlässigste; denn obwohl ich versucht, die Temperatur des Gases der Grossen Feuer zu ermitteln, so kann dies doch nicht sehr genau geschehen, weil die Menge von Flammen die Erde beträchtlich erwärmen und folglich die Temperatur des ausströmenden Gases erhöhen muss. In der Wohnung eines der Hindus zog ich die 2′ hohe Röhre, mittelst welcher er die Flamme so hoch hinauf leitete, aus der Erde und liess ein Thermometer ½ Fuss tief in das Loch: es zeigte 28.8° C. In der Umgegend der Grossen Feuer und ½ Werst von dem Hauptheerde fand ich zwei andere Gas-Ausbrüche, beide ziemlich schwach; die Temperatur des einen war 12.0°, die des andern 13.1°. Der fast allgemeine Mangel an Quellen im Gebiete von Baku ist ein mächtiges Hinderniss für die Bestimmung der wahren Bodentemperatur in dieser Gegend. Die Quellen, welche man daselbst antrifft, haben fast kein Wasser. In der Nähe der Stadt sieht man, sechs Fuss vom Meeresufer, eine Quelle, deren Temperatur auch nahe 12.0° C. betrug, was mit der der Quellen von Derbend und Welikend ziemlich übereinstimmt.“

„Eine wahre Salse befindet sich südsüdwestlich von Baku, 15 Werst vom Meere. Wahrscheinlich ist es dieselbe, welche Hanway (*Voy.*, I., 284) als einen Vulkan bezeichnet hat. Sie liegt auf einem Berge von runder Gestalt, der ganz mit vulkanischem Schlamm und einer grossen Zahl kleiner, ungefähr 20′ hoher Thonkegel bedeckt ist*). Der Vulkan selbst nimmt den höchsten Theil des Berges ein; gegenwärtig ist er wenig thätig und unterscheidet sich von der übrigen, mit braunem Thon bedeckten Fläche durch seine graue Farbe, welche vollkommen der der letzten Eruption zu Jokmali gleicht. Wir fanden diesen Kegel nicht mehr in seiner ursprünglichen Gestalt, denn vor drei Jahren war sein Gipfel und sein westlicher Theil wahrscheinlich in Folge eines zu reichlichen Ausbruches des Gases eingestürzt, vielleicht in demselben Moment, wo die Eruption zu Jokmali, welches nur 10 Werst davon entfernt ist, statt fand. Die flüssige Schlammmasse fliesst auf der Seite aus, wo sie eine Ebene gebildet hat. Sie ist beim Trocknen geborsten und nimmt einen Raum von 1000′ Länge und 200′ Breite ein. Die Höhe dieses Kegels muss 200′ über der umliegenden Ebene gewesen sein; die des jetzigen Gipfels beträgt nur 100′ und im Ganzen erhebt er sich 900′ über den Meeresspiegel. Einer von meinen Reisegefährten hatte den Kegel noch unverletzt gesehen, wie er auf dem Gipfel eine nur wenige Zoll im Durchmesser haltende Öffnung hatte, welche voll flüssigen Schlamms war; Gasblasen stiegen daraus auf und warfen den Schlamm 2′ hoch in die Luft, der dann bei seinem Zurückfallen die Dimensionen des Kegels allmälig vergrösserte. Seitdem er eingestürzt ist, hat sich in seiner Mitte eine Höhle gebildet, aus der das Gas an zwei Stellen ausströmt. Wir zündeten dasselbe an, und es brannte noch, als wir den Berg verlassen hatten. In dem Schlamm dieser Salse erblickt man zahlreiche Felsstücke, die insgesammt einer mehr oder minder grossen Hitze ausgesetzt gewesen zu sein scheinen. Man findet so-

---

*) Vergl. meine Beschreibung der *Volcanitos de Turbaco* in Amerika und Hrn. Bertrand Goslin's Beobachtungen über die grossen Felsstücke, welche von der Salse von Sassuolo in Italien ausgeworfen worden, in meiner *Rel. hist.*, III., 562—567, und in diesem Werke I., 52. Der Name Macalubi, den die Sicilianer noch heutiges Tags allen Salsen beilegen, deutet nach dem gelehrten Orientalisten Wilken auf die Heftigkeit des ersten Ausbruches. Das arabische Wort stammt wirklich von *makhub*, d. i. einstürzen. (H—t.)

gar, eine Werst von dem Gipfel des Berges entfernt, Stücke von einer wahren Schlacke von 2—3′ Durchmesser, welche durch den Vulkan hierher geschleudert zu sein scheinen. Eine grosse Anzahl kleiner Schlackenstücke habe ich bei einem der kleinen Kegel desselben Berges gesammelt.“

„Die Salsen, welche flüssigen Schlamm auswerfen, liegen vorzugsweise auf einem Hügel bei dem Dorfe Balkhany, 12 Werst im Westen vom Atesch-gah, auf dem Gebiet der schwarzen Naphtha; solcher Brunnen giebt es 82. Diese Salsen bilden Gruben voll Schlamm und schwarzer Naphtha und die grössten haben 2—6′ im Durchmesser. Gasblasen steigen hier in längern oder kürzern Intervallen auf; wenn man das Gas anzündet, so brennt es mit derselben Flamme wie das der Grossen Feuer, und verzehrt sich gänzlich: diesen Ort hat Kämpfer das Fegefeuer genannt. Auf den beiden Seiten des Hügels sieht man unaufhörliche Ausbrüche von diesem Gase, welches mit einem sehr starken Zischen aus der Erde strömt.“

Die Schlammfelder sind vulkanische Erscheinungen, die denen der Eruption von Jokmali*) im J. 1827 ganz ähnlich sind. Das Gas bricht hier aus kleinen, 2′ hohen Thonkegeln, deren Gipfel eine mit Schlamm gefüllte Öffnung bildet. Solcher Kegel sieht man eine grosse Anzahl neben

*) Hr. Eichwald theilt in einem an Hrn. v. Leonhard gerichteten Briefe eine interessante Notiz über die Flammen- und Schlamm-Eruption mit, welche am 7. Febr. 1839 beim Dorfe Baklichli, 15 Werst westlich von Baku, statt fand: Man hatte von einem grossen, angezündeten Scheiterhaufen gesprochen. Die Feuergarben waren 40 Werst weit sichtbar. Grosse Erdklumpen wurden in die Luft geschleudert und eine ungeheure Menge kleiner hohler Kugeln, ähnlich dem Vogeldunst der Jäger, wurde von den Winden fortgeführt und fiel 6 Meilen weit vom Orte des Ausbruches nieder. Es war eine schwarze, erdige, calcinirte Substanz. Die Flammenauswürfe dauerten gegen zwanzig Stunden; doch war die ausgespiene Schlammmasse bei der neuen Salse geringer, als die der Ausbrüche von Alti-Schamo im J. 1828 und vom Berge Massasy im J. 1830 (v. Leonhard, Jahrb. der Min., 1840, S. 94; vergl. Eichwald, Periplus, I., 203).

einander stehen. Eine Eruption von derselben Art, wie die zu Jokmali, findet sich auf der Insel *Pogorelaja Plita* (d. i. der gebrannte Fels) an der Mündung des Kur. Mehrere Personen, die beide gesehen hatten, versicherten mich, dass sie ganz dieselben Erscheinungen gezeigt hätten.

„Ein alter pers. Lootse erzählte mir Folgendes: „Vor 16 Jahren stieg auf dieser Insel eine ungeheure Flamme empor, deren Hitze man 6 Werst weit empfand (?). Seitdem das Feuer erloschen ist, hat sich die Insel mit einem flüssigen, grauen Schlamm bedeckt, aus dem ein Dampf aufsteigt, welcher denselben Geruch wie die Feuer Bakus verbreitet und Kopfschmerzen verursacht, wenn man ihn einathmet. Dieser Schlamm enthält eine grosse Menge von goldglänzenden Steinen. Man findet daselbst auch Salz, welches den Boden bedeckt und einen bittern Geschmack hat." — Ich habe zu Jokmali dieselben goldfarbigen Steine bemerkt; es ist Thonschiefer mit einer schwachen Schwefelkiesfärbung. Zu Jokmali ist der Thonboden ebenfalls an vielen Stellen mit Natron bedeckt. Zweien Ursachen kann man die Emporhebung der Insel Pogorelaja Plita über den Spiegel des casp. Meeres zuschreiben: die eine ist die unzweifelhafte Senkung des letztern; die andere die Eruption des Schlammvulkans, welche darin vorgegangen ist. Von 1685 1715 ist das Meer um 10′ gesunken und dann wieder bis zum Jahre 1743 gestiegen. Von 1743—1816 war die Niveauveränderung wenig merklich, aber seit dem letztern Jahre bis zum Jahre 1830 betrug die Zunahme sicherlich 10′ (Lenz, Poggend. Ann., XXVI., 386)."

„Niemand in der Nähe von Baku konnte mir über die Selbstentzündung der Naphtha Auskunft geben; gleichwohl ist es keinem Zweifel unterworfen, dass mehrere Naphthabrunnen dem brennbaren Gase einen freien Ausgang gestatten. Man hört sehr deutlich das Geräusch, welches das Gas bei seinem Ausströmen aus mehreren Naphthabrunnen erzeugt."

Auch auf der Insel Java finden sich an einer Stelle, welche Damak heisst und zum östlichen Theile der Provinz Samarang gehört, 6 M. von der Nordküste entfernt, Salsen oder

Schlammvulkane, welche von Hrn. Diard, einem gründlich unterrichteten Naturforscher untersucht worden sind. Hier haben die höchsten Kegel, welche ihre Stelle verändern, 25 — 30′ Höhe. Sie werfen Wasser von ziemlich hoher Temperatur und gemengt mit Chlornatrium, Wasserstoffgas und Kohlensäure aus. Die Eruptionen sind von einem unterirdischen Getöse, welches manchmal weit entferntem Donner ähnelt, begleitet. Man darf diese Auswürfe der kleinen Salsen auf Java nicht mit den fürchterlichen, mit Schwefel geschwängerten Schlammströmen (nasser Staub von zerriebenem Trachyt) verwechseln, welche die grossen Vulkane Guslongong und Djin im östlichen Theile der Insel Java von Zeit zu Zeit erzeugen.

Über

die Seehunde des caspischen Meeres

und über

einen Polypen des Todten Meeres*).

Anmerkung von Hrn. **Valenciennes,**
Prof. am *Muséum d'Histoire naturelle.*

Wiewohl Pallas und Nordmann den Seehund des casp. Meeres *Phoca vitulina* nennen, so bin ich doch der Ansicht, dass derselbe eine völlig verschiedene Species ist. — Sie haben ein Exemplar mit den Fischen von der Wolga-Mündung mit nach Berlin gebracht und wir besitzen zu Paris in den grossen Sammlungen des Museums ein schönes Exemplar von einem ausgewachsenen Seehunde des casp. Meeres. Dasselbe ist 4′ 8″ lang; die Farbe des Haares ist auf dem Rücken silbergrau, und auf den Seiten und unterm Bauch weiss ohne irgend einen Flecken. Die graue Farbe des Rückens reicht bis zu den Vordergliedern herab, deren Nägel weiss sind. Der kleine und schwärzliche Bart hat glatte Haare ohne Ringe; die Schneide- und die Augenzähne sind sehr klein; von ersteren stehen vier oben und zwei unten. Man kann nach diesem Kennzeichen nicht bezweifeln, dass zwischen dieser Robbe und der *Phoca vitulina* ein specifischer Unterschied existirt. Wahrscheinlich hat Hr. Nordmann keine Robben vom casp. Meere gesehen, und was Pallas betrifft, so ist es leicht einzusehen, dass er, einer bereits durch die grosse Ähnlichkeit des Seehundes vom

---

*) Vergl. über die Seehunde S. 442—444, 460, [478,] 512, 514, 515. (H–t.)

casp. Meere mit der *Phoca vitulina* festgestellten Bestimmung Vertrauen schenkend, seine Aufmerksamkeit nicht auf die Zähne dieser asiat. Robbe gerichtet hat. Man darf überdiess ja nicht übersehen, dass zu der Zeit, wo Pallas schrieb, mehrere Species unter dem Namen *Phoca vitulina* Linné verwechselt wurden.

Die Sammlung von Zoophyten des Museums besitzt unter ihren Madreporen-Polypen ein Exemplar von *Porites elongata* Lam., welches demselben der Marquis Charles de l'Escalopier übergeben hat. Dieser Reisende fand es selbst an dem Ufer des Todten Meeres (vergl. S. 543—546) beim Baden. Diese Thatsache ist von hohem Interesse, weil diese Species von *Porites* bisher nur aus dem Rothen oder indischen Meere bekannt war; die von Lamark beschriebenen Individuen kamen von den Sechellen. Seitdem hat Hr. Botta schöne Exemplare, welche unsrer Sammlung zur Zierde gereichen, vom Todten Meere mitgebracht. Die Species findet sich nicht im Mittelländischen Meere, welches sehr wenig Producte mit dem Rothen Meere gemein hat. Ich kenne bis jetzt keinen einzigen Zoophyten und keinen Fisch, der in beiden Meeren vorkäme.

In der neuesten Zeit hat der Civil-Ingenieur Hr. Lefebvre, bekannt durch seine Arbeiten über die geognostischen Verhältnisse Ober-Ägyptens, einige Mollusken mitgebracht, nämlich *Cassidaria thyrena* Lam., *Cassid. echinophora* Lam., *Dolium olearium*, *Nerita canrena* Gmel. etc., welche sich in grosser Menge im Mittelländischen Meere finden und die er versichert, selbst in der Gegend von Tor im Rothen Meere gefangen zu haben. Dies ist der einzige ganz sicher festgestellte Fall, den man bis jetzt anführen kann, um eine specifische Identität zwischen den Thieren beider Meere nachzuweisen.

Vulkanische Phänomene
in China, auf Japan und in andern Theilen von Ost-Asien;

von

Klaproth.

(Hr. Stan. Julien hat diese Abhandlung mit mehreren neuen Texten bereichert und auch die Übersetzung der alten Stellen, deren Quellen Klaproth nicht angegeben hatte, mit grosser Sorgfalt berichtigt.)

Es scheint, dass es in China keine eigentlichen thätigen Vulkane giebt; man kennt daselbst keinen, der Asche auswürfe oder Lavaströme hervortriebe. Indessen zeigen sich auf diesem ungeheuren Ländergebiet andere vulkanische Erscheinungen, nämlich: die *Ho-tsing* oder die Feuerbrunnen und die *Ho-schan* oder die Feuerberge, die man an verschiedenen Orten in den Prov. Yun-nan, Szu-tschhuan, Kuang-si und Schan-si bemerkt; die beiden ersteren sind die westlichsten in China und liegen an der Grenze von Tübet, demnach sehr weit ab vom Meere.

Die berühmtesten Feuerbrunnen sind die von Szu-tschhuan; man findet sie stets in der Nähe von Salzbergwerken, die in dieser Provinz sehr häufig sind. Merkwürdige Details über die im Kreise Kia-ting-fu*), einer Stadt unter 101° 28′ 45″ ö. Lg. und 29° 27′ n. Br., verdanken wir

*) Sie liegen im Gebiet der Städte Yung-hian, unter 102° 7′ ö. Lg. und 29° 33′ n. Br., und Wei-yuan-hian, unter 102° 12′ ö. Lg. und 29° 38′ n. Br.

dem franz. Missionar, Hrn. Imbert*), der noch in dieser Gegend weilt. „Es giebt, sagt er, auf einem Raume von etwa 10 M. Länge bei 4 oder 5 M. Breite einige Mal 10000 Salzbrunnen. Jeder einigermassen reiche Privatmann sucht einen Theilnehmer, um einen oder auch mehrere solcher Brunnen bohren zu lassen, was mit einer Ausgabe von 1000 und einigen hundert *Taels* (8000 Francs) verbunden ist. Ihre Art und Weise, diese Brunnen zu bohren, ist nicht dieselbe wie bei uns. Zeit und Geduld bringt dies Volk bei einem viel geringern Kostenaufwande, als bei uns, zum Ziele; es kennt die Kunst, die Felsen vermittelst Minen zu sprengen, nicht, und doch liegen alle diese Brunnen in Felsen. Dieselben haben gewöhnlich 1500—1800, manchmal über 2000 franz. Fuss Tiefe und nur 5 – 6'' Weite. Das Verfahren dabei ist folgendes: Wenn die Oberfläche aus einer 3—4' tiefen Erdschicht besteht, so setzen sie eine hohle hölzerne Röhre hinein, die sie nun mit einem behauenen Steine (*pierre de taille*), welcher eine Öffnung von 5—6'' hat, bedecken; dann lässt man eine 300—400 Pfd. schwere Ramme oder einen stählernen Kopf (*tête*) in der Röhre spielen. Dieser Kopf ist kronenartig gezackt, nach oben etwas ausgehöhlt, unten aber zugerundet. Ein starker, leicht bekleideter Mann steigt auf ein Gerüst und tanzt den ganzen Morgen auf einem Schwengel (*bascule*), welcher den Bohrer (*éperon*) 2' hoch hebt und dann wieder durch sein eigenes Gewicht niederfallen lässt. Von Zeit zu Zeit giesst man einige Eimer Wasser in das Loch, um die Steinmasse durchzuarbeiten und breiartig zu machen. Der Stahlkopf**)

---

*) S. dessen Briefe vom 4. Sept. 1826 und 13. Sept. 1827 in den *Ann. de l'Association de la Propagation de la Foi*, 1829, No. 16., p. 369—381. (Vergl. auch eine interessante Abhandlung von Hrn. Edouard Biot über die Gebirge und Höhlen Chinas im *Journal asiat.*, 1840, No. 11. H—t.)

**) Hr. Jobard aus Brüssel hat im Auszuge einen Bericht des Gesandten van Hoorn aus dem 17. Jahrh. bekannt gemacht, worin die Methode, die Brunnen mittelst eines Seiles und einer eisernen Hand, welche man durch ihr Gewicht bewegen lässt, zu bohren, bereits beschrieben wird. Dieser Bericht wurde 1670 in holländ. Sprache gedruckt;

hängt an einem starken Seil aus Rotang, das zwar nur fingerdick, aber so stark ist, wie unsere Darmsaiten. Dieses Seil ist an dem Schwengel befestigt; daran knüpft man ein hölzernes Dreieck, und ein zweiter Mann sitzt neben dem Seil. Sowie der Schwengel in die Höhe steigt, fasst er das Dreieck und lässt es eine halbe Wendung beschreiben, so dass der Bohrer in entgegengesetzter Richtung fällt. Mittags steigt er auf das Gerüst, um seinen Gefährten bis zum Abend abzulösen. Beide werden für die Nacht von zwei andern abgelös't. Wenn sie drei Zoll gebohrt haben, so zieht man den Bohrer nebst aller darauf angehäuften Masse mittelst einer grossen Walze heraus, die zum Aufrollen des Seiles dient. Auf diese Weise werden jene kleinen Brunnen oder Röhren ganz senkrecht und spiegelglatt. Zuweilen gehen die Felsbänke nicht ununterbrochen fort, sondern man stösst in grossen Teufen auf Erd- und Kohlenschichten u. s. w.; dann wird die Arbeit eine höchst schwierige, ja sie ist oft ganz fruchtlos. Wenn die Substanzen keinen gleichmässigen Widerstand leisten, so geschieht es, dass der Brunnen seine senkrechte Richtung verliert*); doch sind diese Fälle selten. Bisweilen bricht auch der grosse Eisenring, an dem die Ramme hängt, und dann braucht man 5—6 Monate, um denselben mit andern Rammen zu zerstückeln und zu Pulver zu zermalmen. Wenn der Fels hinlänglich günstig ist, so fördert man bis 2′ binnen 24

---

er enthält ebenfalls eine Notiz über die Feuerbrunnen in China und über das in Bambus transportirte Gas. *Compt. rendus de l'Acad.*, III., 1836, p. 736. (H – t.)

*) Dies ist der grosse Übelstand der auf chinesische Art (mittelst des Seilbohrens der Deutschen) gebohrten Brunnen, womit sich die Hrn. Sello und Oeynhausen in Deutschland, Degousée, Selligue und Goulet-Collet in Frankreich, Jobard in Belgien praktisch beschäftigt haben. Die Brunnen verlieren ihre senkrechte Richtung, wenn die Schichten aufgeschwemmt, thonig, von ganz neuer Bildung sind und ihnen Gleichförmigkeit im Gefüge fehlt. Wenn das Seil reisst, so gelingt es selten, die Ramme wieder herauszuziehen. (H – t.)

Stunden. Das Bohren eines Brunnens dauert wenigstens drei Jahre. Um das Wasser herauszufördern, lässt man eine 24′ lange Bambusröhre in den Brunnen hinab, an deren Ende ein Ventil angebracht ist; wenn sie auf dem Boden des Brunnens steht, so setzt sich ein starker Mensch auf das Seil und bewegt dasselbe stossweise. Jeder Stoss öffnet das Ventil und hebt etwas Wasser in die Höhe; wenn dann die Röhre voll ist, so wird mittelst eines Cylinders von 50′ Umfang in Gestalt eines Haspels, auf welchen sich das Seil aufrollt und der von drei oder vier Büffeln oder Ochsen gedreht wird, die Röhre in die Höhe gezogen. Das Wasser ist sehr salzhaltig und liefert bei der Abdampfung ein Fünftel und darüber, ja zuweilen ein Viertel Salz.“

„Das aus diesen Brunnen ausströmende Gas ist entzündbar. Brächte man eine Fackel an die Brunnenöffnung, wenn die mit Wasser gefüllte Röhre nahe daran ist, daselbst anzulangen; so würde sie sich in Gestalt einer grossen, 20—30′ hohen Feuergarbe entzünden und explodiren. Dies geschieht manchmal aus Unvorsichtigkeit oder Bosheit eines Arbeiters, der sich und andere tödten will. Es giebt auch Brunnen, aus denen man gar kein Salz, sondern nur Feuer gewinnt; diese nennt man Feuerbrunnen. Hier folgt ihre Beschreibung: Ein kleines Bambusrohr schliesst die Brunnenmündung und leitet die brennbare Luft, wohin man will; man zündet sie mit einer Kerze an und sie brennt dann ununterbrochen fort. Die Flamme ist bläulich, 3—4″ hoch und hat 1″ Durchmesser; einmal entzündet, erlischt das Feuer nur, wenn man eine Thonkugel in die Mündung der Röhre steckt, oder wenn man darauf bläs’t. Das Gas ist bituminös, sehr stinkend und verbreitet einen schwarzen, dicken Rauch; sein Feuer ist heftiger, als das gewöhnliche. Die grossen Feuerbrunnen sind zu Tseu-lieu-tsing, 40 M. von meinem Wohnorte. Zu U-thung-khiao*) ist das Feuer zu schwach, um Salz zu sieden. Die grossen Feuer-

*) 102° 11′ ö. Lg., 29° 33′ n. Br. Diese Stadt liegt 4 M. von Kia-ting-fu in der Prov. Su-tschuen.

brunnen befinden sich zu Tseu-lieu-tsing*), einem Marktflecken im Gebirge am Ufer eines kleinen Flusses. Hier sind auch Salzbrunnen, welche wie die zu U-thung-khiao gebohrt wurden; im Ganzen sind ihrer mehr als 1000. In einem benachbarten Thale finden sich vier Brunnen, die Feuer in einer wahrhaft entsetzlichen Menge, aber kein Wasser liefern. Anfangs gaben diese Brunnen salzhaltiges Wasser; als dieses aber versiegte, bohrte man vor etwa vierzehn Jahren bis zu einer Tiefe von 3000′ (?) und darüber, um reichlich Wasser zu finden; doch vergebens. Plötzlich stieg eine ungeheure Luftsäule auf, welche dicke, schwärzliche Theilchen ausstiess. Diese sahen nicht wie Rauch aus, wohl aber wie der Dampf eines glühenden Schmelzofens. Diese Luft entwich mit einem schrecklichen Brausen und Krachen, welches man sehr weit hörte.“

„Die Brunnenöffnung war mit einem behauenen Steinkasten von 6 oder 7′ Höhe bedeckt, aus Besorgniss, dass Jemand aus Unachtsamkeit oder Bosheit Feuer an das Brunnenloch bringen möchte. Ein solches Unglück trug sich vor einigen Jahren zu. So wie das Feuer die Mündung des Brunnens erreichte, entstand eine fürchterliche Explosion und eine ziemlich starke Erderschütterung. Die Flamme, welche ungefähr 2′ hoch war, sprang, ohne etwas zu verbrennen, auf der Oberfläche herum. Vier Menschen unternahmen es, einen ungeheuren Stein auf das Brunnenloch zu wälzen. Aber derselbe wurde in die Luft geschleudert; drei Personen verbrannten, der vierte entging der Gefahr. Weder Wasser noch Schlamm vermochten, das Feuer zu löschen; endlich nach zwei Wochen langer, beharrlicher Arbeit trug man eine Menge Wasser auf einen benachbarten Berg, um so hier einen See zu bilden. Dadurch dass man das ganze Wasser dieses Behälters mit einem Male abliess, gelang es, das Feuer auszulöschen. Dies verursachte eine Ausgabe von etwa 30000 Francs [gegen 8100 Thal. Preuss.], eine in China ziemlich bedeutende Summe.“

---

*) 102° 29′ ö. Lg., 29° 27′ n. Br. Der Name *Tseu-lieu-tsing* bedeutet Brunnen, der von selbst läuft.

„Einen Fuss unter der Erde werden an den vier Seiten des Brunnens vier starke Bambusröhren eingelassen, um das Gas unter die Kessel zu leiten. Jeder Kessel hat ein Bambusrohr oder einen Feuerzuleiter, an dessen Spitze wieder eine 6″ hohe Röhre aus Töpferthon angebracht ist, die in der Mitte ein 1″ im Durchmesser haltendes Loch hat. Dieser Thon verhindert, dass der Bambus anbrennt. Andere ausserhalb angebrachte Bambusröhren erleuchten die Strassen und die grossen Hallen oder Küchen. Da man nicht das ganze Feuer verbrauchen kann, so wird das überschüssige aus der Saline hinausgeleitet und bildet daselbst drei gewaltige Feuergarben, die zwei Fuss hoch über dem Rande des Schornsteins schweben und herumspringen. Der Boden des Hofes ist an der Oberfläche äusserst heiss und brennt unter den Füssen; sogar im Januar sind alle Arbeiter halb nackt und tragen als Bedeckung nur kurze Unterhosen. Das Feuer ist sehr lebhaft. Die Schmelzkessel haben 4—5″ Dicke; sie werden leicht calcinirt und schmelzen in wenigen Monaten zusammen. Träger und zuweilen Aquäducte aus Bambusröhren schaffen das Salzwasser an Ort und Stelle; es wird in eine grosse Cisterne aufgenommen, und ein hydraulisches Paternosterwerk, das Tag und Nacht von vier Leuten in Bewegung gesetzt wird, führt das Wasser in einen höher angebrachten Behälter, von wo es in die Kessel geleitet wird. Das in vier und zwanzig Stunden abgedampfte Wasser bildet eine Salzkruste von 6″ Dicke und etwa 300 Pfund an Gewicht. Dies Salz ist steinhart.“

„Das Feuer dieses natürlichen Gases erzeugt fast keinen Rauch, aber einen sehr starken, bituminösen Dunst, den man zwei Meilen im Umkreise riecht. Die Flamme ist röthlich wie die von Kohlen; sie ist nicht unmittelbar an die Mündung der Röhre gefesselt wie die Flamme einer Lampe; sondern springt etwa 2″ über derselben umher und steigt zu einer Höhe von fast 2′ auf. Im Winter graben die armen Leute, um sich zu wärmen, den Sand im Kreise einen Fuss tief auf; zehn dieser Unglücklichen setzen sich herum, zünden dieses Loch mit einem Strohbündel an und wärmen sich auf diese Weise, so lange es ihnen beliebt;

dann schütten sie das Loch wieder mit Sand zu und das Feuer erlischt.“

Dieser unbefangenen und wenig wissenschaftlichen Beschreibung des Hrn. Imbert muss ich noch hinzufügen, dass der Flecken U-thung-khiao 4 M. östlich von der Stadt Yung-hian, am Fusse des grossen Berges U-thung-schan liegt, dessen Masse das ganze zwischen dem Laufe des Yung-khi und des Fu-kia-ho liegende Land bedeckt. Der Flecken Thseu-lieu-tsing liegt etwa 1 M. unterhalb der Mündung des zweiten Flusses in den ersten. Der letztere heisst gemeinhin das schwefelhaltige Wasser und verbreitet in der That einen starken Schwefelgeruch. 2 Meilen nordöstlich von dem Flecken liegt der grösste *Ho-tsing* oder Feuerbrunnen.

Es scheint nicht unangemessen, hier von dem unbekannten Gemenge schädlicher Gasarten, welches Tschang-li genannt wird, zu reden. In den westlichen und südlichen Provinzen Chinas und in den tiefen Thälern zwischen den hohen Gebirgsketten Thibets giebt es Gasaushauchungen, welche für Menschen und Thiere tödtlich sind. Sie heissen im Chines. Tschang-mu oder Tschang-li. Die chinesischen Schriftsteller nennen sie den grausamen Schwefel, welcher Krankheiten erzeugt. Sie fügen hinzu, dass die Personen, welche bei grosser Hitze durch Sümpfe oder in den Engpässen der Länder im S. von der südlichen Transversalkette Chinas reisen, ein übernatürliches Ding bemerken, welches aus einer Spalte des Bodens kommt, Anfangs wie eine kleine Kugel*) aussieht, sich aber allmälig ausdehnt und endlich so gross wie ein Wagenrad wird; es zerstreut sich bald überall herum, und die Leute, welche in seinen Bereich gerathen, werden schwer krank.

*) In den Bergwerken von Tyrol, Derbyshire und der Grafschaft Foix sind die Moffetten manchmal auch in Gestalt von Kugeln erschienen. Ich habe selbst, als ich mich mit bergmännischen Arbeiten beschäftigte, Anhäufungen von kohlensaurem Gase eine kleine, weisslichgraue Wolke mit bestimmten Umrissen, worin die Lampen der Bergleute erloschen, gesehen. S. meine Abhdlg.: Über die unterirdischen Gasarten, 1799, S. 120. (H—t.)

Diese schädliche Luft ist vorzugsweise in den Thälern der Provinzen Sse-tschuan und Yun-nan häufig: die Reisenden, welche sie von fern bei ihrem Entstehen gewahr werden, bemühen sich, ihr auszuweichen. In der grossen chines. Geographie lies't man darüber Folgendes: „In dem Kreise Schan-ning-fu der Provinz Yun-nan nimmt der grosse Strom Lu-thsang-kiang den Fluss *Kin-schui* (d. h. das zu vermeidende Wasser) auf, welcher von Yung-tschhang her kommt und nordwärts läuft. Derselbe ist durch seine pestilenzialischen Ausdünstungen, welche sehr gefährlich sind, berüchtigt. In der Luft ist ein unsichtbares Ding enthalten, welches man die Kugel des bösen Geistes nennt. Dies Ding tritt am Flusse im fünften und sechsten Monate (Juni und Juli) auf und erscheint dunkel wie Nebel; es hat den Glanz von Feuer und erzeugt ein Geräusch wie Holz beim Zerbrechen oder Stein beim Zerschlagen. Wenn es in einen Baum geräth, so zerreisst es; tritt es in einen Menschen, so stirbt er daran. Man nennt es Tschang-mu. Im Buche *Wen-siu-an* wird es: „*Kuei-tau*“ (Kugel des bösen Geistes) und im *Neï-tian*: „*Kin-schui*“ (Wasser, welches man meiden muss) genannt.

Ein sehr berühmter *Ho-tsing* oder Feuerbrunnen war einst in Sse-tschhuan, 80 Li südwestlich von der jetzigen Stadt Khiung-tschëu (101° 6′ ö. Lg., 30° 27′ n. Br.) und im S. des Berges Siang-thaï-schan*). Er hatte 5′ chines. Weite und eine Tiefe von 2—3 Klaftern Die Flamme stieg unaufhörlich und mit donnerähnlichem Getöse daraus empor; sie stieg so hoch auf, dass sie Nachts das ganze Land auf eine Strecke von einigen Mal 10 Li erhellte. Die Bewohner der Nachbarschaft leiteten das brennbare Gas des Brunnens durch Bambusröhren in ihre Häuser. Zwei Salzquellen entströmten diesem Brunnen, deren Wasser nach dem Abdampfen dreissig Procent Salz gab. Gegenwärtig ist das Feuer des Brunnens erloschen; aber soviel bekannt

*) *Thaï-thsing-i-thong-tschi*, 1. Ausg, lib. 251, fol. 5 recto. (Julien.)

ist, hat es vom 2. bis zum 13. Jahrhundert unserer Zeitrechnung gebrannt*).

Im *Ming-i-tong-tschi* oder in der Geographie der Ming lies't man: Der Feuerbrunnen liegt in dem Berge *Folong-schan* (d. h. der Berg, wo ein versteckter Drache haus't). Unten an diesem Berge zeigt die Erde eine Aushöhlung, welche dem Bette eines Teiches ähnlich sieht. Wenn man Wasser darein leitet, so vernimmt man ein dumpfes Geräusch, welches mitten aus der Erde kommt; wenige Augenblicke darnach sieht man eine glänzende Flamme aufsteigen.

In den Sommermonaten sieht man, wenn der Regen sich in dieser Vertiefung angesammelt hat und stehen geblieben ist, auf der Wasserfläche kleine Flammen hervorbrechen. Das Wasser wallt dabei auf und bleibt doch so kalt wie zuvor.

In den Wintermonaten versiegt das Wasser; aber die Flammen kommen wie früher an dieser Stelle zum Vorschein. Die Zuschauer haben sich oft ihre Kleider verbrannt. (Auszug aus dem Wörterbuche *P'ing-tseu-lui-pien*, lib. 21, fol. 12 verso, nach Hrn. Julien's Übers.)

In der Provinz Sse-tschhuan beobachtet man ein eigenthümliches Phänomen am Berge Py-kia-schan, der seinen Namen von den isolirten Felsen erhalten, welche seinem Rücken gewissermassen ein ausgezacktes Ansehen und ihm die Gestalt des kleinen Gestells geben, auf welches die Chinesen ihren in Tusch getauchten Pinsel legen. Dieser Berg heisst noch *Khieu-tseu-lung-wo* oder das Nest der neun Drachenkinder, auch *Yu-schan*, der Berg des Yu oder des östlichen Jade. Er ist nur drei Li im NO. von der Stadt Pao-hian entfernt, welche unter 101° 7′ ö. Lg. und 31° 40′ n. Br. liegt, und engt den Lauf des Tho-khiang ein, eines rechten Zuflusses des obern Laufes des Grossen Kiang oder Stromes von China. Nachts sieht man auf der ganzen Ostseite dieses Berges ein Leuchten wie die Mor-

*) Vergl. Hrn. Arago's Abhandlung über die artesischen Brunnen im *Annuaire pour* 1835, p. 254. (H–t.)

gendämmerung; dies Licht verursacht kein Geräusch, giebt aber den Felsabhängen, den benachbarten Berggipfeln und selbst dem Himmel eine sehr lebhaft rothe Farbe und verbreitet über die Wälder und Bäume eine Helligkeit wie das Tageslicht; es verschwindet mit Tagesanbruch. Wahrscheinlich rührt dieser ausserordentliche Glanz von einem vulkanischen Feuer her, welches in irgend einer tiefen, verborgenen Schlucht brennt, zu der die Chinesen nicht gelangen konnten; denn die unwirthbare Gegend, in welcher der Py-kia-schan liegt, befindet sich am Fusse hoher, mit ewigem Schnee bedeckter Berge und wird von Barbarenstämmen thibetischen Ursprungs bewohnt, die dem Himmlischen Reiche nur unvollkommen unterthan sind.

Der südlichste *Ho-schan* oder Feuerberg liegt in dem Kreise U-tschëu-fu der Prov. Kuang-si*); er ist zwei chinesische Li südlich von der Stadt U-tschëu-fu und dem Flusse Ke-kiang, unter 108° 25′ ö. Lg. und 23° 27′ n. Br., nicht weit von der Grenze der Prov. Kuang-tung oder Canton gelegen. Er heisst gegenwärtig *Tsch'ung-siao-schan*, d. h, Berg, welcher sich in die obere Region der Wolken erhebt; vor Alters nannte man ihn Ho-schan. Jede dritte oder fünfte Nacht steigt eine etwa 10 chines. Klafter breite Flamme aus seinem Gipfel auf, und erlischt nach Verlauf von einer halben Stunde. Auf diesem Berge finden sich Li-tschi [*Demicarpus litschi*], deren Früchte im vierten Monat, also weit früher als in den andern Provinzen, zur Reife kommen. Dieser Berg heisst Ho-schan, weil der Boden desselben brennt. Der Tsch'ung-siao-schan liegt 40 Seemeilen von der Küste der chines. See entfernt.

Mehrere *Ho-schan* oder Feuerberge finden sich in dem nördl. Theile der Prov. Schan-si, die im N. von der grossen Mauer und dem Lande der Tschakhar-Mongolen begrenzt wird. Einer der wichtigsten liegt im Kreise Pao-te-tschëu, 5 Li westlich von der Stadt Ho-khiu-han unter 108° 14′ ö. Lg. und 39° 14′ n. Br. (*Thaï-thsing-i-tong-*

---

*) Cf. das Wörterbuch *P'ing-tseu-lui-pien*, lib. 12, fol. 12 recto, und *Thaï-thsing-i-tong-tschi*, 1. Ausg., lib. 298, fol. 5. Julien.

tschi, lib. 90, fol. 3 verso; Julien.) An seinem Westfusse strömt der *Hoang-ho* oder Gelbe Strom, der hier grosse Biegungen macht. Auf dem Gipfel des Berges sieht man Löcher, aus denen ein dicker Rauch und Flammen aufsteigen, sobald man nur Kraut hineinwirft. Man kann damit Speisen kochen. Auf dem Berge wachsen weder Kräuter noch Bäume. Auf dem Gipfel ist eine Salmiakhöhle. Am Fusse findet sich eine Höhle, aus welcher Salmiakdampf hervorquillt. Dieser Berg stellt sich dem *Hoang-ho* (Gelben Flusse) in den Weg und nöthigt ihn, einen Bogen zu beschreiben.

Ein anderer Ho-schan findet sich in derselben Provinz, aber weiter nordöstlich, im W. von Ta-thung-fu, dem Hauptorte des Kreises (110° 50′ ö. Lg. und 40° 5′ 42″ n. Br.; *Thaï-thsing-i-tong-tschi*, 1. Ausg., lib. 78, fol. 7, 21 recto; Julien.) Auf seinem Gipfel erblickt man einen *Ho-tsing* oder Feuerbrunnen; dies ist eine lange Spalte, die von N. nach S. 60 — 70 Schritt und fast einen Fuss Breite hat. Ihren Grund kann man nicht sehen. Es entströmt ihr eine sehr grosse Hitze und man hört im Innern ein immerwährendes Getöse, das dem Donner gleicht. Wirft man Kräuter in diese Spalte, so stösst sie Rauch und Flammen aus. Fünf oder sechs Klafter östlich von dieser Spalte findet man eine Quelle, deren Wasser kochend ist. Sie ist so breit wie ein Wagenrad, hat die Gestalt eines Feuerbrunnens und haucht eine ebenso starke Wärme aus. Etwa 100 Schritt nördlich von diesem Feuerbrunnen stösst man auf eine Schlucht von ungefähr 90 Schritt Breite. Am Fusse ihres steilen Südrandes öffnet sich eine Windhöhle, deren Öffnung breit genug für einen Menschen und deren Tiefe unbekannt ist. Es weht aus ihr unaufhörlich (selbst im heissen Sommer) ein so eisiger Wind, dass es unmöglich ist, darin einige Zeit zu verweilen.

Ein dritter Ho-schan ist noch in Schan-si im Kreise Fen-tschëu-fu, 70 Li östlich von der Stadt Lin-hian (108° 31′ ö. Lg. und 38° 12′ n. Br.; *Thaï-thsing-i-tong-tschi*, 1. Ausg., lib. 77, fol. 8; Julien). Er hat 20 Li im Umfange und ist voll von Steinkohlenflötzen, die theilweise brennen. Im Allgemeinen sind die Gebirge von Schan-si und dem westlichen Theile von Tschy-li sehr reich an Steinkohlen.

In dem *Ki-tschëu-thu-king* betitelten und in der Encykl. *Thaï-p'ing-iu-lan*, lib. 45, fol. 5 recto, angeführten Werke steht: Der Berg *Ho-schan* oder der Feuerberg liegt 50 Li im S. vom Bezirk Thing-siang-hien (in der Prov. Pe-tschi-li). — Commentar zum „Buche der Gewässer" (ibid., fol. 5 verso): Der Fluss Si-khi entspringt im Ho-schan. Auf diesem Berge ist ein Feuerbrunnen von 70 Schritt Länge von S. nach N. Er ist so tief, dass man nicht bis auf den Boden sehen kann. Daraus steigt beständig eine brennende Hitze auf, welche von donnerähnlichen Detonationen begleitet ist. Wenn man Kräuter hineinwirft, so sieht man einen dicken Rauch aufsteigen, an dessen Stelle bald eine glänzende Flamme tritt etc. — Dasselbe Werk erwähnt zwei andere Feuerbrunnen ganz in der Nähe, welche im O. und im N. von dem eben genannten liegen.

Schon P. Martini hat von den Feuerbrunnen der Prov. Schan-si in seinem *Atlas Sinensis* (p. 37) gesprochen. „In dieser Provinz, sagt er, giebt es einen Gegenstand, dessen Beschreibung wunderbar klingt, nämlich die Feuerbrunnen, ähnlich wie bei uns die Wasserbrunnen; man sieht sie dort an vielen Stellen und gebraucht sie, um Fleisch dabei zu kochen, was sehr bequem ist und keine Kosten verursacht. Man schliesst die Öffnung des Brunnens, so dass man nur ein kleines Loch lässt, welches weit genug ist, einen Kochtopf aufzunehmen; auf solche Weise pflegen die Bewohner ihre Speisen zu kochen. Ich hörte sagen, dass dies Feuer oft dick und wenig klar sei und dass es ungeachtet seiner Hitze das hineingeworfene Holz nicht entzünde. Man bringt dies Feuer in grosse Bambusröhren, um es leicht, wohin man will, zu tragen und sich desselben zum Kochen zu bedienen, indem man das Loch des Rohres öffnet. Die dann ausströmende Hitze vermag, kleine Gegenstände zu kochen, bis sie verflogen ist. In dieser ganzen Provinz betreibt man Steinkohlenlager, wie zu Lüttich. Die nördlichen Chinesen bedienen sich derselben, um ihre Öfen und

und Badestuben zu heizen. Nachdem die Kohle zerkleinert worden, welche oft sehr grosse Stücke bildet, rührt man sie mit Wasser an und bildet daraus Massen, wie es in Belgien üblich ist. Diese sind schwer zu entzünden; haben sie aber erst einmal Feuer gefasst, so hält es lange Zeit an und ist von grosser Stärke."

Die Vulkankette, deren erste südliche Glieder auf der Insel Formosa liegen, erstreckt sich über die Insel Liëu-khiëu bis Japan und von da über den Kurilen Archipel bis Kamschatka. Wir kennen den Archipel von Liëu-khiëu zwischen der Insel Formosa und Japan noch nicht genugsam, um eine genaue Vorstellung von den Vulkanen zu haben, die er enthalten mag. Wir wissen bloss, dass es Vulkane in seinem nördlichen Theile giebt, wo man die Schwefel-Insel (chines.: *Lung-huang-schan*), im NO. der grossen Insel Liëu-khiëu, unter 27° 50′ n. Br. und 125° 25′ ö. Lg. trifft. Die Schwefel-Insel heisst auch *Yëu-kia-phu*, d. i. die Küste der Verbannten. Der Vulkan, welcher hier eine unermessliche Menge Schwefel erzeugt, liegt in ihrem nordwestlichen Theile; er speit unaufhörlich Rauch und Schwefeldämpfe aus, die zuweilen so stark sind, dass man sich von der Seite, von welcher der Wind kommt, dem Berge nicht nahen kann. Die Felsen, welche diesen Vulkan umgeben, sind von gelber und mit braunen Streifen durchzogener Farbe. Die Südküste wird von hohen, dunkelrothen Vulkanen gebildet; auf ihrer Oberfläche bemerkt man einige hellgrüne Flecke. Bei stürmischem Wetter ist es schwer, an dieser Insel anzulegen, weil das Meer sich mit äusserster Heftigkeit an den Steilfelsen, die sie umsäumen, bricht. Lung-huang-schan bringt weder Bäume, noch Reis, noch Küchengewächse hervor; man findet dort viel Vögel und das Meer ist sehr fischreich. Diese Insel wird von dreissig Familien Verbannter bewohnt, die ihre Lebensbedürfnisse von Gross-Liëu-khiëu erhalten; sie beschäftigen sich mit dem Einsammeln des Schwefels.

Die grosse Insel Kiusiu, mit welcher Japan im SW.

beginnt, ist in ihrem westlichen und südlichen Theile sehr vulkanisch. Der *Un-sen-ga-dake* [der hohe Berg*) der warmen Quellen] liegt auf der grossen Halbinsel, die den Bezirk Takaku der Prov. Fisen bildet, und westlich vom Hafen Simabara. Man sieht auf diesem Berge, wie auf den Halbinseln Taman und Abscheron, mehrere Krater, welche schwarzen Schlamm und Rauch ausgestossen. In den ersten Monaten des J. 1793 stürzte der Gipfel des Un-sen-ga-dake gänzlich ein. Ströme siedenden Wassers drangen aus allen Seiten der tiefen Höhlung, die dadurch entstand, hervor, und der Dampf, der sich darüber erhob, glich einem dicken Rauch. Drei Wochen später fand eine Eruption des ungefähr $\frac{1}{2}$ M. von dem Gipfel liegenden Vulkans Biwono-kubi statt: die Flamme stieg zu einer beträchtlichen Höhe empor; die herausfliessende Lava breitete sich mit Schnelligkeit am Fusse des Berges aus, und in wenigen Tagen stand in einem Umkreis von mehreren Meilen (*milles*) Alles in Flammen. Einen Monat später erschütterte ein schreckliches Erdbeben**) die ganze Insel Kiusiu, besonders im Bezirk Simabara; es wiederholte sich mehrmals und endete mit einem fürchterlichen Ausbruch des Berges Miyi-yama, welcher das ganze Land mit Steinen bedeckte und besonders den Theil der Provinz Figo, der Simabara gegenüber liegt, in einen jämmerlichen Zustand versetzte.

In dem Districte Aso, im Innern von Figo, liegt der Vulkan Aso-no-yama, welcher Steine und Flammen auswirft; letztere sind von blauer, gelber und rother Farbe. Endlich ist Satsuma, die südlichste Provinz von Kiusiu, ganz vulkanisch und mit Schwefel geschwängert; die Ausbrüche sind darin gar nicht selten. Im J. 764 unserer Zeitrechnung stiegen vom Grunde des Meeres, welches den District Kaga-sima bespült, drei neue Inseln auf, welche gegenwärtig bewohnt sind. Im S. der südlichsten Spitze

---

*) Das Wort *dake* im Japan. ist das Synonym des Ausdrucks *yo*, womit die Chinesen die höchsten Gipfel ihres Landes bezeichnen.

**) [Über die Erdbeben in China s. Hrn. Ed. Biot's Abhandlung in den *Ann. de Chim.*, 3. sér., II., 372–416. M.]

von Satsuma liegt *Iwo-sima* (die Schwefel-Insel), welche beständig brennt*).

Das denkwürdigste vulkanische Phänomen in Japan fand im J. 285 vor unserer Zeitrechnung statt. Ein ungeheurer Einsturz bildete damals in einer einzigen Nacht den grossen See Mitsu-umi oder Biwano-umi, welcher in Oomi, einer Provinz der grossen Insel Nifon, liegt und dem Kämpfer und unsere Karten den Namen Oïtz-See geben. Zu gleicher Zeit stieg der Fusi-no-yama, der höchste Berg Japans in der Provinz Suruga, aus dem Schoosse der Erde empor (?). Im J. 82 v. Chr. erhob sich aus dem See Mitsu-umi die grosse Insel Tsiku-bo-sima, welche noch existirt.

Im J. 684 ward die Provinz Tosa, welche die SW.-Ecke der grossen Insel Sikokf im japanischen Reiche bildet, durch ein erschreckliches Erdbeben verwüstet, während dessen das Meer über 500000 Morgen urbares Land verschlang.

Der Fusi-no-yama ist eine ungeheure, mit ewigem Schnee bedeckte Pyramide und liegt in der Prov. Suruga an der Grenze der Prov. Kaï; er ist einer der bedeutendsten und thätigsten Vulkane Japans. Im J. 799 machte er einen Ausbruch, der vom vierzehnten Tage des dritten Monats bis zum achtzehnten Tage des vierten Monats dauerte; er war fürchterlich: die Aschenmassen bedeckten den ganzen Fuss des Berges, und die benachbarten Wasserströme nahmen eine rothe Farbe an. Die Eruption im Jahre 800 geschah ohne Erdbeben, während den beiden im sechsten Monat des Jahres 863 und im fünften Monat des Jahres 864 ein solches voranging. Das letztere war sehr heftig; der Berg brannte auf einer Strecke von zwei geogr. Quadratmeilen. Auf allen Seiten stiegen Flammen 12 Klafter hoch empor und wurden von einem erschrecklichen Donner begleitet. Die Erdbeben kehrten dreimal wieder und der Berg stand zehn Tage lang in Feuer; endlich barst er am

*) Nach den Beobachtungen des Adm. Krusenstern liegt diese Insel, welche er Volcano nennt, unter 30° 45′ n. Br. und 127° 56′ 25″ ö. Lg. (H—t.)

untern Theile auf, ein Stein- und Aschenregen flog heraus, fiel zum Theil in einen nördlich gelegenen See und machte dessen Wasser siedend, so dass alle Fische darin umkamen. Die Verwüstung dehnte sich über eine Strecke von 30 M. aus; die Lava floss 3 bis 4 M. weit und wandte sich hauptsächlich nach der Prov. Kaï hin.

Im J. 1707, in der Nacht des drei und zwanzigsten Tages im eilften Monat (*lune*), verspürte man zwei starke Erdstösse; der Fusi-no-yama öffnete sich, spie Flammen aus und schleuderte Asche 10 M. weit gegen S. bis zur Brücke Rasubats, bei Okabe in der Prov. Suruga. Am andern Tage besänftigte sich der Ausbruch, erneuerte sich aber mit noch grösserer Heftigkeit am 25. und 26. Ungeheure Felsmassen, durch die Hitze rothglühender Sand und eine unermessliche Menge Asche überschütteten die ganze benachbarte Hochebene. Die Asche ward bis Josi-wara fortgetrieben, wo sie den Boden 5—6′ hoch bedeckte, und selbst bis nach Jedo, wo sie noch mehrere Zoll dick lag. An dem Orte, wo die Eruption statt gefunden, sah man sich einen breiten Abgrund öffnen, an dessen Seite ein kleiner Berg emporstieg, welchen man Foo-ye-yama genannt hat, weil er sich in den Jahren gebildet, welche Foo-ye heissen.

Die Insel Osima, welche zur Prov. Idzu gehört und vor dem Eingange in die Bai von Jedo liegt, besitzt einen Berg, welcher wegen seiner Gestalt und des darin verborgenen Feuers dem Vulkan Fusi-no-yama ähnlich ist. Osima ist die nördlichste Insel des Archipels, der sich südwärts von Jedo bis zur Insel Fatsisio erstreckt. Mitten auf Osima erhebt sich ein hoher Gipfel, aus welchem der engl. Cap. Broughton am 31. Juli 1797 in Pausen von einer Stunde gegen O. eine schwarze, dicke Rauchsäule aufsteigen sah. Als er im November 1796 vorbeikam, warf der Krater, der sehr ausgeschweift schien, keinen Rauch aus. Die Insel gewährt einen sehr anmuthigen Anblick; sie ist bebaut und bis zum Gipfel des Berges mit einem grünen Pflanzenteppich geschmückt.

Ein Zweig der Vulkankette Japans läuft von Osima südwärts über die Inseln, die sich zwischen 137° und

139° ö. Lg. bis zum 22.° n. Br. erstrecken. Fatsisio, die Munin-sima- oder Bonin-sima-Inseln, die Bischofs-Inseln, die Schwefel-Vulkane und die Schwefel-Insel gehören zu diesem Zweige. Der Cap. Beechey, der im Juni 1827 die Bischofs-Inseln untersuchte, berichtet, dass ein Jahr zuvor im Januar die nördlichste dieser Inseln der Schauplatz eines fürchterlichen Erdbebens gewesen, welches von einem Orkan oder Typhoon begleitet war, der das Meer 12′ über seinen gewöhnlichen Stand emportrieb. Erdstösse sind auf dieser Insel im Winter häufig, und man sieht oft von hier aus, wie aus den Gipfeln anderer kleiner Inseln im Norden Rauch aufsteigt.

Die Prov. Jetsisen, welche sich längs der Küste des Meeres von Korea erstreckt, wird im N. von der Prov. Kaga begrenzt. Auf der Grenze beider liegt der Vulkan *Sira-yama* (der weisse Berg) oder *Kosi-no Sira-yama* (der weisse Berg des Landes Kosi), welcher mit ewigem Schnee bedeckt ist. Seine denkwürdigsten Ausbrüche fanden in den J. 1239 und 1554 statt. Man nennt ihn auch den Weissen Berg von Kaga.

Ein anderer, sehr thätiger Vulkan Japans ist der Berg Asama-yama oder Asama-no-dake, im NO. von der Stadt Komoro in der Prov. Sinano, einer der Provinzen in der Mitte der grossen Insel Nifon, nordöstlich von den Prov. Kaï und Musasi. Dieser Vulkan ist sehr hoch, brennt von der Mitte an bis zum Gipfel und stösst einen ungemein dicken Rauch aus. Er speit Feuer, Flammen und Steine aus; die letzteren sind durchgängig porös und dem Bimsstein ähnlich. Oft bedeckt er die ganze Umgegend mit seiner Asche. Einer seiner letzten Ausbrüche ist der von 1783; demselben ging ein entsetzliches Erdbeben voran. Bis zum 1. August hörte der Berg nicht auf, Sand und Steine auszuwerfen, Schlünde öffneten sich auf allen Seiten, und die Verwüstung dauerte bis zum 6. desselben Monats. Das Wasser der Flüsse Yoko-gava und Kuru-gava gerieth in Kochen; der Lauf des Yone-gava, eines der grössten Flüsse Japans, ward unterbrochen, und das siedende Wasser überschwemmte die Felder. Viele Dörfer wurden von der Erde verschlungen oder verbrannt und von der Lava begraben. Die Zahl der Menschen, die durch dieses Unglück um's Leben kamen, war unermesslich gross.

In derselben Provinz giebt es einen geräumigen See, Namens Suwa-no-mitsu-umi, aus welchem der grosse Fluss Tenriu-gava kommt. Der See liegt nordwestlich von der Stadt Taka-sima und nimmt eine grosse Anzahl heisser Quellen auf, die in seiner Nähe aus der Erde sprudeln.

In der Prov. Yetsingo, nördlich von der Prov. Sinana, befindet sich beim Dorfe Kuru-gava-mura ein ergiebiger Naphtha-Brunnen. Die Einwohner brennen dieselbe in ihren Lampen; auch sieht man in dem Districte Gasi-wara einen steinigen Landstrich, welcher brennbares Gas aushaucht, grade wie an mehreren Orten auf der Halbinsel Abscheron, wo die Stadt Baku liegt. Dieselben Erscheinungen kehren in von einander weit entfernten Gegenden wieder. Die Bewohner der Umgegend von Gasi-wara bedienen sich dieses Hydrogengases [?], indem sie eine Röhre in die Erde stecken und es dann wie eine Fackel anzünden.

Der nördlichste Vulkan Japans ist dar *Yake-yama* (der brennende Berg) in der Prov. Muts oder Oosiu; er liegt auf der nordöstlichen Halbinsel, südlich von der Sangar-Strasse zwischen Tanabe und Obata, und speit unaufhörlich Flammen aus. Die hohen Gebirge, welche die Prov. Muts durchziehen und diese von der Prov. Dewa scheiden, enthalten gleichfalls mehrere Vulkane. Folgen wir dieser Kette quer über die Strasse von Sangar, so finden wir zuerst den Vulkan, welcher die kleine Insel Koo-sima bildet, westlich von dem Eingange in diesen Meeresarm selbst; sodann kommen auf Jeso mehrere Berge, die Flammen auswerfen. Drei von diesen Bergen umgeben die Bai Utschiura, die von dem berühmten Seefahrer Broughton die Vulkanbai genannt wurde: der Vulkan Utschi-ura-yama liegt im S.; der Usu-ga-dake, welcher der höchste ist, zeigt sich im N., und der Oo-usu-yama erhebt sich gen W. im Grunde der Bai. Im NO. der Bai Utschi-ura liegt der Vulkan Yuuberi oder *Ghin-zan* (Goldberg); dies ist wahrscheinlich derselbe Berg, welchen der Adm. Krusenstern auf der Westseite von Jeso gesehen hat. Wir können also die Vulkankette, welche bei Formosa anfängt, über die Kurilen bis Kamtschatka verfolgen, dessen Vulkane ununterbrochen thätig sind.

Die sechs Vulkane Japans, welche ich eben beschrieben habe, nebst den vier Bergen, aus denen heisse Quellen hervorbrechen, nämlich: der Koken-san oder Yu-no-dake in Bungo, der Fokuro-san in Dewa, der Tate-yama in Jetsiu und der Foko-no-yama in Idsu, enthalten nach dem Ausdruck der Japanesen die Zehn Höllen des Landes.

Zusätze

von

Hrn. Stanislas Julien.

I. Vulkan im Lande Fu-nan.

In der Encyklopädie *Thaï-ping-iu-lan*, lib. 868, fol. 8, heisst es: Mitten im Meere des Südens findet sich ein Vulkan, welcher östlich vom Königreiche Fu-nan, nördlich vom Königreiche Kia-ing und westlich vom Königreiche Tschu-po liegt. Das Feuer beginnt im vierten Monate des Jahres sich zu zeigen und erlischt im zwölften. Im ersten, zweiten und dritten Monate ist das Feuer gar nicht angezündet. Nur aus dem Gipfel des Berges entweichen Dampfwolken und dann sieht man Kräuter und Bäume treiben. Aber im vierten Monat entzündet sich das Feuer und die Kräuter und Bäume verlieren ihre Blätter, wie es in China im Winter geschieht. Die Reisenden passiren diesen Berg nur in den ersten drei Monaten des Jahres etc.

II. Vulkanischer Berg, welcher mitten aus dem Meere aufgestiegen.

(Japan. Encykl., lib. 56, fol. 14 recto)

Man lies't in dem *Tong-kuë thong-kien* oder „Allgemeiner Spiegel des Königreiches des Ostens“ (d. h. Koreas) betitelten Werke:

Im 10. Jahre der Regierung Mu-wang's, des Königs von Kao-li (Korea), welches dem 4. Jahr des Kaisers King-te der Dynastie der Song (dem J. 1007 n. Chr.) entspricht, ereignete es sich, dass ein Berg*) mitten aus dem Meere von

*) Diese Insel liegt südlich von der SW.-Spitze Koreas. Die Einwohner nennen sie Schesure, die Chinesen Tan-lo und die Japanesen Tsinra oder Tsinmura.

Tan-lo (im S. von Korea) emporstieg. In dem Augenblick, wo er anfing hervorzutreten, verbreiteten Wolken und Dünste eine tiefe Finsterniss. Die Erde ward wie vom Donner erschüttert. Diese Finsterniss schwand erst nach Verlauf von sieben Tagen und sieben Nächten. Dieser Berg war etwa 100 *tschang* (1000 chines. Fuss) hoch, sein Umfang mochte 40 Li betragen. Er zeigte keine Spur von Vegetation. Sein Gipfel war in Rauch und Dampf gehüllt, und von fern betrachtet, sah er wie eine ungeheure Schwefelmasse aus.

Man sandte einen Gelehrten, Namens Thien-kong-tschi, zur Untersuchung desselben ab. Unten am Berge angekommen, entwarf er davon eine Zeichnung, die er dem Kaiser überreichte.

Der japan. Herausgeber führt vier der grössten Eruptionen des Berges Fu-sse-schan auf. Die erste, welche im 18. Jahre des Kaisers Huan-wu statt fand, dauerte vom vierzehnten Tage des dritten Monats bis zum achtzehnten Tage des vierten Monats. Der Gipfel des Berges Fu-sse-schan gerieth von selbst in Brand. Bei Tage verbreiteten dicke Dämpfe weithin tiefe Finsterniss; Nachts strahlte der Glanz der Flammen bis zum Himmel. Man vernahm ein Getöse wie das Rollen des Donners und brennende Asche stürzte wie Regen herab. Die Flüsse und die Wasser, welche am Fuss des Berges hinflossen, wurden von dem Feuer erhellt und zeigten von fern eine röthliche Farbe. — Bei der letzten Eruption, welche zwei Tage währte und in deren Folge das umliegende Land mit einer 5—6′ hohen Schicht von Asche und calcinirten Steinen bedeckt wurde, gestaltete sich die Spalte, aus welcher die vulkanischen Substanzen hervorgekommen waren, zu einer weiten Höhle, neben welcher ein kleiner Berg emporstieg, welchen man noch *Pao-schui-schan*, d. h. den Berg des kostbaren Wassers, nennt.

Inhalt des ersten Bandes.

Untersuchungen über die Gebirgssysteme und die vulkanischen Phänomene Inner-Asiens.

I. Theil.

Allgemeine geologische Ansichten über Asien.

(intermittirendes) Erzeugniss körniger und krystallinischer Felsarten betrachtet. Steinsalz. Aushauchung von Gasen und sauern Dämpfen. Salsen. Thermen. Erschütterungen des Bodens. Erschütterungskreise. Veränderungen, welche die Klimate in Folge ehemaliger Verbindung der Atmosphäre mit dem Innern eines Planeten erfahren haben müssen, S. 51 – 56.

Allgemeine Übersicht der Ebenen und Gebirgssysteme Asiens. — Der geologische Bau Asiens ist von Einfluss auf die geographische Verbreitung der Pflanzen und Thiere, auf die Vertheilung der Wärme unter die verschiedenen Jahreszeiten und auf die meteorologischen Veränderungen, welche durch Strömungen in der Atmosphäre der benachbarten Continente hervorgerufen werden. Die Kenntniss der räumlichen Ausdehnung und Gestalt (die orometrische Geologie) geht der Kenntniss der Zusammensetzung der Felsarten, des relativen Alters und der Unabhängigkeit der Formationen voraus, S. 57 —59. Grosse Abtheilungen (Gliederung) des Alten Continents. Europa ist nur eine halbinselartige Fortsetzung von Asien. Ebenen, Haiden und Steppen von den Ufern des Obi und der Lena bis nach Brabant. Bergketten, welche jünger sind, als die Anschwellung und Emporhebung der Hochebenen. Gestalt des grossen Alpenreliefs, der Gruppirung der verschiedenen Gebirgsketten in Asien. Richtung der Hauptaxe in diesem Relief, verglichen mit den Contouren und der Continentalgestalt Europas und Asiens. Die Richtung SW.-NO., welche in der Erhebungsform herrscht, giebt sich auch in einer grossen Zahl von Aufrichtungs-, Blätterrichtungs- und Schichten-Systemen kund. Anschwellungen der Ebenen, welche die Bergketten begrenzen. Hochebenen von verschiedener Ordnung. Terrassenklimate. Vergleichende Hypsometrie. Geringe Höhe von Mittel-Frankreich, S. 59 — 63. Allgemeine Depression unseres nördlichen Europas und des scythischen (sibirischen) Europas Herodot's, welches sich, wie schon bei Pherecydes von Syros, „längs Asien" hinzieht und das ganze Land nördlich vom caspischen Meere und vom Jaxartes (dem nach Westen fliessenden Araxes) in sich begreift. Die Meridiankette des Ural trennt Nieder-Europa von Nieder-Asien. Concavität des aralo-caspischen Beckens, S. 63 — 65.

Darstellung der Tiefländer und ihrer Verhältnisse zu den Umrissen der Alten Welt. Europa zieht von WSW. nach ONO. und nimmt allmälig gegen O. an Breite zu. Seine halbinselartige oder gegliederte Gestalt wird zusammenhängender, indem es sich an Asien anschliesst. Der Einfluss dieser Gliederung (Zertheilung durch Meerbusen) auf die Klimate und den Gang der Civilisation ist in sehr alter Zeit erkannt worden. Die iberische, italienische und hellenische Halbinsel, verglichen mit der arabischen, indischen und hindu-malayischen. Hypsometrische Untersuchungen über die schwachen Vorsprünge oder Runzeln der baltischen und cis-uralischen Ebene. Die Höhen der von der Meeresküste weit entfernten Örter (Pinsk, Kasan, Moskau) beweisen, wie unbeträchtlich das continentale Relief ist: die einzelnen Emporhebungen in den cis-uralischen Ebenen (westlich von Danzig, in Lithauen und im Waldai) haben fast alle einerlei Höhe, S. 66—70. Mittlere Höhe der trans-uralischen Ebenen, welche bis in das weite Becken des Oxus reichen und sich gegen S. nach dem Hindu-Kho und dem Altai und gegen O. nach dem Baikal hin erheben. Sibiriens Steppen in Vergleich zu den südamerikanischen Llanos und zur lombardischen Ebene. Geringe Höhe von Tobolsk und Barnaul. Areal der Ebenen, verglichen mit dem der Gebirgsketten. Versuche, das Volumen dieser Ketten und im Allgemeinen die Lage des Schwerpunktes des Volumens des Landes zu bestimmen, welches beim jetzigen Zustande unseres Planeten über dem Spiegel des Ozeans gelegen ist. Meinung der alexandrinischen Geometer, welche Plutarch bei Gelegenheit der Messung des Olymps durch Xenagoras mittheilt, S. 71—82.

Allgemeine Darstellung der Alpen Asiens. Meridian- oder N.-S.-Ketten und Ketten, welche dem Äquator parallel laufen. Verschiedenheit im Bau und in der Vertheilung der grossen Höhen in Asien und Europa, verglichen mit der einfachen orometrischen Structur der Neuen Welt. Merkwürdige Beständigkeit in der Richtung der grossen Gebirgssysteme in Asien westlich vom Meridian des 95. Grades oder dem des Sternenmeeres und der Dzangbo-Krümmung, S. 82—84. Diese Beständigkeit ist schon sehr frühzeitig erkannt worden. Die neueren orographischen Kenntnisse auf die Auslegung der griechischen Geographen angewandt. Kaspapyrus. Trifurcation der Karavanenstrasse der Perser zu Ortospana. Der Parnasus der *Meteorologica* des Aristoteles. Paropamisus und Parachoatras Strabo's. Die Emodischen Berge. Der Name Himalaya (Wohnung des Schnees) reicht bis auf Menu's Gesetze zurück. Graucasus. Meru. Das Land Nisaya nach den Zendtexten. Der Parallelkreis von Dicaearch's Diaphragm. Grossartige Ansichten von Dicaearch, Eratosthenes und Strabo über die Continuität der Richtung der Gebirge in dem Parallel von Rhodus, über eine fortlaufende Kette, welche man durch die Chlamys in ihrer grössten Breite ziehen liess, S. 85—96. Kritische Untersuchungen über die orographische Verbindung des Taurus in Klein-Asien mit den Schneegipfeln des Hindu-Kho und Nord-Tübets. Die mittlere Richtung der Emporhebungsaxe schwankt zwischen 35½° und 36° Br. Warum diese Kette auf ganz alten Karten zu weit nördlich gelegt worden. Verhältniss der Lage von Marseille, Byzanz und dem Steinernen Thurm des Ptolemaeus. Die wahre östliche Fortsetzung des indischen Kaukasus ist nicht im Himalaya, sondern in der Kuen-lun-Kette zu suchen. Diese beiden Ketten können von dem Gebirgsknoten des Tsung-ling an, wo die Meridiankette des Bolor den Hindu-Kho schneidet, als zwei Zweige eines und desselben Ganges, welche sich trennen und ein verschiedenes Streichen besitzen, angesehen werden, S. 96—105. Studien über den Imaus der Alten. Umgestaltung der Ansichten. Der Name Imaus, analog der Benennung Himavat, ist zuerst für die grosse Kette der steil abfallenden

Sariphen (Erezifia im Zend), für die Serischen Berge gebraucht worden, welche der Richtung eines Parallelkreises folgen; später ging er auf einen seitlichen Meridianzweig, den Bolor oder Belut-tagh, über, dessen grosse Ausdehnung jenseit des Asferah zu der Vorstellung von einer bis zum Polarkreise ziehenden Meridiankette Veranlassung gegeben. Orographie des Ptolemaeus. Studium der schönen Karten bei dem Manuscript No. 1401 der *Bibliothèque Royale*, *ancien fond.* Ptolemaeus setzte die Kette des Imaus zu weit nach O. Die Eintheilung in *extra* und *intra Imaum* bezieht sich nicht auf eine von N. nach S. ziehende Kette, Uttara-Kuru des Mahabharata (Ottorocorrhas der Griechen). Die Darder (Daradrae, Daradacas) und Khaças der Bücher Menu's. Goldführende Sände und Mythen von den Myrmeken. *Comedorum Montes.* Palimbothra (Pataliputra), ein Name, welchen der buddhistische Pilger Hiuan-thsang kennt. Der Bordj des Zend-Avesta ist ein Imaus, der nördlicher als die drei Tübets liegt und die wahre Quelle des Arg oder Jaxartes der Griechen enthält, S. 105—119.

Über die mittlere Höhe der Continente. Vergleichende orometrische Betrachtungen. Mittlere Höhe der Continente Asien, Europa und Amerika. Zahlen-Ergebnisse aus den Untersuchungen über die Höhe des Schwerpunktes des Volumens der Länder, S. 120—128. Diese Höhe ist bei Asien (180 t.) sehr ähnlich der von Süd-Amerika (177 t.), aber weit beträchtlicher als die von Nord-Amerika (117 t.) und Europa (105 t). Diese Zahlen zeigen die Gebiete auf der Oberfläche unseres Planeten an, wo die vulkanischen Kräfte des Erdinnern am Mächtigsten in der Emporhebung der äussern Rinde thätig gewesen sind. Grosse Senkung des Landes oder vielmehr geringeres Gewicht der Emporhebungen in den nördlichen Regionen. Die mittlere Höhe aller Continentalländer über dem jetzigen Niveau des Ozeans beträgt 158 t. Die Höhe des Schwerpunktes des Volumens ist demnach über dreimal kleiner als der berühmte Verfasser der *Mécanique céleste* angenommen. Ansicht Poisson's. Vergleichung der Höhen mit der Tiefe des Meeres, S. 128—133.

Benennung der Gebirgssysteme Asiens. — Die Einfachheit in der Structur wird östlich vom Meridian der grossen Krümmung des Flusses Dzangbo in Folge der häufigen Kreuzung mehrerer von einander unabhängiger Gebirgsmauern undeutlicher. Vier grosse Systeme mit der mittlern Richtung der Parallelkreise zwischen 30° und 52° Breite: Altai, Thian-schan, Kuen-lun und Himalaya. Vergleichung ihrer Längenausdehnung, S. 134—137. Meridian- oder von N. nach S. streichende Gebirgssysteme. Ihr Verhältniss zu der Configuration und den Umrissen der Continente. Axen ihrer grössten Ausdehnung, S. 138—139. Einwirkung der Emporhebung der Gobi auf die Continuität der Emporhebungen des Kuen-lun und des Thian-schan, S. 139—141. Ansichten über die orographische Beschaffenheit der indischen Halbinsel. Systeme des Vindhya, des Sat-pura und der Ghates von Malabar. Massenerhebung der Nilgherry. Vergleichung

Specielle Orographie von Asien.

hin aus, ohne dieselbe zu erreichen, S. 184—200. Metallgänge und Erzlager im Altai, S. 200—202. Augitporphyr. Der Uralit fehlt. Trachyt am linken Ufer der Ulba unterhalb Botachicha. Warme Quellen von Rachmanowka. Die gold- und silberhaltige Bleigrube zu Riddersk als der westlichste Punkt, bis wohin sich Erschütterungen fortpflanzen, deren Mittelpunkt im Becken des Baikal gelegen, S. 203—208. Bergreihen in der dsungarischen Steppe. Eruptionsgesteine des Monastir und Ablaikit. Dsaisang-See. Oberer Irtysch, S. 209—214. Tiger in der Nähe von Renn- und Elennthieren. Beziehung dieses in thiergeographischer Hinsicht charakteristischen Zuges zu den aus den Lagerstätten der fossilen Knochen gezogenen Folgerungen, indem diese Knochen Thieren von verschiedenen Klimaten angehören, S. 214—215. Telezkischer See. Durchkreuzung von Gebirgsmauern und Verwickelung von N.-S.-Aufrichtungen. Sajanische Kette, S. 215—218. Kette des Tangnu-Gebirges. Ursitz der Samojeden, S. 219. Ulangom-Kette. Gebirge Ute-kian und Khang-gai-oola. Alte Lage von Karakhorum, S. 220—221. Ost-Ende des Altai-Systems. Kammlinien im Meridian des Baikal-Sees, S. 221—222.

Configuration des Bodens im Osten vom Baikal-See. — Knoten des Kentei mit dem Schneegipfel Tschokondo. Onon-Kette (westl. Khin-gan oder Khingan-Onon); sie scheidet den Onon-Fluss vom Kherlon. Jablonoi- und Stanowoi-Chrebet am linken Ufer der Ingoda. Östl. Khin-gan oder Khin-gan-Petscha. Wiluiski-, Amginskische, Udskoi-, Aldanische, Omekonskische und Orulganskische Kette. Diese acht Rücken oder Schichten-Aufrichtungen, welche östlich vom Meridian von Irkuzk und zwischen 50° und 65° Br. liegen und die fast sämmtlich von SW. nach NO. oder von WSW. nach ONO. ziehen, sind nur schwache Runzeln in Vergleich zu den vier grossen (O.-W.-) Systemen des Altai, Thian-schan, Kuen-lun und Himalaya; aber in Folge der Annäherung dieser acht Gebirgszüge und wegen der gewölbten Form des Bodens, auf welchem sie sich erheben, bildet ganz Ost-Sibirien, — östlich von einer Linie, welche durch die Südspitze des Baikal und durch die Gegend, wo die drei Tungusken übereinstimmend ihren Lauf von O. nach W. nehmen, gezogen wird, — eine sehr beträchtliche Massenerhebung in Vergleich zu der Depression West-Sibiriens unter einerlei Breiten. Dies bildet einen der charakteristischsten Züge in der Höhengestaltung Nord-Asiens, S. 222—230. Verhältnisse der grossen Ströme zu den Bergketten. Gegensatz in der Stellung mehrerer Wassersysteme. Einfluss dieser Stellung auf den Binnenhandel, S. 231—234. Ein Problem aus der Pflanzengeographie. Wo das Übergewicht der Pflanzen beginnt, welche ausschliesslich als asiatische angesehen werden, S. 234—235.

Kette der Kusnezkischen und Salairskischen Berge. — Der südliche Theil vom Telezkischen See bis Kusnezk ist eine Meridiankette; weiter gegen N. hin biegt sie sich nach NW. und gabelt sich. Der Ala-tau mit seinen Hochgipfeln Taskil oder Bjelo-Gorie scheidet die Becken des Tom und Tschulym, S. 236—238. Reiche Goldalluvionen in diesen Gegenden. Geologische Analogien mit der Ural-Kette, S. 238—242. Erörterungen der Erinnerungen aus dem hellenischen Alterthum. Eine gründlichere Kenntniss der Örtlichkeiten und des jetzigen Bodenreichthums giebt einigen Aufschluss über den Ursprung des Goldreichthums, welchen die Griechen, durch das Gedicht des mythischen Aristeas von Proconnesus geleitet, in Nord-Asien erkannten. Beweis, dass Herodot auf dem Wege von den Thyssageten zu den Issedonen (Assedonen bei Alcman von Sardes) zwei Ketten, den Süd-Ural und das West-Ende des Altai, sehr deutlich und mit besonderer Ortskenntniss bezeichnete. Positive Geographie. Budiner, blond, mit blassblauen Augen. Jyrcen, woraus Malte-Brun Türken gemacht hat. Die Ebenen hören bei der isolirten Colonie der Königsscythen auf. Hohe Berge, in deren Nähe die Argippäer mit platter Nase (eher hunnische Völker von finnischem Stamm als Kalmüken) leben. Letztere waren zur Zeit der milesischen Colonien noch um den Baikal gelagert und drangen erst im 13. Jahrh. gegen W. vor. Auch die nomadisirenden Baschkiren traten in den westlichen Steppen erst im 10. Jahrh. auf. Issedonen im N. vom Jaxartes (Araxes), östlich vom Aral. Kette der Ägipoden. Massageten im S. von den Issedonen, vom Scythen-Stamme. Letztere (die Scoloten oder Sacen) sind ein besonderes Volk und nicht eine allgemeine Benennung für Hirtenvölker. Widerlegung von Niebuhr's so bestimmter Behauptung, dass Herodot's Scythen Mongolen sind. Sie waren vielmehr alanischen d. h. massagetischen oder indogermanischen Ursprungs. Die Issedonen, welche vielleicht in den Ebenen sassen, die heut zu Tage von den Kirghisen der Mittlern Horde zwischen Karkarali und Semipolatinsk bewohnt werden, bekamen das Gold von den Arimaspen. Dies Gold gehört nicht dem südlichen Ural, den ohne Zweifel ungemein reichen Alluvionen von Miask an; die Textstellen bei Herodot deuten, wenn man sie sorgfältig mit dem Bodenrelief zusammenhält, als Goldregion der Arimaspen auf eine Gegend in Sibirien östlich vom Ural, auf den Nord-Abhang des Altai (zwischen 53° und 55° Br.) hin, welcher seit einem Jahrzehend wegen seines Goldreichthums wieder so berühmt geworden ist. Die Mythe von den Greifen, den Goldwächtern der Arimaspen, gründet sich nicht auf eine den arktischen Ländern eigenthümliche Tradition, sondern ist ein symbolisches Bild Persiens und Indiens, eine Darstellung in den Künsten, welche bei den Samiern lange vor der Zeit auftritt, wo die pontischen Colonisten mit den Issedonen verkehren. Nördlich von der goldführenden Region der Arimaspen „ist die Erde wüst und die Luft mit Federn erfüllt". Dies ist ein Bild Sibiriens in der Nähe der Meeresküste. Die Hyperboräer jenseit der Rhipäischen Berge sind gegen die Tramontana (den B'Oreas) geschützt und werden von Damastes aus Sigeum mit den Arimaspen in Verbindung gebracht. Dies ist eine meteorologische Mythe, S. 242—253. Hängt die Sage von dem heiligen Golde der Scythen,

II. Theil.

Specielle Orographie von Asien.

(Fortsetzung.)

Die Ural-, Altai- und Kusnezkische Kette sind ausser dem Tieflande zwischen der Kya, dem Jenisei und der Birussa die einzigen Gebirge, welche beim gegenwärtigen Zustande des Bergbaues grossen Reichthum und edle Metalle aus Asien nach Europa fliessen lassen. Diese Gegenden, die Gold- und Silberquellen, sind im I. Theile dargestellt worden; der II. Theil handelt von den vier Gebirgssystemen des Bolor, Himalaya, Kuen-lun und Thian-schan, wovon die beiden ersten wegen der unsicheren Hypothesen über die Continuität eines hohen Plateaus der Tartarei, welches den ganzen Raum zwischen dem Himalaya und dem Altai einnehmen soll, lange Zeit sehr unvollkommen bekannt gewesen sind, S. 367—368.

Gebirgssystem des Thian-schan. — Allgemeine Übersicht von der grossen Ausdehnung dieses vulkanischen Systems. Jenseit seiner Durchkreuzung mit der Meridiankette des Bolor und Kosyurt zieht der Thian-schan als sogenannter Asferah westwärts bis zum Meridian von Samarkand. Östlich von diesem Meridian behält er einerlei Richtung, indem er von den Mingbulak bis Kukukhoto in China, zwischen 41° und 43° Br., auf einer Länge schwankt, welche über achtmal grösser ist, als die der Pyrenäen. Der Specialname Thian-schan (Himmelsgebirge) hört indessen östlich von Hami und vom Talatsin-oola an der Stelle auf, wo die SW.-NO.-Anschwellung der Gobi die Continuität des W.-O.-Rückens minder deutlich hervortreten lässt. Der Kaukasus scheint jenseit des grossen aralo-caspischen Tieflandes eine westliche Fortsetzung des Thian-schan zu bilden. Strahlenberg's Musart oder Mustag, S. 368—373. Specielle Orographie des Thian-schan, wobei im W. mit der Kette des Asferah und der in alten Zeiten vulkanischen Botom-Gruppe begonnen wird, S. 373—376. Der Terek-tagh, Gakschal-tagh und Temurtu-tagh. Bericht des Buddhapilgers Hiuan-thsang. Warmes Meer, Je-hai, Issigul, Temurtu-See; Kaschghar-davahn, S. 376—379. Pass des Gletschers Djeparle, S. 379—381. Der Vulkan Pe-schan; er speit Feuer und erzeugt Lavaströme, S. 381—385. Die grosse Massenerhebung des Bogdo-oola (Khatun-Bokda-oola), nicht zu verwechseln mit dem östlicheren Gipfel Bokda-schan, S. 385. Die Solfatara Urumtsi, S. 385—388. Der Vulkan Ho-tscheu zwischen Turfan und Pidjan. Einzelnes über das Klima dieser Gegenden, S. 388—393. Anschwellung der Gobi. Fortsetzung des Thian-schan in der Kette des In-schan, S. 393—394. Vergleichung zwischen den Axenrichtungen des Kaukasus und des Thian-schan. Neue trigonometrische Messungen des Elbruz, Kasbek und Beschtau, S. 391—398.

Das Becken, welches den Thian-schan vom Altai scheidet. — Zahlreiche, grossentheils salzige Seen. Der Balkhasch- und Alaktugul-See, S. 398—402. Beziehungen der Vulkane in der Thian-schan-Kette zu den Phänomenen, welche die Tiefländer in den warmen Quellen von Araschan und den Salmiak aushauchenden Spalten von Khobok darbieten. Entfernung der Vulkane von der nächsten Meeresküste. Windhöhle Uybe. Zweifel über den Hügel Araltube, den man fälschlich für vulkanisch gehalten. Tarbagatai, S. 403—416, 639—646. Erörterung des geographischen Elements der Mythe von Gog und Magog, S. 416—423. Angeblicher Vulkan Strahlenberg's in der Nähe der Küste des Eismeeres, S. 423—424. Erdbeben verbreiten sich vom Thian-schan nach der Dsungarei, vom Hindu-Kho nach Kokand, vom Baikal nach dem Altai. Sich durchschneidende Erschütterungskreise, S. 424—431.

Steppenländer zwischen dem Altai, Ural und Thianschan. — Depression Turans oder aralo-caspisches Becken. Eingebildete ununterbrochene Kette, durch welche die Geographen den Altai mit dem Ural verbinden. Alghydin-Schamo oder Alginskoi-Sirt? Niedrige Höhenzüge, S. 432—441. Merkwürdige Seeregion. Tradition von einem Bittern Meere. Spuren einer ehemaligen Verbindung des Aral-Meeres mit dem Eismeere mittelst der Furche des Aksakal-Barbi und Sary-Kupa, S. 441—446. — Betrachtung der historischen Kenntnisse vom hyrkanischen Meere und vom Aral-See, von der Mündung des Jaxartes und der Gabeltheilung des Oxus, d. h. von seiner gleichzeitigen Verbindung mit zwei Wasserbecken, S. 446—454. Ansicht von Hecataeus aus Milet bis auf Aristoteles, S. 454—456. Von Aristoteles bis auf Strabo, S. 456—460. Von Strabo bis auf Ptolemaeus, 460—464. Von Ptolemaeus bis auf Menander von Byzanz, S. 461—468. Periode der Araber: Istachry, Edrisi, Massudi Cothbeddin, Bakui, S. 469—478. Ansichten der Völker des Abendlandes von Plano Carpini und Rubruquis bis auf Marco Polo, S. 478—481. Ibn Batuta. *Portulano Mediceo.* Die Catalanische Karte enthält den See Issikul, S. 482—485. Petrus Alliacus, Fra-Mauro, Juan de la Cosa, S. 486—487. Ereignisse, welche um die Mitte des 16. Jahrh. uns nach glaubwürdigen Zeugnissen mit dem ehemaligen Zustande der Ostküste des casp. Meeres und dem Laufe des Oxus (Amu-deria) bekannt machen. Englische Kaufleute haben ein Interesse daran, die Verwickelungen in dem Wassersystem des casp. und Aral-Beckens kennen zu lernen. Bemühungen Seb. Cabot's; Richard Chancellor; Stephen Burrough; Jenkinson, S. 488—494. Epoche des Fürsten Abulghazi-Bahader-Khan von Khowarezm, der an den Ufern des Oxus geboren ist. Topographische Details über diesen Strom, S. 494—512. Veränderungen des Aral-Beckens, S. 512—520. Die *Oxia Palus* des Ammianus Marcellinus, mit dem Aral und den Sümpfen der Massageten verwechselt, S. 520—522. Beweglichkeit des Bodens des casp. Meeres, S. 522—527. Ergeb-